Mathematik im Kontext

Reihe herausgegeben von

David E. Rowe, Mainz, Deutschland

Klaus Volkert, Wuppertal, Deutschland

Die Buchreihe Mathematik im Kontext publiziert Werke, in denen mathematisch wichtige und wegweisende Ereignisse oder Perioden beschrieben werden. Neben einer Beschreibung der mathematischen Hintergründe wird dabei besonderer Wert auf die Darstellung der mit den Ereignissen verknüpften Personen gelegt sowie versucht, deren Handlungsmotive darzustellen. Die Bücher sollen Studierenden und Mathematikern sowie an Mathematik Interessierten einen tiefen Einblick in bedeutende Ereignisse der Geschichte der Mathematik geben.

Klaus Volkert

Wilhelm Fiedler: Die Kämpfe eines Geometers

Leben, Werk und Wirken von 1832 bis 1912

Klaus Volkert
Mathematik und Naturwissenschaften
Bergische Universität Wuppertal
Wuppertal, Deutschland

ISSN 2191-074X   ISSN 2191-0758 (electronic)
Mathematik im Kontext
ISBN 978-3-662-72913-7   ISBN 978-3-662-72914-4 (eBook)
https://doi.org/10.1007/978-3-662-72914-4

Die Deutsche Nationalbibliothek verzeichnet diese Publikation in der Deutschen Nationalbibliografie; detaillierte bibliografische Daten sind im Internet über https://portal.dnb.de abrufbar.

Planung/Lektorat: Veronika Erdmann
Springer Spektrum ist ein Imprint der eingetragenen Gesellschaft Springer-Verlag GmbH, DE und ist ein Teil von Springer Nature.
Die Anschrift der Gesellschaft ist: Heidelberger Platz 3, 14197 Berlin, Germany

Wenn Sie dieses Produkt entsorgen, geben Sie das Papier bitte zum Recycling.

Fragen eines lesenden Arbeiters (B. Brecht)

Wer baute das siebentorige Theben?
In den Büchern stehen die Namen von Königen.
Haben die Könige die Felsbrocken herbeigeschleppt?
Und das mehrmals zerstörte Babylon,
Wer baute es so viele Male auf? In welchen Häusern
Des goldstrahlenden Lima wohnten die Bauleute?
Wohin gingen an dem Abend, wo die chinesische Mauer fertig war,
Die Maurer? Das große Rom
Ist voll von Triumphbögen. Über wen
Triumphierten die Cäsaren?

[…]

So viele Berichte,
So viele Fragen.

(B. Brecht „Svendborger Gedichte")

Wer schuf die Mathematik von heute? Die gängige Antwort lautet: In der Mathematik stehen Riesen auf den Schultern von Riesen, heute vielleicht auch RiesInnen auf den Schultern von RiesInnen. In diesem Buch geht es weniger um Riesinnen und Riesen, wir betrachten vielmehr einen Mathematiker aus dem „Fußvolk". Damit sollte klarer werden, wie Mathematik wirklich funktioniert.

Zum Gedenken an Jean-Pierre Friedelmeyer (Osenbach), Freund und Kenner der darstellenden Geometrie aber auch der Vogesen, der kurz vor Fertigstellung dieses Buches leider verstorben ist.

Vorwort und Dank

Warum Fiedler?

Wie so oft war auch bei diesem Projekt der Zufall im Spiel. Im Rahmen meiner Beschäftigung mit der Geschichte der Geometrie im 19. und 20. Jh., insbesondere mit Hilberts Grundlagen der Geometrie und der Entwicklung der projektiven Geometrie im Projekt Bioesmat, wurde mir immer deutlicher, dass diese Geschichte eine erhebliche Breite hatte. Es gab offensichtlich viele Beteiligte, von denen man heute kaum noch den Namen kennt. Zudem erfasste diese Entwicklung viele Bereiche, angefangen von den Gymnasien und anderen Formen höherer Schulbildung wie die Gewerbeschulen über die Polytechnika, die späteren Technischen Hochschulen, bis hin zu den Universitäten und der Spitzenforschung. Natürlich stand die Mathematik, insbesondere die darstellende Geometrie, an den Polytechnika im Austausch mit den Ingenieurwissenschaften. Die Ausbildung zukünftiger Ingenieure war die zentrale Aufgabe dieser Hochschulen, die Frage, was hierzu nötig und sinnvoll sei, wurde immer wieder aufs Neue gestellt und kontrovers diskutiert. Ein adäquates Bild müsste folglich eine Gesamtschau bedeuten, was zu leisten Einzelnen wohl unmöglich ist. Aber Facetten können wir beisteuern.

Die Mathematik insbesondere die Geometrie der Polytechnika ist ein Gebiet, das bislang in der Historiographie der Mathematik recht wenig bearbeitet wurde. Man ging und geht wohl davon aus, dass es darin nichts Eigentümliches gäbe: Die Mathematik der Ingenieurswissenschaften gilt als vereinfachte Universitätsmathematik – sehr grob gesagt, man lässt die Beweise weg. Das ist natürlich eine krasse Vereinfachung. Zudem trifft sie sicher nicht auf die darstellende Geometrie zu. Diese, ein Kernstück der technischen Bildung bis zum Aufkommen der CAD-Systeme und ähnlichem, wurde vor allem gepflegt und weiterentwickelt an den polytechnischen Schulen. Andererseits war sie eingebettet in die Entwicklungen der Geometrie im 19 Jh., insbesondere in den Herausbildungsprozess der projektiven Geometrie, mit der sie viele Wechselwirkungen zeigte. Womit wir bei Wilhelm Fiedler wären.

Auf Fiedler neugierig gemacht haben mich vor allem einige Bemerkungen in Erhard Scholz' Werk „Symmetrie. Gruppe. Dualität", wie z. B. die folgende[1]:

> Fiedlers Bestrebungen stießen nicht nur auf positive Reaktion bei so hervorragenden Technikwissenschaftlern wie Culmann, sondern auch bei bedeutenden Geometern seiner Zeit. Sein umfangreicher Briefwechsel mit zeitgenössischen Mathematikern zeigt, daß er in seinem Anliegen der Verbindung von projektiver und darstellender Geometrie weithin akzeptiert und ermutigt wurde.

Das Glück wollte es, dass ich Kollege des Schreibers dieser Zeilen wurde, was meine Arbeit durch regen Austausch für bald zwei Jahrzehnt wesentlich gefördert hat.

Ein erster Besuch im Archiv der heute so genannten eidgenössischen Technischen Hochschule (im Folgenden: ETH) machte rasch deutlich, dass dort sehr günstige Arbeitsbedingungen vorhanden sind. Nicht nur Fiedlers umfangreicher Nachlass mit etwa 2000 Karten und Briefen sondern auch der gesamte schriftliche Verkehr mit dem Schulrat sowie dessen Erlasse etc. liegen bestens archiviert und leicht zugänglich vor. Hinzu kamen in Zürich andere Archive wie das Staats- und das Bauarchiv sowie Bibliotheken wie die Zentralbibliothek und die Mathematikbibliothek der ETH, die ein ideales Arbeitsumfeld boten und in denen sich manche Spur von Fiedler fand. Die Handschriftenabteilung der Zentralbibliothek hatte mit Christian Beyels bislang unbekannten „Erinnerungen eines Mathematikers" eine unverhoffte wenn auch persönlich gefärbte Sicht auf Fiedler zu bieten.

Und so nahmen denn die Dinge ihren Lauf. Dass es so lange dauern würde, wie es denn dauerte, ahnte ich anfangs nicht. Die Kunst ist eben lang und das Leben kurz, aber letzteres reichte in diesem Fall doch aus, um das Projekt zu einem gewissen Abschluss zu bringen.

Wie Fiedler?

Die nachfolgende Darstellung basiert in weiten Teilen auf Archivmaterial und auf den Veröffentlichungen von Fiedler und anderen Mathematikern sowie auf zeitgenössischen Quellen. Ich habe versucht, möglichst viel mit Zitaten aber auch mit Abbildungen zu belegen; Fiedlers Publikationen – die von Salmon-Fiedler eingeschlossen – sowie seine Briefsammlung bilden gewissermaßen das Gerüst der nachfolgenden Ausführungen. Das führt dazu, dass Zitate (in Worten aber auch in Bildern) zahlreich sind, was vielleicht ermüdend wirkt. Diese Belege liefern

---

[1] Scholz 1989, 168.

die Bausteine und ohne Bausteine baut man Luftschlösser – die durchaus auch ihre Berechtigung haben mögen. Um es mit einem Modebegriff zu sagen: Versucht wird eine evidenzbasierte und kontextualisierte Darstellung. Da hierbei viele handschriftliche Dokumente einflossen, musste die Arbeit der Transkription geleistet werden. Diese ist, da damals von natürlicher Intelligenz geleistet, fehleranfällig, was ehrlichkeitshalber gesagt werden muss. Hinzukommt dass die Verfasser dieser handschriftlichen Dokumente, etwa Briefe, selbst Fehler gemacht haben, denn Handschriftliches wurde und wird nie so sorgfältig korrigiert wie Gedrucktes. Das bitte ich im Folgenden stets zu beachten. Seit Kurzem sind Transkriptionen vieler Fiedler-Briefe beim Hochschularchiv der ETH zugänglich, die mit Hilfe entsprechender Software erstellt wurden. Für die Zukunft eröffnen sich so ganz neue Möglichkeiten, für das vorliegende Buch spielten sie nur eine untergeordnete Rolle. Die visuellen Zitate, also Abbildungen, beruhen auf den Publikationen jener Zeit, sind leider nicht immer in der hohen Qualität möglich, die wir heute gewöhnt sind. B. G. Teubner, Fiedlers Hausverlag, verwandte oft Papier von minderer Qualität, die an Fiedler gerichteten Brief ebenfalls. Die Signaturen von der Form Hs … beziehen sich stets auf das Hochschularchiv der ETH, korrekt aber langatmig Bibliothek-ETH Hochschularchiv genannt. An vielen Stellen ist es sinnvoll, selbst Zeichnungen anzufertigen, ein Rat, den darstellende Geometer ihren Lesern stets gaben.

Ich wollte einen Eindruck von Fiedlers Mathematik und der seiner Zeitgenossen vermitteln. Das erwies sich teilweise als mühsam und schwierig, da diese Mathematik in weiten Teilen vergessen und ihre Sprache eine gänzlich andere als die unsrige ist. Natürlich konnte das nur ansatzweise geleistet werden, denn alleine der Inhalt der Bücher von Salmon-Fiedler ist enorm umfangreich. Viele Abbildungen wurden aus den Originalen übernommen, nur so entsteht ein authentischer Eindruck von einer Mathematik, die noch stark anschauungsbezogen war – vielleicht ein Grund für ihr Verschwinden.

Die Schreibweisen sind die der Originale, also vielfältig. Lediglich die Zeichensetzung wurde heutigen Verhältnissen vorsichtig angepasst, um die Lesbarkeit zu verbessern. Da der Autor nicht erwartet, dass seine Leserinnen und Leser das Buch ganz von vorne bis hinten durchlesen, wurden Wiederholungen nicht immer unterdrückt. Zudem liefert die Prosopographie Hinweise auf viele der auftretenden oft wenig bekannten Personen.

Dank

Im Laufe der jahrelangen Arbeit an diesem Buch haben mich viele Menschen unterstützt, angefangen von Familie über Freundinnen und Freunde bis hin zu Kolleginnen und Kollegen. Ihnen sei hier pauschal gedankt.

Institutionelle Unterstützung wurde mir reichlich zuteil. Hier sind zu nennen:

- Das Hochschularchiv der ETH Zürich, insbesondere Frau Boesch, Frau Briellmann, Frau Bussmann und Herr Wahl. Sie haben mir stets bei der manchmal mühsamen Suche nach Dokumenten sachkundig geholfen und viel Verständnis aufgebracht für meine altmodische, auch vergessliche Arbeitsweise. Die Stunden, Tage und Wochen im Lesesaal des Archivs Aug in Aug mit (meistens) Max Frisch, pfeiferauchend, sind eine bleibende, trotz Pandemie sehr angenehme Erinnerung.
- Das Staatsarchiv des Kantons Zürich, das Stadtarchiv der Stadt Zürich, das baugeschichtliche Archiv der Stadt Zürich und das Friedhofsamt der Stadt Zürich haben mir wertvolle Informationen geliefert.
- Die Zentralbibliothek Zürich, insbesondere deren Handschriftenabteilung mit ihrem schönen Lesesaal und die Abteilung für alte Drucke, boten mir einen angenehmen Arbeitsplatz, reiche Bestände und freundliche zuvorkommende Unterstützung.
- Das ZIF der ETH ermöglichte mir einen längeren Forschungsaufenthalt in Zürich unter hervorragenden Bedingungen. Mein Dank gilt hier Frau Andres und Frau Waldvogel, die mich während meines in Folge der Pandemie recht turbulenten Aufenthaltes stets unterstützten und Verständnis zeigten für meine vielen Wünsche und Nöte. Vor allem gilt mein Dank Norbert Hungerbühler, der diese Einladung ermöglichte. Urs Stammbach von der ETH hat mich in vielerlei Hinsicht unterstützt.
- Die DFG ließ sich schließlich nach mehreren Anläufen noch dazu bewegen, meine Forschungen mit einer Sachbeihilfe zu unterstützen. Kollege Ralf Krömer übernahm freundlicherweise die adminstrativen Aufgaben, die die Sachbeihilfe für einen Ruheständler mit sich brachten.
- Die AG Didaktik und Geschichte der Mathematik der Bergischen Universität Wuppertal sowie das dortige Interdisziplinäre Zentrum für Wissenschafts- und Technikforschung und das Graduiertenkolleg „Transformationen von Wissenschaft und Technik seit 1800: Inhalte, Prozesse, Institutionen" (GRK 2696) boten mir beste Arbeitsbedingungen und zahlreichen Anregungen.
- Frau Denkert, Frau Azarm, Frau Herrmann, Frau Ruhmann, Frau Nörthen und Frau Erdmann vom Springer-Verlag Heidelberg haben sich der Projekte der Reihe „Mathematik im Kontext" angenommen und diese wesentlich gefördert. Insbesondere Frau Nörthen danke ich für ihr Verständnis für meine vielen Sonderwünsche bei der finalen Manuskripterstellung (Stichworte: kein Times New Roman, viele Fußnoten). Die genannte Reihe geht auf eine Anregung von Clemens Heine, Lektor beim Springer-Verlag, zurück, der leider allzu früh verstorben ist. Meinem Mitherausgeber David E. Rowe danke ich für die jahrelange hervorragende und vertrauensvolle Zusammenarbeit und seine Bereitschaft, diesen Titel in die Reihe aufzunehmen.
- Peter Richter (Zürich) hat mir sein sehr hilfreiches mehrbändiges Werk „Die Entwicklung der Mathematik von der Antike bis 1925" überlassen, das den Bestand der ETH-Bibliothek im Bereich der Mathematik minitiös dokumentiert.

Übersicht zum Inhalt

Das erste Kapitel bietet biographische Informationen zu Fiedler, zu seinem Werdegang, seinen Wirkungsstätten Chemnitz, Prag und Zürich und seinen persönlichen Umständen, insbesondere zur Familie. Bei weitem am wichtigsten ist hier Zürich und das Züricher Polytechnikum, während die Informationen zu Fiedlers Lehrerzeit in Chemnitz leider bescheiden sind.

Das zweite Kapitel beleuchtet die Situation der darstellenden und der projektiven Geometrie, wie sie sich in der zweiten Hälfte des 19. Jhs. darbot. Während die darstellende Geometrie seit Monge eine Art Kanon besaß, musste die Disziplin projektive Geometrie erst definiert werden. Damit sollen die Hintergründe und Bezüge von Fiedlers Programm verdeutlicht werden. Berücksichtigt wird hier auch die Lehre, die ein wichtiges Element in Fiedlers Wirken und nicht nur in seinem bildete. Hier hatte Fiedler (und auch das Züricher Polytechnikum) teilweise die Rolle eines Vorreiters in Sachen neuerer Geometrie inne.

Das dritte Kapitel bietet Informationen zu Fiedlers frühe Publikationen, rund ein Dutzend Aufsätze in der Zeitschrift für Mathematik und Physik entstanden in seiner Zeit als Lehrer in Chemnitz (1853 – 1864). Insbesondere geht es um sein erstes selbständiges Buch (1862), das im Wesentlichen der Invariantentheorie im Stile Cayleys gewidmet war. Besonders bemerkenswert ist hier Fiedlers Darstellung der projektiven Maßbestimmung nach Cayley, der ersten überhaupt in deutscher Sprache.

Fiedlers Dissertation (1860) wird im vierten Kapitel besprochen. Der eigentliche Gegenstand dieses Kapitel ist aber Fiedlers Lehrbuch der darstellenden Geometrie (erste Auflage 1871). Hier finden sich ausführliche Informationen zu dessen Inhalt, also zur darstellenden und projektiven Geometrie, zur Rezeption des Werkes und zu verwandten Versuchen. Die Frage, ob Fiedlers Idee der Synthese aus darstellender und projektiver Geometrie eine gescheiterte Innovation gewesen sei, wird diskutiert.

Kapitel fünf geht auf die vier Publikationen ein, die unter dem Markennamen legendären „Salmon-Fiedler" erschienen sind, also auf jene Lehrbücher, die Generationen von Mathematikern zum Lernen dienten. In erster Linie gilt das natürlich für die „Kegelschnitte", erstmals erschienen 1860, dann in vielen weiteren Auflagen bis ins 20. Jahrhundert hinein. Auch die „Raumgeometrie" und die „Höheren ebenen Curven" hatten großen Erfolg. Damit machte sich Fiedler einen Namen in der deutschsprachigen mathematischen Gemeinschaft – wenn auch „nur" als Bearbeiter. Er war aber mehr als ein Bearbeiter, denn er hat die Werke Salmons wesentlich geprägt durch Änderungen und Ergänzungen, u.a. auch, um sie dem deutschsprachigen Markt anzupassen.

Fiedler verfasste noch ein drittes selbständiges Buch, die 1882 erschienene „Zyklographie". Darin erläuterte er eine von der Zentralprojektion inspirierte Methode, zyklographische Projektion genannt, wie man mit räumlichen Betrachtungen ebene Konstruktionsprobleme lösen kann. Paradigmatisches Beispiel einer solchen Aufgabe war das Apollonische Berührproblem. Das sechste Kapitel stellt ausgewählte Inhalte des Buches vor, präsentiert somit ein Stück vergessener aber durchaus interessanter Mathematik. Auch hier wird die aus Fiedlers Sicht wohl eher enttäuschende Rezeption beleuchtet.

Es folgen im Kapitel sieben Betrachtungen zu Fiedlers Ansichten zur Vermittlung von Mathematik, genauer gesagt, von darstellender und projektiver Geometrie. Dabei kommt die interessante Frage zur Sprache, ob und falls ja wie darstellende Geometrie an Universtäten gelehrt werden könnte. Diese beschäftigte Fiedler und manchen seiner Zeitgenossen durchaus, wäre doch damit der Status der darstellenden Geometrie deutlich aufgewertet worden. Letztlich ging es hierbei auch um das Verhältnis der Polytechnika zu den Universitäten. Die zweite Hälfte des 19. Jhs. war geprägt vom Kampf der ersteren um Aufwertung, sprich Gleichstellung mit den Universitäten.

Ein Schwerpunkt der Fiedlerschen Tätigkeit war die Produktion und der Einsatz von materialen Modellen. Hierauf geht Kapitel acht ein. Dabei wird das Thema eingebettet in die Ausstellungskultur des 19. Jhs. einerseits, in die Arbeitsweisen der polytechnischen Welt andererseits. Es ergeben sich hier vielen neue Informationen und Gesichtspunkte.

Im neunten und letzten Kapitel geht es um Fiedlers Briefwechsel. Es wurde u.a. versucht, durch seine partielle Aufarbeitung die Existenz einer Strömung nachzuweisen, Netzwerk Geometrie genannt, welche sich gegen die damals dominante Tendenz die Verteidigung der Geometrie auf die Fahnen schrieb. Aber auch politische Themen und Networking werden angesprochen. Fiedlers Beziehungen zu befreundeten Ingenieuren und Naturwissenschaftlern und zu Kollegen und Schülern werden anhand von Quellen nachgezeichnet. Dieses Kapitel enthält eine Vielzahl von unbekannten authentischen Informationen. Es möchte exemplarisch vorführen, wie solche durch Analyse von Briefwechseln gewonnen werden können.

Das letzte Kapitel enthält einige abschließende methodische und inhaltliche Überlegungen. Es folgen eine Prosopographie, das Literaturverzeichnis sowie ein tabellarischer Lebeneslauf von Fiedler und schließlich ein Namensregister.

Ein Hinweis zur Zitierweise: Die Auflagen der (Salmon-)Fiedlerschen Werke werden gemäß ihres Erscheinungsjahres zitiert. Gelegentlich gibt es dabei Überschneidungen mit anderen Werken Fiedlers oder seinen Aufsätzen. Die korrekte Bedeutung ergibt sich aber stets aus dem Kontext.

Inhaltsverzeichnis

1. Fiedlers Leben, Werdegang und Kämpfe

„Fiedler liest projectivische Geometrie, derselbe undelikate, rohe Mensch wie früher & dabei manchmal undurchsichtig, doch immer geistvoll & tief – kurz ein Meister aber leider auch ein arger Schulmeister." (Albert Einstein an Mileva Maric, Zürich, 16.Februar 1898)[2]

„Der neue Professor Fiedler fand in Zürich von seinem ersten Auftreten an die grösste Anerkennung als ausgezeichneter Dozent. Es wirkten dabei zusammen die gedankliche Sicherheit und formale Gewandtheit des Vortrages, die ausserordentliche Begabung für rasche und übersichtliche Zeichnung an der Tafel – zudem fühlten die Studierenden eine feste und einheitliche Willenskraft, die auf ein bedeutendes Ziel gerichtet war." (Carl Friedrich Geiser in seinem Nachruf auf Th. Reye)[3]

„… W. Fiedler, der über ein Menschenalter der gefürchtetste Lehrer des eidgenössischen Polytechnikums blieb, …" (Heinrich Timerding in seinem Nachruf auf Theodor Reye)[4]

„… […] die ewigen Zänkereien mit Fiedler von Seiten der Collegen sowohl als der Studenten müssen Wirksamkeit dort sehr unangenehm machen und ich bin froh, dass ich nicht mehr darunter bin." (Heinrich Weber an R. Dedekind, 3. September 1878)

„Fiedler ist mir ganz verächtlich geworden, erst ruft er durch allzu grosse Strenge eine Beschimpfung hervor und dann, als Kappeler die Leute nicht bestraft, weil sie drohen, alle das Polytechnikum zu verlassen, lässt er sich durch 800 Frs beruhigen." (Elise Weber an R. Dedekind, 29. Oktober 1878)[5]

„Vor Fiedler's Charakter bin ich von allen Seiten gewarnt worden; mit dem ist's also auch Nichts." (Hurwitz an Hilbert [Zürich, 13. Februar 1893])

---

[2] Ich danke Tilman Sauer (Mainz), der mich auf dieses Zitat hingewiesen hat.
[3] Geiser 1921, 165.
[4] Timerding 1919, 190.
[5] Scheel 2016, 200 und 206. Mein Dank gilt U. Stammbach (Zürich), der mich auf diese Urteile über Fiedler aufmerksam gemacht hat.

Offensichtlich war Wilhelm Fiedler eine Persönlichkeit, über die man geteilter Meinung sein konnte.

Otto Wilhelm Fiedler[6] wurde am 3. April 1832 im sächsischen Chemnitz geboren, sein Vater Christian Wilhelm war Schuhmacher, seine Mutter Amalie, geborene Ruppert, wie damals selbstverständlich Hausfrau. Fiedler hatte drei Schwestern[7], über sie ist aber nur wenig bekannt.

1.1 Chemnitz – Freiberg – Chemnitz

Chemnitz war seit Beginn des 19. Jhs. eine aufstrebende Industriestadt und die gewerbereichste Stadt des Königreichs Sachsen und um 1900 die Stadt mit dem höchsten Pro-Kopf-Einkommen im Deutschen Reich. Dabei dominierte die Textilindustrie. Begünstig durch die Kontinentalsperre und der damit verbundenen Ausschaltung der mächtigen englischen Konkurrenz hatte sich Chemnitz zum „Manchester des Ostens" entwickelt – ein Ehrentitel, den es allerdings mit Łódź (Lodsch) teilte. In Sachsen gab es angeblich das Bonmot: Das Geld wird in Chemnitz gemacht, in Leipzig vermehrt und in Dresden ausgegeben.

Abb. 1.1: *Postkarte aus Chemnitz[8]*

---

[6] Die wichtigsten Quellen zu Fiedlers Biographie sind (Ernst) Fiedler 1915, Grossmann 1913 und Voss 1913; eine etwas andere Sicht, die des ehemaligen Assistenten auf Fiedler, findet sich in Beyel 1938; vgl. 1.4.1 und 1.6. Letztere Quelle betrifft ausschließlich Fiedlers Zeit in Zürich.
[7] Das berichtet Sohn Ernst in seiner Biographie des Vaters, vgl. Fiedler 1915, 16. Von Laura Fiedler, einer der Schwestern, ist ein Brief aus Dresden vom 21. Februar 1897 an ihren Bruder im Hochschularchiv der ETH erhalten (HS 87: 1629).
[8] Karte von H. Thiel aus Chemnitz an Fiedler, Chemnitz 2. Februar 1910 (Hs 87: 1319a).

Die örtlichen Führer von Industrie, Handel und Wirtschaft forderten schon früh die Schaffung von für ihre Zwecke geeigneten Bildungsstätten vor Ort. Diese sollten die männliche Jugend auf die Arbeit in Industrie, Handwerk und Handel vorbereiten, eine Leistung, die man dem traditionellen Gymnasium mit seinem Fokus auf den alten Sprachen kaum zutraute. Zudem war diese Schulform mit hohen sozialen Hürden bewehrt, etwa 1 - 2 % eines Jahrgangs von Schülern besuchte ein Gymnasium, war doch ein erhebliches Schulgeld zu zahlen. In Chemnitz entstand so aus Anfängen in einer Zeichenschule[9] die Gewerbeschule, die sich später höhere Gewerbeschule nennen durfte. Zeitweise befand man sich in Konkurrenz mit Dresden, der Residenzstadt der sächsischen Könige, um den Erhalt eines Polytechnikums. Bekanntlich siegte Dresden, die Aufwertung zur „höheren Gewerbeschule" war der Trostpreis für die unterlegenen Chemnitzer. Konkret bedeutete dies das Recht für die Chemnitzer Schüler, schon nach drei (von insgesamt vier) Schuljahren auf das Dresdner Polytechnikum übergehen zu dürfen. Die Krönung des Sächsischen Bildungssystem jener Tage bildete natürlich die alt-ehrwürdige Universität zu Leipzig, die in der zweiten Hälfte des 19. Jhs. einen enormen Aufstieg erlebte, der sie zum ernsthalten Konkurrenten der Berliner Universität um den Spitzenplatz im deutschen Universitätswesen machte. Sie wird auch in Fiedlers Leben eine gewisse Rolle spielen.

Der junge Fiedler trat 1838 in die niedere, 1841 in die mittlere Bürgerschule ein. Gefördert durch ein Staatsstipendium konnte er zu Ostern 1846 die höhere Gewerbeschule seiner Vaterstadt beziehen[10], die er Ostern 1849 beendete[11]. Die Gewerbeschule hatte drei Abteilungen mit unterschiedlichen Lehrplänen.[12] Die von Fiedler besuchte erste Abteilung, mit A bezeichnet, hatte eine mechanisch-technische Ausrichtung, die zweite eine chemische und die dritte eine landwirtschaftliche.

Hervorzuheben ist, dass in der zweiten Klasse – also der vorletzten der Schule - für die Abteilung A ein vierstündiger Kurs in Analysis vorgesehen war, in dem algebraische Analysis betrieben werden sollte, sowie ein dreistündiger Kurs in deskriptiver Geometrie nach dem Buch von Bünau's, der dieses Fach an der Gewerbeschule vertrat.[13] In der ersten, also der letzten, Klasse gab es in der Mathematik neben der Theorie der höheren Kurven analytische Geometrie des

---

[9] Zeichnen wird im Folgenden eine wichtige Rolle spielen im Zusammenhang mit der darstellenden Geometrie. Vgl. 8.1.

[10] Immatrikulationsnummer 536, Eintritt in die Klasse III^a.

[11] Zeugnis vom 31. März 1849. Im Programm seiner Schule für das Jahr 1850 werden die Schüler genannt, die die Schule 1849 verlassen hatten, darunter Fiedler (p. 18). Es werden dort auch die Betragens- und die Fleißnote aufgeführt - Fiedler erreichte in beiden eine Eins - und erwähnt, dass er die Bergakademie in Freiberg bezogen habe.

[12] Einzelheiten zu diesen Lehrplänen finden sich im Schulprogramm der Gewerbeschule Chemnitz 1854/55, 28 -35.

[13] Zu Lehrbücher der darstellenden Geometrie vgl. 2.1.

Raumes, zudem war ein zweistündiger Kurs über Perspektive vorgesehen wieder „nach Dr. v. Bünaus Lehrbuch"[14] mit folgenden Themen: „perspektivische Darstellung von Punkten, Linien, Flächen und Körperformen im Raume, unter Hinzufügung des Schattens für Sonnen- oder Lampenbeleuchtung, Spiegelbilder jener Raumgestalten."[15]

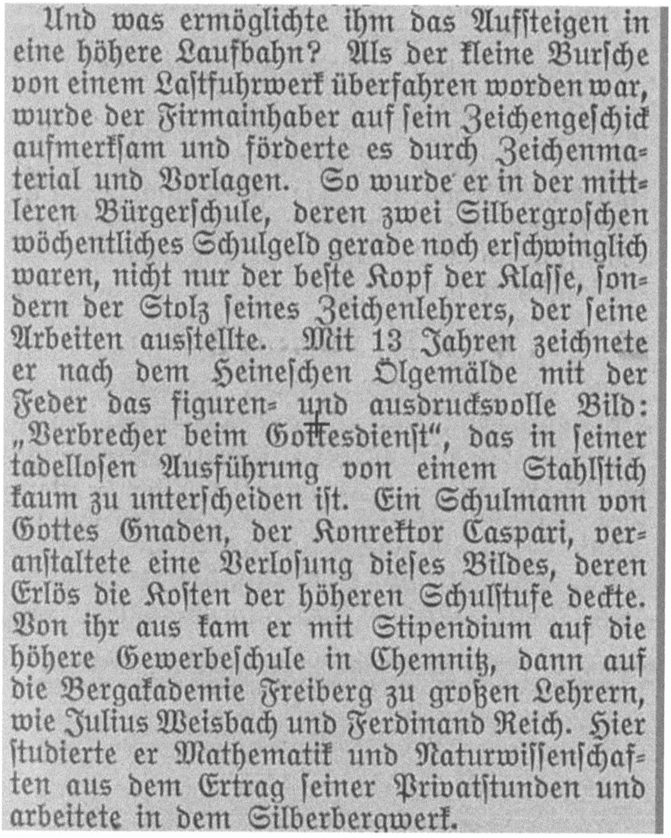

Und was ermöglichte ihm das Aufsteigen in eine höhere Laufbahn? Als der kleine Bursche von einem Lastfuhrwerk überfahren worden war, wurde der Firmainhaber auf sein Zeichengeschick aufmerksam und förderte es durch Zeichenmaterial und Vorlagen. So wurde er in der mittleren Bürgerschule, deren zwei Silbergroschen wöchentliches Schulgeld gerade noch erschwinglich waren, nicht nur der beste Kopf der Klasse, sondern der Stolz seines Zeichenlehrers, der seine Arbeiten ausstellte. Mit 13 Jahren zeichnete er nach dem Heineschen Ölgemälde mit der Feder das figuren- und ausdrucksvolle Bild: „Verbrecher beim Gottesdienst", das in seiner tadellosen Ausführung von einem Stahlstich kaum zu unterscheiden ist. Ein Schulmann von Gottes Gnaden, der Konrektor Caspari, veranstaltete eine Verlosung dieses Bildes, deren Erlös die Kosten der höheren Schulstufe deckte. Von ihr aus kam er mit Stipendium auf die höhere Gewerbeschule in Chemnitz, dann auf die Bergakademie Freiberg zu großen Lehrern, wie Julius Weisbach und Ferdinand Reich. Hier studierte er Mathematik und Naturwissenschaften aus dem Ertrag seiner Privatstunden und arbeitete in dem Silberbergwerk.

Abb. 1.2: *Fiedlers früher Werdegang, geschildert im Nachruf der „Chronik der Stadt Zürich"*[16]

Im Herbst des Jahres 1849 wechselte Fiedler nach Freiberg in Sachsen an die Bergakademie[17], die er als Extraneer besuchte, also als Student, der keine Tätigkeit im Berg- oder Hüttenwesen anstrebte[18] und deshalb nur eine Auswahl

---

[14] Von Bünau hatte die deutsche Bearbeitung des Lehrbuchs über Projektionslehre von Levebure de Fourcy veranstaltet, die er seinem Unterricht in darstellender Geometrie zugrunde legte (Programm Chemnitz 1854/55, p. 30). Daneben hat er auch ein Buch zur Perspektive verfasst (Bünau 1844).
[15] Schulprogramm Chemnitz 1854/55, 31.
[16] Chronik der Stadt Zürich (Nummer 48, 30. November 1912), p. 507. Vf. unbekannt.
[17] Immatrikulation am 3. November 1849.
[18] Beispiele, die der Kalender (p. 181) nennt: „Mechaniker, Feldmesser, Architekten, Landwirthe Pharmaceuten".

von Vorlesungen besuchte – im Unterschied zu den „wahren Akademikern". Beide Gruppen studierten auf Kosten des sächsischen Staates.[19] Die 1850 erschienene Festschrift dieser Institution[20] nennt im Gesamtverzeichnis der Studenten („Akademisten") der Anstalt, „Nr. 1642 Fiedler, Otto Wilh., Chemnitz in Sachsen". Die Schüler mussten bei Schuleintritt mindestens 16 und durften höchstens 25 Jahre alt sein, eine Aufnahmeprüfung war zu absolvieren, in der u.a. Deutsch, Latein, freies Handzeichnen und Mathematik abgeprüft wurden. Stoff der Mathematikprüfung war: Arithmetik und Rechnen mit gemeinen Brüchen, Auflösung von Gleichungen ersten Grades, Rechnen mit Logarithmen, Planimetrie und Anfangsgründe der Trigonometrie. Die bereits genannte Festschrift kommentiert dies: „Diese ziemlich niedrig gestellten Anforderungen an die mathematischen Kenntnisse werden dadurch gesteigert, dass eine völlige Sicherheit und Festigkeit in denselben verlangt wird.""[21] Wie Fiedler allerdings die Lateinprüfung[22] bestehen konnte, ist unklar; die von ihm besuchte Gewerbeschule scheint keinen Unterricht in dieser Richtung angeboten zu haben. Der volle Ausbildungszyklus der Bergakademie umfasste vier Schuljahre. Nach der Aufnahme, die an Ostern erfolgte, war zuerst ein halbjährlicher bergpraktischer Vorbereitungskurs zu absolvieren; nur bei erfolgreichem Bestehen konnte die Schule weiterbesucht werden. Parallel gab es Unterricht im Zeichnen und in Elementarmathematik, „um die Schüler nicht der geistigen Thätigkeit zu entwöhnen"[23]. In den nachfolgenden Jahren wurden folgende Vorlesungen angeboten, die für unser Thema relevant sind:

1. Jahr: Zeichnen Prof. Heuchler 4 Stunden
   Elemente der reinen Mathematik Prof. Naumann 4 Stunden
2. Jahr: Zeichnen Prof. Heuchler 2 Stunden
   Höhere reine Mathematik Prof. Naumann 2 Stunden
   Praktische Geometrie Prof. Weisbach 2 Stunden
3. Jahr: Zeichnen Prof. Heuchler 2 Stunden
   Angewandte Mathematik Prof. Weisbach 4 Stunden
   Kristallographie Prof. Weisbach 2 Stunden
4. Jahr: Zeichnen Prof. Heuchler 4 Stunden
   Praktische Markscheidekunde Obermarkscheider Lechner 2 Stunden[24]

---

[19] Vgl. Kalender 1850, 178 – 179. Wer allerdings nach dem Studium in ausländische Dienste trat, musste das erhaltene Stipendium nachzahlen.
[20] Vgl. Die Bergakademie zu Freiberg 1850, 63. Schüler Nr. 1614 im Jahrgang 1848 war übrigens „Zeuner, Gust. Ant. Chemnitz in Sachsen", später Freund von Fiedler, von dem noch viel die Rede sein wird.
[21] Die Bergakademie zu Freiberg 1850, 40.
[22] Es ging darum, „einen leichten Classiker zu übersetzen" (Bergakademie zu Freiberg 1850, 40).
[23] Die Bergakademie zu Freiberg 1850, 41.
[24] Vgl. Die Bergakademie zu Freiberg 1850, 43 – 45. Die Angaben beziehen sich auf das Jahr 1850, die in der Festschrift enthaltene Übersicht zu den Dozenten (S. 25 – 35) zeigt, dass dieser Zustand über einige Jahre hinweg unverändert blieb.

Hinzu kamen Fächer wie Physik, Chemie, Mineralogie, Bergbaukunst, Bergbaumaschinen, Bergrecht usw. Ein Unterricht in Französisch war fakultativ.

Es fällt auf, dass der Zeichenunterricht einen beachtlichen Teil der Ausbildung an der Bergschule ausmachte (12 Stunden insgesamt). Die Mathematikausbildung umfasste in der reinen Mathematik die Differential- und Integralrechnung sowie die höhere Geometrie, die praktische Geometrie war der Geodäsie gewidmet und die angewandte Mathematik umfasste Statik, Mechanik und Optik (soweit sie für die praktische Geometrie von Nutzen war) sowie einen „kurzen Unterricht in der Anwendung der höheren Mathematik auf Naturlehre und Technik"[25]. Hält man sich diese doch recht elementare Bildung im Bereich der Mathematik vor Augen, so kann man Fiedlers autodidaktische Leistung, die ihn ab Ende der 1850er tief in die Forschungsmathematik hineinführte, besser ermessen.

Nach Fiedlers eigenen Angaben beeinflusste ihn in Freiberg nachhaltig Julius Ludwig Weisbach (1806 – 1871), der an der Bergakademie als Professor für angewandte Mathematik, Mechanik, Bergmaschinenlehre und allgemeine Markscheidekunst wirkte. Weisbach gilt u.a. als Begründer der modernen Markscheidekunst; Fiedler soll ihn bei Messungen anlässlich der Triangulierung des Rothschönenberger Stollens[26] praktisch unterstützt haben. Weisbach war aber auch Autor der „Anleitung zum axonometrischen Zeichnen" (Freiberg: Engelhardt, 1857), mit der er zu einem Wegbereiter der Axonometrie wurde. Das unterstreicht, dass ihn die darstellende Geometrie interessiert hat. Fiedler hat, wie sein Belegblatt (siehe unten) zeigt, sämtliche vier Vorlesungen besucht, die Weisbach routinemäßig anbot. Auch für den Vertreter der Physik, Fr. Reich, soll Fiedler gearbeitet haben und zwar bei der Konstruktion eines Apparats zur Bestimmung der Erdmasse.[27] Während des Studiums verdiente sich Fiedler seinen Lebensunterhalt u.a. auch durch Arbeit im Freiberger Silberbergbau, durch Nachhilfeunterricht konnte er ein eigenes Zimmer finanzieren.

In Fiedlers Nachlass, der heute im Hochschularchiv der Eidgenössischen Technischen Hochschule (ETH) in Zürich aufbewahrt wird, findet sich eine vorbildlich ausgearbeitete Mitschrift aus seiner Feder von Vorlesungen über mechanische Technologie der Professoren Julius Ambrosius Hülsse und Karl Reinhold Brückmann an der höheren Gewerbeschule Chemnitz. Bezüglich des

---

[25] Die Bergakademie Freiberg 1850, 45. Hierzu zählte z. B. Wahrscheinlichkeitsrechnung.
[26] Ein Stollen im Freiberger und Brander Bergrevier, der der Wasserlösung diente. Er wurde 1844 bis 1882 erbaut und misst insgesamt 50,9 km Länge; er gehört heute zum Weltkulturerbe. Angaben aus Wikipedia (7.Januar 2024).
[27] Vgl. Ernst Fiedler 1915, 16. Fiedler hielt später vor dem Handwerkerverein in Chemnitz einen Vortrag zum Thema „Wie die Erdkugel gewogen ward" (siehe unten in diesem Abschnitt).

Unterrichts in darstellender Geometrie[28], den er in Chemnitz genossen hatte, bemerkte Fiedler in seinem 1905 veröffentlichten Rückblick:

> Von meinem ersten Unterrichte in darstellender Geometrie her war ich infolge der empirischen Behandlung ganz ohne Interesse für diesen Gegenstand; nachher in lebhaftem Verkehr mit dem vortrefflichen Julius Weisbach in Freiberg erhielt ich allerdings auch nach dieser Seite Anregungen (Axonometrie), doch war sein Einfluß natürlich mehr nach der Richtung der technischen Mechanik und Maschinenlehre und nebenher aus Anlaß des Rothenschönberger Stollenbaues der praktischen Geometrie wirksam.[29]

Fiedler besuchte die Bergschule nur knapp zwei Jahre lang von 1849 bis 1851. In dieser Zeit belegte er folgende Vorlesungen[30]:

1849/50 Mineralogie (Prof. Breithaupt)
1849/50 Theoretische Chemie (Prof. Reich)
1849/50 Physik 1ter Theil (Prof. Reich)
1850/51 Physik 2ter Theil (Prof. Reich)
1849/50 Allgemeine Markscheidekunst. Practische Geometrie (Prof. Weisbach)
1849/50 Angewandte Mathematik (Prof. Weisbach)
1849/50 Bergbaukunst 1ter Theil (Prof. Götschmann)
1850/51 Bergbaukunst 2ter Theil (Prof. Götschmann)
1850/51 Bergmaschinenbau (Prof. Weisbach)
1850/51 Krystallographie (Prof. Weisbach)
1850/51 Hüttenkunde (Prof. Plattner)
1850/51 Geognosie[31] (Prof. Cotta)

Fiedlers Leistungen wurden bis auf zwei Ausnahmen mit „Fleiß und Fortschritte gut" bewertet; in Physik zweiter Theil erhielt Fiedler sogar ein „sehr gut"; in der Bergbaukunst erhielt er nur für Fleiß „gut", für Fortschritte „befriedigend". Auffallend ist, dass Fiedler weder Vorlesungen zum Thema Zeichnen noch zur reinen oder höheren Mathematik nach der offiziellen Aufstellung besucht hat. Vielleicht war er der Ansicht, dass er in diesen nichts Neues mehr lernen könne. Oder aber er hat sie sich nicht testieren lassen. Bemerkenswert ist auch, dass kein Kurs zur französischen Sprache auftaucht, Fiedler hat später nämlich aus

---

[28] Die Abgrenzung zwischen „Zeichnen" und „darstellender Geometrie" ist hier (und auch an anderen Stellen) unscharf. Zum Thema Zeichenunterricht vgl. 8.1.
[29] Fiedler 1905, 493. Weisbach hielt in Freiberg keine Vorlesungen über darstellende Geometrie, deshalb wohl Fiedlers Rede vom „Verkehr" mit Weisbach.
[30] Ich danke Herrn Roland Volkmar vom Archiv der Bergakademie Freiberg für die Informationen zu Fiedler, die er mir zur Verfügung gestellt hat, insbesondere für das Belegblatt („Verzeichnis der Vorlesungen, welche ... Otto Wilhelm Fiedler aus Chemnitz ... besucht hat") von Fiedler, das hier zu Grunde gelegt wird.
[31] Heute spricht man von Geologie.

dem Französischen übersetzt und gelegentlich – wenn auch selten – Briefe auf Französisch geschrieben.[32] Zu Zeiten Fiedlers vergab die Bergakademie noch keine formalen Abschlüsse; solche spielten allerdings auch keine große Rolle bei der Arbeitsplatzsuche seinerzeit.[33]

Was die höhere Mathematik anbelangt, muss man sich somit Fiedler weitgehend als Autodidakten vorstellen. Diese Sichtweise teilte er selbst, wie folgende Stelle aus einem Brief an F. Klein vom Juli 1885 belegt. Der Hintergrund für diesen war, dass Klein in seinem vorangehenden Brief Vater Fiedler höflich klarzumachen versuchte, dass Sohn Ernst, der gerade bei ihm promoviert hatte, wohl nicht geeignet sei, eine mathematische Habilitation anzustreben.[34]

> Ihre Meinung betreffs seiner weiteren Entwicklung stimmt mit seinen u. meinen Gedanken überein, ich hatte ja glücklicherweise nie die Absicht, Ihn, wie sie drastisch sagten, mit Gewalt zur Habilitation zu bringen, sie lag mir nach meinem eigenen Lebensgange so fern wie möglich, auf dem ich mühsam aber selbständig mich zu einer nützlichen Wirksamkeit durchgearbeitet habe. Mein Sohn hat in seiner Studienzeit viel mehr lernen können als ich u. er hat sie gut und treu benutzt; Gymnasialstellung wäre was wir [sic!] für das Wünschenswerthe zunächst halten.[35]

Nach Verlassen der Bergakademie beabsichtige Fiedler zuerst, so berichtet Sohn Ernst[36], die Universität Leipzig zu beziehen, nutzte dann aber doch vermutlich aufgrund familiärer Verpflichtungen die Gelegenheit, sich ab 1852 als Lehrer an der neu gegründeten mechanischen Baugewerkenschule[37] in Freiberg zu betätigen. Die Schule zog 1853 nach Chemnitz um und wurde der dortigen Gewerbeschule angegliedert. So war Fiedler mit 21 Jahren in seine Heimat zurückgekehrt, der er gut zehn Jahre treu bleiben sollte. Im gleichen Jahr verstarb Fiedlers Vater, so dass Sohn Wilhelm für den Lebensunterhalt seiner Familie, Mutter und drei Schwestern, zu sorgen hatte.[38]

---

[32] Allerdings war Fiedlers Französisch recht holprig; vgl. seinen ersten Brief an Cremona Chemnitz, 15.12.1862 Israel 2017, 638 - 639.

[33] Das wird z. B. deutlich am Beispiel des Züricher Polytechnikums, wo Fiedler später wirkte. Auch dort verließen mehr als die Hälfte der Studenten eines Studienjahrgangs die Institution ohne Diplom, was aber keinen Nachteil bedeutete. Eine Ausnahme bildeten die Gymnasiallehrer, deren Studium mit Staatsexamen schon in der ersten Hälfte des 19. Jhs. in den deutschen Staaten professionalisiert wurde. Für Preußen vgl. man Schubring 1991.

[34] Mehr dazu findet sich weiter unten in diesem Abschnitt.

[35] SUB Göttingen Cod. Ms. F. Klein 5, 19 (Confalonieri/Schmidt/Volkert 2019, 135 – 137). Vgl. auch Volkert 2018b.

[36] Vgl. Ernst Fiedler 1915, 16.

[37] Ein Gewerke ist eine Leistung im Bauwesen. Die Institution ist in etwa vergleichbar mit einer heutigen Meisterschule.

[38] Vgl. Ernst Fiedler 1915, 16.

Fiedler selbst berichtet, dass ihm in Chemnitz der Unterricht in darstellender Geometrie, für die er sich zuvor nur mäßig interessiert habe, zugefallen sei, weil deren Lehrer erkrankt war und er der jüngste Mathematiklehrer im Kollegium gewesen sei. Diese Begebenheit wird vom Schulprogramm der Gewerbeschule für das Jahr 1854/55 bestätigt. Dort wird berichtet, dass Fiedler den erkrankten Lehrer Prof. Dr. von Bünau an der Gewerbeschule im Winterhalbjahr vertreten habe in den Fächern Feldmessen, Projectionslehre[39] und Planzeichnen, an der Baugewerkenschule vertrat er ihn in der Projectionslehre. Fortan wird Fiedler als Lehrer für darstellende Geometrie, Maschinenzeichnen, praktische Geometrie und Planzeichnen an der Gewerbeschule geführt, an der Baugewerkenschule blieb er Lehrer für Mathematik.[40] Auch in seinen Publikationen bezeichnete sich Fiedler gelegentlich – allerdings nicht konsequent - als „Lehrer der darstellenden Geometrie a. d. K. Gewerbschule Chemnitz".[41]

Das Programm der Chemnitzer Gewerbeschule für das Schuljahr 1854/55 wurde, wie üblich, durch eine wissenschaftliche Abhandlung ergänzt, verfasst von August Wilhelm Guthmann, Lehrer für geometrisches, freies Hand-, Fabrik- und Musterzeichnen. Die Abhandlung trug den Titel „Ueber den Zeichenunterricht, mit besonderer Berücksichtigung des Zeichenunterrichts an der Königl. Gewerbeschule zu Chemnitz".[42] Diese Abhandlung gibt einen detaillierten Einblick in den Zeichenunterricht an der Chemnitzer Gewerbeschule, ihr Verfasser orientiert sich dabei stark an den Ideen und Vorschlägen der Gebrüder Alexandre und Ferdinand Dupuis.[43] Modelle und ihre Nutzung kommen darin ausführlich zu Sprache. All das unterstreicht die Wichtigkeit, die man dem Zeichnen im gewerblich-technischen Bildungswesen zuerkannte.

Mit der Übernahme des Unterrichts in der darstellenden Geometrie war eine entscheidende Weichenstellung für Fiedlers weiteren Werdegang erfolgt. In technisch orientierten Schulen und Hochschulen bildete die darstellende Geometrie im 19. Jh. einen Kern der mathematischen Ausbildung ihrer Zöglinge, meist in Gestalt eines eigenständigen Faches außerhalb des Mathematikunterrichts.[44] Ähnliche Ziele wie der Unterricht in darstellender Geometrie verfolgten auch Fächer wie Linearzeichnen[45], technisches Zeichnen und Projektionslehre; es ist aber zu beachten, dass darstellende Geometrie –

---

[39] Projektionslehre war eine gängige Bezeichnung für die elementaren Teile der darstellenden Geometrie – u. U. mit Berücksichtigung der Perspektive; siehe auch weiter unten.
[40] Vgl. das Programm für 1860; digitalisiert zu finden unter http://digital.slub-dresden.de/werkansicht/dlf/95279/1/.
[41] Vgl. Fiedler 1859, 91 und Fiedler 1860b, 377. „Königlich" konnte auch entfallen.
[42] Guthmann 1855.
[43] Vgl. zu dieser Methode Lipsmeier 1971, 185 – 191.
[44] Vgl. Benstein 2019.
[45] Linearperspektive bezeichnete die klassische geometrische Perspektive im Unterschied zur Farbperspektive.

anfänglich auch deskriptive oder beschreibende Geometrie genannt - nicht einfach auf Zeichnen nach Regeln reduziert werden darf, folglich ein höheres da theoretisches Anspruchsniveau verfolgte als die genannten Fächer. Die darstellende Geometrie bildete gewissermaßen die *Corporate identity* – um einen sehr anachronistischen Begriff zu verwenden – der Ingenieursmathematik und war ein charakteristisches Merkmal, das solche Anstalten von den Universitäten unterschied. Der Unterricht in diesem Fach hatte eine starke praktische Komponente, die Schüler mussten selbständig Zeichnungen anfertigen. Mit scholastischem Dozieren, der Vorlesung nach Diktat, die im 19. Jh. erst allmählich auch aus den deutschen Universitäten verschwand, war da nicht viel getan. Selbständigkeit der Schüler war gefragt. Insofern trug die darstellende Geometrie a limine einen Impuls zur Reform des Mathematikunterrichts in sich. Diese Reform des Geometrieunterrichts sollte ein lebenslanges Anliegen Fiedlers bleiben, eine seiner letzten Veröffentlichungen (1905) beleuchtete rückblickend aus seiner Sicht seine Mitarbeit an diesem Mammutprojekt.

Nicht lange nachdem Fiedler den Unterricht in darstellender Geometrie übernommen hatte, schlug er für seine Schule eine Reform des Geometrieunterrichts in seinem Bericht „Ueber den Geometrieunterricht an der höheren Gewerbeschule in Chemnitz", datiert vom 23. Mai 1856, vor.[46] Die herkömmliche Verteilung der Stoffe und Unterrichtsstunden war die folgende:

    Cl. III. 6 Stunden Projectionslehre
    Cl. II. 3 Stunden descriptive Geometrie
    Cl. I. 2 Stunden Perspective

Stattdessen schlug Fiedler vor:

    Cl. III. 4 Stunden Projectionslehre
    Cl. II. 2 Stunden Projectionslehre
    Cl. I. 4 Stunden descriptive Geometrie

Die Perspektive verschwindet also – vermutlich wandert sie in die Projektionslehre, die deskriptive (sprich: darstellende) Geometrie wird aufgewertet. Damit ist ein Thema angesprochen, das Fiedler immer wichtig war: Die Gleichstellung von Zentral- und Parallelprojektionen, wobei erstere für Fiedler als Nachbildung des Sehprozesses den natürlichen Einstieg ins Gebiet der Projektionslehre und somit der darstellenden Geometrie bildete. Damit brach Fiedler mit der Tradition, die sich auf Monge berief und die die Zentralprojektion in Gestalt eines Nachtrags weitgehend aus der darstellenden Geometrie verbannte.

---

[46] Ein handgeschriebenes Exemplar dieses Berichts findet sich in ETH-Bibliothek Hochschularchiv Hs 87a: 11. Es ist leider fast unleserlich.

Ansonsten ist wenig bekannt über Fiedlers Jahre als Lehrer, allerdings zeigen viele Vortragsmanuskripte in seinem Nachlass, dass er am kulturellen Leben seiner Vaterstadt lebhaft teilnahm – wie es sich für einen Mathematiklehrer jener Tage ja gehörte. Dieser galt neben den Lehrern der Naturwissenschaften als lokaler Repräsentant der modernen Wissenschaft und Technik; zu seinen Aufgaben im weiteren Sinne zählte auch, diese Gebiete an breitere Kreise weiterzugeben.

Es folgen einige Titel von Fiedlerschen Vorträgen[47]:

Die Wellenlehre (Vortragsreihe 1853/54)

Wirkungen aus der Ferne (Schlußvortrag der Vorträge über Wellenlehre; 3. April 1855))

Wie die Erdkugel gewogen ward (Vortrag am 4. Feb. 1855 in der Monatsversammlung des Handwerkervereins)

Ueber physische Geographie im Allgemeinen und besonders über die Verteilung der Wärme (Vortrag 2. Jan. 1856)

Etwas vom Schall (Vortrag 30. Januar 1856)

Ueber das Verhältnis der Inductionen von Copernicus, Kepler, Newton (Vortrag 5. März 1856)[48]

Ueber die Wahrnehmung räumlicher Verhältnisse durch die Sinne (Vortrag, 25. Nov. 1856)

Ueber die Verteilung des Regens (Vortrag im Handwerkerverein, 8. Dec. 1862)

Ueber Töne und Klänge. Alte Anschauungen und neue Untersuchungen (Vortrag im Handwerkerverein, 9. März 1863)[49]

Die Bestimmung der Entfernungen im Weltgebäude (Vortrag, 9. Dec.1869)[50]

---

[47] Manuskripte zu diesen Vorträgen finden sich im Hochschularchiv der ETH (Hs 87a: 48 – 49; 49; 35; 42; 45; 46; 53; 39; 51; 32; 38). Gelegentlich notierte Fiedler in seinem Manuskript sogar die Wendung, mit der er seine Zuhörerinnen und Zuhörer ansprach, in Hs 87a: 43 lautet diese beispielsweise „S. G. D. u. H.“

[48] Hs 87a: 46. Von diesem Text ist eine Transkription von Hannelore Aquilino online zugänglich bei der ETH-Bibliothek (Schriftenreihe der ETH-Bibliothek, 22 [Zürich: ETH-Bibliothek, 1983); vgl.. https://www.research-collection.ethz.ch/handle/20.500.11850/138656]). Beigegeben sind die Transkription eines anderen Manuskripts „Über den Hexenglauben im Zusammenhang mit der Naturreligion unserer Vorfahren“ (Hs 87a: 66) von Fiedler sowie eine sehr informative Einführung von Beat Claus.

[49] Im Verzeichnis (siehe unten) heißt dieser Vortrag „Töne und Klänge. Neues nach Helmholtz“.

[50] Es handelt sich hierbei um einen sogenannten Rathausvortrag, den Fiedler Ende 1869 in Zürich hielt; vgl. Seferovic 2011, 137.

> Ueber einige umfassende merkwürdige Witterungserscheinungen (Vertrag Literarischer Verein 22. Oct. 1855)

Die Vorträge im Literarischen Verein, dessen Präsident Fiedler einige Zeit war, organisierte er zusammen mit dem Geologen Adolf Knop und dem Chemiker Alexander Müller; Knop blieb lebenslang ein Freund Fiedlers, mit dem er einen umfangreichen Briefwechsel unterhielt.[51]

In Fiedlers Nachlass findet sich eine Liste[52] mit Vortrags- und sonstigen Titeln, die allerdings weder mit einer Überschrift noch mit einer Datierung versehen ist. Außer den genannten Vorträgen finden sich in dieser Liste noch folgende Einträge:

> Das Auge; Weihnachten (1854); Sehen mit zwei Augen (1858); Vom Monde; Die Bewegungen der Himmelskörper; Überschwemmungen von 1858; Über die Vertheilung des Regens (1862); Über die Luft in Wohnräumen (1859); Über die Töne (30.1.1856); Vertheilung der Wärme (2.1.1856); Von den Tonempfindungen (1863); Über den Hexenglauben in seinem Zusammenhang mit der Naturreligion (1862); Fritz Reuter, ein deutscher Dichter (1863); Die Brüder Grimm (2.3. u. 9.3.1864); Ein unpolitisches Charakterbild aus Curhessen[53] (13.3.1860); Festrede (12.12.1858); Chronologische Daten zur Geschichte der älteren deutschen Literatur; Doctische Formenlehre; Mährchengold (Neujahr 1858); Genoveva (1860); Umrisse ältesten Lebens (Dec. 1860); Mythologisches Mährchen. Volksthümliches; Siegfried und Brunhild u. das Volksmährchen (in 2 Redactionen; Der goldene Schnitt; Deutsche Götter- u. Heldensagen; Hermann u. Dorothea; Zur Erinnerung an Joh. Fischer (23.2.1861); Mythische Vögel u. Entwickelung des Gottesbewusstseins (22.3.1861); Moderne Poesie, speciell Schiller'sche Gedichte; Und Macbeth. Goethe Euphrosque, Iphiginie;   Schiller's   Wallenstein. Bewaffnete Augen; Dichtung u. Dichter; Lessing Weihn. 1858. Der Jüngling. Die Erziehung des Menschengeschlechts; Poetische Blätter. Ein Heft.

Unter dieser durch die Vielfalt der Themen erstaunliche Aufstellung findet sich folgende Notiz:

---

[51] Vgl. Ernst Fiedler 1915, 16. Knop wurde später nach Karlsruhe und dann nach Gießen berufen, wo er Kontakte mit Clebsch hatte, der sich anscheinend gut mit ihm verstand und auch hochschulpolitisch einer Meinung mit ihm war. In den Briefen von Clebsch an Fiedler aus der Karlsruher und der Gießener Zeit kommt Knop recht häufig vor; vgl. Confalonieri/Schmidt/Volkert 2019, 20 – 35. So heißt es beispielseise in einem Brief von Clebsch an Fielder vom 7. Januar 1866 (Hs 87: 162): „Knop ist übrigens vergnügt; er jagt und fischt, und thut alles mögliche, um bei Humor und guter Leibesfülle zu bleiben. Er hat sich übrigens kürzlich als Poet entpuppt, und läßt in der That nichts zu wünschen übrig." (Confalonieri/Schmidt/Volkert 2019, 62). Mehr zu Knops Briefwechsel mit Fiedler findet man in 9.2.4.
[52] Hs 87a: 29. Es handelt sich um ein Blatt ohne Numerierung in einem Konvolut „Notizen und Zeichnungen für Vorlesungen".
[53] Hierzu notierte Fiedler „Lit. Verein 13. März. Beschäftigung seit Weihnachten 1859, niedergeschrieben am 2., 4., 11. März." (Hs 87a:44).

> In Zeitungen Veröffentlichungen am Ende des Catalogs: Süddt. Zeit. 1862
> – 64. Neue fr. Zeit. 1865 – 6. Lehmann's Magazin 1866 – 67. Deutsche
> allgem. Zeit. 1871 – 72. Deutsche Sonntagszeitung 1872 – 3.[54]

Gewisse Themenschwerpunkte lassen sich unschwer in dieser langen Liste erkennen: Da ist zum einen die Meteorologie[55] und zum andern die Literatur, die Mythologie, die Wissenschaftsgeschichte und die Physiologie. Letzteres erstaunt nicht, war doch im Zeitraum, um den es hier geht, die Physiologie gerade auf dem besten Wege zur Leitwissenschaft zu werden, die sie ja auch im letzten Drittel des 19. Jhs. wurde. Von ihr erwartete man die Lösung vieler Probleme, insbesondere auch zur menschlichen Erkenntnisfähigkeit – nicht zuletzt aufgrund populärer Vorträge ihrer bekanntesten deutschen Protagonisten Emil du Bois-Reymond und Hermann Helmholtz. Das literarische Alter Ego Fiedlers trat meist unter dem Pseudonym H. F. Willer (= **Wil**helm Fied**ler**) auf, von dem noch die Rede sein wird.

Alle bislang aufgeführten Vorträge stammen aus Fiedlers Chemnitzer Zeit. Es gibt keine Hinweise auf öffentliche Vorträge nicht-mathematischen Inhaltes, die Fiedler, nachdem er Chemnitz verlassen hatte, gehalten hätte – ausgenommen seinen oben erwähnten Züricher Rathausvortrag von 1869.

Einem Bericht seines Sohnes Ernst zufolge fertigte sein Vater in seiner Chemnitzer Zeit Übersetzungen aus dem Französischen von Werken von Gabriel Lamé (Elastizitätslehre, isotherme Flächen) und Adhémar St. Venant (technische Mechanik) an, auf deren Grundlage er ein Manuskript verfasste. Nachdem Julius Ambrosius Hülsse ihm gesagt habe, dass es für dieses kein Publikum gäbe, soll er das Manuskript vernichtet haben.[56] Das zeigt, dass Fiedlers Interessen ursprünglich wohl in Richtung mathematische Physik gingen, was ja auch zu den Inhalten seines Studiums in Freiberg passte.

Der Bericht von Ernst Fiedler wird durch mehrere Dokumente in Fiedlers Nachlass bestätigt. Hier finden sich diverse Ausarbeitungen, die in die bezeichnete Richtung gehen, u.a. von Lamé's Vorlesungen über inverse Funktionen von Transzendenten und über die Isothermflächen[57] (August/September 1857) sowie von Lamé's mathematischem Hauptwerk, den „Leçons sur les coordonnées

---

[54] Dieser Hinweis konnte bislang nicht verifiziert werden.

[55] In Hs 87a: 41 findet sich u.a. ein Heft mit meteorologischen Aufzeichungen vom 5. Oktober 1856 bis zum 23. September 1864; diese wurden zwei- bis dreimal täglich vorgenommen und betrafen Temperatur, Barometerstand, Winddrehung, Bemerkungen, Tag und Stunde. Das Interesse an der Wetterkunde teilte Fiedler übrigens mit Theodor Reye, der ein vielbeachtetes Buch über Wettererscheinungen schrieb, und mit Ludwig Kiepert, der sich um die Wettervorhersage in Norddeutschland verdient machte. Reye und Kiepert werden uns noch oft begegnen.

[56] Vgl. Ernst Fiedler 1915, 18.

[57] Hs 87a: 17. Für ins Deutsche übertragene Exzerpte zu Lamé und St. Venant vgl. man Hs 87a: 12, 14, 15, 16 und 17.

curvilignes et leurs divers applications" (Paris: Mallet-Bachelier, 1854). Das letztere Werk wurde von Fiedler im Oktober und November 1859 übersetzt und füllt rund 80 dicht beschriebene Seiten eines Schulheftes; die Übersetzung enthält den gesamten Text des Buches von Lamé, sie ist komplett ausformuliert und mit Zeichnungen versehen – gewissermaßen druckreif. Eine ähnliche Ausarbeitung[58] findet sich auch von Lamè's Elastizitätstheorie[59], entstanden im Mai 1857. Schließlich hat Fiedler 1861/62 einen eigenen Text verfasst, in dem er die Ergebnisse von Lamé zur Elastizitätslehre lehrbuchartig darstellte. Zudem übertrug Fiedler große Teile der „Géométrie supérieure"[60] von Michel Chasles, im Jahr 1857 begann er eine Übersetzung der „Höheren ebenen Kurven" von Salmon[61] – sein erster Bezug zu diesem Autor.

Die Fülle dieser Texte zeigt, dass Fiedler ungeheuer fleißig gewesen sein muss in jener Zeit – ein Charakterzug, der ihn auch später noch auszeichnete.

In den frühen Briefen von A. Clebsch an Fiedler spielten das Themenfeld Elastizitätstheorie und verwandte Themen eine gewisse Rolle. Fiedler hat dann auch Clebschs Buch über Elastizitätslehre in der Zeitschrift für Mathematik und Physik ausführlich besprochen.[62] Das darf man als Zeichen interpretieren, dass er als Fachmann auf dem Gebiet anerkannt wurde.

In späteren Jahren arbeitete Fiedler seine Dissertation aus mit dem Titel „Die Zentralprojektion als geometrische Wissenschaft" – also zu einem Thema, das in seinen vorhergehenden Versuchen keine Rolle gespielt hatte, sieht man mal von seiner Lehrtätigkeit ab. Vermutlich hat er das Thema selbst formuliert. Er vollendete diese am 1. Dezember 1858 und schickte die (handschriftliche) Reinschrift am 25. Januar 1859 nach Leipzig an die sächsische Landesuniversität.[63] Es gibt nur Anhaltspunkte dafür, dass Fiedler schon zuvor Kontakt zu den Vertretern der Mathematik in Leipzig – als Gutachter kam nach Lage der Dinge eigentlich nur August Ferdinand Möbius in Betracht – aufgenommen hatte; es scheint aber wahrscheinlich, dass er sein Anliegen

---

[58] Hs 87a: 16.

[59] Hs 87: 14.

[60] Hs 87a: 25 No. 491. Eine deutsche Bearbeitung dieses Buches wurde allerdings schon 1856 veröffentlicht: Grundlehren der neuern Geometrie: nach Chasles: Traité de géométrie supérieure, frei bearbeitet von C. H. Schnuse (Braunschweig: Leibrock, 1856). Als Motiv für seine Bearbeitung nennt Schnuse in der Vorrede „den Mangel an gediegenen Werken zur neuern Geometrie" in deutscher Sprache. Der in Heidelberg ansässige Christian Heinrich Schnuse (1800 – 1878) hat mehrere französische Lehrbücher u.a. von Cauchy, Cournot und Poisson ins Deutsche übertragen und bearbeitet. Offensichtlich verdiente er damit seinen Lebensunterhalt – oder zumindest einen Teil desselben. Er hat auch ein Lehrbuch zur Gleichungslehre verfasst: Die Theorie und Auflösung der höhern algebraischen und der transcendenten Gleichungen (Braunschweig: Leibrock, 1850).

[61] Hs 87a: 22. Vgl. 5.4.

[62] Fiedler 1863d.

[63] Die Datierungen beruhen auf handschriftlichen Vermerken von Fiedler auf einem Bruchstück des Manuskripts der Dissertation, das sich in seinem Nachlass findet; vgl. Hs 87a: 23.

mindestens einmal mit Möbius und/oder Drobisch besprochen haben dürfte - nicht zuletzt, da es noch ein administratives Problem gab, denn Fiedler hatte ja kein Abitur erworben und auch kein Universitätsstudium absolviert, konnte also nach damaligen Gepflogenheiten eigentlich gar nicht promovieren. Offensichtlich war man ihm in Leipzig wohlgesonnen: In einem Brief an den „Decane maxime spectabilis" vom 8.2.1859 legte M. Drobisch in seiner Eigenschaft als „Procancellor d. ph. F.[64]." dar, warum er die Promotion Fiedlers dennoch befürwortete. Dabei erwähnt er u.a. ein Gespräch, das er mit dem Kandidaten geführt habe und das ihn davon überzeugt hatte, es mit einem Mann „von ... tiefer Bildung und Belesenheit" zu tun zu haben.[65] Ein weiteres – auch damals schon schlagkräftiges Argument - war, dass es schon einmal einen Präzedenzfall gegeben habe. Mit einem Schreiben vom 25. Februar 1859 konnte Drobisch dann Fiedler mitteilen, dass seine Promotion in absentia vollzogen worden sei[66], wobei er in höflicher Form am Ende seines Briefes die Möbiussche Kritik (siehe unten) kurz zusammenfasste.

Das Gutachten zu Fiedlers Dissertation wurde von A. F. Möbius verfasst. Es ist zwei Seiten lang und wurde wie damals üblich in der Philosophischen Fakultät zirkuliert. Die Ordinarien unterschrieben, eventuell ergänzten sie eine kurze Stellungnahme und damit war das Verfahren erledigt. Es folgt ein Auszug aus dem Gutachten:

> Die früher schon von Lambert in seiner „freien Perspektive" und später von Cousinery in dessen Géométrie descriptive benutzte Art und Weise, nach welcher in einer perspektivischen Zeichnung die Lage einer Ebene durch zwei parallele Geraden und entsprechend die Lage einer Geraden durch zwei Punkte bestimmt machen kann, diese Bestimmungsart von ebenen und geraden Linien hat Herr Fiedler in der vorliegenden Schrift auf die perspectivische Darstellung von Kugeln und Zylinderflächen angewandt. Nachdem er solche Flächen nach dem besagten Princip darzustellen gezeigt hat, liefert er, wie nach demselben Prinzip die Durchschnitte dieser Flächen mit gegebenen Ebenen oder geraden Linien, die Tangentialebenen, die Tangenten und Normalen der Flächen

---

[64] Lies: philosophischen Fakultät.
[65] Brief Drobisch an Dekan, UAL, Phil. Fak. Prom. 370, Bl. 1. Im Jahr 1882 brachte sich Fiedler bei Drobisch in Erinnerung, indem er ihm ein Exemplar seines gerade erschienenen Buches über Zyklographie zukommen ließ. Drobisch sollte dieses an die Universitätsbibliothek weiterleiten. In einem Begleitschreiben (18. Mai 1882) [Hs 87: 179a] kam Fiedler auch auf seine Promotion zu sprechen, insbesondere darauf, dass die hohe Fakultät die Druckerlaubnis für dieselbe erteilt hatte. Fiedler stellte die Zyklographie als eine Konsequenz seiner Dissertation dar, was wohl rechtfertigen sollte, warum er das Buch nach Leipzig sandte.
[66] Das offizielle Promotionsdatum war der 27. Januar 1859, wie Wilhelm Scheibner nach Studium der Akten brieflich an Fiedler anlässlich von dessen 50. Doktorjubiläums mitteilte (Scheibner an Fiedler, Leipzig 7. August 1907 [Hs 87: 1075a]).

und endlich die Linien, in denen sich zwei dergleichen Flächen schneiden, in der perspektivischen Darstellung gefunden werden können. Wie Herr Fiedler bemerkt, und wie auch ich glaube, hat fast noch Niemand vor ihm diese spezielle und gewiß noch nützliche und deshalb Dank erheischende Ausweitung von jenem Lambert'schen Princip gefunden.

Sind nun auch bei der Lösung der oben erwähnten Probleme keine besonderen Schwierigkeiten zu überwinden gewesen und hat daher der Verf. keine nähere Gelegenheit hierbei gehabt, einen mathematischen Scharfsinn an den Tag zu legen, so geht doch aus seiner Schrift eine große Vertrautheit mit allem dem hervor, was in der Theorie der Centralprojection (der perspektivischen Projection im allgemeinen Sinne), so wie in der descriptiven Geometrie und der neueren Geometrie überhaupt bisher geleistet worden. Dabei ist sein oft wissenschaftlicher Lorbeer, sein Streben nach einem dem Gange seiner Wissenschaft umfassenden Überblick, unverkennbar, und ich halte ihn der Ehre, um welche er petirt, vollkommen würdig.

Möbius kritisiert dann die Weitschweifigkeit der Fiedlerschen Ausführungen („Soll ich einen Tadel anbringen, …") und schließt:

Darum, wie es mir scheint, dürfte sich die ganze Schrift nach Auslagerung alles Überflüssigen etwa auf ihre Hälfte reduciren.[67]

Im Gutachten von Möbius ist der Inhalt der Dissertation von Fiedler recht gut charakterisiert; es ging im Wesentlichen darum, Techniken, die aus der darstellenden Geometrie bekannt waren, wo man ja mit Parallelprojektionen arbeitet, auf die Zentralprojektion zu übertragen.[68] Die Dissertation enthält keine wirklichen neuen Ergebnisse – Theoreme sind ja auch eher selten im Bereich der darstellenden Geometrie – wohl aber eine insgesamt weitgehend neue und umfassende Sicht des Gebietes sowie interessante Konstruktionen im Einzelnen. In seinem 1905 geschriebenen Rückblick hat Fiedler seine Dissertation folgendermaßen beschrieben:

Sie enthielt, wenn auch in selbständiger Durchführung, natürlich zumeist Bekanntes; was davon in J. H. Lamberts „Freye Perspektive" von 1759 schon vorkommt, zeigte ich gegenüber der Chasles'schen Hervorhebung Cousinery's auf, daß aber Brook Taylor 1715 schon die Grundlagen gegeben hatte, war mir unbekannt. Der ehrwürdige Möbius approbierte meine Arbeit und sandte mir alle späteren Veröffentlichungen. Ich hatte

---

[67] Universitätsarchiv Leipzig Phil. Fak., Prom. 370 Bl. 2. Ich danke Frau Letzel (Leipzig) für ihre freundliche Unterstützung bei der Beschaffung der Unterlagen zu Fiedlers Promotion.
[68] Genaueres hierzu in 4.2.1.

das Prinzip der Transformation[69] in die Zentralprojektion eingeführt, die zentrische Kollineation als die zugehörige Verwandtschaft erkannt, und darin und in dem Prinzip der Parallelverschiebung von Strahlen und Ebenen an das Zentrum ihre Überlegenheit über die Parallelprojektions-Methode, besonderes in betreff aller Winkelbestimmungen, verstanden.[70]

Fiedler äußerte sich in einem Brief vom 2. August 1887 an F. Klein, der ja als Herausgeber des zweiten Bandes der „Gesammelten Werke" von Möbius fungierte, folgendermaßen über Möbius:

> Sie wissen, dass ich ein alter Möbius-Verehrer bin; er hat meine Dissertation geprüft u. anerkannt u. mir in den zufälligen Begegnungen sehr wohl gethan.[71]

Keineswegs selbstverständlich war damals die Kenntnis von Lamberts „Freyer Perspective". Bemerkenswerter Weise besaß Fiedler, wie eine von ihm niedergeschriebene Auflistung seiner Bücher belegt, sogar ein Exemplar dieses Werks.[72]

Gedruckt wurde Fiedlers Arbeit im Jahre 1860 als wissenschaftliche Beilage zum Programm seiner Schule (vgl. Abbildung 1.3).

Die „Zeitschrift für Mathematik und Physik", die – was die Mathematik betraf - unter der Leitung ihres Gründers Oskar Schlömilch[73] stand und zu der Fiedler von

---

[69] Darunter versteht man die Veränderung der relativen Lage von Projektionszentrum, Bildebene und Objekt mit dem Ziel, die Verständlichkeit der Darstellung zu verbessern. Vgl. 4.2.5.

[70] Fiedler 1905, 494.

[71] SUB Göttingen Cod. Ms. F. Klein 9, 21 (Confalonieri/Schmidt/Volkert 2019, 141). Eine der „Wohlthaten", auf die Fiedler hier anspielt, könnte der lange Brief über baryzentrische Koordinaten gewesen sein, den Möbius Fiedler zukommen ließ und den dieser dann als Zusatz zur ersten Auflage der „Kegelschnitte" in Auszügen abdruckte; vgl. 5.1.

[72] Vgl. Hs 87a: 68. Erschienen ist das Werk 1759 in Zürich. Lambert sah sich zeitlebens als Eidgenosse, Mülhausen (heute: Mulhouse [Haut Rhin]) gehörte in jener Zeit nämlich zur Eidgenossenschaft.

[73] Die Gründung erfolgte 1854, zweiter Hg. war B. Witzschel (vgl. auch 2.2), 1859 kam Moritz Cantor hinzu und ab 1860 wurde Witzschel durch E. Kahl ersetzt. Cantor widmete sich neben der Geschichte der Mathematik den Besprechungen, die in der separat paginierten Literaturzeitung erschienen, Kahl war hauptsächlich für die Physik zuständig. Im Vorfeld der Gründung der ebenfalls im Teubner-Verlag erschienen Mathematischen Annalen (1868) gab es die Idee, diese mit Schlömilchs Zeitschrift zusammenzuführen. Das scheiterte letztlich an Schlömilch Forderungen bzgl. seines Herausgeberhonorars.
Schlömilch hat Fiedler in vielen Belangen später unterstützt, z. B. anlässlich seiner Berufung nach Prag. In seinem Bewerbungsschreiben für Prag, verfasst Chemnitz, am 24. Oktober 1863, nennt Fiedler als mögliche Gutachter zu seinen Leistungen Clebsch (Gießen), Schlömilch (Dresden), Hülsse (Dresden) und Möbius (Leipzig); vgl. Hs 87: 1778. Auch der umfangreiche Briefwechsel von Schlömilch mit Fiedler im Hochschularchiv der ETH (Hs 87: 1097 – 1114) ist aufschlussreich, vgl. 9.2.4; bzgl. der Prager Bewerbung vgl. Hs 87: 1101 – 1104 und 1.2. Schlömilch hat selbst in Dresden darstellende Geometrie gelesen: „Insbesondere lag ihm [Schlömilch; K. V.] die darstellende Geometrie am Herzen." (Koch 1990, 7). Die Stelle in Prag war auch ihm angeboten worden; er lehnte allerdings ab: „Viel Ehre, wenig Geld" (Hs 87: 1102).

1859 bis 1865 eine Reihe von Beiträgen leistete[74], widmete seiner Dissertation eine ausführliche Besprechung von Dr. Rudolf Hoffmann. Nach einer detaillierten Darlegung des Inhalts der Dissertation fügte der Rezensent eine kritische Bemerkung hinzu:

> Nur eine Bemerkung sei uns am Schlusse noch erlaubt, nämlich die, dass es der Darlegung des interessanten Inhalts der Abhandlung zum großen Vortheil gereicht hätte, wenn dem Styl mehr Sorgfalt gewidmet worden wäre, als dies an vielen Stellen der Fall gewesen ist.[75]

Abb. 1.3: *Druckfassung der Fiedlerschen Dissertation*[76]

Als Vorbild für besseren Stil empfahl der Rezensent den „berühmten Verfasser der „Géométrie descriptive", also niemand anderen als Monge. Vorwegnehmend

---

In der Theorie der orthogonalen Axonometrie gibt es einen Satz von Schlömilch-Schwarz (vgl. Loria 1909, X). Neben einem erfolgreichen Lehrbuch über analytische Geometrie (mit O. Fort), auf das wir noch sprechen kommen werden, und anderen Lehrbüchern gab Schlömilch auch das sehr interessante „Handbuch der Mathematik" (1878, 1881) heraus, zu dem er selbst allerdings lediglich die Vorworte beisteuerte. Wenig Erfolg war seinem „Repertorium" beschieden, vgl. 4.5.
[74] Vgl. 3.1.
[75] Hoffmann 1860, 79.
[76] Ich danke Sebastian Kitz (Wuppertal) für seine vielfältige Unterstützung bei der Beschaffung von Materialien, die im vorliegenden Text verwertet werden.

kann man festhalten, dass Fiedlers Stil auch in späteren Publikationen nicht gerade leserfreundlich war – was noch mancher Referent anmerkte. Vor allem seine Neigung zu langen, verschachtelten Sätzen und zur Verwendung ungewöhnlicher Begrifflichkeiten – gerne dem Bereich der darstellenden Geometrie entnommen – machten und machen es Leserinnen und Lesern schwer, den Sinn der Ausführungen zu verstehen.[77]

Einen wirklichen Nutzen aus seinem Doktortitel sollte Fiedler dann einige Jahre später ziehen: Im Herbst 1864 wurde er als deutschsprachiger Professor für darstellende Geometrie an das Polytechnikum in Prag, auch böhmisch-ständiges polytechnisches Industrieinstitut genannt, berufen.[78] Hier wirkte er drei Jahre lang bis zu seiner Wegberufung an das Eidgenössische Polytechnikum in Zürich. Wie man dem im ETH-Archiv erhaltenen Briefwechsel Fiedlers[79] entnehmen kann sowie einem Entwurf zu seiner Bewerbung in Prag, hatte Fiedler schon vor seiner Berufung regen Kontakt mit Franz Tilscher[80] (1825 – 1913), den er auch in einer Nachbemerkung in seinem Bewerbungsschreiben[81] ausführlich und vermutlich strategisch klug erwähnte:

> In den letzten Jahren habe ich die Freude gehabt, mit Prof. Franz Tilscher,
> k.k. Hauptmann im Genie, Prof. d. darst. Geometrie a. d. k.k. Genie
> Akademie zu Klost.[82] u. Verfasser der Beleuchtungsconstruction (Wien:
> Gerold, 1862) einen lebhaften Briefwechsel zu führen.

Tilscher wurde 1864 Professor der darstellenden Geometrie mit tschechischer Unterrichtssprache am Polytechnikum in Prag, 1870 – 71 auch Rektor des böhmischen Institut[83]; er ist bekannt vor allem wegen seiner Beiträge zur Beleuchtungslehre.[84] Tilscher unterstützte Fiedlers Kandidatur.[85] Nach seiner

---

[77] Vgl. die treffende Charakterisierung des Fiedlerschen Stils durch C. Beyel in 1.4.1.

[78] Susanne Hensel führt aus, dass der Markt für Vertreter der darstellenden Geometrie an den Polytechnika zumindest im deutschsprachigen Raum seinerzeit günstig war, heißt, es gab nur wenige geeignete Bewerber wohl aber freie Stellen. Diese potentiellen Bewerber kamen auch nicht immer über die Schiene Gymnasium – Universität in die akademische Laufbahn, anders als die Vertreter der reinen Mathematik an den Polytechnika. Insofern war Fiedler hier kein Einzelfall. Vgl. Hensel 1989, 399 und Benstein 2019 sowie 9.2.

[79] Hs 87: 1321 – 1368.

[80] Tschechisch: František Tilšer.

[81] ETH-Bibliothek Hochschularchiv Hs 87: 1778.

[82] Gemeint ist Kloster Bruck (tschechisch: Loucký klášter) bei Zaim (Znojmo) in Südmähren.

[83] 1869 erfolgte die Aufteilung des Polytechnikums in eine deutsche Anstalt und eine böhmische.

[84] Vgl. sein Buch „Die Lehre der geometrischen Beleuchtungs-Constructionen und deren Anwendung auf das technische Zeichnen" (Wien: Gerold's Sohn 1862). In Fiedlers Aufsatz „Ueber die Transformation in der darstellenden Geometrie" (Fiedler 1864) wird dieses Buch ausführlich gewürdigt. Fiedler hat es auch für die Zeitschrift für Mathematik und Physik besprochen (Fiedler 1862j). Tilscher wurde mit Dekret des Landesausschuss vom 14. Juni 1864 ernannt; vgl. Stark 1906, 41. Mehr zu Tilscher fidnet man in 9.2.3. In den Briefen von K. Pelz an Fiedler ist mehrfach die Rede von Tilscher – mit sehr negativer Tendenz; vgl. 9.2.6.

[85] Vgl. Tilscher an Fiedler Prag, 21.Dezember 1863 (Hs 87: 1339).

Ankunft in Prag setzte sich Fiedler wiederum für die Berufung von Tilscher ein.[86] Fiedlers Bewerbung in Prag wurde von O. Schlömilch initiiert, der sich wie bereits erwähnt ebenfalls für Fiedler verwandte.[87]

Bleibt nachzutragen, dass Fiedler 1860 in Chemnitz Lina Elise Springer[88], Tochter von Albert Springer und Pflegetochter des Fabrikanten Ernst Iselin Clauss, heiratete. Noch in Chemnitz wurden die Söhne Wilhelm Ernst (1861 - 1954) und Alfred Karl (1863 – 1894) geboren.[89] Auf Sohn Ernst, der wie sein Vater Mathematiklehrer wurde, kommen wir noch mehrmals zu sprechen. Er studierte drei Jahre am Polytechnikum in der Fachlehrerabteilung, u.a. bei seinem Vater, Mathematik[90] und promovierte nach einem Aufenthalt in Berlin bei Klein in Leipzig[91]; wenig später (1886) habilitierte er sich am Polytechnikum. Die Abteilungskonferenz der sechsten Abteilung, die wie üblich für den Schulrat eine Stellungnahme zu Ernst Fiedlers Habilitationsgesuch vorbereiten sollte, lehnte dies wegen einer fehlenden Habilitationsschrift zunächst ab (Sitzung vom 13. Februar 1886).[92] Einige Tage später (am 16. Februar) sandte Frobenius aber im Namen der Abteilung eine Stellungnahme an den Schulratpräsidenten.[93] Darin führte er aus, dass es gemäß der Tradition der sechsten Abteilung eigentlich erforderlich sei, dass der Petent – also Ernst Fiedler – eine Habilitationsschrift vorlege, dass die Abteilung den Schulrat aber bäte, die Angelegenheit „im

---

[86] Vgl. Knothe 2004, 59.

[87] Vgl. Schlömilch an Fiedler, Dresden, 22. Oktober 1863 (Hs 87: 1101).

[88] Geboren 23.Februar 1836 in Neukirchen bei Freiberg (Sachsen), gestorben am 19.11.1919 in Zürich.

[89] Auch die Schreibweise Carl findet sich. Quelle: Historisches Lexikon der Schweiz, Eintrag Fiedler, Wilhelm. In einem Brief vom 26.April 1864 an Fiedler vermerkte Clebsch, dass Alfred Karl „ein Stückchen Namensvetter" von ihm – nämlich Clebsch - sei (Hs 87: 155).

[90] Wie Ernst Fiedlers Matrikel (Bibliothek ETH-Hochschularchiv EZ-REK 1/1/4'757) zeigt, war dieser ein fleißiger Student. Er belegte etwa doppelt so viele nicht-obligatorische Vorlesungen wie die meisten seiner Kommilitonen, darunter auch solche über französische und italienische Literatur und über „Schießtheorie der schweizerischen Handfeuerwaffen" bei C. F. Geiser. Er hörte zudem die Privatdozenten A. Weiler und Chr. Beyel, bemühte sich also um eine breite mathematische Ausbildung. Die Matrikel stellt im Abschlusszeugnis vom 2. August 1885 fest: „Ueber das sittliche Verhalten liegen keine Klagen vor." Ernst Fiedler hat das Fachlehrerdiplom in Zürich nicht erworben, da er schon nach dem dritten Studienjahr nach Berlin ging; das Diplom wurde erst nach dem vierten Jahr verliehen.

[91] Titel der Dissertation: „Ueber eine besondere Classe der Modulargleichungen der elliptischen Functionen" (Ernst Fiedler 1885), veröffentlicht in der Vierteljahrsschrift der Naturforschenden Gesellschaft in Zürich. Das Fortkommen von Sohn Ernst spielt im Briefwechsel Fiedler/Klein eine wichtige Rolle; vgl. Volkert 2018b. Klein war offenkundig besorgt, Vater Fiedler klarmachen zu müssen, dass Sohn Ernst wohl keine Karriere als Mathematikprofessor machen werde. Offensichtlich fürchtete Klein Wilhelm Fiedler großen Ehrgeiz, eine Einschätzung, die durch Beyels Bericht durchaus gestützt wird; vgl. 1.4.1 und 1.6.

[92] Vgl. das Protokollbuch der sechsten Abteilung. Ernst Fiedler war nach der Rückkehr aus Leipzig auf Stellensuche, vermutlich sollte seine Habilitation seine Situation verbessern, eröffnete sie doch die Möglichkeit, Hörergelder einzunehmen. Er hat in dieser Zeit auch an der fünften Auflage der Salmonschen Kegelschnitte in der Bearbeitung seines Vaters mitgearbeitet (vgl. 5.1). Eine vergleichbar kurze Spanne zwischen Promotion und Habilitation am Polytechnikum findet sich auch bei anderen Privatdozenten der Mathematik, z. B. bei J. Keller und Chr. Beyel.

[93] Geschäftskontrolle des schweizerischen Schulrats 1886, No. 73.

günstigen Sinne" für den Kandidaten zu entscheiden.[94] Hintergrund war, dass es keine verbindliche Habilitationsordnung am Polytechnikum gab, eine Lücke, die Frobenius in seinem Brief auch ausführlich würdigte und um deren Behebung er nachdrücklich bat. Der Schulrat beschloss schließlich am 13. März 1886, Ernst Fiedler zum Privatdozenten in der siebten Abteilung zu ernennen und ihm das Recht zu verleihen, Vorlesungen über mathematische Disziplinen anzukündigen und zu halten. Zudem wurde er „engeladen", einen Probevortrag zu halten.[95]

In Vater Fiedlers Exzerpten findet sich ein ausgearbeitetes vierseitiges Manuskript mit dem Titel „Ueber Coord.meth. in der Kugelgeometrie". Darauf ist notiert: „E.F. 17.10.86 11^h in 8^d". Am Schluss wird bemerkt. „55 Min. Zusamm. korr." Vermutlich handelte es sich hier um den Probevortrag, zu dem Ernst Fiedler im Zusammenhang mit seiner Habilitation vom Schulrat „eingeladen" worden war. Inhaltlich ging es, wie den Notizen von Vater Fiedler zu entnehmen ist, um die Darstellung einer „Algebra" von mehr als drei Dimensionen mit zwei Möglichkeiten: Einerseits durch höherdimensionale Räume („ideale Räume höherer Dimension"), andererseits dadurch, dass man dem gewöhnlichen Raum „eine beliebig hohe Stufe beilegt" im Stile Plückers.[96] Insgesamt ist der Entwurf vier eng beschriebene Seiten lang – allerdings auf Grund schlechter Lesbarkeit kaum als Manuskript für einen Vortrag geeignet. Vielleicht hat Ernst Fiedler letztlich frei gesprochen.

Ernst Fiedler wurde Mathematiklehrer an der Züricher Industrieschule, später (1904) Direktor der Oberrealschule, der Nachfolgeinstitution der höheren Industrieschule, neben dem klassischen Gymnasium der technische Zweig der Kantonsschule.[97] Dort setzte er sich u.a. für die Einführung der Stenographie als

---

[94] Positiv für den Petenten erwähnt Frobenius dessen Dissertation nebst deren „Beurtheilung von competentester Seite" (gemeint ist F. Klein).

[95] Vgl. Schulratsprotokolle 1886 (Sitzung vom 13. März 1886, Traktandum No. 10, p. 56).

[96] Typisches Beispiel: Nimmt man die Geraden als Grundelemente des Raumes, so wird dieser sechsdimensional.

[97] Der Einrichtung der Oberrealschule vorangegangen war die Abspaltung des Handelszweiges der Industrieschule; vgl. Bandle/Quadri 1992. Ernst Fiedler soll sich engagiert für die Belange seines Kollegiums eingesetzt haben. Im Jahr 1898 veröffentlichte Sohn Ernst eine wissenschaftliche Beilage zum Programm der Kantonsschule in Zürich „Die darstellende Geometrie im mathematischen Unterricht". Er verfasste zudem Schulbücher und autographierte Ausarbeitungen für den Unterricht in darstellender Geometrie. Ähnlich wie sein Vater hegte Ernst Fiedler eine Liebe zu mathematischen Modellen; an seiner Schule legte er, seinem Bericht im genannten Schulprogramm zufolge, eine große Modellsammlung an. Teile dieser Sammlung finden sich heute noch in der Kantonsschule Rämibühl in Zürich; mein Dank geht an N. Hungerbühler (Zürich), der den Kontakt zu dieser Schule herstellte, sowie Renato Acampora (Zürich) für die Überlassung von Fiedlerschen Ausarbeitungen. Die ETH-Bibliothek besitzt eine beachtliche Zahl von Vorlesungsmitschriften Ernst Fiedlers aus Zürich, Berlin und Göttingen, ein weiterer Beleg für seinen großen Fleiß. Dabei waren ihm seine Fähigkeiten im Stenographieren von großem Nutzen; vgl. Eggert 1957. Sohn Ernst war es, der den Nachlass seines Vaters hütete, der wiederum nach Ernsts Tod 1956 von seinem Sohn Karl und dessen Frau „zu günstigen Bedingungen" an die Bibliothek der ETH abgegeben wurde.
Zu Ernst Fiedler vgl. man den Nachruf seines Sohnes Karl Fiedler (Schweizerische Bauzeitung 73 (1955), 94 – 95).

Freifach ein. Da er einen sehr hohen militärischen Rang (Oberst[98] [1904]) im Bundesheer begleitete, unterrichtete er an der militärischen Zentralschule in Thun, später hatte er Lehraufträge am Polytechnikum in der militärischen Abteilung inne.[99] Ernst Fiedler war als Vertreter der höheren Schulen an der Vorbereitung des ersten internationalen Mathematikerkongresses in Zürich (1897) beteiligt und hatte auch sonst viele Ehrenämter.[100]

Sohn Karl studierte in Zürich, Berlin und Leipzig Biologie; er promovierte 1888 mit einem zoologischen Thema in Zürich und wurde sowohl an der Universität (1889) als auch am Polytechnikum (1890) Privatdozent. Wie sein Vater war auch er in der Naturforschenden Gesellschaft aktiv; er war deren Sekretär von 1892 bis zu seinem frühen Tod im Jahr 1894[101], ein trauriges Ereignis, das Fiedler wohl nie ganz verkraftet hat.

Das Ehepaar Fiedler hatte insgesamt sieben Kinder.[102] Neben den bereits genannten Söhnen Ernst und Karl waren dies:

> Margarethe Elise Auguste, geboren in Prag am 18.2.1866,
> Elisabetha Erdmuthe, geboren in Fluntern[103] am 11.7.1868,
> Helene Amalie, geboren in Fluntern am 2.12.1869, gestorben in Hirslanden am 8.5.1871[104],
> Reinhold Wilhelm, geboren in Hirslanden am 27.8.1872
> Emilie, geboren in Unterstrass am 25.10.1876.

Die beiden ältesten Söhne bereiteten den Eltern Sorgen: Sohn Karl litt an einem Hüftleiden (Coxytis)[105] und Sohn Ernst erlitt 1879 beim Maturitätsausflug einen schwerer Unfall in den Bergen. Kaum von diesem genesen, wurde er bei der

---

[98] Seit 1889 war Ernst Fiedler Kommandant des Infanterieregiments 22.

[99] Vgl. beispielsweise seine Schriften „Die taktische Verwendung des Schweizerischen Repetirgewehrs" (1887), „Reformen des Schusswesens ausser Dienst" (1888), „Der Feldzug bei Nacht" (1890) und „Kriegsmässige Schussausbildung" (1899), alle in der Bibliothek der ETH. Manchmal wird Ernst Fiedler in den Dokumenten als Privatdozent für Mathematik und Schießkunst bezeichnet. Im Winter 1891/92 hielt Ernst Fiedler einen Rathausvortrag mit dem Titel „Zielen und Treffen im Kriege"; vgl. Seferovic 2011, 152.

[100] Für die Sonderausgabe der Neuen Zürcher Zeitung von 1930 anlässlich des Jubiläums der ETH verfasste Ernst Fiedler einen Artikel „E.T.H. und schweizerische Maturitätsschulen", in dem er ausführlich die große Wichtigkeit der Lehrerausbildung, der VI. Abteilung also, für die Entwicklung der ETH herausstellte.

[101] Vgl. Allgemeine Deutsche Biographie Band 48 (Nachtrag), S. 554 – 555 sowie den Nachruf von F. Rudio in Vierteljahrsschrift der Naturforschenden Gesellschaft in Zürich 41 (1896), 115 – 116.

[102] Ich danke Caroline Senn, wissenschaftliche Mitarbeiterin am Stadtarchiv Zürich, dafür, dass sie mir diese Informationen beschafft hat.

[103] Fluntern, Hirslanden, Hottingen und Unterstrass waren in der zweiten Hälfte des 19. Jhs. noch eigenständige Gemeinden. Sie wurden 1894 mit weiteren Gemeinden in die Stadt Zürich eingemeindet, wodurch diese zur größten Stadt der Schweiz aufstieg.

[104] Der Tod Helenes kommt in einem Brief von J. Lieblein an Fiedler (Prag, 8. August 1871 [Hs 87:660]) zur Sprache.

[105] Vgl. Brief von Fiedler an Cremona 22. Juni 1867 (Israel 2017, 653 - 655).

Explosion einer Petroleumlampe im Elternhaus nochmals schwer verletzt.[106] 1899 hatte Ernst Fiedler einen Nervenzusammenbruch, wie man damals sagte. Diese schwere Krise bewältigte er u.a. durch ein strenges Regime in der Ernährung nach Bircher-Benner; er wurde auch zu einem Vorkämpfer der Abstinenzbewegung in der Schweiz.[107] Der Nachruf, den Sohn Karl in der Schweizer Bauzeitung seinem Vater widmete, weiß zu berichten, dass er als Major „den üblichen Schweizer Schoppen durch gezuckerten Tee"[108] ersetzt habe.

Wie man u.a. Briefen an Cremona entnehmen kann, war Wilhelm Fiedler ein begeisterter Bergwanderer, der gelegentlich eine ganz Woche lang allein oder auch mit Ernst auf Wanderschaft ging.[109] Insofern war Zürich ein idealer Wohn- und Lebensort für ihn.

Ernst Fiedler berichtet auch, dass seine Mutter seit 1878 an einem Nervenleiden gelitten habe, was dazu führte, dass das Paar in Zürich sehr zurückgezogen lebte.

> Die Welt merkte nichts davon, da er sich mehr und mehr von allem zurückhielt, was nicht zu seinem Amte gehörte.[110]

Während Fiedler in Chemnitz noch sehr aktiv in diversen Vereinen war, lässt sich in Zürich Vergleichbares nicht nachweisen. Lediglich in der dortigen Naturforschenden Gesellschaft war er Mitglied wie viele seiner Kollegen.[111]

> Sonst war er kein Mann der Vereine und Kongresse.[112]

So folgte Fiedler z. B. nicht den Aufforderungen von F. Klein und W. Dyck, sich an Modellausstellungen zu beteiligen und selbst zum Tagungsort zu reisen, wurde aber 1897 Mitglied der DMV.[113]

---

[106] Vgl. Briefe von Fiedler an Cremona 30. Mai 1880 (Israel 2017, 691 – 692) und 29. Dezember1880 (Israel 2017, 692 - 693). Als Folge dieses Unfalls war das Hörvermögen von Ernst Fiedler erheblich eingeschränkt und sein rechtes Ohr verstümmelt. Dennoch machte er Karriere im Bundesheer.

[107] Hierin folgte ihm wiederum sein Sohn Karl.

[108] Schweizer Bauzeitung 72 (1954), 95. Ob diese Maßnahme auf Gegenliebe stieß und von Dauer war, ist allerdings nicht überliefert. Auch Ernst Fiedlers Sohn Karl, der Gymnasiallehrer in Basel wurde, war in der Abstinenzbewegung engagiert.

[109] Am 29. Dezember 1878 sandte er Cremona ein Edelweiß, das er am Piz Scopi (3189 m) gepflückt hatte. In einem Brief an Klein vom 25. Oktober 1880 [Confalonieri/Schmidt/Volkert 2019, 117) schilderte Fiedler eine lustige Begebenheit im Zusammenhang mit einer seiner Wanderungen (vgl 9.2).

[110] Ernst Fiedler 1915, 20.

[111] Diese Gesellschaft bot in Gestalt ihrer Vierteljahrsschrift auch eine bequeme Möglichkeit der Publikation, die Fiedler ausgiebig nutzte. Sie veranstaltete auch die Rathausvorträge in Zürich.

[112] Ernst Fiedler 1915, 24.

[113] Mitgliederverzeichnis, 104. Auch Sohn Ernst war DMV-Mitglied geworden – sogar schon vor seinem Vater, nämlich 1893.

1.2 Prag

Die darstellende Geometrie wurde am Prager Polytechnikum anfänglich von Karl
Wiesenfeld (1802 – 1870) angeboten, der die Lehrkanzel für Baukunst innehatte.
Seit 1850 gab es offiziell angeordnete Vorträge über darstellende Geometrie,
Wiesenfeld hatte aber schon zuvor gelegentlich Veranstaltungen dazu
abgehalten. Sein Nachfolger wurde Rudolf Skuherský (1828 – 1863), für den 1854
eine Lehrkanzel für darstellende Geometrie eingerichtet wurde. Nach Skuherskýs
Tod vertrat („supplirte") Assistent Rafael Morstadt die Professur bis zum Eintreffen
von Fiedler und Tilscher[114]. Bevor Tilscher die Lehre aufnahm wurde die
darstellende Geometrie am Prager Polytechnikum ausschließlich in deutscher
Sprache unterrichtet.[115] Wie der Briefwechsel von Fiedler mit Tilscher[116] zeigt,
kam die Idee, eine Professur für darstellende Geometrie in tschechischer –
damals sprach man von böhmischer - Sprache einzurichten, erst im Laufe des
Berufungsprozesses für die deutschsprachige Stelle auf. Fiedler, der zeitweilig
befürchtetete, er habe Tilscher die deutschsprachige Stelle streitig gemacht[117],
unterstützte Tilscher dann nachdrücklich, u.a. durch Schreiben an ihm bekannte
Persönlichkeiten. Bekanntlich wurden Fiedler und etwas später[118] dann Tilscher
berufen.

Neben Tilscher förderte wie bereits erwähntauch O. Schlömilch nachhaltig die
Berufung Fiedlers nach Prag. Am 23. Oktober 1863 schrieb er an Fiedler[119]:

> Von Dr. Jelinek, früher Professor der Mathematik (anal. Geom.& Analysis)
> am Prager Polytechnikum, erhalte ich beiliegenden Brief, den ich Ihrer
> Beachtung empfehle. Wenn Sie sich melden wollen, werde ich in Ihrem
> Interesse an Skrivan u. Koristka schreiben und Sie können darnach der
> kräftigsten Fürsprache beider versichert sein. Was ich sonst noch von
> Prager Verhältnissen weiß, ist zwar wenig aber vielleicht nicht ganz
> unnütz: 1. Der Professor der höheren Mathem. hat 10 allerhöchstens 12
> Stunden wöchentlich. 2. Mit 1 Fl. c. W. reicht man in Prag, soweit wie hier
> mit circa 17 Ngr., vorausgesetzt, daß man nicht ein starker Raucher ist. 3.
> Das Cechenthum soll nicht so schlimm sein, als es von weiter aussieht.
> Die Cechen behaupten, sie haßten nicht die Deutschen sondern die k.k.

---

[114] Viele Namen tschechischer Mathematiker besitzen auch eine tschechische Schreibweise, im Falle
Tilschers war dies František Tilšer. Vgl. hierzu die Prosopographie am Ende dieses Buches. Im Text
wird die deutsche Schreibweise wegen ihrer besseren Lesbarkeit für uns verwendet.
[115] Vgl. Obenrauch 1897, 353. Informationen zum Polytechnikum in Prag und zur darstellenden
Geometrie findet man auch bei Moravcovà 2019.
[116] Vgl. 9.2.3.
[117] Vgl. Tilscher an Fiedler, Klosterbruck 26. Januar 1863 (Hs 87: 1324).
[118] Fiedler wurde mit Dekret des Landesausschuss vom 22. Februar 1864 ernannt; vgl. Stark 1906,
40. Mehr hierzu in 9.2.3.
[119] Hs 87: 1101.

Österreichische Bureaukratie. Wer kein „Ultracentralist" sei, kann in Prag unangefochten bleiben. Das wäre allerdings für solche ganz gut, die nicht unter dem Wiener Ministerium sondern unter den böhmischen Ständen stehen, weil dann die Möglichkeit eines Interessenconfliktes wegfällt. 4. Prag gilt für strebsame Leute als der Vorhof zu Wien.

Besonders deutlich wurde Schlömilchs konkretes Interesse an Fiedlers Berufung dann in seinem Brief vom 6. November 1863[120]:

Am 4. d. M. hat mir außer Ihnen auch Skrivan geschrieben, u. ich beeile mich, das Nöthige aus seinem Briefe mitzutheilen. Vorher jedoch eine historische Bemerkung. Schon vor 4 Wochen hat Skrivan dieselbe Stelle mir, so zu sagen, angeboten, wenigstens sagte er, er würde es für das größte Werk seiner öffentlichen Thätigkeit betrachten, wenn ich so glücklich wäre, Sie für hier zu gewinnen, auch behauptet er, aller Orten namentl. bei den Cechenführern Rieger, Palaczky u. Consorten für mich zu agitiren. Meine Antwort hierauf war eine Variation des Thomas, viel Ehre, wenig Geld, indem ich nachwies, daß ich hier besser gestellt bin, als ich es in Prag mit dem Besoldungsmaximum von 3000 fl. sein würde. Die Sache schien dann zu ruhen, u. er schien untröstlich über die Schwierigkeit meiner Berufung zu sein, u. sagte dann, daß er Sie sehr schätze u. gern zum Collegen haben möchte. Auch hält er es für nöthig, daß Sie sich in Prag persönlich vorstellen. Hiernach scheint das Gerücht seiner eigenen Concurrenz nicht sehr wahrscheinlich. Wenigstens wäre es bei nur großer Dummheit möglich, Visite eines persönlich unbekannten aber literarisch bekannten Concurrenten kommen zu lassen, denn derselbe könnte ja eine so gewinnende oder imponirende Persönlichkeit sein, daß er gleich alle Anderen aus dem Felde schlüge.

Schließlich fragt er an, ob Ihre Bearbeitung von Salmon Analyt. Geom. d. Raumes bereits erschienen sei, u. theilt die Liste der Concurrenten mit, näml. Pfarrer Simerka, Bauer, Gymnasiallehrer in Pisek, Seveck, Reallehrer in Wien (der von Jelinek erwähnte) Schindler, Lehrer, a. d. Forstschule in Mariabrunn, Grünwald, Assistent am Prager Polytechnikum, Lieblein. Worüber er bemerkte: Unter diesen Concurrenten hat Dr. Fiedler die meisten wissenschaftlichen Arbeiten und wie ich glaube, auch die meiste Hoffnung, die Stelle zu bekommen.

Mein Rath wäre doch, den Pragern einen Besuch zu machen u. die Scrupel wegen allzu großen Eifers zu unterdrücken. Die Oesterreicher sind etwas derberer Natur als die Sachsen u. wollen darnach behandelt

---

[120] Hs 87:1103.

sein. Welche Cechen, Landesausschußmitglieder, Professoren etc. Sie zu besuchen haben, wird Ihnen jedenfalls Skrivan sagen; außerdem erwähne ich noch Dr. Perre, Prof. d. Physik a. d. Universität, Dr. Morstadt, kaiserl. Rath bei der Statthalterei, welchem ich Grüße von mir zu bringen bitte, u. mache Sie endlich auf folgende Herren aufmerksam, die ich zwar nicht kenne, die mir aber von dem mit oesterreichischen Verhältnissen wohl bekannten Sekretär der Brünner Handelskammer Dr. Heym, Bruder des Leipziger Versicherunggesellschaften Mathematikus Rob. Heym, bezeichnet worden sind:

Dr. Schebeck, Deutscher, Sekretär der Prager Handelskammer,
Dr. Kuh, Deutscher Redacteur des Tageboten, genauer Kenner der Prager Verhältnisse
Dr. Jonak, Prof. d. Statistik a. d. Univers., einer der vernünftigeren Cechen.

Wie dieser Brief belegt, dachte Schlömilch offensichtlich praktisch und kannte sich gut in Berufungsangelegenheiten aus.

In der Zeit von 1864 bis 1869 bot das Prager Polytechnikum seine Vorlesungen in einigen Fächern (u. a. Mathematik und darstellende Geometrie) doppelt an, einmal in Deutsch und einmal in Tschechisch. Fiedler bestritt die deutschsprachigen Vorlesungen im Bereich der darstellenden Geometrie, Tilscher übernahm die tschechischsprachigen. Nach der Teilung der Schule (1869) ging Tilscher an die tschechischsprachige Hochschule.

Clebsch kommentierte in seiner etwas drastischen Art Fiedlers Aussichten in Prag:[121]

Sie sind so freundlich, mich um Rath und Meinung zu fragen, wenn ich denselben so aufrichtig ausdrücken darf, als ich es mir vorstelle, so glaube ich, wird sich alles in meinem Wunsche zusammenfassen lassen, Sie überall lieber zu wissen als in Chemnitz. Die Verhältnisse mögen anderswo sein, wie sie wollen, so können Sie, mässige pecunäre Ansprüche als erfüllt vorausgesetzt, doch nirgend schlimmer sein, als bei Ihnen in Chemnitz. Sie werden jede irgend annehmbare andere Stellung als Erleichterung empfinden, und sich mit leichterm Herzen Ihrer vielseitigen Thätigkeit hingeben können. [...] Hoffen wir also, Sie nächstens irgendwo anders wiederzusehen und wenn es auch in Österreich wäre. Freilich hat Zürich das Vorrecht; indessen, wenn sich

---

dies länger hinzieht, so darf man ja wohl zuerst das nächstgebotene ergreifen, ohne die Hoffnung auf weiteres fallen zu lassen.[122]

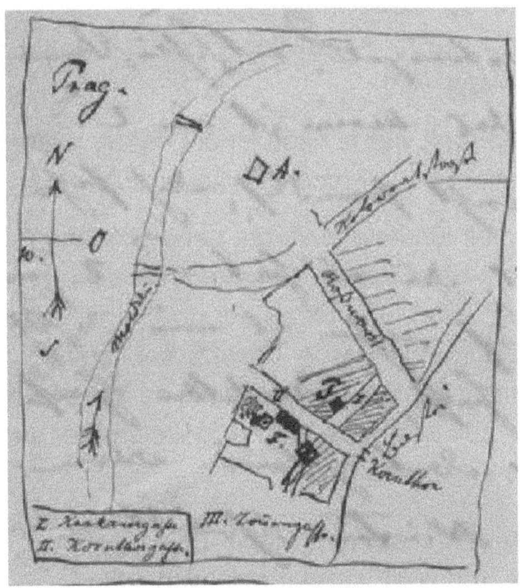

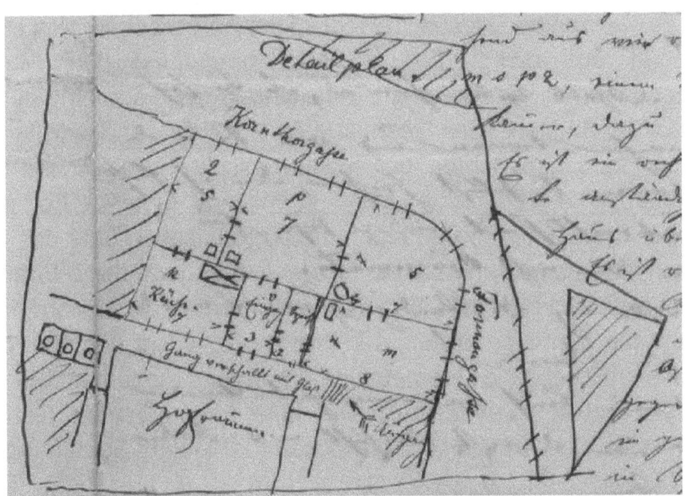

Abb. 1.4: *Lagepläne Prag von Tilscher für Fiedler*[123]

---

[122] Interessant ist hier, dass Fiedler offensichtlich schon 1863 mit dem Gedanken eines Rufes nach Zürich spielte und Clebsch davon Kenntnis hatte – also noch bevor die fragliche Lehrstelle von W. Deschwanden offiziell frei geworden war. Fiedler konnte dabei auf die Unterstützung von G. Zeuner rechnen, wie weiter unten dargestellt werden wird: Dieser hatte schon Fiedler als möglichen Nachfolger für Deschwanden ins Spiel gebracht, vgl. auch den in 1.4 zitieren Brief von G. Zeuner an Fiedler vom 26. März 1863.

[123] Brief Tilscher an Fiedler, Prag 27. Juli 1864 (Hs 87: 1357). F. Tilscher hatte für seine Familie und für diejenige Fiedlers Wohnungen in Prag gefunden, wohl ein schwieriges Unterfangen damals. Deren Lage ist im oberen Plan mit F bzw. T gekennzeichnet.

Recht positiv urteilte wie bereits zitiert Fiedlers Förderer O. Schlömilch über Prag: „Prag gilt für strebsame Leute als der Vorhof zu Wien".[124] Und Wien war natürlich in der k.k. Monarchie der Zenit wissenschaftlicher Karrieren. Das zeigt sich in vielen Werdegängen z. B. in jenem von Fiedlers Freund Fr. Kick und in dem seines Schüler Emil Weyr[125].

Auch für Assistent Morstadt wurde nach einer Lösung gesucht, als Vertreter hatte er sich vermutlich Hoffnungen gemacht. Tilscher schrieb an Fiedler:

> Von Morstadt erhielt ich kein weiteres Lebenszeichen, gleichwol schrieb ich meinem Schwager nach Lemberg, welcher das Departement „Unterrichtswesen" leitet; und ob an der dortigen Technik die Lehrkanzel für descriptive Geometrie schon besetzt sei, um so noch thunlich für Morstadt eintreten zu können. Doch scheint es mir, es schadet nicht, wenn ihn das Geschick aus seiner Lethargie, in welcher er sich offenbar bisher befand, etwas herausdrängt.[126]

Morstadt blieb weiterhin Assistent, jetzt bei Fiedler; er verließ später die akademische Sphäre, um zur Eisenbahn zu wechseln.

Leider gibt es nur wenige Quellen zu Fiedlers mathematischem Wirken in Prag[127]; hervorzuheben aus dieser Zeit ist die Abhandlung „Die Methodik der darstellenden Geometrie zugleich als Einleitung in die Geometrie der Lage", die er, „Professor der darstellenden Geometrie am k. böhm. Landesinstitute zu Prag", 1867 in den Sitzungsberichten der mathematisch-physikalischen Klasse der Wiener Akademie veröffentlichte. Diese Arbeit war eine Art Fortsetzung und Vertiefung der Dissertation sowie einer kurzen Publikation über das System der darstellenden Geometrie von 1863.[128] Fiedler konnte jetzt seine Erfahrungen mit Vorlesungen in Prag verwerten. Es ging wieder um die darstellende Geometrie, insbesondere die Zentralprojektion, und ihre Lehre, wobei nun aber prominent – nämlich schon im Titel – die Geometrie der Lage, aus moderner Sicht in etwa die projektive Geometrie[129], auftauchte. Die Idee, diese beiden Geometrien zu fusionieren, sollte eine Art von Markenzeichen für Fiedlers Bemühungen werden;

Das Gebäude des Prager Polytechnilums lag in unmittelbarer Nähe der Karlsbrücke und des Korntors an der Korntorgasse; es wird heute nicht mehr zu Lehrzwecken genutzt. Dank an Martina Bečvářová (Prag) für diese Informationen.

[124] Hs 87: 1101, Brief aus Dresden vom 22. November 1863.

[125] Zu Emil Weyr vgl. Bečvářová 2008. Ein weiterer Schüler Fiedlers in Prag war Karl Pelz. Vgl. seinen Briefwechsel mit Fiedler in 9.2.6.

[126] Tilscher an Fiedler, Klosterbruck 14. August 1864 (Hs 87: 1358).

[127] In Knothe 2004 finden sich einige Hinweise hierzu. Die Aussage im Text bezieht sich auf Quellen, die dem Autor zugänglich sind; in tschechischer Sprache sind einige Werke erschienen, die weiterreichendere Informationen enthalten, z. B. Bečvářová 2008a.

[128] Fiedler 1863b. Dieses etwas mysteriöse „System" spielt in Tilschers frühen Briefen an Fiedler eine prominente Rolle, vgl. 9.2.3.

[129] Vgl. hierzu 2.2.

er hatte sie in Prag erstmals ansatzweise erprobt in einer Vorlesung „Neuere Geometrie als Fortsetzung der beschreibenden" (WS 65/66).[130] Diese Idee hatte zudem den angenehmen Nebeneffekt, ihm auch die Berufung nach Zürich (zumindest mit) zu verschaffen.

Wie Fiedlers Briefe an Cremona zeigen, startete er mit viel Enthusiasmus. Die Situation in Prag wurde jedoch schnell schwierig, nur wenige Jahre nach Fiedlers Weggang (1867) wurden 1869 das Prager Polytechnikum in unabhängige Teile, einen deutsch- und einen tschechischsprachigen, aufgeteilt.[131] Voss bemerkt dazu etwas vage: Fiedler „[…] dessen kraftvolle Persönlichkeit in Prag namentlich in dem schwierigen Jahr 1866 für die deutsch gesinnten Kollegen eine Hauptstütze war, [...]"[132] Fiedlers exponierte Position in den Prager Auseinandersetzungen wird unterstrichen durch eine Audienz, die er gewissermaßen als Abgesandter der deutschen Fraktion beim zuständigen Minister Leo Thun-Hohenstein am 16. Januar1866 hatte. Dabei ging es um eine mögliche Aufteilung des Polytechnikums, eine Lösung, die die „deutsche Fraktion" favorisierte.[133]

Clebsch schreibt hierzu – wieder recht drastisch[134]:

> Ich wünsche nur, daß die leidigen politischen Agitationen Ihnen nicht viel Unangenehmes bereiten möchten. Wo der Slawe sich in seiner nationalen Krassheit entwickelt, und wo er noch gar wie in Prag damit kokettirt, ist er gewiß keine angenehme Erscheinung. Es wird noch vieler Anstrengung bedürfen, ehe man diese Sorte zu einer gewissen Solidarität zurückführt.

In einem Brief an Cremona vom 14. März 1867 beschreibt Fiedler seine Situation:

> Die hiesigen Verhältnisse sind recht arbeitsvoll u. was schlimmer ist, sie sind gar zu sehr dazu angethan, einem die Stimmung gründlich zu verderben. Ich bin nicht dazu angelegt, meine bessere Überzeugung da

---

[130] In Hs 87a: 24 gibt es eine Themenübersicht zu einer Prager Vorlesung. Genaueres hierzu findet sich in Abschnitt 2.3.

[131] Vgl. u. a. die Briefe von Johann Lieblein (1834 - 1881) an Fiedler (Hs 87: 652 – 661a sowie Hs 87: 1809); diese umfassen den Zeitraum von 1867 bis 1880 und hielten Fiedler auf dem Laufenden bzgl. der Prager Verhältnisse. Lieblein war Professor für Mathematik am Prager Polytechnikum und ein Parteigänger der „deutschen" Fraktion; siehe dazu unten.

[132] Voss 1913, 100.

[133] Vgl. Brief an den Minister vom 13. Mai 1866 (Hs 87: 1867) sowie Fiedlers Gedächtnisprotokoll zu der Audienz (Hs 87: 1790). Zur Audienz vgl. auch 9.2.3. In einem Brief vom 19. Mai 1869 (Hs 87 : 656) berichtete J. Lieblein Fiedler über die nun beschlossene Trennung: „...drängt es mich doch, mit dem Freunde, Gesinnungsgenossen u. Mitkämpfer die Gedanken auszutauschen, jetzt, wo das sehnlichst Ersehnte, nimmer gehoffte, die Trennung des Polytechnikums, zur Wahrheit werden soll."

[134] Brief an Fiedler 25. Dezember 1864 Bibliothek ETH-Hochschularchiv Hs 87: 158; vgl. Confalonieri/Schmidt/Volkert 2019, 52 - 54.

zu verschweigen, wo es Pflicht ist, zu sagen, wenn es auch weit klüger wäre, sie für sich zu behalten; das ist hier schlimm.[135]

Pflicht war sicher ein Schlüsselbegriff für Fiedler. Weitere Aufschlüsse über Fiedlers Prager Zeit und über seine Ansichten zu den dortigen Verhältnissen gibt sein Briefwechsel mit den Ingenieuren Emil Winkler (1835 – 1881)[136] und Friedrich Kick (1840 – 1915)[137]. Der ebenfalls aus Sachsen[138] stammende Winkler wurde 1865 als Professor für Wasser- und Straßenbau ans Prager Polytechnikum berufen. Aus dem bereits erwähnten Briefwechsel kann man schließen, dass es Auseinandersetzungen um diese Berufung gab, die anscheinend von national-tschechisch gesinnten Professoren in Koalition mit einigen deutschsprachigen Kollegen des Polytechnikums verhindert werden sollte. In diesen Kämpfen hat sich Fiedler für Winkler eingesetzt; er hat letztlich dessen Berufung mit durchgesetzt.[139]

Schon aus Zürich schrieb Fiedler am 15. Juli 1868 an Winkler[140], „dass wir deutsch Gesinnten schon damals gern den Trennungsgedanken erwogen". Weiter heißt es:

> [...] zu einer Zeit, wo die Herren Tschechen doch wenigstens das ganz klar geworden sein müßte, daß die guten Deutschen ihnen gegenüber nicht mehr so ganz zerfahren u. höchst persönlich sondern ein wenig überlegt u. consequent zu handeln begannen, daß sie angefangen, ihnen die unstatthafte Partei-Disciplin abzusehen, soweit das Deutschen eben möglich ist."[141]

Fiedler hatte 1866 eine Petition an den böhmischen Landtag unterschrieben, in der gefordert wurde, dass bei der Besetzung von deutschsprachigen Professuren nur deutschsprachige Professoren und von tschechischsprachigen nur tschechischsprachige Professoren mitwirken sollten, was einer Vorstufe der Trennung gleichkam. Der Antrag wurde aber von einem Ausschuss des Landesausschusses abgelehnt.[142] Die führende Rolle Fiedlers unter den

---

[135] Brief an Cremona vom 14. März 1867 (Israel 2017, 651). Vgl. auch Clebsch an Fiedler 9. Februar 1864 (Hs 87:154) [Confalonieri/Schmidt/Volkert 2019, 42 – 44]. für ähnliche Aussagen bezüglich der Arbeitsbelastung Fiedlers in Prag. Seine Lehrverpflichtung betrug dort übrigens zehn Stunden.
[136] Dieser wurde in Knothe 2004 veröffentlicht.
[137] Vgl. auch 9.2.4.
[138] Genauer gesagt stammte Winkler aus Falkenberg bei Torgau, einem Landesteil, den Sachsen nach dem Wiener Kongress an Preußen abtreten musste. Vgl. Knothe 2004.
[139] Fiedler spricht in dem nachfolgend zitierten Brief vom 15.Juli 1868 an Winkler von der „deutschen Partei": „Wenn ich an der Spitze derselben stand, so that ich das vorher wie nachher, [...]" (Knothe 2004, 37).
[140] Es handelt sich um Fiedlers handschriftlichen Entwurf (Hs 87:1548a) zu einem Brief an Winkler, den K. Knothe transkribiert und veröffentlicht hat.
[141] Knothe 2004, 36.
[142] Vgl. Knothe 2004, 61. Die Mitunterzeichner waren Balling, Durège, Lieblein, Lumbe, Nickerl, Werzin und Winkler.

deutschen Professoren wird von Kick in seinen Briefen mehrfach unterstrichen, im Nachhinein betonte er gerne Fiedlers Fehlen:

> Wie Sie uns hier fehlen, ich kann's nicht sagen; die Deutschen sind leider grossentheils schwach, unschlüssig, ohne Disciplin und ziehen daher gegen die festgeschlossene čechische Partei nur zu oft den Kürzeren.[143]

Fiederls Sohn Ernst erwähnt in seinem Nachruf[144] gar Fensterscheiben der Fiedlerschen Wohnung, die eingeworfen worden seien. Von derartigen Ereignissen berichtete Fr. Kick in einem Brief aus Prag[145] an Fiedler:

> In Ihrem Schreiben wundern oder vielmehr fragen Sie mich, ob ich damals mit der deutschen Fahne der einzige war oder ob es gerade auf mich abgesehen war. Leider war ich der einzige, welcher eine deutsche Fahne aufhisste, das hätte ich selbst nicht erwartet; nur am Stern fand sich auf einer Villa eine zweite, welche gleichfalls herabgerissen wurde. Wäre ich auch zu Hause gewesen, so würde doch kaum erfolgreich Widerstand geleistet worden sein, da gegen 200 Personen in's Haus drangen, wenn auch nur drei in meine Wohnung.

Christian Beyel bemerkt, Fiedler sei in Prag „als Sachse nach 1866 unmöglich geworden".[146]

Ein positiver Aspekt in Prag war Kollege Heinrich Durège, den Fiedler in seinen Briefen als Freund bezeichnete und mit dem er gemeinsam mathematische Neuerscheinungen durcharbeitete.[147] Schüler Fiedlers in der Prager Zeit waren Eduard und Emil Weyr (1852 – 1903 bzw. 1848 – 1894) sowie Karl Pelz (1845 – 1908), die später Professuren bekamen; Eduard Weyr am Prager Polytechnikum, Emil Weyr[148] an der Universität Wien und K. Pelz zuerst in Graz, dann in Prag. Mit den Genannten unterhielt Fiedler eine zum Teil umfangreiche Korrespondenz.[149] Bezüglich der darstellenden Geometrie in Österreich urteilte Fiedler später:

> Das Werk [Peschka 1883 – 1885; K. V.] vertritt die Höhe der wissenschaftlichen Einsicht nicht, welche in diesem Fache an den Hochschulen des Oesterreichischen Kaiserstaates zu finden ist; es

---

[143] Brief Kick an Fiedler, Prag 5. Dezember 1867 (Hs 87:490).
[144] Ernst Fiedler 1915.
[145] Brief Kick an Fiedler, Prag 6. September 1868 (Hs 87:491). Transkription von Mara Dieterle verfügbar in den *e-manuscripta*.
[146] Beyel 1938, 113. Das Königreich Sachsen war im Deutschen Krieg 1866 mit Österreich-Ungarn verbündet.
[147] Vgl. Brief an Cremona vom 7.5.1865 (Israel 2017, 645 – 647).
[148] Zu Emil Weyr vgl. man Bečváŕová, M./Bečváŕ, J./ Škoda J 2008, wo man auch Informationen zu einigen anderen tschechischen Mathematiker findet.
[149] Vgl. 9.2.6.

genügt, dass ich mich dafür berufe auf die überall geschätzten Arbeiten des Herrn Prof. Küpper in Prag und Pelz in Graz, dieser 1865 mein Zuhörer in Prag, füge ich gerne hinzu.[150]

Es war wohl allgemeiner Konsens, dass im Süden Deutschlands und in der k. und k. Monarchie die geometrischen Wissenschaften stärker gepflegt wurden als im Norden – ein Thema, das auch in Fiedlers Netzwerk[151] oft angesprochen wurde.

1.3 Publizistische Tätigkeit

Fiedler hat in seiner Zeit in Chemnitz unter dem bereits erwähnten Pseudonym Dr. H. F. Willer eine Schrift veröffentlicht mit dem Titel „Mythologie und Naturanschauung. Beiträge zur vergleichenden Mythenforschung und zur kulturgeschichtlichen Auffassung der Mythologie" (1863). Diese zeigt eine andere Seite Fiedlers, wenn man so will, den Mythen- und Märchenforscher.[152] Um einen knappen Eindruck von diesem Werk Fiedlers zu geben, sei hier eine Passage aus der Einleitung zitiert. In ihr geht es um das „Entwickelungsgesetz der Volksseele":

> Dieß ist der Gesichtspunkt, von welchem aus die folgenden Blätter geschrieben sind; in ihnen ist versucht, durch die Betrachtung einiger Hauptelemente der mythischen Schöpfung zu allgemeinen Resultaten zu führen und es ist die Veranlassung zu ihrer Veröffentlichung darin gefunden worden, daß diese Resultate mit der vorurtheilsfreien Würdigung des Religiösen in seinen verschiedenen Formen, also mit
>
> wichtigen Fragen unserer Gegenwart und Zukunft im engsten Zusammenhang erscheinen.[153]

Die drei Kapitel des 141 Seiten umfassenden Buches sind überschrieben mit:

I.   Die mythischen Vögel und das Reich der Wolken

---

[150] Fiedler 1888, XIV. Besonders Emil Weyr galt als große Hoffnung der Geometrie, die allerdings durch seinen frühen Tod zunichte gemacht wurde. C. Küpper war Fiedlers Nachfolger in Prag. Er war zuvor Lehrer in Trier gewesen. In seinem Brief an Fiedler vom 2. Dezember 1867 (Hs 87: 660) gab J. Lieblein eine ausführliche Schilderung positiver Tendenz des gerade in Prag eingetroffenen neuen Professors; dieser „hat einen sehr günstigen Eindruck hervorgebracht. Das Äußere verräth schon den geistesbegabten Menschen, das ganze Benehmen beweist Gewandtheit, die Sprache ist fließend und mit Humor gewürzt, und verschiedene Äußerungen bekundeten den Mann von Charakter." Später äußerte sich Lieblein allerdings enttäuscht über Küpper: „Nun Küpper ist ein ganz vorzüglicher Kopf, aber hypochondrisch und in letztere Zeit wirklich leidend. Er ist ein Geometer durch u. durch, arbeitet auch fleißig, hat originelle Gedanken, aber ist nicht dazu bringen, das im Geiste Fertige zu Papier zu bringen." (Brief an Fiedler Prag, 8. August 1871 [Hs 87: 660]). Recht negativ fiel dagegen K. Pelz' Urteil über Küpper aus, vgl. 9.2.6.

[151] Vgl. Kapitel 9, insbesondere 9.1.

[152] Der wesentliche Einfluss hierbei ging von Jacob Grimm aus. Nach Fiedler war dessen große Erkenntnis, „daß in den Mythologien die Anfänge des „menschlichen Glaubens" enthalten sind." (Willer 1863, 3).

[153] Willer 1863, 5 – 6.

II.   Der Göttertrunk, das himmliche Feuer, der Weltbaum und die Menschenheimath

III.   Die Entwickelung des Gottesbewusstseins.

Der Literarische Centralblatt brachte 1864 eine kritische Besprechung des Fiedlerschen Werkes. Die Aufgabe der wissenschaftlichen Mythologie sei nach Fiedler „den wesentlichsten Beitrag zur Einsicht in die Entwicklungsgesetze der Völkerseelen zu liefern".[154] Diese behandele der Autor in zwei Abschnitten:[155]

> „I. die mythischen Vögel und das Reich der Wolken, II. den Göttertrank, das himmlische Feuer, den Weltbaum und die Menschenheimath", indem er in beiden in der Hauptsache die betreffenden Resultate von Schwarz' Ursprung der Mythologie u.s.w. und Kuhn's Herabkunft des Feuers u.s.w. zusammenstellt und dieselben durch einige Analoga erweitert.

Das klingt nicht allzu positiv, Kompilation statt Inspiration könnte man sagen. Weiterhin wird Fiedler vom Rezensenten kritisch vorgeworfen, dass er seine Thesen gar nicht in der von ihm behaupteten Allgemeinheit belege. Religiöse Fragen wird Fiedler später übrigens auch mit G. Salmon diskutieren.

Willer publizierte auch in Zeitungen, wie der nachfolgend abgebildete Ausschnitt aus der Deutschen Zeitung belegt.

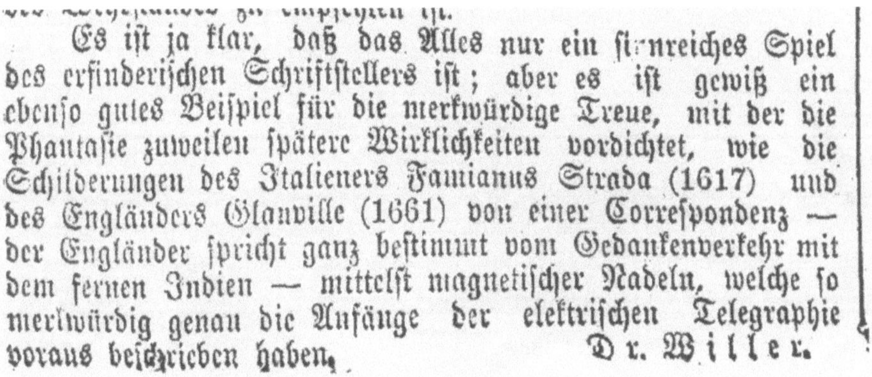

Es ist ja klar, daß das Alles nur ein sinnreiches Spiel des erfinderischen Schriftstellers ist; aber es ist gewiß ein ebenso gutes Beispiel für die merkwürdige Treue, mit der die Phantasie zuweilen spätere Wirklichkeiten vordichtet, wie die Schilderungen des Italieners Famianus Strada (1617) und des Engländers Glanville (1661) von einer Correspondenz — der Engländer spricht ganz bestimmt vom Gedankenverkehr mit dem fernen Indien — mittelst magnetischer Nadeln, welche so merkwürdig genau die Anfänge der elektrischen Telegraphie voraus beschrieben haben.   Dr. Willer.

Abb. 1.5: *Ende des Artikels „Das Mikrophon des Simplicissimus" von Fiedler alias Willer*[156]

---

[154] Literarisches Centralblatt 1864, Spalte 449. Übrigens widmete das Centralblatt der Mythologie eine eigene Rubrik, die durchaus öfter vertreten war.

[155] Literarisches Centralblatt 1864, Spalte 449. Der Verfasser zeichnete mit A. K., er war oft in der rubrik für Mythologie vertreten.

[156] Deutsche Zeitung 21. September 1878. Der Text lautet: Es ist ja klar, daß das Alles nur ein sinnreiches Spiel des erfinderischen Schriftstellers ist; aber es ist gewiß ein ebenso gutes Beispiel für die merkwürdige Treue, mit der die Phantasie zuweilen spätere Wirklichkeiten vordichtet, wie die Schilderungen des Italieners Famianus Strada (1617) und des Engländers Glanville (1661) von einer Correspondenz – der Engländer spricht ganz bestimmt vom Gedankenverkehr mit dem fernen Indien

Aber auch W. Fiedler war publizistisch aktiv, so publizierte „W.F." am 24.5.1867 in der Augsburger Allgemeinen Zeitung einen Bericht „Das Polytechnikum in Mailand", in dem er „die Bestrebungen zur Verbreiterung realistischer Bildung und zur Förderung der höheren technikwissenschaftlichen Gebiete" „dieses reichbegabten Landes und Volkes" seiner deutschen Leserschaft zur besonderen Aufmerksamkeit empfahl.[157] Fiedler stellt in seinem Artikel, die hierfür erforderlichen Informationen hatte er direkt brieflich von Cremona erhalten, der am Aufbau der Mailänder Anstalt maßgeblich beteiligt war, die Aufwertung und den Ausbau der technischen Bildung in Italien als vorbildlich hin.

Es ist leider nicht bekannt, wie ausgedehnt Fiedlers außermathematische publizistische Tätigkeit wirklich gewesen ist; wir müssen uns hier auf die obigen Andeutungen beschränken. In seinem Nachlass finden sich einige Manuskripte, die mit „W." oder „Dr. F. W. Chemnitz" gezeichnet sind, z. B. „Fritz Reuter, ein deutscher Dichter"[158] und „Zum Tode von Gottfried Keller"[159].

Was dagegen die Mathematik anbelangt, so ist die Quellenlage durchaus günstig. Während seiner Zeit als Lehrer publizierte Fiedler neben seiner bereits genannten Dissertation auch eine Reihe von Aufsätzen. Diese erschienen mit einer Ausnahme in der „Zeitschrift für Mathematik und Physik", welche von O. Schlömilch begründet und anfänglich zusammen mit Dr. E. Kahl und Dr. M. Cantor herausgegeben wurde. Da Schlömilch in Dresden am Polytechnikum tätig war, dürfte dies eine naheliegende, da „sächsische" Möglichkeit der Veröffentlichung für Fiedler gewesen sein. Zwischen 1860 und 1864 erschienen hier insgesamt 14 Beiträge von „W. Fiedler, Lehrer der darstellenden Geometrie a. d. K. Gewerbeschule zu Chemnitz"[160], die sich fast ausschließlich mit Themen aus der Geometrie beschäftigten.[161] Die „Zeitschrift" war Anfang der 1860er Jahre neben Grunerts „Archiv" und Crelles „Journal" eine der drei deutschen mathematischen Fachzeitschriften ihrer Zeit, vom wissenschaftlichen Anspruchsniveau her allerdings eher bescheiden einzustufen.

– mittelst magnetischer Nadeln, welche so merkwürdig genau die Anfänge der elektrischen Telegraphie voraus beschrieben haben. Dr. Willer

[157] Vgl. Fiedler 1867a. Die Augsburger Allgemeine Zeitung war eine der großen deutschsprachigen Tageszeitungen, die vor allem in intellektuellen Kreisen gelesen wurde. Ihr Name hat sich mehrfach geändert.

[158] Hs 87a:60.

[159] Hs 87a:62. Dieses Manuskript bezieht sich auf die Arbeit „Gottfried Keller" von Walther von Arx (1852 – 1922), Lehrer am Gymnasium Solothurn, „eine vortreffliche Darstellung seiner Lorbeern u. diesbezüglichen Schriften", hatte also den Charakter einer Besprechung. Als Züricher Bürger, der literarisch interessiert war, kam Fiedler kaum um den Stadtschreiber seiner Heimatstadt herum. Wie Fiedler zu den politischen Ansichten Kellers stand, ist nicht bekannt. Auch Beyel weiß Interessantes über Gottfried Keller zu berichten; vgl. 1.6.

[160] Das „Königlich" fehlt allerdings später immer.

[161] Vgl. 3.1.

In den Chemnitzer Zeit fallen die Anfänge der Zusammenarbeit von Fiedler mit dem irischen Mathematiker und Theologen George Salmon (1819 – 1904), dessen Werke Fiedler übersetzte und bearbeitete. Dieses Thema wird uns noch ausführlich im Kapitel 5 beschäftigen.

Schließlich sollte erwähnt werden, dass Fiedler sich künstlerisch betätigte – nämlich als Zeichner. Das belegen verschiedene Zeugnisse von Zeitgenossen, aber auch einige im Nachlass erhaltene Zeichnungen, insbesondere Veduten.[162] Ernst Fiedler berichtet in seinem Nachruf[163], dass sein Vater als Schüler Geld verdient habe, indem er Gemälde abzeichnete und seine Zeichnungen verkaufte. Weiter berichtet Sohn Ernst, dass anlässlich einer Ausstellung von Zeichnungen in Chemnitz C. A. Caspary auf den jungen Fiedler aufmerksam, der ihn fortan förderte.[164]

1.4 Zürich

W. Fiedler wurde am 8. Mai 1867 zum Professor der darstellenden Geometrie und der Geometrie der Lage am eidgenössischen Polytechnikum in Zürich ernannt. Seine Briefpartner hatten durchaus unterschiedliche Meinungen zur Schweiz und ihren Bewohnern. So urteilte O. Schlömilch: „Zürich hat zwar seine Schattenseiten, ist aber wenigstens eine rein deutsche Stadt."[165] Clebsch dagegen hielt wenig von den Schweizern, allen voran von Schulratspräsident K. Kappeler[166]:

> Was macht denn Herr Kappeler? Dieser grobe und despotische Herr war mir mit seinen Renommagen immer sehr unangenehm. Macht sich sein Einfluss auf die Anstalt nicht bisweilen in störender Weise fühlbar?

Unter dem Eindruck des deutsch-französischen Krieges, insbesondere der Aufnahme französischer Truppen unter General Ch. D. Bourbaki durch die

---

[162] Vgl. Hs 87a: 69. Ich danke N. Oswald (Würzburg) für Ihre sachkundige Hilfe in Sachen bildende Kunst speziell und für ihre Unterstützung bei den Archivarbeiten in Zürich allgemein.

[163] Ernst Fiedler 1915. Vgl. auch den Nachruf in der Chronik der Stadt Zürich (Abbildung 1 oben).

[164] Vgl. auch die Version, die die Chronik der Stadt Zürich ihren Leserinnen und Lesern anbot in Abbildung. 1 oben sowie Voss 1913.

[165] Hs 87:1106 Brief aus Dresden vom 12. Mai 1867.

[166] Hs 87:164, Brief aus Gießen vom 28. Mai 1868 (Confalonieri/Schmidt/Volkert 2019, 70 - 71). Kappeler war allerdings kein Misanthrop, wie man vielleicht auf Grund von Clebschs Darstellung meinen könnte. Vielmehr berichtet Beyel über Kappelers Auftreten beim alljährlichen Polytechnikerkommerz: „Der Schulratspräsident Kappeler war an einem solchen Feste ganz in seinem Elemente, ein witziger Redner und ein Meister der fidelitas." (Beyel 1938, 124).

Schweiz Anfang Februar 1871, fiel Clebschs Urteil 1871 dann besonders hart aus[167]:

> [...] ich hoffe nur, dass Sie nicht zuviel unter den schweizerischen Rohheiten zu leiden hatten und haben. Die Schweizer sind mir nie sympathisch gewesen, und für Flegel hielt ich sie immer. Hrn. Kappeler an der Spitze, aber dass sie sich so schlecht aufführen würden, habe ich doch nicht gedacht.

Nach einer Schweizreise im Jahr 1872 wurde Clebschs Urteil allerdings deutlich milder[168]:

> [...] muss auch gestehen, dass mir, als ich in der Schweiz war, nichts Unangenehmes entgegengetreten ist, obschon ich mehrfach Gelegenheit hatte, mit Schweizern zusammen zu kommen.

Clebsch hat 1868 erwogen, als Nachfolger von Christoffel von Göttingen nach Zürich zu gehen. In einem Brief an Fiedler aus Göttingen vom 17. Okober 1868 legte Clebsch dar, dass er einem Ruf nach Zürich nicht abgeneigt sei. Seine Situation in Göttingen charakterisierte er so:

> Ich habe mir die Angelegenheit hin und her überlegt, und habe nicht gerade gefunden, dass ich an der Gaussschen Nachfolgerschaft sehr hänge. Vielmehr dient der Vorgang von Gauss, Dirichlet und Riemann mehr dazu, meine Stellung hier zu erschweren, da meine Richtung eine so gänzlich andere ist; und ausserdem kenne ich mich selbst hinlänglich, um zu begreifen, dass ich trotz mancherlei Leistungen der kleine Nachfolger großer Männer bleibe.[169]

Clebschs Wechsel scheiterte letztlich am Geld, heißt, Kappeler bot bei seinem Besuch in Göttingen in Clebschs Augen kein ausreichendes Gehalt – was konkret hieß, ein deutlich höheres Gehalt als in Göttingen.[170] Kappelers Sparsamkeit war wohl auffallend. So bemerkt Christian Beyel: „Präsident Kappeler war sehr sparsam – auch sich selbst gegenüber."[171] In seiner durchaus höflichen Antwort an Kappeler begründete Clebsch sein Bleiben in Göttingen allerdings damit, dass

---

[167] Hs 87: 169 Brief aus Göttingen vom 4. April 1871 (Confalonieri/Schmidt/Volkert 2019, 79 – 80). Offiziere des Bourbaki-Heeres verursachten im März 1871 den so genannten Tonhallekrawall in Zürich; vgl. 9.2.1.

[168] Hs 87: 170 Brief aus Göttingen vom 9. November 1872 (Confalonieri/Schmidt/Volkert 2019, 81 – 82).

[169] Hs 87: 167; Confalonieri/Schmidt/Volkert 2019, 74 - 76. Das Zitat findet sich auf p. 75.

[170] Vgl. Briefe an Fiedler aus Göttingen vom 16. Januar 1869 (Hs 87: 168; Confalonieri/Schmidt/Volkert 2019, 77 – 78). Clebsch berichtet am Anfang dieses Briefs vom Besuch Kappelers in Göttingen, „um mich zu kaufen, was man bei ihm wohl sagen kann." Clebschs Gehalt in Göttingen belief sich auf 2000 Thaler Fixum, wozu noch 300 – 4000 Thaler Kolleg- und Doktorgelder kamen. (Brief von Clebsch an Fiedler Göttingen 17. Oktober 1868; Confalonieri/Schmidt/Volkert 2019, 74 – 76).

[171] Beyel 1938, 160. Zu Beyel vgl. 1.4.1.

er sich den Aufgaben an einem Polytechnikum nur gewachsen fühle, wenn er auf seine literarischen und sonstigen Tätigkeiten verzichten würde.[172]

Auf seiner Suche nach einem Nachfolger für Christoffel hatte Kappeler auch bei L. Königsberger kein Glück. Dieser lehnte mit Schreiben aus Greifswald vom 7. Dezember 1868 ebenfalls einen Ruf nach Zürich ab, weil er „seine akademischen Lehrthätigkeit treu bleiben" wolle. Bemerkenswert ist, dass er im selben Brief Lazarus Fuchs für die Züricher Stelle empfahl, „der sich rasch entschließen wird, die Professur für höhere Mathematik an ihrer Anstalt zu übernehmen" und der darüber „äußerst glücklich sein würde".[173]

Für Fiedler war es wohl selbstverständlich, nach Zürich – das hieß vermutlich vor allem: weg von Prag – zu gehen; wie wir gesehen haben, stand dieser Gedanke ja schon 1863 im Raum. In Zürich wurde Fiedler Nachfolger des verstorbenen Professors der darstellenden Geometrie und Direktors des Polytechnikums Joseph Wolfgang von Deschwanden[174]; Deschwanden, damals Leiter der Industrieschule in Zürich, war bei der Ausarbeitung des Status des Zürcher Polytechnikums beteiligt gewesen und wurde bei dessen Gründung an das Polytechnikum berufen; er vertrat die darstellende Geometrie daneben auch in der Vorbereitungsklasse des Polytechnikums und an der Universität Zürich. Deschwanden war ein ausgewiesener Kenner von Maschinen, daneben zeigte er künstlerisches Talent als Maler (vgl. Stammbach o. J.). Die Vorlesungen von Deschwanden über darstellende Geometrie waren konkret und praxisnah gehalten, er betrachtete dieses Gebiet als Hilfsfach für die

---

[172] Brief von Clebsch an Kappeler, Göttingen 19. November 1868 (Geschäftskontrolle 1868 No. 336). Clebsch kannte die Arbeitsbelastung an einem Polytechnikum aus eigener Erfahrung während seiner Karlsruher Zeit.

[173] Brief von Königsberger an Kappeler, Greifswald 7. Dezember 1868 (Geschäftskontrolle 1868 No. 368). Bei seinem Weggang (1869) von Greifswald nach Heidelberg und von Heidelberg nach Dresden (1875) sorgte Königsberger jeweils dafür, dass Fuchs seine Stelle bekam. Er hielt seinem früheren Hauslehrer wahrlich die Treue. Nach Zürich wurde allerdings H. A. Schwarz berufen.

[174] Fiedlers Gehalt betrug anfänglich jährlich 4800 sfr. (zum Vergleich: Christoffel erhielt 1862 ein Anfangsgehalt von 4000 sfr. [vgl. Knus 1982, 50]), dazu kamen noch beachtliche Hörergelder, da die darstellende Geometrie eine der größten Vorlesungen des Polytechnikums war. Fiedlers Gehalt stieg, wie man den Schulratsprotokollen und auch dem Professorenbuch entnehmen kann, bis Dezember 1870 in mehreren Schritten auf 6000 sfr. 1877 erreichte Fiedler schließlich 9500 sfr. Im Jahr 1907 versteuerte Fiedler ein Vermögen von 85 000 sfr., wie man aus einem Brief des Direktors der Militärdirektion Zürich an Fiedlers Sohn Reinhold Wilhelm vom 25. Juli 1907 erfährt (Hs 87: 344). Dieser hatte, in Frankfurt a. M. ansässig und als Kaufmann tätig, Einspruch gegen seine Militärsteuertaxation, der sein in Zürich zu erwartendes Erbe zugrunde gelegt wurde, eingelegt. In seinem vertraulichen Bericht an Bauernfeind (1866), der weiter unten ausführlich zitiert werden wird, erwähnt Culmann, dass er etwa 6000 sfr. jährlich verdiene (Hörergelder etc. mitgerechnet) und dass Semper und Schröter etwas mehr bekämen. Das höchste Gehalt vermutete er beim Direktor des Polytechnikums, G. Zeuner, mit etwa 10000 sfr. (vgl. Maurer 1998, 282). Inflation war damals in der Schweiz ein unbekanntes Phänomen. Um 1900 herum kamen Hurwitz und Minkowski auf 10 000 sfr Gehalt, ein Facharbeiter verdiente etwa 1500 sfr. Zur Bezahlung von Professoren an Polytechnika in Preußen und anderen Ländern des Deutschen Reiches vgl. man Hensel 1989.

ingenieurwissenschaftlichen Disziplinen. M. Tschanz charakterisiert ihn folgendermaßen:

> „[…] seinem paternalistischen Selbstverständnis als Pädagoge und Schulleiter entsprechend [war Deschwanden] um Nähe zu seinen Zöglingen bemüht."[175]

Die stärker mathematische Orientierung, insbesondere die Geometrie der Lage (im Schülerjargon: Geometrie der Plage), hatte in der Ingenieurschule (zweite Abteilung, es wurden dort Bauingenieure ausgebildet) vor allem Karl Culmann (1821 – 1881), seit 1855 Professor am Polytechnikum, und später dessen Schüler und Nachfolger Wilhelm Ritter (1847 – 1906) zu Fürsprechern; die Architekten (erste Abteilung), allen voran Gottfried Semper (1803 – 1879), standen ihr skeptisch bis ablehnend gegenüber. Sie wünschten eher eine künstlerische Förderung ihrer Studenten, vor allem im Bereich des perspektivischen Zeichnens.[176] Allerdings gab es trotz Culmann und Ritter auch aus der Ingenieurschule heraus erhebliche Widerstände gegen Fiedler.[177] Neben den Schülern der Bau- und der Ingenieursschule (I und II) mussten auch diejenigen der mechanisch-technischen Schule (III) und der Fachlehrerschule, mathematisch-physikalische Sektion (VI[A]), die Vorlesungen über darstellende Geometrie besuchen.

Fiedlers Dienstantritt erfolgte am 1. Oktober 1867; er hielt sogleich eine Festanstellung[178]. In Zürich blieb er aktiv bis zu seiner Pensionierung im Jahr 1907, also nach 40 Dienstjahren. Schon die Denomination der Fiedlerschen Stelle war ungewöhnlich durch die Kombination der darstellenden Geometrie mit der Geometrie der Lage. K. Culmann[179] verfolgte schon seit längerem das Projekt, die Lehre der graphischen Statik für zukünftige Ingenieure durch diejenige der projektiven Geometrie zu vertiefen. Die Aufgabe, eine entsprechende Vorlesung anzubieten, übernahm Theodor Reye (1838 – 1919), Privatdozent am Polytechnikum seit 1863; 1867 wurde ihm dann als Trostpreis für die nicht erfolgte Berufung der Professorentitel verliehen.[180] Reye bot ab Wintersemester 1864/65

---

[175] Tschanz 2015, 146. Deschwandens Praxisnähe zeigte sich auch darin, dass er Vorlesungen über Steinschnitt anbot.

[176] Trotz der Tatsache, dass Semper selbst in Göttingen einige Semester Mathematik (hauptsächlich bei M. A. Stern) studiert hatte; vgl. Hildebrandt 2018.

[177] Mehr dazu in 1.4.3.

[178] Das war nicht selbstverständlich am Polytechnikum, Erstberufene erhielten zuerst einmal eine zeitlich befristete Anstellung. Selbst H. Minkowski wurde 1896 noch für zunächst zehn Jahre berufen.

[179] Zu Culmann und seiner graphischen Statik vgl. man Scholz 1989 und Maurer 1998.

[180] Reye hatte schon am Züricher Polytechnikum studiert, dabei beeindruckte ihn vor allem R. Clausius. Der Mathematik wandte er sich erst unter dem Eindruck von Riemann zu, den er in Göttingen hörte. Nach seiner Rückkehr nach Zürich ging er dann wohl unter Einfluss von Culmann in die Geometrie über, die fortan sein Arbeitsgebiet bleiben sollte. Er assistierte zudem Deschwanden bei seinen Vorlesungen über darstellende Geometrie und über Steinschnitt. Anfänglich las Reye auch

in der VI. Abteilung (nach alter Struktur, also noch ohne expliziten Bezug auf die Fachlehrer) eine dreistündige Vorlesung mit dem Titel „Geometrie der Lage" an, im nachfolgenden Sommersemester ergänzte er diese Vorlesung durch zweistündige Konstruktionsübungen. Die letzte Vorlesung Reye's über Geometrie der Lage verbunden mit Konstruktionsübungen fand im Sommersemester 1868 statt, danach ging die Veranstaltung nach einem Konflikt[181] auf Fiedler über. Auch Carl Friedrich Geiser las gelegentlich synthetische (sprich: projektive) Geometrie; er veröffentlichte zu diesem Thema zudem ein Lehrbuch für Gymnasien.[182] Man kann festhalten, dass das Züricher Polytechnikum ein frühes Zentrum der Lehre der projektiven Geometrie gewesen ist.[183]

Culmann erklärte in der Vorrede zu seiner „Graphischen Statik" (1866), dass er von Staudts Buch seinen Ausführungen zu Grunde gelegt hatte, weil es zu diesem Zeitpunkt das einzige gewesen sei, das in echt geometrischer Weise (will sagen: in rein synthetischer Weise) in die Elemente der neueren Geometrie systematisch eingeführt habe.[184]

Die vakanten Stellen am Zürcher Polytechnikum wurden meist ausgeschrieben (u.a. in der Neuen Züricher Zeitung, der in Augsburg erscheinenden „Allgemeinen Zeitung", der „Allgemeinen Zeitung" in Leipzig und der „Kölner Zeitung"[185]), ein im 19. Jh. eher seltenes Verfahren. Man beachte, dass in der Ausschreibung (vgl. Abbildung 1.6) nur von darstellender Geometrie die Rede ist, die Kombination mit der Geometrie der Lage kam also erst im Verlauf der Berufungsverhandlungen mit Fiedler ins Spiel. Professuren hießen am Polytechnikum Lehrstellen, Professoren Lehrer und sonstige Dozierende, z. B. Assistenten, die auch Privatdozenten waren, Hilfslehrer.

über algebraische Analysis, Zahlentheorie und Themen der mathematischen Physik. Zu dieser kehrte er auch nach dem Verlust der Geometrie der Lage wieder zurück.

[181] Mehr dazu weiter unten.

[182] Geiser 1869. Das Vorwort dieses Buches enthält ein bemerkenswertes Plädoyer für die Wertschätzung der Lehre.

[183] Vgl. 2.3 und 9.1.

[184] Vgl. Culmann 1866, XII. Wie die Vorrede des Buches zeigt, kannte Culmann die einschlägige geometrische Literatur sehr gut. Er hatte als junger Mann ein Jahr in Metz bei seinem Onkel verbracht, der Professor an der dortigen Artillerie-Schule war; es ist möglich, dass Culmann dort schon mit der projektiven Geometrie in Berührung kam (vgl. Maurer 1998, 16). Poncelet war zwar zu dieser Zeit nicht mehr in Metz – er ging 1835 nach Paris, wo er schließlich (1848) Kommandant der *Ecole polytechnique* wurde – aber sein Geist prägte die Geometrie in Metz weiterhin.

[185] Vgl. Schulratsprotokolle 1861 § 274, S. 188, wo insgesamt sechs Zeitungen genannt werden, in denen ausgeschrieben werden sollte. Es ging dabei um die Nachfolge von R.Dedekind, auch ein Ausschreibungstext findet sich an der angegebenen Stelle.

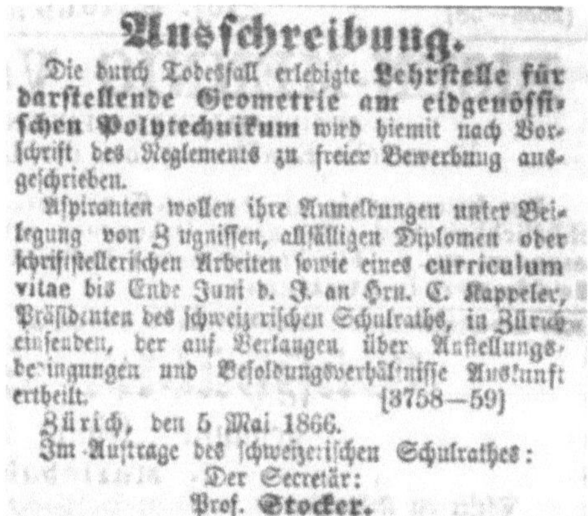

Abb. 1.6: *Anzeige des Polytechnikums in der Allgemeinen Zeitung*[186]

Wie die Berufungsverfahren am Zürcher Polytechnikum abliefen, kann man aus
dem bereits erwähnten vertraulichen Bericht von Karl Culmann an seinen Freund
Karl Maximilian von Bauernfeind (1821 – 1894) in München aus dem Jahre 1866
erfahren. Bauernfeind und Culmann kannten sich vom Bayrischen Eisenbahnbau
her gut; Bauernfeind, der vor allem wichtige Beiträge zur Geodäsie geleistet hat,
bat Culmann um Auskünfte über die Situation des Züricher Polytechnikums, da er
mit der Reorganisation des Münchner Polytechnikums betraut worden war.
Culmann schrieb:

> Vor allem sucht nun der H. Präsident durch Nachfragen tüchtige Männer
> kennen zu lernen und auch dadurch, daß er die Professoren, welche in
> dem treffenden Fach ein competentes Urtheil haben können, zu einer
> Besprechung einladet und nun eine Beurtheilung aller derjenigen, die sich
> in dem Fach ausgezeichnet haben, einerlei ob sie sich nach dem
> Ausschreiben der Stelle gemeldet haben oder nicht gemeldet haben,
> veranlaßt. Die Zahl derjenigen welche nach dieser Besprechung würdig
> erscheinen berufen zu werden, ist immer sehr gering, 3 bis 4, und doch
> werden weder Religion[187] noch Nationalität noch politische Gesinnung
> auch nur im mindesten in Berücksichtigung gezogen. [...]
> Die 3 oder 4 als würdigste Bezeichneten sucht nun Herr Präsident in der
> Regel auf; er geht in ihre Vorlesungen, um das Lehrtalent zu beurtheilen,
> er ladet sie zu Tisch und zu Vergnügungspartien ein, um die innere

---

[186] Sonntag, der 13.5.1866.
[187] Zum Antisemitismus, der in der zweiten Hälfte des 19. Jhs. eine wichtige aber klandestine Rolle im
deutschen akademischen Leben spielte, vgl. man verschiedene Beiträge in Rowe 2018, insbesondere
den Klassiker „14 Klein, Hurwitz, and the „Jewish Question" in German Academia" (pp. 171 – 182).

Tüchtigkeit d. h. den gesunden Menschenverstand zu prüfen; mancher hält die Probe nicht aus, der sie eben besteht, wird herangezogen.[188]

Ähnlich äußerte sich auch noch 1892 F. Rudio in einem Brief an Freund Hurwitz vom 17. April 1892.[189] Hintergrund hierfür war die mögliche Berufung des letzteren nach Zürich.

Die Professoren haben bei den Besetzungen weder officielles noch inofficielles Vorschlagsrecht, sondern der Schulrath besetzt nach meist auswärts geholten Informationen.

Im Falle der Lehrstelle für darstellende Geometrie erfolgte die Ausschreibung am 5. Mai 1866 durch den Sekretär des Schulrats Prof. Johann Gustav Stocker (1820 – 1889).[190] Die „Allgemeine Zeitung" veröffentlichte diese am Sonntag, den 13. Mai, und nochmals am Sonntag, den 20. Mai, jeweils auf Seite 16, welche Annoncen vorbehalten war. Auffallend ist, wie bereits erwähnt, dass in dieser Ausschreibung nur von darstellender Geometrie die Rede ist, die Verknüpfung mit der Geometrie der Lage wird hier noch nicht vorgenommen. Somit sieht es so aus, als habe man zuerst tatsächlich nur einen passgenauen Nachfolger für Deschwanden gesucht.

Der Schweizerische Schulrat erteilte Präsident Kappeler die Vollmacht, den oder die aussichtsreichsten Kandidaten zu besuchen[191] und gegebenenfalls mit ihnen

---

[188] Zitiert nach Maurer 1998, 281 – 282. Das Original befindet sich laut Maurer im Bayrischen Hauptstaatsarchiv München MK 19554 (Akten zur Reorganisation des Münchner Polytechnikums). Schreibweise wie bei Maurer. Ein Beleg für die Unvoreingenommenheit des Züricher Polytechnikums aus späterer Zeit ist die Berufung von H. Minkowski (1896): Da dessen Freund A. Hurwitz schon seit 1892 Professor am Polytechnikum war, ergab sich mit dieser Berufung die Situation, dass beide deutschsprachigen Vertreter der reinen Mathematik nicht-konvertierte Juden waren. Derartiges gab es in Deutschland zu diesem Zeitpunkt noch nicht (Erlangen, das hier oft als Ausnahme angeführt wird, hatte keine zwei jüdischen Mathematikprofessoren, da P. Gordan konvertiert war; vgl. Tobies 2019, 139). Am 30. August 1892 schrieb Minkowski an Hilbert, nachdem klar geworden war, dass Hurwitz eine der beiden freien Professuren am Polytechnikum übernehmen würde: „Ich dachte, ob nicht Hurwitz Dich als Nachfolger für Schottky in Vorschlag bringen wird. Daß übrigens ich schon allein durch die Gleichheit der Konfession mit Hurwitz dort ausgeschlossen bin, leuchtet mir vielleicht noch besser als Anderen ein." (Rüdenberg/Zassenhaus 1973, 48). Weitere Beispiele des latenten Antisemitismus jener Zeit werden uns noch begegnen, z. B. bei K. Pelz (vgl. 9.2.6).

[189] Hs 583: 85. Rudio und Hurwitz kannten sich aus gemeinsamen Studientagen in Berlin, vgl. Rudio 1919. Rudio war sehr erfreut, als er erfuhr, dass Schulratspräsident Bleuler zu einer Reise nach Königsberg, der Wirkungsstätte von Hurwitz, aufbrach.

[190] Vgl. Abbildung 1.6 und Brief Koche an Schulrat vom 3. Juni 1866; Geschäfts-Controlle 1866 Nr. 301a. Stocker vertrat neben seiner Tätigkeit als Sekretär des Schulrates (bis ca. 1870) in der Vorschule des Polytechnikums die Mathematik in französischer Sprache. Nach Auflösung der Vorschule wurde er wie sein Kollege Orelli in die VI. Abteilung integriert.

[191] Das schloss meist mit ein, dass Kappeler – wie auch Culmann berichtet – Vorlesungen seiner Kandidaten besuchte, um sich ein Bild von deren Lehrfähigkeiten zu machen. Bekannt in dieser Hinsicht ist sein erster Besuch in Göttingen geblieben, wo er die beiden Kandidaten Riemann und Dedekind für die Nachfolge von Raabe in Augenschein nahm und sich auch gestützt auf Auskünfte von Dirichlet, der allerdings wissenschaftlich gesehen Riemann favorisierte, für Dedekind wegen dessen besserer Befähigung zur Lehre entschied. Vgl. Knus 1982 und Volkert 2017.

zu verhandeln. In Fiedlers Fall geschah dies am 10. August.[192] Im entsprechenden Protokoll ist vermerkt, dass nach den „eingegangenen Anmeldungen in Folge stattgefundener Ausschreibung" „Fiedler in Prag gut geeignet erscheine" und folglich Kappeler eine Reise dorthin unternehmen solle.[193] Sohn Ernst berichtet: Im Wintersemester 1866/67 „tauchte der mächtige Kahlkopf des Präsidenten des Schweizerischen Schulrates, Kappeler, in F.s Prager Kolleg auf und eröffnete die Berufungsverhandlungen."[194]

Am 21. März 1867 beauftragte der Schulrat Präsident Kappeler, mit Fiedler in Prag zu verhandeln, die Verhandlungen zogen sich einige Zeit hin. Die schwierigen Punkte waren dabei einerseits das von Fiedler geforderte Gehalt – er erhielt schließlich mehr als vom Schulrat ursprünglich festgelegt – und die von Fiedler geforderte und durchgesetzte Erhöhung der Stundenzahl für die darstellende Geometrie sowie Fiedlers Forderung, ihm die Veranstaltung über Geometrie der Lage zu übertragen, diese also Reye zu entziehen.[195] Die Erhöhung der Stundenzahl wurde Fiedler von Kappeler zugesagt, ohne dass die betroffenen Fachvertreter einbezogen worden wären. Damit waren Konflikte natürlich vorprogrammiert.

Am 30. April 1867 stellte Kappeler den Antrag beim Bundesrat in Bern auf Einstellung von Fiedler unter Angabe der vereinbarten Bedingungen, dem am 13.

---

[192] Es findet sich in den Unterlagen – der Geschäfts-Controlle Nr. IV Mai 1860 bis Sept. 1866 - des Schulrats kein Hinweis darauf, dass eine Bewerbung („Anmeldung" lautete der damals übliche Terminus) Fiedlers eingegangen war. Allerdings weist ja Culmann in seinem Bericht ausdrücklich darauf hin, dass Kappeler auch Kandidaten in Betracht zog, die sich nicht beworben hatten. Es könnte gut sein, dass Direktor Zeuner den Präsidenten auf Fiedler aufmerksam gemacht.
Dagegen hatte sich Fiedlers Hauptkonkurrent Theodor Reye mit Schreiben vom 16.1.1866 „angemeldet" (Nr. 331 in der Geschäftskontrolle). Es gingen auch zahlreiche weitere Bewerbungen ein, u.a. von Assistent Rudolf Staudigl (Nr. 354 – 356) in Wien und Josef Schlesinger (Nr. 311, 321 – 322, 324) ebenfalls in Wien sowie von Ludwig Burmester aus Heidelberg (Nr. 294) und Carl F. Geiser (Nr. 371), Privatdozent am Polytechnikum in Zürich. Das Interesse an der Züricher Stelle war beachtlich.
[193] Protokolle des Schweizerischen Schulrats 10. August 1866 § 105, S. 98.
[194] Ernst Fiedler 1915, 20. Wenig günstig nahm Clebsch den Besuch Kappelers bei ihm in Göttingen wahr; er beschreibt ihn wie bereits erwähnt in einem Brief an Fiedler vom 16.1.1869 (Bibliothek ETH-Hochschularchiv Hs 87:168 [Confalonieri/Schmidt/Volkert 2019, 77 – 78]) als Kaufversuch. Eine positive Darstellung eines Besuchs von Kappeler in Greifswald (1869) gibt dagegen L. Königsberger in seiner Autobiographie: „Schon am folgenden Tage sah ich einen Gast in meiner Vorlesung, den ich nach der Beschreibung als den erfahrenen und weltklugen Leiter des Züricher Instituts erkannte, und der sich nach der Vorlesung mir vorstellte mit vielen Elogen über meinen Vortrag, über den er sich, ohne Mathematiker zu sein, doch recht vernünftige Notizen gemacht hatte." (Königsberger 1919, 74). Die Besuche Kappelers dienten 1869 dazu, die durch den Weggang von B. E. Christoffel und Fr. Prym freigewordenen Stellen wieder zu besetzen. Kappelers erste Wahl waren S. Aronhold in Berlin und A. Clebsch in Göttingen, berufen wurden schließlich H. A. Schwarz und H. Weber.
[195] Wie verschiedene Briefe Fiedlers in der Geschäftskontrolle 1867 des Schulrates zeigen, pokerte er (wie wir heute sagen würden) hoch (No.143 [24. April 1867], 150 [29. April 1867], 194 [27. Mai 1868], 195 [27. Mai.1868]). Erst in den beiden letzten Briefen, der allerletzte war an den Bundesrat betreffs Rufannahme gerichtet, teilte Fiedler mit, dass er den Ruf verbindlich annehme. Zuvor hatte er in Aussicht gestellt, den Ruf zu akzeptieren, wenn seine Bedinungen erfüllt würden. Er war sich seiner Sache anscheinend recht sicher.

Mai stattgegeben wurde.[196] Wie üblich enthielt der Brief des Schulratspräsidenten eine Laudatio auf den zu Berufenden[197]:

> Antrag betreffend Berufung des Herrn Dr. W. Fiedler
> An den schweizer Bundesrath

[Einleitung: Vorlage der Bitte um Genehmigung)

1. ... Herr Dr. Wilhelm Fiedler von Chemnitz, zur Zeit Professor an der Polytechnischen Schule in Prag, zum Professor der darstellenden Geometrie und Geometrie der Lage am eidgenössischen Polytechnikum in Zürich zu berufen, mit einer Maximalverpflichtung von wöchentlich 12 Vortrags- und den erforderlichen Übungsstunden, mit einer fixen Bezahlung von 4800 sfr. und dem jeweilen ... Antheile an den Schulgeldern und Honoraren der Zuhörer ... [folgen Regelungen bzgl. Rente, Dienstbeginn].

Der schweizer Schulrath war bei Berathung des vorstehenden Antrags sich klar bewußt, welche Wichtigkeit dem Fache der descriptiven Geometrie für eine technische Lehranstalt zugemessen werden muß und der Unterzeichnende hat schon lange vor dem Tode des Herrn von Deschwanden, als die Hoffnung auf eine Wiederherstellung immer mehr geschwunden war, Erkundigungen eingezogen, in welcher Weise die empfindliche Lücke am besten ausgefüllt werden könnte.[198]

Es verhält sich mit dem Fache der descriptiven Geometrie anders als mit der theoretischen Mathematik. Während hier eine reiche Auswahl von tüchtigen Lehrkräften sich darbietet, sind die hervorragenden Vertreter jenes mehr angewandten Faches ziemlich selten. Dazu kommt, daß die descriptive Geometrie seit Monge in ihren Methoden und Anwendungen verschiedene Umwandlungen erlitten hat und eben jetzt durch die Entwickelung der sogenannten neueren Geometrie und der Geometrie der Lage in ein neues Stadium getreten ist. Es handelte sich dabei wesentlich darum, in dem zukünftigen Docenten des Faches einen Mann zu finden, der, auf der Höhe der Wissenschaft stehend, auch vertraut sei mit den meisten Beziehungen seines Faches zur modernen Geometrie und der mit vorzüglicher Lehrbegabung die genaueste Kenntnis der practisch technischen Anwendung seiner Disciplinen, wie sie für

---

[196] Protokolle des Schweizerischen Schulrats 1867 § 20, S. 49 - 50 und § 105 S. 55.

[197] Missiven No. 48 (1. Mai 1867), S. 68 – 72.

[198] Vgl. die oben zitierte Stelle im Brief von Clebsch an Fiedler vom 3. November 1863, Bibliothek ETH-Hochschularchiv Hs 87 : 153, wo bereits die Rede von Zürich war. Es klingt also so, als habe man von Züricher Seite Fiedler vielleicht schon 1863 (inoffiziell) kontaktiert, was durch die weiter unten zitierten Briefe von G. Zeuner belegt wird. Vermutlich hat Fiedler von der zu erwartenden Vakanz in Zürich gewusst, denn Deschwandens Gesundheitszustand war wie ja auch Kappeler erwähnt über längere Zeit schon prekär.

technische Anstalten so nöthig sind, verbinde u. gleichzeitig die Forschungsrichtung in diesem Fache vorzüglich vertrete. Auch erschien als sehr erwünscht, daß der neue Dozent mit seinem Fache die Vorträge über Geometrie der Lage übernehme, deren Nothwendigkeit durch die Culmann'sche Behandlung der Ingenieurfächer entscheidend zu Tage getreten ist.

Diesen verschiedensten Anforderungen entspricht der zur Berufung vorgeschlagene Herr Fiedler in hohem Maße.

Derselbe hat das Fach der descriptiven Geometrie zuerst am höheren Gewerbeinstitut in Chemnitz und gegenwärtig am Polytechnikum in Prag vertreten und der Unterzeichnende hat sich namentlich mit Bezug auf den letzteren Ort mit eigener Anschauung überzeugt, welche Bedeutung und Stellung der Dozent seiner Wissenschaft den Behörden und der Schule gegenüber zu verschaffen verstanden hat. Während so die practische Lehrthätigkeit unbedingt zu Gunsten des Kandidaten sprach, war durch seine Schriften seine theoretische wissenschaftliche Befähigung und namentlich auf seine Beziehung zu den meisten Theorien moderner Geometrie zum voraus konstatiert. Herr Fiedler ist Verfasser [sic!] einer 1. „Analytischen Geometrie der Kegelschnitte mit besonderer Berücksichtigung der neuen Methoden" 1860, 2. Bearbeitung der analytischen Geometrie des Raumes nach dem Werke des berühmten engl. Math. Salmon, welche diesen Theil der Wissenschaft von den Elementen an behandelt bis zur Untersuchung von Problemen, welche die Mathematiker der Gegenwart beschäftigen. U. außerdem einer Reihe von Programmschriften und kleineren Abhandlungen aus dem Gebiete der darstellenden Geometrie, die in der math. Zeitschrift von Schlömilch erschienen sind.

Es folgen Ausführungen zur Besoldung; ursprünglich sollten nicht mehr als 4500 Franken geboten werden, Fiedler erhielt aber 4800 Franken, was natürlich einer Begründung bedurfte.

In diesem Antrag ist also schon von der Kombination darstellende Geometrie und Geometrie der Lage die Rede. Sie wird als Argument pro Fiedler verwendet.

Für die These, Culmann habe bei der Berufung Fiedlers einen direkten Einfluss ausgeübt, ließen sich keine Belege finden.[199] Allerdings fällt auf, dass Culmann in

---

[199] Erwähnt wird diese Einflussnahme in der Würdigung Fiedlers, die die Neue Zürcher Zeitung nach dessen Tod am 14. Dezember 1912 veröffentlichte. Diverse Parallelen im Text lassen darauf schließen, dass sich A. Voss in seinem Nachruf im Jahresbericht der DMV (Voss 1913) streckenweise auf diese Quelle stützte. Ernst Fiedler verweist in seinem bereits mehrfach erwähnten Nachruf auf einen Brief von Culmann an Fiedler von Ende August 1866 (vgl. Fiedler 1915, 19), der aber nicht erhalten ist.

der Vorrede zu seinem Hauptwerk, der „Graphischen Statik" (1866), das Buch „Analytische Geometrie der Kegelschnitte" von Salmon - Fiedler (1860) als Repräsentant der neueren Richtung in der Geometrie nennt, dessen Beschränkung auf die Ebene er aber als nachteilig für die Zwecke seiner graphischen Statik bezeichnet. Fiedler berichtet in der Vorrede zur zweiten Auflage seiner „Darstellenden Geometrie" (1875) mit einer gewissen Zufriedenheit, dass er Culmann von seinem streng synthetischen Standpunkt abgebracht habe.[200] Zudem hatte ja Privatdozent Reye schon Vorlesungen über Geometrie der Lage und über darstellende Geometrie vor Ort gehalten, mit denen Culmann vermutlich zufrieden war. Einen Kandidaten von außerhalb zu berufen war also eigentlich nicht nötig. Man darf aber andererseits sicherlich davon ausgehen, dass eine Berufung Fiedlers gegen den ausdrücklichen Willen Culmanns kaum möglich gewesen wäre.[201]

Christian Beyel[202] stellte die Vorgeschichte der Berufung Fiedlers nach Zürich in seinen Erinnerungen (1938) folgendermaßen dar:

> Den Gedanken Culmanns kamen die Arbeiten eines jüngeren Dozenten, Prof. Wilhelm Fiedler, entgegen. Sie knüpften an eine Abhandlung des im 18. Jahrhundert viel genannten und berufenen Philosophen Lambert, eines Autodidakten, an, […]. Fiedler setzte diesen Gedanken in Zusammenhang mit den Arbeiten der französischen Mathematiker Desargues und Poncelet und der deutschen Staudt, Möbius u.a. und errichtete in seiner darstellenden Geometrie ein breit angelegtes Lehrgebäude, dessen Hauptstück die Centralprojektion war. Culmann wurde auf Fiedler aufmerksam, glaubte in ihm den ersten Mann für die Verwirklichung seiner Pläne gefunden zu haben, und so wurde Fiedler, der in Prag am Polytechnikum wirkte und als Sachse[203] nach 1866 unmöglich geworden war, auf Zürich berufen. Dort wirkte der strebsame und nicht gerade „gemütliche" Professor während 40 Jahren für das geometrische Denken.[204]

---

[200] Vgl. Fiedler 1875, XXI; zu Culmanns ursprünglicher Haltung vgl. Culmann 1866, XII. Die Kritik an der rein synthetischen Richtung mag auch eine Spitze gegen Th. Reye gewesen sein, der sich vehement für diese Auffassung eingesetzt hat; vgl. etwa die Vorrede und Einführung zu seiner Geometrie der Lage (1866).

[201] Das war wohl auch Fiedler klar, denn er bemühte sich offensichtlich um die Zustimmung Culmanns bevor er den Züricher Ruf annahm; vgl. Geschäftskontrolle 1867, No. 143 (Brief Fiedler an Kappeler Prag, 16. April 1867).
Cremona stand übrigens mit mehreren Kandidaten für die Nachfolge von Deschwanden in brieflichem Austausch, nämlich neben Fiedler noch mit Reye und Geiser. Man findet in deren Briefen Hinweise auf das Züricher Verfahren.

[202] Zu Beyel vgl. 1.4.1 und 1.6.

[203] Sachsen war mit Österreich-Ungarn im Deutschen Krieg verbündet, also kein Gegner der k.und k. Monarchie – vielleicht deshalb aber ein Gegner aus der Sicht böhmischer Patrioten.

[204] Beyel 1938, 113.

Man muss allerdings bedenken, dass Beyel hier Vorgänge schildert, die er nur vom Hörensagen kennen konnte, da sie noch vor seiner Studienzeit stattfanden. Zudem lagen sie mehr als ein halbes Jahrhundert zurück. Es könnte also durchaus sein, dass Beyel ungeprüft die allgemein kolportierte Auffassung wiedergab.

Aus den im Fiedler-Nachlass erhaltenen Briefen geht eindeutig hervor, dass sich Gustav Zeuner (1828 – 1907) massiv für Fiedlers Berufung eingesetzt hat.[205] Fiedler und der ebenfalls aus Chemnitz stammende Zeuner kannten sich vermutlich schon von der Gewerbeschule in Chemnitz, wo Zeuner etwa zeitgleich mit Fiedler Schüler gewesen war, und von der Bergakademie Freiberg her, die beide besuchten. Nach der Promotion (1853) wurde Zeuner eine Anstellung an der Chemnitzer Gewerbeschule verwehrt, weil er sich am Dresdner Maiaufstand 1849 beteiligt hatte.[206] Unter den zahlreichen Briefpartnern Fiedlers ist Zeuner einer der ganz wenigen, mit dem er das vertrauliche „Du" pflegte.[207] In einem Brief aus Zürich vom 26. Februar 1863 schreibt Zeuner, der seit 1855 als Professor der Maschinenlehre am Polytechnikum wirkte und seit 1859 dessen stellvertretender Direktor war, an Fiedler:

> Ich wollte nur, es böte sich mir Gelegenheit dir meine Anhänglichkeit und
> die hohe Achtung, die ich dir und deinen Leistungen zolle, in anderer Art
> zu beweisen, als durch Worte. [...]
> Ich bitte dich, gelegentlich unseren alten Lehrer, Herrn Prof. Ludwig,
> herzlich von mir zu grüßen.[208]

Zeuner hatte – wie auch Culmann - großes Interesse an der projektiven Geometrie, die er während eines Studienaufenthaltes in Paris kennengelernt hatte, wo er u.a. J. V. Poncelet traf.[209]

---

[205] Zu Zeuners Briefen an Fiedler vgl. 9.2.4.

[206] Ernst Fiedler berichtet im Nachruf auf seinen Vater sogar von einer Entlassung Zeuners trotz Freispruchs; vgl. Fiedler 1915, 18. Diese Behauptung ist allerdings falsch. Vgl. auch den Eintrag „Zeuner, Gustav" in der Sächsischen Biographie (http://saebi.isgv.de/biografie/Gustav_Zeuner_(1828-1907)).

[207] Im 19. Jh. nahm man Fragen der Anrede durchaus ernst, freundliche Möbelhäuser und ihre Gebräuche waren noch unbekannt.

[208] Hs 87:1564. Auch als Direktor des Polytechnikums Dresden bemühte sich Zeuner um eine Berufung Fiedlers dorthin, vgl. 9.2.4.

[209] Der wohl wichtigste wissenschaftliche Beitrag Zeuners lag allerdings in anderer Richtung, nämlich in der Anwendung der gerade im Entstehen begriffenen Thermodynamik auf Dampfmaschinen, was zu beachtlichen Verbesserungen derselben führte. Er entwickelte die Kreisdiagramme zur Steuerung von Schiebern und gab die bekannte Zeitschrift „Der Civilingenieur" heraus. Ein gescheitertes Projekt Zeuners war das „Repertorium der literarischen Arbeiten aus dem Gebiete der reinen und angewandten Mathematik. Originaltexte der Verfasser.", das er zusammen mit L. Königsberger 1877 startete und das aktuelle mathematische Literatur in Eigenreferaten der Autoren darbieten sollte, darunter auch welche von Fiedler (vgl. 4.5). Es erschienen nur zwei Bände.

Anscheinend betrieb Zeuner sein Anliegen mit Konsequenz. Im Herbst 1863 wusste er nach Chemnitz zu berichten:

> […] habe ich mit Culmann, Bolley etc. von dir gesprochen. Auch unser Schulrathspräsident kannte deinen Namen. […] Soweit ich nun die hiesigen Verhältnisse kenne, […], unterliegt es mir keinem Zweifel, daß man an dich in erster Linie denken wird, wenn einmal die Frage nach der Nothwendigkeit der Einrichtung einer Professur für neuere Geometrie zur Verhandlung kommt.[210]

Nach dem Tod von W. von Deschwanden wurde nach einem ereignisreichen Interregnum von Pompejus Bolley Gustav Zeuner Direktor des Polytechnikums. Wie Zeuners Briefe an Fiedler zeigen, verstand er sich gut mit Präsident Kappeler[211], was eine Einflussnahme im Sinne Fiedlers sicherlich begünstigte. Als Direktor wollte Zeuner sich nicht mehr offen und direkt Fiedler gegenüber äußern. Also schaltete er einen Mittelsmann ein. Die Wahl fiel auf Heinrich Durège, der 1858 Privatdozent am Polytechnikum geworden war und seit 1864 am Polytechnikum in Prag lehrte.[212] Durège schrieb am 16. Juli 1866 aus Zürich:

> Ich schreibe an Sie in Angelegenheit der Besetzung der Professur für darstellende Geometrie am hiesigen Polytechnikum. Zeuner sagte mir nämlich, daß sie in erster Linie für dieselbe ein Kandidat seien, ihr Hauptconcurrent ist Reye. Er sagte mir aber ferner, daß es sehr wünschenswerth wäre, daß Sie nach Zürich kämen, damit der Schulraths-Präsident sie hier näher kennen lerne. Da Zeuner selbst zu schreiben Bedenken trug, da er zugleich Director ist, so übernahm ich es, Ihnen dies mitzutheilen.[213]

Offensichtlich befand sich Durège im Sommer 1866 längere Zeit in Zürich, in seinem bereits erwähnten Brief nutzte er die Gelegenheit, um Erkundigungen über die Situation in Prag einzuholen, z. B. was Lebenshaltungskosten und Seuchen[214] betraf. Diese Anfrage muss man auf dem Hintergrund der Zeitumstände sehen: Vom 16. Juni 1866 bis zum 23. August 1866 währte der Deutsche Krieg; eine entscheidende Schlacht, diejenige bei Königsgrätz, wurde nur gut 100 km nördlich von Prag ausgetragen. Ernst Fiedler berichtet, sein Vater

---

[210] Brief vom 27. Oktober 1863 aus Zürich (Hs 87:1565).

[211] Das kann man auch Zeuners Briefen an Fiedler entnehmen, vgl. 9.2.4.

[212] Johann Heinrich Jakob Durège (1821 – 1893) wurde mit Dekret des Landesausschuss vom 22. Februar 1864 ernannt; vgl. Stark 1906, 40. In Prag studierten Fiedler und Durège zusammen mathematische Neuerscheinungen, verstanden sich offensichtlich gut. Sie traten auch beide für die „deutsche Sache" ein.

[213] Hs 87: 292

[214] Im nachfolgenden Jahr, im Sommer 1867, traf eine Cholera-Epidemie Zürich. Auch hier war man damals vor solchen Ereignissen nicht sicher.

habe diese „Kriegswochen mit Bangen und Jubel durchlebt."[215] Es ist anzunehmen, dass Durège in Zürich blieb, um die weitere Entwicklung in Böhmen abzuwarten, aber natürlich interessiert daran war, Neuigkeiten aus Prag zu bekommen.[216]

Wie bereits erwähnt kam es anders, der Berg – sprich Schulratspräsident Kappeler – begab sich zum Propheten, Fiedler, nach Prag.

Fiedler selbst hat 1884 die Hintergründe und Umstände seiner Berufung nach Zürich in einem Artikel „Zur Geschichte der darstellenden Geometrie am eidgenössischen Polytechnikum" in der Neuen Züricher Zeitung (NZZ) beschrieben. Dieser Artikel, der in zwei Teilen abgedruckt wurde, war eine Reaktion auf vorangegangene Berichte der Zeitung über Forderungen, die darstellende Geometrie für die Studierenden der Bauschule stark einzuschränken oder gar abzuschaffen – verbunden mit deutlicher Kritik an Fiedler, nicht zuletzt von Praktikern.[217]

> Als man hier zur Neubesetzung der Professur schreiten mußte [für darstellende Geometrie im Jahr 1866; K. V.], empfand man das Bedürfniß der Reform auf das lebhafteste, […]

> Auf den am Schluß des ersten Artikels [von Fiedler in der NZZ; K. V.] geschilderten Grundlagen trat man an die Neubesetzung heran; wie man auf mich geführt wurde, ist mir unbekannt.[218] Ich hatte aber schon 1860 [es geht um Fiedlers Dissertation; K. V.] literarisch für eine Reform der darstellenden Geometrie in dem Sinne gewirkt, daß die Centralprojection den Ausgangspunkt der Entwicklung bilden müsse, weil sie sofort zu den Hauptstücken der Geometrie der Lage führt und dadurch für die wissenschaftliche Weiterbildung der darstellenden Geometrie die bis dahin fehlenden Mittel liefert; ich hatte seit 1864 als Professor an der technischen Hochschule Prag Gelegenheit gefunden, meinen Ideen ihre pädagogische Durchbildung zu geben, und eben in den Schriften der Wiener Akademie begonnen, eine Darlegung davon zu veröffentlichen, als die Züricher Berufung an mich herantrat.

---

[215] Ernst Fiedler 1915, 19.

[216] Vgl. Knothe 2004, 55. Der Deutsche Krieg kommt auch in Fiedlers Briefen an Cremona zur Sprache; so schreibt er am 5.8.1866 aus Prag: „Es waren böse Wochen, gebe Gott, dass sie wirklich vorbei sind." (Israel 2017, 647). Fiedler hielt sich mit seiner Familie zeitweise auf dem Land in der Nähe von Prag auf.

[217] Neue Züricher Zeitung No. 323, Sonntag, den 23. November 1884, und NZZ No. 330 Erstes Blatt, Dienstag, den 25. November 1884.

[218] In Anbetracht des gerade zitierten Briefes von Durège kann man das wohl nur eine Schutzbehauptung nennen.

> Ich zögerte, ihr zu entsprechen. Ich hatte eine wissenschaftlich völlig freie
> und unabhängige Stellung aufzugeben; […]

Im letzten Satz klingt an, dass das Reglement an der Polytechnischen Schule in Zürich ein wesentlich anderes war als dasjenige in Prag, wo das Polytechnikum ähnliche Freiheiten wie die Universität besaß[219], was in Zürich keineswegs der Fall war: für Fiedler ein dauerhaftes Ärgernis. Verständlicherweise erwähnte Fiedler die Auseinandersetzungen in Prag, die ihm das Leben schwer gemacht hatten, nicht.

Fiedler betrachtete sich somit als der ideale Kandidat, um die Bestrebungen von Culmann[220] in die Praxis umzusetzen. Allein, er war nicht der Einzige, der sich so sah. Auf die ausgeschriebene Stelle, die schließlich Fiedler bekam, gab es wie bereits erwähnt zwei hausinterne Bewerbungen, nämlich eine von Carl Friedrich Geiser und eine von Theodor Reye. Beide waren Privatdozenten und assistierten Deschwanden. Nach dessen Tod vertraten sie seine Lehrveranstaltungen[221]; sie machten sich wohl beide Hoffnungen auf seine Nachfolge. Nachdem Geiser einsehen mußte, dass sein Unterfangen in Zürich gescheitert war, bewarb er sich in Prag um Fiedlers Nachfolge, wobei er Cremona um Unterstützung bat: Dieser sollte bei Fiedler zu Geisers Gunsten intervenieren.[222] Das Ergebnis war allerdings enttäuschend:

> Ich beeile mich, Ihnen anzuzeigen, daß nach einem Briefe, den ich heute
> aus Prag erhalten habe, meine Aussichten höchst gering sind. Herr
> Professor Fiedler hat nämlich im Professorencollegium erklärt, daß für
> eine solche Stelle ein „neuerer Geometer" erforderlich sei, & deßhalb
> meine Persönlichkeit nicht in Betracht kommen könne. Ich muß gestehen,
> daß nach Ihrem letzten Briefe, & nach einer vorhergehenden Anzeige von
> Aronhold, daß er mich an Fiedler empfohlen habe, mich die Nachricht sehr
> überrascht hat, da ich kaum denken konnte, daß Herr Professor Fiedler
> auf Ihre Empfehlung so wenig geben würde.[223]

---

[219] Die Situation in Österreich-Ungarn unterschied sich somit von der in den (anderen) deutschen Ländern, in denen der Status der Polytechnika deutlich von dem der Universitäten abwich; vgl. Hensel 1989. Dies erwähnte Fiedler auch in seiner Denkschrift an die Gesamtkonferenz des Polytechnikums von 1903 (Fiedler 1903).

[220] … und Zeuners könnte man hinzufügen. Diese Fährte in einem Zeitungsartikel zu legen, schien Fiedler wohl unklug.

[221] Vgl. Protokolle des Schweizerischen Schulrats, 27.März 1866, § 57, S. 10 sowie Geiser an Cremona, Zürich 6. Mai 1866 (Israel 2017, 725 - 726) und Reye an Rümpler, Zürich 16. Juni 1867 (Bibliothek ETH-Hochschularchiv Hs 1449: 3).

[222] Geiser an Cremona, Zürich 24. Juni 1867 (Israel 2017, 735 - 736). In jener Zeit hatte der ausscheidende Professor durchaus Einfluss auf seine Nachfolge; es war völlig üblich, ihn um seine Meinung und um Vorschläge zu bitten.

[223] Geiser an Cremona, Zürich 12. Juli 1867 (Israel 2017, 737). Eine Mitteilung Aronholds über Geiser an Fiedler findet sich in einem Brief des ersteren vom 27. Juni 1867 (Hs 87: 14); siehe unten.

Fiedler wiederum hatte an Cremona geschrieben und diesen um Auskünfte über Geiser gebeten. Dabei klang Fiedlers Einstellung zum Kandidaten Geiser eher positiv:

> Derselbe hat bei der Frage der Wahl meines Nachfolgers hier [in Prag; K.V.] die Aufmerksamkeit auf sich gelenkt u. bei den zahlreichen Zeichen der Kraft u. Tüchtigkeit, die er trotz seiner Jugend gegeben, würde ich mich freuen, von Ihnen zu hören, was Sie von ihm halten. Schwieriger freilich als die Frage seiner theoretischen Befähigung dürfte die nach seiner graphischen Erfahrung u. Gewandtheit sein; über diese will ich in Zürich nachfragen.[224]

Nachfolger von Fiedler in Prag wurde der aus Trier kommende Gymnasiallehrer Carl (auch Karl) Küpper.[225] Anscheinend war es Siegfried Aronhold, der Küpper, einen Schüler von Pohlke, ins Gespräch brachte. Fiedler hatte Aronhold brieflich um Auskunft gebeten bzgl. möglicher Nachfolger. Neben Küpper nannte Aronhold noch Hermann Amandus Schwarz und Julius Weingarten.[226]

Fiedler berichtet in dem Brief, in dem er Cremona für seine Auskünfte dankte, auch vom Scheitern des Anliegens Geisers:

> Sie empfahlen mir in demselben [Cremonas Brief vom 16.7.1867; K. V.] Herrn Dr. Geiser in Zürich mit Wärme für die Besetzung meines Lehrstuhls; lassen Sie mich sagen, dass ich überzeugt bin, ganz seinem Verdienst gemäß. Ich kenne u. schätze seine Arbeiten u. hoffe viel Gutes von ihm. Darum war mir seine Meldung eine Freude. Bei dem hohen Werthe aber, den man auf ausgedehnte constructive u. pädagogische Erfahrung bei uns allgemein gerade in diesem Fache legte, konnte ich einigen anderen Bewerbern gegenüber die Aussichten für ihn nicht günstig erachten.[227]

---

[224] Fiedler an Cremona, Prag 22. Juni 1867 (Israel 2017, 655). Ob und, wenn ja, bei wem Fiedler in Zürich nachgefragt hat, ist unklar. Am ehesten kam wohl für Fiedler Freund Zeuner in Frage, um Auskünfte zu liefern.

[225] Fiedler schrieb an Cremona: „Ich freue mich darüber, dass wenigstens mein Nachfolger ein Mann ist, der fähig u. geneigt sein wird, der descriptiven Geometrie etwas von dem Geiste der neueren einzuhauchen." (Fiedler an Cremona, Plauen 22. September 1867 [Israel 2017, 656]) Küpper wird bei Obenrauch 1897 vielfach erwähnt; man kann sich dort ein Bild seiner Wirksamkeit in Prag machen. Diese wurde allerdings durch Krankheit beeinträchtigt, wie auch J. Lieblein in seinem oben zitierten Brief vom 8. August 1871 erwähnt. Ein sehr negatives Bild von Küpper zeichnet hingegen K. Pelz in seinen Briefen an Fiedler, vgl. 9.2.6.

[226] Vgl. Aronhold an Fiedler Berlin, 20. Mai 1867 (Hs 87:13). Anscheinend brachte Fiedler in seinem Antwortbrief an Aronhold Geiser ins Spiel. Aronhold antwortete darauf aus Berlin am 27. Juni 1867, dass dieser aufgrund des Desinteresses von Gustav Schmidt (1826 – 1883), dem Professor für Maschinenbau am Prager Polytechnikum, wohl keine Chancen habe (Hs 87: 14). Fiedler hat dann wohl Küppers Bewerbung unterstützt.

[227] Fiedler an Cremona, Plauen 22.9. 1867 (Israel 2017, 656).

Bemerkenswert ist, dass Fiedler hier die praktische Seite der darstellenden Geometrie so stark betont, für die er selbst ja keineswegs stand. Geiser und Fiedler haben 40 Jahre nebeneinander in Zürich gewirkt; Probleme scheint es zwischen den beiden keine gegeben zu haben, obwohl sie inhaltlich recht eng beieinander lagen. Seit Einrichtung der militärischen Abteilung (1879) hatte Geiser in derselben eine Professur inne. Er hielt dort regelmäßig Vorlesungen (im Wechsel innere und äußere Ballistik) und führte auch praktische Schießübungen im Gelände mit den Studenten am Samstagvormittag durch. Geiser war zweimal Direktor des Polytechnikums (1881 – 1887 und 1891 – 1895) und einer der beiden Hauptorganisatoren des ersten internationalen Mathematikerkongresses (1897); in seine Amtsperioden als Direktor fielen diverse Auseinandersetzungen Fiedlers mit Studierenden und Schulrat.

Sehr enttäuscht von der Berufung Fiedlers war verständlicherweise Privatdozent Theodor Reye (1838 - 1919)[228], der seit einiger Zeit schon für Karl Culmann Veranstaltungen über Geometrie der Lage für zukünftige Bauingenieure angeboten und wie bereits erwähnt neben C. F. Geiser Aufgaben im Rahmen der Vertretung des verstorbenen Wolfgang von Deschwanden übernommen hatte. Aus Reyes Vorlesungen war bereits der erste Band des später sehr erfolgreichen Lehrbuches „Geometrie der Lage" (1866) hervorgegangen. In einem Brief an seinen Verleger Carl Rümpler[229] in Hannover vom 16. Juni 1867 aus Zürich schildert Reye ausführlich seine Situation:[230]

Sehr geehrter Herr Commerzienrath!

Leider muß ich Ihnen heute eine schlechte Nachricht mittheilen. Die Professur für darstellende Geometrie, die ich zur einen Hälfte seit fast drei Semestern verwalte, ist endlich definitiv besetzt worden durch Herrn Prof. Fiedler in Prag; und zugleich wurde mir mitgetheilt, daß das obligatorische Colleg über Geometrie der Lage fortan mit jener Professur verbunden bleibt. Also das Colleg, welches ich als Privatdocent mit vieler Mühe geschaffen habe, welches erst später auch in Wien und an anderen polytechnischen Schulen eingeführt wurde, und das ich jetzt seit vier Jahren, und ich darf sagen mit gutem Erfolg lese, wird mir jetzt, nachdem ich diese Disciplin durch mein Buch allgemein zugänglich gemacht habe, ohne Weiteres genommen! Meine heftigen Reclamationen haben mir Nichts geholfen, der Schulrath-Präsident behauptete die Vereinigung

---

[228] Zu Reye vgl. man Geiser 1921, der die hier geschilderten Ereignisse aus erster Hand kannte und unsere Darstellung im Wesentlichen stützt.
[229] Der erste Band von Reye's „Geometrie der Lage" war bei Rümpler 1865 erschienen. Der hier zitierte Brief ist im Kontext des Erscheinens des zweiten Bandes von Reyes Werk zu sehen, das 1868 erfolgte. Spätere Auflagen wurden bei Baumgarten in Hannover verlegt.
[230] Hs 1449:3.

> beider Fächer in einer Hand für zu sehr im Interesse der Schüler, und durch Aufstellung eines officiellen Concurrenten geschehe mir kein Verlust, da ich als Privatdocent meine Geometrie ankündigen könne, so oft ich wolle. Ich entgegnete, vor Gericht könne ich die Behörde allerdings nicht verklagen, aber daß alle mit den Verhältnissen Vertraute diese Behandlung als ein schweres mir zugefügtes Unrecht betrachten würden, dafür sei ich gewiß. Und gegen einen Concurrenten, zu welchem die Studirenden gehen müssten, sei schwer anzukämpfen von einem Docenten, zu welchem sie gehen <u>dürfen</u>, falls sei den ersten gehört haben.[231] <u>Die</u> Genugthuung habe ich jetzt, daß das Verfahren des Schulraths allgemein Entrüstung hervorgerufen hat unter Docenten wie unter Studirenden.[232] Der Schulraths-Präsident, ein Jurist, der von Mathematik nichts versteht, scheint wirklich den Schritt in aller Arglosigkeit gethan zu haben, weil Herr Fiedler die Geometrie der Lage beanspruchte, wenigstens gibt er sich Mühe, für mich andere obligatorische Fächer zu ermitteln, und daß ich im August zum außerordentlichen Professor ernannt werde, darf ich mit Sicherheit erwarten. Allein, daß man mich auf so schnöde Weise aus einem Fach verdrängt hat, das mir so viel Freude gemacht hat und in dem ich glaube, Einiges geleistet zu haben, während mein Nachfolger keine Zeile darüber geschrieben hat, das werde ich doch wohl nie verwinden, solange ich hier bin!

Reyes Behauptung, Fiedler habe keine Zeile zur Geometrie der Lage veröffentlicht, wirkt in Anbetracht von dessen Artikel in Schlömilchs Zeitschrift etwas überzogen.

Man wundert sich vielleicht, warum Reye seinem Verleger diese Vorkommnisse so ausführlich schildert. Der Grund hierfür wird im weiteren Verlauf des Briefes deutlich:[233]

> Was nun mein Buch betrifft, so glaube ich doch, daß es nicht so sehr von diesem Ereignis berührt wird. Die Geometrie der Lage bleibt ein obligatorisches Colleg und da ich meinen Lehrgang ganz den Bedürfnissen der Ingenieurschüler angepaßt habe, so glaube ich nicht, daß Herr Fiedler einen sehr verschiedenen einschlagen kann. Ein anderes Lehrbuch dieser immerhin schwierigen Disciplin existirt aber nicht, da von Staudt's Geometrie der Lage für Studirende oft unverständlich ist und so wird wohl mein Buch nach wie vor seinen guten

---

[231] Christian Beyel sollte etwas Derartiges später gelingen mit seiner Konkurrenzvorlesung über darstellende Geometrie, vgl. 1.4.1 und 1.6.
[232] Ein interessanter Hinweis, für den ich allerdings keine Belege finden konnte.
[233] Hs 1449:3.

> Absatz in Zürich finden.[234] Außerdem werde ich, während Fiedler die
> Geometrie der Lage im Winter liest, dasselbe Colleg im Sommersemester
> ankündigen, und wenn es wahr ist, daß Fiedler schwer verständlich
> vorträgt, so werden doch gewiß manche Zuhörer und jedenfalls Viele aus
> den übrigen Abtheilungen bei mir sein.

Hielt ein Dozent eine Vorlesung mit vielen Hörern, war ihm ein gewisser Absatz
seines Lehrbuchs anscheinend sicher. Die weitere Entwicklung in Zürich zeigte
übrigens, dass sich Reye in manchen Punkten täuschte.

Reye schreckte nicht davor zurück, den Konflikt in eine breitere Öffentlichkeit zu
tragen. Im Vorwort des 1868 erschienen zweiten Bandes seiner „Geometrie der
Lage", datiert auf „Zürich, 5. October 1867", wird Reyes Empörung nochmals
deutlich:[235]

> Das Erscheinen dieses letzten, umfangreicheren Theils meines Buches
> ist zu meinem Bedauern verzögert worden theils durch den neuen Stoff,
> der während der Ausarbeitung sich mir aufdrängte, theils durch erhöhte
> Anforderungen an meine Lehrthätigkeit während der letzten drei
> Semester. Leider ist mir von jetzt an versagt, in gleicher Weise wie bisher
> als Lehrer mitzuwirken an der Verbreitung meiner Lieblingswissenschaft;
> denn mein Colleg über die Geometrie der Lage ist mir kürzlich
> rücksichtslos entzogen worden, um es dem neuberufenen Professor für
> darstellende Geometrie auf dessen Verlangen zu übertragen. Vor mehr
> als vier Jahren habe ich selbst als Privatdocent dieses Colleg hier
> geschaffen, bevor noch an irgend einer technischen Anstalt oder
> Universität, außer in Erlangen, diese Richtung der synthetischen
> Geometrie gelehrt wurde[236], und seitdem habe ich mich unablässig
> bemüht, es weiter auszubilden; umso empfindlicher traf mich sein
> unerwarteter Verlust.

Der Konflikt zwischen Reye und Fiedler zog seine Kreise. Das ersieht man schon
aus der Tatsache, dass sich der Schulrat in seiner Sitzung vom 5. August 1868
damit befasste. Genauer gesagt, ging es um die „Reclamation" Fiedlers vom 25.
März 1868, der die Übertragung des „für die Fachlehrerabtheilung obligatorischen
Collegs[237] über Geometrie der Lage von Herrn Dr. Reye" an sich einforderte.[238]
Mit Erfolg: Im Sommersemester 1868 hielt Reye noch die fragliche Vorlesung im
zweiten und dritten Jahreszyklus der Fachlehrerabteilung. Danach las er über

---

[234] Vgl. 2.2 für eine Übersicht zu den Lehrbüchern der projektiven Geometrie in jener Zeit.
[235] Reye 1868, V. Reyes Lehrbuch umfasste in späteren Auflagen dann drei Bände.
[236] Vgl. 2.3 für eine Übersicht zu den damaligen Lehrveranstaltungen in projektiver Geometrie.
[237] Gemeint: Vorlesung. Für die Studierenden der Fachlehrerabteilung gab es allerdings keinen
verbildlichen Studienplan, also auch keine verbindlichen Vorlesungen.
[238] Protokolle des Schweizerischen Schulrats 5.8.1868, § 99, S. 104.

andere Themen (z. B. Ausgewählte Kapitel aus der mathematischen Physik (Sommersemester 1869), Analytische Mechanik (Wintersemester 1869/70) und Mathematische Theorie der galvanischen Ströme und des Elektro-Magnetismus (Sommersemester 1870)). Im Briefwechsel mit Cremona kommt Reye ausführlich auf diese Vorgänge zu sprechen. Allerdings war er nicht Fiedler selbst gram sondern fairerweise dem Schulrat. Am 22. November 1867 schrieb Reye von Zürich aus an Cremona:

> Herr Professor Fiedler, den man für die darstellende Geometrie hierher rief, wollte nur unter der Bedingung annehmen, dass ihm auch die Geometrie der Lage übertragen werde. Man gab sie ihm, ohne vorher auch nur mit einer Silbe mit mir darüber zu sprechen, und das Colleg, welches ich als Privatdozent hier geschaffen, auf welches ich vier Jahre lang meine besten Kräfte verwendet hatte, wurde mir vom Schulrathe in rücksichtsloser Weise entzogen. Ich verdenke es Herrn Fiedler durchaus nicht, dass er dieses dankbare Colleg verlangt hat; aber die Schulbehörde hat unrecht an mir gehandelt, und durch Ertheilung des schon früher verheissenen Professorentitels wurde dieses Unrecht gewiss nicht gesühnt.[239]

Reye suchte den Ausgleich mit Fiedler. Das belegt ein Brief an Fiedler vom 25. Dezember 1867[240], den er als Entgegnung auf ein nicht mehr erhaltenes Schreiben Fiedlers verfasste, in dem sich jener offensichtlich über Reyes Vorwort beklagt hatte.[241] Reye beteuert:

> Es ist mir gar nicht in den Sinn gekommen, daß jene Stelle als ein Vorwurf gegen Sie aufgefaßt werden könnte. Wer in aller Welt kann es Ihnen denn verdenken, daß Sie Ihren schönen Wirkungskreis in Prag nicht aufgeben wollten, ohne einen entsprechenden hier wieder zu erlangen! Gleich bei unserer ersten Begegnung fand ich Gelegenheit zu der Erklärung, daß ich selbstverständlich aus der Verschlechterung meiner hiesigen Stellung Ihnen nicht den geringsten Vorwurf mache. Damals erschien mir diese Erklärung ziemlich überflüssig, ich wiederhole sie gleichwohl jetzt mit Bezug auf den Passus meiner Vorrede.

---

[239] Israel 2017, 1361 – 1362.

[240] Hs 87: 836.

[241] Das erscheint zunächst paradox, wurde doch der zweite Band von Reyes Buch erst 1868 publiziert. Es gibt mindestens zwei Möglichkeiten, dieses Paradox aufzuklären: Die erste wäre, dass Reye Fiedler seinen Text vorab zur Kenntnis brachte. Das erscheint eher unwahrscheinlich. Die zweite Möglichkeit ergibt sich aus der Tatsache, dass Bücher in jener Zeit bogenweise gedruckt (das ist natürlich immer noch so) und die gedruckten Bögen oft separat ausgeliefert wurden. Teile konnten folglich lange bevor das Buch komplett erschienen war, den Beziehern des Werkes bekannt sein. Für den Einband des Buches mussten folglich auch die Käufer sorgen, was die große Vielfalt derselben erklärt.

Eine Frage liegt nun aber auf der Hand, warum hatte Reye den fraglichen Passus denn überhaupt geschrieben? Darauf lautete seine Antwort:

> Der Grund, weßhalb ich jene Stelle schrieb, liegt doch auf der Hand. Ich eröffne den Lesern meines Buches, daß mein Colleg mir genommen sei, damit sie aber nicht auf den mir nachtheiligen Gedanken kommen, ich habe die Geometrie der Lage vielleicht schlecht vorgetragen, füge ich den einzigen Grund hinzu, der mir jemals für die Entziehung des Vortrages angegeben ist.

Naturgemäß sah Fiedler die Angelegenheit entspannt, war er doch klar in der stärkeren Position. Unter Bezug auf das Vorwort Reyes zu seinem Buch schrieb Fiedler in einem etwas späteren Brief an Cremona:

> In der Vorrede [siehe die oben zitierte Passage; K. V.] hat Herr Coll. Reye seines hiesigen Misserfolgs Erwähnung gethan; ich glaube, er hätte in zweckmässigerer Weise für sein Fortkommen wirken können; solche Angriffe können nur zu allerlei Anfragen u. Aufklärungen führen, die ihr Unangenehmes auch für den Angreifer haben. Ich freue mich, annehmen zu dürfen, dass in den Augen aller Einsichtigen von diesem Angriffe nichts auf mich entfallen kann. Die ungemein selbstbewusste Hervorhebung der eigenen kaum 4jährigen Docententhätigkeit für die Geom. d. Lage am Polytechnikum entspricht der Wahrheit auch nicht; wenn in Zürich nach dem Verdienst um die Geom. d. Lage gefragt wird, so gebührt es unzweifelhaft dem Professor der Ingenieurwissenschaften Culmann, der vor H. R.[242] selbst die nothwendigen Elemente aus der geom. d. Lage vorgetragen u. die Bahn gebrochen, Herrn R. auch zur näheren Beschäftigung mit derselben veranlasst hat. An deutschen Universitäten war sie übrigens auch ausser Erlangen längst vertreten[243], was Sie bei Ihrer umfassenden Literaturkenntniss selbst wissen werden. Es ist

---

[242] Lies: Herrn Reye. Culmann hat soweit feststellbar selbst keine Veranstaltung zur Geometrie der Lage angeboten. Sollte dem so sein, wäre Fiedlers Behauptung vielleicht so zu verstehen, dass Culmann in seiner Vorlesung über graphische Statik auf die projektive Geometrie einging. Vgl. hierzu Maurer 1998, 403, der allerdings feststellt, dass Culmann das fragliche Thema nur sehr knapp in seiner Vorlesung behandelte. Insgesamt spielt die projektive Geometrie in Culmanns graphischer Statik keine allzu wichtige Rolle. Ich danke Erhard Scholz (Wuppertal) für seine Erklärungen zu Culmann.

[243] Leider sagt Fiedler nicht, auf welche Vorlesungen er sich hier bezieht. In Erlangen hat von Staudt Geometrie der Lage gelesen, dann sein Nachfolger Hans Pfaff (mehrfach ab Wintersemester 67/68). Insofern scheint Fiedler hier missverständlich zu formulieren – Erlangen war eher ein Vorreiter der projektiven Geometrie denn ein Nachzügler. Vgl. Übersicht zu den Vorlesungen über projektive Geometrie in 2.3.

schade, dass dem Verdienst des Buches solche Übertreibungen zur Seite stehen.[244]

Nach dem Sommersemester 1868 tritt ausschließlich Fiedler als Dozent für die Geometrie der Lage auf. Die beiden Bände der „Geometrie der Lage" von Reye zeugen an mehreren Stellen davon, dass Reye sich sehr bemühte, den Ideen und Wünschen Culmanns nachzukommen; insbesondere verweist Reye des Öfteren auf Probleme, die sich aus der Praxis von Ingenieuren ergeben und mit Hilfe der neueren Geometrie gelöst werden können.[245] Auch von daher erscheint es wenig plausibel, dass sich Culmann für Fiedler und gegen Reye (oder auch Geiser) stark gemacht haben sollte.

Abb. 1.7: *Wilhelm Fiedler, etwa 1870* [246]

Reye[247] wurde 1870 ans neu gegründete Polytechnikum Aachen berufen, zwei Jahre später dann an die Universität Straßburg, wo er bis zu seiner Emeritierung 1909 lehrte. Die zitierte kritische Bemerkung wurde von ihm aus dem Vorwort seines Buches in späteren Auflagen gestrichen; anscheinend hatte er sich mit diesem Vorfall ausgesöhnt. Fiedler erkannte Reyes fachliche Kompetenz immer an.[248] Reyes Schüler und Nekrolog Heinrich Timerding äußerte sich übrigens in

---

[244] Fiedler an Cremona Fluntern bei Zürich 28. Dezember 1867 (Israel 2017, 657-658). Es ist anzunehmen, dass Reye vermutete oder sogar wusste, dass auch Fiedler mit Cremona korrespondierte.

[245] Beispiel: Eine Gerade durch einen gegebenen Punkt und durch den Schnittpunkt zweier Geraden ziehen, wenn letzterer nicht auf dem Zeichenblatt liegt. Reye hatte in Hannover und Zürich Maschinenbau studiert, ehe er sich umorientierte.

[246] E-Pics, Bibliothek ETH. Ein anderes Portrait Fiedlers, das in seiner Zeit in Prag entstand, findet sich bei Stark 1906, 42. Dieses erwähnt Fiedler vermutlich in seinem Brief an Cremona vom 7. Mai 1865 (Israel 2017, 645 – 647).

[247] In Zürich hatte Reye die hübsche Adresse „Badeanstalt, Mühlebach".

[248] Z. B. in Briefen an Cremona Hirslanden 12. Juli 1871 (Israel 2017, 663 – 668) und Hirslanden 2. Juli 1872 (Israel 2017, 671 - 672).

seinem Nachruf auf Reye sehr negativ über Fiedler (siehe Zitat am Anfang dieses Kapitels).

Fiedlers Stelle war in der VI. Abteilung, nach der Reform von 1865 genannt Schule für Fachlehrer in mathematischer und naturwissenschaftlicher Richtung mit den beiden Sektionen Mathematik inklusive Physik und Astronomie (VI^A) und Naturwissenschaften (VI^B) des Polytechnikums angesiedelt. Diese Abteilung hatte die Aufgabe, zum einen die Grundlagenfächer – etwa die darstellende Geometrie, die reine Mathematik und die Physik – für die fünf anderen Schulen anzubieten. Darüber hinaus war die VI. Abteilung zuständig für die Ausbildung der Fachlehrer in Mathematik und Naturwissenschaften.[249] Das war eher ungewöhnlich für ein Polytechnikum – im deutschsprachigen Raum[250] gab es nur Dresden (seit 1862) und München (seit 1868) mit einer vergleichbaren Struktur – sollte aber, wie wir sehen werden, in gewisser Weise Fiedlers Rettung werden. Die Ausbildung von Fachlehrern bot nämlich für alle Dozenten der Mathematik die Möglichkeit zu breiteren Angeboten mathematischen Inhaltes als sie für Ingenieure möglich gewesen wären. Damit war auch mathematisches Forschen im Kontext der Lehre möglich.[251] In Bereich der VII. Abteilung wurden „Freivorlesungen" angeboten, also Vorlesungen, die fakultativ waren und deshalb nicht dem strengen Reglement der Schulleitung unterlagen – wir würden heute wohl von Wahlpflichtveranstaltungen sprechen.[252] Sie sollten der Allgemeinbildung dienen. Die Studenten, damals Schüler genannt, genossen in der VI. Abteilung weitergehende Freiheiten als in den anderen Abteilungen Die solcherart organisierte Fachlehrerabteilung wurde 1865 im Zuge der ersten

---

[249] Dies war bei Eintreffen Fiedlers noch eine ziemlich neue Situation; sie wurde in dieser Form im August 1865 mit dem zweiten Reglement für das Eidgenössische Polytechnikum festgeschrieben, eine Lehrerausbildung gab es aber auch schon zuvor am Polytechnikum. Das Reglement von 1865 hatte daneben noch eine VII. Abteilung etabliert, genannt allgemeine philosophische und staatswirthschaftliche Abteilung (Freifächer). Hinzu kam als VIII. Abteilung die mathematische Vorbereitungsklasse, in deren Rahmen mehrere (verpflichtende) Angebote gemacht wurden, auch zu nicht mathematischen Themen etwa Chemie und Sprachen. Später (1879) kam auch noch eine militärwissenschaftliche Abteilung hinzu, zu deren Hauptvertretern C. F. Geiser gehörte.
Zur Frühgeschichte der Fachlehrerabteilung, insbesondere zur wichtigen Rolle von Christoffel bei ihrem Aufbau, vgl. man Rudio/Schröter 1901 und Geiser 1910. Zum Verhältnis der Fachlehrerabteilung zu Lehrern und Schulen vgl. man auch Ernst Fiedler 1930.
[250] Auch hier ist wieder Österreich-Ungarn auszunehmen.
[251] Vgl. hierzu Hensel 1989 und Benstein 2019. Die Forderung, dass zukünftige Lehrer der Mathematik und Naturwissenschaften zumindest einen Teil ihres Lehramtsstudiums an Polytechnika absolvieren dürfen sollten, wurde im Deutschen Reich lange diskutiert und in Preußen erst mit der Prüfungsordnung von 1898 umgesetzt; Lehramtskandidaten durften gemäß dieser Ordnung nun drei Semester an einer Technischen Hochschule studieren. Dabei spielte auch der Wunsch eine Rolle, dass stärker anwendungsorientierte mathematische Disziplinen, wie etwa die darstellende Geometrie, in der Ausbildung von Mathematiklehrern berücksichtigt werden sollten.
[252] Vgl. Bericht von Beyel in 1.4.1 und 1.6.

Reform des Polytechnikums eingeführt; Bruno Elwin Christoffel (1829 – 1900) hatte an ihrer Einführung federführend mitgewirkt.[253]

Neben Fiedler waren 1867 drei Professoren für „höhere Mathematik" in der VI. Abteilung beschäftigt – zwei für den Unterricht in deutscher Sprache, Bruno Elwin Christoffel und Friedrich Prym[254], und einer für den Unterricht in französischer Sprache, Edouard-Armand Méquet. 1894 kam noch eine Professur für darstellende Geometrie in französischer Sprache hinzu, die mit Marius Lacombe (1862 – 1938) aus Lausanne besetzt wurde.[255] Am 11. März 1869 wurde Fiedler, nach dem Weggang von Christoffel (und von Prym), zum Vorstand der VI. Abteilung ernannt.[256] Als solcher löste ihn dann Frobenius 1882 ab. Der Vorstand hatte u.a. die Aufgabe, mit den Studenten deren Studienpläne durchzusprechen, was sicher zur Folge hatte, dass er die Studierenden ganz gut kannte. Darüber hinaus kommunizierte er mit dem Schulrat, meist mit dessen Präsidenten, über Anliegen und Beschlüsse der Abteilung, wie sie z. B. in den Abteilungskonferenzen besprochen wurden. Ein wichtiger Punkt hierbei war die Zulassung zum Diplom, das Übergangsdiplom und die Versetzung ins nächste Studienjahr.[257]

Die Liste von Fiedlers deutschsprachigen Mathematikerkollegen liest sich wie ein *Who is who* der aufstrebenden deutschen Mathematik jener Zeit[258]:
B. E. Christoffel (1862 – 1869)[259] - Fr. Prym (1865 – 1869) - H. A. Schwarz (1869 – 1875) – H. Weber (1869 – 1875) – G. Frobenius (1875 – 1892) – C. Fr. Geiser

---

[253] Zur Persönlichkeit Christoffels vgl. man Geiser 1910. Die Reizbarkeit und Schroffheit Christoffels, von der Geiser berichtet, wird in einer Episode deutlich, die sich gegen Ende von Christoffels Zeit in Zürich abspielte. Ein gewisser Privatdozent Schröder – es dürfte Ernst Schröder gewesen sein - hatte ein Zirkular in Umlauf gebracht, in dem er Christoffels Vorlesung über partielle Differentialgleichungen kritisierte. Christoffel reagierte empört mit einem Brief vom 30. Mai 1868 an den Präsidenten des Schulrats (Geschäftskontrolle 1868, No. 281), in dem er u.a. festhielt, dass das Thema der Vorlesung das Gebiet sei, wo er seine größten wissenschaftliche Erfolge gehabt habe. „Am Schluß finden Sie auch einige bemerkenswerte Lügen, z. B. in betreff Dirichlets, zu desssen besten Schülern ich mich rechnen möchte". Schließlich forderte er Kappeler auf, zu prüfen, ob hier nicht ein „Disciplinarfall" vorliege.
[254] Diese zweite Professur für reine Mathematik wurde 1863 auf Betreiben von Christoffel eingerichtet.
[255] In den 1860er Jahren gab es gelegentlich Angebote zur darstellenden Geometrie in französischer Sprache von Assistent Bessard.
[256] Vgl. Protokolle des Schweizerischen Schulrats 11. März 1869, § 11, S. 16. Im Vorlesungsverzeichnis für das Sommersemester 1869 wird Fiedler bereits als Vorstand der VI. Abteilung genannt.
[257] Dokumentiert in den Matrikeln der Studierenden. Das Übergangsdiplom wurde nach dem dritten Studienjahr abgenommen, entsprach also in etwa einem Bachelordiplom.
[258] Der erste Vertreter der reinen Mathematik am Polytechnikum war allerdings ein Schweizer, wenn auch in Galizien geboren: Joseph Wilhelm Raabe (1801 - 1859). Er erhielt seine Lehrstelle 1855 mit Gründung des Polytechnikums; zuvor war er Lehrer am oberen Gymnasium in Zürich gewesen. Raabe lehrte auch an der Züricher Universität. Am Polytechnikum folgte auf ihn Richard Dedekind (1859 – 1862).
[259] Angegeben ist die Dauer des Wirkens am Züricher Polytechnikum.

(1873 – 1913)[260] – Fr. Schottky (1882 – 1892) – F. Rudio (1889 – 1927) - A. Hurwitz (1892 – 1919) - H. Minkowski (1896 – 1902)

Auffallend ist, dass viele dieser Kollegen, die teilweise sehr jung in die Limmatstadt kamen (Frobenius und Prym mit 25, Schwarz mit 26), Zürich nach nicht allzu langer Zeit wieder verließen. Ausnahmen hiervon sind Frobenius, Rudio, Hurwitz und Geiser. Übrigens war Geiser der einzige gebürtige Schweizer in dieser Liste; er war ein Verwandter (Großneffe) von Jakob Steiner und eng mit K. Kappeler befreundet, mit dem er ein großes Geschick als Organisator teilte. Der aus Wiesbaden gebürtige F. Rudio hat allerdings sein Leben seit seiner Jugend mit gewissen studienbedingten Ausnahmen in Zürich verbracht. Er war Student des Polytechnikums gewesen, Fiedler unterstützte ihn während einer längeren durch eine Typhuserkrankung bedingten Unterbrechung seines Studiums, die Rudio in seiner Heimatstadt Wiesbaden verbrachte, brieflich mit Ratschlägen zu seinem Selbststudium.[261] Später ging Rudio nach Berlin, um dann nach Zürich zurückzukehren. Er war neben seiner außerordentlichen Professur auch als Leiter der Bibliothek des Polytechnikums tätig und aktiv in der Naturforschenden Gesellschaft; in der Nachfolge von R. Wolf übernahm er die Herausgabe der Vierteljahrsschrift, zu der auch viele Beiträge meist historischer Natur verfasste.[262] Die ersten Absolventen des Polytechnikums, die gebürtige Schweizer waren und Lehrstellen, also ordentliche Professuren, erhielten, waren M. Grossmann (1907 als Nachfolger von Fiedler) und L. Kollros (1908 als Nachfolger von Lacombe), beide vertraten somit die darstellende Geometrie.

Fiedler wurde 1875 das Zürcher Bürgerrecht „geschenkt" – wie man sich damals auszudrücken pflegte.

A. Voss berichtet in seinem Nachruf auf Fiedler von Rufen nach Darmstadt, Dresden und Wien (1875), die dieser erhalten, aber abgelehnt habe.[263]

---

[260] Geiser und Rudio waren vor ihrer Ernennung zum Professor schon als Privatdozenten am Polytechnikum tätig. Nach Abschaffung der Vorkurse wurden wie bereits erwähnt Stocker, der dort die Mathematik in französischer Sprache angeboten hatte, und Orelli, der für den deutschsprachigen Mathematikunterricht in der Vorschule verantwortlich gewesen war, in die sechste Abteilung übernommen und somit Kollegen von Fiedler. Ergänzt wurde der Lehrkörper durch eine wechselnde Zahl von Privatdozenten, die oft auch Assistenten am Polytechnikum waren. 1875 erreichte deren Zahl einen Höchststand mit Amberg, Hug, A. Meyer, Rebstein, Schinz und Stickelberger.

[261] Vgl. den Briefwechsel mit Rudio Hs 87: 862 und 863 (Briefe aus Wiesbaden, 1. Dezember 1876 bzw. 8. Januar 1877).

[262] Zu Rudio vgl. Schröter/Fueter 1926. Hurwitz und Rudio waren seit ihrer gemeinsamen Studienzeit in Berlin befreundet, sie haben anlässlich eines Jubiläums der Züricher Naturforschenden Gesellschaft 1895 zusammen die Briefe von G. Eisenstein an M. A. Stern herausgegeben. M. A. Stern (1807 – 1894) lebte nach seiner Emeritierung bei seinem Sohn Alfred Stern (1846 – 1936), der Professor für Geschichte in Bern (1873) und dann am Züricher Polytechnikum (1887) war, in der Schweiz und war Ehrenmitglied der Zürcher Naturforschenden Gesellschaft. Stern jun. gehörte ebenfalls zum Freundeskreis von Hurwitz (und Minkowski).

[263] Vgl. Voss 1913, 100.

Andererseits schrieb Hermann Cäsar Hannibal Schubert an Fiedler (6. August 1886):

> Sie klagen, dass Ihnen Ihre wissenschaftlichen Arbeiten doch keine Rückkehr in die Heimat verschaffen. Sie sehen darin, dass es auf die Bedeutung der Arbeiten überhaupt nicht ankommt, viel wichtiger ist es in Deutschland, wenn man nichts Originales leistet, sondern im Sinne der massgeblichen Professoren weiter entwickelt, um dieselben dadurch zu verherrlichen. Solche, die dies verstehen, bekommen weit eher einen Professorenstuhl als solche, die in gewissem Sinne selbständig arbeiten.[264]

Fiedler selbst äußerte sich zu seiner Position in Deutschland in einem Brief an F. Klein vom 26. Juli 1887, in dem es u.a. um Kleins Wechsel (erfolgt 1886) nach Göttingen und sein Anknüpfen an Clebsch, dessen Werk nach Fiedler ungenügend anerkannt wurde, ging:

> Doch warum davon reden. Meine Arbeiten finden ja doch in Deutschland nur wenig Beachtung, und den Luxus eines Geometers vollends von der construirenden Richtung gönnt sich keine Universität, es sei denn zur Übung für junge Docenten, die sich gern nützlich machen möchten; man verkennt dabei ganz, dass diese Dinge nicht allein eine Wissenschaft bilden für den, der sie versteht, sondern u. ganz besonders eine Kunst, zu deren Besitz nur eine reiche Erfahrung leiten kann.[265]

Es gibt jedoch auch Hinweise darauf, dass Fiedler durchaus geschätzt wurde – als Geometer natürlich. Ein Beispiel hierfür ist die Verleihung des Steiner-Preises (1894) an ihn für seine „Cyklographie".[266] Ein Nachteil für Fiedler war, wie er selbst im obigen Zitat ausführte, dass zu seiner Zeit die Geometrie im universitären Umfeld in den deutschen Staaten weniger Beachtung fand, erst recht natürlich wenig Stellen besetzen konnte.[267] Eine Ausnahme machte die Leipziger Universität, an der nach längeren Debatten der Plan gefasst wurde, in der Nachfolge von A. F. Möbius einen Geometer zu berufen, wobei wieder einmal O. Schlömilch eine wichtige Rolle spielte. In einem Brief vom August 1876 schrieb

---

[264] Hs 87: 1163. Bekanntlich hat Schubert (1848 – 1911) Lehrerstellen am Andreanum in Hildesheim und dann am Johanneum in Eppendorf innegehabt; er betrachtete also das akademische Establishment, wie man später gesagt hätte, von außen und durchaus kritisch. Vgl. auch 9.2.5.

[265] SUB Göttingen Cod. M. F. Klein 5, 9; vgl. Confalonieri/Schmidt/Volkert 2019, 138 – 140. Die Professur in Leipzig, die Klein erhielt, war allerdings ausdrücklich der Geometrei gewidmet.

[266] Vgl. hierzu Kapitel 6. Da dieser Preis nach dem Willen seines Stifters Arbeiten zukommen sollte, die in Steinerscher Weise Geometrie betrieben, wurde die Suche nach möglichen Preisträgern gegen Ende des 19. Jhs. vermutlich immer schwieriger. Geiser bekam den Preis im Jahr 1900 zusammen mit Hilbert und Lindemann. Danach erhielten ihn G. Hauck (1905), G. Darboux (1910) und E. G. Togliatti (1922). Seit seiner Stiftung wurde der Preis dagegen bis zur Jahrhundertwende regelmäßig zweijährlich vergeben.

[267] Vgl. hierzu 9.1.

Wilhelm Scheibner, Professor der Mathematik an der Leipziger Universität, an das Sächsische Kultusministerium:

> Hr. Geheimrath Schlömilch hatte schon vor länger als Jahresfrist mit den hiesigen Mathematikern darüber conferirt, u. wir befanden uns über die Nothwendigkeit einer gesteigerten Vertretung der Geometrie an unserer Universität in vollster Übereinstimmung. [...] Wenn ich mir die Persönlichkeiten vergegenwärtige, auf welche das Augenmerk für eine Professur der Geometrie zu richten sein würde, so finde ich freilich, daß die meisten nur für eine ordentliche Professur der Geometrie zu gewinnen sein dürften. Ich müßte es aber als eine Zurücksetzung unserer verdienten Collegen Mayer u. von der Mühll ansehen, wenn beispielsweise Prof. Klein vom Polytechnicum zu München oder Prof. Fiedler vom Polytechnicum zu Zürich als Ordinarien an unsere Universität berufen würden, ohne daß gleichzeitig die genannten Collegen ordentliche Professuren erhielten."[268]

Immerhin wird Fiedler hier als ernsthafter Kandidat für eine Professur an einer führenden deutschen Universität genannt – und dazu noch in seiner Heimat Sachsen. Beyel[269] erwähnt eine mögliche Berufung Fiedlers an die Technische Hochschule Berlin (zirka 1883), die aber an dessen inhaltliche Forderungen gescheitert sei. Diese brachte er laut Beyel bei den mündlichen Verhandlungen vor, zu deren Zweck Fiedler eigens nach Berlin gereist sei.

Auf die Frage von Fiedlers Ansehen und Stellung in der mathematischen Gemeinschaft und sein Gefühl, verkannt zu werden, werden wir bei verschiedenen Gelegenheiten zurückkommen. An dieser Stelle möchte ich nur noch einen Beleg für Fiedlers Renommee zitieren. Er stammt aus einem vertraulichen Dokument, nämlich aus einem Gutachten der Abteilung für allgemeine Wissenschaften der TH Hannover (vom 24. November 1883). Dort ging es um die Besetzung des Lehrstuhls für darstellende Geometrie,

---

[268] Zitiert nach Tobies/Rowe 1990, 24. Berufen wurde bekanntlich 1880 Klein, der sich dann in Leipzig der Funktionentheorie verstärkt zuwandte – ohne allerdings die Geometrie ganz aus den Augen zu verlieren.

[269] Vgl. Beyel 1938, 211 – 212. Fiedler hat in der Tat am 1. April 1883 einen Kurzurlaub über Himmelfahrt beantragt (Geschäftskontrolle 1883, No. 80). Die Angabe Beyels, es sei dabei um die Stelle gegangen, die G. Hauck schließlich bekam, kann nicht stimmen, denn Hauck wurde schon 1877 nach Berlin berufen (noch an die Bauschule). Vgl. Benstein 2019, 286 – 293. Es ist nicht ganz klar, welche Stelle Fiedler hätte bekommen sollen, denn die beiden Professuren für darstellende Geometrie, die es an der TH Berlin gab, waren mit G. Hauck und H. Hertzer in den 1880er Jahren besetzt. Eigentlich konnte er nur um die Nachfolge von S. Aronhold gehen, also um eine Stelle für reine Mathematik. Aronhold wurde 1882 aus gesundheitlichen Grünen entpflichtet (vgl. Winkler an Fiedler Berlin, 24. Dezember 1882 in 9.2.4). Sein Nachfolger wurde für kurze Zeit (1883 – 1884) H. Weber, für ihn kam dann P. du Bois-Raymond. Die zweite Professur für reine Mathematik an der TH Berlin hatte Ernst Kossak (1839 – 1892) von 1872 bis 1892 inne. Die technische Hochschule Berlin entstand 1879 durch Zusammenschluss von Bauschule und Gewerbeinstitut.

insbesondere um den Kandidaten Lebrecht Henneberg, der am Züricher Polytechnikum 1870 – 74 studiert und 1875 in Zürich promoviert hatte.[270] Henneberg wurde 1878 a.o. Professor in Darmstadt, zuerst für darstellende und synthetische Geometrie und graphische Statik, im Jahr darauf Ordinarius für Mathematik.

Im fraglichen Gutachten heißt es:

> Er besitzt gründliche Kenntnisse auf allen [...] Gebieten der reinen und angewandten Mathematik. Gerade aber in der darstellenden Geometrie hat er die ausgezeichnete Schule von Fiedler durchgemacht und ist durch seine vollständige Ausbildung als Maschinen-Ingenieur besonders geeignet, Techniker zu unterrichten. Sein Lehrer, Herr Professor Schwarz [...] lobt ihn sehr.[271]

Es zeichnet sich ein Thema ab, das uns noch beschäftigen wird – nämlich Fiedler als Teil eines Netzwerkes von Mathematikern, die sich der im letzten Drittel des 19. Jahrhunderts dominanten Strömung widersetzten, die die Analysis und ihre neu erworbene Strenge in den Vordergrund stellte. In den Geometrieprofessoren der Polytechnischen Schulen hatte dieses Netzwerk seine wichtigste institutionelle Basis. Die darstellende Geometrie war, was die Mathematik anbelangt, eine Art Flaggschiff für die Polytechnika, denn sie wurde dort auf einem wesentlich höheren Niveau und erheblich anspruchsvoller unterrichtet als an den Universitäten – wenn sie denn dort überhaupt zur Sprache kam. Zudem wurde an den Polytechnika zur darstellenden Geometrie geforscht.[272]

Es ist wenig bekannt über Fiedlers Verhältnis zu seinen mathematischen Kollegen in Zürich. Das Reglement für die VI. Abteilung, das 1865 erlassen worden war, sah die Einrichtung eines mathematischen Seminars für fortgeschrittene Studenten vor, welches von Professoren der Mathematik anzubieten und zu leiten

---

[270] „Ueber solche Minimalflächen, welche eine vorgeschriebene ebene Curve zur geodätischen Linie haben"; vgl. Vierteljahresschrift der Naturforschenden Gesellschaft Zürich 21 (1876), 66 – 70. Diese von Schwarz angeregte Dissertation fehlt im Verzeichnis von Graf (vgl. Graf 1897). Zu Hennberg vgl. auch 9.2.3.

[271] Hensel 1989, 411. Von einer beabsichtigen Berufung Fiedlers nach Hannover war im Briefwechsel mit L. Kiepert, dem dortigen Vertreter der reinen Mathematik, einmal die Rede; vgl. Hs 87: 562 (Kiepert an Fiedler Hannover, 28.Juni 1888). Kiepert erklärte, dass vor allem finanzielle Gründe maßgebend für das Scheitern dieses Vorhabens gewesen seien – junge Kollegen waren auch damals schon billiger als ältere erfahrene. Er bemerkt zudem, dass er bei einem Besuch in Zürich schon mit K. Kappeler über eine mögliche Wegberufung Fiedlers gesprochen habe, der sich „sehr günstig" über Fiedler geäußert habe (Hs 87: 559; Kiepert an Fiedler, Ragaz 20. August 1882). Der Weierstraß-Schüler Kiepert spielte eine Schlüsselrolle in der Kritik des Netzwerks Geometrie an der von Weierstraß verantworteten, in Teilen von Kiepert (nach Meinung seiner Kritiker: wohl schlecht) erarbeiteten Steiner-Ausgabe; z. B. Sturm an Fiedler 20. November 1887 (Hs 87: 1540). Dennoch war er ein langjähriger Briefpartner von Fiedler, mit dem dieser keine Probleme hatte (vgl. 9.2.3).

[272] Vgl 9.1.

war.[273] Wer diese Aufgabe übernahm – es waren meist zwei oder drei Professoren, die sich die Verantwortung für das Seminar teilten – wurde in der Abteilungskonferenz festgelegt. Obwohl der Vertreter der darstellenden Geometrie im Reglement nicht explizit genannt wurde, zeigen doch die Polyprogramme, dass meistens Fiedler und seine beiden Kollegen (oder auch nur einer der beiden), die die reine Mathematik in deutscher Sprache vertraten, als Veranstalter auftraten. Insofern muss es eine gewisse Kooperation und einen gewissen Austausch zwischen ihnen gegeben haben.[274] Das belegt auch der gemeinsam mit Schwarz und Weber erarbeitete „Normallehrplan" der sechsten Abteilung, den Fiedler in seiner Eigenschaft als Vorstand, 1871 dem Schulrat vorlegte.[275] Bezüglich des Verhältnisses von Fiedler zu seinem Kollegen Schwarz erfahren wir bei Beyel[276]:

> Mit Schwarz stand er so, wie dieser mit ihm, d. h. sehr schlecht. Beide waren in Zürich scharf aneinander geraten, was ich wohl begreifen kann. Ich hatte das Temperament von Schwarz in Göttingen kennengelernt und sah jetzt, daß Fiedler auch kein Friedensengel war.

In einem Brief vom 24. Juni 1890 an F. Klein schrieb Fiedler selbst rückblickend über Schwarz:

> Diesmal bin ich Ihnen wohl recht lange die Antwort schuldig geblieben. Sie theilten mir, erinnere ich mich recht, mit, daß Sie mit Herrn Schwarz zusammen darstellend geometrische Übungen in G. einrichten wollten; ich gedachte lebhaft an den alten Stolz des ehemaligen Herrn Zürcher Collegen auf seine darstellend geometrische Schulung, mit dem er einst bei seinem ersten Besuche nach seinem Antritt hier mir zu imponieren versuchte - aber auch an seine wirkliche Neigung für genaues Zeichnen u. Modelliren; bei jenem legte er mir in der soeben von ihm besorgten neuen Aufl. von Busch's Vorsch. d. darst. Geom.[277] die Constr. [..] der Aufg. 70 u. 75 (nach Pohlke) als etwas Neues vor u. ich sah mich

---

[273] Die Einrichtung von mathematischen Seminaren war ein Anliegen der Königsberger Schule, insbesondere von C. G. J. Jacobi. Schulratspräsident Kappeler hat in der Frage der Einrichtung eines mathematischen Seminars Erkundigungen bei Kummer, Weierstraß und Hesse eingezogen. Er wollte wissen, wie an den Orten, an denen diese wirkten, das mathematische Seminar organisiert wurde. Von Kummer, der für Weierstraß mitsprach, bekam er eine ausführliche Antwort, Hesse konnte nur seine Ideen zum Thema schildern, da in Heidelberg kein Seminar bestand. Vgl. Geschäftskontrolle 1868, No. 642 – 647.

[274] In der Vorrede zur zweiten Auflage seiner darstellenden Geometrie (1875) erwähnt Fiedler die seminaristischen Übungen, vgl. Fiedler 1875, XXV.

[275] Vgl. Geschäftskontrolle 1871, No. 305. Er wurde dann 1873 veröffentlicht, vgl. 1.4.3.

[276] Beyel 1938, 168. Zu Beyel vgl. 1.4.1 unten.

[277] Busch, August Ludwig: Vorschule der darstellenden Geometrie (Berlin: Reimer, ²1868). In der Vorrede heißt es: „Nach dem Tode des Herrn A. L. Busch erscheint dessen „Vorschule der darstellenden Geometrie" hier in einer von einem Fachgenossen besorgten zweiten Auflage." Schwarz blieb also ananym.

genöthigt, ihm sofort zu zeigen, was ich dazu sagte, daß diese in m. c. Üb. oft benutzte Constr. nichts anderes als eine Verwendungsform des Pascal'schen Satzes sei. Nun, ich hoffe, daß solche Übungen auch in G. recht gute Früchte tragen. In Berlin ist eine Ehre, wenn solche Mathem. sich ihrer annehmen. Zwischen diesen Ihren letzten Zeilen u. heute liegt der Influenzawinter, der mich arg aufnahm.[278]

Erstaunlich negativ äußerte sich A. Hurwitz über Fiedler[279], was ihn aber nicht hinderte, das Seminar gemeinsam mit Fiedler anzubieten – vermutlich ließ sich das auch kaum vermeiden. Neben dem Seminar gab es Fachkonferenzen, in denen über die Fortschritte der Studierenden[280], insbesondere Noten, und über deren Zulassung zum Diplom – heißt: Empfehlung an den Schulrat bzgl. Verleihung des Diploms – sowie über das lehrangebot und über Habilitationen befunden wurde.[281] Insgesamt waren die Berührungspunkte der Dozenten untereinander aber recht gering; die meisten Entscheidungen traf der Schulrat. Hurwitz hat das treffend in einem Brief an Hilbert vom 9. März 1905 formuliert. Hintergrund waren die heftigen Streitigkeiten unter den Königsberger Mathematikdozenten, über die ihm Hilbert berichtet hatte:

> Wie ruhig und friedlich leben wir hier dagegen! Freilich kommt dieser Friede wohl hauptsächlich daher, dass jede Reibungsfläche fehlt. Man sieht sich sehr selten und seit Minkowski gegangen ist, fehlt mir jeder wissenschaftliche Umgang.

Auch Fiedler fühlte sich in Zürich isoliert. In seinem Rückblick „Meine Mitarbeit an der Reform der darstellenden Geometrie in neuerer Zeit" (1905) schrieb er:

> Durch die briefliche Verbindung mit vielen der besten unter den Mathematikern der Zeit, wie Möbius, Plücker, Hesse, Aronhold, Clebsch, Kronecker, Cayley, Brioschi, Beltrami, Cremona, um nur bereits Abgerufene zu nennen, hat mich aber meine einsame Arbeit immer beglückt.[282]

Fiedler – als Autodidakt[283] gewissermaßen heimatlos - konstruierte sich eine Tradition, in die er sich hineinstellte – eine bekannte Strategie, um die Wichtigkeit der eigenen Position zu unterstreichen. Ein Blick in Fiedlers Nachlass liefert folgendes Bild bzgl. der oben genannten Briefpartner: Von Möbius existieren vier

---

[278] Hs 87: 592a, Confalonieri/Schmidt/Volkert 2019, 148 – 149.
[279] Siehe die einleitenden Zitate aus dem Briefwechsel mit Hilbert.
[280] Es gab eine Art Versetzung („Promotion") ins nächste Studienjahr am Polytechnikum.
[281] Die Abteilungskonferenz sprach Empfehlungen an den Schulrat aus, der offiziell das Diplom verlieh.
[282] Fiedler 1905, 503. Fiedler sprach von den drei großen C der Geometrie seiner Zeit: Cayley, Clebsch, Cremona.
[283] Insbesondere hat Fiedler auch nie Mathematik an einem der Zentren – bespielsweise Berlin – studiert, wo er die Bekanntschaft anderer Mathematiker hätte machen können.

Briefe plus die Lösung einer Aufgabe[284], von Plücker gibt es einen Brief[285], von Hesse zwei[286], von Aronhold sechs[287], von Cayley zehn[288], von Clebsch 25[289], von Cremona 25[290], von Beltrami neun[291] und von Brioschi vier.[292] Interessanter Weise nennt Fiedler im obigen Zitat seinen zahlenmäßig wichtigsten Briefpartner gar nicht: Das war Salmon (gestorben 1904) mit über hundert erhaltenen Briefen.

Auch in seinen Abhandlungen rekurriert Fiedler des Öfteren auf seine Korrespondenz, die für ihn offenkundig ein ganz wichtiges Medium des Austauschs war.[293] Man könnte vermuten, dass Fiedlers Isolation auch damit zu tun hatte, dass er sich mit seinen Kollegen vor Ort nicht gut verstand und/oder wenig gemeinsame Interessen mit ihnen teilte.

Betrachtet man die Liste von Fiedlers mathematischen Kollegen in Zürich, so fällt auf, dass diese fast ausnahmslos Analytiker oder Algebraiker waren; die Geometrie in deutscher Sprache wurde anscheinend als durch Fiedler und Geiser ausreichend vertreten betrachtet.[294] Vermutlich rechnete man die Geometrie auch gar nicht zur reinen Mathematik, der ja die beiden Mathematiklehrstellen gewidmet waren. Eine gewisse Ausnahme bildete Hermann Amandus Schwarz während seiner Zeit in Zürich, der sich dort intensiv mit Minimalflächen beschäftigte und dazu auch Modelle baute. Fiedler veröffentlichte einen ihm von Schwarz überlassenen Text[295] über Minimalflächen als Anhang zum zweiten Band von Salmons „Analytische Geometrie des Raumes" in dessen zweiter Auflage (1874).[296]

---

[284] Hs 87: 724 – 728.

[285] Hs 87: 819.

[286] Hs 87: 416 – 417.

[287] Hs 87: 11 – 16.

[288] Hs 87: 132 – 141.

[289] Hs 87: 146 – 170, vgl. Confalonieri/Schmidt/Volkert 2019, 13 – 82.

[290] Hs 87: 173 -197, vgl. Confalonieri/Schmidt/Volkert 2019, 171 – 226. Alle erhaltenen Briefe von Fiedler an Cremona wurden in Israel 2017 veröffentlicht.

[291] Hs 87: 64 – 73, Confalonieri/Schmidt/Volkert 2019, 155 – 170.

[292] Hs 87: 99 – 102.

[293] Beispielsweise in Fiedler 1882, 175, wo er Briefe von G. Veronese erwähnt, oder in Fiedler 1876, 50, wo er mitteilt: „Ich hatte mehrfach Anlass, mich brieflich darüber [Reform des Geometrieunterrichts; K. V.] zu äussern, […]." Mehr zur Korrespondenz und ihrer Funktion findet sich in 1.5 und in Kapitel 9.

[294] Eine wesentliche Aufgabe der Analytiker war es, das Angebot an Servicevorlesungen aus diesem Bereich für die Fachschulen anzubieten. Dadurch waren sie unverzichtbar. Allerdings gab es Privatdozenten, die die Geometrie vertraten, wie etwa Beyel, Disteli, Keller und Weiler.

[295] Vgl. Salmon-Fiedler 1874, VI.

[296] Salmon-Fiedler 1874, 683 – 690. Vgl. 5.3.

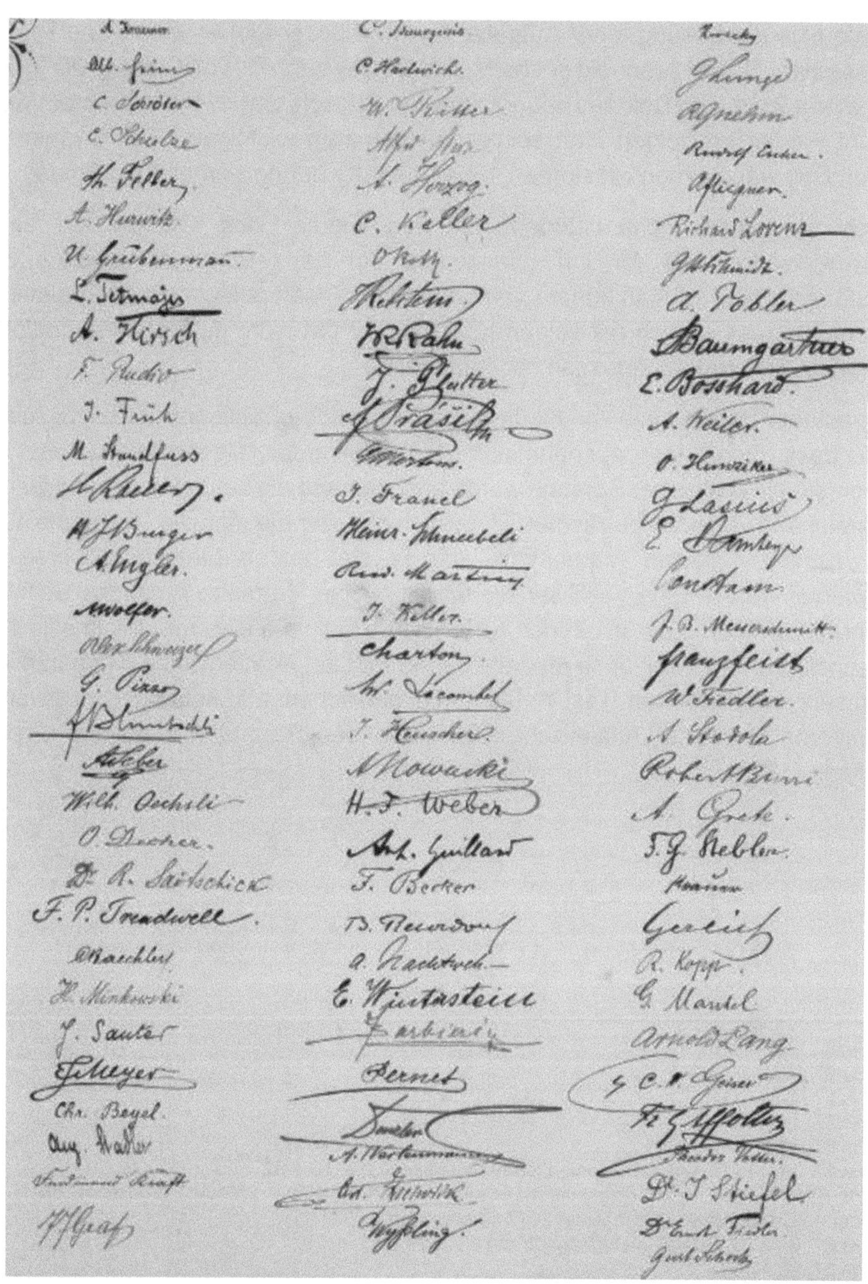

Abb. 1.8: *Die Dozenten des Züricher Polytechnikums im Jahr 1897*[297]

[297] Quelle: Das Collegium der Docenten des Eidgenössischen Polytechnikums zum 40jährigen Docentenjubiläum des Herrn Professor Dr. Carl Cramer 4. 12. 1897 (Bibliothek ETH-Hochschularchiv

Das Polytechnikum erlangte erst 1908 ein eigenständiges Promotionsrecht. Bis dahin erfolgten Promotionen in Kooperation mit der benachbarten Universität.[298] Diese Kooperation verlief anscheinend problemlos; sie bot den Mathematikern am Polytechnikum Vorteile gegenüber der Situation ihrer Kollegen im Deutschen Reich, denn hier war das Promotionsrecht für polytechnische Schulen, ab etwa 1870 Technische Hochschulen genannt, hart umkämpft.[299] In den frühen Jahren finden sich in den Promotionsakten der Philosophischen Universität der Züricher Universität, in der die Kandidaten, die von der Mathematik am Polytechnikum kamen, promovierten, keine expliziten Hinweise auf deren Herkunft. Man kann diese nur rekonstruieren aus ihrem, dem Promotionsgesuch begebenen Lebenslauf; gelegentlich findet sich auch die am Polytechnikum angefertigte Examensarbeit („Diplomarbeit") in den Akten. Die Gutachten wurden vom Mathematikprofessor der Universität Zürich und ehemaligen Privatdozenten des Polytechnikums Arnold Meyer – Kaiser, anfänglich auch von August Olivier, verfasst und vom Astronomen Johann Rudolf Wolf gegengezeichnet – gelegentlich mit kleinen Kommentaren. Einige dieser Dissertationen behandelten geometrische Themen:[300]

---

920 054). Unter den Unterschreibenden finden sich die Mathematiker Hurwitz, Hirsch, Rudio, Minkowski, Beyel, Franel, J. Keller, Weilenmann, Weiler und Fiedler.

[298] In den ersten Jahren gab es eine enge Kooperation zwischen Polytechnikum und Universität, wobei natürlich die räumliche Nähe – man teilte ja seit 1864 dasselbe Gebäude - von Vorteil war. Ein Ausdruck dieser Zusammenarbeit war, dass Dozenten des Polytechnikums wie beispielsweise Deschwanden, Durège und Clausius auch Vorlesungen an der Universität hielten. Diese Kooperation wurde unter der Ägide von Kappeler immer mehr zurückgefahren. Dessen Ziel war es, das Polytechnikum möglichst unabhängig und eigenständig zu machen. Allerdings gab es immer wieder mal Ideen zu gemeinsamen Berufungen. Anlässlich von Minkowski's Wechsel nach Zürich (1896) wurde eine derartige Konstruktion für ihn erwogen. Diese kam jedoch nach Intervention des Bundesrates nicht zustande, da man eine Bevorzugung der Züricher Universität im Vergleich mit den anderen schweizerischen Universitäten vermeiden wollte; vgl. Frei - Stammbach 2007, 78 – 79. Hintergrund war, dass die Züricher Universität – wie alle Universitäten der Schweiz - keine Institution des Bundes war und durch Kooperation mit dem Polytechnikum indirekt durch Bundesmittel gefördert worden wäre. Der nach 1848 gefasste Plan, auch eine eidgenössische Universität zu gründen (neben dem Polytechnikum), wurde nicht realisiert.
Polytechnikum und Universität waren bis 1914 beide im heutigen Hauptgebäude der ETH, Rämistraße 101, untergebracht. Dessen Architekt war – wie könnte es anders sein – G. Semper; erbaut wurde es 1858 – 1864. Umfangreiche Umbauarbeiten wurden zwischen 1915 und 1924 unter der Leitung des Züricher Stadtbaumeisters Gustav Gull durchgeführt; sie veränderten das Gebäude nachhaltig – nach Ansicht vieler Betrachter: wenig vorteilhaft - im Sinne des Historismus.

[299] Ein (allerdings eingeschränktes) Promotionsrecht wurde Technischen Hochschulen in den Ländern des Deutschen Reichs erst in der Zeit um 1900 zugestanden; den ersten sicherlich wichtigen Schritt tat der Preußische König (und Deutsche Kaiser) 1899 bei der Hundertjahrfeier der Technischen Hochschule Berlin; diese bekam das Recht, in technischen Fächern (und nur in solchen) den Titel Dr. ing. zu verleihen. Das allgemeine Promotionsrecht kam wesentlich später. Mit seltenen Ausnahmen (Berlin, München, Breslau [ab 1910]) gab es im Deutschen Reich keine räumliche Nähe zwischen Universitäten und Technischen Hochschulen, folglich auch keine Kooperationen.

[300] Die Akten befinden sich im Staatsarchiv Zürich unter der Signatur U 110.6: Amstein U 110.6.49, Gysel U 110.6.82, Herzog U 110.6.99, Weith U 110.6.108, Aeschlimann U 110.6.122, Keller U 110.6.137, Beyel U 110.6.145, Leuch U 110.6.254, Disteli U 110.6.264, U 110.6.276, Stiner U 110.6.294, Grossmann U 110.6.677. Einige dieser Promovenden waren Assistenten (z. B. Amstein,

Amstein, H.: Über die konforme Abbildung der Oberfläche eines regulären Oktaeders auf die Oberfläche einer Kugel (1872)

Gysel, Julius: Synthetische Untersuchung eines Orthogonal-Flächensystems (1874)

Henneberg, Lebrecht: Ueber solche Minimalflächen, welche eine vorgeschriebene ebene Curve zur geodätischen Linie haben (1875)

Herzog, Albin: Bestimmung einiger specieller Minimalflächen (1875)

Weith, H.: Topologische Untersuchung der Curvenverschlingung (1876)

Aeschlimann, U.: Zur Theorie der ebenen Curven vierter Ordnung (1880)

Keller, Johannes: Die einander doppelt conjugirten Elemente in allgemeinen reciproken Systemen (1879)

Beyel, Christian: Centrische Collineation n-ter Ordnung in der Ebene vermittelt durch Aehnlichkeitspunkte von Kreisen (1882)

Leuch, S. R. A.: Erzeugung und Untersuchung einiger ebenen Curven höherer Ordnung (1888)

Disteli, Martin: Die Steinerschen Schließungsprobleme nach darstellend geometrischer Art (1888)[301]

Stiner, G.: Ueber Curven vom Geschlecht Null (1890)

Grossmann, Marcel: Ueber die metrischen Eigenschaften kollinearer Gebilde (1902)[302]

Aufgrund Erwähnung in den Dissertationen lassen sich hiervon Fiedler eindeutig zuordnen die Arbeiten von Keller, Beyel, Disteli und Grossmann, Aeschlimann, Kiefer und Gysel beziehen sich explizit auf Geiser, Amstein, Henneberg und Herzog auf Schwarz. Die Arbeit von Christian Beyel beschäftigte sich mit Fiedlers Zyklographie[303]. An deren Ende heißt es:

Beyel, Disteli, Grossmann, Keller, Stiner) am Polytechnikum. Eine sehr nützliche Quelle zu den mathematischen Promotionen jener Zeit in der Schweiz ist Graf 1897. Die fraglichen Dissertationen finden sich fast ausnahmslos in der Zentralbibliothek Zürich; teilweise auch in der Bibliothek der ETH.

[301] In der Vorrede zum dritten Band seiner „Darstellenden Geometrie" hebt Fiedler Disteli mit seinen Untersuchungen zu Steinerschen Kreisketten bei Kurven dritter Ordnung ausdrücklich hervor; vgl. Fiedler 1888, IX. Fiedler erwähnt Disteli's Dissertation auch in mehreren seiner Briefe, z. B. an F. Klein und L. Cremona. Er war mit dieser wohl sehr zufrieden und versuchte, ihr zu größerer Bekanntheit zu verhelfen.

[302] Im Falle Grossmanns schrieb Fiedler selbst ein ausführliches Gutachten, der Gutachter seitens der Universität war sein Schüler A. Weiler, mittlerweile Professor an der Universität Zürich. Dieser begnügte sich mit einigen Zeilen, die er Fiedlers Ausführungen anfügte.

[303] Vgl. Kapitel 6. Allerdings bezieht sich Beyel ähnlich wie J. Keller in seiner Arbeit von 1882 noch nicht auf Fiedlers Buch, das ihm offenkundig nicht zugänglich war, sondern auf Fiedlers Aufsatz über neue elementare Projektionsmethoden (Fiedler 1879c).

> Die vorliegende Arbeit wurde angeregt durch die von Herrn Prof. Dr. W.
> Fiedler gegebene neue Abbildungsmethode und ich erfülle daher hier die
> angenehme Pflicht, meinem hochverehrten Lehrer für diese Anregung,
> sowie für seine Rathschläge zu danken.[304]

Es gab kein Habilitationsverfahren im üblichen Sinne am Polytechnikum; verdiente Assistenten oder sonstige Wissenschaftler konnten selbst die Verleihung der *Venia legendi*, meist Venia *docendi* genannt, und damit den Titel eines Privatdozenten unter Nachweis ihrer bisherigen literarischen und Lehrleistungen beim Schulrat beantragen.[305] Das Ganze lief dann hauptsächlich hausintern ab.

Für den Unterricht in darstellender Geometrie und somit mit Fiedlers Stelle verbunden waren zwei Assistentenstellen.[306] Diese stellten aber keine wissenschaftlichen Qualifikationsstellen im heutigen Sinne dar; vielmehr hatten die Assistenten offiziell eine reine Hilfsfunktion in der Lehre. Sie beaufsichtigten die praktischen Zeichenübungen im Zeichensaal und mussten die Zeichnungen der Schüler prüfen und bewerten. Zudem wirkten sie bei den Repetitorien mit. Beyel berichtet, dass die Studierenden Fiedlers Assistenten als „Mittierbändiger" bezeichneten.[307]

Wie die Aufgaben eines Assistenten aussahen, schilderte Fiedler in einem Brief an den Schulrat[308].

> Für die constructiven Übungen müssen die gestellten Aufgaben ständig
> von den Ass. sorgfältig durchgesehen werden. [...] An die Übungsstunden
> schließt sich die genaue Durchsicht u. Correctur der eingelieferten
> Aufgaben an, die nochmals viel Zeit in Anspruch nimmt.

In einem Brief[309] von Hermann Wiener, Professor für darstellende Geometrie in Darmstadt, an Fiedler fragte dieser nach einem geeigneten Kandidaten für seine Assistentenstelle, wobei er auch die Leistungen seines ausgeschiedenen Assistenten schilderte:

---

[304] Beyel 1882, 48.

[305] Reglement 1865, Abschnitt 3, 4. Einige Beispiele hierfür: Durège 1858, Reye 1863, Geiser 1863, Ernst Schröder 1864, Arnold Meyer 1869, Stickelberger 1874, Keller 1882, Beyel 1883, Ernst Fiedler 1886. Der Schulrat forderte in solchen Fällen eine Stellungnahme der Abteilungskonferenz an, bei der es um die fachliche Eignung des Kandidaten ging. Fiel diese günstig, aus, so wurde der Kandidat „eingeladen", einen Habilitationsvortrag zu halten.

[306] Daneben gab es auch eine später zwei Assistenzen in der reinen Mathematik.

[307] Vgl. 1.6.

[308] Geschäftskontrolle 1868, No. 367. Die Übungen zur darstellenden Geometrie waren in der Regel vierstündig, das Repetitorium einstündig. Mehr zur Tätigkeit der Assistenten findet sich im Bericht von Chr. Beyel, vgl. 1.4.1. und 1.6.

[309] Darmstadt, 23. April 1898 (Hs 87: 1541).

Er hat nicht nur mich in meinen Übungen unterstützt, ..., sondern hauptsächlich für meine Vorlesungen eine große Anzahl schöner Modelle geliefert, die er nach meinen Angaben konstruiert und hierauf in Gyps, Pappe, Draht, durchbohrten Drahtgestellen mit eingezogenen Fäden u.s.f. selbst ausgeführt hat.

Ein „Liebhaberphotograph" war Wiener willkommen, die Arbeitszeit betrug an fünf Tagen der Woche den Vor- und Nachmittag, Samstag musste nur vormittags gearbeitet werden. Wiener erwähnt zudem, dass eventuell ein Besuch von Vorlesungen im Sinne der Fortbildung möglich sei.

In einem Brief an seinen Doktoranden Martin Disteli beklagte sich Fiedler über den mangelnden Ehrgeiz seiner Assistenten J. Keller und Chr. Beyel:

Ich habe unter uns gesagt in den letzten Jahren oft den Wunsch gehabt, daß in meiner Assistenz eine Veränderung eintrete – die Herren sollten einmal selbständige Lehrer[310] werden u. als Assistenten anderen Platz machen. Darf ich an Sie denken, wenn so etwas doch einträte?[311]

Abb. 1.9: *Weitere Portraits von W. Fiedler[312]*

Die Gelegenheit ergab sich 1887 denn auch, als J. Keller seine Stelle bei Fiedler aufgab; M. Disteli wurde sein Nachfolger, 1889 wechselte dieser aber in die reine Mathematik. Von den zahlreichen anderen Assistenten, die Fiedler hatte, seien

---

[310] Da beide Assistenten Privatdozenten waren und als solche Vorlesungen anboten, ist diese Bemerkung Fiedlers recht unfair.
[311] Fiedler an Disteli, Hottingen, 17. April 1887, Hs 87:223a.
[312] Bildarchiv ETH-Bibliothek.. Wikimedia Commons. Gemeinfrei.

hier noch Adolf Weiler und Marcel Grossmann genannt.[313] Lange bei Fiedler blieben die bereits genannten Assistenten Christian Beyel (von Herbst 1878 bis Ostern 1888)[314] und Johannes Keller (1877 – 1887). Allerdings könnte das lange Verweilen eher am Mangel an Alternativen denn an Neigung gelegen haben. Beyel, der rege publizierte, berichtet bespielsweise in seinen Erinnerungen von seinen Versuchen, eine Professur zu bekommen. Schlüsse sind hier schwierig. Die meisten Assistenten blieben nur einige Semester in ihren Positionen.

Die nachfolgende Übersicht beruht auf der Auswertung der Polyprogramme. Da diese mit einer gewissen Vorlaufszeit gedruckt wurden, sind gewisse Abweichungen zur Realität möglich. Es handelt sich immer um die Personen, die Fiedler in seiner Vorlesung über darstellende Geometrie assistierten.

1867/68 – 1868/69	Fliegner
1869	Fliegner, Beck
1869/70 – 1873/74	Beck, Hemming
1874	Hemming
1874/75 – 1875	Hemming, Weiler
1875/76	Weiler
1876/77 – 1878	Weiler, Keller
1878/79	N.N.
1879 – 1887	Keller, Beyel
1887/88 – 1888/89	Beyel, Disteli
1889	Stiner
1889/90 – 1891	Stiner, Menteler
1891/92 – 1893	Stiner, de Vries
1893/94	de Vries, Waelsch
1894	N.N.
1894/95 – 1897	Künzler
1897/98 – 1898	Künzler, Scherrer
1898/99	N.N.
1899 – 1901	Christen
1901/02	Christen, Grossmann
1902	Neuweiler
1902/03 – 1904	Neuweiler, Schmid
1904/05 – 1906	Tucher, Schmid
1906/07	Pasternak
1907	Pasternak

---

[313] Grossmann wurde 1907 auch Fiedlers Nachfolger; hierzu mehr weiter unten in diesem Abschnitt. Zu Grossmann vgl. man Graf - Grossmann 2015. Es gibt in Fiedlers Nachlass ein von ihm angefertigtes Verzeichnis seiner Examenskandidaten (Hs 87a: 71) für die Jahre bis etwa 1900. Dieses zeigt, dass er einige Diplomanden hatte, im Schnitt pro Jahr zwei bis drei. Sie entstammten alle der Fachlehrerabteilung. Einige davon wurden auch Assistenten.
[314] Vgl. Hs 87a: 71. Dort bekommt Beyel von Fiedler rekordverdächtige drei Ausrufezeichen für seine Verweildauer in der Assistenz.

Um Fiedlers Wirken in Zürich zu verstehen, ist es wichtig, sich den Status und die Funktionsweise des dortigen Polytechnikums, der späteren Eidgenössischen Technischen Hochschule, klarzumachen. Diese Schule war das erste gemeinsame Projekt der Eigenossenschaft im Bildungsbereich, die Bildungshoheit lag (und liegt) ansonsten in der Schweiz bei den Kantonen. Die Kantone betrachteten die Bemühungen um zentrale Einrichtungen der Eidgenossenschaft mit einem gewissen Argwohn; es war folglich Vorsicht geboten, zudem allerlei innerschweizerische Gegensätze – etwa Fragen der Konfession und der Sprache – zu beachten waren. Zürich verdankte die Tatsache, dass das Polytechnikum dorthin kam, einerseits dem eher geringen Interesse anderer potentieller Standorte und andererseits dem Einsatz des Züricher Politikers Alfred Escher, der auch Mitglied des Schulrates wurde.[315] Es war vermutlich vorteilhaft, dass das Kanton Zürich ein Zentrum der Industrialisierung in der Schweiz war, allen voran Zürich selbst, Oerlikon und Winterthur. Das Konstruktionsbüro von Escher & Wyss in Zürich war geradezu ein Mekka für Ingenieure.[316]

Das Polytechnikum bot erstmals die Gelegenheit, sich in der Schweiz zum Ingenieur auf Hochschulniveau ausbilden zu lassen. Vor seiner Gründung mussten angehende Ingenieure ins Ausland gehen, bevorzugt natürlich nach England, um das nötige Wissen zu erwerben. Das Polytechnikum ähnelte in vielem eher einer Schule als einer Universität. Die Studienpläne der Studierenden – im 19. Jh. offiziell charakteritischer Weise „Schüler" genannt - waren strikt, Kontrolle wurde in vielfacher Hinsicht ausgeübt, z. B. durch Prüfungen, sogenannte Repetitorien, und Hausarbeiten, welche die Studierenden anzufertigen hatten. Es gab eine Versetzung ins nächste Studienjahr – auch Promotion genannt, die es zu bestehen galt. Die Noten für Fleiß und Fortschritt in den Semestermatrikeln spielten neben Fachnoten eine wichtige Rolle.[317] Nach dem dritten Studienjahr galt es das Übergangsdiplom zu bestehen, nach dem siebten Semester dann das Diplom.[318] Studienfreiheit, wie sie die Universitäten

---

[315] Eine Statue Eschers ist auf dem Bahnhofsplatz in Zürich zu sehen.

[316] Vgl. Zweckbronner 1987, 103, 106, 108 und 152f. Das Mitglied Alfred Escher (1818 – 1882) des Schweizerischen Schulrates, 1854 – 1882 dessen Vizepräsident, war allerdings nicht der Begründer der Firma Escher & Wyss (er hieß Hans Caspar Escher [1775 – 1852]), aber dennoch ein erfolgreicher Unternehmer – u.a. war er an der Gotthardbahn beteiligt und Mitbegründer Schweizerischen Kreditanstalt, der späteren Crédit Suisse (+2023). Ihre Gründung hatte mit dem Kreditbedarf für den Eisenbahnbau zu tun, sie markiert den Beginn des Bankenplatzes Zürich. Man darf davon ausgehen, dass Alfred Escher, der der „Eisenbahnkönig" genannt wurde, großen Einfluss auf Kappeler und damit auf die Geschicke des Polytechnikums hatte.
Alfred Escher sorgte übrigens (mit) dafür, dass Gottfried Keller, eher liberal und von nicht allzu gutem Leumund, die gute bezahlte Stelle des Züricher Stadtschreibers bekam.

[317] Vgl. Beyel 1938, 115.

[318] In der mechanisch-technischen und der chemisch-technischen Schule (IV und V) war die Situation anders, da deren Ausbildungsgänge verkürzt waren, in der Fachlehrerabteilung waren vier Studienjahre vorgesehen, für die Bauschule nur drei. Für den Übergang ins Berufsleben spielte

kannten, gab es am Polytechnikum am ehesten für die Studierenden der Fachlehrerabteilung.[319] Christian Beyel, selbst Schüler der Ingenieurschule, schrieb hierzu:

> Die Studienordnung der Ingenieurschule[320] war behördlich bis in alle Kleinigkeiten genau festgelegt, und für die Tageszeit bis 5 Uhr abends gab es nur obligatorischen Unterricht. In der Zeit nach 5 Uhr abends durfte man Freifächer belegen, ja, man mußte sich sogar – im Interesse der allgemeinen Bildung - für ein solches einschreiben. Für mich und die meisten meiner Mitschüler war diese Studienordnung ein Segen. Wie hätte wir uns sonst in der Masse der Vorlesungen zurecht finden sollen?[321]

Oechsli kommentiert die Situation am Polytechnikum in der Festschrift von 1905 folgendermaßen:

> [...] das von der akademischen Lernfreiheit so stark abweichende System der Anstalt mit seinen obligatorischen Lehrplänen, Repetitorien, Zensuren und Promotionen wurde von den Studierenden nicht ohne eine gewisse innere Opposition ertragen.[322]

Verschärft wurde dieser Gegensatz zwischen Polytechnikum und Universität noch durch die Tatsache, dass beide ja im selben Gebäude residierten, die Schüler des ersteren also die Freiheiten der Studierenden der letzteren im Wortsinne vor Augen geführt bekamen. Dem gegenüber stand allerdings am Polytechnikum auch eine ausgeprägte Betreuung, etwas, was an Universitäten so gut wie unbekannt war.

1864 kam es denn zu größeren Unruhen, als 325 Studenten den Rücktritt des zur chemisch-technischen Schule (IV. Abteilung) gehörigen Direktors P. Bolley[323] forderten. Da die Anführer des Protestes religiert wurden und die Forderung der Studierenden nicht erfüllt wurde, verließen mehr als 300 Studenten das

---

allerdings das Diplom abgesehen von den Fachlehrern keine wichtige Rolle, etwa die Hälfte der Schüler verließ das Polytechnikum ohne Diplom. In ihrem Fall stellte das Übergangsdiplom eine Art Ersatz für das Diplom dar, da es die erbrachten Studienleistungen dokumentierte.

[319] Auch an den Polytechnika und späteren Technischen Hochschulen im Deutschen Reich galten strikte Studienpläne; vgl. Hensel 1989. In Österreich-Ungarn war die Situation anders.

[320] Gemeint ist hiermit die Schule für zukünftige Bauingenieure, kurz Ingenieursschule (II. Abteilung) genannt (natürlich bildeten auch die Maschinenschule des Polytechnikums Ingenieure aus).

[321] Beyel 1938, 112.

[322] Oechsli 1905, 311.

[323] Pompejus Bolley (1812 – 1870) gehörte nach einer Zeit in Aarau als Lehrer 1855 zu den Gründern des Polytechnikums und hatte dort eine Professur für technische Chemie übernommen. Als Nachfolger Deschwandens war er von Herbst 1859 bis Herbst 1865 Direktor des Polytechnikums; sein Nachfolger wiederum wurde, wie bereits erwähnt, Gustav Zeuner. Während des Studiums in Heidelberg war Bolley „Vaterland und Freiheit feurig liebend" (ADB) wegen seiner Beteiligung am Frankfurter Wachensturm (1833) mit der Obrigkeit in Konflikt geraten, was ihm ein halbes Jahr Festungshaft einbrachte. Unbeugsamkeit wurde offenbar geschätzt in Zürich.

Polytechnikum. Franz Reuleaux (1829 – 1905), prominenter Ingenieur (Maschinenbauer und gefragter Berater), der aus Eschweiler bei Aachen stammte,[324] sah in der Reaktion der Obrigkeit die „brutale Gewalt (unseres Direktors und der Oberbehörde)"[325] und verließ umgehend das Polytechnikum in Richtung Berlin. Er unterstützte die Studenten, die das Polytechnikum verlassen hatten, in verschiedener Weise, u.a., indem er ihnen erlaubte, seine Vorlesung „Maschinenbaulehre" zum Zwecke des Selbststudiums herauszugeben.[326] Auch Fiedler sprach sich mehrfach für Studienfreiheit (und damit vermutlich implizit für Lehrfreiheit) aus, so richtete er beispielsweise noch 1903 – 71jährig und seit 36 Jahren im Dienst der Eidgenossenschaft - eine auf eigenen Kosten gedruckte Denkschrift an die Kollegen der Gesamtkonferenz mit dem Titel „Welche Aussichten hat die Studienfreiheit bei uns: an die Mitglieder der Gesamtkonferenz des Zürcher Polytechnikums". Darin griff er nach seinen Angaben eine Rede auf, die er 1884 anlässlich einer Gesamtkonferenz gehalten und die er schriftlich auf der Rückseite des Einladungsschreibens zu dieser Konferenz notiert hatte.[327] Fiedler legte in diesem Text dar, warum er die Einführung der Studienfreiheit auch am Polytechnikum für sinnvoll halte, erklärte seine persönlichen Hintergründe[328] und erläuterte, dass mittlerweile (1903) Zürich unter den deutschsprachigen Polytechnika alleine stand, was die Einschränkung der Studienfreiheit anbelangte. Die Überzeugung seiner Gegner – der prominenteste darunter war natürlich in früheren Zeiten K. Kappeler[329] gewesen - fasste Fiedler prägnant zusammen[330]:

---

[324] Bekannt geblieben durch den Eschweiler Bergwerksverein. Zeuner war 1856 auf Initiative von G. Semper nach Zürich berufen worden.

[325] Zitiert bei König 2014, 21.

[326] Vgl. König 2014, 21. Eine Darstellung der Ereignisse aus anderer Sicht liefert der „Offizielle Bericht des Schweizerischen Schulrathes an das Schweizerische Departement des Innern über die Vorfälle am Eidgenössischen Polytechnikum" (ETH-Bibliothek Archiv, SR2: Anhang 1864).

[327] Dies teilt Fiedler in der für ihn typischen Art akribisch seinen Lesern in der Vorrede mit, datiert Zürich, 10. Juli 1903. Die fragliche Rede hielt Fiedler am 21. November 1884. Allerdings ist der Text der Broschüre von 1903 so lang, dass er schwerlich auf die Rückseite eines Blattes gepasst haben dürfte (wie Fiedler behauptet) – selbst in Fiedlers sehr kleiner Handschrift. Reuleaux kommt in Fiedlers Rede als Kämpfer für die Studienfreiheit als „damals ungerecht verurteilter R." vor. (Fiedler 1903, 8).

[328] „Ich kam aus freier technischer Hochschule hierher, ..." (Fiedler 1903, 2). „... ich verkehrte damals [Winter 1867 - 1868] viel mit ihnen [den Studenten] abends in ihren Lokalen und habe an solchen Besprechungen [über die Studienfreiheit] teilgenommen ..." (Fiedler 1903, 1 – 2). Beyel weiß von den aus Deutschland ans Polytechnikum gekommenen Professoren zu berichten, dass sie „nach deutschem Brauche in Bierkellern verkehrten" (Beyel 1938, 104), um später Zürich wieder den Rücken zu kehren – letzteres kann man allerdings von Fiedler nicht behaupten.

[329] Kappelers langjähriger Stellvertreter und Nachfolger Bleuler, ein Offizier (Oberst-Divisionär) des Bundesheeres, blieb dessen Grundsätzen treu, war also Veränderungen abhold. Kappeler war somit noch jenseits seiner Lebensspanne am Polytechnikum einflussreich.

[330] Fiedler 1903, 3.

> Man konnte sich gewiss dem tiefsten Eindrucke nicht entziehen, wenn sie sagten, dass der junge Schweizer erst gehorchen lernen solle, um dann befehlen zu können.

Dem setzte er optimistisch entgegen:

> Gut geleitete Übungen in Verbindung mit Vorlesungen, wo sie notwendig sind, würden gewiss auch dann benutzt werden, ich hoffe sogar um so lebhafter, weil es freiwillig geschähe. Das Wegfallen der Noten ist sicher nicht zu beklagen.[331]

In einem Brief vom 17. April 1887 an M. Disteli sprach Fiedler von „unseren traurigen Verhältnissen", um fortzufahren:

> Freiheit u. volle Selbstverantwortlichkeit der Studirenden wäre sehr viel besser als Controlle.[332]

Es ist eine gewisse Ironie des Schicksals, dass Fiedler immer wieder von den Studenten des Polytechnikums angegriffen wurde, nicht zuletzt wegen seiner rigiden Haltung, z.B. bei der Verfolgung von Vergehen.[333] Auch Assistent Beyel betont in seinen „Erinnerungen", dass Fiedler die ihm auf Grund der Funktionsweise des Polytechnikums zur Verfügung stehenden Machtmittel ausgiebig nutzte – ausgiebiger als seine Kollegen.[334] Fiedler sah allerdings hier auch dunkle Mächte am Werk. So schreibt er 1903 vom Winter 1878, „als die längst gegen mich geschürte Bewegung zum Ausbruch kam, ...".[335]

Das strikte Reglement, das den Studienverlauf für zukünftige Ingenieure und Archiekten genau vorschrieb, betraf natürlich auch die darstellende Geometrie.[336] Zu deren Unterricht äußerte sich Beyel:

---

[331] Fiedler 1903, 8.

[332] Hs 87: 223a.

[333] Ein solches war, dass begüterte Studenten weniger bemittelte dafür bezahlten, dass sie ihre (mühsamen und zeitaufwändigen) Zeichnungen ausführten. Aus diesem Grunde war Fiedler dagegen, Zeichnungen in Hausarbeit anfertigen zu lassen. Bei Beyel finden sich einige Beispiele zu Fiedlers Haltung; siehe 1.4.1 und 1.6. Der erste Konflikt dieser Art ergab sich bereits am 19./20. Juni 1869. Das Problem wurde recht lautlos gelöst, die betreffenden Schüler verließen die Schule. Allerdings wurde am 20. Juli eine gegen Fiedler gerichtete Petition beschlossen, in der diesem vorgeworfen wurde, drei Studenten zur Spionage aufgefordert zu haben. Weitere Kritikpunkte betrafen Fiedlers allzu strenge Lehrmethode, die den Studenten zu wenig Selbständigkeit gewähre, und dass er ihnen zu kurze Termine für die Ablieferung der Zeichnungen setze. Der Schulrat wies mit Beschluss vom 5. August die Anschuldigungen zurück. Wie viele Eingaben Fiedlers in der Geschäftskontrolle des Schulrates belegen, beklagte er sich auch gerne über das Fernbleiben der Studenten von Übungen und Repetitorien.
Dank an R. Acampora (Zürich) für seine Informationen in dieser Angelegenheit.

[334] Vgl. 1.4.1 und 1.6.

[335] Fiedler 1903, 2.

[336] K. Culmann sprach in der Vorrede zu seiner „Graphischen Statik" drastisch von der „Bleikugel des Studienzwanges" (Culmann 1866, IX).

Das Hauptgewicht des Unterrichts lag damals [Anfang/Mitte der 1870er Jahre; K. V.] bei der darstellenden Geometrie und der Geometrie der Lage. Er erstreckte sich in diesen Fächern auf 3 Semester, war mit 4 Stunden Theorie, 4 Uebungsstunden und einem Repetitorium in kleinen Gruppen angesetzt.[337] Die für die Zeichnungen eigentlich angesetzte Zeit genügte bei weitem nicht für die Ausführung, und diese verlangte zudem oft stundenlanges „Punktieren" und „Schraffieren". Nebenbei fiel gerade dieses Fach den meisten Schülern schwer, denn auch mathematisch veranlagte Menschen haben größere Fähigkeiten, sich in der Welt der Zahlen − also in der Algebra − zurechtzufinden, als sich Raumgebilde vorzustellen. Dieses Vorstellungsvermögen ist aber für das Verständnis der darstellenden Geometrie absolut notwendig.[338]

Wie bereits erwähnt, ist allerdings anzumerken, dass die Lehrerstudenten der VI. Abteilung wesentlich größere Freiheiten genossen als die Ingenieurstudenten in den anderen Abteilungen. Im „Polyprogramm"[339], im Vorlesungsverzeichnis des Polytechnikums, findet sich beim Programm der VI. Abteilung immer die Vorbemerkung: „Es wird in dieser Abteilung kein allgemeines Unterrichtsprogramm aufgestellt; dagegen wird der Vorstand für die betreffenden Schüler in Einhaltung der Studienrichtung und Jahresfolge jeweilen individuelle Studienpläne festsetzen, wobei Vorlesungen anderer Abteilungen nicht ausgeschlossen sind." Fiedler war, wie bereits erwähnt, Vorstand der Abteilung von 1869 (Weggang von Christoffel) bis 1882 (als Frobenius diese Aufgabe übernahm). Er dürfte die Studenten der mathematischen Sektion seiner Abteilung, deren Anzahl sich pro Jahrgang meist im einstelligen Bereich bewegte, somit persönlich gut gekannt haben.

Das Polytechnikum hatte lange Zeit keine akademische Selbstverwaltung, sondern unterstand dem Schweizerischen Schulrat, insbesondere dessen Präsidenten, der die Angelegenheit der Hochschule regelte.[340] Ein krasses Beispiel haben wir schon kennengelernt im Kontext von Fiedlers Berufung nach

---

[337] Die Zeiten variierten etwas im Laufe der Jahre (und als Resultat der Auseinandersetzungen). Längere Zeit hielt sich das Modell darstellende Geometrie I (3 Stunden Vorlesung, 1 Stunde Repetitorium, 4 Stunden Übung), darstelende Geometrie II (2 Stunden Vorlesung, 1 Stunde Repetitorium, 4 Stunden Übung) und Geometrie der Lage (5 Stunden).

[338] Beyel 1938, 113. Auch Minkowski erwähnte in einem Brief an A. Hurwitz vom 24. Juni 1907 die Ansicht, dass die darstellende Geometrie eine besondere Begabung verlange, vgl. weiter unten in diesem Abschnitt.

[339] Das Eidgenössische Polytechnikum wurde kurz als „Poly" bezeichnet, ein Name, der auch heute noch in Gebrauch ist. Ähnlich hübsche Wortschöpfungen wie „Polyprogramm" sind die „Polyterrasse" und die „Polybahn", auch eine „Polyband" und einen „Polysnack" gibt es.

[340] Der Schulrat bestand aus drei, später fünf ehrenamtlichen Mitgliedern nebst Stellvertretern sowie dem hauptamtlichen Schulratspräsidenten und dem Vizepräsidenten; der Schulrat war dem Bundesrat unterstellt. Hinzu kam ein Sekretär, der ebenso wie der Präsident ein Büro im Gebäude des Polytechnikums hatte.

Zürich: Schulratspräsident Kappeler vereinbarte eine Erhöhung der Stundenzahl in darstellender Geometrie mit Fiedler, ohne die Zustimmung der Fachvertreter einzuholen. Das war gewiss eine gute Voraussetzung für die Schaffung eines Dauerkonflikts. Es gab Versammlungen der Lehrenden, z. B. die sogenannte Gesamtkonferenz[341] und die Abteilungskonferenzen[342], aber viele Entscheidungen wurden doch vom Schulrat, hauptsächlich von dessen Präsidenten, getroffen. In den Jahren von Fiedlers Tätigkeit am Polytechnikum war dies lange Zeit (1857 – 1888) der aus dem Thurgau stammende schon mehrfach erwähnte Johann Karl Kappeler, ein Jurist, der aus der Politik kam. Der Präsident hatte einen großen Einfluss, weil er das einzige hauptamtliche und stets im Polytechnikum präsente Mitglied des Schulrats war. Sein Büro befand sich im Erdgeschoss des Gebäudes. Für Fiedler, der ein bekennender Anhänger der akademischen Freiheit war, dürfte dies nicht immer angenehm gewesen sein, vertrat doch Kappeler – man würde ihn heute vielleicht als typischen „Macher" charakterisieren - eher restriktive Positionen. Ein drastisches Beispiel werden wir kennenlernen: Per Dekret ordnete Kappeler an, welche Inhalte Fiedler in welchen Vorlesungen für Ingenieure zu behandeln habe und welche nicht.

Fiedlers Renommee als darstellender Geometer war, wie wir gesehen haben, durchaus ansehnlich. Er galt aber als anwendungsfern – wohl zu anwendungsfern für die meisten Polytechnika im deutschsprachigen Raum.[343] Hierzu heißt es in der kleinen Schrift „Prof. Dr. Wilhelm Fiedler. Zum Rücktritt von seinem Lehramt am 1. Okt. 1907":

> Dank seiner Studien und praktischen Übungen an der höheren Gewerbeschule in Chemnitz und an der Bergeakademie und im Silberbergbau in Freiberg hätte übrigens Prof. Fiedler, der gewesene Schüler des berühmten Weisbach, seine Vorlesungen und Übungen sehr wohl mehr in den unmittelbaren Dienst der Praxis stellen können; allein, er hielt es für seine Pflicht, den zukünftigen Techniker eine gründliche wissenschaftliche Ausbildung zu vermitteln und das hohe Lehrziel, das er anstrebte, liess keine solchen Abschweifungen zu.[344]

---

[341] Vgl. das Protokollbuch der Sitzungen der Gesamtkonferenz der Lehrer der eidgenössischen polytechnischen Schule (Bibliothek ETH-Hochschularchiv EZ-52|2001).

[342] Ab 1881. Vgl. hierzu den Brief des Abteilungsvorstands Fiedler an seine Kollegen der VI. Abteilung anlässlich der Einführung der Abteilungskonferenzen (Hs 87: 1781), wo er „zur erstmahligen Ausführung der von uns nunmehr glücklich erreichten Selbstverwaltung" gratulierte.

[343] Vgl. das Urteil von A. Voss über Fiedler in Hashagen 2003, 203 – 204, der befand, dass Fiedler trotz höchster fachlicher Qualifikation nicht für das Münchner Polytechnikum in Frage käme, weil er zu theoretisch sei.

[344] B. 1907, 9. Als Verfasser „B." gilt Fritz Bützberger. Bützberger bearbeitete Manuskripte Steiners und war ein geschätzter Kenner von Steiners Werk; vgl. auch Kapitel 6. Er selbst veröffentlichte Abhandlungen zur Geometrie im Stile Steiners, z. B. zu bizentrischen Vierecken. Im Hochschularchiv der ETH findet sich sein umfangreicher Nachlass (in der Hauptsache unter der Signatur Hs 194).

In dieser Hinsicht konnte Fiedler in Zürich, wo die theoretische Ausrichtung stark ausgeprägt war, ein passendes Umfeld zu finden hoffen. Allerdings waren auch hier Auseinandersetzungen um das Verhältnis von Theorie und Praxis in der Ausbildung von Ingenieuren nicht unbekannt. Beyel berichtet:

> Um diese Grenze [zwischen Theorie und Praxis; K. V.] wurde damals – 1872 – schon gekämpft; und dieser Kampf war bis in den Anfang unseres Jahrhunderts [d.i. das 20. Jh.; K. V.] besonders heftig. Ich wurde später auch hineingezogen – nicht zu meinem Glück – und leide heute noch an den Wunden, die ich dabei davon trug.[345]

Wir werden auf diese Auseinandersetzungen, die natürlich auch die Rolle der Mathematik, gewissermaßen der Inbegriff der Theorielastigkeit, betrafen (Stichwort: antimathematische Bewegung)[346] zurückkommen.

Die weiteren Jahre Fiedlers in Zürich verliefen, was äußere Ereignisse anbelangt, abgesehen von Auseinandersetzungen um seine darstellende Geometrie, ruhig. Am 19.12.1875 verlieh („schenkte") die Stadt Zürich dem Ehepaar Fiedler-Springer das Bürgerrecht der Stadt Zürich[347], wodurch Fiedler schweizerischer Staatsbürger wurde. Die Familie lebte zuerst in Fluntern (1867- 1870), dann in Hirslanden (1870 – 1875) und in Unterstrass (1875 – 1882)[348]; im März 1882 zog man in die Klosbachstraße 63 in Hottingen[349] um. Nach der Eingemeindung Hottingens in die Stadt Zürich (1893)[350] wurde später die Numerierung der Häuser in der Klosbachstraße geändert und die Familie Fiedler wohnte fortan in Nummer 79.[351]

---

[345] Beyel 1938, 112. Konkretes sagt Beyel hierzu nicht.

[346] Vgl. König 2020 und Stodola 1898.

[347] Vgl. auch Protokoll der Sitzung vom 27. November 1875 der bürgerlichen Section des Stadtrathes Zürich. Ich danke Frau Caroline Senn vom Stadtarchiv Zürich für diese Information.

[348] Informationen von Frau C. Senn, Stadtarchiv Zürich. Die Gemeinden Fluntern, Hirslanden, Hottingen und Unterstrass waren seinerzeit noch selbständig, heute sind sie Stadtteile von Zürich.

[349] Vgl. Brief an Cremona vom 12. Februar 1882, Israel 2017, 693 - 694. Es handelte sich um ein 1879 erbautes einseitig angebautes Zweifamilienhaus. Auch diese Informationen verdanke ich Frau C. Senn. Albert Einstein wohnte übrigens 1888 – 89 in der Klosbachstraße 87, also in unmittelbarer Nachbarschaft von Fiedler. Er wird seinem „Schulmeister" des Öfteren auf der Straße begegnet sein.

[350] Zürich verdoppelte im Zuge dieser Eingemeindungen seine Einwohnerzahl und wurde zur größten Stadt der Eidgenossenschaft.

[351] Friedrich Kick, ein Freund Fiedlers, benutzte auf seinen Briefen gelegentlich die hübsche Anschrift „Klosbachstraße, im eigenen Haus" oder auch „Klosbachstraße, in eigener Villa".

Abb. 1.10: *Wohnhaus der Familie Fiedler Klosbachstraße 79,*
aufgenommen im Jahr 1991[352]

Nach 40 Dienstjahren trat Fiedler 1907 in den Ruhestand. Nachdem er noch kurz
zuvor um eine Besetzung der beiden Assistentenstellen für darstellende
Geometrie gerungen hatte, diese bekamen schließlich Tramer und Pasternak,
also den Eindruck erweckte, als wolle er weitermachen wie bisher, schrieb er am
10. Mai 1907 an den Schulrat:

> Aber das Wintersemester der Krankheit[353] hat mich gelehrt, dass es zu
> optimistisch war, nach zwei gut und glatt verlaufenden Unterrichtsjahren
> in meinem Alter noch auf ein folgendes drittes zu hoffen. Ich hatte mir
> gedacht, es solle mein letztes sein und muß diesen Gedanken wohl
> festhalten, es ist, wenn ich sein Ende erlebe, mein 40tes Dienstjahr im
> Dienste des Polytechnikums.[354]

„Dienst" war sicherlich ein zentraler Begriff für Fiedler – ähnlich wie „Pflicht". Im
gleichen Brief erwähnt Fiedler die Vorgänge nach seiner Berufung 1867, also die
Tatsache, dass die Zusagen bzgl. Aufwertung der darstellenden Geometrie durch
Erhöhung ihrer Stundenzahl nicht eingehalten wurden, um dann hinzuzufügen:
„Und im Februar 1878 verließ man mich ohne jeden Beistand einer auf
Verleumdung und Lüge gegründeten Schülerrevolte gegenüber."[355] Der Schulrat

---

[352] Quelle: Baugeschichtliches Archiv der Stadt Zürich Diesem Archiv danke für ausführliche
Informationen zu Fiedlers Haus und andere Immoblien in der Stadt.
[353] Fiedler musste im WS 1906/07 krankheitshalber durch M. Grossmann vertreten werden.
[354] Geschäftskontrolle 1907, No. 463.
[355] Geschäftskontrolle 1907, No. 463.

hatte allen Grund, Fiedler dankbar zu sein. Und das sollte er bei der Festsetzung des Ruhegehaltes beweisen. Fiedler betonte, dass sein Gehalt seit dreißig Jahren nicht mehr gestiegen sei, was er durch genaue Angaben belegte (1867 bekam er 4800 sfr, 1877 bereits 9500 sfr). Der Schulrat bot 80% als Ruhegehalt, was Fiedler wohl zufrieden stellte.[356] Am 29. Mai 1907 zog er den Schlußstrich:

> In meinem 76ten Lebensjahr und nahe dem Schluss des 70ten Dienstsemesters an unserem Polytechnikum entschliesse ich mich, um Einleitung meines Ruhestandes auf 1. Okt. 1907 unter Gewährung eines Ruhegehaltes zu bitten.[357]

Fiedlers Nachfolger wurde, wie bereits erwähnt, Einsteins Freund und mathematischer (und auch sonstiger) Nothelfer Marcel Grossmann. Grossmann, Lehrer an der Kantonsschule in Frauenfeld, hatte Fiedler schon im Wintersemester 1906/07 vertreten, als dieser krankheitsbedingt nicht mehr lehren konnte. Bereits im Winter/Frühjahr 1888/89 war Fiedler an einer Lungenentzündung erkrankt; diese Erkrankung führte dazu, dass er mehrere Monate lang nicht lesen konnte.[358] Danach scheint seine Gesundheit anfällig gewesen zu sein: „Seither war er den Berufskrankheiten des Lehrers zugänglicher."[359] Er selbst erwähnte Probleme mit der Stirn und mit dem Kehlkopf.[360]

Die Lage drängte nach Fiedlers Gesuch, denn das Wintersemester war nicht mehr allzu weit. Offentlichtlich machte sich A. Hurwitz Gedanken, was zu tun sei, und fragte bei seinen Freunden Minkowski und Schur an.

Hermann Minkowski antwortete am 24. Juni 1907 aus Göttingen:

> Wenn der Herr Präsident Gnehm[361] seine Reise soweit nach Norden erstrecken sollte, möchte ich empfehlen – und es war das auch die Meinung von Klein – dass er einen Abstecher hierher macht. Klein kennt die eventuell in Betracht kommenden Personen wohl so ziemlich, da er mehrfach das Ministerium wegen der neu zu errichtenden Polytechnika beraten musste. Auch sind hier mancherlei Einrichtungen betreffend darstellende Geometrie und sonst angewandte Mathematik getroffen, die

---

[356] Geschäftskontrolle 1907, No. 510.

[357] Geschäftskontrolle 1907, No. 515B

[358] Fiedler erwähnte seine Erkrankung in einem Brief an F. Klein vom 24. Juni 1890 (Confalonieri/Schmidt/Volkert 2019, 148). Hurwitz nennt eine andere Erkrankung Fiedlers und seine krankheitsbedingte Beurlaubung in einem Brief an Hilbert vom 15. Februar 1899.

[359] Das berichtet der Nachruf in der Chronik der Stadt Zürich Nummer 48 vom 30. November 1912, p. 507. Der Winter 1888/89 ist als Influenzawinter bekannt wegen der Pandemie (sogenannte russische Grippe), die damals grasierte.

[360] Geschäftskontrolle 1907, No. 329. Brief von Fiedler an Schulratspräsidenten vom 11. April 1907.

[361] Robert Gnehm wurde nach dem Rücktritt von Bleuler Präsident des Schulrates, im Unterschied zu seinen beiden Vorgängern Kappeler und Bleuler war er Wissenschaftler (Chemie).

kennen zu lernen von Interesse sein würde. Klein und Runge werden natürlich aufs bereitwilligste Auskunft erteilen. Soviel ich selber weiß, ist wohl Schilling in Danzig derjenige unter den darstellenden Geometern, der die Sache am besten heraus hat; er hatte auch grosse Lehrfolge, als er noch hier war. Da er aber schon Berlin wesentlich aus Bequemlichkeitsgründen abgelehnt hat, so ist zweifelhaft, ob er für Zürich überhaupt in Frage kommen kann. Neulich hat Fricke überall nach einem darstellenden Geometer Umschau gehalten und unter den Jüngeren Ludwig aus Karlsruhe am besten gefunden. Ein sehr gescheidter, äusserst lebendiger und amüsanter Mann ist Hessenberg, der am Charlottenburger Polytechnikum infolge Feindseligkeiten von Seiten Lampes nicht aufkommen konnte und im Begriffe steht, einem Rufe nach Poppeldorf Folge zu leisten.[362]

Was Minkowski nicht wußte (und Hurwitz wohl auch nicht), war, dass der Entscheidungsprozess bereits im vollen Gange war. Mit Schreiben vom 21. Juni 1907 hatte Präsident Gnehm Th. Reye um ein Gutachten gebeten. Dabei stellte er vier Namen in den Raum, nämlich Disteli, Grossmann, Kiefer und Stiner. Woher diese vier Namen kamen, ist leider unklar. Natürlich durfte der Gutachter auch andere Namen nennen. Das Gutachten von Reye[363] kam zu einer klaren Aussage: Sowohl Kiefer als auch Stiner kommen nicht in Frage – wegen mangelnder wissenschaftlicher Produktion aber auch wegen zu langer Arbeit außerhalb der Hochschule, Disteli ist sehr geeignet, Grossmann vielversprechend. Zudem nannte Reye noch seinen Straßburger Kollegen Timerding als möglichen Kandidaten: „Mit Hrn. Disteli kann er freilich nicht konkurrieren."

In der Geschäftskontrolle des Schulrats findet sich neben Reyes Gutachten noch ein Brief von Fr. Schur, der sich ebenfalls mit möglichen Kandidaten beschäftigte. Er ist gerichtet an einen „lieben Freund", der Inhalt macht deutlich, dass dieser kein Mitglied des Schulrates gewesen sein kann. Da es am Ende des Briefes um die fragile Gesundheit des Freundes geht und ein möglicher Besuch in Zürich erwähnt wird, kann dieser eigentlich nur A. Hurwitz gewesen sein; Schur und Hurwitz kannten sich aus gemeinsamen Tagen in Leipzig im Umfeld von F. Klein.[364]

---

[362] Niedersächsische Staats- und Universitätsbibliothek Göttingen ; Mathematiker-Archiv, Cod. Ms. Math.-Arch. 78:202. Minkowski erwähnt auch – wie Beyel oben -, dass die darstellende Geometrie wohl eine besondere, von der allgemein mathematischen verschiedene Begabung erfordere.
[363] Geschäftskontrolle 1907, No. 660a.
[364] Vgl. die Kondolenzbriefe von Fr. Schur an Ida Hurwitz-Samuel am 1. und am 12. Dezember 1919 (Hs 583: 43 und 44). Mehr zu Schur, der auch mit Fiedler korrespondierte, in 9.2.5.

Karlsruhe, den 22. Juni 1907

Lieber Freund!

Deinem Wunsch, die für die Nachfolge Fiedler in Betracht kommenden Kandidaten namhaft zu machen, entspreche ich gerne, bemerke aber vornherein, dass die Auswahl an Leuten, die einerseits den wissenschaftlichen Anforderungen entsprechen, auf die Ihr gerade in Zürich nicht wieder verzichten wollt, sehr gering ist. Was wir da haben, ist bei der großen Nachfrage die, wie Du meinst, in den letzten Jahren bestand, schon in guten Stellungen, und der eidgenössische Schulrat wird wohl nicht zu kurz bei der Bemessung des Gehalts sein dürfen, wenn er eine der Bedeutung der Professur entsprechende Kraft gewinnen will.

Da kommt natürlich in erster Linie Martin <u>Disteli</u> in Dresden in Betracht. Er hat wirklich eine ganz hervorragende Lehrbegabung, wie ich von der Zeit her weiß, während der er mein Assistent[365] war. Was seine wissenschaftlichen Leistungen betrifft, so können sie natürlich nicht hervorragend genannt werden, aber es sind doch recht tüchtige Arbeiten, die er geschrieben hat, besonders die letzte über Axoide, und er besitzt als Schüler von Fiedler jedenfalls eine ausgezeichnete geometrischen Schulung. Indessen ist da zu bemerken, dass vielleicht abgesehen von Scheffers, der aber, strebsam wie er ist, schwerlich die Stellung in Berlin wegen der stillen Wirksamkeit in Zürich aufgeben wird, unter den Inhabern der Professuren für darstellende Geometrie Keiner ist, den ich in wissenschaftlicher Hinsicht höher stellen würde als Disteli. Wie ich die Verhältnisse in Dresden kenne, wird man dort in Dresden große Anstrengungen machen, ihn dort zu halten, aber ich glaube doch, dass er sich entschliessen würde, in seine Heimat zurückzukehren.[366]

Dann möchte ich Reinhold <u>Müller</u> in Darmstadt nennen. Er ist Schüler von Burmester, und was ich von Zeichnungen gesehen habe, die unter seiner Leitung gemacht worden sind, hat mir sehr gut gefallen. Seine Arbeiten bewegen sich auf dem Gebiete der geometrischen Bewegungslehre und scheinen einige interessante Resultate zu enthalten. Soviel ich weiß, ist er in Darmstadt nicht so glänzend gestellt, dass man von vorherein davon abstehen müsste, ihn zu gewinnen; höchstens wäre zu bedenken, dass er schon 50 Jahre alt ist und sich deshalb zuerst nicht so leicht entschliessen würde, noch ins Ausland zu gehen. Ich will auf Friedrich

---

[365] Disteli war 1899 – 1901 Assistent und Privatdozent an der TH Karlsruhe, von 1901 – 1902 war er dort a.o. Professor, von 1909 bis 1919 dann ordentlicher Professor als Nachfolger von Fr. Schur. 1920 – 1923 war er ordentlicher Professor für angewandte Mathematik an der Universität Zürich.
[366] Hier irrte Schur.

Schilling in Danzig hinweisen. Auch er besitzt ein ausgesprochenes Lehrtalent und hat unter dem Einfluss von F. Klein einige meist gute geometrische Arbeiten gemacht, die auf dem Gebiete der Funktionentheorie liegen. Geometrische Leistungen hat er eigentlich kaum auszuweisen, sein Buch über Photogrammetrie ist mehr ein schönes Bilderbuch, zeigt aber jedenfalls, dass er das Zeichnerische in hohem Grade beherrscht, was ich auch bestätigen kann, da Schilling $4\frac{1}{2}$ Jahre bei mir Assistent[367] war. Dass er seinerzeit die Berufung nach Charlottenburg ablehnte, ist, soweit ich unterrichtet bin, nicht unbedingt ein Grund dafür, dass er nicht nach Zürich gehen würde; später dürfte gerade Schilling am teuersten sein.

Von ordentlichen Professoren wäre endlich noch Walther Ludwig in Braunschweig zu nennen, der jedenfalls ein vortreffliches Talent ist und als mein langjähriger Assistent[368] auch alles Zeichnerische gut beherrscht. Er hat in letzter Zeit recht gute Arbeiten in den Rendiconte de Palermo über den Zusammenhang der Berührungstransformationen der Kugel und den konformen Abbildungen des Raumes geschrieben, ist aber wesentlich jünger als die genannten Herren und kann in Braunschweig noch viel lernen.

Schließlich möchte ich noch auf den etatm. a. o. Prof. an der Universität München K. Doerlemann hinweisen, dessen Lehrweise durch Ludwig gelobt wurde. Seine rein geometrischen Arbeiten haben nichts Erhebliches zu Tage gefördert.

An Geometern, die nicht in Amt und Würden sind, kann ich noch Hessenberg und Dehn nennen. Georg Hessenberg in Berlin scheint mir ein Mann von großem Talent zu sein, besonders seine Arbeiten über den Pascalschen Satz sind sehr schön, über seine Lehrbegabung und seine zeichnerischen Fähigkeiten kann ich aber gar nichts aussagen, ich weiß nur, dass er Privatdozent an der Berliner Technischen Hochschule ist und mit Schmerzen auf eine Professur wartet, was er verschiedentlich in nicht sehr taktvoller Weise gezeigt hat. Hier möchte ich jedenfalls zu eingehenderer Erkundigung an anderer Stelle raten (Lampe, Hettner, Weingarten, Scheffers). Er soll jetzt für eine Professur an der landw. Akademie in Bonn-Poppelsdorf in Aussicht genommen sein.

Max Dehn ist ohne Zweifel in wissenschaftlicher Beziehung der bedeutendste von allen genannten Kandidaten, auch hat er als mein

---

367 Schilling war 1894 – 1897 Assistent in Aachen, ab 1896 auch Privatdozent. Schur wirkte von 1892 bis 1897 an der Technischen Hochschule in Aachen.
368 Ludwig war von 1902 bis 1904 Assistent in Karlsruhe, anschließend bis 1907 Privatdozent.

Assistent[369] während eines Jahres das zeichnerische und den Unterrichtsbetrieb an Technischen Hochschulen gut kennengelernt. Ich darf aber nicht verschweigen, dass ihn die abstrakten Probleme immer mehr interessierten als die eigentlich geometrischen, und dass er das Zeichnen mit weniger Lust und Liebe betrieb, als für einen Professor der darstellenden Geometrie gut ist. Auch über seine Lehrbefähigung ist mir nichts bekannt. Für vieles könnte wohl Heffter Auskunft geben, da Dehn seiner Zeit in Kiel suppliert hat. Mit seiner Professur in Münster ist er recht gut zu stehen.

Hiermit glaube ich die hauptsächlich in Betracht kommenden Kandidaten genannt zu haben. Auch die Oesterreicher scheinen mir keine geeigneten Kandidaten zu haben, wie sich bei der Besetzung der Professuren in Prag und Wien gezeigt hat. Leute dasselbst kenne ich nicht.

Dass Du, lieber Freund, mit Deinem Befinden so wenig zufrieden bist, tat mir herzlich leid. In meiner Familie geht es unberufen gut. Mein ältester Sohn steht jetzt im Abiturexamen und will dann Geschichte studieren. Meine Frau ist augenblicklich mit ihrer Mutter in Karlsbad. Wir gedenken unseren Ferienaufenthalt wieder im Schwarzwald bei Freiburg zu nehmen. Vielleicht kommen wir auf dem Wege nach Rom über Zürich, auch sind hier viele Mathematiker.

Mit herzlichem Grusse
Stets
Dein getreuer Freund

F. Schur

Von M. Grossmann kein Wort!

Aufgrund des Gutachtens von Reye fragte der Schulrat am 1. Juli 1907 bei Disteli an, ob er einen Ruf nach Zürich annehmen würde. Umgehend lehnte Disteli, ohne Gründe zu nennen, ab.[370] Damit war der Weg frei für Grossmann.

Die Entscheidung des Schulrates zugunsten von Marcel Großmann wurde von Friedrich Schur sehr negativ aufgefasst.[371] Sein Urteil über Großmann fiel geradezu vernichtend aus:

Denn durch Ihre Zurücksetzung ist nun auch Zürich als alt bewährte Pflegestätte der Geometrie ausgeschieden. Sie werden begreifen, daß ich mit der Berufung Ihres Schulrates nicht sehr zufrieden war. Ich glaubte,

---

[369] Dehn war 1900 – 1901 Assistent in Karlsruhe.
[370] Geschäftskontrolle 1907, No. 733.
[371] Vielleicht war er auch verärgert, dass seine Stellungnahme so wenig Beachtung gefunden hatte.

> über die jungen Geometer einigermaßen orientiert zu sein, von Herrn
> Grossmann erfuhr ich aber zum ersten Mal. Eine nähere Prüfung dessen,
> was er geschrieben hat, zeigt mir, daß ich ihn mit Recht ignoriert hatte, es
> sind ganz und gar Schülerarbeiten. Natürlich hat es mir herzlich leid getan,
> daß ein Lehrstuhl, den Sie so lange rühmlich bekleidet haben, nun aus
> der Reihe der wissenschaftlichen gestrichen ist. Man hatte ja auch mich
> um Rat gefragt, meinem ausführlichen Gutachten, das ich darüber abgab,
> aber sehr wenig Beachtung geschenkt. Auch Reye ist es ebenso
> ergangen, wie er mir neulich erzählte.[372]

Möglich ist, dass der Schulrat eine schweizerische Lösung für die Nachfolge
Fiedler favorisierte. Diese wurde durch die Vorgabe der vier Namen, auf die sich
Reye beziehen sollte, eigentlich schon vorprogrammiert, denn alle vier
Kandidaten waren Schweizer.[373] Zuzugeben ist, dass Grossmann – wie auch
Reye anmerkt - bis dato nicht sehr viel veröffentlicht hatte, weshalb er in
wissenschaftlicher Hinsicht kaum mit den von Schur und Minkowski genannten
Namen insbesondere mit Disteli mithalten konnte. Aber der Schulrat hatte ja
schon des Öfteren mit Erfolg auf junge, vielversprechende Talente gesetzt – und
Reye hatte ihn dazu ermutigt. Interessant ist im Übrigen, dass die Listen von
Schur und Minkowski nur wenige Übereinstimmungen zeigen.

Enttäuschend war diese Berufung für Chr. Beyel, der ja seit Jahrzehnten die
darstellende Geometrie und die Geometrie der Lage am Polytechnikum vertrat.
Er war 1907 Mitte Fünfzig, also durchaus noch berufbar. Es erstaunt auch, dass
der Schulratspräsident Namen wie Kiefer und Stiner nannte, nicht aber Beyel.
Letzterer hatte viel publiziert – er selbst spricht von 30 Abhandlungen, zwei
Lehrbüchern und vielen Rezensionen – und umfangreiche Lehrerfahrung
erworben. In einem langen Brief an den Schulrat vom 30. Juni 1907 versuchte
Beyel sich bemerkbar zu machen. Dieser Brief enthält eine Darstellung seines
Werdeganges inklusive Hinweise auf die schwierige Lage der Assistenten im
Fach darstellende Geometrie und Angaben über seine wissenschaftliche
Produktion. Schließlich bemerkt Beyel mit erstaunlicher Offenheit[374]:

> Aber die Geometrie hat sich in den vergangenen 30 Jahren nach der Seite
> der Analysis kräftig entwickelt. Diese liegt aber in Folge von Studium und
> Begabung weniger in meinem Gesichtskreise und ich bin mir vollkommen

---

[372] Brief von Schur an Fiedler, Karlsruhe, 23. Juli 1908 (Hs 87: 1180). Schurs Aussage zu Reye
erscheint auf Grund von dessen Gutachten und Distelis Absage nur bedingt zutreffend.
[373] Kiefer und Stiner waren ehemalige Assistenten des Polytechnikums, die aber seit geraumer Zeit
außerhalb desselben arbeiteten. Ihre Namen aufzuführen, war eigentlich wenig plausibel. Neben
Beyel hätte man auch noch an J. Keller denken können, der lange als Privatdozent für Geometrie im
Polytechnikum aktiv gewesen war und ähnlich wie Beyel die darstellende Geometrie dort vertreten
hatte.
[374] Geschäftskontrolle 1907, 700.

meiner Mängel bewußt und weiß, daß ich nicht mit jüngeren Kräften kann. Sollte nun ein Mann für beide Richtungen gefunden werden, so wird es mich im Interesse der Schule freuen, wenn sich derjenige, welcher dazu geeignet ist, zu einem Rufe nach Zürich bereit findet.

Sollte aber kein solcher Bewerber gefunden werden, so bot Beyel an, zur Verfügung zu stehen. Präsident Gnehm notierte: „An die Herren Schlräte und die Direktoren zur Kenntnisnahme behufs Behandlung in einer späteren Sitzung." Problem gelöst durch Vertagung könnte man sagen. Beyel ging leer aus.

1909 beging Fiedler sein 50jähriges Doktorjubiläum, im nachfolgenden Jahr wurde goldene Hochzeit gefeiert. Fiedler starb kurze Zeit nach seinem 80. Geburtstag am 19. November 1912 in Zürich. Am 22. November brachte die Neue Zürcher Zeitung einen kurzen Bericht über die Trauerfeier, die Fiedlers Einäscherung voranging. In ihm wird Pfarrer Finsler zitiert, der ausführte, dass Fiedler „aus bescheidenen Verhältnissen sich mit eisernem Fleiß zum akademischen Lehramt emporgearbeitet" habe, und dass er im Bereich der darstellenden Geometrie „zum allgemein anerkannten Meister und Führer in dieser Wissenschaft wurde". Marcel Grossmann „feierte in beredten Worten seinen glänzenden Lehrer".[375]

Erstaunlich ist, dass diese Zeitung drei Wochen später fast die gesamte Titelseite einer ausführlichen Würdigung von Fiedlers Schaffen zur Verfügung stellte. Diese wurde von (E.) verfasst; leider ist nicht mehr feststellbar, wer sich hinter diesem Kürzel verbirgt. Allerdings muss der Schreiber der Zeilen entweder Fiedler gut gekannt haben oder aber sich sehr eingehend über ihn informiert haben.[376]

> Er begeisterte sich für die Gebrüder Grimm und schrieb pseudonym eine Schrift zur kulturgeschichtlichen Auffassung der Mythologie, er suchte den humorvollen und gemütstiefen Fritz Reuter zu popularisieren, […], führte regelmäßig meteorologische Beobachtungen ein, um das Deutsche Winddrehungsgesetz nachzuführen usw.[377]

Die Prager Zeit wird als die „bewegteste Periode" in Fiedlers Leben bezeichnet, da er die „Führung der deutschen Minderheit gegen die tschechische Mehrheit" übernommen habe. Fiedler, laut Würdigung ein „glühender Bewunderer

---

[375] Neue Züricher Zeitung 22. November 1912 Nr. 325 drittes Abendblatt.

[376] Als Quelle aber auch als Autor ist hier natürlich Sohn Ernst zu vermuten, zumal inhaltliche Parallelen zu dessen Nachruf auf seinen Vater (Ernst Fiedler 1915) festzustellen sind. Auch gibt es Gemeinsamkeiten zum Fiedler-Nachruf in der „Chronik der Stadt Zürich".

[377] Neue Züricher Zeitung 14. Dezember 1912 Nr. 347 zweites Abendblatt. Das Winddrehungsgesetz stammt von Heinrich Wilhelm Dove (1803 – 1879) und besagt laut Wikipedia: „In der nördlichen Erdhälfte dreht sich der Wind, wenn Polarströme und Äquatorialströme miteinander abwechseln, im Mittel im Sinne S W N O S durch die Windrose und zwischen N und W häufiger zurück als zwischen O und S."

Bismarcks", habe die ihm „so zusagende Republik und Demokratie" in der Schweiz genossen.[378] Auch hier wird Fiedlers eiserner Fleiß und seine Konsequenz und Unabhängigkeit im Denken beschworen:

> Allein zu einer angemessenen Stellung kam er im Heimathlande nicht, weil er zu viel Unabhängigkeitssinn und ehrlichen Muth der Ueberzeugung hatte, um anerkannte Uebelstände zu verschweigen.
> So setzte er sich Agitationen und Intrigen aus und erlebte viele Enttäuschungen und manchen Undank.

Für die Behauptung, Fiedler habe in Deutschland keine Stelle bekommen wegen seines Unabhägigkeitssinnes, gibt es keine Belege; die Agitationen und Intrigen könnten sich auf seine Prager Zeit beziehen. Trotz allem:

> Gerade bei ihm, dem scharfen Logiker und sicheren Mathematiker, redete überall das Herz mit, das die ethischen Forderungen des Lebens höher stellt als Wissenschaft und Kunst. Nur sahen da bloß Familie und Freunde hinein, auch Arme und Kranke.[379]

Als Freunde Fiedlers in der Züricher Zeit werden genannt die Physiker und Kollegen am Polytechnikum J. J. Müller[380] und Fr. Weber, Fiedlers ehemaliger Assistent, später Professor der darstellenden Geometrie in Riga, A. Beck, sowie

---

[378] In einem Brief an O. Sand vom 3. Oktober 1902 (Hs 87: 1060) hob Fiedler hervor, dass er seine Kinder zu guten Republikanern erziehen wollte und ihm dafür die Schweiz der geeignete Ort erschien.

[379] Neue Züricher Zeitung 14. Dezember 1912 Nr. 347 zweites Abendblatt.

[380] Fiedler hat Müller in der Naturforschenden Gesellschaft in Ergänzung zum Nachruf seine Grabrede (Vierteljahrsschrift der Naturforschenden Gesellschaft Zürich 29 (1875), 155 – 157) gewidmet, für die er Informationen bei H. Helmholtz und F. K. Zöllner eingeholt hatte (vgl. Hs 87: 1596 - 1600). Im Antwortbrief Zöllners auf Fiedlers Anfrage vom 24. Januar 1875 (Hs 87:1596) klingt übrigens an, dass sich Fiedler bei ihm – neben der Nachfrage in Sachen Müller – auch nach der Nachfolge von Möbius erkundigt hatte, anscheinend mit einem deutlichen Interesse an dieser – wenn auch vergeblich.
In einem Brief an den Präsidenten des Schulrats vom 7. Oktober 1874 schildert Müller Beobachtungen, die er zusammen mit Fiedler im Auftrag Kappelers bei den Abiturprüfungen der Realabteilung des Gymnasiums in Burgdorf gemacht hatte (Hs 323: 13). Fiedler legte einen Begleitbrief bei. Darin weist er auf die Tatsache hin, dass die Burgdorfer Abiturienten teilweise in Einzelunterricht vorbereitet wurden, um – ganz Lehrer - hinzuzufügen: „Damit kann natürlich mit so kleinen Gruppen erheblich mehr geleistet werden als mit normalen Classen von 30." Solche Visitationen bei Abiturprüfungen kamen häufig vor, wie die Geschäftskontrollen des Schulrates belegen. Die Schulen bemühten sich offensichtlich darum, einen guten Eindruck bei der Leitung des Polytechnikums er erzielen. Dann winkte nämlich ein Matura-Vertrag mit derselben, was bedeutete, dass die Abiturienten der fraglichen Institution ohne Aufnahmeprüfung in das Polytechnikum eintreten durften. Dieses Privileg, das eine Idee Kappelers war, hatten 1874 die Kantonsschulen in Aarau, Basel, Bern, Chur, Frauenfeld, Genf, Solothurn, St. Gallen, Winterthur und Zürich.

K. V. Böhmert[381] und H. Weber[382]. Hervorgehoben wird im Übrigen auch Fiedlers großes Engagement in der Lehre.

Abb. 1.11: *Portrait von Fiedler im Nachruf der „Chronik der Stadt Zürich"[383]*

Insgesamt stellt diese Würdigung der Fiedlerschen Leistungen eine interessante Quelle dar, wenn auch klar ist, dass, wie immer bei solchen Texten, eine gewisse Vorsicht angebracht ist. Ähnliches gilt für den anonym publizierten Nachruf in der Chronik der Stadt Zürich, der in manchen Details erstaunlich detailkundig ist.[384]

Abb. 1.12: *Grabstätte der Familie Fiedler auf dem Friedhof Enzenbühl[385]*

---

[381] Karl Viktor Böhmert (1829 – 1918), aus Quesitz in Sachsen stammend, wurde 1866 zum Professor der Volkswirtschaftslehre am Polytechnikum berufen, er wechselte 1875 nach Dresden. Böhmert war auch mit Zeuner befreundet, vgl. 9.2.4.
[382] Hierbei handelt es nicht um den Mathematiker Heinrich Weber, ehemaliger Kollege von Fiedler, sondern um den Physikprofessor des Polytechnikums gleichen Namens.
[383] Chronik der Stadt Zürich (Nummer 48, 30. November 1912), p. 507. Vf. unbekannt.
[384] Nummer 48, 30. November 1912, p. 506 – 507. Vgl. den Auszug hieraus oben in Abbildung 1.
[385] Grabfeld C, Grabnummer 81222. Neben Wilhelm Fiedler und seiner Frau Lisa Elise Fiedler (1836 – 1919), geborene Springer, sind hier noch Heinrich Philipp Knoch (1805 – 1878) und seine Frau

1.4.1 Eine andere Stimme: die „Erinnerungen eines alten Mathematikers" von Christian Beyel

Im Vorangehenden haben wir schon mehrfach Zitate von Christian Beyel angetroffen. Seine „Erinnerungen eines alten Mathematikers"[386] bilden eine Fundgrube für authentische wenn auch teilweise subjektive Sichtweisen auf das Züricher Polytechnikum und auf Wilhelm Fiedler. Deshalb sei hier mehr zu Beyel und seinem Werk gesagt.

Christian Beyel (* Zürich, 22. November 1854, + Zürich, 16. Januar 1941)[387] hatte das Polytechnikum zuerst als Schüler der Vorbereitungsklasse kennengelernt. Diese besuchte er als Abiturient eines klassischen Gymnasiums in Wertheim am Main[388]. Die Vorschule war notwendig, um seine mathematischen und naturwissenschaftlichen Kenntnisse zu ergänzen; die Aufnahmeprüfung[389]

Katharina Margareta Knoch (1832 – 1914), geborene Zeh, begraben. Ernst Fiedler war seit 1886 mit Lina Knoch verheiratet. Emilie Fiedler (1876 - ?), die als jüngste Tochter ihre Eltern im Alter betreut hat, war ebenfalls eine verheiratete Knoch. Es ist zu vermuten, dass es sich bei H. P. und K. M. Knoch um ihre Schwiegereltern und die ihres ältesten Bruders handelte. Dank an Christine Frisch (Zürich) für dieses Foto.

[386] Das Original umfasst in der Version von 1938 rund 230 handgeschriebene Seiten, es befindet sich zusammen mit Vorgängerversionen und einigen weiteren Materialien in der Handschriftenabteilung der Zentralbibliothek Zürich (Signatur: MsZ II 446). Das Manuskript wurde von einer dritten Person Korrektur gelesen und mit Bleistiftanmerkungen versehen. Meine Wiedergabe richtet sich soweit als möglich nach Beyels ursprünglicher Fassung, die stilistische und orthographische Besonderheiten aufweist. Die Wendung „alter Mathematiker" scheint Beyel gefallen zu haben, er verwandte sie auch im Titel eines Buches (Beyel 1922).
In 1.6 werden längere Passagen aus Beyels Erinnerungen zusammenhängend im Wortlaut wiedergegeben.

[387] Vgl. auch das biographische Dossier zu Beyel, das sich im ETH-Archiv findet, sowie den Nachruf „Zur Erinnerung an Dr. Chr. Beyel" (vorhanden in der Zentralbibliothek Zürich, Signatur Nekr B 160). Der Vater von Christian Beyel war Christian Melchior Beyel (1807 – 1858). Er betrieb eine Druckerei mit Verlag und Leihbücherei in Frauenfeld und Zürich und war auch politisch engagiert (u.a. in der Züricher Bahnhofsfrage; vgl seine Denkschrift von 1856). Von 1835 – 1855 war Vater Beyel Hg. der „Thurgauer Zeitung", zudem war er Aktuar der Zürcher Industriegesellschaft. Als solcher verfasste er 1841 eine interessante Bestandsaufnahme der schweizerischen Industrie, die in seinem Verlag erschien. Beyels Mutter Marie Catharina Haill (1830 – 1858) stammte aus Wertheim am Main und wurde bei den Englischen Fräulein in Aschaffenburg (heute: Maria-Ward-Schule) ausgebildet; sie brachte aus Züricher Sicht gleich zwei Handicaps mit: Sie war deutsch und auch nicht wohlhabend, da aus einer Beamtenfamilie stammend. Beides schreckte ihren Ehemann nicht ab. Beyel jun. erbte denn auch nicht viel, die Vermögenswerte, die seine Eltern hinterließen, reichten im Wesentlichen aus, um deren Verbindlichkeiten zu begleichen. Es verblieb ein gewisser Rest, mit dem Beyel in aller Bescheidenheit sein Studium finanzieren konnte. Vgl. auch das Stichwort Christian Beyel – gemeint ist der Vater - im Historischen Lexikon der Schweiz, Band 2 (Basel: Schwabe, 2002).

[388] Nach dem frühen Tod der Eltern – sie starben am 7. Januar 1858 und am 9. Januar 1958 an Nervenfieber bzw. an einem Blutsturz - wuchs Sohn Christian ab seinem vierten Lebensjahr bei seinen Großeltern mütterlicherseits in Wertheim am Main auf, vgl. Beyel 1938. Dort blieb er bis zum Abitur, was zur Folge hatte, dass er den Dialekt seiner Vaterstadt Zürich nie sprechen lernte. Dennoch war er auf seine Abstammung aus einer alten Züricher Familie stolz, sie öffnete ihm manche Pforte. Allerdings hebt Beyel in seinen Erinnerungen hervor, dass er der Konstaffel nicht beigetreten sei. Diese war eine ehedem sehr einflußreiche Vereinigung führender Züricher Kreise; sie stellte Mitglieder des großen und des kleinen Rats der Stadt. Die Konstaffel wurde 1798 aufgelöst, aber im 19. Jahrhundert als gesellige Gesellschaft zur Teilnahme am Zürcher Sechseläuten wiedergegründet.

[389] Vgl. Beyels Matrikel EZ-REK1/1/3324 in Bibliothek ETH-Hochschularchiv.

bestand Beyel in Mathematik mit 5 und 4, in Französich mit 4 und in Deutsch mit $5^1/2$. Nach der Vorschule durchlief Beyel von 1872 bis 1876 die Ingenieurschule (II. Abteilung), das heißt, er bereitete sich auf den Beruf eines Bauingenieurs, oft auch Zivilingenieur genannt, vor – trotz wirtschaftlich schwieriger Zeiten, da sich die Gründerkrise auch in der Schweiz auswirkte. Allerdings bemerkte Beyel:

> In der Tat waren damals Ingenieure sehr gefragt, und Schüler des Polytechnikums bauten in der ganzen Welt Eisenbahnen und im Lande selbst waren noch große Linien – Gotthardbahn u.a. – durchzuführen. Freilich brachte ich vom Wortsinne gar nichts mit, was der künftige Ingenieur haben sollte, und mein spekulatives Denken sah eher auf theoretische Ziele wie auf praktische.[390]

Nach Erlangung des Diploms arbeitete Beyel etwa ein Jahr lang in diesem Beruf bei der Nordwestbahn und wirkte beim Bau der Bahnlinie Baden – Niederglatt mit; er wurde dort jedoch Opfer einer Entlassungswelle, da die Gesellschaft in eine Krise geraten war. Danach konzentrierte er sich auf die Mathematik.[391] Er ging 1877 – 1878 für drei Semester nach Göttingen, in ein Mekka der Mathematik. Dort unterrichtete Hermann Amandus Schwarz, den Beyel von Zürich her kannte und schätzte, Beyel wollte bei Schwarz promovieren[392]. Allerdings führte eine seltsame Affäre, den Ausschluss eines jüdischen Studenten aus dem Mathematischen Verein betreffend[393], zum Zerwürfnis mit Schwarz. Daraufhin kehrte Beyel auch aus Geldmangel Göttingen den Rücken und trat im Herbst 1878 die zweite Assistentenstelle für darstellende Geometrie und Geometrie der Lage am Polytechnikum an. Er promovierte 1882 an der Universität Zürich mit einer Arbeit, die Ideen von Fiedlers Zyklographie[394] aufgriff: „Centrische Collineation n^{ter} Ordnung in der Ebene vermittelt durch Aehnlichkeitspunkte von Kreisen", Gutachter waren A. Meyer und W. Denzler von der Universität Zürich. Nach

---

[390] Beyel 1938, 111.

[391] Vgl. das Kapitel „In der Praxis" in Beyel 1938, 141 – 151.

[392] Als Thema schlug dieser ihm die Untersuchung von Flächen fünften Grades mit Scharen von Geraden vor; vgl. hierzu Beyels spätere Einschätzung dieses Themas – zu schwer - in seinen „Erinnerungen". Über diese Klasse von Flächen hatte Schwarz selbst eine Arbeit veröffentlicht: Schwarz 1867.
In Göttingen hatte gerade (1877) der ebenfalls vom Polytechnikum kommende, aus Oberuzwil stammende Walter Gröbli promoviert mit der Arbeit „Specielle Probleme über die Bewegung geradliniger paralleler Wirbelfäden", Gutachter waren H. Weber und H. A. Schwarz. Gröbli kehrte danach nach Zürich zurück und wurde Assistent für reine Mathematik, später dann Privatdozent und Lehrer an der Kantonsschule in Zürich. Er war ein bekannter Alpinist und starb bei einem Unfall am Piz Blas während einer Fahrt mit Schülern.

[393] Vgl. hierzu Beyels Schilderung „Göttingen" in seinen Erinnerungen (pp. 151 – 163) im 1.6. Sie enthält auch interessante Informationen zum Thema Antisemitismus. Zu mathematischen Studentenvereinen allgemein vgl. man Lorey 1916, 138 – 140 und Maurer 2024, 68 – 69.

[394] Allerdings bezog sich Beyel noch nicht auf das erst 1882 erscheinende Buch von Fiedler, sondern nur auf die vorangehende Publikation über elementare Projektionsmethoden von Fiedler in der Vierteljahrsschrift (Fiedler 1879c), vgl. Kapitel 6.

erfolgreicher Promotion brach Beyel, der sich als Assistent beurlauben ließ, im Sommersemester 1882 zu einer Italienreise auf.[395] Im Wintersemester 1883 wurde er zum Privatdozenten am Polytechnikum[396] ernannt, wo er bis zum Sommersemester 1934 die „Mathematik in geometrischer Richtung" vertrat. Neben seiner Tätigkeit am Polytechnikum unterrichtete Beyel zeitweise an der Gewerbeschule in Zürich und am dortigen Institut Tschulok, zudem gab er Privatstunden.[397] Er war ein engagierter, streng konservative Positionen vertretender Bürger seiner Stadt, u.a. gehörte er dem „Eidgenössischen Verein" und dem „Gemeindeverein für das vereinigte Zürich" an. Als solcher äußerte sich z. B. zur „Kinofrage" aber auch über „Alte und neue Moral und die Propaganda für Nacktkultur" (1932). Letztere Broschüre gab einen Vortrag wieder, den Beyel bei

---

[395] Fiedler unterstützte Beyels Urlaubsantrag; u.a. verwies er auf den Nutzen, den Beyel vom Kontakt mit italienischen Mathematikern und dem Besuch ihrer Universitäten haben würde (vgl. Geschäftskontrolle 1882 No. 165). Fiedler und Keller übernahmen die durch die Abwesenheit Beyels anfallende Mehrarbeit. Liest man allerdings Beyels 1936 gedruckten Reise-Erinnerungen (Beyel 1936), so spielen darin die italienischen Universitäten und die Mathematik eine recht untergeordnete Rolle.

[396] Beyel stellte den entsprechenden Antrag am 28. Februar 1883. Er fügte bei: einen Lebenslauf, seine Dissertation sowie ein Manuskript über zentrische und planare Kollineationen n-ter Ordnung im Raum. Letzteres wurde als Habilitationsschrift betrachtet (vgl. Geschäftskontrolle 1883 No. 112 und 113). Das Protokollbuch der VI. Abteilung vermerkt am 19. März 1883: „Herr Frobenius verliest ein Gutachten des Herrn Fiedler über die eingereichten Arbeiten (Dissertation und ein Manuskript), in welchem die Zulassung des Herrn Beyel befürwortet wird." Die Konferenz stimmte dem Gesuch Beyels zu. Frobenius schrieb am 20. März 1883 in diesem Sinne an den Präsidenten des Schulrats, bat nur darum, dass Beyel aufgefordert werde, eine Probevorlesung zu halten. Er legte ein anderthalbseitiges positives Gutachten von Fiedler bei (Geschäftskontrolle 1883 Nr. 163). Beyel hielt dann den gewünschten Probevortrag über das Thema der oben genannten Arbeit; wie er berichtet, kamen Kappeler, Geiser, Direktor des Polytechnikums, und einige Kollegen, Freunde sowie Studierende als Zuhörer – Fiedler anscheinend nicht (vgl. Beyel 1938. 235). Am 13. Juni 1883 akzeptierte die Konferenz dann das Gesuch Beyels, seine einstündige Vorlesung „Über das Imaginäre in der Geometrie" in das Vorlesungsangebot der sechsten Abteilung für das kommende Semester aufzunehmen.
Es war nicht selbstverständlich, dass die sechste Abteilung Vorlesungen Beyels (und auch die anderer Privatdozenten für Mathematik) in ihr Programm aufnahm, denn die Privatdozenten wurden in der Freifächerabteilung habilitiert (vgl. Beyel 1938, 215). So wurde etwa Beyels Antrag, seine Vorlesung „Grundlagen der Geometrie" in das Programm der VI. Abteilung aufzunehmen, am 18. Dezember 1909 abgelehnt, da dieses Angebot redundant sei. Themen, die Beyel in seinen Vorlesungen behandelte, waren u.a. „Kegelquerschnitte, Durchdringungen", „Krumme Oberflächen in synthetischer Behandlung", „Axonometrie und Perspektive", „Der Rechenschieber" usw. Er bot auch Vorlesungen zur darstelleden Geometrie an, auf die wir noch zurückkommen.
Die VI. Abteilung lehnte übrigens auch in den 1880er Jahren den Vorschlag ab, eine Veranstaltung zur Pädagogik in ihr Angebot aufzunehmen. In der Zeit um 1870 herum hatte Privatdozent Hug Vorlesungen zur pädagogisch-mathematischen Methode sowie Praktika angeboten. Diese Themen waren der Abteilung somit nicht völlig fremd.

[397] Nachruf „Zur Erinnerung an Dr. Chr. Beyel", 5. In einer frühen Fassung seiner „Erinnerungen" führt Beyel akribisch die Anzahl der Privatschüler auf, die er unterrichtete. Diese waren teilweise Schüler des Polytechnikums, die sich auf die Diplomprüfung im Fach darstellenden Geometrie vorbereiteten. Viele Schüler Beyels waren aber auch Ausländer, die am Polytechnikum studieren und ihre mathematischen Kenntnisse auf den erforderlichen Stand bringen wollten. Hieraus kann man schließen, dass die Züricher Ansprüche in Sachen Theorie hoch waren.

der Jahresversammlung des schweizerischen Bundes gegen unsittliche Literatur am 30. Januar 1932 in St. Gallen gehalten hatte. Darin liest man:

> Aber ganz abgesehen davon, ob die eine oder andere Ansicht richtig ist, darf man wohl kaum annehmen, daß die sexuelle Spannung und Not schwinden werde, wenn Mann und Frau mit anderen Männern und Frauen ganz hüllernlos zusammenkommen. Man sagt, dass auf diese Weise die Triebe „abreagiert" würden, weil es keine „reizende" Geheimnisse gebe. Wäre dies wirklich der Fall, so würde die Natur dagegen protestiern, denn sie will kein Geschlecht von minderwertigen Kastraten.[398]

Die Frauen „sind die Opfer der Lichtbündelei", erforderlich sei eine Rückbesinnung auf „Schweizer Sitte und Werte". In Deutschland dagegen herrsche eine „fürchterliche sittliche Verwilderung".[399]

Beyel hat ungefähr 20 Arbeiten zu Themen der Geometrie und zu deren Unterricht veröffentlicht, hauptsächlich in der Zeitschrift für Mathematik und Physik, hin und wieder auch in der Zeitschrift für den mathematischen und naturwissenschaftlichen Unterricht sowie in der Vierteljahrsschrift der Naturforschenden Gesellschaft Zürich.[400] Zur darstellenden Geometrie verfasste Beyel ein Unterrichtswerk[401]. Zudem schrieb er ein Buch allgemeineren Inhalts „Der mathematische Gedanke in der Welt. Plaudereien eines alten Mathematikers" (1922); dieses ergänzte er durch eine Schrift „Die Kräfte der Technik in der Welt des Geistes. Plaudereien und Betrachtungen, mit einigen Ergänzungen zu dem Buch „Der mathematische Gedanke in der Welt"" (1923). Beyel war auch als Konstrukteur von Modellen und Apparaten tätig, wie Carl Heinrich Müller und O. Presler in ihrem Lehrbuch hervorheben.[402]

---

[398] Beyel 1932, 7.

[399] Beyel 1932, 23. Gegen Ende des 19. Jhs. entstand in der Schweiz vor allem in protestantischen Kreisen die sogenannte Sittlichkeitsbewegung, deren Hauptziele die Bekämpfung der Prostitution und des Alkoholmissbrauchs waren. Auf diesem Hintergrund kann man Beyels Engagement sehen.

[400] Beyel selbst gibt sogar die Zahl 30 an. Ein Konvolut mit Sonderdrucken von Beyels Aufsätzen sowie mit seiner Dissertation findet sich in der Zentralbibliothek Zürich (Signatur KZ 607). Die fraglichen Arbeiten erschienen alle vor 1900, anscheinend war Beyel danach nicht mehr fachwissenschaftlich publizistisch tätig.

[401] Beyel 1902.

[402] Müller/Presler 1903, 317 n. *. Neben Schröder und Schilling werden „Beyel's Anschauungsmittel (Apparate und Modelle), Zürich" im Kontext „guter Modelle" als „wichtige Unterstützung" erwähnt. Auch in einem Brief Fiedlers an den Schulrat vom 12. April 1882 wird erwähnt, dass die Assistenten Beyel und Keller mit dem Bau von Modellen betraut seien (Geschäftskontrolle 1882, No. 180).

Abb. 1.13: *Christian Beyel[403]*

Die erste Begegnung mit der darstellenden Geometrie brachte für den Gymnasiasten Beyel die Vorschule in Zürich.

> Ganz neu war mir die darstellende Geometrie, ein Fach, von dessen Dasein ich im Wortsinne nie etwas gehört hatte. Dr. Beck[404] – später Professor in Riga – führte uns in dieses Fach ein, der Gebrauch von Reißfeder und Tusche war mir vollständig unbekannt; aber nach vielen mißglückten Versuchen gelang es mir, Bilder herzustellen. Die geistreiche Verbindung von Sauberkeit, Raumvorstellung und Abbildung des Raumes gefiel mir sehr gut. Ich ahnte aber damals noch nicht, daß ich einmal diese Spezialität als Beruf ergreifen würde. Einen Begriff vom Maschinenzeichnen brachte uns Prof. Fritz – ein sehr gemütlicher Hesse – bei, […].[405]

Beyel schildert auch aus erster Hand die Studienbedingungen in der Vorschule, für die gerne den Begriff „Drill" verwandte:

> Aber ich war anpassungsfähig, war begierig, und Orelli war mir sowohl durch seine Methode wie seine Persönlichkeit ganz neu. Er war der beste Lehrer der Mathematik, den ich je kennenlernte. Und es ging mir alles wie Zuckerzeug ein. Ich verehrte ihn deshalb, hatte immer gute Noten und ich verdanke ihm einen großen Teil des Handwerkzeugs, das ich später im Beruf brauchte. Später hörte ich größere Mathematiker, die gelehrte

---

[403] Nachruf „Zur Erinnerung an Dr. Chr. Beyel".
[404] Alexander Beck (1847 – 1926) war nach einer Zeit, in der er am Observatorium bei dem Züricher Astronomen Rudolf Wolf gearbeitet hatte, von 1868 bis 1873 Assistent für darstellende Geometrie bei Fiedler. Er befreundete sich mit Fiedler und unterhielt mit später ihm einen ausgedehnten Briefwechsel (26 Briefe, Hs 87 : 35 – 59a); vgl. 9.2.6.
[405] Beyel 1938, 103 – 104.

> Abhandlungen schrieben und uns in die Gebiete der Mathematik einführten. Aber als Lehrer auf dem Gebiet der Mittelschule war Orelli einzig in seiner Art. [...]
>
> So saß ich vorne an der viel benutzten Tafel, der nur im Vorkurs gedankt war, hatte unter dem „Drill" nicht zu leiden, stand mit unserem Diktator Orelli[406] gut und machte mir mit meinen Heften schnell Freunde, denn in keinem Fach wird soviel abgeschrieben, wie in der Mathematik. Das im Vorkurs verbrachte Jahr gefiel mir also sehr gut.[407]

Beyels Bericht über die darstellende Geometrie in der Ingenieursschule wurde schon zitiert. Selbstverständlich spielte aber auch die Analysis eine wichtige Rolle in der mathematischen Ausbildung zukünftiger Ingenieure.

> Neben der darstellenden Geometrie stand die Differential- und Integralrechnung mit 6 wöchentlichen Stunden während 2 Semester im Vordergrund. Daran schlossen sich im 3. Semester 4 Stunden Anwendungen und Differentialgleichungen an. Zu den Vorlesungen kamen Uebungsstunden und Repetitorien in Gruppen. Hermann Amandus Schwarz hieß der junge Professor, dem diese Kollegien übertragen waren. Er war einer der besten Schüler von Prof. Weierstraß, der damals als der bedeutendste deutsche Mathematiker angesehen wurde. Schwarz war vor kurzer Zeit von Berlin nach Zürich berufen worden, war außerordentlich lebhaft in Vorlesungen, hatte großes pädagogisches Geschick und deutliches Vergnügen. Seine Vorlesungen gingen mir leicht ein, ich stellte mich mit ihm so gut, daß ich in diesem Fache stets eine 6, die beste Note, davontrug und darum beneidet wurde. Wir standen eben auf dieser „Hochschule" noch immer auf der Höhe von Schülern, und die Noten in den Semestermatrikeln für Fleiß und Fortschritt spielten eine große Rolle.[408]

Schwarz wurde später nach seinem Weggang nach Göttingen (1875) für Beyel ein Motiv, sich für seine weiteren mathematischen Studien dorthin zu wenden. Anfänglich ging alles gut:

> Liebenswürdig und nett wurde ich von Prof. Schwarz aufgenommen, der mir einen schönen Stundenplan zurecht legte und der schon damals, trotz seiner jungen Jahre, die pädagogische Direktion der zahlreichen

---

[406] Die Unruhen unter den Schülern des Polytechnikums, die 1869 ausbrachen und Fiedler seine erste Katzenmusik bescherten, richteten sich auch gegen Orelli. „Diktator" war wohl recht passend. Siehe unten in diesem Abschnitt.
[407] Beyel 1938, 103 – 104.
[408] Beyel 1938, 114 – 115.

Mathematik-Studenten ganz in den Händen hatte und mit viel Geschick und schulmeisterlichem Sinne leitete.[409]

Die Enge der damaligen akademischen Welt wurde Beyel schnell bewusst.

> In Göttingen herrschte Kleinbetrieb. Dies wurde mir nicht nur durch manche Aufregungen von Schwarz über Kollegen bestätigt, sondern trat ganz besonders klar hervor, wenn Schwarz sich über seinen ehemaligen Kollegen Fiedler äußerte und seine Minderwertigkeit betonte. Erst nach Jahren hörte ich von Fiedler dasselbe Urteil über Schwarz, die lieben Kollegen überboten sich fast in leidenschaftlicher Verunglimpfung. Dabei waren beide außergewöhnlich starke Willensmenschen von großer Betriebsamkeit, die auch Erfolge hatten, an ihre Unfehlbarkeit glaubten und soviel Gutes leisteten, daß sie gar nicht nötig hatten, ihre Verdienste gegenseitig herabzusetzen. Mir – dem Studenten – war es etwas peinlich, meinen lieben Lehrer Fiedler, dessen Fach mir lieb war, in solcher Behandlung zu sehen, wie sie mir Schwarz zeigte. Andererseits fühlte ich mich dadurch geehrt, daß mir Schwarz dieses Licht aufflackte.[410]

Beyel beschäftigte sich in Göttingen mit Geometrie, er trug u.a. im Mathematischen Verein über „graphische Statik" und „die rein geometrische Darstellung von Flächen 3. Ordnung" vor, „also über Gebiete, die dem Universitätsbetrieb einer deutschen Hochschule sehr fern lagen."[411]. Als Promotionsthema schlug ihm Schwarz wie bereits erwähnt Flächen fünfter Ordnung vor. Allerdings musste Beyel feststellen:

> Dabei bemerkte ich freilich, daß wohl in keiner Wissenschaft die Autoren so wenig auf einander Bezug nehmen, wie in der Mathematik.[412]

Die Göttinger Bestrebungen Beyels fanden ein abruptes Ende, weil er bei Schwarz in Ungnade fiel. Beyel übernahm es, seinem Bericht zufolge, mit Schwarz über den Ausschluss eines Studenten aus dem Mathematischen Verein zu sprechen, was Schwarzens Zorn erregte.[413] Die leichte Erregbarkeit von

---

[409] Beyel 1938, 153.
[410] Beyel 1938, 154.
[411] Beyel 1938, 156. Angesichts der Arbeiten von A. Clebsch u. a. über Flächen dritter Ordnung kann man diese Aussage von Beyel durchaus anzweifeln. Vielleicht meinte Beyel, dass das Thema an den Universitäten nicht „rein geometrisch", sprich: „synthetisch", bearbeitet wurde.
[412] Beyel 1938, 162.
[413] Der fragliche Student war Jude und wurde von einem Mitstudenten, der die Kasse des mathematischen Vereins führte (er war „Quästor" dieses Vereins, wie man damals sagte), der Urkundenfälschung beschuldigt; der Beschuldigte sollte die Eintragungen im Einnahmenbuch des mathematischen Vereins zu seinen Gunsten abgeändert haben. Die Details dieser Geschichte finden sich in Beyels Erinnerungen (vgl. 1.6). Dort spricht Beyel auch über die Rolle des Antisemitismus im Kontext der Affäre Dühring, die seinerzeit hohe Wogen schlug (vgl. Beyel 1938, 159 – 160). Zum Thema Antisemitismus vgl. auch Pelz an Fiedler, Graz 6. Februar 1890 in 9.2.6.

Schwarz belegt eine Episode, die Beyels aus Schwarz' Zeit in Zürich zu berichten weiß. Es geht dabei um den jährlich im Wintersemester ausgerichteten Polytechnikerkommers, der u.a. mit satirische Darbeitungen seitens der Studierenden verbunden war.[414]

> Mein lieber Lehrer, Herr Hermann Amandus Schwarz, erschien auf der Bühne, wie er leibte und lebte. Schwarzer Bart, etwas schmieriger schwarzer Rock – fast Kaftan – und dazu das Berliner Idiom und die durch Hände und Füße unterstrichenen pathetischen Sätze eines Philosophen, über welchen der hohe Geist der Mathematik gekommen war. Daneben die armen Kreaturen, die sich in seinem Repetitorium krümmten und nichts wußten. Es war ein Akt voll Feierlichkeit und voll Humor. Hermann Amandus Schwarz hatte dafür keinen Sinn, geriet in Zorn und soll seinem gelungenen Ebenbild hinter der Bühne eine kräftige Ohrfeige versetzt haben. Dann verschwand er, und die zunächst Beteiligten hatten den guten Takt, aus der Geschichte kein Aufheben zu machen.

Beyel kehrte nach dem Zerwürfnis mit Schwarz zuerst nach Wertheim und dann nach Zürich zurück, wo ihm das Glück hold zu sein schien.

> Ein Zürcher Freund machte mich, als er im Herbst 1878 in Wertheim saß, darauf aufmerksam, daß Prof. Fiedler einen Assistenten für darstellende sowie Geometrie der Lage suche. Ich wusste, daß das Sommersemester wieder mit einer Katzenmusik gegen Fiedler[415] geschlossen hatte, an deren Spitze tüchtige Studenten standen. Es war immer dieselbe Sache: Wer zu viel will, schneidet schlecht ab. Fiedler wollte mehr erreichen als bei diesem Schülermaterial in den ihm zugeteilten Stunden zu erreichen war. Dazu kam, daß das „System" an der Schule mit seinen vielen Obligatorien, Noten, Weisungen etc. dem Dozenten eine große Macht

---

Auch Fr. Schur kapitulierte angeblich vor Schwarzens Charakter, als er 1879 in Göttingen die Möglichkeit einer Habilitation erkundete. Vgl. Engel 1935, 6.

[414] Beyel 1938, 124.

[415] Auf dieses Ereignis bezog sich vermutlich eine Notiz in der in Basel erscheinenden „Schweizer Grenzpost und Tagblatt der Stadt Basel", die Fiedler zu einer Richtigstellung in einem Brief (19. Februar 1878) an deren Redakteur Dr. A. Roth nötigte; vgl. Hs 87: 1740.
Im Jahr 1878 waren die Auseinandersetzungen um Fiedlers Vorlesung über darstellende Geometrie eskaliert, der Schulrat ordnete eine umfassende Untersuchung und Anhörung an; die Dokumente hierzu füllen viele Seiten in der Geschäftskontrolle von 1878, so dass ein Dossier mit denselben zusammengestellt wurde (No. 106). Schließlich wurden vom Schulrat neue Richtlinien für die Fiedlersche Vorlesung erlassen, die Zahl der Vorlesungsstunden wurde auf zwei bzw. drei reduziert, dafür die der Üüngsstunden auf vier erhöht. Hinzu kam eine Stunde Repetitorium. Verpflichtende Hausaufgaben entfielen. Nach Ablauf des Sommersemesters berichtete Fiedler über seine Erfahrungen mit der neuen Regelung „des wider meinen Rath organisirten Unterrichts". Sein Fazit war negativ, die Zeit reiche nicht aus, um die erforderliche Materie zu behandeln (vgl. Geschäftskontrolle 1878, No. 333, Brief von Fiedler an den Präsidenten des Schulrats vom 25. Juli 1878). Fiedler kam in seinen Schreiben und Berichten an den Schulrat immer wieder auf die aus seiner Sicht unzureichende Situation zurück – ganz im Stile Catos. Dank an R. Acampora für seine Hinweise in dieser Sache.

gab, um seinen Willen durchzusetzen. Fiedler war ein starker Willensmensch, gebrauchte diese Macht viel mehr wie seine Kollegen, und so kam es, daß nicht nur ein großer Teil der Schüler ihm und seinem Fache keine Sympathien entgegenbrachte, sondern daß auch die Dozenten der 2 ersten Kurse sich vielfach durch Fiedler beengt fühlten. Die Arbeiten, welche die Schüler für die darstellende Geometrie auszuführen hatten, nahmen viel Zeit in Anspruch und in der Schule für Ingenieure[416] drehte sich der ganze Betrieb der ersten 2 – 3 Semester hauptsächlich um die darstellende Geometrie und die Geometrie der Lage. Sie war durch Fiedler ein gefürchtetes Fach geworden, und es bedurfte zuweilen nur einer Kleinigkeit, eines Missverständnisses, und der Lärm war da. Er ging von etwa 200 Ingenieuren der ersten Curse aus, wurde aber von den übrigen Polytechnikern kommend schließlich und kräftig unterstützt. Viele Hunderte zogen mit Pfeifen[417] und ähnlichen Instrumenten bei einbrechender Dunkelheit vor das Haus des Opfers der Wissenschaft und begeisterten sich gegenseitig an dem Spektakel. Die Polizei war nicht zu fürchten, denn die Außenbezirke von Zürich[418] hatten damals nur ganz wenige Mann. So standen der Aufführung keine Hindernisse entgegen. Nach derselben zogen die Studenten in ein großes Bierlokal und feierten ihre Heldentat mit Bier und Fidelität.
Einen solchen Skandal, der seit Jahren seine traditionelle Form hatte, war – wie man sagte – ein Assistent zum Opfer gefallen. Die Haltung eines solchen war immer schwierig, da er zwischen dem Professor und den Schülern stand, mit diesen viele Wochenstunden verbrachte und am Zeichentisch sitzen und beim Konstruieren sie beraten mußte.[419]

Beyel meldete sich beim Schulrat auf die erfolgte Ausschreibung der Assistentenstelle für darstellende Geometrie an, wie man damals sagte. Er gab eine kurze Beschreibung seines Werdeganges und betonte, wie glücklich er wäre, wieder in seiner „Vaterstadt" wirken zu dürfen.[420] Unter anderem erwähnte Beyel, dass er sich in Göttingen drei Semester lang mit synthetischer Geometrie beschäftigt habe, allerdings ohne seinen Lehrer Schwarz zu erwähnen. Das wäre Fiedler gegenüber wohl wenig hilfreich gewesen. Beyels Wunsch wurde entsprochen.

---

[416] Gemeint sind die Bauingenieure.
[417] Laut Wikipedia (Eintrag Katzenmusik, 16.6.2023) gilt: „Zu den bevorzugten Lärminstrumenten einer Katzenmusik im Brauchtum oder bei politischen Kundgebungen zählen Trommeln, Pfeifen, Tierhörner, Glocken, Schellen, Ratschen, Peitschen, Dreschflegel, Blecheimer oder Topfdeckel. Damit lassen sich im Protest ohrenbetäubender Lärm und Störungen erzeugen."
[418] Fiedler wohnte zu dieser Zeit in Unterstrass, damals noch eine eigenständige Nachbargemeinde von Zürich.
[419] Beyel 1938, 163 – 164. Leider sagt Beyel nicht, um welchen Assistenten es ging.
[420] Vgl. Geschäftskontrolle 178 No. 465. Der Brief Beyels aus Wertheim ging am 11. Oktober 1878 ein.

Ereignisse wie die von Beyel geschilderte Katzenmusik blieben auch außerhalb von Zürich nicht unbemerkt. Bemerkenswert ausführlich berichtete das Tagblatt der Stadt Biel (No. 42, 19. Februar 1878):[421]

— (Corr. aus Zürich.) Diejenigen, welche die Verhältnisse des eidgen. Polytechnikums in Zürich näher kennen, oder selbst an genannter Anstalt studirt haben, wird es gewiß interessiren, genauere Auskunft zu erhalten über eine Demonstration, welche Freitags, den 15. Febr. d. J. gegen die Person des Hrn. Prof. Dr. W. Fiedler, Oberfuchser an der polytechnischen Hochschule, von etwa 500 Studirenden in Scene gesetzt wurde. Vor einigen Wochen lasen wir in einer Nummer des „Schweiz. Handelskouriers" einige Bemerkungen über den mangelhaften Lehrplan der hiesigen Bauschule, verbunden mit einigen kräftigen Hieben auf die Fiedler'sche Schreckensherrschaft und dürfen deßhalb annehmen, die Verhältnisse seien bereits hinlänglich bekannt, um hier nicht mehr des Weiteren berührt zu werden. Thatsache ist, daß Hr. Prof. Fiedler sich durch sein liebloses und oft sogar grobes Benehmen gegenüber seinen „Schülern" in allgemeinen Mißkredit gebracht hat, und da es den Studirenden der 4 Hauptabtheilungen unmöglich ist, den oft unausstehlichen Zwang von sich zu werfen, darf es uns nicht wundern, wenn die seit langen Jahren genährte Gährung mitunter gewaltsam zum Ausbruch kommt.

[421] No. 42, 19. Februar1878. Auch im Täglichen Anzeiger für Thun und das Berner Oberland (20.2.1878, No. 43) wurde berichtet. Die Neue Züricher Zeitung erwähnte am 18. Februar (No. 80) nur ganz kurz die Vorfälle vom 15. Februar. Dank an R. Acampora (Zürich) für diese Informationen.

Das war nun gestern der Fall, anläßlich eines Auftrittes, welchen die Bauschule, wie so oft, vor einigen Tagen mit Hrn. Prof. Fiedler hatte. Gegen 7 Uhr Abends versammelten sich etwa 500 Polytechniker hinter dem Hochschulgebäude, um ihrem Unwillen durch eine kräftige Katzenmusik Luft zu machen, nachdem vorher Anschläge in den Zeichnungssälen die ganze technische Studentenschaft eingeladen hatten, mit hochgestimmten Instrumenten möglichst zahlreich zu erscheinen. Von dort aus gings in aller Stille nach Unterstraß dem Bestimmungsorte zu, und, vor dem Wohnhause des Herrn Professor Fiedler Halt machend, begannen jetzt die entfesselten Schaaren mit ihren Pfeifen, Dudelsäcken und zerbrochenen Hafendeckeln eine so fürchterliche Musik zu machen, daß beinahe die ganze Stadt davon erdröhnte und das Publikum mit Entsetzen erfüllt ward. Darauf stellte sich einer der Polytechniker auf die Treppe vor des Professors Wohnhaus und brachte mit lauter Stimme ein dreimaliges Pereat auf den Professor aus, welches alsbald von der ganzen Versammlung stürmisch und mit Applaus wiederholt wurde. Nachdem sich bereits manche Kehlen heiser gebrüllt hatten, bewegte sich die Schaar im Gänsemarsch durch die Straßen der Stadt, vom Publikum mit Neugierde und Mißtrauen betrachtet. Letzteres mußte die wild aussehenden Gestalten mit ins Gesicht gedrückten Hüten und aufgestellten Rockkrägen wohl für die eben Strike machenden Spengler ansehen, welche auf einen der nächsten Abende eine öffentliche Demonstration verabredet hatten, denn schon stunden die Metzger mit ihren „Munifiseln" in drohender Haltung vor der Fleischhalle bereit, die Aufrührer nach Kräften gebührend durchzuwimmeln. Indessen überzeugte sich männiglich bald davon, daß man es mit keinen Mordbrennern zu thun hatte, und so bewegte sich der Zug ungehindert durch die ganze Stadt bis nach Hottingen, um sich dort an der eben stattfindenden Chemiker-Kneiperei für die ausgestandenen Strapazen mit einem guten Bier zu stärken.

Abb. 1.14: *Bericht des Tageblatts der Stadt Biel über eine Katzenmusik bei Fiedler*

Offenkundig hegte der Verfasser dieses Berichts Sympathien für die Protestierenden. Etwas später (19. Februar 1878) veröffentlichte die Neue Züricher Zeitung (No. 82) die Zuschrift eines Schülers des Polytechnikums, die Fiedler durchaus wohlgesinnt war, jedoch nicht auf den eigentlichen Anlass für die geschilderte Demonstration einging. Fiedler wiederum sandte seine Darstellung der Vorfälle an diese Zeitung, welche sie am 20. Februar abdruckte. Auslöser für die Auseinandersetzungen war nach Fiedler die Tatsache, dass zu Beginn des Jahres zwölf von 14 Schülern im ersten Kurs der Bauschule seinem Repetitorium ferngeblieben waren. Das meldete Fiedler dem Schulrat, der eine Entschuldigung der Bauschüler vorschlug. Diesem Angebot kamen aber nur vier der zwölf Schüler nach. Eine Einladung in die Bauschulkneipe lehnte Fiedler mit recht schroffen Worten ab. Diese beruhten teilweise auf einem Missverständnis, der ihn einladende Schüler war französischer Muttersprachler und hatte sich wohl ungeschickt ausgedrückt.

Ein weiteres Beispiel für die Berichterstattung der Neuen Züricher Zeitung liefert ein Beitrag vom Donnerstag, den 25. Juli 1902[422]:

> Ungefähr zweihundert Studenten des Polytechnikums brachten gestern Abend dem Herrn Professor Fiedler an der Klosbachstraße eine Katzenmusik. Ein ohrbetäubender Lärm, vermischt mit dem Ruf Demission! Demission![423] scholl aus der Menge. Nachher ging die Menge unter Gesang wieder der Alt-Stadt zu. Der Herr Professor war aber gar nicht zu Hause. Ueber den Grund der „Ovation" ist uns nichts bekannt geworden. Die Katzenmusik artete schließlich in ein wüstes Gebrüll durch die Straßen der Altstadt aus.

Der investigative, wohl nicht ganz unparteiische Journalist der Neuen Züricher Zeitung ruhte natürlich nicht und erforschte die Ursachen der Katzenmusik. Am Sonntag, den 27. Juli 1902[424] vermeldete die Zeitung unter „Lokales":

> Man schreibt uns von kompetenter Seite: wir fühlen uns verpflichtet, über die Studentendemonstration am letzten Mittwoch Näheres mitzutheilen. Am Schluß der Vorlesung von Mittwoch früh fehlte Herrn Prof. Fiedler die Zeit, einen angedeuteten Beweis ganz zu Ende zu führen. Selbstverständlich wäre derselbe in der Vorlesung am andern Morgen vollendet worden. Herr Prof. Fiedler lud seine Zuhörer ein, sich am Abend das Vergnügen der Entdeckung selbst zu machen und die Ergänzung in der Figur einzutragen und vorzulegen. Dieser Wunsch genügte, den ganzen Tumult herauf zu beschwören.
> Wir sind überzeugt, daß ein großer Theil der Demonstranden uns für die Aufklärung Dank wissen wird, da erfahrungsgemäß bei solchen Anlässen einem überwiegenden Prozentsatz der aktiven Theilnehmer der Grund ihrer nächtlichen Anstrengung unbekannt ist. Im vorliegenden Fall hegen wir sogar die Vermutung, daß die Mehrzahl der Lärmer den Vorlesungen des Herrn Prof. Fiedler gänzlich fernsteht. Die Beweggründe dieser Herren sind aus dem Nachspiel in der Altstadt ganz deutlich zu erkennen.

Diese Katzenmusik kommentierte auch Otto Sand, ehemaliger Student am Polytechnikum und nun Mitglied der Generaldirektion der Schwerizerischen Bundesbahnen ausführlich in einem Brief an Fiedler vom 2. Oktober 1902.[425] Er gab auch Hinweise zu den möglichen Ursachen, wobei er vor allem den Studienzwang am Polytechnikum für die Unruhen verantwortlich machte, aber doch auch Fiedlers große Strenge ansprach – von der er allerdings annahm, sie

---

habe sich im Laufe der Jahre abgemildert. Schließlich versprach Sand, seinen „ganzen Einfluss geltend zu machen", dass Fiedler solche Proteste zukünftig nicht mehr widerfahren sollten.

Schon wesentlich früher (Nr. 68 vom 10. März 1887) hatte die Neue Züricher Zeitung Ähnliches vermeldet, allerdings noch in knapper Form:[426] Beyel berichtet gar, dass Fiedler spöttisch als „Katzenmusikprofessor" bezeichnet wurde.[427] Die Katzenmusik hinterließ offensichtlich großen Eindruck.

Doch nun zurück zu Beyel. Trotz vielleicht vorhandener Bedenken nahm Beyel die Assistentenstelle an, was er später aber wohl bereute. In einer Fußnote zu seinen Erinnerungen notierte er:

> Erst 1936 habe ich erfahren, daß damals einem sehr tüchtigen Professor von einem alten Professor auf Anfrage der Rat erteilt wurde, sich nicht auf diese [die Assistentenstelle bei Fiedler, die Beyel bekam; K. V.] einzuliefern; sie werde ihn zu Grunde richten. Leider bekam ich diesen Rat nicht.[428]

Es kam zu erheblichen Spannungen mit Chef Fiedler, der u.a. unzufrieden war damit, dass seine Assistenten Keller und Beyel so lange in ihren Ämtern blieben – nämlich bis 1887 (immerhin 12 Jahre) bzw. 1888 (10 Jahre). Dabei mag auch eine Rolle gespielt haben, dass Fiedler mit M. Disteli einen neuen, für ihn interessanten Kandidaten für eine derartige Stelle hatte; dieser trat schließlich die Nachfolge von Keller im Wintersemester 1878/79 an.[429] Daneben war aber vor allem wichtig, dass Beyel sich nicht vollständig auf Fiedlers Seite stellte in den Auseinandersetzungen mit den Studenten. Belege dafür finden sich mehrere in Beyels Erinnerungen.[430] Wie schlimm die Situation für Beyel gewesen sein muss, kann man sich vorstellen, wenn man dessen Gesuch an den Schulrat vom 9. März 1886 liest. Darin bittet er um eine Erhöhung seines Gehaltes (es betrug zu diesem

---

[426] Ich danke Renato Acampora (Zürich) für diesen Hinweis.
[427] Beyel ?, 83a. Diese Version des Manuskripts von Beyel ist nicht datiert.
[428] Beyel 1938, 164. Gemeint ist wohl, dass der fragliche Bewerber später Professor wurde.
[429] Allerdings blieb Disteli nur bis Ende des Wintersemesters 1888/89 bei Fiedler. In einem Brief an diesen vom 8. März 1889 (Hs 87: 236) verabschiedete er sich höflich von ihm. In späteren Semestern hielt Disteli Repertorien mit Frobenius und seinem Nachfolger Hurwitz zur Differential- und Integralrechnung sowie mit Geiser zur analytischen Geometrie ab. Als Privatdozent bot er auch selbständige Vorlesungen in der VII. Abteilung an, z. B. über nichteuklidische Geometrie (SoSe 1893) und über geometrische Lehrsätze von Jakob Steiners. Disteli arbeitete ab 1893 als Lehrer am Technikum in Winterthur. Später wurde er professor, zuletzt an der Universität Zürich. Zu Disteli und seinen früheren Assistenten Beyel und Keller äußerte sich Fiedler an verschiedenen Stellen u.a. in einem Brief aus Zürich-Hottingen an Klein vom 13. Okotber 1888 (Confalonieri/Schidt/Volkert 2019, 145 – 146). In einem Brief von A. Beck an Fiedler wird dieses Thema ebenfalls angesprochen (siehe weiter unten in diesem Abschnitt).
[430] Vgl. 1.6. Auch im weiter unten zitierten Brief von Beck an Fiedler klingt dieses Thema an.

Zeitpunkt 1400 sfr jährlich, er erhielt schließlich 1600 sfr)[431]. Das Gesuch beginnt mit folgender Feststellung:

> Seit 8 Jahren bin ich Hilfslehrer für darstellende Geometrie. Bei den acuten Conflicten, welches dieses Fach seitdem durchmachte, und bei dem beständigen latenten Conflict, unter dem es leidet, ist natürlich meine Stellung weder eine angenehme noch erfreuliche.[432]

Beyel machte auch einen Versuch, nach München zu wechseln. Er fragte 1887 bei A. Voss am dortigen Polytechnikum an, ob eine Habilitation für ihn dort möglich sei. Hintergrund hierfür war möglicherweise, dass Walfried Marx, der in München die darstellende Geometrie vertreten hatte, im Vorjahr verstorben war. Vielleicht wusste Beyel nicht, dass A. Voss mit Fiedler in brieflichem Austausch stand. Jedenfalls teilte dieser am 10. Juli 1887 folgendes Fiedler mit:

> Vor einigen Wochen erhielt ich einen Brief von einem Ihrer Assistenten, Herrn Beyel, welcher den Wunsch äußerte, sich hier für d. G. zu habilitieren. Ich konnte hierauf nur antworten, daß der gegenwärtige Zeitpunkt für eine solche nicht recht geeignet ist. Aber es würde für mich sehr wichtig sein, wenn Sie mir gelegentlich Näheres über den Genannten mittheilen könnten.[433]

Es ist kaum anzunehmen, dass dieser Versuch Beyels die Stimmung zwischen ihm und seinem Chef besserte.

Während Johannes Keller[434], der erste Assistent, neben seiner Tätigkeit für Fiedler die Einführungsvorlesungen zur darstellenden Geometrie in der Vorschule übernommen und sich damit durch die Hörergelder eine neue Geldquelle erschlossen hatte, verwandte Beyel „seine freie Zeit auf die Ausarbeitung von Collegien, welche ich an der VI. Abteilung halte, und auf Veröffentlichung von wissenschaftlichen Abhandlungen".[435] Nach seinem Ausscheiden bei Fiedler unterstützte Beyel als Assistent Wilhelm Ritter bei der Bearbeitung des Culmannschen Nachlasses.[436] Die geplante Veröffentlichung eines zweiten

---

[431] Zum Vergleich: Chef Fiedler erhielt 9500 Franken Jahresgehalt, das Gehalt eines Industriearbeiters lag zwischen 1000 und 1500 Franken.
[432] Geschäftskontrolle 1886 No. 352. Man könnte sagen, Beyel forderte eine Erschwerniszulage.
[433] Brief von Voss an Fiedler, 10. Juli 1887 (Hs 87: 1426).
[434] Keller hatte sich 1881 habilitiert, vgl. Protokollbuch der VI. Abteilung, Eintrag vom 25. November 1881. Fiedler legte bei diesem Verfahren ein Gutachten über Keller vor.
[435] Geschäftskontrolle 1886 No.352.
[436] Eingefädelt hatte dies Kappeler, vgl. Beyels Bericht in 1.6. Dort erfährt man auch, dass Kappeler Beyel gewissermaßen als Experten für darstellende Geometrie nutzte, um Gegenvorstellungen zu den Fiedlerschen zu erlangen. Für Beyels Verhältnis zu Fiedler war auch dies sicherlich nicht förderlich. In dem bereits erwähnten Brief an den Schulrat vom 30. Juni 1907 (Geschäftskontrolle 1907 No. 700), mit dem sich Beyel für die Nachfolge Fiedlers in Erinnerung bringen wollte, schrieb er: „Erst die Aenderung des Programmes (Streichung der Centralprojection), welche ich – von Herrn Schulratspräsident Kappeler befragt – sehr befürwortete, brachte einige Besserung. Durch das

Bandes der „Graphischen Statik" kam in modifizierter Form zustande – nämlich in fünf Teilen unter dem Titel „Anwendungen der graphischen Statik nach Professor Dr. C. Culmann bearbeitet von W. Ritter", die zwischen 1888 und 1906 erschienen.[437]

Aufschlussreich ist ein Brief[438] von A. Beck aus Riga an Fiedler vom 3./15. Februar 1888.[439] Dieser war eine Reaktion auf einen vorangehenden nicht erhaltenen Brief Fiedlers, in dem er sich über seine Assistenten, schlicht K. und B. genannt, beschwert hatte. Beck war ja einige Jahre lang selbst Assistent bei Fiedler gewesen und kannte wohl dessen Persönlichkeit und die Problematik des Assistentendasein gut. Andererseits war er mit Fiedler befreundet und unterhielt mit diesem einen ausgedehnten Briefwechsel.

> Ich habe mich sehr gefreut, daß Sie in Herrn Disteli einen Assistenten gefunden haben, der auf Ihre Instructionen eingeht und das Zeug dazu hat. Mögen Ihre Erwartungen und Hoffnungen in dieser Beziehung erfüllt werden!
> Die Mittheilungen, die Sie mir über die Herren K. und B. gemacht haben, waren mir neu. Wohl hatte ich oft gedacht, es dürfte da auch wieder ein Wechsel eintreten, aber ich hatte geglaubt, daß das gegenseitige Verhältnis ein ganz günstiges sei, so daß Ihnen ein Wechsel vielleicht nicht einmal durchaus erwünscht wäre. Auch von Seiten der Herren K. und B. hatte ich bei meinen letzten Besuchen in der Schweiz keine Klagen gehört und da sie auch wissenschaftlich eifrig und thätig zu sein schienen, so hatte ich alles in guter Ordnung geglaubt. Da ich also mit den gegenwärtigen Verhältnissen nicht aus eigener Beobachtung vertraut bin, so ist es für mich eine mißliche Sache, Ihnen Ihrem Wunsch gemäß meine Ansicht mitzutheilen. Wenn ich mir dennoch erlaube, einige Gedanken auszusprechen, so fühle ich mich dazu dadurch berechtigt, daß ich wenigstens früher die Verhältnisse aus eigener Anschauung kannte und fortwährend für alles, was unser vaterländisches Polytechnikum betrifft, das wärmste Interesse habe. – Ich hätte entschieden den Herren K. und B. auch gerathen, sich andere Stellen zu verschaffen, wenn sie doch Gelegenheit dazu hatten. Aber andererseits finde ich es begreiflich, wenn

---

freundliche Entgegenkommen der Behörde wurde mir später eine Assistentenstelle an der Ingenieurschule übertragen." Sollte Fiedler von Beyels Rat erfahren haben, so war er sicherlich *not amused*, wie wir heute sagen würden – zumal die Zentralprojektion sein Markenzeichen war.
Im Wintersemester 1889/90 assistierte Beyel Ritter bei seinen Konstruktionsübungen. Danach erscheint er nicht mehr im Lehrangebot der Bauschule. Um Entlassung als Assistent ersuchte Beyel den Schulrat aber erst am 26. März 1895 (Geschäftskontrolle 1895, No. 183).
[437] Vgl. hierzu Maurer 1998, 195 – 197.
[438] Hs 87: 50.
[439] Da Riga damals zum russischen Reich gehörte, war dort noch der julianische Kalender in Gebrauch, weshalb Beck stets zwei Daten angab in seinen Briefen.

sie eben immer noch hofften, höheres zu erlangen. Je länger sie blieben, desto schwerer mußte es ihnen werden, sich mit geringerem zu begnügen. Es ging mir ja gleich. Ich hatte auch Offerten ausgeschlagen, allerdings nicht leichten Herzens. Ich war nicht mehr zu Hoffnungen berechtigt als die Herren K. und B., vielleicht auch weniger. Wenn ich mich so in die Lage derselben versetze, so möchte ich sie etwas entschuldigen. Durchaus mißbilligen muß ich es natürlich, wenn sie sich in ihren Berufen Ihnen gegenüber etwas zu Schulden kommen ließen. Könnten da aber nicht wirklich gegenseitige Mißverständnisse die Veranlassung gebildet haben? Sie brauchen z. B. gar [???] gewesen zu sein, sondern nur den Schein davon gehabt zu haben und die Verstimmung war fertig. In dieser Beziehung glaube ich, daß Sie es in Ihrer Hand haben, die Verhältnisse günstiger zu gestalten. Die Energie, mit der Sie Ihre Ziele verfolgen, und die Ihnen auf der einen Seite große Erfolge eingetragen hat, kann Sie auf der anderen Seite leicht in das Licht allzu großer Strenge setzen. Man wird Ihnen dabei vorhalten, diese Strenge sei nicht nothwendig, da andere Professoren bei milderem Regiment doch auch Erfolge haben. Hier handelt es sich eben um die goldenen Mittelstraße. Gerade den Assistenten gegenüber mag sie nicht immer leicht zu finden sein.
Im Bewußtsein dieser Schwierigkeiten habe ich trotz meiner großen Ueberlastung in Riga bis jetzt noch vorgezogen, alles allein zu machen, obgleich mir ohne Zweifel ein Assistent bewilligt würde. Bei Assistenten in chemischen Laboratorien u.s.w. mag es viel leichter sein. Ihre Assistenten müssen aber von Anfang an in den Repetitorien als Docenten thätig sein und das verleiht ihnen gewissermaßen eine höhere Würde. Wenn Sie dann an dieselben Forderungen stellen, zu denen Sie zwar durchaus berechtigt sind, die aber von anderen Professoren nicht gestellt werden, so haben sie eben den bösen Schein gegen sich. Die Menschen sind ja verschieden, die einen brauchen Strenge, die anderen Milde, und ich glaube, daß es gerade die bessere Sorte ist, die durch Vertrauen und Milde gewinnen wird. Dies gilt auch von den Studirenden. Mit denen der ersten Art ist überhaupt nicht viel machen und da lohnt es fast gar nicht, sich entschieden das Leben zu verbittern.- Mögen Sie er mir verzeihen, wenn ich mir erlaubt habe, Ihnen Ratschläge zu geben; es ist jedenfalls in bester Absicht geschehen.

Zielstrebigkeit, aber auch Unnachgiebigkeit und übertriebene Strenge charakterisierten wohl in Becks Augen seinen ehemaligen Chef. Die von Beck angedeutete Insubordination der Herren K. und B. hatte vermutlich damit zu tun, dass sie Fiedlers strikte Linie gegenüber den Studenten nicht voll vertraten. Die Assistenten standen, wie Beyels selbst im Zitat oben andeutet, gewissermaßen zwischen den Fronten, hier der sture Fiedler mit heftigen Forderungen, dort die aufbegehrenden sich überlastet fühlenden Studenten.[440] In einem Brief vom 30. Oktober/11. November 1888 kam Beck nochmals auf das Thema Assistenten zu sprechen, was eine charakteristische Reaktion Fiedlers in einer Randbemerkung („Solche nur einmal! lange Geschichte." [unten rechts in Abbildung 1.15]) provozierte:

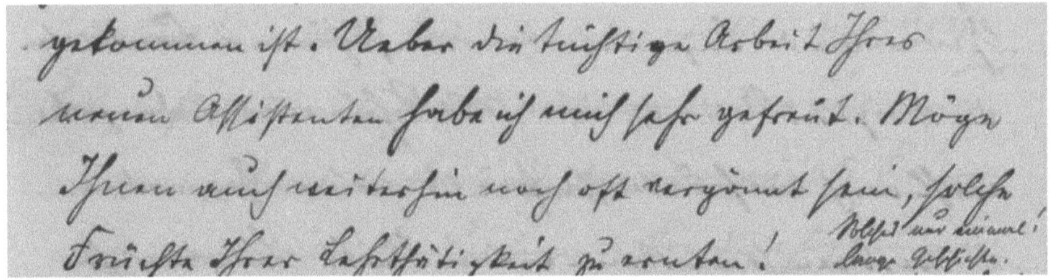

Abb. 1.15: *Ausschnitt aus einem Brief Becks mit Fiedlers Kommentar*

Auf diesem Hintergrund ist interessant, was Beyel über Fiedlers Persönlichkeit und sein familiäres und berufliches Umfeld schreibt. Der ehemalige Gymnasiast Beyel attestiert Fiedler eine „einfache Bildung", um fortzufahren:

> So las er viel und war auch mit der neueren Literatur auf dem Laufenden. Er liebte Treitschke, schwärmte für Bismarck, war deutsch-national[441], interessierte sich für Lotze, brachte viele Bücher ins Assistentenzimmer[442], und, je welcher Laune er war, kamen wir zu ausgedehnten Gesprächen über Gott, die Welt, Politik und anderes mehr.[443]

Auch zu Fiedlers Familie weiß Beyel etwas zu berichten.

> Ab und zu wurde ich an Sonntagen in der Familie eingeladen, lernte Frau und die 6 Kinder kennen, von denen der älteste [Ernst; K. V.] anfing, Mathematik zu studieren, das jüngste Töchterchen war erst 2 – 3 Jahre alt. Die einfache Frau machte einen sehr verständigen Eindruck, und die Kinder waren musterhaft und man merkte überall das väterliche Reglement.[444]

---

[440] Eine Ansicht, die auch mancher Kollege Fiedlers teilte. Mehr dazu findet sich in 1.6.

[441] Ein beredtes Beispiel hierfür liefert das Postskriptum, das Fiedler seinem Vorwort für seine darstellende Geometrie (erste Auflage 1871) im April 1871 folgen ließ.

[442] Im Unterschied zu den Professoren, die keine Büros hatten, gab es ein Assistentenzimmer, in dem eine Bibliothek und vermutlich auch die Modellsammlung untergebracht waren. Die Assistenten waren ja direkte Ansprechpartner für die Studierenden und mussten deshalb viele Stunden vor Ort präsent sein.

[443] Beyel 1938, 169.

[444] Beyel 1938, 169.

Zu Fiedlers Lehre und zu seiner Position am Polytechnikum äußert sich Beyel folgendermaßen[445]:

> Ruhlos tätig und geschickt im Zeichnen und Konstruieren gab er dicke Bücher heraus, in denen er zahlreiche eigene und fremde Untersuchungen unter einheitlichen Gesichtspunkten zusammenschrieb. Diese gelehrte Arbeit kam seinen Vorlesungen zugute. Wer sie verstand, bewunderte sein ausgedehntes Wissen, seine Beherrschung des Stoffes und seine klare Vorstellung der Probleme und ihrer Lösungen. Wer aber mit der Raumvorstellung Mühe hatte, wurde durch die Masse des Dargebotenen verwirrt, erkannte den oft sehr künstlich gesponnenen Faden nicht, der die Vorlesungen verband, und so wurde für viele Schüler diese darstellende Geometrie eine große Plage. Da Fiedler überdies in den Repetitorien hohe Anforderungen stellte, die Studierenden oft sehr schulmeisterlich behandelte, so herrschte immer eine latente revolutionäre Stimmung, die zuweilen zu unliebsamen Auftritten führte. Die Kollegen sahen solche Vorgänge nicht allzu ungern; denn sie waren der Ansicht, daß Fiedler die Arbeitskraft der Schüler übermäßig beanspruche. Mich belastete das Fach nicht. Es gefiel mir gut, und ich verstand die Vorlesungen Fiedlers unschwer, hatte auch gute Noten und nur die Ausführung der Zeichnungen machte mir Mühe, da ich von Wertheim her keine Fertigkeiten für das geometrische Konstruieren mitbrachte.

Weiter heißt es bei Beyel:

> Leider war Fiedler nicht die Persönlichkeit, die seiner Geometrie Sympathien gewinnen konnte. Die wenigsten Leser, die nicht schon das ganze Gebiet überblickten, fanden immer den roten Faden, der durch die langen verwickelten Sätze, Zusätze und Absätze hindurchging und sie verband. Ihnen ging die Freude verloren. Dazu kam ein Moment, das nicht für Fiedler warb. Er war viel zu offen und rasch in seinem Urteile über die Kollegen.[446]

Letztlich also eine ambivalente, streitbare Persönlichkeit, aber durchaus eine mit Qualitäten.

Interessant in Hinblick auf Beyels Verhältnis zu Fiedlers Ansichten ist sein Aufsatz „Über den Unterricht in der darstellenden Geometrie" (1899)[447], denn dieser liest sich passagenweise wie ein „Anti-Fiedler" – heißt, Beyel vertritt deutlich andere,

---

[445] Im Großen und Ganzen wird Beyels Schilderung der Lehre Fiedlers von O. Sand bestätigt, vgl. dessen Brief an Fiedler vom 2. Oktober 1902 (Hs 87:1061).
[446] Beyel 1938, 168.
[447] Ganz ähnliche Gedanken äußerte Beyel nochmals in Beyel 1915.

geradezu gegensätzliche Ansichten als Fiedler, ohne allerdings letzteren namentlich zu nennen. Beyel hatte als zweiter Assistent zusammen mit J. Keller, dem ersten Assistenten, die Übungen und das Repertorium zu Fiedlers Vorlesung über darstellende Geometrie jahrelang betreut. Als Privatdozent konnte Beyel dann auf die mathematische Sektion der Freifächerabteilung ausweichen und dort entsprechende Veranstaltungen anbieten, z. B. im WS 90/91: Centralprojektion, Transformationen, Axonometrie (zweistündig), projectivische Geometrie (zweistündig) und Flächen II. Grades (zweistündig)[448], im anschließenden Sommersemester las Beyel: Kugeldurchdringungen, Schraubenlinien (einstündig), Collineation, Polarsystem, Nullsystem (zweistündig), orthogonale Parallelprojektion (zweistündig) und Berührungsaufgaben von Kegelschnitten (einstündig). Dieses Repertoire an Vorlesungen bot Beyel in vielen Semestern an, gelegentlich wurde die Veranstaltung über Flächen II. Grades und eine über das Imaginäre in der Geometrie auch in der Fachlehrerabteilung angekündigt. Übrigens blieb auch Beyels Mitassistent J. Keller noch lange nach seinem Ausscheiden aus seiner Assistenz am Polytechnikum als Privatdozent tätig.

Beyels Aufsatz beginnt mit einer bemerkenswerten Feststellung:

> Wer das Vergnügen hat, auf der Mittel- oder Hochschulstufe in die darstellende Geometrie einzuführen oder die für den zukünftigen Techniker nötigen Teile dieser Disziplin vorzutragen, weiß, daß dieser Unterricht seine Schwierigkeiten hat.[449]

Fiedler hätte wohl von der Pflicht gesprochen und der Notwendigkeit, eine gestellte Aufgabe zu erfüllen, Vergnügen war bei ihm nicht vorgesehen. Was die Schwierigkeiten sind, erfahren Leserinnen und Leser erst später; es genügt aber sicher nicht, den Lernenden nur beizubringen, „schöne" Zeichnungen auszuführen. Ziele des Unterrichts in darstellender Geometrie sind vielmehr:

- Die Raumanschauung ist „auf systematischem Wege" auszubilden.
- „Zweitens soll der Schüler die Darstellungsmethoden kennen lernen, welche der Techniker braucht."[450]
- Untersuchung der gängigen Formen von Körpern.
- „Viertens soll der Schüler die nicht geringe manuelle Fertigkeit und Genauigkeit im Zeichnen erlangen, welche für den Techniker so unerlässlich ist, wie für den Schreiber das Schreiben."[451]

Im Folgenden diskutiert Beyel dann die Schwierigkeiten, welche mit den einzelnen Punkten verbunden sind. Aus heutiger Sicht bemerkenswert ist, dass er schon

---

[448] Daneben bot Beyel noch eine einstündige Veranstaltung zum Rechenschieber an.
[449] Beyel 1899, 401.
[450] Beyel 1899, 401.
[451] Beyel 1899, 401.

1899 eine Art Reizüberflutung der Kinder und Jugendlichen durch einen „Reichtum an Bildern"[452] sah, die die Ausbildung der Raumanschauung behindere. Bezüglich der Rolle, die die theoretische Geometrie für die Ausbildung der Raumanschauung spielen kann, heißt es:

> Es giebt eine Art, die neuere Geometrie mit der darstellenden zu vermengen, bei der das räumliche Bild mit lauter Theorie zugedeckt wird und verloren geht. Diese Art soll nicht gepflegt werden.[453]

Fiedler fällt einem beim Lesen dieser Zeilen sofort ein. Die nächste Attacke folgt:

> Von den Darstellungsmethoden möchten wir von vornherein für den zukünftigen Techniker die allgemeine Centralprojektion ausschließen. Wer freilich die darstellende Geometrie als Fachstudium betreibt, muß auch diese Methode studiren. Für den Techniker hat sie aber keinen Wert, [...][454]

Für den angehenden Techniker genügt, so Beyel, die Kenntnis der Perspektive. Fiedlers organischer Aufbau wird hier für Techniker als unnütz erklärt. Anders gesagt, der Wert der Zentralprojektion liegt im Systematischen und beim Beweisen, nicht in der Förderung der Raumanschauung.

Bemerkenswert ist auch Beyels Sicht auf das Verhältnis von projektiver und darstellender Geometrie: Erstere bereichert letztere, denn „sie lehrt unzählige Proben finden und kürzt auch viele Konstruktionen wesentlich ab. Daher wird bekanntlich vielfach darüber diskutiert, inwieweit diese Geometrie in den Unterricht über darstellende Geometrie eingeführt werden soll."[455] Es gibt zwei Extrempositionen: Die eine will die projektive Geometrie aus der darstellenden entwickeln und letztlich beide Gebiete verschmelzen (Fiedler in Reinkultur), die andere erklärt die projektive Geometrie „für ganz überflüssig"[456].

Beyel nimmt hier eine vermittelnde Position ein:

> Für den Unterricht in den Schulen, welche auf die technische Hochschule vorbereiten und ebenso in den Gewerbeschulen und Techniken würden wir davon absehen, die projektivische zu lehren. Aber der Lehrer muß mit derselben vollkommen vertraut sein. Dann wird er häufig von dieser Einsicht Gebrauch machen und seinen Unterricht nützlicher gestalten

---

[452] Beyel 1899, 402.
[453] Beyel 1899, 402.
[454] Beyel 1899, 402.
[455] Beyel 1899, 404.
[456] Beyel 1899, 404.

können. Auf der Hochschule soll nun dieser Unterricht erweitert und vertieft werden.[457]

Man bemerkt bei Beyel eine nüchterne, realistische Einschätzung der Lage, die Bedürfnisse der Praxis werden von ihm ernst genommen. Die Verschmelzung von darstellender und projektiver Geometrie birgt die Gefahr, dass die Entwicklung der Raumanschauung vernachlässigt wird, da die Betrachtungen der projektiven Geometrie in der Regel ebene sind. Das Bewusstsein, dass Objekte wie die Kegelschnitte genuin räumliche sind, wird nicht entwickelt. Dieser Gefahr kann man begegnen, indem man beide Gebiete klar trennt und Elemente der projektiven Geometrie vor der Einführung in die darstellende Geometrie behandelt.[458]

In der Arbeit von 1903 finden sich genauere Ausführungen zur Gestaltung des Unterrichts in darstellender Geometrie, dessen Schwerpunkt für Beyel im Zeichensaal lag, und zur Verwendung von Modellen. Hier empfiehlt der Autor insbesondere, Fadenmodelle herstellen zu lassen. Diese seien den massiven vorzuziehen: „Denn sie geben ein besseres Bild von der Entstehung der Fläche und gestatten, wegen ihrer Durchsichtigkeit, einen größeren Überblick über die Gestalt der Fläche"[459].

Beyel schließt allgemeine Bemerkungen über das Ausführen von Zeichnungen an. Hier zeigen sich klar seine Erfahrungen aus der Betreuung von Studierenden, die er während seiner Assistentenzeit sammeln konnte. Bemerkenswert ist, dass Beyel ausdrücklich auf die Notwendigkeit der Individualisierung des Unterrichts hinweist.

Schließlich ergeben sich aus Beyels Betrachtungen Konsequenzen für die Ausbildung der Lehrerschaft, die sich in die Diskussionen um die Jahrhundertwende[460] einfügen.

> Zunächst glauben wir, daß der wissenschaftliche Betrieb auf den Universitäten nicht ganz für die Ausbildung von Lehrern der darstellenden Geometrie geeignet ist. Funktionentheorie und viele andere schöne Dinge sind einem solchen Lehrer zu nichts nütze. Dagegen muß er ein guter Zeichner sein, die neuere Geometrie gründlich kennen und einen gewissen Sinn für die Technik und eine gewisse Achtung vor ihren Leistungen haben. Alle diese Eigenschaften werden aber in der Luft der

---

[457] Beyel 1899, 404.
[458] Vgl. Beyel 1915, 88.
[459] Beyel 1899, 406.
[460] Vgl. Kitz 2015.

Universitäten nur schwer erworben. Die technische Hochschule ist dafür das viel günstigere Medium.[461]

Insgesamt ist Beyels Aufsatz ein interessanter Beitrag zur Diskussion um die darstellende Geometrie – wenn auch einer ohne große Resonanz.[462]

Beyel blieb trotz (oder vielleicht auch gerade wegen des) Zerwürfnis mit Fiedler über Jahrzehnte Privatdozent, was wohl enttäuschend für ihn war.[463] Indirekt profitierte er aber von Fiedler, denn seine Parallelvorlesung über darstellende Geometrie, angeboten natürlich nur in der siebten Abteilung, wurde von vielen Studenten besucht, die sich dort eine Art von Nachhilfe in diesem Fach holten.

In Berichten über Beyel wird wie bereits erwähnt immer wieder hervorgehoben, dass er sehr fromm gewesen sei und sich in sehr konservativen politischen Kreisen betätigte.[464] Ein Zitat aus Beyels populären Aufsatz „Von den Grundlagen der Mathematik und Geometrie" verdeutlicht dessen Ansichten.

> Auch die Geometrie hat und braucht in einem gewissen Sinne Metaphysik. Freilich ist sie von anderer Art, wie diejenige einer philosophischen Weltanschauung. Aber sie ist doch da und gewöhnt den denkenden Menschen daran, seine Scheu vor metaphysischen Dingen zu überwinden. So mag es kommen, daß im allgemeinen die Mathematiker eher in den Reihen der Anhänger einer positiven Religion zu finden sind, als z.B. die Naturwissenschaftler, welche so oft über Natur und Erscheinungswelt nicht hinauskommen.[465]

Doch nun zurück zu Fiedler selbst.

1.4.2 Die Situation am Züricher Polytechnikum

Als Fiedler 1867 nach Zürich kam[466], war das Polytechnikum gerade mal gut zehn Jahre alt. Es hatte vor zwei Jahren eine Neuorganisation erfahren, in welcher seine Struktur mit sieben Abteilungen plus mathematischem Vorkurs als achte

---

[461] Beyel 1899, 406.

[462] Allerdings veröffentlichte „L'Enseignement mathématique" eine längere wohlwollende Besprechung von Beyels Aufsatz, in der dieser ausführlich zitiert wird; vgl. Bernoud 1900.

[463] Beyel bemerkt in seinen „Erinnerungen" (p. 125): „1887 besuchte ich Guido Hauck in Berlin, durch den ich tatsächlich auf einige Listen kam." In einem Brief von Reinhold Müller, der einen Ruf nach Darmstadt angenommen hatte, an Fiedler, Braunschweig 15. Januar 1907 (Hs 87: 750a) bat dieser um Auskünfte über Beyel: „Bei den Besprechungen über die Wiederbesetzung der hiesigen ord. Professur für darstellende Geometrie ist u. A. auch an Herrn Beyel gedacht worden, ..." Auch insofern scheint es nicht abwegig, dass Beyel sich noch 1907 Hoffnungen auf Fiedlers Nachfolge machte.

[464] Nachruf „Zur Erinnerung an Dr. Chr. Beyel" (vorhanden in der ZB Signatur Nekr B 160), 6 – 7.

[465] Beyel 1915a, Spalte 256.

[466] Diesem Wechsel widmete sogar das Literarische Centralblatt 1867 eine Notiz (Sp. 757, ausgegeben 29. Juni 1867): „Der Prof. Dr. Fiedler in Prag folgt einem Ruf als Prof. der Geometrie etc. ans Polytechnikum in Zürich."

Abteilung[467] festgeschrieben worden war. Bei seiner Gründung 1855 war es gelungen, eine Reihe von bedeutenden Professoren zu gewinnen. Beispiele hierfür sind Gottfried Semper, Karl Culmann, Franz Reuleaux und Gustav Zeuner, Pompejus Bolley, Rudolf Clausius und Jacob Burckhardt.[468] Verschiedene Faktoren trugen dazu bei, eine Anstellung am Polytechnikum attraktiv zu machen. Neben finanziellen Aspekten[469] ist hier auch wichtig, dass das Polytechnikum in gewissen Hinsichten eine liberale Haltung an den Tag legte und Berufungen streng nach wissenschaftlicher Qualifikation ohne politische oder religiöse Rücksichten durchführte. Culmann deutete dies in dem bereits zitierten Gutachten für Bauernfeind, den Reorganisator des Münchner Polytechnikums, an:

> Soll eben etwas Ordentliches vollbracht werden, so muß man bei der Organisation alle lateinische, academische, religiöse und politische Vorurtheile bei Seite setzen und nach dem Höchsten streben.[470]

Die demokratischeren Strukturen[471] der Stadt Zürich und der Schweiz allgemein lockten manchen Deutschen an, der sich vor der in Deutschland nach 1848 einsetzenden Reaktion in Sicherheit bringen musste oder diese schlichtweg ablehnte. Ein prominentes Beispiel hierfür war Gottfried Semper, der nach seiner Beteiligung an den Unruhen in Sachsen das Königreich fluchtartig verließ. Seine Kompetenz als Architekt wurde in Zürich ebenso geschätzt wie seine ausgedehnte Erfahrung im Barrikadenbau. Der bekannteste Freiheitskämpfer, den das Polytechnikum in den Reihen seiner Lehrer aufzuweisen hatte, war wohl Gottfried Kinkel. Schließlich könnte man neben Gustav Zeuner noch einen anderen, zumindest in jungen Jahren freiheitsliebenden Sachsen nennen, der Zuflucht in Zürich suchte: Richard Wagner. Musik scheint allerdings Fiedler wenig

---

[467] Bauschule, Ingenieurschule, Maschinenschule, Forstschule, mechanisch-technische Abteilung, chemisch-technische Abteilung, Schule für Fachlehrer in mathematischer und naturwissenschaftlicher Richtung (sechste Abteilung) und philosophisch-staatswissenschaftliche Abteilung (siebte Abteilung – auch Freifächer genannt). Das Reglement wurde als Anhang zum Programm des Polytechnikums für das WS 1865/66 veröffentlicht und ist online zugägnlich. In Fiedlers Nachlass findet sich ein Separatum mit den Bestimmungen für die VI. Abteilung (Hs 87: 1726).

[468] Insgesamt wurden in der ersten Runde 31 Professoren berufen. Die darstellende Geometrie vertrat, wie bereits mehrfach erwähnt, Joseph Wolfgang von Deschwanden (1819 – 1866), die Mathematik in deutscher Sprache Joseph Ludwig Raabe (1801 – 1859). Zur Geschichte der Mathematik am Polytechnikum vgl. man Frei/Stammbach 2007.

[469] Diese waren allerdings im 19. Jh. im Vergleich zu Deutschland keineswegs so eindeutig günstig, wie sie es angeblich heutzutage sind. Zur Bezahlung im Deutschen Reich vgl. man Hensel 1989. Anfänglich waren vor allem die relativ schlecht ausgestatteten Pensionen nachteilig für das Polytechnikum, zudem wurden Neuberufungen in der Regel zuerst einmal zeitlich befristet.

[470] Zitiert nach Maurer 1998, 83. Aus dem Kontext geht hervor, dass Culmann der Ansicht war, dass dies in manchen deutschen Ländern - insbesondere in „seinem" München – ganz anders war.

[471] In Zürich wurden diese mit dem Gemeindegesetz 1875 weitgehend errreicht, ab 1881 wurde das allgemeine Wahlrecht für den kleinen und den großen Rat der Stadt eingeführt. Genauer gesagt betrafen die demokratischen Errungenschaften nur die männliche Hälfte der Bürgerschaft, wie es die angeblich „göttliche Ordnung" auf der Ebene der Eidgenossenschaft bis 1971 vorsah; kantonal konnte die Situation anders aussehen. Im Kanton Zürich wurde das Frauenwahlrecht 1970 eingeführt. Allerdings durften Frauen in Zürich früh (1840) studieren.

interessiert zu haben – im Unterschied zu Züricher Mathematikerkollegen wie R. Dedekind, H. Durège und A. Hurwitz.

Trotz Freiheitsliebe wurde Fiedler – wie z. B. Beyel berichtet - zu einem Bewunderer Bismarcks. Die Reichsgründung im Januar 1871 begrüßte Fiedler emphatisch in einem Postskript, das er im April 1871 der bereits im Juli 1870 verfassten Vorrede seiner „Darstellenden Geometrie" folgen ließ[472]:

> Seit ich das vorige schrieb, ist der grosse Krieg vorübergebraust und wir Deutschen allerwärts haben mit sorgenvollem Antheil, mit Dank und mit Jubel, mit stolzer Erhebung ob der wiedergewonnenen Einheit des Vaterlandes, den gewaltigen Gang der Ereignisse begleitet. Nun widmet sich das deutsche Volk mit freudigem Vertrauen in seine Kraft der Pflege der Werke des Friedens, der Früchte seiner Arbeit sicher, wie nie zuvor. Glücklich, wem es vergönnt ist, daran mit zu wirken in seinem Kreise.

Sicherlich machte auch die in der Schweiz, insbesondere im Raum Zürich, aufstrebende Industrie[473] und der damit verbundene Handel den Standort Zürich für einen Ingenieur interessant. Diese Prosperität zeigte sich in der generell guten Ausstattung der Schule; sie kam aber auch dem Polytechnikum direkt durch Zuwendungen zugute, so wurde beispielsweise die Gehaltserhöhung, die K. Culmann erhielt, nachdem er einen Ruf nach München 1868 abgelehnt hatte, zum Teil aus dem Legat eines Ungenannten finanziert. Nach Culmanns eigenen Angaben handelte es dabei um den 1857 verstorbenen Züricher Kaufmann Châtelain.[474] Ein weiteres Positivum aus Sicht von Dozenten war schließlich das gut ausgebaute schweizerische Schulwesen, das in den Sekundarschulen eine solide mathematisch-technische Grundbildung vermittelte.[475]

Unter den polytechnischen Schulen im deutschsprachigen Raum galt Zürich als diejenige Institution, die auf die gründliche theoretische Fundierung der Ingenieurwissenschaften den größten Wert legte. Ingenieuren wie Culmann, Reuleaux und Zeuner aber auch Geometern wie Fiedler dürfte dies willkommen gewesen sein. Von Seiten der Studierenden aber auch von Praktikern gab es hieran immer wieder teils heftige Kritik. Das Polytechnikum zog viele Studierende aus dem Ausland an – ein Zeichen der Wertschätzung.[476] Das Züricher

---

[472] Fiedler 1871, XIV. Im Briefwechsel mit Cremona gibt es diverse Stellen, wo sich die beiden Partner über das gemeinsame Thema „wiedererlangte nationale Einheit" austauschten. Aus österreichischer Sicht kommentierte Fr. Kick diese in seinen Briefen an Fiedler, vgl. 9.2.4. Zu Fiedlers politischer Einstellung vgl. auch Beyels Charakterisierung derselben oben in 1.4.1.
[473] Man denke z. B. an Escher & Wyss oder an die Maschinenfabriken in Oerlikon (Schindler) und Winterthur (Sulzer). Ausgangspunkt für die Industrialisierung war auch in Zürich die Textilindustrie.
[474] Vgl. Maurer 1998, 84. Aus dem Châtelainschen Legat wurden auch Stipendien für Studierende finanziert.
[475] So Culmann in seinem bereits genannten Gutachten für Bauernfeind; vgl. Maurer 1988, 83.
[476] Das betont Beyel an mehreren Stellen seiner „Erinnerungen".

Polytechnikum war zudem von Anfang an in der Lehrerausbildung aktiv und erlangte im Laufe der Jahre einen großen Einfluss auf die schweizerische Lehrerschaft in den Fächern Mathematik und Naturwissenschaften.

Einen weiteren positiven Aspekt des Züricher Polytechnikums konnte man, wie bereits bemerkt, in der Nähe der Universität, die bis 1914 den Nordflügel des Semper-Gebäudes nutzte, und den damit verbundenen Kooperationsmöglichkeiten sehen, etwa was die Sammlungen und Bibliotheken betraf.

1.4.3 Fiedler als akademischer Lehrer in Zürich

Fiedlers erstes Semester in Zürich war das Wintersemester 1867/68; in den Monaten zuvor hatte er den Umzug seiner Familie nach Zürich organisiert, der im Oktober abgeschlossen wurde. Die Vorlesungen begannen Ende Oktober. Das zweite Reglement von 1865 hatte auch Lehrgegenstände des Unterrichts an der Hochschule festgelegt; für Fiedler kamen folgende Themen in Frage:

- Geometrie der Lage
- Darstellende Geometrie,
- Steinschnitt und Perspektive[477]

Fiedler bot im Wintersemester 67/68 folgende Veranstaltungen an:

In der I. Abteilung, der Bauschule[478]: „Darstellende Geometrie und Uebungen und Repetitorium (9stündig)[479]"; in der II. Abteilung, der Ingenieurschule[480]: „Darstellende Geometrie und Uebungen und Repetitorium (9stündig)" und „Geometrie der Lage (4stündig)"; in der III. Abteilung, der mechanisch-technischen Schule: „Darstellende Geometrie und Uebungen und Repetitorium (9stündig)"; in der VI. Abteilung: „Darstellende Geometrie und Uebungen und Repetitorium (9stündig)" sowie „Geometrie der Lage mit Uebungen (5stündig)". Für die beiden anderen Abteilungen, die chemisch-technische Schule (IV) und die Forstschule (V), bot Fiedler keine Veranstaltungen an. Man sieht, dass anfänglich kein Ingenieurstudent[481] seiner darstellenden Geometrie entgehen konnte; in

---

[477] Das erste Thema betraf nur die Ingenieurschule; für die Fachlehrerabteilung werden keine expliziten Inhalte genannt. Die Punkte zwei und drei werden auch für die Hochschule allgemein aufgeführt.

[478] Diese bildete Architekten aus.

[479] Die Erhöhung auf neun Stunden, die schon bald wieder auf sieben Stunden zurückgenommen wurde, war wie bereits erwähnt ein Ergebnis von Fiedlers Verhandlungen; unter Deschwanden umfasste die Darstellende Geometrie nur vier Stunden.

[480] Diese bildete Bauingenieure aus.

[481] Die Abschlüsse der III. und IV. Abteilung waren im Rang unter denen des Ingenieurs angesiedelt, aus heutiger Sicht würde man vielleicht von Technikern sprechen. Die Studienzeit war in diesen Schulen kürzer als in den anderen.

allen Abteilungen lag sie im ersten Studienjahr. Zudem bot Fiedler eine zweistündige Vorlesung „Elemente der darstellenden Geometrie" in der VIII. Abteilung, der mathematischen Vorbereitungsklasse, an. Diese hatte die Aufgabe, Anfänger mit den nötigen Vorkenntnissen auszustatten.[482] Fiedler hat allerdings nur dieses eine Mal Veranstaltungen in der Vorschule angeboten; die darstellende Geometrie in ihr – angekündigt als „Elemente der darstellenden Geometrie" - übernahmen später andere Dozenten, beispielsweise A. Beck und A. Weiler.

Weiterhin fällt auf, dass die beiden Veranstaltungen Fiedlers zur darstellenden wie auch zur projektiven Geometrie mit Übungen angeboten wurden. Und die große Vorlesung zur darstellenden Geometrie wurde von einem Repetitorium begleitet. Heute würde man sagen: Die Betreuung war vorbildlich. Allerdings war das Repetitorium bei den Studierenden nicht beliebt, denn es auch diente Prüfungszwecken.[483]

Hier muss allerdings auf einen charakteristischen Zug der darstellenden Geometrie hingewiesen werden: Schon bei Monge und seinem Nachfolger Hachette an der *Ecole polytechnique* war diese mit ausgedehnten Zeichenübungen verbunden. Darstellende Geometrie war keine Katheterwissenschaft, die man vom Pult herunter scholastisch dozieren konnte. Ihr Unterricht erforderte folglich viel Initiative seitens der Lernenden und machte einen Bruch mit den traditionellen Lehrgepflogenheiten notwendig. Konkretz hieß das in Zürich, dass den Übungen in darstellender Geometrie meistgleichviele oder gar mehr Stunden eingeräumt wurden als der Vorlesung selbst.

Im nachfolgenden Sommersemester (1868) unterschied sich Fiedlers Lehrangebot nur geringfügig vom vorangehenden Wintersemester: Die Vorlesung über darstellende Geometrie wurde nun getrennt von den zugehörigen Übungen und Repetitorien angekündigt. Die vierstündige Vorlesung als „Vortrag" hielt Fiedler, die fünfstündigen Übungen und inklusive Repetitorium wurden unter „Derselbe mit Fliegner"[484] angekündigt. Die Vorlesung über Geometrie der Lage entfiel für Fiedler, sie wurde letztmalig von Reye gehalten. Im nachfolgenden Wintersemester 1868/69 finden wir geringfügige Änderungen, die Vorlesung

---

[482] Vgl. auch Beyels Berichte in 1.4.1 und 1.6. Eingeführt wurden die Vorkurse 1857; sie wurden bis Anfang der 1880er Jahre angeboten. Ihre Abschaffung kann man als Hinweis darauf sehen, dass sich die Vorkenntnisse der Studienanfänger – auch aus dem Ausland - stabilisiert hatten, wozu in der Schweiz die gut ausgebildeten Fachlehrer ihren Beitrag geleistet haben dürften. Das technische Bildungswesen hatte sich um 1880 herum konsolidiert.

[483] Die krasse Art und Weise, wie Fiedler diese Möglichkeit nutzte, schildert ebenfalls Beyel in seinen „Erinnerungen" (vgl. 1.6).

[484] Albert Fliegner (1842 – 1928), aus Warschau stammend, hatte am Polytechnikum schon vor Fiedlers Ankunft Maschinenbau studiert; er war Assistent der mechanisch-technischen Schule, also gewissermaßen ausgeliehen. 1868 wurde er Privatdozent am Polytechnikum und 1872 ebenda Professor für Mechanik und Maschinenbaulehre (Nachfolge Zeuner); Fliegner lehrte bis 1912.

„Darstellende Geometrie" wird nun mit Repetitorium unter Fiedlers Namen fünfstündig angekündigt, während die Übungen dazu (mit Fliegner) nur zweistündig sind. Für die zukünftigen Lehrer der VI. Abteilung wird die Vorlesung als Vortrag 4stündig von Fiedler angeboten, dazu Übungen und Repetitorium fünfstündig mit Fliegner. Die darstellende Geometrie ist also für die Ingenieure etwas gekürzt worden. Daneben kündigte Fiedler für die Lehramtsstudenten im 2. und 3. Studienjahr „Elemente der Theorie der Determinanten und der trimetrischen Coordinatensysteme" (zweistündig) sowie „Geometrie der Raumkurven III. Ordnung" (einstündig) an. Wir sehen hier schon Ansätze zu dem viersemestrigen Kurs im Bereich darstellende/projektive Geometrie, den Fiedler in der VI. Abteilung etablieren wird. Im Sommersemester 1869 ist das Angebot für die zukünftigen Ingenieure unverändert, lediglich werden jetzt die Übungen angekündigt als „derselbe [Fiedler; K. V.] mit Fliegner und Beck". Fiedler war es also gelungen, eine Assistentenstelle (mit A. Beck) zu besetzen. In der VI. Abteilung bot Fiedler jetzt eine Vorlesung „Von den Invarianten der Kurven und Flächen II. Ordnung" (2stündig) an. Die darstellende Geometrie für das erste Studienjahr ist wieder fünfstündig und schließt das Repetitorium ein, die Übungen sind zweistündig und werden von Fliegner und Beck gehalten. Auch im nachfolgenden Wintersemester ändert sich die Situation nicht; es wird jetzt lediglich nur noch Beck bei den Übungen genannt, Fliegner entfällt. Der Titel der Vorlesung im 2. und 3. Jahreskurs der VI. Abteilung ist etwas modifiziert: „Trimetrische Coordinaten und Determinanten (analytische Geometrie der Lage)" [2stündig].

Wir werden später auf Einzelheiten des Lehrangebots von Fiedler noch eingehen; man sieht aber schon hier, dass sein Repertoire ziemlich eingeschränkt gewesen ist. In den 40 Jahren, die Fiedler am Polytechnikum unterrichtete, dürfte er maximal 15 Vorlesungen mit unterschiedlichen Inhalten angeboten haben – und in allen Semestern (mit wenigen krankheitsbedingten Ausnahmen) darstellende Geometrie. Ab dem Wintersemester 1870/71 findet sich eine Neuerung, nämlich die zweistündigen „Seminaristischen Uebungen", die von den Professoren Schwarz, Weber und Fiedler gemeinsam in der VI. Abteilung angeboten werden. Dieser Brauch hielt sich fortan, wenn auch die Beteiligten wechselten (und auch nicht immer alle deutschsprachigen Dozenten der Mathematik und darstellenden Geometrie beteiligt waren). Fiedler hat auf diese Weise gemeinsam mit vielen Berühmtheiten der Mathematik des 19. Jhs. ein gemeinsames Seminar veranstaltet. Bemerkenswert ist, dass die Neuerung fast zeitgleich mit der Ankunft Heinrich Webers in Zürich realisiert wurde, weshalb es naheliegt, dessen Initiative dahinter zu vermuten. Wie wir aus dem Briefwechsel von Hurwitz und Minkowski mit Hilbert aber auch aus Hurwitz' Tagebuch wissen, wurden im Seminar vor allem neuere Arbeiten durch die Professoren vorgestellt, daneben referierten wohl auch Examenskandidaten und Doktoranden. Minkowski trug übrigens schon im

Sommer 1899 – also unmittelbar nach deren Erscheinen - über Hilberts Festschrift im Seminar des Polytechnikums vor, was bei Hurwitz auf großes Interesse stieß.

Die darstellende Geometrie war in der Regel eine der größten Vorlesungen des Polytechnikums überhaupt. So zählte sie im Sommersemester 1877 144 Hörer, im Wintersemester 87/88 – in dem die Schüler der I. Abteilung nicht mehr dabei waren – waren es immerhin noch 129.[485] . Einige weitere Zahlen zur Ergänzung: Im Wintersemester 1871/72 hatte Fiedler 176 Zuhörer, im nachfolgenden Wintersemester 156[486] und im Sommersemester 77 141.[487] Das brachte Fiedler beachtliche Einnahmen an Hörergeldern ein (vgl. Abbildung 1.16).

Ab dem Sommersemester 1869 wird Fiedler auch als Vorstand der VI. Abteilung aufgeführt.[488] Bis dato war dies Christoffel gewesen, der aber 1869 nach Berlin an die Gewerbeakademie gegangen war. Christoffels Nachfolger in Zürich wurde Hermann Amandus Schwarz, der schon im Wintersemester 1869/70 Vorlesungen in Zürich anbot.

Später wird Fiedler eine Art Zyklus von vier Vorlesungen entwickeln, bestehend aus „Darstellende Geometrie: Parallel-Projection" (dreistündig), „Darstellende Geometrie: Centralproejction" (zweistündig), „Geometrie der Lage" (vierstündig) und „Projectivische Coordinaten (zweistündig)", der sich aber (offiziell) nur an die Studierenden der sechsten Abteilung wandte.[489] Die Studierenden der Ingenieurschulen hatten zwei Vorlesungen über darstellende Geometrie zu besuchen[490]; die Geometrie der Lage war für sie abgeschafft worden. Wir werden weiter unten in 4.7 auf Fiedlers Vorlesungen noch genauer eingehen, da diese einen zentralen Aspekt seines Schaffens ausmachten. Man findet in seinen schriftlichen Äußerungen immer wieder Bezüge zur Lehrpraxis; eine typische Äußerung ist die folgende:

---

[485] Vgl. Rapport 1878, 15 – 20 bzw. Die Eidgenössische Polytechnische Schule 1889, 14 – 20.
[486] Vgl. Bericht 1873, 12f.
[487] Rapport 1878, Tabelle.
[488] Die Ernennung erfolgte am 11. März 1869.
[489] Die Geometrie der Lage war bis zur Reform 1882 auch für Studierende der Bauschule obligatorisch – ganz im Sinne Culmanns. Beyel berichtet (vgl. Beyel 1938, 216), dass diese Vorlesung bei den „Polytechnikern" (also den Studenten) den Namen „Geometrie der Plage" trug.
Zum Fiedlerschen Vorlesungszyklus liegen stenographierte Ausarbeiten von Ernst Fiedler vor. Die von ihm ausgearbeiteten Vorlesungen wurden im Wintersemester 1879/80, Sommersemester 1880, Wintersemester 1880/81 und Wintersemester 1880/81 gehalten (vgl. Bibliothek ETH Hochschularchiv Hs 110 Mappe 1). Weitere Ausarbeitungen von Ernst Fiedler sind den Vorlesungen seines Vaters über Zyklographie, Allgemeine Raumcurven, Invarianten zu Curven und Flächen zweiten Grades und Ausgewählte Kapitel aus der Geometrie gewidmet (vgl. Bibliothek ETH Archiv Hs 110 Mappe 2). Die Titel von Fiedlers Vorlesungen variierten im Laufe der Jahre etwas. Es gibt darüber hinaus im ETH-Archiv zahlreiche Ausarbeitungen Fiedlerscher Vorlesungen von anderen Studenten, auf einige werden wir noch zu sprechen kommen.
[490] Hinzu kamen in den einzelnen Schulen weitere vorwiegend praktisch orientierte Veranstaltungen im Zeichnen etwa Konstruktionszeichnen, Bauzeichen, Linearzeichnen, Perspektive, Maschinenzeichnen etc.

[...] so leitet mich darin die pädagogische Erfahrung; die Untersuchung des Sinnes in imaginären Gebilden ist nicht einfach genug, um sie an dieser Stelle einzuschieben; [...][491]

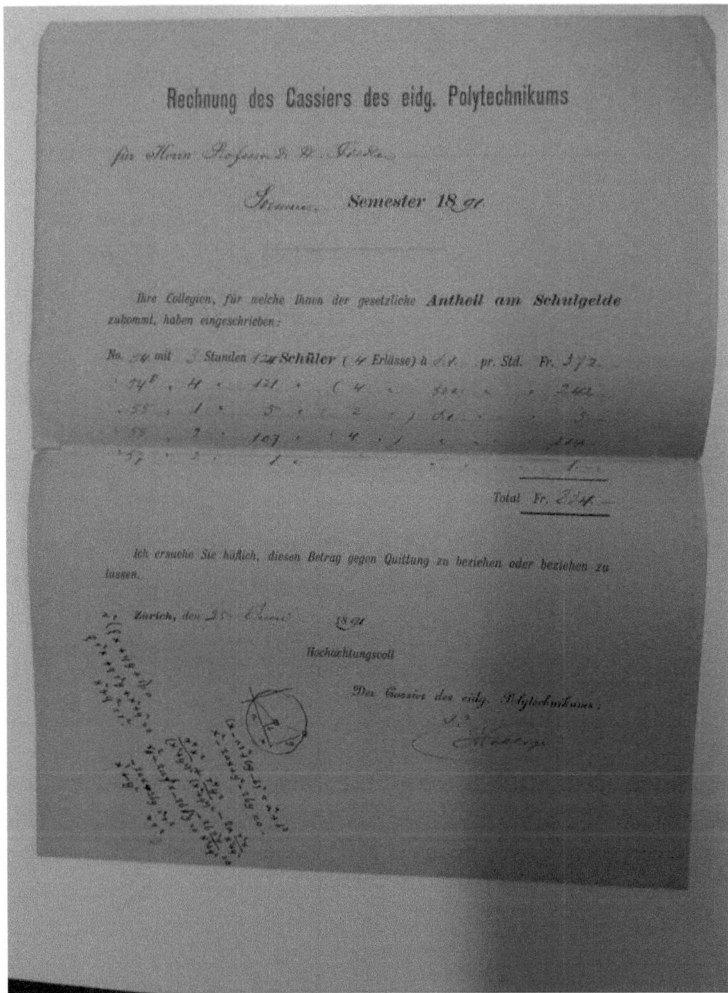

Abb. 1.16: *Abrechnung von Hörergeldern für W. Fiedler*[492]

An dieser Stelle möchte ich ein längeres Zitat aus der Einleitung zur zweiten Auflage seiner „Darstellenden Geometrie" (1875)[493] wiedergeben, in dem Fiedler über seine Lehrtätigkeit in Zürich spricht:

---

[491] Fiedler 1875, XVII.
[492] Die Abrechnung bezog sich auf das Sommersemester 1891. Zum Vergleich: Fiedlers Jahresgehalt betrug damals 9500 sfr, das eines Facharbeiters etwa 1500 sfr. Die Abrechnung befindet sich im Konvolut Hs 87a: 30, die Dokumente darin sind nicht numeriert.
[493] Vgl. auch 7.5.

Ich bin das vielleicht sogar dem eidgenössischen Polytechnikum schuldig, an dem ich seit einer Reihe von Jahren die Ehre habe zu wirken, und der Fachlehrerabtheilung desselben, die ich leite; [...] Ohne Ruhmseligkeit darf man [...] sagen, dass die Schule auch in dieser Richtung das Bestreben hat, das Höchste zu leisten. (Vergl. den empfohlenen vierjährigen Normal-Studienplan für die mathematische Section der Fachlehrerabtheilung [...]) Und neben so vielen ausgezeichneten Gelehrten konnte mir nicht einfallen, meinen Beitrag zu dieser Leistung durch die Vorlesungen der drei ersten Semester über darstellenden Geometrie und Geometrie der Lage, welche dem Inhalt dieses Buches entsprechen, für hinreichend erbracht anzusehen, respective darauf allein die mir wesentlich zufallende geometrische Seite der seminaristischen Uebungen zu gründen; aber auch ich erachte sie allerdings als die festen Grundlagen meiner weiteren Wirksamkeit für die Fachlehrerabteilung, wie für die um theoretische Weiterbildung interessierten älteren Studierenden der mathematisch-technischen Fachschulen; und sie haben sich als solche längst erwiesen. Im Anschluss an diese Grundlagen habe ich ausführend und fortsetzend wiederholt, aber natürlich in längerem (etwa 3jährigen) Turnus gelesen: Ueber projectivische lineare Gebilde aus Curven und Flächen und ihre Erzeugnisse, - über algebraische Curven im Raum [...] – über algebraische Curven [...] – über die birationalen Transformationen derselben – über algebraische Flächen, - über die eindeutigen Abbildungen von ebenen und krummen Flächen auf Ebenen und auf einander, in Fortführung des Grundgedankens der eindeutigen punktweisen Abbildung zu grösstmöglicher Allgemeinheit [...]; ferner in Weiterentwickelung von §§ 135, 136 über die imaginären Elemente der Geometrie nach v. Staudt; in weiterer Ausführung von § 170 über das Nullsystem oder den linearen Complex und seine Beziehung zur Kräftezusammensetzung und zur Bewegung starrer Körper, über Determinanten in geometrischer Anwendung, besonders auf die Cayley'sche Theorie der Metrik[494] – [...] Mit diesen Ausführungen und Erweiterungen erschien nach den bestehenden Verhältnissen das zur Pflege der geometrischen Disciplinen mir zustehende im Wesentlichen gethan, namentlich auch den seminaristischen Uebungen hinreichende Förderung gegeben; vielleicht ist damit auch nach der wissenschaftlichen Entwickelungsstufe der Gegenwart neben den übrigen algebraischen und den analytischen und synthetischen geometrischen Vorlesungen, die unsere technische Hochschule bietet, alles Wichtigste dieses grossen

---

[494] Das wäre somit eine sehr frühe, vielleicht sogar die erste Vorlesung über nichteuklidische Geometrie im deutschsprachigen Raum gewesen – gehalten vor 1875.

> Gebietes betont. Ueberall sind die Ergebnisse der constructiven Schule
> der Geister von förderndem Einfluss für die Allgemeinheit ebenso wie für
> die anschauliche Bestimmtheit der Entwickelung. Unkenntniss allein kann
> sich durch sie beschränkt meinen.[495]

Diese lange geradezu labyrinthische Passage ist sehr charakteristisch für Fiedlers Stil, den man – zumindest aus heutiger Sicht - ausladend und pathetisch nennen könnte. Ein anonymer Rezensent des Literarischen Centralblattes nannte diesen „nicht selten etwas geschraubt"[496], was zeigt, dass er auch schon 1867 negativ auffiel. Eine gewisse Tendenz zur Selbstinszenierung ist unverkennbar. Man bemerkt auch den hohen Anspruch, den Fiedler an sich selbst und damit auch an seine Studierenden stellte; man wundert sich nicht, dass es immer wieder zu Protesten wegen Überforderung kam.[497] Schließlich wird deutlich, dass Fiedler den Schwerpunkt seiner theoretischen Bemühungen auf die Lehrerabteilung gelegt hatte, hier sah er die Hoffnung, seine große Synthese der geometrischen Wissenschaften verwirklichen zu können.[498]

Die Vorrede zur zweiten Auflage zu Fiedlers „Darstellenden Geometrie" (1875) enthielt ähnlich wie diejenige von 1871[499] längere Passagen, in denen sich Fiedler in den hochschulpolitischen Diskussionen seiner Zeit positionierte.[500] Dabei ging es – soweit diese Fiedler direkt betrafen – natürlich einerseits um Status und Bedeutung der polytechnischen Schulen, für die sich allmählich die auch von Fiedler gern verwendete Bezeichnung Technische Hochschulen einbürgerte[501], zum anderen aber auch um die Reform der Geometrieausbildung an den Universitäten. Fiedlers Eintreten für die Geometrie sei an dieser Stelle mit einem längeren Zitat belegt, in dem es modern gesprochen um eine Abwärtsspirale[502] geht:

> Gegenwärtig bringen die akademischen Bürger, die zukünftigen Lehrer
> der Mathematik nicht ausgenommen, keinerlei Vorbildung in dieser
> Richtung [graphische Methoden; K. V.] zur Universität mit, geometrische
> Vorlesungen an derselben müssen sich auf das ganz Elementare

---

[495] Fiedler 1875, XXV – XXVI. In einem Brief an seinen Freund Fr. Kick vom 28. Dezember 1880 (Hs 87: 498a) wird Fiedler später die Lage wesentlich kritischer beschreiben.

[496] Literarisches Centralblatt 1867, Sp. 1105.

[497] Vgl. auch Beyels Beurteilung in 1.4.1 und 1.6.

[498] Diese begründete er übrigens (auch) mit seinen Lehrerfahrungen, vgl. die Vorrede zum dritten Band der „Darstellenden Geometrie" in der dritten Auflage (1888).

[499] Die Einleitung von 1871 – geschrieben bereits 1870 mit Ausnahme des Postskripts - wurde 1875 mit einer kleinen Änderung wieder nachgedruckt. Allerdings entfiel das patriotische Postskript.

[500] Vgl. auch 7.5. Das Vorwort der zweiten Auflage fehlt dann gänzlich in der dritten nun dreibändigen Auflage. Deren Vorworte greifen Passagen aus derjenigen der ersten Auflage auf ergänzt um einige Erläuterungen zur Erweiterung des Textes.

[501] In Zürich wurde diese Bezeichnung erst 1911 offiziell eingeführt.

[502] Eigentlich müsste man von einer Abwärtsschraube sprechen.

beschränken, weil höhere Ziele keiner entsprechenden Vorbereitung begegnen, selbst J. Steiner und v. Staudt haben diess erfahren; sie fehlen daher häufig ganz und die Analysis allein beherrscht die Lehrstühle unserer Universitäten! In Folge dessen haben die akademisch gebildeten Lehrer an Gymnasien etc. sehr oft nur bescheidene Kenntnisse in der reinen und selten auch nur die der Elemente der darstellenden Geometrie und oft genug z. B. nicht die Fertigkeit, gute Erläuterungsfiguren zu den Entwickelungen der Stereometrie und der sphärischen Trigonometrie zu zeichnen. Die nächste Generation der Studierenden bringt daher die gleichen Schwächen mindestens in gleicher Stärke mit zur Universität, und der schöne Kreislauf hat alle Aussicht auf ewigen Bestand. Wäre es nicht an der Zeit diesem Uebel endlich gründlich und bewusst zu steuern?[503]

Die 1873 veröffentlichte Neufassung des „Normallehrplans" der mathematischen Section (VI^A)[504] der Fachlehrer-Abteilung unterschied nach den ersten beiden Semestern zwei Zyklen. Im zweiten Zyklus, der mehr Geometrie als der erste vorsah, gab es folgende Geometrieveranstaltungen:

III.	Semester: Geometrie der Lage (4+1), Ausgewählte Partien der höheren Geometrie (2)
IV.	Semester: Geometrie der Lage. 2. Kurs (2), Krümmung der Kurven, Flächen (2)
V.	Semester: Ausgewählte Partien der höheren Geometrie (2)
VI.	Semester: Geometrie der Lage. 2. Kurs (2), Krümmung der Kurven, Flächen (2)
VII.	Semester: Kurven 3. und 4. Grades
VIII.	Semester: Algebraische Flächen

Die Geometrie war hier reichlich vertreten, weshalb Fiedler Spezialvorlesungen zu den ihm wichtigen Themen halten konnte.

Die Auseinandersetzungen um die darstellende Geometrie gewannen in der zweiten Hälfte der 1870er Jahre an Dynamik. Zu Beginn des Jahres 1878 wurde vom Schulrat eine Anhörung durchgeführt, in dem Schüler ihre Erfahrungen mit Fiedler und ihre Kritik an diesem vortragen durften.[505]

---

[503] Fiedler 1875, XXIV. Fiedler verweist dann noch auf die „lamentable und compromittable" Diskussion um die Frage „Gibt es unendlich ferne Punkte?" in der Zeitschrift für den mathematischen und naturwissenschaftlichen Unterricht, nach ihrem Begründer seinerzeit meist Hoffmanns Zeitschrift genannt, in den Jahren 1870 und 1871. Vgl. hierzu Volkert 2010. Zu den Kämpfen um die Geometrie vgl. man auch 9.1.
[504] Vgl. Die Eidgenössische Polytechnische Schule in Zürich 1889; das Reglement wurde als Anhang zum Programm des Polytechnikums veröffentlicht und ist online verfügbar.
[505] Vgl. Geschäftskontrolle 1878, No. 106.

Aus den Unterlagen seien einige Äußerungen Fiedlers (in der Version von Schülern) wiedergegeben.

> Meine Herren, ich würde mich schämen, so in eine Diplomprüfung zu kommen.
> Aber Herr Kirstner wird Ihnen das nützen? [zu schummeln]
> Wie unterstehen Sie sich, mir so einen Unsinn zu schwatzen, was gar nicht wahr ist?
> Herr Castelli, ich glaube, Sie schlafen in den Repetitorien.
> Meine Herren, Sie sind unanständige Menschen.

Vom Schulrat angeordnet wurde schließlich eine Reorganisation, die Vorlesung wurde um eine Stunde verkürzt, die Übungen um eine Stunde verlängert und obligatorische Hausaufgaben abgeschafft. Zudem musste Fiedler über seine Vorlesung berichten. Der erste derartige Bericht vom 25. Juli 1878 enthält eine vierseitige detaillierte Beschreibung der Inhalte der Vorlesung. Fiedler nutzte sogleich die Gelegenheit, um darauf hinzuweisen, dass der „wider meinen Rath organisirte Unterricht" nicht ausreiche, um die notwendigen Themen alle zu behandeln.[506] Auch später ließ Fiedler keine Gelegenheit aus, um dem Schulrat gegenüber seinem Missfallen Ausdruck zu verleihen. So schrieb er in einem Bericht über die Diplomprüfungen in der II. und III. Abteilung (26. Oktober 1878): „Die Consequenzen der Behandlung meines Faches liegen offen zu Tage"; über die von den Kandidaten erreichten Noten (zwei Drittel der Schüler lagen unter 5) heißt es, „die Manches denken machen".[507] Fiedler konnte penetrant sein, bestärkt durch seinen missionarischen Eifer.

Mitte der 1880er Jahre nahmen die Auseinandersetzungen um Fiedlers darstellende Geometrie nochmals an Umfang und Intensität zu – sie dauerten nun schon mehr als zehn Jahre. Im Anschluss an einen Artikel über die erste schweizerische Landesausstellung in Zürich (1883)[508] von Alexander Koch veröffentlichte die Neue Züricher Zeitung am Sonntag, den 26. Oktober 1884 einen Artikel „Die Bauschule am Polytechnikum". Darin wird allgemein die Praxisferne der Ausbildung an der Bauschule[509] kritisiert, in erster Linie natürlich die Mathematik:

---

[506] Geschäftskontrolle 1878 No. 333

[507] Geschäftskontrolle 1878 No. 507. Man beachte: In der deutschsprachigen Schweiz ist 6 die beste Note.

[508] Über diese verfasste übrigens Fiedlers Freund Fr. Kick einen ausführlichen Bericht: Notizen von der Schweizerischen Landesausstellung in Zürich 1883 (Polytechnisches Journal 249 Heft 2 (1883), 49 – 59).

[509] Zur Bauschule vgl man Tschanz 2015.

> Nichts gibt sie ihm [die Bauschule dem Schüler; K. V.] mit als eine Masse
> mathematischer*) Allotria, mit der er, wenn er dieselbe nicht schon im
> letzten Kurs verschwitzt hat, nichts anfangen kann.
> *) Man würde schwer irren, wollte man aus meinem vorstehenden Urtheil
> schließen, daß ich den mathematischen Studien der Bauschule unbedingt
> abhold bin. Niemand treibt überhaupt Mathematik, ohne davon für seine
> Geistesbildung Nutzen zu ziehen.

Umgehend kam eine Verteidigung aus dem Polytechnikum:[510]

> Die so vielfach angefeindete darstellende Geometrie ist in der Zahl der
> Vorlesungen von 4 + 4 ([jeweils; K. V.] Winter und Sommer[511] auf 3 + 2
> reducirt, während Repetitorien und Uebungen mit einer respective vier
> wochentlichen Stunden beibehalten worden sind. Der Schulrath hat nach
> einläßlicher Prüfung des Materialprogrammes den Professor eingeladen
> [sic!], den mehr practischen Anforderungen möglichst Rechnung zu
> tragen, also Fühlung zu behalten mit den geometrischen Partien der
> Baumechanik, andererseits mit Steinschnitt, Schattenlehre und
> Perspective.

Schon einen Tag später lieferte die neue Züricher Zeitung Insiderinformationen
aus dem Polytechnikum:

> Die hauptsächliche Meinungsdifferenz zwischen Schulrath und
> Lehrerkonferenz bestand seiner Zeit über die Stellung der darstellenden
> Geometrie. Die Konferenz glaubte, eine Ablösung der Bauschule von dem
> Hauptkurse dieses Faches und Einrichtung eines Specialkollegs unter
> einem eigenen Docenten befürworten zu sollen; der Schulrath aber hielt
> daran fest, daß die Bedürfnisse der Architekten in dieser Hinsicht nicht
> wesentlich verschieden seien von denen der Ingenieur- und
> mechanischen Abtheilungen.[512]

Weiter ging es am Sonntag, den 9. November 1884, mit einem Artikel eines
Praktikers namens Waldner, überschrieben mit „Die Bauschule des eidg.
Polytechnikums":

> Nur eines möchte ich hier hervorheben, was zwar schon oft getadelt
> wurde, was aber nie Beachtung fand. Es ist die Lehrmethode, nach
> welcher die darstellende Geometrie an der Bauschule vorgetragen und
> betrieben wird. Ich halte dieselbe geradezu für nachtheilig. [...]

---

[510] Diese Stellungnahme hatte ein anonymer Assistent, es könnte sich eigentlich nur um Chr. Beyel oder Joh. Keller, beide zu dieser Zeit Assistenten Fiedlers, gehandelt haben, bei der neuen Züricher Zeitung eingesandt. Der Artikel erschien am Dienstag, den 4. November 1884 in der ersten Ausgabe.
[511] Es handelte sich ja um einen zweisemestrigen Kurs.
[512] Neue Züricher Zeitung vom 5. November 1894, erste Ausgabe.

> Und wenn die Wissenschaft eines Mannes, der sich zu den ersten
> lebenden Mathematikern zählt, weiter keinen anderen Werth haben soll,
> als daß sie das exakte Zeichnen fördere, so ist ihr damit ein höchst
> bedenkliches Zeugniß ausgestellt.[513]

Am Sonntag, den 23. November 1884, und am Dienstag, den 25. November 1884
(erstes Blatt), räumte die Neue Züricher Zeitung Fiedlers Erwiderung, von der
schon die Rede war, einen breiten Raum ein. Nachdem er ausführlich seinen
Zugang[514] verteidigt hatte, schloss er recht selbstgefällig:

> So hat meine Vertretung der darstellenden Geometrie unserer
> polytechnischen Schule zur Ehre gereicht.

Letztlich gab der Schulrath nach. Für das Wintersemester 1885/86 wurde die
darstellende Geometrie in der Bauschule ohne Nennung eines Dozenten
angekündigt (im Format zwei Stunden Vorlesung plus eine Stunde Repetitorium
plus vier Stunden Übungen), während die darstellende Geometrie in den anderen
Schulen von Fiedler mit Beyel und Keller angekündigt wurde. Im
Sommersemester 1886 hielt dann A. Weiler für die Bauschule eine einstündige
Vorlesung über Steinschnitt und Schattenlehre mit vierstündiger Übung. Im
nachfolgenden Wintersemester 1886/87 bot Weiler die darstellende Geometrie im
gehabten Format (zwei Stunden Vorlesung plus eine Stunde Repetitorium plus
vier Stunden Übungen) an. Im Sommersemester folgte wieder Steinschnitt und
Schattenlehre. Und so ging es für lange Zeit weiter: Im Grunde genommen war
nur der Dozent ausgetauscht worden.

1.4.4 Fiedler und die Vereine

Wie wir bereits gesehen haben[515], war Fiedler in seiner Heimatstadt Chemnitz
recht aktiv in verschiedenen Vereinen gewesen, nicht zuletzt durch Vorträge, aber
auch organisatorisch. Zürich bot in der zweiten Hälfte des 19. Jhs. ein breites
Spektrum aktiver Vereine; eine Besonderheit hier waren die Neujahrsgaben oder
-blätter, die die Vereine herausgaben.[516] Unter den Züricher Vereinen kam für
Fiedler in erster Linie die 1746 von Johannes Gessner (1709 – 1790) und anderen
Bürgern als Physikalische Gesellschaft („Physicalische Societät") gegründete,
seit 1808 dann Naturforschende Gesellschaft in Zürich genannte Vereinigung in

---

[513] Neue Züricher Zeitung vom 9. November 1894.

[514] Im Grunde genommen argumentierte Fiedler gemäß des bekannten Slogans: Nichts ist praktischer
als eine gute Theorie.

[515] Vgl. 1.1.

[516] Ich danke Herrn Guggerli (Zürich) für den Hinweis auf die Vereine allgemein und auf die
Neujahrsgaben bzw- -blätter insbesondere. Eine Übersicht zu den Neujahrsblättern der
naturforschenden Gesellschaft bis 1896 findet sich in Festschrift 1896, 160 – 163; die Neujahrsblätter
sind mittlerweile digital zugänglich über die Homepage der Naturforschenden Gesellschaft in Zürich.

Betracht. Er trat dieser noch 1867 bei[517] und war in den Jahren 1884 bis 1886 deren Präsident.[518] Fiedler hat in der von der Gesellschaft herausgegebenen Vierteljahresschrift zwischen 1870 und 1891 insgesamt 25 Artikel publiziert, darunter die dreizehn Teile seiner „Geometrischen Mitteilungen". Damit war diese Zeitschrift für ihn mit Abstand das wichtigste Publikationsorgan in seiner Züricher Zeit. Sie bot ihm die Gelegenheit, rasch und unproblematisch zu publizieren.

Gelegentlich war Fiedler aktiv in der Schweizerischen Naturforschenden Gesellschaft – dem Deckverband der vielen lokalen Gesellschaften gleichen oder ähnlichen Namens.[519] Bei Treffen der kantonalen Gliederung für das Kanton Zürich hielt Fiedler zwischen Juli 1869 und Juli 1871 zwei Vorträge: „Ueber die Einheit der höheren geometrischen Disciplinen" und „Ueber die Coordinaten der geraden Linie im Raum und über die geometrische Deutung der linearen Substitutionen".[520] Bei der 58. schweizweiten Versammlung in Andermatt sprach Fiedler „Ueber die einfache Veranschaulichung der Bündel von Strecken und ihren Normalebenen; über Richtung und Ergebnisse einer Untersuchung über solche doppelt gekrümmte Curven, deren System zu sich selbst dual oder reciprok ist."[521] Bei der 59. Versammlung im nachfolgenden Jahr in Basel stellte Fiedler ein „Drahtmodell der Fläche vierter Ordnung mit reellem Doppelkegelschnitt und sechszehn reellen Geraden" vor.[522] Im Jahr 1883 traf man sich in Zürich. Fiedler sprach über den Schnitt von Hyperboloiden und über zwei Abhandlungen von Jakob Steiner; eine Fassung des Vortrages veröffentlichte er in der Vierteljahrsschrift.[523]

1882 wurde Fiedler von Peter Treutlein zur Versammlung der Deutschen Naturforscher und Ärzte in Karlsruhe ausdrücklich eingeladen und um einen Vortrag in der Sektion für Mathematik gebeten. Fiedler notierte auf Treutleins Brief: „25/VIII Ablehn. Aber 10 Ex. der Abh. Zur Gesch. u. Th. d. Abbild.methoden".[524]

---

[517] Vgl. Personalbestand in der Vierteljahrsschrift 13 (1868) 4. Fiedler hatte die Mitgliedsnummer 122.

[518] Vgl. Vierteljahrsschrift 29 (1884), 179 (Wahl zum Vizepräsidenten), 276 (Wahl zum Präsidenten).

[519] Wobei auch die nicht deutschsprachige Schweiz vertreten war.

[520] Vgl. Verhandlungen der Schweizerischen Naturforschenden Gesellschaft 54. Session Frauenfeld. Comptes rendus (Frauenfeld: Huber, 1872), p. 374 und p. 375. Vorsitzender der mathematischen Sektion bei der Versammlung in Frauenfeld war H. A. Schwarz, der auch selbst Vorträge hielt, u.a. über Modelle. C. F. Geiser behandelte Steiners Erzeugungsweise der Fresnelschen Wellenfläche (pp. 178 – 192).

[521] Vgl. Verhandlungen der Schweizerischen Naturforschenden Gesellschaft 1874 - 75. Andermatt. Comptes rendus (1875), 261.

[522] Vgl. Comptes rendus der Schweizerischen Naturforschenden Gesellschaft 59. Session Basel (1875 – 76), 427.

[523] Fiedler 1883a bzw. 1883b.

[524] Brief Treutlein an Fiedler, Karlsruhe 19. Juli 1882 (Hs 87: 1392). Die Versammlung fand vom 27. bis 30. September 1882 statt.

Auch einige von Fiedlers Kollegen in der (reinen) Mathematik publizierten bis etwa zur Jahrhundertwende in der Vierteljahrsschrift, nämlich R. Dedekind, C. F. Geiser, F. Rudio, H. A. Schwarz[525] und H. Weber[526] sowie Joh. Orelli.[527] Arnold Meyer(-Kayser), der Mathematikkollege an der Universität Zürich, mit dem man am Polytechnikum in Sachen Promotionen eng verbunden war, verfasste Beiträge für die Vierteljahrsschrift. Zudem veröffentlichten einige jüngere Nachwuchsmathematiker, darunter auch solche aus dem Umkreis von Fiedler, in dieser Zeitschrift: Chr. Beyel, M. Disteli, W. Gröbli, L. Henneberg, J. Keller, G. Stiner, Ad. Weiler seien hier als Beispiele genannt. Die Vierteljahrsschrift war ein wichtiges Publikationsorgan für die Züricher Mathematiker. Bis 1895 blieb Fiedler als Autor für die Vierteljahrsschrift aktiv, danach sind keine Spuren mehr von ihm zu finden. Dabei mag Fiedlers Alter - er war jetzt 63 Jahre alt – aber auch der Tod von Sohn Karl (+ 1894) und die Pflege seiner Frau eine Rolle gespielt haben. Nach 1895 publizierte Fiedler nur noch Neubearbeitungen seiner Werke (1904 vierte Auflage des ersten Bands der darstellenden Geometrie) und derjenigen von Salmon-Fiedler; ansonsten ist noch sein Rückblick auf die Reform der Geometrie[528], die er auf Bitten von A. Voss verfasste, zu nennen.

Auffallend ist, dass Fiedler 1908 kurz nachdem er in den Ruhestand ging, aus der Gesellschaft ausgetreten ist.[529] Das war eher ungewöhnlich, in aller Regel blieben die Mitglieder lebenslang der Gesellschaft treu, viele hinterließen ihr sogar ein nettes Legat.

Fiedler gehörte vermutlich dem Allgemeinen Docentenverein in Zürich an; er hielt wie bereits erwähnt im Winter 1869 einen Rathausvortrag zum Thema „Die Bestimmung der Entfernungen im Weltgebäude".[530] Die Rathausvorträge wandten sich an ein größeres Publikum und wurden vom Dozentenverin organisiert. Der Erlös kam den Sammlungen der Züricher Hochschulen zugute.[531]

---

[525] Schwarz „Ueber die Integration der partiellen Differentialgleichung ..." (Vierteljahrsschrift 15 (1870), 113 – 128), „Ueber einen Grenzübergang durch alternirende Verfahren" (Vierteljahrsschrift 15 (1870), 272 – 286) sowie „Miscellen aus dem Gebiete der Minimalflächen" (Vierteljahrsschrift 19 (1884), 243 – 271). 1872 berichtet Schwarz über die Stabilität von Seifenwasserlamellen „und begleitet diese Mitteilung mit einigen Experimenten" (Vierteljahrsschrift 17 (1872), 302). Schwarz war 1874 – 1875 Vizepräsident der Gesellschaft.

[526] Weber „Ueber ein Problem der Wärmeleitung" (Vierteljahrsschrift der naturforschenden Gesellschaft in Zürich 16 (1871), 116 – 124).

[527] Vgl. das Verzeichnis in Festschrift 1896, 169 – 170, verfasst von F. Rudio. Allerdings waren auch andere Mathematiker, oft ehemalige Züricher, Mitglieder der Gesellschaft (z.B. Christoffel, Prym, Reye). Im zweiten Teil der Festschrift von 1896 finden sich Arbeiten von Christoffel, Franel, Frobenius, Geiser, Hurwitz und Reye. Im 20. Jh. hat dann Hurwitz zwei weitere Beiträge in der Vierteljahrsschrift publiziert.

[528] Fiedler 1905.

[529] Vgl. den Tätigkeitsbericht in Vierteljahrsschrift 53 (1908), 620.

[530] Vgl. Seferovic 2011, 137.

[531] Vgl. Seferovic 2011.

Wie bereits erwähnt konnten keine Anhaltspunkte für Tätigkeiten von Fiedler in anderen Züricher Vereinen etwa der Museumsgesellschaft, einer Lesegemeinschaft, die heute das Literaturhaus am Limmatquai inklusive Bibliothek und Lesesäle betreibt, gefunden werden – auch nicht in der antiquarischen Gesellschaft, die sich vor allem der Züricher Lokalgeschichte widmete. Fiedler scheint, wie Sohn Ernst in seinem Nachruf schreibt, in Zürich recht zurückgezogen gelebt zu haben. Natürlich bewältigte er ein enormes Arbeitspensum und hatte eine große Familie; vielleicht ließen ihm diese Umstände kaum Zeit für andere Aktivitäten. Später wird auch die Erkrankung seiner Frau das ihre getan haben.

1.5 Wege der Kommunikation

Fiedler liefert ein bemerkenswertes Beispiel für die Wichtigkeit der brieflichen Kommunikation in der zweiten Hälfte des 19. Jhs. Dies betonte er selbst mehrfach, bereits zitiert wurde die folgende Bemerkung:

> Durch die briefliche Verbindung mit vielen der Besten unter den Mathematikern der Zeit, wie Möbius, Plücker, Hesse, Aronhold, Clebsch, Kronecker, Cayley, Salmon, Brioschi, Beltrami, Cremona, um nur bereits Abgerufene zu nennen, hat mich aber meine einsame Arbeit immer beglückt.[532]

Diese etwas pathetischen Worte schrieb Fiedler im August 1905 am Ende seines Beitrages „Meine Mitarbeit an der Reform der darstellenden Geometrie in neuerer Zeit". Von Zuhause aus keiner Schule angehörig, reiht sich Fiedler hier in eine Serie wichtiger Mathematiker ein.

Fiedler erwähnt in seinem Artikel einen Brief von Voss vom 30. Juli 1905, in dem dieser ihn gebeten habe, seine Erinnerungen aufzuschreiben. Voss war ein wichtiger Briefpartner von Fiedler, den man zur Clebsch-Schule und zum Netzwerk Geometrie rechnen kann; in Fiedlers Nachlass finden sich 30 Briefe von Voss an ihn, die die Zeitspanne von 1875 bis 1911 abdecken.[533] Der von Fiedler erwähnte Brief von Voss befindet sich allerdings nicht darunter, wohl aber ein undatierter Brief[534], in dem Voss folgendes schreibt:

> Wer vermöchte schon heute zu übersehen, in welche Richtung sich die Geometrie im 20. Jahrhundert entwickeln wird? Denn dass sie das thun wird, werden wir ja beide nicht bezweifeln, selbst wenn vorübergehend ein großer Theil des mathematischen Interesses sich vorzugsweise den

---

[532] Fiedler 1905, 503.
[533] Zu Voss vgl. 9.2.1.
[534] Hs 87: 1453.

> abstrakten Betrachtungen zuwendet. Eines aber ist sicher: Wenn neue Wege der Geometrie, wie wir hoffen, entstehen, werden sie doch nur auf Grund dessen erscheinen, was das vorige Jahrhundert erkannt hat, und Sie dürfen sich mit Stolz sagen, daß der Aufschwung, den die geometrische Forschung in ihm genommen in der zweiten Hälfte desselben aufs engste mit Ihrer eigenen unermüdlichen Arbeit und Forschung zusammenhängt.

Ob es sich hierbei um die von Fiedler erwähnte Aufforderung handelte, ist kaum zu entscheiden. Das Zitat zeigt aber doch, dass Voss seinem Briefpartner die Kompetenz zutraute, Substantielles über die Zukunft der Geometrie sagen zu können. Das erinnert an Hilberts berühmten Pariser Vortrag von 1900 über mathematische Probleme, mit dem er ja auch einen Blick auf die zukünftige Entwicklung der Mathematik warf. Interessant ist, dass Voss von einem Aufschwung spricht, den die Geometrie in der zweiten Hälfte des 19. Jhs. genommen habe. Dem stehen andere Ansichten entgegen, die die Geometrie ab etwa 1880 im Stillstand sahen – mit abnehmender Wichtigkeit für die Mathematik überhaupt. Vermutlich hatte Voss die analytisch-algebraische Richtung der Geometrie im Auge, die sich tatsächlich in die Jahren 1860 – 1880 stark entwickelt hat.

Im Jahr 1906 konnte Voss Fiedler zuerst vertraulich mitteilen, dass die Bayrische Akademie ihn zum korrespondierenden Mitglied gewählt habe – eine Entscheidung, an der er vermutlich nicht unbeteiligt gewesen ist, die Wertschätzung ausdrückte.[535]

Briefe auszutauschen war für Fiedler eine Möglichkeit, seine von ihm empfundene Isolation zu überwinden. Dabei kann Isolation zum einen eine geographische meinen – also fernab der mathematschen Zentren der Zeit (Berlin, Göttingen, Paris) zu arbeiten, zum andern aber auch die Schwierigkeit, vor Ort Dialogpartner zu finden. Hierbei ist zu beachten, dass Autodidaktik Fiedler keine Weggefährten aus den Tagen des Studiums oder der Promotion hatte, wie das bei vielen Mathematikern der Fall war.

Die Korrespondenz spielte im Falle Fiedlers eine bemerkenswerte Rolle. Dies aus mindestens zwei Gründen: Zum einen war sie sehr umfangreich, zum andern sind große Teile derselben erhalten. Im Hochschularchiv der ETH finden sich fast 2000 Briefe an und von Fiedler (letztere sind allerdings selten erhalten, und wenn, dann in Gestalt von schwer lesbaren Entwürfen, die Fiedler aufbewahrt hat).[536] Ergänzt

---

[535] Hs 87: 1441. Auch Burmester, der 1906 ebenfalls in Müchen war, teilte dies Fiedler mit, vgl. 9.2.5.
[536] Auszunehmen hiervon sind offizielle Briefe vor allem an den Schulratspräsidenten, von denen Fiedler aus leicht nachvollziehbaren Gründen meist Zweitschriften anfertigte, und die auch in der Geschäftskontrolle des Schulrates aufbewahrt wurden. Alle Briefe von und an Fiedler außer denen

wird diese reichhaltige Quelle durch Fiedler-Briefe, die an anderen Orten im Rahmen von Nachlässen aufbewahrt wurden: etwa von Felix Klein oder Luigi Cremona. Editionen aus diesem reichen Fundus gibt es bislang nur drei: Knothe 2004, Israel 2017 und Confalonieri/Schmidt/Volkert 2019. Hierbei stehen große Namen im Vordergrund wie Cremona, Clebsch und Klein. Eine Ausnahme bildet Knothe, dem es um die Briefe des Ingenieurs Emil Winkler an Fiedler ging.[537] Studiert man Fiedlers Briefesammlung genauer, so fällt auf, dass darin die großen Namen durchaus vertreten sind, dass aber weniger bekannte Mathematiker diejenigen waren, mit denen Fiedler seine Anliegen, insbesondere den Kampf für die Geometrie, teilte.[538] So wird es möglich, gewissermaßen eine Mathematikgeschichte „von unten" zu schreiben, bislang weitgehend ein Desiderat.

Zudem bemerkt man, dass für Fiedler Nicht-Mathematiker wichtige Partner waren, Ingenieure oder Naturwissenschaftler wie Kick, Knop, Winkler und Zeuner sind hier zu nennen. In diese Richtung war Fiedler stets offen – er war eben ein Kind der (poly)technischen Welt und damit hatte er den Finger am Puls der Moderne. Bezüglich Fiedlers Haltung zur Technik gibt es leider keine Hinweise; die Frage, ob er besonders technikaffin war, muss somit offenbleiben. Es fällt allerdings auf, dass in den genannten Briefwechseln fast nie von ingenieurwissenschaftlichen oder technischen Themen die Rede ist.

Eine Sonderstellung nimmt die Korrespondenz mit G. Salmon ein, nicht zuletzt bedingt durch ihren Umfang (über hundert Briefe), aber auch durch den intensiven Austausch von Bearbeiter und Autor.

Die Kategorie Brief ist bislang in der mathematikhistorischen Forschung eher vernachlässigt worden. Selbstverständlich gibt es große Editionen wie diejenige der Gauß-Briefe, die ja nach ihrer Veröffentlichung eine beachtliche Wirkung entfaltete[539], die Euler-Briefe in der *Series Quarta* der *Opera omnia*, welche gerade ihrem Ende entgegen geht, oder die Bearbeitung der Leibniz-Briefe, bei der ein Ende wohl noch nicht absehbar ist.[540] Im Nachfolgenden gebe ich einige Hinweise zu diesem Thema, ohne Anspruch auf Vollständigkeit oder Originalität. Diese beziehen sich auf Fiedlers Epoche, also i.w. auf die zweite Hälfte des 19. Jhs. Das ist wichtig, denn die zeitbedingten zivilisatorischen und technischen

---

der Geschäftskontrolle wurden von der ETH digitalisiert; sie sind zu finden bei den *e-manuscripta* der Bibliothek der ETH.

[537] Mit dem Entwurf eines Briefes von Fiedler an Winkler.

[538] Genaueres hierzu in Kapitel 9.

[539] Bzgl. der Rezeption der nichteuklidischen Geometrie vgl. Volkert 2013.

[540] Vgl. auch Borgato/Neuenschwander/Passeron 2018, wo vor allem die Rolle von Briefen im Kontext von Werkausgaben diskutiert wird.

Möglichkeiten, etwa des Publizierens und der Kommunikation, finden in Briefen durchaus ihren Niederschlag.[541]

In dem hier interessierenden Zeitraum hatte sich der internationale Postaustausch erstaunlich gut etabliert, die Laufzeiten der Briefe waren oft kaum länger als heute. Mit der Telegrafie hatte man zudem eine Möglichkeit des schnellen Austauschs über weite Strecken für kurze Botschaften. Das Publikationswesen, auch das mathematische, war hoch entwickelt. Es gab diverse Möglichkeiten, Fachartikel und -bücher einigermaßen zeitnah zu veröffentlichen. Die Akademien mit ihren Publikationsmöglichkeiten, die im 18. Jh. von großer Wichtigkeit gewesen waren, hatten in dieser Hinsicht an Wichtigkeit verloren. Weiterhin ist auf das mathematisch-naturwissenschaftlich-technische Vereinswesen hinzuweisen, das in der zweiten Hälfte des 19. Jhs. eine Blüte erlebte – und das nicht nur in großen Städten und an Orten, an denen Universitäten oder technische Hochschulen ansässig waren. Viele dieser Vereinigungen, im Falle Fiedlers geht es hauptsächlich um die Züricher naturforschende Gesellschaft, hatten eigene Publikationsorgane; verbreitet wurden diese meist durch Austausch.[542] Das im 18. Jh. stets virulente Problem der Sicherung von Priorität war im Jahrhundert demnach nicht mehr so virulent, da die Publikationen meist einigermaßen zeitnah zu ihrer Abfassung erschienen. Welche Rolle hatten folglich Briefe in der mathematischen Gemeinschaft?

Um uns dieser Frage zu nähern, schauen wir uns einmal an, welche Arten von Briefen wir konkret in Fiedlers Nachlass finden. Hier eine Übersicht:

- rein persönliche Briefe, diese behandeln Privatangelegenheiten (z. B. Situation der Familie [z. B Brief von Fiedlers Schwester Laura], Gesundheit) – sehr selten in Fiedlers Nachlass;
- persönliche Briefe, die aber auch wissenschaftliche Inhalte und/oder wissenschaftsorganisatorische Angelegenheiten behandeln, bei denen aber Privates auch einfließt;
- rein wissenschaftliche Briefe, z. B. Diskussion eines mathematischen Problems;[543]
- offene Briefe, z. B. als Kommentar zu Zeitschriftenartikeln (Brief an die „Gartenlaube" in Sachen Simplizissimus, Zöllner)[544]
- administrative Briefe (z. B. Kappeler, Schulrat)

---

[541] Aktuelles Beispiel: Das Verschwinden von Briefen bedingt durch Emails, SMS, …

[542] In der Vierteljahrsschrift der Züricher Gesellschaft findet man immer wieder Übersichten zu den Institutionen, mit denen man die Vierteljahrsschrift austauschte. Eine erfreuliche Konsequenz dieses Austausches sind die reichen von der naturforschenden Gesellschaft an die Zentralbibliothek Zürich übergegebenen Bestände im Bereich der Mathematik des 19. Jhs.

[543] Natürlich gab es in solchen Briefen auch Höflichkeitsformeln etc. Es geht hier um den wesentlichen Inhalt der Briefe, nicht um deren Form. Viele Beispiele für wissenschaftliche Erörterungen in Briefen an Fiedler finden sich in Confalonieri/Schmidt/Volkert 2019, z. B. in der Korrespondenz mit Clebsch und Padova.

[544] Auch Beiträge Fiedlers in der Neuen Züricher Zeitung könnte man in diese Kategorie einordnen.

- Geschäftsbriefe (z. B. M. Schilling, B. G. Teubner)
- Netzwerkaktivitäten (z. B. Berufungsangelegenheiten).

Selbstverständlich kommen in der Praxis Mischformen vor, diese Einteilung sollte also nicht disjunktiv verstanden werden. Die Mehrzahl der Briefe, die in Fiedlers Nachlass erhalten sind, ordnet sich in die zweite Gruppe ein.

Versucht man die Empfänger von Fiedlers Briefen in Gruppen zu gliedern, so ergibt sich in etwa folgendes Bild:

- Autoritäten: Aronhold, Beltrami, Brioschi, Cayley, Clebsch, Cremona,[545] Möbius, Schlömilch;
- Ehemalige Mathematikkollegen in Prag und Zürich: Lieblein, H. Weber
- Schüler/Assistenten: Beck, Disteli, Pelz, Sand, Veronese, Waelsch, Weiler, Emil Weyr;
- Netzwerk Geometrie: Burmester, Dyck, Günther, Hauck, Gundelfinger, Klein (?!)[546], Rodenberg, Rudolf Sturm, Schubert, Schur, Voss, Christian und Hermann Wiener;
- Ingenieure und Naturwissenschafiter: Kick, Knop, J. J. Müller, Winkler, Zeuner;
- Prag: Durège, Lieblein, Pelz, Tilscher;
- internationale Kontakte: Ball, Cathcart[547], Hirst, Mannheim, Zeuthen.

Die Korrespondenz mit Salmon kann man als eine eigene Kategorie betrachten; man könnte diese Briefe vor allem in den frühen Jahren Arbeitsdokumente nennen. Dieser Briefwechsel erstreckte sich über mehrere Jahrzehnte und bildete eine wichtige Grundlage für Fiedlers Bearbeitungen. Schon 1860 schrieb er hierzu in der Vorrede zur ersten Auflage der „Kegelschnitte":

> Für alle wesentlichen Veränderungen habe ich mich der Billigung und der ausgezeichnet fördernden Theilnahme des Verfassers zu freuen gehabt. Dieselbe hat mir die ganze Arbeit zu einer ungemein genussvollen und angenehmen gemacht. Seinen inhaltlichen Briefen verdanke ich die Anregung zu einigen Anmerkungen und Erweiterungen, die man gewiss als sehr schätzbare Bereicherungen erkennen wird; eine briefliche Andeutung ist z. B. die Quelle der am Schluss des VI. Zusatzes gegebenen Entwickelungen über einen Satz von Fauré.[548]

---

[545] Fiedlers „drei große C".

[546] Fiedler scheint sich bzgl. der Einschätzung von Klein als Vorkämpfer der Geometrie nicht so recht sicher gewesen zu sein. Darauf deuten verschiedene Kommentare von ihm hin. Vgl. 9.2.

[547] Cathcart war ein Schüler von Salmon, der nach dessen Rückzug aus der Mathematik (1866), dessen mathematischen Werke teilweise betreute (vgl. Vorwort zur vierten Auflage der Raumgeometrie von Salmon-Fiedler [1898]). Fiedler korrespondierte mit Cathcart hauptsächlich wegen des Nachrufs auf Salmon, den er schreiben wollte und dann in der 7. Auflage des ersten Bandes der „Kegelschnitte" (1907) veröffentlichte.

[548] Salmon-Fiedler 1860, V. Es folgen noch weitere Beispiele für Anregungen Salmons, die Fiedler umgesetzt hat. Auch mit anderen Kollegen, etwa mit S. Gundelfinger und Fr. Schur, unterhielt Fiedler solche Arbeitskorrespondenzen, vgl. 9.2.5. Diese waren allerdings deutlich weniger umfangsreich.

Bekanntlich wechselte Salmon 1866 auf einen Theologielehrstuhl und nahm später auch wichtige Ämter (u. a. Provost) ein. Sein Interesse an der Mathematik und seine Teilhabe an der aktuellen mathematischen Forschung nahmen entsprechend ab, weshalb der Briefwechsel mit Fiedler zunehmend mehr Persönliches enthielt. Fiedler interessierte sich auch für Salmons theologische Ideen, die folglich auch zur Sprache kamen.

Als Ergänzung zu dem Briefwechsel mit Salmon kann man den weit weniger umfangreichen mit A. Cayley sehen, mit dem Fiedler auch mathematisch-inhaltliche Frage diskutierte. Cayleys Arbeiten flossen in die Lehrbücher von Salmon ein, so stammten etwa ganze Abschnitte in Salmons „Higher Plane Curves" von Cayley, worauf Salmon selbst hinweist. Cayley kompensierte mit seinen Beiträgen teilweise den „Ausstieg" Salmons aus der mathematischen Forschung. Gelegentlich bezog Fiedler aber auch Anregungen aus seinem Briefwechsel mit Cayley. Ein Beleg hierfür findet sich z. B. in der Vorrede zur zweiten Auflage des zweiten Bands der Raumgeometrie:

> Einige andere [Themen; K. V.] sind meiner Kenntnis seiner [d. i. Cayley; K. V.] Arbeiten entsprungen, durch deren directe Mittheilung er sein Interesse für die deutsche Ausgabe der Werke seines Freundes besthätigt.[549]

Die hier anklingende Funktion von Briefen könnte man als Informationsbeschaffung oder -austausch bezeichnen. Diese erfolgte schneller und präziser als über wissenschaftliche Publikationen. Die Beschaffung konnte natürlich auch die Gestalt einer brieflichen Diskussion annehmen, meint, ein Hin- und Hergehen von Argumenten, bis schließlich die gewünschte Antwort gefunden war. Ein bemerkenswertes Beispiel für die Informationsbeschaffung per Brief findet sich in der ersten Auflage der „Kegelschnitte" (1860). Unter den von Fiedler verfassten „Zusätzen" zur Übersetzung des Buches von Salmon gibt es einen neunseitigen Text „Die trimetrischen Coordinaten-Systeme und der barycentrische Calcul", in dem ein „Auszug aus einem Brief des Herrn Prof. Möbius an den Herausgeber"[550] wiedergegeben wird. In diesem Auszug erläutert Möbius die Einführung von trimetrischen (oder baryzentrischen) Koordinaten mit Hilfe von statischen Überlegungen.[551] Der Text ist präzise und vollständig ausformuliert – gerade so, als habe Möbius ihn für eine Veröffentlichung niedergeschrieben. Das Original des Briefes von Möbius ist im Fiedler-Nachlass nicht erhalten. Denkbar ist, dass Fiedler das Original einfach an den Setzer

---

[549] Salmon-Fiedler 1874, V. Cayleys Ideen verwandte Fiedler in weiten Teilen seines ersten selbständigen Buches, diese hatte er allerdings Cayleys Publikationen direkt entnommen; vgl. 3.2. Der erhaltene Briefwechsel mit Cayley begann erst nach Erscheinen (1862) dieses Buches.
[550] Salmon-Fiedler 1860, 574. Der Briefauszug findet sich auf den Seiten 574 – 580.
[551] Vgl. 4.4.3.

weitergab und sich so eine Abschrift ersparte. Ein weiteres Beispiel dieser Art findet sich in den „Höheren ebenen Kurven", wo ein Brief von M. Noether, in dem dieser die neuesten Ergebnisse zu algebraischen Funktionen von A. Brill und ihm für Fiedler zusammenfasste, wiedergegeben wird.[552]

Auch in der Vorrede zur zweiten Auflage der „Kegelschnitte" (1866) hebt Fiedler die Wichtigkeit der Korrespondenz hervor, wobei er Möbius, Hesse und den „leider schon der Welt entrissenen" Joachimsthal namentlich erwähnt, die ihn in seinen Absichten bestärkt hätten. Das sind aber noch nicht alle:

> In gleicher Weise bin ich durch die ausdauernde Theilnahme der Herren Aronhold, Cayley und Cremona und die reichen brieflichen und litterarischen Mittheilungen meines verehrten Freundes Clebsch gefördert worden.[553]

Es ist leicht nachzuvollziehen, dass der eben erst promovierte, noch nicht einmal 30jährige Lehrer an der Chemnitzer Gewerbeschule in seiner Diaspora Informationen und Unterstützung von führenden Fachvertretern gut gebrauchen konnte. Darüber hinaus könnte man hier auch den Versuch des Autors sehen, sich als Teil der Fachwelt zu präsentieren und den eigenen Status durch Bezug auf anerkannte Autoritäten – insbesondere, wenn diese als Freunde tituliert werden - aufzuwerten. Da Fiedler keiner Schule entstammte, war es für ihn sicher nützlich, um nicht zu sagen, notwendig, sich einen Platz in der Wissenschaftlergemeinschaft zu konstruieren.

Die Hilfe von „Freund"[554] Clebsch ging sogar noch weiter. Für die zweite Auflage der „Kegelschnitte" konnte Fiedler die Ausarbeitung einer Vorlesung über analytische Geometrie der Ebene nutzen, die A. Clebsch 1863 in Gießen gehalten hatte.[555] Ähnlich stellte Fiedlers Kollege H. A. Schwarz, wie bereits erwähnt, Fiedler einen Text über Minimalflächen zwecks Veröffentlichung in der Salmon-Fiedlerschen „Raumgeometrie"[556] zur Verfügung.

Auffallend ist, dass sich unter Fiedlers Briefpartnern recht wenige Vertreter der Geometrie in Österreich-Ungarn, insbesondere der Wiener Schule, finden – abgesehen natürlich von seinen Kontakten nach Prag und seinen ehemaligen Schülern (wie K. Pelz und die Gebrüder Weyr) aus Prager Zeit. Auch Schweizer kommen nicht vor.

---

[552] Vgl. Salmon-Fiedler 1873, 469 – 471. Noether verfasste den fraglichen Brief auf Fiedlers Bitte hin.
[553] Salmon-Fiedler 1866, IV.
[554] Auch Tilscher und – natürlich – Salmon werden von Fiedler als Freunde bezeichnet.
[555] Eine derartige Ausarbeitung findet sich im Hochschularchiv der ETH unter der Signatur Hs 206: 1.
[556] Salmon-Fiedler 1874, 683 – 690.

Briefe weisen bestimmte Eigentümlichkeiten vor, die hier kurz zusammengestellt werden sollen:

- Ehrlichkeit der Darstellung, vertraulicher Charakter, Briefe richten sich oft an Experten, also gibt es einen gemeinsamen fachlichen Hintergrund, der vorausgesetzt werden kann und somit detaillierte Erklärungen überflüssig macht;

- Einblicke in das Funktionieren der wissenschaftlichen Gemeinschaft (Seilschaften z.B. Hintergründe von Berufungen, Urteile über Leistungen oder Personen, Beziehungen zwischen Akteuren, …);

- Einbettung in die Geschehnisse der Zeit und der Politik; Klärung der zeitlichen Bindung des gerade gegebenen Kenntnisstandes;

- Kategorien des Denkens und handelns werden deutlich (z.B. norddeutsch versus süddeutsch[557]);

- Halbfertiges (Fragen, Vermutungen, Ziele, Projekte, …) etc. wird formuliert;

- stark kontextgebundene, knappe Informationen (z. B. werden gängige Symbole (wie etwa F_3 oder C_2) kommentarlos verwendet, da allgemein gebräuchlich);

- persönliche Vorlieben und Abneigungen werden deutlich, Briefe zeigen verschiedene Facetten einer Persönlichkeit;

- da der Umfang eines Briefes beschränkt ist – in der Regel auf einige Seiten – entsteht Zwang zur Kürze[558] und zur Konzentration auf das Wesentliche.

Viele konkrete Beispiele aus Fiedlers Korrespondenz werden wir neben denen, die wir schon gesehen haben, kennenlernen – hauptsächlich in Kapitel 9.

1.6 Auszüge aus Beyels „Erinnerungen"[559]

Die nachfolgenden Passagen aus Beyels Manuskript „erinnerungen eines alten Mathematikers" betreffen vor allem Beyels Aufenthalt in Göttingen, seine Assistentenzeit bei Fiedler sowie seine Tätgikeit als Privatdozent am Züricher Polytechnikum. Beyels Angaben sind nicht immer zuverlässig, entsprechende Hinweise finden sich in den Fußnoten.

---

[557] Dieser Aspekt spielte z. B. auch noch bei Kleins Überlegungen zum künftigen Vorstand der zu gründenden Deutschen Mathematiker-Vereinigung eine Rolle, der eine gewisse Ausgewogenheit in Hinsicht auf die Vertretung von Nord- und Süddeutschen haben sollte (vgl. Tobies 2019, 327 - 331). Klein wird gewusst haben, warum das wichtig war.

[558] Beispielsweise werden oft Abkürzungen verwendet.

[559] Unveröffentlichtes handschriftliches Manuskript, Zentralbibliothek Zürich, Signatur MsZ II 446. Es gibt mehrere Versionen dieses Textes, zugrunde gelegt wurde hier die letzte von 1938. Texte und Verweise in eckigen Klammern wurden von mir hinzugefügt. Das Original enthält einige Versehen (z. B. fehlen Wörter), Anschlüsse und Bezüge sind nicht immer korrekt. Diese wurden nicht korrigiert.

14. Göttingen[560]

Seit Gauß und Weber galt die Universität Göttingen als bevorzugter Ort für mathematische und physikalische Studien, und Schwarz war ein hervorragender Schüler von Weierstraß in Berlin, der damals zu den ersten Mathematikern der Zeit zählte. So zog ich denn im April 1877 in das idyllische Studentennest, dessen Bevölkerung von ca. 12000 Einwohnern ausschließlich aus Professoren, Studenten, Logisgebern, Wirten und Stiefelwichsern bestand. Rings um den Ort zog sich ein Kranz von „Bierdörfern", die für den Studentenbetrieb eingerichtet waren. Aus alter Zeit bestanden noch allerlei Verordnungen, die den Studenten viele Rechte gaben. Der Student durfte jagen, war in erster Linie der Gerichtsbarkeit der Universität unterstellt, hatte sehr weitgehende Erlaubnis zum Randalieren und die Mensuren waren in geordnetes System gebracht und fanden in Masse statt. Es gab eine Rangelei, wo man sich leicht eine „Contrahage" holen oder eine solche bekommen konnte. Ein Anstoßen mit dem Ellenbogen genügte. Ging man nicht auf die Forderung ein, so wurde man mit dem Fuder belegt und verfiel der Verachtung. Etwa ein Viertel aller Studenten trug Farben, und es bedurfte eines eigenen Studiums, um alle die mehr oder minder schlagbereiten Herren zu erkennen und einzuschätzen. Der müffelnde Student war ganz feudal und von unbeschreiblicher „Nobligkeit". Er stand turmhoch (151/152) über dem Burschenschaftler, sah verächtlich auf die „Blufen" und das farblose Volk, das „nur" studierte. Wer die höhere Semesterzahl hatte, konnte den Jüngeren jederzeit in die Kann fliegen lassen. Als ich an einem Apriltag des Jahres 1877 in den kleinen Badehof von Göttingen ausflog, wimmelte es von Studenten und die „Keiler" der verschiedenen Korps und Verbindungen waren an der Arbeit, um Füchse zu fangen und Mitglieder zu werben. Ich stieg im „deutschen Haus" ab und bald erschienen auch dort die „Beauftragten" und luden in höflicher und sympathischer Weise auf ihre Heurigen ein. Bei mir war die Mühe umsonst und ich kam nicht in Versuchung. Ich betrachtete mich schon als älteren Herren, der den studentischen Ulkereien nicht mehr nachging. Auch war mein Wechsel nicht auf Couleurleben eingestellt und hauptsächlich wollte ich schaffen und meine Zeit ausnützen. Der enzyklopädische Wissensdrang beherrschte mich immer noch. Ich erwartete Großes von Göttingen und hatte eine gewaltige Ehrfurcht vor den Namen, welche die Georgia Augusta zierten. Leider erfuhr ich schon am ersten Abend eine kleine Enttäuschung. Am runden Hoteltisch freundeten sich auf dem Abendessen einige Herren an und darunter ein kleiner, runder Bürger mit sehr rotem Gesicht, den man Professor nannte. Er war voll Witz und Bosheit, wußte allerlei Geschichten über seine Kollegen, die nicht im besten Lichte erschienen. Der Mäßigung war er nicht zugetan und je mehr er trank, um so mehr redete er, und um so mehr er redete, desto mehr trank er. Er erzählte von Gauß wie von einem guten Freunde, sprach von der „Schnödrigkeit", mit der die Mathematiker sich unter einander und mit der sie von der Menschheit behandelt werden. Kurz, ich merkte, daß der Professor „Gift trank", und bekam kein ideales Bild von den Göttinger Verhältnissen. Am nächsten Tage hörte ich dann, daß wir mit Prof.

---

[560] Pp. 151 – 163 des Originals. Die Seitenzahlen des Originals sind in Klammern angegeben.

Klinkerfues, dem Direktor der Sternwarte, zusammen waren, einem der letzten Assistenten von Gauß. Er brachte Klinkerfues wegen seiner hohen Begabung in die akademische Laufbahn, für die ihm die nötigen Papiere fehlten. Er leistete Vorzügliches, regierte nun an Stelle von Gauß auf der Sternwarte und machte – als einer der ersten – für Norddeutschland die Wettervorhersagen auf wissenschaftlicher Grundlage. Das machte ihn populär. Das Wetterwesen (154/155) schien aber ein dursterzeugendes Geschäft zu sein, denn Klinkerfues verfiel in seiner Junggesellenhaftigkeit dem Wirtshaus, war nicht nur wegen seiner massiven Kenntnisse berühmt, sondern auch wegen seiner "Räusche" berüchtigt und endete (1884) durch Selbstmord auf seiner Sternwarte. Als ich ihn an jenem Abend kennen lernte, war er – obwohl erst 50 Jahre alt – schon sehr auf der schiefen Ebene. Ich hütete mich, mit ihm den Faden weiter zu spinnen, und jener 1. Abend in Göttingen stand mir immer in einem lebhaften Gedenken und trübte gelegentlich mein Urteil über die akademischen Verhältnisse in Göttingen.

Liebenswürdig und nett wurde ich von Prof. Schwarz[561] aufgenommen, der mir einen schönen Stundenplan zurecht legte und der schon damals, trotz seiner jungen Jahre, die pädagogische Direktion der zahlreichen Mathematik-Studenten ganz in den Händen hatte und mit viel Geschick und schulmeisterlichem Sinne leitete. Er hatte die Hauptvorlesungen, ließ auf die Kollegen einiges zukommen – aber nicht zuviel – und im übrigen hatte er ein sehr wachsames Auge auf die Studierenden. Es waren immer einige da – man nannte sie die „Reptilien" – die ihm über das Tun und Lassen der Zuhörer allerlei zutrugen, und er war für derartige Mitteilungen recht empfänglich. Diese Art des Verkehres brachte ungeschickte Spannungen und Reibereien unter den Kollegen wie auch unter seinen Zuhörern. Die Kollegen betrachteten ihn als einen allzu strebsamen Konkurrenten, und die Zuhörer, die nicht zu den „Julianern" gehörten, fühlten sich beargwöhnt. Zum ersten Mal sah ich in die Verhältnisse hinein, von denen ich bei meinem Studium am Polytechnikum in Zürich keine Ahnung hatte. Da war Großbetrieb; man hatte seinen festen von der Behörde als obligatorisch erklärten Stundenplan, seine Repertorien, Noten und direktorialen Mahnungen, Vorwürfe und Androhungen. Dieses feste Gefüge stand wie eine Wand zwischen dem Professor und Schüler, und man [konnte] genau wissen, was man zu tun hatte. In Göttingen – besonders in der Mathematik – herrschte Kleinbetrieb. Wenn auch die Zahl der Mathematik-Studenten groß war, so ist das nur verhältnismäßig zu verstehen. Die Welt braucht sehr wenig Mathematiker, und daher gibt es auf den Universitäten immer nur eine kleine Anzahl von solchen „sonderbaren" Jünglingen, die Mathematik studieren. (153/154)

Der Schüler war daher gesucht, wenn er für das Fach begabt schien, fand Förderung, wurde aber auch in den Konkurrenzkampf hereingezogen, der bei aller Kollegialität der Professoren aus recht natürlichen Gründen im Hintergrund ausgefochten wurde. Dies wurde mir nicht nur durch manche Äußerungen von Schwarz über Kollegen bestätigt, sondern ganz besonders klar, wenn Schwarz sein Urteil über seinen ehemaligen Kollegen Fiedler äußerte und seine

---

[561] Das andere Göttinger Ordinariat für Mathematik hatte Moritz Abraham Stern (1807 – 1894) bis 1884 inne. Sein Nachfolger wurde F. Klein.

Minderwertigkeit betonte. Erst nach Jahren hörte ich von Fiedler dasselbe Urteil über Schwarz und die lieben Kollegen brüsteten sich in leidenschaftlichen Verunglimpfungen derselben. Dabei waren beide außergewöhnlich starke Willensmenschen von großer Betriebsamkeit, die auch Erfolge hatten, an ihre Unfehlbarkeit glaubten und soviel Gutes leisteten, daß sie es gar nicht nötig gehabt hätten, die Verdienste ihrer Kollegen herabzusetzen. Mir – dem Studenten – war es etwas peinlich – seinen Lehrer Fiedler, dessen Fach mir lieb war, in solcher Behandlung zu sehen, wie es mir Schwarz zeigte. Andererseits fühlte ich mich aber dadurch geehrt, daß mir Schwarz dieses Licht aufflackte.

Mit Fleiß stürzte ich mich in die Vorlesungen, merkte aber bald, daß ich recht viel aufzuholen hatte. Zwischen den ersten mathematischen Jahren am Polytechnikum und meinem Uebergang nach Göttingen lagen 3 Jahre mehr den praktischen Kenntnissen zugewandte Jahre, die mir jetzt wenig dienten. So hörte ich – für zum ersten Male – eine gründliche Vorlesung in analytischer Geometrie der Ebene und des Raumes unter Benutzung der Differential- und Integralrechnung. Da Schwarz viel Sinn für reine Geometrie hatte, so artete er diese Vorlesung nicht in eine reine Rechnerei aus und das geometrische Bild wurde nicht durch die Zahlen verdeckt. Im Mittelpunkt des Unterrichts stand die „Funktionentheorie", die damals Modefach war, und in welcher Schwarz manche Untersuchungen von Weierstraß übermittelte. Im Zusammenhang mit diesem Ueberblick über endlose Möglichkeiten von Abhängigkeiten standen die Untersuchungen über Minimalflächen. Die Arbeiten über dieses Gebiet hatten den Ruf von Schwarz am Ende der 60er Jahre begründet und gaben Anregung zu vielen interessanten Studien. In Prof. Enneper hatte ich einen Lehrer, der mit erstaunlicher Eleganz und Fertigkeit die kompliziertesten Integrale löste, mit unendlichen Reihen jonglierte und sich nie irrte. Es war ein Genuß da mit zu tun – aber es war nicht sehr anregend. Man hatte immer den Eindruck, daß nur ein Rechengenie diese Kunststücke fertig bringe und daß (154/155) [man nur zuhören konnte. Ergänzung des Korrekteurs in Beyels Manuskipt.]

[Der Anschluss von p. 155 an 154 stimmt nicht im Original.]

Rücksicht. So lag es für mich nahe, die allgemeinen philosophischen Vorlesungen zu hören. Zudem war der Dozent, Prof. Lotze einer der letzten Schüler aus der klassischen Zeit der deutschen Philosophie, und sein Ruf war sehr groß. Ich wagte mich also unter alle die Theologen, Philologen, die Philosophen, die bei Lotze Zuhörer waren, und wurde 3 Semester hindurch ein begeisterter Schüler. Es war ein Genuß, diesen feinen Mann zu hören, der in seiner einfachen, würdigen Art das Vorbild eines Weltweisen war. Er kam von der Medizin, war also naturwissenschaftlich ausgebildet, verschmähte jedes oratorische Beiwerk und wandte die philosophischen Probleme nach allen Seiten – immer das für und wider erwägend und sehr vorsichtig mit seinem abschließenden Urteil. Gelegentlich hob er mit einer leisen Betonung seine persönliche Ansicht hervor, lehnte eine Modephilosophie wie den damaligen „Materialismus" ab, wurde aber nie leidenschaftlich. Hatte er eine halbe Stunde frei geredet, so folgte das Diktat, welches in Kürze die behandelten Gedanken zusammenfaßte. Vielleicht war manchem Zuhörer diese Art zu nüchtern und mathematisch und abstrakt. Sie blieb aber bei der Sache und wußte Wesentliches und Unwesentliches zu scheiden. Lebhafter war schon der andere Philosoph, Prof. Baumann, der ein vierstündiges Kollegüber die Geschichte der Philosophie las, das ich fast ganz hörte und das sehr zur Klärung diente.

Unter den Professoren in Göttingen waren noch 2 alte Koryphäen, die man anstaunte, aber nicht mehr hören konnte. Der eine war Prof. Wöhler, der sich durch die künstliche Herstellung des Harnstoffes einen vorzüglichen Ruf gemacht hatte. Jetzt ging der 76jährige Herr müde auf dem „Wall" mit seiner Tochter spazieren und sah nicht nach Ruhm aus. Man sagte, daß er noch Räuberromantik lese, die nicht schrecklich genug sein könnte. Der andere berühmte Mann war der Physiker Wilhelm Weber, einer der Göttinger „Sieben", der mit Gauß den ersten größeren elektromagnetischen Telegraphen auf der Sternwarte einrichtete. Er kündigte noch Vorlesungen an, las aber nicht mehr, arbeitete noch wissenschaftlich und sein Name wurde im Zusammenhang mit dem ersten in Göttingen eingerichteten Telefon genannt. Das Leben in Göttingen war originell und anregend. Der Student hatte gewöhnlich 2 Zimmer, eine Studierstube und einen Schlafraum, zahlte semesterweise und für das Gebotene wenig. Mein großes Zimmer, das auf die Weender-Allee ging und die Schlafstube kostete 75 Mark im Semester. (155/156). Semesterweise wurde man zu Hause rasiert – von morgens 6^h an sogar im Bett, das kostete 3 Thaler. Ebenso viel erhielt der Stiefelmeister, der vom frühen Morgen an auf den Beinen war und dem Studenten in seinen Trink- und Geldnöten beistand, für Kollegiumshefte und [???] sorgte und anderen mehr guten Rat wußte. Mittags aß man gewöhnlich mit Freunden im Restaurant. An „noblen" Tischen war am Sonntag „Weinzwang", d. h. man mußte eine Flasche Wein trinken – Rheinwein, Moseltröpfchen oder sonst eine feine Marke für 10 – 12 Groschen die Flasche. Es waren ganz herrlich duftende Weine, die in den Geschichten der [???] getrunken wurden und allen denen schmeckten, die nicht in einem Weinlande zuhause sind. Für das Abendbrot war man „auf der Brück" eingerichtet. Göttinger Wurst, Brod und gesalzene Butter waren immer bereit, und an einem kühlen Orte lag die kleine Kiste mit 30 Bierflaschen, die einen Thaler kosteten und beständig zirkulierten. Das war alles sehr bequem, um am Abend auf dem Zimmer zu arbeiteten, und sehr oft geschah dies auch. Viele Studenten, die vom Lande – aus Westphalen, Pommern, etc. – kamen, hatten auch stets feinste Leckerbissen – Schinken, Gerstenkleie, Gansfett, Pumpernickel u. dgl. – auf der Brück, und man war zu Gast geladen. Dann fing die Disputierei an und die neue Zeit, welche ja jede Jugend erlebt, rumorte in den Köpfen, und alles tolle Zeug, das man in den nächsten 50 Jahren erlebte, stand schon damals auf dem Programm für die Zukunft.

Geselligkeit und Freundschaften hingen für mich mit dem mathematischen Verein[562] zusammen, der in der Obhut meines Lehrers Schwarz stand, und wo ich bald eingeführt wurde. Ich verdanke diesem Kreis viele Anregungen, viele schöne Stunden und auch viel Einblick in das menschliche Leben. Man konnte

---

[562] Der mathematische Verein in Göttingen war 1869 gegründet worden – eine Institution studentischer Selbsthilfe, wie Lorey treffend bemerkt, die wesentliche Lücken im Vorlesungsangebot schloss (vgl. Lorey 1916, 138), aber auch Bekanntschaften, ja sogar Freundschaften ermöglichte. Bei Lorey finden sich auch weitere Ausführungen zu den mathematischen Vereinen, etwa dem in Berlin (Lorey 1916, 138 – 141).

dort sogar für sein Fach manches lernen, denn den Versammlungen ging stets ein von einem Studenten gehaltener Vortrag voraus, über den diskutiert wurde. Ich konnte dort aus meinen Zürcher Studien einiges bieten und sprach wiederholt über die „graphische Statik", „die rein geometrische Darstellung von Flächen 3. Ordnung" – also über Gebiete, die dem Universitätsbetrieb einer deutschen Hochschule sehr fern lagen. Ein Fragekasten gab Gelegenheit zur Lösung von Aufgaben. Es wurde also in diesem mathematischen Verein gearbeitet. Man stand in Verbindung mit einem naturwissenschaftlichen Verein, der ähnliche Ziele verfolgte und gemeinsame Zusammenkünfte, Ausflüge und Feste waren die Glanzpunkte dieses geselligen Lebens, das 60 – 80 Studenten einander näherbrachte. Die große Mehrheit waren ernsthafte und (156/157) fleißige Jungen mit wissenschaftlichen Neigungen und Anlagen. Wer bummeln wollte und den Farbenstudenten spielen, konnte sich auf Dauer in diesem Kriege nicht halten. Uebrigens reichten bei den meisten auch die Mittel dazu nicht, denn diese Söhne von Lehrern, Pfarrern, Professoren und einfachen Handwerkern und Bauern hatten gewöhnlich bescheidene „Wechsel". Wir studierten gar auf Schulden hin, die sie später, wenn das Ziel erreicht, abzahlen sollten. Da hieß es, sparen und wieder sparen. Da ich gewöhnlich auch haushalten mußte, um noch einige Semester studieren zu können, so passten mir diese allgemeinen Verhältnisse sehr gut. Nun muß man aber nicht denken, daß diese studierenden Mathematiker und Naturwissenschaftler alle dem aus dem Wege gegangen seien, was nach damaliger Auffassung zum studentischen Wesen gehörte. Man ging nicht auf die Mensur, man trug keine Farben – oder nur selten solche – aber dem allgemeinen Trinkzwang mußte man sich unterwerfen, und so wurde auch nach dem „wissenschaftlichen Teil der Zusammenkünfte" und bei eventuellen „Abendsitzungen" konventmäßig getrunken. Das war nicht ganz wenig, und die „Ganzen, Halben und Bierjungen" belasteten zuweilen den Konsum ungebührlich. Bei der schwerfälligen germanischen Art wurden ja die Zungen durch die Trinksitten bis zu einem gewissen Grade erst gelöst, und das Wort mag manchmal gelten: „Wenn wir trinken werden wir begeistert". Solange man sich an das „Pfui, den der Wein bemeistert" hielt, mag die Sache noch angehen. Aber es bedarf viel Training und Willensstärke, um da immer im rechten Augenblicke die Grenze zu finden, wo die Begeisterung aufhört und das „Pfui" anfängt. Ich will nicht behaupten, daß wir ernsthaften Mathematiker in Göttingen stets um die scharfe Ecke herumkamen, die andere zu Fall brachte. Solange freilich nur die Begeisterung vorherrschte, war des Vergnügens kein Ende, und so kann ich heute noch an manche fröhliche Stunde in Göttingen zurückdenken, wo im Kreise der Freunde ein gutes Wort den anderen rief.

Dieser Kreis war ideal, bestand durchweg aus Norddeutschen und hatte sich im mathematischen Verein zusammengefunden. Die Mehrzahl dieser Studierenden waren 1 – 2 Jahre jünger wie ich, und ich war ihnen gegenüber ein wenig der ältere Herr. Durch meine Schulung an einem deutschen Gymnasium und die besondere reichsdeutsche Gesinnung, welche da geherrscht hatte, stand ich diesen Preußen, (159/160) Hessen, Thüringern usw. mit einem guten Verständnis für ihre patriotische deutsche Denkweise gegenüber. Sie waren voll Hoffnung, daß die Gründer des Kaisers, die noch an der Arbeit waren, noch Größeres bringen werden, als man erlebt hatte. Das arme Deutschland sollte ein reiches werden. In der Tat zeigte sich auf allen Gebieten ein reges Streben und eine Blüte, die manchmal treibhausartig schien. Dunkle Elemente aus dem Osten waren stark im Gründen und es fehlte nicht an traurigen Spekulationen. Immerhin rückte Deutschland mit Riesenschritten in die Reihe der weltwirtschaftlichen Großstaaten, und das Landvolk zog in Schaaren den Städten und Industrieorten zu. Die Kehrseiten dieser Wandlung blieben nicht aus: Der wachsende Reichtum sollte in gerechter Weise auf die verschiedenen Volksschichten – entsprechend ihrem Anteile an der Initiation, dem Risiko und der Arbeit – verteilt werden. Doktrinäre hatten früh der 48-Revolution dafür schöne Formeln und Systeme aufgestellt. Nun fing man an, mit Realitäten zu rechnen, früh die Arbeiter-Bataillone stärken und die Kapitalisten reicher wurden. Da verlangten die Arbeiter ihren Anteil, und die soziale Frage wurde auch in studentischen Kreisen erörtert. Viel Verständnis war dafür noch nicht zu finden, denn diese Beamtensöhne, die in der Mehrzahl wieder Beamte werden sollten, hatten keinen Grund, sich zu beklagen und für soziale Theorien zu schwärmen. Sie gehörten einem Stande an, der ja nicht reich war, aber eine vorzügliche Organisation besaß, im Staate allmächtig war und durch allerlei dekorative Zeichen wie Titel, Orden, Adelsdiplome etc. gegenüber den „Geldleuten" eine Vorzugsstellung hatte. Ich war durch meine Zürcher Erfahrungen schon etwas im sozialen Denken gewonnen, hatte dort die [???] und die zahmen „Propheten" der Zukunft gehört und war wohl etwas rot angehaucht worden. Manchem meiner Freunde erschien ich ganz rot – aber davon war keine Rede. Dagegen war ich sehr von Häcker begeistert. Pfingsten 1878 kam ich zum ersten Male nach Berlin mit einer Anzahl von „Göttingern", um andere Freunde, die nach Berlin übergesiedelt waren, zu besuchen. Damals hörte ich Häcker zu einer gewaltigen Volksmenge in einem Garten weit draußen vor Berlin reden und hatte einen großen Eindruck. Um jene Zeit waren die Göttinger Studenten durch den „Fall Dühring" sehr erregt worden, den man wegen seiner Haltung zu den Juden die venia legendi[563] entzogen hatte. Seine kritische Geschichte der Grundlagen der (158/159) Mechanik – eine Göttinger Preisschrift von 1873 – erlebte verschiedene Auflagen und war damals von den Mathematikern viel gelesen worden. Wir bewunderten den Scharfsinn Dührungs, waren über die Remotion empört, und eine Anzahl Studierender unterschrieben eine Sympathie-Adresse an Dühring. Ich war nicht dabei. Wenn ich auch die Behandlung des blinden Gelehrten nicht für gerecht hielt, so wollte ich als Ausländer mich nicht in eine interne deutsche Frage einmischen. Aber Häcker und Dühring machten mich zum ersten male auf die Gefahren aufmerksam, welche dem Deutschtum von einem übermächtigen und entarteten Judentum drohten. Aus seinen Reihen kamen viele Gelehrte, die stets verneinten, wie Scheidewasser wirkten und gegen die bestehenden Verhältnisse ankämpften. Im Judentum fand sich aber auch seit Jahrtausenden jener starke Händlergeist, der im Wirtschaftsleben den sozialen Ausgleich erschwerte und viel Haß auslöste. Es ist ja nicht zu leugnen und sehr bedauerlich, daß zahlreiche Nichtjuden sowohl in ihren kritischen Neigungen wie in ihrem Geschäftssinn den entarteten Juden

---

[563] Maßgeblich für diese Sanktion gegen Dühring war sein beleidigendes Verhalten gegenüber H. Helmholtz, Emil du Bois-Reymond und anderen Kollegen sowie seine Angriffe auf die Institution Universität. Einschlägig für Dührings Antisemitismus ist dessen Kampfschrift „Die Judenfrage als Racen-, Sitten- und Culturfrage. Mit einer weltgeschichtlichen Antwort" (1881).

nacheiferten und sich von ihnen beeinflußen ließen. Andererseits fehlte auch der edle Jude keineswegs, wenn er auch nicht – wie in Lessings Natan – Fygur seiner Rasse ist. Zu wünschen wäre, daß man von allen Seiten diese historische Tatsachen anerkennen und nicht verschleiern sollte. Nur so kann einem einseitigen Antisemitismus gewehrt werden.

Diese Einsicht war mir damals aufgegangen, als in unseren Göttinger Kreisen die Judenfrage vielfach zur Diskussion stand. Sie wurde für unseren kleinen Kreis dadurch verschärft, daß ein studierender Jude bei Prof. Schwarz den Zuträger machte und von Schwarz sehr geschützt wurde. Überhaupt war Schwarz in leidenschaftlicher Weise gegen Dühring aufgetreten und hielt in unserem mathematischen Verein eine drohende Rede gegen die Studenten, die Dühring freundschaftlich gegenüberstanden. Dazu kam noch eine Kleinigkeit, in die ich ungeschickter Weise hineingeriet und die mir im späteren Leben sehr schadete. Jenes oben genannte jüdische „Reptil" wurde von einem meiner Freunde – er war Quästor des mathematischen Vereins – beschuldigt, im Kassenbuch seine Beitragszahlung erhöht zu haben. Die Zahl schien radiert und der Jude sollte aus dem Verein ausgestoßen werden. Man fürchtete aber seinen Protektor Schwarz. Niemand wollte mit Schwarz reden, denn die meisten mußten zu Schwarz ins Staatsexamen (159/160) und konnten keinen „Bruch" wagen. So fiel mir – dem Ausländer – dieser Auftrag zu und ich ging in die Höhle des Löwen, kam aber als begossener Pudel heraus. Schwarz spielte Natan, schrie immer „der Jude soll verbrannt werden", und da konnte ich mit meiner gut gemeinten Logik nicht aufkommen. Der Jude hatte gesiegt, und ich war hereingefallen. Es war dies in meinem dritten Göttinger Semester vorgefallen. Schwarz sah ich erst nach vielen Jahren – von ferne – bei einer Festrede in Berlin, aber seinen Einfluß – aus der Ferne – spürte ich des öfteren. Da ich Schwarz viel als Lehrer verdanke, auch manche Freundlichkeit erfahren hatte, so war mir dieser Ausgang unserer Beziehungen sehr schmerzlich. Ich versuchte später, nachdem ich vielerlei veröffentlicht hatte, was von Prof. Hauck in Berlin sehr gut aufgenommen wurde, wieder mit Schwarz anzuknüpfen. Aber der Jude stand ihm doch wohl näher als der Christ und dazu kam dann auch noch, daß er mich als Schüler Fiedlers hassen mußte, über den er sich ja in Göttingen mir gegenüber in den stärksten Tönen ausgesprochen hatte. So reagierte er auf meine spätere Begrüßung nie mehr.

Zu der Erregung, die sich im Sommersemester 1878 um den Fall „Dühring" und die oben geschilderte Begebenheit mit Schwarz knüpfte, kam noch eine andere politische. Am 2. Juni 1878 schoß Nobiling unter den Linden in Berlin auf Kaiser Wilhelm I. Glücklicherweise verursachten die Schrotkugeln nur eine leichte Verletzung. In weiten Kreisen schien das Attentat[564] unbegreiflich und die Empörung war groß. Alles, was man gegen das monarchische Prinzip sagen kann, traf bei Wilhelm I. nicht zu. Er war das Ideal eines einsichtigen, bescheidenen, pflichtgetreuen Regenten, war trotz der außerordentlichen Erfolge nicht stolz geworden, ließ seinen tüchtigen Mitarbeitern Ehre und Ruhm und stand in einem Alter, das an sich Ehrfurcht gebot. Natürlich bekannte sich keine Partei

---

[564] Ein anderer Attentatsversuch auf Wilhelm I kam in einem Brief von Schlömilch an Fiedler zur Sprache, vgl. 9.2.1.

zu der Tat, aber sie war doch ein Zeichen, daß dem Heute Gefahr drohte und daß viel unverantwortliche und unsinnige Hetzarbeit geleistet wurde. In einem feierlichen Festakte gaben Universität und Studentenschaft der Freude darüber Ausdruck, daß der Rector Magnificus[565] – dies war Kaiser Wilhelm – gerettet wurde. Rietschel war Prorektor und führte die in Talaren einherschreitenden Professoren an (160/161) – er selbst eine imponierende Erscheinung in reichem Gewand. Die Studentenschaft folgte in großer „Wichse" und am Festakt sprach der geistreiche Professor Sauppe über den griechischen Staat. Noch sei einem Ereignis in meinem ersten Göttinger Semester gedacht. Die Wiederkehr des 100. Geburtstages von Gauß (30.IV.77) wurde festlich begangen und eine große Anzahl von Führenden Mathematikern war nach Göttingen gekommen. Unter allen ragte der schöne Mathematikerkopf von Weierstraß hervor, und Prof. Schwarz sonnte sich im Glanze seines berühmten Lehrers. Der mathematische Verein veranstaltete einen großen Commers und es regnete mathematische Witze. Die heißen Sommertage steigerten den Durst und es ging hoch her. Wir Mathematiker kamen uns ganz wichtig vor und stiegen vorübergehend in der Achtung der übrigen Studenten. Im allgemeinen spielten wir ja keine große Rolle und wurden sehr von oben herab angesehen. Man redete wohl von der Königin der Wissenschaften - der Mathematik – und hörte in diesen Tagen viel über den Princeps mathematicorum[566] – aber die meisten Studenten waren froh, wenn sie mit diesem Königreich nichts mehr zu tun hatten, wo so wenig Schüler zu heben waren.

Der Abschied von Göttingen wurde mir nicht ganz leicht. Die 2 ersten Semester hatten mich in jeder Hinsicht gefördert. Ich war freilich weniger an das Studium herangetreten, als Schwarz das dachte. Die besonderen Ingenieurstudien und das praktische Jahr hatten mich ganz von dem abgelenkt, was in Göttingen getrieben wurde. Aber ich nutzte die Zeit gut aus und strebte danach, durch eine Promotionsurkunde das Studium abzuschließen. Prof. Schwarz machte mir auch einen recht schönen Vorschlag, den er schon früher gemacht hatte und der auch einmal in ähnlicher Form als Promotionsarbeit zur Lösung stand, aber meines Wissens heute noch nicht gelöst ist. Damals waren schöne geometrische Arbeiten über Flächen 3. Grades mit ihren 27 Geraden erschienen[567] und ich hatte einmal im mathematischen Verein darüber gesprochen. Nun schlug mir Prof. Schwarz vor, Flächen 5. Grades zu untersuchen, auf denen Schaaren von Geraden liegen. Ich ging mit mehr Mut hinter das Problem, als ich heute hätte, wo ich seine Schwierigkeit besser überblicke. Daher begreife ich jetzt sehr gut, daß eine solche vielschichtige Aufgabe nicht reichte und daß ich erst längere Zeit gebraucht hätte, um überhaupt in dieses Gebiet (161/162) eine gewisse Uebersicht zu bringen. Dann hätte man den einen oder anderen Fall herausgreifen können. Ob ich dazu das Geschick und die Zeit hätte, schien mir sehr zweifelhaft. Ich war im 2. Semester, hatte einen umfassenden Studienplan und mehr als ein drittes Semester durfte ich nicht wagen. Ich hörte daher weiterhin meine Vorlesungen,

---

[565] Rektor der Universität war der jeweilige Landesherr (falls vorhanden), das Amt des heutigen Rektors wurde deshalb Prorektorat genannt.
[566] Ehrentitel von Gauß.
[567] Vgl. 5.3.2.

suchte in meiner Freizeit einiges Material über die erwähnten Flächen auf, fand aber sehr wenig und ließ dann die Sache liegen. Zufällig kam mir damals ein Preisausschreiben der Universität Zürich in die Hände. Es verlangte eine Monographie des Satzes von Paskal über das einem Kegelschnitt einbeschriebene Sechseck. Dieser reizende Satz war mir immer sehr lieb gewesen und ich beschloß, seiner Geschichte nachzugehen. Ich schleppte daher eine Masse großer und kleiner Bücher und Abhandlungen auf das Zimmer und legte mir eine Sammlung von Auszügen zu. Dabei bemerkte ich freilich, daß wohl in keiner Wissenschaft die Autoren so wenig auf einander Bezug nehmen, wie in der Mathematik. Neben einem „Hauptstoff", der sich mit der Zeit in wenigen Lehrbüchern zusammenfindet, geht eine Unmasse individueller Spezial- und Kleinarbeit. Sie wird wenig gelesen und macht gewöhnlich dem, der sie verfaßt, das meiste Vergnügen. Sie wird wenig zitiert, sollte aber bei einer historischen Arbeit berücksichtigt werden. Daher ist es so schwierig, auf mathematischem Gebiete in historischer Richtung weiterzukommen, zumal selbst in den größten Bibliotheken die mathematischen Bestände klein sind. Das mag auch der Grund sein, warum soviele Zitate und Jahreszahlen von mathematischen Abhandlungen falsch sind und unrichtig in ganz bekannten Büchern stehen. Man zitiert nicht aus dem Original. Ich ließ mich aber durch alle diese Hindernisse nicht abschrecken, erhielt einen gewissen Einblick in die Geschichte der Kegelschnitte und hoffte, im Wintersemester 1878/79 die Monographie zusammenschreiben zu können – wenn ich keine besondere Arbeit fände. Diese mußte vorangehen, denn zum „Privatisieren" hatte ich kein Geld mehr. So sah ich – aus meiner schönen Studienzeit – im Sommer 1878 sorgenvoll in Göttingen. Der Zusammenstoß mit Schwarz ging mir nach. Onkel Mörikofer, der noch die Bezüge mit der alten Generation mittelte, war im Oktober 1877 gestorben und so stand ich wieder einmal „am Berg". Sobald (161/162) ich mein Testat für das Sommersemester hatte, verabschiedete ich mich noch bei Enneper und Schering, die über die ganz Geschichte mit Schwarz unterrichtet und mir gegenüber sehr freundlich gesinnt gewesen waren. Dann ging ich nach Wertheim, wo ich mich von meinem Göttinger Nervenschok erholte. Der Großvater wußte allerlei Projekte, sogar Heiratsprojekte – ich war 24 Jahre alt – und war nicht abgeneigt, mich in eines der fürstlichen Häuser als irgend einen Supernumerarius[568] zu schieben. Darauf gelüstete es mich freilich nicht. Ich wollte irgendwie und irgendwo Mathematik lehren und es handelte sich nur darum, die rechte Tür zu finden. Sie zeigte sich am

15. Polytechnikum in Zürich[569]

Es gibt Menschen, die sich das Dasein durch überflüssige Betrachtungen verderben und immer wieder darauf zurückkommen, wie es gewesen wäre, wenn sie in dem und dem kritischen Augenblick sich nicht in ein bestimmtes Fach begeben hätten. Ueberblickt man aber später sein Leben, so kommt man zu der Erkenntnis, daß in solchen Augenblicken zwingende Führungen und die Pflicht

---

568 Ein Supernumerar ist ein überzähliger Beamter.
569 Beyel verwendet gelegentlich diese etwas ungewohnte Art, Überschriften in den laufenden Text einzubinden.

auferlegten, gerade den Weg zu gehen, der uns gewiesen wurde. Er führte vielleicht nicht zu einem Ziel, das uns vorschwebte und <u>nur</u> erreichenswert schien, aber schließlich war es das einzig richtige.

Ein Zürcher Freund machte mich, als er im Herbst 1878 in Wertheim saß, darauf aufmerksam, daß Prof. Fiedler einen Assistenten für darstellende sowie Geometrie der Lage suche. Ich wusste, daß das Sommersemester wieder mit einer Katzenmusik gegen Fiedler geschlossen hatte, an deren Spitze tüchtige Studenten standen. Es war immer dieselbe Sache: Wer zu viel will, schneidet schlecht ab. Fiedler wollte mehr erreichen als bei diesem Schülermaterial in den ihm zugeteilten Stunden zu erreichen war. Dazu kam, daß das „System" an der Schule mit seinen vielen Obligatorien, Noten, Weisungen etc. dem Dozenten eine große Macht gab, um seinen Willen durchzusetzen. Fiedler war ein starker Willensmensch, gebrauchte diese Macht viel mehr wie seine Kollegen, und so kam es, daß nicht nur ein großer Teil der Schüler ihm und seinem Fache keine Sympathien entgegenbrachte, sondern daß auch die Dozenten der 2 ersten Kurse sich vielfach durch Fiedler beengt fühlten. Die Arbeiten, welche die Schüler für die darstellende Geometrie auszuführen hatten, nahmen viel Zeit in Anspruch und in der Schule für Ingenieure drehte sich der ganze Betrieb der ersten 2 – 3 Semester hauptsächlich um die darstellende Geometrie und die Geometrie der Lage. Sie war durch Fiedler ein gefürchtetes Fach geworden, und es bedurfte zuweilen nur einer Kleinigkeit, eines Missverständnisses, und der Lärm war da. Er ging von etwa 200 Ingenieuren der ersten Curse aus, wurde aber von den übrigen Polytechnikern kommend schließlich und kräftig unterstützt. Viele Hunderte zogen mit [??] und ähnlichen Instrumenten bei einbrechender Dunkelheit vor das Haus des Opfers der Wissenschaft und begeisterten sich gegenseitig an dem Spektakel. Die Polizei war nicht zu fürchten, denn die Außenbezirke von Zürich[570] hatten damals nur ganz wenige Mann. So standen der Aufführung keine Hindernisse entgegen. Nach derselben zogen die Studenten in ein großes Bierlokal und feierten ihre Heldentat mit Bier und Fidelität.

Einen solchen Skandal, der seit Jahren seine traditionelle Form hatte, war – wie man sagte – ein Assistent zum Opfer gefallen. Die Haltung eines solchen war immer schwierig, da er zwischen dem Professor und den Schülern stand, mit diesen viele Wochenstunden verbrachte und am Zeichentisch sitzen und beim Konstruieren sie beraten mußte. Da wurde er allzu leicht von der einen oder anderen Seite unmöglich. Das schreckte mich und ich meldete mich nicht leichten Herzens für die Stelle.[571] Wissenschaftlich passte mir die Stelle sehr gut. Ich hatte Verständnis für das Fach, konnte bei Fiedler sehr viel lernen, und ich hatte stets zu denen gehört, die keine Veranlassung und Lust hatten, ihm eine Katzenmusik

---

[570] Fiedler wohnte zu dieser Zeit in Unterstrass, damals noch eine eigenständige Nachbargemeinde von Zürich.

[571] Anmerkung im Original: „Erst 1936 habe ich erfahren, daß damals einem sehr tüchtigen Professor von einem alten Professor auf Anfrage der Rat erteilt wurde, sich nicht auf diese [die Assistentenstelle bei Fiedler, die Beyel bekam; K. V.] einzuliefern; sie werde ihn zu Grunde richten. Leider bekam ich diesen Rat nicht."

zu bringen. So trat ich mit der Schulbehörde (Kappeler) in Beziehung[572] und wurde sofort von Fiedler eingespannt, erhielt lange vor Beginn des Semesters eine Auswahl Aufgaben und wurde schließlich würdig befunden als II. Hilfslehrer[573] an der Ingenieurschule angestellt zu werden. Etatmäßig waren damals noch – von der Gründungszeit des Polytechnikums her – der Ingenieurschule 2 solche Hilfslehrerstellen zugeteilt, eine erste und eine zweite. Erst später, als die Zahl der Assistenten immer mehr wuchs, wurden diese alle einander gleich gestellt. So hatte ich nun wieder Boden unter den Füßen. Große Schritte konnte ich freilich (164/165) nicht machen, besonders nach der finanziellen Seite. Denn Präsident Kappeler war sehr sparsam – auch sich selbst gegenüber. Und dann war die Assistentenstelle nicht etwa das Nebenamt – besonders in den zwei ersten Jahren nicht. Die Schüler mußten die Vorlesungen von Fiedler hören, für die Uebungssäle Zeichnungen machen, in zahlreichen Gruppen wöchentlich repetieren, wöchentlich ein Blatt abliefern. Dies alles mußte nicht nur registriert, sondern auch korrigiert werden. Auf jeden Assistenten traf es zirka 400 Schüler. Das Stellen der Noten war Arbeit mancher Stunde. Die Quartalsnoten wurden mit Fiedler durchgesprochen. Die Note 6 wurde selten gegeben, man ging aber bis 1 herab, und dann gab es von ¼ zu ¼ alle Zwischennoten; manchmal wurde um 2/4 länger diskutiert: Der Professor und die Assistenten sollten und wollten alle gerecht sein. Jeder Assistent hatte die Pflicht, seine Meinung über die Schüler zahlenmäßig genau festzustellen.(165/166) Diese Zahl entschied ganz wesentlich darüber, ob der Schüler in den nächsten Curs promoviert werden konnte und sie spielte auch bei der Diplomprüfung eine große Rolle. Das System war vielleicht etwas pedantisch, und man sprach davon, daß es einer Hochschule unwürdig sei. Aber es erleichterte dem Dozenten sein Urteil und machte die Verantwortlichkeit gegenüber dem Schüler weniger drückend. Dieser und seine Eltern und Angehörige hatten in diesen genauen Zahlen einen guten Maßstab für Befähigung und Fleiß. Daß Fiedler sich und uns diese große Arbeit auferlegte, hing mit seiner Gewissenhaftigkeit zusammen. Er war noch ein Muster jenes deutschen pflichtbewußten Beamtentums, das vor allem Preußen groß gemacht hat, aber in der Welt verhaßt war. Viel Aerger und Mühe wäre ihm erspart geblieben, wenn er den „Betrieb" leichter genommen hätte. In den ersten Jahren meiner Tätigkeit mußte ich wiederholt den Repetitorien beiwohnen, die Fiedler abhielt: Er wollte mir „musterrepetieren", wie er sagte. Es ging dabei sehr heiß zu und es standen bisweilen 5 – 6 Nichtwisser an der Tafel, denen man ihre skandalöse Unfähigkeit vorhielt. Ich hütete mich wohl, diese Muster-Lektionen nachzumachen. Immerhin: aliquid haeret[574], und man gewöhnte sich in der Fiedlerschen Schule wohl doch etwas mehr „Schneidigkeit" an, als für das spätere Vorwärtskommen gut war. Unter dieser schulmeisterlichen Zucht Fiedlers hatten wir Assistenten auch manches zu leiden – besonders in den ersten Jahren. War schon durch den normalen Stundenplan das Arbeitspensum

---

[572] Beyels Bewerbung (Anmeldung, wie man damals sagte), verfasst in Göttingen, ging beim Schulrat am 11. Oktober 1878 ein (Geschäftskontrolle 1878 No. 465). Es sieht so aus, als habe es nur diese eine Bewerbung gegeben.
[573] Die erste, besser bezahlte Assistentenstelle hatte Johannes Keller seit 1877 inne. Beide Stellen waren zuerst in der Ingenieurschule angesiedelt, was sich später änderte.
[574] Etwas bleibt immer hängen.

groß – wenigstens so groß wie dasjenige eines Mittelschullehrers – so hatte Fiedler noch allerlei Arbeiten für mich: Untersuchungen besonderer Fälle, Durchsicht von Abhandlungen unter Inhaltsangaben, Korrekturen von Druckbogen und anderes mehr. Bei seiner ausgedehnten Schriftstellerei sammelte sich eine Masse von mathematischen Schriften an, die von Fiedler in seinen Büchern erwähnt wurden. Dazu brauchte er Hilfskräfte, die ihm Notizen zutrugen. Ich war im allgemeinen gerne bereit, hier zu helfen und lernte dabei in viele Dinge hineinzusehen, die für mich wichtig waren. Die Untersuchungen, die Fiedler mich anstellen ließ, waren auch fördernd für mein Wissen und (166/167) Fiedler hatte damit gute Absichten. Er erfüllte nur die Pflichten des Lehrmeisters, freilich blieb mir bei alle dem keine freie Minute, um die Monographie über den Paskalschen Satz auszuarbeiten, für die weder Schwarz noch Fiedler besonders eingenommen waren. Sie kannten wohl besser wie ich den damaligen traurigen Stand der mathematisch-historischen Forschung. So ließ ich diese Arbeit ganz liegen und das Material ruht auch heute noch in einer Schublade. Aber es war mir peinlich, daß bei der philosophischen Fakultät der Universität Zürich 2 Bearbeitungen dieses Themas eingingen und ungenügend befunden wurden. Ich hatte da und dort über meine Absicht sprechen müssen – schon wegen der Sammlung von Material – hatte mich an der Universität Zürich immatrikuliert, um bei der Bewerbung zugelassen zu werden und ich hatte wieder einmal mit gewohntem „Puh" in eine Sache hineingegriffen, die ich besser nicht angerührt hätte.

Den Humor ließ ich mir durch alle diese Widrigkeiten nicht nehmen. Ich war sehr froh und glücklich wieder in Zürich zu sein und eine zielbewußte Arbeit und eine Oberleitung zu haben. Der Himmel hing mir in den meisten Jahren voller Geigen, und wenn sie gelegentlich auch einen Mißton gaben, so setzte ich mich mit meiner unmusiklischen Art schnell darüber hinweg. Mit Fiedler kam ich in ein gutes Geleise. Sein Wesen, sein Fleiß und seine Arbeitskraft imponierten mir mächtig. Aus Stößen von Abhandlungen destillierte er seine Werke, die von Auflage zu Auflage immer umfangreicher wurden. Die feinen englischen Bücher des Theologen und Mathematikers Salmon wuchsen in den Fiedlerschen Übertragungen mit ihren Zusätzen zu dicken Büchern an. Fiedler ging mit Vergnügen allen Spezialfällen nach und war stark im Systematisieren und Entdecken von Singularitäten. In der Naturforschenden Gesellschaft, deren Präsident er in jener Zeit war, brachte er oft recht interessante Mitteilungen aus seiner Werkstätte. Er hatte damals auch einen recht originellen Gedanken, den er zu einem Buch – der Cyklographie – ausdehnte. Eine Fülle bekannter Resultate ließen sich mit dieser Kreisdarstellung und ihrer räumlichen Übertragung spielend beweisen. Ich machte über dieses Thema große Tafeln und ein Modell, das wie ein großes Zeltlager aus der Burgunderzeit aussah. Dabei (167/168) bekam ich noch jene Fertigkeit im geometrischen Zeichnen, die mir von der Gymnasialbildung her noch fehlte. Fiedler selbst war mit dem Erfolg seiner mathematischen Arbeiten keineswegs zufrieden und er äußerte sich manchmal bitter darüber, daß die reine Geometrie, die mit mit der Raumanschauung und der Figur arbeitet, so wenig Beachtung fand. Die herrschenden „Algebraiker" besorgten diese Geometrie so nebenbei und deckten die Figuren mit der Formel zu. Darin hatte Fiedler ganz recht. Seit der Erfindung der analytischen Methode trat das Studium der reinen Geometrie immer mehr zurück und gewann erst wieder mit der Entwicklung der Technik an Bedeutung. Auf der Universität, die den vornehmen Ton angab, galt das Zeichnen, das zu diesem Studium gehörte, als „banausisch". Es war also zu verstehen, daß Fiedler, der ehemalige Gewerbeschullehrer von Chemnitz, sehr mit Vorsicht beurteilt wurde.

Leider war Fiedler auch nicht die Persönlichkeit, die seiner Geometrie Sympathien gewinnen konnte. Die wenigsten Leser, die nicht schon das ganze Gebiet überblickten, fanden immer den roten Faden, der durch die langen verwickelten Sätzen, Zusätze und Absätze hindurchging und sie verband. Ihnen ging die Freude verloren, die der Wissende oft bei den eleganten Verknüpfungen empfand. Dazu kam wohl ein Moment, das nicht für Fielder warb. Er war gar zu offen und rasch in seinen Urteile über die Kollegen. Diejenigen, die „etwas gemacht hatten", waren dann gefeiert. Mit Schwarz stand er so, wie dieser mit ihm, d. h. sehr schlecht. Beide waren in Zürich scharf aneinander geraten, was ich wohl begreifen kann. Ich hatte das Temperament von Schwarz in Göttingen kennen gelernt und sah jetzt, daß Fiedler auch kein Friedensengel war. Der Wiener Professor Peschka gab damals eine groß angelegte darstellende Geometrie heraus, die Fiedlers ganzen Zorn erregte. Er war gerechtfertigt, nutzte aber Fiedler ebenso wenig wie später mir, als ich den ersten Teil einer zweiten Auflage des Buches gründlich abführte. Es erschien nach meiner ausfürhlichen Besprechung in der Z. F. M. und Physik[575] nicht weiter. So könnte ich noch manche Äußerungen Fiedlers anführen, die sein scharfes Urteil über Kollegen beweist, aber weder ihm noch seiner Geometrie Freunde machte. Er konnte sich in seiner Stellung solche Kritiken erlauben. Für mich war es nicht immer nützlich (168/169), sie zu hören, und es war unklug, sie weiterzugeben. In dieser Hinsicht hat mir die Schule von Fiedler geschadet und meine skeptische Anlage bestärkt. Die Kollegen Fiedlers waren freilich auch im kleinen Kreise nicht gerade liebevoll mit ihrem Urteil und brachten allerlei Wahres und Unwahres über ihn bei. Ich verkehrte am Anfang meines erneuten Züricher Aufenthaltes zuweilen mit einer Anzahl jüngerer Dozenten, aber die Gespräche über Fiedler waren mir so greulich, daß ich diesen Verkehr aufgab und damit auch in Zukunft nie recht in die akademische Zunft kam. Ich blieb immer etwas „Außenseiter". Ins offizielle Dozentenzimmer ging ich nie, da ich viele Jahre hindurch ein Assistentenzimmer hatte und später stets mich in den Räumen aufhielt, die für die Ingenieur-Schule vorgesehen waren.

So konnte ich „offiziell" ein recht verborgenes Dasein führen, entbehrte aber später in kritischen Augenblicken der Bekanntschaft und Hilfe im kollegialen Kreise. Dort erschien ich ein wenig sonderbar. Einstweilen genügte mir aber der Verkehr mit meinem nächsten Kollegen, dem nur wenige Jahre älteren Dr. Johannes Keller, einem lieben und zurückgezogen lebenden Gelehrten, der wenige schöne geometrische Studien veröffentlicht hat und ein großes Geschick für die Herstellung von Modellen besaß. Er konnte eine unglaubliche Anzahl von

---

[575] Gemeint ist die Zeitschrift für Mathematik und Physik, oft nach ihrem Gründer Schlömilchsche Zeitschrift genannt. Im Band 45 (1900), 64 – 69 erschien Beyels Besprechung der zweiten Auflage des ersten Teils von Peschkas Werk, die aber keineswegs negativ ausfiel.

Privatstunden geben und verschaffte sich dadurch ein gutes Auskommen. Mit Fiedler kam ich bald zu einem Verkehr, der über das mathematische Gebiet hinaus ging. Er war von einem außerorentlichen Wissensdurst erfüllt und suchte die Lücken seiner einfachen Vorbildung beständig zu ergänzen. So las er viel und war auch mit der neueren Literatur auf dem Laufenden. Er liebte Treitschke, schwärmte für Bismarck, war deutsch-national, interessierte sich für Lotze, brachte viele Bücher ins Assistentenzimmer und je nachdem er bei Laune war, kamen wir zu ausgedehnten Gesprächen über Gott, die Welt, Politik und anderes mehr. Ab und zu war ich an Sonntagen in der Familie eingeladen, lernte Frau und die 6 Kinder – 3 Söhne und 3 Töchter – kennen, von denen der älteste anfing, Mathematik zu studieren, das jüngste Töchterchen war erst 2 – 3 Jahre alt. Die einfache Frau machte einen sehr verständigen Eindruck und man merkte überall das väterliche Regiment.(169/170)

Der Umgang mit dem Polytechnikern machte mir eitel Vergnügen. Wir hatten in den 80er Jahren en sehr kosmopolitisches Publikum, auch viele ältere Herren, die den Weg über die [???] genommen hatten und so stand ich dem Alter nach ungefähr in der Mitte zwischen den Jüngeren und Alten und kam so den Schülern – sie hießen noch nicht Studenten wie später – recht nahe. Sie brauchten mich, denn das Verständnis für die Sache war nicht groß. Es liegt dies ein wenig am Fache selbst. Der Dozent spricht und muß zugleich zeichnen und Linie kommt auf Linie, so daß es beim besten Vortrage dem Zuhörer nicht ganz leicht wird, Bild und Text zu erfassen. So mußte ich beim Rundgang von Platz zu Platz im Zeichensaal vieles, was nicht verstanden wurde, erklären und mich in die falschen Gedankengänge hineinfühlen, um sie zu korrigieren. Ich tat dies sehr gern und fand immer, daß allein das persönliche Interesse, welches der Lehrer am Schüler nimmt, dem Unterricht Reiz gibt. Man muß dabei den Willem haben, dem Schüler zu dienen und man muß diesen Dienst als eine Pflicht erfassen. Sonst wird – gerade in der Mathematik – das Erklären oft recht mühsam, denn bei keinem Fache sind die Hemmungen so gewaltig wie bei der Mathematik. Und sie wußten, wenn der Lehrer sich in einen zornvollen Eifer hineinredete. Sie werden übermächtig, wenn Angstgefühle dazu kommen. Das Erscheinen von Fiedler selbst in den Repetitorien löste stets diese Gefühle aus. Wenn Fiedler mit seinen 2 Mittierbändigern – wie es einmal in einer Bierzeitung hieß - zu den 3 gleichzeitgen Gruppenrepetitorien schritt, war es immer die bange Frage bei den Schülern: Kommt Er oder einer der anderen. So wurden wir von vorneherein mit einer freudigen Stimmung empfangen und erfreuten uns einer gewissen Beliebtheit, die ja dem jungen Dozenten immer wohltut.

Nach den 2 ersten Jahren hatte ich mir für den Unterricht einen recht guten Leitfaden zusammengestellt, so daß ich den Stoff vollkommen überblickte. In den Einzelheiten brachte Fiedler keineswegs Jahr für Jahr denselben, in feste Kapitel abgefaßten Inhalt. Immer gab es neue und oft recht schöne Wendungen. Die Aufgaben mußten stets neu korrigiert weerden, und ich habe die Vorschläge für manche hundert gemacht und mit Fiedler besprochen. Dadurch wurde die Arbeit nie langweilig und der Unterricht nie schablonenhaft. Viel Ab(170/171)wechselung brachten die Klassenarbeiten – man nannte sie Conkurse – die alle 1 -2 Monate stattfanden und bei den meisten Schülern sehr unbeliebt waren. Die Resultate waren gering, und es lohnte sich bei den vielen Arbeiten kaum, sie zu korrigieren. Eines Tages wurden sie abgeschafft; denn sie fingen an, für die allgemeine Stimmung gefährlich zu werden. Diese war nach der letzten Katzenmusik vor einiger Zeit nicht schlecht und die Luft schien durch jenes Gewitter gereinigt. Ich hütete micht wohl, irgend einen Lärm zu provozieren, da ich meine Stelle nicht riskieren durfte. Stand auch die Bezahlung in keinem Verhältnis zu der verlangten Arbeit, so hatte ich doch nach 1 – 2 Jahren soviel Zeit frei, um einige Privatstuden zu übernehmen, nach denen ich vielfach gefragt wurde. Ich hatte aber keienswegs die Absicht, mich stark auf dieses Gebiet einzulassen und aus dem Unterricht ein Geschäft zu machen. Aber für das finanzielle Gleichgewicht war ich einigermaßen darauf angewiesen, und Kappeler riet mir geradezu an, die Einnahmen auf diesem Wege zu mehren, da das Polytechnikum sparen müsse. Es handelte sich bei diesen Stunden keineswegs um reinen Nachhilfe-Unterricht. Das Polytechnikum in Zürich setzte mit seinen Anforderungen etwas höher, wie die meisten ausländischen Polytechniken. Dafür war die Studienzeit kürzer. Nun kamen aus ganz Europa Schüler, die in ihren Ländern die nötigen Prüfungen gemacht hatten, die in Zürich nicht genügend waren. Die Kandidaten für Zürich mußte ein Zusatz-Examen in darstellender und analytischer Geometrie und in einigen Gebieten der Algebra bestehen und kamen im Sommer nach Zürich, um durch Privat-Unterricht sich die nötigen Kenntnisse zu erwerben. Solchen Schülern konnte ich dienen. Benutzte ich einen Teil der großen Ferien – besonders den September – zu diesem Unterricht, so war damit dem pekunären Notstand einigermaßen abgeholfen. Unter diesen Schülern waren viele vorzügliche Leute – Italiener, Skandinavier, Oesterreicher etc -, welche durch den bedeutenden Ruf von Zürich angelockt wurden. Mir selbst war dieser mathematische Unterricht ein Vergnügen, und er lag mir viel besser wie ein Klassenunterricht an der Mittelschule. Es ist oft erstaunlich, wieviel mit Einzelunterricht in kurzer Zeit bei der Mathematik erreicht werden kann. Man mußte freilich für jeden Schüler den Plan etwas ändern, recht elementar (171/172) einsetzen und sich nicht in Liebhabereien und Unwesentliches verlieren. Durch beständiges Fragen kommt man hinter alle Lücken, hinter jedes Mißverständnis und kann Abhilfe schaffen. Läßt man sich nicht vom exakten wissenschaftlichen Weg abbringen, so ist beim Einzelunterricht auch jeder mechanische Drill ausgeschlossen, der bei den bekannten Schnellbleichen und beim Unterricht in Klassen oft eine so große Rolle spielt. Beim Einzelunterricht erkennt man auch sehr schnell, ob man es mit einem Menschen zu tun hat, der mathematischen Sinn oder nicht. Dann schneidet man beim „Anmathematiker" am besten den Faden ab und gibt ihm den guten Rat, sich einen Beruf zu suchen, der mit Mathematik nichts zu tun hat.

Im Jahr 1880 wurden mir die mathematischen Uebungen im Vorkurs übertragen, der schon 1881 endgültig aufgehoben wurde. Später übernahm ich einen Unterricht an der Gewerbeschule in darstellender Geometrie. Ein gemeinnütziges Comitee unter der Leitung von Oberst Fritz Laßer hatte diese Schule eingerichtet, der Ingenieur Rohner vorstand. Es handelte sich zunächst um Abend-Unterricht in einem recht gebrechlichen Hause an der Wahre – dem späteren Pestalozzianum und in dem ehemaligen Fraumünsterschulhaus, das längst verschwunden ist. Die Einrichtungen waren sehr primitiv. Geld mußte von

Gönnern gesammelt werden, und die Lehrer hatten keine Pfründe, sondern recht mäßiges Honorar. Die Schüler waren oft nach einem ausgefüllten Arbeitstag recht müde, und trotzdem fand sich immer wieder eine kleine Anzahl, die zwischen 8 und 10^h noch genügend Energie hatten, um folgen zu können. Ihre Vorbildung war höchstens die einer Sekundarschule oder einer Fortbildungsschule. Aber manche waren in der Raumauffassung vielen Polytechnikern überlegen und der eine oder andere dieser jungen Leute ging später ans Polytechnikum über. So kann ich auch an diesen Unterricht mit einiger Befriedigung zurückdenken. Die Schule entwickelte sich immer mehr, hatte eine Not, die nötigen Lokale zu finden und ging nach einer Reihe von Jahren an die Stadt über, wo die Verhältnisse besser wurden. Stadtrat Grob, der das Erziehungswesen leitete, interessierte sich für dieselbe. Man richtete auch Stunden am Tag ein. Grob wollte mich ganz für die Schule gewinnen. Ich konnte mich aber dazu nicht entschließen und trat in den 90er Jahren ganz zurück. Ich (172/173) war dieser Schulstufe etwas entwachsen, freute mich ja an dem Eifer, den viele dieser Handwerkslehrlinge zeigten, glaubte aber, daß ihnen mit einem praktischen Unterricht besser gedient war.

Als mir seinerzeit die Möglichkeit verschafft wurde, einige Semester nach Göttingen zu gehen, wurden mir keine Bedingungen gestellt. Aber ich fühlte mich doch moralisch verpflichtet zu promovieren und ging an eine Arbeit, sobald mir die Stelle bei Fiedler etwas freie Zeit ließ. Das war nach den ersten 2 Jahren. Ich suchte mir aber ein Thema ganz unabhängig von Fiedler, fragte ihn auch nicht um ein solches und überraschte ihn im Sommer 1881 mit einer fertigen Arbeit. Ich wollte nicht, daß die Sache verschleppt wurde und kam wirklich so am schnellsten zum Ziel. Fiedler fand alles in Ordnung, machte da und dort noch einige Bemerkungen, und dann trug ich das Elaborat zu Prof. Dr A. Meyer (dem Zahlenmeyer) an die Universität Zürich, der es mit meinem ehemaligen Lehrer Prof. R. Wolf von der Sternwarte begutachtete. Sie fanden diese „Centrische Collineation n-ter Ordnung in der ebene, vermittelt durch Aehnlichkeitspunkte von Kreisen" in Ordnung und nahmen sie an. Die mündliche Prüfung wurde mir erlassen, da ich das Diplom eines Ingenieurs hatte. In der schriftlichen behandelte ich Aufgaben über Flächen 2ten Grades und erlangte noch im Jahre 1881 die Doktorwürde. Ich habe den Titel nicht wegen der Würde gesucht und ich kam mir gar nicht besonders würdig vor. Aber es gehörte einmal zum Beruf. Man erwartete von mir diesen Schritt, und meinem lieben Großvater widmete ich die Dissertation zu seinem 82. Namenstag (Franz Xaver 3. Dec. 1881). Prof. Wolf nahm die Arbeit in die Vierteljahrsschrift der Züricher Naturforschenen Gesellschaft auf und ersparte mir so die Druckkosten. Die Gebühren schenkte mir Tante Beyel, und so lief alles sehr gut. In Göttingen hätte ich einen Frack gebraucht, einen Doktorschmaus geben müssen und allerlei Examensängste ausstehen und die Dissertation selbst drucken lassen müssen. In Zürich lief alles ruhig und still ab, und der Doktor war mir vor allem deshalb wertvoll, weil er gesellschaflich ein herrliches Incognito ist und doch manche Tür öffnet.(173/174)

Einstweilen klopfte ich freilich wenig an Türen, selbst da, wo man es mir riet und wo ein „herein" sicher nicht ausgeschlossen war. Ich lebte ein wenig à la Bohemienne und suchte mir die Menschen nicht nach der Ueberlieferung. Ich ging nicht in die Constaffel[576], ließ mich in keine politischen Bindungen ein und wurde nie Mitglied der Naturforschenden Gesellschaft, wo ich 2mal mathematische Vorträge hiel, von denen aber sehr wenige Zuhörer einiges etwas verstanden, war doch die Gesellschaft mehr auf Naturwissenschaften eingestellt. Für kurze Zeit geriet ich auch am Mittgstisch in den Kreis von Schauspielern, sah ab und zu hinter die Culissen, wurde aber nicht warm bei der Sache und auch kein begeisterter Jünger des Theaters. Für ihren Fierl hatte ich keinen Sinn und ich erschien ihnen wohl wie ein Mensch aus einer anderen Welt, der ein wenig „durch" sei. So ging dieser Theaterfilm schnell an mir vorüber. Die Familie, bei der ich als Ingenieur in Baden während eines Semsters wohnte, war nach Zürich übergesiedelt und hatte dort ein Pulvergeschäft gefunden, das schön aussah, aber nicht lief. Die Beziehungen mit Eltern, dem Sohn und Töchterchen blieben freundschaftlich, und ich pflegte dieselben durch die Generationen bis heute, wo ich als eine Art Uronkel erscheine. Die guten Menschen zogen bald wieder in ihr heimisches Bern zurück, wo sie besser standen als in Zürich. Reich wurden sie auch in Bern nicht, denn sie waren Gemütsmenschen, die in der Zeit der sachlichen Maschinenmenschen immer die Hereingefallenen sind. Umso lieber blieb ich mit ihnen in Fühlung. Aus der Studienzeit am Polytechnikum tauchten allerlei ehemalige Freunde wieder auf. Die alte Samstag-Gesellschaft gab sich auch ab und zu ein Stelldichein in Zürich, und so war keine Gefahr, daß ich einrostete. Nach altem Brauche besuchte ich jeweils im August Wertheim, sah, ob das Obst geraten war und ob die Tanzstundenfreundinnen noch Tanzen konnte. So kam ich trotz der Mathematik nicht aus dem romantischen Geleise und der Verkehr mit der Weiblichkeit blieb lyrisch und schweizerisch. Von der schrecklichen Aufklärungswut unserer Tage wußte man noch nichts und das war gut so. (174/175)

Im Jahre 1880 kam ich durch Vermittlung meiner Tante Beyel in Schaffhausen mit einer dortigen Familie in Beziehung, die nach Zürich übersiedelte. Die Dame, eine Wittwe, richtete in Zürich eine Pension ein und ich ließ mich gerne für dieselbe gewinnen. Ich war froh, aus dem Chambregarnisten und dem Wirtshaus herauszukommen und in einen geordneten Familienbetrieb aufgenommen zu werden. Die Sache war besonders günstig, da es sich um eine gebildete, sehr gute Familie handelte, durch die ich mit der Zeit in viele wertvolle und angenehme Verbindungen kam. Ich war da so gut aufgehoben, daß ich lange Zeit die vielen Schattenseiten meines Junggesellendaseins gar wenig empfand. Ich hatte ja eine stille Neigung – fast noch ein Kind – das mir gut war und von der ich hoffte, daß es einmal mehr werden könnte. Von einer Bindung war aber nie die Rede und gesprochen wurde über die Sache auch nie. Der stille Wunsch blieb. Meine Schwester lernte ich in jenen Jahren näher kennen. Sie war ein feines, frauliches Wesen, schrieb einen guten Brief und wurde mir sehr zugetan. Sie lebte in der Familie des Postdirektors in Frauenfeld, war im Postdienst beschäftigt und hatte eine angenehme Stelle, die sie selbstständig machte. Wir unternahmen von Zeit zu Zeit kleinere Sonntagsreisen – größtenteils zu Fuß – und ich denke heute noch

---

[576] Züricher Wahlzunft von einst großer politischer Wichtigkeit, die spätenstens 1866 mit Abschaffung der Wahlzünfte endete. Danach eine gesellige Vereinigung, heute hauptsächlich für ihre Teilname an der Organisation des Sechseläutens bekannt.

an jene vergnügten Stunden gerne zurück. Sie waren die ersten, in denen ich so recht den Genuß des Wanderns in den Bergen kennenlernte, der mir dann zu einer wahren Leidenschaft wurde. 1879 kam ich zum ersten mal ins Berner Oberland nach Interlaken an einem wunderbaren 1. Oktober, der mir haften blieb. 1880 half ich den Hurliberg entdecken. Wir wohnten in der Sänti bei der Schulmeisterin Frau Kofler – meine Berner Bekannten und ich – aßen in der Schulstube, schliefen in primitiven Kammern und liefen fast täglich in den Alp und die Alpenrosen. Grob malte da oben Bilder. Freunde gab es noch keine, nur Wanderer, und man war wirklich in der Natur. Jetzt ist dort Geld bringender Betrieb, geleitete von Rittern der Fremden-Industrie (einer Art [???]). (175/176)

Der Doktor bedeutete einen gewissen Einschnitt in meinem Leben, und dieser wurde noch durch ein anderes Ereignis markiert, das meine kühnsten Hoffnungen erfüllte. Von einer Züricher Seite, die noch meinem Vater nahe stand, stellte man mir ein Reisestipendium aus meinem Fonds in Aussicht, und ich hielt nun den passenden Moment gekommen. Man hatte für das Somersemester 1882 versuchsweise die Schüler der Maschinenbauschule vom 2. Semester der darstellenden Geometrie entlastet, und so konnte ich leicht für dieses Semester Urlaub erhalten. […]

18. Der Schulstreit 1883 - 88

Dann begannen die Kurse und Fiedler sorgte von Anfang dafür, daß die Schüler sowie die 2 Assistenten stramm arbeiten mußten. Wir hatten in den Zeichensälen etwa 200 – 250 Studenten, mußten von Tisch zu Tisch gehen und hatten bei der allgemeinen Hilflosigkeit und Verständnislosigkeit viel zu helfen. Fiedler hatte dem Fach der darstellenden Geometrie und der Geometrie der Lage eine Bedeutung verschafft, die über das Bedürfnis des Technikers hinausging. Für die Prüfungen war „Fiedler" ein Schreckgespenst und bildete die scharfe Ecke, an welcher so viele „Diplomanden" hängen blieben. Wir – die Assistenten – spielten da eine ausgleichende Rolle, erfreuten uns bei den Schülern einer großen Beliebtheit und schwelgten ein wenig in den Gefühlen, die dem Lehrer das höchste Ziel sind. Dieser „Rufe" war es auch immer, der uns Assistenten ein wenig mit der Magerkeit der Stellung versöhnte, die das Polytechnikum bietete. Die Bezahlung stand damals in gar keinem Verhältniss zu der großen Zahl von Uebungsstunden, Repetitorien und Anforderungen, die Fiedler privatim an uns stellte. Wie er die Schüler beständig drillte, so waren auch die Assistenten – freilich auf einer höheren Stufe – diesem Drill ausgesetzt, und ich als der jüngere mußte ganz besonders allerlei lesen, untersuchen, zeichnen, was Fiedler (209/210) für die Ausbildung seiner Assistenten für wichtig erachtete. Ich tat, was ich konnte, stand mit Fiedler auf einem freundliche Verkehrsfuße und hörte auch, daß ich da und dort „in Frage kam". Der Boden fing mir in Zürich an, sehr heiß zu werden, als nun wieder dasselbe „System" begann, das trotz unserer kleinen Aenderung in Folge der Konflikte immer dasselbe blieb. Fiedler konnte seiner Natur nach nicht anders werden. Tag und Nacht tätig, von außergewöhnlicher Arbeitskraft, wollte er seine Schüler zu ebenso tätigen Menschen erziehen. Er war von der Wichtigkeit seines Faches überzeugt und hielt es für die Grundlage aller Technik und seine Methode schien ihm alle anderen weit zu übertreffen. So wollte er seines Erachtens das Beste für die Ingenieure und wir armen Assistenten unterstützten ihn nach Kräften, plagten uns fürchterlich und merkten oft erst später, daß diese Methode den Weg zum Weiterkommen nicht öffnete sondern eher verstellte.

Einstweilen hatte ich aber die Hoffnung, dass es bald gelingen werde, im deutschen Reich oder sonstwo einen Ruf zu erhalten. Fiedlers Ansichten bestärkten mich darin und er sagte mir des öfteren, daß eine Lehrstelle an einer Mittelschule[577] nichts für mich sei. Ich müsse mit Arbeiten an die Öffentlichkeit kommen. Fiedler hatte ja mehr als seine speziellen Fachgenossen in seinem Feld gearbeitet und hatte nun ein wenig die Meinung, daß nur er etwas davon verstehe, und diejenigen, denen er es gelehrt hatte. Da ich zu diesen Glücklichen zählte, so konnte er mir ja nicht fehlen. Ich fing also an, in den nächsten Jahren ordentlich in „Geometrie" zu machen[578], veröffentlichte eine Abhandlung nach der anderen, und ich muß sagen, daß dieses „Mimen" für mich ein außerordentlicher Genuß war und ein vorzüglichen Gegengewicht gegen alle Widrigkeiten des täglichen Lebens. Eine der ersten Arbeiten war die Konstruktion einer Fläche 2ten Grades aus 9 Punkten – ein recht verwickeltes System. Meine Methode war nicht eine „Maulkonstruktion", sondern ich führte auch die Konstruktion in einer Figur durch. Prof. Schlömilch in Dresden, der Herausgeber der Zeitschrift für Mathematik und Physik (Teubner) nahm die Arbeit sofort auf trotz der verwickelten Figur[579], und von da an veröffentlichte ich während eines Menschenalters in dieser Zeitschrift eine große Anzahl von teilweisen umfangreichen Abhandlungen mit vielen Tafeln, die der Verlag in vollkommener Weise erstellen ließ. Während des Weltkrieges mußte (210/211) die letzte der bei der „Schlömilch" erschienen Abhandlungen, die schon gedruckt war und mit Figuren versehen war, zurückgestellt werden, weil das Blatt einging. Sie liegt heute noch bei meinen Akten. Schlömilch riet mir in den 80.Jahren einige im Zusammenhang stehende Abhandlungen, von die eine schon in seiner Zeitschrift erschienen war, in Form eines Buches herauszugeben: Der Teubnersche Verlag wäre auch dazu bereit gewesen, wenn nicht die Tafeln gewesen wären. Ich war aber nicht in der Lage, diese fort zu lassen, und so blieb nichts anderes übrig, als die Arbeiten in der Vierteljahrsschrift der Naturforschenden Gesellschaft in Zürich[580] zu veröffentlichen. Sie sind in 100 Separatabdrucken unter dem Titel „Geometrische Studien"[581] verbreitet worden. Zeitlich fällt die Veröffentlichung dieser Studien über „die Geometrie des Imaginären" mit einer Arbeit zusammen, die der Karlsruher Professor Dr Wiener in seiner darstellenden Geometrie über ein ähnliches Theorem erscheinen ließ. Meine Abhandlung war ohne Wissen dessen, was Prof. Wiener über diesen Gegestand schrieb, vor dem Erscheinen der Wienerschen Bücher erschienen und

---

[577] Schweizerische und österreichische Bezeichnung für Gymnasium, in der Schweiz auch Kantonsschule genannt.

[578] Beyel veröffentlichte bis 1886 elf Arbeiten in Schlömilchs Zeitschrift für Mathematik und Physik und in der Vierteljahrsschrift der naturforschenden Gesellschaft. Auch danach publizierte er noch in der Zeitschrift.

[579] Beyel 1884.

[580] Beyel veröffentliche 1886 vier Arbeiten in der Vierteljahrsschrift der Naturforschenden Gesellschaft Zürich (Band 31): Beyel 1886, 1886a, 1886b und 1886c.

[581] Beyel 1886f.

als Manuskript an den Verleger geschickt worden. Trotzdem war dieses Zusammentreffen für mich, den jüngeren Kollegen, recht peinlich und führte zu einer kleinen Kontroverse. Meine Gedanken waren ganz anders als diejenigen von Wiener.[582] Da aber das ganze Theorem für die große Mehrzahl der Mathematiker ganz aus ihrem Gesichtskreis lag, so blieb hier eine Mißstimmung, die mir – ohne meine Schuld – da und dort das Spiel verdarb. Man weiß ja, welcher Furor oft in der Gelehrtenwelt durch das Wort „Priorität" angefacht wird. Wer objektiv denkt, weiß aber auch, wie oft gleiche Gedanken „in der Luft liegen" und von verschiedenen Seiten ganz unabhängig von einander in Angriff genommen werden. In den 80er Jahren wurde in Berlin-Charlottenburg das Polytechnikum, das aus der Gewerbeschule entstanden war[583], ausgebaut, und eine Professur für darstellende Geometrie sollte neu besetzt werden. In Zürich ging die Rede, daß Fiedler für dieselbe in Aussicht genommen sei. Dort hätte er wohl für die Höhe seiner Vorlesungen eine bessere Schülerschaft und ein größeres Wirkungsfeld gefunden. Auch war er den deutschen Dingen sehr zugetan, ein Verehrer von Bismarck, deutsch national bis auf die Knochen, und so schien es nahe zu liegen, daß er für diese Stellung berufen werde. Er fuhr nach Berlin, nahm aus Zürich viele Wünsche (213/214) für gute Reise und gutes Gelingen mit.[584] Er blieb aus. Fiedler sagte mir, daß er über die Professur verhandelt habe, daß er aber Bedingungen habe stellen müssen, die ihm nicht bewilligt worden seien. Man darf dabei wohl annehmen, daß es sich dabei nicht um Gehaltsforderungen oder sonstige [???]ansprüche handelte, sondern um wissenschaftliche Fragen. Die rein geometrische Methode, die in Zürich durch Culmann ausgelöst worden war und die Fiedler mit Hochdruck zur Herrschaft verhelfen sollte, war in Berlin nicht beliebt. Für Fiedler bedeutete aber diese Methode die eigentliche Lebensarbeit. Hier fand er also Widerstand. Dazu kam, daß Prof. H. A. Schwarz an der Universität immer mehr die führende Rolle, großen Einfluß hatte und gehörig mit einem Haße gegen Fiedler erfüllt war, wie ihn nur Mathematiker haben können.[585] So kam Fiedler unverrichteter Dinge aus Berlin zurück. Dort wurde ein jüngerer Mathematiker, Prof. Dr Guido Hauck – gewählt, der von der Universität Tübingen kam und sich durch einige Arbeiten über Perspektive bekannt gemacht hatte. Er brachte für die darstellende Geometrie, wie sie der Techniker braucht, mehr praktisches Verständnis mit, als wir in Zürich

---

[582] In der Druckfassung „Zur Geometrie des Imaginären" (Vierteljahrsschrift der Naturforschenden Gesellschaft Zürich 31 (1886), 20 – 58) gibt es zwei Hinweise auf Wieners Lehrbuch (p. 29, 44). Im Briefwechsel Wiener – Fiedler wird das Thema nicht angesprochen, wohl aber andere Prioritätsfragen. Solche Fragen scheinen Wiener ebenso wie Fiedler am Herzen gelegen zu haben.

[583] Die Technische Hochschule Berlin entstand 1879 durch den Zusammenschluss der Bauakademie und des Gewerbeinstituts. An ersterer unterrichtete Guido Hauck seit 1877 darstellende Geometrie und graphische Statik, an letzterer Hugo Hertzer (seit 1874). Vgl. Benstein 2019, 286 – 293.

[584] Ein Hinweis auf diese Reise findet sich in einem Brief von A. Knop an Fiedler (Karlsruhe 27. März 1877 [Hs 87: 602]). Er fragt darin: „Was ist das für eine Berufungsangelegenheit, von der Du schreibst? Ist das Berlin? Ich habe nichts darüber gehört." Wenn diese Vermutung zutrifft, wäre die Angelegenheit aber schon vor Beyels Assistentenzeit bei Fiedler, insbesondere vor den 1880er Jahren, anzusiedeln: Hauck wurde 1877 nach Berlin berufen. Im November 1877 übernahm Fiedlers Briefpartner Emil Winkler den Lehrstuhl für Baukonstruktion an der Berliner Bauakademie.

[585] Schwarz kam aber erst 1892 als Nachfolger von Weierstrass wieder nach Berlin. Zum fraglichen Zeitpunkt war er noch in Göttingen. Also müsste es sich um eine Wirkung aus der Ferne gehandelt haben.

hatten, und er wurde bei der Unterrichtsreform von 1892 eine der führenden Persönlichkeiten. Der Kaiser hatte damals sich an die Spitze der Bewegung gesetzt, den Polytechnika denselben Status als Hochschulen zu geben wie ihn die Universität und auch den technischen Doktor in Fluß gebracht.[586] Guido Hauck, mit dem ich Mitte der 80er Jahre in vielfache freundliche Beziehungen trat, stand in theoretischen Beziehungen keineswegs Fiedler voran; aber an Geschmeidigkeit und Klugheit und Berufung dessen, was möglich war, übertraf er Fiedler bei weitem. Aber von meinem Standpunkte aus wäre wohl der Ruf Fiedlers nach Berlin eine große Erleichterung gewesen. Er war für uns aus methodischen und persönlichen Gründen in eine Sackgasse geraten. Schüler und Behörden mühten sich vergeblich, den Wagen auf ein richtiges Gleis zu bringen. Wenn ich mich recht entsinne, erlebte ich nach meiner italienischen Reise 2 größere „Katzenmusiken", die Fiedler mit all dem Irrtum gebracht wurden, den die Retorten der Chemiker, Pfannen und Blechdeckel ermöglichten. Dazwischen kamen kleinere „Pöbeleien", wie Schwänzen von Repe- (213/214) titorien, Aufgabenstreik u. dgl. Nach jeder größeren Lärmaktion wurde ich zu dem Schulratspräsidenten gerufen, um Auskunft zu geben. Kappeler eröffnete gewöhnlich das Gespräch mit einem Donnerwetter auf Fiedler. Dann brachte er mich zum „Reden", dann gab es einen Kompromiß. Fieder zog sich ein wenig zurück, die Schüler erhielten eine nicht allzu saftige Standrede. Man wußte ja, wie er zum Kollegium stand, und damit war wieder ein fauler Friede hergestellt. Wir armen Assistenten wurden dann hinter den Kulissen von Fiedler gelegentlich mit einem Donnerwetter bedacht. Einmal kam die ganze Angelegenheit vor die Konferenz der Lehrerschaft, bei der ich zuhören durfte.[587] Es ging da recht „strub" zu, und die Professoren, die sich durch Fiedler beengt und verkürzt fühlten, hielten nicht hinter dem Berge. Alles wurde vom Schriftführer, der kein Freund Fiedlers war, gut aufgeschrieben. Ich hütete mich, in die Debatten einzugreifen und erfuhr dann später von Fiedler, daß er mir mein Erscheinen, zu dem ich als Dozent berechtigt war, sehr übel nahm. In einer spitzigen Redensart beschuldigte er mich so ein wenig der Anstiftung. Ich ließ mich dann nie mehr in einer Konferenz sehen. Leid war es mir, daß durch solche Animositäten die Beziehungen zu Fiedler immer „unliebsamer" wurden. Ich konnte ja seine Nervosität begreifen und war auch nie damit einverstanden, daß von Seiten der reinen Mathematiker resp. der Analytiker die Arbeit Fiedlers und eine ganze Richtung von oben her abfällig beurteilt wurde. Nach der letzten Katzenmusik – es war 1888 und es handelte sich um eine Art Ferienaufgabe über Ostern – kam es zu einem heftigen Auftritt. Ich weigerte mich, den Schülern eine Mitteilung zu machen, die ich für unrecht ansah. In folge davon

---

[586] 1899 anlässlich der Hundertjahrfeier – die Bauakademie war 1799 gegründet worden – verlieh Wilhelm II. in seiner Eigenschaft als preußischer König der Technischen Hochschule Berlin das Recht, in technischen Fächern den Dr. ing. zu verleihen. Es handelte sich also zunächst nur um ein eingeschränktes Promotionsrecht.

[587] Laut Protokollbuch der Gesamtkonferenz (ETH Hochschularchiv EZ-52/2 001) war Beyel nur am 25. November 1884 anwesend. Ein Hinweis auf eine Debatte über den Unterricht in darstellender Geometrie gibt es im Protokoll nicht, wohl aber wird festgehalten, „Herr Prof. Fiedler interpellirt den Vorsitzenden [das war C. F. Geiser; K.V.] über die Aussichten, welche die Studienfreiheit hat, in unserer Anstalt eingeführt zu werden." Protokollführer war Gustav Adolf Kenngott (1818 – 1897), Professor der Mineralogie (1856 – 1893) am Polytechnikum, seit 1856 auch an der Universität Zürich. Mitassistent J. Keller hingegen besuchte oft die Konferenz.

überließ ich den Verkehr mit Fiedler ganz meinem Kollegen[588], tat ziemlich meine Pflicht und Fiedler und ich beschränkten sich gegenseitig auf die Formen der Höflichkeit. Heute bedauere ich, zurückblickend, außerordentlich, daß es zwischen Fiedler und mir soweit gekommen ist. Seine Sache – d.h. die reine Geometrie – war mir beim Arbeiten in derselben lieb geworden. Sein enzyklopädisches Wissen war mir vorbildlich. Sein Ehrgeiz und die hohe Meinung, die er von sich selbst hatte, betrachtete ich als etwas, das zum zukünftigen Beruf gehörte und zum Vorwärtskommen und als Arbeitsgabe unerlässlich war. (213/214) Nur sein galliges Wesen, seine Haltung zu den Kollegen, sein Mangel an Humor und freundlichem Entgegenkommen ließ keine rechte Stimmung aufkommen. Dazu kamen die ewigen Treibereien, die wir bei den Studenten unterstützen sollten, während wir natürlicher Weise etwas zahmer sein mußten als Fiedler. Das weckte sein Mißtrauen und er witterte stets Konspiration, Revolution und Beeinflussung der Assistenten durch seine Feinde. Ich war ebenfalls nicht in der Stimmung und Lage, die ruhig und milde macht, und sah nur nach allen Seiten aus, ob nicht eine Tür offen sei und dieses lange Warten macht nervös. Kommen aber 2 nervöse Menschen zusammen und geraten sie in Streit und fehlt die dritte versöhnende Zwischeninstanz, so ist der Bruch unvermeidlich. Ich hatte die Folgen zu tragen und habe sie während meines ganzen Lebens getragen. Fiedler und ich kamen nach 1888 nicht mehr in Fühlung. Ich habe es auch später jederzeit verschmäht, mich irgendwie öffentlich zu rechtfertigen. Der Mathematiker, besonders derjenige, welcher in einem abgelegenen Gebiet arbeitet, hat kein Publikum, dem er seinen „Fall" vorlegen kann. Es bleibt ihm nur die Hoffnung, daß er mit der Zeit bei Kollegen, die nicht in den Streit verwickelt waren, ein gerechtes Urteil findet und auch ein Verständnis für das, was er versäumt hat und wo er fehlte.
Ich habe vorgreifend vom Ende meiner direkten Beziehungen mit Fiedler gesprochen, komme jetzt aber wieder auf das Jahr nach meiner italienischen Reise zurück.
Schon als ich in Zürich promoviert hatte[589], dachte ich daran, mich am Polytechnikum zu habilitieren. Eine Erweiterung der Dissertation veranlaßte mich, eine Abhandlung über die zentrale Kollineation erster Ordnung im Raum zu schreiben, die in meinen „geometrischen Studien"590 abgedruckt ist. Als dann Fiedler die Aussicht auf Berlin winkte, beschleunigte ich die Fertigstellung dieser Arbeit und reichte sie dem Schulrat ein. Man gewährte mir die „Venia docendi" an der Freifächer-Abteilung und zwar für Mathematik in geometrischer Richtung.[591] Die Zulassung als Privatdozent wurde mir nur unter der Bedingung gestattet, daß dadurch meine Tätigkeit als Assistent nicht leide.[592] Fiedler, der nicht gerne

---

588 Zu diesem Zeitpunkt war das bereits M. Disteli, der sich mit Fiedler gut verstand, wie u.a. der ausführliche Briefwechsel der beiden belegt. Allerdings wechselte Disteli schon bald in die reine Mathematik.
589 1881.
590 Beyel 1886f.
591 Beyel reichte sein Gesuch um Habilitation 24. Februar 1883 ein (vgl. Geschäftskontrolle 1883 No. 112 und 113).
592 Dieser Passus findet sich im Beschluss des Schulrates vom 21. Februar 1883, mit dem Beyel die *Venia docendi* für Mathematik (geometrische Richtung) verliehen und er zum Privatdozenten in der VII. Abteilung ernannt wurde (vgl. Beschlüsse des Schulrates 1883, p. 74).

Privatdozenten neben sich hatte, brachte wohl diesen Satz in die Zulassungsakte, über den ich mich nicht besonders aufregte. (214/215)

Das Privatdozentendasein war am Polytechnikum wenig entwickelt und die Habilitation war kaum je vorgekommen. Die Fachschüler hatten Jahreskurse, deren Stundenplan genau umschrieben war. Die Vorlesungen wurden von angestellten Professoren gehalten, nahmen die Zeit bis abends 5 Uhr in Anspruch, und die Schüler waren verpflichtet, deren Kollegien mit Übungsstunden und Repetitorien zu besuchen und erhielten nach ihren Leistungen Semesternoten. Die Stunden von 5 – 7 waren für die Freifächer vorgesehen und in dieser Abteilung wurden auch die wenigen Privatdozenten untergebracht, die in mathematischen oder technischen Gebieten noch eine Ergänzung zu den Hauptvorlesungen glaubten bringen zu können. Die Professoren hielten diese Arbeit der „Lehrjungen" – d.h. der Privatdozenten – für recht überflüssig, und ich wäre nicht darauf verfallen, wenn mir nicht die derzeitigen Verhältnisse den Gedanken nahe gelegt hätten. Ich hielt also auf 1883 meine Habilitationsrede. Kappeler, Geiser u.a. sowie eine Anzahl Studierender hörten zu, und Kappeler ließ mir später durch seinen Sekretär mitteilen, daß er befriedigt gewesen wäre. Das Thema – die oben erwähnte Habilitationsarbeit über räumliche Kollineationen – war zwar wirklich abstrakt; aber die Zuhörer scheinen doch den Eindruck gehabt zu haben, daß mir diese Sache „lag" und geläufig war.

Für mich war der Beruf eines „Privatdozenten" mehrfach ideal, und wenn ich die Mittel dazu besessen hätte, um der Wissenschaft meine ganze Zeit zu widmen, hätte ich nie etwas anderes sein mögen. Ich hatte schon gemerkt, daß ich in keine Schablone paßte und daß mir alle Eigenschaften fehlten, die zum Vorwärtskommen nötig sind, wenn man doch das hohe Seil des akademischen Weges besteigt und es dort zu einer ordentlichen festen Stelle bringen will. Ich hatte nicht die Ruhe, die nötig ist, um die Lebensumstände im Gleichgewicht zu halten und nicht derselben der Weggenossen zu treffen. Zudem lag das, was ich in der reinen Geometrie bringen konnte, ganz abseits, und es war dabei nur auf eine ganz kleine Anzahl von Zuhörern zu rechnen. Aber das schien mir anregend und reizend zu sein. Wer mich hörte, tat es um der Sache willen, denn ich hatte weder Noten zu geben, noch Prüfungen abzunehmen, und es fehlten mir alle Mittel, durch welche unser Professor seine Hörsäle füllt. Es kamen immer Zuhörer und zwar aus der Abteilung, die speziell Mathematik studierte. Ich las damals über Flächen zweiten Grades, Flächen dritter Ordnung, über Achsonometrie und Perspektive, über 3 und vierpunktige Berührung von Kegelschnitten u.a. mehr. Die Themen fielen mit meinen Themen zusammen.   Die Vorlesung über Achsonometrie u. Perspektive knüpfte an eine Abhandlung von Guido Hauck (1876)[593] an, in der auf rechnerische Weise für die Perspektive Maßstabszahlen in ähnlicher Weise hergeleitet wurden, wie das bei der Zyklometrie geschieht. Ich führte die Betrachtung rein geometrisch durch, brachte Achsonometrie und Perspektive in einen inneren Zusammenhang und führte die Methode an vielen Beispielen durch. Aus dieser Vorlesung ging mein Büchlein über „Achsonometrie und Perspektive" hervor, das auf 57 Seiten nicht nur die nötige Theorie bringt,

---

593 Hauck, G.: Grundzüge einer allgemeinen axonometrischen Theorie der darstellenden Perspektive (Zeitschrift für Mathematik und Physik 21 (1876), 81 – 89 und 402 – 426).

sondern eine Fülle von Aufgaben.[594] Auf der Suche nach einem Verleger wurde ich durch persönliche Beziehungen auf die Metzlersche Buchhandlung in Stuttgart aufmerksam und diese verlegte auch das Büchlein, zahlte 120 Mark Honorar und stattete es mit 18 Tafeln und 82 Figuren aus.[595] Sie tat es auf Grund von vorzüglichen Gutachten, die sie an kompetenten Stellen angezogen hatte. Guido Hauck u. a. schrieb sehr günstige Rezensionen, und ich hoffte auf einen durchschlagenden Erfolg. Heute sehe ich ein, warum derselbe nicht kam. Was Hauck rühmte, galt Fiedler nicht viel. Die Richtung Fiedler [war] durch Schwarz auf den Index gesetzt und ich hatte mir in Göttingen seine Ungnade in höchstem Maße zugezogen. Mit Fiedler hatte ich gerade in jener Zeit Differenzen. Dazu kam aber noch, daß meine Darstellung für Techniker viel zu kurz war, daß die Figuren feine, aber zu kleine Lithographien waren und daß der Verlag Metzler nicht der Ort war, wo man ein solches Buch suchte. So hatten auch seine Bemühungen keinen Erfolg. Unterdessen nahm unser Streit um die geometrische Methode seinen Fortgang, beschäftigte die Techniker auf den Versammlungen der „Gesellschaft ehemaliger Polytechniker"[596], kam aber zu keinem Schluß. Man war sich darüber klar, daß weder fachlich noch persönlich die der Geometrie zugeteilte Zeit und die Abgrenzung der eigentlichen Technik im rechten Verhältniß standen. Der Zwang der Lehrordnung darf wohl auch oft für die Ausschreitungen der Polytechniker verantwortlich gemacht werden, die Studienfreiheit verlangten. Man sprach von Reformen aller Art. Die guten Erfahrungen, die man während eines Menschenalters mit den strengen Verordnungen gemacht hatte, und die Ansichten aller Techniker standen einer grundlegenden Reorganisation im Wege, die erst viel später kam. Sie mußte „erdauert" sein, und der schwerfällige Apparat der Kommissionen leistete immer solchen Verschiebungen Vorschub. Ich konnte dazu nichts tun und hatte nur das Bestreben aus dem „Käfig" eines Assistenten für darstellende Geometrie herauszukommen. Ich unternahm daher manches, was wie eine unpassende Treiberei aussah und mir nur schadete. Wo ich in Deutschland einen Anknüpfungspunkt hatte, machte ich auf meine Absichten aufmerksam, erhielt auch recht schöne Briefe. Aber dabei blieb es. 1887 besuchte ich Guido Hauck in Berlin, durch den ich tatsächlich auf einige Listen kam. Aus diesem Besuch entwickelte sich eine sehr angenehme wissenschaftliche Korrespondenz. Nachdem ich mein 3. Jahrzehnt überschritten und eine Liebe begraben hatte, die einen sehr platonischen Charakter hatte, fand ich das Junggesellendasein drückend und dachte an die Gründung eines Hausstandes, die mir von verschiedenen Seiten nahe gelegt wurde. Ich sollte nach Tantenwünschen und klugen Regeln einen Schwiegervater suchen, der mir bei der Flottmachung meines Lebensschiffes hätte behilflich sein können. Es fehlte auch nicht an Hinweisen. Aber ich ging meine eigenen Wege, die – wie ich heute sagen kann – die richtigen waren. Freilich schien damals die Professur in den Kreisen, in die ich später eintrat, die unerläßliche Bedingung zu sein, die

---

[594] Beyel 1887.

[595] Beyel, Chr.: Axonometrie und Perspektive in systematischem Zusammenhange (Stuttgart: Metzler, 1887).

[596] Von Andreas Harlacher (1842 – 1890) 1869 begründete Vereinigung von ehemaligen Studenten des Polytechnikums mit dem offiziellen Namen „Gesellschaft ehemaliger Studierender des eidgenössischen Polytechnikums", heute ETH-Alumni genannt.

abzuwarten war. Dieses Warten fiel mir sauer. Nach den Erfahrungen, die ich seitdem machte, war es ganz überflüssig. Unsere Aengstlichkeit war durch eine allzu große Rücksichtnahme auf das beeinflußt, was „man sagt". Freilich fand sich auch dazu, als Kappeler 1888 einen Ausweg vorschlug, der mich aus dem Bannkreis Fiedlers führte. Die Loslösung lag in der Richtung der Streiter um die Methode, durch die ich überhaupt in diese Sackgasse geraten war

[?????][597]

nach Zürich berufen worden[598], um durch seine geometrischen Vorlesungen den Studierenden für die graphischen Methoden Culmanns auszubilden und zugleich diese zu (215/216) fördern. Nach dem Tod Culmanns wurde sein bester Schüler, Prof. Ritter, von Riga nach Zürich berufen. Ihm fiel auch die Aufgabe zu, die graphische Statik von Culmann – ein Werk, das Bruchstück geblieben war[599] – zu vollenden. Ritter brauchte einen Assistenten für graphische Statik. Ich war als diplomierter Ingenieur mit dem sehr vertraut, und Kappeler bot mir die Stelle an. Er hoffte, daß ich auf Grund meiner Vertrautheit mit der rein geometrischen Methode gelegentlich hier ein Feld für praktische Betätigung finden könnte. Prof. Ritter kam mir sehr liebenswürdig entgegen, und so war ich froh, im Herbst 1888 zu ihm übergehen zu können. Die Stelle war wenig belastend. Als Privatdozent hatte ich im Jahr vorher begonnen, ein zusammenfasendes Kolleg über projektivische Geometrie[600] zu lesen. Es brachte in übersichtlicher und durchdachter Form in 2 Stunden alles das, was Fiedler in 4 Stunden und vielen Uebungen den Studierenden des 3. Semesters der Ingenieurschule als „Geometrie" – bei den Polytechnikern hieß es „Geometrie der Plagen" – kaum beibrachte. Wer das Diplom machen wollte, wurde in dieser Geometrie geprüft, und so kam es, daß ein großer Teil der stark besuchten Ingenieur-Schule diese Vorlesung hörte. Ich fügte eine Übersichtsvorlesung über die darstellende Geometrie[601] hinzu und fand auch dafür viele Zuhörer, die sich auf das Diplom vorbereiteten. Kappeler legte diesen Vorlesungen nichts in den Weg. Auch Ritter war damit einverstanden, und für mich brachten diese Collegien ein gewisses Einkommen. Es wurde dadurch vermehrt, daß ich auch vielen Polytechnikern während Jahrzehnten auf die Diplomprüfungen hin Einzelunterricht gab. Den Studierenden war dadurch auch geholfen und es entwickelte sich um Fiedler herum weniger Zündstoff. Es sei noch bemerkt, daß nicht die Faulen und Dummen zu mir in die Vorlesungen zu Herden kamen, sondern diejenigen, die das Thema wirklich verstehen wollten und sich in den kunstvoll verschlungenen Pfaden nicht zurecht finden konnten. Ich wich nie von den wissenschaftlichen Wegen ab und ersetzte nie die von den Zuhörern zu nehmende Geistesarbeit

---

[597] Unleserliche Passage.

[598] Es geht um Wilhelm Fiedler.

[599] Culmann 1866. Ritter integrierte letztlich das, was in Culmanns Nachlass vorhanden war, in ein eigenes Werk: „Anwendungen der graphischen Statik nach Professor Dr. C. Culmann bearbeitet von W. Ritter". 4 Bände (Zürich: Meyer und Zeiler, 1888 – 1906).

[600] Im Wintersemester 1887/88 hatte Beyel in der Freifächerabteilung „Projectivische Geometrie" zweistündig angekündigt.

[601] Im Sommersemester 1888 bot Beyel in der Freifächerabteilung neben der projektiven Geometrie auch noch ein zweistündiges „Repertorium der darstellenden Geometrie" an.

durch mechanische Regeln und durch sinnlosen Drill. Uebrigens ist dies in der Geometrie, die mit der Vorstellung arbeitet und keine Formeln hat, gar nicht möglich.

Die Maßnahme Kappelers – es war eine seiner letzten, denn er starb bald darauf - hob die Konflikte am Polytechnikum nicht auf und brachte keine Abgrenzung im Schulbetrieb zwischen Fiedler und seinen Gegnern. Die Diskussion ging weiter und erst nach dem Rücktritt Fiedlers – 1909[602] – endete der Kampf mit einer Niederlage der ganzen Richtung, für die zuerst Culmann und dann Fiedler eingetreten waren. Die darstellende Geometrie wurde auf ein Semester verkürzt, und die Geometrie der Lage fiel ganz. In die Uebungen wurden Aufgaben aus der Physik eingeführt, die früher teilweise in besonderen Vorlesungen über Steinschnitt, Perspektive u.a. untergebracht waren. Was da nun angeordnet wurde, entsprach meinem Programm, das ich 1887 Kappeler auf seinen Wunsch in einem kurzen Memorandum auseinandersetzte. Die graphische Statik – Culmanns Lebenswerk – trat auch dann trotz seines Schülers Ritter immer mehr zurück. Die Vorlesungen über Mechanik wurden ausgedehnt, mit Uebungen versehen und da wurde auch die graphische Statik, die vor einem Menschenalter bei der Ausbildung der Ingenieure eine große Rolle spielte, nicht mehr im Vorlesungsverzeichnis steht. Die Hoffnung, die man auf diese Materie gesetzt hatte, erfüllte sich nicht. Man war von Anfang an ihr gegenüber in Paris und Berlin sehr zurückhaltend gewesen, und nur in Italien fand sie Befürworter. Bei diesem Versagen mögen persönliche Gründe mitgespielt haben. Culmann und Fiedler standen beide außerhalb der akademischen Kreise – galten beide nicht „für voll" und wurden auch in Zürich keine intimen Freunde. Culmann war ein liebenswürdiger, großzügiger Mensch, Fiedler war schroff, rechthaberisch und scharf im Urteil und nicht geeignet, „Schule zu machen". Endlich ist zu betonen, daß die analytischen Methoden durch Benutzung von Differentialbegriffen leichter zu handhaben sind wie die graphischen, schneller zum Ziel führen und auch da anwendbar sind, wo der Stift nicht hinreicht. Daher sind die analytischen Methoden mehr ausgebaut und gepflegt worden, und die reine Geometrie tritt in vielen Fällen gegenüber der Formel zurück. Diese wird geometrisch „interpretiert", d.h. man ersetzt abstrakte Größen durch Wörter, die der Anschauung entnommen sind. – Man schreibt dicke Bücher über Geometrie, die keine einzige Figur enthalten und nie an die Anschauung sich wenden. Dies sind einige Gründe, die erklären, warum der Schulbetrieb (219/220) auch aus fachlichen Gründen zu Ungunsten von Fiedler endete. Es hätte sich natürlich bei ziemlicher Scheidung der Bedürfnisse der Technik von denjenigen der wissenschaftlichen Forschung auf geometrischem Gebiete ein Weg finden lassen, der beide Seiten gedient hätte. Aber es fehlte der kollegiale Geist, der hätte vermitteln können, und Fiedler war so in sein „System" verrannt, daß er es für die Ausbildung der Ingenieure für unerläßlich hielt. So wurde eben „weitergewurschtelt".

Für mich war die Neuordnung, die Kappeler beim Schulrat durchsetzte, nicht genau das, was ich wünschte und erwartet hatte. Ich wurde mit einem Odium belastet, das mir fast peinlich war. Es entsprach weder den akademischen Sitten, noch war es ganz korrekt, daß ich neben Fiedler eine Art Ergänzungs-Vorlesung

---

[602] Es müsste 1907 heißen.

hielt, mit der er nicht einverstanden sein konnte. Ein Mann von anderem Charakter hätte wohl in diesem Falle zu einer friedlichen Vereinbarung die Hand geboten. Es wäre für ihn – den vielbeschäftigten Büchermacher – nicht schwer gewesen, seinen langjährigen Assistenten in passender Weise eine Betätigung zu bieten. Die Wissenschaft wäre damit auch besser gedient gewesen wie durch sein bösartiges Urteil über mich. Da er aber über anerkannte Größen mir gegenüber oft die garstigsten und giftigsten Urteile gefällt hatte, so wußte ich seine Kritik über mich richtig einzuschätzen. Freilich fügte er mir damit viel Leid zu.

Immerhin mußte ich damals – 1888 – froh sein, in einen neuen Wirkungskreis verschoben zu sein. Heute nehme ich an, daß ich in dieser Weise geführt wurde, und ich habe mich mit dieser Wanderung abgefunden. Wenn ich nicht erreiche, was ich erhoffte und was ich nach Studium und Arbeiten erwarten durfte, so ist später auch nicht eingetreten, was ich ersorgte und befürchtete. Ich konnte einen Hausstand gründen und eine schöne Häuslichkeit und ein glückliches Familienleben boten für mich Ersatz, was mir versagt blieb.

Im Anschluss an die neue Assistentenstelle richtete ich – meiner Tätigkeit entsprechend den neuen Anforderungen – meine Tätigkeit gewinnbringender ein. Ich erteilte Unterricht in darstellender Geometrie an der Gewerbeschule, las über den Rechenschieber und hatte dafür stets viele Zuhörer und wurde ein gesuchter Privatlehrer, der einer großen Anzahl von Schülern den mathematischen Staar stach und sie von ihrer mathematischen Blindheit befreite. Viele hundert Polytechniker hörten meine Uebersichtsvorlesungen über darstellende Geometrie und (220/221) projektivische Geometrie und brauchten sie für ihre Diplomprüfungen. Für besondere Gebiete, in denen ich literarisch arbeitete, fand ich stets in kleinen Collegien einige Teilnehmer. Hunderte, die meine Vorlesung nicht hören konnten, holten sich in meinem Privatunterricht die nöthige Aufklärung und manchen, der zu entgleisen drohte, konnte ich wieder in die rechte Spur bringen. Das war mir immer eine besondere Freude. Wenn diese Beschäftigung mühsam erscheint und zuweilen auch mühsam war, so entschädigte der Verkehr mit erwachsenen jungen Leuten aus aller Herren Länder für die aufgewandte Arbeit. Gelegentlich half ich auch in einer Mittelschule aus. So unterrichtete ich an der Zürcher Gewerbeschule während einer Reihe von Abenden über darstellende Geometrie und Perspektive. An der Industrieschule und am freien Gymnasium wurde ich gebeten, in einzelnen Klassen einzuspringen. Während des Krieges war mein Kollege Tschulok in Verlegenheit und ersuchte mich um Uebernahme einiger Stunden an seinem Institute, die ich noch während einer Reihe von Jahren erteilte. Aber zu einer Uebernahme einer ganzen und dauernden Lehrstelle an einer Mittelschule konnte ich mich nicht entschließen. Der Unterricht in großen Klassen lag mir nicht.

In den ersten Jahren meiner Häuslichkeit hielt ich alle diese Beschäftigungen noch aufrecht. Hauck ließ mich auch an mehreren Orten auf die Liste setzen – aber ich war in Deutschland Ausländer und drang gegenüber besser ausgewiesenen Kandidaten nicht durch. Unterdessen hatte ich mich in Zürich gut eingelebt, war durch meine Verheiratung (1889) mit einer Schweizerin aus bekannter Familie wieder in die Kreise gekommen, denen ich von zu Hause angehörte, und so teilte ich Prof. Hauck meine endgültige Absicht mit, in Zürich zu bleiben. Als dann 1890 ein Sohn einrückte, der hier in Zürich als guter

Schweizer aufwuchs, wollte ich ihn nicht in die Zwitterstellung zwischen 2 Nationen bringen, die mir soviele Aussichten verdorben hatte. Ich bereute meinen Entschluß nicht und hatte im Hintergrund doch noch etwas die stille Hoffnung, daß sich am Polytechnikum der richtige Ausweg aus meiner Zwischenstellung finden würde. Freilich war ich da zu optimistisch und versuchte mich mit der Art, (221/222) mit der in den Kommissionen viele Dinge, die zum Entscheid reif wären, verschleppt wurden. Das System Fiedlers, mit dem ich 1888 auseinander und nie mehr zusammenkam, zog sich fast 20 Jahre hin. Unterdessen war Prof. Ritter, bei dem 6 Jahre lang assistierte und der noch die Culmannschen geometrische Ueberlieferung übernommen hatte, gestorben. Es kamen neue Leute und mit ihnen eine Bewegung, die dem „Schulgeiste" des Polytechnikums die vollständige akademische Studienfreiheit gegenüberstellte, und der Kampf um diese trat in den Vordergrund. Fiedler selbst hielt sich mehr zurück, die Kollegen [????] und so „bröckelte" auch nach und nach die gefürchtete „darstellende Geometrie" und die verhasste „Geometrie der Lage" ab. Die Studierenden der Bau-Ingenieurschule wurden von beidem entbunden. Fiedler, der das 70. Lebensjahr überschritten hatte, ließ sich oft von Assistenten vertreten, aber die „Stelle" hielt er auf lange besetzt. Als sie dann frei wurde und ausgeschrieben wurde, hatte ich seit einigen Jahren das 50. Lebensjahr hinter mir. Eine gründliche Reorganisation der Studienordnung und der Stundenpläne stand bevor. Ich war aber nicht mehr geneigt und wohl auch nicht mehr geeignet, mich in neue Verhältnisse einzufügen. Ich meldete mich also nicht für die Stelle und erklärte der Behörde, daß ich mich nicht stark genug fühle, um so wie Fiedler in theoretischer Hinsicht zu wirken. Es bedeutete dies einen Verzicht auf die Früchte von viel Streben und von viel wissenschaftlicher Arbeit. Andererseits konnte ich begreifen, daß man am Polytechnikum für neue Verhältnisse neue Männer brauchte. Immerhin wäre es – und das war die Ansicht von vielen meiner Kollegen – passend gewesen, meine langjährige Dozententätigkeit, bei der ich immer Zuhörer hatte, und meine oft recht mühsame Arbeit als Hilfslehrer in akademischer Form zu würdigen. Man empfand dies als Ungerechtigkeit, die sich nur durch allerlei persönliche Gründe erklären ließ. Es sah wie eine Ironie aus, daß der neue Lehrplan für darstellende Geometrie ungefähr das vorschrieb, was ich – 20 Jahre zuvor – auf Verlangen von Schulratspräsident Kappeler in einem kurzen Memorandum ihm vorgeschlagen hatte, und was ich schließlich vorlegte. Ich hielt es nötig, die theoretische Seite zu vereinfachen, die Vorlesungen für Steinschnitt und Perspektive, die damals noch obligatorisch waren, fallen (222/223) zu lassen und bei der Stellung der Aufgaben für die darstellende Geometrie auf die genannten Fächer und auf weitere Bedürfnisse der Praxis Rücksicht zu nehmen. In diesem Sinne wurde auch der neue Lehrplan gestaltet. In diesem Sinne lag es auch, daß später die graphische Statik als besonderes Fach ganz aufhörte und in die erweiterten Vorlesungen der Mechanik aufgenommen wurde. Der Kampf um die Studienfreiheit endete damit, daß die Zuhörer nicht mehr Schüler sondern Studierende hießen. Aus dem Polytechnikum wurde eine eidgenössische technische Hochschule. Den Studierenden wurde freigestellt, die Repertorien mitzumachen und Noten zu verlangen oder nicht. Die Zulassungen zu den Diplomprüfungen wurden von der Abgabe bestimmter Arbeiten und Zeichnungen abhängig gemacht. Schließlich wurde nach deutschem Muster der E. T. H. das

Recht verliehen, einen D^r ing in verschiedenen Richtungen zu erteilen. Das ganze System von Zitationen, Prüfungen, Matrikeln und Zeugnissen, das je nach Temperament des Professors zu allerlei Schwierigkeiten führte, wurde ganz aufgehoben. Der Studierende übernahm damit eine größere Verantwortlichkeit für sein Tun und konnte bei guten Anlagen das Ziel in freier Weise erreichen. Immerhin war die alte Ordnung in vielen Fällen hilfreich gewesen und ließ sich mit der menschlichen Naturanlage rechtfertigen, die gerade in den Studentenjahren recht oft den rechten Weg nicht findet und ihre Kraft überschätzt. So war beim Rücktritt von Fiedler vieles anders geworden wie vor 20 Jahren, und für viele Aenderungen waren die Vorbereitungen getroffen, und es brauchte vielleicht neue Menschen und nicht die in der Schule Fiedlers gealterten Schüler, denen man eine Wandlung nicht zutraute, ja nicht zumuten durfte. Dazu kam noch, daß die Herren des Schulrates, die damals über die Neubesetzung zu entscheiden hatten, anders waren wie diejenigen der 80er Jahre des vergangenen Jahrhunderts und die verwickelten wissenschaftlichen und persönlichen Kriterien jener Zeit nicht mehr kannten. Ich war auch ein anderer geworden, hatte Verbindungen angeknüpft, die mir Gegner schufen – kurz, ich kann heute besser verstehen, warum ich in jenem kritischen Momente „kalt gestellt" wurde. Ich beschränkte mich von da an ganz auf meine Pflichten als freier Dozent, hielt meine Vorlesungen, schrieb Abhandlungen in mathematischen Zeitschriften und zog mich aus den akademischen Kreisen ganz zurück. (223/224)

2. Darstellende und projektive Geometrie

In diesem Kapitel geben wir einen Überblick zum Entwicklungsstand im letzten Drittel des 19. Jhs. der beiden Gebiete der Geometrie, die für Fiedlers Werk zentral waren, die darstellende und die projektive Geometrie. Dabei gehen wir auch auf Fragen der Vermittlung, insbesondere auf Lehrbücher und Vorlesungen ein – ganz im Sinne Fiedlers, für den ja Theorie und Vermittlung eine untrennbare Einheit bildeten.

2.1 Darstellende Geometrie

Die Fusion, man könnte auch von Verschmelzung oder Synthese sprechen, von darstellender und projektiver Geometrie war geradezu ein Markenzeichen Fiedlers. In Christian Wieners Abriss der Geschichte der darstellenden Geometrie, dem ersten Kapitel seines 1884 erschienenen Lehrbuchs, tritt Fiedler auf im Paragraphen „35. Fiedler (Verschmelzung der darstellenden mit der projektiven Geometrie, projektive Koordinaten, Cyklographie)."[603] Im eigentlichen Text heißt es dann:

---

[603] Wiener 1884, VIII. Wiener nennt auch noch „Schlesinger (dieselbe Verschmelzung)". Es geht um das Lehrbuch Schlesinger 1870, das Fiedler – wie wir sehen werden – aber kritisierte: Josef Schlesinger war in Fiedlers Augen kein kompetenter Vertreter der Fusion.

> Die volle Einführung der projektiven in die darstellende Geometrie ist hauptsächlich Herrn *W. Fiedler*, [...], zu verdanken.[604]

Zentral für unser Thema ist Fiedlers Hauptwerk, sein Lehrbuch der darstellenden Geometrie (1871, ²1875, ³1883 – 88 [drei Bände], ⁴1904 [nur Band 1]).[605] Die darin umgesetzten Ansätze haben in seinem Denken eine Vorgeschichte. Deshalb werden im Folgenden auch Informationen z. B. zu seiner Dissertation und anderen Publikationen aus seiner Feder, insbesondere zur Zyklographie, die alle mehr oder minder direkt mit dem Lehrbuch zusammenhängen, gegeben. Christian Wiener charakterisierte Fiedlers Werk folgendermaßen[606]:

> Das Eigenthümliche des Werkes ist, einerseits, daß zuerst die Methodenlehre, d. i. die Gesamtheit der verschiedenen Projektionsverfahren, dargestellt, und daß dann die konstruktive Theorie der krummen Linien und Flächen, unter wechselnder Benutzung jener Projektionsverfahren entwickelt wird, andererseits, daß die projektive Geometrie mit den Erörterungen eng verflochten ist.

Unsere nachfolgende Darstellung ist eher systematisch denn chronologisch strukturiert. Sie orientiert sich an Fiedlers Hauptwerk und versucht, dieses im Stand der Wissenschaft seiner Zeit zu verorten. Das betrifft vor allem die synthetische Seite seiner Geometrie, der Themenkomplex „Salmon-Fiedler", also die analytisch-algebraische Richtung, kommt dann im fünften Kapitel zur Sprache.

Als Fiedler mit seiner Dissertation 1860 die Bretter der wissenschaftlichen Welt betrat, war die darstellende – oder, wie man damals auch sagte: deskriptive, beschreibende – Geometrie noch ein recht neues Gebiet. Als ihre Geburtsurkunde werden die später in Buchform veröffentlichten Vorlesungen, die Gaspard Monge im Jahr III der Revolution (also 1794) an der *Ecole normale* in Paris hielt, angesehen. Das war die kurzlebige[607] zentrale Lehrerbildungsanstalt, die die Revolution ins Leben gerufen hatte. Man weiß zudem, dass Monge parallel hierzu auch an der ebenfalls neuen *Ecole polytechnique*, einer Ingenieursschule, über dieses Thema las und dass er es in den ersten Jahren zu einem zentralen Gebiet in der Ausbildung an dieser Hochschule machte. Allerdings kannte man lange Zeit die Inhalte seiner Vorlesung an der *Ecole polytechnique* nur indirekt, hauptsächlich durch Andeutungen und Berichte seiner Schüler.[608] Erst nach dem Zweiten Weltkrieg fand R. Taton Originaldokumente zu den fraglichen

---

[604] Wiener 1884, 38.
[605] Vgl. Kapitel 4.
[606] Wiener 1884, 39. Zum Briefwechsel Fiedler – Wiener vgl. 9.2.5.
[607] Sie blieb nur ein Semester in Betrieb und wurde erst rund 40 Jahre später wiedereröffnet.
[608] Zu Monge's Lehrtätigkeit und der seiner Schüler vgl. man auch Barbin 2019.

Veranstaltungen Monge's an der *Ecole polytechnique*. Vor Tatons Entdeckung war nicht ganz klar, was Monge in Bezug auf die zukünftigen Ingenieure wirklich wollte. Wichtige Aufgaben hielten Monge davon ab, seine Vorstellungen weiter auszuarbeiten. Es war zudem nicht anzunehmen, dass die Vorlesung an der *Ecole normale* sein letztes Wort in Sachen darstellender Geometrie gewesen ist. Wohl aber wollte die Nachwelt das oft so sehen, wobei die Linientreue in Frankreich besonders ausgeprägt war, während man außerhalb von Frankreich auch eigene Wege ging – wohl gemerkt, inspiriert aber nicht diktiert von Monge. Die französische Bezeichnung „Géométrie descriptive" scheint eine Wortschöpfung von Monge gewesen zu sein; sie wurde gewissermaßen zum Markenzeichen eines Gebietes, das in für die Mathematik ungewöhnlich hohem Maße stets mit einem Namen, dem ihres vermeintlichen Schöpfers Monge, verbunden blieb.

Im Jahr 1810 erstattete die Pariser Akademie der Wissenschaften dem Kaiser – bekanntlich Mitglied der Geometrieklasse dieser illustren Institution - einen Bericht über die Fortschritte der mathematischen Wissenschaften seit 1789. In seiner Einleitung hob der ständige Sekretär der mathematischen Klasse, der Astronom Jean-Baptiste Joseph Delambre (1749 – 1822), wenige Zeilen nachdem er den „Sieger und Friedensbringer in Italien", also Napoleon, gepriesen hatte, hervor:

> Einige moderne Autoren haben bereits glückliche Anwendungen der Methode vorgenommen, welche die Lage eines beliebigen Punktes im Raum vermittels dreier rechtwinkliger Koordinaten ausdrückt. Herr Monge hat dieses Prinzip zur Grundlage einer neuen und vollständigen Theorie gemacht, welche für alle konstruktiven Künste unverzichtbar ist. Er hat dieser den Namen *darstellende Geometrie* gegeben.[609,i]

Monge's Vorlesung kursierte zuerst in Gestalt einer Lose-Blatt-Sammlung, die für die Zuhörer der Veranstaltung gedruckt wurde. Das war reichlich ungewöhnlich Ende des 18. Jhs.; vielerorts gab es allerdings den Brauch, Bücher den Vorlesungen zugrunde zu legen – bis hin zur Vorlesung als Diktat. Die Lose-Blatt-Sammlung umfasste die ersten neun der insgesamt dreizehn Vorlesungen von Monge; sie wurde 1799 dann als Buch gedruckt, wobei Monge's Assistent J. N. P. Hachette (1769 – 1834) die Druckfassung erstellte. In späteren Auflagen wurden die vier noch fehlenden Vorlesungen durch B. Brisson ergänzt; 1847

---

[609] Delambre 1810, 5; den Originaltext findet man in den Endnoten am Schluss dieses Buches. Weitere Ausführungen zur darstellenden Geometrie gibt es in Delambre's Bericht auf den Seiten 50 – 51. Die Teile über die Mathematik im engeren Sinne (Delambre berichtete ja über die mathematischen Wissenschaften im Allgemeinen) wurden von François Sylvestre Lacroix (1765 – 1843) geschrieben, also einem direkten Schüler von Monge. Es wird vor allem die Nützlichkeit der darstellenden Geometrie hervorgehoben. Im Weiteren werden dann auch noch ausführlich Monge's Beiträge zur Differentialgeometrie und Analysis behandelt. Bekanntlich stand Monge dem Kaiser recht nahe; der wird sich über viel Lob an die Adresse seines Freundes und Bewunderers gefreut haben.

erschien die siebte Auflage. J. N. P. Hachette verfasste zur dritten Auflage 1811 ein Supplement, in dem er Angaben machte, wie sich Monge Ergänzungen seiner Vorlesung für die Studenten der *Ecole polytechnique* vorgestellt habe: Es kommen dabei Themen zur Sprache wie Perspektive (also Zentralprojektion), Steinschnitt und Schattenkonstruktionen sowie Kurven und Flächen im Raum

ergänzt um eine „Theorie der Maschinen". Hachette hat dann selbst ein Lehrbuch der darstellenden Geometrie im Jahre 1822 veröffentlicht, das als eine Art Abschluss des Gebietes im Sinne Monge's betrachtet werden kann.[610]

Der Inhalt der Vorlesungen von Monge lässt sich grob folgendermaßen zusammenfassen[611]:

1. Grundlagen der darstellenden Geometrie (Punkte, Geraden, Ebenen; Übereinkünfte zur Darstellung von Flächen; Vergleich darstellende Geometrie und Algebra) [Nr. 1 – 22].
2. Flächentheorie (Tangentialebenen, z. B. an Zylinder, Kegel etc.) [Nr. 23 – 47].
3. Schnittkurven von Flächen (Vergleich darstellende Geometrie und Eliminationstheorie für Gleichungen, Roberval's Methode zur Konstruktion von Tangenten an eine Kurve) [Nr. 48 – 87].
4. Anwendungen der Schnitttheorie auf die Lösung verschiedener Probleme [Nr. 88 – 100].
5. Allgemeine Betrachtungen zum Raum, ebene und Raumkurven, Evoluten und Evolventen, Krümmungsradien [Nr. 103 – 109].

Die elementaren Teile sind also eher knapp gehalten, viel Raum wird dem Studium der Flächen zugewiesen.

Bekannt geblieben sind die einführenden Worte, die Monge seiner Vorlesung voranstellte. In diesen beschrieb er die Aufgabe der darstellenden Geometrie und ihren Nutzen. Die erstere ist eine doppelte:

Das erste ist, in Zeichnungen von nur zwei Dimensionen exakt streng definierbarer Objekte von drei Dimensionen darzustellen.

Unter diesem Gesichtspunkt betrachtet handelt es sich um eine Sprache für den Konstrukteur, der ein Projekt erdenkt, und jene, die dessen

---

[610] Vgl. Barbin 2019 für mehr Informationen.

[611] In Monge 1798 gibt es keine Überschriften zu den einzelnen Gruppen, in die der Inhalt des Buches unterteilt werden kann. Das übergreifende Gliederungsmerkmal sind hier Nummern, deren gibt es insgesamt 131. Hinzukommen drei Zusätze. Zu Monge's Werk vgl. man Taton 1951 und Sakarovitch 1999.

> Ausführungen leiten, sowie schließlich für die Facharbeiter[612], die ihrerseits die verschiedenen Teile ausführen müssen.

> Die zweite Aufgabe der darstellenden Geometrie besteht darin, aus der exakten Beschreibung von Körpern alles das, was notwendig aus ihren Formen und ihren respektiven Positionen folgt, abzuleiten. So gesehen ist sie ein Mittel zur Wahrheitssuche; sie liefert ständig Beispiele für den Übergang vom Unbekannten zum Bekannten; und weil sie immer auf Objekte größter Selbstverständlichkeit anwendbar ist, muss sie in den Plan für das nationale Bildungswesen aufgenommen werden.[613,ii]

Erstens geht es also darum, aus zweidimensionalen Zeichnungen dreidimensionale Objekte rekonstruieren zu können und zwar sowohl in Hinsicht auf deren Form als auch auf deren Größe[614]; zweitens lehrt die darstellende Geometrie, aus der genauen Darstellung eines Körpers dessen wesentliche Eigenschaften abzuleiten. Monge wurde bekannt dafür, dass er Sachverhalte der ebenen Geometrie mit räumlichen Überlegungen begründete[615]; ein markantes Beispiel liefert der Satz von Monge über die Kollinearität der Ähnlichkeitszentren dreier Kreise. Für Monge lieferte die darstellende Geometrie eine Sprache, in der Ingenieure, Meister und Facharbeiter mit einander kommunizieren konnten, wodurch die arbeitsteilige Produktion von exakt gefertigten Objekten ermöglicht werden sollte.[616]

Letztlich ist das Ziel, dem französischen Volk zu helfen, sich aus der Abhängigkeit von der „auswärtigen Industrie"[617] zu befreien – so die viel zitierte Aussage von Monge:

> Um die französische Nation [sic] von ihrer Abhängigkeit von der ausländischen Industrie, in der sie sich bis zum heutigen Tag befindet, zu befreien, ist es erstens erforderlich, die nationale Bildung auf die Kenntnis solcher Objekte auszurichten, die Exaktheit erfordern, was bislang vollständig vernachlässigt wurde, und die Hände unserer Arbeiter an die Handhabung von Instrumenten aller Art zu gewöhnen, die dazu dienen,

---

[612] Monge spricht von „artiste", was üblicherweise mit „Künstler" übersetzt wird. Er meint hier aber den kunstfertigen Arbeiter, also jemanden mit weitreichenden Fähigkeiten und Fertigkeiten. Man muss beachten, dass Monge in vor- oder frühindustriellen Kategorien dachte und formulierte.

[613] Monge 1798, 3. Originaltext in den Endnoten am Schluss dieses Buches.

[614] Hier liegt ein wesentlicher Unterschied zur perspektivischen Darstellung.

[615] Der Klassiker in dieser Hinsicht war der Satz von Desargues, ein sehr instruktives nicht von Monge stammende Beispiel für das Zusammenspeil von räumlichen und ebenen Betrachtungen ist Fiedlers Beweis des Satzes von Monge mit Hilfe seiner Zyklographie; vgl. 6.1.

[616] Man vgl. die Analyse von Paul in Paul 1980 zu den verschiedenen Aspekten (etwa die Philosophie Condillac's), welche sich hinter dieser einfach erscheinenden Feststellung verbergen.

[617] Es ist keineswegs einfach, eine passende Übersetzung für das französische „industrie" zu finden; vgl. hierzu Paul 1980, 177 n 1. Heute würde man vielleicht „Volkswirtschaft" sagen.

Präzision in die Arbeiten und in die Messungen ihrer verschiedenen Ausprägungen [der Präzision; K. V.] zu bringen: [...]

Zweitens muss eine Vielzahl von Kenntnissen über Naturphänomene verbreitet werden, welche unverzichtbar sind für den Fortschritt der Industrie. Man kann aus ihnen Vorteile ziehen für die Bildung der Nation im Allgemeinen, indem man von den günstigen Umständen profitiert, in denen sie sich befindet - nämlich, dass sie über alle für den Fortschritt erforderlichen Ressourcen verfügt.[618,iii]

Bemerkenswert ist, wie oft Monge hier von Exaktheit und Präzision spricht. Offensichtlich waren diese in seinen Augen ganz wesentliche Desiderate seiner Zeit. Dies wie auch sein Beharren auf dem Sprachaspekt kann man natürlich mit der in Frankreich allmählich einsetzenden Industrialisierung und der mit ihr verbundenen Arbeitsteilung in Verbindung bringen: Eine Verständigung über mehrere Ebenen des Produktionsprozesses hinweg wurde erforderlich sowie die möglichst genaue Einhaltung von Vorgaben – z. B. bei Werkstücken, die dann weitergegeben werden, um in eine Maschine eingebaut zu werden. Nicht mehr ein Einzelner, der Meisterkonstrukteur (W. König), hat den Produktionsvorgang in der Hand und kann alles so anpassen, dass schließlich ein funktionstüchtiges Ganzes entsteht, sondern mehrere Komponenten entstehen getrennt und werden schließlich zusammengeführt. Auch der Vermittlungsaspekt, das Lehren und Lernen, ist hierbei zu berücksichtigen, denn der direkte, auf Vor- und Nachmachen beruhende Lernprozess zwischen Meister und Lehrling wich diskursiven, mehr schulischen Formen des Lernens. Hierbei spielten natürlich Abbildungen und Modelle eine wichtige Rolle.[619]

Fragt man sich, welchen Neuerungen Monge[620] mit seiner *Géométrie descripitive* eingeführt hat, so stellt man fest, dass die Antwort schwerfällt. Prinzipiell kann man festhalten, dass die darstellende Geometrie als Theoretisierung aus vorhandenen Praxen aufzufassen ist. Markenzeichen der darstellenden Geometrie wie die Zweitafelprojektion waren schon vor Monge gängige Praxis, z. B. im Bereich des Steinschnitts.[621] Die Idee, Objekt- und Bildebene simultan in

---

[618] Monge an III, 1. In seiner ersten Vorlesung gab Monge eine weitere, etwas anders lautende Definition der darstellenden Geometrie. Originaltext in den Endnoten.

[619] Vgl. König 1999, was die Rolle von zeichnerischen Darstellungen im Produktionsprozess anbelangt.

[620] Diese naheliegende Frage wird natürlich in der Literatur von vielen Autoren mit unterschiedlichen Ergebnissen diskutiert; für eine interessante Darstellung vgl. man Paul 1980, 197 - 200.

[621] Dazu hatte vor allem Amadée-François Frézier (1682 – 1773) ein dreibändiges Lehrbuch („La théorie et la pratique de la coupe des pierres et des bois, pour la construction des voutes et autres parties des bâtimens civils & militaires, ou traité de stéréotomie à l'usage de l'architecture" [Paris: Jombert, 1754 – 1768]) verfasst, in dem sich vieles findet, was später bei Monge auch wieder behandelt wird. Vgl. das Urteil von E. Papperitz: „Frézier hat unzweifelhaft die Methoden der darstellenden Geometrie ein bedeutendes Stück vorwärts gebracht [...]" (Papperitz 1909, 558).

einer Ebene vermöge Umlegung darzustellen, indem man eine der beiden Ebenen um die gemeinsame Achse dreht, das so genannte *Rabattement*, deutsch Umlegung genannt, wurde vor Monge schon von Johann Heinrich Lambert in seiner „Freyen Perspective" (1759) beschrieben, was allerdings Anfang des 19. Jhs. in Vergessenheit geraten zu sein scheint. Die Faktoren, die Monge so viel Popularität einbrachten, waren wohl anderer Natur als die Innovation: Zum einen brachte er die bis dato disparaten Techniken in ein System, zum anderen führte er einen systematischen Unterricht ein. Gerade als Lehrer muss Monge sehr überzeugend gewesen sein; das zeigt nicht zuletzt die große Zahl seiner Schüler und Schüler von Schülern. Zudem war seine Lehre aufs Engste verknüpft mit den revolutionären Ambitionen, das Bildungssystem zu erneuern, und kein anderes Gebiet der Mathematik, das an den neuen *Ecoles* unterrichtet wurde, konnte Anspruch auf so viel Novität erheben wie die darstellende Geometrie. Das gilt auch – wie bereits im ersten Kapitel vermerkt – für die Art und Weise des Unterrichtens selbst, die einen Bruch mit den scholastischen Traditionen erforderte und die selbständige Leistung des Schülers in den Mittelpunkt stellte. Fiedler beurteilte Monge's Verdienste so:

> Monge hat die *Bewunderung*, die er vollauf verdient, gerade in dem Gebiet, das man seine Schöpfung par excellence nannte und das weder die eigenste noch auch die wichtigste seiner Schöpfungen ist, also vor allem in der darstellenden Geometrie, viel zu sehr *in der Form der unbedingten Nachahmung* erfahren und diese ist in jedem Betracht die schlimmste der Huldigungen, die man einem grossen Manne widmen kann. Das bezeugt nicht bloss die descriptive Geometrie, sondern auch der Einfluss von Monge's Auffassung auf ihre practischen Dependenzen, wie Schattenconstruction, Stereotomie etc.[622]

In der Einleitung zu seiner eigenen „Darstellenden Geometrie" schreibt Fiedler über das Wesen der darstellenden Geometrie:

> Zweck und Bedeutung. Der nächste Zweck der darstellenden Geometrie ist die Bestimmung räumlicher Formen nach Lage, Grösse und Gestalt durch andere räumliche Formen; zumeist geschieht sie durch die graphische Darstellung in einer Fläche, in manchen Fällen durch das räumliche Abbild oder Modell. Die Untersuchung der gegenseitigen Beziehungen der so bestimmten Raumformen mittelst ihrer Darstellung wird daran angeschlossen.

Papperitz weist weiter darauf hin, dass Frézier das Interesse wieder auf die synthetische Methode gelenkt habe nach einer Periode der Dominanz der analytischen. Eine umfassende Studie zur Rolle des Steinschnitts ist Sakorovitch 1999.
[622] Fiedler 1876, 65.

Beides macht die darstellende Geometrie zu einer wichtigen Hilfswissenschaft des Technikers; sie dient ihm bei der Nachahmung schon vorhandener Erzeugnisse seines Faches, wie bei der Erfindung neuer gleichmässig. In der Regel ersetzen die nach ihren Methoden hergestellten Zeichnungen die so viel kostbareren Modelle. Die erste systematische Anleitung zur Befriedigung dieser Bedürfnisse boten J. H. Lambert's Freie Perspective – Zürich 1759 und G. Monge's Géométrie descriptive – Paris 1795.[623]

Monge hat neben der darstellenden Geometrie auch andere Gebiete der Geometrie bearbeitet, vor allem jenes, welches wir heute Differentialgeometrie nennen.[624] Er verwandte sowohl die synthetische als auch die analytische Methode gleichberechtigt nebeneinander. Die radikale Bevorzugung ersterer war ihm fremd; sie tritt erst bei Poncelet auf. Eine später wichtige, als Fusion[625] bekannte Idee Monge's war es, wie bereits erwähnt, räumliche und ebene Geometrie nicht zu trennen, insbesondere auch ebene Theoreme mit Hilfe räumlicher Betrachtungen zu beweisen. Da die darstellende Geometrie ja auf einem Zusammenspiel von ebenen und räumlichen Betrachtungen beruht, ist diese Einstellung bei Monge allerdings nicht verwunderlich. In Fiedlers Augen war diese Haltung ein Beleg für seine These, alle Geometrie müsse darstellend werden. Insgesamt kann man festhalten, dass bei Monge die darstellende Geometrie eingebettet ist in seine sonstigen mathematischen Aktivitäten; noch ist sie kein Spezialgebiet, das weitgehend autonom betrieben wird.

Kommen wir nun zur Situation in den deutschsprachigen Ländern. Die darstellende Geometrie war aufs Engste verbunden mit der Entstehung und Entfaltung eines gewerblich - naturwissenschaftlich – technischen Bildungswesens in Konkurrenz zum traditionellen (neu-)humanistischen.[626] Dieser Prozess war komplex und lief in den einzelnen deutschen Ländern

---

[623] Fiedler 1875, 1. Auf Seite 149 seines Buches formuliert Fiedler das, was er den Grundgedanken von Monge's *Géométrie descriptive* nennt: „[...] zwei orthogonale Parallelprojectionen auf zwei zu einander rechtwinkligen Projectionsebenen zu verbinden [...]" Weitere historische Anmerkungen besonders zu Lambert finden sich in den Noten zu den §§ 1-11 (Fiedler 1875, 731 – 732).

[624] Insbesondere in seinem Buch „Feuilles d'analyse appliquée à la géométrie" (1795), spätere Auflagen trugen den Titel „Applications de l'analyse à la géométrie". Daneben gibt es eine größere Zahl von Artikeln zu diesem Themenkreis, eine Übersicht derselben findet sich in der vierten Auflage (1839) des fraglichen Buches auf pp. iii -iv. Auch zur Theorie der Differentialgleichungen hat Monge Beiträge geleistet, bekannt ist die Monge-Ampère-Gleichung

[625] Dieser Begriff war hauptsächlich im Kontext der Didaktik gebräuchlich, konnte aber auch eine mathematisch-inhaltliche Orientierung bezeichnen; vgl. 7.4.

[626] Natürlich ist dies nur ein kleines Segment des Bildungswesens allgemein; insbesondere sprechen wir hier nicht über das elementare Bildungswesen in Gestalt der Volksschule. Zu beachten sind auch Zeichenschulen und ähnliche Fortbildungsstätten, meist für Handwerker. Die Ausdifferenzierung von gewerblichem und naturwissenschaftlich-technischem Bildungswesen war eine wichtige Entwicklung.

unterschiedlich ab, die auch nach der Reichsgründung 1871 die Kulturhoheit behielten.

Grob gesagt, kann man vorbereitende Schulen – meist (höhere) Gewerbeschulen genannt – und polytechnische Hochschulen unterscheiden. Die ersten polytechnischen (Hoch-)Schulen im deutschen Sprachraum waren neben der Berliner Bauschule (1799) die Polytechnika in Prag (1806), Wien (1815) und Karlsruhe (1825). Diese Gründungen unterschieden sich schon von Beginn an deutlich von der Pariser *Ecole polytechnique*, was aber nicht daran hinderte, letztere als leuchtendes Vorbild – wir würden heute vielleicht sagen: als Verkaufsargument - für die Idee, eine Hochschule für Technik zu gründen, hinzustellen. Ähnlich wie das Eidgenössische Polytechnikum in Zürich, von dem schon im ersten Kapitel die Rede war, waren die deutschsprachigen Polytechnika in Schulen gegliedert – z. B. gab es die Maschinenschule[627] für die zukünftigen Maschinenbauingenieure, die Bauschule für die zukünftigen Bauingenieure und Architekten usw. Anders als die *Ecole polytechnique*, die ja vorbereitenden Charakter hatte für die nachfolgenden Anwendungsschulen (*Ecoles d'applications*), entschied man sich im deutschsprachigen Raum schon zu Beginn des Studiums für die Fachrichtung der Ingenieurwissenschaften, in der man arbeiten wollte. Die gesamte Ausbildung fand dann an der polytechnischen Schule statt, die man erst mit Abschluss des Studiums verließ. Während das Militär und damit der Staat der Hauptabnehmer der Absolventen der *Ecole polytechnique* war, gingen die deutschen Ingenieure auch und vor allem in die Privatwirtschaft, sie hatten als Studenten keinen militärischen Status wie ihre französischen Kommilitonen.[628]

Das technische Bildungswesen hatte in den deutschen Ländern hart um Anerkennung zu kämpfen, während das französische Vorbild sich – gewissermaßen selbstverständlich - an der Spitze des Bildungswesens etablieren und lange Zeit halten konnte. Hierbei spielte auch das Zulassungsverfahren, der berühmte *Concours*, und die aus ihm resultierende enorme Normierungskraft eine Rolle – eine Einrichtung, die im deutschsprachigen Raum kein Analogon kannte. Die weitreichende Zentralisierung des französischen Bildungswesens inklusive seiner Verwaltung, in Deutschland ohne Pendant, begünstigte die Ausbildung von Netzwerken ehemaliger Schüler insbesondere des Polytechnikums in Politik, Wirtschaft, Wissenschaft und Militär. Das wiederum steigerte den Einfluss der Anstalt enorm. Noch heute ist „Ancien élève de l'école polytechnique" ein

---

[627] Die Bezeichnungen variieren natürlich etwas.

[628] Seit Napoleon hatten die Studenten der *Ecole polytechnique*, oft schlicht „X" genannt, den Status von Soldaten, die Institution selbst unterstand dem Kriegsminister. Das ist auch heute noch so, allerdings wurde aus dem Kriegsministerium das Ministerium der nationalen Verteidigung und Studenten der X dürfen heute auch weiblich sein und/oder aus dem Ausland kommen.

Ehrentitel, den man gerne auf die Visitenkarte oder aufs Klingelschild druckt. Die beim Abschluss erreichten Noten wurden ebenso wie die im *Concours* erreichte Punktzahl in Listen veröffentlicht, folglich kann man immer noch herausfinden, welchen Rang ein Schüler erreichte; einer der Ersten eines Jahrgangs gewesen zu sein, war ein vorteilhaftes Gütesiegel für den Rest des Lebens.

Die deutschen Polytechnika wurden oft mit Vorschulen bzw. Vorkursen ausgestattet, um den Schülern die für den Besuch des Polytechnikums nötigen Voraussetzungen zu vermitteln. Hierzu zählten auch die einfachsten Grundlagen der darstellenden Geometrie. In dem Maße, in dem sich Gewerbeschulen als Zubringerschulen für die polytechnischen Schulen etablieren konnten, übernahmen erstere allmählich die Funktionen der Vorbereitungskurse, die nach und nach verschwanden. Folglich gehörte die darstellende Geometrie auch zum Fächerkanon der Zubringerschulen.[629] Dagegen war aufgrund des strengen Auswahlverfahrens der Kenntnisstand der neu eintretenden Studenten bei der *Ecole polytechnique* keine Frage. Im Laufe des 19. Jhs. etablierten sich in Frankreich sogar spezielle Vorbereitungsklassen (*Classes préparatoires*), die ihre Schüler eigens auf den *Concours* der *Ecole polytechnique* vorbereiteten; sie existieren auch heute noch.

Um 1860 herum gab es folgende deutschsprachige Polytechnika:

Berlin (Bauakademie 1799, Gewerbeakademie 1829; 1879 zusammengeführt zur Technischen Hochschule), Prag (1806), Wien (1815), Karlsruhe (1825), Hannover (1831), Darmstadt (1836), Dresden (1851), Stuttgart (Gewerbeschule 1829, Polytechnikum 1840), Zürich (1855); in Braunschweig gab es am Carolinum seit 1835 eine technische Abteilung. Hinzu kamen in einer zweiten Gründungswelle München (1827 gegründet, 1833 geschlossen; wiedereröffnet 1868), Aachen (1870), Danzig (1904) und Breslau (1910).[630]

Weiterhin existierten Bergakademien in Freiberg (1765) und Schebnitz [Slowakei][631] (1763).

Karlsruhe hatte von Anfang an einen Lehrer für darstellende Geometrie. Dies war von 1826 bis 1852 Guido Schreiber, ein Veteran der darstellenden Geometrie in Deutschland, der schon an einer Vorgängerinstitution des Polytechnikums – einer

---

[629] Vgl. die Ausführungen zur Gewerbeschule in Chemnitz im ersten Kapitel.
[630] Bzgl. den Gründungsdaten finden sich in der Literatur auf Grund von Vorgängerinstitutionen oft abweichende Angaben; vgl. König 1981, 48 – 52 sowie Benstein 2019. Nicht berücksichtigt sind weitere (neben Wien und Prag) Institutionen der österreichisch-ungarischen Monarchie (z. B. in Brünn (Brno) und Graz). Diese gingen in mancher Hinsicht Sonderwege, sind aber gerade unter dem Aspekt der Pflege der Geometrie sehr interessant.
[631] Heute: Banská Štiavnica.

Zeichenschule – unterrichtet hatte.[632] An den anderen Polytechnika[633] wurde die darstellende Geometrie anfänglich oft von externen Dozenten oder von Professoren mit anderen Denominationen unterrichtet. Einige Namen seien hier genannt (auch in Hinblick auf die gleich zu besprechenden Lehrbücher): Weisbach (seit 1834 in Freiberg), Gugler (seit 1843 in Stuttgart), Hönig (seit 1834 in Wien), Skuherský (ab 1854 in Prag), Pohlke[634] (seit 1849 in Berlin), Burmester (seit 1871 in Dresden, ab 1887 dann in München), Deschwanden (1855) in Zürich. Zu beachten ist im Übrigen, dass die darstellende Geometrie nicht die einzige Veranstaltung war, in der zukünftige Ingenieure oder Architekten die nötigen Zeichenfähigkeiten erwarben. Meist gab es weitere fachspezifische Veranstaltungen wie Baukonstruktionszeichnen, Ornamentenzeichnen, Konstruktionsübungen, Maschinenzeichnen, Perspektive und Ähnliches mehr. Das Spektrum war hier breit.[635]

Die darstellende Geometrie war das einzige mathematische Fach, das an den Polytechnika mit höherem Anspruch als an den Universitäten – wenn sie denn dort überhaupt zur Sprache kam - unterrichtet wurde, weshalb diese eine Art mathematisches Markenzeichen der polytechnischen Mathematik wurde, umso mehr, als diese Institutionen auch die Forschung im fraglichen Fach pflegten. Christian Wiener bemerkte hierzu (1884)[636]:

> Aus technischen Bedürfnissen hervorgegangen, war diese Wissenschaft und ist im wesentlichen immer noch heute den technischen Hochschulen eigentümlich, sie wurde fast ausschließlich in ihnen unterrichtet und von ihren Professoren entwickelt.

Die darstellende Geometrie wurde mehr und mehr zu einer Spezialdisziplin am Rande der Mathematik mit nur wenigen Bezügen – weder, was die Inhalte anbelangte, noch was die Methoden betraf - zu anderen mathematischen Gebieten; rein äußerlich schon daran erkennbar, dass es Stellen für (reine oder theoretische) Mathematik an den Polytechnika gab und solche für darstellende Geometrie. Erstere wurden oft mit Universitätsmathematikern besetzt, letztere auch mit Vertretern der polytechnischen Welt.

In den 1880er Jahren verlor das Forschungs- und Arbeitsgebiet darstellende Geometrie an Dynamik, die klassischen Areale schienen ausgeschöpft,

---

[632] Eine Professur wurde erst für Schreibers Nachfolger, Christian Wiener, 1852 eingerichtet.

[633] Die weiteren Ausführungen beschränken sich auf den geographischen Raum des später gegründeten deutschen Reichs. Im Österreich-Ungarn gab es Entwicklungen, die sich von denen im deutschen Reich deutlich unterscheiden. Vgl. 9.1 zu den Vertretern der darstellenden Geometrie in den deutschen Ländern.

[634] Von seiner Ausbildung her gesehen war Pohlke Kunstmaler.

[635] Vgl. König 1999.

[636] Wiener 1884, 80. Wiener spricht hier natürlich als Professor des Karlsruher Polytechnikum pro domo.

insbesondere der Satz von Pohlke bewiesen. Speziell an den Polytechnika und allgemein im gewerblich-technischen Bildungswesen war das Fach wohl etabliert. Folglich blühte die Detailforschung auf, zu der auch Fiedler manchen Beitrag leistete. Die darstellende Geometrie wurde als ein (fast) autarkes Gebiet betrieben. Einen Ausweg aus diesem Erschöpfungszustand und dieser Isolation hätte vielleicht die Fiedlersche Synthese weisen können oder der Export der darstellenden Geometrie an die Universitäten verbunden mit einer weniger utilitaristischen Auffassung. Stagnation und Isolation begünstigten auch Tendenzen, den Unterricht in darstellender Geometrie anderen Dozenten als Geometern oder gar Hilfslehrern anzuvertrauen – eine Sammlung von Rezepten ohne mathematische Hintergründe konnten auch sie vermitteln.

Emil Müller stellte 1923 rückblickend fest[637]:

> Trotz der späteren Erweiterung der darstellenden Geometrie durch Einbeziehung der Perspektive und kotierten Projektion, durch Ausgestaltung der Achsonometrie, und trotz der von W. Fiedler herbeigeführten (gleichzeitig auch von J. Schlesinger angestrebten) Verschmelzung mit der projektiven Geometrie machte sich seit den 80-er Jahren des letzten Jahrhunderts eine nicht ableugbare Erstarrung immer fühlbarer. Für die praktischen Zwecke schien die darstellende Geometrie mehr als hinreichend ausgebildet, und das Fehlen neuer Probleme reizte nur wenige Geometer zu einer über pädagogische Zwecke hinausgehenden wissenschaftlichen Beschäftigung mit ihr. Offenbar kündigte sich hierin auch die moderne Zeitströmung in der Mathematik an, die die besten Köpfe zur ausschließlichen Beschäftigung mit den großen Problemen der Analysis hindrängt und heutzutage der Geometrie kaum mehr eine selbständige Bedeutung zugestehen möchte. Denn es übten auch die Schöpfung der Zyklographie durch W. Fiedler[638], die ausgedehnten Untersuchungen G. Haucks über die Verallgemeinerung der Abbildung auf mehrere Rißebenen und S. Finsterwalders Untersuchung zur Photogrammetrie, die der darstellenden Geometrie eine Fülle neuer Aufgaben stellten, nicht den belebenden Einfluß aus.

Dennoch war Müller der Auffassung, dass die darstellende Geometrie eine Zukunft habe, nämlich „wenn man die darstellend-geometrischen Methoden von möglichst hohem Standpunkt aus betrachtet"[639] und sie sich zugleich neue

---

[637] Müller-Krames 1923, III. Zu Müller vgl. Binder 2019 und Stachel 2019. Im Übrigen sei noch angemerkt, dass Müller den Artikel über „Die verschiedenen Koordinatensysteme" für die „Encyklopädie der mathematischen Wissenschaften" (Müller 1910) schrieb, in dem auch Fiedler recht ausführlich berücksichtigt wird.
[638] Zu Fiedlers Zyklographie vgl. Kapitel 6.
[639] Müller-Krames 1923, IV.

Anwendungsfelder erschließe. Ein mögliches Beispiel stellte für Müller Fiedlers Zyklographie dar, wenn man sie nämlich abstrakt als eine Methode der Abbildung betrachte – also nicht, wie Fiedler das tat, sie in erster Linie als Mittel zur Lösung von Konstruktionsproblemen verstand.

In den vor allem in den Jahren 1895 – 1905 heftig ausgetragenen Auseinandersetzungen um die Rolle der Mathematik in den Ingenieurswissenschaften und in der Ausbildung zukünftiger Ingenieure blieb die darstellende Geometrie unangefochten. Selbst Alois Riedler, der wohl prominenteste Vertreter der Protestbewegung („antimathematische Bewegung"), gestand der darstellenden Geometrie ihren Wert zu, vor allem, wenn sie das räumliche Vorstellungsvermögen schule.[640] Den Export der darstellenden Geometrie an die Universitäten betrachtete man seitens der Polytechnika wohl mit einem gewissen Argwohn, wuchs an ihnen doch gegen Ende des 19. Jhs. die Befürchtung, dass sie im Zuge eines Ausbaus der Universitäten durch technische Fakultäten, wie er z. B. von Klein für Göttingen[641] betrieben wurde, wieder ins zweite Glied zurücktreten müssten oder gar gänzlich verschwinden würden.

Die Art und Weise, wie darstellende Geometrie gelehrt wurde, gelehrt werden musste aufgrund ihres Wesens, passte wesentlich besser zu dem an Polytechnika üblichen Unterricht als zum universitären, insbesondere verfügte man an den ersteren über Zeichensäle, Modellierwerkstätten und Fachpersonal.[642] Der Mangel an solchen war an die Universitäten ein beträchtliches Hindernis für die Einführung der darstellenden Geometrie als Lehrgebiet. Folglich war die darstellende Geometrie ein Pfand, das man in den Ring werfen konnte, wenn es darum ging, die Polytechnika wissenschaftlich aufzuwerten.

Als Fiedler 1859 seine Dissertation verfasste, lagen schon einige Lehrbücher der darstellenden Geometrie in deutscher Sprache vor:[643]

---

[640] Vgl. König 2020, 30.

[641] Klein hatte u. a. vorgeschlagen, die Technische Hochschule Hannover nach Göttingen zu verlegen und mit der dortigen Universität zu verschmelzen (vgl. Tobies 2019, 323 – 324). Auch die anderen Technischen Hochschulen wollte er in Universitäten integrieren. Seine Absichten waren wohl insgesamt in der Universitätslandschaft nicht mehrheitsfähig, aus Sicht der Polytechnika dennoch gefährlich. In einem Brief an Fr. Engel aus Göttingen vom 15. Februar 1899 (Universitätsarchiv Gießen NE 180 614)) bescheinigte Hilbert Klein, er verkenne „den principiellen Unterschied zwischen Universität und Polytechnikum".

[642] Zu den Unterrichtsformen der Polytechnika vgl. auch König 2020, 33 sowie Kapitel 7 unten. An den Polytechnika gab es oft – wie im Zusammenhang mit Fiedler im Kapitel 1 bereits erörtert - Assistenten für den Unterricht in darstellender Geometrie, die vor allem die Arbeit im Zeichensaal betreuten sowie Zeichnungen korrigierten und benoteten. Klein, der den ersten Assistenten für Mathematik (W. Dyck) an einer deutschen Universität kurz nach seiner Berufung nach Leipzig bekam, begründete dessen Notwendigkeit mit der Pflege der Modellsammlung, die wiederum für die darstellende Geometrie gebraucht werde.

[643] Ich stütze mich hier vor allem auf Beyel 1903 sowie auf Benstein 2019. Überhaupt habe ich Nadine Benstein (Wuppertal) zu danken für viele Informationen und Diskussionen zur Lehre der darstellenden

Weinbrenner, Friedrich: Architektonisches Lehrbuch (Tübingen: Cotta, 1810)

Creizenach, Michael: Anfangsgründe der darstellenden Geometrie oder der Projectionslehre für die Schule (Mainz: Kupferberg, 1821).

Allemann, W. v.: Elemente der darstellenden Geometrie (Wien, 1828).

Unger, ?/Sternberg, ?: Projectionslehre (Leipzig, 1828).

Schreiber, Guido: Lehrbuch der Darstellenden Geometrie nach Monge's Géométrie descriptive. Erster Theil (Karlsruhe/Freiburg: Herder, 1828).[644]

Schreiber, Guido: Lehrbuch der Darstellenden Geometrie nach Monge's Géométrie descriptive. Zweiter Theil (Karlsruhe/Freiburg: Herder, 1829).

Wolff, C. F. L.: Die beschreibende Geometrie und ihre Anwendungen: Leitfaden für den Unterricht am Königl. Gewerbe-Institut. Theil 1: Die Projectionslehre und die beschreibende Geometrie (Berlin: Petsch, 1835).

Adhémar, J. A.: Elemente der darstellenden Geometrie für Kunst- und technische Schulen (Stuttgart, 1836).

Ludwig, ?: Elemente der darstellenden Geometrie als Leitfaden zum Vortrage an der Großherzoglichen Artillerie-Schule (Karlsruhe: Autographische Anstalt von P. Wagner, 1839).

Gugler, B.: Lehrbuch der descriptiven Geometrie (Nürnberg: Schrag, 1841).

Hartmann, G. F.: Anfangsgründe der darstellenden Geometrie (1843).

Schreiber, Guido: Erläuterungen zum geometrischem Port-Folio. Curs der darstellenden Geometrie in ihren Anwendungen. Erstes Heft (Karlsruhe: Groos, 1839), zweites Heft (Karlsruhe: Groos, 1843)

Ziegler, J. M.: Darstellende Geometrie (Winterthur: Steiner, 1843).

Geometrie im deutschsprachigen Raum. Die nachfolgende Aufstellung erhebt nicht den Anspruch, vollständig zu sein.

Die wichtigsten, da sinnverwandten Werke in französischer Sprache waren für Fiedler Jules Maillard de la Gournerie „Traité de géométrie descriptive" (Paris: Maillet-Bachelier 1860) und dessen „Traité de perspective linéaire" (Paris: Dalmont et Dunod, 1859). Zudem wäre hier Cousinery, B. E.: „Géométrie perspective, ou principes de projection polaire appliqués à la description des corps" (Paris: Carilian-Goeury, 1828) zu nennen. Ihnen eigen ist der frühe Einbezug der Zentralprojektion – für Fiedler ein entscheidender Aspekt. Übersichten zur Literatur, besonders der französischen, enthalten die Enzyklopädie-Artikel Schlömilch 1854 und Gugler 1860.

[644] In einer Besprechung von Schreibers „Projectionslehre" (Leipzig: Spaner, 1865) im Literarischen Centralblatt heißt es: „Der Verfasser gehört zu den Veteranen unter den Schriftstellern über descriptive Geometrie, denn er ist einer der ersten gewesen, welche die von Monge begründete neue geometrische Disciplin in Deutschland zu verbreiten suchten." (Literarischen Centralblatt 1865, Sp. 1319) Jedoch: „Weitergehende wissenschaftliche Erörterungen, wie man sie etwa in dem Gugler'schen Lehrbuche antrifft, darf man hier allerdings nicht erwarten." (Sp. 1320)

Adhémar, J. A.: Darstellende Geometrie, deutsch bearbeitet und bereichert mit den neuesten Fortschritten der isometrischen Projectionslehre nebst einer allgemeinen Begründung dieser Wissenschat von O. Möllinger. Zwei Bände (Solothurn: Jent und Gassmann, 1845).

Hönig, J.: Anleitung zum Studium der darstellenden Geometrie (Wien: Gerold, 1845).

Moosbrugger, L.: Größtentheils neue Aufgaben aus dem Gebiete der géométrie descriptive nebst deren Anwendung auf die konstructive Auflösung von Aufgaben über räumliche Verwandtschaften der Affinität, Collineation etc. (Zürich: Meyer und Zeller, 1845).

Busch, A. L.: Vorschule der darstellenden Geometrie: ein Handbuch für Lineal- und Zirkelzeichnen zur practischen Benutzung für angehende Handwerker, Maschinen- und Bau-Zeichner, Feldmesser, Architekten, Ingenieure und Schüler technischer Lehranstalten und Gewerbeschulen. Mit einem Vorwort von C. G. J. Jacobi (Berlin: Reimer, 1846).[645]

Klingenfeld, Fr. A.: Lehrbuch der darstellenden Geometrie für Gewerbeschulen (Nürnberg: Schrag, 1851).

Nigris, ?: Compendium der darstellenden Geometrie (Presburg, 1853).

Klingenfeld, Fr. A.: Lehrbuch der darstellenden Geometrie für polytechnische Schulen (Nürnberg: Bauer und Raspe, 1854)

Schreiber, Guido: Malerische Perspektive (Karlsruhe/Freiburg: Herder, 1854)

Pohlke, K.: Darstellende Geometrie. 2 Teile (Berlin: Gaertner, 1856/1860)

Anger, K. Th.: Elemente der Projectionslehre (Danzig: Kafemann,1858)[646]

Hinzukamen noch Aufgabesammlungen für den Unterricht in darstellender Geometrie, z. B. E. F. Kaufmann/Chr. Schwenk: Aufgaben aus der darstellenden Geometrie (Stuttgart: Ebner und Seubert, 1844), die auch knappe Ausführungen zur Theorie enthalten konnten.

Die Lehrbücher wurden gelegentlich ergänzt durch sogenannte Atlanten. Das waren großformatige Bände (meist Quartformat), in denen die Abbildungstafeln separat abgedruckt wurden. So umging man das Problem, das durch die im Lehrbuch auf Grund des Formats unvermeidliche Verkleinerung der Abbildungen

---

[645] Die zweite Auflage dieses Werks (Berlin: Reimer, 1868) wurde nach dem Tod des Verfassers „von einem Fachgenossen" besorgt, bei dem es sich vermutlich um Hermann Amandus Schwarz handelte (vgl. Brief von Fiedler an Klein vom 24. Juni 1890 [Confalonieri/Schmidt/Volkert 2019, 148 – 149]).
[646] Kommentar von Max Simon zu diesem Buch: „Neuere Geometrie schon 1839" (Simon 1906, 34). Die Jahreszahl 1839, die Simon angibt, bezieht sich auf Angers Publikation „Betrachtungen über verschiedene Gegenstände der neueren Geometrie" (Danzig: Homann, 1839), nicht auf den oben genannten Titel. Offensichtlich ist Simon ein Versehen unterlaufen.

entstanden wäre. Beispiele solcher Atlanten stammen von Ziegler und Pohlke. Fiedler selbst hat sich bei seinem Lehrbuch der darstellenden Geometrie gegen einen Atlas entschieden: „Aber dass die Figur dem Texte, der sich auf sie bezieht, unmittelbar zur Seite stehe, erschien mir so wertvoll, dass ich entschloss, auf alle die grösseren Ausführungen zu verzichten, …"[647]

Interessant ist, dass viele der oben genannten Autoren – Ausnahmen sind z. B. Pohlke und Anger – im „süddeutschen Raum"[648] angesiedelt waren. Die Pflege der lebendigen Geometrie galt als eine Angelegenheit des „Südens"; der „Norden" stand für strenge Logik und kühlen Kalkül. G. Hauck, gebürtig in Heilbronn, ausgebildet in Stuttgart und Tübingen, schrieb aus Berlin an Fiedler (14.7.1891)[649]:

> Doch sind sie [die Zustände bzgl. der Geometrie; K. V.] in dieser Hinsicht bei Ihnen im Süden immer noch golden gegenüber denen bei uns im Norden. Am allerschlimmsten ist es hier in Berlin. [...] Berliner Mathematiker: Wir Norddeutschen sind für Geometrie überhaupt nicht veranlagt, sondern nur für die abstrakte Mathematik.

Das Fehlen der Geometrie in Berlin war besonders schmerzlich, hatte doch dort Jakob Steiner gelehrt, der Geometer schlechthin in den Augen vieler Vorkämpfer für die Geometrie. So schrieb beispielsweise Karl Pelz aus Graz am 30. Dezember 1883 an Fiedler:

> Man sollte es gar nicht für möglich halten, dass die erste Hochschule des deutschen Reiches, die einst einen J. Steiner besass, jetzt keinen Vertreter der Geometrie hat.[650]

Die oben genannten Werke, von denen Anger, Creizenach, Klingenfeld und Ziegler eher als Schulbücher gedacht waren, zeigten oft noch einen recht engen Bezug zu Monge. Allerdings wischen sie von diesem Vorbild ab, insofern sie meist auch die Perspektive[651] einbezogen und auf analytische Entwicklungen verzichteten. Erste Einflüsse der projektiven Geometrie machten sich bemerkbar

---

[647] Fiedler 1875, III.

[648] Dieser Begriff ist hier sehr weit zu fassen – unter Einschluss der deutschsprachigen Schweiz und Teilen von Österreich-Ungarn.

[649] Hs 87:396. Mehr zu diesem Thema findet sich im neunten Kapitel; zu Hauck speziell vgl. 9.2.5.

[650] Hs 87 : 806. Allerdings war Steiner ja immer „nur" Extraordinarius und seinen Ehrendoktor bekam er von der Universität Königsberg (1832).

[651] In der Tradition von Monge wurde die Zentralprojektion als eine Art Ergänzung zur darstellenden Geometrie behandelt; Pohlke sprach in Abgrenzung dazu von einer „erweiterten Auffassung der darstellenden Geometrie", da er „die Schattenlehre und Perspective als Theile, nicht als Anwendungen derselben betrachte" (Pohlke 1859, III). Eine Verbindung zwischen Perspektive und darstellender Geometrie im Sinne von Grundriss-Aufriss war die schon von L. Alberti beschriebene Durchschnittsmethode.
Anger behandelte unter dem Einfluss seines Lehrers Breysig sogar die Reliefperspektive, ein Thema, das ihm am Herzen lag, wie seine Veröffentlichungen dazu zeigen.

z. B. bei Gugler 1841 und Schreiber 1843. Neben den anderen oben genannten Werken gab es auch Lehrbücher der darstellenden Geometrie speziell für Gewerbeschulen und vergleichbare Einrichtungen. Hier sei neben Busch das Werk von Fiedlers Kollegen an der Chemnitzer Gewerbeschule, H. von Bünau, erwähnt[652]:

> Bünau, H. von: Die Elemente der Projectionslehre: ein Leitfaden für den Unterricht an gewerblichen Lehranstalten (Leipzig: Weidmann, 1844)[653]

Fast zeitgleich mit Fiedlers Dissertation erschien dann Pohlkes „Darstellende Geometrie, zunächst für den Gebrauch bei den Vorträgen an der Königlichen Bau-Akademie und dem Königlichen Gewerbe-Institut zu Berlin" (Berlin: Gaertner, 1860). Pohlke entdeckte einen der wichtigsten Sätze der darstellenden Geometrie, den heute so genannten Satz von Pohlke, der von zentraler Bedeutung für die Axonometrie ist. Allerdings gab Pohlke keinen vollständigen Beweis für seinen Satz.[654]

Schließlich sei noch bemerkt, dass Johann August Grunert im zweiten Supplementband zu Klügels „Wörterbuch der reinen Mathematik" (1836) einen Artikel „Geometrie, descriptive (géométrie descriptive)" aufnahm, der immerhin 19 Seiten füllte und anhand von Grundaufgaben in dieses damals neue Gebiet einführte. Am Anfang heißt es:

> [...] beschreibende Geometrie, ist ein neuer Anbau der Geometrie, welcher seine Entstehung und seine vollständige Ausbildung ganz dem berühmten Monge und seinen Schülern verdankt. Sie hängt genau mit der Theorie der Projectionen zusammen und hat den Zweck, Gegenstände dreier Dimensionen auf einer Ebene so darzustellen, daß man aus der Zeichnung sogleich die gegenseitige Lage der einzelnen Theile und die wahren Dimensionen der dargestellten körperlichen Gegenstände genau erkennen kann, weshalb sie für die Kriegs- und bürgerliche Baukunst, für das Maschinenwesen, überhaupt für alle die Künste, bei denen Darstellungen in genauen Zeichnungen auf einer Ebene häufig in Anwendung gebracht werden müssen, von der größten Wichtigkeit ist.[655]

---

[652] Vgl. 1.1.

[653] Von Bünau hat zudem die deutsche Bearbeitung des Lehrbuchs über Projektionslehre von Levebure de Fourcy veranstaltet.

[654] Fiedler behandelt diesen Satz recht ausführlich in Fiedler 1875, 203 – 210. Dort findet man auch weitere Literaturhinweise. Viele Informationen zu diesem Thema gibt Obenrauch 1897, 390 – 397. Der erste allgemein anerkannte elementare Beweis dieses Satzes wurde übrigens von H. A. Schwarz geliefert (Schwarz 1864). Allerdings hatte W. von Deschwanden schon zuvor einen Beweis veröffentlicht (Deschwanden 1861, 1862). Auch Th. Reye veröffentlichte in seiner Züricher Zeit zu diesem Satz, vgl. Reye 1866. Mehr dazu in 4.2.9.

[655] Grunert 1836, 367.

Als Lehrbücher erwähnt Grunert nur französische Titel, neben Monge in der Bearbeitung von Brisson noch Lacroix. Hübsch ist die Bezeichnung „Anbau" – im Sinne des oben Ausgeführten könnte man sagen: Der Anbau verselbstständigte sich und wurde ein separates Gebäude.

2.2 Projektive Geometrie

In der zweiten Hälfte des 19. Jhs. war neben Geometrie der Lage und neuere Geometrie die Bildung „projektivisch" recht verbreitet, die u.a. von H. Hankel und von F. Klein, aber auch von Fiedler selbst verwendet wurde. R. Sturm kritisierte sie als grammatikalisch inkorrekt: Projektiv ist ja schon ein Adjektiv, weshalb man dieses nicht adjektivieren kann.[656] Sturm versuchte – allerdings vergeblich – auch Fielder von seiner Meinung zu überzeugen. In einem Brief vom 31. März 1879 aus Münster schlug er folgende Verbesserung für die Texte von Salmon-Fiedler vor:

> Ferner was meinen Sie zu meinem Vorschlage: stets <u>der</u> Büschel zu sagen, wie Steiner und Staudt und die Majorität sagt, und sprachlich richtiger ist; ferner projek<u>tiv</u> und perspec<u>tiv</u>, da die Silbe „isch" hier wirklich vom Ueberflusse ist (Reye und Klein haben sie schon angenommen).[657]

Sturms Kritik blieb zuerst einmal recht wirkungslos. Die Übersetzung durch Fr. R. Trautvetter von Cremonas einflussreichen Lehrbuch „Elementi di geometria proiettiva" (1873) hieß „Elemente der projectivischen Geometrie" (1882)[658], verwandte also die beanstandete Ausdrucksweise. Noch 1896 versuchte der deutsche Übersetzer, Herrmann Maser (1853 – 1902)[659], von Cremona's „Introduzione ad una teoria geometrica delle curve piane" diesen davon zu überzeugen, dass der Gebrauch von projektivisch zwar falsch, aber im Deutschen üblich sei, weshalb er ihn weiterhin verwenden wolle.[660]

---

[656] Vgl. Wiener 1884, 221. Für korrekte Ausdrucksweisen sprach sich Sturm in seinem Artikel Sturm 1870 aus sowie in der Vorrede seiner „Elemente der darstellenden Geometrie" (Sturm 1874) deutlich aus. Er verwies darauf, dass hier großer Nachholbedarf bestehe. Vgl. auch Sturm an Fiedler 24. Dezember 1874 (Hs 87: 1223), wo Sturm die Kritik an seiner Vorrede durch Hugo Hertzer (TH Berlin) erwähnt und nochmals ausführlich die Frage korrekter Ausdrucksweisen erörtert. Auch W. Killing lag die sorgfältige Sprache sehr am Herzen, wie man seinem Handbuch des mathematischen Unterrichts. 2 Bände (Leipzig: Teubner, 1910 – 1913) – verfasst zusammen mit Heinrich Hovestadt – entnehmen kann. Sowohl Killing als auch auch Sturm waren längere Zeit Gymnasiallehrer gewesen.

[657] Hs 87: 1231. Mehr zum Briefwechsel Fiedler – Sturm in 9.2.1.

[658] Trautvetter war Lehrer der Mathematik in Winterthur und ehemaliger Student des Polytechnikums in Zürich. Er sandte Fiedler ein Exemplar seiner Übersetzung mit der Bitte, ihm gelegentlich sein Urteil über dieselbe mitzuteilen (Brief Trautvetter an Fiedler, Winterthur 18. Oktober 1882 [Hs 87: 1391]). Fiedlers Antwort ist leider nicht bekannt.

[659] Maser hat auch den ersten Band von Eulers „Introductio" ins Deutsche übersetzt (Berlin: Springer, 1885).

[660] Vgl. Israel 2017, II 1213 – 1214.

Es geht im Folgenden nicht darum, eine umfassende Geschichte der projektiven Geometrie vorzulegen – ein Desiderat übrigens.[661] Insbesondere gehen wir nicht auf ihre Vorläufer im 17. Jh. bei Gérard Desargues (1591 - 1661), Blaise Pascal (1823 - 1662) und anderen ein. Wir konzentrieren uns auf diejenigen Beiträge, von denen sich deutliche Spuren im Werke Fiedlers finden lassen. Fiedler betont an verschiedenen Stellen, dass seiner Meinung nach historisch gesehen die neuere projektive Geometrie, also diejenige des 19. Jhs., seitens der darstellenden Geometrie angeregt worden sei. So heißt es in der Einleitung zu seinem Hauptwerk:

> Sodann aber, insofern der bezeichnete Zweck [der darstellenden Geometrie; K. V.] recht verstanden die Darlegung aller Constructionen der Raumgeometrie und die Lösung ihrer Aufgaben verlangt, hat die darstellende Geometrie sich als geeignet zur naturgemässen Entwickelung hiervon zu erweisen; und es ergiebt sich, dass sie allerdings vermag, in den Besitz gerade der Elemente zu setzen, aus denen die Eigenschaften der Figuren gleichzeitig mit der Erzeugung derselben in der einfachsten Weise entspringen – mit andern Worten, dass sie durch ihr Verfahren den *Organismus der Raumformen* erkennen lässt. Daher die historische Stellung der darstellenden Geometrie am Anfang der neuesten Entwickelungs-Epoche der Geometrie; nach Lambert und Monge kommen Poncelet (1822), Möbius (1827), Steiner (1832), Chasles (1831, 1837), v. Staudt (1847) in stetiger Folge; [...].[662]

Jakob Steiner dürfte von den Genannten den stärksten Einfluss auf Fiedler gehabt haben; darauf deutet auch die sehr Steinersche Formulierung „Organismus der Raumformen" im obigen Zitat hin. Von ihm übernimmt Fiedler die Idee des Aufbaus der projektiven Geometrie aus Fundamentalformen (auch als Elementarformen bezeichnet) verschiedener Stufen mit Hilfe der grundlegenden Operationen Verbinden, Schneiden und Projizieren. In der Vorrede zu seinem Buch „Systematische Entwicklung der Abhängigkeit geometrischer Gestalten von einander, unter Berücksichtigung der Arbeiten alter und neuer Geometer über Porismen, Projections-Methoden, Geometrie der Lage, Transversalen, Dualität und Reciprocität, etc." (1832) formulierte Steiner selbst die Grundidee seines Ansatzes in sehr klarer Weise:

> Gegenwärtige Schrift hat es versucht, den Organismus aufzudecken, durch welchen die verschiedenartigsten Erscheinungen in der Raumwelt miteinander verbunden sind. Es giebt eine geringe Zahl von ganz einfachen Fundamentalbeziehungen, worin sich der Schematismus

---

[661] Ein (unveröffentlicher) Ansatz in dieser Richtung ist Nabonnand 2006.
[662] Fiedler 1875, 2. Interessanterweise fehlt Plücker.

ausspricht, nach welchem sich die übrige Masse von Sätzen folgerecht und ohne alle Schwierigkeit entwickelt. Durch gehörige Aneignung der wenigen Grundbeziehungen macht man sich zum Herrn des ganzen Gegenstandes; es tritt Ordnung in das Chaos ein, und man sieht, wie alle Theile naturgemäß ineinander greifen, in schönster Ordnung sich in Reihen stellen, und Verwandte zu wohlbegrenzten Gruppen sich vereinigen. Man gelangt auf diese Weise gleichsam in den Besitz der Elemente, von welchen die Natur ausgeht, um mit möglichster Sparsamkeit und auf die einfachste Weise den Figuren unzählig viele Eigenschaften verleihen zu können.[663]

Steiner hatte nicht den Anspruch, eine neue Geometrie aufzubauen, ihm ging es hauptsächlich darum, die vorhandene zu reorganisieren und auf dieser Basis dann neue Resultate zu erhalten. Dass hierbei z B. Fernelemente wie Fernpunkte, Ferngeraden etc. ins Spiel kommen, war in Steiners Augen nichts Neues und sprengte nicht den Rahmen des Überkommenen. Allerdings behandelte er diese doch recht sorgfältig, nicht einfach nur nebenbei.

Steiner führt weiter aus:

Hierbei macht weder die synthetische, noch die analytische Methode, den Kern der Sache aus, der darin besteht, daß die Art und Weise aufgedeckt wird, wie ihre Eigenschaften von den einfachen Figuren zu den zusammengesetzteren sich fortpflanzen. Dieser Zusammenhang und Übergang ist die eigentliche Quelle aller übrigen vereinzelten Aussagen der Geometrie.[664]

Diese Äußerung überrascht bei einem Autor, der später gerne als ein engagierter, wenn nicht gar als dogmatischer Vorkämpfer der synthetischen Geometrie gesehen wurde. Sie kommt im Übrigen der Position Fiedlers sehr nahe, der sich in Methodenfragen stets flexibel zeigte, und letztlich eine große Synthese unter Verwendung von analytischen, algebraischen und synthetischen Methoden anstrebte.[665] Möglicherweise dachte Steiner hier an die heftigen Auseinandersetzungen zwischen Poncelet, Vertreter der synthetischen Methode, und Gergonne, Fürsprecher analytischer Vorgehensweisen. Allerdings wurde Steiner selbst vor allem von J. Plücker für seinen unzureichenden synthetischen

---

[663] Steiner 1832, V – VI.
[664] Steiner 1832, VI.
[665] Vgl. 4.8. Chr. Beyel hinderte dieses Programm Fiedlers nicht, diesen in seinen Erinnerungen als reinen Synthetiker einzuordnen, wobei er allerdings Salmon-Fiedler ausblendete, vgl. 1.4.1. und 1.6.

Zugang, insbesondere für das Fehlen von Beweisen, kritisiert – paradigmatisches Beispiel: Steiners Lösung des Malfatti-Problems.[666]

Fiedler verstand es, Steiners System geschickt in die darstellende Geometrie als Sprache einzubringen[667] – er hätte gesagt: in naturgemäßer Weise. Von Staudt ist in Fiedlers Liste unerlässlich als Verbreiter der Steinerschen Ideen. Andere Züge von Staudts, wie etwa dessen Streben nach einem autonomen Aufbau der projektiven Geometrie vermöge einer strengen Scheidung der metrischen und der nicht-metrischen Eigenschaften, lagen Fiedler – wie vielen seiner Zeitgenossen - fern.[668] Allerdings war für Fiedler – und an dieser Stelle geht er dann über Steiner hinaus – die projektive Geometrie ein eigenständiges Gebiet, welches die herkömmliche Geometrie als Sonderfall umfasste. Einen weiteren Aspekt, den Fiedler von von Staudt übernahm, war dessen Einführung der imaginären Größen, wie sie letzterer in seinen „Beiträgen" (1856 – 1862) dargelegt hatte. Die Kegelschnitte, ein Herzstück der projektiven Geometrie auch bei Fiedler, werden von ihm nach Steiner über projektive Büschel erzeugt, also nicht etwa über metrische Eigenschaften, wie sie in der bekannten Gärtnerkonstruktion der Ellipse ihren Ausdruck finden. Viele Themen, die in der projektiven Geometrie behandelt wurden (wie etwa Kurven und Flächen zweiter Ordnung) wurden auch in der darstellenden Geometrie untersucht – der Unterschied lag hier in den Methoden und Zielen, nicht in den Themen und Gegenständen. Letztlich erweist sich die Idee der Projektion als einigendes Band zwischen darstellender und projektiver Geometrie, vor allem dann, wenn man mit Fiedler die Zentralprojektion an den Anfang der darstellenden Geometrie setzt und damit mit der Tradition bricht. Ob dies allerdings mehr ist als eine Verschiebung der Schwerpunkte, ob die projektive Geometrie dadurch „darstellend wird", wie Fiedler das gerne sah, darüber kann man streiten.

Möbius, Plücker und Chasles stehen für die analytischen Errungenschaften der projektiven Geometrie wie Doppelverhältnis und homogene Koordinaten, ein Thema, das Fiedler vielfach behandelt hat. Hierzu hat er auch einen eigenständigen Beitrag in Gestalt des Zugangs zu den homogenen Koordinaten über das Doppelverhältnis geleistet, der eine gewisse Beachtung fand.[669] Wichtig für Fiedler war zudem der von Möbius eingeführte Begriff der Kollineation[670] und allgemeiner der ebenfalls von Möbius eingeführte Begriff der Verwandtschaft.

---

[666] Vgl. Plücker 1834, 126 n.*. In seinem „Bemerkungen" zu seinem Aufsatz über einen neuen Weg zu den Kegelschnitten analysierte Fiedler Steiners Lösung; vgl. Fiedler 1880a, 404 – 406.

[667] Vgl. 4.2 2 für Beispiele.

[668] Vgl. Volkert 2023.

[669] Vgl. 4.4.2. Fiedler spricht meist von „projectivischen Coordinaten", wobei es hier allerlei Feinheiten zu beachten gilt

[670] Bei Chasles: Homographie, bei Poncelet: Homologie.

Poncelet wird von Fiedler vor allem im Kontext der Reliefperspektive erwähnt[671]. Gergonne findet Berücksichtigung, wenn es um Dualität geht.

Resümierend kann man festhalten, dass Fiedlers Sicht der projektiven Geometrie und ihrer Geschichte recht eigenständig war.[672] Insbesondere ist er gänzlich frei von zwei im letzten Drittel des 19. Jhs. immer wichtiger werdenden Bestrebungen, schlagwortartig zu kennzeichnen als Axiomatik und Methodenreinheit, jene „moderne Zeitströmung in der Mathematik", von der Emil Müller sprach.[673] Zudem blieb Fiedler immer der Geometrie treu. Zu anderen Gebieten, die im letzten Drittel des 19. Jhs. aktuell waren, wie Analysis, Zahlen- und Funktionentheorie, hat er nicht publiziert.

In einem Brief an D. Hilbert vom 8. Februar 1894 konstatierte H. Minkowski treffend die Tendenz seiner Zeit:[674]

> Mit den Ausführungen in Deinem letzten Brief konnte ich nur einverstanden sein. Über den erzieherischen Werth der Geometrie läßt sich nicht streiten, wenn auch in anderen Gebieten der Mathematik mehr Leben ist.

Einen wesentlichen Aspekt der Geschichte der projektiven Geometrie im 19. Jh. kann man treffend durch den Begriff „Kondensation" (J. P. Friedelmeyer)[675] charakterisieren: Erst im Zuge einer langen Entwicklung kristallisierte sich aus den diversen Ansätzen und Kennzeichnungen wie Geometrie der Lage, Konstruktionen mit Lineal allein, Geometrie der projektiv invarianten Eigenschaften, Geometrie des invarianten Doppelverhältnisses, Zwei-Spalten-Geometrie, dualistische Geometrie usw. ein kohärentes Feld heraus, dessen Essenz sich dann schließlich mit Axiomen fassen ließ. Dabei waren Entscheidungen nötig (Für welche Auffassung votiert man? Was gehört zur projektiven Geometrie, was nicht? Welche Methoden sind zulässig?), die wiederum begründet werden wollten. Dies macht auch die damals gängige Bezeichnung „neu(er)e Geometrie" deutlich, wie sie etwa M. Pasch für seine Vorlesungen (1882) verwendete: Sie drückt keinerlei inhaltliche Festlegung aus sondern bezieht sich auf den Zeitpunkt der Entstehung der fraglichen geometrischen Erkenntnisse.

---

[671] Vgl. 4.2.8. Informationen zu seinen Quellen gibt Fiedler in den Anmerkungen zum Text seines Buches: vgl. Fiedler 1875, 731 – 743.
[672] Vgl. auch die Einschätzung von Papperitz 1909, 571, 575 und 577.
[673] Vgl. Müller-Kruppa 1923, III.
[674] Rüdenberg/Zassenhaus 1973, 60.
[675] Vgl. Friedelmeyer 2010.

Der erste, der die Idee einer autonomen projektiven Geometrie klar formulierte, war wohl K. Chr. von Staudt gewesen[676]:

> Man hat in den neuern Zeiten wohl mit Recht die Geometrie der Lage von der Geometrie des Masses unterschieden, indessen gleichwohl Sätze, in welchen von keiner Grösse die Rede ist, gewöhnlich durch Betrachtungen von Verhältnissen bewiesen. Ich habe in dieser Schrift versucht, die Geometrie der Lage zu einer selbständigen Wissenschaft zu machen, welche des Messens nicht bedarf.

Als Motiv für seine Entscheidung führte von Staudt an, dass man das Allgemeine (die Geometrie der Lage) vom Besonderen (die Euklidische Geometrie) trennen solle, insbesondere beim Unterricht. Auf wen sich von Staudt bezieht, wenn er von „man hat …" spricht, wird von ihm nicht gesagt. Die fragliche Unterscheidung wurde natürlich von Poncelet gemacht und war wohl 1847 Allgemeingut. Weniger klar ist, was von Staudt mit den Verhältnissen meinte. Vielleicht wollte er ausdrücken, dass die herkömmliche Art der Einführung der Doppelverhältnisse die Metrik voraussetzte, also nicht zur Geometrie der Lage zu rechnen war – obwohl Doppelverhältnisse darin eine zentrale Rolle spielten.

Ähnliche Überlegungen wie bei von Staudt finden sich bei Th. Reye. Dieser war es ja, der die Staudtsche Konzeption durch seine didaktisch Aufbereitung des Stoffes zugänglich machte und damit eine Wende herbeiführte. Um Reyes Ansatz zu verstehen, ist ein Blick in die Vorrede, die er dem ersten Band seiner „Geometrie der Lage" (1866) mitgab, aufschlussreich. Dieser beruhte auf seinen Vorlesungen am Züricher Polytechnikum, denen wir ja schon begegnet sind.[677]

Ein erstes Argument ist didaktischer Natur:

> Eine Hauptaufgabe des geometrischen Unterrichts scheint mir nun die zu sein, das Vorstellungsvermögen des Lernenden zu üben und auszubilden; und ich glaube, dass diese Aufgabe am besten auf dem Wege gelöst wird, den von Staudt eingeschlagen hat. Er schließt nämlich alle mehr oder minder complicirten Rechnungen aus, welche die Vorstellungskraft nicht beanspruchen, zu deren Verständnis vielmehr eine gewisse mechanische Fertigkeit erforderlich ist, die mit der Geometrie an sich wenig zu schaffen hat. Dafür aber gelangt von Staudt durch direkte Anschauung zur

---

[676] Von Staudt 1847, III. Auch M. Chasles hat den Gegensatz von metrischer und projektiver Geometrie thematisiert, allerdings ohne zu vergleichbar klaren Vorstellungen wie von Staudt zu gelangen. Zur Frage, was projektive Geometrie um 1870 herum meinte, vgl. auch 4.4.1. Dort kommt vor allem L. Cremona zur Sprache.
[677] Vgl. 1.4.3.

> Erkenntnis der geometrischen Wahrheiten, auf welche er die Geometrie der Lage gründet.[678]

Reye beruft sich hier implizit auf ein bestimmtes, ihm bekanntes Bild der Geometrie. Gemäß diesem ist die Geometrie so geartet, dass Rechnungen ihr wahres Wesen verdecken. Natürlich muss Reye auch noch erklären, warum von Staudts Buchs trotz seiner didaktisch so wertvollen Grundidee so unzugänglich war.

Einen weiteren Vorzug des von Staudtschen Ansatzes nennt Reye etwas später:

> Indem von Staudt's Lehrgang die Rechnungen ausschliesst und alle auf Massverhältnissen beruhenden Eigenschaften der geometrischen Gebilde gesondert untersucht, bietet er noch einen Vortheil, den ich sehr hoch anschlage. Er bringt nämlich das wichtige, so ungemein fruchtbare Princip der Dualität oder Reciprocität, von welchem die ganze Geometrie der Lage beherrscht wird, in seiner vollen Reinheit und in seinem ganzen Umfange zur schönsten Geltung.[679]

Die Dualität wird durch das Metrische gewissermaßen kontaminiert, die „Reinheit" zerstört.[680] Schließlich findet sich oft noch das Argument, das uns schon bei von Staudt selbst begegnet ist, nämlich dass die nach von Staudt verstandene projektive Geometrie die allgemeinste Geometrie sei, die alle anderen Geometrien umfasse, und das bei minimalem begrifflichem Repertoire. Insbesondere habe sich nach Cayley gezeigt, dass die projektive Geometrie die Begründung der metrischen Geometrien erlaube. Dieses Argument konnte erst in Erscheinung treten, nachdem die Cayley-Kleinsche Maßbestimmung allgemein bekannt war, also ab etwa 1871 nach Kleins Publikation; von Staudt konnte es 1847 noch nicht anführen. Fiedler hatte in seinem Erstlingswerk (Fiedler 1862)[681] eine ähnliche, allerdings allgemein unbeachtet gebliebene Konsequenz gezogen:

> So entspringt die Geometrie des Masses als ein Theil der allgemeinen Lehre, die man als descriptive Geometrie bezeichnen darf, wenn man von der engeren Beziehung dieses Ausdrucks auf die sichtbare Darstellung einen Augenblick absieht[682]: die Theorie eines geometrischen Systems

---

[678] Reye 1866a, VII.

[679] Reye 1866a, IX.

[680] „Reine" Geometrie war eine Bezeichnung für die projektive Geometrie, die seinerzeit durchaus gebräuchlich war. Vgl. das Zitat von Hurwitz weiter unten. Übrigens entwickelte Hankel eine (eingeschränkte) metrische Dualität, vgl. Hankel 1875, 75 – 78 und Halbeisen/Hungerbühler/Läuchli 2016, 176 - 179.

[681] Vgl. 3.2.

[682] Fiedler folgt hier vermutlich Cayleys Sprachgebrauch, bei diesen ist „descriptive geometry" in etwa gleichbedeutend mit der projektiven Geometrie; vgl. seinen berühmten Slogan „Descriptive geometry is all geometry." Dabei spielte aber bei ihm ein Bezug zur darstellenden Geometrie, wie ihn der Name andeuten könnte, keine Rolle.

wird zur Lehre von den metrischen Relationen innerhalb desselben, wenn man einen Kegelschnitt des Systems als Einheit und Maass für alle räumlichen Verhältnisse unter seinen Bestandtheilen auffasst und ihn als unabhängig, als absolut bezeichnet.[683]

Vielleicht war dies das Motiv, warum die projektive Geometrie gerne als Königsweg bezeichnet wurde.[684] Auch A. Hurwitz bediente sich dieser Metapher, z. B. im Schlusswort seiner ersten Vorlesung als Privatdozent über Kreise und Kugeln, gehalten in Göttingen im Sommersemester 1882 im direkten Anschluss an seine Habilitation:

> Und hiermit sind wir von der Seite der Kreistheorie[685] mitten in die proj. Geometrie hineingekommen. Dieses war auch der historische Entwicklungsgang der Wissenschaft.
> Heutzutage freilich können wir die reine Geometrie auf einem ganz anderen Wege entwickeln. Der verst. Hankel nannte ihn den „Königsweg" und in der That, es giebt keine Disciplin der Mathematik, welche diesen stolzen Nahmen für ihre Methoden mit mehr Recht in Anspruch könnte als die reine Geometrie.
> Indem ich diese Vorlesung abschließe, wünsche ich Ihnen zu Schluß recht angenehme Ferien.[686]

Die Frage ist, wie diese prestigeträchtige Bezeichnung interpretiert werden soll. „Königsweg" bedeutet ja im engeren Sinne einen Weg, der einem den Zugang zu einer Theorie einfach macht – gerade so, wie sich das angeblich Ptolemaios I für Euklids Geometrie wünschte. Legt man dieses Verständnis zugrunde, so würde Hurwitz reklamieren, dass die projektive Geometrie einen besonders einfachen Zugang zur Geometrie liefere: eine interessante These![687]

Fiedler selbst hat in der Vorrede zum zweiten Band der dritten Auflage seiner „Darstellenden Geometrie" seine Sicht der Entwicklung des Verhältnisses von darstellender und projektiver Geometrie gegeben[688]:

> Wie sehr aber die darstellende Geometrie durch zwei Menschenalter hindurch unter ihrer Loslösung von dem doch aus ihr selbst

---

[683] Fiedler 1862, 234 - 235.
[684] Erstmals wohl bei Hankel 1875, 33.
[685] Als Begründer der modernen Kreistheorie gilt J. Steiner.
[686] Vorlesungsausarbeitung (ohne Titel) von Hurwitz (Hs 582: 98); das Zitat findet sich Seite 105. Reine Geometrie wird hier synonym zu synthetischer Geometrie verwendet, was wiederum projektive Geometrie meint. Felix Klein setzte sich in seinen Vorlesungen zur Entwicklung der Mathematik (vgl. Klein 1926, 135) kritisch mit dem „Königsweg" (und mit Hankel) auseinander; er sah darin eine Überschätzung der Möglichkeiten der projektiven Geometrie.
[687] Ähnlich wie Hurwitz äußert sich auch Cremona im Vorwort zu seinem Lehrbuch Cremona 1882.
[688] Fiedler 1885, XI. Fiedler weist darauf hin, dass man auch Gebilde zweiter Stufe, nämlich Kegelschnitte, betrachten müsse, was er aber in seinem Buch nicht tue.

entsprungenen wissenschaftlichen Fortschritt der Geometrie gelitten hat, zeigt sich vielleicht an keinem ihrer unumgänglichen Themata so deutlich, wie an dem schon oben erwähnten von den Durchdringungen von Flächen, speciell Kegelflächen zweiten Grades. [...] Lange schien es, als wenn diese Dinge gar nichts mit der darstellenden Geometrie zu thun hätten, als ob sie vielmehr nur der analytischen und der reinen Geometrie angehörten. Ich habe jene Loslösung niemals begreifen können, obschon ich niemals übersehen habe, dass die darstellende Geometrie einen wesentlich anderen Standpunkt der Betrachtung hat als die reine und die analytische. Eben weil ich diese Verschiedenheit nicht übersehe, gebe ich auch jetzt keine erschöpfende Erledigung der von Hachette angeregten Frage[689] – das ist anderen Ortes besser zu thun – aber die Wege sind gewiesen und zur vollen Durchführung ist Anregung geboten, Alles, ohne die von der Darstellung und Anschauung ausgehenden Fragen und Probleme zu verlassen.

Indem Fiedler das Wesen der darstellenden Geometrie passend interpretierte, gelang es ihm, diese ganz nah an die projektive heranzuführen. Das wird besonders deutlich in folgender Passage:

> [...], sie [die darstellende Geometrie, K. V.] war schon immer die Wissenschaft der Strahlenbüschel und Ebenenbüschel und das Gesetz der Doppelschnittverhältnisgleichheit ist ihr allgemeines Grundgesetz.[690]

Es sollte betont werden, dass Fiedler nicht der einzige Autor war, dem eine solche Fusion am Herzen lag. Hier ist – wie schon bei Wiener geschehen – vor allem auf K. Schlesinger hinzuweisen, auch G. A. Peschka widmete der projektiven Geometrie viel Raum in seinem Lehrbuch der darstellenden Geometrie – beides österreichische Autoren.[691]

Lehrbücher zur projektiven Geometrie in deutscher Sprache existierten um 1870 herum erst recht wenige, das Gebiet war ja gerade erst im Begriff, sich zu etablieren. Neben den beiden Klassikern Steiner (1828) und von Staudt (1847), die man wohl kaum als Lehrbücher bezeichnen wird, und jenen der analytischen Richtung von Möbius (1827) und Plücker (1828, 1831), die nur in Teilen auf Fragen der projektiven Geometrie eingehen, sind hier ohne Anspruch auf Vollständigkeit zu nennen:

---

[689] Es geht darum, ob jede ebene Kurve vierter Ordnung Projektion einer Durchdringungskurve zweier Flächen zweiter Ordnung ist.

[690] Fiedler 1864, 355.

[691] Peschka hat ein vierbändiges Werk veröffentlicht, das übrigens von Fiedler ebenso heftig kritisiert wurde wie das von Schlesinger (vgl. Fiedler 1888, XIV): Darstellende und projektive Geometrie (Wien: Carl Gerold's Sohn, 1883 – 1885). Vgl. 4.6. Peschka kommt im Briefwechsel Fiedlers mit K. Pelz häufig – sehr negativ – vor, vgl. 9.2.6.

Anger, K. Th.: Betrachtungen über verschiedene Gegenstände der neueren Geometrie (Danzig: Homann, 1839).

Paulus, Chr.: Grundlinien der neueren ebenen Geometrie (Stuttgart, 1853).

Witzschel, B.: Grundlinien der neueren Geometrie (Leipzig, 1858).[692]

Reye, Th.: Die Geometrie der Lage. Zwei Bände (Hannover: Rümpler, 1866 und 1868), spätere Auflagen (^{3}1886 – 1892) in drei Bänden. Übersetzungen ins Französische (1881 – 1882), Englische (1898) und Italienische (1884)).

Pfaff, H. H. U. V.: Neuere Geometrie. 1. Theil & 2. Theil (Aufgaben und Lehrsätze) [Erlangen: Deichert, 1867].[693]

Geiser, C. Fr.: Einleitung in die synthetische Geometrie. Ein Leitfaden beim Unterrichte an Höheren Realschulen und Gymnasien (Leipzig: Teubner, 1869).

Thomae, Joh.: Ebene geometrische Gebilde erster und zweiter Ordnung vom Standpunkte der Geometrie der Lage betrachtet (Halle a. d. S.: Nebert 1873).

Weiterhin sind die bereits erwähnte deutsche Bearbeitung (durch C. H. Schnuse)[694] von Chasles' „Géométrie supérieure" unter dem Titel „Die Grundlehren der neuern Geometrie nach Chasles: Géométrie supérieure" (1856) und dessen „Aperçu historique" (1837), ins Deutsche übersetzt von L. A. Sohnke als „Geschichte der Geometrie, hauptsächlich in Bezug auf die neueren Methoden" (Halle: Gebauer, 1839), zu nennen.

C. F. Geiser gab zudem heraus: Steiner, J.: Vorlesungen über synthetische Geometrie. Theil 1. Die Theorie der Kegelschnitte in elementarer Darstellung; auf Grund von Universitätsvorträgen und mit Benutzung hinterlassener Manuscripte Jacob Steiner's, bearbeitet von C. F. Geiser (Leipzig: Teubner, 1867). Es kam dann noch Theil 2 „Die Theorie der Kegelschnitte, gestützt auf projektivische Eigenschaften; auf Grund von Universitätsvorträgen und mit Benutzung hinterlassener Manuscripte Jacob Steiner's bearb. von Heinrich Schröter" (Leipzig: Teubner, 1867) hinzu.

---

[692] Benjamin Witzschel war Mathematiklehrer in Dresden und Mitherausgeber der „Zeitschrift für Mathematik und Physik" zwischen 1854 (No. 1) und 1859 (No. 4); 1854 publizierte er in absentia G. Sempers Überlegungen zur Form antiker Schleudergeschosse, da ersterer wegen seiner Beteiligung an der Erhebung von 1849 in Sachsen *persona non grata* geworden war und sich absentiert hatte.; vgl. Hildebrandt 2018.

[693] Pfaff, auf dem Titel seines Buches vorgestellt als „Lehrer der Mathematik und Privatdocent an der Universität Erlangen", wurde bis zu seinem Tod für kurze Zeit Nachnachfolger von Staudts in Erlangen (von 1869 bis 1872); Klein folgte dann auf Pfaff, der auf Hankel gefolgt war.

[694] Diese ist recht frei, heißt, Schnuse hat Teile des Originals weggelassen aber auch eigenen Ausführungen hinzugefügt. Ähnliches verfuhr er mit Cauchy's „Leçons sur le calcul différentiel".

Später erschienen[695] Staudigl (1871) und die postum veröffentlichten Vorlesungen von H. Hankel (1875), M. Paschs Vorlesungen (1882), die Übersetzung von L. Cremonas Lehrbuch (1882) sowie Emil Weyr (1883, 1887). Insgesamt eine recht überschaubare Anzahl von Büchern. Allerdings sprachen viele Lehrbücher über Kegelschnitte und allgemein Kurven und Flächen einzelne Themen aus dem Bereich der projektiven Geometrie an, z. B. Cremona, L.: Einleitung in die Theorie der ebenen Kurven. Deutsch von M. Curtze (Greifwald: Koch, 1865). Dieses Buch, wiewohl kein Lehrbuch der projektiven Geometrie, hatte dennoch einen enormen Einfluss (neben Fiedler – Salmon) auf die Beschäftigung mit Fragen der neueren Geometrie, insbesondere da es im ersten Kapitel eine gute lesbare Einführung in deren Grundbegriffe gab (harmonische Punkte, projektive Punktreihen, Involutionen, …). Schließlich ist zu nennen Cremona, L.: Grundzüge einer allgemeinen Theorie der Oberflächen in synthetischer Behandlung (Berlin: Calvary, 1870), ebenfalls übersetzt von M. Curtze.[696]

2.3 Lehre

Die darstellende Geometrie hatte in der zweiten Hälfte des 19. Jhs. und noch lange darüber hinaus ihren festen Platz in der Lehre der Polytechnika. In den 1870er und 80er Jahren hielt sie auch Einzug in das Lehrangebot einiger Universitäten, meist im süddeutschen Raum und in der deutschsprachigen Schweiz.[697] Dieser Prozess des Exports der darstellenden Geometrie ist bislang noch nicht untersucht worden; die folgenden Angaben stützen sich auf Stichproben und sind vermutlich nur bedingt repräsentativ.

---

[695] Obenrauch 1897 gibt auf den Seiten 84 bis 86 eine umfassende Übersicht zu Publikationen im Sinne der „Neugestaltung der darstellenden Geometrie auf projectiver Grundlage" (p. 84).

[696] Auch Maximilian Curtze, Gymnasiallehrer in Thorn, erregte mit seinen Übersetzungen den Zorn Fiedlers. Er wilderte ja in fremden Jagdgründen, denn Curtze war vor allem als Mathematikhistoriker, nicht aber als Geometer bekannt. Mehr zu den Themen Kurven und Flächen im fünften Kapitel im Zusammenhang mit Salmon-Fiedler.

[697] Österreich-Ungarn bleibt auch hier wieder unberücksichtigt, ist aber gewiss einer Untersuchung wert. Interessant ist, dass im süddeutschen und deutsch-schweizerischen Raum die Universitäten oft (mathematisch-) naturwissenschaftliche Fakultäten hatten oder zumindest eine entsprechende Sektion in der Philosophischen Fakultät. Anderswo gab es schlicht die Philosophische Fakultät und in ihr die Mathematik und die naturwissenschaftlichen Fächer – unter vielen anderen.

In Tübingen vertraten Guido Hauck[698] und später dann Privatdozent Reif[699] das Fach, letzterer in den 80er Jahren mit regelmäßigen Angeboten, in Erlangen Extraodinarius M. Noether[700], allerdings nur sporadisch. Eine „norddeutsche" Ausnahme war Marburg, wo Friedrich Stegmann im SoSe 1885 „Projectionslehre" anbot.[701] An den deutschsprachigen schweizerischen Universitäten gab es jeweils einen Privatdozenten, der die darstellende Geometrie vertrat: Benteli in Bern, in Basel war es Balmer[702], im Zivilberuf Lehrer an einer Mädchenschule, und in Zürich Denzler, der später zum Extraordinarius arrivierte. Auch in Genf (Oltramare) und Lausanne (Lacombe[703]) wurde darstellende Geometrie – hier natürlich in französischer Sprache - angeboten. Schließlich sollte hier auch Felix Kleins Vorlesung über darstellende Geometrie in Leipzig (Wintersemester 1881/82 und Sommersemester 1882) genannt werden. Umfangreiche autographierte Materialien zu Kleins Vorlesung (Zusammenfassungen und Übungsaufgaben) finden sich in Fiedlers Nachlass.[704] Da diese anscheinend unbekannt sind, werden hier einige Beispiele gezeigt:[705]

---

[698] Hauck las z. B. Descriptive Geometrie Theil 1 im Wintersemester 1875/76 und Theil 2 im Sommersemester 1876; vgl. Literarisches Centralblatt 1876, Sp. 374. Hauck war Briefpartner von Fiedler (Hs 87: 393 - 398) und Mitglied des Netzwerkes Geometrie. Er war gewissermaßen in der Höhle des Löwen gelandet und beklagte sich wie bereits zitiert heftig über die Geometriefeindlichkeit in Berlin: „Am allerschlimmsten ist es hier in Berlin." (Hs 87: 396). Vgl. 9.2.5.

[699] Es handelt sich hier nicht um den bekannten Schulbuchautor („Elemente der Mathematik") und Verfasser einer der ersten Methodiken des Mathematikunterrichts („Anleitung zum mathematischen Unterricht in höheren Schulen" (1886)) ähnlichen Namens (Reidt); dieser war in Hamm tätig.

[700] Im Sommersemester 1883 las Noether über Differentialgeometrie, synthetische Geometrie sowie darstellende Geometrie (mit Übungen). Quelle: Literarisches Centralblatt 1883, Sp. 379/380.

[701] Literarisches Centralblatt 1885 Sp. 365 – 366.

[702] Zu Balmer vgl. man Balmer 1964.

[703] Lacombe hatte schon am Züricher Polytechnikum die darstellende Geometrie in französischer Sprache vertreten, bevor er nach Lausanne wechselte.

[704] Hs 87a: 26.

[705] Vgl. auch 7.3, wo weitere Seiten der Ausarbeitung abgebildet sind.

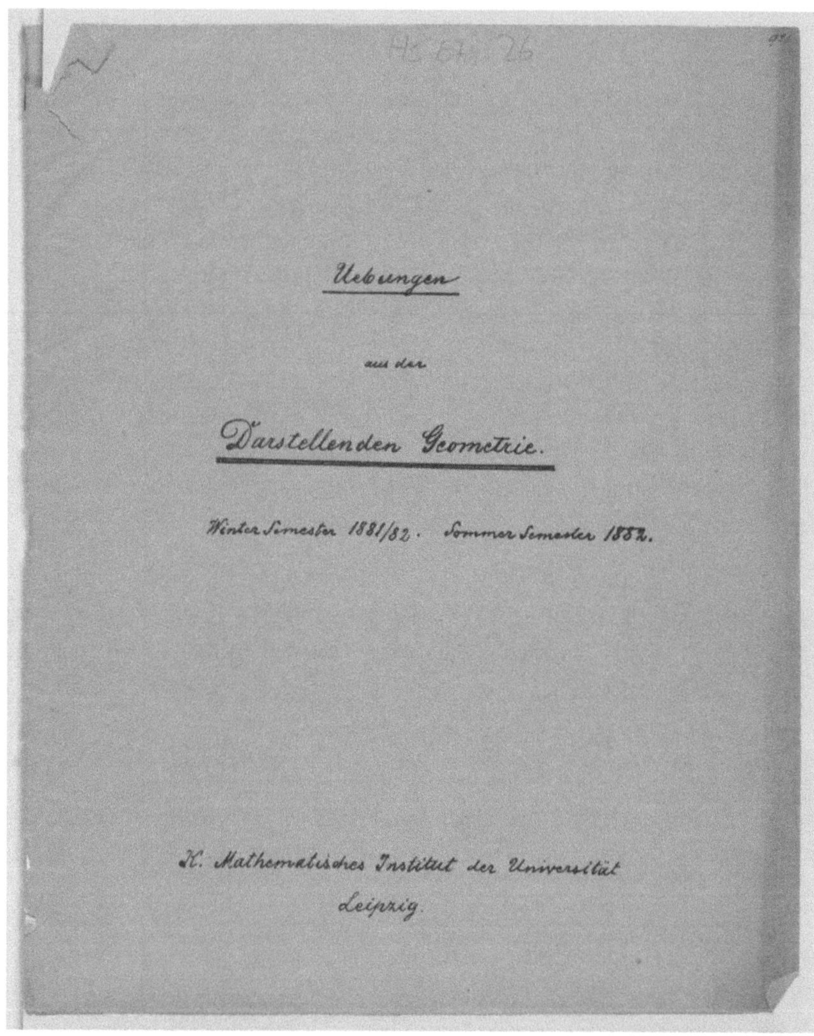

Abb. 2.1: *Deckblatt der Übungen zu Kleins Vorlesungen über darstellende Geometrie*

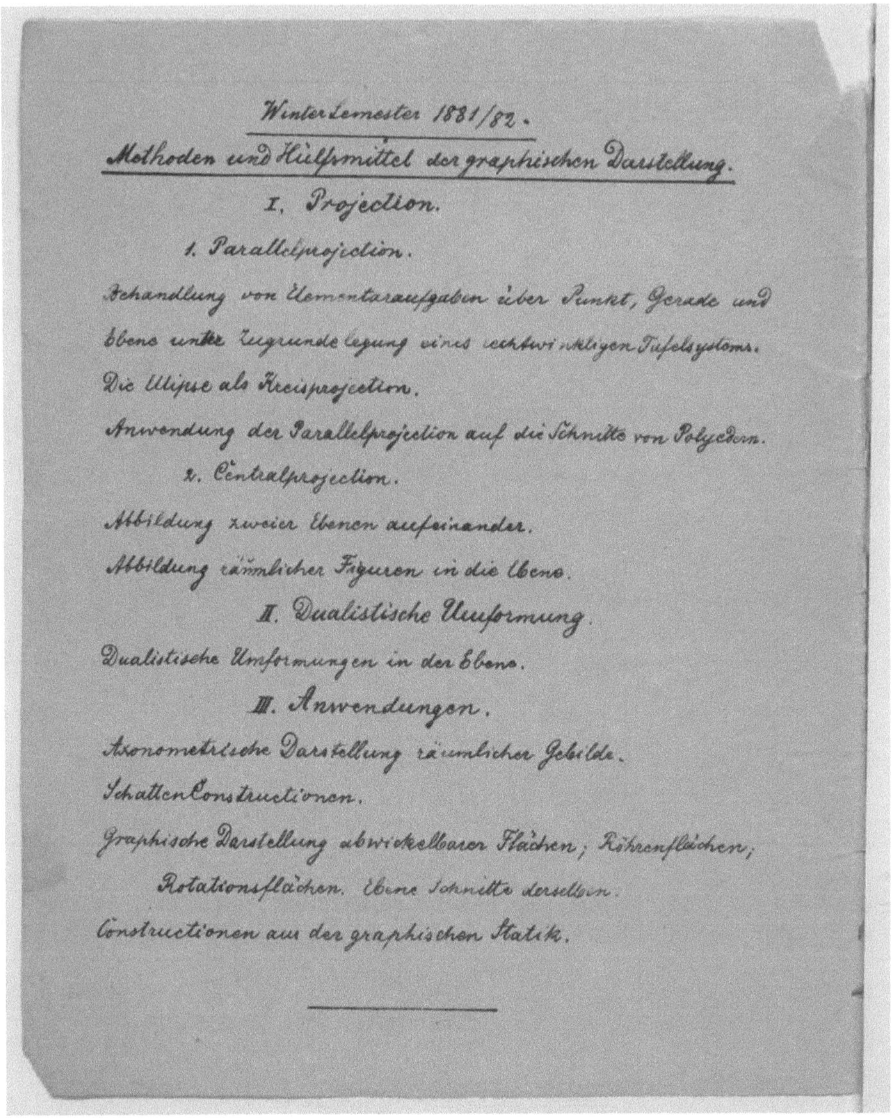

Wintersemester 1881/82.

Methoden und Hülfsmittel der graphischen Darstellung.

I. Projection.

1. Parallelprojection.

Behandlung von Elementaraufgaben über Punkt, Gerade und Ebene unter Zugrundelegung eines rechtwinkligen Tafelsystems. Die Ellipse als Kreisprojection.

Anwendung der Parallelprojection auf die Schnitte von Polyedern.

2. Centralprojection.

Abbildung zweier Ebenen aufeinander.

Abbildung räumlicher Figuren in die Ebene.

II. Dualistische Umformung.

Dualistische Umformungen in der Ebene.

III. Anwendungen.

Axonometrische Darstellung räumlicher Gebilde.

Schatten Constructionen.

Graphische Darstellung abwickelbarer Flächen; Röhrenflächen; Rotationsflächen. Ebene Schnitte derselben.

Constructionen aus der graphischen Statik.

Abb. 2.2: *Inhalt der Kleinschen Vorlesung im WS 1881/1882*

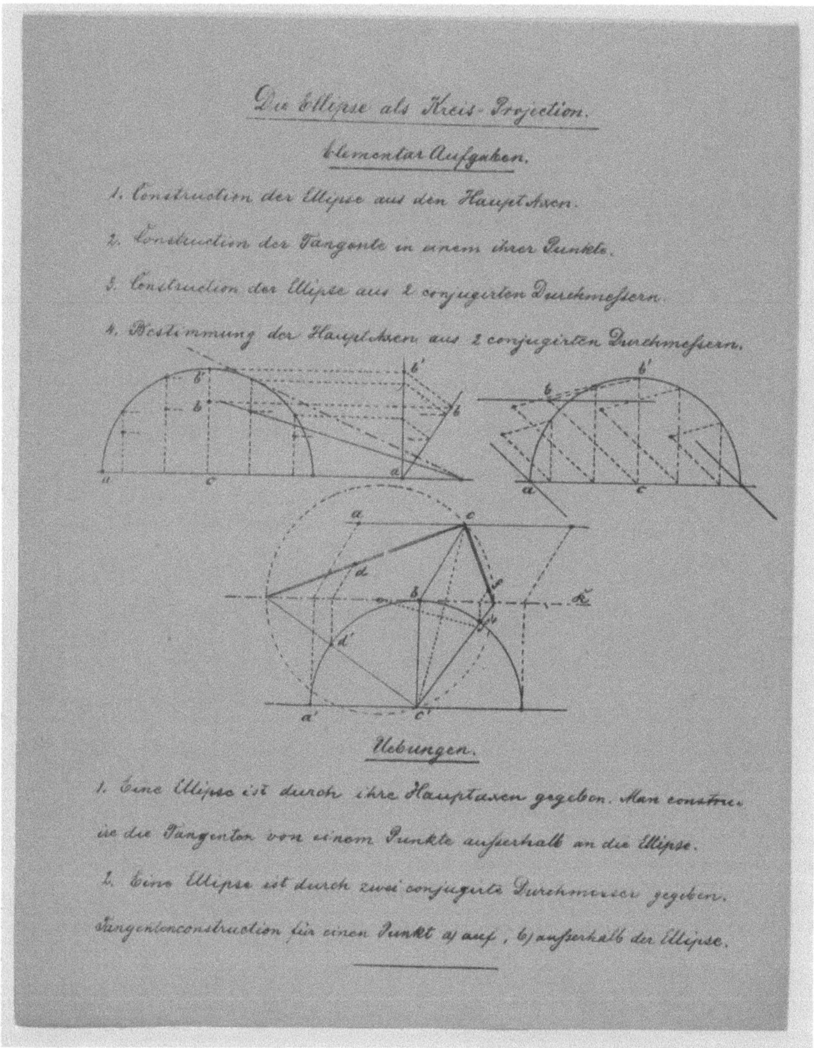

Abb. 2.3: *Beispielseite aus den Übungen zu Kleins Vorlesung[706]*

Auch die projektive Geometrie fand ab Mitte der 1860er Jahren Eingang in die Lehre der deutschen Universitäten und Polytechnika – Pioniere waren K. Chr. von Staudt, C. F. Geiser (1866), Th. Reye (1866/67), Hans Pfaff (1866/67), H. Hankel (1866) und M. Pasch (1871).

---

[706] Hs 87a: 26. Die Übungen zu Kleins Vorlesung wurden von W. Dyck betreut.

Es folgen einige Beispiele[707] für frühe Vorlesungen zur projektiven Geometrie: WS 1882/83 Hurwitz (Göttingen) „Synthetische Geometrie"[708], SoSe 1883 von Drach (Marburg) „Neuere synthetische Geometrie, Theorie der Kegelschnitte"[709]; von Baur (Stuttgart) „Neuere Geometrie der Lage und des Maasses"[710], WS 1883/84; Universität Prag Puchta „Projective Geometrie"[711]; erstes Semester 1885 Observator Hartwig (Dorpat): „Neuere Geometrie Theil 1"[712]; SoSe 1885 Selling (Straßburg i. E.) „Geometrie der Lage"[713]; WS 1887/88 Schönflies (Göttingen) „Einleitung in die projectivische Geometrie"[714], Molien (Dorpat) „Neuere Geometrie und Algebra"[715]; SoSe 1888 Reif (Tübingen) „Einleitung in die darstellende und projective Geometrie mit Übungen im Seminar"[716]; WS 1888/89 Biermann (Universität Prag) „Elemente der projectiven Geometrie der Ebene"[717]. Etwas später (nämlich im Sommersemester 1892) las Privatdozent D. Hilbert in Königsberg „Geometrie der Lage".[718]

Auch an Polytechnika gab es Veranstaltungen zur projektiven Geometrie, u. a. in Karlsruhe von Chr. Wiener. Schon rein quantitativ entnimmt man der Tabelle im Anhang zu diesem Abschnitt, dass das Züricher Polytechnikum ein Zentrum in der Lehre der projektiven Geometrie war mit Reye (bis zu seinem Weggang – in Straßburg las Reye dann wieder Geometrie der Lage), Geiser und Fiedler. Alle drei legten auch Lehrbücher vor, in denen die projektive Geometrie behandelt wurde.[719]

Wenden wir uns nun Fiedlers Weg zur projektiven Geometrie zu. Erste Spuren der projektiven Geometrie und der Fiedlerschen großen Synthese finden wir schon in einer Themenübersicht, die er zu seiner Vorlesung "Neuere Geometrie als Fortsetzung der beschreibenden", gehalten in Prag im Wintersemester 65/66, angelegt hat.[720] Die großen Abschnitte darin waren:

---

[707] Vgl. die Übersicht am Ende dieses Abschnitts für mehr Informationen.

[708] Nochmals gehalten in Königsberg Wintersemester 1888/89. Eine Ausarbeitung derselben durch Julius Hurwitz findet sich im Hochschularchiv der ETH (Hs 582: 98).

[709] Literarisches Centralblatt 1883, Sp. 462.

[710] Literarisches Centralblatt 1883, Sp. 462.

[711] Literarisches Centralblatt 1883, Sp.1129. Die Vorlesungstitel werden im Centralblatt meist in abgekürzter Form mitgeteilt. Deshalb lässt es sich nicht entscheiden, ob „projektiv" oder „projektivisch" gemeint war.

[712] Literarisches Centralblatt 1885, Sp. 64 – 65.

[713] Literarisches Centralblatt 1885, Sp. 286 – 287.

[714] Literarisches Centralblatt 1887, Sp. 626.

[715] Literarisches Centralblatt 1887, Sp. 1050.

[716] Literarisches Centralblatt 1888, Sp. 536 – 537.

[717] Literarisches Centralblatt 1888, Sp. 1331.

[718] So die offizielle Ankündigung laut Centralblatt, Hilbert notierte auf seiner Ausarbeitung „Projektive Geometrie" (vgl. Hallett/Majer 2004, 16). Wann Hilbert dies gemacht hat, ist unbekannt.

[719] Reye 1866, Geiser 1869 und Fiedler 1871 (projektive Geometrie im Rahmen der darstellenden).

[720] Vgl. 1.2 Die fragliche Übersicht findet sich im Konvolut 87a: 24, sie selbst trägt keine Nummer, liegt aber zwischen den Nummern 448 und 449.

Einleitung: a) Rekapitulation der in der beschr. Geometrie hervorgetretenen Elemente (mit sechs Unterpunkten); b) Entwickelungen aus Constructionen der beschr. Geometrie (zwölf Unterpunkte)

Abschnitt I: Grundanschauungen u. Grundgebilde der neueren Geometrie (zehn Unterpunkte)

Abschnitt II: Theorie der projectivischen u. harmonischen Theilung (zwölf Unterpunkte)

Auch zu vielen Züricher Vorlesungen Fiedlers gibt es Inhaltsübersichten – gelegentlich musste er auch dem Schulrat berichten, was er so behandelte – das betraf allerdings immer die „Darstellende Geometrie", den Stein des Anstoßes schlechthin. Die erste derartige Zusammenstellung bezieht sich auf die Vorlesung „Darstellende Geometrie", gehalten im Wintersemester 1867/68, also Fiedlers erste Vorlesung mit diesem Thema in Zürich überhaupt.[721]

Ausführliche Angaben besitzen wir auch zu Fiedlers Vorlesung „Geometrie der Lage" im Wintersemester 1868/69, also zu jenem Kolleg der Fachlehrer- und der zweiten Abteilung, das Reye abtreten musste. Die Aufzeichnungen umfassen drei Seiten, davon sind gut zwei Seiten sorgfältig aufgeschrieben, der Rest der Aufzeichnungen besteht aus Notizen. In einer Randspalte notierte Fiedler, die Tage, an denen er den Stoff behandelt hatte, er las dreimal die Woche und begann am 21. Oktober 1868.

Da wir über relativ wenige Informationen zu den Inhalten früher Vorlesungen zur projektiven Geometrie verfügen, sei Fiedler hier etwas ausführlicher zitiert.[722]

Einleitung: Historisches, Definitionen aus der Centralprojection. Geometrische Sätze mit Hilfe der darstellenden Geometrie abgeleitet (Satz von Desargues usw., Satz von Pascal aus dem Hyperboloid[723], Affinitäten) – Historisches – Collineation.
Grundgebilde der 4 Stufen und Princip der Dualität, Zählung der Elemente, Collineation und Reciprocität. Dualität zwischen Punkt und Gerade in der Ebene. Doppelte Auffassung der geraden Linie. – Viereck und Vierseit.
<u>Projectivität der Grundgebilde erster Stufe</u>
Strecke (Größe und Richtung), Theilverhältnisse für Punkt und Strahl. Perspectivische Potenz. – <u>Doppelverhältniß</u> für Kreise und darauf für Büschel. Harmonische Gruppen. Construction von D bei gegebenem (ABC). 24 Permutationen. – Harmonische Theilung beim Viereck und Vierseit. Formeln bei harmonischen Gruppen.

---

[721] Vgl. Hs 87a: 24 Blatt 449.
[722] Hs 87a: 24 Blatt 448.
[723] Diese Bemerkung ist interessant, vermutlich ging es um eine Idee von Germinal Pierre Dandelin. Dessen Ansatz, Hyperboloide zu betrachten, wurde von Fr. Schur 1899 verwendet, um nachzuweisen, dass der Satz von Pascal unabhängig von Stetigkeitsaxiomen bewiesen werden kann. Hyperboloide spielen auch in Fiedlers Zyklographie eine wichtige Rolle, vgl. Kapitel 6.

<u>Construction projectivischer Grundgebilde erster Stufe</u>.
Perspectivische Axe, persp. Centrum. Construction der anderen Grundgebilde erster Stufe.
<u>Erzeugnisse der Grundgebilde erster Stufe</u>. <u>Die Kegelschnitte</u> – Unabhängiger Beweis des Satzes, daß von den 6 Geraden 2 beliebige als Träger gewählt werden können (dualistischer Satz). Proj. aus persp. Centrum. Satz von Brianchon und Pascal.
Specialfälle derselben (Ausnutzung des Satzes vom Viereck).
Doppelverhältniß von vier Punkten der Kegelschnitte = Doppelverhältniß der Tangenten.
<u>Die Projectivitätsgleichung</u>. Specialisirt für Reihen. Diskussion der Gleichung; Bestimmung über die Fundamentalelemente. Formel für die Brennstrahlen, den Gegenpunkten entsprechend.
Construction der Brennstrahlen bei projectivischen Büscheln. Gleiche Büschel. –
<u>Analytische Betrachtungen</u>:
Gleichung der Geraden durch den Schnittpunkt von 2 Geraden. Projectivität solcher Büschel. Verallgemeinerung für Curven n-ten Grades: Curvenbüschel. Anzahl der Bestimmungsstücke dieser Curven. Übertragung der Projectivität (entsprechen von A zu A) auf die Elementarerzeugnisse. "2 proj. Curven 2ter Ordnung, die 3 Punkte entsprechend gemein haben, erzeugen einen zu ihnen project. Strahlenb. am 4. Punkt." Dualistisch übersetzt: „Ein Kegelschnitt ist die Centralproj. eines ihn berührenden Kreises." Erzeugung einer Kegelschaar durch 2 proj. Kegelschn. in versch. Ebenen, welche 2 Punkte gemein haben. – andere Erzeugnisse projectivischer Gebilde (Curven zweiter Ordnung und Regelschaar usw.).
<u>Beschränkung auf Gebilde in der Ebene ohne gemeinschaftl</u>. entspr. Elemente: Punktreihe und Curve zweiter Ordnung: Klassenzahl der Erzeugnisse. Die Steinersche Curve.
<u>Die projectivischen Gebilde fallen zusammen</u>; doppelt berührende Kegelschn. als Erzeugnisse zweier proj. Reihen auf einem Kegelschnitt (Sonderfall: Involution).
<u>Construction der gemeins</u>. Punkte zwischen Kegelschn. und gerader Linie. <u>Projectivität und Involution von Grundgebilden erster Stufe mit einerlei Träger</u>. (Involution beider Kegelschnitte). Doppelelemente u. Projectivitätsgleichung für Reihen und Büschel. Gleiche Büschel. Kreispunkte im Unendlichen.
Gleichlaufende oder ungleichlaufende Reihen. – Specialfall: <u>Involution</u>.

Damit endete die Vorlesung am 23. Dezember 1868, wieder aufgenommen wurde sie am 4. Januar 1869.

Entsprechend gleiche Büschel bei projectivischen Büscheln. – Doppelelemente der Invol. – Specialisirung der Projectivitätsgleichung für die Involution. Discussion derselben. – Doppelverhältniß einer Involution. Verallgemeinerung analytisch: $x^n (a_1\varsigma + b_1) + x^{n-1} + (\dots) + \dots = 0$.

Specialfälle der Involution, aus der Involutionsgleichung abgeleitet. Pol und Polare. Construction der Doppelelemente einer Involution. Involution beim vollst. Viereck. Satz von Desargues. <u>Verallgemeinerung. Involution bei den Kegelschnitten</u>. Scheitel des Büschels auf der proj. Axe der beiden Axen (dual). Beweis für die Allgemeinheit (τ im Innern).
Involution harmonischer Pol und Polare.

Pol und Polare. Construction derselben (aus dem Vorigen).
Polarfigur in Bezug auf einen Kegelschnitt. <u>Die Brennpunkte</u> (Conjug. Durchmesser, Directorkreis). Metrische Eigenschaften der Kegelschnitte.
<u>Theorie der reciproken Polaren </u>in Bezug auf einen Kreis. Was entspricht dem Kreis? – Verallgemeinerung von Sätzen über den Kreis für Kegelschnitte. Imaginärer Kreis als Directrix.
<u>Princip der Continuität </u>(Definition von ersten und gleichen Winkeln).
<u>Folgerungen.</u> (concentrische, confocale Kegelschn. usw.). Theorie der Imaginären.
<u>Die Kegelflächen.</u> Übertragung der Involutionsform. Pol u. Polare auf das Bündel. Diametralebenen. Orthog. Polarfigur. Gemeinschaftl. Tripel conjugirter Punkte bei 2 beliebigen Kegelschnitten. Bearbeitung der gemeinsch. [?] und der Punkte τ für den Kegel (cyklische Ebenen, Focalstrahlen). – Construction des Tripels. Reell oder imaginär? Sätze über Tangentialebenen usw. entsprechend den Sätzen bei den Kegelschn.
<u>Projectivität der Grundgebilde zweiter Stufe</u>
(Flächen zweiter Ordnung und Klasse)
Collineation und Reciprocität der projectivischen Beziehung. Doppelelemente. Perspectivische Lage collin. Ebenen.

Damit sind wir beim 4. März angelangt. Es folgen noch einige schwer lesbare Notizen. Am 18. März notierte Fiedler schließlich:

Schlußübersicht.
Zusammenhang der d. G. mit der G. d. L.

Beiliegend zu dieser Aufstellung findet sich eine anderthalbseitige Ausarbeitung „Zum Kapitel Pol und Polare" ohne Angabe des Autors (aber nicht in Fiedlers Schrift) – vermutlich eine Schülerarbeit.[724]

Naheliegend ist ein Vergleich mit Reye's Lehrbuch, dessen erster Band ja schon 1866 erschienen war. Es zeigt sich, dass sich Fiedlers Themen weitgehend auch bei Reye finden (im ersten Band) mit Ausnahme der analytischen Betrachtungen. Daraus könnte man schließen, dass gegen Ende der 1860iger Jahre ein Kanon entstanden war, wie in die projektive Geometrie nach Art Steiner/von Staudt

---

[724] In 4.4.4 finden sich weitere Informationen zu Fiedlers Vorlesungen über Geometrie der Lage, beruhend auf der Ausarbeitung eines Hörers.

einzuführen sei. Das bestätigt auch ein Blick in Hans Pfaffs „Neuere Geometrie. 1. Theil" von 1867.[725]

Als eine Art von Standardstruktur bildete sich folgende Vorgehensweise aus:[726] Grundbegriffe: Fundamentalgebilde erster bis dritter eventuell vierter Stufe – Anzahlbestimmungen - Schein und Schnitt – Dualität - Perspektivität und Projektivität – Satz von Desargues – vollständige Vierseite und Vierecke - harmonische Punkte, Doppelverhältnis – Erzeugnisse von Fundamentalgebilden erster Stufe: Kurven zweiter Ordnung, Kegelschnitte – Sätze über Kegelschnitte, insbesondere Pascal und Brianchon – Brennpunkte, konfokale Kegelschnitte etc. – Pol und Polare – Involution – höhere Erzeugnisse, Kegel und Quadriken.

Die Dualität ist dabei ein Leitprinzip, das sich aus der Definition der Fundamentalgebilde und -operationen direkt ergibt.

Fiedlers Programm, die große Synthese, fand wenig Anhänger, vermutlich auch, weil dieses außerhalb der polytechnischen Welt schon deshalb wenig plausibel war, weil die Studenten dort in der Regel kaum Kenntnis der darstellenden Geometrie hatten

Die Sätze von Desargues und Pascal (im Spezialfall der Geradenkreuzung) werden erst später mit H. Wiener, Fr. Schur und D. Hilbert als „Schließungssätze" zu zentralen Aussagen der projektiven Geometrie.[727] Eine Frage, die auch immer im Raum stand, war diejenige nach dem Verhältnis von (modern gesprochen) projektiver und elliptischer Geometrie, also nach Stellung und Funktion der Metrik. Dabei steht auch das Problem der Natur der projektiven Ebene im Hintergrund.[728]

In seinem Bericht über den Mathematikunterricht an der ETH von 1910 gab M. Grossmann auch einen Überblick zu den Inhalten seiner Vorlesung „Geometrie der Lage" (4 Stunden, drittes Semester der Fachlehrerabteilung)[729]:

> Die Verknüpfungspostulate der projektiven Geometrie. Perspektive Figuren. Harmonische Gruppen. Die Anordnungspostulate der Grundgebilde erster Stufe und das Stetigkeitspostulat. Folgerungen für die harmonische Gruppe.

---

[725] Allerdings ist Pfaffs Werk sehr unübersichtlich, denn es gibt weder eine Binnengliederung in Kapitel mit Überschriften oder dgl. noch ein Inhaltsverzeichnis, nur fortlaufend numerierte Paragraphen (501 an der Zahl). Das bemerkte schon der Rezensent im Literarisches Centralblatt 1868, Sp. 1212: „Der Gebraucht dieses umfangreichen Werkes wird leider sehr erschwert durch den gänzlichen Mangel der Uebersichtlichkeit." Er kritisierte auch, dass Pfaff auf die Zwei-Spalten-Schreibweise verzichtete, weshalb das wichtige Prinzip der Dualität nicht deutlich werde.

[726] Die Abfolge der Behandlung konnte in manchen Punkten abweichen. Vgl. auch die Manuskripte von Hurwitz (1882/83) und Hilbert (1891) zu ihren Vorlesungen über projektive Geometrie.

[727] Bei Fiedler ist der Satz von Pascal vor allem ein Hilfsmittel der Konstruktion, denn er liefert ja die Möglichkeit, zu fünf gegebenen Punkten eines Kegelschnitts einen sechsten zu erzeugen. Der Satz von Desargues liefert ein Kriterium für perspektive Lage von Dreiecken.

[728] Vgl. Volkert 2010a.

[729] Grossmann 1910, 25. Die französischsprachige Parallelvorlesung wurde von L. Kollros angeboten.

Projektive Grundgebilde erster Stufe. Beweis des Fundamentalsatzes des v. Staudt. Konstruktionen und metrische Eigenschaften.

Projektive Erzeugung der Kurven. Kegelflächen und Regelschaaren zweiten Grades.

Involutionen. Imaginäre Elemente; Definition und Trennung nach v. Staudt; Konstruktionen mit imaginären Elementen.

Polareigenschaften der Kegelschnitte. Brennpunkteigenschaften.

Grundlagen der Koordinatenbestimmung: Konstruktion der projektiven Skala. Lineare Transformation der Koordinaten und das Doppelverhältnis als Invariante. Homogene Koordinaten in den Grundgebilden erster bis dritter Stufe.

Projektive Grundgebilde zweiter Stufe: Bestimmung, Kollineationen und Reziprozitäten, spezielle Kollineationen. Vereinigte Kollineationen. Vereinigte Reziprozitäten.

Polarsysteme zweiter Stufe und ihre Ordnungsgebilde. Gemeinsame Elemente vereinigter Polarsysteme.

Das Nullsystem und die Kräfte im Raum.

Die reziproken Figuren der graphischen Statik.

Projektive Erzeugung der Flächen zweiten Grades, der Raumkurve dritter Ordnung, der Fläche dritter Ordnung.

Plücker'sche Linienkoordinaten im Raume und die Grundbegriffe der Liniengeometrie.

Der Einfluss der Hilbertschen Axiomatik und der ihr sich anschließenden Forschungen wird in dieser Aufstellung im ersten Punkt (und nur dort) deutlich. Es gibt aber auch Kontinuität zur Tradition des Polytechnikums in Gestalt des Nullsystems und der reziproken Figuren der graphischen Statik. Aus heutiger Sicht erstaunt vielleicht, dass Grossmann auch Anordnungspostulate behandelt im Rahmen der projektiven Geometrie.

2.4 Vorlesungen über projektive Geometrie

Die nachfolgende Aufzählung für den Zeitraum 1865 bis 1890 stützt sich auf das Literarisches Centralblatt für Deutschland sowie, soweit es um das Züricher Polytechnikum geht, auf die sogenannten Polyprogramme.

Basel SoSe 1867 Kinkelin: *Neuere Geometrie* (auch SoSe 1886)

Bern WS 1871/72 Sidler: *Neuere Geometrie*

Breslau SoSe 1865 Schröter: *Neuere synthetische Geometrie*

Erlangen WS 66/67 Hans Pfaff: *Neuere Geometrie* (auch: WS 67/68, WS 68/69, SoSe 1869, SoSe 1872), SoSe 1878 Noether: *Synthetische Geometrie* (auch SoSe 1883)

Gießen SoSe 1871 PD Pasch: *Neuere synthetische Geometrie*; WS 73/74 Pasch: *Einleitung in die höhere Geometrie*

Göttingen WS 1882/83 Hurwitz: *Synthetische Geometrie*; SoSe 1887 Schoenflies: *Einleitung in die projective Geometrie*

Leipzig SoSe 1866 Hankel: *Neuere synthetische Geometrie, insbesondere die Kegelschnitte*

Marburg SoSe 1873 von Drach: *Neuere synthetische Geometrie*

Prag (Universität) WS 1888/89 Biermann: *Elemente der projectiven Geometrie*

Straßburg SoSe 1872 Reye: *Geometrie der Lage (synthetische Geometrie)* (auch: WS 73/74, WS 80/81)

Stuttgart (TH) SoSe 1883 von Baur: *Neuere Geometrie der Lage und des Maaßes*

Tübingen SoSe 1883 Franz Meyer: *Neuere Geometrie*

Würzburg SoSe 1879 Selling: *Geometrie der Lage* (auch SoSe 1885)

Zürich (Universität) WS 1871/72 Olivier: *Geometrie der Lage*; SoSe 1872, WS 73/74 Olivier: *Synthetische Geometrie*

Zürich (Polytechnikum)[730] WS 1864/65 Reye: *Geometrie der Lage*; SoSe 1865 Geyser [sic!]: *Synthetische Geometrie nach Steiner*; Geiser (mit Reye): *Mathematische Übungen*; Reye: *Konstruktionsübungen*; Reye: *Geometrie der Lage* (in der Ingenieurschule); SoSe 1866 Reye: *Konstruktionsübungen über Geometrie der Lage*; WS 1866/67 Reye: *Geometrie der Lage*; Reye: *Konstruktionsübungen in derselben*; WS 1866/67 Geiser: *Einleitung in die synthetische Geometrie (mit Repetitorium)*; Reye: *Geometrie der Lage*; SoSe 1867 Geiser: *Synthetische Geometrie (nach Steiner) Vortrag*; SoSe 1867 Reye: *Geometrie der Lage*; *Constructionsübungen für die Geometrie der Lage (gratis)*; WS 1867/68 Reye: *Einleitung in die synthetische Geometrie*; SoSe 1868 Geiser: *Synthetische Geometrie (mit Rep.)*; Reye: *Geometrie der Lage*; WS 1868/69 Geiser: *Einleitung in die synthetische Geometrie (mit Repetitorium)*; Geiser: *Ausgewählte Partien aus der höheren Geometrie*; Fiedler: *Elemente der Determinanten und der trimetrischen Coordinatensysteme*; Fiedler: *Geometrie der Lage (mit Übungen)*; Fiedler: *Geometrie der Raumcurven dritter Ordnung*; SoSe 1869 Geiser: *Synthetische Geometrie (mit Rep.)*; Fiedler: *Von den Invarianten der Curven und Flächen II. Ordnung*; WS 1869/70 [Ingenieurschule] Fiedler: *Geometrie der Lage mit Uebungen*; Geiser: *Einleitung in die synthetische Geometrie (mit Repet.)*; Fiedler: *Trimetrische Coordinaten (analytische Geometrie der Lage)*; SoSe 1870 Geiser: *Synthetische Geometrie mit Repet.*; Geiser: *Ausgewählte Capitel aus der höheren Geometrie*; Fiedler: *Determinanten und trimetrische Coordinaten*; SoSe 1871 [Ingenieurschule] Fiedler: *Geometrie der Lage mit Uebungen*; Geiser: *Einleitung in die synthetische Geometrie mit Repetitorium*

---

[730] Reye und Geiser kündigten ihre genannten Vorlesungen auch unter in der Freifächerabteilung an.

3. Fiedlers frühe Publikationen

Dieses Kapitel behandelt Fiedlers mathematisches Schaffen in seiner Chemnitzer (1852 – 1864) und Prager Zeit (1864 – 1867). Diese Zeit bildete den Hintergrund für seine weitere Entwicklung, teilweise handelte es sich auch um Vorarbeiten für sein Hauptwerk, das Lehrbuch der darstellenden Geometrie (1871).

3.1 Aufsätze bis 1870

Fiedlers Dissertation erschien 1860 als wissenschaftliche Beilage zum Programm der Chemnitzer Gewerbeschule, gedruckt von F. A. Brockhaus in Leipzig. Etwa zeitgleich wurde Fiedler mathematisch-literarisch aktiv in der „Zeitschrift für Mathematik und Physik". Diese Zeitschrift war 1856 auf Betreiben von Oskar Schlömilch (1823 – 1901) gegründet worden, der zusammen mit B. Witzschel[731] ihr Herausgeber wurde. Schlömilch war zuerst Gymnasiallehrer in Eisenach gewesen, ab 1849 wirkte er als Professor am Polytechnikum in Dresden, wo er u.a. darstellende Geometrie unterrichtete. Er spielte eine wichtige Rolle unter den sächsischen Mathematikern, 1879 wechselte er ins Sächsische Unterrichtsministerium.[732] Die „Zeitschrift für Mathematik und Physik" wandte sich ausdrücklich an Lehrer an höheren Schulen und stellte sich damit eine Aufgabe, die eigentlich schon das von Johann August Grunert (1797 – 1872) im Jahre 1841

---

[731] Bis 1859, danach ersetzt durch M. Cantor. Etwas später kam E. Kahl als dritter Herausgeber hinzu; diese Herausgeber blieben dann längere Zeit im Amt. Witzschel und sein Nachfolger Kahl waren für die Physik zuständig, Cantor übernahm die Geschichte der Mathematik und vor allem die umfangreichen Literaturbesprechungen in der separat paginierten „Literaturzeitung".
[732] Vgl. Koch 1990 sowie 1.2 und 9.2.1. (Briefe Schlömilch an Fiedler)

gegründete „Archiv der Mathematik und Physik" übernehmen wollte – es aber in Schlömilchs Augen nicht mehr tat:

> Grunert ließ sich anfangs gut an und erwarb sich dabei viele Freunde, das hat aber aufgehört, seitdem Grunert seine eigenen, wahrhaft entsetzlichen Abhandlungen in den Vordergrund geschoben hat. (diese sind nämlich weiter nichts als eine langweilige Formelmacherei [...] mein Freund Dr. Baltzer rechnet daher Grunert nicht mehr unter die Mathematiker sondern unter die Tapetendrucker).[733]

Schlömilch war ein engagierter Autor seines eigenen Periodikums und es erscheint nicht unwahrscheinlich, dass er sich über fleißige Beiträger wie Fiedler in Ermangelung geeigneter Manuskripte freute. Seine Zeitschrift stellte keine Konkurrenz für das Journal für reine und angewandte Mathematik dar, was aktuelle mathematische Forschung anbelangte – das Niveau war deutlich elementarer und große Namen fehlten weitgehend. Die „Zeitschrift" hatte eine ständige Rubrik „Kleinere Mittheilungen", die Fiedler fleißig nutzte. Längere Arbeiten verfasste er in jener Zeit nur wenige, wie man der untenstehenden Übersicht entnehmen kann.

Zwischen 1860 und 1864, dem Jahr seines Wechsels nach Prag, publizierte Fiedler immerhin 16 Beiträge in Schlömilchs Zeitschrift:

> Entwicklungen über ein Kapitel von Poissons Mechanik, nach J. Liouville (Zeitschrift für Mathematik und Physik 4 (1859), 49 – 66).

> Die Theorie der Pole und Polaren bei Curven höherer Ordnung, mit einer Einleitung: zwei Coordinatensysteme (Zeitschrift für Mathematik und Physik 4 (1859a), 91 – 105).[734]

> Construction flächengleicher Figuren (Zeitschrift für Mathematik und Physik 5 (1860), 56 – 59).

> Das Problem des Pappus und die Geometrie der Doppelschnittsverhältnisse bei Curven höherer Ordnungen und Classen (Zeitschrift für Mathematik und Physik 5 (1860a), 377 – 395).

---

[733] Schreiben von Schlömilch an den Verleger B. G. Teubner vom 1. Januar 1854; zitiert nach Lorey 1916, 104 – 105.

[734] Dieser Aufsatz beruht auf Teilen von Salmons „Higher Curves", insbesondere der dortigen Einführung von projektiven Koordinaten, ergänzt mit Ideen aus Chasles' „Géométrie supérieure" und aus einem Aufsatz von E. de Jonquières. Fiedler erwähnt die Unkenntnis seitens Chasles der deutschen Literatur, insbesondere von Möbius' „Barycentrischem Calcul". Letzterer wurde auch von Salmon übersehen: „Und so geht aus dem Allen die für jeden deutschen Freund der Geometrie erfreuliche Wahrnehmung hervor, dass die wissenschaftlichen Ideen einer ihrer Vertreter noch immer auch im Auslande in fruchtbringender Wirkungsfähigkeit sich bezeugen; ..." (Fiedler 1859, 106). Die „volle Selbständigkeit" von Salmon und Chasles wird aber seitens Fiedler anerkannt.

Zwei Hauptsätze der neueren Geometrie (Zeitschrift für Mathematik und Physik 6 (1861), 1 – 11).[735]

Ueber die Anwendung der Affinitätsachsen zur graphischen Bestimmung der Ebene (Zeitschrift für Mathematik und Physik 6 (1861a), 76 – 78).[736]

Ueber Dreiecke und Tetraeder, welche in Bezug auf Kurven und Oberflächen zweiter Ordnung mit sich selbst konjugiert sind (Zeitschrift für Mathematik und Physik 6 (1861b), 140 – 146).[737]

Ueber die graphische Bestimmung der Kegelschnitte nach den Sätzen von Pascal und Brianchon (Zeitschrift für Mathematik und Physik 6 (1861c), 415 – 418).[738]

Zur analytischen Behandlung der Oberflächen zweiter Ordnung, insbesondere über homofocale und conjugirte Oberflächen. Drei Theile (Zeitschrift für Mathematik und Physik 7 (1862), 25 – 45, 219 – 238, 285 - 313).[739]

Analytisch geometrische Notizen (Zeitschrift für Mathematik und Physik 7 (1862a), 53 – 55).

Notiz nach M. A. Cayley nebst Ergänzung (Zeitschrift für Mathematik und Physik 7 (1862b), 269 – 270).

---

[735] Hier bezieht sich Fiedler hauptsächlich auf M. Chasles „Traité de géométrie supérieure", erwähnt aber auch G. Lamé und E de Jonquières. Inhaltlich geht es um zwei Sätze von Chasles zur homographischen Teilung (heißt: Zuordnung zweier Punktreihen unter Erhaltung des Doppelverhälltnisses; Homographie war Chasles' Terminus für Projektivität) und zur Involution. Fiedler ergänzt die Beweise, welche in einer Vorlesung von Chasles an der Sorbonne – mitgeteilt in den *Comptes rendus* der Pariser Akademie - zu diesem Thema noch fehlten. Interessant ist, dass Fiedler nach dem französischen Original der „Géométrie supérieure" von Chasles zitiert, das er aufgrund seiner Übersetzung (vgl. Hs 87a: 25 No. 491) natürlich gut kannte. Die deutsche Übersetzung von C. H. Schnuse (Chasles 1856) dieses Werks erwähnt er nicht.

[736] Hier bezeichnet Fiedler, der ausdrücklich die Sicht des Lehrers einnimmt, die darstellende Geometrie als eine „Wissenschaft, die sich so ganz auf die Durchbildung der geistigen Anschauung räumlicher Verhältnisse stützen muss" (p. 78). In seinem Rückblick von 1905 äußert sich Fiedler ausführlicher zu dieser Arbeit und dazu, wie sie sich aus seiner Lehrtätigkeit ergab; vgl. Fiedler 1905, 493 – 494.

[737] Hier bezieht sich Fiedler auf eine Frage gestellt von *Capitaine d'artillerie* (d. i. Hauptmann der Artillerie) H. A. Faure in den *Nouvelles annales*. Dabei geht es um die Länge der Tangente, welche man vom Mittelpunkt einer Ellipse an denjenigen Kreis ziehen kann, der Umkreis eines Dreiecks ist, welches bzgl. der Ellipse konjugiert ist (das heißt, dessen Ecken Pole der gegenüberliegenden Kanten sind bzgl. der Ellipse). Fiedler erwähnt in seiner Arbeit eine Mitteilung von „Rev. George Salmon" an ihn, welche eine allgemeine Lösungsmethode für derartige Probleme enthielt. Eine Lösung hat auch E. de Jonquières in den Nouvelles Annales 20 (1861), 25 – 26 vorgelegt.

[738] Hier geht es um die Bestimmung eines sechsten Punktes auf einem Kegelschnitt, der durch fünf Punkte gegeben ist. In einem Schulbuch der analytischen Geometrie – welches, sagt Fiedler leider nicht - werde behauptet, dieses Problem sei „analytisch und constructiv schwierig". Kommentar Fiedler: „Es wäre schlimm für den darstellenden Geometer, wenn dem so wäre!" (p. 415) Die Methode, einen sechsten Punkt eines Kegelschnitts zu konstruieren, zeigte nach K. Pelz' Meinung deutlich die Überlegenheit der projektiven Geometrie (vgl. 9.2.6).

[739] Hier verweist Fiedler auf seine Bearbeitung von Salmon's „Analytische Geometrie der Kegelschnitte" (Leipzig, 1860) sowie auf Chasles, Plücker und Cremona.

Eine Ergänzung des Satzes über die Involution eines Kugelschnittbüschels (Zeitschrift für Mathematik und Physik 7 (1862c), 270).

Notiz über das System der tetraedrischen Punktcoordinaten, nebst einer Ergänzung und Berichtigung (Zeitschrift für Mathematik und Physik 8 (1863), 45 – 53).

Die Sätze vom Feuerbachschen Kreis und ihre Erweiterungen (Zeitschrift für Mathematik und Physik 8 (1863a), 390 – 394).[740]

Ueber das System der darstellenden Geometrie (Zeitschrift für Mathematik und Physik 8 (1863b), 444 – 447).[741]

Ueber die Transformationen in der darstellenden Geometrie (Zeitschrift für Mathematik und Physik 9 (1864), 333 – 355).[742]

Durch diese Arbeiten kam Fiedler in brieflichen Kontakt mit Schlömilch, den er über Jahrzehnte pflegte. Der erste erhaltene Brief von Schlömilch an Fiedler[743] stammt vom 16. Juli 1860. Darin geht es um Manuskripte von Fiedler, deren Druck sich wegen ihrer Länge verzögert hatte. Besonders gefreut haben dürfte sich Fiedler über einen Brief von Schlömilch[744] vom 17. Juni 1864, in dem dieser ihn bat, seine Kontakte zu Clebsch, dem „verehrten Meister", zu nutzen, um diesen für eine Rezension in der „Zeitschrift" zu gewinnen.

Zu den genannten Aufsätzen kommt noch eine Abhandlung im Archiv der Mathematik und Physik hinzu:

Ueber die der Ellipse parallele Curve und die dem Ellipsoid parallele Fläche (39 (1862), 19 - 45)[745]

---

[740] Es geht um die Übertragung des Satzes von Feuerbach über den Neunpunktekreis und verwandter Sätze auf die Kugel, also in die sphärische Geometrie. Fiedler bemerkt, dass diese Sätze 1860 auch die Aufmerksamkeit der Dubliner Geometer (Hart, Hamilton, Salmon) auf sich gezogen hätten. Zudem verweist er auf seine Ausgabe der Salmonschen „Kegelschnitte", wo er Hinweise zu Kegelschnittsystemen gegeben habe, die eine Behandlung des Themas ermöglichten. Der Feuerbach-Kreis spielte später in Fiedlers Zyklographie eine prominente Rolle.

[741] Diese Arbeit enthält in nuce die Ideen Fiedlers zum organischen Aufbau der projektiven Geometrie aus der darstellenden, später ausgearbeitet in seiner Publikation bei der Wiener Akademie (Fiedler 1867) und dann in seinem Lehrbuch der darstellenden Geometrie (1871).

[742] Die Abhandlung schließt mit folgender Bemerkung: „Dies ist die Stelle, wo die neuere Geometrie sich an die wissenschaftliche Sphäre der technischen Lehranstalten anschließt, der die darstellende von jeher angehört." (p. 353). „Transformation" bedeutet in der darstellenden Geometrie, die relative Lage von Objekt, Zentrum und Bildebene(n) zu verändern, um so günstigere Abbilder zu gewinnen (z. B. wenn sich das Zeichenblatt als zu klein erweist); vgl. 4.2.5.

[743] Hs 87: 1097. Dieser Brief könnte der älteste in Fiedlers Briefsammlung sein.

[744] Hs 87: 1105.

[745] Diese bezieht sich auf Fiedlers deutsche Bearbeitung „Analytische Theorie der Kegelschnitte" von Salmon's „Treatise on concic sections" und den Satz von Faure. Fiedlers Schluss lautet: „Indem ich sie hier mitteile, leitet mich der Wunsch, zur allgemeinen Kenntnis der Vortheile nach Kräften beizutragen, welche die Methoden der neueren Algebra bei geometrischen Untersuchungen gewähren." (S. 38)

Nach dem Wechsel nach Prag und unter Verwendung von Fiedlers Vorlesungen dort erschien dann noch:

> Die Methodik der darstellenden Geometrie zugleich als Einleitung in die Geometrie der Lage (Sitzungsberichte der Kaiserlichen Akademie der Wissenschaften 55 (1867), 659 – 740).

Danach publizierte Fiedler erst wieder im Jahr 1870, also nachdem er sich in Zürich eingerichtet hatte.[746]

Fiedlers Konzentration auf die Geometrie kommt in diesen Titeln deutlich zum Ausdruck, nur der erste Aufsatz von 1859 zeugt noch von seinen frühen Interessen für mathematische Physik. In der autobiographischen Skizze „Meine Mitarbeit an der Reform der darstellenden Geometrie" (1905) schreibt Fiedler, dass ihn sein Aufsatz „Ueber das System der darstellenden Geometrie" „definitiv zur darstellenden Geometrie geführt" habe.[747] Diese Abhandlung galt Fiedler später als die eigentliche Geburtsurkunde seiner Auffassung von darstellender Geometrie, gewissermaßen als das Programm, das er dann ausarbeitete – zuerst in der langen Arbeit von 1867 und dann vor allem in seinem Lehrbuch gleichen Titels.[748] Angelegt war dieses, zumindest nach Fiedlers eigenem Urteil, aber schon in seiner Dissertation.

Viele der frühen Arbeiten Fiedlers nehmen Bezug auf Salmon, den er als „mein verehrter Freund, Rev. Salmon, …" (Fiedler 1863a, 390) zitiert. Daneben kommt auch Chasles recht oft vor, teilweise mit dem Anspruch, Salmons Idee zu ergänzen, da letzterer ersteren nicht zur Kenntnis genommen habe. Es fällt zudem auf, dass Fiedler 1862 explizit auf Cayley Bezug nimmt. Zahlreiche Exzerpte in Fiedlers Nachlass belegen seine intensive Auseinandersetzung mit Cayley.[749] Zudem muss man sich daran erinnern, dass er schon 1860 die deutsche Bearbeitung von Salmons „Kegelschnitten" vorgelegt hatte, in denen Cayley natürlich präsent war. Gleiches gilt für Fiedlers erstes eigenständiges Buch (1862), das stark von Cayleys Arbeiten geprägt war. Salmon, Cayley und Sylvester bildeten eine kleine aber sehr aktive und bekannte Gruppe von Invariantentheoretikern, weshalb sie halb scherzhaft als „Trinity of invariants" bezeichnet wurden. Eine interessante Frage ist, wie Fiedler überhaupt auf die englische Invariantentheoriker gestoßen ist – insbesondere angesichts der

---

[746] Der Artikel „Kegelschnitte, welche durch dieselben vier Punkte gehen, bestimmen mit einer beliebigen geraden Transversalen ein System involutorischer Segmente" (Zeitschrift für Mathematik und Physik 7 (1862), 269 – ?), den Voss in seinem Nachruf aufführt, ist identisch mit dem Beitrag „Notiz nach A. Cayley" (Fiedler 1862b).

[747] Fiedler 1905, 495.

[748] Vgl. Kapitel 4.

[749] Die Exzerpte finden sich vor allem in Hs 87a: 24 und 25. Leider sind die Dokumente nicht datiert und auch nicht chronologisch geordnet, so dass man keine zeitlichen Festlegungen vornehmen kann. Der erste Brief von Cayley an Fiedler datiert vom 29. Januar 1861 (Hs 87: 132).

Schwierigkeiten, die viele Publikationen in diesem Gebiet aufwiesen. Fiedler hatte hier eine – modern gesprochen – Marktlücke erkannt, was sicherlich für seinen Erfolg sehr förderlich gewesen ist: Einerseits war klar, dass die englischen und irischen Autoren in ihren Originalarbeiten wichtige Erkenntnisse veröffentlichten, andererseits war der Zugang zu diesen mühsam.[750] Also war man froh, einen Vermittler zu haben.

Eine wichtige Rolle in Fiedlers Beschäftigung mit den britischen Invariantentheoretikern spielte der briefliche Austausch, denn nur so konnte er mit Autoren wie z. B. Salmon und Cayley im vereinigten Königreich, mit Cremona in Italien und mit Clebsch in Deutschland in Kontakt bleiben.[751] Eine gedruckte Quelle, die Fiedler häufig zitierte und von der folglich anzunehmen ist, dass er in Chemnitz Zugang zu ihr hatte, waren die „Nouvelles Annales de Mathématiques. Journal des Candidats aux Ecoles Polytechnique et Normale", gegründet 1842 von Oiry Gerono und Camille-Christophe Terquem.[752] Diese Zeitschrift publizierte viele Artikel zur Geometrie und war in mancher Hinsicht Schlömilchs Zeitschrift vergleichbar. Zudem erhielt Fiedler Sonderdrucke von den Mathematikern, mit denen er korrespondierte, ein seinerzeit sehr verbreiterter Brauch. So konnte er sich wissenschaftlich auf dem Laufenden halten. Das wäre von Chemnitz aus sonst sicher schwierig bis unmöglich gewesen.

Insgesamt erscheinen Fiedlers frühe Aufsätze als Versuch, sich in die wissenschaftliche Diskussion seiner Zeit einzubringen. Im Großen und Ganzen behandelt er Einzelfragen, zum Teil in Anlehnung und Fortführung von Ansätzen Salmons und Chasles', eine gewisse Tendenz zur Kompilation ist nicht zu übersehen. Größere Aufmerksamkeit erregte er mit seinen Arbeiten soweit feststellbar nicht.

3.2 Fiedlers erstes selbständiges Buch

Im Jahr 1862 erschien bei B. G. Teubner „Die Elemente der neueren Geometrie und der Algebra der binären Formen. Ein Beitrag zur Einführung in die Algebra der linearen Transformationen. Von Dr. Wilhelm Fiedler. Lehrer an der höheren Gewerbeschule zu Chemnitz", Fiedlers erstes selbständiges Buch. Es war ein Versuch, die damals neuen Erkenntnisse im Bereich der Invariantentheorie für deutsche Leser aufzubereiten. Ein Nebengedanke war vielleicht auch, auf die

---

[750] Das lag auch daran, dass die englischen Mathematiker eigene Begriffe und Symbole einführten, die auf dem Kontinent als schwerfällig und unpraktisch empfunden wurden, wie beispielsweise verschiedene Rezensionen im Litertarischen Centralblatt beklagten (vgl. Exkurs Invariantentheorie am Anfang des fünften Kapitels). Belege für diese Kritik u.a. von Clebsch und Hilbert werden wir noch sehen.
[751] Vgl. dazu 1.5 und Kapitel 9.
[752] Zu dieser Zeitschrift vgl. man Nabonnand/Rollet 2019.

kurze Zeit später erscheinende deutsche Ausgabe von Salmon's „Lessons introductory to the modern higher Algebra" (Original von 1859) vorzubereiten, die eine Darstellung vieler Aspekte der Invariantentheorie enthielten; durch die zahlreichen Hinweise auf die deutsche Ausgabe von Salmons „Kegelschnitten" könnte Fiedlers eigenes Buch zudem deren Absatz gefördert haben.

Der Haupttitel des Buches ist vielleicht irreführend gewesen, denn die „neuere Geometrie" – gemeint ist in etwa die projektive Geometrie - kommt nur am Rande vor, nämlich als Interpretation gewisser Formen. Den Hauptinhalt des Buches bildet das Gegenstück zur neueren Geometrie, nämlich die neuere Algebra, wie Fiedler dies auch im Untertitel zum Ausdruck bringt: „Einführung in die Algebra der linearen Transformationen". Damit ist hauptsächlich die Invariantentheorie der Formen, insbesondere der binären, unter Variablentransformationen gemeint.[753]

Obwohl es eine produktive deutsche Schule der Invariantentheorie gab, mangelte es bis dato an einer lehrbuchhaften Darstellung des Gebiets in deutscher Sprache. Keiner seiner deutschen Hauptvertreter (Hesse, Aronhold, Clebsch, Gordan) hatte bislang ein solches Buch geschrieben. Hesse veröffentlichte zwar in den 1860er Jahren vielverwendete Lehrbücher zur analytischen Geometrie,[754] aber diese hatten einführenden Charakter und behandelten die Invariantentheorie nur am Rande in einigen wenigen Kapiteln. M. Cantor urteilte über sie:

> Obwohl diese Bücher also nicht, wie die Salmon'schen, eine Vielseitigkeit und eine umfassende Einführung in alle Methoden der analytischen Geometrie angestrebt haben, so ist ihre Wirksamkeit doch eine bedeutende. Es ist hauptsächlich die durchsichtige Klarheit in der Auseinanderlegung bekannter und neuer Begriffe einfacherer Art und deren Einführung in ganz expliciter Weise, was diesen Hesse'schen Darstellungen ihren Wert verleiht und was wohl als ein Erbtheil der Jacobi'schen analytischen Technik anzusehen ist.[755]

---

[753] Also modern gesprochen unter linearen Abbildungen. Der Begriff „Transformation" hat wie bereits erwähnt in der darstellenden Geometrie allerdings noch eine ganz andere Bedeutung, die man hiermit nicht verwechseln darf; vgl. 4.2.5.

[754] Hier sind hauptsächlich zu nennen: „Vorlesungen über analytische Geometrie des Raumes insbesondere der Oberflächen zweiter Ordnung" (1861) und „Vorlesungen aus der analytischen Geometrie der geraden Linie, des Punktes und des Raumes" (1865), daneben auch noch der Zeitschriftenbeitrag „Vier Vorlesungen aus der analytischen Geometrie" (1866). Weiter unten kommen wir auf diese zu sprechen.

[755] Cantor 1875, 88. In diesem Nachruf auf seinen Heidelberger Lehrer versuchte Cantor vor allem, die Wichtigkeit der Ideen Hesses herauszuarbeiten. Die Quintessenz dazu lautete: „Es ist Hesse, der zuerst erkannt hat, dass die Theorie der homogenen Formen das von aller Geometrie losgelöste Untersuchungsfeld für den Algebraiker bildet, wobei denn die Resultate der Forschung ihre Interpretation in denjenigen geometrischen Eigenschaften der algebraischen Curven und Flächen finden, welche wir die projectivischen nennen." (Cantor 1875, 78). Ein paradigmatisches Beispiel liefert die Hesse-Determinante. Im Übrigen betont Cantor die Wichtigkeit von Jacobi für Hesse.

In seinem 1892 erschienenen Übersichtsartikel zur Invariantentheorie bemerkte Franz Meyer:

> Nehmen wir so wahr, wie die Einzelergebnisse unseres Gebietes [Invariantentheorie; K. V.] allmählich einen bemerkenswerten Umfang erreicht haben, so müssen wir es um so dankbarer anerkennen, dass es Salmon – [...] – unternahm, das weitschichtige Material in einer knappen Monographie zu ordnen (1859). Um die Verbreitung derselben in Deutschland hat sich Fiedler durch seine Ausgabe (1863) verdient gemacht, der überdies schon kurz zuvor (1862) eine selbständige für Anfänger berechnete Darstellung gegeben hatte, die vor allem die Cayley'schen Anwendungen auf die projectivische Geometrie allgemein zugänglich machte.[756]

Wie Meyer hervorhebt, ist Fiedlers eigenes Buch eng angelehnt an den Arbeiten von Cayley und Salmon, auch Sylvester tritt mehrfach auf. Die beiden erstgenannten Autoren werden von Fiedler mit Abstand am meisten erwähnt, gefolgt von Brioschi, der es auch noch auf zahlreiche Nennungen bringt. Dagegen kommen Hesse, Aronhold und Clebsch nur kursorisch vor. Wie wir sehen werden, folgt Fiedler selbst in seinen Notationen dem Vorbild von Cayley. Man kann somit mit Fug und Recht feststellen, dass Fiedlers Buch der Versuch war, in die Ideen der englischen Schule der Invariantentheorie einzuführen – mit einem Ausblick auf deren geometrischen Anwendungen. Auch hier zeigt sich Fiedler wieder oft als Kompilator.

Aus unserer heutigen Sicht bemerkenswert ist, wie ja auch Meyer herausstellt, dass Fiedler im dritten Kapitel seines Buches von 1862 Cayleys Konstruktion einer Metrik in der projektiven Ebene detailliert behandelte. Diese Idee sollte Felix Klein rund zehn Jahre später bekannt machen, weshalb wir noch heute von Cayley-Klein-Geometrien sprechen. Es muss allerdings festgehalten werden, dass Klein in wichtigen Punkten über Cayley hinausging, z. B. durch Einbezug der hyperbolischen Geometrie in die Betrachtungen, während sich Fiedler weitgehend auf das Material beschränkte, das im bekannten „Sixth memoir upon quantics" (1859)[757] von A. Cayley zu finden ist. Das allerdings war schon ziemlich

---

[756] Meyer 1892, 95. Fiedler 1863 ist die deutsche Ausgabe von Salmon 1859: „Vorlesungen zur Einführung in die Algebra der linearen Transformationen". Meyer erwähnt noch, dass zeitgleich mit Salmon-Fiedler Brioschi in Italien eine Artikelserie zur Invariantentheorie veröffentlichte.

[757] „Quantic" war eines der vielen von Cayley erfundenen Kunstwörter, das man mit „algebraische Form" oder „homogenes Polynom" übersetzen könnte. Es geht um die Objekte, mit denen sich die Invariantentheorie aber auch die projektive (analytische) Geometrie beschäftigt, also beispielsweise binäre quadratische Formen. Cayley hat den „Quantics" zwischen 1854 und 1878 insgesamt zehn Abhandlungen gewidmet. Fiedler nennt die Artikelserie Cayleys einmal „eine zusammenfassende Darstellung der Theorie [der Invarianten; K. V.] und Hauptschatzkammer der Rechnungsergebnisse" (Salmon-Fiedler 1877, 472). Zu Kleins Arbeiten über nichteuklidische Geometrie vgl. Rowe 2025, 85 – 94.

viel. Fiedler hatte sozusagen Gold in den Händen, ohne es so richtig zu merken. Er scheint dies später bedauert zu haben, an mehreren Stellen seines Werkes reklamiert er vorsichtig eine Art von Priorität für sich:

> Vergl. Klein „Ueber die sogenannte Nicht-Euklidische Geometrie", Math. Ann. Bd. 4, p. 573 f.
> Die Beziehungen dieser Fragen zur Cayley'schen Maass-Bestimmung kannte der Herausgeber *vor* dieser Veröffentlichung, und sie waren auch Beltrami bekannt.[758]

Die letzte Aussage Fiedlers wird durch einen Brief von L. Cremona an Fiedler vom 24. Oktober 1871 gestützt. Dort heißt in Bezug auf die Note zur nichteuklidischen Geometrie, die Klein soeben bei der Göttinger Akademie veröffentlicht hatte und in der er seine Theorie der Cayley-Kleinschen Maßbestimmung skizzierte[759]:

> Sowohl mir als auch meinem Freund Beltrami ist der Inhalt der Note von Klein über nichteuklidische Geometrie nicht neu. Diese Konzepte waren schon lange in unserem Denken, aber Herr Klein hat das Verdienst, ihnen eine präzise Form gegeben zu haben. Die Darstellung des Winkels als anharmonisches Verhältnis ist schon altbekannt; zum Beispiel erinnere ich mich, sie in irgendeinem Werk von Chasles[760] gesehen zu haben. Was den Abstand zweier Punkte angeht, so gebe ich hier wieder, was mir Beltrami am 18. Mai 1871 geschrieben hat: „Die nichteuklidische Geometrie ist identisch mit Cayley's Theorie der Abstände, wenn man annimmt, dass der absolute Kegelschnitt und die Grenzkugel aus meinem Essai (Giornale di Napoli, 1868) bzw. die absolute Quadrik und der Grenzkreis (siehe *Memoria sugli spazi di curvatura costante*, Fußnote S. 23 der französischen Übersetzung, Annales de l'Ecole Normale, Band VI, 1869) dasselbe sind. [...].[761]

Kleins Erkenntnisse waren also nicht alle wirklich neu. Diese Kritik war Klein bewusst. In seinen „Vorlesungen über die Entwicklung der Mathematik im 19. Jahrhundert", gehalten im Ersten Weltkrieg, publiziert erst postum, ging er auf sie kurz ein, beginnend mit der Bemerkung:

---

[758] Salmon-Fiedler 1873, XXVII Anm. 112. „Vor" ist bei Salmon-Fiedler hervorgehoben. Anzumerken ist allerdings, dass Klein das Buch von Fiedler in seiner Arbeit im Sinne eines allgemeinen Literaturhinweises erwähnt: vgl. Klein 1871, 573. Das Gefühl, verkannt zu sein, war Fiedler wohl vertraut, ein deutliches Beispiel ist seine lange Nachbemerkung in Fiedler 1891, 76 – 87.

[759] Die ausführliche Ausarbeitung erschien dann noch im selben Jahr im vierten Band der Mathematischen Annalen.

[760] Ein anharmonisches Verhältnis ist ein Doppelverhältnis; der Name wurde von M. Chasles eingeführt. Die fragliche Darstellung der Winkel geht auf Edmond Laguerre (- Wely) zurück (Laguerre 1853, 60); sie wurde allerdings schon vor Laguerre's Publikation in Chasles' „Géométrie supérieure" (1852) behandelt. Laguerre hat aber dennoch die Priorität dieser Entdeckung für sich reklamiert.

[761] Hs 87: 186; vgl. auch Confalonieri/Schmidt/Volkert 2019, 211 - 213.

> Von anderer Seite aber wurde mir der gewöhnliche Vorwurf gemacht, der jeden Produzierenden wohl einmal trifft: die Sache sei nicht neu.[762]

Er führte dann aus, dass er selbst in seiner Arbeit von 1871 auf Beltrami hingewiesen habe und dass Beltrami ein Fehler unterlaufen sei, der i. w. auf einer Verwechselung der sphärischen mit der elliptischen Geometrie beruhte, also auf einer Verkennung der Zusammenhangsverhältnisse der projektiven Ebene – was allerdings mit dem eigentlichen Kritikpunkt wenig zu tun hat.

Fiedlers scheint mit seinem Buch kein großer Erfolg beschieden gewesen zu sein, es blieb bei nur einer Auflage. Man findet auch in der Literatur kaum Spuren von ihm etwa in Gestalt von Zitaten oder Verweisen. Eine Ausnahme bildete A. Clebsch, langjähriger Briefpartner von Fiedler und so etwas wie väterlicher Freund und Ratgeber. Er erwähnt Fiedlers Werk im Vorwort seines eigenen Buchs über binäre algebraische Invarianten:

> Die Grundzüge der neueren Algebra, wie diese Disciplin aus den Händen von Cayley und Sylvester hervorging, sind durch das Salmon'sche Lehrbuch in Jedes Hände. Einige in diesem Werke nicht behandelte Capitel findet man in Cayley's „Memoirs on quantics" (Phil. Tr.), in Brioschi's „Teoria di covaranti" (Annali), in Fiedler's „Elemente der neueren Geometrie etc." im Zusammenhang entwickelt.[763]

Die Einleitung zu Fiedlers Buch ist interessant, versucht sich doch hier ein junger, unbekannter Autor – Fiedler war gerade 30 Jahre alt – an einer Bestandsaufnahme der Mathematik, insbesondere und vor allem der Geometrie, seiner Zeit. Die Parallele zu F. Kleins „Erlanger Programm" drängt sich auf, nicht zuletzt, weil es allerhand inhaltliche Berührungspunkte gibt.[764] Der Kern dieser Parallele liegt in der Idee, Geometrie als Invariantentheorie zu betreiben. Anders als Klein war Fiedler aber kein *Shooting star* der Wissenschaft, sondern ein einfacher Lehrer an einer höheren Gewerbeschule – wenn auch mit Promotion und einigen Aufsätzen in einer mathematischen Fachzeitschrift. Es ist bemerkenswert, dass er sich eine solche Aufgabe zutraute. Urteile fällte Fiedler allerdings gerne, wie wir schon mehrfach gesehen haben und zahlreiche Beispiele in seinem Werk belegen.

Fiedler diagnostizierte der Geometrie seines Jahrhunderts eine stürmische Entwicklung und Diversifizierung. Dabei dachte er vor allem an die „neuere

---

[762] Klein 1926, 154.
[763] Clebsch 1872, Vorwort. Mit dem Buch von Salmon sind die „Lessons Introductory to the Modern Higher Algebra" (1859) gemeint; deutsche Ausgabe Salmon-Fiedler 1863.
[764] Zu Kleins Erlanger Programm vgl. Rowe 2025. Auch der junge Adolf Hurwitz versuchte etwas derartiges in seinem Habilitationsvortrag über die Methoden der neueren Geometrie in Göttingen (1882); vgl. Volkert 2021.

Geometrie", auch „géométrie supérieure", "synthetische Geometrie" oder „Geometrie der Lage" genannt, „eine neue geometrische Wissenschaft", zu der die „Meister Chasles und Steiner den Grund" gelegt hätten.[765] Der hiermit verbundene Aufschwung der synthetischen Methode übertrumpfte nach Fiedler die seit Descartes' Zeiten dominierende analytische Herangehensweise.[766] In etwa parallel zur Entstehung der neueren synthetischen Geometrie erfolgte, so Fiedler, die Entwicklung einer neuen Art von analytischer Geometrie durch Möbius und Plücker.[767] Ein besonderes Verdienst dieses Zugangs, der äußerlich an der Wichtigkeit homogener Gleichungen etc. kenntlich ist, war es, „die Principien der Dualität und Reciprocität [...] in ihrer vollen Allgemeinheit und wahren Bedeutung dargestellt" zu haben.[768] Was der neuen analytischen Geometrie aber in Fiedlers Augen noch fehlte, war ein „allgemeines Princip zur Entdeckung neuer geometrischer Wahrheiten"[769]; in dieser Hinsicht erschien ihm nach wie vor die „Synthesis als unentbehrlicher Wegweiser".[770]

Hier bietet die Invariantentheorie einen Ausweg. Dieser ergibt sich aus der Wesensbestimmung geometrischer Eigenschaften als solchen, die beim Wechsel von einem Koordinatensystem zu einem anderen unverändert bleiben. Nur derartige Eigenschaften können Anspruch erheben auf einen geometrischen Gehalt. Die Wechsel von Koordinatensystemen werden aber durch lineare Transformationen analytisch beschrieben und „die Algebra der linearen Transformationen ist die Entwickelung dieses Princips; [...]."[771] Damit war die Invariantentheorie in ihre Rechtsstellung als zentrales Entdeckungsprinzip eingesetzt. Das Programm lautete: Berechne Invarianten (oder allgemeiner: Covarianten) und ermittle deren geometrische Bedeutung. Fiedler unterstellte geradezu eine präetablierte Harmonie zwischen Analysis und Synthesis, denn er ging davon aus, dass alle algebraisch gewonnenen Ergebnisse auch eine geometrische Interpretation zulassen. Letztlich liegt der wahre Fortschritt in der „Vereinigung"[772] der analytischen und der synthetischen Methode.

---

[765] Fiedler 1862, 2.

[766] Aus heutiger Sicht ist vielleicht überraschend, dass Fiedler hier Chasles der synthetischen Richtung zurechnet, und dass er weder Poncelet noch Gergonne auch nur mit einer Silbe erwähnt. Später wird er in diesen Hinsichten sehr sorgfältig sein. Mit Chasles hat sich Fiedler in seinen Anfängen intensiv beschäftigt; vgl. 1.1.

[767] Dies geschah durch die Einführung von homogenen Koordinaten in die projektive Geometrie, die somit dann auch analytische betrieben werden konnte. Die Geschichte dieser Einführung ist vielschichtig und facettenreich; vgl. Voelke 2010, 216 – 235 sowie 4.4.2 und 4.4.3.

[768] Fiedler 1862, 3.

[769] Fiedler 1862, 3.

[770] Fiedler 1862, 3.

[771] Fiedler 1862, 5.

[772] Fiedler 1862, 2.

Bemerkenswert ist, dass Fiedler – wie so oft in seinem Werk – sofort auch auf den Vermittlungsaspekt zu sprechen kommt. Er schreibt:

> [...], und es ist in der nächsten Zukunft damit die Aufgabe gestellt, die errungenen Erfolge für die Förderung des mathematischen Unterrichts pädagogisch zu verwerthen.[773]

Die Invariantentheorie erlaubt „die Concentration der Ergebnisse und die Vereinfachung ihres Ausdrucks [...], sowie die mnemotechnische Qualitäten derselben beizubringen, welche bei dem stets wachsenden Umfang des mathematischen Wissens pädagogisch so nothwendig sind."[774]
Anders als bei Salmon, Cayley und Sylvester sieht Fiedler aber die Invariantentheorie, allgemeiner gesagt: die Algebra, im Dienst der Geometrie. Dies begründete die Auswahl des Stoffes in seinem Buch, das sich auf die geometrisch relevanten Aspekte der Invariantentheorie konzentrierte: binäre Formen zweiten und dritten Grades mit „Ausgangspunkt" bei den symmetrischen Funktionen. Diese werden ausführlich angewendet „auf die Theorie der geometrischen Elementargebilde und die aus ihnen entspringenden Grundlagen der Metrik."[775] Sein Buch möchte der „Verbreitung der Kenntnisse der von der neueren Algebra benutzten Methoden"[776] dienen, insofern sie für die Geometrie von Nutzen sind. Fiedlers wichtigste Quelle war nach seinen eigenen Angaben neben Salmons Bücher die bereits erwähnte Artikelserie „Memoir on quantics" von Cayley, „welche des verehrten Verfassers Güte mir früh zugänglich machte und aus deren Kenntniss der Plan zu dieser Schrift erwuchs."[777] Diese Abhandlungen hatten ihren Weg nach Chemnitz per Post gefunden[778] – ein erneutes Beispiel für die Wichtigkeit der Korrespondenz für Fiedlers Werk. Seiner Verehrung für Cayley verlieh Fiedler später in der für ihn typischen Diktion Ausdruck in einem Kondolenzbrief an Susan Cayley, die Witwe von Arthur Cayley. Darin schrieb er u.a.:

> Und nun erlauben Sie mir, Ihnen zu sagen, daß ich ein recht alter Verehrer Ihres lieben Seligen bin, daß ich Viel von ihm gelernt habe u. immer hoch erfreut war, wenn er mir eine seiner neuen Arbeiten zusandte. Seit Ausgang der 50er Jahre habe ich wohl Alles, was er veröffentlichte, aufmerksam verfolgt u. die Freude, die ich daran hatte, trieb mich im Kreise meiner reiferen Zuhörer seine schönen Entdeckungen oft im Besonderen zu gedenken, oft zugleich mit Hervorhebung der edlen

---

[773] Fiedler 1862, 5.
[774] Fiedler 1862, 5.
[775] Fiedler 1862, 1.
[776] Fiedler 1862, 1.
[777] Fiedler 1862, Vorwort.
[778] Vgl. den Brief von Cayley an Fiedler vom 29. Januar 1861 (Hs 87: 132). Darin bedankt sich Cayley für die Zusendung der „Kegelschnitte" und kündigt an, dass er Arbeiten an Fiedler senden werde.

rührenden Sorgfalt, mit der er der Arbeit Anderer gedachte u. ihr, wo er konnte, die Ehre gab; [...][779]

Fiedlers Buch gliedert sich in drei Kapitel recht unterschiedlicher Länge.

1. Kapitel: Die analytischen Ausdrucksformen der projectivischen Elementargebilde (34 Seiten)
2. Kapitel: Die Algebra der binären Formen als Grundlage für die analytische Theorie der geometrischen Elementargebilde (153 Seiten)
   - I. Zur Theorie der symmetrischen Functionen
   - II. Ueber die Determinanten der Wurzeln und die Functionen von Sturm und Sylvester
   - III. Ueber die Resultante und die gemeinschaftlichen Wurzeln von zwei Gleichungen
   - IV. Elemente der Theorie der Covarianten und Invarianten binärer Formen
3. Kapitel: Die binären Formen des dritten und vierten Grades und die neuere Geometrie, sammt den Elementen der metrischen Relationen (39 Seiten)

Um einen Eindruck von Fiedlers Buch zu geben, will ich hier etwas näher auf das erste Kapitel, in dem es um Grundlagen geht, eingehen. Der Begriff „Grundlagen" bezieht sich dabei auf die projektive Geometrie und zwar im Sinne von Steiner und von Staudt, das heißt, es geht zuerst einmal darum, die Fundamentalgebilde wie Punktreihe, Strahlen- und Ebenenbüschel auf analytischem Weg zu gewinnen. Das geschieht auf der Basis der gängigen Geometrie; diese wird stillschweigend vorausgesetzt, eine Tieferlegung der Fundamente – wie Hilbert das gerne nannte - erfolgt weder an dieser noch an anderer Stelle, Axiomatik ist kein Thema. Ein wichtiges Hilfsmittel der invariantentheoretischen Behandlung sind die sogenannten abgekürzten Bezeichnungen, die von J. Plücker eingeführt wurden. Viele für Fiedler im weiteren Verlauf seines Schaffens wichtige Themen klingen hier schon an, z. B. seine Auseinandersetzung mit dem Dualitätsprinzip.

Zu Beginn führt Fiedler knapp, modern gesprochen, räumliche homogene Koordinaten ein, es wird ihm somit auch um analytische projektive Geometrie gehen. Dies macht er in der Art von Möbius; Fiedler spricht von tetraedrischen Koordinaten.[780] Damit ist gemeint, dass ein Punkt im Raum festgelegt wird durch

---

[779] Hs 87: 142a. Es handelt sich um einen Briefentwurf, datiert auf 22. März 1895. Cayley war am 26. Januar 1895 in Cambridge verstorben.

[780] Vgl. Fiedler 1862, 7. Das Thema wurde für den ebenen Fall unter der Überschrift „trimetrische Koordinaten" schon ausführlich in den „Kegelschnitten" (1860) behandelt; vgl. 5.1. Fiedler hat den tetraedrischen Koordinaten 1863 einen eigenen Aufsatz gewidmet, in dem er genauere Ausführungen zu ihnen machte (vgl. Fiedler 1863), sie spielen auch schon in Fiedler 1859a eine wichtige Rolle. Möbius selbst sprach vom baryzentrischen Kalkül; im Raum nutzte er eine Fundamentalpyramide etc.

die Verhältnisse seiner Abstände zu vier nicht durch einen Punkt und nicht durch eine Gerade gehenden Ebenen[781]; die Lage einer Ebene wird (dual) festgelegt durch die Verhältnisse ihrer Abstände zu vier Punkten, die nicht in einer Ebene liegen und von denen keine drei kollinear sind.[782] Also hat man es sowohl mit Punkt- als auch mit Ebenenkoordinaten zu tun. Die Dualität zwischen Punkt und Ebene ist zentral für Fiedlers Interpretation des Dualitätsprinzips; homogene räumliche Punktkoordinaten schreibt er in der Form (x,y,z,w), homogene räumliche Ebenenkoordinaten dagegen mit griechischen Kleinbuchstaben. Ein homogenes Polynom[783] n-ten Grades in vier Variablen notiert Fiedler im Anschluss an Cayley folgendermaßen[784]:

$$(a,b,c,\dots)(x,y,z,w)^n$$

Konkret bedeutet z. B. $(a,b,c)(x,y)^2$ die quadratische homogene binäre Form

$$ax^2 + bxy + cy^2.$$

Im Prinzip gibt es zwei Lesarten hiervon - nämlich in Punkt- und in Ebenenkoordinaten; im letzteren Falle könnten die Variablen der Deutlichkeit halber mit griechischen Buchstaben notiert werden. Geht man zu einer Gleichung der Form

$$(a,b,c,\dots)(x,y,z,w)^n = 0$$

über, so beschreibt diese eine „Oberfläche n-ter Ordnung"[785]. Analog ergibt sich in Ebenenkoordinaten eine „Oberfläche n-ter Klasse"[786]:

$$(\alpha,\beta,\gamma,\dots)(\xi,\eta,\zeta,\omega)^n = 0$$

Die Grundgebilde erster Stufe erhält man, falls man nur zwei Veränderliche betrachtet. (*) $(a,b,\ \dots)(x,y)^n = 0$ ist, interpretiert in Punktkoordinaten, eine (endliche) Punktreihe bestehend aus n Punkten – algebraisch gesehen sind dies die Wurzeln der homogenen Gleichung (*). Geometrisch gesprochen sind sie die

---

(vgl. Möbius 1827, 32 – 44). Mehr zu der verwickelten Geschichte der projektiven Koordinaten in 4.4.2 und 4.4.3.

[781] In seinem Aufsatz über Punktkoordinaten von 1863 spricht Fiedler plastisch aber umständlich von „dreiseitigen bzw. vierflächigen Verhältniss-Coordinaten" (Fiedler 1863, 50).

[782] Die vorgegebenen Ebenen bzw. Punkte bestimmen ein (i. A. nicht-reguläres) Tetraeder, das Fundamentaltetraeder; die Tatsache, dass nur Verhältnisse von Abständen eine Rolle spielen, liefert die Homogenität.

[783] Eine Bezeichnung, die auch Fiedler verwendet. Historisch gesehen erbten die homogenen Koordinaten ihre Bezeichnung von den homogenen Polynomen.

[784] Bei Cayley und Fiedler überschneiden sich die Klammern in der Mitte der Formel. Setzer damals konnten offensichtlich mehr als Word heute.

[785] Fiedler 1862, 8. Diese Oberfläche besteht – da in Punktkoordinaten gegeben – aus Punkten.

[786] Fiedler 1862, 8. Diese Oberfläche wird von den entsprechenden Ebenen eingehüllt. Auf Ordnung (maximale Anzahl von Schnittpunkten einer Geraden mit der Fläche) und Klasse (maximale Anzahl von Tangentialebenen an die Fläche von einem Punkt aus) werden wir in 5.4 im Rahmen der Kurventheorie genauer eingehen.

Schnittpunkte der Fläche $(a,b,\ldots)(x,y,z,w)^n = 0$ mit der durch die Gleichungen $z = 0$, $w = 0$ gegebenen Kante des Fundamentaltetraeders. Im ebenen Fall geht es um die Schnittpunkte der Kante $z = 0$ des Fundamentaldreiecks mit der (ebenen) Kurve n-ter Ordnung, die durch $(a,b,c,\ldots)(x,y,z)^n = 0$ gegeben wird. $(\alpha, \beta, \ldots)(\xi,\eta,\zeta)^n$ stellt ein Ebenenbüschel (in Ebenenkoordinaten) dar.

Auffällig aus didaktischer Sicht ist, dass Fiedler keinerlei konkrete Beispiele gibt: Die obigen Beobachtungen werden abstrakt durchgeführt und sofort wird mit ihnen abstrakt weitergearbeitet. Fiedler schließt:

> Man erkennt somit in der binären Form des n^{ten} Grades den analytischen Repräsentanten der geometrischen Elementargebilde [...].[787]

Im Folgenden geht Fiedler zur – von Cayley wenig geschätzten[788] - Indexschreibweise über, die hier natürlich ihre Vorteile hat. So ist beispielsweise $(a_0,a_1,a_2)(x,y)^2 = a_0x^2 + a_1xy + a_2y^2$ eine binäre quadratische Form, die nach Nullsetzen die homogene quadratische Gleichung

$$(*)\ a_0x^2 + a_1xy + a_2y^2 = 0$$

liefert. Diese wiederum lässt zwei Deutungen zu: In Punktkoordinaten gelesen legt sie zwei Punkte fest und in Ebenenkoordinaten zwei Ebenen, also Elemente respektive einer Punktreihe und eines Ebenenbüschels.

Diese Mehrperspektivität der Deutung ist fundamental:

> In der Zulässigkeit dieser doppelten Interpretation für dieselbe algebraische Form liegt die analytische Begründung des Princips [der Dualität; K. V.], welches zu den schönsten Ergebnissen der neueren Forschung gehört.[789]

Die Möglichkeit, das Dualitätsprinzip mit Hilfe von Punkt- und Linien- bzw. Ebenenkoordinaten zu begründen, war für Fiedler und seine Zeitgenossen sehr wichtig, da unanfechtbar. Damit konnte man die alten Querelen, paradigmatisch verkörpert durch die Kontrahenten Poncelet und Gergonne, hinter sich lassen. Das unterstreicht auch ein Zitat aus der „Raumgeometrie" von Salmon-Fiedler:

> Das Princip der Dualität ist von der Methode der reciproken Polaren[790] unabhängig in den früheren Entwickelungen begründet, wonach alle

---

[787] Fiedler 1862, 10. Erster Stufe könnte man hinzufügen.

[788] Vgl. den Brief von Cayley an Fiedler vom 26. Januar 1863 (Hs 87: 133): „I do not know if it is worth troubling with a point of notation. I believe I am almost alone in the opinion but I find a very great convenience in working with the simple letters a, b, c, etc. instead of the subscript ones a_0, a_1, a_2, etc."

[789] Fiedler 1862, 11. Zur Dualität vgl. man 4.2.3. In der Ebene treten Linienkoordinaten an die Stelle der Ebenenkoordinaten und man erhält eine Dualität von Punkten und Geraden.

[790] Poncelets Bezeichnung für die Pol-Polaren-Beziehung bzgl. eines Kegelschnittes, vgl. 4.2.3 – nicht zu verwechseln mit der Transformation durch reziproke Radien, d.h. der Inversion am Kreis.

unsere Gleichungen eine zweifache geometrische Interpretation gestatten, so dass sie als Gleichungen in Ebenencoordinaten ξ_i interpretirt die reciproken oder dualen Sätze sammt Beweisen zu denen liefern, welche nach der Interpretation in Punktcoordinaten x_i in ihnen enthalten sind.[791]

Die Lösungen von (*) müssen natürlich nicht reell sein, was bei Fiedler allerdings nur am Rande erwähnt wird:

[…]; diese Punkte, Linien oder Ebenen sind reell oder imaginär, je nachdem sich aus der Gleichung [(*); K.V.] reelle oder imaginäre Werthe für das Verhältnis $x:y$ ergeben; immer aber ist die gerade Linie, welche die Punkte verbindet, oder die, in welcher die beiden Ebenen sich schneiden, und der gemeinschaftliche Punkt der beiden Strahlen reell, als dem Werthepaar $x = 0$, $y = 0$ entsprechend.[792]

Die einführenden Bemerkungen Fiedlers schließen mit einer programmatischen Ankündigung:

Wenn das Vorige die Erwartung begründet, *dass die Theorien der neueren Geometrie aus der Algebra binärer Formen hervorgehen müssen*, so erfüllt sich diese Erwartung schon innerhalb der Theorie der binären quadratischen Formen auf fast vollständige Weise. *Die Relationen der harmonischen Theilung, dess Doppelschnittverhältnisses*[793] *und der Involution* entspringen aus ihr leicht und vollständig,*) sammt den darauf gegründeten Theorien.[794]

In Anmerkung *) heißt es: „Man vergl. das Werk „Analytische Geometrie der Kegelschnitte" von George Salmon Leipzig, Teubner, 1860. Art. 422 – 24."

Schließlich kommt die Invariantentheorie ins Spiel. Bildet man nämlich die Diskriminante der Gleichung (*), so erhält man den Ausdruck $D = 4a_0a_2 - a_1^2$. Vollzieht man nun eine Variablentransformation $x = \beta X + \gamma Y$ und $y = \beta'X + \gamma'Y$, so rechnet man aus, dass die Diskriminante D' der transformierten Gleichung aus der Diskriminante D der Ursprungsgleichung hervorgeht, indem man D mit dem Quadrat der Determinanten $\beta\gamma' - \beta'\gamma$ (modern gesprochen, ist dies die Determinante der Transformationsmatrix) multipliziert. Somit ist die Diskriminante ein Beispiel für eine Covariante, also für eine mit einem Faktor multiplizierte Invariante. Nimmt man nur Transformationen, deren Determinante betragsmäßig gleich 1 ist, so wird die Diskriminante sogar zur Invarianten. Transformationen

---

[791] Salmon-Fiedler 1898, 214.
[792] Fiedler 1862, 11 – 12.
[793] Möbius' Bezeichnung für Doppelverhältnis.
[794] Fiedler 1862, 11.

nannte man oft – und Fiedler schließt sich dem Sprachgebrauch seiner Zeit an – Substitutionen. Die Vorstellung dabei ist, dass man Variable durch andere ersetzt, also substituiert.[795]

Bildet man nun ein System aus zwei quadratischen homogenen Gleichungen

$$a_0 x^2 + a_1 xy + a_2 y^2 = 0$$
$$a'_0 x^2 + a'_1 xy + a'_2 y^2 = 0,$$

so erhält man offensichtlich zwei Punktepaare auf einer Geraden, zwei kopunktale Geradenpaare oder zwei Ebenenpaare, die sich einer Geraden treffen. Eine gemeinschaftliche lineare Invariante der beiden Gleichungen unter den Substitutionen $x = \beta X + \gamma Y$ und $y = \beta' X + \gamma' Y$ ist:

$$I_{2,1}^{(2)} = 2a_0 a_2' - a_1 a_1' + 2a_0' a_2.$$

Ganz im Sinne seines Prinzips der vollkommenen Korrespondenz von Algebra und Geometrie – oben sprachen wir von präetablierter Harmonie zwischen diesen beiden Gebieten – schließt Fiedler:

> In Folge dessen [Nachweis des Invarianzcharakters; K. V.] muss die Relation
>
> $$2a_0 a_2' - a_1 a_1' + 2a_0' a_2 = 0$$
>
> eine vom Coordinatensystem unabhängige Beziehung der beiden Paare von Punkten, Strahlen oder Ebenen ausdrücken; es ist die harmonische Relation, die beiden Paare von Elementen bilden ein harmonisches System und die Elemente desselben Paares sind einander conjugirt.[796]

Diese Behauptung wird im Folgenden von Fiedler rechnerisch verifiziert, d. h. er zeigt z. B., dass die vier Wurzeln der beiden Gleichungen harmonische Punkte auf einer Geraden liefern, wenn man sie in Punktkoordinaten liest und die obige Beziehung erfüllt ist. Die beiden Punktepaare legen eine Involution auf der fraglichen Geraden fest. Deshalb heißen die Mitglieder eines Paares auch konjugiert zueinander. Ein Sonderfall eines solchen Paares stellen Doppelpunkte oder selbst-konjugierte Elemente dar, bei denen ein Element sich selbst zugeordnet ist. Solche ergeben sich aus Doppelwurzeln.

Dieser Eindruck von Fiedlers Darstellung möge genügen, wir wenden uns jetzt dem dritten Kapitel, der projektiven Maßbestimmung nach Cayley, zu. Dieses ist

---

[795] Camille Jordans Buch über Gruppentheorie, das erste seiner Art, hieß denn auch „Théorie des substitutions" (1870). Im deutschsprachigen Raum ist auf Eugen Netto „Substitutionentheorie und ihre Anwendungen auf die Algebra" (Leipzig: Teubner, 1882) zu verweisen.
[796] Fiedler 1862, 13.

hervorzuheben, weil es die erste Darstellung von Cayley's Theorie in deutscher Sprache enthielt.

Merkwürdig fällt an Fiedlers Buch auf, dass es keineswegs in sich abgeschlossen ist. An sehr vielen Stellen verweist er auf die „Kegelschnitte" von Salmon - Fiedler[797], er verwendet aber auch Resultate z. B. von Chasles, für deren Beweis er dann auf diesen verweist. Im Grunde genommen musste die Leserin oder der Leser die „Kegelschnitte" kaufen, wollte sie bzw. er die „Elemente der neueren Geometrie" wirklich verstehen. Man könnte hier eine clevere Verkaufsstrategie vermuten. Fiedlers Studenten am Züricher Polytechnikum beschwerten sich später, dass er durch die Art, wie er seine Vorlesung halte, sie zwinge, sein Lehrbuch zu kaufen:[798]

> Wenn die Repetitorien wirklich abgehalten werden, so gibt uns Herr Professor Dr Fiedler zur häuslichen Vorbereitung ein Thema aus seinem Buch auf. Uebrigens wird überhaupt immer auf dieses Buch verwiesen, sodass die Schüler alle gezwungen sind, dieses für sie schwerverständliche Werk zu kaufen, welches somit zum Range eines obligatorischen Lehrmittels erhoben wird.

Allerdings ist festzuhalten, dass Salmon selbst seine Bücher als Teile einer Lehrbuchreihe auffasste und somit sich auch bei ihm viele Verweise auf andere seiner Werke finden.

3.3 Die projektive Maßbestimmung

Das dritte Kapitel von Fiedlers Buch widmet sich zwei Themen: einerseits den binären Formen dritten und vierten Grades, andererseits der neueren Geometrie einschließlich der Theorie der metrischen Relationen. Hinter dem letzteren Titel verbirgt sich die Theorie, die Cayley im „Sixth Memoir upon Quantics" (1859) entwickelt hatte und die darauf hinausläuft, eine Metrik mit den Mitteln der projektiven Geometrie einzuführen. Fiedlers Entscheidung, dieses Thema in seinem Buch zu behandeln, scheint Cayley besonders gefallen zu haben. Vermutlich handelte es sich hierbei um eine der ersten Rezeptionen von Cayleys neuer Idee überhaupt. Im bereits erwähnten Brief vom 26. Januar 1863 schrieb Cayley[799]:

---

[797] Im Aufsatz von 1863 heißt es sogar „in den Artikeln 58 – 63 meines [sic] Buches: „Analytische Theorie der Kegelschnitte" (Fiedler 1863, 50).
[798] Vgl. Fotokopie einer Resolution in „Wilhelm Fiedler 1832 – 1912" Biographisches Dossier, Bibliothek ETH-Hochschularchiv.
[799] Hs 87: 133.

I was particulary gradified at seeing the reproduction of my theory of distance.

Fiedlers Bearbeitung besteht in diesem Teil[800] im Wesentlichen aus der Übersetzung von Cayleys Text, an dem er allerdings gewisse Umstellungen vornimmt. Er bleibt dem Original wie auch an vielen anderen Stellen seines Buches bis in die Schreibweisen und die Wahl der Buchstaben treu. Während Cayley in seiner Abhandlung einen großen Teil derselben dem linearen Fall – also der Metrik auf einer projektive Geraden – widmet, kombiniert Fiedler den Fall der Geraden und den der Ebene.[801] Aber auch er beginnt natürlich mit dem linearen Problem.

Die binäre quadratische Form $(a_0,a_1,a_2)(x,y)^2$ liefert nach Nullsetzen zwei Elementargebilde erster Stufe; im Weiteren wird immer von Punkten die Rede sein.[802] Diese werden als Doppelpunkte – Fiedler spricht von selbst-konjugierten Punkten, heute würde man Fixpunkte sagen - einer Involution dienen. Zwei weitere Punkte desselben Gebildes – also derselben Geraden/Punktreihe – lassen sich darstellen durch

$$(a_0,a_1,a_2)(x,y)^2 + (lx + my)^2 = 0.$$

Insgesamt hat man dann zwei Punktepaare auf einer Geraden und damit eine Involution, die die Elemente von Punktepaaren jeweils vertauscht – es sei denn, es handelt sich um Doppelpunkte. Die Doppelpunkte der Involution werden offensichtlich gegeben durch die Bedingung $lx + my = 0$; sie sind die Ausgangspunkte und werden besondere Namen bekommen. Damit hat man die Grundbausteine zusammen, um die Metrik einführen zu können. Weiter heißt es bei Fiedler:

Das Paar der Elemente

$$(a_0,a_1,a_2)(x,y)^2 + (lx + my)^2 = 0$$

soll dem Paar

---

[800] Abschnitte 24 und 25, pp. 217 – 235. Zur Cayley-Kleinschen Maßbestimmung vgl. auch Volkert 2013, 77 – 101 und Rowe 2025, 85 – 94.

[801] Die folgende Darstellung versucht, Fiedlers Argumentation zusammenzufassen. Es muss aber deutlich gesagt werden, dass es an vielen Stellen Lücken gibt, die aus unserer heutigen Sicht gefüllt werden müssten. Ein Problem für den modernen Leser ist, wie schon mehrfach bemerkt, dass weder Cayley noch Fiedler sorgfältig unterschieden, ob sie nun eine reelle Geometrie betrachteten oder eine komplexe.

[802] „Das Wort Punkt ist für das allgemeinere Wort Element gebraucht." (Fiedler 1862, 217 n. **) Ähnlich erklärt Cayley zu Beginn seiner Abhandlung, dass die Worte „Punkt" und „Gerade" „Punkt" und „Gerade" bedeuten könnten aber auch „Gerade" und „Punkt"– das heißt, diese Termini „sind nicht auf ihre gewöhnliche Bedeutung beschränkt." (Cayley 1859, 561 – 562) Begründung ist die Dualität der ebenen projektiven Geometrie. Eine moderne Umschrift des Vorgehens von Cayley findet sich bei Rosenfeld 1988, 233 – 236.

$$(a_0,a_1,a_2)(x,y)^2 = 0$$

eingeschrieben heissen und die beiden sich selbst conjugierten Elemente der Involution als Achse und Centrum der Einschreibung bezeichnet werden.[803]

Im Prinzip sind Achse und Zentrum austauschbar; man kann sich entscheiden, muss dann aber dieser Entscheidung treu bleiben. Die vier konstruierten Punkte liegen wie oben gesehen harmonisch, das heißt, die beiden konjugierten Punkte teilen die Strecke zwischen Zentrum und Achse im Doppelverhältnis -1, Zentrum und Achse sind Doppelpunkte der Involution, die die beiden anderen Punkte vertauscht. Das Zentrum bildet mit den beiden von der Achse verschiedenen Punkten ein sogenanntes Kreispaar, die beiden Punkte sind dann im Sinne der noch zu definierenden Metrik als äquidistant zum Zentrum anzusehen.

Dann steht als eine Definition der Satz: Die zwei Elemente eines Kreispaares sind äquidistant vom Centrum.[804]

Auf einer Geraden wähle man nun ein Paar von Punkten[805] A und A' fest aus; diese werden als absolut bezeichnet. Nimmt man ein weiteres Punktepaar P, P' zum Absoluten hinzu, so legen die insgesamt vier Punkte eine Involution fest. Hat diese Involution zwei Doppelpunkte[806], so kann man diese als Zentrum und Achse nehmen. Sie bilden mit dem absoluten Punktepaar A, A' und mit dem Punktepaar P, P' jeweils ein harmonisches Punktequadrupel. Hat man nun die beiden Punkte P und P', so kann man folgendermaßen ein Kreispaar (P,P'') zum Zentrum P' konstruieren: Man nehme den zu P' konjugierten Punkt Q' bzgl. des absoluten Punktepaares, er übernimmt die Funktion der Achse. Nun bilde man den vierten harmonischen Punkt zu P', Q' und P, er heiße P''. Diese Konstruktion wiederhole man mit den beiden Punkten P' und P''. Jetzt wird P'' Zentrum zum Kreispaar (P',P'''). Usw. Man erhält so eine Kette, eine Skala, von äquidistanten Punkten P, P', P'', P''', …, wobei immer drei Punkte einen Kreis bilden, das Zentrum steht jeweils in der Mitte zwischen den beiden Kreispunkten. Vertauscht man die Rollen von P' und P, indem man P zum Zentrum macht, die zugehörige Achse Q_1' bzgl. des absoluten Paares A, A' konstruiert und dann den vierten harmonischen Punkt P_1', so ergibt sich das Kreispaar P', P_1' mit Zentrum P usw. Es entsteht insgesamt eine Kette äquidistanter Punkte … P_1'', P_1', P, P', P'', …, eine Skala, die zwischen den absoluten Punkten liegt.

---

[803] Fiedler 1862, 217. Die selbstkonjugierten Elemente heißen bei Cayley „sibiconjugate".
[804] Fiedler 1862, 219.
[805] Diese Punkte können reell oder imaginär sein, das hängt vom jeweils betrachteten Fall ab. Genauere Ausführungen findet man bei Klein 1928, 170 – 184.
[806] Die Frage, ob es solche Doppelpunkte gibt, und welcher Natur sie sind, wird bei Fiedler erst später im Text kurz angesprochen.

Um eine Metrik zu erhalten, verfeinert man dann die Skala „in eine Reihe von unendlich kleinen gleichen Elemente".[807] Der Abstand zweier Punkte lässt sich ermitteln, indem man abzählt, wie viele Abschnitte zwischen sie passen:

> [...] so wird das ganze Feld des Elementargebildes in eine Reihe von unendlich kleinen gleichen Elementen getheilt; die Zahl derselben, welche zwischen irgend zwei Elementen des Gebietes eingeschlossen ist, misst die Entfernung derselben.[808]

Fiedler stellt dann fest, dass für drei Punkte auf einer Geraden (in entsprechender Reihenfolge) aufgrund der erfolgten Festlegung der Entfernung offensichtlich die Beziehung

$$Dist.\ (P,P') + Dist.\ (P',P'') = Dist.\ (P,P''),$$

gilt, „welche mit dem gewöhnlichen Begriff der Entfernung übereinstimmt."[809]

Anschließend wird ein analytischer Ausdruck für die Metrik hergeleitet. Im Falle, dass das Absolute durch die oben bereits verwendete quadratische binäre Form gegeben ist und die Punkte, deren Abstand zu berechnen ist, mit $P(x,y)$ bzw. $P'(x',y')$ in homogenen Koordinaten bezeichnet werden, ergibt sich die Beziehung

$$(*)\ Dist.\ (P,P') = cos^{-1} \frac{(a_0,a_1,a_2)(x,y)(x',y')}{\sqrt{(a_0,a_1,a_2)(x,y)^2}\sqrt{(a_0,a_1,a_2)(x',y')2}}$$

Dieser Ausdruck, den Fiedler nach Cayley (er steht bei diesem identisch so da) angibt, enthält also kein Doppelverhältnis; dieses sollte erst F. Klein ins Spiel bringen.[810] Da diese Formel für alle Elementargebilde erster Stufe gilt, liefert sie auch – entsprechend interpretiert – den Winkel zwischen zwei Geraden (als Elemente eines Strahlenbüschels) oder zwischen zwei Ebenen (als Elemente eines Ebenenbüschels).

Eine Sonderrolle kommt solchen Punkten zu, deren Abstand gleich $\pi/2$ ist; Fiedler spricht – wie auch Cayley – von einem Quadranten. Diesen Abstand haben

---

[807] Fiedler 1862, 219. Hier werden natürlich allerhand Annahmen (Archimedisches Axiom, Stetigkeit, ...) gemacht, die aus unserer heutigen Sicht der Begründung bedürften. Aber 1862 war man noch nicht so weit. Zur Diskussion der Stetigkeitsproblematik im Zusammenhang mit dem Fundamentalsatz der projektiven Geometrie vgl. man Voelke 2008.

[808] Fiedler 1862, 219 – 220. Fiedler folgt hier Cayley fast wörtlich: Die Metrik ergibt sich aus einer Skala auf den Geraden, die aus unendlich vielen infinitesimalen Elementen besteht (vgl. Volkert 2013, 82). Den Abstand erhält man durch Abzählen. Offensichtlich wird hier mit dem Unendlichen recht sorglos umgegangen.

[809] Fiedler 1862, 220. Da man davon ausging, dass es auf jeder Geraden einen ausgezeichneten Fernpunkt gibt, ergeben sich bei drei Punkten keine Probleme mit der Anordnung.

[810] Der Ausdruck von Cayley/Fiedler lässt sich allerdings einfach mit Hilfe der linearen Algebra umschreiben; für moderne Formulierungen vgl. man Karzel/Kroll 1988, 156 – 158 oder Rosenfeld 1988, 233. Cayley selbst hat Kleins Ideen (Doppelverhältnis, Logarithmus) als „a great improvement" anerkannt (Cayley 1889, 604). Die Verbesserung besteht vor allem darin, dass man auf den Approximationsprozess mit den „unendlich kleinen gleichen Elemente" verzichten kann.

Punkte, die mit den beiden Punkten des Absoluten ein harmonisches Punktequadrupel bilden; der Quadrant übernimmt die Rolle eines absoluten Längenmaßes.[811]

Die Frage, ob es um die hyperbolische Maßbestimmung oder die elliptische geht, wird bei Fiedler 1862 nicht diskutiert. Das hängt davon ab, ob man das Punktepaar, das als Absolutes gewählt, reell oder konjugiert-komplex wählt.[812]

Wenn die beiden Punkte des Absoluten zusammenfallen, bilden alle Paare von (verschiedenen) Punkten ein Kreispaar; das Zentrum ist der vierte harmonische Punkt von Punktepaar und absolutem Punkt. Die Folge hiervon ist, dass es kein absolutes Längenmaß mehr gibt. Das charakterisiert gerade den Fall der parabolischen, also der Euklidischen, Geometrie.

Nun geht man zur Ebene über. Hierzu nimmt man einen Kegelschnitt „als fest und unabhängig, d. i. als absolut"[813]. Auf jeder Geraden, die den Kegelschnitt in zwei Punkten schneidet, liegt dann die oben betrachtete Situation vor. Das Absolute einer solchen Geraden besteht aus dem Paar der Schnittpunkte von Gerade und Kegelschnitt. Folglich kann man die Abstandsdefinition auf dieser Geraden so einrichten wie beschrieben. Aufgrund der Existenz des absoluten Längenmaßes lassen sich zudem die Verhältnisse auf zwei verschiedenen Geraden miteinander in Beziehung setzen. Also erhält man eine Metrik für alle Punkte der Ebene, die innerhalb des Kegelschnitts liegen.

Eine Ausnahme ergibt sich für den Fall, dass der Kegelschnitt in ein (nicht reelles) Punktepaar, später imaginäre Kreispunkte genannt, entartet. Das Absolute besteht dann aus der Verbindungsgeraden dieser beiden Punkte. Es ergibt sich auf den Geraden der Ebene eine Situation, wie die oben als Ausnahme beschriebene, denn es existiert stets genau ein Schnittpunkt mit dem Absoluten (es handelt sich um einen Doppelpunkt). Eine Vergleichbarkeit zwischen verschiedenen Geraden vermöge des absoluten Längenmaßes ist nicht mehr gegeben. Hier behilft man sich mit der Konstruktion, die Euklid in Satz I,2 angibt.[814] Mit ihrer Hilfe kann man Strecken/Längen von einer Geraden auf eine andere übertragen. So gelangt man auch hier zu einer Abstandsdefinition für die

---

[811] Es gibt natürlich auch ein absolutes Winkelmaß. Um das absolute Längenmaß zu bekommen, muss man die Formel (*) umschreiben, so dass der Cosinus eines Winkels auftritt, über dessen Natur man bei Fiedler allerdings nichts erfährt; vgl. Fiedler 1862, 218.

[812] Diese Feinheiten werden dann in der dritten Auflage der „Kegelschnitte", erschienen 1873 und damit nach Kleins einschlägigen Arbeiten, berücksichtigt. Vgl. Salmon-Fiedler 1873, 513 – 535. Insbesondere wird hier auch das Doppelverhältnis, Kleins wichtige Neuerung, verwendet und die von ihm eingeführte Terminologie erwähnt.

[813] Fiedler 1862, 226.

[814] „An einem gegebenen Punkte eine einer gegebenen Strecke gleiche Strecke hinzulegen"; Fiedler schildert diese Konstruktion ausführlich (Fiedler 1862, 220). Hilbert wird in seinen „Grundlagen" den Streckenübertrager einführen, der die Funktion von I,2 übernimmt.

Ebene. Die Analogie zur Winkelmessung ist aber in diesem Fall nicht mehr gegeben, denn hier gibt es ein absolutes Maß.

Im Weiteren rechnet dann Fiedler vor, dass man für den Fall, dass man als Absolutum das Paar der imaginären Kreispunkte nimmt, die gewöhnlichen Formeln des Euklidischen Abstands bekommt.[815] Dann betrachtet er einen weiteren Fall, den er als sphärische Geometrie bezeichnet. Die Ebene ist die Oberfläche einer Kugel, in cartesischen Koordinaten gegeben durch die (inhomogene) Gleichung $x^2 + y^2 + z^2 = 1$, der Kegelschnitt ist ein sphärischer. Er entsteht als Schnitt der Kugel mit dem Kegel $x^2 + y^2 + z^2 = 0$ und ist somit nicht reell.[816] Dann ergibt sich die Situation von oben: Geraden haben zwei Schnittpunkte mit dem Absoluten und es existiert ein absolutes Längenmaß.

> Durch diesen Umstand unterscheidet sich die Geometrie der Kugel von der Ebene; der absolute Kegelschnitt ist bei ihr ein wirklicher Kegelschnitt[817], für die Geometrie der Ebene degeneriert er in ein Punktepaar und die Theorie der Distanz ist nicht die allgemeine in allen ihren Theilen. Darum ist die Dualität der Theoreme eine vollständige für die Geometrie der Kugel und eine von vielen Besonderheiten gestörte und complicirte für die der Ebene.

> So entspringt die Geometrie des Maasses als ein Theil der allgemeinen Lehre, die man als descriptive Geometrie bezeichnen darf, wenn man von der engeren Beziehung dieses Ausdrucks auf die sichtbare Darstellung[818] einen Augenblick absieht; die Theorie eines geometrischen Systems wird zur Lehre von den metrischen Relationen innerhalb desselben, wenn man einen Kegelschnitt des Systems als Einheit und Maass für alle räumlichen Verhältnisse unter seinen Bestandtheilen auffasst und ihn als unabhängig, als absolut bezeichnet.

> Man sieht, die Theorie der metrischen Relationen erfordert, um vollständig nach ihren Grundbegriffen dargelegt zu werden, die Betrachtung zusammengesetzter Gebilde, mindestens der zweiten Stufe. Auf der letzteren sollte an dieser Stelle eben nur in dieser einen Beziehung eingegangen werden.[819]

Vergleicht man Fiedlers Ausführungen mit denjenigen Cayleys, so fällt auf, dass ersterer sich oft fast wörtlich an seine Vorlage hält. Allerdings ist Cayley doch an

---

[815] Fiedler 1862, 231 – 233. Er spricht von den „Formeln der analytischen Planimetrie für rectanguläre Coordinaten".
[816] Klein spricht in solchen Fällen von nullteiligen Kegelschnitten.
[817] Heißt ein reeller Kegelschnitt.
[818] Fiedler bezieht sich hier wohl auf Cayleys Terminologie, der mit „descrpitve geometry" „projektive Geometrie" meinte – aus unserer heutigen Sicht und in heutiger Ausdrucksweise eher irreführend.
[819] Fiedler 1862, 234 – 235.

manchen Punkten sorgfältiger als Fiedler. So macht er z. B. deutlich, dass die Geometrie, die er „sphärische" nennt, eigentlich diejenige ist, die wir „elliptische" nennen. Das geht daraus hervor, dass Cayley klar sagt, die Punkte der von ihm so genannten sphärischen Geometrie seien Paare von Diametralpunkten einer Sphäre.[820] Wenig glücklich ist auch Fiedlers Übernahme des Terminus „descriptive geometry", denn dieser meint bei Cayley modern gesprochen „projektive Geometrie"; im Deutschen war „descriptive Geometrie" immer ein – wenn auch in der zweiten Hälfte des 19. Jhs. zunehmend seltener verwendetes - Synonym für „beschreibende" also „darstellende Geometrie". Interessant bei Fiedler – und dazu gibt es keine Entsprechung bei Cayley – ist dagegen der Hinweis „auf die sichtbare Darstellung" der (gemeint: traditionellen darstellenden) Geometrie, also auf die Versinnlichungen, die diese in Gestalt der Zeichnungen liefert.[821]

Kleins Arbeit „Ueber die sogenannte Nicht-Euklidische Geometrie" erschien 1871 in den Mathematischen Annalen.[822] Sie ging in die Geschichte der nichteuklidischen Geometrie ein, allerdings wird ihre Intention oft verfälscht:

> Ein großes Verdienst von Klein besteht darin, erkannt zu haben, daß man mit Hilfe der Cayleyschen Maßbestimmung ein Modell der nicht-euklidischen Geometrie angeben kann.[823]

Moderne Leserinnen und Leser laufen hier Gefahr, „Modell" geradezu selbstverständlich im heutigen Sinne aufzufassen, also als relativer Widerspruchsfreiheitsbeweis vermöge Angabe eines (konkreten) Bereichs, in dem die fraglichen Axiome erfüllt sind. Davon war Klein aber weit entfernt, die Frage der Widerspruchsfreiheit kommt bei ihm explizit gar nicht vor. Um was es Klein vordringlich ging – und damit kommen wir zu Fiedlers sichtbarer Darstellung zurück -, sagte er selbst mehrfach in der Einleitung zu seiner Abhandlung, wenn er z. B. von „Bild" redete, oder davon, „die mathematischen Resultate dieser Arbeiten, soweit sie sich auf Parallelentheorie beziehen, in einer neuen anschaulichen Weise darzulegen".[824] Er stellt fest:

---

[820] Cayley 1859, 561.

[821] Bei Cayley kann es einen solchen Verweis nicht geben, denn seine deskriptive Geometrie hat ja nichts mit bildhaften Darstellungen zu tun. Beltrami verwandte für sein ebenes Modell (1868) Techniken der Differentialgeometrie, die keinen direkten Bezug zu Cayley's Ansatz hatten. Cayley selbst hat dann in den Mathematischen Annalen das Kleinschen Modells im hyperbolischen Falle „illustriert" mit einer Abbildung und vielen Formeln; vgl. Cayley 1872 oder Volkert 2013, 98 – 101.

[822] Ihr war eine Note in den Göttinger Nachrichten vorangegangen. Klein veröffentlichte noch eine weitere Arbeit zur nichteuklidischen Geometrie in den Mathematischen Annalen, teilweise als Erwiderung auf Kritik an seinem ersten Artikel konzipiert.

[823] Karzel/Kroll 1988, 156.

[824] Klein 1871, 573.

> Aber sie [Cayley's Maßbestimmung; K. V.] ist nicht nur ein Bild für dieselben [Parallelentheorien; K. V.], sie deckt geradezu, wie sich zeigen wird, deren inneres Wesen auf.[825]

Es ist hier nicht der Ort, um auf die Diskussion der Kleinschen Arbeit näher einzugehen[826], ich möchte lediglich die wichtigsten Punkte nennen, in denen er über Cayley/Fiedler hinausging:

1. Klein arbeitet im Raum, nicht in der Ebene. An die Stelle der Kegelschnitte treten Flächen zweiter Ordnung.
2. Klein bezieht Transformationen in seine Betrachtung ein. Ausgangspunkt sind solche Transformationen, die das Absolute auf sich abbilden. Damit kommt der Gruppenaspekt ins Spiel.
3. Klein verwendet – wie bereits erwähnt – das Doppelverhältnis und den Logarithmus, was deutliche Vereinfachungen ermöglicht.
4. Klein betrachtet neben der elliptischen und der Euklidischen Geometrie auch die hyperbolische.[827]

Klein nahmt für sich in Anspruch, „[…] den geometrischen Inhalt der allgemeinen Cayley'schen Maßbestimmung möglichst deutlich darzulegen […]"[828], wobei er konzedierte, dass „die bez. Cayley'schen Untersuchungen nicht hinlänglich bekannt geworden zu sein scheinen"[829] – trotz Fiedlers Buch und seiner Bearbeitung der „Kegelschnitte" von Salmon in zweiter Auflage (1866), könnten wir hinzufügen. Immerhin erwähnte Franz Meyer in seinem Bericht von 1891 Fiedlers Darstellung:

> Nicht die geringste Leistung endlich ist die Durchdringung der für die Binärformen ausgebildeten algebraischen Methoden mit der projektiven Geometrie*) der einstufigen Gebilde.

---

[825] Klein 1871, 573.

[826] Vgl. hierzu Volkert 2013, Kapitel 4 und Rowe 2025, 85 – 94. Rowe weist darauf hin, dass die Arbeit Klein 1873, die die Ausführungen in Klein 1871 ergönzen und klären sollte, bereits im Juni 1872 fertiggestellt wurde, aber wegen eines Druckerstreiks erst verzögert gedruckt wurde. Das ist insofern interessant, als sie einige wichtige Ideen des Erlanger Programmes (z. B. die Hauptgruppe) bereits formuliert – noch bevor dieses geschrieben wurde.

[827] Diese Bezeichnungen wurden von Klein eingeführt; die Euklidische Geometrie wird bei ihm parabolische genannt. Die Namen beziehen sich auf die Winkelsumme im Dreieck: Sie ist in den fraglichen Geometrien größer, gleich oder kleiner als 180°. Man könnte sie aber auch auf Involutionen à la Cayley-Fiedler beziehen

[828] Klein 1871, 574. Klein hatte die Cayley-Metrik in der zweiten Auflage von Salmon-Fiedlers „Kegelschnitten" kennengelernt; vgl. Klein 1926, 153.

[829] Klein 1871, 573.

*) Dieser Teil ist ausführlicher von Fiedler bearbeitet worden (Leipzig, 1862).[830]

Interessant ist, dass Klein das Thema „projektive Maßbestimmung" sehr systematisch anging – im Unterschied zu Cayley, der sich eher für bemerkenswerte Einzelfälle interessierte. Klein untersuchte alle Möglichkeiten, wie man das Absolute wählen kann, weshalb er zusätzliche Möglichkeiten entdeckte.[831]

Kleins Arbeit kam, wie bereits erwähnt, u.a. im Briefwechsel von Fiedler und Cremona zur Sprache. In einem Brief vom 10. Oktober 1871 beklagte sich Fiedler, dass ihm Klein, „der wackere thätige junge Genosse von Clebsch" durch seine Publikation „ein kleines Werthstück vorweg genommen" habe[832], womit die projektive Maßbestimmung in der hyperbolischen Geometrie gemeint war.

Der Cayleysche Zugang zur Metrik fand etwas später (1866) in der zweiten Auflage der „Kegelschnitte" von Salmon-Fiedler Berücksichtigung.[833] Zudem hat Fiedler die Cayleysche Maßbestimmung auch in seine Bearbeitung von Salmons Raumgeometrie aufgenommen.[834] Eine der wenigen Erwähnungen von Fiedlers eigenem Buch in der Literatur bezog sich genau auf dessen Behandlung der Cayleyschen Maßbestimmung. Im zweiten Band der Clebschen Vorlesungen über Geometrie, bearbeitet von F. Lindemann, heißt es:

> Auf diese Weise ergibt sich eine Verallgemeinerung der gewöhnlichen metrischen Geometrie, die von Cayley zuerst aufgestellt wurde; [...]; vgl. auch die Darstellung in Fiedler's Elementen der neueren Geometrie und der Algebra der binären Formen, Leipzig 1862, sowie in dessen Bearbeitung von Salmon's Theorie der Kegelschnitte.[835]

Die Invariantentheorie spielte in Fiedlers Werk auch weiterhin eine wichtige Rolle; ein eigenständiges Buch sollte er ihr aber nicht mehr widmen. Natürlich war sie auch in den Werken von Salmon-Fiedler präsent. Auf diese werden wir im fünften Kapitel eingehen.

---

[830] Meyer 1892, 92. Allerdings heißt es in einer anderen Anmerkung auch: „Es gebührt wohl F. Klein das Verdienst, zuerst die bez. Cayleyschen Ergebnisse in ihrer fundamentalen Bedeutung erkannt zu haben; [...]" (Meyer 1892, 92). Heißt ja wohl: Fiedler hat die fundamentale Bedeutung nicht erkannt.
[831] Vgl. Kleins eigene Darstellung in Klein 1926, 149 – 150 sowie das zur englischen Schule der Invariantentheorie Ausgeführte im Exkurs „Invariantentheorie" am Anfang des fünften Kapitels.
[832] Vgl. Israel 2017, 668 - 670.
[833] Aus dieser Quelle kannte Klein nach eigener Darstellung die Ideen Cayleys zur Einführung einer Metrik, die hyperbolische Geometrie lernte er dagegen im Winter 1868/69 durch O. Stolzs Schilderungen in Berlin kennen. Vgl. Klein 1926, 151.
[834] Vgl. Salmon-Fiedler 1898, 393 – 395.
[835] Clebsch/Lindemann 1891, 474. Ob Lindemann hier einen Hinweis von Clebsch in dessen Vorlesung, die Lindemann ja gehört hatte, wiedergibt, lässt sich wohl nicht mehr feststellen.

O. Schlömilch, Fiedler wohlgesinnter Förderer, veröffentlichte 1863 in seiner „Zeitschrift" eine kurze Rezension von Fiedlers Werk. Einführend weist er seine Leser darauf hin, dass Fiedler im Unterschied zur üblichen Lesart den Begriff „neuere Geometrie" im Sinne von „analytische [also nicht: synthetische[836]; K. V.] neuere Geometrie" verwende, um dann das Prinzip der Untersuchung zu benennen:

> Jene Methode besteht nun in der Algebra der so genannten linearen Transformationen, d. h. in einer allgemeinen Theorie der Coordinaten-Umwandlung, wobei die Aufmerksamkeit vorzugsweise auf ungeändert bleibende Functionen der Coordinaten zu richten ist.[837]

Zum Schluss wird der Fiedlerschen Schrift das Verdienst zuerkannt, auf knappen Raum von 15 Bogen meist neuere analytische Entwicklungen mitzuteilen – ein wenig spezifisches Lob. Man bemerkt aber schon, wie neu noch die Gesichtspunkte, die Fiedler darstellte, waren.

Wertschätzung für Fiedlers Werk drückte auch A. Clebsch aus. In einem Brief aus Göttingen[838] vom 4. April 1871 heißt es:

> Von wissenschaftlichen Bestrebungen kann ich Ihnen nicht viel melden, denn bei uns hat natürlich lange Zeit das Kriegsinteresse[839] alles absorbirt. Dass ich ein Buch über binäre Formen[840] zum Abschluss gebracht habe, werden Ihnen die Teubnerschen Anzeigen gesagt haben. Ich trete hier in Ihre Fusstapfen, und glaube doch, dass unsre Werke sich dabei wenig berühren werden. [...][841] Ich hoffe zu seiner Zeit das Opus zu Ihren Füssen niederlegen zu können und hoffe auf eine freundliche Kritik, welche außer Ihnen in Deutschland leider immer noch so wenige in diesem Zweige auszuüben im Stande sind.

Es geht hier um den Deutsch-Französischen Krieg 1870/71. Der sogenannte Deutsche Krieg im Jahr 1866 betraf Clebsch als Professor der Universität Gießen unmittelbar durch die damit verbundenen Verluste des Großherzogtums Hessen; allerdings blieb Gießen im Unterschied zur benachbarten Universitätsstadt

---

[836] Von Staudt hatte ja propagiert, die neuere Geometrie, sprich: die projektive Geometrie – Staudts Geometrie der Lage – metrikfrei, also auch ohne Koordinaten zu betreiben. Vgl. 2.2. Anscheinend war 1863 dieser Vorschlag immerhin schon so präsent, dass man eine abweichende Position – wie die Fiedlersche - hervorheben musste.

[837] Schlömilch 1863, 73. Das Literarische Centralblatt brachte keine Besprechung von Fiedlers Werk.

[838] Hs 87: 170; Confaloniere/Schmidt/Volkert 2019, 81 – 82.

[839] Vgl. Brief von Clebsch an Fiedler aus Gießen vom 23. Oktober 1866, 66 (Hs 87: 163; Confaloniere/Schmidt/Volkert 2019, 66 – 67).

[840] Es geht um Clebsch 1872.

[841] Clebsch erklärt hier, welche Themen in seinem Buch neu sind und wie sich seine Inhalte von dem Fiedlers unterscheiden. Auf Fiedlers Buch verweist er auch im Vorwort seines Buches.

Marburg[842] hessisch. Der gebürtige Ostpreuße Clebsch, der ein vernichtendes Urteil über seine hessische Universität fällte, scheint den preußischen Erfolgen durchaus positiv gegenüber gestanden zu haben.

Über die Gründe für die geringe Rezeption von Fiedlers Buch kann man nur spekulieren, auffallend ist jedenfalls, dass das Buch seinem Leser einiges abverlangt. Eine didaktische Aufbereitung des Stoffes ist im Unterschied zu Salmon-Fiedler kaum zu erkennen; der Inhalt wird sehr nahe den Originalarbeiten Cayleys folgend wiedergegeben. Und diese waren natürlich keine Lehrbücher. Zudem war Fiedler 1862 ein weitgehend unbekannter Autor ohne zugkräftigen Namen und ohne Schule, der er angehört und die ihn hätte unterstützen können. Möglich ist zudem, dass besser verständliche, eventuell auch inhaltsreichere Werke zum selben Thema Fiedlers Buch bald schon verdrängten.[843]

---

[842] Anlässlich der Einweihung der neuen Aula der Universität Marburg am 26. Juni 1891 stellte sich Rektor Heinrich Weber, geboren in Heidelberg, also im Großherzogtum Baden, und somit weder Preusse noch Hesse, in seiner Festansprache dem durchaus delikaten Thema „Die Universität Marburg unter preussischer Herrschaft" (Marburg: Eiwert, 1891).
[843] Hier denke man etwa an Clebsch 1872. Vgl. auch den Exkurs zur Invariantentheorie am Beginn des fünften Kapitels.

4. Lehrbuch der darstellenden Geometrie

[...], die ganze Geometrie muss darstellend werden, muss projicirend verfahren, um projectivisch zu sein, [...][844]

Ich sah aber in der wissenschaftlichen Pflege der darstellenden Geometrie das beste und zugleich das sicherste Mittel der Abhülfe auch für dieses Übel[845] *und machte die Centralprojection zum Ausgangspunkte und Fundament meiner methodischen Reformen, für die ich heute in Lehre und Literatur mit der gleichen Zuversicht wie immer thätig bin; ihre Schwierigkeit und Langwierigkeit habe ich mir nie verhehlt: Eine Wissenschaft wird nicht ohne tiefgreifenden Schaden durch Menschenalter hindurch nach Möglichkeit zur Empirie herabgedrückt.*[846]

Ich darf sagen, dass mein Buch Zeile für Zeile von jener echten Praktik des Constructionssaales dictiert ist, die durch Nachdenken die Arbeit der zeichnenden Hand kürzt und würzt und ihre Resultate verschärft.[847]

Für die darst. Geom. sind Sie und Zürich das, was Berlin durch Weierstrass für die Mathematik bedeutet.[848]

---

[844] Fiedler 1877, 92.

[845] Gemeint ist der nach Fiedlers Meinung unnatürliche Aufbau der Elementargeometrie gemäß der üblichen Euklidischen Vorgehensweise.

[846] Fiedler 1882, IX.

[847] Fiedler 1885, XII - XIII.

[848] Brief von K. Pelz an W. Fiedler, Graz 3. November 1888 (Hs 87:810). Zum Briefwechsel von Fiedler mit Pelz vgl. 9.2.6.

Wilhelm Fiedlers mathematische Bestrebungen lassen einige Schwerpunkte erkennen: Ausbau der konstruktiv verfahrenden Geometrie, Synthese von darstellender und projektiver Geometrie, Entwicklung der analytisch-algebraischen Methoden im Rahmen der Geometrie unter starkem Bezug zu Salmons Werken und Lehre der Geometrie. Diese Einteilung ist aber eine *post festum*, für Fiedler bildeten alle diese Aspekte mehr oder minder eine Einheit. Im nachfolgenden Kapitel geht es um Fiedlers Bearbeitung der darstellenden Geometrie hauptsächlich in seinem Lehrbuch mit dem gleichnamigen Titel, seinem Hauptwerk. Der Themenkomplex „Salmon-Fiedler", also die analytisch-algebraische Richtung, kommt im fünften Kapitel zur Sprache.

Dieses erschien erstmals 1871, wieder aufgelegt wurde es 1875, dann in drei separaten Bänden 1883 – 1888 publiziert; der erste Band wurde 1904 schließlich nochmals aufgelegt. Die Neuauflage der beiden anderen Bände kam nicht mehr zustande. Der Umfang des Werkes hat sich von Auflage zu Auflage erheblich vergrößert. Die erste Auflage trug den Titel: „Die darstellende Geometrie. Ein Grundriß für Vorlesungen an Technischen Hochschulen und zum Selbststudium", daraus wurde in der zweiten Auflage „Die darstellende Geometrie in organischer Verbindung mit der Geometrie der Lage. Für Vorlesungen an technischen Hochschulen und zum Selbststudium", mit der dritten Auflage bekamen dann die einzelnen Bände zusätzlich eigene Titel und der Hinweis auf Studium und Selbststudium wurde in die Einzeltitel verschoben. Band 1 (1883) hieß nun: „Die Methodenlehre der darstellenden und die Elemente der projectivischen Geometrie. Für Vorlesungen und zum Selbststudium", Band 2 (1885) „Die darstellende Geometrie der krummen Linien und Flächen. Für Vorlesungen und zum Selbststudium" und Band 3 (1888) schließlich „Die construirende und analytische Geometrie der Lage. Für Vorlesungen und zum Selbststudium". In der vierten Auflage des ersten Bandes (1904) blieb der Titel der dritten Auflage erhalten. Fiedler hat das Werk verändert, vor allem ergänzt in den verschiedenen Auflagen, weshalb man sagen kann, es hat ihn mehr als 30 Jahre lang begleitet.[849] Im Vorwort zur vierten Auflage heißt es: „So nehme ich wohl Abschied von diesem Werke; ich hege den Wunsch und die Hoffnung, daß es auch weiterhin geeignet befunden werde zur Verbreitung und weiteren Förderung der graphischen Methoden."[850]

---

[849] Im Weiteren werden die verschiedenen Teile des Buches wie folgt benannt: Die gröbste Unterteilung erfolgt in Teile, die mit römischen Zahlzeichen numeriert werden (diese Bezeichnung verwendet Fiedler selbst), die Teile bestehen aus Kapiteln (Fiedler verwendet hierfür keine eigene Benennung; die Kapitel werden mit Großbuchstaben A, B, C, … bezeichnet), die Kapitel wiederum sind unterteilt in Paragraphen oder Abschnitte (diese Bezeichnungen verwendet auch Fiedler, die Paragraphen sind einfach durchnumeriert).
[850] Fiedler 1904, VI.

4.1 Fiedlers Synthese

Die Verschmelzung von darstellender und projektiver Geometrie zu einem organischen Ganzen war, wie bereits erwähnt, ein zentrales Anliegen von Wilhelm Fiedler. Dieses hatte sich schon – zumindest nach Ansicht Fiedlers - in seiner Dissertation 1859 abgezeichnet. In seinem Artikel von 1864 beschreibt er eine umfassende Synthese:[851]

> Ueberhaupt: Ich habe es nie für ein zufälliges historisches Zusammentreffen ansehen können, dass die Entwicklung der darstellenden Geometrie des Monge an der Schwelle der neueren Epoche
>
> der geometrischen Entdeckungen steht; dass sie den Anstoss gab zu den Untersuchungen von Poncelet und Chasles ist bekannt. Wäre nicht die Perspective allzu ausschliesslich in den Dienst der Kunst getreten, welcher der Geometrie nicht günstig ist, so würde man die darstellende Geometrie auch als die natürliche Quelle der Wissenschaft Jac. Steienr's und seiner Nachfolger erkannt haben; sie war schon immer die Wissenschaft der Strahlenbüschel und Ebenenbüschel und das Gesetz der Doppelschnittssgleichheit ist ihr allgemeines Grundgesetz. Unter diesem Gesichtspunkte bildet die neuere analytische Geometrie und Algebra die eine, die darstellende und die neuere reine Geometrie die andere Seite der Entwicklung desselben Gedankens. Die neuere Algebra und die reine Geometrie sind aber dann ihrer Natur gemäss zu Erweiterungen geschritten, die der darstellenden Geometrie nicht mehr angehören.

Auch in seinem kurzen Beitrag „Ueber das System in der darstellenden Geometrie" (1863) wurde die Synthese unter dem Eindruck der Reliefperspektive gesehen, um schließlich in dem längeren Beitrag (81 Druckseiten) „Die Methodik der darstellenden Geometrie zugleich als Einleitung in die Geometrie der Lage" von 1867 detaillierter erläutert zu werden. Fiedler hatte zu diesem Zeitpunkt schon in Prag versucht, seine Idee im Rahmen einer Vorlesung umzusetzen.[852]

Letztlich wurde die angestrebte Synthese dann in aller Breite in Fiedlers Hauptwerk[853] „Die darstellende Geometrie in organischer Verbindung mit der Geometrie der Lage" (1871) ausgearbeitet. In der Vorrede zum dritten Band der

---

[851] Fiedler 1864, 355.

[852] Vgl. 2.3. Dieser Artikel stellt eine Art Vorarbeit für Fiedlers Lehrbuch der darstellenden Geometrie, das 1871 erstmals erschien, aber schon Mitte 1870 fertig war, dar. Vgl. den Briefwechsel mit Tilscher (9.2.3), in dem mehrfach von einem Werk Fiedlers über darstellende Geometrie die Rede ist.

[853] Im Folgenden wird der Titel der zweiten Auflage verwendet.

dritten Auflage (1888) schreibt Fiedler über das im Übrigen unveränderte Anliegen seines Buches[854]:

> Es wollte von Anfang an eine *Einführung in die darstellende, projectivische und analytische Geometrie* nach ihrer organischen Verbindung sein, ..."

Alle Ausarbeitungen dieses Anliegens beruhten ihrem Autor zufolge auf Lehrerfahrungen. Der erste detailliertere Entwurf von 1867 spiegelte die Lehre Fiedlers am Prager Polytechnikum wider[855], die eigentliche Ausarbeitung für das Buch dann zusätzlich noch diejenige am Eidgenössischen Polytechnikum in Zürich:

> Das vorliegende Buch schliesst sich im Wesentlichen den Vorlesungen an, die ich seit einer Reihe von Jahren an den technischen Hochschulen zu Prag und Zürich gehalten habe und ist in erster Linie meinen Zuhörern bestimmt; aber ich hoffe, dass es auch in weiteren Kreisen nützlich sein kann.[856]

Es geht hier also um Mathematik, die auch gelehrt wird, nicht nur um forschende Mathematik und auch nicht nur um Mathematik, die angewandt wird. Fiedler beruft sich immer wieder auf pädagogische Argumente im Sinne von, „meine Lehrerfahrung zeigt, dass ...". Sein Hauptanliegen bestand darin, zu beweisen, dass „die darstellende Geometrie die natürliche Einleitung in die Geometrie der Lage ist"[857], worin ja auch wieder der Lehraspekt mitschwingt. Anders gesagt, und

---

[854] Fiedler 1888, V. Die Vorrede der ersten Auflage 1871 wird (fast) wörtlich in der zweiten Auflage 1875 zitiert (Fiedler 1875, III – XII), die Vorreden der dritten Auflage sind stark überarbeitet – u.a. verfasste Fiedler nun für jeden der drei Bände ein eigenes Vorwort. Darin finden sich allerdings längere Zitate der vorangehenden Vorreden.

[855] Vgl. Brief von Fiedler an L. Cremona vom 22. Juni 1867 (Israel 2017 Bd. I, 653 – 655), wo er schreibt, der Text von 1867 sei ein „Abriss der Einleitung" zu seinen Prager Vorlesungen (Israel 2017 Bd. I, 654). Mehr zu Fiedlers Lehre im Bereich der darstellenden Geometrie findet man in 2.3.

[856] Fiedler 1875, III. Die Passage stammt aus der Vorrede zur ersten Auflage, datiert „Hirslanden bei Zürich, im Juli 1870". Fiedler hat also nach seiner Ankunft in Zürich nicht lange gezögert, um seine Ideen in Buchform zu präsentieren. Im Sommer 1870 war er dort ja gerade erst sechs Semester tätig. In Fiedler 1891, 76 schreibt er sogar: „Als ich 1869 mein Buch über die darstellende Geometrie abfasste, kam es mir nur darauf an, die Grundgedanken meiner neuen Behandlungsmethode zu betonen." An der zuletzt genannten Stelle gibt Fiedler auch einen Überblick zur weiteren Entwicklung seines Werkes.
Die Vorrede der ersten Auflage enthält interessante Anmerkungen zur hochschulpolitischen Situation, die der zweiten Auflage konzentriert sich mehr auf inhaltliche Fragen. Fiedler redet meist von Technischen Hochschulen, ein Terminus, der die Polytechnika offensichtlich aufwertete, weil er den Anspruch auf Wissenschaftlichkeit dieser Institutionen betonte. Er spricht sogar von der „Herausbildung der technischen Schulen zu Hochschulen der Mathematik und der Naturwissenschaften, die sie jetzt sein müssen, um ihre Aufgabe ganz zu erfüllen" (Fiedler 1875, IV). Die hier von Fiedler verwendete Bezeichnung Technische Hochschule führte die eidgenössische polytechnische Schule in Zürich offiziell erst ab 1909, während er sich in den 1870iger Jahren allmählich in Deutschland und Österreich einbürgerte. „Schule" war wohl ein rotes Tuch für Fiedler.

[857] Fiedler 1875, X.

dadurch hebt sich Fiedler von anderen Auffassungen ab, ist darstellende Geometrie für ihn nicht Selbstzweck – etwa als „Hilfswissenschaft des Technikers"[858] – sondern auch Mittel zum Zweck. Und dieser Zweck ist die Aneignung der projektiven Geometrie und – damit genuin verbunden – die Förderung der Raumanschauung. Anders als andere Autoren, z. B. Chr. Wiener, wählt aber Fiedler nicht den Weg, zuerst die darstellende Geometrie zu entwickeln, um danach dann in die projektive Geometrie einzuführen; er verwendet letztere – wie wir sehen werden – von Anfang an, wenn auch anfänglich eher als bequeme Sprache. Insofern ist die Rede von Synthese durchaus angebracht.

Natürlich kann man sich fragen, wozu angehende Ingenieure denn projektive Geometrie kennen sollten. Darauf lautet Fiedlers bereits zitierte Antwort:

> Die Geometrie der Lage[859] ist als diejenige Fortsetzung und Erweiterung der darstellenden Geometrie anzusehen, bei welcher die systematische wissenschaftliche Entwickelung alleiniger Zweck ist, so dass die Rücksicht auf die Darstellbarkeit und die Darstellung wegfällt.[860]

Für Fiedler unterschieden sich folglich darstellende und projektive Geometrie hauptsächlich hinsichtlich ihrer Zielsetzung, weniger durch Inhalte oder Methoden – das einigende Band sind natürlich die Projektionen, insbesondere die Zentralprojektion. So gesehen war sein Vorhaben eigentlich eines, das eine in seinen Augen eher künstliche oder auch historisch kontingente Trennung wieder rückgängig machen wollte. Damit schwamm er allerdings gegen den Strom seiner Zeit, der in Richtung strikte Unterscheidungen und konsequente Methodenreinheit zielte – je weiter das 19. Jh. fortschritt, desto mehr.

Ohne projektive Geometrie bleibt die darstellende Geometrie bloße Zeichenkunst, also ein Handwerk, rein empirisch; nur die erstere erlaubt die wissenschaftliche Durchdringung der letzteren. Hinzu kommt, dass die Raumanschauung, deren Ausbildung und Förderung für Fiedler ein fundamentales Ziel war,[861] erst in der projektiven Geometrie zur vollen Entfaltung gelangt. Ein weiterer Argumentationsstrang zugunsten der projektiven Geometrie war, dass erst sie ein

---

[858] Fiedler 1875, 1.

[859] Fiedler verwendet in seinen frühen Werken meist diesen durch von Staudt bekannt gemachten, vermutlich auf J. D. Gergonne zurückgehenden aber auch von Steiner verwendeten Terminus, seltener spricht er von „projectivischer Geometrie". Ich benutze im Folgenden „projektive Geometrie" als Sammelbegriff, womit aber nicht bestritten werden soll, dass die verschiedenen Bezeichnungen für diese Geometrie begriffliche Feinheiten zum Ausdruck bringen, die eine genauere Untersuchung verdienen.

[860] Fiedler 1875, 2.

[861] Vgl. 7.4. Wie wir in 1.4.1 gesehen haben, vertrat Chr. Beyel die gegenteilige Position: In seinen Augen verstellte die projektive Geometrie geradezu den Blick auf den Raum, da sie in großen Teilen eben verfahre.

vertieftes Verständnis der darstellenden ermögliche – und der angehende Ingenieur ein solches brauche, müsste man hinzufügen.

> Das Gebiet der darstellenden Geometrie an der Hochschule ist die Cultur und Durchbildung der Raumannschauung und sie dient der Praxis umso besser, je mehr sie sich auf dieses Gebiet beschränkt und je gründlicher und tiefer sie dasselbe behandelt.[862]

Fiedler unterscheidet sich hier von seinem Züricher Kollegen Karl Culmann, dem Vorkämpfer für die projektive Geometrie am Polytechnikum; für letzteren war die projektive Geometrie und die damit eng verbundene darstellende Geometrie Grundlage für die graphische Statik, für Fiedler ist sie das Ziel, auf das die darstellende Geometrie vorbereitet. Culmanns Anliegen wurde von Reye deutlich formuliert:

> Nämlich die wichtigsten Constructions-Methoden, mit denen Culmann die Ingenieur-Wissenschaften bereichert hat, und die in seinem Werke „die graphische Statik" (Zürich 1866) veröffentlicht sind, gründen sich zum grossen Theile auf die neuere Geometrie; die Kenntnis der Geometrie der Lage ist deshalb den Ingenieurschülern unserer Anstalt unentbehrlich geworden.[863]

Culmann selbst nennt vor allem zwei Argumente zugunsten der projektiven Geometrie: Zum einen entspreche sie dem neuesten Stand der Erkenntnis, zum andern fördere sie die Raumanschauung.[864] Schaut man sich an, was Culmann tatsächlich mit der projektiven Geometrie in seiner graphischen Statik machte, so findet man, dass er deren Sprache ausgiebig einsetzte und dass er den Dualitätsgedanken verwandte; Nullsysteme spielten eine gewisse Rolle – letztlich also doch recht wenig projektive Geometrie.[865]

Aber Fiedlers Vorstellungen von der Synthese gingen noch weiter: Er wollte nämlich auch den klassischen Unterschied zwischen synthetischer und analytischer Methode „aufheben"[866].

> Die Vereinigung der analytischen und der geometrischen Methoden ist aber überhaupt nicht leicht hoch genug zu schätzen; [...][867]

---

[862] Fiedler 1876, 66.

[863] Reye 1899, V. Das Zitat stammt aus der Vorrede zur ersten Auflage seines Lehrbuches, geschrieben zu Zürich, März 1866.

[864] Vgl. Einleitung in Culmann 1866.

[865] Vgl. die Analyse bei Scholz 1989, 170 – 180.

[866] Es ist wohl nicht anzunehmen, dass Fiedler Hegel gelesen hat (er präferierte Lotze, wie Beyel berichtet [vgl. 1.4.1]). Somit steht eine Hegelsche Interpretation hier nicht zur Verfügung, wäre aber sehr hübsch.

[867] Fiedler 1875, XI.

Das Argument hierfür ist einfach: Nur durch diese Synthese kann die Geometrie ihre volle Fruchtbarkeit erlangen. Als Beispiel nennt Fiedlers L. Cremona's Werke zur Flächentheorie.[868] Geometrie ist für Fiedler wesensmäßig problemorientiert und -lösend; um Probleme zu lösen darf man sich durchaus verschiedener Methoden bedienen. Letztlich geht es um den klassischen Topos der Verbindung von Anschauung (synthetische und schöpferische Methode) und Kalkül (analytische und verifizierende Methode).

In einer seiner letzten Veröffentlichungen (1892) resümierte Fiedler noch einmal seinen Standpunkt – nicht ohne eine gewisse Genugtuung. Interessant hierbei ist, dass er deutlicher als zuvor den Zusammenhang zur Sinnesphysiologie und damit natürlich zu Helmholtz herstellte.[869] Es ging um eine Aufgabe, die der Brünner Geometer E. Waelsch[870] in den Monatsheften für Mathematik und Physik gestellt hatte und die Fiedler freudig begrüßte:

> Herrn Emil Waelsch vortreffliche [sic!] Behandlung einer Aufgabe aus der darstellenden Geometrie p. 92 - 96 hat mich an alte Überlegungen lebhaft erinnert, denn die Geraden mit zwei zusammen fallenden Orthogonalprojectionen beschlug ja meine erste Entdeckung auf darstellend geometrischem Gebiete, an welche sich der Grundgedanke meiner Reform anschloss, dass die darstellende Geometrie mit der projectivischen organisch verbunden werden müsse. Erlauben Sie mir, dass ich einige meiner unveröffentlichten Betrachtungen mittheile, [...].[871]

Nachdem diese Gedanken mitgeteilt waren, schloß Fiedler:

> Man erkennt das vielseitige Interesse, das die Frage des Herrn Dr. Waelsch für die Geometrie der Lage hat. Bekanntlich führt der natürliche Projectionsprocess beim Sehen des Menschen mit zwei Augen auf die allgemeine gewundene Curve dritter Ordnung als Horoptercurve und ihre Bisecantencongruenz (1,3): Den Ort der Punkte des Raumes, die bei der Fixirung eines bestimmten Punktes unter ihnen einfach gesehen werden und die Gesammtheit der gleichzeitig einfach gesehenen Geraden (Siehe

---

[868] Vgl. Cremona, 1866 und Cremona 1868.

[869] Einige der frühen Vorträge Fiedlers in der Chemnitzer Zeit verrieten schon Interessen in dieser damals recht populären Richtung, vgl. 1.1.

[870] Waelsch 1892. Hurwitz kommentierte Waelschs kurzes Bleiben in Zürich – er assistierte nur im Wintersemester 1893/94 bei Fiedler - nicht ganz zutreffend: „Dr. Waelsch wird übrigens seine Stelle als Assistent schon Ostern niederlegen. Auf die Dauer hält es keiner bei Fiedler aus." (Hurwitz an Hilbert (Zürich, 30. Januar 1894)). Es gibt einen Briefwechsel von Waelsch mit Fiedler, vgl. 9.2.6. Diese Korrespondenz legt die Vermutung nahe, dass Waelsch nicht etwa in Unfrieden von Zürich geschieden ist, denn am 4. Februar 1892 bat er Fiedler um Unterstützung seiner Bewerbung um eine Professur in Brünn (Hs 87: 1458c), die er schließlich auch erhielt.

[871] Fiedler 1892, 193. „Beschlug" steht so im Original.

Helmholtz „Handbuch der physiol. Optik", pag. 745f). Das ist das schönste der hierher gehörigen Beispiele.[872]

Man könnte denken: Wer andere lobt, will selbst gelobt werden. Mit seiner Beachtung der Sinnesphysiologie, insbesondere natürlich mit seinem Bezug auf Helmholtz, lag Fiedler allerdings – ausnahmsweise – durchaus im Trend seiner Zeit. Besonders was die Grundlagen der Geometrie und die Einordnung der nichteuklidischen und höherdimensionalen Geometrie anging, wurden Helmholtz' Ideen im letzten Drittel des 19. Jhs. breit diskutiert.[873] Zudem war Helmholtz ein sehr wichtiger Akteur im deutschen Wissenschaftsbetrieb jener Zeit, wie schon in seinem Beinamen „Bismarck der Wissenschaft" deutlich wird. Und Fiedler war – wie Beyel berichtet[874] – begeisterter Anhänger von Bismarck.

Die Synthese wurde zu einer Art Markenzeichen von Fiedler. So schreibt z. B. sein Briefpartner Aurel Voss am 30. März 1904 anlässlich der vierten Auflage des ersten Bandes der „Darstellenden Geometrie":

> Eine solche Lebensarbeit steht in ihrem reichen Inhalte, der die Methoden
> der analytischen Geometrie mit denen der darstellenden und projectiven
> in den fruchtbaren Zusammenhang bringt.[875]

Voss führt dann noch aus, dass Fiedlers Ansatz vor allem für zukünftige Lehrer wichtig sei, während die Techniker ihn wohl nicht bräuchten. Letztere Behauptung dürfte Fiedler nicht gefallen haben; sie zeigt aber, dass sich das Blatt bzgl. der Ausbildung zukünftiger Ingenieure Anfang des 20. Jhs. gewendet hatte – nämlich in Richtung Praxisbezug.[876]

Chr. Wiener begründete im Vorwort zu seinem Lehrbuch (1884) in Kenntnis der Fiedlerschen Werke seine Entscheidung, die Elemente der projektiven Geometrie in einem eigenen Abschnitt separat von der darstellenden Geometrie zu entwickeln, folgendermaßen:

> Ich zog es vor, dieselben in einem besonderen Abschnitte zu behandeln,
> statt sie mit der darstellenden Geometrie zu verschmelzen, weil dabei der
> Aufbau ihrer Lehrsätze nicht verdeckt wird durch den Aufbau von

---

[872] Fiedler 1892, 197. Zum Thema Horopter, d.i. diejenige Kurve, auf der die Punkte liegen, die von beiden Augen als zusammenfallend gesehen werden, bei Helmholtz vgl. man Grüsser 1996 und Volkert 1996.

[873] Vgl. Volkert 2013.

[874] Vgl. 1.4.1.

[875] Hs 87: 1450. Von Voss sind 31 Briefe und Postkarten an Fiedler aus der Zeit von 1875 bis 1911 erhalten (Hs 87: 1424 – 1453); er verfasste auch den Nachruf auf Fiedler für den Jahresbericht der Deutschen Mathematiker-Vereinigung (Voss 1913). Voss rechnet zum Netzwerk Geometrie; vgl. 9.2.1.

[876] Vgl. König 2020. Beyel vertrat ähnliche Ansichten wie Voss, vgl. 1.4.1.

Konstruktionsaufgaben, welcher den Charakter der darstellenden Geometrie bildet.[877]

Wiener betont hier den seiner Ansicht nach genuinen Unterschied zwischen darstellender und projektiver Geometrie: Erstere ist problemorientiert und konstruktiv, letztere systemorientiert und beweisend. Kritisch zu Fiedlers Synthese äußerte sich E. Lampe in einem Referat des dritten Bands der dritten Auflage der darstellenden Geometrie. Lampe stellte Fiedlers zentrale These in Frage, die Synthese von darstellender und projektiver Geometrie sei natürlich; er sah darin höchstens didaktische Vorteile.[878] Insgesamt zeigt sich, dass Fiedlers Projekt recht bald ins Hintertreffen geriet; seine Sicht der Dinge entsprach nicht (mehr) dem Trend der Zeitläuften; auch rein praktische Argumente sprachen gegen sie.[879]

Wir wenden uns nun den Inhalten von Fiedlers Lehrbuch zu. Schon in seiner Vorrede zur ersten Auflage 1871 hatte Fiedler einen groben Überblick gegeben zu den Themen, die die darstellende Geometrie u. a. zu behandeln habe:

> [...]; für Kegel und Cylinder, für die Flächen zweiten Grades, für windschiefe Regelflächen und Rotationsflächen, als die technisch vorzugsweise zur Verwendung kommenden Typen hat sie die Darstellung und die constructive Behandlung der Berührungs- und Durchdringungsprobleme zu lehren.[880]

Dies geschieht im Wesentlichen im zweiten Teil des Lehrbuchs.[881] Zuerst wenden wir dessen ersten Hauptteil, der Methodenlehre, zu. Darin geht es darum, verschiedene Darstellungsmethoden, also unterschiedliche Projektionsarten, zu untersuchen. Sie liefern das Handwerkszeug zur Bewältigung der oben genannten Aufgaben. Den Abschluss bildet schließlich die projektive Geometrie, die durch die darstellende vorbereitet wird, sich aber von der Frage der Darstellung löst.[882]

---

[877] Wiener 1884, IV – V. Ähnlich sah es der Rezensent (G. – I.), der Wieners Lehrbuch im Centralblatt besprach. Er bemerkte, dass Wiener nach möglichster Einfachheit der Konstruktionen strebe, um dann festzustellen: „Da hierzu die projectivische Geometrie ein wichtigstes Hilfsmittel bildet, so mußten die Hauptlehren derselben mit dargestellt werden." (Literarisches Centralblatt 1885, Sp. 1451).
[878] Jahrbuch über die Fortschritte der Mathematik 20 (1888), 566 – 567. Vgl. 4.6 zu dieser Besprechung.
[879] Mehr dazu in 4.8.
[880] Fiedler 1875, IV.
[881] Vgl. 4.3.
[882] Vgl. 4.4.

4.2 Die Methodenlehre

Im Folgenden betrachten wir zuerst die Art und Weise, wie Fiedler seine Leser in die darstellende Geometrie mit Hilfe der Zentralprojektion einführt, insbesondere, wie er diese Einführung nützt, um gewisse Grundbegriffe der projektiven Geometrie einzuschleusen. Der erste Teil (von insgesamt dreien) in der zweiten Auflage (1875) von Fiedlers Buch[883] ist 210 Seiten lang, er trägt die Überschrift „Die Methodenlehre, entwickelt an der Untersuchung der geometrischen Elementarformen und ihrer einfachen Verbindungen".[884]

Der fragliche Teil besteht aus vier Abschnitten:

> A) Die Centralprojection als Darstellungsmethode[885] und nach ihren allgemeinen Gesetzen
> B) Die constructive Theorie der Kegelschnitte als Kreisprojectionen
> C) Die centrische Collineation räumlicher Systeme als Theorie der Modellierungs-Methoden
> D) Die Grundgesetze der orthogonalen Parallelprojection, ihre Transformation und die Axonometrie

Vorangestellt ist eine lange Einleitung mit Begriffserklärungen. Es gibt bei Fiedler keine Binnengliederung des Texts im Sinne von Definitionen, Sätze, Beweise etc.; seine Ausführungen sind narrativ. Das macht es heutigen Leserinnen und Lesern nicht einfach, ihnen zu folgen, insbesondere da Fiedler zu langen und verschachtelten Sätzen neigte. Der gesamte Text ist in Paragraphen gegliedert, die einzelnen Paragraphen sind nochmals unterteilt in den Haupttext und in Ergänzungen inklusive Aufgaben. Letztere werden von Fiedler summarisch als Beispiele bezeichnet, sie sind ab der zweiten Auflage in kleinerer Schrift gesetzt und jeweils durchnumeriert. Das verleidet leicht zu dem Fehlschluss, die Beispiele seien weniger wichtig als die Ausführungen des Textes. Überhaupt fällt es schwer, Wichtiges von weniger Wichtigem in Fiedlers Darstellung zu trennen; der einzige bei Fiedler anzutreffende Hinweis in dieser Richtung sind Hervorhebungen von Textstücken durch gesperrten Druck.[886] Schließlich gibt es in Fiedlers Buch ab der zweiten Auflage ein Sachregister, ein für die damalige Zeit beachtlicher Luxus, sowie ein sehr ausführliches Inhaltsverzeichnis, das vierzehn Seiten füllt. Hinzu kommen noch ein Abbildungsverzeichnis von dreizehn Seiten und die Anmerkungen, genannt Quellen- und Literatur-Nachweisungen (14 Seiten), die nach Aussage des Autors auch als Personenregister und als Literaturnachweis

---

[883] In der ersten Auflage von 1871 gab es nur zwei Teile. Später in der dritten Auflage wurden die drei Teile zu eigenständigen Bänden.
[884] Der Terminus Methodenlehre war zu Fiedlers Zeiten durchaus geläufig.
[885] Eine Übersicht zu Darstellungsmethoden in der darstellenden Geometrie bietet Abbildung 4.1.
[886] Im Folgenden durch Kursivdruck wiedergegeben.

dienen; sie enthalten zudem viele historische Hinweise, die, wie viele Erwähnungen in Werken anderer Autoren zeigen, allgemein geschätzt wurden.

Grundsätzlich liefert für Fiedler die darstellende Geometrie die wissenschaftliche Grundlage der Zeichenkunst, darf aber nicht auf diese reduziert werden. Den eigenständigen und wissenschaftlichen Status einer Kerndisziplin des polytechnischen Unterrichts zu unterstreichen, fügte sich in schönster Weise in Bestrebungen seitens der Polytechnika ein, mit den Universitäten gleichgestellt zu werden.

Übersicht der gebräuchlichen Darstellungsmethoden.

A. Parallelprojektion.

1. *Grund- und Aufrißverfahren.* Orthogonale Projektion auf zwei rechtwinklige Tafeln. Charaktere: Projektionen und Spurelemente.
2. *Orthogonale axonometrische Projektion* auf eine Tafel. Angabe des Achsenkreuzbildes und der Achsenmaßstäbe.
3. *Kotierte Projektion* (topographisches Verfahren). Orthogonale Projektion auf eine Ebene mit Angabe der Koten (Höhenmaßzahlen).
4. *Freie schiefe Projektion* auf eine Tafel mit Angabe eines Projektionsdreiecks. Charaktere: Projektionen, Spur- und Hilfselemente.
5. *Schiefe axonometrische Projektion* auf eine Tafel. Angabe des Achsenkreuzbildes und der Achsenmaßstäbe.
6. *Angewandte schiefe Projektion* (Kavalier-, Militär- oder Vogelperspektive). Grundriß (Aufriß) mit Angabe des Verkürzungsverhältnisses der schief projizierten Höhen (Tafelabstände)[30]).

B. Zentralprojektion.

7. *Freie Perspektive.* Zentralprojektion auf eine Tafel mit Angabe des Hauptpunktes und des Distanzkreises. Charaktere: Projektionen, Spur- und Fluchtelemente.
8. *Axonometrische Perspektive.* Zentralprojektion auf eine Tafel mit Benutzung der Fluchtmaßstäbe für Breiten und Höhen oder Tiefen (veraltetes Verfahren).
9. *Angewandte Perspektive* (architektonisches Verfahren). Zentralprojektion auf eine Tafel, ausgehend vom Grund- und Aufriß. Angabe der Grundlinie, des Horizontes, des Hauptpunktes und der Distanz.

Abb. 4.1: *Übersicht zu den in der darstellenden Geometrie üblichen Darstellungsmethoden*[887]

Der Einstieg in die darstellende Geometrie, den Fiedler nimmt, ist ein ganz anderer als der der Mongeschen Tradition: Fiedler startet nämlich mit der Zentralprojektion. Das begründet sich zum einen in seiner Ansicht, die Zentralprojektion, insbesondere die klassische Malerperspektive, entstehe durch

---

[887] Papperitz 1909, 539. Zu beachten, dass die Bezeichnungen bei unterschiedlichen Autoren variieren können.

Abstraktion aus dem einäugigen Sehprozess und sei deshalb „natürlich"[888]; zum andern sei die Parallelprojektion ein Sonderfall der Zentralprojektion – nämlich derjenige, bei dem das Zentrum ein Fernpunkt[889] ist. Die Verwendung der Fernelemente geschieht bei Fiedler fast kommentarlos; er arbeitet meist mit der erweiterten Euklidischen Ebene oder mit dem erweiterten Euklidischen Raum, das heißt, es gibt stets eine ausgezeichnete Gerade, die Ferngerade, bzw. eine ausgezeichnete Ebene, die Fernebene; eine autonome projektive Geometrie interessierte Fiedler anscheinend nicht.[890] Insbesondere besitzt jede projektive Gerade einen ausgezeichneten Punkt, den Fernpunkt, was wiederum die Anordnungsverhältnisse vereinfacht. Die projektive Geometrie umfasst für Fiedler auch die metrische Geometrie, erstere liefert somit den allgemeinsten Rahmen geometrischer Forschung – ganz im Sinne von Cayley. Begründet wird diese in Fiedlers Augen wichtige Auffassung durch den Nachweis, dass man in die projektive Geometrie Metriken, Fiedler spricht von der projektiven Maßbestimmung, einführen kann – die heute sogenannten Cayley-Klein Metriken.[891]

Fiedler äußert sich an einigen wenigen Stellen über die Voraussetzungen, die seine Leser[892] oder Studenten mitbringen sollten. Klar ist, dass diese gewisse Grundkenntnisse, er spricht ganz klassisch von „Elementen", der darstellenden Geometrie vor Eintritt ins Polytechnikum bzw. vor dem Studium seines Buches schon erworben haben sollten:[893]

> Eine solche Entwickelung ist unter der Voraussetzung wohl möglich, dass ein elementarer Curs der darstellenden Geometrie vorausgegangen ist; in Folge dessen genügt es dann, in dem Abschnitt von der Parallelprojection, ihren Transformationen und der Axonometrie wie ich gethan, nur recapitulirend und ergänzend zu verfahren, [...]

---

[888] „Die nächste und natürliche Quelle aller Abbildungsmethoden ist das mathematische Abstractum des Sehprozesses; [...]" (Fiedler 1875, 2). Vgl. auch Fiedler 1883, X: „[...] die vollständige Entwickelung und damit auch die Kritik der Methoden nach dem Princip des Sehprozesses, das ich mit Recht an die Spitze der darstellenden Geometrie gestellt zu haben glaube." Das Wort „natürlich" kommt ebenso wie „organisch" oft bei Fiedler vor.

[889] Fiedler spricht ganz im Stile seiner Zeit von unendlich fernen Punkten oder auch von Richtungen (bei Geraden) bzw. Stellungen (bei Ebenen). Er nennt den Einbezug unendlich ferner Elemente die „perspectivische Raumansicht" (Fiedler 1875, 3), weil erst durch sie im Falle der Zentralprojektion räumliche Ausnahmen beseitigt werden. Es kann aber immer zwischen gewöhnlichen und Fernpunkten unterschieden werden, die projektive Ebene ist also nicht homogen in dem Sinne, dass sie aus lauter gleichartigen Punkten bestünde.

[890] Vgl. die Beiträge in Bioesmat-Martagon 2010. Für einen Vergleich der gegensätzlichen Positionen Fiedlers und von Staudts in Grundlagenfragen vgl. man Volkert 2023.

[891] Vgl. 3.3.

[892] Gendern war noch keine Option damals, vermutlich auch keine Notwendigkeit in Ermangelung von Leserinnen.

[893] Fiedler 1871, VI. Der Text ist in der Vorrede zur zweiten Auflage von 1875 geringfügig verändert worden (vgl. Fiedler 1875, VI).

Dies war nicht unrealistisch, denn die Schüler der Polytechnika kamen ja meist aus technisch orientierten Schulen, z. B. Gewerbe- oder Industrieschulen. Zudem hatte das Zürcher Polytechnikum, wie viele andere Schulen seiner Art, bis 1881 eine zweisemestrige mathematische Vorschule, die auch eine Veranstaltung zu den „Elementen der darstellenden Geometrie" umfasste. Nicht voraussetzen durften die Polytechnika nach Fiedler hingegen die analytische Geometrie insbesondere die des Raumes.[894]

4.2.1 Die Zentralprojektion und Fiedlers Dissertation

Wenden wir uns nun Fiedlers Einführung der Zentralprojektion zu, ein Thema, das schon in seiner Dissertation ausführlich zur Sprache kam, weshalb wir hier auf diese etwas ausführlicher eingehen werden. Weitgehend neu war, wie bereits erwähnt, dass Fiedler die Zentralprojektion an den Anfang der darstellenden Geometrie setzte[895], sie also nicht wie die Mongesche Tradition als nachträgliche Ergänzung derselben sah, sondern als gleichberechtigte Darstellungsmethode, deren Leistungsfähigkeit er folglich nachweisen musste. Bemerkenswert ist, dass Fiedler diese wichtige methodologische Entscheidung später im Hauptteil seines Lehrbuches (1871) überhaupt nicht mehr thematisierte, sondern kommentarlos durchführte, sie also geradezu als selbstverständlich hinstellte. Man könnte Fiedlers Position als das letztlich durch den Sehprozess legitimierte Primat der Zentralprojektion bezeichnen. Dieses war schon Gegenstand seiner Dissertation gewesen, deren Anliegen es laut Titel war, die Zentralprojektion als geometrische Wissenschaft vorzustellen – was so viel hieß wie, sie als leistungsfähige Darstellungsmethode zu präsentieren, die insbesondere Konstruktionen ähnlich denjenigen der traditionellen darstellenden Geometrie ermöglicht. Mit dem Verweis auf die geometrische Wissenschaft wollte Fiedler sich abgrenzen von der Zentralprojektion als Grundlage der bildenden Kunst, also von der klassischen Malerperspektive. Dieser bescheinigte er zwar, man habe auf sie „viel Fleiß und bedeutender Scharfsinn"[896] aufgewendet, aber:

> Darum kommt es vor allem darauf an, die Methode der perspectivischen Darstellung selbständig zu machen, d. h. sie ohne Vermittelung einer Beziehungsweise, die nicht organisch aus ihr selbst oder der Natur der behandelten räumlichen Objekte hervorgeht, auf die geometrischen Grundgebilde und deren Verbindungen anzuwenden; [...].[897]

---

[894] Vgl. Fiedler 1875, IV vgl. auch pp. X- XI.
[895] Nach Fiedlers Dissertation aber noch vor Erscheinen seines Buches erschien Peschka/Koutny 1868, ein Buch, das vergleichbare Ansätze verfolgte, das Fiedler allerdings nicht erwähnte. Zu weiteren Vorgängern siehe unten.
[896] Fiedler 1860, 1.
[897] Fiedler 1860, 1.

Als Vorläufer nennt Fiedler in seiner Dissertation vor allem Johann Heinrich Lambert mit seiner „Freyen Perspective"[898] und Barthélémy Édouard Cousinery (1790 – 1852) mit seinem Lehrbuch.[899] Es gäbe zwar noch andere Bücher zur darstellenden Geometrie, die die Zentralprojektion berücksichtigten, aber dies geschehe nur in Gestalt einer Ergänzung, nicht einer organischen Verknüpfung. Bei Cousinerys Buch waren die Übereinstimmungen allerdings so groß, dass Fiedler sich genötigt sah, einem eventuellen Plagiatsvorwurf von vorne herein entgegenzutreten:

> Nun zeigt mir der Vergleich mit seiner Darstellung freilich eine große und doch nicht ganz unerwartete Gemeinschaft auch im Verfolge der Entwickelung; wenn aber schon der Umstand die folgende Abhandlung an diesem Orte rechtfertigen würde, dass seit mehr als dreissig Jahren diese Methoden kein größeres Gewicht in der Wissenschaft der darstellenden Geometrie erlangt haben, als man ihnen heute beilegt, so wird doch auch, wie ich hoffe, der sachkundige Leser bei der Vergleichung in der systematischen Anordnung und den entwickelten Methoden vieles Eigenthümliche finden.[900]

Zudem versichert er: „Ich habe sie [die Methode der Darstellung durch Zentralprojektion; K.V.] in dem von mir vorgetragenen Curse der darstellenden Geometrie an der Königlichen Gewerbeschule gelehrt, ehe ich M. Cousinery's Werk selbst erlangen konnte."[901]

Das Verhältnis von Cousinery und Fiedler beurteilte J. L. Coolidge in seiner Geschichte der geometrischen Methoden folgendermaßen[902]:

> Cousinery was an engineer, not a mathematician. For instance, on p. 21 of Cousinery [1828; K. V.] he makes the unusual assumption that a straight line has two infinite points. Fortunately his work was taken up and improved by a thoroughly competent mathematician, Wilhelm Fiedler, who got almost everything possible out of the method in his book.

---

[898] „Frei" meint hier, dass kein Gebrauch gemacht wird von Rissebenen, wie das die klassische Durchschnittsmethode zur Konstruktion perpektivischer Bilder tut. Darauf spielt wohl auch Fiedler im Zitat an, wenn er von „Vermittelung einer Beziehungsweise" redet.

[899] Cousinery 1828. Dieser Autor, ein Schüler von Monge, nennt die Zentralprojektion „projection polaire" (also Polarprojektion), was sie in die Nähe der stereographischen Projektion rückt. Interessant ist, dass Fiedler schon in seiner Dissertation Gergonne's Lösung des Apollinischen Berührproblems (Gergonne 1816 – 17) als Anwendung der Zentralprojektion erwähnt, denn diese Idee wird später in seiner Zyklographie eine wichtige Rolle spielen.

[900] Fiedler 1860, 4.

[901] Fiedler 1860, 4. Ein anderer, Fiedler vielleicht nicht bekannter Vorläufer war G. Bellavitis in Italien mit seinem „Saggio di geometria derivata" (1838). Vgl. die historischen Informationen in Cremona 1882, IV – VI.

[902] Coolidge 1940, 11.

Diese Anerkennung hätte Fiedler sicher gefreut, auch wenn er wohl bestritten hätte, Cousinerys Methode aufgegriffen zu haben.

Betrachten wir nun den Inhalt der Fiedlersche Dissertation, die in ihrer Druckfassung 41 Seiten umfasst. Diese ist in zwei Abschnitte gegliedert: „Von den ebenflächigen Raumformen" und „Von den krummen Oberflächen, insbesondere den Regelflächen", wobei der erste Abschnitt drei Teile enthält: „A. Von der Darstellung der geometrischen Grundbegriffe und ihre Anwendung zur Auflösung von Aufgaben", „B. Von der Ableitung der wahren Größe und Lage projicirter Raumformen" sowie „C. Von der Ableitung der Projectionen aus gegebenen Elementen der Grösse und Lage".

Bereits im ersten Teil wird das Anliegen Fiedlers deutlich. Er versucht den Nachweis zu führen, dass man auch mit Hilfe der Zentralprojektion Konstruktionen ähnlich denen der darstellenden Geometrie durchführen kann. Dazu muss er zuerst einmal Grundlagen klären, etwa wie bei gegebener Bildebene, auch Tafel genannt, und bei gegebenem Zentrum (nicht in der Bildebene) Punkte, Geraden und Ebenen abgebildet werden.[903] Dann löst er Aufgaben, die man aus der darstellenden Geometrie kennt, wie beispielsweise „Aufgabe VII. Es ist die Durchschnittlinie zweier Ebenen anzugeben" und darin enthalten: „Man soll den Durchschnittpunkt von drei Ebenen bestimmen" sowie „Man soll den Durchschnittspunkt einer geraden Linie mit einer Ebene construiren."[904]

In seiner Dissertation trennt Fiedler noch streng zwischen der Zentralprojektion und der darstellenden Geometrie. Zwar träfe es zu, dass die Parallelprojektion ein Sonderfall der Zentralprojektion sei – das Zentrum ist ein Fernpunkt -, aber das Wesen der darstellenden Geometrie liege weniger in der Parallelprojektion als im Verfahren der Zwei- oder Drei-Tafel-Projektion. Ein weiterer wesentlicher Unterschied sei, dass die darstellende Geometrie es erlaube, Objekte in wahrer Größe (heißt Streckenlängen und Winkel werden nicht [praktisch gesehen werden Strecken oft maßstäblich] verändert) darzustellen, was die Zentralprojektion nicht zulässt. Darin liegt die große Wichtigkeit der ersteren für die Technik. Hier teilt Fiedler durchaus die traditionellen Ansichten, von denen er in anderen Hinsichten abrücken wird.

Die Idee der Drei-Tafel-Projektion verknüpft Fiedler in seiner Dissertation mit der Einführung von kartesischen Koordinaten im Raum[905]:

---

[903] Genaueres weiter unten.

[904] Fiedler 1860, 11. „Enthalten" soll heißen, dass diese Konstruktionen einfache Folgerungen aus den vorangehenden sind, sie sind impliziert.

[905] Fiedler 1860, 22. Diese Sichtweise, vgl. Abbildung 4.2, findet sich auch später noch bei Fiedler; sie ist natürlich gut geeignet, um die Drei-Tafel-Projektion ins Spiel zu bringen.

Jeder Punkt im Raum ist in Bezug auf dies System durch seine drei senkrechten Abstände von den Coordinatenebenen bestimmt und das natürliche Mittel, diese Bestimmtheit graphisch wiederzugeben, ist die Auftragung der Parallelprojectionen der betrachteten Raumformen unter der Voraussetzung, dass die Projectionsebenen mit den Coordinatenebenen zusammenfallen.

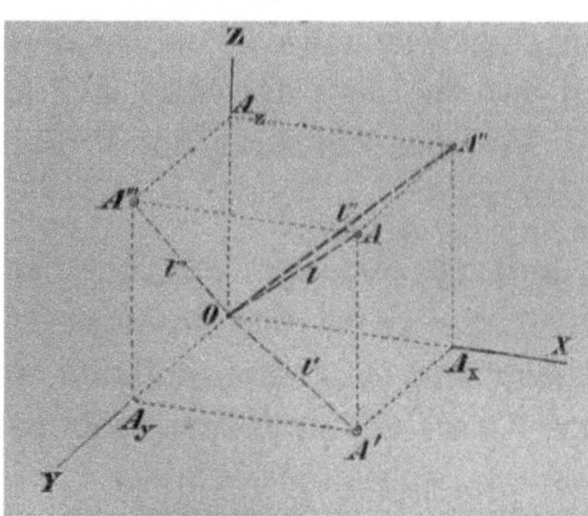

Abb. 4.2: *Punkt A mit seinen drei orthogonalen Projektionen*[906]

Ansonsten wird die Parallelprojektion in der Dissertation nur kurz behandelt.

An manchen, allerdings eher seltenen Stellen der Dissertation klingen didaktische Aspekte an[907]:

Von besonderem methodischem Werth ist aber auch der vollständige Parallelismus, welcher zwischen dem Gang der Entwickelung in der Theorie der Parallelprojection und demjenigen in der Theorie der Centralprojection stattfindet, und welcher in der Gleichheit der anzuwendenden geometrischen Hilfsmittel begründet ist. Nichts kann die Raumanschauung der Anfänger mehr fördern, als die Ueberlieferung zweier so verschiedener und doch so gleich selbständiger Darstellungsmethoden für räumliche Figuren.

Mit der Förderung der Raumanschauung spricht hier Fiedler ein für ihn – und nicht nur für ihn[908] - wichtiges Thema an; auch Begriffe wie „organisch" und „System" werden schon verwandt. Was allerdings in der Dissertation noch gar nicht zur Sprache kommt, ist die Synthese von darstellender und projektiver Geometrie, die Fiedler später so am Herzen liegen sollte. Um Fiedlers Vorgehensweise zu

---

[906] Fiedler 1871, 139. Eine ganz ähnliche Abbildung findet sich schon im zweiten Band von Eulers „Introductio"; vgl. 4.2.9.
[907] Fiedler 1860, 39.
[908] Vgl. 7.4. Als Klassiker sind natürlich die Meraner Reformvorschläge (1905) zu nennen, die zwei Hauptaufgaben definieren: Förderung des funktionalen Denkens und Pflege der Raumanschauung.

verdeutlichen, betrachten wir im Folgenden einige konkrete Beispiele aus seiner Dissertation.

Generell festzustellen ist, dass Fiedlers Präsentation in der Dissertation manches zu wünschen übriglässt. So erläutert er oft die verwendeten Symbole nicht, in den Zeichnungen treten solche auf, die gar nicht erforderlich sind und auch Voraussetzungen werden nicht immer benannt. Er verwendet Konventionen, die er nicht erklärt, z. B. werden Bildpunkte mit Kleinbuchstaben bezeichnet.

Ausgangssituation ist eine Ebene, die Bildebene oder Tafel (im Folgenden mit τ bezeichnet), und ein Punkt, das Zentrum C der Projektion, im Raum; letzteres soll nicht in der Bildebene liegen. Um das Bild P' des Punktes P (ungleich C) bei Projektion von C aus auf die Bildebene zu bestimmen, legt man durch P und C die Gerade, projizierender Strahl[909] genannt. Dessen Schnittpunkt P' mit der Bildebene ist das Bild von P.[910] Falls die Gerade CP parallel zur Bildebene verläuft, ist P' ein Fernpunkt; Punkte der Bildebene fallen mit ihren Bildern zusammen, sie sind „Doppelpunkte" der Projektion. So werden alle Punkte des Raumes mit Ausnahme von C abgebildet.

Ist eine im Raum gelegene Gerade g abzubilden, so gibt es einerseits die Möglichkeit, die von g und C festgelegte Ebene Cg – auch projizierende Ebene genannt - zu betrachten und deren Schnitt, ihre Spur, mit der Bildebene. Diese ist dann das gesuchte Bild g'. Liegt g in der zur Bildebene parallelen Ebene durch das Zentrum C, Verschwindungsebene genannt, so ist g' die Ferngerade der Bildebene (wenn g nicht durch C geht). Einen Sonderfall bilden alle Geraden, die durch das Zentrum verlaufen. Sie werden auf Punkte abgebildet, nicht auf Geraden, nämlich auf den Durchstoßungspunkt der fraglichen Geraden mit der Bildebene; liegt die Gerade zudem in der Verschwindungsebene, so ist ihr Bild ein Fernpunkt.

Die andere Methode, mit der man Geraden projizieren kann, geht punktweise vor. Jedem Punkt P der Geraden entspricht ein projizierender Strahl, der die Bildebene im Bildpunkt P' von P trifft. Die Gesamtheit der Bildpunkte, wie g selbst eine so genannte Punktreihe[911], bildet das Bild g' der Geraden g. Geht nun g durch das Zentrum, so gibt es nur einen projizierenden Strahl, nämlich g selbst. Anders gesagt: Diese Geraden fallen mit den projizierenden Strahlen aller ihrer Punkte

---

[909] Im Kontext mit Projektionen sprach man meist von Strahl, gemeint ist eine Gerade.
[910] Bilder werden im Folgenden mit Apostroph gekennzeichnet – ein Brauch, der in der darstellenden Geometrie verbreitet war und immer noch ist. Fiedler übernahm diesen dann in seinem Buch.
[911] Diese Terminologie geht auf Steiner zurück, wir kommen darauf noch zu sprechen. Bei diesem Zugang stellt sich allerdings die Frage, warum die Bildpunkte eine Gerade liefern.

zusammen. Folglich wird g in diesem Fall, wie bereits gesehen, auf einen Punkt abgebildet; im Fall, dass g parallel zur Tafel ist, erhält man einen Fernpunkt.[912]

Konstruktiv gewinnt man das Bild g' von g folgendermaßen: Ein Bildpunkt ist derjenige Punkt, in dem g die Bildebene schneidet; der Durchgangspunkt D.[913] Der zweite Punkt, mit dem die Bildgerade festgelegt wird, ist der Schnittpunkt F der Parallelen zu g durch C in der von C und g festgelegten Ebene Cg mit der Bildebene; er wird Fluchtpunkt genannt und ist der Bildpunkt des Fernpunktes von g. Anders gesagt, repräsentiert er die Richtung von g.[914] Ausnahmen sind alle Geraden, die parallel zur Bildebene verlaufen. Konstruktiv sind diese Fälle meist nicht von Interesse.[915]

Das Bild einer Ebene, das als Punktmenge - außer in Sonderfällen - einfach die ganze Bildebene ist, wird zum einen festgelegt durch den Schnitt der zu projizierenden Ebene mit der Bildebene. Das ist eine Gerade s, auch Spur genannt. Hinzukommt die Gerade f, in der die Parallelebene durch das Zentrum zur gegebenen Ebene die Bildebene schneidet; diese heißt Fluchtlinie.[916] Spur und Fluchtlinie sind parallel, jedes derartige Paar von Geraden repräsentiert eindeutig eine Ebene.[917] Im Falle von Punkten und Geraden ist dagegen keine Eindeutigkeit gegeben: Viele Punkte bilden sich auf einen Bildpunkt ab und viele Geraden auf eine Bildgerade.

Mit den bereit gestellten Hilfsmitteln lassen sich nun einfache Probleme konstruktiv lösen, ganz ähnlich wie in der darstellenden Geometrie.[918] Da diese Lösungen wenig bekannt sind, werden im Folgenden einige davon etwas ausführlicher erläutert. Zu beachten ist, dass die Konstruktionen Fiedlers in der Tafel, der Bildebene also, ausgeführt werden. Ein Rückschluss auf die räumliche Situation wird erst mit Hilfe des so genannten Distanzkreises möglich; siehe weiter unten. Terminologisch wird bei Fiedler oft nicht deutlich zwischen Raumpunkten und Punkten in der Tafel unterschieden. Ist letzterer konstruiert, so gilt das Fiedler oft als Konstruktion des letzteren.

---

[912] In seinem Lehrbuch wird Fiedler diese Sichtweise nutzen, um die Sprache der projektiven Geometrie im Stile Steiners/von Staudts einzuführen (die projizierenden Strahlen bilden ein Strahlenbüschel, das Bild g' ist ein Schnitt desselben).

[913] In späteren Publikationen heißt er bei Fiedler Durchstoßpunkt.

[914] Man könnte somit von der Punkt-Richtungs-Form sprechen, ähnlich wie man den Begriff heute in der schulischen Vektorrechnung verwendet.

[915] In der Praxis löst man solche Fälle oft, indem man das Zentrum verlegt – eine sogenannte Transformation durchführt; vgl. 4.2.5. Der Raum der Zentralprojektion ist eben nicht homogen, da er einen ausgezeichneten Punkt enthält.

[916] In der Malerperspektive ist die Fluchtlinie als Horizont wohlbekannt.

[917] Auszunehmen hiervon ist die Verschwindungsebene.

[918] Fiedler behandelt solche Beispiele auf den Seiten 10 bis 13 seiner Dissertation.

Aufgabe 1. Man soll durch einen Punkt zu einer gegebenen geraden Linie eine Parallele ziehen.[919]

Lösung: Sie A der gegebene Punkt und g die gegebene Gerade. Klassisch euklidisch würde man die Ebene Ag konstruieren und darin dann die Parallele zu g durch A (nach Euklid I, 31). Die Konstruktion von Parallelen vereinfacht sich in gewisser Weise in der Zentralprojektion: Will man das Bild einer Parallele zu einer Geraden in der Tafel finden, so ziehe man Geraden durch deren Fluchtpunkt. Diese Idee wird sogleich verwendet werden.

Sei A' der Bildpunkt von A und g' das Bild von g in der Tafel, festgelegt durch den Durchstoßungspunkt D_2 und den Fluchtpunkt F_2. Die zu konstruierende Parallele muss also im Bild durch den Fluchtpunkt F_2 verlaufen und im Raum durch A gehen, ihr Bild enthält also den Punkt A', d.h. ihr Bild ist die Gerade F_2A'. Somit liefert die Gerade F_2A' durch ihr Urbild die Lösung.

Allerdings liegt die gesuchte Gerade noch nicht in der kanonischen Form vor, es fehlt ihr Durchgangspunkt D. Um D zu ermitteln, legt Fiedler durch den Punkt A' eine Gerade, deren Bild in der Tafel die Gerade F_1D_1, verschieden von $A'F_2$ sein soll. Nun ziehe man die Gerade F_1F_2 (auch Fluchtlinie genannt, sie ist das Bild der Ferngeraden derjenigen Ebene, welche durch die beiden durch A gehenden Geraden festgelegt wird), und dazu in der Tafel die Parallele durch D_1. Da Fluchtlinie und Spur einer Ebene immer parallel sind, liefert die Parallele die Spur der Ebene durch die beiden Geraden durch A. Der Schnittpunkt dieser Parallelen mit der Geraden $A'F_2$ ist der gesuchte Punkt Durchstoßungspunkt D. Die gesuchte Gerade ist somit die Gerade DF_2.

„Aufgabe 2. Man soll durch einen Punkt und eine gerade Linie eine Ebene legen."

Der gegebenen Punkt sei wieder A, sein Bild A', das Bild der gegebene Geraden g in der Tafel sei F_2D_2. Damit hat man bereits einen Punkt der Spur der gesuchten Ebene und einen Punkt der Fluchtlinie. Zu g ziehe man gemäß Aufgabe 1 die Parallele durch A, deren Bild in der Tafel sei die Gerade DF_2, welche natürlich durch A' geht. Dann ist die Gerade D_2D die Spur und die Parallele hierzu in der Tafel durch F_2 die Fluchtlinie der zu konstruierenden Ebene.

Erklärung: Die Konstruktion beruht darauf, dass Spur und Fluchtlinie einer Ebene parallel sind und dass die Bilder paralleler Geraden in der Tafel denselben Fluchtpunkt (hier F_2) haben.

---

[919] Fiedler 1860, 10. Vgl. Fiedler 1875, 19 Aufgabe 9. Zu beachten ist hier und im Folgenden, dass eigentlich immer nur Bilder in der Tafel konstruiert werden, nicht etwa die räumlichen Objekte selbst.

Bei Fiedler wirkt die zur Lösung der Aufgabe gehörige Figur komplizierter, weil er davon aus geht, dass der Punkt A mit einer durch ihn gehenden Geraden gegeben sei, die im Weiteren aber keine Rolle spielt.

Es werden eine ganze Reihe von elementaren raumgeometrischen Konstruktionen in Zentralprojektion in der Dissertation vorgeführt, z. B. „Aufgabe III. Man soll die gerade Verbindungslinie zweier Punkte bestimmen."[920] und „Aufgabe IV. Man soll durch eine gerade Linie eine Ebene legen, die einer anderen geraden Linie parallel ist."[921] Im Lehrbuch finden sich ab der zweiten Auflage (1875) solche elementaren Aufgaben einführenden Charakters nicht mehr.

Wegen ihrer einfachen Lösung interessant ist Aufgabe VII: „Es ist die Durchschnittslinie zweier Ebenen anzugeben."[922]

Es seien d_1 und d_2 die Spuren der beiden gegebenen Ebenen, f_1 und f_2 ihre Fluchtlinien in der Tafel. Dann muss der Fluchtpunkt F der zu konstruierenden Schnittgerade in beiden Fluchtlinien liegen, ist also ihr Schnittpunkt. Analoges gilt für den Durchgangspunkt D der gesuchten Geraden; er ist der Schnittpunkt der beiden Spuren. Das Bild der gesuchten Durchschnittslinie ist also die Gerade durch D und F.

Hieraus ergibt sich sofort die Lösung von folgender Aufgabe: „Es soll der Durchschnittspunkt dreier Ebenen konstruiert werden."[923] Man konstruiere zwei der drei Schnittgeraden von jeweils zwei der drei gegebenen Ebenen in der Tafel nach Aufgabe VII. Der Schnittpunkt dieser beiden Geraden ist der gesuchte Punkt. Fallen die beiden Geraden zusammen, so gehen alle drei Ebenen durch diese Gerade; die Ebenen liegen folglich im Büschel.

Auch folgende Aufgabe ist jetzt einfach lösbar: „Man soll den Durchschnittspunkt einer geraden Linie mit einer Ebene construiren."[924] Hierzu legt man durch die gegebenen Gerade eine Hilfsebene, diese schneide die gegebene Ebene in einer Geraden, ihrer Spur. Der gesuchte Schnittpunkt ergibt sich dann als Schnitt der gegebenen Geraden mit der Spur der Hilfsebene; beide Geraden liegen in der Hilfsebene.

---

[920] Fiedler 1860, 10.
[921] Fiedler 1860, 10. Mit Hilfe dieser Konstruktion lässt sich der Abstand zweier windschiefer Geraden ermitteln (siehe unten).
[922] Fiedler 1860, 11. Vgl. Fiedler 1875, 19 Aufgabe 5.
[923] Fiedler 1860, 11. Vgl. Fiedler 1875, 19 Aufgabe 5.
[924] Fiedler 1860, 11.

Einfach ist in Fiedlers System die Lösung der folgenden klassischen Aufgabe IV: „Man soll durch einen Punkt eine gerade Linie so ziehen, dass sie zwei andere gerade Linien schneidet."[925]

Man lege durch den Punkt und jeweils eine Gerade die Ebene (Aufgabe II). die Schnittgerade dieser beiden Ebenen (Aufgabe VII) ist die gesuchte Gerade.[926] Fallen beide Ebenen zusammen, so liegen die beiden Geraden und der Punkt in einer Ebene, die Lösung ist dann elementar.

Eine Fortführung hiervon ist Aufgabe XII, ein Klassiker: „Die gemeinschaftliche Normale zweier geraden Linien zu bestimmen."[927]

Fiedlers Lösung greift auf einige Konstruktionen zurück, die wir nicht behandelt haben. Sie sei deshalb nur angedeutet: Man konstruiert eine Ebene, die zu den beiden gegebenen Geraden parallel ist. Dann errichtet man auf der fraglichen Ebene zwei normale Ebenen, die jeweils eine der beiden Geraden enthalten. Deren Schnittgeraden ist das gemeinsame Lot, das zu konstruieren war. Es genügt sogar, die zuerst konstruierte Ebene als eine zu nehmen, welche eine der beiden Geraden enthält.[928]

Betrachtet man die letzte Konstruktion, so fällt auf, dass die Normalebene den metrischen Begriff des rechten Winkels impliziert, während die vorangehenden Aufgaben rein projektiv, also mit dem Lineal allein, lösbar waren. Diese Feinheit wird von Fiedler auch angesprochen, wenn auch in anderer Ausdrucksweise: Die Konstruktion der Normalebene beruht, wie er sich ausdrückt, auf der Verwendung des Distanzkreises[929]:

> Es ergiebt sich gleichzeitig, dass bei solchen Aufgaben [in denen Orthogonalität eine Rolle spielt; K. V.] die Eintragung des Distanzkreises nöthig ist, weil erst durch die Bestimmung des Projectionscentrums die

---

[925] Fiedler 1860, 12. Vgl. Fiedler 1875, 19 Aufgabe 5.

[926] Diese Idee liegt der Steinerschen Projektion zugrunde, die Salmon-Fiedler im Kontext der quadratischen Cremona-Transformationen besprechen. Vgl. auch 4.7, wo eine Ausarbeitung von Adolf Kiefer zu diesem Thema vorgestellt wird.

[927] Fiedler 1860, 13. Interessant ist hier natürlich nur der Fall, dass die Geraden windschief sind.

[928] Die Idee findet sich schon in manchen Auflagen von Legendre's Geometrielehrbuch.

[929] Das ist der Kreis um die senkrechte Projektion des Zentrums auf die Tafel – also um den Hauptpunkt -, dessen Radius gleich dem Abstand des Zentrums von der Bildebene ist. Als Kreis bringt also der Distanzkreis den Abstand, die Metrik, ins Spiel. Der Distanzkreis spielte schon in der klassischen Malerperspektive eine Rolle, weil sich mit seiner Hilfe der Bereich charakterisieren lässt, in dem die Verzerrung gering ist. Er war für Fiedler nach eigener Aussage der Ausgangspunkt für seine Zyklographie (vgl. Kapitel 6).
Etwas anders betrachtet geht es hier um Konstruktionen mit dem Lineal und einem festen Kreis inklusive Mittelpunkt, eine Situation, die Jakob Steiner betrachtet hatte. Diese Voraussetzungen reichen aus, um alle Euklidischen Konstruktionen auszuführen. Vgl. Adler 1906, 83 - 91.

> Bestimmung der Lage von geraden Linien und Ebenen im Raume durch
> ihre central-projectivischen Daten vollständig gemacht wird.[930]

Im zweiten Teil der Dissertation behandelt Fiedler hauptsächlich Regelflächen im Sinne seiner Darstellungsmethode. Ein Kegel beispielsweise wird gegeben durch seine Spurlinie (Schnitt der Fläche mit der Bildebene – oft ein Kreis), die Projektion einer erzeugenden Geraden (dargestellt durch Durchgangspunkt und Fluchtpunkt derselben) sowie durch die Projektion der Spitze (ein Punkt). Die Spurlinie kann man auch ersetzen durch die Fluchtlinie, das ist die Linie, die die Fluchtpunkte der Bilder der Erzeugenden bilden. Fiedler löst dann klassische Aufgaben wie die Bestimmung von Durchdringungskurven. Schließlich geht er noch auf zwei spezielle Flächen zweiter Ordnung ein, nämlich auf das elliptische einfache Hyperboloid[931] und das hyperbolische Paraboloid; beides sind Regelflächen.

Dies mag genügen, um einen Eindruck von Fiedlers Dissertation zu geben. Sie enthält in der Tat interessante Ideen, bleibt aber sehr in den Einzelheiten befangen. Ansätze zu einer Theoriebildung finden sich kaum. Allerdings weist Fiedler nach, dass sein Anspruch, die Zentralprojektion könne ein ähnliches System wie die Parallelprojektion liefert, plausibel ist.

Den Abschluss der Dissertation bilden einige Ausführungen, die um das Begriffspaar Darstellungsmittel (oder, wie Fiedler später meist formuliert: -methoden) und Mittel der geometrischen Untersuchung kreisen. Als Darstellungsmittel sind die beiden Projektionsarten (parallel und zentral) nach Fiedler völlig unabhängig voneinander, als Mittel der Untersuchung ist die Zentralprojektion überlegen. Nachdem er zugestanden hat, „dass die Parallelprojection überall im Vortheil ist, wo es um die Ableitung von Maassen und Winkelgrößen handelt", bricht er eine Lanze für die Zentralprojektion, „dass sie die allgemeinen Beziehungen der gegenseitigen Lage der Raumformen in viel größerer Einfachheit und mit einer viel unmittelbarer eindringlichen Anschaulichkeit wiederzugeben vermag."[932]

Bemerkenswert ist, dass sich Fiedler in seiner Dissertation explizit zu Ausnahmefällen und dergleichen äußert. Das geschieht später in seinen Publikationen kaum noch – er überlässt dort derartige Überlegungen stillschweigend den Leserinnen und Lesern:

---

[930] Fiedler 1860, 12.

[931] Gemeint ist das einschalige Hyperboloid über einer Ellipse: Es entsteht, wenn man eine Hyperbel um eine Ellipse herumführt. Ein Sonderfall ist das gewöhnliche einschalige Hyperboloid, bei dem die Ellipse ein Kreis ist. Vgl. 4.3.2.

[932] Fiedler 1860, 39.

> Es ist nützlich, bei jeder dieser Aufgaben die speciellen Fälle durchzugehen, auch da, wo dies im folgenden nicht durch besondere Bemerkungen erinnert worden ist.*)
>
> Anm. *) Gerade die speciellen Fälle sind zumeist von besonders fördernder Wirkung für das Vermögen der räumlichen Auffassung.[933]

Aus heutiger Sicht wirkt es vielleicht erstaunlich, dass man mit einem Werk von knapp 40 Druckseiten, das kaum etwas Neues in teilweise kritikwürdiger Darstellung enthielt und zudem noch erhebliche Übereinstimmungen mit einem bereits erschienen Buch aufwies, promovieren konnte. Dazu muss man aber wissen, dass die Ansprüche an mathematische Dissertationen um die Mitte des 19. Jhs. keinesfalls so hoch waren wie später. Die Promotion war ja neben dem Staatsexamen der einzige Abschluss, den man in der Mathematik erwerben konnte, und qualifizierte nicht unbedingt für eine Forschungstätigkeit. Natürlich sind die Dissertationen aus jener Zeit, die wir heute noch kennen, ganz anders geartet, aber das liegt an der Selektion, die die Zeitläuften so mit sich brachten. Bildlich gesprochen: Unter den wenigen uns noch geläufigen Dissertationen liegt eine ungleich dickere Sedimentschicht vergessener: Auf einen Riemann kommen viele Fiedler.

Auf grundsätzliche Fragen ist Fiedler nochmals in der schon erwähnten vierseitigen Note „Ueber das System in der darstellenden Geometrie" eingegangen.[934] Nach einer kurzen Einleitung, in der der Autor darlegt, dass das angestrebte System unabhängig sein müsse von kontingenten „Beschränkungen der Unterweisung und der Lehrbücher"[935], geht Fiedler hier auf die Reliefperspektive ein, wobei er historische Hinweise auf J. A. Breysig und J. V. Poncelet gibt, die er später noch oft wiederholen wird. Diese Projektionsart des Raumes in einen Teil des Raumes hatte in der Dissertation eine ganz untergeordnete Rolle gespielt, während sie nun geradezu ins Zentrum des Interesses rückt. Sie sei nämlich unter systematischen Aspekten wichtig, „als in ihnen [den Methoden der Reliefperspektive; K. V.] alle Methoden derselben [der darstellenden Geometrie; K. V.] als specielle Fälle enthalten sind."[936] Deshalb ist systematisch gesehen die Reliefperspektive der Keim, aus dem die Methoden der

---

[933] Fiedler 1860, 9. Der Abschnitt 8 „Besondere Fälle" der Fiedlerschen Dissertation enthält genauere Ausführungen zum Thema Ausnahmen.

[934] Fiedler 1863b.

[935] Fiedler 1863b, 444. Im Wesentlichen geht es um die traditionell vorgegebene Beschränkung auf die orthogonale Parallelprojektion. Die Entwicklung soll sich anders gesagt aus der inneren Logik des Themas ergeben.

[936] Fiedler 1863b, 445. So lässt sich z. B. die klassische Projektion des Raumes auf eine Ebene als Sonderfall der Reliefpespektive betrachten, in dem der Raumteil, auf den projiziert wird, zur Ebene entartet. Zur Reliefperspektive vgl. 4.2.8.

darstellenden Geometrie erwachsen. Historisch ist das sicher nicht zutreffend, wird aber auch nicht von Fiedler behauptet.

Fiedler ist in der langen Abhandlung „Die Methodik der darstellenden Geometrie zugleich als Einleitung in die Geometrie der Lage" (1867) auf seine Ideen zur Zentralprojektion zurückgekommen. Diese Schrift, die einzige, die Fiedler während seiner Prager veröffentlichte, bildet ein Bindeglied zwischen der Dissertation und seinem Lehrbuch; in ihr findet sich auch, anders als in der Dissertation, die Idee der Synthese von darstellender und projektiver Geometrie; sie gehört also in eine spätere Periode seines Denkens. Im Wesentlichen handelt es sich um eine verkürzte Darstellung des ersten Teiles des späteren Buches, es gibt Passagen, die wörtlich ins Buch eingeflossen sind, was die Vermutung nahelegt, dass Fiedler zumindest mit Vorarbeiten zu demselben schon 1867 beschäftigt war. Die Publikation von 1867 gibt einen „Abriss der Einleitung" zu seinen Prager Vorlesungen.[937] Am Ende zieht Fiedler ein Fazit:[938]

> Auf dem hier betretenen Wege kann man die Methoden der Geometrie der Lage im ganzen Umfange fruchtbar machen für die wissenschaftliche Entwickelung der darstellenden; [...] Die Entscheidung der Hauptfrage selbst, *über die Verbindung der Geometrie der Lage mit der darstellenden Geometrie zur Förderung und Hebung der letzteren*, ist aber für große Gebiete des höheren wissenschaftlichen Unterrichtes von Wichtigkeit und kann nicht mehr allzu lange verschoben werden.

Man bemerkt, Fiedler liebte überspitzte Formulierungen: Schon hat man es mit einer „Hauptfrage" zu tun, selbst wenn sie sich nur einer Person stellt. Da die Inhalte der Arbeit von 1867 im späteren Lehrbuch alle wieder behandelt werden, übergehen wir sie an dieser Stelle.

In seinem Hauptwerk, seiner „Darstellenden Geometrie" (1871), hat Fiedler später die Ansätze aus seiner Dissertation und der Veröffentlichung von 1867 in großer Ausführlichkeit dargelegt, allerdings mit der mittlerweile deutlich veränderten Zielrichtung. Er hatte dieses Buch in den Jahren 1869/70 ausgearbeitet, sein Druck verzögerte sich aber - vermutlich in Folge des Deutsch-Französischen Krieges.[939] War in der Dissertation die Zentralprojektion noch eine Darstellungsmethode, die hauptsächlich unter konstruktiven Gesichtspunkten betrachtet wurde, so eröffnet sie nun den sprichwörtlichen Königsweg in die

---

[937] Fiedler an Cremona Prag 22. Juni 1867, vgl. Israel 2017 Bd. I, 654. Einige Informationen zu Fiedlers Prager Vorlesungen finden sich in 2.3.

[938] Fiedler 1867, 740.

[939] Das wird ersichtlich aus der patriotischen Nachbemerkung, die Fiedler seinem ursprünglichen Vorwort von 1870 beigab.

projektive Geometrie.[940] Aufgaben, wie wir sie oben in der Dissertation gesehen haben, treten im Lehrbuch nur noch als Übungen auf ohne Lösungen. Sie sind Blumen am Wegesrand, die im Vorbeigehen gepflückt werden.[941] Wichtiger aber ist das Ziel, zu dem der Weg führt.

Fiedler beginnt den Kurs seines Lehrbuchs wie selbstverständlich – ohne Vorwarnung sozusagen - mit der Zentralprojektion. Wichtig ist ihm, dass stets die räumliche Situation zu Grunde gelegt wird, die Beschränkung auf die Ebene, wie sie in Lehrgängen der euklidischen Geometrie sehr gängig war (und ist), nennt er gar einen „Krebsschaden".[942] Stillschweigend vorausgesetzt wird die Kenntnis der euklidischen Raumgeometrie nebst einigem elementaren Wissen über Fernpunkte – etwa, dass sich zwei parallele Ebenen in einer Ferngerade schneiden, die dann deren Stellung angibt – und der Elemente der darstellenden Geometrie. Was diese raumgeometrischen Kenntnisse umfassten, kann man beispielsweise dem Lehrbuch von C. H. Müller und O. Presler entnehmen, die in einem dreiseitigen Anhang dieses Wissen zusammenstellen (vgl. Abbildung 4.3)[943].

---

[940] In der Dissertation kommt die projektive Geometrie, wie bereits ausgeführt, nicht explizit vor. Zwar spricht Fiedler an mehreren Stellen von „projectivisch", meint damit aber nur „mit einer Projektion erzeugt", „perspectivisch" bezieht sich folglich auf die Zentralprojektion, bedeutet aber später auch – als perspektivische Sicht des Raumes – die Hinzunahme von Fernelementen.

[941] Ähnlich wie sich Felix Klein ausdrückte, um die Bücher von Salmon zu charakterisieren. Vgl. Klein 1926, 165.

[942] Fiedler 1875, XI. Die Forderung, ebene Geometrie und Raumgeometrie zu vereinigen, wurde im letzten Drittel des 19. Jhs. in der Geometriedidaktik mehrfach erhoben; wichtiger Vertreter dieser sogenannten Fusion war Peter Treutlein (vgl. Schönbeck 1994). Vgl. 7.4.

[943] Vgl. Müller-Presler 1903, 294 – 296.

Erklärungen und Lehrsätze aus der systematischen Stereometrie.*)

1. Eine Ebene ist bestimmt:
   a) Durch drei Punkte, die nicht in einer Geraden liegen.
   b) Durch eine Gerade und einen Punkt außerhalb der Geraden.
   c) Durch zwei Geraden, die einander schneiden.
   d) Durch zwei parallele Geraden.
2. Die Schnittlinie zweier Ebenen ist eine Gerade.
3. Eine Gerade heißt senkrecht auf einer Ebene, wenn sie auf allen Geraden senkrecht steht, die man durch ihren Spurpunkt mit der Ebene in letzterer ziehen kann.
4. Eine Gerade steht senkrecht auf einer Ebene, wenn sie auf zwei Geraden senkrecht steht, die durch ihren Spurpunkt in der Ebene gezogen sind.
5. Alle Geraden, welche in demselben Punkte auf einer Geraden senkrecht stehen, liegen in einer Ebene.
6. Stehen zwei Geraden auf derselben Ebene senkrecht, so sind sie parallel.
7. Steht die eine von zwei parallelen Geraden auf einer Ebene senkrecht, so steht auch die andere auf dieser Ebene senkrecht.
8. Sind zwei Geraden einer dritten parallel, so sind sie unter einander parallel.
9. Unter dem Neigungswinkel einer Geraden zu einer Ebene versteht man den Winkel, welchen die Gerade mit ihrer senkrechten Projektion (Normalprojektion) zur Ebene bildet (Projektionsebene = Neigungsebene, Projektion = Neigungsschenkel).
10. Ist eine Gerade einer anderen Geraden parallel, die in einer Ebene liegt, so ist sie auch dieser Ebene parallel.
11. Ist eine Gerade einer Ebene parallel, so ist sie auch jeder in dieser Ebene liegenden Geraden parallel, die mit ihr in einer Ebene liegt.
12. Ist die eine von zwei parallelen Geraden einer Ebene parallel, so ist auch die andere der Ebene parallel.
13. Ist eine Gerade parallel mit zwei Ebenen, die einander schneiden, so ist sie auch der Schnittgeraden der letzteren parallel.

*) In Anlehnung an die Zusammenstellung in Aug. Schmidts „Elementen der darstellenden Geometrie". — Alle diese Erklärungen und Sätze sind hier im Texte mit *kursiven* Ziffern angeführt.

Abb. 4.3: *Beispiele raumgeometrischen Grundwissens*[944]

„Mitten hinein versetzt zu werden, ist am besten" – dieser Satz, mit dem Ernst Bloch seine Tübinger Einleitung in die Philosophie begann, passt auch sehr gut auf Fiedlers Vorgehen.

Das Centrum C der Projection, der Scheitel oder Träger des Strahlenbündels der projicirenden Geraden wird auf die *Bildebene*, die zugleich die *Zeichnungsebene* oder Tafel sein mag, durch die Normale von ihm auf sie bezogen; ihr Fusspunkt C_1 heisst der *Hauptpunkt*, ihre Länge CC_1 die *Distanz d* und der mit dieser aus dem Hauptpunkt in der Bildebene beschriebene Kreis D der *Distanzkreis*.

Dies vorausgesetzt bestimmt jeder Punkt P der Bildebene den *projicirenden Strahl CP*, der nach ihm geht; alle die unendlich vielen Punkte, die in dem letzteren liegen, werden in jenen Punkt der Bildebene abgebildet; also dass kein Einzelner unter ihnen bestimmt wird. Hiervon

---

[944] Müller-Presler 1903, 294.

machen nur zwei Punkte des projicirenden Strahls Ausnahme, nämlich der Durchstosspunkt P mit der Bildebene selbst, welcher mit seinem Bilde P' zusammenfällt, und die Richtung des Strahles oder der unendlich ferne Punkt Q desselben, der Punkt, den er mit allen ihm parallelen Geraden gemein hat.[945] Betrachten wir an einem projicirenden Strahl seine *Länge* CP oder l vom Centrum bis zur Tafel und seine *Tafelneigung* oder den Neigungswinkel $\beta = \,< CPC_1$, den er mit der letztern bildet, so sind beide in dem bei C_1 rechtwinkligen Dreieck CPC_1 enthalten, welches die Distanz CC_1 und die Länge C_1P nach dem Punkte P der Bildebene zu Katheten hat.[946]

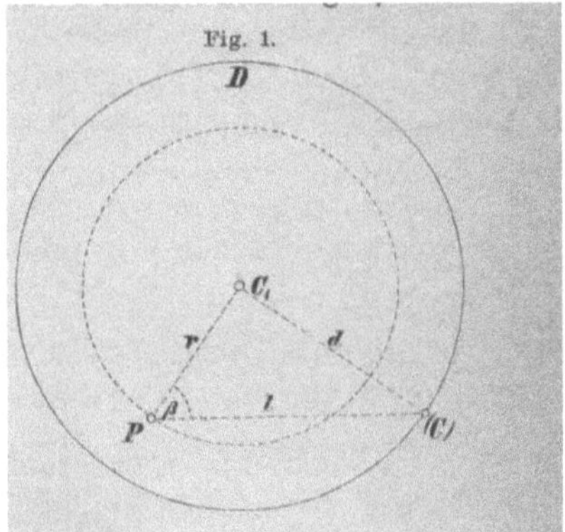

Abb. 4.4: *(C) ist das umgelegte* [947] *Zentrum C, C_1 ist Hauptpunkt, D der Distanzkreis. Der Neigungskreis zum Punkt P ist gestrichelt.*[948]

Man rechnet nun leicht nach, dass alle Punkte gleicher Neigung auf einem Kreis liegen, dessen Mittelpunkt der Hauptpunkt ist; insbesondere ist der bereits erwähnte Distanzkreis der Neigungskreis zum Neigungswinkel $\beta = 45°$. Ist $\beta = 90°$, so schrumpft der Neigungskreis auf den Hauptpunkt zusammen, ist $\beta = 0°$, so wird der Neigungskreis zur Ferngeraden der Bildebene, gibt also deren Stellung an.

Den einzelnen Abschnitten in Fiedlers Buch sind oft Übungsaufgaben beigegeben, die in ihrer Komplexität allerdings stark unterschiedlich ausfallen. Zum ersten Abschnitt gibt es einfache Aufgaben wie „Construire l aus D und r." oder „Construire β und d aus C_1, l und r."[949] Eine andere Aufgabe lautet: „In der

---

[945] Natürlich ist auch das Zentrum C eine Ausnahme, es wird ja gar nicht abgebildet.
[946] Fiedler 1875, 6 - 7.
[947] D.h. die Strecke CC_1 wird um C in die Tafel gedreht, (C) ist dann die Endlage von C in der Tafel. Das Dreieck $(C)PC_1$ ist folglich die Umlegung des Dreiecks CPC_1. Mehr zu dieser in der darstellenden Geometrie wichtigen Technik in 4.2.4.
[948] Fiedler 1875, 7. Das Bild liegt in der Tafel.
[949] Fiedler 1875, 7. Die Bezeichnungen können der obigen Abbildung entnommen werden.

projizierenden Ebene *Cp* bestimme man die projicierenden Geraden von der Länge *l* und der Neigung β."[950]

4.2.2 Die Sprache der projektiven Geometrie

Schon im zweiten Paragraphen seines Buches führt Fiedler wichtige Elemente[951] der Sprache der projektiven Geometrie im Stile Steiners gewissermaßen subkutan ein, indem er diese zur begrifflichen Beschreibung der betrachteten Situationen ganz selbstverständlich verwendet. Es ergeben sich zudem Aufschlüsse über mögliche Konstruktionen, der für die darstellende Geometrie typische konstruktive Aspekt ist also durchaus präsent. Wirklich konstruiert werden kann natürlich nur in der Tafel, bewegt man sich im Raum, sind die Konstruktionen hypothetischer Natur; im Falle der Zentralprojektion einer Ebene auf eine Ebene werden die Konstruktionen nach Umlegung auch in Gestalt der Zentralkollineation wirklich mit Zirkel und Lineal konkret durchführbar – in vielen Fällen sogar mit dem Lineal alleine.[952]

Fiedlers Ausführungen liegt meist die „perspectivische Raumansicht"[953] zugrunde, d.h. Fernelemente werden zu den gewöhnlichen hinzugenommen. In unserer heutigen Ausdrucksweise arbeitet er somit in der projektiven Ebene oder im projektiven Raum. Diese sind aber noch keine eigenständigen Objekte der Untersuchung, die eingehend erkundet würden. Insbesondere werden homogene Koordinaten nicht etwa eingeführt, um die projektive Ebene bzw. den projektiven Raum zu erfassen, sondern sie liefern ein Koordinatensystem für die euklidische Ebene oder den euklidischen Raum mit der zusätzlichen nützlichen Eigenschaft, dass man mit ihnen auch Fernelemente erfassen kann.

Gegeben seien also eine Bildebene (Tafel) τ und ein Punkt *C* im Raum, das Zentrum, der nicht in der Bildebene liegt. Die Gesamtheit aller Strahlen, die die Punkte einer Geraden *g'* der Bildebene zusammen mit dem Zentrum *C* festlegen, heißt das „Büschel der projicirenden Strahlen"[954], die fragliche Ebene, in der das Büschel liegt, ist die projizierende Ebene. Sei nun *g* eine der Geraden, die auf *g'* projiziert werden. Der Schnittpunkt des zu *g* in der betreffenden Ebene parallelen Strahls durch *C* liefert das Bild des Fernpunkts *Q* aller zu *g* in der projizierenden

---

[950] Fiedler 1875, 8. Man sieht: Strecke und Gerade werden nicht unterschieden bei Fiedler, Strahl und Gerade sind meist synonym.

[951] Ein allererstes Element, das Strahlenbündel, kam schon zuvor zur Sprache. Die durchgängige und frühe Verwendung von Steiners bzw. von Staudts Terminologie unterscheidet das Buch von 1871 von Fiedlers Dissertation. Vgl. auch 4.4.1, wo Fiedlers systematische Behandlung des hier angesprochenen Themas Fundamentalgebilde und ihre Beziehungen dargestellt wird.

[952] Vgl. 4.2.4.

[953] Fiedler 1875, 3.

[954] Fiedler 1875, 7. Geradenbüschel liegen immer in einer Ebene, die entsprechende Situation im Raum heißt Bündel, eine erst durch von Staudt eingeführte Bezeichnung.

Ebene parallelen Geraden. Dieser Strahl bildet Q auf den sogenannten Fluchtpunkt Q' von g' ab; Q' ist der Schnittpunkt der fraglichen Parallelen zu g durch C mit der Bildebene.

Der Schnitt der projizierenden Ebene mit der Bildebene ist nichts anderes als die Gerade g'; sie ist die Spur der projizierenden Ebene. Umgekehrt ist das projizierende Strahlenbüschel der Schein der Geraden. Ist die Spur die Ferngerade der Bildebene, liegt also die projizierende Ebene parallel zur Bildebene, so wird diese zur Verschwindungsebene. In dieser liegt insbesondere das Zentrum. Alle Punkte (mit Ausnahme des Zentrums) und Geraden der Verschwindungsebene werden auf Fernelemente der Bildebene abgebildet.

Die Gerade g' als Bild einer Geraden g im Raum lässt sich festgelegen durch den Punkt, in dem die Raumgerade g auf die Bildebene trifft; dieser wird Durchstoßpunkt[955] genannt und mit S bezeichnet, sowie durch ihre Richtung, d. h. durch ihren Fluchtpunkt Q' als Bild des Fernpunktes von g. g' ist somit die eindeutig bestimmte Gerade, welche einerseits zu dem Strahlenbüschel mit Mittelpunkt S in der Tafel gehört und andererseits zum Büschel aller Geraden in der Tafel, die durch den Fluchtpunkt Q' der Geraden g' gehen. Somit ist g' die Verbindungsgerade dieser beiden Büschel, d. i. die den beiden Büscheln gemeinsame Gerade. Im Raum gibt es zudem einen ausgezeichneten Strahl, nämlich denjenigen, der in der projizierenden Ebene parallel zu g liegt und durch das Zentrum verläuft. Dieser ist der projizierende Strahl des Fernpunkts Q von g; sein Durchstoßungspunkt Q' mit der Bildebene ist der bereits erwähnte Fluchtpunkt (von g'). Das Bild g' lässt sich somit konstruieren als Verbindungsgerade der beiden Punkte S und Q'.

Ein weiterer ausgezeichneter Punkt ist im Falle, dass g nicht in der Verschwindungsebene liegt, der Schnittpunkt R von g mit der Verschwindungsebene; R heißt Verschwindungspunkt. Dessen Bild R' ist offensichtlich ein Fernpunkt der Bildebene; er ist der Fernpunkt von g' und entspricht der Richtung von g'. Somit ist das Viereck $SRQ'C$ Schnitt zweier Parallelenpaare, also ein Parallelogramm; damit sind die Strecken SR (das ist der Abschnitt auf der Geraden g zwischen Bild- und Verschwindungsebene) und $Q'C$ (das ist der Abschnitt zwischen dem Fluchtpunkt Q' und dem Zentrum C auf dem Q projizierenden Strahl) gleich lang. Analog findet man, dass die Strecken RC (Strecke zwischen Verschwindungspunkt R und Zentrum C auf dem auf den Fernpunkt von g' projizierenden Strahl) und SQ' (Strecke zwischen Durchstoßungs- und Fluchtpunkt auf g') gleich lang sind.

---

[955] In seiner Dissertation sprach Fiedler von Durchgangspunkt, im Folgenden sprechen wir, wie Fiedler gelegentlich auch, von Durchstoßungspunkt. Dieser Punkt gehört zur Geraden und zu ihrer Bildgeraden. Es geht hier wieder um die Punkt-Richtungsform einer Geraden Vgl. 4.2.1.

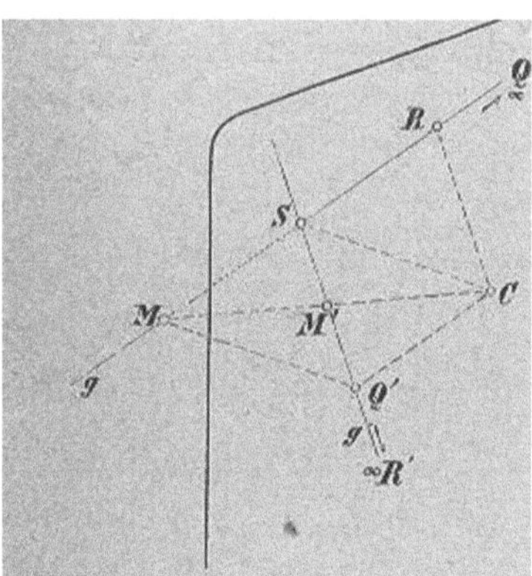

Abb. 4.5: *Verschwindungspunkt* [956]

Folglich kann man auf der Geraden *g* einen Punkt *M* (verschieden von R) finden, für den die Strecke *MS* gleichlang der Strecke *SR* ist. Dann ist das Viereck *MSCQ'* wieder ein Parallelogramm, weshalb man sagen kann, dass der Punkt *M* auf der Geraden *g* „hinter" der Bildebene ebenso weit entfernt liegt, wie der Punkt *R* „vor" derselben liegt. Der Bildpunkt *M'* von *M* halbiert die Strecke *SQ'*, denn *M'* ist der Schnittpunkt der Diagonalen des Parallelogramms *MQ'CS*. Die zur Bildebene parallele Ebene durch *M* heißt zweite oder hintere Parallelebene; sie hat von der Bildebene denselben Abstand wie die Verschwindungsebene, liegt aber im entgegengesetzten Halbraum – anschaulich gesprochen liegt die Verschwindungsebene z. B. „vor" der Bildebene, die Gegenebene im gleichen Abstand „dahinter" – die Lage hängt natürlich von derjenigen von *C* ab. Abbildung 4.5 ist eine der wenigen Figuren in Fiedlers Buch, die einen räumlichen Eindruck vermitteln wollen. Die angedeutete Ebene ist die Tafel. *M* liegt hinter der Tafel, *R* davor (in der Verschwindungsebene), *g* schneidet die Tafel in *S*, *g'* liegt natürlich ganz in ihr. Das Zeichen für Unendlich deutet Fernpunkte an.

Die projektiven Fundamentalgebilde werden von Fiedler im § 23, der die Entwicklungen des ersten Abschnitts resümiert, noch einmal übersichtlich zusammengestellt. Dabei werden auch die möglichen Beziehungen zwischen ihnen diskutiert. Das verdeulicht den organischen Zusammenhang. Wieder aufgegriffen wird das Thema am Anfang des dritten Teiles des Buches, der der projektiven Geometrie gewidmet ist.[957] Die Fundamentalgebilde werden dort an verschiedenen Stellen des ersten Abschnitts des dritten Teils berührt; einige davon – diejenigen erster Stufe - haben wir schon besprochen, was eine Zusammenfassung sinnvoll erscheinen lässt.

---

[956] Fiedler 1875, 9. Eine der wenigen Abbildungen in Fiedlers Buch, die einen räumlichen Eindruck vermitteln wollen.

[957] Vgl. 4.4. Fiedler verwendet die Bezeichnung „projectivisch".

Den roten Faden der Betrachtung liefert die Zentralprojektion; die Zusammenhänge werden durch Schneiden, Scheinbildung und Projektivitäten hergestellt. Die Fundamentalgebilde erster Stufe sind die (gerade) Punktreihe, das (ebene) Strahlenbüschel und das Ebenenbüschel. Mit Punktreihe werden alle Punkte (inklusive Fernpunkt), die auf einer Geraden liegen, bezeichnet. Ein Strahlenbüschel besteht aus allen Geraden in einer Ebene durch einen Punkt, Mittelpunkt, Scheitel oder Zentrum des Büschels genannt. Alle Ebenen durch eine Gerade bilden ein Ebenenbüschel mit der fraglichen Geraden als Achse oder Scheitel. Schneidet man ein Strahlen- oder Ebenenbüschel mit einer Geraden (in seiner Ebene, nicht durchs Zentrum bzw. ungleich der Achse), so erhält man eine Punktreihe. Diese wird vom Mittelpunkt des Strahlenbüschels durch die den Punkten zugehörigen Strahlen projiziert; das Strahlenbüschel ist der Schein der geraden Punktreihe, die Punktreihe ein Schnitt des Strahlenbüschels. Im Falle des Ebenenbüschels wird von einer Geraden, dessen Achse nämlich, projiziert. Dabei ist es auch hier wichtig, um den Sonderfall der Parallelität einzuschließen, konsequent mit Fernpunkten zu arbeiten. Zwei Schnitte ein und derselben Fundamentalform – also etwa zwei Geraden, die ein und dasselbe Strahlenbüschel schneiden, oder zwei Ebenen, die ein Strahlenbündel schneiden – liegen perspektivisch. Die Verkettung mehrerer Perspektivitäten liefert eine Projektivität. Projektivitäten sind also Element-zu-Element-Zuordnungen (z. B. Punkt zu Punkt, Strahl zu Strahl) zwischen Fundamentalgebilden. Während Schnitt und Schein immer zwischen verschiedenartigen Fundamentalgebilden stattfinden, verbinden Perspektivitäten und Projektivitäten solche gleicher Art. Insgesamt ergibt sich ein organisch abgeschlossenes System, in dem alles mit allem zusammenhängt. Zudem findet die Dualität[958] hierin eine Begründung, eine beachtliche Leistung des Systemgedankens.

Fundamentalgebilde zweiter Stufe gehen von der Ebene aus. Diese kann aufgefasst werden als Gebilde mit unendlich vielen Punkten und unendlich vielen Geraden. Die Punkte bestimmen Geraden, da durch zwei Punkte stets genau eine Verbindungsgerade festgelegt wird.[959] Umgekehrt legen zwei (nicht identische) Geraden in perspektivischer Raumansicht immer einen Punkt fest, da zwei Geraden sich stets schneiden, eventuell in einem Fernpunkt. Die Punkte der Ebene verteilen sich also auf Geraden als Punktreihen oder auch als Zentren auf Strahlenbüschel, die Geraden der Ebene gruppieren sich zu Strahlenbüscheln. Dabei kann man sogar annehmen, dass die Zentren dieser Büschel alle auf einer Geraden liegen. Somit bestehen die Grundelemente zweiter Art aus solchen

---

[958] Vgl. 4.2.3.
[959] Wir würden heute natürlich hinzufügen: zwei Punkte, die verschieden sind. Solche Einschränkungen wurden von Fiedler und seinen Zeitgenossen stillschweigend, da für sie selbstverständlich, unterstellt. Anders gesagt: Zwei heißt immer zwei verschiedene.

erster Art. Während die Grundgebilde erster Art einparametrig sind, sind die zweiter Stufe zweiparametrig.

Nun nehme man einen Punkt außerhalb der fraglichen Ebene. Verbindet man diesen mit allen Punkten, Fernpunkte eingeschlossen, der Ebene, so ergibt sich ein Strahlenbündel. Legt man dagegen durch die Geraden der Ebene und den fraglichen Punkt Ebenen, so entsteht ein Ebenenbündel. Die Ebene ist Schnitt dieser Bündel, die Bündel sind Scheine der Ebene und die Strahlen bzw. Ebenen des Bündels sind projizierend. Somit gibt es drei Fundamentalgebilde zweiter Stufe: die Ebene, manchmal auch Punkt- oder ebenes Feld genannt, mit ihren Punkten und Geraden[960], das Strahlenbündel und das Ebenenbündel. Allerdings gilt, dass jedes Strahlenbündel ein Ebenen- und jedes Ebenenbündel ein Strahlenbündel eindeutig bestimmt; insofern ist einer der beiden Begriffe im Prinzip entbehrlich.

Nun haben wir einen kritischen Punkt erreicht: Was sind wohl Fundamentalgebilde dritter Stufe? Ein Kandidat ist offensichtlich: der Raum mit seinen Punkten, Geraden und Ebenen. In strikter Analogie zu oben müsste man nun einen Punkt außerhalb des Raumes nehmen und projizieren mit Hilfe von Geraden, Ebenen und Räumen. Das setzt aber voraus, dass man einen vierdimensionalen Raum annimmt, einen Hyperraum, der den dreidimensionalen umfasst. Diese Idee war in den 1870er Jahren noch keineswegs Allgemeingut der Mathematik – sie war gerade dabei, sich allmählich durchzusetzen.[961] Schon deshalb ist es interessant zu sehen, wie Fiedler mit dieser Schwierigkeit umgeht:

---

[960] Das ebene Feld umfasst also nicht nur Punkte, wie in der gewöhnlichen Geometrie, sondern ist eine komplexere Struktur mit Punkten, Geraden und Inzidenz.

[961] Vgl. Volkert 2017. In einer Arbeit aus dem Jahre 1882 erwähnt Fiedler, dass er in seinen diesbezüglichen Vorlesungen den Raum von vier Dimensionen anhand eines Beispiels von Cayley (vermutlich ist die Publikation Cayley 1846 gemeint) behandelt habe und dass er in seiner Vorlesung über „Ausgewählte Kapitel der Geometrie" im Sommersemester 1882 auf die Frage der Fundamentalgebilde und des Schneidens und Projizierens im vierdimensionalen Raum einzugehen gedenke; vgl. Fiedler 1882a, 171 – 175. Cayley schreibt in der genannten Arbeit: „In der Tat kann man, *ohne in irgend einer Weise auf die metaphysische Vorstellung von der Existenz eines vierdimensionalen Raumes zurückzugreifen,* wie folgt argumentieren (das Folgende lässt sich auch leicht in eine rein analytische Sprache übersetzen): [...]" („On peut en effèt, *sans recourrir à aucune notion métaphysique de la possibilité de l'espace à quatre dimensions,* raisonner comme suit (tout cela pourra aussi être traduit facilement en langue purement analytique): [...]" (Cayley 1846, 218).) Im ersten Teil seiner Arbeit geht es Cayley um kombinatorische hauptsächlich inzidenzgeometrische Fragen, im zweiten dann um Sätze der projektiven Geometrie wie Pascal und Brianchon.
Die erste Publikation, in welcher der vierdimensionale Raum mit den Fundamentalgebilden Steiners explizit in Verbindung gebracht wurde, scheint Rudel 1877 gewesen zu sein – nach Fiedlers Ansicht allerdings sehr defizitär (vgl. seinen Brief an Zöllner unten). Fiedlers Schüler G. Veronese hatte wesentlichen Anteil an der Ausarbeitung der höherdimensionalen projektiven Geometrie, einschlägig ist seine Arbeit Veronese 1882. Ein weiterer Schüler und ehemaliger Assistent von Fiedler, der Niederländer Hendrik de Vries, legte 1905 ein Lehrbuch der Zentralprojektion im vierdimensionalen Raum vor.

Die natürliche Fortsetzung dieser Betrachtungsweise ist es, *dass der Raum als die unendliche Menge seiner Punkte, seiner Ebenen und seiner Geraden betrachtet werden muss.* Als Punktesystem ist er die Vereinigung von unendlich vielen ebenen Punktsystemen, die in ein Ebenenbüschel gruppiert gedacht werden dürfen; als Ebenensystem ist er die Vereinigung von unendlich vielen Ebenenbündeln, deren Scheitel als eine gerade Reihe bildend angesehen werden können. *In beiderlei Betracht setzt er sich aus den Gebilden zweiter Stufe ebenso zusammen, wie diese aus denen der ersten zusammengesetzt sind;* er wird darum als *Grundgebilde dritter Stufe* bezeichnet. Es giebt auch wirklich eine *Abbildung des Raumes durch den Raum bei welcher - [...] – die entsprechenden Grundgebilde erster und zweiter Stufe, aus denen der Originalraum und der Bildraum sich zusammensetzen, in perspectivischer Lage für ein Centrum sind.* [...] Sie wird als *centrische Collineation räumlicher Systeme*[962] bezeichnet und liefert die *Modellierungs- Methoden der darstellenden Geometrie.* Betrachtet man den Raum als den Inbegriff aller seiner Geraden, so kann man dieselben in die Strahlenbündel vertheilen, deren Scheitel die sämmtlichen Punkte einer Ebene sind und erkennt ihn als *aus Gebilden zweiter Stufe so zusammengesetzt, wie diese aus den Elementen Punkt und Strahl;* er ist also in diesem Sinne als Gebilde vierter Stufe zu bezeichnen.[963] *Die Uebertragung der Eigenschaften aus denen der Gebilde niederer Stufe durch Zusammensetzung bleibt bestehen.*

So entspringt aus den Grundanschauungen und der Methode der darstellenden Geometrie das natürliche System der Geometrie.[964]

Die Idee, die hier kurz angedeutet wird, kann man als das Zusammenlegen zweier Räume in einem charakterisieren. Sie steht in strikter Analogie zur Umlegung bei Ebenen[965] und wurde auch schon von Möbius und Steiner verwendet. Letzterer bemerkte:

Zuerst werden zwei Räume (d. h. der ganze oder absolute Raum doppelt gedacht, so daß beide Räume einander durchdringen) so aufeinander bezogen, daß jedem Element des einen Raumes ein bestimmtes, gleichartiges Element des andern Raums entspricht; und weiter werden

---

[962] Es geht in anderer Bezeichnungsweise um die Reliefperspektive, vgl. 4.2.8.
[963] Das erinnert an Plückers Liniengeometrie, in der der Raum ebenfalls vierdimensional wird, wenn man die Gerade als Grundelement nimmt.
[964] Fiedler 1875, 75 - 76.
[965] Vgl. 4.2.4.

sie so auf einander bezogen, daß auch ungleichartige Elemente einander entsprechen.[966]

Es geht hier bei Steiner, wie auch bei Fiedler, darum, dass man die Situation abstrakt als Kollineation bzw. Reziprozität des Raumes in sich beschreibt und damit die Probleme mit dem vierdimensionalen Raum umgeht. Im Jahrzehnt zwischen 1870 und 1880 wurden allerdings die Vorbehalte gegen die vierte Dimension weitgehend abgebaut und solche Kunstgriffe waren folglich nicht mehr unbedingt erforderlich. Diese Entwicklung macht sich auch bei Fiedler bemerkbar, denn in der dritten Auflage seines Lehrbuches von 1883 spricht er im ersten Band explizit vom vierdimensionalen Raum und der Möglichkeit, in ihm die räumliche Kollineation zu studieren:

> Es ist die natürliche Fortsetzung dieses Verfahrens, dass man den drei-dimensionalen Raum von einem Punkte ausser ihm projiciert denkt durch Strahlen, die nur je einen Punkt mit ihm gemein haben und nun den *Raum von vier Dimensionen* bilden, indem alle andern Punkte jedes derselben diesem Raum angehören. Wir versagen uns die Verfolgung dieser Methode über den drei-dimensionalen Raum hinaus in diesem Werke; aber die fundamentalen Gedanken desselben, und selbst der Aufbau der Entwicklung [...] bieten sich für diese Fortsetzung unverändert dar.[967]

Die Einführung der vierten Dimension wurde kurz (1882) zuvor auch im Briefwechsel Fiedlers mit Guiseppe Veronese diskutiert.

> In meinem Aufsatze der math. Annalen[968] habe ich bewiesen, dass die n-dimensionale Geom. ein vortreffliches Hilfsmittel ist, um die project. Eigenschaften unseres Raumes zu studiren. Ich betone sehr stark, dass ich die n-dimens. Geom. nicht als Zweck sondern als Hülfsmittel betrachte. [...] ich glaube, es giebt ein grosser Unterschied zwischen meiner Arbeiten und den der anderen Mathematiker. Zum Fundament meiner Abhandlungen giebt's die reine geometrische Gedanke eines n-dim. Raumes, während bei den anderen finden wir nur das analytische Gedanke. Die Analysten sind von einer Gleichung mit n Variabeln wie Cauchy (1845) oder von dem Ausdrucke des linearen Elementes (wie Riemann 1854) ausgegangen, indem sie die geometrische Benennungen der gewöhnlichen anal. Geometrie benutzt haben. Ich glaube, es kann keine Geometrie geben, wenn das reine geom. Gedanke des Raumes fehlt. In der That, wenn wir die gewöhnliche analytische Geom. von den

---

[966] Steiner 1832, XV.
[967] Fiedler 1883, 112.
[968] Es geht um die bereits erwähnte Abhandlung Veronese 1882. Deren Titel ist Programm.

geom. Gedanken befreien, so bleibt nur Analysis, und daher nichts anderes als Analysis ist die Geom. von Cayley und Riemann.

Man wird mir vielleicht sagen, dass ich mit Worten die Algebra bekleide, aber wenn, was ich gemacht habe, nur Algebra wäre, so würde es auch die projectivische und darst. Geometrie sein.[969]

Im gleichen Jahr griff Fiedler in die lebhaften Diskussionen um die vierte Dimension im deutschen Sprachraum ein – verursacht wurden diese vor allem durch die Versuche des Leipziger Astrophysikers Karl Friedrich Zöllner (1834 - 1882), spiritistische Experimente (wie das Verschwinden oder Auftauchen von Objekten aus bzw. in geschlossenen Behältnissen oder die Auflösung von versiegelten Knoten) mit Hilfe der vierten Dimension „wissenschaftlich" zu erklären. Fiedler und Zöllner hatten brieflichen Kontakt. Ausgangspunkt für diesen war vermutlich der frühe Tod (1875) des Physikers und Mediziners Johann Jakob Müller, Kollege und Freund von Fiedler am Polytechnikum.[970] Da Müller einige Zeit in Leipzig gewirkt hatte, wandte sich Fiedler an Zöllner, um für seinen Nachruf Erkundigungen über Müllers Leipziger Zeit einzuholen. Der Text Fiedlers, auf den ich mich hier beziehe, findet sich in gedruckter Form im Archiv der ETH mit Korrekturvermerken. Es scheint sich um die Korrekturfahnen eines gesetzten Textes in der Art eines offenen Briefes oder auch eines Leserbriefes zu handeln; allerdings ist es mir bislang nicht gelungen, herauszufinden, ob der Text gedruckt wurde, und wenn ja, seinen Erscheinungsort zu ermitteln.[971]

Einen interessanten, zum Theil berechtigten Beitrag zur mathematischen Lehre von der 4. Dimension lieferte Professor Fiedler in einem Schreiben vom 14.2.1882:

Anläßlich des Lesens im 1. Band Ihrer wissenschaftlichen Abhandlungen habe ich einige Anmerkungen im Sinne, die ich Ihnen als dankbarer Leser gern mittheilen möchte und die ich auch in Erinnerung an unsere persönliche Begegnung[972] Ihnen glaube mittheilen zu dürfen. Sie

---

[969] Brief aus Choggia vom 24. Juli 1882 an Fiedler (Hs 87: 1406; vgl. Confalonieri/Schmidt/Volkert 2019, 297). Schreibweise wie im Original, von Veronese in deutscher Sprache verfasst. Veronese erwähnt in seinem Brief an Fiedler dann noch, dass er in Leipzig in Kleins Seminar über vierdimensionale Geometrie vorgetragen habe, Dort hat er in der Tat am 24. April 1881 „Über die darstellende Geometrie im Raum von vier Dimensionen" gesprochen. Eine handschriftliche dreizehnseitige Zusammenfassung aus Veronese's Feder findet sich in Kleins Seminarbuch (vgl. http://page.mi.fu-berlin/moritz/klein/ Band 3, S. 1 – 13).

[970] Fiedler hat ein Schriftenverzeichnis von J. J. Müller erstellt, das zusammen mit seiner Grabrede in der Vierteljahrsschrift der Naturforschenden Geselschaft in Zürich abgedruckt wurde (Fiedler 1875).

[971] Hs 87a: 30. Das fragliche Dokument ist zwei Druckseiten lang, es befindet sich in einem Konvulot von nicht numerierten Papieren Fiedlers. Ein handschriftlicher Entwurf Fiedlers zu diesem Brief ist ebenfalls erhalten: Hs 87: 1821.

[972] Fiedler verbrachte oft Teile der Sommerferien mit Familie in Sachsen, wie manche seiner Briefe zeigen. Es ist anzunehmen, dass er dabei auch nach Leipzig kam.

beziehen sich natürlich wesentlich auf die Anregungen zur Geometrie, welche in den von mir gelesenen Theilen Ihres Buches enthalten sind, und wenn sie namentlich Punkte betreffen, wo ich nach meiner Beschäftigung mit diesen Dingen Ihnen nicht zustimmen kann oder doch eine andere Auffassung für statthaft, d. h. für logisch haltbar halte, so versteht es sich von selbst, daß ich die zahlreichen Punkte der Überstimmung nur der Kürze wegen nicht erwähne und daß ich die Weite und Umsicht Ihrer Kenntniß auch in diesem Gebiete höflich respectire.

[…]

Ich wende mich zur Geometrie von n Dimensionen, respective von 4 Dimensionen. Im Zusammenhange meiner Vorlesungen habe ich mich wiederholt auch mit diesen Fragen befasst und zwar besonders in Absicht einerseits auf die Ausbildung einer projectivischen Geometrie von n Dim. und andererseits auf die einer metrischen Geometrie von 4 Dimensionen; denn diese verspricht eine Einsicht in den Organismus der Raumformen vom nächst höheren Standpunkte aus, läßt also gleichzeitig Deutlichkeit und größere Allgemeinheit derselben erwarten, indeß man mit der zu raschen Steigerung der Letzteren die zum Wesen geometrischer Untersuchungen so wesentliche Erste verlieren wird.

Gewiß würde die so zu sagen Umwandlung der symmetrisch-congruenten Raumfiguren einen Raum von 4 Dimensionen erfordern[973]; aber ob wir diese verlangen und ihre Möglichkeit erwarten dürfen? Ich denke wenigstens nicht aus dem Kantischen Grunde von 1786[974], den Sie p. 224, 248, 504 besprechen. Ich kann in dieser Betrachtung des großen Denkers nur finden, daß ihm eben noch die Unterscheidung des Sinnes in der Geometrie fremd war, welche durch Möbius ausgebildet worden ist, denn der von ihm vermißte Unterschied der Theile symmetrischer Körper unter sich besteht ja in der That als der Gegensatz des Sinnes, in welchem die Endpunkte z. B. einer Fläche die eines Körpers von einer ihr nicht angehörigen Ecke gesehen gedacht und die entsprechenden Ecken der corresp. Fläche des symmetrischen Körpers von der Ecke desselben aus aufeinander folgen.[975]

Im Raume – wenn man so sagen will – von 4 Dimensionen wird man die Symmetrieverhältnisse bereichert gegen die des Raumes von 3

---

973 Es geht hier um so genannte inkongruente Gegenstücke (Kant), wie etwa rechte und linke Hand. Vgl. Volkert 2018.

974 Es geht um „Metaphysische Anfangsgründe der Naturwissenschaft" von I. Kant, die 1786 erschienen sind. Kant ist an verschiedenen Stellen seines Werkes auf das Problem der inkongruenten Gegenstücke eingegangen, vgl. Volkert 2018, Kapitel 1.

975 Hier schildert Fiedler eine Idee, die auf A. M. Legendre zurückgeht.

Dimensionen, aber ebenso als specielle Fälle der Involution gleichartiger Gebilde wie in diesem, erhalten und da die Involution auch hier in gewissem Sinne den Übergang von der projectivischen zur metrischen Untersuchung bildet, so verdient sie ganz besondere Aufmerksamkeit.

Das Programm von K. Rudel[976], welches Sie p. 256f besprechen, enthält leider von alledem nichts und hat insofern ehrlich gestanden meine Erwartungen, als ich es zur Hand bekam, vollständig getäuscht, gerade die Anwendung der v. Staudtschen Grundzüge auf die Mannigfaltigkeiten von nur einer Dimension mehr, von der er spricht, fehlt total und was es enthält, ist wohl durchaus vorher bekannt gewesen, in exakter straffer Form bei Riemann, Helmholtz (Göttinger Nachrichten), in der Form des geistreichen Scherzes bei unserem trefflichen Fechner, wenn ich nicht irre.[977] Die Idee von Gebilden 4, 5, allgemein n-ter Stufe hat in der project. Geometrie längs ihre ausführliche Entwicklung gefunden. Der Verfasser des besagten Programmes hat vielleicht die Anregung zu derselben wesentlich aus Ihrem Cometen-Werk[978] geschöpft. Um die Geometrie zu fördern, bleibt da viel zu thun, wovon das Schriftchen keine Andeutung enthält. Ich glaube, Sie haben ihm unverdiente Ehre angethan.

[…]

Erinnere ich mich recht, daß ich Ihnen vor etwa 1½ Jahren meine kleine Schrift „Geometrie und Geomechanik" zugesendet habe, resp. haben sie dieselbe erhalten?[979] Ihre Ideen von einem Zusammenhange zwischen der Organisation des Raumes und den Naturwirklichkeiten berühren mich lebhaft und ähnliche Gedanken sind es gewesen, die mich seit langen Jahren den Zusammenhang zwischen Geometrie und Mechanik mit Liebe verfolgen ließen, der schließlich in Plückers letzten Arbeiten und durch den jungen Dubliner Astronomen R. Ball eine in gewissem Sinne abschließende Gestalt erhielt.[980]

Seitdem habe ich wiederum 2 Bände, Algebra der linearen Substitutionen 2. Aufl. und Kegelschnitte 4. Aufl., publiciren müssen [sic!] und sonst nicht

---

976 Es geht hier um die Schrift Rudel, K.: Von den Elementen und Grundgebilden der synthetischen Geometrie (Bamberg: Schmidt, 1877). Zu Rudel vgl. Volkert 2018, 85 – 91.

977 Gemeint ist vermutlich Fechners Essay „Der Raum hat vier Dimensionen" von 1846.

978 In seinem Buch „Ueber die Natur der Cometen" (Leipzig: Engelmann) von Zällner, in dem dieser Überlegungen zur vierten Dimension andeutete.

979 Zöllner erwähnt dieses Werk, vgl. Zöllner 1878, 921.

980 Vermutlich geht es hier um Liniengeometrie und deren Anwendung in der Mechanik. Ball war bekannt für seine „theory of screws", mit der sich auch Fiedler ausführlich beschäftigte.

viel eigentlich fertig gebracht, nur ein Schriftchen zur Reform des geometrischen Unterrichts[981] musste hinaus.

Genug für heute. Ich bin mit hochachtungsvollem Gruße und guten Wünschen für Ihr Ergehen Ihr ergebener

Zürich, Unterstraß, 14.2.78

W. Fiedler

Die zweite Abbildungsart, von der Fiedler im obigen Zitat spricht, bei der ungleichartige Elemente einander entsprechen, hat mit der Idee der Dualität (auch Polarität oder Reziprozität genannt) zu tun: Während bei der räumlichen Kollineation Punkte auf Punkte, Geraden auf Geraden und Ebenen auf Ebenen abgebildet werden, werden bei der räumlichen Reziprozität Punkten Ebenen, Geraden Geraden und Ebenen Punkte zugeordnet.[982] Wir kommen hierauf im Zusammenhang mit dem dritten Teil von Fiedlers Buch zurück. Dort entfaltet Fiedler den Zuordnungsgedanken sehr systematisch, allerdings nicht mit der modernen Terminologie. Auch hier bemerkt man im Übrigen die starke Tendenz Fiedlers, ein kohärentes („organisches") System zu errichten – aber auch, sich selbst in Szene zu setzen.

Andeutungsweise kommen die Themen Spiritismus und vierdimensionale Geometrie noch einmal im Werk Fiedlers vor, nämlich in der Vorrede zum ersten Band der dritten Auflage von Salmons „Raumgeometrie" (verfasst August 1878). Dort heißt es:

[…], instructive Beispiele sind an vielen Orten hinzugefügt, insbesondere ist durch solche die Behandlung der Metrik (vgl. „Kegelschnitte" Art. 366f) in ihrer Erweiterung auf den Raum von drei Dimensionen (Art. 231, 232) reichlich ausgestattet. Ich erlaube mir, auf diese 1859 von Cayley gegebene Bearbeitung und seit 1862 von mir in deutscher Bearbeitung vertretene Erledigung der Frage nach den metrischen Relationen und nach ihrer Verbindung mit den Fundamenten der Geometrie und den Grundlagen unserer Raumanschauung wiederholt hinzuweisen. Sie entspricht allen an eine solche Untersuchung zu stellenden Anforderungen und giebt nicht Anlass zu den hypergeometrischen Abwegen, denen die rein analytisch gefasste Theorie vom

---

[981] Fiedler 1877.

[982] In der Ebene ordnet die Reziprozität Punkte Geraden und Geraden Punkte zu, im Hyperraum Punkte Räume und Geraden Ebenen und umgekehrt. Von Staudt hatte für diese Art von Entsprechung den Begriff „Korrelation" eingeführt. Konkrete Beispiele liefern die klassische Polarreziprozität bzgl. eines Kegelschnitts in der Ebene bzw. einer Fläche zweiter Ordnung im Raum. Vg. 4.2.3.

Krümmungsmaass höherer Mannichfaltigkeiten Thür und Thor geöffnet hat.[983]

Das klingt fast so, als wäre die rein analytische Fassung eine Gefahr, wird sie nicht der anschaulichen/synthetischen Kontrolle unterworfen. Auch im 1907 in der siebten Auflage der „Kegelschnitte" veröffentlichten Nachruf auf Salmon klang das Thema Spiritismus an:

> Aber aus dem Jahre 1865 stammt seine [Salmon's; K.V.] interessante Untersuchung über „Geisterklopfen von 150 Jahren", die der dritte Band der „Forthnightly Review" von G. H. Leves enthält. [...] Damit trat Salmon zugleich dem unter seinen Landsleuten um sich greifenden wüsten Geisterglauben entgegen. Es war im Vorjahr seiner Regiuszeit[984], und der Aufsatz ist wie so viele seiner Predigten Zeugnis für seine einsichtige Beobachtung der geistigen Strömungen der Zeit und seine geistvolle und geschickte Bekämpfung der verwerflichen unter ihnen.[985]

Gerade in Großbrittanien hatte der Spiritismus viele Anhänger, darunter auch namhafte Wissenschaftler wie W. Crookes und A. de Morgan.

In Fiedlers Korrespondenz kam das Thema „Spiritismus" auch zur Sprache. Am 20. Juni 1882 berichtete Fr. Kick aus Wien:

> Unser Grünwald neigte einmal zu dieser Richtung und wohnte einer privaten Abendvorstellung eines Amerikaners[986] bei, zu welcher er sich ein Modell aus Pappe mitnahm, welches durch Agend eine Drehung[987] in der 4ten Dimension in das Gegenbild verkehrt werden sollte. Darauf war nun der Amerikaner nicht vorbereitet, Grünwald war dadurch vom Schwindel überzeugt – ich war es aber ohne Pappmodell und 5 K[ronen; K. V.] Entrée.[988]

---

[983] Salmon-Fiedler 1878, V.

[984] 1866 wechselte Salmon auf einen Lehrstuhl für Theologie, bis dahin war er Professor für Mathematik. Der fragliche Lehrstuhl ging auf eine Stiftung von König Georg III aus dem Jahre 1674 zurück, weshalb es sich um einen *Regius-Professor of Divinity* handelte.

[985] Salmon-Fiedler 1907, XI.

[986] Es geht vermutlich um das Medium Henry Slade (1835 – 1905), das auch bei Zöllner in Leipzig Proben seines Könnens gegeben hatte (vgl. Volkert 2019, insbesondere pp. 139 – 144). Friedrich Kick, Professor für mechanische Technologie und langjähriger Briefpartner von Fiedler, war zu der Zeit, als er diesen Brief schrieb, am deutschsprachigen Polytechnikum Prag tätig. Es ist deshalb anzunehmen, dass er Karl Anton Grünwald (1838 – 1920) meinte, der als Mathematiker ebenfalls am deutschsprachigen Prager Polytechnikum tätig war (seit 1881 als Ordinarius).

[987] Eine physikalisch unmögliche Ebenenspiegelung im dreidimensionalen Raum lässt sich durch eine Drehung um die Spiegelebene im vierdimensionalen Raum ersetzen, wie schon Möbius erkannt hatte. Das Phänomen symmetrischer aber nicht kongruenter Körper war unter der Bezeichnung „inkongruente Gegenstücke" bekannt, Kick spricht von „Gegenbild". Zöllner sah in der Existenz inkongruenter Gegenstücke ein starkes Argument für die Existenz einer vierten Dimension, vgl. Volkert 2018, Kap. 1 und Volkert 2023a, Kap. 3 und 8.

[988] Hs 87: 507. Mehr zum Briefwechsel Fiedlers mit Kick findet sich in 9.2.1.

Vielleicht hat das Pappmodell von Grünewald so ausgesehen wie die linke Dreieckspyramide, rechts das gewünschte aber nicht gelieferte Ergebnis:

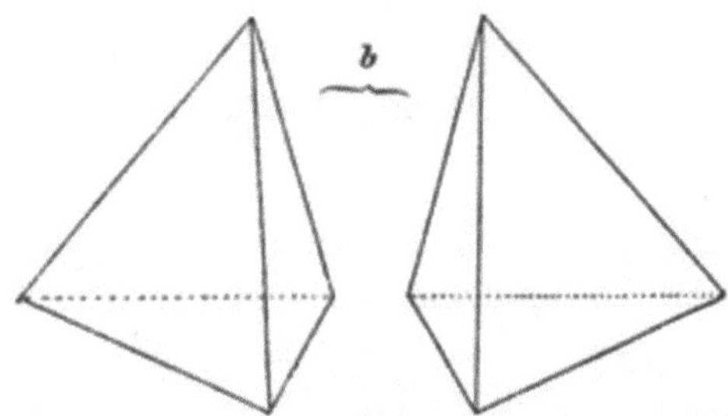

Abb. 4.6: *Inkongruente Gegenstücke*

Im nächsten Brief aus Wien vom 30. Juni 1882 kam Kick auf das Thema nochmals zurück:

> Daß Sie und mit Ihnen so mancher Fachgenosse vom geometrisch Imaginären nicht zum Spiritismus kommen, davon bin ich felsenfest überzeugt, aber nicht jeder ist so kräftig und gut organisirt.[989]

Man ahnt schon anhand dieser wenigen Beispiele, welche Kreise der Spiritismus und Zöllners Erklärungsversuche in jener Zeit zogen.

4.2.3 Die Dualität

Bevor wir auf weitere Einzelheiten des Fiedlerschen Zugangs zurückkommen – insbesondere fehlt noch das Doppelverhältnis, der Schlüssel schlechthin zur projektiven Geometrie in der Sicht vieler Mathematiker der damaligen Zeit – sei noch erwähnt, dass sich aus den Fundamentalgebilden direkt ein Zugang zur Dualität als „Symmetriegesetz des Systems"[990] ergibt. Hier führt Fiedler aus, was J. Steiner schon 1832 angedeutet hatte – und eigentlich in einem projektierten, aber nie erschienen vierten Teil seines Werkes detailliert darstellen wollte. Bei Steiner hieß es hierzu:

> So wie die Grundgebilde ihrer Natur nach einander entgegengesetzt sind, nämlich
>
> a)   die Gerade ... dem ebenen Strahlbüschel
> b)   die Gerade ... dem Ebenenbüschel
> c)   der ebene Strahlbüschel ... dem Ebenenbüschel

---

[989] Hs 87: 508.
[990] Fiedler 1875, 77.

> d)   die Ebene ... dem Strahlbüschel
>
> und sich solchergestalt aufeinander beziehen lassen, daß ihre Elemente
> einander paarweise entsprechen: eben so stehen auch, im allgemeinen,
> ihre Eigenschaften, ihre Verbindungen (zu Figuren) und die aus diesen
> hervorgehenden Sätze einander auf bestimmte Weise entgegen, d. h.
> kommen der einen Art von Gebilden gewisse Eigenschaften oder Sätze
> zu, so finden bei der jedesmaligen entgegengesetzten Art von Gebilden
> ebenfalls bestimmte, jenen entsprechende, aber ihnen entgegengesetzte
> Eigenschaften und Sätze statt. Das Wesen dieser Dualität von
> Eigenschaften und Sätzen ist also durch die Grundgebilde selbst, d. h.
> durch die umfassende Vorstellung des Raumelementes, notwendig
> bedingt.[991]

Für Steiner war der Streit zwischen Gergonne und Poncelet bezüglich des
Prinzips der Dualität „durch die vorliegende Entwickelung unzweideutig
entschieden, so daß ich es nicht nöthig halte, hier darauf weiter einzugehen."[992]
Eine recht selbstbewusste Behauptung für einen jungen Mathematiker.

Fiedler erläutert die Dualität und ihre Verankerung in den Fundamentalformen
anhand von Beispielen, die er in der üblichen Zwei-Spalten-Schreibweise – seit
Gergonne ein, wenn nicht gar „das" Markenzeichen der projektiven Geometrie -
präsentiert. Zwei Beispiele hierfür:

Ein Punkt und eine Gerade (als Ebenenbüschel) bestimmen eine Ebene.	Eine Ebene und eine Gerade (als Punktreihe) bestimmen einen Punkt.
Drei Punkte bestimmen eine Ebene, wenn sie nicht in einer Geraden liegen.	Drei Ebenen bestimmen einen Punkt, wenn sie nicht durch eine Gerade gehen.[993]

Diese Beispiele sind ziemlich einfach; der Bezug zu den Fundamentalgebilden ist
eher schwach. In seinem Aufsatz von 1867, der Blaupause für sein späteres
Buch, hat Fiedler Beispiele gegeben, die deutlicher mit den Fundamentalgebilden
arbeiten:

> Zwei geradlinige Punktreihen sind perspectivisch, wenn sie Schnitte
> desselben Strahlenbüschels sind; entsprechende Punkte liegen auf

---

[991] Steiner 1832, XVI.
[992] Steiner 1832, VII.
[993] Fiedler 1875, 77. Die insgesamt fünf Beispiele, die Fiedler gibt, finden sich sinngemäß schon bei
von Staudt 1847, 30 – 36.

einerlei Strahl desselben, der Schnittpunkt beider Geraden entspricht sich
selbst.

Dual hierzu ist die Aussage:

Zwei Strahlenbüschel sind perspectivisch, wenn sie Scheine derselben
Punktreihe sind: entsprechende Strahlen gehen durch einerlei Punkt
derselben, die Verbindungslinie beider Scheitel entspricht sich selbst.[994]

Diese Aussagen sind einfache Konsequenzen der getroffenen Definitionen.

Während bei von Staudt die Dualität als eine Art Beobachtungstatsache auftrat[995]
und Steiner deren Grundlage in den Fundamentalgebilden und ihrem
Zusammenspiel sah, gibt Fiedler eine explizite Begründung derselben:

Die Nothwendigkeit dieses Gesetzes der Dualität entspringt aus der Natur
des Doppelverhältnisses, welches die projectivischen Beziehungen der
Grundgebilde erster Stufe beherrscht; denn aus der Übertragbarkeit
desselben von Reihen auf Büschel und umgekehrt folgt, daß mit dem
Beweise eines Satzes über projectivische Beziehungen zugleich der
Beweis des nach dem Gesetze der Dualität entsprechenden Satzes
geliefert ist. Damit werden die Früchte der geometrischen Arbeit
verdoppelt.[996]

Eine starke Betonung des Doppelverhältnisses als einheitsstiftendes Prinzip der
projektiven Geometrie findet sich schon bei M. Chasles. Mit dessen „Géométrie
supérieure" hatte sich ja Fiedler, wie wir gesehen haben, intensiv
auseinandergesetzt.[997] Insofern könnte man hier einen Einfluss von Chasles
annehmen. Allerdings spielte das Doppelverhältnis auch bei anderen für Fiedler
wichtige Mathematikern wie Möbius und Steiner eine große Rolle.

Es liegt auf der Hand, dass Fiedlers Begründung der Dualität nicht allzu weit
reicht, sie lässt sich ja nur da zitieren, wo die Bildung von Doppelverhältnissen
möglich ist. Eine umfassendere Diskussion findet man bei Fiedler dann im dritten
Teil seines Buches im Rahmen der projektiven Geometrie. Wir kommen hierauf
zurück.

Schon früh in seinem Buch konstruiert Fiedler eine konkrete Form der Dualität.
Dabei geht es um die Dualität in der Ebene, also jener, welche unter Erhaltung
der Inzidenzen Punkt und Gerade vertauscht und vice versa. Wir gehen von

---

[994] Fiedler 1867, 677.

[995] Vgl. „[...] die ersten Sätze der Geometrie lassen ein gewisses Gesetz der Reciprocität oder Dualität
erkennen [...]" (von Staudt 1847, 30).

[996] Fiedler 1867, 677. Zum Thema Fiedler und die Dualität vgl. Etwein/Voelke/Volkert 2019, Abschnitt
3.1.6.

[997] Vgl. 1.1.

folgender Anfangssituation aus (vgl. Abbildung 4.7): Gegeben sei ein Zentrum C und eine Bildebene, in der die Dualität erklärt werden soll. Auf diese wird zentral von C aus projiziert – also soll C nicht in der Bildebene liegen. Ist nun Q ein Punkt – im Folgenden auch Pol genannt - in der Bildebene, so errichte man in C die zur Geraden CQ senkrechte Ebene. Diese schneidet die Bildebene in einer Geraden q', wobei q' natürlich auch die Ferngerade der Bildebene sein kann.[998] Die Gerade q' heißt Polare des Poles Q. Offenkundig lässt sich diese Konstruktion auch umkehren; sie liefert dann zu einer Geraden q' der Bildebene einen Punkt, den Pol derselben.

Die Grundidee dieser Konstruktion, die von Fiedler wohlklingend „Orthogonalsystem im Strahlenbündel"[999] genannt wird, ist aus der sphärischen Geometrie als Konstruktion der Polaren bzw. des Poles wohl bekannt; hier übernimmt der Kugelmittelpunkt die Rolle des Zentrums. Zweimal angewendet liefert die Konstruktion des Orthogonalsystems offensichtlich wieder das Ausgangsobjekt. Zudem gilt die folgende wichtige Eigenschaft: Liegen zwei Punkte auf einer Geraden, so gehen die beiden zu ihnen dualen Geraden durch einen Punkt. Dieser ist der duale Punkt zur Verbindungsgeraden, ihr Pol – Verbinden und Schneiden sind duale Operationen. Man beachte: Punkt und duale Gerade liegen immer auf unterschiedlichen Seiten des Hauptpunktes. Weiterhin gilt der Hauptsatz der Polarentheorie: Liegt der Punkt P auf der zum Punkt Q dualen Geraden q, so liegt der Punkt Q auf der dualen Geraden p zu P. Die Polare eines Punktes auf dem Distanzkreis ist die Tangente an diesen im Diametralpunkt. Diese Überlegung lässt sich umkehren, sie liefert dann zu einer Tangenten an den Distanzkreis den dualen Punkt, den Pol, als Diametralpunkt des Berührungspunktes.

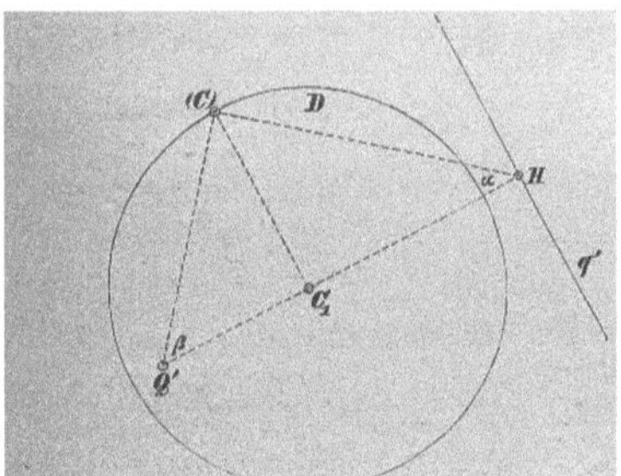

Abb. 4.7: *Ebene Darstellung der Konstruktion des Orthogonalsystems[1000]*

---

[998] Dieser Fall tritt genau dann ein, wenn der Punkt Q der Hauptpunkt C_1 ist, CC_1 ist dann ein gemeinsames Lot der beiden Ebenen.

[999] Fiedler 1875, 78 und Fiedler 1883, 186. Eine moderne Darstellung dieser Idee findet sich bei Stiefel 1971, 82. Stiefel behandelt sie im Rahmen der darstellenden Geometrie, heißt, in Normalprojektion auf eine Rissebene. Es resultieren exakt dieselben Figuren und Überlegungen wie bei Fiedler.

[1000] Fiedler 1875, 22.

Fiedler wendet die angegebene Konstruktion sogleich an, um metrische Beziehungen herzuleiten (vgl. Abbildung. 4.8). Seien Q' und q' Pol und Polare wie oben beschrieben, (C) das umgelegte[1001] Zentrum, C_1 der Hauptpunkt, D der Distanzkreis mit Radius d. H ist der Schnittpunkt der Senkrechten in (C) auf der Geraden durch Q' und (C) mit der Geraden q', wobei q' auch die Spurgerade der auf CQ' in C senkrechten Ebene in der Tafel ist. Das Dreieck $Q'(C)H$ ist konstruktionsgemäß bei (C) rechtwinklig. Aus dem Höhensatz[1002] angewendet auf das Dreieck $Q'(C)H$ ergibt sich die Beziehung

$$C_1 H \cdot C_1 Q' = d^2.$$

Diese Beziehung wird sodann ausgewertet:

> Die nämliche Relation besteht zwischen dem Fluchtpunkt einer geraden Linie oder einer Schaar von Parallelen und der Fluchtlinie aller zu ihr oder ihnen normalen Ebenen oder zwischen der Fluchtlinie einer Ebene oder einer Schaar von parallelen Ebenen und dem Fluchtpunkt der dazu normalen Geraden.[1003]

Die Dualität taucht bei Fiedler dann wieder auf im Zusammenhang mit den Kegelschnitten, diesmal als klassische Pol-Polaren-Theorie, oder, in Poncelet's Ausdrucksweise, als „reziproke Polaren".[1004] Beide Sichtweisen der Dualität hängen im Falle des Kreises wie bereits erwähnt eng zusammen: Konstruiert man die Polare zu einem Punkt im Sinne des Orthogonalsystems, so erhält man aus dieser die Polare im Sinne der Polarreziprozität, indem man am Kreismittelpunkt spiegelt (und umgekehrt). Analoges gilt natürlich für Pole.[1005] Zu beachten ist, dass Fiedlers Dualität im Orthogonalsystem eine metrische Begriffsbildung ist, denn sie verwendet ja den rechten Winkel, während dies bei der Ponceletschen Polarreziprozität nicht der Fall ist.

Das Studium des Orthogonalsystems hat nach Fiedlers Zeugnis eine wichtige Rolle in der Entwicklung seiner Ideen zur darstellenden Geometrie gespielt. In der dritten Auflage seines Lehrbuchs von 1883 bemerkt er:

> Die Betrachtung des Orthogonalsystems mit dem Distanzkreis in der Centralprojection und analog in der Orthogonalprojection gab mir 1858 die

---

[1001] Vgl. 4.2.4. Das umgelegte Zentrum liegt immer auf dem Distanzkreis.

[1002] Die Höhe $C_1(C)$ ist ein Radius des Distanzkreises.

[1003] Fiedler 1875, 22. Q' wird hier als Fluchtpunkt eines Parallelenbüschels gesehen, q' als Fluchtlinie eines Büschels paralleler Ebenen.

[1004] Fiedler 1875, 111 – 126 und Fiedler 1883, 184 – 188. Auch „Polarreziprozität" ist eine gängige Bezeichnung. Vgl. Etwein/Voelke/Volkert 2019, Kapitel 2. Nicht zu verwechseln mit den „reziproken Radien", welche die Inversion am Kreis bezeichnen.

[1005] Vgl. Stiefel 1971, 86 – 89. Dort wird auch der Zusammenhang zur üblichen Konstruktion mit Tangenten hergestellt.

Ueberzeugung, dass das Studium der darstellenden Geometrie von dem der Geometrie der Lage nicht getrennt werden dürfe.[1006]

Wie dies genau zu verstehen sei, erläutert er leider nicht näher. Vielleicht hätte Fiedler gesagt, sein System als Ganzes sei die Antwort. Auf der Hand liegt allerdings, dass solche Betrachtungen am Ursprung von Fiedlers Zyklographie lagen.[1007]

4.2.4 Die Umlegung

Fiedlers Ausführungen in seinem Lehrbuch sind recht abstrakt und anspruchsvoll. Es gibt darin zwar viele Abbildungen[1008], teilweise nach Fiedlers Angaben gezeichnet von Assistenten (Morstadt in Prag, Fliegner in Zürich), die aber auf Grund ihrer Komplexität mühsam zu interpretieren sind. Zudem fällt auf, dass es meist ebene Situationen sind, die dargestellt werden. Dem Lernenden blieb es überlassen, sein Anschauungsvermögen nicht zuletzt durch selbst angefertigte Zeichnungen oder Modelle zu entwickeln. Dieser Aspekt der Selbständigkeit wird von Fiedler immer wieder betont. Letztlich sind Zeichnungen und Modelle nach Fiedlers Meinung dazu da, sich überflüssig zu machen. Die voll entwickelte Stufe der Anschauung braucht sie nicht mehr.

Diese Abstraktheit wird auch deutlich bei Fiedlers Behandlung der Umlegung[1009]. Systematisch schließt sie sich bei ihm an die Überlegungen zur Abbildung einer Ebene E auf eine Bildebene E' bei Zentralprojektion mit Zentrum C an. Man hat hier somit die klassische Situation, wie man sie gerne nutzt, um in die Malerperspektive einzuführen: Ein Muster in einer Ebene, gerne ein schachbrettartiges (vorgestellt auf einem Fußboden), soll in der Bildebene, der Leinwand oder Tafel, perspektivisch so dargestellt werden, wie es vom Augpunkt aus gesehen wird.

Das Interesse an der Umlegung ist zuerst einmal ein theoretisches: Sie erlaubt es nämlich, die gesamte Situation in einer Ebene, etwa in der Bildebene, zu studieren und in ihr Konstruktionen durchzuführen. Der räumliche Bezug tritt in den Hintergrund bis hin zum Verschwinden. Zudem wird sich zeigen, dass die Figuren der Ebene E nach Umlegung in ihnen kongruente Figuren der Bildebene E' übergehen. Diese Figuren werden somit in wahrer Größe dargestellt, ein Aspekt,

---

[1006] Fiedler 1883, 362 Anmerkung zu „Ueberblick zum Abschnitt A".

[1007] Vgl. Kapitel 6.

[1008] Die Druckvorlagen der Abbildungen, das waren Holzschnitte, aus früheren Ausgaben wurden in späteren wiederverwendet. Es kamen aber auch einige Abbildungen hinzu.

[1009] Fiedler verwendet durchgängig diese Bezeichnung, in der Dissertation sprach er allerdings noch von „Herabschlagen" (Fiedler 1860, 14). Geläufig ist im Deutschen auch Umklappung, im Französischen spricht man von „Rabattement". Monge hat diese Technik systematisch eingesetzt, sie wird vor ihm schon von J. H. Lambert behandelt.

den Fiedler immer wieder betont und der in der darstellenden Geometrie eine wichtige Rolle spielt.

Anschaulich kann man sich die Umlegung folgendermaßen klar machen[1010]: Sei s die Schnittgerade, Achse genannt, der Bildebene E' und der Ebene E, Objektebene[1011] genannt, der Winkel zwischen den beiden Ebenen sei α.[1012] Dreht man E mit dem Winkel α um s, so fallen die beiden Ebenen zusammen. Eine entsprechende Drehung muss man auch noch mit dem Zentrum C der Projektion durchführen. Um diese festzulegen, ziehen wir die Fluchtlinie q' heran. Diese ist die Spur der zu E parallelen Ebene durch C mit der Bildebene. Auf dieser Fluchtlinie liegt der Hauptpunkt C_1, der Lotfußpunkt des Lotes von C auf E'. Dreht man die Parallelebene zu E durch C um den Winkel α, so fällt C auf einen Punkt (C) des Distanzkreises in der Bildebene. Dieser übernimmt nun die Rolle des Zentrums. Schließlich wird bei der Drehung der Ebene E die in E liegende Verschwindungslinie auf eine Gerade (r) abgebildet.[1013] Damit hat man in der Bildebene das umgelegte Zentrum (C), die Fluchtlinie q', die Achse s und die umgelegte Verschwindungslinie (r). Mit deren Hilfe lässt sich die Zentralprojektion der Ebene E auf die Bildebene E' von C aus vollständig untersuchen.

Die folgenden Tatsachen kann man sich leicht überlegen:

a)   Ist g eine Gerade in E, so schneidet ihre Bildgerade g' in der Bildebene die zu g gehörige Gerade (g) in einem Punkt, der auf der Achse s liegt.[1014]

b)   Ist P ein Punkt in E und P' sein Bildpunkt in E', so liegen (P) und P' auf einer Geraden durch (C).

Die von der Zentralprojektion in der Bildebene vermöge Umlegung bewirkte Abbildung ist eine Kollineation[1015]: Punkte werden auf Punkte und Geraden auf Geraden abgebildet, wobei Inzidenzen erhalten bleiben: Liegt ein Punkt auf einer Geraden, so liegt sein Bildpunkt auf der Bildgeraden, der Schnittpunkt zweier Geraden wird auf den Schnittpunkt der Bildgeraden abgebildet. Eine Kollineation

---

[1010] Bei Fiedler gibt es dazu wohlgemerkt keine erläuternde Abbildung, nur Text.

[1011] Diesen nützlichen Begriff verwendet Fiedler nicht.

[1012] Dieser Winkel wird von Fiedler Neigung genannt. Es gibt natürlich zwei Möglichkeiten für die Wahl dieses Winkels. Man könnte, um diese Doppeldeutigkeit zu beseitigen, verlangen, dass die Neigung kleiner/gleich einem rechten Winkel sein soll. Zudem muss man den Winkel orientieren, will man die fragliche Drehung eindeutig festlegen.

[1013] Fiedler benutzt in der Regel folgende Konvention: Werden Buchstaben, die Punkte oder Geraden bezeichnen, die nicht in der Bildebene liegen, in Klammern gesetzt, so bedeuten sie die Bilder dieser Punkte oder Geraden nach Umlegung in die Bildebene. Liegt also beispielsweise die Gerade g in E, so ist (g) die umgelegte Gerade g in der Bildebene E'. Die Verschwindungslinie ist die Spur der zur Bildebene parallelen Ebene durch das Zentrum in der Objektebene.

[1014] Ist g parallel zu s, so ist auch g' parallel zu s, also schneiden sich g und g' im Fernpunkt von s.

[1015] Dieser bei Fiedler viel verwendete Begriff geht auf Möbius zurück, vgl. Möbius 1827, XII. Dort heißt es: „Zu der letzterwähnten Verwandtschaft der Collineation wurde ich durch die Betrachtung der perspectivischen Abbildung einer ebenen Figur geleitet." Der Kollineation ist das siebte Kapitel von Möbius' Buch gewidmet (pp. 301 – 330).

der Ebene, die die zusätzlichen Eigenschaften a) und b) besitzt, wird heute meist Zentralkollineation genannt, Fiedler sprach von zentraler Kollineation. Aufschlussreich ist es, sich Fiedlers Formulierungen etwas genauer anzusehen, erkennt man doch so, wie er sich diese Situation gedacht und ausgedrückt hat:

14. Im Vorangehenden ist die Centralprojection als eine selbständige Darstellungsmethode entwickelt und im Wesentlichen ausgebildet. Damit sie zugleich die wissenschaftliche Grundlage aller übrigen Darstellungsmethoden – und zwar sowohl Methoden der graphischen Darstellung als der modellirenden – liefern könne, ist es nöthig, die fundamentale Beziehung eingehender zu untersuchen, welche zwischen dem Bilde eines ebenen Systems und diesem selbst besteht.

Das Bild des ebenen Systems und die Umlegung desselben in die Bildebene sind zwei *geometrisch verwandte*, d. i. in gesetzmäßiger Abhängigkeit von einander stehende ebene Systeme in der Tafel. Diese Verwandtschaft hat zu ihrem Hauptgesetz, dass jedem Punkt und jeder Gerade des ersten Systems immer ein und nur ein Punkt und eine Gerade des andern Systems entspricht. Man nennt die Systeme als diesen Gesetzen unterworfen *projectivisch* und insbesondere *collinear*, und die diesbezügliche Verwandtschaft *Projectivit*ät, insbesondere *Collineation*. Die Systeme erscheinen überdies in einer besonderen gegenseitigen Lage, die man als perspectivische oder *centrale* Lage zu bezeichnen pflegt: Jedes Paar entsprechender Punkte liegt auf einerlei Strahl eines Strahlenbüschels [vgl. Eigenschaft b) oben; K. V.], in welchem jeder Strahl sich selbst entspricht, d. i. als Theil des Originalsystems betrachtet mit seinem Bild zusammenfällt und umgekehrt, so dass dieses Strahlenbüschel beiden Systemen entsprechend gemein ist. Und jedes Paar entsprechender Geraden geht durch einerlei Punkt einer geradlinigen Punkt-Reihe [vgl. Eigenschaft a) oben; K. V.], in welcher jeder Punkt sich selbst entspricht oder die beide Systeme entsprechend gemein haben. Den Scheitelpunkt jenes Büschels C^* nennen wir das *Collineationscentrum* der Systeme, die gerade Linie dieser Reihe s die *Collineationsaxe* derselben.

Ferner entsprechen den Punkten in unendlicher Ferne im einen System die Punkte einer zur Collineationsaxe parallelen Geraden im andern System; den Punkten im Unendlichen des Originalsystems entsprechen die von q', den Punkten in unendlicher Ferne des Bildsystems die von (r). Wir nennen diese beiden Geraden die *Gegenaxen der Systeme* und ihre Punkte die Gegenpunkte derjenigen Geraden der ebenen Systeme, welche durch sie hindurchgehen. Die Gegenaxen können als Orte derjenigen Strahlenbüschel beider Systeme bezeichnet werden, denen Parallelenschaaren im jedesmaligen andern System entsprechen.[1016]

Nicht der Zuordnungs- oder Abbildungsaspekt steht hier im Vordergrund (wie man aus moderner Sicht wohl erwarten würde), sondern der eher statische Vergleichsaspekt. Obwohl alles sich in einer Ebene abspielt, legt Fiedler doch Wert darauf, dass hier zwei unterschiedliche Systeme, das Bild- und das Urbild würden wir heute sagen, im Spiel sind. Und das hat didaktisch gesehen durchaus Vorteile. Sodann fällt auf, wie konsequent Fiedler die Sprache der projektiven Geometrie im Stile Steiners verwendet. Er lässt keine Gelegenheit aus, um von Büscheln, Punktreihen und Ähnlichem zu sprechen. Ein Ingenieurstudent, der mit solcher Ausdrucksweise konfrontiert wurde, mag dies für eine komplizierte Art und Weise gehalten haben, einfache Sachverhalte auszudrücken. Ihre Vorteile erschließen sich an dieser Stelle kaum.

Fiedlers Fazit lautet:

> Nach diesen Gesetzen entsprechen einer gegebenen Figur in der Ebene unendlich viele ihr collinear verwandte Figuren, die alle nach beliebiger Festsetzung des Collineationscentrums und der Collineationsaxe so wie einer Gegenaxe mit Hilfe des Lineals allein aus ihr construirt werden. Die Lage der gegebenen Figur zur Gegenaxe ihres Systems unterscheidet die entsprechenden Figuren wesentlich von einander, wie diess an den einfachen Figuren von Dreieck und Viereck erläutert werden kann.[1017]

Hier klingt die Charakterisierung der projektiven Geometrie an als Geometrie, in der nur mit dem Lineal konstruiert wird. Während das Lineal für die – modern gesprochen - Inzidenz zuständig ist, bringt der Zirkel bzw. der Distanzkreis die metrische Sicht ins Spiel. Zudem stellt Fiedler implizit die Frage, welche Eigenschaften zwei Systeme gemein haben müssen, so dass sie kollinear verwandt sein können – Dreieck und Viereck sind es jedenfalls nicht.

Für ein erläuterndes Beispiel soll der Leser selbst sorgen, vgl. Aufgabe 1:

> Man construire von zwei collinearen Systemen in centraler Lage das zweite aus dem ersten, wenn gegeben sind das Centrum und die Axe der Collineation und zu einem Punkte oder einer Geraden des ersten Systems der entsprechende Punkt respective die entsprechende Gerade des zweiten; auch weise man den Parallelismus der Gegenaxen und der

---

[1016] Fiedler 1875, 33 – 34.
[1017] Fiedler 1875, 35. Um eine Zentralkollineation festzulegen genügen Zentrum, Achse und eine der beiden Gegenachsen oder auch Zentrum, Achse und ein Paar Punkt – zugeordneter Punkt. Vgl. Fiedler 1875, 35.

Collineationsaxe als nothwendige Folge des Grundgesetzes der Projectivität nach.[1018]

Sind die Achse *s* und das Zentrum *C* sowie ein Paar (*A,A'*) von Punkt und Bildpunkt gegeben, so findet man folgendermaßen das Bild *B'* eines Punktes *B* unter der entsprechenden Zentralkollineation: Man ziehe die Gerade *AB*, deren Schnittpunkt mit *s* sei *S*. Nun verbinde man *S* mit *A'* und konstruiere die Gerade *BC*. Der Schnittpunkt dieser beiden Geraden ist der gesuchte Bildpunkt *B'*.

Eine erläuternde Abbildung gibt es zur Zentralkollineation.

In Aufgabe 3 geht es darum, „die Collineationsverwandten" für eines Viereck *ABCD* „in sieben Hauptfällen" in Relation zur Gegenachse *q'* zu zeichnen und zu charakterisieren.[1019]

Der Begriff Umlegung oder Umklappung war in der darstellenden Geometrie auch üblich im Zusammenhang mit der klassischen Zwei- oder Dreitafelprojektion, wo man ja ebenfalls die verschiedenen Risse in einer Ebene darstellt, also z. B. die Seitrissebene in die Grundrissebene umlegt. Dieser eher praktische Aspekt wird bei Fiedler nicht erwähnt – vielleicht, weil er ihn als bekannt voraussetzte; wohl aber ist er in vielen Abbildungen seines Buches zu finden.

4.2.5 Die Transformation

Die voran gegangenen Betrachtungen lösen das Darstellungsproblem durch Zentralprojektion theoretisch, heißt, es sind alle notwendigen Hilfsmittel bereitgestellt, um gewünschte Darstellungen analog zu denen der darstellenden Geometrie zu erhalten. In der Praxis jedoch gibt es typische Schwierigkeiten, bedingt z. B. durch die Abmessungen des Zeichenblattes oder Zeichenungenauigkeiten, etwa bei schleifenden Schnitten.[1020] In solchen Fällen hilft man sich mit einer Transformation[1021], „d. h. durch zweckentsprechende

---

[1018] Fiedler 1875, 35.

[1019] Fiedler 1875, 35. Zur Erinnerung: *q'* ist die Fluchtlinie, die Bilder von Parallelenbüscheln der Ebene *E* schneiden sich in Punkten der Fluchtlinie, werden also zu Strahlenbüscheln mit Zentren auf *q'*.

[1020] Das bedeutet, dass sich zwei Geraden unter einem sehr kleinen Winkel schneiden. Die Schwierigkeit liegt hier darin, dass aus dem Schnittpunkt bei der zeichnerischen Darstellung leicht eine Strecke wird. In Wieners Lehrbuch gibt es eine Aufstellung „Einige Regeln über genaues Konstruieren". Als Beispiele seien die Regeln Nummer 1 und 3 zitiert: „1. Eine Gerade ist umso sicherer bestimmt, je weiter die beiden Punkte von einander entfernt liegen, welche sie bestimmen." und „3. Ein als Schnitt zweier gerader Linien bestimmter Punkt dient um so sicherer zur Bestimmung beliebiger Geraden, je mehr sich der Winkel, unter dem sich jene schneiden, einem Rechten nähert." (Wiener 1884, 190) Bei Fiedler sucht man solche praktischen Hinweise vergebens.

[1021] Ein analoger Vorgang im Falle der klassischen Zwei-Tafel-Projektion ist als Umprojizieren bekannt und dient auch dort dazu, Schwierigkeiten der Darstellung zu vermeiden. Vgl. Stiefel 1971, 39 – 41. Der Begriff „Transformation", war in 1860er Jahren allmählich in breiteren Gebrauch gekommen, insbesondere verwandte ihn J. V. Poncelet ausgiebig (vgl. Friedelmeyer 2016). Gängig wurde die

Lageveränderungen des Centrums, der Bildebene oder des Objects."[1022] Dieses Thema hatte Fiedler schon in einem Artikel „Ueber die Transformation in der darstellenden Geometrie" 1864 in Schlömilchs Zeitschrift behandelt, wobei er erstens dessen Wichtigkeit hervorhob und zweitens eine Priorität für sich reklamierte: „Deshalb habe ich schon in der rein geometrischen Darstellung der Centralprojektion, welche ich in einer Programmschrift vom Jahre 1860 gab, der Transformation eine Stelle eingeräumt. Wie ich glaube zum erstenmale in einer Schrift über Perspective."[1023] Hintergrund für diese Äußerung ist Fiedlers Idee, Parallel- und Zentralprojektion gleichberechtigt neben einander zu stellen, wofür er auch in diesem Artikel von 1864 warb.

Als Transformationen kommen in Frage:

- Die Verlegung des Zentrums in einen beliebigen Punkt (nicht in der Bildebene);
- Die Verlegung der Bildebene in eine beliebige andere Ebene (nicht durch das Zentrum)[1024];
- Die Verlegung einer Ebene, die das abzubildenden Objekt schneidet, in eine beliebige andere Ebene.[1025].

Zur Illustration betrachten wir hier den ersten Punkt etwas näher. Jede Verlegung des Zentrums lässt sich darstellen durch eine Verschiebung desselben in der Verschwindungsebene und eine Verschiebung normal zu dieser Ebene. Erstere bewirkt eine parallele Verschiebung der Fluchtelemente[1026], insbesondere auch des Hauptpunktes. Das System der neuen Fluchtelemente ist also dem ursprünglichen kongruent, nur verschoben in der Bildebene.

Verschiebungen normal zur Bildebene erhalten den Hauptpunkt, bewirken aber eine Verschiebung der Verschwindungsebene und eine Änderung der Distanz; die Fluchtelemente werden in den Strahlen, die sie mit dem Hauptpunkt verbinden, verschoben; es liegt für die Fluchtelemente eine zentrische Streckung vor. Bewegt sich das Zentrum auf die Bildebene zu bzw. die Bildebene auf das Zentrum (Fall der verkürzten Distanz), so wird das Bild des Objektes verkleinert,

---

Rede von Cremona-Transformationen und von linearen Transformationen. In Kleins Erlanger Programm (1872) werden Transformationen als Elemente von Gruppen betrachtet (vgl. Rowe 2025).
[1022] Fiedler 1875, 28. Man beachte, dass Fiedler in anderen Kontexten den Begriff der Transformation auch für Koordinatentransformationen, auch lineare Transformationen genannt, verwendet. Der Begriff „Transformation" oder „Umformung" war zudem in der Reihenlehre üblich, u.a. in der kombinatorischen Schule. Im Klügelschen Wörterbuch bringt es der entsprechende Eintrag auf 35 Seiten, verfasst von J. A. Grunert.
[1023] Fiedler 1864, 332.
[1024] Dabei kann man noch einen Punkt und seinen Bildpunkt sowie eine Gerade durch den Punkt und ihre Bildgerade vorgeben.
[1025] Auch hier kann man einen Punkt und eine Gerade und ihre Bilder vorgeben.
[1026] Damit sind hier die Schnittpunkte der Parallelen zu den Kanten des abzubildenden Objekts durch das Zentrum mit der Bildebene gemeint.

andernfalls vergrößert (Fall der vergrößerten Distanz). Entsprechende Ergebnisse erhält man für die Verschiebungen der Bildebenen oder einer Ebene durchs Objekt. Drehungen solcher Ebenen bewirken Effekte, wie sie bei einer Umlegung auftreten. Wie fast immer fehlen bei Fiedler einfache einleitende Beispiele.

Eine hübsche Anwendung dieser Resultate liefert folgende Aufgabe:

> 4) Man leite aus dem Bilde einer Raumfigur, welches dem Centrum im rechten Auge entspricht, das Bild derselben für das im linken Auge gedachte Centrum ab, bei unveränderter Distanz. Diess enthält die Construction *stereoskopischer Bilder*.[1027]

Folgende Figuren dienen bei Fiedler zur Illustration der Aussagen über verschiedene Möglichkeiten der Transformation[1028]:

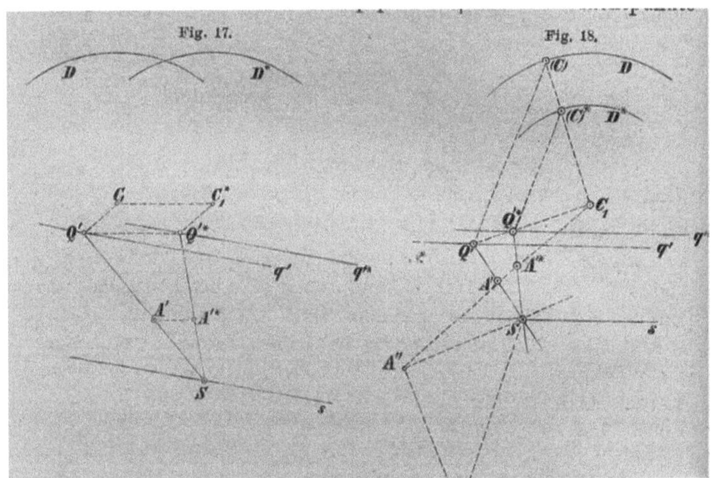

Abb. 4.8: *Verschiedene Transformationen*

Links wird der Hauptpunkt von C_1 nach C_1^* in der Bildebene verschoben[1029], rechts geht es um eine Verschiebung des Zentrums senkrecht zur Verschwindungsebene.[1030]

Mit der Transformation sind die für praktische Belange relevanten Erläuterungen zur Zentralprojektion im Wesentlichen abgeschlossen. Von nun an geht es um die theoretische Sicht der Dinge. Dabei kommt zuerst das Doppelverhältnis,

---

[1027] Fiedler 1875, 29.

[1028] Fiedler 1875, 29.

[1029] Anders gesagt, wird das Zentrum in der Verschwindungsebene verschoben, folglich wird die Verschwindungsebene in sich abgebildet; q' ist eine Bildgerade, q'' ihr transformiertes Bild.

[1030] Folglich bleibt der Hauptpunkt C_1 erhalten, das umgelegte Zentrum (C) verändert seine Lage.

gewissermaßen der Schlüssel zur Theorie und – je nach Auffassung - Hauptmerkmal der projektiven Geometrie, zur Sprache.

4.2.6 Das Doppelverhältnis

Das Doppelverhältnis[1031] spielt bei Fiedler eine zentrale Rolle. Ähnlich wie bei J. V. Poncelet, M. Chasles und anderen frühen projektiven Geometern ist die Erhaltung des Doppelverhältnisses bei ihm ein wichtiges Kennzeichen der projektiven Geometrie. In der traditionellen darstellenden Geometrie spielte das Doppelverhältnis keine Rolle, dort arbeitete man ja mit Parallelprojektionen, folglich bleiben sogar Teilverhältnisse erhalten.

Die Frage, um die es bei Fiedler einleitend geht, ist die nach „der Abhängigkeit des Bildes der geraden Punktreihe von ihrem Original".[1032] Dabei wird von einer Ebene auf eine andere Ebene zentral projiziert, die Situation wird dann per Umlegung in einer Ebene untersucht. Es ergibt sich folglich eine Zentralkollineation mit den Bestimmungsstücken C (Zentrum), s (Achse), q' (Fluchtlinie) und r (Verschwindungslinie).[1033] Diese drei ausgezeichneten parallelen Linien legen auf jeder Geraden, die sie schneidet, in Gestalt der Schnittpunkte drei Punkte fest. Zusammen mit dem Zentrum hat man in ihnen die Daten, die zur Beantwortung der Eingangsfrage relevant sind.

Hierzu betrachte man eine Gerade g und ihr Bild g'. Die Gerade g schneide die Verschwindungslinie r in R und die Achse s in S. Dann ist S auch ein Punkt von g'. Den Bildpunkt Q' des Fernpunkts Q von g findet man wie gehabt als Schnittpunkt der Parallelen zu g durch C mit der Fluchtlinie q'. Die Punkte C, Q', S und R bilden, wie wir bereits gesehen haben, die Eckpunkte eines Parallelogramms.[1034]

Nun betrachte man zwei Punkte A und B auf g nebst ihren Bildpunkten A' und B' auf g'. Das Ziel ist, eine Beziehung zwischen der Länge der Strecke AB und derjenigen von $A'B'$ herzustellen.

Die Dreiecke ARC und $CQ'A'$ sind ähnlich; es ist >RAC ≡ >A'CQ' und >RCA ≡ >CA'Q' wegen paralleler Geraden. Daraus ergibt sich:

[1031] In seinen frühen Publikationen (z. B. Fiedler 1863b, 447) sprach Fiedler noch ganz im Stile von Möbius von „Doppelschnittsverhältnis". Chasles hatte die Bezeichnung „anharmonisches Verhältnis" geprägt, die sich auch hin und wieder in der deutschsprachigen Literatur findet.
[1032] Fiedler 1875, 36.
[1033] Weil es um die in die Bildebene umgelegte Gerade r geht, müsste man eigentlich (r) schreiben und analog (C). Zur Vereinfachung der Darstellung werden die Klammern im Folgenden weggelassen.
[1034] Vgl. 4.2.2. Fiedler hebt später ausdrücklich hervor (Fiedler 1875, 46), dass diese Konstruktionen des Zirkels nicht bedürfen.

$AR : RC = CQ' : Q'A'$ oder $AR \cdot Q'A' = RC \cdot CQ' = SQ' \cdot RS$ (letzteres wegen des Parallelogramms)

Analog gilt für B und B':

$$BR \cdot Q'B' = RC \cdot CQ' = SQ' \cdot RS$$

Die Größe $SQ' \cdot RS$ hängt aber weder von A noch von B ab; sie ist für alle Punkte von g (bzw. g') konstant. Man setze $SQ' \cdot RS = k^2$. Dann gelten folgende Gleichheiten:

$$(1) \; k^2 = AR \cdot Q'A' = RC \cdot CQ' = SQ' \cdot RS; \; Q'A' = k^2/AR; \; Q'B' = k^2/BR.$$

Also hat man

$$(2) \; A'B' = Q'B' - Q'A' = k^2/BR - k^2/AR = k^2(1/BR - 1/AR) = k^2 \cdot (AB/(AR \cdot BR)$$

Analog findet man

$$(2') \; AB = k^2 \cdot (A'B'/(A'Q' \cdot B'Q')$$

Ist nun $k^2 = AR \cdot BR$, so folgt aus (2), dass $AB = A'B'$ gilt. Aus (1) ergibt sich dann, dass für $AB = A'B'$ erforderlich ist, dass $BR = Q'A'$ und $AR = Q'B'$ gilt. Folglich gibt es auf jeder Geraden Strecken, deren Länge gleich der ihrer Bildstrecke ist.

Insbesondere hängt die Länge der Bildstrecke $A'B'$ neben der Länge von AB nur von den Abständen der Punkte A und B zu dem Punkt R auf der Verschwindungslinie ab, analog hängt die Länge von $A'B'$ nur von den Abständen von A' und B' von Q' (Fluchtpunkt) ab. Sollen Urbild und Bildstrecke gleichlang sein, so ist hinreichend, dass $BR = Q'A'$ oder $AR = Q'B'$ gilt.

Insbesondere kann man hieraus schließen, dass es bei einer Zentralkollineation stets zwei Paare von gleichlangen Strecken auf einer Geraden und ihrer Bildgeraden gibt. Diese unterscheiden sich voneinander durch ihre Lage zu den Gegenpunkten. Das Resultat gilt sogar allgemein für zwei projektiv aufeinander bezogene Geraden.

Betrachtet man nun zwei Punktepaare (A,B), (C,D)[1035] auf einer Geraden und ihre vier Bildpunkte A', B', C' und D' auf der Bildgerade, so kann mit Hilfe der oben abgeleiteten Formeln folgende Beziehung herleiten.

$$\frac{A'C'}{B'C'} : \frac{A'D'}{B'D'} = \frac{AC}{BC} : \frac{AD}{BD}$$

Damit hat man die gewünschten Ausdrücke gefunden und man sieht, dass das Doppelverhältnis von vier Punkten auf einer Geraden invariant ist unter einer Zentralkollineation und damit bei Zentralprojektion. Das Doppelverhältnis ist ein

---

[1035] Der Punkt C ist jetzt nicht das Zentrum.

Verhältnis von Teilverhältnissen: Die Strecke AB wird von C und von D geteilt, $A'B'$ von C' und D'.

Das Doppelverhältnis der vier Punkte A, B, C, D notiert Fiedler als $(ABCD)$. Der eben abgeleitete Satz lautet somit:

> Das Doppelverhältnis von vier Punkten einer Geraden wird durch Centralprojection nicht geändert, [...].[1036]

In Formeln:

$$(A'B'C'D') = (ABCD).$$

Das Doppelverhältnis lässt sich in der bekannten Weise auf vier kopunktale Geraden (Strahlen) übertragen, indem man deren Doppelverhältnis definitionsgemäß demjenigen gleichsetzt, das die vier Punkte eines Schnitts mit einer Geraden aufweisen. Das macht Sinn, weil ein anderer Schnitt desselben Büschels[1037] dasselbe Doppelverhältnis liefert. Schließlich ist auch eine Erweiterung auf Ebenenbüschel möglich durch Schnittbildung.

Ein Sonderfall des Doppelverhältnisses ergibt sich, wenn D' ein Fernpunkt ist. Dieser ist ja Bildpunkt eines Verschwindungspunktes R, weshalb gilt:

$$(A'B'C'\infty) = A'C' : B'C'$$

In diesem Fall reduziert sich also das Doppelverhältnis auf ein einfaches Teilverhältnis. In einer Übungsaufgabe[1038] werden anschließend die sechs Werte erläutert, die das Doppelverhältnis bei Permutation der vier Punkte, die in dieses eingehen, annehmen kann. Das Doppelverhältnis ist eine projektive, metrische[1039] Invariante und liefert den Schlüssel zur Behandlung der harmonischen Teilung, der Involution und der Klassifikation der Zentralkollineationen; es ist somit von Wichtigkeit.[1040]

Harmonische Punktequadrupel ergeben sich folgendermaßen: Ist eine Strecke AB gegeben mit Mittelpunkt C und Fernpunkt D, so ist jedes Bild A', B' C' und D' unter Zentralprojektion harmonisch. Da das Teilungsverhältnis der Strecke AB

[1036] Fiedler 1875, 40.

[1037] Die Bezeichnung „Büschel" wird auch für den Fall, dass endlich viele Geraden durch einen Punkt (oder endlich viele Ebenen durch eine Gerade) gehen, gebraucht. Der fragliche Satz über die Invarianz des Doppelverhältnisses, der hier zugrunde liegt, findet sich in Pappos' „Collectio" (VII, 129) – natürlich in anderer Formulierung, nämlich als Verhältnis von Rechtecken. Später tritt er auf G. Desargues wieder in Erscheinung.

[1038] Fiedler 1875, 43.

[1039] Fiedler verwendet ja Streckenlängen, eine Alternative liefern von Staudts Würfe.

[1040] Fiedler hat auch einen Zugang zu projektiven Koordinaten vermöge Doppelverhältnis entwickelt, vgl. 4.4.2.

bzgl. *C* gleich 1 und bzgl. *D* gleich -1 ist[1041], ergibt sich also für das Doppelverhältnis von vier harmonischen Punkten immer der Wert -1. Eine schöne Anwendung harmonischer Punkte ist die Bestimmung des Schwerpunktes des Bilds *A'B'C'* eines Dreiecks *ABC* unter Zentralprojektion[1042] mit Hilfe der zugehörigen Fluchtlinie *q'*: Dazu verlängert man zwei Seiten des Bilddreiecks, beispielsweise *B'C'* und *C'A'* bis zum Schnitt mit *q'*. Es ergeben sich zwei Fluchtpunkt *E'* und *F'*. Dann konstruiert man zu den Punktetripeln *B'*, *C'*, *E'* und *C'*, *A'*, *F'* jeweils den vierten harmonischen Punkt. Man erhält den Bildpunkt *S'* des gesuchten Schwerpunkts *S* als Schnittpunkt der Ecktransversalen ausgehend von *E'* bzw. *F'* zu den entsprechenden Ecken des Dreiecks *A'B'C'*.[1043]

Fiedler verwendet vollständige Vierecke und Vierseite in Verbindung mit harmonischen Punkten – ein klassischer Topos. Dabei wählt er die erstmals in seinem Buch die Zweispaltenschreibweise für duale Aussagen (vgl. Abbildung 4.9), die von Joseph Diez Gergonne Anfang des 19. Jhs. eingeführt worden war und die einen ganz ungewöhnlichen Erfolg hatte.[1044]

Vier Punkte A, B, C, D bestimmen ein vollständiges Viereck mit drei Paaren von Gegenseiten AB, CD; BC, DA; CA, BD, deren Schnittpunkte E, F, G Diagonalpunkte desselben und durch die Diagonalen EF, FG, GE verbunden heissen sollen. In jedem Diagonalpunkte bilden die Seiten und die Diagonalen, die durch ihn gehen, ein harmonisches Büschel.	Vier Gerade a, b, c, d bestimmen ein vollständiges Vierseit mit drei Paaren von Gegenecken ab, cd; bc, da; ca, bd, deren Verbindungslinien e, f, g Diagonalen desselben und sich in den Diagonalpunkten ef, fg, ge schneidend heissen sollen. In jeder Diagonale bilden die Ecken und die Diagonalpunkte, die auf ihr liegen, eine harmonische Reihe.

Abb. 4.9: *Duale Sätze über vollständige Vierecke und Vierseite*[1045]

Der Begriff „dual" oder ein ähnlicher fällt hier noch nicht.

[1041] Das wird von Fiedler kommentarlos in den Raum gestellt. Insbesondere sagt er auch nichts zur Orientierung von Strecken, die ja hier verwendet wird. Allerdings muss man bedenken, dass zu jener Zeit Teilverhältnisse ausführlich im schulischen Mathematikunterricht behandelt wurden - also wohl an der Hochschule vorausgesetzt werden konnten.

[1042] Genauer müsste man sagen, dass man diejenige Zentralkollineation nimmt, welche durch die Zentralprojektion festgelegt wird (eigentlich gibt es deren sogar zwei). So präzise drückt sich Fiedler allerdings selten aus.

[1043] Vgl. Fiedler 1883, 59. In der Auflage von 1875 findet sich diese Konstruktion noch nicht. Da bei ihr die Spur der Ebene des Ausgangsdreiecks nicht gebraucht wird, folgt, dass die Schwerpunkte aller parallelen Schnitte einer Dreieckspyramide auf einer Geraden liegen.

[1044] Vgl. Fiedler 1875, 46. Zur Zweispaltenschreibweise vgl. Gergonne 1824 – 25, 160 und Etwein/Voelke/Volkert 2019, Abschnitte 2.1 und 2.2.

[1045] Fiedler 1875, 46.

Die voran gehenden Betrachtungen geben Fiedler Veranlassung, eine Invariante, mit Δ bezeichnet[1046], einzuführen. Diese wiederum wird dann bei der Klassifikation[1047] der Zentralkollineationen bzw. der Zentralprojektionen einer Ebene auf eine andere verwendet.[1048]

Hierzu betrachtet man eine Zentralkollineation mit Zentrum C und Achse s sowie einen Strahl, der durch C geht. Dieser Strahl ist ein projizierender, wird also unter der Zentralkollineation auf sich abgebildet, wobei die Punkte C und S – der Schnittpunkt des Strahls mit der Achse s – Fixpunkte sind, also in der traditionellen Terminologie Doppelpunkte. Nimmt man nun auf dem Strahl zwei Paare zugeordneter Punkte A, A' und B, B', so kann man mit Hilfe der Erhaltung des Doppelverhältnisses nachrechnen, dass gilt:

$$(CSAA') = (CSBB')$$

Weiter ergibt sich, dass dieses Doppelverhältnis auf allen durch C gehenden Strahlen dasselbe ist, weshalb es Sinn macht, es als das charakteristische Doppelverhältnis Δ der Zentralkollineation zu bezeichnen. Eine Sonderrolle nimmt der Wert $\Delta = -1$ ein, da es sich dann um eine Involution handelt.[1049]

Fiedler nutzt nun verschiedene Kennzeichen, um die Zentralkollineationen zu klassifizieren: zum einen die Charakteristik Δ, genauer gesagt, wird $\Delta = -1$ von $\Delta \neq -1$ unterschieden, zum andern die Lagen des Zentrums und der Achse. Hierbei geht es um die Frage, ob die fraglichen Elemente Fernelemente sind oder nicht.

    1. Fall: C ist Fernpunkt. Dann ist die Zentralkollineation eine Affinität,

denn dann sind die projizierenden Strahlen parallel. Ist zusätzlich $\Delta = -1$, so handelt es sich um eine involutorische Affinität, also modern gesprochen um eine Schrägspiegelung, im Sonderfall der Orthogonalität um eine Geradenspiegelung.[1050]

    2. Fall: s ist die Ferngerade: Dann liegt eine zentrische Streckung vor, wobei C das Streckzentrum ist. Strecken und ihre Bildstrecken sind parallel; räumlich gedacht auch Bild- und Originalebene.

[1046] In der vierten Auflage beanspruchte Fiedler diese Invariante ausdrücklich für sich: „Die Theorie der Charakteristik Δ der zentrischen Kollineation ebener Systeme gehört mir an." (Fiedler 1904, 409 Anm. zu § 19)

[1047] Fiedler verwendet selbst den Begriff „Classification", vgl. Fiedler 1875, 61.

[1048] Vgl. Fiedler 1875, 65 – 68. Fiedler spricht von „Specialfällen" (Fiedler 1875, 65).

[1049] Diese hat die beiden Doppelpunkte C und S, ist also hyperbolisch, und vertauscht die Punkte A und A' bzw. B und B' miteinander. Die Punkte C, S, A, A' und C, S, B, B' liegen zudem harmonisch.

[1050] Fiedler spricht von schiefer und normaler Symmetrie in Bezug auf eine Achse, vgl. Fiedler 1875, 66. Den Begriff Spiegelung verwendet er nicht.

Ist zusätzlich $\Delta = -1$, so hat man es mit einer involutorischen zentrischen Streckung[1051] zu tun, also mit einer Punktspiegelung. Räumlich gedacht sind Bild- und Originalebene parallel und gleichweit vom Zentrum entfernt.

3. Fall: C ist Fernpunkt und s Ferngerade. Dann liegt Kongruenz vor; Fiedler nennt dies „Affinität und Aehnlichkeit in ähnlicher Lage".

Ist zusätzlich $\Delta = -1$, so ist die Kongruenz involutorisch, also eine Geraden- oder eine Punktspiegelung.

Diese Klassifikation war in Fiedlers Augen u.a. deshalb wichtig, weil sich in ihr die gängigen (ebenen) Symmetrien als Sonderfälle der Zentralkollineation ergeben, sie somit begrifflich eingeordnet sind. In der Schlussübersicht des ersten Bandes der dritten Auflage heißt es dazu:

> Es war ein Hauptergebnis unserer Methoden-Entwickelungen, dass die Symmetrien der ebenen und räumlichen Systeme als specielle Fälle der involutorischen Collineation sich erweisen – wir fügen hier hinzu, auch die Symmetrien in den Bündeln von Strahlen oder Ebenen.[1052]

Das Problem der Symmetrie hat Fiedler auch in einer Abhandlung in der Vierteljahrsschrift[1053] behandelt; er maß ihm offenkundig große Bedeutung bei.

Möbius, Fiedler, Klein und die Klassifikation von Abbildungen/Geometrien

Die Idee, Geometrien zu klassifizieren, wird heute fast ausschließlich mit Felix Klein und seinem später so genannten „Erlanger Programm" (1872) in Verbindung gebracht. Das „Erlanger Programm" war eine schriftliche Ausarbeitung, die Felix Klein anlässlich seines Eintritts in die Philosophische Fakultät der Universität Erlanger zu Beginn des WS 1872/73 vorlegte.[1054] Ihr Zweck war hauptsächlich, der Fakultät ein Forschungsprofil des neuen Kollegen zu präsentieren. Ähnliches verlangt man ja heute wieder von Kandidaten und Kandidatinnen – allerdings vor ihrer Berufung.

Die Idee, unterschiedliche Typen von geometrisch wichtigen Abbildungen (in moderner Ausdrucksweise) zu unterscheiden und diese in ein System zu bringen, war allerdings älter; sie findet sich schon in A. F. Möbius' „Barycentrisches Calcul"

[1051] Im Stile von M. Chasles spricht Fiedler von „ähnlichen und ähnlich gelegenen Systemen" (Fiedler 1875, 66).

[1052] Fiedler 1883, 351. Vgl. auch Wiener 1884, 251 – 252, der die Invarianten und die Klassifikation ebenfalls behandelt.

[1053] Fiedler 1876.

[1054] Die Philosophische Fakultät der Universität Erlangen verlangte eine solche „Dissertation" von ihren neuen Mitgliedern, die von auswärts kamen (vgl. Jakobs/Utz 1984). Dieses Schicksal traf auch K. C. von Staudt und P. Gordan, H. Hankel blieb aus unbekannten Gründen verschont. Zum Erlanger Programm und seiner Wirkungsgeschichte vgl. man Rowe 2025.

(1827) unter dem Titel „Verwandtschaften".[1055] Was Klein als Neuerung einbrachte, war vor allem die Verwendung des Gruppenbegriffs. Zusammen mit der Untergruppenbeziehung liefert dies eine geradezu natürliche Ordnung.

Fiedler hatte das „Erlanger Programm" schon sehr früh erhalten; er erwähnt es in seinem handschriftlichen Inventar der Schriften und Bücher[1056], die er erhalten und/oder gelesen hatte, mit dem Datum 23. November 1872. Das lässt vermuten, dass er es von Klein selbst zugeschickt bekam.[1057]

Das Interesse von Fiedler an der Klassifikation geometrischer Abbildungen im Sinne, wie wir sie oben kennengelernt haben, ging auf eine Zeit zurück, die deutlich vor seiner Bekanntschaft mit den Ideen Kleins lag. Das oben geschilderte System findet sich schon inklusive des charakteristischen Doppelverhältnisses in seiner Schrift von 1867. Dort heißt es:

> Die centrischen Collineationen ebener Systeme sind nach der Lage ihrer Centra und Axen und nach den Werthen ihrer characterischen Doppelverhältnisse – als den Elementen, welche sie bestimmen – von einander verschieden. Als Quelle *besonderer Fälle* sind hervorzuheben: die Lage des Centrums in unendlicher Ferne, die Lage der Collineationsaxe oder die des Centrums und der Axe im Unendlichen: dazu die speciellen Werthe des Doppelverhältnisses.[1058]

Also zeigt nicht nur das Beispiel von Möbius, dass auch schon vor Kleins „Erlanger Programm" die Idee der Klassifikation geometrischer Abbildungen durchaus bekannt war.[1059] Der große Ruhm, welche dem Erlanger Programm nicht zuletzt dank der publizistischen Bemühungen seines Autors schließlich ab etwa 1890 zu Teil wurde, überstrahlte aber die Bemühungen anderer Autoren, die weitgehend in Vergessenheit gerieten. Dabei hat auch sicher geholfen, dass der Gruppenbegriff zu einem sehr nützlichen Zentralbegriff der reinen Mathematik aufrücken sollte.

[1055] Kruse 1875 nutzte Möbius' Ideen für schulische Zwecke.

[1056] Hs 87a: 68. Das Erlanger Programm wird als Nummer 483 genannt. Das Inventar wurde von Fiedler mit Akribie über Jahrzehnte hinweg geführt. Als Sohn Ernst studienhalber Zürich verließ und Bücher mitnahm, legte Vater Fiedler auch hierfür ein Verzeichnis an.

[1057] Vgl. die Ausführungen von Fiedler in einem Brief an Klein vom 8. November 1893 (SUB Göttingen Cod. Ms. Klein 9, 23; Confalonieri/Schmidt/Volkert 2019, 150 – 152). Darin ging es um die Vorwürfe Lies an Kleins Adresse; Fiedler hob hervor, dass er das „Originalprogramm" habe und dieses mit späteren Ausgaben des Programms verglichen habe, „um eventuelle Erweiterungen in mein Exemplar einzutragen, und ich habe nichts derart gefunden." (Confalonieri/Schmidt/Volkert 2019, 151).

[1058] Fiedler 1867, 699.

[1059] Eine Verwendung dieser Ideen im schulischen Kontext enthält Kruse 1875.

4.2.7 Die Zyklographie in Fiedlers Lehrbuch

In die dritte Auflage seines Lehrbuchs hat Fiedler mit seiner Zyklographie ein neues Themengebiet aufgenommen, das er im Paragraphen (7.) des ersten Bandes (1883) einführte.[1060] Fiedler betrachtete die Zyklographie[1061], ein Verfahren zur Darstellung von Punkten des Raumes durch Kreise der Bildebene, als seine eigene Erfindung. Diese hatte eine für ihren Autor nicht untypische Vorgeschichte, die er an mehreren Stellen erläutert[1062]. Anfänglich war sich Fiedler nach eigener Mitteilung bezüglich seiner Priorität an der Entdeckung der Zyklographie nicht sicher. Er vermutete, Jakob Steiner habe diese Methode schon gekannt und habe sie in einer 1826 angekündigten, aber bis dato (1882) nicht gedruckten Schrift „Über das Schneiden der Kreise in der Ebene und auf der Kugelfläche und das Schneiden der Kugeln im Raume"[1063] veröffentlichen wollen. Diese Vermutung erwies sich jedoch als unbegründet.[1064]

Die Zyklographie tritt im ersten Band der dritten Auflage von Fiedlers Lehrbuch iin den Paragraphen (7), (36), (36ª) – (36ᵉ) auf.[1065] Da wir die Zyklographie noch ausführlich behandelt werden[1066], seien hier nur kurz die Überschriften der fraglichen Paragraphen aus dem Inhaltsverzeichnis genannt.

Paragraph (7) erläutert die Grundlagen der Zyklographie:

> Abbildung der Punkte des Raumes durch die Kreise der Ebene. Lineare Reihen, Aehnlichkeitspunkte; planare Systeme, Aehnlichkeitsaxen. Die gleichseitigen Rotationskegel mit zur Tafel normaler Axe und die Kreise, die einen Kreis berühren.[1067]

Die Paragraphen (36), (36ª) – (36ᵉ) beschäftigen sich dann mit spezielleren Fragen, insbesondere im Kontext der Kegelschnitte:

> (36) Die Kegelschnitte aus Kreissystemen durch Kreis und Gerade: Ebener Schnitt eines gleichseitigen Rotationskegels [...]

[1060] Der Paragraph (7.) folgt auf den auch schon 1875 vorhandenen Paragraphen 7. Paragraphennummern in Klammern deuten an, dass es um solche handelt, die in der dritten Auflage neu hinzukamen. Sie sind der Zyklographie gewidmet.

[1061] Zu Fiedlers Buch vgl. man Kapitel 6. Die Fiedlersche Zyklographie wird ausführlich in der Dissertation von R. Wengel analysiert; vgl. Wengel 2020.

[1062] Vgl. Fiedler 1883, 359 (Anmerkung zu (§7). Ausführlicher im Buch von 1882, kurz auch in Fiedler 1883a, 409 – 410.

[1063] Vgl. Fiedler 1883, 357.

[1064] Mehr dazu in Kapitel 6.

[1065] Im ersten Band sind dies die bereits genannten Paragraphen, die sich sämtlich im Teil B, der den Kegelschnitten gewidmet ist, finden. Im zweiten und dritten Band gibt es keine Hervorhebungen von Paragraphen durch Klammern mehr. Insgesamt machen die der Zyklographie gewidmeten Paragraphen knapp 30 Druckseiten aus. In der vierten Auflage des ersten Bandes wurden die eingeklammerten Paragraphen übernommen.

[1066] Vgl. Kapitel 6.

[1067] Fiedler 1883, XI.

(36[a]) Die Kegelschnitte aus Kreissystemen durch zwei Kreise: Durchdringung von zwei gleichseitigen Rotationskegeln [...]
Kegelschnitte aus einem Brennpunkt und drei Punkten, oder aus drei Bildkreisen. Apollinisches Problem.

(36[b]) Die Kreisbüschel mit Grundpunkten resp. mit Grenzpunkten als Specialfall; die Kreisnetze.
Beispiel. Cyklographisches Bild der Kugel.

(36[c]) Zwei Netze in derselben Ebene; drei Netze [...]
Gleichungen der gleichseitigen Rotationshyperboloide

(36[d]) Abbildung durch reciproke Radien; Netze der gleichwinklig schneidenden zu zwei Kreisen [...]
Stereographische Projection. Kugelnetze; gleichwinklig schneidende zu zwei Kugeln, etc,

(36[e]) Kreise, die einen festen Kreis unter vorgeschriebenem Winkel schneiden; excentrische Netzhyperboloide [...]
Doppeltberührende Kreise eines Kegelschnittes. Der unendlich ferne imaginäre Kreis.[1068]

Der Schwerpunkt liegt also auf dem Thema Kegelschnitte inklusive stereographischer Projektion und Inversion an Kreis und Kugel (Transformation durch reziproke Radien genannt). Das stellt natürlich nur eine kleine Auswahl aus den Themen dar, die im Buch von 1882 behandelt werden. Man sieht schon an dieser Zusammenstellung, dass sich Fiedler weniger für die Zyklographie im Sinne einer Abbildung interessierte als für deren Anwendung zur Lösung ebener Konstruktionsprobleme, also mehr für das Konkrete denn für das Abstrakte.

Die zyklographische Darstellung dreidimensionaler Objekte ist mühsam und unübersichtlich - Fiedler zitiert selbst die Polyeder als Beispiele. Deshalb nennt er die Zyklographie unanschaulich.[1069] Die wichtigsten Flächen, die in der Zyklographie immer wieder auftreten, sind Kegel und einschalige Hyperboloide. In der dritten Auflage seines Lehrbuchs deutet Fiedler allerdings ein weiteres Beispiel an[1070]:

Wenn man alle die Kreise denkt, welche von dem festen Kreise vom Radius r im Durchmesser geschnitten werden, so besteht zwischen Centraldistanz c und Radius R des unveränderlichen Kreises[1071] mit dem Radius r des festen die Relation $r^2 = c^2 + R^2$. Die Gesammtheit dieser Kreise repräsentiert die sämmtlichen Punkte der Kugelfläche, von welcher

---

[1068] Fiedler 1883, XV. An den ausgelassenen stellen gibt es Verweise auf Beispiele.
[1069] Vgl. Fiedler 1879c 220 und 223.
[1070] Fiedler 1883, 215.
[1071] Gemeint ist eigentlich ein Kreis aus der betrachten Menge von Kreisen. Folglich ist dieser im gewissen sinne variabel und nicht unveränderlich.

der feste Kreis der Hauptkreis der Tafel ist. Sie geht für R^2 als negativ aus der des einfachen Rotationshyperboloids und für r^2 und R^2 als zugleich negativ aus des zweifachen gleichseitigen Rotationshyperboloids hervor.

Es geht hier um die zyklographische Darstellung einer Sphäre, wobei die Tafel die Äquatorebene der Sphäre ist. Nimmt man einen Durchmesser des Großkreises, der den Äquator bildet, so ergeben sich die zyklographischen Kreise, die zu den Punkten der Sphäre gehören, die senkrecht über diesem Durchmesser liegen, folgendermaßen: Man fälle vom fraglichen Punkt das Lot auf den Durchmesser und ziehe durch den Fußpunkt die zum Durchmsser senkrechte Sehne. Diese ist der Durchmesser des gesuchten zyklographischen Kreises. Das erklärt zugleich Fiedlers Beschreibung als Kreise, deren Durchmesser vom festen Kreis geschnitten werden.[1072] Die Schnittpunkte der Sphäre mit der Tafel, also die Punkte ihres Äquators, werden durch Nullkreise dargestellt, beide Pole der Kugel durch den Äquatorialgroßkreis selbst. Alle anderen zyklographischen Kreise erhält man analog, das Problem ist ja vollkommen drehsymmetrisch.

Der Bezug zur darstellenden Geometrie bleibt insgesamt bei diesen Ausführungen vage, es ging wohl Fiedler hauptsächlich darum, seine Entdeckung im Lehrbuch zu präsentieren. Wir werden im Kapitel 6 darauf zu sprechen kommen.

4.2.8 Die Reliefperspektive

Auf Kapitel A) „Die Centralprojection als Darstellungsmethode und nach ihren allgemeinen Gesetzen" des ersten, der Methodenlehre gewidmeten Teiles, folgt bei Fiedler als zweites Kapitel B) „Die constructive Theorie der Kegelschnitte als Kreisprojectionen". Hierauf kommen wir später zurück[1073]; wir wenden uns gleich dem dritten Kapitel C) „Die centrische Collineation räumlicher Systeme als Theorie der Modellirungs-Methoden" zu. Dieses entwickelt nämlich die Ansätze aus dem ersten Kapitel fort, indem sie auf den Raum übertragen werden und damit einen neuen Grad an Allgemeinheit erreichen. Es geht aber immer noch um lineare Fragestellungen, was den roten Faden hier ausmacht.

Die Problemstellung scheint einfach: Gegeben sei eine räumliche Szene, etwa ein Quader (vorgestellt als Saal vielleicht) als einfaches Beispiel. Diese soll in einem räumlichen Abbild, z. B. als Bühnenbild (vgl. Abbildung 4.10), so dargestellt werden, wie sie von einem Beobachter perspektivisch gesehen wird: Es entsteht ein verkürztes Bild der Szene mit Tiefenwirkung. Dies ist wichtig, weil ja Bühnen

---

[1072] Setzt man den Radius des festen Kreises gleich eins und bezeichnet α den Höhenwinkel eines Punktes der Sphäre zur Tafel, so wird der Punkt des zugehörigen zyklograpischen Kreises, der am weitesten vom Mittelpunkt des festen Kreises einfernt ist, gegeben durch $\cos\alpha + \sin\alpha$.
[1073] Vgl. 4.3 unten.

in der Regel breiter als tief sind, weshalb eine maßstäbliche Verkleinerung der Situation nicht in Betracht kommt. Eine solche würde zudem – je nach Situation - auch nicht zur Größe der auf der Bühne agierenden Personen passen, etwa wenn diese größer wären als die Bäume, welche entlang der Chaussee stehen, auf der Personen in die Tiefe wandeln und zwei Individuen am Rand auf jemanden warten, der nie kommt. Charakteristisch für die Reliefperspektive ist, dass sie nur von einem Standpunkt aus, nämlich dem Projektionszentrum, vollkommen realistisch wirkt.[1074] Die Schwierigkeiten liegen bei dieser Aufgabe weniger in der begrifflichen Erfassung – der Abbildung eines Raumteiles auf einen ebensolchen – sondern in der konkreten Konstruktion.

Abb. 4.10: *„La polizia de Mrozek" von Giuliano Tullio*[1075]

Reinhold Müller[1076] hat das Problem in einem Vortrag vor größerem Publikum[1077] sehr plastisch erläutert:

> Ein augenfälliges Beispiel für die Anwendung der Reliefperspektive bietet uns das Theater in der dekorativen Ausstattung der Bühne. Denn die Örtlichkeit, die als Schauplatz der dramatischen Handlung gedacht wird,

---

[1074] Dies zeigt deutlich die bei Lordick 2014, 298 abgebildete Fotografie, die Man Ray von einem Modell von Brill gemacht hat; vgl. auch Mathematik mit Modellen (2018) hinterer Umschlag. Bemerkenswert ist, dass Winkel, die vom Zentrum aus betrachtet als rechte erscheinen, keine rechten sein müssen.

[1075] Eigenes Werk, CC BY-SA 4.0, https://commons.wikimedia.org/w/index.php?curid=88909639. Aufruf 12. November 2021.

[1076] Müller 1908, 16.

[1077] Anlass war der Geburtstag des Großherzogs von Hessen-Darmstadt, Müller war gerade erst an die TH Darmstadt berufen worden. Vgl. Benstein 2019, 317 – 318.

ist häufig von erheblicher Tiefe – etwa der Marktplatz einer Stadt mit den anstoßenden Gebäuden, in der Mitte vielleicht ein Brunnen, im Hintergrund eine Straße, die einen weiten Durchblick eröffnet – und von dem Allen soll uns die Bühne in ihrem beschränkten Raum ein treues Abbild geben. Dieser Zweck läßt sich erreichen, indem man den Bühnenraum als ein Relief jener Örtlichkeit ansieht und ihn dementsprechend gestaltet. Dabei fällt die Bildebene des Reliefs mit der Ebene des Vorhangs zusammen, als Fluchtpunktebene dient die hintere Wand der Bühne, und der Gesichtspunkt liegt in der Mitte des Zuschauerraums zwischen dem ersten Rang und der Parterre.

Neben Bühnenbildern sind aus der Geschichte der bildenden Kunst solche Darstellungen natürlich auch von den namengebenden Reliefs[1078] her geläufig. Eines der bekanntesten und kunsthistorisch wichtigsten Beispiele liefern die Reliefs der Bronzeportale am Baptisterium von San Giovanni in Florenz, die von Lorenzo Ghiberti zwischen 1404 und 1418 geschaffen wurden – natürlich noch ohne die entsprechende Theorie. Auch Darstellungen auf Münzen, Medaillons u. ä. sind meist Reliefs. Landkarten in Relief, auf denen man beispielsweise Gebirge plastisch sehen kann, waren im 19. Jh. sehr beliebt.[1079] Als weiteres Anwendungsfeld der Reliefperspektive wird gelegentlich die moderne Gartenarchitektur genannt.

Die Bezeichnung Relief-Perspektive wurde von Poncelet in seinem „Traité des propriétés projectives des figures" (1822) verwendet. Sie ist aber älter, wie der Titel des Buches von J. A. Breysig (1798) belegt. Auf Breysig hatte Fiedler schon in einer frühen Arbeit von 1863[1080] verwiesen, die ansonsten ein Plädoyer für die Behandlung der Reliefperspektive im Rahmen der darstellenden Geometrie ist. Auch in seinem historischen Artikel zu den elementaren Abbildungsmethoden von 1882 betonte Fiedler ausdrücklich die Priorität von Breysig, „ein verständig denkender Künstler und Kunstforscher".[1081] Karl Theodor Anger, ehemaliger Schüler von Breysig an der Kunstakademie in Danzig, der 1826 bis 1831 in Königsberg an der Sternwarte als Gehilfe wirkte, berichtet, er habe C. G. J. Jacobi auf Breysig aufmerksam gemacht, der wiederum anlässlich einer Parisreise Poncelet von Breysigs Priorität in Kenntnis setzte. Poncelet erkannte Anger

---

[1078] Das Wort leitet sich von lateinisch *relevare* „erhöhen, in die Höhe heben" ab, vgl. *relever* im Französischen. Je nachdem, wie stark die abgebildeten Figuren, Gegenstände etc. aus dem Untergrund hervorragen, spricht man von Basrelief, Halbrelief und Hochrelief. Eine Darstellung der Reliefperspektive mit starkem Bezug zu (materialen) Modellen ist Burmester 1883; für ein breiteres Publikum geschrieben ist Burmester 1884. Eine moderne Darstellung des Themas ist Schaal 1981.

[1079] Bei diesen Karten handelt es sich aber nicht um eine Reliefperspektive sondern (im Prinzip) um eine kotierte Projektion.

[1080] Fiedler 1863b. Neben Breysig erwähnt Fiedler nur noch Poncelet, der die empirisch gefundenen Ansätze zur Reliefperspektive mathematisch entwickelt habe.

[1081] Fiedler 1882a, 133.

zufolge diese Priorität zuerst an, um danach aber seine Haltung zu ändern.[1082] K. Th. Anger verfasste dann selbst Arbeiten zur Reliefperspektive, die er analytisch behandelte (Anger 1834, Anger 1836, Anger 1854), zur Projektionslehre (Anger 1858) und zur Geometrie allgemein (u.a. beschäftigte er sich mit Steiners Lösung des Malfatti-Problems [Anger 1841]); der Schwerpunkt seiner Tätigkeit lag aber im Bereich der Astronomie.

Die Reliefperspektive war ein Thema, das in den 1860er und 1870er Jahren auf großes Interesse stieß. R. Staudigl (Wien) publizierte 1868 ein ganzes Buch hierzu (vgl. Abbildung 4.11). In dessen Einleitung hebt er den großen praktischen Wert der Reliefperspektive sowie die Tatsache, dass diese bislang von den Geometern vernachlässigt worden sei, hervor. Staudigls Buch wurde im Literarischen Centralblatt[1083] ausführlich mit kritischer Tendenz besprochen, wobei der Rezensent (G. – I.) beachtliche historische Kenntnisse bewies - u.a. verwies er auf den eben erwähnten eher unbekannten Karl Theodor Anger.

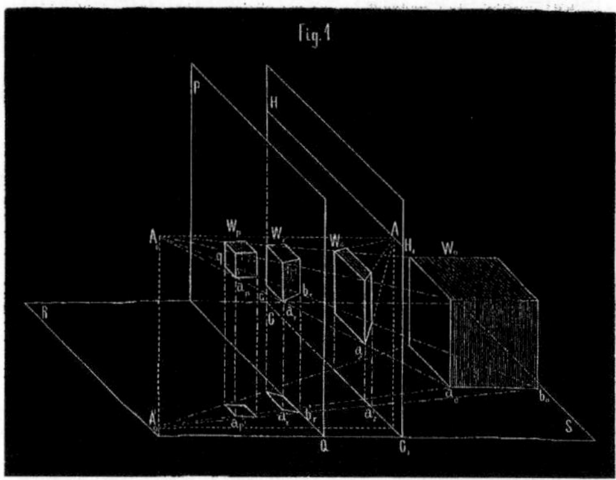

Abb. 4.11: *Verschiedene Bilder eines Würfels in Reliefperspektive*[1084]

Der praktische Wert der Reliefperspektive war auch in Fiedlers Augen zu beachten. In der Autographie seiner Vorlesung (1894) über darstellende Geometrie schreibt er:

> Die Bedeutung dieser Construction liegt darin, dass sie die geometrische Grundlage <u>künstlerischer</u> d. h. auf angenehme Täuschung ausgehende <u>Modellirung</u> mit enthält, und dass sie alle anderen technisch brauchbaren <u>Modellirungsmethoden</u> u. schliesslich die <u>Darstellungsmethoden durch Zeichnungen auf Ebenen</u> als spezielle Fälle umfasst. [...] Wenn

---

[1082] Zu diesen Prioritätsstreitigkeiten vgl. man Anger 1849, 284 – 286. Fiedler geht hierauf in Fiedler 1882a, 133 – 135 ein.
[1083] Literarischen Centralblatt 1869, Sp. 175 – 176.
[1084] Staudigl 1868, 3. Abbildungen auf schwarzem Grund mit weißen Linien werden von Staudigl in seinem Buch durchgängig verwendet.

dementsprechend hergestellte Modelle noch beleuchtet werden durch Licht, das von einem geeignet gewählten Punkte der Gegenebene Q ausgeht, so glaubt das Auge C statt seiner collinearen Umformung das mit dem richtigen Sonnenschatten ausgestattete Object selbst zu sehen. (Decoration der Schaubühne – der Raum zwischen den Ebenen S und Q ist Raum der Bühne, S die Vorhangebene.)[1085]

Im technischen Zusammenhängen sprach man auch – und Fiedler schließt sich diesem Brauch an – von Modellen. Damit sind aber nicht die Modelle gemeint, die Architekten, Baumeister, Ingenieure und andere bauten und bauen, um geplante Objekte zu illustrieren, etwa um potentielle Geldgeber zu überzeugen – was mit zweidimensionalen Plänen nur schwerlich funktioniert. Diese Modelle sind verkleinerte Abbilder der Gegenstände, mathematisch gesprochen also ihnen ähnlich. Die Ähnlichkeit lässt sich allerdings als Spezialfall der Reliefperspektive, des Modells im gerade erwähnten allgemeineren Sinn, interpretieren.[1086]

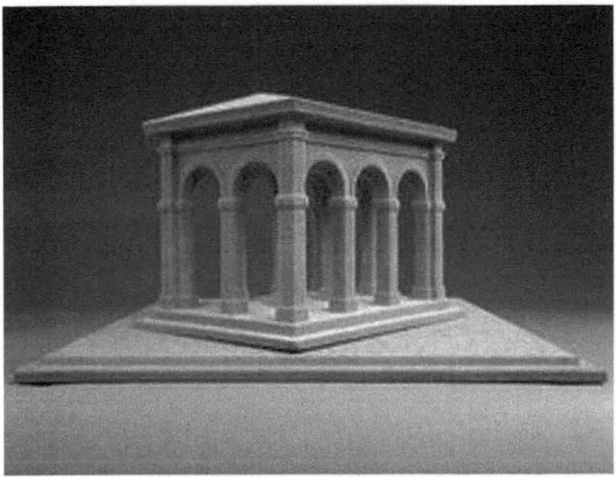

Abb. 4.12: *Modell einer Bogenhalle in Reliefperspektive entworfen von Ludwig Burmester*[1087]

[1085] Fiedler 1894, 48.

[1086] Im ebenen Fall lässt sich ja auch, wie oben gesehen, die zentrische Streckung als Sonderfall der Zentralkollineation auffassen.

[1087] Ich danke Ulf Hashagen (München) für den Hinweis auf dieses Modell. Die Konstruktion solcher Modelle wird in Burmester 1884 ausführlich beschrieben; dort erfährt man auch, dass die drei von ihm entworfenen Modelle bei „Herrn Lehmann, Inspektor und Konservator am königlichen Museum der Gypsgüsse in Dresden" bezogen werden konnten (Burmester 1884, 45 n. *)) - allerdings zu einem beachtlichen Preis (vgl. Brief von Rodenberg an Fiedler weiter unten). Quelle: Universitätssammlungen in Deutschland (http://www.universitaetssammlungen.de/modell/280).
Ein weiteres bereits erwähntes Beispiel eines reliefperspektivischen Modells findet man in Mathematik mit Modellen 2018, 142 und 143 sowie hinterer Umschlag. Dieses wurde in München von H. Thoma, einem Studenten der Mathematik, unter Anleitung von A. Brill hergestellt; es stellt eine Kugel, einen Kegel und einen ausgehöhlten Zylinder reliefperspektivisch dar und wurde von L. Brills Verlag und in dessen Nachfolge von M. Schilling (Serie 8, No. 23; No. 247 im Schilling-Katalog) vertrieben. Weitere Informationen zu Burmesters Modellen und dem Modell von Brill finden sich bei Lordick 2014. Eine gewisse Verwechselungsgefahr zwischen manchen der genannten Modelle besteht aufgrund ihrer Ähnlichkeit durchaus.

Ludwig Burmester konstruierte Modelle in Reliefperspektive, die seinerzeit recht bekannt waren. Seine Modelle (vgl. Abbildung 4.12 und 4.13) sind dem Historismus verpflichtet; in ihnen wird Burmesters Interesse an Architektur und sein Engagement für die Ausbildung von Architekten deutlich. Offensichtlich war die Nachfrage so groß, dass sich Burmester entschloss, ein Lehrbuch[1088] zu schreiben, in dem er die Grundlagen der Konstruktion seiner Modelle zwecks möglicher Nachahmung darlegte. Darin betonte er auch ausdrücklich die hohen handwerklichen Anforderungen, die der Bau solcher Modelle stellte:

> Die mannigfaltigen Schwierigkeiten, welche bei der hier kurz beschriebenen praktischen Herstellung der beiden Reliefmodelle der Halle und der Basilika auftraten, kann nur der Eingeweihte ermessen; und die Besiegung dieser Schwierigkeiten erfordert Geschicklichkeit und Geduld in allerhöchstem Maase.[1089]

Burmester wusste, wovon er sprach, er hatte nämlich eine Lehre als Feinmechaniker in Hamburg absolviert und später u.a. bei Siemens & Halske in Berlin gearbeitet.[1090]

Abb. 4.13: *Die drei reliefperspektivischen Modelle von Burmester*[1091]

[1088] Burmester 1884.

[1089] Burmester 1884, 27.

[1090] Burmesters wirklich ungewöhnlicher Werdegang wird von Reinhold Müller (Müller 1930) ausführlich geschildert.

[1091] Burmester 1884, Tafel. Man beachte, dass Burmesters Modelle in Kästen positioniert sind, was an ein Bühnenbild erinnert. Modell Nr. 1 ähnelt stark dem von Thoma/Brill, nur die Körper sind unterschiedlich. Man erkennt zudem den Einfluss des Zentrums der Beobachtung. Über den Versuch, Burmesters Modelle mit modernen Mitteln zu rekonstruieren, berichtet D. Lordick (vgl. http://www.lordick.darstellende-geometrie.de/docs/Lordick_Burmester.pdf [Aufruf am 23.11.2022]).

In einem Brief an Fiedler vom 21. Juli 1881 aus Dresden äußerte sich Burmester zu seinen Modellen und seinen Motiven, solche herstellen zu lassen:

> Um für den Unterricht in collinearen Gestaltungen Auffassungsmittel zu erhalten, und um in den Künstlern das Interesse für Reliefperspektive zu vermehren, lasse ich einige Relief-Modelle herstellen. Die Modelle, welche vor 13 Jahren von Ihrem Assistent Morstadt in Prag angefertigt wurden, konnte ich nicht bekommen und müssen in wenigen Exemplaren vorhanden sein. Die Künstler kennen ja die Relief-Perspective nicht, sie lassen sich bei der Gestaltung der Reliefs durch ihr Gefühl allein leiten und bilden daher die durch das Kunstgefühl geforderten Compromisse ohne jede theoretische Grundlage. Wenn der Künstler die Relief-Perspective kennt, so kann er auf Grund derselben in festerer Haltung bauen und wird sich der Abweichungen, welche durch die Schönheit bedingt werden, in allen Fällen klarer bewusst. Man kann dem Künstler den Nutzen der Relief-Perspective am besten durch gute Modelle beweisen, denn ich weiß aus eigener Erfahrung, daß man mit theoretischen Erörterungen allein bei ihnen nichts ausrichtet.
>
> Ein Relief-Modell ist fertig und stellt in einem reliefperspectivischen Kasten typische Körper dar (Würfel, Cylinder, Kegel, Kugel und einen architektonisch gegliederten Obelisken in der Mitte).[1092]

Burmester teilte dann noch mit, dass er mehrere Abgüsse haben machen lassen und dass diese für einen Preis zwischen 50 und 55 Mark zu erwerben seien. Schließlich fragte er wenig überraschend an, ob Fiedler ein Modell für sein Institut erwerben möchte. Auffallend ist Burmesters Interesse an den Künstlern, an diese dachten die darstellenden Geometer sonst eher selten. Eine Ausnahme war hier G. Hauck.

Reliefperspektivische Modelle wurden von Fiedlers Assistenten R. Morstadt (in Prag)[1093] und Johannes Keller (in Zürich) gefertigt.[1094] In einem Brief aus Darmstadt vom 2. Juli 1883 fragte Karl Rodenberg seinen Briefpartner Fiedler

---

[1092] Hs 87: 112. Vgl. Abbildung 4.13.

[1093] Morstadt hat auch eine theoretische Abhandlung zur Reliefperspektive verfasst, in der es u.a. um reliefperspektivische Darstellungen der Kugel ging; vgl. Morstadt 1867. Nach Bečvářová/Bečvář/Škoda 2008, 101 konstruierte Morstadt sein Modell für die Weltausstellung in London (1862), also noch vor Fiedlers Ankunft in Prag, dessen Assistent er dann wurde.
Informationen zu Morstadt und Keller sowie eine recht ausführliche Geschichte der Reliefperspektive gibt Fiedler in Fiedler 1882, 129 – 135. Man vgl. auch Wiener 1884, 49, wo berichtet wird, Morstadt habe „ein sehr schönes Reliefmodell in Gyps von einer gewölbten Halle veröffentlicht". Mehr zu Modellen in Reliefperspektive in 8.3.

[1094] Vgl. Fiedler 1882, 135 und 137. Wie Fiedler an der letzteren Stelle genauer ausführte, konnten mit Kellers Modell realistische Schattenwürfe erreicht werden – eine nach Fiedler wichtige Besonderheit.

nach Kellers Modell, weil er von diesem gerne einen Abguss haben wollte. Er fuhr fort:

> Die Burmesterschen Modelle sind zwar sehr schön aber leider auch hoch im Preis.[1095]

An einer anderen Stelle in Fiedlers Briefwechsel kam die Reliefperspektive nochmals zur Sprache. In einem Brief, datiert Riga, 27.3./8.4.1877[1096], schrieb Fiedlers früherer Assistent und Freud Alexander Beck, der mittlerweile Professor für darstellende Geometrie am Polytechnikum in Riga geworden war:

> Ich habe mir vor einiger Zeit ein Gypsmodell als Beispiel einer Reliefperspective anfertigen lassen, zu welchem ich dem Bildhauer die Zeichnung lieferte. [...] Das Modell ist sehr gut gelungen und bildet ein Prunkstück meiner Sammlung. Ich gedenke auch, die neuen Münchner Modelle anzuschaffen.[1097]

Diese Belege zeigen, dass man sich für die Reliefperspektive und ihre Anwendungen lebhaft interessierte. Kehren wir nun zu fachlichen Fragen zurück.

Ginge man in strikter Analogie zum ebenen Fall vor, so könnte man sich Folgendes vorstellen: Gegeben sind ein Punkt im Raum, der Augpunkt oder das Zentrum C, sowie ein räumlicher Gegenstand, zum Beispiel ein Polyeder, nebst einem Teil des Raumes, in dem das Modell des Gegenstandes entstehen soll (eine von zwei parallelen Ebenen begrenzte Raumschicht). Nimmt man nun einen Punkt P im Objekt und versucht diesen mit Hilfe des Strahles durch P und C abzubilden, so bemerkt man sofort das Problem: Dieser Strahl wird i.a. das Analogon der Bildebene, wir könnten vom Bildraum sprechen, in einer Strecke schneiden und nicht etwa in einem Punkt. Also ist das Bild des Punktes so nicht definierbar.

Abhilfe ist auch hier möglich, wenn man bereit ist, den vierdimensionalen Raum als Beschreibungsmittel zu akzeptieren. Dann wird die Analogie perfekt: Gegeben ist ein Punkt C im vierdimensionalen Raum sowie ein dreidimensionaler Raum, auf den projiziert werden soll. C darf nicht in diesem Raum liegen. Das abzubildende Objekt, z. B. ein Polyeder, legt einen weiteren dreidiemnsionalen Raum im vierdimensionalen fest. Auch in ihm darf C nicht liegen Nimmt man nun einen Punkt P des Objektraumes, so kann man ihm genau einen Punkt des Bildraumes zuordnen – nämlich den Schnittpunkt P' des Strahls CP mit eben

---

[1095] Hs 87: 844.
[1096] Hier werden zwei Daten angegeben, weil im Baltikum unter der russischen Herrschaft noch der Julianische Kalender in Gebrauch war.
[1097] Hs 87: 40. Münchner Modelle sind vermutlich solche, die von A. Brill und F. Klein initiiert und die dann von L. Brill (Darmstadt) professionell vertrieben wurden.

diesem Raum.[1098] Das liegt daran, dass die projizierende Gerade *CP* nicht als Ganzes im Bildraum enthalten ist. Dann hat diese Gerade mit dem Bildraum außer im Falle der Parallelität genau einen Punkt gemeinsam; unter Einschluss der Fernpunkte wird hieraus: immer einen Punkt gemeinsam. Fiedler hat diese Möglichkeit in seiner Abhandlung von 1882 über neuere Abbildungsmethoden mit einem deutlichen Seitenblick auf die Didaktik so dargestellt:

> Der Stellung eines leitenden heuristischen Princips gemäss, welche ich der *Centralprojection* aus dem Raum von drei Dimensionen auf einen von *zweien* in der pädagogischen Entwickelung der gewöhnlichen Geometrie beilege, schien es mir in analoger Weise vortheilhaft, den Raum von vier Dimensionen central aus einem Punkte auf einen seiner nicht durch jenen gehenden dreidimensionalen Räume zu projiciren und dadurch seine Formen und deren Eigenschaften zu erläutern; während zugleich aus den bezüglichen Constructionen nach ihren Bedeutungen für die vierdimensionale Formen neue Eigenschaften des dreidimensionalen Raumes entspringen, wie in der Centralprojection neue planimetrische Sätze erhalten werden; ich entwickelte die Elemente dieser Centralprojection im Anfang dieses Jahres für die Zwecke einer im jetzigen Sommer zu haltenden Vorlesung über ausgewählte Kapitel der Geometrie, […].[1099]

Mit modernen mathematischen Mitteln formuliert geht es bei der Reliefperspektive um eine Abbildung des projektiven Raumes in sich, genannt räumliche Zentralkollineation, mit folgenden Eigenschaften: Es gibt einen ausgezeichneten Punkt C und eine ausgezeichnete Ebene S (in Analogie zur Spur s)

    0.   Der Bildpunkt von C ist C.[1100]
    1.   Punkt, Bildpunkt und Zentrum sind kollinear für alle Punkte ungleich dem Zentrum.
    2.   Die Punkte von S sind Fixpunkte.
    3.   Geraden werden auf Geraden abgebildet.
    4.   Die Abbildung ist bijektiv.

[1098] Allgemein ist die Relief-Perspektive eine surjektive Abbildung des vierdimensionalen Raumes ohne Zentrum auf einen dreidimensionalen, die Einschränkung auf einen dreidimensionalen Raum macht sie bijektiv; hierauf macht schon Anger in der ihm verfügbaren Terminologie aufmerksam, vgl. Anger 1859, 103. Um Ausnahmen zu vermeiden, nimmt man Fernpunkte hinzu, betrachtet also eigentlich den projektiven vierdimensionalen Raum. Das Zentrum C soll weder im Bildraum noch im Objektraum liegen.

[1099] Fiedler 1882, 174. Im Sommersemester 1882 bot Fiedler eine vierstündige Vorlesung „Ausgewählte Kapitel der Geometrie" in der Fachlehrerabteilung an.
Im Zusammenhang mit dem vierdiemnsionalen Raum verweist Fiedler mehrfach auf G. Veronese, „einst (bis zum Sommer 1876) Schüler unserer Abteilung für Fachlehrer" (Fiedler 1882, 173) und seine Veröffentlichung von 1882, in der „die Grundsätze der Geometrie der Lage" für höherdimensionale Räume „aufgestellt" worden seien (Fiedler 1882, 173 – 174).

[1100] Traditionell würde man das Zentrum einfach ausnehmen.

Die charakteristische Eigenschaft, dass sich eine Gerade und ihre Bildgerade immer in der Ebene S schneiden, lässt sich auf der Basis dieser Eigenschaften beweisen. Die fünfte Eigenschaft unterscheidet offensichtlich die Reliefperspektive von der Zentralprojektion des Raumes auf eine Ebene.[1101] Die Ebene S wird auch Bildfläche, Bildebene oder (altertümlich) Kollineationsebene genannt. Ganz analog zur Zentralprojektion des Raumes auf eine Ebene gibt es auch eine Fluchtpunkt- und eine Verschwindungsebene.[1102] Das Bild des Halbraumes bzgl. der Bildebene, in dem sich die Fluchtpunktebene nicht befindet, liegt dann zwischen diesen beiden Ebenen.

In seiner Abhandlung von 1834 gibt K. Th. Anger Formeln an, mit deren Hilfe man die Reliefperspektive untersuchen kann – allerdings unter bestimmten vereinfachenden Annahmen. Wir betrachten im dreidimensionalen Raum die Bildebene gegeben durch $y = a$ nebst der Fluchtpunktebene gegeben durch $y = b$ (beide Ebenen liegen also parallel zur x-z-Ebene) sowie das Zentrum (X, Y, Z) nicht in einer der beiden Ebenen oder dazwischen. Dann gelten für die Koordinaten des Bildpunktes (x', y', z') des Punktes (x, y, z), verschieden vom Zentrum, folgende Formeln[1103]:

$$x' = \frac{(b-Y)x + Xy - aX}{b - a - Y + y}$$

$$y' = \frac{by - aY}{b - a - Y + y}$$

$$z' = \frac{(b-a)x' - Xx' + aX}{b - a - Y + y}$$

Die Umkehrabbildung (modern gesprochen) wird beschrieben durch:

$$X = \frac{(b-a)x' - Xy' + aX}{b - y\prime}$$

$$y = \frac{(b-a-X)y' + aY}{b - y\prime}$$

$$z = \frac{(b-a)z' - Zy' + aZ}{b - y\prime}$$

Ein interessanter Sonderfall ergibt sich für $a = \infty$, die Bildebene ist nun die Fernebene. Dann fallen Urbild und Bild zusammen, die Abbildung ist die Identität.

[1101] Vgl. Schaal 1981, 71.
[1102] Die Punkte der Fluchtpunktebene sind also Bilder von Fernpunkten wohingegen die Punkte der Verschwindungsebene Urbilder von Fernpunkten sind. Beide Ebenen werden als Gegenebenen bezeichnet, sie liegen parallel zur Kollineationsebene.
[1103] Anger 1834, 3.

Ist dagegen $a = b$, sind also die beiden Ebenen identisch, so ergibt sich die klassische Zentralprojektion des Raumes auf die fragliche Ebene.

Fiedlers Ausführungen zur Reliefperspektive sind ziemlich anspruchsvoll und schwer nachvollziehbar. Deshalb sei hier ein einfaches Beispiel an den Anfang gesetzt.[1104] Um eine Tiefenwirkung zu erzielen, werden die Fluchtpunkte aus der Bildebene S heraus in eine andere hierzu parallele Fluchtpunktebene F verlagert. Das Bild soll folglich im Raumteil zwischen diesen beiden Ebenen entstehen. Zusätzlich bedarf es noch des Zentrums C, das in keiner der beiden Ebenen und auch nicht zwischen ihnen liegen soll. Projiziert werden soll der von der Bildebene begrenzte Halbraum, in dem die Fluchtpunktebene nicht liegt, auf die Raumschicht zwischen Bild- und Fluchtpunktebene. Zuerst überlegen wir uns, wie Geraden abgebildet werden. Sei g eine Gerade nicht durch C, die die Ebene S in P schneidet. Dann ist S ein Punkt der Bildgeraden g'. Einen weiteren Punkt von g' findet man, indem man die Parallele zu g durch C in der von g durch C festgelegten Ebene zieht und deren Schnittpunkt Q mit der Fluchtpunktebene ermittelt. Dann ist Q auch der Fluchtpunkt von g', also ist g' die Verbindungsgerade von S und Q. Alles ganz analog zum zweidimensionalen Fall. Nehmen wir nun einen Punkt T auf g und suchen seinen Bildpunkt auf g'. Hierzu verbinden wir T mit C; der Schnittpunkt dieser Geraden – es handelt sich um den projizierenden Strahl zu T, er liegt in der von g durch C festgelegten Ebene - mit g' liefert den Bildpunkt T'. Nach Konstruktion sind g und g' komplanar. Man beachte: Das Basiselement der Abbildung sind hier also die Geraden.

Abzubilden sei nun der Quader $ABCDS'S''S'''S^{iv}$. Der Übersichtlichkeit halber liege die Seitenfläche $S'S''S'''S^{iv}$ in der Bildebene S, die Fluchtpunktebene F schneide den Quader im Rechteck $F'F''F'''F^{iv}$. Das Zentrum soll außerhalb der Raumschicht zwischen S und F liegen. Gesucht ist das reliefperspektivische Bild des Quaders zwischen den Ebenen S und F. Da S', S'', S''' und S^{iv} in der Bildebene liegen, fallen diese mit ihren Bildern zusammen. Konstruiert man zusätzlich die Bildpunkte A', B', C' und D' wie oben gesehen und verbindet man alle diese Punkte entsprechend, so entsteht das gewünschte reliefperspektivische Bild. Von C aus betrachtet ergibt sich in der Tat ein verkürztes Bild, das den Eindruck erweckt, in die Bühne hineinzuführen.

Die zentrale Fragestellung der Reliefperspektive wird von Fiedler folgendermaßen eingeführt:

> 37. Wenn ein Centrum C der Projection und eine nach drei Dimensionen
> ausgedehnte Originalfigur beliebig gegeben sind, so kann man auf allen

---

[1104] Es stammt aus dem Artikel Burmester 1884, 44 – 46. Fiedler gibt ganz ähnliche Erläuterungen in seiner Note Fiedler 1863b, wo er erstmals ausführlicher auf die Reliefperspektive zu sprechen kam. Folglich muss Fiedlers Stil im Lehrbuch auf einer bewussten Entscheidung für die abstrakte Sichtweise beruhen – für „Wissenschaftlichkeit" und gegen einfache einführende Beispiele.

durch das Centrum gehenden Ebenen, welche dieselbe schneiden, die Beziehung der centrischen Collineation ebener Systeme in der Weise hergestellt denken, dass jedem Punkte P des Originals ein Punkt P_1 des Abbilds und umgekehrt entspricht, und ebenso jeder Geraden g eine Gerade g_1 und also jeder Ebene **E** eine Ebene **E₁**; entsprechende Punktepaare liegen auf einerlei Strahl aus dem Centrum, entsprechende Paare von Geraden auf einerlei Ebene durch dasselbe. In jeder von diesen Ebenen liegen die sich selbst entsprechenden, vom Centrum verschiedenen Punkte in einer geraden Linie, der entsprechenden Collineationsaxe s; [...].[1105]

Die Strategie ist klar: Der räumliche Fall wird auf den ebenen zurückgespielt. Neben der Kollineationsachse spielen bei letzterem die Gegenachsen noch eine wichtige Rolle; die kann man analog zur Kollineationsachse einführen – zwei der drei Achsen genügen ja, um zusammen mit dem Zentrum die Zentralkollineation festzulegen. Um nun in den Raum zurückzukehren, muss man sich überlegen, dass alle Kollineationsachsen und alle Gegenachsen jeweils in einer Ebene liegen, die dann als Kollineationsebe bzw. als Gegenebenen bezeichnet werden; sie sind parallel. Das ist natürlich nur dann der Fall, wenn eine genuin räumliche Abbildung die ebenen Zentralkollineationen gewissermaßen koordiniert. Man kann dann die üblichen Eigenschaften einer Zentralkollineation auf den Raum übertragen, etwa die, dass sich eine Gerade und ihr Bild immer in der Kollineationsebene treffen, dass perspektivisch liegende Fundamentalgebilde (wie Büschel und Bündel) auf ebensolche abgebildet werden und dass das Doppelverhältnis erhalten bleibt.[1106] Die Gegenebenen sind dadurch charakterisiert, dass die Bilder ihrer Punkte Fernpunkte sind (diese Ebene entspricht der Verschwindungsgeraden) oder dass sie selbst Bilder von Fernpunkten sind (die Fluchtpunktebene entspricht der Fluchtlinie). Diese neue Art von Abbildung wird von Fiedler räumliche zentrische Kollineation genannt; wir sprechen kurz von räumlicher Zentralkollineation oder Reliefperspektive.

Wie immer interessiert Fiedler auch hier die Konstruktion (vgl. Abbildung 4.14). Gegeben sind also Punkte A_1, A_2, … im Originalraum; zu bestimmen sind deren Bilder A_{11}, A_{21}, …[1107]. Weiterhin seien die Bestimmungsstücke einer räumlichen Zentralkollineation, etwa deren Zentrum und die Kollineationsebene sowie eine

---

[1105] Fiedler 1875, 136. Die Kollineationsachse liegt in der Bildebene; sie ist der Schnitt dieser Ebene mit der jeweils projizierenden. Diese Ebene enthält einen ebenen Schnitt des Originals.
[1106] Vgl. Fiedler 1875, 136 – 140.
[1107] Wie Abbildung 4.14 andeutet, kann man sich die Punkte als Ecken eines Polyeders, nämlich eines Würfels mit aufgesetztem Dach, vorstellen. So betrachtet geht es also um die Konstruktion eines Modells des Polyeders. Fiedler ändert hier seine Konvention bzgl. der Notation von Bildpunkten, indem er Indizes und keine Apostrophe verwendet.

Gegenebene, gegeben.[1108] Dann lege man eine Ebene **E** durch das Zentrum; es ergeben sich in **E** Schnittgeraden mit den gegebenen Ebenen, also die Kollineationsachse und eine Gegenachse einer ebenen Zentralkollineation. Das erste Problem, das es nun zu lösen gilt, liegt darin begründet, dass die abzubildenden Punkte ja nicht in der Ebene **E** liegen müssen, also nicht mit der entsprechenden ebenen Zentralkollineation abgebildet werden können. Folglich muss man sich erst Punkte in der Ebene **E** verschaffen, die an Stelle der Originalpunkte verwendet werden können. Dies geschieht folgendermaßen: Man nehme in **E** eine feste Gerade p, lege durch p und die abzubildenden Punkte A_i jeweils die Ebene und ziehe in dieser die Parallele p_i zu p durch die Punkte A_i. Es ergeben sich dann die Schnittpunkte B_i dieser Parallelen mit der ausgewählten Ebene **E**. Diese Punkte kann man vermöge der Zentralkollineation in **E** abbilden, man erhält ihre Bildpunkte B_{11}, B_{21}, ... in **E**. Die Ausgangspunkte A_i sind festgelegt als Schnittpunkte der Geraden (der projizierenden Strahlen) CA_i mit den Geraden p_i. Folglich müssen die gesuchten Bildpunkte A_{i1} auf den Geraden (auf den projizierenden Strahlen) CA_i liegen und auf den Bildern p_{i1} der Geraden p_i unter der räumlichen Zentralkollineation. Letztere gilt es also noch zu finden. Von den Geraden p_{i1} sind bereits bekannt die Punkte B_{i1}. Ein weiterer Punkt ist jeweils gegeben durch den Schnittpunkt von p_i mit der Kollineationsebene; alternativ kann man auch einen Schnittpunkt mit einer der Gegenebenen verwenden. Damit ist das konstruktive Problem gelöst.[1109]

[1108] Eine räumliche Zentralkollineation ist auch durch fünf Punkte in allgemeiner Lage und deren Bilder festgelegt (vgl. Fiedler 1875, 150).
[1109] Vgl. Fiedler 1875, 140 – 141.

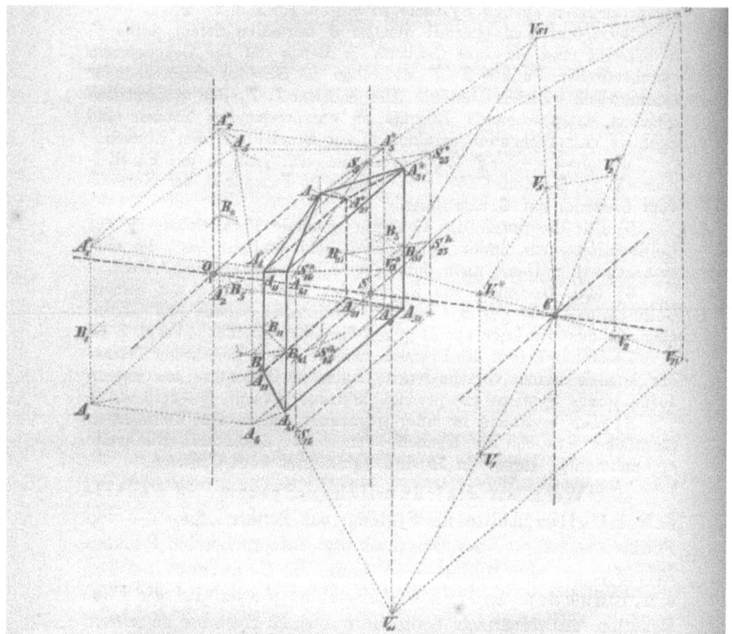

Abb. 4.14: *Konstruktion der Reliefperspektive eines Polyeders*[1110]

Fiedler stellt im Weiteren dann ausdrücklich wieder die Beziehung zum Sehprozess her, der ja ein universeller Bezugspunkt für ihn ist. Er schreibt:

> Die gedachte Anordnung vorausgesetzt, *kann also – [...] das centrisch collineare System einer als gegeben gedachten Raumform für ein im Centrum befindliches Auge ebenso vollkommen täuschend diese Raumform selbst ersetzen, wie diess bei der Perspective ebener Systeme geschehen kann – sobald nur den übrigen Bedingungen des Sehprozesses genügt wird*; [...].[1111]

Zur Reliefperspektive gibt Fiedler einige der bei ihm seltenen Hinweise auf die Praxis:

> Nach denselben Grundsätzen sind aber ausser den Reliefs der Sculptur die scenischen Darstellungen der Schaubühne – die Vorhangsebene als

---

[1110] Fiedler 1875, 141 – Fiedler 1883, 244. Es fällt auf, dass Fiedlers Figuren in der Regel nicht die einfachsten denkbaren Fälle darstellen: Im vorliegenden Fall könnte man ja eine Dreieckspyramide, also vier nicht in einer Ebene befindliche Punkte, abbilden. Die große Zahl von Punkten und Linien, die in der Zeichnung auftreten, ist eine geradezu charakteristische Schwierigkeit der darstellenden Geometrie. Wie man damit am besten umgeht erläutert Beyel in seinem Aufsatz von 1899.

[1111] Fiedler 1875, 143 - 144. Die fraglichen Grundsätze beziehen sich auf die Lage des Objekts im Sehkegel; sie muss einigermaßen zentral sein, weil sonst die Verzerrung zu stark wird. Überlegungen zu Verzerrung und deren Zusammenhang mit dem Distanzkreis traten schon früh in der Geschichte der Perspektive auf. Als Faustregel galt, dass alles, was in einem Kreis um den Hauptpunkt mit Radius 1,5*d* liegt (*d* ist die Distanz), keine störende Verzerrung erfährt.

> Collineationsebene **S**, die Hinterwand der Bühne als Gegenebene **Q₁** –
> und die Constructionen der decorativen Kunst überhaupt, sei es in der
> Architektur oder in der höhern Gartenkunst, zu entwickeln.[1112]

Während diese Passage schon 1871 zu finden ist[1113], werden in der zweiten
Auflage von 1875 diese Hinweise noch weiter konkretisiert[1114]:

> Für die Bühne ist Δ ein positiver Bruch zwischen 1/3 und ½. Ist er zu klein,
> hat die Bühne zu wenig Tiefe, so macht sich der Gegensatz zwischen den
> in unverkürzter Tiefendimension erscheinenden Personen zu den
> Umgebungen mit stark verminderten zu sehr merklich.[1115]

Auf Grund der Erhaltung des Doppelverhältnisses kann die für ebene
Zentralkollineationen eingeführte charakteristische Zahl Δ auch im Raum
verwendet werden, insbesondere ist wieder der Fall $\Delta = -1$ der involutorischen
Kollineation von Interesse. Es ergeben sich – je nach Lage der
Bestimmungsstücke – dieselben Sonderfälle wie in der Ebene (Affinität,
Ähnlichkeit, Kongruenz). Schließlich lässt sich die Parallelprojektion des Raumes
auf eine Ebene der klassischen darstellenden Geometrie à la Monge als Grenzfall
der räumlichen Kollineation interpretieren, bei dem das Zentrum ein Fernpunkt ist
und der Bildraum unendlich dünn - also eine Ebene – wird; in diesem Fall liegen
die Fluchtpunkte in der Bildebene und alles ist wie gewohnt. Die räumliche
Zentralkollineation ist – wie nicht anders zu erwarten – ein Spezialfall der
räumlichen Kollineationen allgemein, wie sie wohl erstmals von Möbius
untersucht worden sind.[1116]

Weiterhin betrachtet Fiedler auch die Verknüpfung von räumlichen
Zentralkollineationen. Er begründet u. a. den Satz[1117]:

> Wenn von drei räumlichen Systemen je zwei miteinander centrisch
> collinear sind, so liegen die drei Collineationscentren in einer geraden
> Linie.

Die historischen Anmerkungen zum Abschnitt über die räumlichen
Zentralkollineation fallen recht ausführlich aus; neben Poncelet erwähnt Fiedler
natürlich J. A. Breysig mit seiner Schrift „Versuch einer Erläuterung der
Reliefperspektive" (1798), der „die strengen Regeln zur Construction der Reliefs

---

[1112] Fiedler 1875, 144.
[1113] Fiedler 1871, 129.
[1114] Δ ist das von den Zentralkollineationen her bekannte charakteristische Doppelverhältnis; vgl. 4.2.6.
[1115] Fiedler 1875, 144. Bei Reliefs ist Δ ein kleiner positiver Bruch, etwa 1/10; vgl. Fiedler 1875, 144.
[1116] Vgl. Möbius 1827, 301 – 330.
[1117] Analog zum Satz von Monge für Kreise in der Ebene.

zuerst empirisch gegeben" hat[1118], aber auch weitere spätere Autoren, darunter Möbius mit seinem Barycentrischen Calcul.[1119]

Es gibt bei Fiedler einen kurzen Hinweis auf die grundsätzliche Wichtigkeit der Reliefperspektive, heißt, zu deren praktischen Verwendungen. Dieser steht aber nicht etwa am Anfang der Ausführungen im Sinne einer Motivation des Nachfolgenden, sondern wird nur ziemlich unscheinbar eingestreut:

> Endlich sind alle die üblichen Darstellungsmethoden räumlicher Formen durch räumliche Formen, d.i. die Modellierungs-Methoden, als Specialfälle der Lehre von den centrisch collinearen räumlichen Systemen hervorgetreten und damit der darstellenden Geometrie organisch angeschlossen; von ihnen dient die allgemeinste ganz besonders *künstlerischen Zwecken*, die besondere der Aehnlichkeit hat vorzugsweise *technische Verwendung im engeren Sinne.*[1120]

Die Reliefperspektive war ein Thema, auf das Fiedler mehrmals in seinen Publikationen zurückkam. In seiner 1882 publizierten Abhandlung „Zur Geschichte und Theorie der elementaren Abbildungs-Methoden" legte Fiedler die Geschichte der Reliefperspektive dar, u. a. wieder mit Hinweis auf J. A. Breysig,

Die Reliefperspektive wurde übrigens auch in einem Schulprogramm behandelt – ein Zeichen für breites Interesse.[1121]

Erst nach 138 Seiten (1871), 153 Seiten (1875) und 260 Seiten (1883) kommt Fiedler dann auf das Thema zu sprechen, das man gemeinhin mit dem Begriff „Darstellende Geometrie" verbindet: die Parallelprojektion: „D) Die Grundgesetze der orthogonalen Parallelprojektion, ihre Transformationen und die Axonometrie".

[1118] Fiedler 1875, 733.

[1119] In der dritten Auflage seines Lehrbuchs nennt Fiedler zudem noch „die von ihm [Fiedler; K. V.] veranlasste Abhandlung von Raf. Morstadt „Über die räumliche Projection" in der Zeitschrift für Mathematik und Physik Band 12" [= Morstadt 1867]. Er fügt hinzu: „Meine Ableitung im Text war zum guten Theil neu." (Fiedler 1883, 364). Der Autor, Rafael Morstadt, wird zu Beginn seines Artikels als Assistent der „descriptiven Geometrie am Polytechnikum zu Prag" vorgestellt. Morstadt erwähnt in seinem Artikel die Vorlesungen von Fiedler über darstellende und neuere Geometrie als Ausgangspunkt seiner Ideen.
In der zweiten Auflage von Fiedlers Lehrbuch findet sich dagegen nur ein unkommentierter Hinweis auf Morstadts Arbeit. Vielleicht kann man im Fiedlerschen Kommentar und seinem auffälligen Bestreben, alles auf sich zu beziehen, den Ausdruck einer zunehmenden Unzufriedenheit über mangelnde Rezeption und Anerkennung sehen, ein Topos, der bei Fiedler – z. B. in seiner Korrespondenz mit Fr. Kick (Briefentwurf vom 28. Dezember 1880 [Hs 87: 498a]; vgl. auch Beyels Schilderung in 1.6. sowie 1.4.3 und 9.2.1) - durchaus eine Rolle spielte. Auffallend ist zudem, dass die Vorworte der dritten Auflage, insbesondere dasjenige des dritten Bandes, viele Verweise auf Fiedlers eigene Vorlesungen und Publikationen enthält – deutlich mehr als in früheren Auflagen.

[1120] Fiedler 1875, 146 - 147.

[1121] Burghardt, W., „II. Beitrag für den Unterricht in der Reliefperspective," Schulprogramm Nordhausen, 1861. Publiziert zusammen mit: I. Anleitung zur Analyse vermittelst des Lötrohres.

Liest man Fiedlers Ausführungen zur Reliefperspektive, so gewinnt man den Eindruck, dass diese ihm besonders wichtig war. Dieser Eindruck wird von F. J. Obenrauch bestätigt:

> Die ersten erfolgreichen Anregungen zum wissenschaftlichen Ausbau der Reliefperspektive gab in Österreich Her. Prof. Dr. Wilhelm Fiedler in seinen Vorträgen über darstellende und projectivische Geometrie am Polytechnikum in Prag.[1122]

Als Beleg hierfür nennt Obenrauch dann die bereits erwähnte Arbeit von Morstadt.

Im Rahmen der Flächentheorie gibt Fiedler später in seinem Lehrbuch eine Anwendung der Reliefperspektive.[1123] Eine weitere Verwendung findet sie beim Übergang von homogenen Koordinaten zu gewöhnlichen (kartesischen oder Plückerschen).[1124]

4.2.9 Koordinaten und die Dreitafelprojektion

Schon in den Ausführungen zur Reliefperspektive hatte Fiedler darauf hingewiesen, dass eine orthogonale Parallelprojektion auf eine Ebene nicht ausreiche, um ein räumliches Objekt festzulegen. In der darstellenden Geometrie verwendet man deshalb (mindestens) zwei orthogonale Parallelprojektionen meist auf zu einander senkrechte Ebenen (Tafeln oder Rissebenen).[1125]

Aus heutiger Sicht überrascht vielleicht, dass Fiedler parallel zur Einführung der Dreitafelprojektion auch das räumliche Koordinatensystem vorstellt. Dieses erscheint uns als recht elementar und ist gängiger Schulstoff. Das war aber zu Fiedlers Zeiten anders. Die analytische Geometrie im Sinne von Koordinatengeometrie galt als schwierig und hauptsächlich als eine Vorstufe zur Differential- und Integralrechnung. Sie war deshalb weitgehend den Hochschulen und Universitäten vorbehalten. Folglich konnte Fiedler hier keine Vorkenntnisse annehmen.[1126] Zudem wusste er die Einführung beider Aspekte so geschickt zu kombinieren, dass er zufrieden feststellen konnte:

[1122] Obenrauch 1897, 397.

[1123] Vgl. 4.3.2. Es geht dabei darum, dass Flächen zweiter Ordnung, die nur elliptische Punkte besitzen, aus der Sphäre per Reliefbildung gewonnen werden können. Ähnlich ergeben sich Regelflächen zweiter Ordnung durch Reliefbildung aus dem einschaligen Hyperboloid oder auch aus dem hyperbolischen Paraboloid.

[1124] Vgl. 4.4.3.

[1125] Vgl. Fiedler 1875, 149.

[1126] Vgl. Vorwort zur ersten Auflage, wo Fiedler mehrfach auf die Vorkenntnisse eingeht, welche er seitens der Nutzer seines Buches voraussetzt; Fiedler 1871, IV, VI, XI. Dabei weist er ausdrücklich darauf hin, dass die analytische Geometrie des Raumes hierzu nicht gehöre; Fiedler 1871, IV.

In dieser Weise gefasst ist die Bestimmungsweise der darstellenden Geometrie mittelst der orthogonalen Parallelprojection identisch mit derjenigen der Coordinatengeometrie des Raumes für rechtwinklige Parallelcoordinaten [...].[1127]

Der Einstieg in die Thematik erfolgt über die Projektionen eines Punktes auf drei paarweise senkrechte Ebenen, ganz so, wie das schon Euler im zweiten Band seiner „Introductio in analysin infinitorum" (1748) vorgeführt hatte.

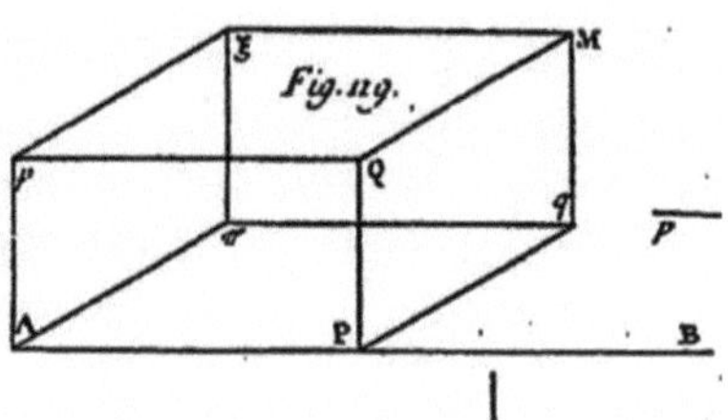

Abb. 4.15: *Die Koordinaten des Punktes M bzgl. der Achse AB[1128]*

Fiedler benutzt, anders als wir heute, ein Linkssystem (vgl. Abbildung 4.16). Der Ursprung wird mit *O* bezeichnet, die Achsen mit *OX*, *OY* und *OZ*. Dabei legt Fiedler im weiteren Wert darauf, die Richtungen auf den Achsen unterscheiden zu können, diese also zu orientieren; für die zu *OX* entgegengesetzte Richtung notiert er *OX*‑ etc. Die Ebenen sind *XOY*, *YOZ* und *ZOX*, die senkrechten Projektionen des gegebenen Punktes *A* werden mit A', *A"* und *A'''* bezeichnet. Die drei genannten Ebenen werden Projektions- oder Grundebenen genannt.

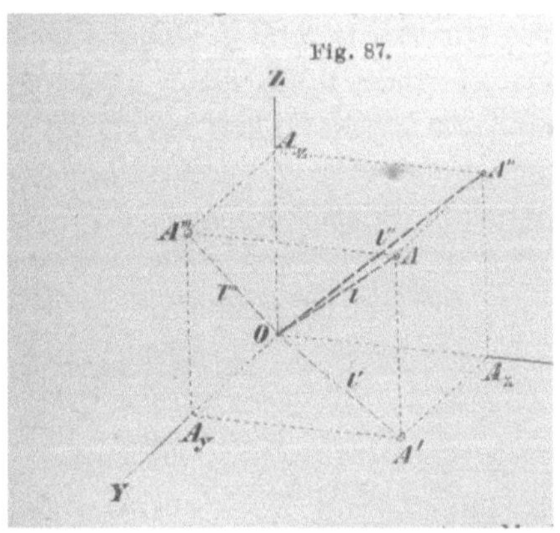

Abb. 4.16: *Fiedlers Einführung des räumlichen Koordinatensystems[1129]*

[1127] Fiedler 1875, 154.
[1128] Euler 1988, Tafel 13.
[1129] Fiedler 1875, 154.

Nun betrachte man die senkrechten Projektionen der Bildpunkte A', A'' und A''' auf die drei Achsen; diese seien A_Y, A_X und A_Z (Projektion auf OY, OX bzw. OZ). Es ergibt sich insgesamt das projizierende Parallelepiped $OA_XA_YA_ZA'A''A'''A$. Die „projizierenden" Strecken AA', AA'' und AA''' werden auch mit z, y und x bezeichnet und Koordinaten genannt.[1130] Bezeichnet l die Länge der Strecke OA, l' diejenige von OA', l'' die von OA'' und l''' die von OA''', so lassen sich allerlei Beziehungen herleiten wie

$$l^2 = (l')^2 + z^2 = (l'')^2 + y^2 = (l''')^2 + x^2 = z^2 + y^2 + x^2.$$

Ist β_1 der Winkel zwischen l und l', β_2 derjenige zwischen l und l'' und schließlich β_3 derjenige zwischen l und l''', so ergeben sich die üblichen Formeln für die Richtungscosinusse, Damit hat Fiedler einen Grundbestandteil an Formeln, die für die analytischen Geometrie im Stile seiner Zeit wichtig waren. Diese verwandte noch keine Vektoren[1131], sondern schrieb alles entweder in Komponenten oder in sogenannten abgekürzten Bezeichnungen. Es folgen bei Fiedler weitere Bemerkungen zur Vertiefung und Übung der gerade eingeführten Themen.

Den sogenannten Halbierungsebenen und -geraden widmete Fiedler besondere Aufmerksamkeit; er hatte sich mit ihnen schon früh in den 1860er Jahren in zwei Abhandlungen beschäftigt.[1132] Man stelle sich den Würfel vor, dessen Eckpunkte die Punkte $(1,1,1)$, $(1,1,-1)$, …, $(-1,-1,-1)$ sind; sein Mittelpunkt ist der Koordinatenursprung. Die vier Geraden, die durch die Raumdiagonalen des Würfels festgelegt sind, heißen Halbierungsachsen, diese wiederum legen sechs Ebenen fest, die Halbierungsebenen. Jede Halbierungsebene geht durch eine Koordinatenachse und halbiert den Winkel zwischen den beiden Koordinatenebenen, die in der entsprechenden Koordinatenachse zusammentreffen.

Eine Ebene schneidet, abgesehen von Ausnahmefällen, die Koordinatenachsen in drei Punkte S_x, S_y und S_z, die Schnittgeraden s_1, s_2 und s_3 mit den Koordinatenebenen heißen Spuren. Diese verwendet man in der darstellenden Geometrie, um Ebenen in Zwei- oder Dreitafelprojektion wiederzugeben, daher der Name. Das Dreieck mit den Eckpunkten S_x, S_y und S_z heißt Spurendreieck.

[1130] Fiedler – und mit ihm wohl alle seine Zeitgenossen - beachtete also nicht immer die uns heute so wichtig erscheinende Unterscheidung von Strecken und ihren Längen. Zudem ist z bei ihm die erste Koordinate, y die zweite und x die dritte.

[1131] Grundlegende Aspekte der Vektorrechnung entwickelte Fiedler im Zusammenhang mit der Einführung der Quaternionen, allerdings ohne von ihr selbst in der analytischen Geometrie Gebrauch zu machen; vgl. 5.3.3.

[1132] Vgl. Fiedler 1875, 734 Anm. zu § 53. Die fraglichen Abhandlungen sind Fiedler 1860a und Fiedler 1861a, in seiner Anmerkung hat Fiedler die Bandnummern seiner Abhandlungen verwechselt.

Zum Nutzen dieses Zugangs äußerte sich Fiedler in sehr charakteristischer Weise[1133]:

> Und wenn man fragte, wozu eine neue Bestimmungsweise, da die alte allen Anforderungen entspricht, so ist zu antworten, dass die Vielheit der Hilfsmittel ihre Brauchbarkeit stets erhöht und besonders vom Standpunkte des Lehrers, dass in einer Wissenschaft, die so ganz auf die Durchbildung der geistigen Anschauung räumlicher Verhältnisse sich stützen muss, wie die darstellende Geometrie, kein Mittel überflüssig ist, durch das von einer neuen Seite her dieselbe befördert wird.

Im Sinne der Parallelität zwischen darstellender und analytischer Geometrie behandelt Fiedler im Anschluss ausführlich die Dreitafelprojektion und nicht die in der Praxis verbreitetere Zweitafelprojektion. Auch hier sieht man wieder, dass es ihm weniger um die tatsächliche Praxis der Techniker ging als um eine solide theoretische Grundlegung derselben. Das wird auch noch in einer anderen Hinsicht deutlich: Fiedler verwendet nie die Standardbegriffe, wie sie Praktiker nutzen, also etwa Grund-, Auf- und Seitriss oder Ordner (Ordungslinien). Während Chr. Wiener in seinem Lehrbuch (1884) seinen Lesern praktische Hinweise gibt, z. B. welche Linien wie zu zeichnen sind im Sinne der üblichen Konventionen[1134], wird all dies bei Fiedler stillschweigend vorausgesetzt und praktiziert.

Weiterhin schneidet eine Ebene die vier Halbierungachsen im Allgemeinen in vier Punkten H, H_x, H_y und H_z und die Halbierungsebenen in sechs Geraden. Die Punkte H, H_x, H_y und H_z sind die Eckpunkte eines vollständigen Vierecks, dessen sechs Seiten gerade die Schnitte der Ebene mit den Halbierungsebenen sind; die Spuren s_1, s_2 und s_3 sind die Diagonalen des vollständigen Vierecks. Fällt man vom Ursprung O das Lot auf die fragliche Ebene, so ist dessen Fußpunkt gerade der Höhenschnittpunkt des Spurendreiecks.[1135] Vom theoretischen Standpunkt aus sind das schöne Sätze, die aber vermutlich keinen praktischen Wert besitzen. In gängigen Darstellungen der darstellenden Geometrie[1136] sucht man sie vergeblich. Es wird hier ein weiterer Zug – je nach Standpunkt könnte man auch von einem Defizit sprechen - der Fiedlerschen Darstellungen deutlich: Er unterscheidet nicht zwischen Standardthemen und solchen, die sich hauptsächlich aus seinen partikulären Interessen ergeben. Der Leser hat keine Chance, zu erkennen, was denn wichtig ist im Sinne des Standardkanons der darstellenden Geometrie oder dessen Anwendungen, und was nicht.

[1133] Fiedler 1861a, 78.
[1134] Vgl. Wiener 1884, 69. Beispiel: Hauptlinien werden durchgezogen, Hilfslinien gestrichelt.
[1135] Vgl. Fiedler 1875, 157. Begründung: Die Ebenen, die durch das Lot und eine der Koordinatenachse festgelegt sind, schneiden das Spurendreieck in seinen Höhen.
[1136] Etwa Wiener 1884.

Ansonsten behandelt Fiedler in diesem Kapitel Standardthemen wie Darstellung von Punkten, Geraden und Ebenen, Winkel und ebene Schnitte von Polyedern sowie Transformationen[1137]. Den Abschluss bildet ein Blick auf die Axonometrie, als deren Mitbegründer ja Fiedlers Lehrer Julius Weisbach gilt. Deren Grundidee ist es, ein Dreibein in der Ebene vorzugeben, das das Bild der Einheitsstrecken auf den Koordinatenachsen im Raum unter einer schiefen Parallelprojektion sein soll. In Fiedlers Worten[1138]:

> *Es ist die Aufgabe der Axonometrie, diess* [die geschickte Darstellung; K. V.] *nicht auf dem Umwege der Transformationen, sondern direct zu vollziehen, indem man die Richtungen ermittelt, in welchen alle Parallelen zu den Coordinatenaxen in dieser Projection erscheinen und die Verkürzungsverhältnisse, welche ihnen respective zukommen.*

Die weit verbreiteten Schrägbilder mit ihren unterschiedlichen Winkeln und Verkürzungsfaktoren sind ein axonometrisches Verfahren.

Der Schlüssel zur Axonometrie ist der Satz von Pohlke:

> *Drei Strecken von beliebigen Längen und Richtungen, die in einer Ebene von einem Punkte ausgehen, bilden eine Parallelprojection des Systems von drei gleichlangen Stücken der zueinander rechtwinkligen und von einem Punkte ausgehenden Axen OX, OY, OZ. Darnach können die Richtungen der Axenbilder und die Verkürzungsverhältnisse derselben beliebig angenommen werden – nur dass nicht die drei ersten zusammenfallen und nicht zwei der letztern Null sein dürfen.*[1139]

Dass dieser Satz auf Pohlke zurückgeht, erfährt der Leser oder die Leserin nur in den Anmerkungen: „Der Hauptsatz des § verdient den Namen des *Pohlke'schen Satzes*."[1140]. Eine schöne Folgerung aus dem Satz von Pohlke beschließt den ersten Teil des Fiedlerschen Buches[1141]:

> Die freie axonometrische Darstellung, welche die schiefe Projection gewährt, ist insbesondere geeignet für die Darstellung projectivischer Beziehungen; jeder geänderten Richtung der Beschauung entspricht zwar ein anderes Original zu der dargestellten Figur, aber alle diese Originale haben die projectivischen Eigenschaften mit einander gemein - ebenso wie bei Constructionen der Centralprojection, welche den Distanzkreis nicht fordern, eine Zeichnung für jedes Auge richtig die gleiche Beziehung für unendlich viele individuelle Lagen veranschaulicht. Fasst man

---

[1137] Vgl. 4.2.5.
[1138] Fiedler 1875, 196 – 197.
[1139] Fiedler 1875, 203.
[1140] Fiedler 1875, 736 Anm. zu § 61.
[1141] Fiedler 1875, 209 – 210.

> dieselben Figuren als nach einer andern Projectionsart gebildet auf, so
> stellen sie die geometrischen Relationen nicht minder richtig dar.
> Projectivische Beziehungen werden durch Projection nicht geändert. Der
> besondere Charakter, welcher die Originale der nämlichen schiefen
> Parallelprojection verbindet, ist offenbar.

Eine bemerkenswerte Verbindung zwischen darstellender und projektiver
Geometrie, die Fiedler in diesem Zitat herstellt. Kommt allerdings der Distanzkreis
ins Spiel, so gelten andere Regeln, denn dann geht es auch um metrische
Beziehungen. Fiedler sagt aber nicht, dass man damit schon den Bereich der
projektiven Geometrie verlassen würde. Zur Axonometrie und zum Satz von
Pohlke gibt Fiedler recht ausführliche historische Hinweise[1142]. Bei ersterer hebt
er hervor, dass es J. Weisbach war, der die erste lehrbuchmäßige Darstellung[1143]
in deutscher Sprache vorlegte, bei letzterem erwähnt er, dass H. A Schwarz[1144]
den ersten vollständigen elementaren Beweis des Satzes geliefert habe und dass
weitere Beweise von W. von Deschwanden und Th. Reye stammten. Fiedlers
eigener Beweis wurde nach dessen Aussage von Steiner inspiriert[1145], wobei

Fiedler das Verdienst zugeschrieben wird, den Satz von Pohlke in eine projektive
Form gebracht zu haben.[1146]

4.3 Konstruktive Theorie der Linien und Flächen

In systematischer Hinsicht war der zweite Teil seines Lehrbuches, der der Theorie
der Kurven und Flächen gewidmet war, also einem klassischen Bestandteil der
darstellenden Geometrie, Fiedler ein wichtiges Anliegen. Hier glaubte er die
Überlegenheit seiner Ideen deutlich machen zu können:

> Meine Entwickelung zeigt, dass die einfache und organische Gliederung
> an den Titeln: Curven und developpable Flächen, krumme Flächen im
> allgemeinen und Flächen zweiten Grades insbesondere, windschiefe
> Regelflächen, Rotationsflächen ohne alle Schwierigkeit durchführbar ist,
> so dass die darstellende Geometrie mit der reinen nach dem gleichen

---

[1142] Fiedler 1875, 735 – 736.

[1143] Weisbach 1857.

[1144] Schwarz 1864. Eine ausführliche Geschichte des Satzes von Pohlke gibt Obenrauch 1897, 390 –
397. In der Vierteljahrsschrift der naturforschenden Gesellschaft Zürich erschienen 1861, 1862, 1864
und 1866 Artikel von Deschwanden und Reye zum Satz von Pohlke. Nach Reye (1866, p. 351) hat
Deschwanden 1861 den ersten Beweis des Satzes vorgelegt, während Schwarz' Beweis von 1864
der erste elementare gewesen sei. Auch Fiedlers Nachfolger in Prag Carl Küpper sowie Fiedlers
Schüler Karl Pelz haben zu diesem Satz veröffentlicht (Küpper 1889, Pelz 1877). Das führte zu einem
Prioritätsstreit zwischen den beiden, vgl. 9.2.6.

[1145] Fiedler verweist auf eine Bemerkung in der „Systematischen Entwicklung" p. 226 und 231 oder
auch p. 147 und 157.sowie auf § 53 (p. 213 – 234).

[1146] Wenn auch noch nicht vollständig, vgl. Schur 1885, 596.

Plane vorgeht und ganz natürlich da in dieselbe mündet, wo sie ihre Aufgabe beendet hat.[1147]

Fiedler betont auch hier seinen Anspruch, einen organischen Aufbau vorzulegen – im Unterschied zu Monge, kann man hinzufügen, bei dem die Abfolge der behandelten Gegenstände eher zufällig sei.[1148] Fiedler will, wie immer, die wissenschaftliche Raumanschauung fördern. Auch dabei soll seine Anordnung des Stoffes helfen, „weil sie eine bestimmte wichtige Raumform oder eine Gruppe solcher Formen von wesentlich gleichen Charakteren im Zusammenhang nach allen Richtungen zu studieren erlaubt, statt die verschiedensten Formen: Kegel, Rotationsflächen, windschiefe Regelflächen etc. im Fluge nach einander vorzuführen, [...].“[1149] Während sich Monge vermutlich an der Frage orientierte, welche Kurven und Flächen nebst Eigenschaften anwendungsrelevant sind, zählen für Fiedler System und Vollständigkeit. Das führt dazu, dass dieser Teil seines Buches eine erstaunliche wenn nicht gar erdrückende Menge von Informationen enthält, was Fiedler aber als einen Vorteil für den Lernenden sieht:

> Sicher ist das sorgfältige und zusammenhängende Studium des *einen* Beispiels der Schraubenlinie und ihrer developpabeln Fläche für die Entwicklung der Raumanschauung werthvoller und erfolgreicher als die flüchtige Berührung vieler Beispiele sein würde.[1150]

In der Vorrede zur zweiten Auflage stellte Fiedler zufrieden fest:

> Mir scheint, die Natürlichkeit und so zu sagen *innere Notwendigkeit dieser Entwickelung* spricht für sich selbst.[1151]

Was die behandelten Themen anbelangt, so bleibt Fiedler durchaus im Rahmen der Tradition. Dabei spielt natürlich die Frage eine Rolle, welche Typen (Familien sagt Fiedler) von Flächen sich mit den zur Verfügung stehenden Methoden erfolgreich behandeln lassen. Deshalb geht es in der Flächentheorie wie gehabt hauptsächlich um abwickelbare Flächen, um Regel- und Drehflächen; bei den Raumkurven spielen die Schraubenlinie und die Durchdringungskurven eine wichtige Rolle. Eine Klammer zwischen beiden Themen sind die Tangentenflächen von Kurven. Methodisch gesehen geht Fiedler in seinem

---

[1147] Fiedler 1875, VIII (Vorrede zur ersten Auflage) – wörtlich wieder in Fiedler 1885, V-VI.

[1148] Ein ähnliches Argument wurde auch oft gegen Euklid vorgebracht: Sein System sei gekünstelt, weil es sich nur an der Logik orientiere.

[1149] Fiedler 1875, IX (Vorrede zur ersten Auflage). Er wirft Monge zudem vor, „dass das Princip dieser Zusammenordnung lediglich ein formal analytisches der Geometrie selbst vollkommen fremdes“ (Fiedler 1875, IX) sei.

[1150] Fiedler 1875, IX (Vorrede zur ersten Auflage). Gemäß Gauß' Wahlspruch „Non multa sed multum“ (nicht Vieles sondern Gutes) – könnte man sagen.

[1151] Fiedler 1875, XVI (Vorrede zur zweiten Auflage). In der Vorrede zur ersten Auflage sprach er davon, dass seine Entwicklung „die einfache und organische Gliederung“ des Stoffes zeige (Fiedler 1875, VIII). Er referiert dann kurz, wie dieser Aufbau konkret aussieht.

Lehrbuch überwiegend synthetisch vor – oder, wie er gerne sagte, konstruktiv. Analytische Hilfsmittel werden verwendet, aber nur im Vorübergehen. Darin unterscheidet sich Fiedlers eigenes Lehrbuch von seiner Bearbeitung der analytischen Geometrie des Raumes[1152] von G. Salmon, die im zweiten Band ganz ähnliche Themen behandelt, aber mit analytischen Mitteln arbeitet. Während im eigenen Lehrbuch Flächen meist konstruktiv über eine geometrische Erzeugungsweise eingeführt werden, werden diese bei Salmon-Fiedler in der Regel durch Gleichungen gegeben. Auffallend ist zudem, dass es in Fiedlers eigenem Lehrbuch sehr viele Abbildungen gibt, bei Salmon-Fiedler sind sie in der Raumgeometrie eine Seltenheit.

4.3.1 Theorie der ebenen und räumlichen Kurven

Das erste Kapitel des zweiten Teils von Fiedlers Lehrbuch ist den Kurven und ihren developpablen (d.h. abwickelbaren) Flächen gewidmet. Es ist allerdings angebracht, hier eine prinzipiell wichtige Beobachtung vorwegzuschicken: In diesem Teil verwendet Fiedler Begriffe und Techniken, die wir heute der Differentialgeometrie zurechnen – etwa den der Tangenten und der Tangentenfläche, der Krümmung, der Tangentialebene bei Flächen usw. Dabei geht er mit den analytischen Hilfsmitteln erstaunlich unbekümmert um; er vermeidet es geradezu, sie zu präzisieren. Beispielsweise ist bei Fiedler die Tangente an eine Kurve eine Gerade, die durch zwei unendlich nahe beieinander liegende Punkte der Kurve geht - des Öfteren sagt er auch, durch einen Punkt und den ihm unmittelbar vorangehenden oder auch nachfolgenden. Die Problematik der Existenz von Tangenten, die Differenzierbarkeit, wird bei Fiedler überhaupt nicht thematisiert. Die Bemühungen um Strenge in der Analysis, wie sie heute emblematisch mit dem Namen von A. L. Cauchy und K. Weierstrass verbunden werden, und damit der Anspruch an Wissenschaftlichkeit in diesem neuen Sinne gingen anscheinend an Fiedler spurlos vorüber. Sie werden noch nicht einmal erwähnt, was bei Fiedler, dem Vielbelesenen, eigentlich erstaunt – zumal ja Weierstrass' Vorzugsschüler und späterer Nachfolger H. A. Schwarz vor Ort in Zürich war.[1153] Eine Erklärung könnte sein, dass diese Strenge in der polytechnischen Welt um 1870 herum noch nicht angekommen war, sie gewissermaßen der Universitätsmathematik – und dort vielleicht auch nur

---

[1152] Salmon-Fiedler 1863 und 1865, vgl. 5.3.

[1153] Während seiner Züricher Zeit veröffentlichte Schwarz seine bekannte Abhandlung über ein Beispiel einer stetigen nicht differenzierbaren Funktion. Diese gab einen Vortrag wieder, den er bei der 56. Versammlung der Schweizerischen Naturforschenden Gesellschaft am 19. August 1873 in Schaffhausen gehalten hatte und der in dessen Verhandlungen abgedruckt wurde; vgl. Schwarz 1873. Fiedler nahm an dieser Versammlung nicht teil (wohl aber an anderen); vom Polytechnikum waren Hemming, Geiser, Schwarz und H. Weber als Mathematiker in Schaffhausen anwesend.
Das Verhältnis von Schwarz und Fiedler war nach den Angaben von Chr. Beyel sehr schlecht; vgl. 1.4.1.

manchen Orten - vorbehalten blieb. Selbst R. Dedekind hat ja in seinen Vorlesungen für zukünftige Ingenieure in Zürich andere Maßstäbe angelegt als in seinen theoretischen Überlegungen zur Grundlegung der Arithmetik.[1154]

In dieser Hinsicht interessant ist Fiedlers Karlsruher Kollege Chr. Wiener. Anders als Fiedler äußerte sich jener explizit zur Grundlagenproblematik der Differentialgeometrie/Analysis.

> In dem folgenden Abschnitte werden die *krummen Linien* im allgemeinen und sodann die Kegelschnitte als Brennpunktkurven behandelt. Dabei wurde eine besondere Sorgfalt auf die *Erörterung des Unendlichkleinen* verwendet, welches ich, übereinstimmend mit Euler, gleich Null setze. Den Einwand, daß von dem Verhältnisse zweier Größen, die Null sind, nicht gesprochen werden könne, glaube ich durch die Unterscheidung von „absolut Null" und „Grenznull" zu beseitigen. [...] durch diese Begriffe fallen die Schwierigkeiten weg, welche das Unendlichkleine bietet.[1155]

Wieners Vorschlag ist, wie er auch selbst andeutet, eine Neuauflage von Eulers Ansatz aus den „Institutiones calculi differentialis" (1755), wo dieser arithmetisch Null von geometrisch Null unterschieden hatte. 1884 klang das vermutlich schon seltsam für manchen Leser. In seinem Lehrbuch entwickelte Wiener zudem eine allgemeine Tangentenkonstruktion[1156], welche nicht die Mittel der Analysis verwendete. Die polytechnische Welt war anscheinend ein Refugium für ältere, zeitgenössisch nicht mehr als streng betrachtete Auffassungen zur Analysis. Aber Wiener zögerte nicht – anders als Fiedler? -, sich in aller Öffentlichkeit explizit zu diesen zu bekennen.

Man muss hier allerdings auch sehen, dass die Differentialgeometrie[1157], so wie wir sie heute kennen, als Disziplin um 1870 herum noch wenig entwickelt war. Das kommt schon in gängigen Bezeichnungen wie „Anwendung der Analysis auf Geometrie", wie sie z. B. Monge verwandte, zum Ausdruck; auch „Anwendung der Algebra auf Geometrie" findet sich als Kennzeichnung. Noch 1900/1902 verwandte Georg Scheffers diese Ausdrucksweise für sein Lehrbuch der Diffentialgeometrie. Die moderne Bezeichnung trat bei L. Bianchi „Vorlesungen

---

[1154] Vgl. Dedekind 1985.

[1155] Wiener 1884, IV. Näher ausgeführt wird Wieners Ansatz in „Anhang II. Über das Unendliche" (Wiener 1884, 191 – 193). Er äußert sich auch zu dem heiklen Problem der Differentiale höherer Ordnung, vgl. Wiener 1884, 196 – 198. Im zweiten Band seiner darstellenden Geometrie kommt Wiener nochmals auf derartige Fragen zurück. Dort konstruiert er mit Hilfe des Weierstraßenschen Monsters, er nennt es „Weierstraßsche Cosinusfunction" (Wiener 1887, IV), eine abwickelbare Fläche, die keine Geraden enthält. Diese ist nach Wiener „nicht modellirbar so ist sie doch vorstellbar" (Wiener 1887, V). Ähnliches hatte Wiener auch für das Weierstraßsche Beispiel reklamiert; vgl. seine Abhandlung „Geometrische und analytische Untersuchung der Weierstrassschen Function" (Journal für die reine und ungewandte Mathematik 90 (1881), 221 – 252).

[1156] Wiener 1884, 165 – 166. Wiener spricht vom „Verfahren ähnlicher Figuren" (Wiener 1887, IV)

[1157] Zur Frühgeschichte der Differentialgeometrie vgl. man Reich 1974.

über Differentialgeometrie" („Lezioni di geometria differenziale" autographierte Ausgabe 1886, gedruckte Fassung 1894 - deutsch von Max Lukat 1899) auf.[1158] Insbesondere stand in der zweiten Hälfte des 19. Jhs. die vorteilhafte Formulierung mit Vektoren nicht zur Verfügung.[1159] Viele Fragen, die wir heute der Differentialgeometrie zuordnen würden, kamen in Büchern über analytische Geometrie des Raumes zur Sprache. Beispiele hierfür werden wir im fünften Kapitel, wo es um Salmon-Fiedler geht, kennenlernen. Das Prinzip der Einordnung in den disziplinären Kanon war in der zweiten Hälfte des Jhs. eher das betrachtete Objekt (z. B. Flächen dritter Ordnung) als die verwandte Methode.

Doch kehren wir zurück zu Fiedler. Im zweiten Teil seines Buches fällt ein weiterer Punkt auf, nämlich dass es recht viele Abbildungen gibt, die Konstruktionen in Zweitafelprojektion zeigen. Insofern kommt Fiedler hier wieder der Praxis der darstellenden Geometrie näher – allerdings auf hohem Niveau ohne Praxisbezug und in der Regel auch ohne genauere Angaben, wie die Zeichnungen zustande gekommen sind.

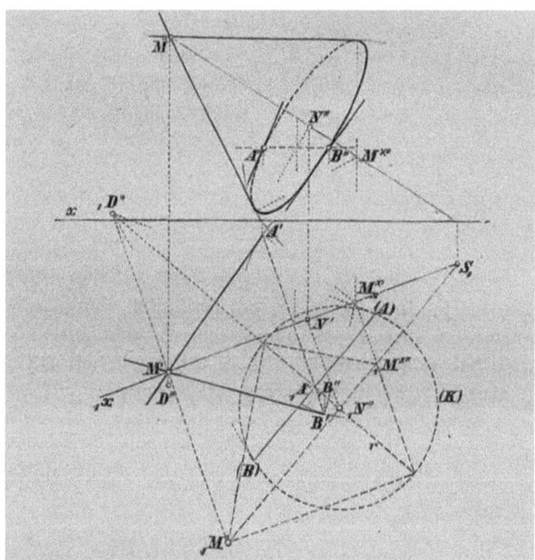

Abb. 4.17: *Konstruktion des Umrisses eines Rotationskegels in Zweitafelprojektion[1160]*

[1158] Vgl. den Literaturüberblick bei Felix Müller 1909, 176, wo Bianchi der einzige Autor ist, der die Bezeichnung Differentialgeometrie verwandte.

[1159] Diese wird Wilhelm Blaschke zugeschrieben; vgl. dessen „Vorlesungen über Differentialgeometrie und geometrische Grundlagen von Einsteins Relativitätstheorie" 3 Bände (Berlin: Springer, 1921 – 1929).

[1160] Fiedler 1875, 242. Mehr zu Umrissen von Kegelflächen findet sich bei Fiedler 1875, 225 – 226. Umrisse spielen z. B. beim Schattenwurf eine Rolle.

Im Folgenden gebe ich einen Überblick zu den Inhalten des zweiten Teils, die aber keineswegs Vollständigkeit für sich beansprucht. Aufgrund des Reichtums an Themen musste eine Auswahl getroffen werden. Ziel dabei ist es, die charakteristischen Züge von Fiedlers Vorgehen deutlich zu machen, aber auch, ihn in den zeitgenössischen Diskussionen zu verorten.

Fiedler beginnt, anders als im ersten Teil, mit einfachen Themen, um erst später dann auf die allgemeine Situation zu sprechen zu kommen. Zuerst geht es um Kurven, einleitend um ebene, dann um räumliche („gewundene" oder „doppelt gekrümmte", wie man damals auch sagte). Von Anfang an betont Fiedler den dualen Aspekt von „Kurve als Bahn eines Punktes" und „Kurve als Eingehüllte" (Enveloppe). Zentral ist natürlich der Tangentenbegriff, auch er hat einen dualen Aspekt:[1161]

Die Tangente einer Curve als Ort eines bewegten Punktes ist die gerade Verbindungslinie von zwei unendlich nahe benachbarten Lagen derselben.	Der Punkt einer Curve als Enveloppe einer bewegten Geraden ist der Schnittpunkt von zwei unendlich nahe benachbarten Lagen derselben.

Anschließend führt Fiedler für algebraische Kurven die Begriffe Grad, Ordnung und Klasse ein, betrachtet verschiedene Arten von Singularitäten und erwähnt die Plücker-Formeln.[1162] Für Raumkurven werden die Begriffe Tangente, Normale und Schmiegebene bereitgestellt, das begleitende Dreibein kommt erst später in der allgemeinen Kurventheorie zur Sprache[1163] – allerdings ohne diese Bezeichnung. Schmiegebenen werden festgelegt durch zwei jeweils unmittelbar aufeinander folgende Tangenten, z. B. P_0P_1 und P_1P_2 oder drei unmittelbar aufeinander folgende Punkte P_0, P_1 und P_2.

Im Weiteren werden klassische Themen besprochen wie Kegel und Zylinder, Durchschnittskurven derselben und Abwickelungen. Ein Kegel entsteht, indem man die Punkte einer ebenen Kurve mit einem Punkt außerhalb dieser Ebene durch Geraden verbindet; ist dieser Punkt, die Spitze, ein Fernpunkt, so ergibt sich als Sonderfall ein Zylinder. Ist die Kurve zusätzlich algebraisch vom Grad n, so wird der Kegel als einer vom Grad n bezeichnet. Ein spezielles aber wichtiges Beispiel sind natürlich die geraden Kreiskegel und -zylinder. Insbesondere

---

[1161] Fiedler 1875, 211. Wie bereits bemerkt, schenkt Fiedler der Existenzproblematik, z. B. der Tangenten, keine Beachtung. Anders gesagt: Er formuliert keine entsprechenden Voraussetzungen, welche die Objekte (Kurven, Flächen, ...) erfüllen sollen.

[1162] Fiedler 1875, 213 n. *. Die betrachteten Singularitäten sind Doppelpunkte insbesondere Schnabelspitzen, Doppeltangenten sowie Wendepunkte und stationäre Tangenten. Auch hier ist alles dual. Schließlich erwähnt Fiedler noch das Geschlecht einer algebraischen Kurve, damals ein aktuelles Gebiet der Forschung, initiiert von Fiedlers Briefpartner A. Clebsch. Er geht darauf aber nicht näher ein. Diese beiden Themenkomplexe werden in den „Höheren ebenen Kurven" von Salmon-Fiedler ausführlich behandelt; vgl. 5.4.

[1163] Fiedler 1875, 270.

werden erstere mit einem Öffnungswinkel 90° in Fiedlers Zyklographie als sogenannte zyklographische Kegel eine zentrale Rolle spielen.[1164]

Die Gesamtheit aller Tangenten einer Raumkurve bildet eine Fläche, die Fiedler die developpable Fläche oder Tangentenfläche der Kurve nennt; sie ist, wie ihr Name schon sagt, abwickelbar.[1165]

Mit Hilfe der Abwicklung kann der Begriff der Geodätischen (für abwickelbare Flächen) erklärt werden.[1166] Für Zylinder (vgl. Abbildung 4.18) führt das umgekehrte Vorgehen, von der Abwicklung zur Fläche nämlich, wiederum zu Schraubenlinien und (developpablen) Schraubenflächen als ihren Tangentenflächen. Diese werden ausführlich untersucht „als wichtigste Anwendung des Vorigen und als erstes Beispiel einer gewundenen Curve und allgemeinen Developpablen"[1167].

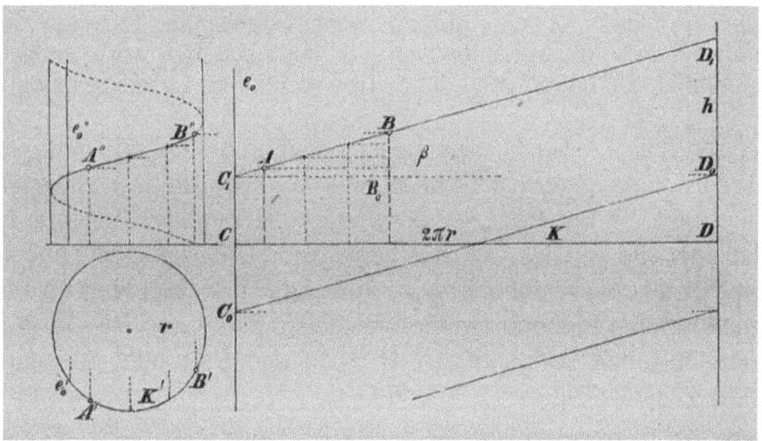

Abb. 4.18: *Gerader Kreiszylinder und Schraubenlinie in Zweitafelprojektion (links),Konstruktion der Abwicklung der Schraubenlinie (rechts)*[1168]

[1164] Vgl. Kapitel 6. In der dritten Auflage von Fiedlers Lehrbuch der darstellenden Geometrie (1885) wird dieser Aspekt, wie bereits erwähnt, auf dem Hintergrund der nun veröffentlichten Zyklographie ausführlicher behandelt; vgl. Fiedler 1885, 182 – 188 und dazu 4.2.7.

[1165] Developpabel heißt bei Fiedler „abwickelbar in die Ebene". Fiedler verweist im Übrigen darauf, dass diese Eigenschaft bei der Konstruktion von Modellen wichtig sei – wobei es allerdings meist um den umgekehrten Prozess, sozusagen die „Aufwicklung", geht. Einfaches Beispiel: Man fertigt eine Schablone, etwa eines Kegels an, markiert mit deren Hilfe die Umrisse auf einem Blech, schneidet diese aus und wickelt zu einem Kegel, einem Modell, auf.

[1166] Vgl. Fiedler 1875, 250. Man betrachtet hierzu Geraden in der Abwicklung der Fläche und „wickelt" diese dann auf die Fläche auf.

[1167] Fiedler 1875, 253 – 254.

[1168] Fiedler 1875, 254. Die Grundrissebene (erste Ebene, ein Apostroph) liegt normal zur Achse des Zylinders, die Aufrissebene (zweite Ebene, zwei Apostrophe) ist parallel zur Achse. In der Abwicklung ergibt ein Stück der Schraubenlinie die Geradenstücke C_0D_0, C_1D_1. Will man die Punkte der Schraubenlinie zwischen zwei Punkten A'' und B'' im Aufriss ermitteln, so unterteilt man das zugehörige Segment AB der Geraden durch eine gewisse Anzahl von Punkten, die man dann mit Hilfe

Projiziert man Schraubenlinien mit einer schiefen Parallelprojektion auf die Grundrissebene (Grundkreisebene) so entstehen als Bilder Zykloiden „und zwar gemeine, verlängerte oder verkürzte Cykloiden, je nachdem die projicierenden Strahlen zur Grundkreisebene gleiche, oder grössere oder kleinere Neigung haben als die Schraubenlinie."[1169]

Damit sind die vorbereitenden konkreten Betrachtungen beendet und Fiedler wendet sich der allgemeinen Kurventheorie zu, behandelt also jetzt „Begriffe und Erklärungen, die für alle Raumcurven gelten"[1170]. Das wichtigste Hilfsmittel, heute begleitendes Dreibein genannt, wird folgendermaßen eingeführt[1171]:

> Die Gerade, in welcher der Krümmungsmittelpunkt der Schraubenlinie für einen Punkt derselben liegt, ist eine *Normale der Schraubenlinie,* insofern sie zu ihrer Tangente im Punkte P normal ist; sie ist insbesondere diejenige unter den Normalen der Curve im Punkte P, welche in der Schmiegungsebene dieses Punktes liegt, und wird die *Hauptnormale n der Curve in P* genannt. Das Strahlenbüschel aller Normalen der Curve in P bildet die *Normalebene* derselben in P, die durch P zur entsprechenden Tangente normal geht. Unter den Strahlen dieses Büschels ist ferner derjenige hervorzuheben, der auf der Schmiegungsebene und somit auf zwei Nachbartangenten der Curve zugleich normal steht und den man die *Binormale* nennt. Zwei auf einander folgende Normalebenen der Curve schneiden sich in einer zur betreffenden Schmiegungsebene normalen also zur Binormalen parallelen Geraden, die durch den Krümmungsmittelpunkt M in der Schmiegungsebene geht und die Polarlinie p oder Krümmungsaxe des Punktes genannt wird.

Die Hauptnormalen einer Kurve bilden eine Regelfläche mit der Eigenschaft, dass keine zwei Erzeugende in einer Ebene liegen. Deshalb spricht Fiedler von einer windschiefen Regelfläche.[1172] Auch die Polarlinien einer Raumkurve, das sind die Polaren der Kurvenpunkte, bilden eine Regelfläche, die Polarfläche der Ausgangskurve. Diese ist abwickelbar.

---

von Grund- und Aufriss auf den Zylinder überträgt. Vgl. die ausführliche Beschreibung, die Fiedler an der angegebenen Stelle gibt. „Eine Kurve konstruieren" heißt somit (wie fast immer in der darstellenden Geometrie) hinreichend viele Punkte derselben konstruieren.

[1169] Fiedler 1875, 255. Die sehr detaillierte Diskussion der Schraubenlinie und -fläche, die oft auch Wendelfläche genannt wird, füllt mehrere Seiten bei Fiedler – vgl. Fiedler 1875, 253 – 270. Die Zeichnungen werden so komplex, dass zwei separate Tafeln in den Text eingefügt werden mussten.

[1170] Fiedler 1875, 270.

[1171] Fiedler 1875, 270 – 271.

[1172] Klassisches Beispiel: ein einschaliges Hyperboloid. Eine windschiefe Regelfläche ist nicht abwickelbar, eine Eigenschaft, die man zu ihrer Definition heranziehen kann (vgl. Fiedler 1875, 400). Windschiefe Regelflächen werden im gleichnamigen Kapitel in Fiedlers Buch ausführlich behandelt, siehe unten.

Die weiteren Ausführungen des Teiles über Raumkurven beschäftigen sich hauptsächlich mit Durchdringungskurven[1173], einem klassischen Thema der darstellenden Geometrie, das neben seiner praktischen Relevanz auch den Nutzen hat, interessante Beispiel für Raumkurven zu liefern. Dieses Gebiet wurde auch im Unterricht der Gewerbeschulen angesprochen, wie man dem bereits erwähnten Buch von Fiedlers Kollegen Heinrich von Bünau (1808 – 1873) entnehmen kann.[1174] Während es aber bei von Bünau und vergleichbaren Autoren darum geht, zu lernen, wie man solche Kurven konstruiert, heißt, wie man genügend viele ihrer Punkte erzeugt, geht es Fiedler eindeutig um die Theorie – und zwar hauptsächlich im algebraischen Fall. Wie die konkrete Konstruktion verläuft, wie also die Zeichnungen tatsächlich zustande kommen, kann man bei ihm kaum lernen – er setzt solche Kenntnis schon voraus.[1175] Ein typisches theoretisches Ergebnis von Fiedler lautet: Die Durchschnittskurve einer Fläche

m_1-ter Ordnung[1176] und einer m_2-ter Ordnung ist von $m_1 m_2$-ter Ordnung. Speziell sind Durchschnittskurven von Flächen zweiter Ordnung mit Ebenen Kegelschnitte, solche zweier Flächen zweiter Ordnung, die im Folgenden eine wesentliche Rolle spielen werden, Kurven von vierter Ordnung (vgl. Abbildung 4.19). Typische Beispiele hierfür liefern Durchdringungskurven von Kegeln und Zylindern. Eine klassische Frage war: Sind alle ebenen Kurven vierter Ordnung Projektionen von derartigen Durchdringungskurven? Die Antwort ist negativ.

[1173] Vgl. Fiedler 1875, 275 – 291.

[1174] Vgl. „Von den Durchdringungen der Oberflächen" in Bünau, 1844, 47 - 64

[1175] Zu diesen durchaus nicht ganz einfachen Konstruktionen vgl. man Müller/Presler 1902, 219 – 231 (Lehrbuch für Gymnasien und Oberrealschulen) oder Fucke/Kirch/Nickel 1996, 81 – 95 (Lehrbuch für Fachhochschulen und Universitäten).

[1176] Eine Fläche (oder auch Kurve) heißt von n-ter Ordnung, wenn eine beliebige Gerade sie in höchstens n Punkten schneidet (ausgenommen Geraden, die ganz in der Fläche liegen) und es eine Gerade gibt, die das auch wirklich tut. Dabei wird alles reell betrachtet.

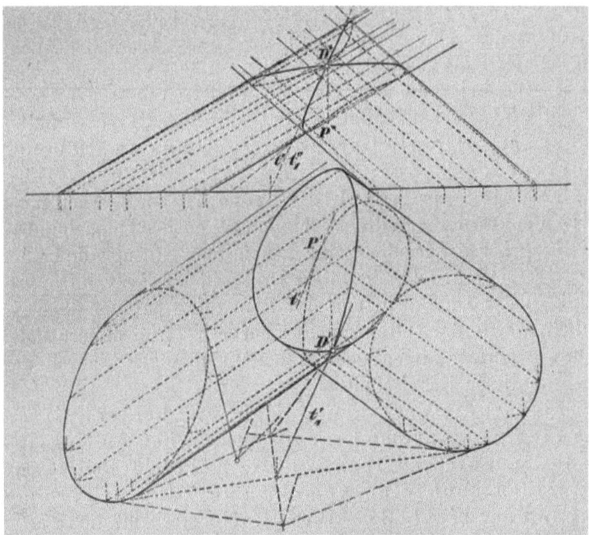

Abb. 4.19: *Durchdringungskurve zweier Zylinder zweiter Ordnung mit einem Doppelpunkt D*[1177]

Schließlich geht es noch um Bilder von Raumkurven unter Projektionen und die Zusammenhänge zwischen der Kurve und ihren Projektionen, etwa bzgl. Singularitäten.[1178]

4.3.2 Flächen zweiter Ordnung

Ähnlich wie Kurven werden auch Flächen von Fiedler geometrisch erzeugt „als Ort einer gesetzmäßig bewegten und dabei ihre Form stetig verändernden Curve"[1179] In ihrem Falle betrachtet Fiedler mehrere spezielle Klassen, die genauer untersucht werden und die charakteristischen Erzeugungsarten entsprechen: Flächen zweiter Ordnung, Regelflächen, insbesondere windschiefe, und Drehflächen. Abwickelbare Flächen traten schon im Zusammenhang mit Tangentenflächen zu Raumkurven auf. Die geometrische Entstehung von Flächen hat wie im Falle der Kurven doppelten, also dualen Charakter: Zum einen können Punkte (oder auch Geraden) bewegt werden, zum andern Ebenen. Im letzteren Fall ist die Fläche die Eingehüllte der Ebenen, im ersten Fall die Vereinigung aller Punkte bzw. Geraden.

Ähnlich wie bei den Kurven führt Fiedler auch für die Flächen wichtige Grundbegriffe ein wie Tangente und Normale, Tangentialebene, Haupttangente

---

[1177] Fiedler 1875, 283. Es handelt sich hier um eine Zweitafelprojektion.
[1178] Vgl. Fiedler 1875, 291 – 318.
[1179] Fiedler 1875, 319. Einen umfassenden Überblick zum Thema Flächen zweiter Ordnung gibt Staude 1904.

etc. Letztere entsprechen aus heutiger Sicht den Hauptkrümmungsrichtunge; zu ihrer Einführung heißt es bei Fiedler:[1180]

> Unter allen Tangenten im Punkte P sind die beiden t, t^* hervor zu heben, welche zugleich Tangenten der Schnittcurve der Tangentialebene mit der Fläche im Punkte P sind[1181] und die daher in P mit der Fläche nicht nur wie alle anderen Geraden der Ebene t_1, t_2 zwei, sondern drei unendlich nahe Nachbar-Punkte gemein haben. Weil in Folge dessen jeder durch t oder t^* geführte ebene Schnitt der Fläche mit t respective t^* in P drei auf einander folgende Punkte gemein oder diese Gerade zur Inflexionstangente mit dem Berührungspunkte P hat, so sollen t, t^* die *Inflexionstangenten der Fläche* im Punkte P heissen – man nennt sie auch die Haupttangenten.

Eine eigene Krümmungstheorie für Flächen mit zentralen Begriffen wie Gaußsche und mittlere Krümmung entwickelt Fiedler, wie in der Vorrede seines Buches angekündigt, in seinem Lehrbuch nicht – im Unterschied zu der bereits genannten analytischen Geometrie des Raumes von Salmon-Fiedler.

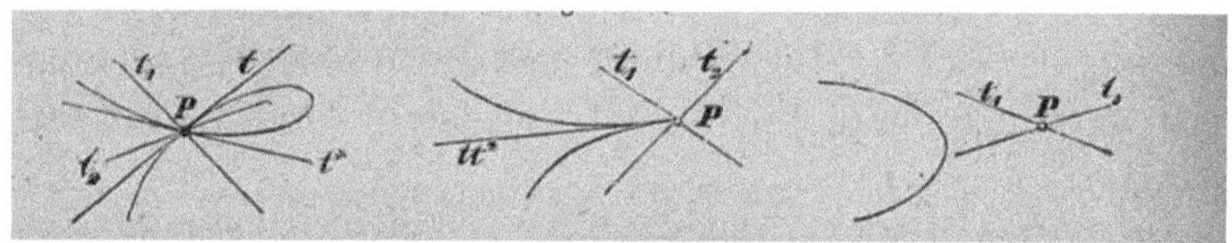

Abb. 4.20: *Drei Arten von Doppelpunkten mit Haupttangenten*[1182]

Es ergeben sich drei wichtige Möglichkeiten, wie die Situation in einem Punkt P der Fläche bzgl. der Haupttangenten aussehen kann (vgl. Abbildung 4.20): Der Doppelpunkt P der Schnittkurve kann zwei reelle und verschiedene Haupttangenten t, t^* zulassen (links in Abbildung 4.20), zwei reelle zusammenfallende (Abbildung 4.20 Mitte, es ist $t = t^*$ gemeint) oder zwei nicht reelle (Abbildung 4.20 rechts). Anders gesagt, handelt es sich um einen gewöhnlichen Doppelpunkt, um eine Schnabelspitze oder um einen isolierten Punkt. Man spricht von hyperbolischen, parabolischen und elliptischen Punkten. Im Weiteren werden noch Sonderfälle behandelt wie konische Punkte – heute Flachpunkte genannt - und Nabelpunkte.

[1180] Fiedler 1875, 319 – 320.
[1181] Die Tangentialebene berührt die fragliche Fläche (lokal) in einem Punkt. Somit gibt es eigentlich keine Schnittkurve. Die Darstellung der Krümmungstheorie ist bei Fiedler vom modernen Standpunkt aus gesehen recht gewöhnungsbedürftig.
[1182] Fiedler 1875, 320. Zwei weitere Tangente t_1 und t_2 sind zusätzlich eingezeichnet.

Die erste Klasse von Flächen, bei der die eingeführten Begriffe Anwendung finden, sind die Flächen zweiter Ordnung.[1183] Bezeichnet wurden solche Flächen mit dem selbsterklärenden Symbol F_2.[1184] Das Ziel ist dabei, einen Überblick über diese Flächen zu erhalten, diese also zu klassifizieren. Dabei spielt der folgende Satz eine zentrale Rolle[1185]:

Durch jeden Punkt einer Fläche zweiter Ordnung gehen zwei reelle und verschiedene oder in eine vereinigte oder zwei nicht reelle Gerade, welche ganz in der Fläche liegen.

Die Begründung ist folgende: Nimmt man eine Gerade und fallen deren beiden Schnittpunkte mit der Fläche zusammen, so hat man es mit einer Tangenten an die Fläche im fraglichen Punkt P zu tun. Legt man nun durch P zwei Tangenten, so spannen diese die Tangentialebene in P an die Fläche auf. Deren Schnittkurve muss von zweiter Ordnung sein, weil sie in einer Fläche zweiter Ordnung liegt und in P einen Doppelpunkt besitzt. Die fraglichen Tangenten sind also die Haupttangenten. „Und da jede von ihnen drei auf einander folgende Punkt mit der Fläche zweiter Ordnung gemein hat, so liegen sie ganz in der Fläche."[1186] Man sieht deutlich, welche Rolle hier die Voraussetzung „Fläche zweiter Ordnung" spielt.

Darauf gestützt ergeben sich wichtige Ergebnisse bzgl. der globalen Struktur von Flächen zweiter Ordnung:

- Ist ein Punkt hyperbolisch, so jeder;
- Ist ein Punkt elliptisch, so jeder.[1187]

Eine Fläche zweiter Ordnung mit lauter hyperbolischen Punkten besitzt folglich in jedem ihrer Punkte zwei (reelle) Geraden, die ganz in der Fläche liegen. Sie ist eine Regelfläche mit zwei erzeugenden Geraden (also, wie man damals auch sagte, mit zwei Geradenkongruenzen oder - scharen). Die Fläche wird überdeckt von kongruenten windschiefen Vierecken, die als Schnittgebilde von jeweils zwei Geraden aus den beiden erzeugenden Geradenkongruenzen entstehen. Eine derartige Fläche zweiter Ordnung ist entweder ein hyperbolisches Paraboloid oder ein einschaliges[1188] Hyperboloid (vgl. Abbildung 4.21). Diese beiden Fälle unterscheiden sich in Bezug auf ihre Lage zur Fernebene: Das hyperbolische

---

[1183] Flächen zweiter Ordnung sind auch von zweiter Klasse. Sie werden bei Fiedler auch als Flächen zweiten Grades bezeichnet, eine Bezeichnung, die die algebraische Sicht unterstreicht.

[1184] Eine Übersicht zu den damals in der Kurven- und Flächentheorie üblichen Symbole gibt Meyer 1930, 1537.

[1185] Fiedler 1875, 323.

[1186] Fiedler 1875, 323.

[1187] Fiedler 1875, 323 bzw. 341.

[1188] Fiedler spricht von einem „einfachem Hyperboloid" (Fiedler 1875, 325). Entsprechend heißt das zweischalige Hyperboloid „zweifach" (Fiedler 1875, 348).

Paraboloid berührt diese in zwei Ferngeraden, das Hyperboloid schneidet diese in einem Kegelschnitt.

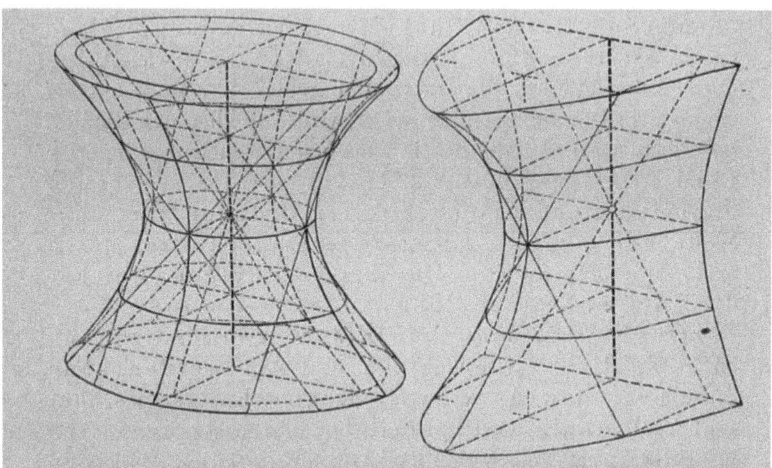

Abb. 4.21: *Einschaliges Hyperboloid und hyperbolisches Paraboloid mit den Geradenkongruenzen, die die Fläche erzeugen.*[1189]

Noch ist unklar, ob es nur diese zwei Möglichkeiten gibt. Das ergibt sich erst später als Folgerung aus der geometrischen Erzeugung der Flächen zweiter Ordnung. Flächen zweiter Ordnung mit parabolischen Punkten sind Kegel, im Sonderfall, dass die Spitze ein Fernpunkt ist, Zylinder.[1190]

Der Fall der Flächen mit lauter elliptischen Punkten ist schwieriger, weil diese keine Regelflächen sind. Als Hilfsmittel zur Beantwortung der Frage nach ihrer Gestalt entwickelt Fiedler gewissermaßen nebenbei die Polarreziprozität im Raum; es wird dabei an einer Fläche zweiter Ordnung dualisiert, die als Direktrix bezeichnet wird.[1191] Er beweist dabei grundlegende Eigenschaften wie: Dreht sich die Polarebene um einen Punkt, so bewegt sich deren Pol in einer Ebene. Anders gesagt: Erzeugt die Polarebene ein Ebenenbündel, so liefern die Pole ein ebenes Punktsystem; Bündel und Punktsystem sind projektivisch. Die Tangentialebenen einer Fläche zweiter Ordnung sind die Polarebenen ihrer Berührpunkte. Dreht sich die Polarebene um eine Gerade, so bewegt sich ihr Pol ebenfalls auf einer Geraden, folglich sind das Ebenenbüschel und die Punktreihe projektivisch.[1192]

[1189] Fiedler 1875, 348. In beiden Fällen gibt es zwei erzeugende Geradenkongruenzen, das Paraboloid ist weder eine Rotationsfläche noch ist es abwickelbar.
[1190] Fiedler 1875, 324. Das liegt i.w. daran, dass die Tangentialebenen die Fläche in einer ganzen Geraden berühren, wenn deren Punkte parabolisch sind.
[1191] Fiedler 1875, 342 – 346. Seltsamerweise steht vieles davon im Kleingedruckten bei Fiedler, was den (falschen) Eindruck vermittelt, es sei weniger wichtig.
[1192] Vgl. Fiedler 1875, 344 – 345.

Es ergeben sich schließlich, dass für eine Fläche zweiter Ordnung mit lauter elliptischen Punkten drei Möglichkeiten existieren: zweischaliges Hyperboloid, Ellipsoid und elliptisches Paraboloid.

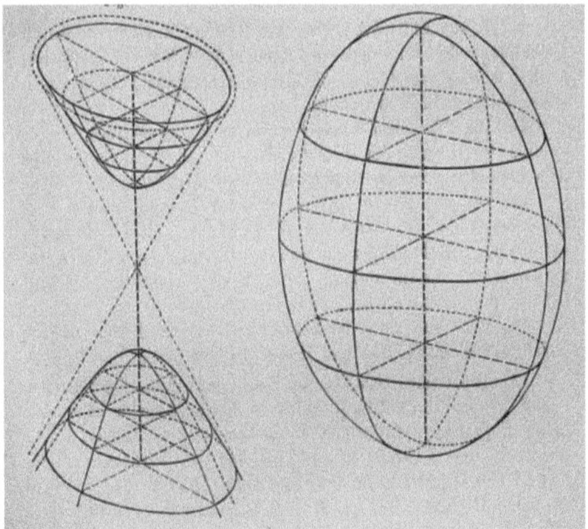

Abb. 4.22: *Zweischaliges Hyperboloid (links) und Ellipsoid (rechts)*[1193]

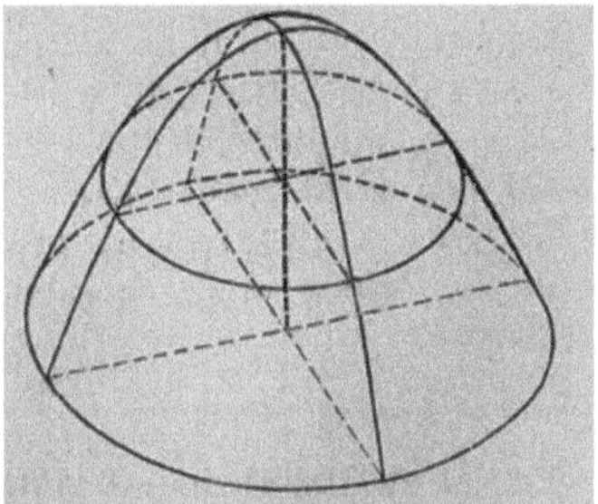

Abb. 4.23: *Elliptisches Paraboloid*[1194]

Der Schlüssel zur Klassifikation ergibt sich aus dem Satz über die Erzeugung von Flächen zweiter Ordnung[1195]:

Daraus folgt, dass jede Fläche zweiter Ordnung in unendlich vielen Arten erzeugt werden kann durch die Bewegung eines Kegelschnitts, welcher sich stets ähnlich und parallel bleibt und einen festen Kegelschnitt in zwei Punkten schneidet, während sein Mittelpunkt denjenigen Durchmesser

---

[1193] Fiedler 1875, 349.

[1194] Fiedler 1875, 349.

[1195] Fiedler 1875, 347. Wiener spricht auf dem Hintergrund dieses Satzes treffend von „Kegelschnittsflächen" (Wiener 1887, III). Durch entsprechende Wahl der Schnittebenen kann man auf mindestens zweierlei Weisen erreichen, dass die Schnittkurven sogar Kreise sind – mit Ausnahme des hyperbolischen Paraboloids.

> *desselben durchläuft, welcher der Richtung der betreffenden Sehne*
> *conjugiert ist.*

Diese Aussage beruht darauf, dass man parallele ebene Schnitte, aufgefasst als Polarebenen zu Punkten der Fernebene, einer Fläche zweiter Ordnung betrachtet; diese sind immer Kurven zweiter Ordnung, also Kegelschnitte:

> [...] d. h. die parallelen ebenen Schnitte einer Fläche zweiter Ordnung sind
> ähnliche und ähnlich gelegene Kegelschnitte, deren Mittelpunkte in dem
> Durchmesser liegen, welcher die Polare ihrer Stellung ist.[1196]

Die konkreten Erzeugungsweisen der oben genannten Flächen zweiter Ordnung sind:

a) einschaliges Hyperboloid: eine feste Hyperbel und eine bewegliche Ellipse oder umgekehrt;

b) hyperbolisches Paraboloid: eine feste Hyperbel und eine bewegliche Parabel;

c) zweischaliges Hyperboloid (vgl. Abbildung 4.22): eine feste Hyperbel und eine bewegliche Ellipse;

d) Ellipsoid (vgl. Abbildung 4.22): eine feste Ellipse und eine bewegliche Ellipse;

e) Elliptisches Paraboloid (vgl. Abbildung 4.23): eine feste Parabel und eine bewegliche Ellipse.[1197]

Kegel und Zylinder ergeben sich als Sonderfälle von a), b), c) und e) – z. B. wenn man die Geradenkreuzung als Spezialfall der Hyperbel ansieht. Aus diesen Erzeugungsweisen lassen sich wichtige Eigenschaften der Flächen ableiten, so z. B. in den Fällen a) und b) die Existenz von Geraden, die in den Flächen liegen – also die Tatsache, dass es sich um Regelflächen handelt. Die bewegte Hyperbel ist der Grund hierfür. Anwendungsaspekte, insbesondere Fragen der Beleuchtung und der Schatten, tauchen nur am Rande im Kleingedruckten auf.[1198]

Im Anschluss werden die gewonnenen Erkenntnisse für die Darstellung von Flächen zweiter Ordnung ausgewertet. Diese liefern vorteilhafte Zugänge, z. B. bezüglich der Wahl der Projektionsebenen oder von Zentrum und Bildebene, zur Darstellung derselben in Parallel- und in Zentralprojektion.

Unter den vielen weiteren Themen, die Fiedler im Kontext der Flächen zweiter Ordnung mit elliptischen Punkten anspricht, sei hier noch eines herausgegriffen: Die Ableitung einiger dieser Flächen aus der Sphäre, Fiedler sagt Kugel, vermöge

---

[1196] Fiedler 1875, 347. Die Stellung wird repräsentiert durch eine Ferngerade, in ihr schneiden sich alle Ebenen des Parallelenbüschels; der Durchmesser liegt auf der hierzu dualen (polaren) Geraden.
[1197] Vgl. Fiedler 1875, 347 – 350.
[1198] Vgl. etwa Fiedler 1875, 349 – 350 (Punkt 4) und Fiedler 1875, 354 - 356 (Punkte 2 - 4).

Reliefbildung. Die Flächen zweiter Ordnung mit elliptischen Punkten ergeben sich nämlich durch räumliche Zentralkollineationen aus der Sphäre. Wie wir gesehen haben[1199], sind für eine Reliefbildung die Angabe des Zentrums und zweier Ebenen, etwa die Bildebene und eine der beiden Gegenebenen, ausreichend. Hat die abzubildende Sphäre keine Punkte mit der Verschwindungsebene gemeinsam, so liegen alle Bilder im Endlichen. Das Bild ist folglich ein Ellipsoid (die Bilder aller Kreise sind Ellipsen). Berührt die Sphäre die Verschwindungsebene, so entsteht ein elliptisches Paraboloid, schneidet sie diese (in einem Kegelschnitt), so ergibt sich ein zweischaliges Hyperboloid. Die zweite Behauptung sieht man so ein: Bei Berührung der Verschwindungsebene werden aus allen Kreisen der Kugel Ellipsen mit Ausnahme jener, die in Ebenen durch den Berührungspunkt liegen, die also diesen enthalten. Diese gehen in Parabeln über. Alle diese Parabeln liegen in parallelen Ebenen, deren Richtung gegeben wird durch diejenige Gerade, die das Zentrum mit dem Berührpunkt verbindet. Also hat man es mit einer Ellipse zu tun, durch die Parabeln gehen.

Im dritten Fall werden aus allen Kreisen, die den Schnitt der Sphäre mit der Verschwindungsebene nicht treffen, Ellipsen; solche, die sie schneiden, werden Hyperbeln. Man kann diese Ableitung der Flächen zweiter Ordnung mit elliptischen Punkten dazu verwenden, um gewisse Eigenschaften derselben aus denen der Sphäre zu gewinnen.[1200]

4.3.3 Andere Flächenarten

Ganz im Sinne der traditionellen darstellenden Geometrie behandelt Fiedler zwei weitere wichtige Familien von Flächen: die windschiefen Regelflächen und die Drehflächen, von ihm Rotationsflächen genannt. Dies geschieht in den Kapiteln C „Von den windschiefen Regelflächen" und D „Von den Rotationsflächen" des zweiten Teiles von Fiedlers Lehrbuch. Sie wurden in der dritten Auflage unter der Überschrift „C. Die Familien der technisch wichtigsten Flächen" zusammengefasst und firmierten dort als Unterpunkte a) und b). Historisch gesehen gab es für die Untersuchung dieser Fläche im Rahmen der darstellenden Geometrie mindestens zwei Motive: zum einen ihre Wichtigkeit für die Praxis[1201], zum andern natürlich die Tatsache, dass sie sich mit den vorhandenen Methoden gut behandeln ließen.

Die einfachsten Bespiele für windschiefe Regelflächen liefern das einschalige Hyperboloid und das hyperbolische Paraboloid. Eine mögliche geometrische

---

[1199] Vgl. 4.2.8.
[1200] Vgl. Fiedler 1875, 364.
[1201] Diese hebt Fiedler schon in der Vorrede der ersten Auflage hervor: Fiedler 1871, IX. Diesen Hinweis behält er auch in den weiteren Auflagen bei: Fiedler 1875, IX, Fiedler 1885, VI.

Erzeugungsweise für windschiefe Regelflächen verwendet drei Kurven, Leitkurven genannt und mit C_1, C_2 und C_3 bezeichnet. Nun nehme man einen Punkt M auf C_1 und lasse ihn diese Kurve durchlaufen. Zu jeder Lage von M bilde man die beiden Kegel mit Spitze M zu den Kurven C_2 und C_3. Die gemeinsamen Erzeugenden dieser Kegel liefern eine windschiefe Regelfläche. Zu dieser Erzeugungsart gibt es eine duale, die mit Developpabeln, also einhüllenden Ebenen, operiert.

Gemäß dieser Methode lassen sich drei wichtige Familien von windschiefen Regelflächen unterscheiden:

Es gibt zwei Leitgeraden und eine Leitkurve, wobei eine Gerade eine Ferngerade ist. Dann erhält man Konoide.[1202] Ist zudem die gewöhnliche Gerade senkrecht zur Ferngeraden, so nennt man das Konoid gerade. Legt man durch das Konoid einen ebenen Schnitt, so erhält man eine Kurve. Ist diese sogenannte Leitkurve ein Kreis, spricht man von einem Kreiskonoid, in Sonderheit von einem geraden Kreiskonoid. Sonderfälle gerader Konoide sind die flachgängige Schrauben- oder Wendelfläche (vgl. Abbildung 4.24) und die „Wölbfläche des Eingangs in den runden Turm" (vgl. Abbildung 4.25).[1203]

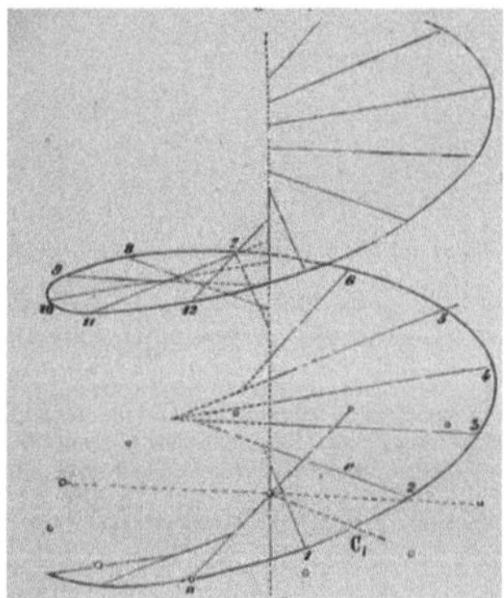

Abb. 4.24: *Die Tangentenfläche der flachgängigen Schraubenlinie*[1204]

[1202] Die gängigere und wohl auch besser nachzuvollziehende Definition des Konoids geht von einer Ebene und einer Geraden aus. Die Erzeugenden der Fläche sind dann a) parallel zur gegebenen Ebene und schneiden b) die gegebene Gerade. Ist die Gerade senkrecht zur Ebene, so heißt das Konoid gerade. Die von Archimedes in seiner Abhandlung „Über Konoide und Sphäroide" betrachteten Konoide sind keine Konoide in Fiedlers Sinn sondern Rotationsparaboloide und – hyperboloide, die Sphäroide sind Ellipsoide.

[1203] Fiedler 1875, 404.

[1204] Fiedler 1875, 404. Flachgängig verweist auf die relativ geringe Steigung der Kurve. Die Achse der Schraubenlinie ist die Gerade, durch die die anderen Geraden hindurchgehen. Diese sind parallel zu einer (und damit jeder) Ebene senkrecht zur Achse. Die Leitkurve ist eine auf einem Zylinder liegende Schraubenlinie (C_1 in Abbildung 4.24).

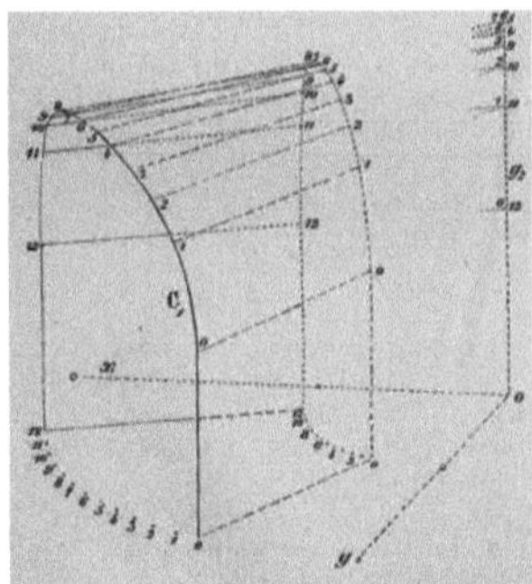

Abb. 4.25: *Wölbfläche des Eingangs in den runden Turm*[1205]

Fiedler gibt dann noch einige schiefe Konoide an. Interessant sind Fiedlers Beispiele für windschiefe Regelflächen mit einer Leitgeraden g_3 und zwei Leitkurven C_1 und C_2. Da ist zum einen die Fläche der scharfgängigen Schraube (vgl. Abbildung 4.26), zum andern die Wölbfläche des schiefen Eingangs (vgl. Abbildung 4.27).

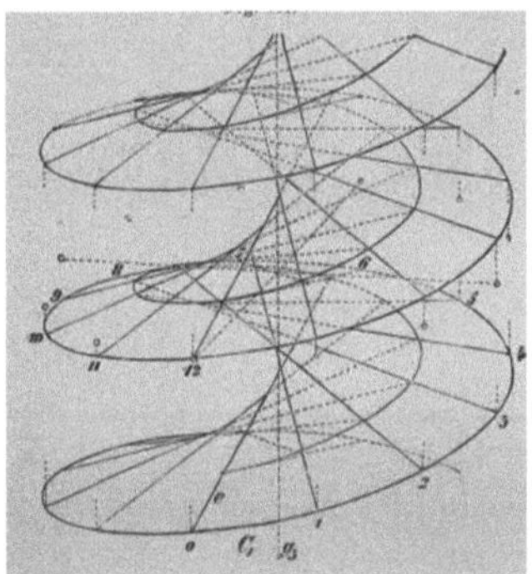

Abb. 4.26: *Die Tangentenfläche der scharfgängigen Schraubenlinie*[1206]

[1205] Fiedler 1875, 404. Solche Objekte waren in der Baukunst und in dem damit eng verbundenen Steinschnitt schon lange bekannt. Die Idee ist folgende: Man hat einen runden Turm mit einer dicken Mauer. Im Mittelpunkt der beiden konzentrischen Kreise, die die Mauer begrenzen, markiert man einen Winkel (z.B. 10°) und zieht die beiden Schenkel bis zur äußeren Mauer. Diese begrenzen dann den Eingang. Folglich wird dieser von außen nach innen schmaler, bleibt aber gleich hoch. Sein äußerer Querschnitt ist eine achsensymmetrische Leitkurve, C_1 in Fiedlers Zeichnung, die auf den äußeren Zylinder aufgezeichnet wird – etwa zwei parallele Strecken und ein sie verbindender Halbkreis. Nach innen wird diese Kurve schmaler bei gleichbleibender Höhe, sie wird in horizontaler Richtung gestaucht. Die erzeugenden Geraden schneiden alle die Senkrechte im Mittelpunkt der konzentrischen Kreise, sie sind parallel zur Bodenfläche. Fiedler gibt kaum Erklärungen zu diesem Objekt, hilfreicher ist Wiener 1884, 435 – 438.
[1206] Fiedler 1875, 405. Scharfgängig deutet darauf hin, dass die Steigung der Kurve und damit ihre Ganghöhe groß ist. Leitgerade ist wieder die Achse des Zylinders, eine Leitkurve ist eine Schraubenlinie auf dem Zylinder, die zweite Leitkurve ist ein Kreis in der Fernebene normal zur Achse. Alle Tangenten der Kurve liegen auf einem Kegel, dem Richtkegel. Die zweite Leitkurve ist die Fluchtlinie dieses Kegels, also dessen Schnitt mit der Fernebene.

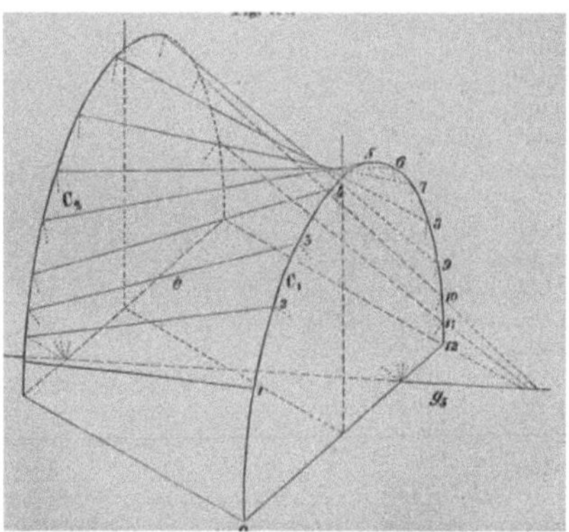

Abb. 4.27: *Der schiefe Eingang*[1207]

Eine dritte windschiefe Regelfläche mit einer Leitgeraden und zwei Kegelschnitten als Leitkurven ist das Zylindroid. Es entsteht, indem man einen Zylinder mit zwei Ebenen schneidet, die unter einander nicht parallel sind und auch nicht parallel zu den Erzeugenden des Zylinders. Diese beiden Ebenen haben eine Gerade g gemeinsam; es entstehen die Kurven C_1 und C_2 (vgl. Abbildung 4.28), diese sind natürlich Kegelschnitte. Nun verschiebt man eine der beiden Kurven in der zugehörigen Schnittebene in die Position C_2^*. Weiterhin lege man durch g diejenige Ebene, welche parallel ist zu den Erzeugenden des ursprünglichen Zylinders. Die beiden Kurven C_1 und C_2^* werden nun durch Geraden verbunden, die parallel zu dieser Ebene sind. Die beiden Leitkurven sind die Kegelschnitte C_1 und C_2^*, die Leitgerade ist der Schnitt der oben konstruierten Ebene durch g mit der Fernebene – traditionell ausgedrückt, die Stellung dieser Ebene.

Schließlich verweist Fiedler für die Theorie der windschiefen Regelflächen auf seine schon erwähnte deutsche Bearbeitung des zweiten Bandes von Salmons analytischer Geometrie des Raumes.[1208] Dort erfährt der Leser in einer Anmerkung, dass die Theorie der windschiefen Regelflächen hauptsächlich von M. Chasles und A. Cayley entwickelt worden sei.

Den Abschluss der Ausführungen zu den windschiefen Regelflächen bilden noch einige allgemeine Sätze u.a. dazu, wie man aus den Ordnungen der Leitkurven

---

[1207] Fiedler 1875, 405. Der schiefe Eingang kommt folgendermaßen zustande: Gegeben sind zwei kongruente Kreise C_1 und C_2 in parallelen Ebenen sowie die Normale g_3 auf diesen Ebenen, welche durch die Mitte der Verbindungsstrecke der beiden Kreismittelpunkte geht. Anders gesagt ist diese Gerade das (gemeinsame) Lot vom Mittelpunkt der Verbindungsstrecke auf die beiden parallelen Ebenen der Kreise. Die fehlenden Geraden des Mantels werden nun wie folgt konstruiert: Man nehme einen Punkt M auf C_1; dieser legt mit g_3 zusammen eine Ebene fest. Sie schneidet den Kegel über C_2 mit Spitze M in zwei Geraden, die den Kegel erzeugen. Eine dieser Geraden gehört zur gesuchten Fläche, die andere liefert eine Erzeugende eines schiefen Kreiskegels.
[1208] Vgl. 5.3 und Salmon-Fiedler 1874, Kap. III sowie die ausführlichen Anmerkungen hierzu.

die Ordnung der Regelfläche errechnen kann[1209], sowie zu Striktions- oder Kehllinien. Diese bestehen aus denjenigen Punkten der aufeinander folgenden windschiefen Geraden, in denen diese ihren kürzesten Abstand annehmen; sie werden auch Zentralpunkte der Erzeugenden genannt. Schließlich kommen noch Kegel an Regelflächen zur Sprache, damit wird ein Bezug zur Beleuchtung solcher Flächen hergestellt. Ganz am Schluss dieses Kapitels behandelt Fiedler die windschiefen Regelfläche dritter Ordnung, sie liefern neben dem einschaligen Hyperboloid und dem hyperbolischen Paraboloid – beide von zweiter Ordnung - die einfachsten Beispiele für windschiefe algebraische Regelflächen.

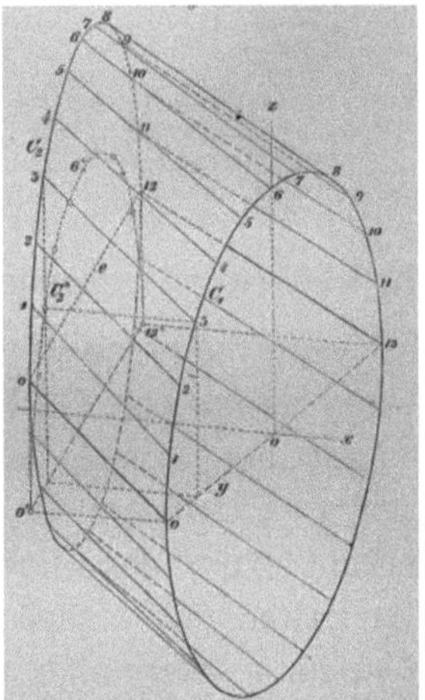

Abb. 4.28: *Zylindroid[1210]*

Die dritte Familie von Flächen, auf die Fiedler eingeht, sind die Rotationsflächen. Ihnen ist das letzte Kapitel im zweiten Teil gewidmet. Neben ihrer internen Struktur, die sie mathematisch gut zugänglich macht, spielen vor allem Drehzylinder und – kegel als Maschinenteile in der Praxis eine wichtige Rolle. Beispiele wie die genannten sucht man bei Fiedler allerdings vergebens, er führt vielmehr mit Abbildung 4.29 ins Thema ein:

[1209] Im Allgemeinen ist sie einfach das Doppelte des Produktes der Ordnungen; schneiden sich die Leitlinien, so erniedrigt sich die Ordnung der Fläche.
[1210] Fiedler 1875, 407.

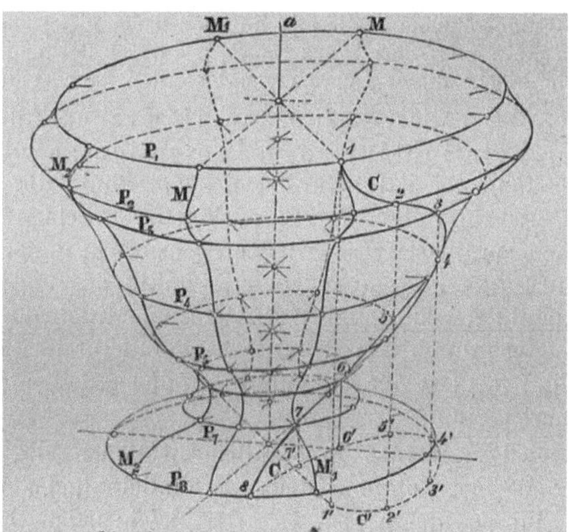

Abb. 4.29: *Rotationsfläche*[1211]

Eine Rotationsfläche entsteht, wenn man eine Kurve um eine Achse im Raum dreht bis sie in ihre Ausgangslage zurückkehrt. Die Punkte der Kurve durchlaufen Kreise, deren Mittelpunkte auf der Achse liegen. Diese nennt Fiedler Parallelkreise[1212]. Die kongruenten Exemplare der Kurve heißen Meridiane[1213], durch jeden Punkt der Fläche geht folglich genau ein Parallelkreis und genau ein Meridian. Bei Parallelprojektion gehen die Parallelkreise in ähnliche und ähnlich gelegene Ellipsen über, die Meridiane liefern affin verwandte Kurven, wobei das Bild der Achse die Affinitätsachse bildet. Speziell werden bei orthogonaler Parallelprojektion mit geeignet gewählter Tafel die Parallelkreise in wahrer Größe abgebildet, deren Radien die Bilder der Meridiane enthalten.[1214]

[1211] Fiedler 1875, 443.
[1212] In Abb. 4.30 mit P_1, ... bezeichnet.
[1213] In Abb. 4.30 mit M, M_1, ... bezeichnet.
[1214] Man kann sich diese Aussagen recht einfach an der Kugel klarmachen - wieder ein Hinweis, den man bei Fiedler vergeblich sucht.

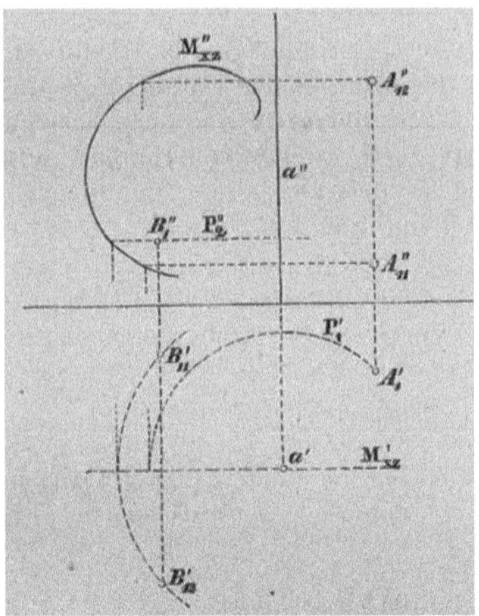

Abb. 4.30: *Achse und erzeugende Kurve einer Rotationsfläche in Zwei-Tafel-Projektion*[1215]

Abbildung 4.30 illustriert, wie man mit Hilfe der Zwei-Tafel-Projektion, der erzeugenden Kurve C und der Achse a die Projektionen eines beliebigen Punktes A der Fläche sowie die Darstellung der Tangentialebene an die Fläche im Punkt A finden kann. Durch die erste Projektion A_1' des gegebenen Punktes geht die Projektion P_1' des ihm zugehörigen Parallelkreises P. Deren Schnittpunkte mit C', das ist das Bild von C in der Grundrissebene, liefern durch die ihnen entsprechenden zweiten Projektionen der Parallelkreise, auf denen sie liegen. Diese projizieren alle in P_1'. Also liegen auf ihnen die gesuchten zweiten Projektionen der Punkte.

Die Ausführungen zu Rotationsflächen enthalten die Auflösung einiger weiterer Aufgaben, allerdings wenig Theorie. Einen recht breiten Raum nehmen Erörterungen zur Beleuchtungstheorie von Rotationsflächen ein, z. B. die Konstruktion von Schatten in Zwei-Tafel-Projektion. Hierbei spielen Zylinder und Kegel, die man Rotationsflächen umbeschreiben kann, eine zentrale Rolle.[1216] Ein Beispiel hierfür, das Fiedler diskutiert, ist der Torus, der von einem Punkt L aus beleuchtet werden soll (vgl. Abbildung 4.31). Es ist also in Zwei-Tafel-Projektion der Kegel zu konstruieren, der den Torus berührt und dessen Spitze L ist.

[1215] Fiedler 1875, 446. Die Grundrissebene steht senkrecht zur Achse a, die Parallelkreise projizieren sich folglich in Kreise der Grundrissebene. Die Bilder der Meridiane im Grundriss liegen auf den Radien dieser Kreise. a', die Projektion der Achse auf die Grundrissebene, ist ein Punkt.
[1216] Vgl. Fiedler 1875, 453 – 486.

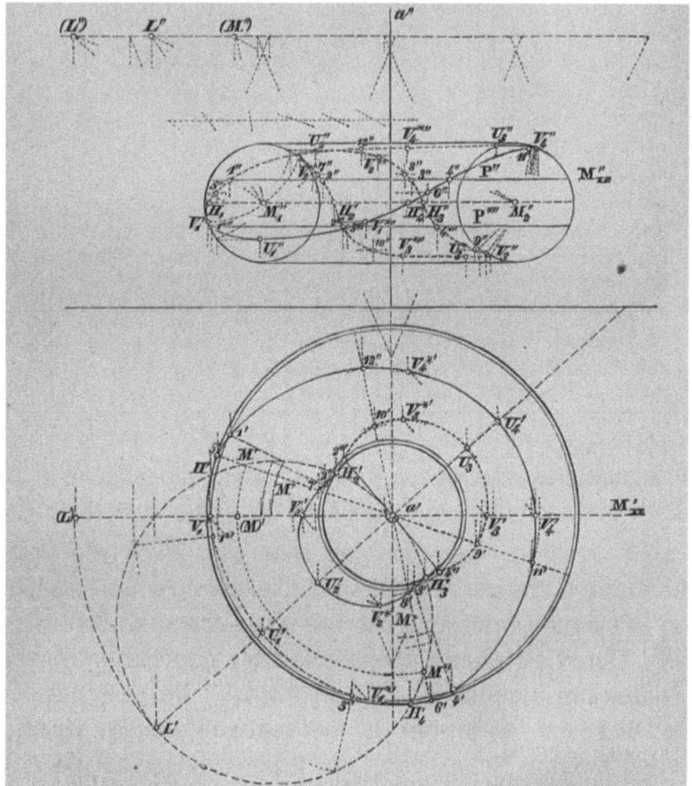

Abb. 4.31: *Kegel an einen Torus*[1217]

Schließlich geht Fiedler noch auf Durchdringungen ein.

Fiedlers Anspruch war es, wie er mehrfach hervorhob, der konstruktiven Behandlung der Flächen im Sinne der darstellenden Geometrie einen theoretischen Unterbau zu verschaffen. Eine rein handwerkliche, mechanische, wie er gerne mit wertender Tendenz sagte, Behandlung lehnte er ab. Schon 1871 hieß es in der Vorrede:

> [...] weil es unerlaubt ist, auch nur den einfachsten Fall einer Durchdringung zu behandeln, ohne die wesentlichen Charaktere einer Raumcurve und die Art untersucht zu haben, wie sich dieselben in den Projektionen zu erkennen geben; [...][1218]

[1217] Fiedler 1875, 458. Vgl. auch Fiedlers Beschreibung der Konstruktion: Fiedler 1875, 457 – 460. Es ist instruktiv, hiermit die Ausführungen bei Wiener 1884, 162 - 184 zu vergleichen, die erheblich klarer und besser didaktisch aufgearbeitet sind. Die Lösung der obigen Aufgabe gibt Wiener auf pp. 184 – 185. Die scheinbare Kürze bei Wiener ist dadurch möglich, dass er viele der vorangehenden Erläuterungen zugrunde legt.

[1218] Fiedler 1871, VIII – IX, Fiedler 1875, VIII, Fiedler 1885, VI.

Damit rechtfertigt er die teilweise doch weitschweifigen Erläuterungen des Teiles über Kurven und Flächen.[1219] Die Grenze markiert die Krümmungstheorie der Flächen, auf die Fiedler nicht mehr eingeht.[1220] Es erscheint aber fraglich, ob die Leser eines Lehrbuches über darstellende Geometrie solche theoretischen Ausführungen überhaupt schätzten oder auch nur erwarteten. Insbesondere, da sie deutlich auf Kosten der konkreten Anleitung für die Praxis gingen. Fiedlers Aussage, „ich wünsche, gezeigt zu haben, daß jene theoretischen Elemente für die Zwecke der darstellenden Geometrie ausgezeichnet nützlich sind, …"[1221] war wohl mehr Wunsch als Wirklichkeit. Die Praxisferne seines Lehrbuches fällt vor allem auf im Vergleich zu demjenigen von Christian Wiener, das zwar auch viele theoretischen Erläuterungen enthält, aber dazu eben auch ausführliche Anleitungen zur Praxis. Im Übrigen ist bemerkenswert, dass Fiedler in der dritten Auflage seines Lehrbuchs stärker als in den vorangehenden Auflagen den seiner Meinung nach praktischen Wert der behandelten Themen unterstreicht. Möglicherweise war dies eine Reaktion auf Kritik an seinem Lehrbuch und/oder an seinen Vorlesungen, allerdings eine Reaktion, die am Prinzip des kritisierten Buchs nichts veränderte.

Ein weiterer Aspekt ist hervorzuheben. Obwohl Fiedler den theoretischen Anspruch seiner Ausführungen unterstreicht, bleibt er doch in manchen Hinsichten der eher theoriefeindlichen Tradition treu. Das wird deutlich, wenn er Begriffe wie Kurve und Fläche einführt, ohne etwa auf nötige Voraussetzungen wie Differenzierbarkeit u. dgl. einzugehen. Damit geriet er zunehmend in Widerspruch mit den Bemühungen um Strenge, wie sie in der zweiten Hälfte des 19. Jhs. verstärkt einsetzten. Seine Ausführungen erscheinen letztlich mehr als Ansammlung von interessanten Beispielen nebst einigen allgemeinen Sätzen, denn als eine umfassende strukturierte Theorie mit klar umrissener Methode.[1222] Auch hier ist auf das Fehlen der Sonderfälle u. dgl. hinzuweisen. Fiedler arbeitet in diesem zweiten Teil rein synthetisch; es treten keine Gleichungen und dgl. auf. Insofern wird nicht vollkommen klar, ob seine Klassifikation der Flächen zweiter Ordnung wirklich vollständig ist; vage bleibt auch die Relation, die der Klassifikation zugrunde liegt.[1223] Andererseits erlauben seine ausführungen interessante anschauliche Einblicke in die Welt der Flächen, die man auf analytischem Wege wohl kaum gewinnen würde.

[1219] Was die von Fiedler untersuchten Kurven und Flächen anbelangt, so wurden diese auch in vielen anderen Lehrbüchern der darstellenden Geometrie behandelt. In dieser Hinsicht war sein Buch nicht ungewöhnlich.

[1220] Vgl. Fiedler 1885, VI.

[1221] Fiedler 1885, X.

[1222] Beispielsweise fehlt die ganze innere Geometrie von Flächen. In den Zeiten der modernen Mathematik hätte man Fiedlers Vorgehen vielleicht „anekdotisch" genannt.

[1223] Diese wäre aus heutiger Sicht als affine Äquivalenz zu bezeichnen.

Zur Frage, wie Fiedlers Werk von seinen Zeitgenossen gesehen wurde, vgl. man Abschnitt 4.6, in dem es um die Rezeption von Fiedlers Buch gehen wird.

4.4 Projektive Koordinaten

Während andere Themen, die Fiedler in seinem Lehrbuch behandelt, wie beispielsweise Kegelschnitte, Flächen zweiter Ordnung und Regelflächen zum traditionellen Bestand der darstellenden Geometrie gehörten, ging er mit den von ihm so genannten projektivischen Koordinaten im dritten Teil seines Buches über diesen hinaus. Dabei verwandte er im Unterschied zu den vorangehenden Teilen auch im größeren Umfang analytische – heute würden wir eher sagen: algebraische – Methoden. Das Primat der synthetischen Geometrie, das wir z. B. in der Flächentheorie so ausgeprägt vorfanden, wird hier abgeschwächt.

4.4.1 Projektive Geometrie

Der fragliche Teil des Fiedlerschen Lehrbuchs von 1875 trug den Titel „Die Geometrie der Lage und die projectivischen Coordinaten"[1224], 1888 wurde daraus „Construirende und analytische Geometrie der Lage". Wie bereits erwähnt fand sich in der ersten Auflage von 1871 lediglich ein Kapitel zu den projektiven Koordinaten, noch kein eigener Teil zur projektiven Geometrie. In seiner neuen Vorrede zur zweiten Auflage 1875 erklärte Fiedler, dass das frühere Schlusskapitel „ein Bruchstück" aus seinen regelmäßigen Vorlesungen über Geometrie der Lage gewesen wäre, welches jetzt aber in die „vollständige Ausführung des Inhaltes dieser Vorlesung umgewandelt"[1225] worden sei. Der Schwerpunkt hat sich zwischen 1875 und 1888 nochmals verschoben, insbesondere werden die projektiven Koordinaten 1888 nicht mehr so stark hervorgehoben, es geht nun um die Geometrie der Lage allgemein. Dieser dritte

Teil des Lehrbuchs war es, den Fiedler von Auflage zu Auflage enorm vergrößerte, 1871 wies das letzte Kapitel im zweiten Teil 75 Seiten auf, 1875 wuchs der fragliche Teil drei auf 235 Seiten an und 1888 füllten diese Themen den kompletten dritten Band mit 651 Seiten. Auch die bereits 1871 enthaltenen Teile zu den projektiven Koordinaten wurden umgearbeitet, wie schon die veränderten Inhaltsangaben zu den einzelnen Paragraphen im Inhaltsverzeichnis zeigen. 1888 enthielt der dritte Band folgende Kapitel:

    A. Die Grundlagen der Geometrie, die imaginären Elemente, die Coordinaten und Parameter

---

[1224] Zum Stand der projektiven Geometrie um 1879 herum vgl. man 2.2.
[1225] Fiedler 1875, XVIII. Mehr zur Lehre Fiedlers findet sich in 2.3.

B. Die Parameter und die Projectivität. Erzeugnisse der projectivischen Gebilde erster Stufe

C. Die projectivischen Gebilde, speciell die Elementargebilde zweiter und dritter Stufe

Offenkundig lag hier der Schwerpunkt von Fiedlers Interessen und Engagement. Einleitend schrieb Fiedler 1885 programmatisch zur projektiven Geometrie:

Die Entwickelung unabhängig von der Rücksicht auf Darstellung und Darstellbarkeit weiter zu führen, bleibt auch für die hier behandelten Materien Aufgabe des dritten Bandes; aber die Nothwendigkeit dieser Weiterführung tritt schon hier überall und besonders in der oben erwähnten Schlussbetrachtung hervor. Ich wünsche, gezeigt zu haben, daß jene theoretischen Elemente für die Zwecke der darstellenden Geometrie ausgezeichnet nützlich sind; denn ich denke, dass ein Missverhältniss zwischen Theorie und Anwendung, bei welchem die Anwendung mager bleibt trotz einer Fülle von Theorie, das Interesse für die rein geometrischen Entwickelungen ebenso wenig fördern kann, wie sie der darstellenden Geometrie dient.[1226]

Im dritten Teil seines Lehrbuchs modifiziert Fiedler also sein Anliegen: Standen in den ersten beiden Teilen „die graphische Untersuchungsmethode und Behandlungsweise"[1227] inklusive Darstellung und Darstellbarkeit im Vordergrund, so soll es im dritten Teil um die theoretischen Hintergründe gehen – die graphische Behandlungsweise hat sich überflüssig gemacht: Das räumliche Anschauungsvermögen ist nun so weit entwickelt, „dass die sichtbare Construction schließlich entbehrlich wird, weil der Gedanke und die geistige Anschauung mit Sicherheit den räumlichen Constructionen folgen und sie ausführen kann."[1228] Die theoretische Entwicklung kann wieder aufgegriffen werden – „die rein wissenschaftliche Fortsetzung der darstellenden Geometrie"[1229] ist nun angesagt. Dies geschieht auch im Sinne eines „stufenweisen Aufbaus"[1230] des Lehrbuchs, demgemäß die Grundlegung erst nach Erarbeitung eines hinreichend großen Schatzes von Ergebnissen erfolgen soll, der das Bedürfnis nach modern gesprochen Struktur hervorruft – heute würde man vielleicht von einem genetischen Zugang sprechen. Fiedler führt diesen Gedanken noch etwas genauer aus[1231]:

[1226] Fiedler 1885, IX.
[1227] Fiedler 1875, 495.
[1228] Fiedler 1875, 496.
[1229] Fiedler 1875, 496.
[1230] Fiedler 1875, 497.
[1231] Fiedler 1875, 497. Vgl. den bekannten Slogan: Axiomatisierung kommt immer erst hinterher. Im strikten Gegensatz zu dem, was später die sogenannte moderne Mathematik behaupten sollte.

Und wir müssten diess [„eine Feststellung und Begründung der fundamentalen Begriffe und Wahrheiten"] *vor Allem andern* durchführen, weil es die Grundlagen des Ganzen betrifft – wenn es sich nicht hier wie auch in andern Gebieten der Wissenschaft verhielte, dass eine solche Untersuchung [der Grundlagen; K. V.], wenn sie vollständig sein soll, nicht den Anfang oder die Mitte, sondern den Schlussstein des Baues bilden und man zu ihr nur nach einem *stufenweisen Aufbau* gelangen kann.

Ein hierfür typisches Beispiel:

[...], so haben wir zu bedenken, dass die Lehren der Elementargeometrie und der Trigonometrie, die wir benutzten, sich zumeist als Specialfälle projectivischer Beziehungen erwiesen haben, wie die Congruenz, Symmetrie und Aehnlichkeit als specielle Fälle der Collineation, wie die Begriffe von Winkelgleichheit und von Rechtwinkligkeit als besondere Fälle der Doppelverhältnissgleichheit u.s.w. [...][1232]

Ein weiterer wesentlicher Punkt der wissenschaftlichen Sicht ist nach Fiedler die Einführung der imaginären Elemente, die er mit Hilfe der von Staudtschen Würfe bewerkstelligt. Diese Elemente benötigt die darstellende Geometrie sicherlich nicht.

Was nun folgt ist aber keineswegs, wie man heute vielleicht erwarten würde, eine axiomatische Grundlegung der projektiven Geometrie, davon war man zu dem Zeitpunkt, als Fiedler sein Buch verfasste, noch ein Stück weit entfernt[1233] und Fiedler zeigte an keiner Stelle seines Werkes Interesse für diese Forschungsrichtung. Er gibt vielmehr eine Darstellung des Steinerschen[1234] Zugangs. Fiedler betont zudem, dass keine Sätze der Elementargeometrie[1235], also keine metrischen Aussagen und Eigenschaften, herangezogen werden sollen. Damit schließt er sich hier von Staudts Programm an. Das einigende Band zwischen darstellender und projektiver Geometrie ist die Idee des Vergleichs:

[1232] Fiedler 1875, 497.

[1233] Erste wichtige Schritte in diese Richtung machte Pasch 1882; es folgten dann italienische Mathematiker wie Fano, Pieri und Peano; einen gewissen Abschluss erzielten Veblen und Young 1910/1918. Vgl. Bioesmat-Martagon 2010 und Volkert 2017.

[1234] Fiedler sah Steiner „als einen grossen, zugleich aber ganz geheimen darstellenden Geometer" an (Fiedler 1888, XIII).

[1235] Vgl. Inhaltsverzeichnis „131. Rückblick und nächstes Ziel: Eine von Voraussetzungen der Elementargeometrie unabhängige Begründung der Projectivität" (Fiedler 1875, XXXVIII). Was Elementargeometrie nun genau bedeutet, sagt Fiedler nicht explizit, aber seine Ausführungen legen nahe, dass er die euklidische Geometrie damit meinte im Sinne einer Geometrie des Maßes. Auch die Trigonometrie soll nicht mehr verwendet werden. L. Cremona zitiert ebenfalls die Elementargeometrie im Kontext der projektiven Geometrie, vgl. Cremona 1882, V.

> In der That ist die Grundidee durch Vergleichung beiden gemeinsam, dort
> des Bildes mit dem Original, hier der projektiv verwandten Figuren.[1236]

Steiners Fundamentalgebilde sind uns schon mehrfach begegnet, jetzt werden
sie von Fiedler noch einmal systematisch zusammengestellt und mögliche
Beziehungen zwischen ihnen untersucht. Zu beachten ist, dass Fiedler stets eine
generische Lage der betrachteten Elemente voraussetzt. Anders gesagt:
Ausnahmefälle werden nicht betrachtet und auch nur selten benannt; das wird
auch im Folgenden so sein. Hier wich Fiedler von dem von ihm so geschätzten K.
Chr. von Staudt ab. Einleitend zu seinen „Beiträgen" schrieb letzterer[1237]:

> Indem die Mathematik darnach strebt, Ausnahmen von Regeln zu
> beseitigen und verschiedene Sätze aus einem Gesichtspunkte
> aufzufassen, wird sie häufig genöthigt, Begriffe zu erweitern oder neue
> Begriffe aufzustellen, was beinahe immer einen Fortschritt in der
> Wissenschaft bezeichnet.

Die Beseitigung von Ausnahmen als Motor des mathematischen Fortschritts. Das
Beispiel, das von Staudt zitiert, hätte Fiedler allerdings sofort akzeptiert – nämlich
die Verwendung imaginärer Größen in der Geometrie. Das tat Fiedler ja auch.

Kommen wir nun zu den grundlegenden Objekten der projektiven Geometrie im
Stile Steiners.[1238] Diese ordnen sich in drei Stufen. Gebilde erster Stufe sind die
Punktreihe (symbolisch mit **R** wiedergegeben), das Strahlbüschel[1239] (**B**) und das
Ebenenbüschel (**E**). Diese enthalten gleichviele Elemente, ihre „Anzahl" werde mit
u bezeichnet[1240]: „Zwischen zwei solchen Gebilden ist daher eine eindeutige
Beziehung ihrer reellen Elemente möglich."[1241] Der Schein einer Punktreihe von
einem Punkt aus ist ein Strahlenbüschel, von einer Geraden aus ein
Ebenenbüschel; umgekehrt ist die Punktreihe Schnitt eines Strahlen- oder
Ebenenbüschels mit einer Geraden. Schneidet man ein Ebenenbüschel mit einer
Ebene, so ergibt sich ein Strahlenbüschel, projiziert man ein Strahlenbüschel von
einem Punkt aus, so ist sein Schein ein Ebenenbüschel. Die Gebilde erster Stufe
sind also unter Schein- und Schnittbildung abgeschlossen.

[1236] Fiedler 1875, 436 – 437. Dieser Vergleichsaspekt kommt deutlich in der von Fiedler gebrauchten,
auf A. F. Möbius zurückgehenden Bezeichnung „Verwandtschaft" zum Ausdruck.
[1237] Von Staudt 1856, III.
[1238] Fiedler spricht von Elementargebilden. Diese sind uns schon in 4.2.2 als „Fundamentalgebilde"
begegnet; allerdings ist Fiedlers Behandlung des Themas jetzt deutlich systematischer und bietet
deshalb neue Aspekte.
[1239] Ich verwende Strahlenbüschel, manchmal auch Geradenbüschel im Folgenden.
[1240] Diese Anzahl ist natürlich unendlich. Mit dem Unendlichen wird im Folgenden aus moderner Sicht
recht sorglos gerechnet.
[1241] Fiedler 1875, 498. Paradigmatisches Beispiel: eine Projektivität. Modern gesehen – immerhin
schon bei Dedekind 1883 zu finden – verhält es sich genau umgekehrt.

Die Gebilde zweiter Stufe sind Ebene und Bündel; letzteres kann ein Strahlen- oder ein Ebenenbündel sein. Diese beiden werden meist nicht unterschieden, weil sie einander bedingen. Auch sie enthalten „gleichviele Elemente", nämlich u^2-u+1, und sind unter Schnitt- und Scheinbildung ebenfalls abgeschlossen. Nimmt man den Schein einer Ebene aufgefasst als Punktfeld (abgekürzt **PE**) von einem Punkt aus, so erhält man ein Strahlenbündel (**SB**), betrachtet man die Ebene als aus Strahlen (**SE**) bestehend, so ist der Schein von einem Punkt aus ein Ebenenbündel (**EB**). Umgekehrt erhält man das Punktfeld bzw. das System von Geraden einer Ebene als Schnitt eines Strahlen- bzw. Ebenenbündels mit einer Ebene.

Das Gebilde dritter Stufe ist der Raum aufgefasst als Punktraum (**PR**) oder als Ebenenraum (**ER**); er enthält in beiden Fällen $(u^2 - 2u +2)u$ Elemente. Fasst man dagegen den Raum als aus Geraden bestehend auf, so ergibt sich ein Gebilde vierter Stufe; die Anzahl der Elemente beträgt in diesem Falle $(u^2-2u+2)(u^2-u+1)$.

Nun kann man abstrakt eindeutige Beziehungen zwischen Elementargebilden untersuchen. Im Falle der Gebilde erster Stufe lassen sich diese symbolisch schreiben als **RR**[1242], **EE**, **BB** sowie **RE**, **RB** und **EB**; dabei sollen die modern gesprochen Zuordnungen Projektivitäten[1243] sein, im ebenen Fall festgelegt durch drei Elemente in allgemeiner Lage und ihre Bilder[1244]. Für Gebilde zweiter Stufe sind vier Typen von Kollineationen möglich: (**PE,PE**); (**SE,SE**); (**SB,SB**) sowie (**EB,EB**). Ihnen stehen sechs Möglichkeiten für Reziprozitäten gegenüber: (**PE,SE**); (**SE,SB**); (**PE,SB**); (**SE,EB**); (**PE,SE**); (**SB,EB**). Es bedarf jeweils vier Elemente in allgemeiner Lage und ihrer Bilder um eine derartige Zuordnung festzulegen. Da es nur zwei Gebilde dritter Stufe gibt, sind hier zum einen die Kollineationen **PR,PR** und **EB,EB** möglich sowie die Reziprozität **PR,ER**. Zu ihrer Festlegung sind fünf Elemente in allgemeiner Lage und ihre Bilder erforderlich. Über die dritte Stufe geht Fiedler an dieser Stelle nicht hinaus. Reziprozitäten haben mit dem Gesetz der Dualität zu tun. Ein Sonderfall der Projektivität ist die Perspektivität. Sie ist charakterisiert dadurch, dass die Geraden durch Punkt und Bildpunkt alle durch einen Punkt gehen. Projektiv zugeordnete Gebilde erster und zweiter Stufe lassen sich durch eine Lageveränderung immer so legen, dass sie perspektivisch werden.[1245]

[1242] Hier wird also eine Punktreihe einer Punktreihe zugeordnet. Bei **EE** geht es um zwei Ebenen- und bei **BB** um zwei Strahlenbüschel, die einander zugeordnet werden. Und so weiter.

[1243] Die erste Gruppe von Zuordnungen sind Kollineationen, die zweite Reziprozitäten.

[1244] Das ist eigentlich nichts anderes als der Hauptsatz der projektiven Geometrie (zur Geschichte desselben vgl. Voelke 2008). Allgemeine Lage heißt, die drei Elemente sind nicht enthalten in einem Gebilde erster Ordnung. Analoges gilt für Gebilde höherer Ordnung. Das Thema Fundamentalsatz wird bei Fiedler ausführlich diskutiert; vgl. Fiedler 1875, 503 – 505.

[1245] Vgl. Fiedler 1875, 499.

Fiedler hatte in seinem Buch zuvor schon viele wichtige Begriffe der projektiven Geometrie bereitgestellt – neben den Elementargebilden, Projektivität, Perspektivität und Kollineation sowie das Doppelverhältnis, insbesondere harmonische Punkte und Involutionen[1246]. Die projektive Erzeugung von Kurven zweiter Ordnung, also von Punktkurven, wurde ausführlich untersucht. Auch Kurven zweiter Klasse, also Enveloppen – Kurven eingehüllt von Tangenten – wurden betrachtet. Was also bleibt noch an projektiver Geometrie außer der schon genannten systematische Aufarbeitung?

Ein Punkt, auf den Fiedler großen Wert legte, sind die projektiven Koordinaten, also in heutiger Ausdrucksweise, homogene Koordinaten. Ein anderer Punkt, den Fiedler behandelt, ist von Staudts Wurfrechnung und die darauf beruhende Einführung imaginärer Größen.

Es stellt sich hier eine interessante Frage „Was verstand man denn unter projektiver Geometrie um 1870 herum?".[1247] Diese ist wohl kaum erschöpfend zu beantworten, denn das Gebiet war noch stark im Fluss begriffen, was sich nicht zuletzt auch in den vielen verschiedenen Bezeichnungen für dasselbe zeigte. Diese drückten aber durchaus unterschiedliche Sichtweisen auf das neue Gebiet aus[1248] und es war keineswegs klar, ob immer dasselbe gemeint war, ob also bei unterschiedlicher Intension die Extension dieselbe war.

Informativ ist ein Blick in L. Cremona's Lehrbuch „Elemente der projectivischen Geometrie"[1249]. Dieses Lehrbuch war einflussreich, war es doch neben Reye's „Geometrie der Lage" die erste gut verständliche Darstellung des neuen Gebietes. In Vorwort erklärt Cremona übrigens, warum ihm die Bezeichnung „Projectivische Geometrie" im Vergleich zu Konkurrenzbezeichnungen wie „Geometrie der Lage" usw. die sinnvollste zu sein scheine: Nur diese drücke nämlich nach Cremona die wahre Natur der Methode, die wesentlich auf der zentralen und der parallelen Projektion beruht, aus.[1250] Mit seinem Buch hat er zur Popularität dieser

---

[1246] Vgl. Fiedler 1875, 110. Hier führt Fiedler auch die Einteilung nach Doppelpunkten durch, heißt, er unterscheidet hyperbolische Involutionen (mit zwei Doppelpunkten), parabolische (die beiden Doppelpunkte fallen zusammen, sie sind „vereinigt" – solche gibt es aber reell betrachtet nicht) und elliptische (ohne Doppelpunkte). Letztere werden im dritten Teil zur projektiven Geometrie verwendet, um dann imaginäre Elemente im Sinne von Staudts einzuführen.

[1247] Vgl. auch 4.2.2.

[1248] Eine Ausnahme ist die Bezeichnung „neuere Geometrie", die ja keine inhaltlichen Implikationen enthält.

[1249] Das italienische Original erschien bereits 1872, die deutsche Übersetzung aus dem Jahr 1882 stammt von F. R. Trautvetter, Lehrer der Mathematik in Winterthur und ehemaliger Student des Züricher Polytechnikums.

[1250] Vgl. Cremona 1882, VI - VII, auch 2.2. Cremona betont (p. VIII), dass er aus praktischen Gründen metrische Aspekte nicht ausschließe aus seiner Betrachtung, in Abweichung von von Staudt. Projektivisch hat natürlich den großen Vorteil als Adjektiv Zusammensetzungen zu ermöglich ähnlich wie topologisch.

Bezeichnung beigetragen. Die wichtigsten Kapitel bei Cremona sind nach der Einführung der Grundbegriffe:

> § 8. Harmonische Gebilde
> § 9. Doppelverhältnisse
> § 10. Construction projectivischer Gebilde
> § 12. Involution
> § 14. Projectivische Gebilde am Kreise
> § 16. Folgerungen aus den Sätzen von Pascal und Brianchon
> § 17. Lehrsatz von Desargues
> § 18. Entsprechend gemeinschaftliche Elemente und Doppelelemente
> § 20. Pol und Polare
> § 21. Centrum und Durchmesser
> § 22. Reciprok-polare Figuren

Vergleicht man die Inhalte von Fiedlers Lehrbuch mit dieser Liste, so sieht man wieder, dass Fiedler schon viele Themen und Begriffe der projektiven Geometrie in den ersten beiden Teilen seines Buches behandelt hat. Legt man Cremona's Buch zugrunde, so könnte man sagen, er hat fast alle der dort angesprochenen Themen schon abgearbeitet.

Das erste große Thema, das Fiedler im dritten Teil seines Lehrbuchs angeht, ist die Einführung imaginärer Elemente mit Hilfe der Würfe nach von Staudt.[1251] Dieses lassen wir hier beiseite wegen der recht speziellen Thematik und wenden uns gleich den projektiven Koordinaten zu. Interessant ist, dass die Fundamentalgebilde einer Stufe auch unter Berücksichtigung der reellen und der imaginären Elemente gleichviele Elemente besitzen.

In übernächsten Abschnitt (4.4.3) werden wir genauer auf die analytische Sichtweise auf die projektive Geometrie zu sprechen kommen, im hierauf folgenden Abschnitt dann auf die synthetische Sicht.

4.4.2 Projektive Koordinaten

Schon durch ihre Nennung im Titel des dritten Teils werden die projektiven Koordinaten hervorgehoben. Es handelt sich dabei um ein Thema, das Fiedler besonders wichtig war, hatte er doch – zumindest seiner Ansicht nach – dazu einen eigenständigen Beitrag geliefert in Gestalt einer Abhandlung.[1252] Zudem hatte er das Thema, wieder seinen Angaben zufolge, mehrfach in seinen

---

[1251] Vgl. Fiedler 1875, 508 – 521. Zum Thema Wurfrechnung vgl. man Nabonnand 2008. In der fünften Auflage der „Kegelschnitte" (1887 – 1888) führte Fiedler ebenfalls dieses Thema ein; vgl. 5.1.
[1252] Vgl. Fiedler 1870 und hierzu sehr lobend Hemming 1871. Dieser Autor – Assistent von Fiedler - meinte, dass man die Fiedlersche Behandlung der Koordinaten gleich an den Anfang der analytischen Geometrie stellen und so das Dualitätsprinzip an deren Spitze setzen könne. Projektive Koordinaten werden auch in den Lehrbüchern von Salmon-Fiedler an mehreren Stellen behandelt, vgl. 5.1, 5.3.1 und 5.4.1 Die Unterschiede sind letztlich gering, teilweise wechselte die Terminologie geringfügig.

Spezialvorlesungen für die zukünftigen Fachlehrer behandelt.[1253] Mit den projektiven Koordinaten verließ Fiedler definitiv den Rahmen von Themen, die üblicherweise mit der darstellenden Geometrie in Verbindung gebracht wurden. Insofern könnte man sie als ein Markenzeichen für seine neuartige Auffassung, seine große Synthese, auffassen. Worin allerdings ihr Nutzen für die darstellende Geometrie bestehen könnte, bleibt bei Fiedler im Vagen – war wohl aber auch nach seiner Meinung auf dieser Stufe nicht interessant. Stärker noch stellte sich diese Frage natürlich für die imaginären Elemente.

Die Lage bezüglich dessen, was wir heute homogene Koordinaten nennen, war um 1870 noch recht unübersichtlich, gab es doch verschiedene Ansätze von Möbius, Plücker, Cayley, Salmon, Hesse, Chasles u.a. Weder bei Möbius noch bei Plücker wird der Bezug zur projektiven Geometrie – also zur projektiven Ebene bzw. zum projektiven Raum – sehr deutlich, er ist nicht etwa Ausgangspunkt ihrer Konstruktionen sondern eher ein Nebenprodukt: Man führte die Koordinaten ein und stellte dann fest, dass man mit ihrer Hilfe auch Fernelemente beschreiben kann. Die eventuelle Gleichwertigkeit der verschiedenen Ansätze war auch eine Frage, die es zu klären galt.[1254] Fiedlers Anliegen war ein doppeltes: Zum einen wollte er unter Verwendung einer Idee von M. Chasles zeigen, dass man (modern formuliert) homogene Koordinaten mit Hilfe des Doppelverhältnisses einführen kann, zum andern ging es ihm darum nachzuweisen, dass verschiedene Ansätze zum selben Ergebnis führten und dass die Standardkoordinatensysteme, die er Descartes bzw. Plücker (hier geht es um Linienkoordinaten) zuschrieb, als Spezialfälle aus seinen allgemeinen Koordinaten abgeleitet werden können. Zudem wird bei dem von Fiedler gewählten Zugang nach Meinung seines Autors die Dualität besonders deutlich.[1255] Sein Ansatz war in Fiedlers Augen ein wichtiger Beitrag zum Fortschritt der Wissenschaft, auf den er durchaus stolz war. In der Vorrede zur zweiten Auflage der Raumgeometrie stellte er zufrieden fest:

> [...] in die Entwickelung der projectivischen Coordinaten (deren fundamentale Bedeutung in der von mir gegebenen Ableitung aus Doppelverhältnissen allein immer mehr anerkannt wird), [...][1256]

Die Herleitung Fiedlers liefert simultan Koordinaten für alle Fundamentalgebilde einer Stufe, also im Falle der ersten Stufe für Punktreihen, Strahlen- und

---

[1253] Eine stenographierte Teilausarbeitung von Sohn Ernst (Vorlesung Projectivische Coordinaten im WS 1880/81) findet sich im ETH-Archiv (Hs 118: 7).

[1254] Meines Wissens wurde diese Geschichte bislang noch nicht systematisch aufgearbeitet von Seiten der Mathematikgeschichtsschreibung. Viele Informationen enthält allerdings Voelke 2010, 216 – 239; Fiedler wird hier behandelt auf Seite 232 – 234. Eine nützliche Quelle ist auch der Enzyklopädie-Artikel von Emil Müller (Müller 1910).

[1255] Fiedler verwandte schon 1870 gelegentlich die Bezeichnung „homogene Koordinaten" und berief sich dabei auf Salmon; vgl. Fiedler 1870, 153. „Homogen" leitet sich dabei ab von Begriffen wie „homogene Gleichungen" und dergleichen.

[1256] Salmon-Fiedler 1874, VI. Leider gibt Fiedler keine Belege für seine Behauptung an.

Ebenenbüschel. Das ist nicht erstaunlich, denn das Doppelverhältnis lässt sich ja in allen drei Fällen verwenden. Analoges gilt für die Gebilde zweiter und dritter Stufe. Im Folgenden nehmen wir das Beispiel der Punktreihe für die erste Stufe und des ebenen Punktfeldes für die zweite, da diese anschaulich und vertraut sind.

Sei also eine Punktreihe, eine (orientierte) Gerade, gegeben. Wir fixieren darin drei Punkte A_1, A_2 und E. Ist P ein weiterer Punkt der Punktreihe, so ist durch diesen der Wert des Doppelverhältnisses (A_1A_2EP) eindeutig festgelegt. Umgekehrt bestimmt auch der Wert des Doppelverhältnisses eindeutig den Punkt P. Es sei $A_1E = e_1$, $A_2E = e_2$, $A_1P = p_1$, $A_2P = p_2$. Man beachte, dass e_1 und e_2 laut Voraussetzung fest sind. Dann ergibt sich für das Doppelverhältnis

$$(A_1A_2EP) = (p_1 : e_1)/(p_2 : e_2) = x_1 : x_2,$$

wobei $x_1 = p_1 : e_1$ und $x_2 = p_2 : e_2$ ist. Anschaulich gesprochen gibt x_1 an, wie oft e_1 in die Strecke p_1 passt, also das Ergebnis einer Messung; x_2 gibt analog an, wie oft e_2 in die Strecke p_2 passt.[1257] Der Quotient $x_1 : x_2$ kann als Koordinate des Punktes P bezeichnet werden; dieser ist nur bis auf Erweitern und Kürzen eindeutig bestimmt. Weder die heutige Schreibweise $[x_1, x_2]$ noch die Idee der Äquivalenzklassenbildung findet sich bei Fiedler und seinen Zeitgenossen.

Es ergeben sich gewisse Sonderfälle:

Ist $P = E$, so ist $(A_1A_2EP) = 1$, ist $P = A_1$, so ist $(A_1A_2EP) = 0$. Für $P = A_2$ nimmt (A_1A_2EP) den Wert ∞ an. Folglich kann man $A_1 = 0$ setzen, $A_2 = \infty$ und $E = 1$.[1258] $A_2 = \infty$ soll dabei bedeuten, dass A_2 Fernpunkt ist.

Damit hat man homogene Koordinaten, Fiedler spricht meist von projektivischen Koordinaten, für Punktreihen inklusive Fernpunkte – also modern betrachtet für die projektive Gerade - gewonnen. Durch Scheinbildung lassen sich diese auf Strahlen- und Ebenenbüschel übertragen.[1259] Eine lineare homogene Gleichung der Form $a_1x_1 + a_2x_2 = 0$ kann man auf zweierlei Arten lesen, nämlich als Gleichung einer Geraden im Strahlenbüschel (dann sind a_1, a_2 konstant), aber auch als Gleichung eines Punktes in der Punktreihe (x_1, x_2 konstant); die Dualität ergibt sich aus dieser doppelten Lesart.[1260]

Der nächste Schritt ist der zu Fundamentalgebilden zweiter Stufe, also zum ebenen Feld und zu den Bündeln. Der entscheidende Punkt ist hier, dass ein

---

[1257] Das alles ist natürlich metrisch, weshalb Fiedlers Behauptung, sein Vorgehen sei unabhängig von der Elementargeometrie, zu denken gibt.
[1258] Das erinnert an von Staudts Würfe.
[1259] Vgl. Fiedler 1875, 523 – 525. Hierzu muss man wissen, dass das Doppelverhältnis nicht von der speziellen Wahl der das Strahlenbüschel schneidenden Geraden abhängt.
[1260] Vgl. Fiedler 1875, 525. Das entspricht der von Plücker her bekannten Dualität von Punkt- und Linienkoordinaten.

fünftes Element (Punkt, Strahl, Ebene) hinsichtlich seiner Lage zu vier gegebenen Elementen in allgemeiner Lage festgelegt ist durch drei Doppelverhältnisse bezogen auf ein vorgegebenes Dreieck (mit Geraden als Kanten). Diese bildet man aus zwei der vier gegebenen Elemente plus zwei Schnittpunkten der Geraden durch eine Dreiecksspitze und durch P bzw E mit der gegenüber liegenden Dreiecksseite. Konkret: Sind die Punkte A_1, A_2, A_3 und E gegeben, keine drei davon kollinear, sowie der Punkt P, so bildet man die drei Doppelverhältnisse

$$(A_2A_3E_1P_1),\ (A_3A_1E_2P_2)\ \text{und}\ (A_1A_2E_3P_3).$$

Die Bedeutung der einzelnen Buchstaben kann man der nachfolgenden Abbildung 4.32 entnehmen. Vereinfacht ausgedrückt handelt es sich um die Projektionen der Punkte P und E auf die Dreiecksseiten vermöge Ecktransversalen.

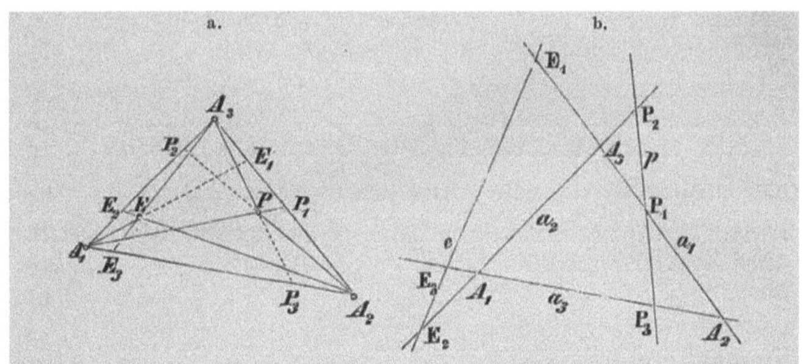

Abb. 4.32: *Herleitung der trimetrischen Koordinaten für Punkte (a) und für Geraden (b)*[1261]

Deren Werte lassen sich als drei Quotienten in der Form

$$X_2 : X_3;\ X_3 : X_1;\ X_1 : X_2$$

schreiben und als die Abstände des Punktes P von den Seiten des Dreiecks im obigen Sinne interpretieren. Deshalb sprach man auch von trimetrischen Koordinaten oder Dreieckskoordinaten.[1262]

[1261] Fiedler 1875, 526.

[1262] Vgl. Fiedler 1875, 527. Trimetrische Koordinaten werden genauer unterteilt in Drei-Linien-Koordinaten, bei denen Punkte der Ebene durch die Verhältnisse ihrer Abstände zu drei Geraden festgelegt werden, und Drei-Linien-Koordinaten (auch nach Cayley als Tangentialkoordinaten bezeichnet, da man mit ihrer Hilfe Kurven als Enveloppe über ihre Tangenten festlegt), bei denen Geraden der Ebene durch die Verhältnisse ihrer Abstände zu drei Punkten bestimmt werden. Diese beiden Zugänge sind dual zueinander, einmal handelt es sich um Punkt-, einmal um Linienkoordinaten. Vgl. 5.1, 5.3.1 und 5.4 für die Behandlung dieses Themas bei Salmon-Fiedler.

Im räumlichen Fall erhält man ganz analog tetraedrische oder Tetraederkoordinaten.[1263] Gleichungen von Punkten, Ebenen und Geraden sind linear und homogen; im räumlichen Fall kann man diese in Punkt- oder in Ebenenkoordinaten lesen, im ebenen Fall in Punkt- oder in Linienkoordinaten. Der projektive Charakter der Koordinaten liegt darin begründet, dass diese die Fernelemente einbeziehen, folglich auf die Fundamentalgebilde einer Stufe unterschiedslos anwendbar und mit Projektionen verträglich sind.

Im Falle der ebenen Koordinaten gibt Fiedler auch an, wie aus ihnen – also aus den homogenen Koordinaten – als Grenzfall die gewöhnlichen kartesischen bzw. die Plückerschen Koordinaten hervorgehen.

> 9) *Die elementaren Coordinatensysteme von Cartesius und Plücker gehen aus denen der allgemeinen projectivischen Coordinaten durch eine und dieselbe Centralprojection hervor, nämlich auf eine Ebene, die der projicierenden Ebene einer Fundamentallinie parallel ist.* Wie ist dieselbe weiter zu bestimmen? (Vergl. 13)[1264]

Die Lösung wird im Wesentlichen in Nummer 13 mitgeteilt. Dort wird nämlich vorgerechnet, welche Koordinaten sich ergeben, wenn man im ebenen Fall[1265] eine Kante des Fundamentaltetraeders als Ferngerade annimmt. Das führt zu speziellen Werten für die Fiedlerschen Koordinaten. Durch geeignete Festsetzungen u.a. der Einheit ergeben sich dann die gewöhnlichen (ebenen) kartesischen Punktkoordinaten und die gewöhnlichen Plückerschen Ebenenkoordinaten. Die Beweistechnik, eine Gerade oder Ebene ins Unendliche zu schicken, wurde schon von Poncelet vielfach verwendet, war mehr oder minder Allgemeingut.[1266]

> Man sieht, *dass der Uebergang von den allgemeinen projectivischen Raumcoordinaten zu den elementaren von Cartesius und Plücker einer Reliefbildung entspricht, bei welcher die eine Ebene des Fundamentaltetraeders zur Gegenebene gewählt wird.*[1267]

Es ist bemerkenswert, wie Fiedler es schafft, immer wieder die darstellende Geometrie, hier in Gestalt der Reliefperspektive, ins Spiel zu bringen. Dies ist möglich, weil sich die Wahl einer Seitenfläche als Fernebene so interpretieren lässt, dass eben diese Ebene als Gegenebene, nämlich als Fluchtpunktebene,

---

[1263] Vgl. Fiedler 1875, 542 – 546.
[1264] Fiedler 1875, 533. Bei Fiedler ist dies eine Aufgabe. Modern gesehen geht es darum, homogene Gleichungen zu enthomogenisieren. Fiedlers Lösung ist geometrisch, die algebraische Seite ist nebensächlich.
[1265] Diese Überlegung findet sich auch in den „Höheren ebenen Kurven" (Salmon-Fiedler 1882, 14 - 15). Vgl. 5.4.1.
[1266] Beispiele findet man bei Ostermann-Wanner 2012, 323 – 330.
[1267] Fiedler 1875, 552.

einer Reliefperspektive dient. Worin hier der Vorteil liegen soll, erklärt Fiedler nicht.

Fiedler führt dann noch einige Rechnungen in trimetrischen und tetraedrischen Koordinaten vor, z. B. ermittelt er die Gleichung der Geraden durch zwei gegebene Punkte und den Schnittpunkt zweier gegebener Geraden.[1268] Dies geschieht i.w. mit Mitteln, die wir heute der linearen Algebra zurechnen würden; allerdings verwendet Fiedler – wie zu seiner Zeit üblich - keine Matrizen, an ihre Stelle treten Gleichungssysteme. Wohl aber treten Determinanten auf.

F. Klein erwähnte Fiedlers Zugang zu den projektiven Koordinaten bereits in seinem Artikel zur Nichteuklidischen Geometrie von 1873 als eine Variante der Staudtschen Wurfrechnung, auch im Lehrbuch von Clebsch/Lindemann findet er Erwähnung.[1269]

Die allgemeine Verbreitung der projektiven Koordinaten ließ auf sich warten. Noch 1901 urteilte der Rezensent E - I[1270] im Literarischen Zentralblatt anlässlich der Besprechung des „Lehrbuchs der analytischen Geometrie in homogenen Koordinaten" (Band 1) von Wilhelm Killing:

> Der Verf. sagt mit Recht, man müsse von jedem angehenden Mathematiker verlangen, daß er die homogenen Dreieckskoordinaten in der Ebene und die Tetraederkoordinaten im Raume vollständig beherrsche. Leider sind wir in Deutschland von diesem Ziele noch ziemlich weit entfernt, giebt es doch Universitäten, an denen der Student von homogenen Coordinaten kaum etwas erfährt. In den gangbaren Lehrbüchern der analytischen Geometrie werden diese Coordinaten nicht einmal erwähnt. Man muß dem Verf. dankbar sein, daß er diesem Mangel abhelfen will, [...].[1271]

Das bekannte Lehrbuch von Schreier-Sperner (1931, 1935) übernahm vermutlich auch hier eine Vorreiterrolle, indem es die homogenen Koordinaten in moderner Darstellung präsentierte.

4.4.3 Analytische projektive Geometrie

In den 1875 neu hinzugekommenen Kapiteln seines Lehrbuchs verwandte Fiedler die projektiven Koordinaten, um projektive Geometrie zu betreiben. Diese von

---

[1268] Vgl. Fiedler 1875, 535 – 537.
[1269] Vgl. Klein 1873, 143 und Clebsch/Lindemann 1891, 455. Fiedler war dies nicht entgangen: In Fiedler 1891, 81 weist er selbst auf Klein und Lindemann/Clebsch hin. Letztere Quelle bezeichnet er als „schön und gehaltreich".
[1270] Vermutlich Friedrich Engel.
[1271] Literarisches Zentralblatt 1901, Sp. 682 – 683.

Fiedler als „gemischte" Methode bezeichnete Vorgehensweise bedeutet eine grundlegende Umorientierung gegenüber den vorangegangenen beiden Teilen, in denen die synthetische Methode dominierte. Es erstaunt daher nicht, dass Fiedler in der Vorrede zur zweiten Auflage seines Lehrbuches diese Veränderung ausführlich begründet.[1272]

> Es ist ein Anderes, dass man bei grundlegenden Untersuchungen die allgemeinsten und unanfechtbarsten Mittel als massgebend im Auge behält, und ein Anderes, dass man sie dem Lernenden schon vorher im vollen Umfange überliefere. [...] Wohin kämen wir, wenn wir die Wissenschaft mit solcher Gründlichkeit anfangen und wenn wir sie demgemäß nicht eher anfangen wollten, als bis solche Gründlichkeit von den Lernenden gewürdigt und verlangt werden könnte! Eine gewisse Fülle der Resultate und der bewältigenden Probleme ist ein Anreiz zur Betreibung der Wissenschaft, den kein Lehrer geringschätzen darf.

> Und die Vereinigung der analytischen und der geometrisch construierenden Methode ist nicht blos deshalb, weil sie am raschesten zu Resultaten führt, pädagogisch hoch zu schätzen, sondern auch aus dem viel mehr entscheidenden Grunde, dass sie die Mittel bietet, den absolut besten Weg zu denselben zu entdecken; man darf in Kürze sagen, dieser beste Weg sei immer durch die genaue Uebereinstimmung der analytischen und der geometrisch construierenden Methode charakterisiert.

Man könnte konstatieren: Königsweg gefunden!

Als krönenden Abschluss dieses etwas überhöht wirkenden Plädoyers führt Fiedler an, dass es ihm gelungen sei, selbst C. Culmann, „unsern Meister der graphischen Statik" „zu dieser Gleichschätzung der analytischen Methode bekehrt"[1273] zu haben. Auf seine eigenen Vorlesungen in Zürich macht Fiedler im Kontext der analytischen projektiven Geometrie mehrfach als Beleg für die Nützlichkeit seines Zuganges aufmerksam.[1274]

Die geänderte Sichtweise kommt schon in Überschriften (im Inhaltsverzeichnis) wie „Die geometrische Bedeutung des Parameters ..."[1275] zum Ausdruck: Die analytischen Ausdrücke sind nun primär, sie werden nur noch geometrisch interpretiert. Hätte Fiedler diese Sichtweise schon im zweiten Teil eingenommen, hätte er z. B. die Flächen zweiter Ordnung klassifizieren können an Hand der mit

---

[1272] Fiedler 1875, XX – XXI.
[1273] Fiedler 1875, XXI.
[1274] Vgl. Fiedler 1875, XIX sowie p. 741 (Anm. zu §152) und p. 742 (Anm. zu §155 und zu §168). Belege für Erfolge der Fiedlerschen Vorlesungen sind nicht bekannt.
[1275] Fiedler 1875, XXXIX.

Hilfe der Hauptachsentransformation vereinfachten allgemeinen homogenen quadratischen Gleichung in drei gewöhnlichen oder vier homogenen Variablen.[1276] In der darstellenden Geometrie aber bevorzugte Fiedler in den ersten beiden Teilen noch den synthetischen Zugang.

Neben der Einführung der homogenen Koordinaten enthält der dritte Teil des Lehrbuchs in der zweiten Auflage noch zwei Kapitel:

> B. Die Parameter der Gebilde und die Projectivität; Erzeugnisse der projectivischen Gebilde erster Stufe
>
> C. Die projectivischen Gebilde zweiter und dritter Stufe und die Erzeugnisse ihrer Verbindung

Im Kapitel B werden zuerst die geometrischen Bedeutungen (ebene Kurven, Kegel, Flächen) von homogenen Gleichungen erläutert. Ein wichtiger Punkt ist dabei, den analytischen Ausdruck für die Projektivität zweier Elementargebilde und für Koordinatentransformationen zu klären. Modern gesehen kommt hier die lineare Algebra ins Spiel, geht es doch um, wie man sich damals ausdrückte, lineare Substitutionen. Es ergeben sich hier viele Anknüpfungspunkte zu Fiedlers erstem selbständigen Buch von 1862[1277], auf die er seltsamer Weise aber nicht aufmerksam macht. Fiedler betrachtet all das in enger Rückbindung an die Einführung der homogenen Koordinaten. Das heißt konkret, er versucht immer Bezüge herzustellen zu den Fundamentalpunkten, - dreiecken und -tetraedern. Das verbirgt sich meist hinter seiner Rede von den Werten der Parameter.

Wie schon 1862 stellt Fiedler auch hier wieder einen Zusammenhang zwischen linearen Substitutionen und Invarianten (allgemeiner auch Co- und Contravarianten) her und kann dann folgern:[1278]

> *Die Algebra der linearen Substitutionen* enthält daher die *analytische Geometrie* der Curven und Flächen als einen Theil.

Kurz: Geometrie als Invariantentheorie. Beispiele hierzu sind Sätze wie die Invarianz der Ordnung unter linearen Substitutionen mit nicht verschwindender Determinante (nach Fiedler auch Diskriminante genannt) bei Flächen zweiter Ordnung; verschwindet die Determinante, so liegen Kegel vor.[1279]

Den Abschluss des Kapitels bilden recht abstrakte Ausführungen über die Beziehungen zwischen den Elementargebilden erster Stufe und Kurven bzw.

[1276] Wie es dann bei Salmon – Fiedler in der Raumgeometrie gemacht wird; vgl. 5.3.2.

[1277] Vgl. 3.2, wo auch mehr zu den algebraischen Aspekten, z. B. der fehlenden Matrixschreibweise, ausgeführt wird. Allerdings kommt Fiedler in seinem Buch von 1875 dieser Schreibweise verblüffend nahe; vgl. Fiedler 1875, 601 – 602 und 610. Bgzl. der Lehrbücher von Salmon – Fiedler ist für die hier angesprochenen Themen auf die „Vorlesungen" zu verweisen, vgl. 5.2.

[1278] Fiedler 1875, 609.

[1279] Vgl. Fiedler 1875, 610.

Kegeln zweiter Ordnung/Klasse sowie einschaligen Hyperboloiden.[1280] Dabei ergeben sich Sätze wie der folgende:[1281]

> *Das Erzeugniss der Projectivität zwischen der Tangentenschaar einer Curve zweiter Classe und den Strahlen eines Büschels in ihrer Ebene ist eine Curve dritter Ordnung vierter Classe, die den Scheitel des Büschels zum Doppelpunkt hat und die Curve zweiter Classe dreimal berührt, sowie überdiess noch zwei Tangenten mit ihr gemein hat.*

Ist ein Strahl des Büschels Tangente an die Kurve, so zerfällt die Kurve dritter Ordnung vierter Klasse in eben diese Gerade und eine Kurve zweiter Ordnung, enthält das Büschel sogar zwei Tangenten, so ergibt sich eine Gerade als Schnittmenge.

Fiedlers Ausführungen zur analytischen projektiven Geometrie legen fast immer die Steinerschen Elementargebilde erster, zweiter und dritter Stufe zu Grunde; er behandelt also nicht – so wie heute üblich – die projektive Ebene oder den projektiven Raum bestehend aus Punkten, Geraden und eventuell Ebenen; diese setzt er vielmehr voraus „in perspektivischer Auffassung", wie er sich ausdrückte. Dabei verwendet er auch sogenannte abgekürzte Bezeichnungen. Diese sind sehr geeignet, um die Fundamentalgebilde, z. B. Strahlenbüschel[1282], zu notieren.

Das letzte Kapitel in Fiedlers Buch beschäftigt sich hauptsächlich mit den Erzeugnissen[1283] von Elementargebilden höherer Stufe als eins, mit der Reziprozität zwischen Räumen und mit einigen speziellen Fragen in diesem Kontext. Bei diesen Erzeugnissen werden sowohl kollineare als auch reziproke Gebilde betrachtet. Es treten u.a. Flächen zweiter Ordnung und dual dazu zweiter Klasse auf – nämlich als Ergebnis der Verbindung zweier nicht ineinander liegender reziproker Gebilde zweiter Stufe. Auch Flächen dritter Ordnung ergeben sich, nämlich als Verbindung von drei zu einander projektiven Ebenenbündeln, also von Elementargebilden zweiter Stufe. Dabei entsteht die Fläche dritter Ordnung durch die Schnittpunkte dreier unter der Projektivität einander entsprechenden Ebenen.[1284] Damit hat Fiedler einen Typ von Flächen erreicht, der um 1870 herum viel Aufmerksamkeit erregte. Eine wesentliche auf A. Cayley und G. Salmon zurückgehende Erkenntnis war, dass derartige Flächen 27 Geraden, die nicht notwendig alle reell sein müssen, enthalten: Maximal können

---

[1280] Vgl. Fiedler 1875, 623 – 629.

[1281] Fiedler 1875, 627.

[1282] Beispiel: Sind U = 0 und V = 0 zwei Geraden, so beschreibt U + k·V = 0 mit dem reellen Parameter k das Strahlenbüschel, welches den Schnittpunkt der beiden Geraden zum Mittelpunkt hat.

[1283] Gemeint sind Durchschnitte oder Verbindungen von einander zugeordneten Elementen von Elementargebilden, z. B. entstehen Kegelschnitte durch Verbinden der zugeordneten Punkte in zwei projektiven Punktreihen.

[1284] Vgl. Fiedler 1875, 721.

sie folglich 27 reelle Geraden aufweisen. Mit Hilfe der Schäflischen Doppelsechs kann Fiedler folgendes Resultat beweisen:

> *Die Fläche dritter Ordnung enthält also sieben und zwanzig gerade Linien,*
> *[…]*[1285]

Clebschs Entdeckung der heute nach ihm benannten Diagonalfläche lieferte ein übersichtliches Beispiel einer solchen Fläche mit 27 reellen Geraden, von dem Fiedlers Schüler A. Weiler ein Modell baute.[1286] Fiedler selbst hatte noch in seiner Prager Zeit ein Stabmodell einer Fläche dritter Ordnung mit 27 reellen Geraden mit Hilfe seines Assistenten R. Morstadt konstruiert.[1287] Bekannt wurde das Modell, das Chr. Wiener von einer derartigen Fläche konstruierte (1869), Fiedler widmete ihm eine ausführliche Besprechung.[1288]

Die räumliche Reziprozität, bei der Punkten Ebenen, Geraden Geraden und Ebenen Punkte entsprechen, war schon von Staudt genauer untersucht worden unter dem Titel „Korrelation"; auch H. Schröter hatte sich mit ihr im Anschluss an Th. Reye beschäftigt.[1289] Hierzu merkt Fiedler in der für ihn typisches Weise an:

> Die hier [bei Schröter; K. V.] gegebene Darstellung hatte ich schon vor
> dieser Publication […] in meinen Vorlesungen mitgetheilt, ohne sie sonst
> zu veröffentlichen; […][1290]

Ein wichtiges Resultat von Staudts, das Fiedler auch beweist, war, dass eine Korrelation mit einem selbstkonjugierten Element (also mit einem Punkt, der in seiner dualen Ebene liegt und umgekehrt) gleich eine ganze Fläche zweiter Ordnung bestehend aus selbstkonjugierten Elementen besitzt und dass die Korrelation folglich als Polarreziprozität an dieser Fläche, der Polfläche, aufgefasst werden kann; die Fläche heißt dann auch Direktrix der Polarreziprozität.[1291] Dabei ist natürlich vorausgesetzt, dass die Reziprozität sich in einem Raum abspielt, Fiedler spricht in der damals typischen Weise davon, dass die reziproken Räume ineinander lägen.[1292] In gewisser Weise zeigt dieses Resultat, dass die alte Kontroverse Poncelet versus Gergonne so gut wie gegenstandslos war: „Fast" jede räumliche Dualität ist eine Polarreziprozität. Die räumliche Reziprozität erlaubt es schließlich Fiedler, den Begriff des Nullsystems einzuführen, als eines, bei der alle Punkte und alle Ebenen selbstkonjugiert sind.

[1285] Zwölf dieser Geraden bilden eine Schläflische Doppelsechs. Mehr dazu findet sich in 5.3.2.
[1286] Vgl. 8.4; in 1.4.1 findet sich eine kurze Bemerkung Beyels zum Thema „Flächen dritter Ordnung".
[1287] Vgl. Fiedler 1869 und 8.4. Schon in einer frühen Publikation (Fiedler 1861) behandelte Fiedler ebenfalls die Flächen dritter Ordnung aus theoretischer Sicht.
[1288] Fiedler 1869.
[1289] Vgl. Schröter 1874.
[1290] Fiedler 1875, 742 Anm. zu §168.
[1291] Vgl. Fiedler 1875, 704 – 710. Somit liegen alle selbstkonjugierten Punkte in dieser Fläche.
[1292] Vgl. Fiedler 1875, 704.

Das heißt, jeder Punkt liegt in der ihm zugeordneten Ebene und jede Ebene enthält den ihr zugeordneten Punkt. Nullsysteme spielten in der graphischen Statik von C. Culmann eine Rolle – ein Hinweis, den Fiedler sich natürlich nicht entgehen lässt. Er nennt das Nullsystem „die Hauptgrundlage der graphischen Statik und der Kinematik".[1293]

Am Schluss des Lehrbuchs schließt sich damit der Kreis hin zu den Anwendungen – allerdings zu solchen mit einem ziemlich abstrakten Charakter. Da das Nullsystem ein Motiv für Culmann war, eine Vorlesung über projektive Geometrie am Züricher Polytechnikum einzuführen, hätte Fiedler jetzt sagen können: Aufgabe erfüllt.

Fragt man sich, ob Fiedlers dritter Teil wohl als eine Art Lehrbuch der projektiven Geometrie gesehen werden konnte, so fällt sofort auf, dass die Stoffauswahl in diesem Teil doch sehr beschränkt und gewissermaßen einseitig ist. Ganz klassische Themen wie Kegelschnitte mit den Sätzen von Pascal und Brianchon kommen in ihm gar nicht vor. Das liegt daran, dass sie schon an anderer Stelle in Fiedlers Buch behandelt wurden.[1294] Also müsste man das Buch in seiner Gesamtheit heranziehen. Das wäre natürlich aufwändig und mühsam. Es hätte zudem den Nachteil, dass die zur projektiven Geometrie gehörigen Themen mit Ausnahme des letzten Teils gar nicht kenntlich gemacht sind. Umgekehrt war der dritte Teil für den Nutzer, der aus dem Buch darstellende Geometrie lernen wollte, kaum von Interesse. Auffallend ist, dass es in ihm kaum Abbildungen gibt – ganz anders als in den beiden vorangehenden Teilen. Fiedler hätte wohl behauptet, Abbildungen seien nicht mehr nötig, da das räumliche Anschauungsvermögen, nachdem die Leserin/der Leser die beiden ersten Teilen des Buches durchgearbeitet habe, hinreichend geschult sei. Insgesamt erscheint Fiedlers Buch eher als eine Zusammenstellung, die weder dem einen – der darstellenden Geometrie - noch dem anderen – der projektiven Geometrie - wirklich nützte: falls man unser Verständnis dieser Gebiete zugrunde legt.

4.4.4 Synthetische projektive Geometrie, ein Beispiel aus Fiedlers Vorlesungspraxis

In vielen Publikationen Fiedlers inklusive denjenigen, die unter Salmon-Fiedler publiziert wurden, wird die projektive Geometrie analytisch behandelt – ein Kernstück dabei sind, wie gerade gesehen, die projektiven Koordinaten. In seinen Vorlesungen über „Geometrie der Lage" wählte Fiedler allerdings einen eher

---

[1293] Fiedler 1875, 721. Das liegt daran, dass das Nullsystem die Zusammensetzung von Kräften und die Bewegung des starren Körpers beschreiben kann (vgl. Fiedler 1875, 720 – 721).
[1294] Vgl. Teil B der Methodenlehre.

synthetischen Zugang[1295]. Das zeigt schon eine Aufstellung zur gleichnamigen Vorlesung im Wintersemester 68/69, die sich in Fiedlers Nachlass findet und im Abschnitt 2.3 vorgestellt wurde

Weitere inhaltliche Informationen zu Fiedlers Vorlesungen über Geometrie der Lage liefert eine Ausarbeitung von Robert Maillart (1872 – 1940), Student der Bauschule, später bekannter Brückenbauer – Pionier des Spannbetons in der Schweiz - und Unternehmer. Diese stammt aus dem Wintersemester 90/91 (drei Stunden Vorlesung plus zwei Stunden Repetitorium) und umfasst ein ganzes Schulheft.[1296] Gelegentlich gibt es darin freie Seiten, manchmal ist auf diesen vermerkt: „Hier fehlen zwei Vorlesungen" o. dgl. Vermutlich hat Maillart in der Veranstaltung mitgeschrieben und dann eine Reinschrift angefertigt; diese Annahme legt u.a. die Tatsache nahe, dass die Sätze in Maillarts Ausarbeitung fast alle vollständig ausformuliert sind.

Um einen Eindruck vom Inhalt dieser Ausarbeitung zu vermitteln, möchte ich hier einen Teil aus der Einführung derselben wörtlich wiedergeben.[1297]

<u>Entstehung und Eigenschaften der geometr. Figuren aus den
Elementargebilden</u>

Die neue Geometrie scheint von der alten verschieden und sogar im Widerspruch zu stehen. Die neue Geometrie legt die Ähnlichkeit der Dreiecke und die ebene Geometrie zu Grunde. Auf Grund der Ähnlichkeit der Dreiecke entwickelte sich die projectivische Grundeigenschaft; wir stützen uns also auf die alte Geometrie, um die neue zu begründen. Da nun die neue Geometrie in verschiedenen Punkten von der alten verschieden ist, so muss gewünscht werden, die neue Geometrie auf eigene Grundlagen zu stellen. Wir müssen also den <u>Begriff der Projectivität von Grund aus entwickeln</u>.

Desargues 1636 sprach den Satz aus, der von den Grundbegriffen einzusehen ist: den Satz von den perspectivischen Dreiecken [vgl. Abbildung 4.33, K. V.]. Wenn 2 Dreiecke so liegen, dass die Verbindungsgeraden ihrer entsprechenden Ecken durch einen Punkt gehen, so liegen auch die Schnittpunkte ihrer entspr. Seiten in einer Geraden und umgekehrt.

[1295] Teilweise wurde die Bezeichnung „synthetische Geometrie" synonym mit „projektive Geometrie" verwendet, z. B. von A. Hurwitz in seiner Göttinger Vorlesung WS 82/83.
[1296] ETH-Bibliothek Hochschularchiv Hs 1084: 24.
[1297] Die im Original enthaltenen Schreibfehler wurden nicht korrigiert, es gibt deshalb gelegentlich unklare oder inkorrekte Formulierungen im Text. Hervorhebungen und Abbildungen wie im Original.

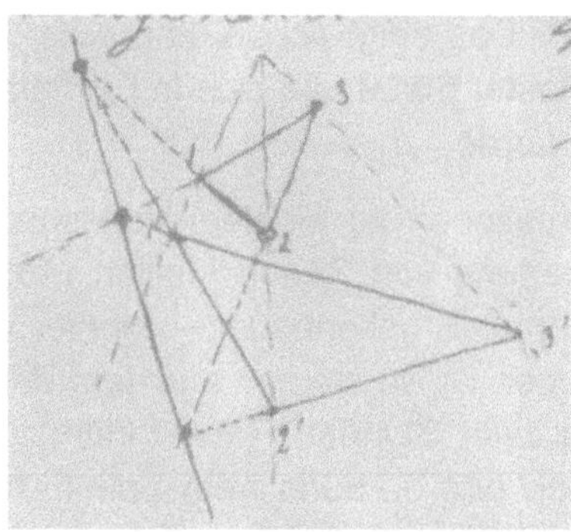

Abb. 4.33: *Satz von Desargues (Zeichnung aus Maillarts Ausarbeitung)*

Man hat ein abgestumpftes 3seitiges Prisma vor sich, dessen Abstumpfungsfläche 1,2,3 die Basisfläche 1',2',3' in einer Geraden schneidet. In dieser Geraden müssen auch die Schnittpunkte der entspr. Geraden in dieser Schnittlinie liegen q.e.d.

Gleiche Figur gilt auch für die Umkehrung, die eine ebene dualistische Übersetzung des Satzes ist.

Nehmen wir die stereometr. Dualität. Wenn zwei Dreiflache so liegen, dass die 3 Durchschnittsgeraden (x,y,z) ihrer Ebenen in einer Ebene liegen, so gehen auch die Verbindungsebenen ihrer entsprechenden Kanten durch eine Gerade $(\rho\rho')$.

Dieser Satz ist nach nachstehender Figur [vgl. Abbildung 4.34; K.V.] evident. Die Dualität zeigt sich also als allgemeingültig.

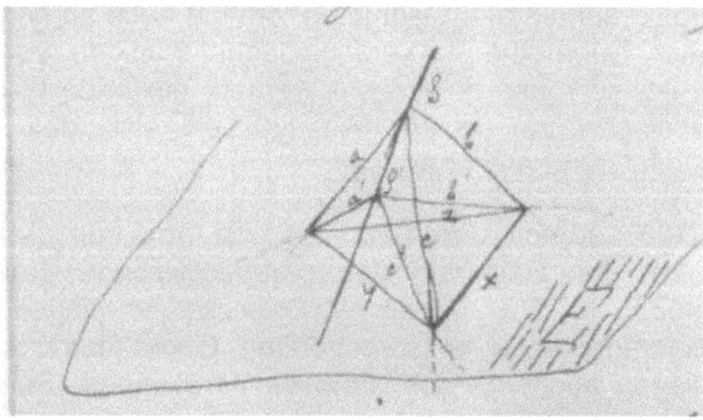

Abb. 4.34: *Satz über perspektivische Dreieckspyramiden*

Man könnte den Satz natürlich auch auf 3 Seiten übersetzen etc.

<u>Von den persp. Vierecken und Vierflachen</u>

Wenn 2 ebene Vierecke so liegen, dass 5 Schnittpunkte von den Durchschnittsgeraden ihrer entsprechenden Seitenpaare in ders. Geraden liegen, so liegt auch der Schnittpunkt des 6ten Seitenpaares darin und die Verbindungsger. ihrer entspr. Ecken gehen durch einen Punkt (oder liegen perspectivisch) u. umgekehrt (dualistisch übersetzen).

Wenn 2 Vierflache (4 durch einen Punkt gehende Ebenen) so liegen, dass 5 von den Verbindungsebenen sich in einer Geraden schneiden, so geht auch die Verbindungsebene des 6ten Seitenpaares durch diese Gerade und die Schnittlinien ihrer entsprechenden Ebenen liegen in einer Ebene.

Wenn 2 4seite so liegen, dass 5 der Verbindungsger. entspr. Ebenenpaare durch einen Punkt gehen, so geht auch die des 6ten Paares durch den Punkt. Die vier Schnittpunkte der entspr. Seiten liegen auf einer Geraden und die 2 Vierseite liegen perspectivisch. Aus den jeweils 4 Seiten kann man 2 Dreieckspaare herausnehmen.

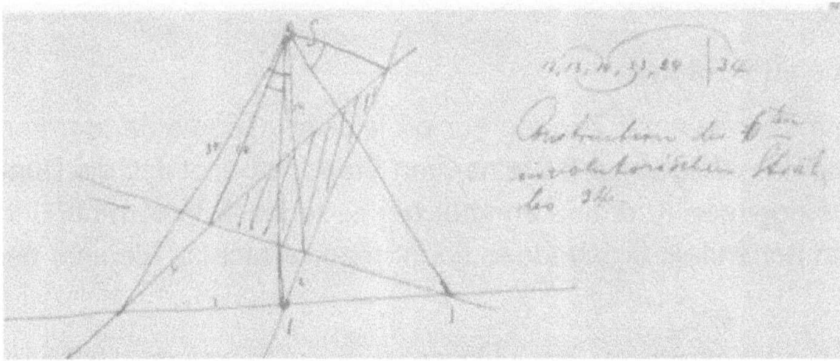

Abb. 4.35: *Konstruktion des sechsten involutorischen Strahles 34*[1298]

Dualistische Übersetzung im Raum

Das dualistische zum 4eck ist das 4Flach.

Das dualistische zum 4seit ist das 4Kant.

Diese Sätze ermöglichen die Construction der Involution im Ebenenbüschel. Man kann sie zwar auch mit Hilfe des Strahlenbüschels oder der Punktreihe construiren. Man kann z. B. mit den Spuren operiren (Reduction auf die Strahlenbüschelconstr.). Man kann die Ebenen auch durch eine Gerade schneiden, ohne dass sie die Scheitelkante trifft. Es entstehen 5 Punkte, zu denen man den 6ten bestimmen kann. Die Raumconstruction ist nicht practisch, wir müssen aber zuerst beweisen, dass die Reduction auf alle Fälle richtig ist.

Im weiteren Verlauf der Mitschrift finden sich noch einige gliedernde Überschriften. Um einen Eindruck vom Inhalt dieser Passagen zu vermitteln, seien diese hier zitiert:

Eigenthümlichkeiten der harmon. Gruppe

[1298] Zeichnung aus Maillarts Ausarbeitung. Die Bemerkung lautet: Construction des 6ten involutorischen Strahles 34.

Perspectivische Lage ungleichartiger Elementargebilde
Perspectivische Lage gleichartiger proj. Elementargebilde 1ter Stufe
Projectivische gerade Reihen und Ebenenbüschel, deren Geraden sich kreuzen
Strahlenbüschel und Ebenenbüschel
Gleichartige Elementargebilde 1ter Stufe in vereinigter Lage
Construction bei einem geg. Doppelpunkt
Construction bei geg. Doppelpunkten
Fall der Involution[1299]
Elementargebilde 2ter und 3ter Stufe
Reciprocität der Ebene
Polarsystem im Strahlenbündel
Confocale Kegelschnitte
Nullsystem
Collineation der Räume

Insgesamt ein interessanter Zugang zur projektiven Geometrie, der konsequent mit den Elementargebilden nach Steiner/von Staudt arbeitet und die Dualität stark betont, die homogenen Koordinaten aber bei Seite lässt. Viele recht unbekannte Sätze werden behandelt. Diese Ideen findet man so nicht in Fiedlers gedruckten Werken.

Instruktiv ist ein Vergleich mit der Vorlesung über Geometrie der Lage, die der junge Privatdozent David Hilbert fast zeitgleich 1892 in Königsberg hielt.[1300] Es

zeigt sich dort eine deutlich andere Zielsetzung als bei Fiedler, nämlich eine Strukturierung mit dem Versuch, zu klären, welche Sätze man mit welchen Voraussetzungen beweisen kann und welchen Sätzen eine zentrale Stellung zukommt. Man könnte pointiert formulieren: Während Hilbert die Fundamente bloßlegen wollte, also vertikal arbeitete, ging es Fiedler darum, in die Breite zu arbeiten und ein ganzes Netz organisch miteinander verbundener Sätze aufzustellen. Die fragliche Vorlesung über projektive Geometrie bildete Hilberts Einstieg in das Thema Grundlagen der Geometrie, dessen Abschluss im Wesentlichen die Festschrift von 1899 und die daran anschließenden geometrischen Arbeiten bis 1902 bildeten.

4.5 Eine Selbstdarstellung

Gelegenheit, sein Anliegen und sein Buch selbst vorzustellen, erhielt Fiedler bald nach Erscheinen von dessen zweiter Auflage. Gustav Zeuner, alter Freund und Förderer, seit 1871 wieder in der sächsischen Heimat, fasste zusammen mit Leo Königsberger, Professor der Mathematik am Polytechnikum in Dresden (1875 –

[1299] Hier behandelt Fiedler von Staudts Theorie des Imaginären.
[1300] Vgl. Hilbert 2004.

1877, zuvor in Heidelberg, danach in Wien und schließlich wieder in Heidelberg) den Plan, ein Referate-Organ herauszugeben. Im Unterschied zum „Jahrbuch über die Fortschritte der Mathematik", das 1868 erstmals erschienen war, sollten die Referate aber von den Verfassern der Werke selbst geschrieben werden – mit der Idee, dass diese ja ihr Werk am besten kennen. Verwiesen wurde auf die Selbstanzeigen, die Gauß für die Göttinger Nachrichten verfasst hatte und die nach Ansicht von Königsberger und Zeuner belegten, welch hohes wissenschaftliches Interesse solchen Selbstdarstellungen zukomme. Im Prospectus, der vorab zirkulierte – es wurden darin Selbstreferate zu Arbeiten, welche nach dem 1. Januar 1875 erschienen waren, erbeten - und der im ersten Band abgedruckt wurde[1301], ist davon die Rede, „ein periodisch erscheinendes Sammelwerk ins Leben zu rufen, in welchem die Autoren über die von ihnen selbst geschriebenen Bücher und Abhandlungen längere oder kürzere Referate geben." Dies sei sinnvoll, da die mathematischen Wissenschaften dato so ausgedehnt seien, dass „auch hervorragende Gelehrte selten im Stande sind, Werth, Zweck und Ziel von Arbeiten zu beurtheilen, welche verschiedenen Disciplinen ihrer Wissenschaft angehören, [...]."

G. Zeuner schilderte in einem Brief aus Dresden vom 8. März 1876[1302] seinem Freund W. Fiedler ausführlich dieses Projekt verbunden mit einer fürsorglichen Aufforderung:

> Mir liegt nun außerordentlich viel daran, gleich anfangs auch von <u>Dir</u> Referate zu erhalten und ich bitte Dich sehr herzlich, mir sobald wie möglich, mich mit Zusendungen zu erfreuen, damit, wenn irgend möglich, Dein Name gleich in den ersten Blättern mit erscheint.

Im nachfolgenden Brief[1303] bedankte sich dann Zeuner für Fiedlers Referate, er schildert auch einige Reaktionen von Kollegen, darunter einen Brief von Schwarz aus Göttingen: Er „strotzt vor Dünkel und Unverschämtheit".

Es gelang Königsberger und Zeuner, B. G. Teubner von dem Projekt zu überzeugen[1304] und so entstand das „Repertorium der literarischen Arbeiten aus dem Gebiete der reinen und angewandten Mathematik. Originaltexte der Verfasser, gesammelt und herausgegeben von Gustav Zeuner und Leo Königsberger." Dem Projekt war nur kurze Lebensdauer beschieden: 1877 erschien der erste Band 1, 1879 der zweite, mehr kam nicht zustande. Dabei wird

---

[1301] Zumindest im Band der Zentralbibliothek Zürich (Signatur: T AA 145) ist dies der Fall. Binden war ja damals in der Regel eine Angelegenheit des Käufers.

[1302] Hs 87: 1574. Mehr zum Briefwechsel Zeuners mit Fiedler in 9.2.4.

[1303] Dresden 18.09.1876 (Hs 87: 1575).

[1304] Das „Jahrbuch über die Fortschritte der Mathematik", gewissermaßen das Konkurrenzorgan, erschien bei Reimer in Berlin und wurde in seinen Anfängen von Carl Orthmann, Felix Müller und Albert Wangerin, später von Emil Lampe herausgegeben, war also zentriert auf Berlin.

wohl Königsbergers Weggang von Dresden nach Wien eine Rolle gespielt haben, im Brief an Fiedler[1305], in dem Zeuner diesen Weggang ankündigte, notierte er allerdings noch, dass sie das Projekt fortführen wollten. Skeptisch hatte sich Heinrich Weber zu dem Zeuner - Königsbergerschen Projekt geäußert, der „freundlich und dringend aufgefordert" worden war, „sich zu betheiligen." Er schrieb an Fiedler:

> [...] obwohl ich gegen das ganze Unternehmen große Bedenken habe. Diese Selbstanzeigen sind ganz gut, wenn sie dann und wann bei einer Arbeit, die sich besonders dazu eignet, gemacht werden, das würde aber nicht eine eigene Zeitschrift ausfüllen. [...] So glaube ich, dass vor allen Dingen das Unternehmen keinen großen Erfolg verspricht.[1306]

Fiedler nutzte die Gelegenheit und verfasste eine fast 20 Seiten umfassende Darstellung seines Lehrbuches der darstellenden Geometrie (in der zweiten Auflage, sie war ja nach dem Stichtag, den die Herausgeber festgelegt hatten, erschienen). Damit übertraf er alle anderen Selbstreferate des Bandes beträchtlich an Länge.

Auf den ersten Seiten seines Selbstreferates gibt Fiedler einen Überblick zu seinen Intentionen und zum Inhalt des Werkes, die nachfolgenden Seiten sind dann detaillierten Darstellungen einzelner Teile gewidmet. Nachdem er den Ursprung des Buches in seiner Lehrtätigkeit betont und wieder einmal der „Centralprojection als dem einfachsten Abstractum des Sehprocesses"[1307] Referenz erwiesen hatte, führte Fiedler aus:

> Dabei ergeben sich die Grundbegriffe und die fundamentalen Theorien der Geometrie der Lage als der naturgemäße Ausdruck der allgemeinen Gesetze der Centralprojection sofort im Abschnitt A., so dass die Theorie der Kegelschnitte in B. als ein umfassendes Beispiel ihrer Anwendung erscheint; sie führen auch von der centralen Collineation in der Ebene als dem Ausdruck der durch die Centralprojection vermittelten Beziehung ebener Figuren im Abschnitt C. zu der centrischen Collineation der Räume, aus welcher alle für Kunst und Technik verwandten Modellirungsmethoden entspringen. Die verschiedenen Formen der Anwendung der Parallelprojection ergeben sich dann in D. sehr kurz und vollständig und damit ist die Ausrüstung für die Lösung aller gewöhnlichen Aufgaben der darstellenden Geometrie im Gebiete der krummen Linien und Flächen in dem erweiterten Sinne gewonnen, wo sie auch die

---

[1305] Dresden, 8.1.1877 (Hs 87: 1577).
[1306] Brief Weber, Königsberg 24. März 1876 (Hs 87: 1473). Mehr zum Briefwechsel Webers mit Fiedler in 9.2.6.
[1307] Fiedler 1877a, 205.

selbständige Begründung und Entdeckung derjenigen Eigenschaften derselben einschliesst, deren Kenntniss zu jenen Zwecken nothwendig oder vorzugsweise nützlich ist, und die man gemeiniglich anderswoher entlehnt; um nur ihren constructiven Gebrauch zu zeigen.[1308]

In einer Art Fazit hebt Fiedler am Ende noch einmal die Vorteile seines Zugangs hervor:

> Ich denke, es ist schon aus diesem Ueberblick ersichtlich, dass die Entwickelung der Geometrie der Lage aus der engen Verbindung mit der darstellenden Geometrie wesentliche Vortheile empfängt, die ihrerseits die Elemente der Geometrie der Lage selbst bedarf, um nicht bei verschiedenen wichtigen Gelegenheiten Sätze ohne Beweis oder auf Grund von ihrer Methode gänzlich fremdartigen Beweisen benutzen zu müssen. Dass die Verbindung beider Disciplinen eine natürlich-organische und nicht etwa nur durch locale Verhältnisse oder in individueller Anschauung begründet ist, dafür bot allerdings schon die Geschichte ihrer Entwickelung die deutlichsten Belege dar; aus dieser habe auch ich sie zuerst gewonnen. Die Durchführung war aber nicht möglich ohne vielfache Aenderungen und Neuschöpfungen in allen Theilen beider Wissenschaften.[1309]

Natürlich gibt es in dieser Selbstdarstellung viele Überschneidungen vor allem mit den Vorworten der ersten beiden Auflagen der „Darstellenden Geometrie" Fiedlers. Dennoch enthält sie eine klare und konzise Darstellung von Fiedlers Intentionen, wenn auch nicht frei von Selbststilisierung.

Im ersten Band des „Repertoriums" stellte Fiedler noch seine in der Vierteljahrschrift erschienene Abhandlung „Notiz über algebraische Raumcurven ..." vor.[1310] Im zweiten Band finden sich Referate zu sämtlichen in den Jahren 1876 bis 1877 in der Vierteljahrsschrift erschienenen Artikeln Fiedlers, als da waren: „Ueber die Symmetrie ..."[1311], „Geometrie und Geomechanik"[1312], „Die birationalen Transformationen in der Geometrie der Lage"[1313] und „Zur Reform des Geometrieunterrichts"[1314].

[1308] Fiedler 1877a, 205 – 206.
[1309] Fiedler 1877a, 223.
[1310] Fiedler 1875a, das Referat findet sich auf den Seiten 224 bis 226 des ersten Bandes des Repertoriums.
[1311] Fiedler 1876.
[1312] Fiedler 1876a.
[1313] Fiedler 1876b.
[1314] Fiedler 1877.

Das „Repertorium" scheint wenig Beachtung gefunden zu haben, selbst in der zeitgenössischen Literatur wird es kaum erwähnt, der mathematikhistorischen Forschung ist es wohl bislang entgangen.

Fiedler ergriff noch einmal die Gelegenheit, das Anliegen und die Entwicklung seiner „Darstellenden Geometrie" zu schildern, nämlich in einem Postskript zu seinem Artikel „Metrisch specielle Kegel zweiten Grades in Centralprojection" (1891). Dort liest man[1315]:

> Es sei erlaubt, dem Vorigen einige Bemerkungen anzuschliessen, welche gleichfalls mit meinen früheren Veröffentlichungen, zum wesentlichen Theil in dieser Vierteljahrsschrift, in engstem Zusammenhange stehen. Als ich 1869 mein Buch über die darstellende Geometrie abfasste, kam es mir nur darauf an, die Grundgedanken meiner neuen Behandlungsmethode zu betonen. Also den natürlichen Ausgangspunkt in der Centralprojection; die Ableitung der projectivischen Geometrie aus derselben als Inbegriff der Hülfsmittel, die für alle weiteren Untersuchungen anzuwenden und hinreichend sind, die naturgemässe Anordnung der Lehre von den Curven und Flächen, wodurch die darstellende Geometrie zur natürlichen Einführung in die Geometrie der Lage wird, inbegriffen z. B. die geometrische Untersuchung der Raumcurven vierter Ordnung erster Art, die hier zum ersten mal wenigstens in den an das Quadrupel ihrer doppelt projicierenden Kegel sich anschliessenden Elementen gegeben ist; endlich in der Lehre von den projectivischen Coordinaten den Nachweis, wie ganz direct die algebraisch-analytische Bestimmungs- und Ausdrucksweise aus den Grundanschauungen der projectivischen Geometrie hervorgeht. Die Raschheit, mit der die 2. Aufl. folgen musste, nöthigte trotz zahlreicher Vervollständigungen im Einzelnen doch zur Beibehaltung des ursprünglichen Umfangs im Ganzen. Erst in der von 1882 ab veröffentlichten 3. Aufl. liess der Plan auf Verwandlung der drei Theile des Werkes in drei Bände mit der erweiterten Behandlung aller wichtigeren

---

[1315] Fiedler 1891, 76 – 77 und 81 – 82.

> einbezogenen Objecte und Probleme sich zur Ausführung
> bringen, sodass nun der erste Band die Methoden der
> darstellenden und die Elemente der projectivischen Geo-
> metrie enthält (1883), der zweite die darstellende Geome-
> trie der krummen Linien und Flächen (1885), und der
> dritte die construierende und analytische Geometrie der
> Lage (1888), wobei natürlich Themata wie die Lehre von
> den Flächen zweiter Ordnung, ihren Durchdringungscurven
> und gemeinsamen developpablen Flächen sich durch beide
> letzte Bände hindurchziehen müssen.

Weiterhin ergänzte Fiedler:

> Für vieles fand ich da erst Raum, so z. B. 1) für das Material, das ich seit
> der Entwickelung der projectivischen Coordinaten – erste Veröffentlichung
> in Bd. 15 dieser Vierteljahrsschrift – hauptsächlich für Uebungen der
> Studierenden anlässlich meiner Vorlesungen über diesen Gegenstand
> verwendetete. […]

> 2. Ebenso wie für die Darstellung der projectivischen
> Coordinaten hatte auch für die geometrische Behandlung
> und Theorie der Durchdringungscurven von Flächen zweiten
> Grades die Beschränkung auf einen Band in den beiden
> ersten Auflagen meines Werkes die äusserste Einschränk-
> ung nothwendig gemacht, ebensowohl in der mehr dar-
> stellend geometrischen Entwickelung in dem 2. Th. Curven
> und Oberflächen, wie noch mehr in dem 3. der Geometrie
> der Lage gewidmeten Theile. Ich habe aber von Anfang
> an den in allen früheren darstellend geometrischen Werken
> hergebrachten Mangel einer genaueren Behandlung dieser
> häufigst vorkommenden Durchdringungsformen für unstatt-
> haft gehalten und es als eine Hauptaufgabe meiner wissen-

schaftlichen Neugestaltung angesehen, dass gezeigt werde,
wie man mit den entwickelten Constructionsmitteln zur
Kenntniss der Hauptdaten ihrer geometrischen Theorie gelangen kann, besonders soweit sie mit den Constructions-
problemen zusammenhängen; die Gründe und Umstände,
welche es verständlich machen, dass Hachette's Programm
von 1808 darüber («Corresp. sur l'école polytechn.» Bd. 1,
p. 368 — vergl. G. II, Vorrede p. VI) nicht nur nicht
ausgeführt, sondern durch zwei Menschenalter scheinbar
gänzlich vergessen ward, schienen mir ganz und gar
nicht mehr zu bestehen. Ich gab von Anfang meiner
Hochschulthätigkeit (1864) an eine sorgfältige graphische
Behandlung der doppeltgekrümmten Curve dritter Ordnung und ihrer Tangentenfläche, da ja durch die Centralprojection das Auge nach jedem Punkte des Raumes, in
jeden Punkt der Tangentenfläche und der Curve selbst
verlegt werden konnte; ebenso für die Curve vierter Ordnung erster Art — und ich sah, als ich in ihrer Pro-

[…]

Wie so oft bemühte sich Fiedler auch hier, seine Verdienste hervorzuheben – wohl
aus dem Gefühl heraus, übersehen zu werden.

4.6 Rezeption und verwandte Versuche

Fiedlers Vorgehensweise fand, wie bereits erwähnt, in Gustav Adam Victor
Peschka (1830 – 1903), Professor für Mechanik, Maschinenzeichnen und
darstellende Geometrie in Brünn (heute: Brno in Tschechien), später dann in Wien
(ab 1891), einen Gleichgesinnten. Allerdings konnte dessen monumentales
vierbändiges Werk[1316] „Darstellende und projektive Geometrie nach dem
gegenwärtigen Stande dieser Wissenschaft mit besonderer Rücksicht auf die
Bedürfnisse höherer Lehranstalten und des Selbststudiums" (1883 – 1885) keine
Gnade vor Fiedlers Augen finden:

[1316] Alle vier Bände sind in recht pompöser Weise Kronprinz Rudolph, Sohn von Kaiser Franz Joseph,
gewidmet. Dies blieb in den entsprechenden Kreisen nicht unbemerkt, es gab einen gescheiterten
Versuch, Peschka wegen seiner großen Verdienste um die Wissenschaft in den Adel zu erheben. Vgl.
9.2.6 Brief von Pelz an Fiedler, Graz 30. Dezember 1884 (Hs 87: 807) sowie Briefe Weyr an Fiedler.
Zur wissenschaftlichen Qualität von Peschkas Werk vgl. auch Binder 2019, 200 und Stachel 2019,
186 – 187.

Ich hätte mich sehr gefreut, wenn ich über das Werk von Herrn G. A. V. Peschka [...], dessen Umfang nach Text und Tafeln den vereinigten des Wienerschen Werkes und meines Buches noch übersteigt, die gleiche Befriedigung finden könnte [wie über das zuvor gelobte Wiensersche Werk; K. V.]; aber gerade weil es methodisch sich näher an meine Arbeiten anschliesst, muss ich mir erlauben zu sagen, dass es in Text und in den Figuren weit unter den berechtigten Anforderungen und Erwartungen geblieben ist. [...] Das Werk vertritt die Höhe der wissenschaftlichen Einsicht nicht, welche in diesem Fache an den Hochschulen des Oesterreichischen Kaiserstaates zu finden; es genügt, dass ich mich dafür berufe auf die überall geschätzten Arbeiten der Herren Proff. Küpper in Prag und Pelz in Graz, dieser 1865 mein Zuhörer in Prag, füge ich gerne an.[1317]

Peschkas Ausführungen sind in der Tat ausgesprochen langatmig und umständlich, was er mit didaktischen Rücksichten zu rechtfertigen suchte. Dies kritisierte auch der Rezensent im Literarischen Centralblatt anlässlich der Besprechung des vierten (und letzten) Bandes von Peschkas Lehrwerk:

Was die Form der Darstellung anlangt, so ist das Streben nach leichter Fasslichkeit unverkennbar; nur ist der Verf. dabei leider oft in den entgegengesetzten Fehler allzugroßer Ausführlichkeit und Breite verfallen.[1318]

Fr. Kick urteilte hart über Peschka: „[...] der ein altes Weib ist und trotz quantitativ hoher Anforderungen, doch nicht den Ernst der Hochschule wahrt."[1319] Geradezu vernichtend fiel das Urteil von Karl Pelz aus. In einem Brief an Fiedler vom 30. Dezember 1883[1320] an Fiedler schreibt er, dass „Peschka in der unverschämtesten und polizeiwidrigsten Weise Ihr Buch geplündert, ja stellenweise ganze Seiten Wort für Wort abgeschrieben habe".

Auch den in eine ähnliche Richtung wie Fiedler gehenden Versuch „Die darstellende Geometrie im Sinne der neueren Geometrie für Schulen technischer Richtung" von Joseph Schlesinger (1831 – 1901)[1321] aus dem Jahre 1870 kritisierte Fiedler heftig:

[1317] Fiedler 1888, XIV. Wie bereits erwähnt war Küpper Fiedlers Nachfolger in Prag. Peschka andererseits hob mehrfach in den Vorworten seiner Bände Fiedlers „Darstellende Geometrie" lobend hervor; z. B. nennt er es ein „vorzügliches Werk" (Peschka 1883, VI).

[1318] Literarisches Centralblatt 1885, Sp. 1703, Rezensent war G. – I.

[1319] Brief an Fiedler aus Prag, 29. Dezember 1897, Hs 87: 541. Mehr zum Briefwechsel von Kick und Fiedler in 9.2.1.

[1320] Hs 87: 806. Mehr zum Briefwechsel von Pelz und Fiedler in 9.2.6.

[1321] Neben Schlesinger ist auch noch Staudigl zu nennen, der in seinem Werk Staudigl 1871 ähnliche Ideen wie Fiedler vertrat. Er und Schlesinger hatten sich übrigens auf die Züricher Stelle beworben,

Ich will dazu bei diesem Anlass nur das Eine bemerken, dass ich die dogmatische nicht aus der Anschauung der Projektion im Raum begründete Einführung des Begriffs der „Projection in der Ebene" vom Standpunkt der darstellenden Geometrie aus für einen Rückschritt und gerade auch für elementare Zwecke für ganz unpädagogisch halte; denn gerade diess hat leider schon Nachahmung gefunden.[1322]

Festzuhalten ist aber, dass Schlesingers Buch ein Schulbuch war und auf einem recht elementaren Niveau verblieb. Einem Vergleich mit Fiedlers Lehrbuch kann es gewiss nicht statthalten. Auch über Schlesinger fällte Fr. Kick ein hartes Urteil:

> Mit der Wiener Schule bin ich in geometrischer Beziehung gar nicht einverstanden. Was Sie, verehrter Freund, nach Hörensagen in Zürich zuweilen zu weit gegangen sein mögen, das bleibt man in Wien doppelt hinter dem Erreichbaren zurück und Schlesinger sowie Staudigl, ersterer vorzüglich, sind wohl nicht unter die Gelehrten zu zählen. Es ist bedauerlich, dass man den ausserordentlich geistbildenden Werth der Geometrie nicht genugsam schätzt und für die Herren Geometer in Wien wäre ein Vortrag über den Einfluss der Geometrie auf die Bildung des Vorstellungsvermögens, wie mir scheint, von Nöthen. Geometrische Routine mag für den geistfaulen Troß genug sein, aber geometrische Durchbildung soll dem echten Techniker eigen sein.[1323]

Weitere Schulbuchautoren, die Fiedlers Ansatz zumindest teilweise teilten, waren Karl Klekler[1324] und Hubert Müller[1325]. Zu ersterem schreibt das Centralblatt:

> Der Verfasser dieses Werkes betrachtet es als eine „allgemein anerkannte Thatsache", daß eine Reform des geometrischen Unterrichts an höheren Schulen unbedingt nothwendig geworden ist, und daß namenthlich dem Unterrichte auf dieser Stufe nicht länger die wichtigsten Begriffe und Lehrsätze der Geometrie der Lage vorenthalten werden können. Da nun auf der Stuttgarter Versammlung von Philologen und Schulmännern darauf hingewiesen worden ist, „daß sich vorzugsweise bei dem Unterrichte in der darstellenden Geometrie die Einführung in die Grundbegriffe der neueren Geometrie am leichtesten bewerkstelligen ließe", so hat er in dem vorliegenden Buche den Versuch gemacht, „den

---

die Fiedler bekam. Schlesinger spielte eine Rolle als Vorkämpfer für die graphische Statik in Österreich-Ungarn, vgl. Maurer 1998, 175 – 178.

[1322] Fiedler 1871, VII.

[1323] Brief Kick an Fiedler, Prag Christtag 1880 (Hs 87: 498). Transkription von Mara Dieterle, verfügbar bei *e-manuscripta*. Interessant ist Kicks Bemerkung, Fiedler sei möglicherweise zu weit gegangen mit seinen Anforderungen. Zum Briefwechsel mit Kick vgl. 9.2.1.

[1324] Vgl. Klekler 1877.

[1325] Vgl. Müller 1877.

> Unterricht in der darstellenden Geometrie an der Mittelschule auf einer wissenschaftlichen Basis aufzubauen und den mathematisch—geometrischen Theil dieser Disciplin gegen den bisher mehr bevorzugten technisch-constructiven Theil in den Vordergrund zu stellen.[1326]

Es ist nicht ganz klar, auf welche Quelle hier verwiesen wird. Die Stuttgarter Versammlung der Deutscher Schulmänner, Philologen und Orientalisten fand 1856 statt und dort war von der neueren Geometrie nicht die Rede. Dagegen wurde bei der Versammlung Wiesbaden 1876, bei der im Titel nur noch Schulmänner und Philologen, keine Orientalisten mehr, vertreten waren, im Vortrag von S. Günther „Ueber die pädagogisch verwerthbaren mathematischen Errungenschaften der Neuzeit" auch die Einführung der projektiven Geometrie diskutiert, aber das fragliche Zitat findet sich auch dort nicht wörtlich. Günthers Vortrag war – für diesen Autor nicht untypisch - eine Art Rundumschlag, besonderes Interesse hegte er für das Parallelenproblem.[1327] Bzgl der projektiven Geometrie stellte Günther fest: „Es kann im Besonderen uns Gymnasiallehrern, [...], meiner Meinung nach zunächst nur darauf ankommen, dem projectivischen Grundgedanken gleich vom ersten Anfang an zum Durchbruch zu verhelfen."[1328] Mit Gymnasiallehrer meinte Günther die Lehrer am humanistischen Gymnasium, er selbst unterrichtete von 1876 bis 1886 am humanistischen Gymnasium in Ansbach. Günther erwähnte übrigens auch Fiedlers Aufsatz „Zur Reform des geometrischen Unterrichts" (1877), lobte dessen nicht-polemische Darstellung (im Unterschied zu G. Haucks Beitrag bei der Versammlung im vorangegangenen Jahr) kritisierte aber Fiedlers schroffe Verurteilung von Kruse.

Ausführlich diskutiert wurde die Frage der neueren Geometrie schon bei der Versammlung 1876 in Tübingen, einer süddeutschen Universitätsstadt, im Vortrag von Guido Hauck[1329] mit dem Titel „Die Stellung der neueren Geometrie zur euklidischen Geometrie und über die Aufnahme der ersteren in den Lehrplan der zehnclassigen *Realschulen und Realgymnasien*" (Hauck 1877). Hauck lobte dabei die Bücher von Kruse[1330] und Fiedler[1331]; er sprach sich für eine eingehende

---

[1326] Literarisches Centralblatt 1878, Sp. 144. Referent war G. – I.

[1327] Vgl. sein Schulprogramm „Der Thibaut'sche Beweise für das elfte Axiom historisch und critisch erörtert" (Ansbach. Brügel, 1877). Genaueres hierzu bei Volkert 2013, 152 – 155.

[1328] Günther 1878, 176.

[1329] Sowohl S. Günther (vgl. 9.2.1) als auch G. Hauck (vgl. 9.2.5) waren Briefpartner von Fiedler. Hauck war ein Vorkämpfer der Geometrie, Günthers Haltung ist schwer zu fassen.

[1330] „Es ist der interessanteste und geistreichste Versuch" (Hauck 1877, 192). Im Briefwechsel mit Fiedler sah sich Hauck genötigt, sein positives Urteil über Kruse zu rechtfertigen; vgl. 9.2.5.

[1331] Hauck nannte Fiedlers darstellende Geometrie ein klassisches Lehrbuch und fährt fort: „Letzteres kann dem Lehrer nicht warm genug empfohlen werden, es wird ihm auf diesem weiten Gebiet eine ganze Bibliothek ersetzen." (Hauck 1877, 195). Zudem machte Hauck darauf aufmerksam, dass Fiedler in seinem Buch einen elementaren Kurs in darstellender Geometrie voraussetzt.

Die Zeitschrift für den mathematischen und naturwissenschaftlichen Unterricht (Band 7 (1876), pp. 510 – 520) widmete der Versammlung in Tübingen eine ausführliche Schilderung aus der Feder von

Behandlung der neueren Geometrie aus und vertrat wie Fiedler die Ansicht, dass projektive und darstellende Geometrie aufs Engste zusammengehören:

> So sehen wir wie jede dieser zwei Disciplinen einerseits aus der andern Gewinn zieht, andererseits ihr helfend unter die Arme greift. Ja, ich möchte sagen: Mir ist die descriptive Geometrie ohne neuere Geometrie oder neuere Geometrie ohne descriptive Geometrie gar nicht denkbar.[1332]

Hubert Müller, Lehrer am Gymnasium im unlängst deutsch gewordenen Metz, war eine wichtige Stimme in den Debatten um eine Erneuerung des Geometrieunterrichts, die im letzten Viertel des 19. Jhs. breit geführt wurden.[1333] Zu seinem Lehrbuch der Stereometrie äußerte sich G. – I., der den Reformbestrebungen offensichtlich positiv gegenüberstand, im Centralblatt folgendermaßen:

> Der Müller'sche Leitfaden der Stereometrie unterscheidet sich von der großen Mehrzahl ähnlicher Schriften sehr vortheilhaft dadurch, daß es der darstellenden Geometrie die gebührende Berücksichtigung angedeihen läßt.[1334]

Dies geschieht bei Müller ausdrücklich mit dem Ziel, die Anschauung zu fördern. Ansonsten trat Müller wie Kekler für den Einbezug der neueren Geometrie in den gymnasialen Geometrieunterricht ein. Fiedlers Ideen fügten sich somit durchaus in den zeitgenössischen Diskurs um die Erneuerung des Geometrieunterrichts ein, allerdings vertrat er eine ziemlich rigorose Postion. Müller und andere traten für eine Mischform von traditioneller und neuer Geometrie ein, die Fiedler vehement ablehnte.[1335]

Sowohl das Jahrbuch über die Fortschritte der Mathematik als auch die Literaturzeitung, die der Zeitschrift für Mathematik und Physik beigegeben wurde, besprachen die verschiedenen Auflagen von Fiedlers Lehrbuch. Diese Besprechungen waren hauptsächlich Angaben zum Inhalt von Fiedlers Buch, Bewertungen finden sich selten. Eine Ausnahme bildet allerdings die Besprechung des ersten Bandes der dritten Auflage durch Emil Lampe. Nachdem dieser die Neuerungen der dritten Auflage geschildet hatte, schloss er[1336]:

> Es wäre müßig, mit dem Verfasser darüber zu rechten, ob die Verbindung der darstellenden, synthetischen und analytischen

---

G. Hauck. Letzterer äußerte sich übrigens in einem weiteren Beitrag auch noch zum Unterricht in mathematischer Geographie.

[1332] Hauck 1877, 195.

[1333] Vgl. hierzu Kitz 2015.

[1334] Literarisches Centralblatt 1878, 285. Müllers Werk wird auch von S. Günther in seinem bereits zitierten Vortrag positiv hervorgehoben.

[1335] Mehr dazu findet sich in Kapitel 7 unten.

[1336] Jahrbuch über die Fortschritte der Mathematik 20 (1883), 566.

> Geometrie eine wirklich organische ist, oder ob sie bloss pädagogisch nützlich und gerade deshalb von gutem Erfolge begleitet ist, weil in seiner hervorragenden Lehrpersönlichkeit sich alle Seiten des Gegenstandes vereinigt finden. Jedenfalls ist die Wissenschaft der Geometrie je eine, und die Möglichkeit der Vereinigung scheinbar disparater Teile zu einem einheitlichen Ganzen durch das vorliegende Werk erwiesen, das auch in der nun vollendeten dritten Auflage willkommen geheissen sei.

Das klingt wie „ein guter Lehrer kann alles unterrichten". Auch in der Deutschen Literaturzeitung besprach Lampe die Neuauflage von Fiedlers Werk. Wieder gibt es eine Mischung von Lob und subtiler Kritik:

> Der Umstand, dass ein mathematisches Werk vom Umfange und der Gründlichkeit des vorliegenden zwölf Jahre nach seinem ersten Erscheinen in dritter Auflage ausgegeben wird, beweist, dass es einen großen Kreis von Lesern gefunden hat und dass es also einem Bedürfnisse entgegengekommen ist. Obgleich es sich nemlich von den zunächst liegenden praktischen Zwecken mit Bewusstsein entfernt, hat die Vertiefung in die Theorien der Geometrie der Lage und die „organische Verbindung" der darstellenden Geometrie mit derselben offenbar dem Werke viele Freunde verschafft.[1337]

Es zeigt sich hier eine Tendenz, die später in der Kritik an Fiedlers Ansatz stärker werden sollte und die diesen ganz entgegen den Ansichten ihres Proponenten als gekünstelt und unzweckmäßig, bestenfalls als didaktisch motiviert bezeichnete. Zudem sei er praxisfern, könnte man noch hinzufügen.

H. C. H. Schubert nannte die Besprechung Lampes in einem Brief an Fiedler gar „nichtssagend und unwürdig".[1338] Schubert, der früher Arbeiten von Fiedler selbst für das Jahrbuch besprochen hatte, entschuldigte sich in diesem Brief dafür, dass er diese Aufgabe abgegeben hatte in Ermangelung inhaltlicher Kompetenz und Überlastung. In einem Briefentwurf[1339] Hottingen 24.1.1891 kritisierte Fiedler Lampes Besprechung, in der er mehrere Dinge richtigstellen wollte (u.a. in einer Prioritätsfrage); der Adressat des Briefes wird leider nicht genannt, es liegt nahe, Herausgeber Lampe selbst als Empfänger zu vermuten.

[1337] Deutsche Literaturzeitung 1884 No. 13 (29. März), Sp. 480 – 481. Es geht auch hier um den ersten Band der dritten Auflage von Fiedlers darstellender Geometrie.

[1338] Brief Schubert an Fiedler vom 6. August 1886, Hs 87: 1163. Schubert merkte noch an, dass Lampe auch sein Arithmetikbuch „wohlwollend aber oberflächlich" besprochen habe. Zum Briefwechsel Fiedlers mit Schubert vgl. 9.2.5.

[1339] Hs 87: 841b.

Kritisch sah auch Carl Friederich Rodenberg das Werk Fiedlers. Anlässlich einer Besprechung von Peschkas Werk, von dem schon die Rede war, notierte er[1340]:

> Gewiss ist es nicht Jedermanns Sache, Lehren in so knapper Form wie Fiedler's Buch sie enthält, ohne gewisse Anstrengung aufzunehmen, [...]

Der Mangel an didaktischer Aufarbeitung in Fiedlers Buch ist also schon zu seiner Zeit empfunden worden. Anlässlich seiner Besprechung des dritten Bands der dritten Auflage von Fiedlers darstellender Geometrie stellte Rodenberg dann fest[1341]:

> Der Gesammtinhalt des Werkes ist ein ungeheurer. Konnten schon in früheren Auflagen manche, selbst wichtige Dinge nur in Form von Beispielen dem Texte angereiht werden, so ist jetzt noch umfassender in dieser Richtung verfahren worden und an die Zähigkeit des Lesers werden bisweilen dadurch hohe Anforderungen gestellt, dass im Text auf solche Beispiele zurückverwiesen wird, die ihrerseits nur skizzenhaft behandelt sind. Doch sehen wir lieber darüber hinweg und freuen uns, in der deutschen Literatur durch das vorliegende ein Werk zu besitzen, welches bei geometrischen Untersuchungen unter allen Umständen mit Erfolg zu Rathe gezogen werden kann.
>
> Hannover.   C. Rodenberg.

Rodenbergs Fazit lässt sich wohl so formulieren: Aus dem Lehrbuch ist ein Nachschlagewerk geworden, das zum Lernen aufgrund von Materialfülle und knapper Präsentation schwerlich geeignet ist.

Ebenfalls kritisch aber mit ganz anderer Stoßrichtung sah Fr. Tilscher, langjähriger Briefpartner Fiedlers und dessen Kollege in Prag, Fiedlers Ansatz. Er sah in ihm eine Art Verirrung[1342]:

> [...]; - gelangt Fiedler bei ganz eigenthümlicher Auffassung der Zwecke der darstellenden Geometrie und bei offenbarer Verwechslung der Hauptzwecke mit den wichtigeren Nebenzwecken in seiner Vorrrede zur zweiten Auflage seines Werkes zu einem, den Intentionen Monge's kaum entsprechenden Schlusse, nämlich: „die dartellende Geometrie hat ja die Aufgabe, sich selbst überflüssig zu machen vor anderen Disciplinen".

[1340] Rodenberg 1883, 114.
[1341] Rodenberg 1891, 181.
[1342] Tilšer 1882, 98.

Wie bereits erwähnt veröffentlichte Fiedler 1904 noch eine vierte Auflage des ersten Bandes seiner „Darstellenden Geometrie".[1343] Rückblickend schreibt er darin:

> Indem mir unerwarteterweise vergönnt ist, dem wissenschaftlichen Publikum diesen ersten Teil meines Werkes über die darstellende Geometrie in organischer Verbindung mit der Geometrie der Lage nochmals neu vorzulegen, kann ich auf wiederholte sorgfältige Durcharbeitung und vielfache Ergänzungen zurückblicken, die ich ihm zu weiterer Ausgestaltung des alten Planes von 1863 gewidmet habe.

> Sein Ziel ist die Entwicklung des geistigen Vermögens der Raumanschauung an der Hand der zeichnerischen und modellierenden Darstellung und in wissenschaftlicher Durchbildung zum sicheren räumlichen Denken. Die Methoden der Projektion und des Modellierens, die aus der mathematischen Auffassung der Vorgänge beim Sehen des Menschen mit einem Auge im Laufe der Untersuchung entspringen, führen in ihrer Anwendung auf die Raumelemente zu den Gesetzen und fundamentalen Konstruktionen der projektiven Geometrie, die Behandlung des Kreises gibt dazu in der projektivischen Theorie der Kegelschnitte das reichste Anwendungsgebiet; als ihre wichtigste Frucht erkennen wir die Involutionskonstruktionen. Diese bilden zugleich die strenge Schule der Genauigkeit, die den Konstruktionen erst ihren großen technisch praktischen Wert für den gelehrten Techniker gibt; im Anschluß an sie ist in der Schlußübersicht eine Darstellung der Konstruktionselemente der imaginären Raumelemente beigefügt worden, welche von der Zahl und Wichtigkeit der Fälle ihres Auftretens in jenen Konstruktionen gefordert wird.[1344]

Fiedler ist also seinem Plan treu geblieben, Einflüsse neuerer Entwicklungen wie etwa der Axiomatik, die 1904 in Gestalt der von Hilbert initiierten „Mathematik der Axiome" (Hurwitz) längst ein großes Thema der geometrischen Forschung geworden war, sind nicht zu verzeichnen. Allerdings konzedierte Fiedler, dass es auch andere Wege als den seinen geben könnte:

[1343] Die vierte Auflage wurde in 1000 Exemplaren gedruckt; Fiedler erhielt ein Honorar von 1450.30 Mark, also rund 1800 sfr oder etwas weniger als ein Fünftel seines Jahresgehaltes; vgl. Brief von Teubner an Fiedler, Leipzig, 17. Februar 1904 (Hs 87: 1304). Das Manuskript war Anfang Januar 1904 in Leipzig eingetroffen; vgl. Teubner an Fiedler, Leipzig, 7. Januar 1904 (Hs 87: 1303). Im März berichtete Teubner dann, an welche Zeitschriften und Kollegen er Rezensionsexemplare verteilt hatte; vgl. Teubner an Fiedler, Leipzig, 7.März 1904 (Hs 87: 1306). Teubner war recht freigiebig: Er nennt 16 Zeitschriften und acht Personen, darunter Dyck, Klein und Sommerfeld.
Leider wird in der erhaltenen Korrespondenz nicht klar, von wem die Initiative für die vierte Auflage ausging.
[1344] Fiedler 1904, V.

Das war mein Gedankengang und ich sehe keinen Grund ihn zu verlassen, habe aber andererseits gar nicht die Absicht, ihn als allein richtig hinzustellen. Übereinstimmung wäre freilich sehr wünschenswert.[1345]

Die Bände zwei und drei hat Fiedler nicht mehr für eine vierte Auflage aufbereitet. Dabei können einerseits gesundheitliche Probleme und das Alter des Autors, er hatte ja die 70 schon überschritten, eine Rolle gespielt haben, andererseits aber auch die Tatsache, dass deren Inhalte (grob gesagt Kurven- und Flächentheorie sowie projektive Geometrie) anders als noch in den 1880iger Jahren nun in Lehrbüchern der Differential- und projektiven Geometrie behandelt wurden und somit kein Bedarf mehr an Fiedlers Darstellung bestand. Fiedlers Lehrbuch wurde am Ende auf die darstellende Geometrie reduziert – was er ja nie wollte.

4.7 Fiedlers Vorlesungen

Erste Hinweise auf die Umsetzung von Fiedlers Ideen zur Umgestaltung der Lehre der darstellenden Geometrie gehen auf seine Prager Zeit zurück. In seinem Nachlass finden sich wie bereits erwähnt Notizen zu einer Vorlesung „Neuere Geometrie als Fortsetzung der beschreibenden", die er im Wintersemester 1865/66 am Polytechnikum in Prag gehalten hat.[1346]

Fiedler hat dann die darstellende Geometrie am Polytechnikum in Zürich von Wintersemester 1867 bis zum Sommersemester 1907 unterrichtet – mit wenigen krankheitsbedingten Ausnahmen. Die darstellende Geometrie wurde sowohl im Winter- als auch im Sommersemester angeboten[1347], so dass Fiedler diese Vorlesung fast achtzig Mal alleine in Zürich gehalten hat. Natürlich gab es im Laufe dieser vier Jahrzehnte Veränderungen – nicht zuletzt aufgrund der Proteste der Studierenden und den inhaltlichen Vorgaben seitens des Schulrats. Die Vorlesung darstellende Geometrie wandte sich an eine breite Hörerschaft unter Einschluss der meisten Ingenieurstudenten. Sie ist nicht zu verwechseln mit Fiedlers Spezialvorlesungen insbesondere über projektive Geometrie, die er in der Fachlehrerabteilung anbot.

Die Ausbildung der Fachlehrer am Züricher Polytechnikum bewegte sich auf einem hohen Niveau, das sich – auch hinsichtlich der Organisation des Studiums – mit den Universitäten durchaus messen konnte – und hinsichtlich der Betreuung diesem durchaus überlegen war. Im Laufe seiner langen Lehrtätigkeit konnte Fiedler so unter anderem durch ehemalige Schüler ein Netzwerk von Kontakten

---

[1345] Fiedler 1904, 417
[1346] Hs 87a: 24. Das Blatt ist unpaginiert, liegt zwischen Nummer 448 und 449. Zum Inhalt vgl. 2.3.
[1347] Die Vorlesung im Sommersemester war die Fortsetzung derjenigen des Wintersemesters.

zu den Kantons- und anderen Schulen[1348] aufbauen, nicht zuletzt, weil viele seiner ehemaligen Schüler jetzt hier unterrichteten.

Einige Vorlesungsausarbeitungen, die im Hochschularchiv der ETH erhalten sind, geben Hinweise darauf, was Fiedler in seiner Vorlesung über darstellende Geometrie tatsächlich behandelt hat. So entnimmt man der Mitschrift von Paul Henri Hoffet (Wintersemester 86/87)[1349] folgende Gliederung:

I. Central-Projection p. 1.
    Darunter Abschnitte wie „Die Kegelschnitte als Kreisprojectionen" p. 72 und „Die Involution und ihre Doppelelemente" p. 94.
II. Ergänzung der Orthogonalprojection p. 127.
    Darunter Abschnitte wie „Axonometrie" p. 146, „Die entwickelbaren Flächen" p. 154 und „Hauptformen Durchdringung" p. 202.

Insgesamt umfasst die handgeschriebene Ausarbeitung Hoffets 218 Seiten. Es ergibt sich auch hier wieder der Eindruck, dass Fiedler in seinen Vorlesungen doch stärker auf die Bedürfnisse der Praxis Rücksicht nahm als in seinem Lehrbuch der darstellenden Geometrie. In seiner Veranstaltung behandelte er Beispiele und Aufgaben ausführlicher, allerdings gibt es auch in den Vorlesungen keine Aufgaben oder Beispiele, die direkt praktisch gewesen wären (etwa ein Werkstück in Zwei-Tafel-Projektion zu zeichnen oder eine Durchdringungslinie zweier Röhren zu konstruieren). Für die Praxis relevante Stücke für die Modellsammlung hat erst M. Grossmann angeschafft.[1350]

Fiedler hat schon früh Autographen in seinen Vorlesungen eingesetzt, etwa eine Seite mit einer Übersicht zu wichtigen Formeln.[1351] Ein Autograph „Darstellende Geometrie" (datiert Zürich, 1894)[1352] ist erhalten (vgl. Abbildung 4.36)[1353]; dieser umfasst 128 Seiten nebst 6 Figurentafeln mit 70 Zeichnungen. In der Randspalte gibt es zahlreiche Verweise auf den ersten und den zweiten Band der dritten

---

[1348] Das (deutsch-)schweizerische Gegenstück zum Gymnasium. In der zweiten Hälfte des 19. Jh. wurden die Kantonsschulen oft um einen gewerblich-technischen Zweig erweitert, im Kanton Zürich Industrieschule, später Oberrealschule genannt. Vgl. Bandle/Quadri 1992 zur Geschichte der Kantonsschule in Zürich.

[1349] Bibliothek ETH-Hochschularchiv 910200: 7 (Hs). Hoffet, Paul Henri (1865-1945), Privatdozent für Maschinenbau am Polytechnikum (1890), leitender Ingenieur u.a. der Allgemeinen Maggi-Gesellschaft, Kempthal.

[1350] Vgl. Hs 1196: 50 und 8.4.

[1351] Das belegt Fiedlers Ausgabenbuch (Hs 1196: 50), Beispiele finden sich verstreut in Hs 87a.

[1352] Hergestellt von der lithographischen Anstalt E. Zimmer in Zürich. Die Lithographie, der Steindruck, erlaubte es, mit relativ geringem Aufwand Skripten herzustellen. Der vom Autor verfasste Text wurde von einem professionellen Schreiber auf die Druckvorlage händig übertragen, auch Zeichnungen waren möglich. In der Mathematikgeschichte bekannt sind vor allem die lithographierten Vorlesungen Kleins, er war aber weder der Einzige noch der erste Mathematiker, die sich diese Technik zunutze machte. Klein hat für seine Autographen in zwei Artikeln in den von ihm herausgegebenen „Mathematischen Annalen" Werbung gemacht: vgl. Klein 1894 und Klein 1895.

[1353] Hs 87a: 8. Der Verfasser dankt U. Stammbach (Zürich) für die Überlassung eines Exemplars dieses Autographen.

Auflage von Fiedlers Lehrbuch. Eine vorbildliche Mitschrift der Vorlesung darstellende Geometrie von Fiedler im WS 1896/97 von M. Grossmann[1354] zeigt, dass sich Fiedler recht eng an den Text des Autographen hielt.

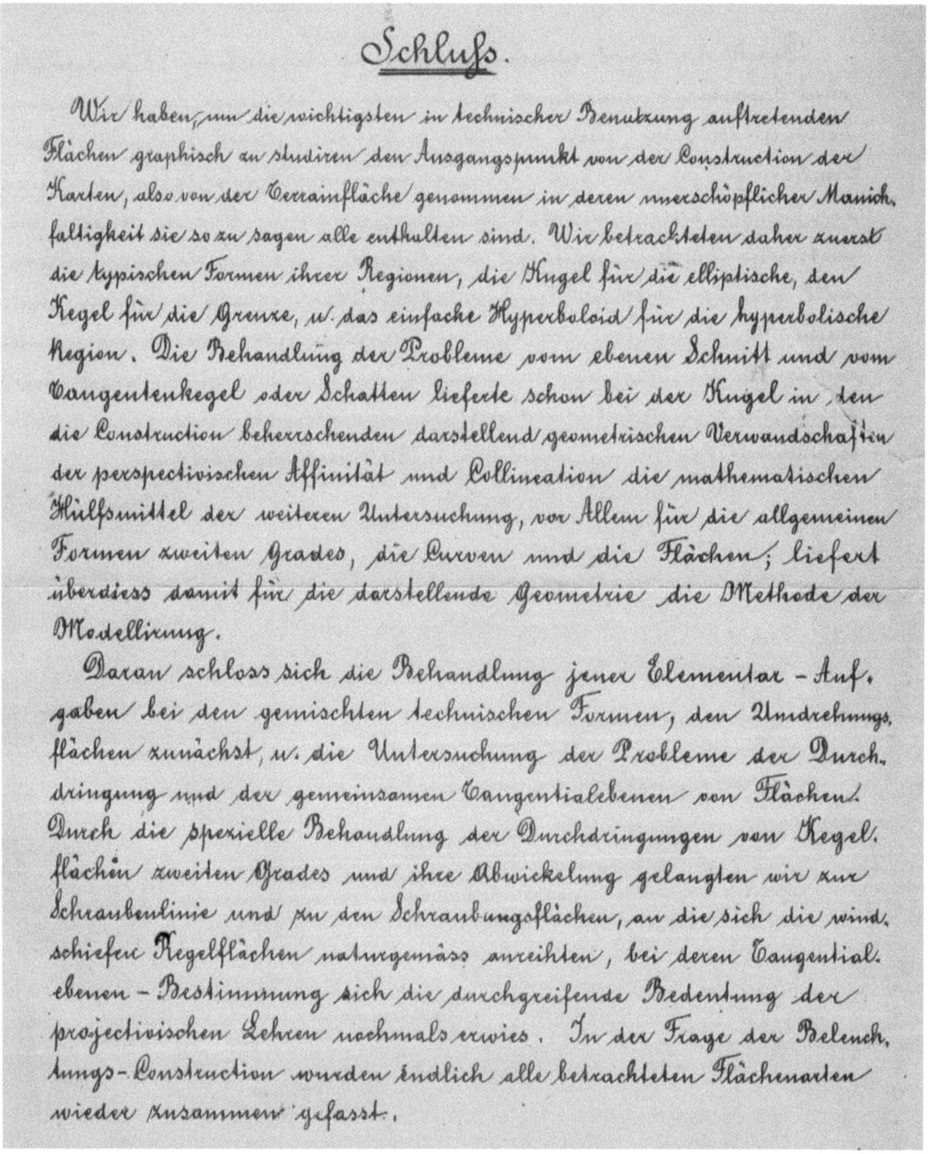

Schluß.

Wir haben, um die wichtigsten in technischer Benutzung auftretenden Flächen graphisch zu studiren den Ausgangspunkt von der Construction der Karten, also von der Terrainfläche genommen in deren unerschöpflicher Manichfaltigkeit sie so zu sagen alle enthalten sind. Wir betrachteten daher zuerst die typischen Formen ihrer Regionen, die Kugel für die elliptische, den Kegel für die Grenze, u. das einfache Hyperboloid für die hyperbolische Region. Die Behandlung der Probleme vom ebenen Schnitt und vom Tangentenkegel oder Schatten lieferte schon bei der Kugel in den die Construction beherrschenden darstellend geometrischen Verwandschaften der perspectivischen Affinität und Collineation die mathematischen Hülfsmittel der weiteren Untersuchung, vor Allem für die allgemeinen Formen zweiten Grades, die Curven und die Flächen; liefert überdiess damit für die darstellende Geometrie die Methode der Modellirung.

Daran schloss sich die Behandlung jener Elementar-Aufgaben bei den gemischten technischen Formen, den Umdrehungsflächen zunächst, u. die Untersuchung der Probleme der Durchdringung und der gemeinsamen Tangentialebenen von Flächen. Durch die spezielle Behandlung der Durchdringungen von Kegelflächen zweiten Grades und ihre Abwickelung gelangten wir zur Schraubenlinie und zu den Schraubungsflächen, an die sich die windschiefen Regelflächen naturgemäss anreihten, bei deren Tangentialebenen-Bestimmung sich die durchgreifende Bedeutung der projectivischen Lehren nochmals erwies. In der Frage der Beleuchtungs-Construction wurden endlich alle betrachteten Flächenarten wieder zusammen gefasst.

Abb. 4.36: *Anfang der Schlussbemerkung aus Fiedlers Autograph von 1894.*

[1354] Hs 421: 10.1 und Hs 421: 10.2. Die Ausarbeitungen sind in Stenographie geschrieben.

Diese autographierte Ausarbeitung unterscheidet sich inhaltlich deutlich von der oben erwähnten Mitschrift Hoffets. Es gibt keine konsequente Binnengliederung durch Überschriften o. dgl., der Text schreitet einfach in Form einer Erzählung voran. Auffallend ist, dass es eine lange Einleitung gibt, in der die Betrachtung von Projektionen motiviert wird. Hierzu dient die stereographische Projektion, die in Zusammenhang gebracht wird mit der Frage, wie Landkarten erstellt werden können. Auch Schatten und Lichtkegel werden erwähnt. Das sind durchaus motivierende Beispiele, die auf die Materie neugierig machen könnten. Danach kommen Themen wie affine Verwandtschaften (Fiedler nennt sie nun Umformungen), zentrale Kollineationen, Doppelverhältnisse, projektive Büschel und Reihen, Rotationshyperboloide, Reliefperspektive, Involutionen, Axonometrie, Schnitte krummer Flächen, Schrauben- und Regelflächen. Der Inhalt entspricht in etwa Auszügen aus den Seiten 1 bis 193 des ersten Bandes und 1 bis 512 des zweiten Bandes der dritten Auflage von Fiedlers Lehrbuch (1883 bzw. 1885). Themen aus dem dritten Band, aus der projektiven Geometrie also, fehlen.

Hervorgehoben sind im Text einige Beispiele:

„Bsp. I. Darstellung kleiner Theile der Erdoberfläche durch äquidistante Horizontalschnitte (Specialkarten, Terrainflächen)"[1355]

„Bsp. II. Die Kugel nach Querschnitten & Tangentenkegeln."[1356]

„Bsp. VI. Die Involution u. die Lehre von Pol u. Polare a) bei den Kegelschnitten b) nach Anwendung auf die Darstellung der Flächen zweiten Grades c) nach der Methode der Axonometrie."[1357]

„Bsp. VIII. Gemeinsame Punkte u. Tangentialebenen von zwei (u. drei) krummen Flächen, das wird [lies: was wir; K. V.] zuerst an dem Falle der Rotationsflächen mit sich schneidenden Axen näher erläutern wollen."[1358]

„Bsp. IX. Die Durchdringung der Kegel u. Cylinder zweiten Grades."[1359]

„Bsp. X. Von der Abwickelung u. Schattenbildung der Cylinder u. Rotationskegel u. der Schraubenlinie."[1360]

„Bsp. XI. Windschiefe Regelflächen."[1361]

[1355] Fiedler 1894, 4.

[1356] Fiedler 1894, 9.

[1357] Fiedler 1894, 60. Es gibt Sprünge in der Numerierung der Beispiele, da nur manche Beispiele typographisch hervorgehoben werden.

[1358] Fiedler 1894, 92.

[1359] Fiedler 1894, 98.

[1360] Fiedler 1894, 109.

[1361] Fiedler 1894, 116.

> „Bsp. XII. Beleuchtungsconstructionen für paralleles Licht als Mittel zur Veranschaulichung der Formen."[1362]

Insgesamt eine interessante Auswahl – gewissermaßen eine Kurzfassung vieler Themen aus seinem Lehrbuch.

In Fiedlers Nachlass finden sich vereinzelt auch Beispiele von Arbeiten, die vermutlich im Zusammenhang mit seinen Vorlesungen standen oder Manuskripte für Seminarbeiträge waren. Eine davon stammt von Adolf Kiefer.[1363] Die Ausarbeitung umfasst vier handgeschriebene Seiten eines Schulheftes mit drei Zeichnungen und ist datiert auf den 2. Mai 1878:

> Durch die Steinersche Projectionsart[1364] werden 2 Ebenen mittelst zweier windschiefer Geraden punktweise aufeinander bezogen. Von besonderer Wichtigkeit ist das Fundamentaldreieck ABC der einen und dasjenige A'B'C' der anderen Ebene. Den Seiten des anderen, einer geraden Punktreihe der einen Ebene, entspricht in der anderen ein Kegelschnitt, der die Ecken ihres Fundamentaldreiecks enthält. Man kann nun fragen: <u>Gibt es in der Ebene Geraden, denen Kreise od. gleichseitige Hyperbeln entsprechen?</u> Da nur den Kegelschnitten durch die Fundamentalpunkte gerade Linien entsprechen u. durch 3 Punkte bloß ein Kreis möglich ist, so folgt, daß die Geraden, welche den, den Fundamentallinien einbeschriebenen Kreisen entsprechen, die einzigen sind, die Kreise erzeugen. Die Gerade l bringt den Kreis l' hervor. Man kann zur Construction des einer Geraden entsprechenden Kegelschnitts leicht zwei projectivische Büschel angeben, die ihn erzeugen. Um z. B. zu der Geraden g' in E' den entsprechenden Kegelschnitt zu finden, zieht man durch A' und B' die beiden Strahlenbüschel, welche g' zum gemeinsamen Durchschnitt haben. Diese Büschel schneiden auf der Schnittlinie von E' und E zwei projectivische Punktreihen aus, von denen die erste mit A, die zweite mit B je ein Büschel bestimmt, die zueinander projectivisch sind und den g' entsprechenden Kegelschnitt G bestimmen. Wählt man als g' die unendlich ferne Gerade t' von E', so erhält man in A u. B zwei Büschel,

---

[1362] Fiedler 1894, 122.

[1363] Kiefer wurde nach seinem Studium am Polytechnikum Lehrer. Sein Name tauchte 1907 vom Schulrat genannt als einer der möglichen Nachfolger von Fiedler auf, vgl. 1.4. Im Jahr 1918 veröffentlichte Kiefer in der Vierteljahrsschrift der Naturforschenden Gesellschaft Zürich „Geometrische Mitteilungen", in denen es um Zusammenhänge zwischen ebener und räumlicher Geometrie geht und in denen Fiedler mit seiner „inhaltsreichen" Zyklographie erwähnt wird (Kiefer 1918, 494).

[1364] Gegeben sind zwei windschiefe Geraden und zwei Ebenen. Will man einen Punkt der einen Ebene auf die andere abbilden, so lege man durch diesen die beiden Ebenen, welche der fragliche Punkt jeweils mit einer der windschiefen Geraden festlegt. Deren Schnittgerade schneidet die zweite Ebene im gesuchten Bildpunkt (Steiner 1832, 257 – 258). Man erhält so eine quadratische Cremona-Transformation (vgl. Wieleitner 1919, 84). Vgl. auch 4.2.1.

die den Gegenkegelschnitt R bestimmen. Dreht man das Büschel B um den Winkel ψ, so wird er zu dem Büschel A perspectivisch und sie erzeugen die Gerade l. Dasselbe Resultat erhält man, wenn das Büschel A um den Winkel φ gedreht wird. Der Grund hiervon liegt darin, dass auf je einer der über r' stehenden Büschel B' und A' gedreht erscheint und nun mit dem anderen den Kreis durch $A'B'C'$ bestimmt. Dasselbe gilt von dem Kreis M durch ABC, seiner entsprechenden Geraden m' und dem Gegenkegelschnitt Q' in E'.

Der etwas längere zweite Teil, der nun folgt, behandelt die gleichseitige Hyperbel. Am Ende des oben wiedergegebenen Abschnitts notierte Fiedler: „Ist noch genauer zu bestimmen – überdieß und ferner durch Projection zu erweitern."

In seinem Bericht von 1910 über den Mathematikunterricht an der ETH gab M. Grossmann einen Überblick zu den Inhalten seiner Vorlesung über darstellende Geometrie (4 Stunden Vorlesung, 4 Stunden Uebungen, 1 Stunde Repertorium) für das erste Semester der Fachschule für Lehrer, der Bau- und der Maschinenbauingenieure. Nach Grossmann werden folgende Themenfelder behandelt[1365]:

1. Axonometrie
2. Allgemeine Eigenschaften der krummen Linien und Flächen
3. Herstellung der topographischen Flächen in kotierter Projektion
4. Kegel- und Zylinderflächen
5. Projektive Eigenschaften der Kegelschnitte abgeleitet aus denen des Kreises
6. Durchdringungen von Kegel- und Zylinderflächen
7. Rotationsflächen
8. Die Schraubenlinie und die Schraubenflächen
9. Beleuchtung krummer Flächen
10. Abbildung krummer Flächen

Es fällt auf, dass Grossmann nur noch wenige Themen der projektiven Geometrie[1366] im Rahmen der darstellenden behandelte, dafür aber mehr anwendungsporientierte wie die Beleuchtungslehre.

[1365] Grossmann 1910, 22 – 23; die einzelnen Punkte werden noch genauer aufgeschlüsselt. Grossmann selbst bot die Vorlesung darstellende Geometrie in deutscher Sprache an, das französische Gegenstück las L. Kollros.
[1366] Bgzl. der Ausführungen Grossmanns zur Vorlesung über projektive Geometrie für künftige Fachlehrer siehe 2.3.

4.8 Eine gescheiterte Innovation?

Fiedlers Lehrbuch erlebte insgesamt vier Auflagen. Die zweite erschien bereits 1875 mit etwas verändertem Titel: „Die darstellende Geometrie in organischer

Verbindung mit der Geometrie der Lage. Für Vorlesungen an technischen Hochschulen und zum Selbststudium" – jetzt verweist schon der Titel auf Fiedlers großes Projekt der Integration von darstellender und projektiver Geometrie. Der Umfang war angewachsen auf LIV plus 760 Seiten, neu hinzugekommen war ein „Sachregister" – für damalige Zeiten ein eher ungewöhnlicher Luxus: „[…]; zum Vortheil der mit dem Stoffe schon Vertrauten habe ich die Mühe der Anfertigung eines alphabetischen Sachen-Registers nicht gescheut." (Fiedler 1875, XXVII). Inhaltlich unterschieden sich die Auflagen von 1871 und 1875 nur wenig, der Zuwachs an Umfang ist vor allem auf zusätzliche Erläuterungen sowie Aufgaben und Beispiele zurückzuführen, die in den alten in der Regel unveränderten Text eingefügt wurden. Zudem wurden die Erläuterungen zur projektiven Geometrie beträchtlich erweitert. Einige neue Abbildungen kamen zudem in der zweiten Auflage hinzu.

B. G. Teubner, Fiedlers Verleger, war anfänglich skeptisch, ob sich die neue Auflage verkaufen würde[1367], wurde aber eines Besseren belehrt. 1883, 1885 und 1888 erschien schließlich die dritte Auflage, diesmal in drei Bänden nun auch mit Figurentafeln (XXVI plus 376 Seiten plus sechs Figurentafeln, XXXIII plus 560 Seiten plus sechzehn Figurentafeln, XIV plus 660 Seiten plus eine Figurentafel). Die drei Bände entsprechen den drei Teilen der einbändigen Ausgaben von 1871 und 1875, sie tragen aber nun neben dem bereits zitierten allgemeinen Titel zusätzlich noch eigene und spezifische Titel: „1. Theil. Die Methoden der darstellenden und die Elemente der projectivischen Geometrie", „2. Theil. Die darstellende Geometrie der krummen Linien und Flächen" sowie „3. Theil. Die construierende und analytische Geometrie der Lage". Der Zuwachs an Umfang ist diesmal auch auf inhaltliche Neuerungen zurückzuführen, denn Fiedler baute nun Teile seiner Zyklographie ein. Die vierte Auflage 1904 blieb auf den ersten Band beschränkt, der wieder angewachsen war. Verglichen mit anderen Lehrbüchern der darstellenden Geometrie, etwa von Pohlke oder von Christian Wiener, erreichte Fiedler eine durchaus beachtliche Zahl von Auflagen.

Hier kam ihm vermutlich seine große Hörerschaft am Züricher Polytechnikum zu gute. Offensichtlich bezog er sich in seiner Vorlesung oft und ausführlich auf sein Buch[1368], so dass den Studenten kaum was anderes übrigblieb, als es sich zu

---

[1367] Vgl. B. G. Teubner an Fiedler 28. Juni 1876 (Hs 87: 1265).
[1368] Ein Beispiel hierfür haben wir ja oben in 4.7 schon kennengelernt in Gestalt des Autographen, der auch viele Verweise auf Fiedlers Lehrbuch enthält.

kaufen. In einer an den Schulrat gerichteten Protestnote aus dem Jahre 1902 heißt es:

> Uebrigens wird überhaupt immer auf dieses Buch verwiesen, so dass die Schüler alle gezwungen sind, dieses für sie schwer verständliche Werk zu kaufen, welches somit im Range eines obligatorischen Lehrmittels erhoben wird.[1369]

Die vergleichsweise hohe Zahl von Auflagen heißt also nicht unbedingt, dass Fiedlers Buch außerhalb von Zürich weit verbreitet gewesen wäre.

Die Kritik nahm Fiedlers Werk durchaus beifällig auf. So schrieb das „Literarische Centralblatt"[1370] 1872 zur ersten Auflage von Fiedlers Werk: "Es ist eine angenehme Aufgabe für den Referenten, ein Werk anzuzeigen, welches gegenüber den bisherigen Lehrbüchern der darstellenden Geometrie einen wesentlichen Fortschritt bezeichnet." Im Zuge einer recht ausführlichen Darlegung des Inhaltes des Buches wird die Quintessenz des Fiedlerschen Ansatzes treffend herausgearbeitet: „[...]; es sind das [Parallel- und Zentralprojektion, Transformationen; K.V.] dieselben Hilfsmittel, deren sich auch die neuere Geometrie bedient; und es wird also auf diese Art in ganz naturgemäßer Weise der Zusammenhang zwischen dieser Disziplin und der darstellenden Geometrie vermittelt."[1371] Das Fazit der Besprechung lautet:

> Wenn Referent schließlich ein Gesammturtheil über das Werk abgeben soll, so kann er dasselbe nicht nur als ein gediegenes Lehrbuch der darstellenden Geometrie bezeichnen, das eine Fülle von Anregungen bietet, sondern auch als eine treffliche Einführung in die neuere Geometrie, welche die hier angefangenen Untersuchungen bei gereifter und durchbildeter Raumanschauung weiter fortzuführen hat über die Grenzen des Darstellbaren hinaus.[1372]

Bemerkenswert ist, dass hier der doppelte Charakter, Einführung in die darstellende Geometrie und in die neuere, also in die projektive, Geometrie ausdrücklich und zwar positiv hervorgehoben wird – ganz im Sinne Fiedlers. Wie wir schon gesehen haben, war der Referent G. – I. Reformbestrebungen bzgl. der Geometrie und ihres Unterrichts gegenüber prinzipiell positiv eingestellt.

Das Jahrbuch über die Fortschritte der Mathematik vermeldete:

[1369] Fotokopie im Biographischen Dossier „Wilhelm Fiedler (1832 – 1912)" [ETH-Bibliothek Hochschularchiv]
[1370] Literatisches Centralblatt 1872, Spalte 579, der Referent war G. – I.
[1371] Literatisches Centalblatt 1872, Sp. 580.
[1372] Literatisches Centralblatt 1872, Sp. 581.

Im vorliegenden Werk scheint dem Referenten der Plan durchgeführt, neben der Angabe der bekannten Darstellungsmethoden besonders den Zusammenhang und die Beziehungen zwischen Original und Bild zu erläutern, um nicht blos aus dem Bild das Original seiner Form und Lage nach erkennen zu lassen, sondern seine Eigenschaften an denen des Bildes studiren zu können. Der Herr Verfasser hat damit, wie in der Vorrede angegeben wird, den doppelten Zweck im Auge, einmal die wissenschaftliche Entwickelung und Durchbildung der Raumanschauung zu fördern und zweitens die darstellende Geometrie als natürliche Einführung in die Geometrie der Lage zu gestalten."[1373]

Es folgte eine knappe Darlegung des Inhalts des Buches. Das Jahrbuch besprach auch die zweite Auflage von Fiedlers Lehrbuch ausführlich, diesmal hob der Rezensent hervor, dass die gegenüber der ersten Auflage vorgenommenen umfangreichen Ergänzungen geeignet seien, „den Werth des Buches noch zu erhöhen, und den Grundgedanken der organischen Verbindung der beiden im Titel genannten Geometrien noch vollständiger zu entwickeln."[1374]

Dennoch fand Fiedler mit seinem Kernanliegen, nämlich der Verschmelzung von darstellender und projektiver Geometrie, in der Wissenschaft wenig Anklang. Das wurde schon deutlich bei Christian Wiener, der 1884 den ersten Band seines Lehrbuchs der darstellenden Geometrie vorlegte, der zweite folgte drei Jahre später. Nach einer sehr ausführlichen Geschichte der Disziplin, die auch Fiedler angemessen berücksichtigt, erarbeitet Wiener auf den ersten zweihundert Seiten seines Buches die Grundlagen der Mongeschen Theorie, um danach in einem eigenen Abschnitt auf gut 170 Seiten die projektive Geometrie zu behandeln. Fiedlers Synthese – Wiener nennt sie „die volle Einführung der projektiven in die darstellende Geometrie"[1375] - wird also hier wieder rückgängig gemacht. Wie Wieners Briefe an Fiedler[1376] zeigen, betrachtete er dessen Vorgehensweise als theorie- oder auch systemorientiert, während er selbst doch näher an der Praxis bleiben wollte.

Auch Heinrich Schröter, der wichtigste Vertreter der rein synthetischen Methode in jener Zeit und echter Steiner-Schüler – was ihn neben der Herausgabe Steinerscher Vorlesungen mit Fiedlers Kollege Carl Friedrich Geiser verband - hatte Vorbehalte. Besonders deutlich werden diese in einem Brief aus Breslau

---

[1373] Band 3 (1871), p. 252, Referent war Dr. Scholz, Berlin.
[1374] Band 7 (1875), p. 335. Verfasser war diesmal „Sm", dahinter verbirgt sich Prof. Rudolf Sturm in Darmstadt, ein wichtiger Briefpartner und Kollege von Fiedler, Mitstreiter im Netzwerk Geometrie (vgl. 9.2.1). Die Besprechung findet sich auf den Seiten 335 bis 341 und besteht im Wesentlichen aus einem Referat des Inhalts des Buches.
[1375] Wiener 1884, 38.
[1376] Hs 87: 1532 – 1540, vgl. 9.2.5. Mit Wieners Sicht der Dinge war natürlich auch eine mögliche Konkurrenzsituation mit Fiedler entschärft.

vom 24. März 1890[1377]. Dieser war Schröters Antwort auf eine recht heftige Reklamation seitens Fiedler, der meinte, Schröter habe in seinem neuesten Buch[1378] seine Priorität missachtet und ihn ungenügend zitiert. Möglich ist, dass Schröter, der ansonsten ruhig und sachlich reagierte, dies zum Anlass nahm, einmal Klartext zu schreiben:

> Wenn Sie sagen, daß die darstellend geometrische Methode so wenig verbreitet und bekannt sei, daß meine Behandlung des Gegenstandes dieser Richtung entgegen stehe, so bedaure ich dies, kann es aber nicht ändern. Ich gestehe Ihnen offen, daß ich keine besondere Sympathie für die darstellend-geometrische Methode habe, die mir mehr ein Umweg scheint, den ich gern durch directe geometrische Anschauung zu ersetzen bemüht bin. Daß Sie eine Reform der darstellenden Geometrie im Sinne der projectiven oder Steinerschen seit Jahren angestrebt haben, ist gewiß höchst verdienstlich, und ich möchte fast glauben, daß ein weiteres Fortschreiten in dieser Richtung vielleicht zur vollständigen Beseitigung der sogenannten darstellenden Geometrie führte, oder dieselbe lediglich auf ein Hülfsmittel für die Technik zurückführen werde. Was mich besonders von einem eingehenderen Studium Ihrer darstellenden Geometrie zurückgehalten hat, ist die Verbindung mit der analytisch-geometrischen Methode, d. i. mit der Rechnung; wo die synthetische Untersuchung nicht vorwärts kann, wird analytisch operirt, und man weiß nicht recht, ob ein Resultat allein auf dem einen oder andern Wege zu Stande kam. Ich suche Alles auf einem Wege, nämlich auf dem der unmittelbaren Anschauung zu gewinnen, was manchmal recht schwierig ist und auch umständlicher, als durch die Rechnung; jede Methode hat eben ihre besonderen Vorzüge aber auch Nachtheile; jedoch halte ich es für nothwendig, auseinander zu halten, was auf dem einen und was auf dem andern Wege erreicht werden kann; jedoch gebe ich gern zu, daß man darüber verschiedener Ansicht sein kann und will gern den Vorwurf der Einseitigkeit ertragen.

Angedeutet hatte sich Schröters Kritik an Fiedlers großer Synthese allerdings schon viel früher in einem Bekenntnis Schröters zur ausschließlich synthetischen

---

[1377] Hs 87: 1152.

[1378] Es geht um H. Schröter: Grundzüge einer rein geometrischen Theorie der Raumcurven 4. Ordnung 1. Species (Leipzig: Teubner, 1890). Zu dem Brief an Schröter, der Fiedlers Reklamation enthielt, hat dieser einen Entwurf verfasst und aufbewahrt; vgl. Hs 87: 1151a. Das ist ein deutliches Zeichen dafür, dass ihm diese Angelegenheit wichtig war. Was Fiedler wohl besonders geärgert hatte, war, dass sein Buch über darstellende Geometrie, in dem er auf die von Schröter behandelten Kurven auch einging, nur ganz pauschal am Anfang von dessen Buch genannt wurde, während viele andere Autoren im Text esplizit erwähnt wurden. Zudem nannte Schröter nur die Auflage des Fiedlerschen Buches von 1875. Fiedler erwähnt diese „ärgerliche Erfahrung" „wie absichtlich irreführend" auch in einem Brief an F. Klein vom 24. Juni 1890; vgl. Confalonieri/Schmidt/Volkert 2019, 149.

Methode, das sich in einem Brief an Fiedler aus Breslau[1379] vom 15. März 1874 findet:

> [...] für ihre freundliche Zuschrift vom 13ten d. M. spreche ich Ihnen aus meinen verbindlichsten Dank, ich ersehe mit Freude daraus, daß synthetische Untersuchungen auch heutzutage, noch nicht ganz undankbar sind, und daß sie immer noch Anerkennung finden, selbst bei denen, welche sich mit Vorliebe des allmächtigen analytischen Apparats bedienen. Gewiß, ist Ihre Behandlung, welche synthetische Betrachtung mit analytischer Rechnung verknüpft, diejenige, welche am schnellsten und kürzesten zum Ziele führt, mein Streben geht aber auf möglichst consequenten Ausbeutung ein und derselben Methode, und dabei komme ich natürlich manchmal anderen gegenüber zu kurz, u. Ihre wohlwollende Beurtheilung wird mir ein Sporn sein, die Sache weiter zu verfolgen; [...]

Im Kern argumentiert Schröter somit für Methodenreinheit, wobei er für sich selbst die etwas außer Mode gekommene synthetische Methode bevorzugte.

Es gab auch Unterstützer der Fiedlerschen Idee – u.a. in seinem Netzwerk „Geometrie". Einer davon war Rudolf Sturm[1380], der bereits zitierte Referent des Jahrbuchs. Am 7. Oktober 1888 schrieb er an Fiedler, die nunmehr vollendete dritte Auflage seines Lehrbuchs sei „ein Zeichen, wie erfolgreich Sie Ihren (oder vielmehr unseren) Standpunkt der Verbindung der darstellenden Geometrie und der Geometrie der Lage vertreten haben." Anerkennend fügte er hinzu:

> Wo nehmen sie die Zeit und Kraft zu dieser umfangreichen schriftstellerischen Thätigkeit?"[1381]

Ähnlich bescheinigte auch A. Voss Fiedler große Verdienste durch die Vereinigung „aller der Gesichtspunkte, die in Deutschland, England und Italien in den letzten Jahren aufgetreten sind".[1382] Später schreibt er dann, nachdem er betont hat, dass er Fiedlers Werk sehr schätze, „weil es hinsichtlich seiner ganzen Tendenz so völlig mit meiner eigenen Ueberzeugung übereinstimmt", dass Fiedlers „Wahrspruch [...], daß die Geometrie lebt und leben wird" erhärtet worden sei.[1383]

In dem sehr umfangreichen Überblick zur darstellenden Geometrie, den Erwin Papperitz 1909 für die „Encyklopädie der mathematischen Wissenschaften" verfasste, wird Fiedler im Abschnitt „30. Die organische Verbindung der

---

[1379] Hs 87: 1146.
[1380] Man kann hier auch auf G. Hauck verweisen, vgl. 4.6 oben.
[1381] Hs 87: 1541.
[1382] Brief an Fiedler vom 28. August 1888 (Hs 87: 1429). Zu Strum vgl. auch 9.2.1.
[1383] Brief an Fiedler vom 22. Oktober 1888 (Hs 87: 1430).

darstellenden mit der Geometrie der Lage" erwähnt. Hier wird das Scheitern von Fiedler schon deutlich, die Akten sind gewissermaßen geschlossen:

> Vom Standpunkt einer streng wissenschaftlichen Systematik aus stellt *W. Fiedler* mit Recht die *Zentralprojektion* und die *zentrische Kollineation der Räume*[1384] als allgemeinste Methoden voran, um aus ihnen die *Parallelprojektion* und die *affine Kollineation* durch Spezialisierung abzuleiten. Didaktische Rücksichten, die schon bei *Monge* von Einfluss waren, veranlassen ihn aber zu verlangen, daß der Erledigung seines auf die Bedürfnisse der modernen wissenschaftlichen Hochschulen zugeschnittenen Programmes ein Kursus vorangehe, der die Elemente des Grund- und Aufrißverfahrens lehrt. Auch die von *W. Fiedler* hergestellte *organische Verbindung der descriptiven, der reinen und analytischen Geometrie* erscheint nicht als eine in dem Wesen ihrer Prinzipien begründete Verschmelzung dieser Wissenschaften; sondern als eine aus didaktischen als zweckmäßig erkannte Anordnung und Formung des geometrischen Lehrstoffes, indem er sagt, daß die darstellende Geometrie die Aufgabe habe, sich selbst überflüssig zu machen, daß sie die natürliche Einführung in die reine Geometrie sei und ganz natürlich da in dieselbe einmünde, wo sie ihre Aufgabe beendet habe.[1385]

Etwas anders sah die Situation bezüglich des Mathematikunterrichts an höheren Schulen aus. Hier fand Fiedlers Idee, die projektive Geometrie durch die darstellende vorzubereiten, einen gewissen Anklang. Das belegen z. B. die bereits erwähnten Lehrbücher von Hubert Müller und Karl Klekler.[1386] Beide wollten das didaktische Potential der darstellenden Geometrie, nämlich die durch sie mögliche Förderung des Anschauungsvermögens, nützen, um einen projektiven Standpunkt zu beziehen – erkennbar beispielsweise an der Einführung der Steinerschen Elementargebilde.

Einen weiteren Erfolg hatte Fiedler allerdings noch mit seinem Lehrbuch – nämlich die Tatsache, dass sein Lehrbuch 1874 in italienischer Übersetzung erschien. Die Hintergründe und Motive hierfür kann man Fiedlers Briefwechsel mit Luigi Cremona und seinem Übersetzer Ernesto Padova entnehmen.[1387] Die Übersetzung wurde von Cremona, der in der italienischen mathematischen

---

[1384] Das ist die Reliefperspektive.

[1385] Papperitz 1909, 557. Papperitz war seit 1892 an der Bergakademie in Freiberg tätig; zusammen mit Karl Rohn (1855 – 1920) verfasste er ein zweibändiges Lehrbuch der darstellenden Geometrie (Leipzig: Veit & Comp., 1893 und 1896), das in etwa dem Vorbild von Wiener folgte. Insbesondere wird auch hier die projektive Geometrie separat behandelt.

[1386] Müller 1875, 1877, Klekler 1877. Vgl. Literarisches Centralblatt 1878 Sp. 144 und 285 – 286 für kurze Besprechungen dieser Werke.

[1387] Vgl. Confalonieri/Schmidt/Volkert 2020.

Gemeinschaft und in der Bildungspolitik sehr einflussreich war und Fiedlers Werk schätzte, befürwortet. Er erhoffte sich wohl, so ein nützliches Lehrbuch für das nach der Einigung im Aufbau befindliche technische Bildungswesen Italiens zu bekommen. Diese Hoffnungen haben sich anscheinend nicht erfüllt, es blieb bei nur einer Auflage, die wohl auch nur an einigen wenigen Orten zum Einsatz kam.

Seine didaktischen Intentionen hat Fiedler in einem Artikel 1877 ausführlicher erläutert (Fiedler 1877); auch dieser wurde ins Italienische übersetzt. Die Korrespondenz mit dem Übersetzer des Artikels, Gabriele Torelli, macht Unterschiede zwischen der Situation in Zürich und in Italien deutlich. Insbesondere ist interessant, dass Torelli von Fiedler konkretere Ausführungen zu seinen Ideen erbat.[1388]

Am Ende seiner Laufbahn hat Fiedler schließlich auf Bitten von A. Voss einen Rückblick auf seine Bemühungen um die Reform der darstellenden Geometrie verfasst[1389]. Es entsteht hier der Eindruck, als habe Fiedler selbst retrospektiv seine Auffassung von darstellender Geometrie hauptsächlich als eine didaktisch motivierte, schon 1856 gefasste Idee gesehen[1390], was aber 1871 keineswegs klar war und 1904 im Vorwort auch nicht so formuliert wurde. 1871 und lange danach spielte der Steinersche Ansatz eines organischen Aufbaus, der eben nicht didaktisch sondern (modern gesprochen) wissensschaftstheoretisch gemeint war, die zentrale Rolle bei Fiedler.

Fiedlers große Synthese erwies sich letztlich als eine gescheiterte Innovation. Neben eher praktischen Gründen wie dem großen Lehraufwand[1391] (verglichen etwa mit einem klassisch Mongeschen Vorgehen), der erforderlich war, um die Synthese vorzustellen, lassen sich hierfür auch allgemeinere Gründe anführen.

In den letzten beiden Jahrzehnten des 19. Jhs. setzte eine breite Diskussion über das Verhältnis von Theorie und Praxis in den Ingenieurwissenschaften ein; zwei wichtige konträre Akteure waren Fr. Reuleaux und G. Riedler.[1392] Ein Aspekt dieser Diskussion war die Kritik an der den zukünftigen Ingenieuren zumutbaren Mathematik, schlagwortartig nicht ganz glücklich antimathematische Bewegung genannt.[1393] Aber auch in den Ingenieurwissenschaften selbst gerieten stark theoretische Ansätze wie etwa Culmanns graphische Statik oder Reuleaux' Kinematik in die Kritik. Geht man vom Primat der Praxis aus, ist Fiedlers große

---

[1388] Vgl. Confalonieri/Schmidt/Volkert 2020, 229 - 264.
[1389] Fiedler 1907.
[1390] Vgl. Fiedler 1905, 495.
[1391] In Hinblick auf die allgemeine Innovationsforschung könnte man hier von Kosten sprechen.
[1392] Vgl. König 2014.
[1393] Vgl. König 2020. Diese Bezeichnung ist unglücklich, denn es ging keineswegs um die Abschaffung der Mathematik in der Ausbildung von Ingenieuren sondern nur um die Veränderung, auch Einschränkung, des mathematischen Angebots. Die darstellende Geometrie blieb dabei außen vor, ihre Nützlichkeit blieb unbestritten.

Synthese vor allem ein unnötiger Aufwand, um praktisch wenig relevante Dinge zu erlernen. Was für die Praxis zählt, wird in den Vorkurs delegiert. Festzuhalten ist allerdings, dass Fiedlers Hochschule in diesen Auseinandersetzungen der theoretischen Seite die Treue hielt. Ein interessantes Dokument hierzu ist die Rede, die der Ingenieur Aurel Stodola (1859 – 1942), Professor für Maschinenbau und Maschinenkonstruktion am Züricher Polytechnikum, 1897 beim ersten Internationalen Mathematikerkongress in Zürich über die Beziehungen von Technik und Mathematik hielt.[1394]

W. König hat die Hintergründe der Diskussion um die Mathematik in den Ingenieurwissenschaften so charakterisiert:

> Die Differenzen in diesen Fragen resultierten in erster Linie aus den Technikwissenschaften selbst. Als junge Wissenschaftsgruppe war sie noch auf der Suche nach ihrem Selbstverständnis. Eine Abhandlung über das Verhältnis der technischen Fächer zur Mathematik muss deswegen nicht zuletzt die Veränderungen in den Technikwissenschaften selbst in den Blick nehmen. Letztlich entwickelten die deutschsprachigen Technikwissenschaften ein Profil, das bis heute besteht und das sie von jenen in Frankreich und in den angelsächsischen Ländern unterscheidet.[1395]

1908 wurde der Deutsche Ausschuss für das Technische Schulwesen auf einer Versammlung des Verbands Deutscher Ingenieure gegründet, der 1912 einen Bericht zum technischen Unterricht vorlegte, welcher auf einer Umfrage bei 420 Lehrenden beruhte, also den Anspruch erheben konnte, eine breite Meinung widerzuspiegeln. Die Ausführungen zur darstellenden Geometrie machen deutlich, dass Fiedlers Vision ins Hintertreffen geraten war:

> Als Zweck der darstellenden Geometrie ist in erster Linie die Ausbildung im technischen Zeichnen auf exakter wissenschaftlicher Grundlage und die Erziehung der Raumanschauung anzusehen. Synthetische Geometrie und die zeichnerischen Näherungsverfahren der Technik sollen nicht gelehrt, sondern in die entsprechenden Vorlesungen verwiesen werden. Der Unterricht in der darstellenden Geometrie hat vor allem die Förderung des Anschauungsvermögens zur Aufgabe. Nicht durch abstrakte Behandlung der darstellenden Geometrie wird dieses Ziel erreicht, sondern durch Verwendung möglichst vieler praktischer Beispiele.[1396]

[1394] Stodola 1898. Unter allgemeinen Aspekten könnte man von starker Konkurrenz reden.
[1395] König 2020, 23.
[1396] Der deutsche Ausschuß 1913, 172.

Die Forderung nach breiter Berücksichtigung praktischer Beispiele, der Fiedler gewiss nicht zugestimmt hätte, wurde im Jahr danach im Jahresbericht der Deutschen Mathematiker-Vereinigung von Walter Ludwig[1397], darstellender Geometer an der Technischen Hochschule Dresden, ausführlicher diskutiert. Dabei betonte er vor allem die Schwierigkeit, für die Vorlesungspraxis brauchbare praktische Probleme zu finden und machte dazu selbst einige konkrete Vorschläge.[1398] In Bezug auf Fiedler sind zwei der drei Thesen bemerkenswert, die Ludwig aufstellte:

1. An den Technischen Hochschulen ist die darstellende Geometrie nicht Selbstzweck, sondern Hilfswissenschaft; deshalb können die ihr eigenen Schönheiten nur zum kleinsten Teile das Interesse für sie erwecken, das die Vorbedingung eines gedeihlichen Studiums ist. Auch der Gedanke an die notwendige Erziehung und Vervollkommnung des Anschauungsvermögens ist für den Anfänger zu abstrakt, als daß man ihm eine wesentliche Wirksamkeit für die Hebung jenes Interesses zutrauen dürfte; dieses kann vielmehr nur dadurch erzeugt werden, daß möglichst frühzeitig durch praktische Beispiele eine Verbindung mit dem Fachstudium hergestellt und ein greifbarer Nutzen der nicht immer mühelosen Beschäftigungen mit den Methoden der darstellenden Geometrie aufgezeigt wird. [...]
2. In den Übungen soll die geistige Verarbeitung des in der Vorlesung behandelten Stoffes so gefördert werden, daß die Studierenden das Gelernte später auch ohne Anleitung verwerten können. Deshalb muß auch schon in den Übungen zur darstellenden Geometrie eine möglichst große Selbständigkeit angebahnt werden, [...][1399]

Ludwigs dritte These hatte mit der Vorbildung der Studierenden an Technischen Hochschulen zu tun, insbesondere mit der Tatsache, dass es Überschneidungen gab zwischen dem Stoff, den die Vorlesungen über darstellende Geometrie an den Hochschulen behandelten, und dem der Schulen. Die zweite These hätte sicher die uneingeschränkte Unterstützung Fiedlers gefunden, allerdings nicht Ludwigs Behauptung, dass praktische Beispiele in diesem Kontext wichtig seien. Die erste These hatte Fiedler in Rat und Tat stets bekämpft.

[1397] Zu Ludwig vgl. Renteln 2000, 227 – 230. Auf eine Anfrage von Hurwitz bei Minkowski bzgl. eines möglichen Nachfolgers für Fiedler antwortete dieser u.a.: „Neulich hat Fricke überall nach einem darstellenden Geometer Umschau gehalten und unter den Jüngeren Ludwig aus Karlsruhe am besten gefunden." (Brief vom 24. Juni 1907)

[1398] Interessant ist, dass auch noch bei Ludwig das Thema süddeutsch/norddeutsch jetzt als reichsdeutsch/österreichisch anklingt. Die in Ludwigs Augen wichtigsten Vorschläge stammten von Emil Müller, der weiter unten zitiert wird. Im Zusammenhang mit den praktischen Beispielen kommt Ludwig auch auf die Verwendung von Modellen zu sprechen; vgl. Ludwig 1914, 135.

[1399] Ludwig 1914, 132.

Für Studierende des Lehramts hingegen, diese gab es ja an der technischen Hochschule in Dresden, sah Ludwig durchaus die Möglichkeit vor, dass die darstellende Geometrie in den Dienst der höheren Geometrie treten könnte und sollte; die praktischen Beispiele seien dann durch theoretische Aufgaben zu ersetzen.[1400] Hier also gibt es Übereinstimmung mit Fiedler.[1401]

Zusammenfassend kann man feststellen, dass Fiedlers Ansatz nach der Wende zum 20. Jahrhundert in der Welt der (reichsdeutschen) Technischen Hochschulen wohl keine Anhänger mehr hatte.

Aber auch innermathematisch stand Fiedlers Vision im Widerspruch zu Tendenzen, die gegen Ende des 19. Jhs. immer stärker wurden – nämlich dem Streben nach Methodenreinheit (Beispiel: die konsequente Trennung von metrischer und projektiver Geometrie) und die zunehmende Wichtigkeit der Axiomatik mit ihrem vorläufigen Höhepunkt, den Arbeiten von Hilbert zur Axiomatik der Geometrie (1899) und der reellen Zahlen (1899). Diese wurden von seinen Schülern aber auch von vielen anderen Mathematikern aufgeriffen und fortgeführt. Hilberts Mathematik der Axiome erwies sich als sehr fruchtbares Forschungsprogramm. Nicht die große Synthese war mehr gefragt, sondern die saubere Trennung, nicht mehr der organische Aufbau, sondern die axiomatische Grundlegung nebst gestuftem Aufbau waren nunmehr wichtig. Die Geometrie im Stile Steiners, Fiedlers großes Vorbild, geriet ins Hintertreffen, wo sie bis heute geblieben ist. In diese Richtung weist auch die Tatsache, dass die Bearbeiter von Salmon-Fiedlerschen Bücher in den 1920er Jahren – das waren Fr. Dingeldey im Falle der „Kegelschnitte" und K. Kommerell im Falle der „Raumgeometrie" – beide wieder für eine striktere Trennung der Gebiete votierten[1402] und deshalb Teile, die ihrer Meinung eher in ein Lehrbuch der projektiven Geometrie gehörten, aus den Büchern von Salmon-Fiedler herausnahmen. So schreibt Dingeldey:

> Den Inhalt des fünften Kapitels habe ich wesentlich gekürzt, indem mehrere Betrachtungen über lineare Substitutionen, über die Transformation der projektiven Koordinaten und über Kollineationen weggelassen wurden; diese Dinge scheinen mir zweckmäßiger in ein Lehrbuch der projektiven Geometrie zu gehören.[1403]

Deutlicher noch Kommerell:

[1400] Vgl. Ludwig 1914, 134 n. 1). Ein volles Lehramtsstudium war an reichsdeutschen Technischen Hochschulen vor dem Ersten Weltkrieg nur an wenigen Orten möglich, darunter eben Dresden – insofern bestand hier eine Parallele zu Zürich. Ludwig deutet an, dass bei der Einräumung dieser Möglichkeit in Sachsen die räumliche Entfernung der Landesuniversität, diese befand sich ja in Leipzig, eine Rolle gespielt habe.

[1401] Zum Export der darstellenden Geometrie an Universitäten vgl. 7.3.

[1402] Vgl. die jeweiligen Vorworte.

[1403] Salmon-Fiedler 1915, IV.

Indem ich mich nun zum einzelnen wende, so habe ich vor allem das Werk dem englischen Original wieder dadurch näher gebracht, dass ich viele Artikel, die besser in ein Werk für projektive oder darstellende Geometrie gehören, weggelassen habe.[1404]

Die fortschreitende Disziplingenese bringt eben auch klare Abgrenzungen mit sich, die sich dann in der Lehre auswirken und in der Lehrbuchliteratur zu beachten sind.

Ganz allgemein nahm die Wichtigkeit der Geometrie im Bereich der reinen Mathematik ab; Fiedler und seine Bundesgenossen, die das Netzwerk Geometrie bildeten, kämpften dennoch mit großem Einsatz für sie. Ihr großer Gegner waren dabei die „Herren in Berlin"[1405] und deren (vermeintlich einseitige) Bevorzugung von Analysis und Algebra, die in der zweiten Hälfte des 19. Jhs. nach Meinung ihrer Kritiker flächendeckend wurde: „[...] die Analysis allein beherrscht die Lehrstühle unserer Universitäten"[1406]. Da die Historiographie der Mathematik sich meist für die Positionen interessiert, die sich schließlich durchsetzen konnten, ist dieser Kampf für die Geometrie und mit ihm auch Fiedlers Werk weitgehend in Vergessenheit geraten. Geht man aber davon aus, dass Geschichtsschreibung „sagen soll, wie es gewesen ist", so ist diese Einseitigkeit irreführend.

Zum Abschluss dieser Überlegungen zum Scheitern der Fiedlerschen Mission möchte ich Emil Müller zitieren, einer der wenigen Mathematiker, die Fiedlers Ideen im 20. Jh. noch Beachtung schenkten.[1407] Im Vorwort zum ersten Band seiner 1923 erschienen Vorlesungen über darstellende Geometrie[1408] zieht er, nachdem er die Verdienste von Monge und seiner Schule besprochen und einen Überblick zur weiteren Geschichte der darstellenden Geometrie im 19. Jh. gegeben hat, das Fazit:[1409]

> Es ist hier nicht der Ort zu zeigen, wie trotz der scheinbaren Abkehr von der Geometrie deren Denkweise, wenn auch in abstrakter Form, sehr viele moderne mathematische Untersuchungen durchdringt. Jedenfalls glaube ich, daß in einer Zeit des allgemeinen technischen Aufschwungs,

---

[1404] Salmon-Fiedler 1922, IV.

[1405] Denen hätte Fiedlers Einführung des Tangentenbegriff schwerlich gefallen: „Die Tangente einer Kurve als Ort eines bewegten Punktes ist die gerade Verbindungslinie von zwei unendlich nahe benachbarten Lagen desselben." (Fiedler 1871, 195) – noch ganz so wie einst bei Johann Bernoulli und dem Marquis de l'Hôpital.

[1406] Fiedler 1875, XXIV.

[1407] Zu Emil Müller vgl. man Binder 2019, 201 - 204 und Stachel 2019, 190 – 193. Müller hat übrigens eine vielbeachtete Sammlung mit praktischen Beispielen für den Unterricht in darstellender Geometrie (Müller 1911) veröffentlicht. Zum Hintergrund dieser Sammlung vgl. man Müller 1910a.

[1408] Müller/Krames 1923. Es gab noch zwei weitere Bände, die posthum in der Bearbeitung von E. Krames erschienen. Müller hatte bereits 1908 und 1916 ein zweibändiges Lehrbuch der darstellenden Geometrie veröffentlicht, das breite Verwendung fand und noch 1961 in sechster Auflage erschien.

[1409] Müller/Krames 1923, III – IV.

in der alle graphischen Verfahren sichtbarlich immer mehr an Bedeutung gewinnen, auch die darstellende Geometrie eine neue Entwicklung vor sich hat. Wahrscheinlich wird sie mit einer großen inneren Wandlung verknüpft sein. Nach den Erfahrungen an anderen mathematischen Disziplinen wird man ihr zu einer solchen Entwicklung verhelfen, wenn man einerseits die darstellend-geometrischen Methoden von möglichst hohem Standpunkt aus betrachtet, um zu größerer Freiheit in ihren Anwendungen zu gelangen, andererseits neue Anwendungsgebiete erschließt.

Müller kannte die von ihm als „modern" bezeichnete Mathematik aus erster Hand, denn er war von 1892 bis 1902 Lehrer an der Baugewerkenschule in Königsberg, wo er gute Kontakte zur universitären Mathematik pflegte. Er promovierte dort 1898 bei A. Meyer und habilitierte sich daselbst. Müller bemühte sich auch wie bereits erwähnt um eine Wiederbelebung der Fiedlerschen Zyklographie,[1410] wobei er vor allem deren abstraktes Potential als Abbildungsmethode betonte – ganz im Sinne der letzten Zeilen des obigen Zitats. Aber nicht im Sinne ihres Erfinders, könnte man hinzufügen.

J. L. Coolidge war einer der wenigen, wenn nicht gar der Einzige, der Fiedlers Synthese auch noch Mitte des 20. Jhs. beachtete. Seine Einschätzung derselben brachte er in seiner Geschichte der geometrischen Methoden so auf den Punkt[1411]:

> It is clear that this method [der Zentralprojektion; K. V.] leans towards projective geometry, indeed Fiedler wished to do so. He conceived his mission in life to consist largely in effecting a fusion between projective and descriptive geometry, and he was emminently qualified to do so, being an adept in both. He deserves our gratitude for what he did, but far more attention is now paid to the Dürer-Monge-system than to his, at least as far as I have been able to examine recent texts in England, France, and America.

Fiedler Innovation war also doch nicht ganz vergessen.

[1410] Vgl. Müller 1905 und Abschnitt 4.2.7 sowie Kapitel 6.
[1411] Coolidge 1940, 116.

5. Salmon-Fiedler, eine Erfolgsgeschichte

Von Fiedler bearbeitet erschien 1860 zum erstenmal des englischen Mathematikers Salmon Analytische Geometrie der Kegelschnitte, der dann bald eine Bearbeitung der höheren ebenen Kurven, der Raumgeometrie und der Vorlesungen über die Algebra der linearen Transformationen folgte. Dadurch wurden in den sechziger Jahren die Studierenden der Mathematik in Deutschland mit den bisher nur in den mathematischen Zeitschriften niedergelegten Forschungen aus diesem Teile der Mathematik bekannt. Ungefähr gleichzeitig mit diesen Salmon-Fiedlerschen Werken erschienen, durch Fiedler angeregt, die eleganten Vorlesungen Hesse's über Analytische Geometrie.[1412]

Die Salmonsche Lehrbücher der Geometrie und der Algebra, die, verfaßt unter dem mächtigen Emporblühens der geometrischen Forschung in der letzten Hälfte des vorigen Jahrhunderts, überall in diese eingegriffen haben und mit ihr unzertrennlich verbunden sind, haben seitdem Generationen von Geometem aller Nationen vortreffliche Dienste geleistet.[1413]

Ihre Mittheilungen über das rasche Fortschreiten der neuen deutschen Salmon Ausgaben waren mir von sehr großem Interesse. Ich bin in der That, in meinen Arbeiten und in meinen Vorlesungen stark auf diese Bücher angewiesen, und daß sie so überall unentbehrlich sind, zeigen die neuen Ausgaben. Ihre Fürsorge für dieselben fordert daher unseren wärmsten Dank, und sie muß sich sicher durch den Erfolg lohnen.[1414]

[1412] Lorey 1916, 135. Lorey rechnet an dieser Stelle Fiedler zum „Schlömilch'schen Kreise".
[1413] A. Brill „Vorrede" in Salmon-Fiedler 1922.
[1414] Brief von Max Noether an W. Fiedler, Heidelberg, den 25. Juni 1873 (Hs 87: 759).

Die bekanntesten Leistungen von Wilhelm Fiedler sind untrennbar verbunden mit dem Namen von George Salmon, jenem irischen[1415] Mathematiker und Theologen[1416], dessen sehr erfolgreiche Lehrbücher[1417] Fiedler in deutscher Bearbeitung herausbrachte. Das führte zu der in der zweiten Hälfte des 19. Jhs. populären Namensverbindung „Salmon–Fiedler". Fiedlers Nekrologe und langjähriger Briefpartner Aurel Voss ordnete die Bücher von Salmon – Fiedler sogar unter die eigenständigen Werke von Fiedler ein.[1418] Dies ist vertretbar, denn Fiedlers Beitrag zu den deutschen Ausgaben war in den meisten Fällen beträchtlich und wuchs oft von Auflage zu Auflage an. Sie waren – wie wir sehen werden – deutlich mehr als nur Übersetzungen. Ein Hinweis auf die weite Verbreitung der Werke von Salmon-Fiedler[1419] liefert die „Encyklopädie der mathematischen Wissenschaften unter Einschluss der Anwendungen", welche ab 1897 unter der Ägide von F. Klein zu erscheinen begann. In vielen Artikeln zu geometrischen Themen wird darin Salmon-Fiedler als Literatur erwähnt, meist wird sogar eine Abkürzung eingeführt, weil diese Referenz so oft gebraucht wird.[1420] Mit dem Doppelnamen Salmon-Fiedler verbunden war eine Problematik, deren sich Fiedler durchaus bewusst gewesen ist: Seine eigenen Beiträge zu Salmon-Fiedler wurden nicht deutlich genug wahrgenommen. Erweitert wurde Fiedlers Gestaltungsspielraum zusätzlich noch durch die Tatsache, dass Salmon 1866 durch Übernahme eines entsprechenden Lehrstuhls ganz in die Theologie wechselte und sich von der Aktualisierung seiner Lehrbücher zurückzog. Mit feinem irischen Humor, durchsetzt mit einer Prise von Selbstironie, Eigenschaften, die auch viele Briefe Salmons an Fiedler kennzeichnen, schrieb Salmon in der Vorrede zur zweiten Auflage der „Höheren ebenen Curven" (1873), dass sein neues Amt ihm keine Muse lasse, „mich mit den neuen mathematischen Entdeckungen bekannt zu machen oder auch nur im Gedächtniss zu bewahren,

---

[1415] Administrativ betrachtet gehörte zu jener Zeit Irland natürlich noch zum Vereinigten Königreich. Interessanterweise bezeichnet Salmon selbst Hamilton als irischen Mathematiker – und zwar als den größten. Vgl. unten Brief an Fiedler vom 29. Mai 1860 (Hs 87: 895).

[1416] Zudem war Salmon einer der stärksten Schachspieler seiner Zeit. Als Beleg hierfür wird paradoxerweise gerne hervorgehoben, dass er sogar eine Partie gegen Paul Morphy (am 27. August 1857) verloren habe – was keine Kunst war.

[1417] Dieser Erfolg spiegelt sich u. a. in den vielen Auflagen wider, die die fraglichen Titel erreichten, aber auch in der Tatsache, dass Salmons Bücher ins Deutsche und ins Französische übersetzt wurden. Vgl. Felix Müller 1909 für Einzelheiten. Offensichtlich deckten Salmons Bücher ein wichtiges Informationsbedürfnis ab und wurden zu viel zitierten, allgemein bekannten Referenzwerken. Bzgl. der Bezüge der Salmonschen Werke und ihrer deutschen Übersetzungen zur allgemeinen Situation der Geometrie in jener Zeit vgl. man Rowe 2024a, Abschnitt 2.

[1418] Vgl. Voss 1913, 110; auch Dingeldey teilte diese Sichtweise, vgl. Dingeldey 1903, 4.

[1419] Auszunehmen sind hier die „Vorlesungen" (vgl. 5.2).

[1420] Vgl. etwa den dritten Band, zweiter Teil, erste Abteilung, insbesondere die Beiträge zur Theorie der algebraischen Kurven und Flächen von Dingeldey, Staude, Berzolari, Kohn/Loria und Castelnuovo/Enrigues. Auch ein anderes weitverbreitetes Standardnachschlagewerk, nämlich Otto Luegers „Lexikon der gesamten Technik" zitierte in seiner zweiten Auflage von 1909 oft Salmon-Fiedler im Kontext mathematischer Stichworte.

was ich früher gewusst hatte."[1421] Teilweise sprang Salmons Freund A. Cayley in die Presche, auch Salmons Schüler Georges Cathcart half bei manchen Bearbeitungen. So hatte Fiedler weitgehend freie Hand – durchaus mit Zustimmung von Salmon, wie wir sehen werden. Wie besonders die „Kegelschnitte" zeigen, nahmen die von Fiedler[1422] vorgenommenen Umgestaltungen und Ergänzungen des Originals von Auflage zu Auflage zu.

5.1 Die Theorie der Kegelschnitte

Schon im Jahr 1860 erschien der erste Titel von Salmon–Fiedler nämlich „Analytische Theorie der Kegelschnitte, mit besonderer Berücksichtigung der neueren Methoden, frei bearbeitet nach G. Salmon".[1423] Dieses Buch erreichte bis 1907 sieben Auflagen[1424]; es lieferte für die Reihe der Lehrbücher von Salmon-Fiedler eine Referenz, auf die in anderen Titeln der Reihe immer wieder verwiesen wurde. Zwei Jahre nach Erscheinen der deutschen Ausgabe der „Kegelschnitte", im Jahr 1862, publizierte Dr. Wilhelm Fiedler, „Lehrer an der höheren Gewerbeschule zu Chemnitz", dann sein erstes eigenständiges Buch „Die Elemente der neueren Geometrie und die Algebra der binären Formen. Ein Beitrag zur Einführung in die Algebra der linearen Transformationen", in dem sich die Einflüsse seiner Auseinandersetzung mit Salmon und vor allem Cayley deutlich zeigten.[1425] Es folgten die „Vorlesungen zur Einführung in die Algebra der linearen Transformationen" (1863)[1426], die zweibändige „Analytische Geometrie des Raumes" (erster Teil 1863, zweiter Teil 1865)[1427] sowie die „Analytische Geometrie der höheren ebenen Kurven" (1873)[1428] – alles Bücher von Salmon, deutsch mehr oder minder frei bearbeitet von W. Fiedler. Damit hatte Fiedler alle

---

[1421] Salmon-Fiedler 1873a, III – IV. Es handelt sich hierbei um die Übersetzung Fiedlers von Salmon's Vorrede.

[1422] An der fünften Auflage (1887 – 1888) arbeitete Sohn Ernst mit.

[1423] Die erste englische Ausgabe wurde 1848 in Dublin unter dem Titel „A Treatise on conic Sections containing an account of some of the most important modern algebraic and geometric methods" publiziert. Ihr folgten weitere Auflagen.

[1424] Zweite wesentlich erweiterte Auflage 1866, dritte Auflage 1873, vierte Auflage 1874, fünfte Auflage in zwei Teilen 1887-1888, sechste Auflage erster Teil 1898, zweiter Teil 1903, siebte Auflage mit einem Nachruf auf Salmon in nur einem Band 1907. Nach Fiedlers Tod wurde das Werk dann von Friedrich Dingeldey bearbeitet und neu aufgelegt (achte Auflage in zwei Bänden (1917/1918)). Dingeldey kündigte Fiedler in einem Brief vom 1. Mai 1911 aus Darmstadt an, dass der Teubner-Verlag ihm die Neubearbeitung der Salmonschen Kegelschnitte übertragen habe und fragte nach Fiedlers Wünschen (Hs 87: 1622). Fiedler notierte als Antwort auf Dingeldeys Brief, dass er sich über diese Entwicklung freue.

[1425] Vgl. 3.2.

[1426] Erste englische Ausgabe 1859, vierte mit Zusätzen von Georges Cathcart 1885.

[1427] Zweite Auflage 1874, dritte Auflage des ersten Teils 1879, des zweiten Teils 1880, vierte Auflage des ersten Teils 1898, fünfte Auflage bearbeitet von K. Kommerell 1922. Die erste englische Auflage erschien 1862, eine fünfte 1915.

[1428] Zweite Auflage 1882. Englisches Original 1852, dritte englische Auflage 1879.

mathematischen Werke in Buchform von Salmon, die eine Lehrbuchreihe darstellten, ins Deutsche übertragen.

Bereits in der Vorrede zur ersten Auflage der „Kegelschnitte" (1860) hatte Fiedler ein weitreichendes Programm bzgl. der Salmonschen Lehrbücher skizziert:

> Weil aber für die allgemeine Theorie der Curven ebenso wie für eine ähnliche analytische Geometrie des Raumes die vollständige *Theorie der linearen Transformationen* unentbehrlich ist, so sollte der analytischen Geometrie der höheren ebenen Curven eine Einleitung über diese Theorie vorausgehen, welche überall das, was in den Artikeln des gegenwärtigen Bandes nur in der Fassung eines speciellen Falles oder gar nicht entwickelt werden konnte, in seiner wahrhaft allgemeinen Form und bis zu den neuesten Ergebnissen fortgeführt darbieten würde. Die *„Lessons introductory to the modern Higher Algebra. By the Rev. G. Salmon. Dublin 1859"* sollen den Kern derselben bilden. Wegen ihres Umfangs und um ihrer rein algebraischen Natur willen kann sie selbständig und vor der analytischen Geometrie der höheren ebenen Curven erscheinen.[1429]

Abb. 5.1: *Anzeige des Teubner-Verlags[1430]*

Hätte man Fiedler gefragt, in welchen Bereich der Mathematik sich diese Bücher einordnen, hätte er vermutlich mit „in die analytische Geometrie" geantwortet – vielleicht wären ihm auch „neuere Geometrie", „neuere Algebra" oder „Invariantentheorie" als Charakterisierungen eingefallen. Insofern es um Invariantentheorie geht – vor allem in Gestalt der „Algebra der linearen Transformationen" -, spielte modern gesehen die lineare Algebra eine wichtige Rolle, aber die war zu Fiedlers Zeiten noch nicht erfunden. Wir kommen später hierauf zurück.

[1429] Salmon-Fiedler 1860, IX – X.
[1430] Literarisches Centralblatt vom 15. Dezember 1860, Sp. 812.

Ein bemerkenswertes Dokument, das eine frühe intensive Beschäftigung mit Salmon belegt, findet sich in Fiedlers Nachlass.[1431] Es geht hier um ein 84 Seiten starkes Heft, dessen Seiten aus ihrem Umschlag herausgetrennt wurden und das die Beschriftung „Salmon Ebene Kurven" von Fiedlers Hand trägt (vgl. Abbildung 5.2). Der Anfang ist datiert mit „Sommerferien 57", das Ende mit „März 58". Dabei handelt es sich um eine fast vollständige Übersetzung der ersten Auflage von G Salmons Buch „Higher Plane Curves", die 1852 erschienen war – lediglich das Kapitel über transzendente Kurven und einige der Ergänzungen fehlen in Fiedlers Übersetzung. Der Text ist ausformuliert und in Abschnitte sowie Paragraphen gegliedert, Zeichnungen sind in der Randspalte skizziert; dort finden sich auch Literaturhinweise in Kurzform. Es ist nicht klar, ob Fiedler einen Versuch unternahm, diese Übersetzung als Ganze zu publizieren[1432], sie floss jedoch in Teilen in Fiedlers ersten Artikel aus dem Jahre 1859 ein.[1433]

Die Übersetzung des fraglichen Buches von Salmon, die Fiedler 1873 schließlich veröffentlichte, beruhte auf dessen zweiter Auflage, die sich in weiten Strecken von der ersten unterschied.[1434] Insofern musste Fiedler die Arbeit der Übersetzung zumindest in größeren Teilen noch einmal machen, vermutlich konnte er aber seinen alten Text für die unveränderten Passagen verwenden. Spuren hiervon sind allerdings nicht im Dokument zu erkennen.

Die Initiative zu dem so erfolgreichen Übersetzungsprojekt Salmon-Fiedler ging offensichtlich von Fiedler aus. Das ist bemerkenswert, denn Fiedler hatte von seiner Ausbildung her keine Englischkenntnisse;[1435] Sohn Ernst berichtet in seiner Biographie, dass sein Vater sich eigens autodidaktisch diese Sprache aneignete, um die Übersetzung von Salmons Büchern leisten zu können.[1436]

[1431] Hs 87a:22.
[1432] Allerdings ist die Ausarbeitung im Heft schwer lesbar und war wohl kaum geeignet, von einem Setzer bearbeitet zu werden. Fiedler schafft es, auf einer Heftseite drei bis vier Seiten des Buches in Übersetzung handschriftlich unterzubringen. In einem Brief von B. G. Teubner vom 16. August 1859 (Hs 87: 1253), dem ersten erhaltenen Brief des Verlegers an Fiedler, ist allgemein die Rede davon, dass Teubner die Bearbeitung der Salmonschen Werke durch Fiedler unterstützen wolle, konkret geht es dann um die „Kegelschnitte".
Fiedler hat, wie bereits im ersten Kapitel (vgl. 1.1) erwähnt, in der zweiten Hälfte der 1850er Jahre noch andere Übersetzungen – allerdings aus dem Französischen – angefertigt.
[1433] Fiedler 1859.
[1434] U. a. aufgrund vieler Zusätze, die aus der Feder von A. Cayley stammten.
[1435] Die Bergschule zu Freiberg bot freiwillige Französischkurse an, die aber Fiedler laut Belegeintrag nicht besuchte. Dennoch muss Fiedler Französischkenntnisse gehabt haben, denn er hat ja, wie bereits erwähnt, Übersetzungen aus dem Französischen während seiner Chemnitzer Zeit angefertigt. Seinen ersten Brief an Cremona verfasste Fiedler auch auf Französisch.
[1436] Vgl. Ernst Fiedler 1915, 17.

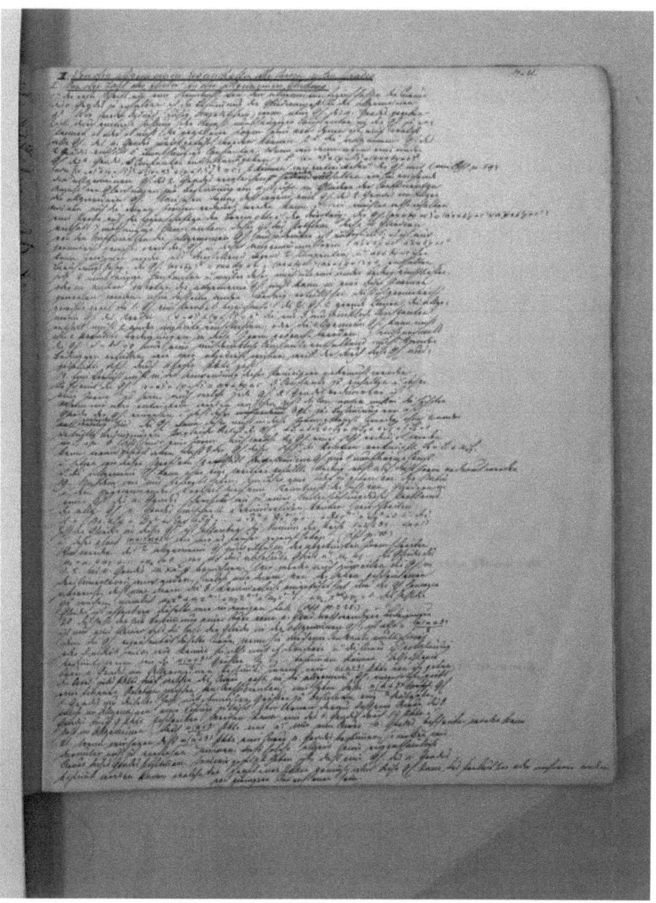

Abb. 5.2: *Seite aus Fiedlers Übersetzung der „Higher Plane Curves" von G. Salmon (1857/58)*[1437]

Wilhelm Fiedler muss von Chemnitz aus an Salmon geschrieben und ihm den Vorschlag unterbreitet haben, ein Werk von ihm zu übersetzen. Dabei standen neben den „Conics" noch auf Grund der bereits geleisteten Vorarbeit wenig überraschend die „Higher Plane Curves" zur Diskussion. Salmon antwortete am 30. September 1859 positiv aus Dublin[1438]:

[1437] Das Original ist etwas breiter als Din-A-5 bei gleicher Höhe. Dank an N. Oswald (Würzburg) für das Foto.

[1438] Hs 87:892. Die Briefe Fiedlers an Salmon sind – abgesehen von einigen Entwürfen - nicht erhalten geblieben. Im Vorwort zum ersten Band der fünften Auflage der „Kegelschnitte" (1887) schreibt Fiedler, er habe schon 1858 die Bearbeitung von Salmons „Conics" begonnen. Dafür ließen sich im Nachlass keine Belege finden; die Vorarbeiten könnten natürlich in das Manuskript für den Druck der „Kegelschnitte" eingegangen und damit an den Verlag gegangen sein. Oder aber Fiedler betrachtete seine Übersetzung der höheren ebenen Kurven als Vorarbeit für die „Kegelschnitte".

Dear Sir,

It will give me much pleasure to give every assistance in my power to your proposed translation of my books.

I should fear that the "Higher Plane Curves" would not be sold. I do not know whether it is better to do as you propose, – that is – print the "Conics" first, and then, if that succeeds, print the "Higher Plane Curves" or whether it might not be better to incorporate with the "Conics" the substance of two or three chapters of the "Higher Plane Curves" and abandon the intuition of printing the latter separately.

I would be glad if in translating you freely make such alternations, omissions or additions as you conceive desirable. I suppose you have got the last (the third) edition of the "Conics".

Here are some changes which I intended to make if a new edition is called for. I shall be happy to go over the whole, and send you the sheets revised, if you wish it.

Also I shall have pleasure in revising the proofs of your translation if you think proper to send them to me. I wish I was as well able to write to you in German, as you are to write in English. I can read German however though when the German character is used, not with facility.

Let me in conclusion say how much I feel honored by the proof you have given me that my work found readers in Germany

Your's very faithfully

George Salmon.

Damit nahm die ungewöhnliche Erfolgsgeschichte ihren Lauf.[1439] Am 29. Mai 1860 schrieb Salmon erneut einen Brief an Fiedler, vermutlich nachdem er Fiedlers Übersetzung Korrektur gelesen hatte. Wieder war er voller Lob – für Fiedlers Handschrift:

I have to thank you for your very interesting letter, and I cannot help thanking you also for the beautyful clearness of your writing. I don't read German with such facility, but that I shall be much puzzled if I had

---

[1439] Mit B. G. Teubner war Fiedler schon vorab handelseinig geworden, wie der Brief (Hs 87: 1253) des Verlegers mit einigen Vorschlägen zur Publikation vom 16. August 1859 zeigt. Teubner wollte 750 Exemplare drucken; Fiedler bekam wie damals üblich ein Honorar für pro gedrucktem Bogen – 1859 gab es einen Louis d'or, 1878 bei der vierten Auflage der „Kegelschnitte" 3 Friedrichs d'or = 17 Thaler. In späteren Auflagen druckte Teubner gleich 1250 Exemplare. Im Übrigen war der schon mehrfach erwähnte O. Schlömilch ein wichtiger Berater von B. G. Teubner in Sachen Mathematik; vgl. Koch 1990, 5 – 6. Es ist durchaus denkbar, dass er sich bei B. G. Teubner für Fiedlers Projekt verwendet hat.

difficulties of handwriting to contend against. I fear that my letters are very far from being so legible.[1440]

I was much pleased with that you told me of Herr Möbius. Should you communicate with him again it may be interesting to him to hear that I had a letter a little time ago from Sir William Hamilton whom we consider our greatest Irish mathematician. Sir W^{am} Hamilton found fault with me for not doing sufficient justice in my book to Herr Möbius and to the "Barycentrische Calcul" with the content of which Sir William had been much delighted. In particular he blames me for ascribing to M. Chasles the discovery of the theory of the anharmonic function[1441] which he says more properly belongs to Herr Möbius. I was obliged to confess that my knowledge of the "Barycentrische Calcul" was only superficial, nor indeed is my reading sufficiently extensive to enable me to settle questions of priority. However it would certainly be right that you shall in your translation add notes correcting my mistakes of this kind you may know me to have made.[1442]

Fiedler hatte die Angewohnheit, gelegentlich Notizen auf den Briefen seiner Korrespondenzpartner festzuhalten. Im obigen Brief findet man den Hinweis „An M gesandt 21. Juni"; mit M ist sicher Möbius gemeint.

Auch mit Arthur Cayley trat Fiedler in Kontakt – offensichtlich, indem er ihm die gedruckte Übersetzung von Salmons „Conics" zuschickte. Cayley antwortete am 29. Januar 1861 aus London:

Dear Sir,

I have to thank you for your letter and the copy which you were kind enough to send me & which I received a few days ago of your edition of Mr. Salmon's Conic Sections; the original work is one which values & I am very glad it should be thus reproduced in the language of those who have been the Authors of so much of the entire subject of modern geometry. And the additions you have made to it appear well calculated to increase its value. [...]

It gives me also great pleasure to hear that you are also translating the other works of M. Salmon: I have not heared from him very lately & I do

---

[1440] Salmons Handschrift ist, wie die erhaltenen Briefen zeigen, wirklich kaum lesbar. Auf den Rat seiner Briefpartner hin, schaffte er sehr früh eine Schreibmaschine an. Leider (aus der Sicht des späteren Lesers) verwendete er diese nur kurze Zeit, um dann wieder seine Briefe mit der Hand zu schreiben. Persönliche Briefe mit Maschine zu schreiben, galt allerdings auch lange Zeit als unhöflich.
[1441] Gemeint ist das Doppelverhältnis.
[1442] Bibliothek ETH-Hochschularchiv Hs 87: 895. Der Brief enthält im Weiteren drei Aufgaben zur Geometrie der Dreiecke.

> not know his solid geometry is getting on, but some part of it was already
> printed in this summer.
>
> I will send you shortly and I have to request your acceptance of my
> memoirs on quantics. [...]
>
> I remain dear Sir your's sincerely
>
> A. Cayley[1443]

Am 26. Januar 1863 schrieb Cayley, auch diesmal aus London, wieder an Fiedler. Letzterer hatte ihm seine eigenen „Elemente der neueren Geometrie und der Algebra der binären Formen" geschickt, die im Vorjahr erschienen waren und maßgeblich von Cayley beeinflusst worden waren, insbesondere von dessen „Sixth memoir on quantics".[1444]

> Dear Sir,
>
> I must apologise for not having written sooner to thank you for the very
> acceptable present of your work on the Elements of Modern Geometry
> etc. I was particularly gratified at seeing the reproduction of my theory of
> distance.[1445]

Im Weiteren erklärte Cayley, dass er die von Fiedler in seinem Buch verwendete Indexschreibweise nicht gut fände. Dagegen lobte Clebsch in einem Brief an Fiedler vom 27. Mai 1865 aus Gießen[1446] letzteren ausdrücklich dafür, dass er die Indexschreibweise verwandte: „... und namenthlich halte ich die Indicesbezeichnung für den allergrößten Schritt, den man thun kann, und ihren Nutzen unberechenbar; geben Sie das doch nur ja nicht wieder auf."[1447] Clebsch wollte sogar so weit gehen, Doppelindizes zu verwenden. Es zeigen sich hier Unterschiede zwischen der kontinentalen und der angelsächsischen Mathematik, die uns im Weiteren noch öfter begegnen werden.[1448]

Die Cayleysche projektive Maßbestimmung taucht einige Jahre später in Cayley's Briefwechsel mit Fiedler wieder auf.

> As to theory of distance, the materials seem already to exist & it would
> certainly be interesting to give (as you have done for 2 dimensions) an
> account of this: there is the point to be brought out, that altho[ugh (?)] in 2
> dimensions, the case where the Absolute is a conic is exhibited in

---

[1443] Hs 87: 132.

[1444] Diese Reihe von Abhandlungen hatte Cayley wie im obigen Brief angekündigt an Fiedler per Post geschickt; vgl. 1.5.

[1445] Hs 87: 133.

[1446] Hs 87: 159, vgl. Confalonieri/Schmidt/Volkert 2019, 56 – 58.

[1447] Confalonieri/Schmidt/Volkert 2019, 56.

[1448] Vgl. den Exkurs über Invariantentheorie im Anschluss an diesen Abschnitt.

spherical geometry[1449], there is not in 3 dimensions any such realization of the case where the Absolute is a quartic surface. It would be I think desirable to give in detail the theory of disc coordinates of a line & the theory of systems of lines. Did I send you a copy of my paper "On the six coordinates etc." in the Camb. Phil. Trans. If not & I have any copies left, I will send you one.

[…][1450]

Es ging also Cayley darum, die Einführung einer Metrik im (projektiven) Raum vermöge einer Fläche zweiter Ordnung dargestellt zu sehen.

Anscheinend lag die Idee, ein Werk von Salmon zu übersetzen, zu jener Zeit in der Luft. Am 9. Januar 1862 schrieb Hermann Hankel, frisch promovierter Mathematiker[1451] und Sohn des Leipziger Physikprofessors Wilhelm Gottlieb Hankel, einen aufgeregten Brief an Fiedler.[1452] Darin teilte er letzterem mit, dass er gerade im Begriff sei, eine Übersetzung von Salmon's „Lessons on higher Algebra" anzufertigen und dass er für diese auch schon einen Verleger gewinnen konnte. Nun habe er von Wilhelm Scheibner, Mathematikprofessor in Leipzig, erfahren, dass Fiedler ein derartiges Unternehmen auch schon in der Vorrede zu den „Kegelschnitten" (1860) angekündigt hätte.[1453] Als Fiedler ihm dies bestätigte, erklärte Hankel mit Brief vom 13. Januar 1862[1454], dass er sein Projekt aufgebe und Fiedler den Vortritt lasse. Er teilte überdies mit, dass er bereits zwei Drittel des Werkes übersetzt habe und diese Übersetzung nun in die Schublade lege. Vermutlich eine bittere Erfahrung für den jungen Mann.

Die Themen von Salmon-Fiedler sowie von Fiedlers erstem eigenständigen Werk hatten mit darstellender Geometrie, also mit einem wichtigen Teil seiner Lehre an der Gewerbeschule in Chemnitz und mit dem Inhalt seiner Dissertation, nicht viel zu tun. Wie wir im ersten Kapitel gesehen haben, war Fiedlers mathematische Ausbildung in Chemnitz und Freiberg recht elementar; es ist so gut wie sicher, dass er dort nicht mit den Themen (wie etwa Invariantentheorie) in Berührung kam, die er dann später so erfolgreich als deutscher Bearbeiter der Werke von Salmon in Angriff nahm. Die Tatsache, dass Fiedler sich die höhere Mathematik

---

[1449] Damit ist bei Cayley die projektive oder auch die elliptische Geometrie gemeint. Dieser Unterschied war noch nicht vollständig geklärt.

[1450] Brief vom 25. September 1871 aus Cambridge (Hs 87: 135).

[1451] Titel der Dissertation: „Ueber eine besondere Classe der symmetrischen Determinanten" (1861), Gutachter waren Möbius und Drobisch. Hankel hatte u.a. in Göttingen studiert und sah sich als Schüler von Riemann. Die Promotion erfolgte aber in Leipzig in der Philosophischen Fakultät, der auch sein Vater angehörte.

[1452] Hs 87: 384.

[1453] Siehe Zitat oben.

[1454] Hs 87: 385. Man beachte, wie schnell Fiedler reagiert haben muss – zwischen den beiden Briefen Hankels liegen nur vier Tage.

autodidaktisch erarbeitet hatte, mag andererseits dazu geführt haben, dass er nicht einer ihn beeinflussenden Schule zuzuordnen war. Der Teil seines Werkes, um den es in diesem Kapitel geht, lässt dies insofern deutlich erkennen, als er in vielerlei Hinsicht eine Synthese darstellt zwischen den Arbeiten der deutschen Schule der Invariantentheorie (Hesse, Clebsch, Aronhold, Gordan) und denjenigen der britischen (Cayley, Salmon, Sylvester). Fiedlers Unvoreingenommenheit kam ihm hier vermutlich zu gute.

Die deutschen Bearbeitungen der Salmonschen Werke, insbesondere die 1860 erste Auflage der „Kegelschnitte", bot Fiedler auch eine bequeme Möglichkeit, sich in die Fachwelt einzuführen, indem er möglichen Interessenten – wie etwa Cayley - ein Exemplar des Buches zukommen ließ. Ähnlich haben beispielsweise seine Briefwechsel mit Clebsch und Cremona begonnen.[1455] So konnte Fiedler aus seiner recht isolierten Situation in Chemnitz zumindest teilweise heraustreten; die Möglichkeit der wissenschaftlichen Korrespondenz hat er während seiner ganzen Laufbahn in großem Maße genutzt – selbst in Zürich fühlte sich Fiedler nach seinen Angaben einsam.[1456]

Invariantentheorie[1457]

Als Beginn der Invariantentheorie[1458] werden üblicherweise die Überlegungen von K. F. Gauß zum Transformationsverhalten quadratischer Formen in seinen „Disquisitiones arithmeticae" (1801) genannt. Da es dabei um Zahlentheorie ging, waren die Variablen bei Gauß ganzzahlig. Er erkannte, dass – modern gesprochen - die Diskriminante $4ac - b^2$ einer quadratischen Form $ax^2 + 2bxy + cy^2$ eine Invariante unter Transformationen mit Matrizen aus SL(2, $\mathbf{Z}$) ist; im

---

[1455] Vgl. Confalonieri/Schmidt/Volkert 2019, 20 – 21 bzw. 188 – 189. Eine moderne Variante hiervon ist die Weisheit: Lad ich Dich ein, lädst Du mich ein.

[1456] Vgl. 1.5.

[1457] Ich gebe hier nur einige Hinweise, die als Hintergrundinformation für die Ausführungen dieses Kapitels dienen sollen. Eine umfassende Geschichte der Invariantentheorie scheint nicht vorzuliegen; eine gute Quelle für Veröffentlichungen zum Thema ist Parshall 1990. Fiedler selbst gibt einen kurzen Abriss der Entwicklung der Invariantentheorie in dem von ihm verfassten Anhang zur zweiten Auflage der deutschen Übersetzung von Salmons „Vorlesungen" (Salmon-Fiedler 1877, 472 – 473). Auch die sonstigen Anmerkungen Fiedlers enthalten verstreut historische Informationen zur Invariantentheorie. Einen ausführlichen Überblick zum Stand und zur Entwicklung des Gebietes gab Fr. Meyer in seinem Referat für die Deutsche Mathematiker-Vereinigung: Meyer 1892; vgl. auch seinen Enzyklopädieartikel 1899.

[1458] Im Deutschen sprach man auch von der Theorie der Formen; eine derartige Rubrik hatte das Jahrbuch über die Fortschritte der Mathematik. Hilbert hat bis 1895 viele Referate in dieser Rubrik veröffentlicht.

allgemeinen Fall von GL(2, **Z**) transformiert sie sich mit dem Quadrat der Determinante der Matrix (im 19. Jh. sprach man meist von „Substutition"). [1459]

Die Invariantentheorie beschäftigte sich allgemein mit der Suche nach Invarianten von algebraischen Formen unter bestimmten Transformationen; erstere sind gekennzeichnet durch die Anzahl ihrer Variablen (binär, ternär, ...) und durch ihren Grad, wobei üblicherweise Homogenität vorausgesetzt wird. Anders gesagt geht es also um homogene Polynome. Dabei werden neben algebraischen Methoden (prominentes Beispiel: die Determinante) auch solche der Analysis (z. B. partielle Ableitungen, Differentialgleichungen) verwendet; es herrscht also eine gewisse Methodenvielfalt. Ein wichtiges Ziel war es, bzgl. einer Form (etwa binär quadratisch) einen Satz von Invarianten zu finden, so dass sich jede andere Invariante derselben durch Kombination [1460] dieser fundamentalen Invarianten gewinnen lässt. In gewisser Weise abschließend beantwortet wurde dieses Problem durch den Hilbertschen Basissatz (1890), eine reine Existenzaussage und somit ein Bruch mit der eher rechnerischen Tradition der Invariantentheorie. In der Historiographie ist umstritten, welche Wirkung man Hilberts Resultat zuschreiben sollte. Während Ch. S. Fisher [1461] den Tod der Invariantentheorie durch Hilberts Satz verursacht sah, widersprach dem K. Parshall [1462] mit Hinweis auf die auch nach Hilberts Veröffentlichung ungebrochene Aktivität dieses angeblich toten Gebietes.

Die frühe Invariantentheorie wurde zum einen im englischen Sprachraum gepflegt; zu nennen sind hier G. Boole, der als Begründer der englischen Schule betrachtet wird, und die „Trinity of invariants" mit ihren Mitglieder A. Cayley, G. Salmon und J. J. Sylvester. Sie ist durch eine überwiegend algebraische Orientierung gekennzeichnet, selbst Cayley wichtiges Resultat zur projektiven Maßbestimmung aus seinem „Sixth memoir on quantics" (1859) wird von ihm als Nebenprodukt seiner algebraischen Untersuchungen dargestellt – sozusagen als Korollar. Im deutschsprachigen Raum hingegen blieb die Invariantentheorie enger der Geometrie verbunden; so gesehen setzte sie Eulers Überlegungen zum Transformationsverhalten von Gleichungen u. dgl. beim Wechsel des Koordinatensystems im zweiten Band seiner „Introductio" (1748) fort. Geometrische Eigenschaften sind solche, die bei entsprechenden Transformationen invariant bleiben: Geometrie als Invariantentheorie ist das Schlagwort. Als Begründer gilt hier L. O. Hesse mit seinen Arbeiten zur Kurventheorie (1844, 1848) – in denen er auch die Hessesche Determinante und

---

[1459] Während Invarianten, wie ihr Name schon andeutet, unverändert bleiben bei den fraglichen Transformationen, untersuchte man allgemeiner auch sogenannte Covarianten, die ein bestimmtes Transformationsverhalten zeigen. Weitere Beispiele werden weiter unten gegeben.
[1460] Hierfür war im Anschluss an Sylvester die kryptische Bezeichnung „Szyzygie" üblich.
[1461] Vgl. Fisher 1966.
[1462] Vgl. Parshall 1990.

mit ihr die Hessesche Kurve einführte. Weitergeführt wurden seine Ansätze von A. Clebsch und S. Aronhold, die man beide als Schüler Hesses bezeichnen kann, sowie von P. Gordan, dem „König der Invarianten". Bedingt durch die wichtige, vor allem von L. O. Hesse betonte Rolle homogener Formen in der projektiven Geometrie, die wiederum die Einführung entsprechender Koordinaten (Möbius, Plücker) voraussetzte, gab es in der deutschen Schule stets eine enge Beziehung zur „neueren" Geometrie. Eine wichtige Errungenschaft der deutschen Schule war der sogenannte symbolische Kalkül, der zahlreiche Anwendungen fand. In Frankreich wurde Ch. Hermite zu einem wichtigen Vertreter der Invariantentheorie, der u.a. die Beziehungen zur Zahlentheorie pflegte; in Italien ist vor allem F. Brioschi zu nennen. Da die Invariantentheorie ein breites Forschungsfeld war, sind die Genannten nur als ausgewählte Beispiele zu betrachten, denen man weitere problemlos hinzufügen könnte.

Kritisch gesehen wurde die englische Richtung z. B. von A. Clebsch. In einem Brief vom 5. August 1861 aus Karlsruhe schrieb er an Fiedler:[1463]

> So muss ich gestehen, dass die Salmonsche Abhandlung, von welcher Sie mir so freundlich Auszug mittheilten, und welche mir Salmon übrigens selbst geschickt hat, mich etwas unbefriedigt gelassen hat. Denn was nützt es, die verschiedenen Formen zu kennen, wenn weder eine allgemeine Gleichungsform zu Grunde gelegt, noch der Prozess angegeben ist, wie man zu den verschiedenen Formen gelangt. Eins oder das Andere − aber Keins, heisst doch nur die Neugier reizen, nicht befriedigen. So lag mir viel an der Covariante $(abide)^3 xyzuv$. Vielleicht wissen Sie, wie man Sie bildet, und erfreuen mich gelegentlich mit einer Notiz darüber. Aber, was mir sehr wichtig gewesen ist, sind die Invarianten, indem dadurch einige Irrthümer berichtigt werden, in welche ich früher in dieser Beziehung gefallen bin. − Ein anderes Leiden sind die Namen; können Sie sich mit der Cubicovariante etc. befreunden? Ich meine, man kommt mit Invariante, Covariante und Contrav., resp. zugehöriger Form, aus, wenn nicht diese Benennungen schon beinah zu viel sind. Uebermässig passend sind sie ohnedies nicht, weil sie nicht den Kreis von Formen umfassen. Für Covarianten mit mehreren Systemen für Veränderliche muss man immer noch eine lange Umschreibung brauchen.

Eine weitere Schwäche der englischen Schule war in Clebschs Augen ihre zu starke Orientierung an konkreten Rechnungen, was ja schon im obigen Zitat anklingt:

[1463] Hs 87: 147, vgl. Confalonieri/Schmidt/Volkert 2019, 22 − 26.

> Daß die wirkliche Durchrechnung eine Geschmacksverirrung ist, scheint mir übrigens durch die Geschmacklosigkeit der Cayleyschen Stickmuster p. 122 hinlänglich dargethan. Nur bitte ich sie, dies nicht im Entferntesten als einen Tadel für Ihr Buch anzusehen, welches im Gegentheil durch die Mittheilung und Beschreibung solcher Scurrilitäten sich den wärmsten Dank verdiente.[1464]

Zudem sei die deutsche Schule eleganter als die englische. Dennoch spricht Clebsch der englischen Invariantentheorie große Fruchtbarkeit zu.[1465] Clebsch stand mit seinem kritischen Urteil[1466] zur englischen Schule nicht allein. Als Beleg hierzu sei aus der Besprechung von Salmon-Fiedler „Vorlesungen zur Einführung in die Algebra der linearen Transformationen" (Salmon-Fiedler 1863) zitiert, die das „Literarische Centralblatt" veröffentlichte:

> Es ist überhaupt ein für die englische Algebra charakteristischer Zug, diese Beschränkung auf das Nothwenigste und Speciellste, bei dem es möglich ist, mit der Feder in der Hand und mit dem Auge jeder einzelnen Operation bis ins Kleinste nachgehen zu können. Wo diese, so zu sagen, handgreifliche Evidenz aufhört, und man sich mit einem Raisonnement begnügen muß, ohne alle Ausdrücke wirklich darstellen zu können, scheint auch das Interesse der englischen Algebraiker auszuhören.[1467]

Dieser „besondere Charakter" sei „sowohl uns als unseren überrheinischen Nachbarn unbehaglich und ungewohnt".[1468] Zum Verdienst des Bearbeiters heißt es dann:

> Herr Fiedler hat bei der Herausgabe seiner Übersetzung den Uebelstand, daß im Original allgemeinere Darstellungen gar zu sehr vernachlässigt werden, lebhaft gefühlt und den Versuch gemacht, ihm abzuhelfen, indem er an manchen Stellen, sowohl in der Theorie der Determinanten, als auch in der zweiten Hälfte Zusätze gemacht und in den Text eingefügt hat, gegen die materiell nichts einzuwenden ist.[1469]

[1464] Clebsch an Fiedler Karlsruhe 6. Januar 1863 (Hs 87: 149, vgl. Confalonieri/Schmidt/Volkert 2019, 30 - 32)

[1465] Vgl. Clebsch an Fiedler Karlsruhe 2. Januar 1861 (Hs 87: 146, vgl. Confalonieri/Schmidt/Volkert 2019, 20 - 21).

[1466] Clebsch neigte durchaus zu harten Urteilen, Beispiele dafür – etwa zur Schweiz und ihren Bewohnern - finden sich einige im Briefwechsel mit Fiedler; vgl. Confalonieri/Schmidt/Volkert 2019 und 1.4.

[1467] Literarisches Centralblatt 1861, Sp. 874. Die Besprechung erfolgte anonym.

[1468] Literarisches Centralblatt 1861, Sp. 874.

[1469] Literarisches Centralblatt 1861, Sp. 875.

Allerdings halfen diese Fiedlerschen Zusätze nach Meinung des Rezensenten dem Übelstand nicht wirklich ab, zerstörten aber die Reinheit und Einheitlichkeit des Originals: Die Bilanz fiel eher negativ aus.

Fiedler hatte auch versucht, den Schwierigkeiten mit der ungewohnten und üppigen Terminologie, wie sie in England gepflegt wurde, etwas abzuhelfen. Zu diesem Zwecke gab er der ersten Auflage von Salmons „Vorlesungen zur Einführung in die Algebra der linearen Transformationen" (1863) eine sicherlich nützliche Übersicht bei.[1470]

Zur Orientierung in der Terminologie.

Man findet die Erklärung der folgenden, besonders auch der nur von den englischen Geometern gebrauchten, Ausdrücke an den nebenstehenden Stellen des Textes.

Bezoutiante	Artikel 172; Anmerkung.
Canonische Form	— 124.
Canonizante	— 126.
Cogredient, contragredient	— 78, 91, Anmerkungen.
Combinante	— 157.
Commutante	Zusatz S. 269.
Concomitante, gemischte	Artikel 93, (Zwischenform.)
Contravariante	— 93, (Zugeordnete Form).
Covariante	— 73.
Dialytische Elimination	— 46.
Discriminante	— 62.
Emanante	— 79, Anmerkung.
Evectante	— 88, 96.
Hesse'sche Covariante oder Determinante (Hessian)	— 57, 81.
Hyperdeterminante	— 106.
Invariante	— 72.
Jacobi'sche Determinante (Jacobian)	— 49, 95.
Quantic	— 61, Anmerkung.
Resultante	— 29.

Abb. 5.3: *Fiedlers Übersicht zur Terminologie*

Die Unterschiede der mathematischen Stile in England[1471] und auf dem Kontinent wurde auch von H. Hankel anlässlich des Quaternionenkalküls thematisiert. Er schreibt über die Präsentation der Quaternionen in Hamilton's „Lectures on Quaternions" (1843):

> [...] in einer den continentalen Mathematikern sehr unbequemen, den Engländern aber, wie es scheint, durchaus natürlichen Weise dargestellt: Die Theorie ist aufgelöst in zerstreute Stücke, die Probleme werden nicht in ihrer Allgemeinheit, sondern zunächst in speciellen Fällen behandelt, dann unterbrochen durch Anwendungen und andere Untersuchungen, um erst später, zuweilen nur gelegentlich in ihrem ganzen Umfange erledigt

---

[1470] Salmon-Fiedler 1863, VIII. Im Vorwort erläutert Fiedler, dass die Orientierung in der englischen Terminologie für den deutschen Leser „ein nicht zu unterschätzender Werthpunkt der „Lessons" sei".
[1471] Zudem damals meist auch Irland gerechnet wurde auf dem Kontinent.

zu werden. Dazu kommt eine durchgehends ausserordentlich breite, sich immer selbst repitirende Darstellung, die man wohl theilweise der Rücksicht zuschreiben muss, welche ihr Verfasser auf die Studirenden genommen hat; denn der Quatemionencalcul ist „sanctioned, as a subject of public and repeated examination in the (Dublin) university".[1472]

Selbst D. Hilbert litt noch unter der Terminologie der englischen Invariantentheoretiker. In einem Brief an A. Hurwitz vom 2. April 1890 aus Königsberg schreibt er anlässlich der Referate, die er für das Jahrbuch zu liefern hatte:

> Die Abfassung von Referaten hat bei mir diesmal eine wissenschaftliche Öde erzeugt, was nicht zu vermeiden ist bei all' den Cyklikanten, Co- und Semi-Cyklico-genetiven und -generatriven Funktionen, die man in England neu entdeckt hat. Es ist mir überhaupt schwer geworden, nicht satyrisch zu sein. Denn auch in Deutschland „schiebt" man „über" um die Wette und zwar noch immer jeder auf seine ganz besondere Weise, die er einmal eingeschlagen hat und von welcher er nicht loskommen kann.[1473]

Hilbert hat 1893 einen Beitrag über die Geschichte der Invariantentheorie für den Internationalen Mathematiker-Kongress in Chicago verfasst.[1474] Darin unterschied er drei Phasen in der Entwicklung von mathematischen Theorien, insonderheit auch der Invariantentheorie. Die erste ist die naive, gekennzeichnet durch die „unmittelbare Freude an der Entdeckung", also durch Proliferation. Bezogen auf die Invariantentheorie rechnet er ihr als Hauptvertreter Cayley und Sylvester zu. Die zweite Phase ist die formale, vertreten durch Aronhold, Clebsch und Gordan; ihre wichtigste Errungenschaft ist die symbolische Methode. Es findet also eine Verschiebung von Einzelergebnissen in Richtung Methodologie statt. Die dritte Periode, die kritische, wird eingeläutet durch Hilberts eigene Arbeiten – Stichwort: Basissatz. Gelöst wird das fundamentale Problem der Angabe von vollständigen Invariantensystemen.[1475]

[1472] Hankel 1867, 195.

[1473] Hänel/Oswald/Steuding/Volkert 2025, 214.

[1474] Gedruckt wurde er erst 1896, vgl. Hilbert 1896.

[1475] Ein ähnliches Schema hat Hilbert auch auf die Geometrie angewandt. Diese beginnt mit der anschaulichen Geometrie, auch Schulgemetrie genannt, die eine vollkommene Naturwissenschaft ist. Sie entwickelte sich weiter vor allem durch die Einführung analytischer Methoden und die Herausarbeitung des Fachwerks der Begriffe, um schließlich in der kritsichen Phase zur vollständigen Axiomatik à la Hilbert zu führen. Vgl. z. B. Hilbert 2004, 72 - 73. Im Zusammenhang mit der Geometrie sprach Hilbert gerne von der Tieferlegung der Fundamente, eine Folge der logischen Analyse der Beweise.

Felix Müller charakterisierte etwas später die Invariantentheorie in seinem Leitfaden der mathematischen Literatur (1909) unter der Kapitelüberschrift „Algebraische Formen" folgendermaßen:

> Charakteristisch für die neuere Algebra ist, daß sie ihre Resultate in größter Allgemeinheit und in symmetrischer Form gibt. Unter Theorie der algebraischen Formen versteht man die Untersuchung derjenigen Eigenschaften der ganzen homogenen Funktionen beliebig vieler Veränderlichen, die bei beliebigen linearen Transformationen bestehen bleiben. Der Keim der Invarianz ist bereits in Lagrange [...] 1773 zu finden; doch beginnt die eigentliche Theorie der algebraischen Formen erst in den vierziger Jahren des 19. Jahrhunderts.[1476]

Auch hier tritt wieder die Kennzeichnung „neuere" auf, die in unserem Kontext geradezu ubiquitär ist: Neuere Geometrie und neuere Algebra bilden ein eng verwandtes Paar. Es wird uns immer wieder begegnen.

Die Theorie der Determinanten, ein Grundbaustein der Invariantentheorie, war in der ersten Hälfte des 19. Jhs. ein wichtiges Forschungsgebiet. Eine lehrbuchmäßige Aufarbeitung dieser Theorie in deutscher Sprache legte 1857 Richard Baltzer in Gestalt seines Buches über Determinanten vor – wie Fiedler ein sächsischer Lehrer. Baltzers Buch[1477] erlebte bis 1881 fünf Auflagen und wurde ins Französische übersetzt.[1478] Auch L. O. Hesse und Siegmund Günther[1479] verfassten Lehrbücher zum Thema Determinanten, eine Bearbeitung des Themas für Schulzwecke stammte von Friedrich Reidt.[1480]

Einen gewissen Abschluss erreichte die klassische Invariantentheorie – Hilbert hätte gesagt: die formale Phase derselben - mit dem Erscheinen der zweibändigen, von G. Kerschensteiner herausgegebenen „Vorlesungen über

---

[1476] Müller 1909, 66.

[1477] Das bekannteste Buch von Baltzer waren seine „Elemente der Mathematik" in zwei Bänden (1860, 1862), die in mehreren Auflagen erschienen und jahrzehntelang ein wichtiges Kompendium zur Schulmathematik bildeten; sie gaben im zweiten Band ab der zweiten Auflage (1867) eine Darstellung der Parallelentheorie nach neuestem Stand und wurden auch aufgrund der vielen darin enthaltenen historischen Informationen geschätzt.

[1478] Mehr zu Determinanten in 5.2 unten. In der Vorrede zur zweiten Auflage seiner „Lessons introductory to the modern higher algebra" (1876) äußerte sich Salmon ausführlich zu Baltzers Buch über Determinanten. Er dankte zudem Fiedler für ein Verzeichnis von Fehlern, das dieser erstellt hatte.

[1479] Hesse 1871 und Günther 1874. Hesses Lehrbuch wurde durch die Einführung der Determinanten in den Stoff der sechs bayrischen Realgymnasien (Verfügung vom 5. Oktober 1870) veranlasst; siehe dessen Vorrede zur ersten Auflage. Es erlebte bereits 1872 eine zweite Auflage. Hiergegen grenzte sich Günther deutlich ab, der ein Lehrbuch für Fortgeschrittenen verfassen wollte – ähnlich wie Baltzer, dem er schwere Verständlichkeit bescheinigte.
Vgl. auch Salmon-Fieder 1877, 464 – 465, wo Fiedler einen kurzen Abriss der Geschichte der Determinanten mit Literaturhinweisen gibt. Er nennt noch Brioschi „La teorica dei determinanti e le sue principali applicazioni" (Pavia, 1854), deutsch von K. Schellbach (Berlin, 1856), und Trudi „Teoria di Determinanti e loro applicazione" (Napoli 1862).

[1480] Reidt 1874.

Invariantentheorie" (1886, 1888) von Paul Gordan, dem bereits erwähnten „König der Invarianten". In der Besprechung des ersten Bandes im „Literarischen Centralblatt" durch „G. – I."[1481] heißt es zusammenfassend:

> Die Invariantentheorie hat überhaupt jetzt eine höhere Bedeutung als ehedem, während sie sich nach ihrem Entstehen aus der Zahlentheorie der Geometrie der Ebene anschloß, steht sie jetzt als eine selbständige Disciplin vor uns, welche die rein formalen Gesetze der Algebra zum Ausdruck bringt. Mit Rücksicht darauf sind auch in den Gordan'schen Vorlesungen die Gesetze der Invariantentheorie in der Hauptsache nur auf die Lehre der algebraischen Gleichungen angewandt worden. Die wesentlichen von den hier unberücksichtigt bleibenden Fragen sind indess in Salmon's „Vorlesungen über die Theorie der linearen Transformationen" behandelt worden, und beide Vorlesungen zusammen geben uns daher ein Bild des derzeitigen Standes der Invariantentheorie.[1482]

Der zweite Band dieser Vorlesungen behandelte vor allem Endlichkeitsfragen, also genau jene Fragestellung, die Hilbert später mit seinem Basissatz beantwortete und so nach Meinung mancher Autoren den Tod der Invariantentheorie herbeiführte. Interessant ist in zitierten Besprechung, dass die In Variantentheorie nahe an die Algebra gerückt wird, der Bezug zur Geometrie wird eher als Atavismus eingestuft. Das betonte auch E. Netto in seinem Referat des zweiten Bandes der Gordanschen Vorlesungen[1483]:

> Die noch von Clebsch gegebenen geometrischen Interpretationen sind in Fortfall gekommen, […].

Netto vermerkte als Fazit, dass das Werk nicht auf eine „Verallgemeinerung der Disciplin" sondern deren auf „Vertiefung" ausgehe.

[1481] Wer hinter diesem Akronym stand, ließ sich leider nicht definitiv klären. Zwar veröffentlichte das Literarische Centralblatt in der Jubiläumsnummer des Jahres 1900 – das Periodikum feierte sein 50jähriges Bestehen – eine Liste mit den Namen seiner Rezensenten. Diese wurden aber nicht mit den Sigeln in Verbindung gebracht. Also muss man raten, welcher Namen zu welcher Sigel gehört. Bei Hkl etwa ist das einfach, es handelt sich um Hermann Hankel. Ähnliches gilt für -ch, das vermutlich für Schlömilch steht. Zu G. – I. passt eigentlich nur „Gundlach", der Name eines Berliner Privatgelehrten. Der hätte erstaunlich gute Kenntnis der Mathematik seiner Zeit gehabt, wie die Besprechungen zeigen. Das wiederum erscheint verwunderlich insofern sein Name überhaupt nicht in der Mathematikgeschichtsschreibung auftaucht. In einem Brief an Cremona vom 2. Februar 1870 erwähnt Fiedler eine Besprechung von G. – I., er gesteht, dass er nur ahnen könne, wer dieser Rezensent sei.
[1482] Literarisches Centralblatt 1886, Sp. 920 – 921, Rezensent war G. – I. Im Weiteren führt der Rezensent noch aus, dass die Determinanten ein wichtiges Hilfsmittel der Invariantentheorie geworden seien und dass hierzu neue Lehrbücher von R. Baltzer und S. Günther vorlägen.
[1483] Deutsche Literaturzeitung 9 (1888) No. 3, Sp. 104 - 105.

Nach diesem Exkurs kehren wir zu Salmon-Fiedler zurück. Gleich dem ersten Werk in der Salmonschen Lehrbuchreihe, dessen Übersetzung Fiedler veröffentlichte, sollte der größte Erfolg beschieden sein. Es handelte sich um die „Analytische Geometrie der Kegelschnitte mit besonderer Berücksichtigung der neueren Methoden" (1860), über deren zahlreichen Auflagen schon berichtet wurde. Zweifellos war es gerade dieses Werk, das Fiedler zu einem aus Sicht der Verkaufszahlen wichtigen mathematischen Autor des Teubner-Verlags machte, was nicht zuletzt die umfangreiche Korrespondenz mit der Verlagsbuchhandlung belegt.[1484] Zudem brachte ihm dieses Werk hübsche Nebeneinnahmen ein.[1485] Die „Kegelschnitte" bildeten den Auftakt zu der vierbändigen Lehrbuchreihe Salmons, insofern war es naheliegend, dieses Buch zuerst zu übersetzen. Aber es sprachen auch noch andere Gründe dafür.

Das Thema Kegelschnitte war zentral für die sogenannte neuere Geometrie in der zweiten Hälfte des 19. Jhs.; spätestens im letzten Drittel des Jahrhunderts wurde auch intensiv über dessen Einführung in den Mathematikunterrichts der höheren Schulen, insbesondere natürlich der Realschulen erster und zweiter Ordnung, des späteren Realgymnasiums und der Oberrealschulen, diskutiert.[1486] Das wiederum dürfte dem Lehrbuch von Salmon-Fiedler zusätzliche Leser eingebracht haben – nämlich Mathematiklehrer, die sich über diesen Gegenstand näher informieren wollten. Dass nebenbei dieses Buch auch eine Einführung in die analytische Geometrie bot, war sicherlich willkommen. Das Literarische Centralblatt urteilte:

> Diese Schrift enthält nicht bloß eine ausführliche Monographie der Kegelschnitte, sondern auch eine vollständige Entwickelung der Elemente der analytischen Geometrie der Ebene, sowie eine Darstellung der neueren analytischen Methoden, so daß es einerseits zur Einführung in das Studium der analytischen Geometrie eignet, anderntheils ein bequemes Hilfsmittel für alle diejenigen ist, welche über die Bekanntschaft mit den Descartes'schen Parallelcoordinaten hinaus wollen.[1487]

[1484] Hs 87: 1253 – 1313a.
[1485] Auch dies belegt der Briefwechsel mit Teubner.
[1486] Vgl. etwa Schupp 1988, 184 – 201. Die schulische Diskussion war stark geprägt durch die Auseinandersetzung zwischen Befürwortern einer analytischen Behandlung der Kegelschnitte und solchen, die eine synthetische vorzogen. Siehe weiter unten in diesem Abschnitt. Zu beachten ist, dass die Bezeichnungen der Schulformen, deren Organisation und Lehrinhalte in Deutschland Ländersache waren, stark differieren konnten. Ähnliches gilt für die Kantone in der Schweiz.
[1487] Literatrisches Centralblatt 1861, Sp. 433, Referent war G – I.

Zudem gab es in deutscher Sprache zum Zeitpunkt des Erscheinens der „Kegelschnitte" (1860) kaum Konkurrenzwerke, heißt, Lehrbücher, die sich umfassend den Kegelschnitten widmeten.[1488]

Große Aufmerksamkeit erregte eine Forderung von Emil du Bois-Reymond, die er in seinem Vortrag „Culturgeschichte und Naturerkenntnis", gehalten am 24. März 1877 in Köln, formulierte:

<blockquote>Kegelschnitte. Kein griechisches Skriptum mehr!</blockquote>

Diese Formulierung[1489] wurde zu einem vielverwendeten Slogan jener Bewegung, die eine Aufwertung der Mathematik vor allem im Gymnasium anstrebte. Die Kegelschnitte wurden zum Emblem, zum Markenzeichen, des dringend benötigten Fortschritts: Sicher kein Nachteil für ein Lehrbuch über diesen Gegenstand.[1490]

In der Vorrede zur ersten Auflage der „Kegelschnitte" von 1860 äußerte sich Fiedler zur Wichtigkeit des Salmonschen Werkes. Hintergrund hierfür war die Tatsache, dass bereits 1856 die dritte Auflage des erstmals 1848 publizierten englischen Originals der „Kegelschnitte" erschienen war, zudem sollte eine französische Übersetzung publiziert werden.

[1488] Vgl. auch die Übersicht zur Literatur in Dingeldeys ausführlichem Artikel über Kegelschnitte für die Encyklopädie (Dingeldey 1903). Etwas später als Salmon-Fiedler ist in Frankreich Chasles 1863 erschienen, in Deutschland folgten Hesse 1874 – eigentlich ein Zeitschriftenartikel; siehe weiter unten - und Zeuthen 1882. Es fällt auf, dass im Geometrieband von Baltzers „Elemente der Mathematik", dem gängigen Nachschlagewerk für die Gymnasialmathematik, die Kegelschnitte nicht vorkommen; vgl. Baltzer 1867. Zwar gibt es einen Paragraphen „Die projectivischen Formeln" im sechsten Buch zur Trigonometrie, dieser behandelt aber hauptsächlich harmonische Punkte. Brianchon und Pascal werden nur im Sonderfall des Kreises betrachtet. Im Nachfolgewerk von H. Weber und J. Wellstein, der „Encyklopädie der Elementar-Mathematik", werden die Kurven zweiten Grades im Geometrie-Band (1905) ausführlich analytisch aber auch – kürzer – synthetisch behandelt.

[1489] In seinen nach 1900 verfassten rückblickenden Anmerkungen zu diesem Vortrag spricht du Bois-Reymond von seinem „Feldgeschrei" (du Bois-Reymond 1974, 267). Der Vortrag selbst findet sich im zitierten Buch auf den Seiten 105 bis 158; die Äußerung zu den Kegelschnitten gehört zum Abschnitt „Die preußische Gymnasialbildung im Kampfe mit der fortschreitenden Amerikanisierung". Zur Auseinandersetzung um die Aufnahme des Themas Kegelschnitte (verbunden mit ihm vorsichtige Anfänge der Differential- und Integralrechnung) äußert sich du Bois-Reymond Seite 151. Im Jahr 1882 räumte eine Zirkularverfügung des Preußischen Unterrichtsministeriums die Möglichkeit ein, die Kegelschnitte im Gymnasium analytisch zu behandeln und dabei eine Vorstellung vom Differentialquotienten zu geben (vgl. du Bois-Reymond 1974, 268 – 269).

[1490] Schupp nennt in diesem Zusammenhang die „Kegelschnitte" von Salmon-Fiedler das „Standardwerk" der analytischen Richtung in der Behandlung der Kegelschnitte; vgl. Schupp 1988, 189. Die analoge Funktion für die synthetische Richtung hatten nach Schupp Steiners von C. F. Geiser und von H. Schröter herausgegebenen Vorlesungen über synthetische Geometrie (Steiner 1887, zwei Bände). Eine Lanze für die synthetische Behandlung der Kegelschnitte hat auch W. Erler mit seinem Aufsatz „Die Elemente der Kegelschnitte in synthetischer Behandlung. Zum Gebrauche in der Gymnasialprima" (Erler 1877), der ursprünglich in der Zeitschrift für mathematischen und naturwissenschaftlichen Unterricht (ZmnU) erschien, 1877 gebrochen. Vgl. weiter unten in diesem Abschnitt.

Durch diesen seltenen Erfolg, die vielseitige Anerkennung in den gelehrten Zeitschriften und durch die bald erfolgte Unternehmung französischer Übersetzungen wurde dasselbe vor vielen ähnlichen ausgezeichnet.[1491]

Fiedler macht auch einige der Vorzüge deutlich, die Salmons Buch in seinen Augen hatte:

> Ich fürchte nicht, zu irren, wenn ich die Ursache jenes Erfolges wesentlich in Eigenschaften zu erkennen glaubte, welche auch in Deutschland noch zu selten bei ähnlichen Werken gefunden werden, und die doch ohne Zweifel denen im höchsten Grade förderlich sind, welche die analytische Geometrie studiren. In der Entwickelung der neueren Methoden, derjenigen zuerst, welche die analytische Geometrie über das Coordinatensystem des Cartesius hinausführten, und der anderen sodann, durch welche sie seitdem zu einer rein analytischen Wissenschaft sich immer vollständiger entwickelt hat, sah ich den Kern jener Vorzüge.[1492]

Die französischen Übersetzer fassten den Inhalt der „Kegelschnitte" folgendermaßen zusammen:

> Unter einem bescheidenen Titel führt H. Salmon die Analysis und die Geometrie in einer in ihrer Enge bislang noch nicht gehabten Weise zusammen; er stellt die notwendigen Voraussetzungen bereit, um die *allgemeine Theorie der Kurven* anzugehen und liefert eine mehr oder weniger vollständige Darlegung der verschiedenen Koordinatensysteme: cartesisch, trilinear und tangential.[1493,iv]

Eine wichtige Aufgabe bestand nach Fiedlers Ansicht darin, den Fortschritt, welche die trimetrischen Koordinaten von Möbius/Plücker gebracht hatten, mit „den Elementen zu verknüpfen".[1494] Das bedeutet, es geht darum, die wichtigsten Lehren der ebenen Geometrie, also insbesondere die Lehre von den Kegelschnitten, in (modern gesprochen) homogenen Koordinaten auszuarbeiten – also den Standpunkt der neueren (modern: projektiven) Geometrie von vorne herein einzunehmen. Auch die französischen Übersetzer heben im obigen Zitat

---

[1491] Salmon-Fiedler 1860, III. Die französische „Unternehmung" kam anscheinend erst zehn Jahre später zu ihrem Abschluss, vgl. Salmon, G.: Traité des sections coniques, tr. par H. Resal et V. Vaucharet (Paris: Gauthiers-Villars, 1870).

[1492] Salmon-Fiedler 1860, III.

[1493] Salmon 1870, III.

[1494] Salmon-Fiedler 1860, IV. Zur Priorität von Möbius vgl. den oben zitierten Brief von Salmon an Fiedler vom 29. Mai 1860 (Hs 87: 895). Trimetrische Koordinaten beziehen sich auf die Ebene (dann auch trilinear genannt), im Raume sind die tetraedrischen Koordinaten das Analogon. Allerdings ist die Terminologie nicht immer einheitlich. Vgl. 4.4.2, 5.3.1 und 5.4.1.

die neuen Koordinaten hervor, was man als ein Zeichen dafür ansehen kann, dass deren Behandlung als ein dringliches Desiderat angesehen wurde.

Ähnlich äußerte sich Fiedler noch in der Vorrede der dritten Auflage von 1873:

> Als ich die Bearbeitung von George Salmon's schon berühmten Werke „A Treatise on Conic Sections" unternahm, sah ich den Grund seines seltenen Erfolgs in der lichtvollen Darstellung derjenigen neueren Methoden, durch welche die analytische Geometrie über das Coordonatensystem des Cartesius hinausgeführt und dann immer mehr zu einer selbständigen Wissenschaft entwickelt worden ist.[1495]

Um den Erfolg von Salmon-Fiedler allgemein und den der „Kegelschnitte" insbesondere besser zu verstehen, ist es hilfreich, sich die Situation der analytischen Geometrie um 1860 herum, insbesondere auch ihrer Lehrbücher, vor Augen zu führen.[1496] Die Verwendung von Koordinaten und das Rechnen mit ihnen, die Anwendung der Algebra auf die Geometrie, wie man lange sagte, hatte im 18. Jh. eine enorme Erweiterung des mathematischen Wissens ermöglicht. Dabei spielten auch die Methoden der Analysis eine große Rolle – die Anwendung der Analysis auf die Geometrie. Eine substantielle Erweiterung brachte die Ausarbeitung der analytischen Geometrie des Raumes im 18. Jh. mit sich, wobei Leonhard Euler eine wichtige Rolle zukam. Er war es auch, der im zweiten Band seiner „Introductio in analysin infinitorum" (1748) eine gut zugängliche lehrbuchhafte Darstellung der ebenen und der (auszugsweise) räumlichen analytischen Geometrie lieferte. Monge und seine Schule brachten an der Wende zum 19. Jh. viele neue Impulse. Diese hatten einerseits mit Monges originellem Ansatz zu tun, Probleme der ebenen Geometrie mit Hilfe von räumlichen Betrachtungen zu lösen[1497], andererseits bot die darstellende Geometrie vielerlei Veranlassung, sich mit dem Zusammenspiel ebener und räumlicher Phänomene – auch mit analytischen Hilfsmitteln – auseinander zu setzen. Monge selbst arbeitete sowohl analytisch als auch synthetisch; die Bevorzugung einer Methode war ihm fremd – wie vielen problemorientierten Mathematikern.

Aus Monges Schule gingen Lehrbücher der analytischen Geometrie (Biot, Lacroix) hervor, die zudem die Bezeichnung „analytische Geometrie" überhaupt

---

[1495] Salmon-Fiedler 1873, Vorrede.

[1496] Einschlägig für die Geschichte der analytischen Geometrie ist Boyer 2004, man vgl. aber auch Paul 1980. Aus heutiger Sicht rückblickend sind die Grenzen zwischen analytischer und algebraischer Geometrie in der Geschichte der Geometrie des 19. Jhs. fließend. Vieles, von dem, was man einst analytische Geometrie nannte, würde man heute der algebraischen zurechnen. Im Folgenden schließe ich mich meist dem Sprachgebrauch des 19. Jhs. an.

[1497] Klassisches Beispiel: Sein Beweis für den Satz, dass die Pole von copunktalen Sehnen eines Kreises kollinear sind. Diese Gerade ist die Polare des Punktes, den die Sehnen gemeinsam haben – eine für die Polarreziprozität zentrale Eigenschaft. Ein anderes Beispiel liefert die Ähnlichkeitsachse dreier Kreise, auch Satz von Monge genannt.

erst populär machten. Sie wurden auch ins Deutsche übersetzt.[1498] Weiter zu nennen ist der von O. Külpe ins Deutsche übertragene Lehrgang der gesamten Mathematik von L. B. Francoeur, der auch einen Teil zur ebenen und einen zur räumlichen analytischen Geometrie umfasste[1499], sowie das Lehrbuch von J. A. Grunert zu den Elementen der analytischen Geometrie.[1500] Erfolgreich war später dann das „Lehrbuch der analytischen Geometrie" in zwei Teilen, das von A. Fort und O. Schlömilch verfasst wurde und auf Vorlesungen am Polytechnikum in Dresden basierte. Der erste Teil, die ebene analytische Geometrie, wurde von A. Fort verfasst, der zweite, die analytische Geometrie des Raumes, von O. Schlömilch.[1501] Bemerkenswert ist, dass Schlömilch die Beziehung der letzteren zur darstellenden Geometrie betonte und damit ähnliche Ideen vertrat wie Fiedler:

> Um zunächst die den Calcül der analytischen Geometrie eigenthümlichen Abstractionen möglichst anschaulich zu machen, ist die nahe Verwandtschaft der analytischen und der descriptiven Geometrie soviel als thunlich hervorgehoben worden; [...][1502]

Damit sind i. w. die um 1860 vorhandenen Lehrbücher der analytischen Geometrie in deutscher Sprache genannt.

Nach 1860 setzte im Bereich der analytischen Geometrie im Sinne von Salmon-Fiedler eine neue Phase ein; diese Wendung markieren zwei Publikationen, zum einen Cremonas Buch über ebene Kurven von 1862[1503] und seine daran anschließenden Artikel, zum andern Clebschs auf Riemann aufbauende Arbeiten beginnend mit seinem Artikel über die Anwendung der Abelschen Funktionen in der Geometrie[1504], die vor allem von A. Brill, P. Gordan und M. Noether weitergeführt wurden.[1505] Mit Clebsch begann die Verwendung von funktionentheoretischen Mitteln in der analytischen Geometrie, während Cremona vor allem durch die nach ihm benannten Transformationen das Gebiet

---

[1498] Vgl. etwa Biot 1840. Ähnlich wie Salmon-Fiedler hebt auch Biot die Anwendung der analytischen Geometrie auf die Kegelschnitte hervor – schon im Titel des Buches von Biot ist von Kurven zweiter Ordnung, also von Kegelschnitten, die Rede.

[1499] Francoeur 1839 und Francoeur 1842.

[1500] „Zum Gebrauche bei Vorlesungen" (Grunert 1839).

[1501] Fort 1855. Zwischen 1855 und 1898 brachte es dieses Werk auf sechs Auflagen. Der anonyme Rezensent des „Literarischen Centralblatts" war allerdings gar nicht angetan, er schrieb: „Die vorliegende zweite Auflage dieses Lehrbuches, das *trotz* seiner großen Dürftigkeit oder auch auf Grund derselben sehr verbreitet ist, ..." (Literarisches Centralblatt 1863, Sp. 1188). O. Fort wird uns noch als Rezensent begegnen (vgl. Fort 1861). Fiedler sandte ihm ein Exemplar der Kegelschnitte, vgl. Fort an Fiedler 19. Dezember 1862 (Hs 87: 273). Ersterer dankte Fiedler für die Mühe, der er sich unterzogen hatte, eine gut zugängliche Darstellung der Kegelschnitte zu erarbeiten.

[1502] Schlömilch 1855, Vorrede. Schlömilch hat selbst in Dresden Vorlesungen über darstellende Geometrie gehalten und einen Enzyklopädieartiel dazu verfasst: Schlömilch 1854.

[1503] Deutsche Übersetzung: Cremona 1865.

[1504] Clebsch 1864.

[1505] Clebschs Einfluss auf Noether wird von letzterem in einem Brief aus Mannheim an Fiedler vom 28. März 1873 (Hs 87: 757) einträglich geschildert

erweiterte.[1506] Man kann sagen, dass Salmons Lehrbücher im Wesentlichen der Phase vor 1860 zugehören, was Inhalt und Methoden anbelangt, dass aber Fiedler in seinen Bearbeitungen versuchte, auch neuere Erkenntnisse einzubauen. In den englischen Originalen blieb das i. w. Cayley vorbehalten. Das Jahrzehnt 1860 bis 1870 war zudem ein sehr fruchtbarer Zeitraum für die Invariantentheorie und ihre Anwendung in der analytischen Geometrie; diese Entwicklungen sind bei Salmon-Fiedler sehr präsent.[1507] Allerdings betraf dies kaum die Theorie der Kegelschnitte, weshalb Salmon-Fiedlers Lehrbuch zu diesem Gegenstand vor der Gefahr der Veralterung besser geschützt war als die anderen Bände der Lehrbuchreihe.[1508]

Die analytische Behandlung der projektiven Geometrie wurde erst durch die Entwicklung von homogenen Koordinaten ermöglicht, die in der Hauptsache auf A. F. Möbius und J. Plücker zurückgeht. Allerdings war es ein langer Weg, bis man die Zusammenhänge hier durchschaute.[1509] Weder Möbius noch Plücker waren anscheinend Autoren, die breit gelesen wurden. Hier könnte man eher an M. Chasles denken, dessen „Traité de géométrie supérieure" (1852) schon 1856 von Chr. H. Schnuse ins Deutsche übersetzt wurde.[1510] Im Gedächtnis geblieben ist Chasles durch die heute noch im Französischen gängige Bezeichnung „anharmonisches Verhältnis" (auch „anharmonische Funktion") (statt „Doppelverhältnis", was in Gestalt von „Doppelschnittsverhältnis" auf Möbius zurückgeht), wozu Fiedler bemerkt: „[...] diese Bezeichnung von Chasles hat grosse Verbreitung gefunden, obwohl sie nicht glücklich ist."[1511] Fiedler führt dann weiter aus:

> Chasles hat im „Traité de géométrie supérieure" 1852 die Entwickelung einer Planimetrie auf Grundlage des anharm. Verhältnisses begonnen. Aber schon Steiner hat seine fundamentale Bedeutung für die *ganze*

[1506] Vgl. 5.4.4.

[1507] Vgl. den Exkurs über Invariantentheorie. Eine Darstellung der Geschichte der algebraischen Geometrie ist Dieudonné 1974, einen kurzen Abriss der Entwicklung ab/nach Riemann gibt Shafarevich 1974, 412 – 430. Beiden gemeinsam ist die Ansicht, dass Riemanns Werk von entscheidender Bedeutung gewesen sei.

[1508] So wies der Rezensent – ch, lies: Oskar Schlömilch, des Literarischen Centralblatt bei Erscheinen der „höheren algebraischen Kurven" (1874) darauf hin, dass dieses Buch dato nicht mehr auf der Höhe „der (deutschen) Wissenschaft" (Sp. 755) sei, dass es dies wohl aber beim Erscheinen des englischen Originals (1852) gewesen sei.

[1509] Das lag zum Teil daran, dass der Begriff der projektiven Ebene noch nicht vollständig geklärt war – man könnte vielleicht sagen, das epistemische Objekt „projektive Ebene" war noch nicht konstituiert. Vgl. Bioesmat-Martagon 2010.

[1510] Vgl. Chasles 1856. Auch der historische Überblick zur Entwicklung der Geometrie (1837) von Chasles wurde früh ins Deutsche übersetzt; vgl. Chasles 1839.

[1511] Fiedler 1873, XXI. Sie verschwand außerhalb des französischen Sprachraums denn auch weitgehend.

> Geometrie entwickelt in dem Werke „Systematische Entwickelung der Abhängigkeit geometrischer Gestalten von einander."[1512]

Man wundert sich etwas, dass Poncelet hier nicht genannt wird, für den doch das Doppelverhältnis eine wichtige (metrisch-)projektive Invariante gewesen ist.

Die verbreitetsten Lehrbücher der analytischen Geometrie im deutschen Sprachraum in der zweiten Hälfte des 19. Jhs. waren die beiden Werke „Vorlesungen über analytische Geometrie des Raumes" (1861)[1513] und „Vorlesungen aus der analytischen Geometrie der geraden Linie, des Punktes und der Ebene" (1865) von Ludwig Otto Hesse, wozu noch − weniger bekannt − dessen „Vier Vorlesungen aus der analytischen Geometrie" (1866) und seine „Sieben Vorlesungen aus der analytischen Geometrie der Kegelschnitte" (1874) kamen. Letztere wurden als Zeitschriftenartikel in der Zeitschrift für Mathmatik und Physik nicht aber als Lehrbuch publiziert. Hesse und Salmon-Fiedler waren somit etwa zeitgleich, unterschieden sich aber dennoch stark in Bezug auf Inhalte und Präsentation. Insofern kann man hier eher von Ergänzung denn von Konkurrenz sprechen. Hesses Darstellung ist elementar und kleinschrittig, Salmon-Fiedler hingegen gehen zügig vor und sind mit Erklärungen nicht eben verschwenderisch. Bei ihnen sind Aufgaben mit Lösungshinweisen ein wesentliches pädagogisches Element[1514], das man bei Hesse vermisst. Das könnte auf eine bei Salmon-Fiedler intendierte Verwendung als Hilfsmittel beim autodidaktischen Lernen hindeuten. Ähnliches gilt für das sehr detaillierte Inhaltsverzeichnis bei Salmon - Fiedler[1515], das gewissermaßen als Index dienen kann. Abbildungen gibt es in recht großer Zahl im Text beider Bücher. Anders als bei Hesse finden sich bei Salmon − Fiedler umfangreiche Literaturhinweise[1516], die auch aktualisiert wurden, sowie historische Anmerkungen. Während sich allerdings in Fiedlers Lehrbuch zur darstellenden Geometrie und in vielen seiner Publikationen immer wieder Hinweise auf seine Lehrpraxis finden, ist in den „Kegelschnitten" von Salmon-Fiedler davon nicht die Rede.

[1512] Fiedler 1873, XXI. Es geht hier um Steiner 1832.

[1513] In der recht kurzen Besprechung dieses Buches im „Literarischen Centralblatt" hebt der (anonyme) Rezensent hervor, dass Hesse der erste führende deutsche Mathematiker seit langer Zeit sei, der ein Lehrbuch über sein eigenes Forschungsgebiet veröffentliche, während dies in Frankreich gang und gäbe sei. Vgl. Literarisches Centralblatt 1862, Sp. 312. Hesses Werke wurden nach dessen Tod von S. Gundelfinger bearbeitet und herausgegeben. Ein weiteres Zeichen dafür, wie gut sie am Markt eingeführt waren.

[1514] Fiedler spricht von der „pädagogischen Brauchbarkeit", die durch die gegenüber dem englischen Original vermehrte Aufgabensammlung noch „erhöht" worden sei (Salmon-Fiedler 1873, Vorrede)

[1515] Salmon − Fiedler 1873, III − XX. Aufgeführt werden neben den Kapiteln stichwortartig auch die Inhalte der meisten Nummern, in die die Kapitel unterteilt sind.

[1516] Vgl. die „Quellen- und Literaturhinweise" in Salmon − Fiedler 1873, XXI − XXVIII.

Ein weiterer Pluspunkt von Salmons Lehrbuch könnte die didaktische Aufbereitung des Stoffes gewesen sein. Salmon setzt nur Elementares voraus.[1517] Im Wesentlichen geht es darum, dass nach kurzen allgemeinen einführenden Erläuterungen Aufgaben gestellt und gelöst werden (z. B. den Schnittpunkt zweier Geraden berechnen). Die Lösungen werden ausführlich erläutert. Dann folgen Aufgaben zum Selbstlösen mit Lösungshinweisen. Oft geht es in ihnen darum, das zuvor Erlernte an konkreten Zahlenbeispielen zu üben. Es gibt auch Hinweise auf typische Schwierigkeiten, oft gestellte Fragen und ähnliches. Ein Beispiel:

> Darum repräsentiren zwei Gleichungen des ersten Grades nur einen Punkt und zwei Gleichungen von höheren Graden mehr als einen Punkt; denn in jenem Falle stellt jede Gleichung eine gerade Linie dar, und zwei gerade Linien können sich nur in einem Punkt schneiden; in diesem allgemeinen Falle sind die durch die Gleichungen dargestellte Oerter Curven, welche einander in mehr als einem Punkt durchschneiden.[1518]

Salmon operiert viel mit der Idee des geometrischen Ortes, einer didaktisch bewährten Vorstellung: Gleichungen entsprechen Örtern und umgekehrt. Dazu gibt es viele Belege, z. B.: „Aufg. 1. Den Ort der Mittelpunkte der Rechtecke zu finden, die einem Dreieck eingeschrieben sind."[1519]

Hesse schrieb 1865 über die Bestimmung seines Buches „Vorlesungen aus der analytischen Geometrie der geraden Linie, des Punktes und der Ebene":

> Das vorliegende Lehrbuch dient dem Studium der Geometrie sowohl auf der Schule als auch auf der Universität.
>
> Die behandelten Gegenstände, sowie die nothwendigen Voraussetzungen, sind der Sphäre des Schulunterrichts entnommen. Die einzige Ausnahme hiervon bildet die siebente Vorlesung. Sie durfte indess nicht wegbleiben, weil sie ein sprechendes Zeugniss ablegt für den innigen Zusammenhang der Geometrie mit der Algebra.
>
> Die Vorlesungen sind wesentlich akademische. Darum beschränken sie sich nicht auf die der Schule gezogenen Grenzen, sondern geben in erweitertem Rahmen ein Bild der Wissenschaft in ihrer jetzigen Form.[1520]

[1517] Hiervon gibt es zwei Ausnahmen: Komplexe Zahlen werden kommentarlos verwendet, ebenso Fernpunkte und – geraden. Erstere wurden üblicherweise im Gymnasium behandelt.

[1518] Salmon-Fiedler 1873, 27.

[1519] Salmon-Fiedler 1873, 48. Liegen o. B. d. A. zwei Eckpunkte des Rechtecks auf der Seite AB des Dreiecks, so ist der gesuchte Ort die Verbindungsstrecke der Mittelpunkte von AB und der Höhe von C auf AB. Eine Gleichung hierfür wird nicht aufgestellt, das wurde aber zuvor ausführlich geübt. Ähnliche Beispiele finden sich weiter unten in „Hätten Sie's gewusst?"

[1520] Hesse 1873, III. Hesse war lange Lehrer an der Gewerbeschule in Königsberg gewesen. Die siebte Vorlesung beschäftigt sich mit der Auflösung der biquadratischen Gleichung.

Der wichtigste Unterschied aber zwischen Salmon-Fiedler und Hesse ist, dass bei letzterem die projektive Auffassung randständig ist, während sie für Salmon-Fiedler ein durchgängiges, geradezu konstitutives Prinzip darstellt. Hesse führte seine Leser in die traditionelle analytische Geometrie (des Cartesius, wie Fiedler das nannte) ein – bekanntes Thema: die Hessische Normalform – und erweiterte gelegentlich zur projektiven Sichtweise, während letztere bei Salmon – Fiedler von vorne herein durch Verwendung der trilinearen Koordinaten für die Ebene eingenommen wird. Anscheinend hat der Verlag B. G. Teubner keine direkte Konkurrenzsituation zwischen Hesse, Fort-Schlömich und Salmon-Fiedler gesehen, er hat alle drei durchaus mit Erfolg verlegt.[1521]

Die Wertschätzung, welche die Salmonschen Lehrbücher im deutschsprachigen Raum erfuhren, kommt deutlich in folgendem Urteil zum Ausdruck:

> Trotz dieser Ausstellungen rechnet Referent doch vorliegendes Werk[1522] unstreitig zu den besten Lehrbüchern der analytischen Geometrie: die Darstellung ist durchaus klar und genau, das wissenschaftliche Material reichhaltig und passend ausgewählt. Wäre dasselbe vor *Salmon's* ausgezeichneten Büchern erschienen, so würde es die mathematische Welt mit der größten Freude begrüßt haben; so aber wird sich dasselbe mit dem zweiten Platz zu begnügen haben.[1523]

Aufschlussreich ist der Vergleich der Inhaltsverzeichnisse der Bücher von Hesse und Salmon-Fiedler. Dabei ziehe ich die bereits mehrfach erwähnten Vorlesungen Hesses über ebene Geometrie heran, denn die „Kegelschnitte" von Salmon-Fiedler sind ebenfalls ein Buch über ebene Geometrie.

Hesses Buch ist in fünfzehn Vorlesungen gegliedert.

1. **Vorlesung:** Einleitung
2. **Vorlesung:** Die gerade Linie
3. **Vorlesung:** Harmonische Linien. Linien der Involution
4. **Vorlesung:** Der Punkt
5. **Vorlesung:** Harmonische Punkte. Punkte der Involution
6. **Vorlesung:** Zur Involution
7. **Vorlesung:** Die Auflösung biquadratischer Gleichungen

[1521] Er hat später auch Wieners Lehrbuch der darstellenden Geometrie neben dem von Fiedler verlegt – auch hier hätte man eine Konkurrenzsituation sehen können. Wie der Briefwechsel Fiedlers mit Wiener zeigt, hatte zumindest auch Wiener damit kein Problem. Er meinte, ihrer beiden Werke seien sehr unterschiedlich und ergänzten sich „zur Erreichung desselben Zieles der wissenschaftlichen Weiterbildung der darstellenden Geometrie" (Hs 87: 1540; Brief aus Karlsruhe vom 16. November 1888). Vgl. auch 9.2.5.

[1522] Es geht um Joachimsthal, F.: Elemente der analytischen Geometrie der Ebene (Berlin: Reimer, 1862).

[1523] Literarisches Centralblatt 1863, Sp. 898. Als einzigen Nachteil des Salmonschen Werks nennt der Rezensent dessen hohen Preis.

    8. Vorlesung: Linienpaare und Punktepaare

    9. Vorlesung: Transformation der Coordinaten und die orthogonalen Substitutionen

   10. Vorlesung: Orthogonale Substitutionen, welche eine gegebene homogene Function der zweiten Ordnung zweier Variabeln auf die Quadrate zweier anderer Variabeln zurückführen

   11. Vorlesung: Homogene Coordinaten, Dreieckscoordinaten

   12. Vorlesung: Das Pascalsche und das Brianchonsche Sechseck

   13. Vorlesung: Der Kreis

   14. Vorlesung: Das System von Kreisen, welche durch die Mittelpunkte zweier Kreise gehen

   15. Vorlesung: Das System von Kreisen, welche von einem Kreise senkrecht geschnitten werden. Das Problem der Berührung eines Kreises an drei gegebenen Kreisen.

Die ersten acht Vorlesungen haben – abgesehen von der siebten, von der ja schon im obigen Zitat von Hesse die Rede war – einführenden Charakter. Hier kommen Themen zur Sprache wie das Doppelverhältnis, das Hesse im Anschluss an Chasles als anharmonisches[1524] bezeichnet, allerdings ohne dass ein Bezug zur projektiven Geometrie hergestellt würde. Hesses wichtigstes methodisches Hilfsmittel sind die abgekürzten Bezeichnungen nach Plücker. Es fällt zudem auf, dass er die Steinerschen Bezeichnungen wie Strahlenbüschel usw. nicht verwendet. In den Vorlesungen 9 und 10 kommen Fragen der Invariantentheorie zur Sprache; einen deutlichen Bezug zur projektiven Geometrie haben erst die Kapitel 11 und 12. Die abschließenden Vorlesungen gehen auf klassische Themen der Kreisgeometrie ein, insbesondere auf das Apollinische Berührproblem.

Allerdings sollte berücksichtigt werden, dass Hesse eine Fortsetzung des soeben betrachteten Buches veröffentlicht hat, nämlich die bereits erwähnten, wenig bekannten „Sieben Vorlesungen aus der analytischen Geometrie der Kegelschnitte".[1525] In ihnen wird der Bezug zur projektiven Geometrie deutlich, wie die Überschriften der Vorlesungen 17, 19 und 20 – die Numerierung führt diejenige des oben zitierten Buches fort – zeigen:

   16. Vorlesung: Allgemeine Eigenschaften der Kegelschnitte

   17. Vorlesung: Pole und Polaren der Kegelschnitte

   18. Vorlesung: Weitere allgemeine Eigenschaften der Kegelschnitte

   19. Vorlesung: Fortsetzung der siebzehnten Vorlesung über Pole und Polare der Kegelschnitte

---

[1524] Hesse 1873, 28.

[1525] Hesse 1874. Die Grundlage dieser Publikation bildeten nach Hesses eigenen Angaben Vorlesungen, die er an der Polytechnischen Schule in München gehalten hatte, die anderen Bücher von Hesse hingegen beruhen hauptsächlich auf Vorlesungen der Heidelberger Zeit. Hesse wechselte 1868 von Heidelberg nach München, wo er schon 1874 starb.

> **20. Vorlesung:** Das Gesetz der Reciprocität
> **21. Vorlesung:** Classification der Kegelschnitte
> **22. Vorlesung:** Construction der Kegelschnitte von ihren Brennpunkten aus

Hesses Buch hat 226 Seiten; im Schnitt sind die einzelnen Vorlesungen etwa 15 Seiten lang; die sieben zusätzlichen Vorlesungen füllen 52 Seiten der Schlömilchen „Zeitschrift".[1526] Dagegen haben die „Kegelschnitte" von Salmon-Fiedler (in der dritten Auflage) 609 Seiten, ab der fünften Auflage erschienen sie sogar in zwei Teilen. Ihr Inhalt ist in Kapitel gegliedert:

> **1. Kapitel.** Der Punkt
> **2. Kapitel.** Die gerade Linie
> **3. Kapitel.** Aufgaben über die gerade Linie
> **4. Kapitel.** Von der Anwendung der abgekürzten Bezeichnung für die Gleichung der geraden Linie und den trimetrischen Coordinatensystemen
> **5. Kapitel.** Gleichungen von höheren Graden, welche gerade Linien darstellen
> **6. Kapitel.** Ableitung der Haupteigenschaften aller Curven zweiten Grades aus der allgemeinen Gleichung
> **7. Kapitel.** Der Kreis
> **8. Kapitel.** Lehrsätze und Aufgaben zum Kreis
> **9. Kapitel.** Eigenschaften eines Systems von zwei oder mehreren Kreisen
> **10. Kapitel.** Anwendung einer abgekürzten Bezeichnung auf die Gleichung eines Kreises
> **11. Kapitel.** Die allgemeine Gleichung zweiten Grades als Centralgleichung: Ellipse und Hyperbel
> **12. Kapitel.** Die Parabel
> **13. Kapitel.** Vermischte Aufgaben und Sätze; specielle Beziehungen zweier Kegelschnitte
> **14. Kapitel.** Die Methode des Unendlich-Kleinen
> **15. Kapitel.** Vom Gebrauch der abgekürzten Symbolik in der Theorie der Kegelschnitte
> **16. Kapitel.** Von den projectivischen Eigenschaften der Kegelschnitte
> **17. Kapitel.** Von den speciellen Formen der homogenen Gleichung zweiten Grades
> **18. Kapitel.** Von der Theorie der Enveloppen
> **19. Kapitel.** Von der allgemeinen homogenen Gleichung zweiten Grades
> **20. Kapitel.** Von den Invarianten und Covarianten der Systeme erster Stufe oder binären Formen
> **21. Kapitel.** Von den Invarianten und Covarianten der Systeme von Kegelschnitten oder von ternären Formen

---

[1526] Aufgrund dieses geringen Umfangs kam wohl auch keine Publikation als Buch in Frage.

22. Kapitel. Von der analytischen Grundlage der metrischen Relationen und der Theorie der projectivischen Verwandtschaften
23. Kapitel. Von der Methode der reciproken Radien
24. Kapitel. Von der Methode der Projection

Im Vergleich zum englischen Original hat Fiedler einige Umstellungen vorgenommen; Kapitel 4 bei Salmon-Fiedler ist bei Salmon erst Kapitel 14; in der deutschen Ausgabe wird also die grundlegende Rolle der abgekürzten Bezeichnungen hervorgehaben. Fiedler hat auch ganze Kapitel neu geschrieben und hinzugefügt; das gilt für Kapitel 6 und 22; ein Kapitel (das 25. „Zur Bestimmung der Kegelschnitte und der Methode der Charakterisitken") hat Fiedler ab der dritten Auflage aus den „Kegelschnitten" in die „höheren Kurven" in veränderter Form verschoben.

Die „Kegelschnitte" von Salmon-Fiedler zerfallen grob in drei Teile: Der erste Teil (Kapitel 1 bis 5) behandelt die Grundlagen der ebenen analytischen Geometrie unter Einschluss der projektiven, der zweite Teil (Kapitel 6 bis 13) stellt die Theorie der Kegelschnitte dar und der letzte Teil (Kapitel 14 bis 24) diskutiert spezielle Fragen, wobei vor allem der Bezug zur Invariantentheorie (Kapitel 20 und 21) und die Behandlung der Cayleyschen Maßbestimmung (Kapitel 22) auffallen. Die Kapitel 23 und 24 greifen methodische Themen auf: „Von der Methode der reciproken Polaren"[1527] und „Von der Methode der Projection"[1528]. Die einzelnen Kapitel, Fiedler spricht auch von Abschnitten, sind in Nummern unterteilt, insgesamt gibt es deren 425. Im Vergleich zu Salmon's Original ist hervorzuheben, dass Fiedler in der deutschen Ausgabe den Einstieg in die projektive Sichtweise weit vorzieht; früh wird auch die Terminologie nach Steiner eingeführt. Insgesamt kann man festhalten, dass das Lehrbuch von Salmon – Fiedler didaktisch gut aufbereitet wirkt.

Der erste Teil des Buches, der die Kapitel I bis V umfasst, behandelt Geraden, Winkel und Strahlenbüschel sowie deren analytische Darstellungen[1529]; er umfasst knapp 120 Seiten. Nachdem die Darstellung der Geraden in der allgemeinen Form $Ax + By + C = 0$ und in der Achsenabschnittsform $x/a + y/b = 1$ hergeleitet wurde, kommen Salmon-Fiedler[1530] auf die „Normalform" in Form einer Aufgabe zu sprechen:

[1527] Das ist Poncelets Bezeichnung, es geht um die Polarreziprozität.
[1528] Hier geht es u.a. um die Zentralkollineation und die Schnitte des schiefen Kreiskegels.
[1529] Dabei spielt sich alles in der Ebene ab, die Raumgeometrie kommt nicht vor.
[1530] Eine bis ins Detail gehende Klärung, wie sich das Salmonsche Original zur Fiedlerschen Bearbeitung verhält, kann hier nicht geleistet werden. Deshalb wird *tout court* von „Salmon-Fiedler" oder nur von „Fiedler" gesprochen.

Die Gleichung einer geraden Linie durch die Länge der auf sie vom Anfangspunkt gefällten Normale und durch die von dieser mit den Axen gebildeten Winkel auszudrücken.[1531]

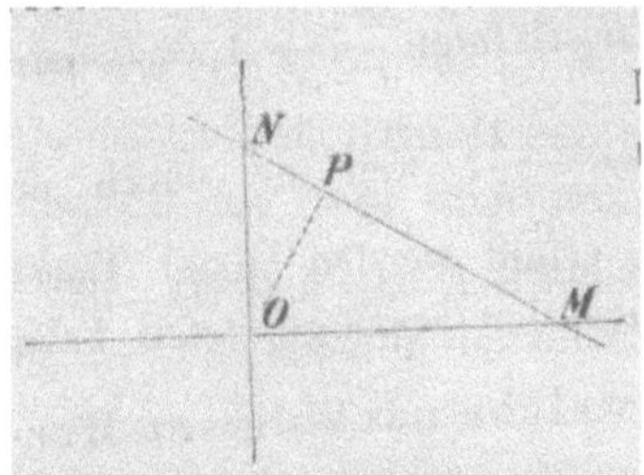

Abb. 5.4: *Zur Gleichung der Geraden in Normalform*[1532]

Es sei *OM* = *a*, *ON* = *b* und *OP* = *p*. Multipliziert man die Gleichung der Geraden in Achsenabschnittsform mit *p*, so erhält man

$$\frac{p}{a}x + \frac{p}{b}y = p$$

Bezeichnet man den Winkel *MOP* mit α und den Winkel *PON* mit β, so ergibt sich die Form

$$x \cdot \cos\alpha + y \cdot \sin\beta = p$$

Ist das Koordinatensystem rechtwinklig, so folgt hieraus wegen $\beta = 180° - \alpha$:

$$x \cdot \cos\alpha + y \cdot \sin\alpha = p$$

Im Anschluss diskutiert Fiedler die Frage, welche Winkel und damit welche Vorzeichen hier möglich sind; in den folgenden Nummern geht es um die Umrechnung von einer Form der Geradengleichung in eine andere nebst Übungsaufgaben. Ein Hinweis auf L. O. Hesse – wir sprechen ja heute von der Hesseschen Normal(en)form - gibt es im Zusammenhang mit der Normalform nicht. Da Fiedler sonst sehr sorgfältig war in der Angabe von Autoren und Quellen, könnte dies darauf hindeuten, dass er die Normalform als Gemeingut betrachtete.[1533]

Aus heutiger Sicht würde man die bisherigen Ausführungen Fiedlers auf Schulniveau ansiedeln; aus der Sicht seiner Zeit war das sicher nicht der Fall, denn die analytische Geometrie wurde erst im letzten Drittel des 19. Jhs. in den Unterricht der höheren Schulen eingeführt.

[1531] Salmon-Fiedler 1873, 20.
[1532] Salmon-Fideler 1873, 20.
[1533] Auch Salmon gibt keine Hinweise auf Hesse, vgl. Salmon 1855, 19 – 20.

Ein wichtiges Anwendungsgebiet für die analytischen Methoden boten die Kegelschnitte, womit man dann einen Anschluss an die neuere Geometrie herstellen konnte. Die analytische Behandlung der Kegelschnitte war allerdings nicht unumstritten. Die Anhänger der synthetischen Richtung, die als zu schwierig für Schüler galt, reklamierten für sich, erst das wahre – sprich: das anschauliche - Wesen dieses Gegenstandes zu enthüllen. Einen praktisch erprobten Versuch, die Kegelschnitte synthetisch nach dem „von Steiner eingeschlagenen Weg" in Prima zu behandeln, beschrieb 1877 W. Erler, Oberlehrer am Pädagogium in Züllichau.[1534] Seine Schlussfolgerung im Vergleich zur gängigen Behandlungsweise lautet:

> [...] und ich bin von dem Resultate sowohl in Bezug auf das erregte Interesse, als auch in Bezug auf das erzielte Verständnis und die Fähigkeit, Aufgaben zu lösen, weit zufriedener. Indem ich zugebe, dass die alte synthetische Behandlung schwerfällig und zeitraubend war, glaube ich, das von der neueren Behandlung nicht sagen zu können.[1535]

Erler entwickelt auf 35 Seiten nebst Figurentafel einen Lehrgang, der auch Aufgaben und eine Zusammenstellung der wichtigsten Definitionen umfasst – insgesamt eine praxistaugliche Veröffentlichung.

Doch zurück zu Salmon-Fiedler. Neben recht- und schiefwinkligen kartesischen Koordinatensystemen werden bei Salmon-Fiedler auch Polarkoordinaten eingeführt; die Gleichung einer Geraden in Polarkoordinaten wird Polar-Gleichung genannt.

Typisch für Salmons Stil ist die einführende Bemerkung zum dritten Kapitel, überschrieben mit „Aufgaben über die gerade Linie":

> Nachdem wir im vorigen Kapitel die Principien dargelegt haben, auf welche gestützt wir die Lage eines Punktes oder einer geraden Linie algebraisch auszudrücken im Stande sind, wollen wir einige weitere Beispiele von der Anwendung dieser Methode zur Auflösung geometrischer Aufgaben hinzufügen. Der Anfänger muss sich in der Anwendung der Methode zur Lösung solcher Aufgaben üben, bis er Leichtigkeit und Schnelligkeit in ihrem Gebrauch erlangt hat.[1536]

[1534] Heute Sulechów in Westpolen, im 19. Jh. preußisch. Nicht zu verwechseln mit Carl Augsut Erler (1820 – 1889), der am Polytechnikum Dresden u.a. darstellende Geometrie unterrichtet, ab 1867 als ordentlicher Professor.

[1535] Erler 1877, 4 – 5. Bzgl der Geschichte des Unterrichtsgegenstandes Kegelschnitte vgl. man auch Schupp 1988.

[1536] Salmon-Fiedler 1873, 41. In Lehrplänen der 1970er Jahre hieß dies „ohne Umschweife". Ähnlich geartete Bemerkungen findet man z. B. auf den Seiten 45, 48 und 57 der „Kegelschnitte".

Für moderne Leser gewöhnungsbedürftig ist das Thema des vierten Kapitels, die so genannten abgekürzten Bezeichnungen, für welche Fiedler Plücker als Urheber nennt.[1537] Eine Geradengleichung in Normalform wird abgekürzt wiedergegeben durch $\alpha = 0$, eine in allgemeiner Form durch $\mathbf{A} = 0$. Sind $\alpha_1 = 0$ und $\alpha_2 = 0$ zwei Geraden, so bezeichnet $\alpha_1 - k\alpha_2 = 0$ dasjenige Strahlenbüschel, das den Schnittpunkt der beiden Geraden zum Zentrum hat. Nimmt man einen bestimmten Wert für den reellen Parameter k, ergibt sich ein bestimmter Strahl aus dem Büschel, insbesondere ist $\alpha_1 - \alpha_2 = 0$ die Winkelhalbierende, $\alpha_1 + \alpha_2 = 0$ ist genau der Schnittpunkt der beiden Geraden. Man bemerkt, dass die abgekürzten Bezeichnungen sich gut eignen, um Büschel zu notieren – was aus der Sicht einer analytisch betriebenen projektiven Geometrie à la Steiner sicherlich ein beträchtlicher Vorteil war.

Hieraus ergibt sich eine interessante Einführung des Doppelverhältnisses, indem man das Verhältnis, in dem der Strahl $\alpha_1 - k\alpha_2 = 0$ (k fest) den Winkel zwischen den beiden Ausgangsgeraden $\alpha_1 = 0$ und $\alpha_2 = 0$ teilt, mit Hilfe von Winkeln ausdrückt:

Bezeichnet O den Schnittpunkt der beiden Ausgangsgeraden, liegt A auf $\alpha_1 = 0$, B auf $\alpha_2 = 0$ und P auf $\alpha_1 - k\alpha_2 = 0$, so ergibt sich für k der Wert

$$k = \frac{\sin A\,OP}{\sin B\,OP}$$

Der Parameter k gibt also an, wo der dritte Strahl zwischen den beiden gegebenen liegt: Ist k positiv, so liegt er zwischen den beiden Strahlen, ist k negativ, so liegt er außerhalb des von den beiden Strahlen begrenzten Winkelraumes.[1538] Der Wert $k = 1$ liefert die Winkelhalbierende, da dann $\sin AOP = \sin BOP$ ist.

Nimmt man nun einen zweiten Stahl $\alpha_1 - k_1\alpha_2 = 0$ hinzu, so erhält man einen analogen Ausdruck. Das Verhältnis der Teilverhältnisse $k : k_1$ ist dann das Doppelverhältnis. Gilt $k : k_1 = -1$, so liegt harmonische Teilung vor: Der äußere Winkel zwischen den beiden Geraden ist bis auf das Vorzeichen im gleichen Verhältnis geteilt wie der innere. Schneidet man ein Strahlenbüschel bestehend aus vier Strahlen mit einer Geraden, so kann man das Doppelverhältnis der Schnittpunkte erklären durch Rückgriff auf dasjenige des Strahlenbüschels.[1539]

[1537] Vgl. Salmon-Fiedler 1873, 60. Einen gleichlautenden Hinweis gibt es auch bei Salmon im Original: vgl. Salmon 1855, 37 – 38.

[1538] Um diese Aussage eindeutig zu machen, kann man verabreden, dass der von den beiden Strahlen eingeschlossene Winkel stets der kleinere sein soll. Auszunehmen hiervon ist der gestreckte Winkel, der aber keine Schwierigkeiten macht. Zum Doppelverhältnis in Fiedlers „Darstellender Geometrie" vgl. 4.2.6.

[1539] Üblicherweise macht man das gerade anders herum: Man beginnt mit dem Doppelverhältnis von vier kollinearen Punkten und zeigt dann, dass das Doppelverhältnis auf zwei Geraden, die vier Geraden eines Büschels schneiden, gleich ist (manchmal als kleiner Satz von Desargues bezeichnet).

Aufgrund der Darstellung durch die Quotienten der Sinusse erhält man sofort den „schon den Alten bekannten"[1540] Satz, dass das Doppelverhältnis zweier Schnitte eines Strahlenbüschels gleich ist. Hier bleibt Fiedler auch nicht den Verweis auf Pappos VII, 129 schuldig.[1541] Er stellt fest:

> v. Staudt hat die harmonischen Gebilde zur Grundlage der Projectivitätstheorie und der reinen Geometrie gemacht. Vergl. seine „Geometrie der Lage" (§ 8, p. 73) 1847.[1542]

In Hinblick auf die projektive Sichtweise besonders interessant ist die Einführung einer Art von homogenen Koordinaten nach Salmon-Fiedler, der sogenannten „Dreilinien-Coordinaten"[1543]. Die Dreilinienkoordinaten sind nicht anders als Dreieckskoordinaten. Es gibt bei diesem Thema Beziehungen zu Möbius' baryzentrische Koordinaten; in der ersten Auflage der „Kegelschnitte" hatte Fiedler, wie bereits erwähnt, trimetrische Koordinaten anhand eines ihm von Möbius zur Verfügung gestellten Textes eingeführt.[1544] Während bei Möbius statische Überlegungen als Grundlage dienten, gehen Salmon-Fiedler geometrisch vor, insbesondere spielen Flächeninhalte von Dreiecken eine Rolle.[1545]

Man gehe von der Normalform der Geradengleichung in der Form

$$x \cdot \cos \alpha + y \cdot \sin \alpha - p = 0$$

aus. Diese Gleichung gilt dann und nur dann, wenn der Punkt $P(x,y)$ auf der Geraden liegt; ist das nicht der Fall, so liefert die linke Seite einen Wert ungleich Null, den man als den mit einem Vorzeichen versehenen Abstand des fraglichen Punktes von der Gerade $\alpha = 0$ interpretieren kann. Sind drei Geraden gegeben, die nicht kopunktal und von denen keine zwei parallel sind, so kann man einen beliebigen Punkt der Ebene festlegen durch seine drei (orientierten) Abstände zu

---

Das wiederum erlaubt die Übertragung auf vier kopunktale Geraden, also auf ein Strahlenbüschel. Beim Zugang von Salmon-Fiedler ist der kleine Satz von Desargues eine Selbstverständlichkeit.

[1540] Salmon – Fiedler 1873, 63. Fiedler erwähnt in der Anmerkung 4, dass die Bezeichnung Doppelverhältnis auf Möbius zurückgehe (als Doppelschnittverhältnis) und kritisiert dann, wie bereits gesehen, die Chasles'sche Bezeichnung „anharmonisches Verhältnis (oder Funktion)".

[1541] Es geht um dessen „Sammlung". Vgl. Salmon – Fiedler 1873, XXI Anm. 5. Bei Pappos ist das Doppelverhältnis ein Verhältnis zweier Rechtecke.

[1542] Salmon – Fiedler 1873, XXI Anm. 4. Aufgabe 1 (Salmon-Fiedler 1873, 67) verlangt dann, "Die harmonischen Eigenschaften des vollständigen Vierecks analytisch abzuleiten."

[1543] Salmon-Fiedler 1873, 72. Dual zu den Dreilinienkoordinaten, die Punktkoordinaten darstellen, kann man auch Dreipunktekoordinaten bilden, die dann Linienkoordinaten sind; beide zusammen werden manchmal als trimetrische Koordinaten bezeichnet. Fiedlers eigener Zugang wird in seiner „Darstellenden Geometrie" geschildert, vgl. 4.4.2. In der dritten Auflage der „Kegelschnitte" findet sich denn auch der Hinweis: „Für die vorstehende Entwickelung [...] vergleiche man des Herausgebers „Darstellende Geometrie" [...]." (Salmon-Fiedler 1873, XXI, n. 8).

[1544] Vgl. Salmon-Fiedler 1860, 574 – 580.

[1545] Das Thema Einführung von homogenen Koordinaten wird nochmals in den „Höheren ebenen Kurven" thematisiert; der dortige Text stammt im Wesentlichen von A. Cayley. Vgl. 5.4.1.

diesen Geraden.[1546] Andererseits kann man nachrechnen, dass sich eine beliebige vierte Gerade[1547] $\alpha = 0$ durch Kombination der drei gegebenen Geraden $\alpha_1 = 0$, $\alpha_2 = 0$, $\alpha_3 = 0$ darstellen lässt, das heißt, es gibt Konstanten a_1, a_2 und a_3 mit:

$$a_1\,\alpha_1 + a_2\,\alpha_2 + a_3\,\alpha_3 = 0$$

Die Aussage ist mit modernen Augen betrachtet die, dass sich die Gleichung, durch welche die vierte Gerade gegeben ist, linear aus den drei Gleichungen der gegebenen Geraden kombinieren lässt, was wiederum auf die Lösbarkeit eines Gleichungssystems hinausläuft.

Fiedler schreibt hierzu:

> [...] und wir können danach ein *System von Coordinaten bilden, in welchem die Lage eines Punktes durch seine Entfernungen von drei festen Geraden, den Fundamentallinien, bestimmt und in welchem eine gerade Linie durch eine homogene Gleichung* $a_1\alpha_1 + a_2\alpha_2 + a_3\alpha_3 = 0$ *zwischen diesen Entfernungen dargestellt wird.* In dieser Homogenität liegt, wie weitergehende Untersuchungen lehren, der hauptsächliche Vorzug des neuen Coordinatensystems; [...].[1548]

Eine spezielle Sichtweise auf Dreieckskoordinaten bzgl. des Fundamentaldreiecks $A_1A_2A_3$ ergibt sich, wenn der fraglichen Punkt P im Inneren des Dreiecks liegt. Dann erhält man nämlich das Doppelte des Inhalts des Fundamentaldreiecks als Summe der doppelten Inhalte der drei Teildreiecke A_1A_2P, A_1A_3P und A_2A_3P, in die wiederum die drei Abstände des Punktes P zu den Seiten des Dreiecks (sie sind die Höhen der fraglichen Dreiecke) eingehen. Salmon-Fiedler nennen diese drei Flächeninhalte gelegentlich die absoluten Größen der Dreieckskoordinaten des Punktes P. Liegt der Punkt P auf einer Dreiecksseite, so wird offensichtlich eine seiner Koordinaten Null, liegt er außerhalb, so muss man Vorzeichen berücksichtigen.[1549]

Bei der Einführung dieser Koordinaten gibt es bei Salmon-Fiedler zunächst keinerlei Hinweis auf die projektive Ebene, sie ist nicht explizites Objekt der Betrachtung. Die neuen Koordinaten beziehen sich auf die gewöhnliche Ebene – vergleichbar etwa Polarkoordinaten. Fiedler schließt noch eine allgemeine

---

[1546] Letztlich kommt es nur auf die Verhältnisse der Abstände an: (x,y,z) und (ax, ay, az) legen denselben Punkt fest, wobei natürlich a nicht Null sein darf.

[1547] Wie damals üblich leisten wir uns hier einen *Abus de langage*: Genau genommen geht es natürlich um Gleichungen von Geraden nicht um Geraden. Der Unterschied zwischen dem geometrischen Objekt „Gerade" und dem algebraischen „Geradengleichung" wird nur selten gemacht bei Salmon-Fiedler.

[1548] Salmon-Fiedler 1873, 72. Keine Rede von Fernpunkten und deren Darstellung!

[1549] Vgl. Salmon-Fiedler 1873, 73.

Bemerkung an, dahingehend, dass cartesische Koordinaten in der Ebene mit zwei Fundamentallinien (sprich: Koordinatenachsen) auskommen, was aber die Komplikation von inhomogenen Gleichungen mit sich bringe - wohingegen drei Fundamentallinien Homogenität ermöglichen. Gewissermaßen heben sich Vor- und Nachteile auf; allerdings kann man im homogenen Fall das starke Instrument der Determinantentheorie anwenden.[1550]

Den Fall der cartesischen Koordinaten kann man aus dem der Dreilinienkoordinaten gewinnen, wenn man eine der Fundamentallinien als Ferngerade[1551] wählt. In Fiedlers Augen sprach dies sehr für die Dreilinien-Koordinaten; später wird er auch noch den Zusammenhang zu Plückers Linienkoordinaten herstellen. Zudem hat man, wie bereits erwähnt, von vorne herein eine Dualität zwischen Dreilinien- und Dreipunktkoordinaten.

Fiedler leitet an dieser Stelle keine explizite Darstellung der Fernpunkte in Dreilinienkoordinaten her, wohl aber erklärt er Folgendes: Geht man von der allgemeinen Form der Geradengleichung $Ax + By + C = 0$ aus, so sind die Achsenabschnitte gegeben durch $(-C) : A$ und $(-C) : B$. Streben A und B nun beide gegen Null, so entfernen sich die Endpunkte der fraglichen Abschnitte immer mehr vom Ursprung. „Also" ist $0x + 0y + C = 0$ die Gleichung der Ferngeraden in cartesischen Koordinaten; diese wird „in der minder exacten Form **C** = 0" geschrieben.[1552] Hierzu erklären die Autoren, dass diese Gleichung für endliche Werte von x und y natürlich nicht erfüllbar sei (für C ungleich 0); „so kann dies doch für unendlich große Werthe derselben geschehen, weil das Produkt $\infty \cdot 0$ einen endlichen Werth haben kann."[1553] Die Fernelemente werden hier ganz beiläufig und ohne Kommentar verwendet; sie sind eine selbstverständliche Erweiterung der gängigen Sichtweise auf die cartesische Ebene. das zeigt auch folgendes Argument: Ist $\alpha_1 = 0$ eine Gerade, so ist $\alpha_1 + C = 0$ eine Parallele hierzu, denn die letzte Gleichung beschreibt den Schnittpunkt der beiden Geraden $\alpha_1 = 0$ und $C = 0$. Ist $C = 0$, ist also die fragliche Gerade die Ferngerade, so ist dieser Schnittpunkt ein Fernpunkt. Folglich sind die Geraden parallel.

Die trimetrischen Punktkoordinaten werden fortan in der Form (x_1, x_2, x_3) geschrieben.[1554] Schon bei ihrer Einführung hat Fiedler darauf hingewiesen, dass

---

[1550] Vgl. Salmon-Fiedler 1872, 82.

[1551] Fiedler spricht ohne weitere Erläuterungen von „der unendlich entfernten Geraden der Ebene" (Salmon-Fiedler 1873, 73). Vgl. auch Salmon-Fiedler 1873, 79 – 80.

[1552] Salmon – Fiedler 1873, 79. Mit modernen Augen betrachtet macht diese Gleichung eher wenig Sinn.

[1553] Salmon-Fiedler 1873, 78.

[1554] Heute schreibt man hierfür meist $[x_1, x_2, x_3]$. Was die Notation betrifft sehen also bei Salmon-Fiedler die cartesischen Koordinaten eines Punktes im Raum genauso aus wie die homogenen eines Punktes der projektiven Ebene. Ist die dritte Komponente Null, so handelt es sich, wie gerade gesehen, um einen Fernpunkt. Zudem müsste man den „Unpunkt" (0,0,0) ausschließen, dazu sagen Salmon-Fiedler

diese Tripel nur im Sinne von Verhältnissen festgelegt sind, das heißt, dass die Multiplikation aller Komponenten mit einem Faktor ungleich Null denselben Punkt liefert.[1555] Nachdem diese „wesentliche Erweiterung des ursprünglich angenommenen Begriffs der Coordinaten"[1556] geleistet ist, konstatiert Fiedler:

> Von da an verfolgen die analytische und die reine Geometrie von demselben Princip aus auf verschiedenen Wegen das gleiche Ziel.[1557]

Das soll wohl heißen, dass sich mit den neuen Koordinaten die reine, sprich synthetische projektive Geometrie auch rechnerisch behandeln lässt – ähnlich wie die traditionelle mit den cartesischen Koordinaten analytisch behandelbar wurde.

Im Weiteren geht es nun darum, Plückersche Linienkoordinaten einzuführen[1558]. Das geschieht auf die übliche Weise – nämlich durch die doppelte Interpretation einer linearen Gleichung in Punkt- und in Linienkoordinaten. Hier ergeben sich duale Aussagen zur Geometrie der Geraden: Während $\alpha_1 - k\alpha_2 = 0$ gelesen in Punktkoordinaten ein Strahlenbüschel beschreibt, bedeutet $U_1 - kU_2$ in Linienkoordinaten eine Punktreihe, nämlich die Punkte der Verbindungsgeraden der Punkte U_1 und U_2. Der Grad der Gleichung einer algebraischen Kurve in Linienkoordinaten wird auch Klasse der Kurve genannt, der Grad in Punktkoordinaten heißt ihre Ordnung. Erstere gibt an, wie viele Tangenten man reell betrachtet von einem Punkt an die Kurve maximal ziehen kann, letztere, wie viele Schnittpunkte eine Gerade reell gesehen maximal mit der Kurve besitzen kann.

Schließlich behandelt Salmon-Fiedler noch recht ausführlich das Thema Determinanten[1559], ein Hilfsmittel, das bei vielen Gelegenheiten nützlich ist, z. B. beim Lösen von Gleichungssystemen. Damit ging Fiedler über das Salmonsche Original hinaus, in dem die Determinanten nicht vorkamen.[1560] Im Vorwort zur zweiten Auflage hebt Fiedler diesen Sachverhalt hervor und betont, dass dies mit

---

aber nichts Explizites. Bei Linienkoordinaten verwenden Salmon-Fiedler kleine griechische Buchstaben für die Koordinaten.

[1555] Das liegt daran, dass nur die Verhältnisse der Entfernungen wichtig sind, nicht deren absolute Werte; vgl. Salmon – Fiedler 1873, 75. Modern würde man von einer Äquivalenzrelation sprechen, ein Begriff, der zu Fiedlers Zeiten noch nicht verwendet wurde.

[1556] Salmon-Fiedler 1873, 80. Es wird zudem noch angedeutet, dass man außer Punkten und Geraden auch andere „geometrische Gebilde" als Ausgangspunkt für die Einführung von Koordinaten nehmen könnte.

[1557] Salmon-Fiedler 1873, 81. Das Zitat findet sich wörtlich auch bei den Quellen- und Literaturnachweisungen: Vgl. Note 6 p. XXI.

[1558] Vgl. 4.4.2.

[1559] Salmon-Fiedler 1873, ab p. 81.

[1560] Wohl aber werden diese ausführlich besprochen in Salmons „Lessons Introductory to the Modern Higher Algebra" (1852), weshalb er vielleicht keine Notwendigkeit gesehen hat, diese schon im Buch über Kegelschnitte zu behandeln. Vgl. 5.2.

Rücksicht auf die „Verhältnisse deutscher Studirender"[1561] geschehen sei. Neben den bereits erwähnten Lehrbüchern[1562] von Baltzer (1857), Hesse (1871), Reidt (1874) und Günther (1874) belegt auch dies, dass es sich bei den Determinanten seinerzeit um ein wichtiges und innovatives Thema handelte, das aktuell in die Hochschullehre Eingang fand.

Bei Salmon-Fiedler folgt nach den Determinanten ein kurzes Kapitel über „Gleichungen von höheren Graden, welche gerade Linien darstellen". Gemeint sind damit Gleichungen, welche in Linearfaktoren zerfallen; ist die Gleichung zweiten Grades, so erhält man zwei Geraden, also einen entarteten Kegelschnitt. Damit ist der erste Teil, die Einführung in die elementare analytische Geometrie, abgeschlossen.

Dieser erste Teil scheint ein Desiderat gewesen zu sein und den Nutzen des Salmonschen Werks für den deutschsprachigen Benutzer beträchtlich erhöht zu haben – insbesondere, da Hesses Werke zur analytischen Geometrie noch nicht erschienen waren als die erste Auflage der „Kegelschnitte" publiziert wurde. Das belegt u. a. die oben zitierte Einschätzung des Rezensenten G - I des Literarischen Centralblatts.

Im zweiten Teil des Lehrbuches, der die Kapitel sechs bis dreizehn umfasst, geht es nun tatsächlich um „Kegelschnitte". Der Zugang ist analytisch, das heißt, der Ausgangspunkt ist die „allgemeinste Form der Gleichung zweiten Grades"[1563]

$$a_{11}x^2 + 2a_{12}xy + a_{22}y^2 + 2a_{13}x + 2a_{23}y + a_{13} = 0.$$

Zuerst leiten Salmon-Fiedler einige einfache Tatsachen her, etwa die Invarianz des Grades der Gleichung unter Koordinatentransformationen. Es wird gezeigt, dass eine Gerade eine Kurve, die durch eine Gleichung zweiten Grades gegeben ist, in höchstens zwei Punkten schneidet; also ist letztere von zweiter Ordnung. Die erste Frage, die die Autoren beantworten, lautet: Unter welchen Bedingungen liegt die Kurve zweiten Grades ganz im Endlichen? Wann hat sie Äste, die sich ins Unendliche erstrecken? Um diese Frage zu beantworten, transformieren Salmon-Fiedler die obige Gleichung in Polarkoordinaten (θ,ρ): [1564]

$$(*)\ (a_{11}\cos^2\theta + 2a_1\cos\theta\sin\theta + a_{22}\sin^2\theta)\rho^2 + 2(a_{13}\cos\theta + a_{23}\sin\theta)\rho + a_{33} = 0.$$

[1561] Fiedler 1866, III. Neben den Determinanten galt dies auch für die ausführliche Behandlung der trimetrischen Koordinaten.
[1562] Vgl. Exkurs Invariantentheorie am Anfang dieses Kapitels.
[1563] Salmon-Fiedler 1873, 123. Man beachte die Indexschreibweise. In Fiedlers eigenem Lehrbuch der darstellenden Geometrie hingegen ist der Zugang überwiegend synthetisch, vgl. 4.3.1.
[1564] ρ heißt Radius-Vector.

Für konstante Winkel θ ist dies eine quadratische Gleichung in ρ, ihre Lösungen geben an, welche Werte von ρ zu diesem Winkel gehören, also zwei Punkte der Kurve oder ein (Doppel-)Punkt oder kein Punkt.

Als Bedingung für die Existenz von Ästen, die sich ins Unendliche erstrecken, also dafür, dass ρ unendlich groß werden kann, ergibt sich, dass der Faktor vor ρ^2 verschwinden muss:

$$a_{11}\cos^2\theta + 2a_1\cos\theta\sin\theta + a_{22}\sin^2\theta = 0$$

oder

$$(**)\ a_{11} + 2a_1\tan\theta + a_{22}\tan^2\theta = 0.$$

Dies wird folgendermaßen begründet. Geht man von einer quadratischen Gleichung $Ax^2 + Bx + C = 0$ aus, so zeigt die bekannte Lösungsformel, dass die reellen Lösungen, gibt es denn welche, betragsmäßig immer größer werden, wenn A betragsmäßig gegen Null geht.[1565] In damaliger Sichtweise heißt das, sie werden für $A = 0$ (betragsmäßig) unendlich. Die Schlußfolgerung lautet:

> Wenn wir also eine lineare Gleichung zur Bestimmung der Punkte erhalten, in welchen eine Gerade die Curve schneidet, so haben wir sie als den Grenzfall einer quadratischen Gleichung von der Form $0.x^2 + 2Bx + C = 0$ anzusehen, für welchen die eine Wurzel unendlich groß ist, d.h. als Ausdruck des Umstandes, dass der eine der Schnittpunkte der Geraden mit der Curve unendlich entfernt sei.[1566]

Durch eine genauere Analyse der Bedingung (**) mit Hilfe der entsprechenden Determinanten ergibt sich ebenfalls das zu erwartende Ergebnis bzgl. der Existenz unendlich ferner Punkte. Die Ellipse liegt ganz im Endlichen (die Gleichung (**) hat in diesem Falle keine reellen Lösungen), die beiden anderen Fälle sind die Hyperbel (zwei reelle Lösungen) und die Parabel (eine reelle Doppellösung). Im Falle der Hyperbel gibt es zwei Geraden durch den Ursprung, welche die Kurve im Unendlichen berühren, also Asymptoten sind; bei der Parabel fallen beide Geraden in eine zusammen. Diese ist die Achse der Parabel.[1567] Die Bezeichnungen Ellipse, Hyperbel und Parabel werden an dieser Stelle eingeführt. Die Form der Kurven wird durch Abbildungen verdeutlicht.[1568] Im elften und zwölften Kapitel werden dann die Kegelschnitte genauer untersucht.

[1565] Formulierungen, die an Grenzerte u. dgl. erinnern, findet man bei Fiedler nicht.
[1566] Salmon-Fiedler 1873, 122.
[1567] Die Parabel ist ein Grenzfall der Ellipse, bei dem der eine Brennpunkt im Unendlichen liegt. Die Achse der Parabel entspricht somit der großen Achse der Ellipse. Vgl. Salmon-Fiedler 1873, 248.
[1568] Vgl. Salmon-Fiedler 1873, 124 – 127.

Im Weiteren werden wichtige Eigenschaften der durch die allgemeine Gleichung definierten Kurven zweiten Grades abgeleitet. Es geht z. B. um Mittelpunkte, Durchmesser, konjugierte Durchmesser, Tangenten, Asymptoten und Polaren. Es folgen Kapitel über den Kreis und Systeme von Kreisen insbesondere über das Apollinische Berührproblem[1569]. Auch die Inversion am Kreis, die Fiedler im Anschluss an Poncelet „Transformation durch reciproke Radien" nennt, wird kurz angesprochen.[1570] Es werden Inversionsbilder von Kreisen und Geraden im Zusammenhang mit dem Apollinischen Berührproblem untersucht. Schließlich geht es in Kapitel XI um Kurven zweiten Grades mit Mittelpunkt, also um Ellipse und Hyperbel, und im anschließenden Kapitel XII um die Parabel. Es folgen vermischte Aufgaben, insbesondere natürlich Konstruktionsaufgaben, und Sätze sowie Betrachtungen über zwei Kegelschnitte, z. B. zur Ähnlichkeit. Hier wird Salmons problemorientierte Vorgehensweise wieder sehr deutlich. Im Großen und Ganzen dominiert die euklidische Vorgehensweise, die projektive Geometrie bleibt im Hintergrund.[1571] Vom Anspruchsniveau her gesehen gehen die sehr materialreichen Ausführungen nicht allzu weit über die Geometrie des Gymnasiums hinaus.[1572]

Die Kapitel XIV und XV behandeln methodische Frage, nämlich die Methode des Unendlich-Kleinen und die Verwendung der abgekürzten Bezeichnungen. Das erstere dient dazu, Elemente der Infinitesimalrechnung einzuführen, also eine elementare Differentialgeometrie – hauptsächlich geht es um den Krümmungsbegriff - bereitzustellen.[1573] Die abkürzenden Bezeichnungen sind uns ja schon bei Einführung in die analytische Geometrie begegnet. Sie wurden im deutschsprachigen Raum viel verwendet, die englische Schule war hier zurückhaltender.

Hinsichtlich der Grundlagen scheint Kapitel XVI interessant, trägt es doch den Titel „Von den projectivischen Eigenschaften der Kegelschnitte". Das klingt nach einer Unterscheidung von metrischen und projektiven Eigenschaften; allerdings bewahrheitet sich diese Vermutung nur bedingt. Der Kern des Kapitels ist die

---

[1569] Salmon-Fiedler 1873, 181 – 185; hier werden auch Themen der Steinerschen Kreisgeometrie wie Ähnlichkeitszentren, Potenz und Radikalachsen angesprochen. Fiedler gibt für das Berührproblem zwei analytische Lösungen an, die dann geometrisch interpretiert werden, d.h. es werden Konstruktionen für die berechneten Objekte angegeben. Das Apollinische Berühr- oder Taktionsproblem wird ein Vorzeigeprojekt für Fiedlers Zyklographie werden, vgl. 6.3.

[1570] Salmon-Fiedler 1873, 186. Das Thema Inversion am Kreis kommt später im Kapitel XXIII nochmals ausführlicher zur Sprache, siehe unten.

[1571] Vgl. folgende Bemerkung: „Diess ist geometrisch evident, weil parallele Linien als solche betrachtet werden können, die sich in unendlicher Entfernung schneiden." (Salmon-Fiedler 1873, 124 n. *).

[1572] Ein Vergleich mit Erler 1877 ist hier instruktiv. Mit der Aussage im Text ist nicht der damals real existierende Unterricht gemeint, sie ist prinzipiell zu verstehen.

[1573] Auch für den gymnasialen Unterricht wurde, wie bereits bemerkt, vorgeschlagen, einfache Begriffe der Analysis an Hand der Kegelschnitte einzuführen (Preußischer Lehrplan von 1882, vgl. Schupp 1988, 190).

Einführung der Kegelschnitte nach Jakob Steiner, also als Schnittgebilde oder als Enveloppe von projektiv zugeordneten Fundamentalgebilden erster Stufe.[1574] Das macht das Projektive dieses Kapitels aus.

Der Ort der Schnittpunkte der entsprechenden Strahlen von zwei projectivischen Strahlbüscheln ist ein Kegelschnitt, welcher auch durch die Scheitel (Träger) der beiden Büschel hindurchgeht.	Die Enveloppe der geraden Verbindungslinien der entsprechenden Punkte von zwei projectivischen Punktreihen ist ein Kegelschnitt, der die Träger dieser Reihen selbst enthält.[1575]

Der Beweis erfolgt mit Hilfe der abgekürzten Bezeichnungen. Sind $A + kB = 0$ und $A' + kB' = 0$ zwei Strahlen aus den projektiven Büscheln, so ergibt sich hieraus durch Elimination von k die Beziehung $AB' - A'B = 0$. Diese enthält sechs Konstanten, wovon fünf frei gewählt werden können. Folglich bestimmt sie eine Kurve zweiter Ordnung.

Salmon-Fiedler sprechen davon, dass Sätze wie die oben aufgeführten, „im beherrschenden Mittelpunkte der Theorie der Kegelschnitte stehen"[1576].

Vorbereitet wird dies durch Sätze über das Doppelverhältnis von vier Punkten eines Kegelschnitts. Sodann werden Eigenschaften von Kegelschnitten aus ihrer Erzeugungsweise à la Steiner abgeleitet wie etwa die Sätze von Pascal und Brianchon. Die duale Sichtweise kommt in diesem Kapitel erwartungsgemäß stark zum Tragen; dieses bringt zudem ungewöhnlich viele Aufgaben, nämlich 70. Darunter einige auch historisch interessante, hier einige Beispiele:

> Aufg. 1. Man soll MacLaurin's Methode der Erzeugung der Kegelschnitte beweisen, bei welcher ein Kegelschnitt als der Ort der freien Ecke F eines Dreiecks gefunden wird, dessen Seiten sich um die festen Punkte A, B, C drehen, während zwei seiner Ecken sich in festen geraden Linien Oa, Ob bewegen.[1577]

[1574] Vgl. Salmon-Fiedler 1873, 323 – 326. Erst im letzten Kapitel über die Methode der Projektion findet sich dann eine allgemeinere Definition der projektiven Eigenschaften, nämliche diejenige von Poncelet: „Eigenschaften dieser Art, welche, wenn sie für irgendeine Figur wahr sind, auch für die Projectionen derselben gelten, heissen projectivische Eigenschaften." (Salmon-Fiedler 1873, 580). Klassisches, auch von Salmon-Fiedler angeführtes Beispiel: das Doppelverhältnis.

[1575] Salmon-Fiedler 1873, 323.

[1576] Salmon-Fiedler 1873, 323.

[1577] Salmon-Fiedler 1873, 332.

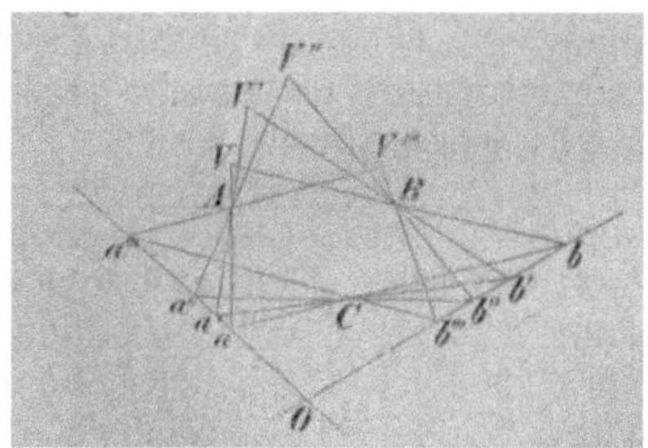

Abb. 5.5: *Zum Beweis der MacLaurinschen Konstruktion*[1578]

Abgebildet sind vier verschiedene Lagen des Dreiecks, bezeichnet mit *abV*, *a'b'V'*
usw. Die Strahlenbüschel mit den Zentren *A* und *B* sind projektiv, folglich ihr
Durchschnitt ein Kegelschnitt. In diesem liegen die Punkte *V*, *V'* usw aber auch *A*
und *B*.

> Aufg. 5. Die Methode der Erzeugung der Kegelschnitte von Newton zu
> beweisen: zwei Winkel von constanter Grösse drehen sich um ihre festen
> Scheitel *P* und *Q*, und der Schnittpunkt des einen Paars ihrer Schenkel
> durchläuft eine gerade Linie *AA'*; dann ist der Ort des Schnittpunktes *V*
> ihrer andern Schenkel ein Kegelschnitt, welcher durch die beiden Punkte
> *P* und *Q* hindurchgeht.[1579]

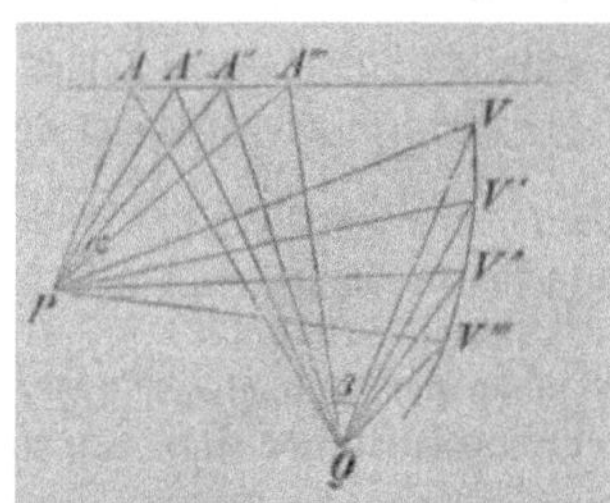

Abb. 5.6: *Zum Beweis der Newtonschen Konstruktion*[1580]

Aufg. 8. Die Ecken von zwei demselben Kegelschnitt umbeschriebenen
Dreiecken *ABC*, *DEF* sind sechs Punkte eines Kegelschnitts.[1581]

Ebenso beweist man den Satz: Die Seiten von zwei demselben
Kegelschnitt eingeschriebenen Dreiecken sind sechs Tangenten eines
Kegelschnitts.[1582]

[1578] Salmon-Fiedler 1873, 332.
[1579] Salmon-Fiedler 1873, 333.
[1580] Salmon-Fiedler 1873, 333. Zum Beweis zeigt man wieder, dass die Strahlenbüschel mit den
Zentren *P* und *Q* projektiv sind.
[1581] Salmon-Fiedler 1873, 334. Der Beweis verwendet Punktreihen und die Gleichheit von
Doppelverhältnissen.
[1582] Salmon-Fiedler 1873, 334. Die beiden Sätze sind dual zueinander.

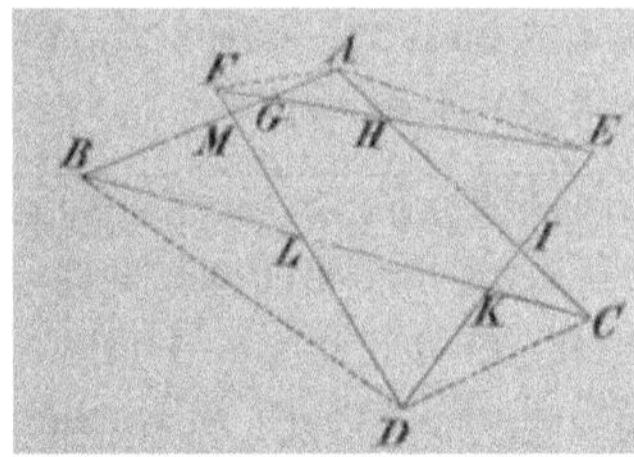

Abb. 5.7: *Zur Aufgabe 8*[1583]

Das vorletzte Kapitel XXIII der „Kegelschnitte" beschäftigt sich mit der „Methode der reciproken Polaren", also mit der Polarreziprozität und damit mit einem emblematischen Thema der projektiven Geometrie.[1584] Die Polarreziprozität kam gelegentlich schon früher zur Sprache, z. B. im Zusammenhang mit der Theorie von Pol und Polare, wird jetzt aber auf neue Objekte angewandt, nämlich auf Kurven. Folglich ist ein Kegelschnitt, Hilfskegelschnitt genannt und mit Σ bezeichnet, gegeben; mit seiner Hilfe werden den Punkten einer Kurve S ihre Polaren zugeordnet. Diese hüllen eine Kurve ein, die Fiedler „Polarcurve"[1585], „reciproke Polare"[1586] oder auch „Polarreciproke"[1587] nennt und mit s bezeichnet. Ist P ein Punkt von S, so ist seine Polare p eine Tangente von s. Der Berührpunkt dieser Tangenten wiederum entspricht der Tangenten in P an S. Interessant ist die Frage, wie die Eigenschaften von S mit jenen von s zusammenhängen. Es gilt: Die Ordnung von S ist gleich der Klasse von s. Insbesondere ist die Reziproke einer Kurve zweiter Ordnung (Klasse) ebenfalls von zweiter Ordnung (Klasse).[1588] Wieder ergibt sich der Satz von Brianchon aus dem Satz von Pascal; aus vollständigen Vierecken, welche S einbeschrieben sind, werden ebensolche Vierseite, die s umbeschrieben sind, und umgekehrt. Gibt man zwei Kegelschnitte in einer Ebene vor, so gibt es vier Kegelschnitte, bzgl. deren die beiden reziprok zu einander sind.[1589]

[1583] Salmon-Fiedler 1873, 334.

[1584] In Anmerkung 119 zu Kapitel XXIII wird Poncelet als Urheber der Methode der reziproken Polaren gewürdigt.

[1585] Salmon-Fiedler 1873, 548.

[1586] Salmon-Fiedler 1873, 549.

[1587] Salmon-Fiedler 1873, 549.

[1588] Salmon-Fiedler 1873, 549. Die Gleichheit von Ordnung der Ausgangskurve und Klasse der Polarkurve gilt nur im Falle der Ordnung zwei. Gergonne beging den Fehler anzunehmen, das sei auch in anderen Fällen so, was ihm die Kritik von Poncelet einbrachte.

[1589] Es gibt eine weitere, auch von Fiedler behandelte Möglichkeit (vgl. Salmon-Fiedler 1873, 554 – 555), die Polarkurve zu definieren, die nur mit Abständen und einer Konstanten sowie einem ausgewählten Punkt arbeitet. Das war der Zugang, den Etienne Bobillier ab 1827 nutzte, auf den die allgemeine Idee der Polarkurven (erster und höherer Ordnung) zurückgeht – was Fiedler merkwürdigerweise nicht sagt. Zu Bobillier vgl. man Etwein/Voelke/Volkert 2019, 171 – 188 sowie 357 – 377.

Ausführlicher werden Polarkurven bzgl. Kreisen untersucht. Dabei treten viele bekannte Kurven auf; hier ein Beispiel:

> Die reciproke Polare eines Kreises ist ein Kegelschnitt, der den Ursprung zum Brennpunkt und die dem Centrum entsprechende gerade Linie zur Directrix hat, und welcher eine Ellipse, Hyperbel oder Parabel ist, je nachdem der Ursprung innerhalb oder außerhalb des Kreises oder auf demselben liegt.[1590]

Auch in diesem Kapitel kommt wieder das Apollinische Berührproblem kurz zur Sprache: Fiedler gibt die nachfolgende „einfache Auflösung".[1591] Geht man von zwei Kreisen (1) und (2) der drei gegebenen (1), (2), (3) aus, so liegen die Mittelpunkte aller Kreise, welche diese beiden Kreise berühren, auf einer Hyperbel, deren Brennpunkte die Mittelpunkte der Kreise (1) und (2) sind. Punkte dieser Hyperbel erhält man aufgrund folgender Konstruktion[1592]: Es sind Dreiecke zu konstruieren, deren Grundseite gegeben ist (die Verbindungsstrecke der beiden Kreismittelpunkte) sowie die Differenz der beiden restlichen Seiten (legt den Mittelpunkt des dritten berührenden Kreises fest; sie ist gleich der Differenz der beiden Radien). Die Spitzen der Dreiecke, die Mittelpunkte des dritten Kreises also, liegen dann auf der Hyperbel.

Konstruiert man nun die Polaren der Mittelpunkte der Kreise, welche die Kreise (1) und (2) berühren, bildet man also die Polaren der Punkte der Hyperbel bzgl. eines der gegebenen Kreise, wir wählen (1), so umhüllen diese einen weiteren Kreis (4), den man konstruieren kann.[1593] Diese Konstruktion kann man mit zwei anderen der drei gegebenen Kreise, z. B. mit (1) und (3), wiederholen; das liefert einen weiteren Kreis (5). Konstruiert man nun eine gemeinsame Tangente zu den Kreisen (4) und (5) und bildet zu dieser bzgl. des Kreises (1) den Pol, so erhält man den Mittelpunkt eines Berührkreises der Kreise (1), (2) und (3).[1594] Wieso diese Lösung „einfach" sein soll, mag dahingestellt bleiben.

Schließlich werden in Kapitel XXIII noch Aufgaben behandelt, in denen es um die Ermittlung der Gleichungen von Polarkurven geht, etwa Kegelschnitten; ein

---

[1590] Salmon-Fiedler 1873, 555. Es wird die Polarkurve eines Kreises bzgl. eines Kreises betrachtet. Der Ursprung ist der Mittelpunkt desjenigen Kreises bzgl. dessen die Polaren konstruiert werden. Der fragliche Satz findet sich schon bei Bobillier, vgl. Etwein/Voelke(Volkert 2019, 174.
[1591] Salmon-Fiedler 1873, 565. Fiedler gibt keinen Hinweis auf den Mathematiker, der die fragliche Lösung als erster gefunden hat.
[1592] Solche Aufgaben gehörten zum Grundbestand des Mathematikunterrichts. Hyperbeln und Hyperboloide spielen eine wichtige Rolle in Fiedlers Zyklographie, vgl. Kapitel 6.
[1593] Vgl. Salmon-Fiedler 1873, 555.
[1594] Vgl. Salmon-Fiedler 1873, 565 – 566. Auch der Urheber dieser Lösung wird nicht genannt. Zwei weitere Lösungen des Appolinischen Berührproblem finden sich bei Fiedler 1873, 179 – 185. Für die zweite nennt er Gergonne (Annales de mathématiques pures et appliquées 7 (1816 - 1817), 289 – 303) als Autor.

weiteres Thema sind Pol-Polaren-Transformationen im Sonderfall, dass der Hilfskegelschnitt eine Parabel ist.

Im Anschluss geht Fiedler ausführlicher auf die Inversion am Kreis ein, die zu dieser Zeit noch eine recht junge Entdeckung gewesen ist. Er nennt sie jetzt „circulare Inversion"[1595], spricht aber auch wie gehabt von der Transformation vermöge „reciproker Radien vectoren"[1596]. Es ist an vielen Stellen auffällig, dass Fiedler sich in seinen Übersetzungen von Salmon wenig Mühe gab, für einheitliche Bezeichnungen zu sorgen – man denke etwa an die verschiedenen Namen für projektive Koordinaten, die er verwendet.

Die Inversion am Kreis gewinnt Fiedler aus der Pol-Polaren-Transformation: Ist P ein Punkt, so liefert seine Polare p (bzgl. eines gegebenen Kreises als Hilfskegelschnitt) einen Schnittpunkt P' mit der Verbindungsgeraden des Punktes P mit dem Kreismittelpunkt. P' ist dann der Bildpunkt von P bei Inversion am fraglichen Kreis. Einfach abzuleiten ist nun die charakteristische Gleichung der Kreisinversion. Im Anschluss formuliert Fiedler einige der bekannten Eigenschaften der Kreisinversion – wie etwa Bilder von Geraden durch den Mittelpunkt sind wieder solche, Geraden nicht durch den Mittelpunkt werden zu Kreisen durch den Mittelpunkt, etc.[1597] Eine schöne Anwendung der Kreisinversion enthält Aufgabe 10:

> Aus dem Schneiden der Höhenperpendikel eines Dreiecks folgt nach der Theorie der reciproken Polaren: Die Schnittpunkte der drei Normalen, die man im Punkte O auf seine Verbindungslinien mit den Ecken eines Dreiecks ABC errichten kann, mit den Gegenseiten des Dreiecks liegen in einer Geraden. Durch Inversion am Centrum O folgt: Wenn man auf den gemeinschaftlichen Sehnen OA, OB, OC von drei in O sich schneidenden Kreisen in O Perpendikel errichtet, so liegen ihre zweiten Schnittpunkte mit den entsprechenden Kreisen auf einem durch O gehenden Kreise. Die abermalige Bildung der Reciproken mit dem Ursprung O giebt: Wenn drei Parabeln von einerlei Brennpunkt von je zwei Seiten desselben Dreiecks berührt werden, so berühren die zu diesen Seiten senkrechten Tangenten

---

[1595] Salmon-Fiedler 1873, 569. Im Anschluss an Möbius verwendet Fiedler auch den Begriff „Kreisverwandtschaft". Zum Thema Inversion am Kreis gibt es auch eine recht lange Anmerkung, in der Fiedler auf deren Geschichte eingeht (vgl. Anm. 122 p. XXVII). Es fällt allerdings auf, dass Plücker, der ja als einer der Entdecker der Inversion am Kreis gilt, hier nicht genannt wird, wohl aber Möbius – allerdings nur mit seiner späten „Theorie der Kreisverwandtschaft". Alle anderen genannten Autoren sind bis auf die Ausnahme von C.G.J. Jacobi englische (W. Thomson, Townsend, Hart, Casey).
[1596] Salmon-Fiedler 1873, 569. Diese Bezeichnung wurde von J. V. Poncelet verwendet.
[1597] Man kann auch Kurven invertieren, vgl. Schupp-Dabrock 1995, 19 - 20. Bilder von Kegelschnitten sind Kurven höchstens vom Grad vier, Bilder von Kreisen sind Kreise oder Geraden.

der entsprechenden Parabeln eine und dieselbe Parabel vom nämlichen Brennpunkt.[1598]

Die große Fülle derartiger Ergebnisse, die meist in dualer Weise präsentiert werden und von denen heute vermutlich die meisten vergessen sind, charakterisiert das Buch von Salmon-Fiedler. Einige weitere Beispiele finden sich weiter unten in „Hätten Sie's gewusst?".

Interessant ist die Verallgemeinerung der Kreisinversion, die Fiedler am Ende des XXIII. Kapitels vornimmt. Dabei ersetzt er den Inversionskreis durch ein Dreieck, später dann durch ein Viereck. Die Aufgabe ist also, einem Punkt der Ebene einen anderen in Abhängigkeit von einem gegebenen Dreieck zuzuordnen. Dazu schreibt er:

> Nach der Aufgabe des Art. 55 schneiden sich die drei Geraden aus den Ecken eines Dreiecks in einem Punkte, welche mit drei durch einen Punkt gehenden Geraden aus denselben Ecken Winkel bestimmen, die mit den Winkeln des Dreiecks dieselben Halbirungslinien haben. Man kann jene Punkte als einander entsprechend in Bezug auf das Dreieck ansehen.[1599]

Ist also ein Punkt P in der Ebene des Dreiecks ABC gegeben, so ziehe man PA, PB und PC. Diese Geraden spiegele man an den zugehörigen Winkelhalbierenden – also PA an der Halbierenden des Winkels bei A etc. Nach Artikel 55 schneiden sich die drei gespiegelten Geraden wieder in einem Punkt P', den man als Bildpunkt von P nimmt.[1600] Nach Konstruktion ist klar, dass $(P')'$ = P ist, weshalb man es mit einer Involution zu tun hat. Es gilt ferner: Liegt der Punkt P im Innern des Dreiecks, so auch sein Bildpunkt P', liegt P außerhalb des Umkreises des Dreiecks, so auch sein Bildpunkt P'. Zudem befinden sich dann P und P' im selben Winkelfeld bzgl. des Dreiecks (mit zu Geraden verlängerten Seiten). Liegt aber P zwischen einer Seite des Dreiecks und dem zugehörigen Umkreisbogen, so liegt der zugehörige Punkt im Winkelraum des Scheitelwinkels der Gegenecke. Punkte des Umkreises sind Fernpunkte zugeordnet, dem Mittelpunkt des Umkreises entspricht der Höhenschnittpunkt, der Mittelpunkt des Innkreises ist ein Fixpunkt, usw.[1601] Schließlich gibt Fiedler eine ähnliche

---

[1598] Salmon-Fiedler 1873, 572. Die durch die Punkte gemäß Teil eins des Satzes festgelegte Gerade kann man als Polare des Punktes O auffassen, der dann ihr Pol ist. Die fragliche Gerade wird auch als Harmonikale bezeichnet (vgl. 5.4.1). Diese Idee findet sich bei Hankel 1876, 76.; vgl. auch Halbeisen/Hungerbühler/Läuchli 2016, 176 – 179 und Etwein/Voelke/Volkert 2019, 214. – 218. Man erhält so eine neue Art der Dualität, bei Halbeisen et al. trilineare Polarität genannt. Diese besitzt aber nicht alle typischen Eigenschaften einer Dualität.

[1599] Salmon-Fiedler 1873, 572.

[1600] Ein Spezialfall dieser Konstruktion liegt dem Lemoine-Punkt zugrunde. Dabei spiegelt man die Seitenhalbierenden eines Dreiecks an den Winkelhalbierenden, während in obiger Konstruktion beliebige Ecktransversalen gespiegelt werden.

[1601] Vgl. Salmon-Fiedler 1873, 573. Heute spricht man von isogonal konjugierten Punkten. Der Lemoine-Punkt ist in diesem Sinne konjugiert zum Schwerpunkt des Dreiecks.

Konstruktion für Vierecke. Damit hat man sich schon reichlich weit vom eigentlichen Thema des Kapitels entfernt.

Das letzte Kapitel des Buches, Kapitel XXIV, handelt von der Methode der Projektion. Es gibt eine kurzgefasste Einführung in die Zentralprojektion; für mehr Informationen wird natürlich – wir sind ja mit der dritten Auflage der „Kegelschnitte" schon im Jahr 1873 - auf Fiedlers „Darstellende Geometrie" verwiesen. Damit gewinnt man den Anschluss an die klassische und namensgebende Theorie der Kegelschnitte, welche als Bilder von Kreisen unter Zentralprojektionen interpretiert werden können.

Fiedler hatte das Werk Salmons in der ersten Auflage (1860) durch eigene „Zusätze" ergänzt, die rund 30 Seiten umfassten, in späteren Auflagen entfielen diese. Sie waren überflüssig geworden, da Fiedler „in der zweiten Auflage[1602] [...] sehr tiefgreifende Umgestaltungen vorgenommen"[1603] hatte, insbesondere wurde der Inhalt der Zusätze in den laufenden Text eingearbeitet – ein Zeichen dafür, dass Fiedler bei seinen Bearbeitungen nach und nach stärker in Salmons Original eingriff. Denkbar ist zudem, dass Fiedler bei der Erarbeitung der ersten Auflage die Zeit fehlte, um in Salmons Text tiefer einzugreifen. 1866 bei der zweiten Auflage hatte er dann schon zwei Jahre seine Prager Professur inne, die seine Lehrbelastung gegenüber der Gewerbeschule reduziert haben dürfte.

Laut Vorwort bemühte Fiedler sich in der ersten Auflage noch sehr um die Zustimmung des Autors:

> Für alle wesentlichen Veränderungen habe ich mich der Bewilligung und der ausgezeichnet förderlichen Theilnahme des Verfassers zu freuen gehabt. Dieselbe hat mir die ganze Arbeit zu einer ungemein genussreichen und angenehmen gemacht. Seinen inhaltlichen Briefen verdanke ich die Anregung zu einigen Anmerkungen und Erweiterungen, die man gewiss als sehr schätzbare Bereicherungen erkennen wird; [...].[1604]

Im fraglichen Vorwort rechtfertigte Fiedler auch die Ergänzungen, die er in seiner Bearbeitung vorgenommen hatte, obwohl die entsprechenden Originalarbeiten zugänglich seien.[1605]

> Und doch glaube ich, daß ein Buch, welches bei mässigem Umfange systematisch die Hauptergebnisse dieser Forschungen vereinigt und so

---

[1602] Diese erschien 1866.
[1603] Salmon-Fiedler 1873, Vorrede.
[1604] Salmon-Fiedler 1860, III.
[1605] Das dürfte allerdings nur in wenigen ausgewählten Orten in Deutschland zutreffend gewesen sein.

das Studium der Original-Arbeiten nicht überflüssig jedoch leichter und fruchtbarer macht, jedem Studirenden willkommen sei.[1606]

Die Zusätze der ersten Auflage behandelten folgende Themen:

I.   Die trimetrischen Coordinaten-Systeme und der barycentrische Calcul

II.   Ueber das Pascal'sche Sechseck

III.   Ueber die allgemeine Aufgabe, einen Kegelschnitt nach gegebenen Bedingungen zu beschreiben

IV.   Ueber das System der demselben Vierseit eingeschriebenen Kegelschnitte

V.   Ueber die Bestimmung der Asymptoten eines Kegelschnitts aus seiner allgemeinen Gleichung

VI.   Zur geometrischen Bedeutung der Discriminante

Der erste Zusatz beruhte nach Fiedlers Aussage auf einer brieflichen Mitteilung von August Ferdinand Möbius, einst Gutachter seiner Dissertation.[1607] Inhaltlich geht es um die Einführung der baryzentrischen Koordinaten, wie man sie am Anfang von Möbius' Buch über den baryzentrischen Kalkül (1827) findet. Fiedler begründet diesen Zusatz folgendermaßen:

Es ist das System des barycentrischen Calculs mit den Dreipunkt-Coordinaten in dem vorliegenden Werk identisch, und deshalb und dieser seiner historischen Bedeutung wegen mag man hier nicht ungern die statische Begründung des Dreilinien-Coordinaten-Systems ergänzt sehen.[1608]

[1606] Salmon-Fiedler 1860, V.

[1607] Leider ist das Original des Briefes von Möbius im ETH-Archiv nicht erhalten. Im Nachlass von Fiedler (Hs 87a:25 No. 485) findet sich aber eine Vorlesungsausarbeitung „Barycentrischer Calcul und analytische Sphärik", gehalten von A. F. Möbius im WS 1862/63. Zur Herkunft dieses Textes notierte Fiedler: „Heft von F. E. Eckhardt, einst mein Schüler, nachmals Lehrer an der h. Gew. Schule. + 1875. M.A. Bd 5, 7, 10." Die letzte Bemerkung bezieht sich auf drei Veröffentlichungen des früh verstorbenen F. E. Eckhardt in den Mathematischen Annalen. Heute noch erinnert die Bezeichnung „Eckardt-Punkte" an ihn. Dies sind Punkte einer Fläche dritten Grades, durch die drei Geraden gehen (z. B. besitzt die Clebsche Diagonalfläche zehn dieser Punkte). Vgl. Eckhardts postume Publikation „Ueber diejenigen Flächen dritten Grades, in denen sich gerade Linien in einem Punkt schneiden" (Mathematische Annalen 10 (1876), 227 – 278). Ursprünglich handelte es bei dieser Abhandlung um die Beilage zum Osterprogramm 1875 der Realschule I. Ordnung in Chemnitz. In einem Literaturhinweis in der dritten Auflage der Raumgeometrie (Fiedler 1880, LIV n. 165) reklamierte Fiedler sogar eine Art Priorität für sich bzgl. einer Fläche, die Eckhardt in seiner Arbeit angegeben hatte, für einen Studenten der Fachlehrerabteilung. Er habe diese nämlich in einer unveröffentlichten Diplomarbeit behandelt. Leider sagt er Fiedler nicht, um welchen Studenten es sich handelte. Neben den genannten Arbeiten von Eckhardt gibt es noch eine kurze Notiz über die Hessesche Fläche von Flächen dritter Ordnung in der „Zeitschrift für Mathematik und Physik" (19 (1874), 259 – 263). Emil Eckart war offensichtlich recht aktiv im Bereich der Flächentheorie. Bevor er in Chemnitz wirkte, arbeitete er in Reichenbach im Vogtland

[1608] Salmon-Fiedler 1860, 572.

Interessant ist, dass Fiedler den Ansatz von Möbius als statisch bezeichnet, womit er auf die ursprüngliche Bedeutung von Baryzentrum gleich Schwerpunkt zurückgreift. Möbius legt ja Punkte fest durch die Gewichte, welche man den Eckpunkten eines vorgegebenen Dreiecks geben müsste, so dass der fragliche Punkt zu dessen Schwerpunkt wird. Man kann hier auch Fiedlers Versuch sehen, mehr Klarheit in das Feld homogener Koordinaten zu bringen, indem zwei Vorschläge als im Wesentlichen identisch nachgewiesen werden.

Der zweite Zusatz erläutert neuere Arbeiten zu der modern gesprochen Pascal-Konfiguration u.a. von Cayley und Kirkman. Fiedlers Schüler G. Veronese wird später mit einer Arbeit zu diesem Thema[1609] seine Karriere beginnen, geschrieben noch in seiner Züricher Zeit.

Schon in der zweiten Auflage der „Kegelschnitte" verschwinden, wie bereits bemerkt, die genannten Zusätze. Später gab dann Fiedler in der Vorrede zur fünften Auflage der „Kegelschnittte" (1887) eine Übersicht zu den Absichten und Zielen, die er in der zweiten und dritten Auflage verfolgt hatte:

> Die projectivischen Eigenschaften wurden mehr systematisch entwickelt, die Anwendungen der Invariantentheorie auf die Hauptaxentransformation, auf die Charaktere der individuellen Kegelschnitte, die Bestimmung der Brennpunkte, etc. als Vorbereitung zur analytischen Theorie der Metrik dargestellt und mit der Behandlung der linearen Substitutionen unter den Gesichtspunkt der geometrischen Verwandtschaften verbunden. Die speciellen Methoden der reciproken Polaren und der Projection schlossen sich an. Auf den Zusammenhang, in welchem die analytische Begründung der Geometrie des Maßes in diesem Entwickelungsgang erscheint, glaubte ich besonderes Gewicht legen zu dürfen, denn die analytische Untersuchung in allgemeinster Form giebt statt der analytischen Behandlung gewisser Theile der Geometrie ein System der analytischen Geometrie erst dadurch, daß sie auch die Entwickelung dieser durch die Elemente längst bekannten und scheinbar endgültig erledigten metrischen Grundbegriffe als ihre Consequenzen und zugleich als Specialisirungen der wahrhaft allgemeinen Anschauungen nachweist. Auch die großen Principien der Dualität und Continuität erhalten von da aus neues Licht.[1610]

[1609] Veronese 1876. Vgl. auch Confalonieri/Schmidt/Volkert 2019, 281 - 324 zum Briefwechsel Veronese mit Fiedler, in dem die Arbeit von 1876 mehrfach vorkommt.

[1610] Salmon-Fiedler 1887, III – IV. Liest man diese Vorrede, so gewinnt man den Eindruck, Fiedler ziehe hier die Bilanz seiner vorangehenden Tätigkeiten. Vielleicht hat er 1887 nicht mehr damit gerechnet, weitere Auflagen der „Kegelschnitte" zu veranstalten. Auffallend ist Fiedlers Betonung von „System" und „systematisch". Hier sah er offensichtlich Defizite bei Salmon.

Die fünfte Auflage der „Kegelschnitte" brachte wieder wesentliche Änderungen mit sich, sie erschien 1887 und 1888 in zwei Teilen. Mit der Aufteilung in zwei Bände sollte das Werk von einstmals „mäßigem Umfang" handlicher werden.[1611] Ein Novum war, dass Fiedler seinen Sohn Ernst als Mitarbeiter gewonnen hatte. Ernst Fiedler hatte gerade erst (1885) bei Klein in Leipzig promoviert und war danach in die Heimat zurückgekehrt. Er befand sich somit auf Stellensuche, seinerzeit kein leichtes Unterfangen. Insbesondere waren Lehrerstellen an Kantonsschulen, eine solche strebte Ernst Fiedler vermutlich an, rar. Nach einiger Wartezeit, in der er sich u.a. am Polytechnikum habilitierte, gelang es ihm, Mathematiklehrer an der Züricher Industrieschule, einem Zweig der Kantonsschule, zu werden.

Die fünfte Auflage wirkt insgesamt didaktisch besser durchdacht als frühere Auflagen, sie enthält mehr erklärenden Text und wichtige Begriffe werden klar und deutlich definiert. Die Zahl der Aufgaben ist immer noch enorm, aber Lösungen werden jetzt nicht mehr zu allen Aufgaben angeboten. Anders gesagt hat sich die fünfte Auflage mehr noch als die vorangehenden vom Original entfernt in Richtung Forschungsmonographie. Es bestand 1887 in W. Fiedlers Augen Bedarf, neuere Ergebnisse einzuarbeiten, wollte man auf der Höhe der Zeit bleiben. Diese fünfte Auflage wurde unter der Ägide von W. Fiedler nicht mehr verändert, sondern nur noch nachgedruckt – allerdings ergänzte Fiedler in der siebten Auflage seinen Nachruf auf Salmon. Das Buch änderte sich erst, als Friedrich Dingeldey ab 1907 die Herausgabe der Salmonschen Kegelschnitte übernahm.

Die wohl wichtigste Neuerung der fünften (deutschen) Auflage war die explizite Einführung des Imaginären, wie man das damals nannte. Der Übergang von der reellen zur komplexen projektiven Ebene oder vom reellen zum komplexen projektiven Raum war ein wichtiges Thema der geometrischen Forschung im letzten Drittel des 19. Jhs. Von Staudt hatte hierzu mit seinen „Beiträgen" (im zweiten Teil von 1857) in Gestalt seiner Theorie der Würfe Wichtiges geleistet, das Fiedler auch an anderer Stelle, nämlich in seinem Lehrbuch der darstellenden Geometrie[1612], aufgriff. In den „Kegelschnitten", die ja mehr einführenden Charakter hatten, ist der von Fiedler gewählte Zugang eher elementar. Man muss zudem bedenken, dass die Behandlung der komplexen Zahlen in jener Zeit gängiger Stoff des gymnasialen[1613] Mathematikunterrichts war; man konnte somit eine gewisse Vertrautheit mit diesen Zahlen seitens der Leserschaft erwarten.

[1611] Da damals Bücher bogenweise ausgeliefert wurden, blieb es allerdings dem Käufer überlassen, ob er sie tatsächlich in zwei Bänden binden ließ – oder ob er zwei Bände in einem Band vereinigt haben wollte, der dann natürlich wieder umfangreich ausfiel. Letzteres ist der Fall beim Exemplar der Mathematikbibliothek der ETH. Übrigens wurden die beiden Bände durchpaginiert, was sie durchaus als Einheit erscheinen ließ.

[1612] Im Band III der dritten Auflage 1888, § 9 – 13, vgl. auch seine Anmerkungen zu diesen Paragraphen p. 642.

[1613] Das gilt erst recht für den Mathematikunterricht an Oberrealschulen und Realgymnasien.

Jede reelle lineare Gleichung definiert eine reelle Gerade, d. h. eine Gerade mit unendlich vielen reellen Punkten. Außer diesen enthält aber eine reelle Gerade auch unendlich viele imaginäre Punkte, denn ein Punkt $u + iv | u' + iv'$ (§ 17)[1614] liegt auf der Geraden $a_1x + a_2y + a_3 = 0$, wenn für die vier reellen Größen u, v, u', v' die beiden reellen Bedingungen erfüllt sind

$$a_1u + a_2u' + a_3 = 0, \, a_1v + a_2v' + a_3 = 0;$$

man erhält dieselben durch die Einsetzung der complexen Werthe in die gegebene Gleichung, weil dann sowohl der reelle als auch der imaginäre Theil der Function der linken Seite für sich verschwinden muß. Alsdann liegt aber gleichzeitig auch der conjugirt imaginäre Punkt $u-iv | u'-iv'$ in der reellen Geraden (§ 19), denn er liefert dieselben Bedingungen. Aus diesem Grunde ist durch die Angabe eines imaginären Punktes eine reelle Gerade, die ihn enthalten soll, bestimmt, weil sie ihn mit seinem conjugirt imaginären Punkt verbinden muß.[1615]

Im Weiteren werden dann einige Eigenschaften der Geraden diskutiert, insbesondere werden auch lineare Gleichungen mit komplexen Koeffizienten betrachtet. Diese werden in Real- und Imaginärteil zerlegt. Gibt es einen reellen Schnittpunkt dieser beiden Geraden, so ist dies der einzige reelle Punkt auf den beiden Geraden, ihr Träger. Folglich ist ein reeller Punkt durch Angabe einer komplexen Geraden bestimmt, auf der ihr liegt. Jedoch gilt:

Die imaginären Geraden können wir geometrisch ebenso wenig direct veranschaulichen, als den imaginären Punkt, sondern wir müssen an ihrer Stelle reelle Geraden anzugeben suchen, durch welche sie völlig definiert werden können.[1616]

Wesentliche Unterschiede zwischen reeller und komplexer Geometrie zeigen sich im § 58 „Absolute Richtungen". Dort wird das Paar von Geraden betrachtet, das durch die Gleichung $x^2 + y^2 = 0$ (ein nullteiliger Kreis) festgelegt wird, also durch die Gleichungen $x - iy = 0$ und $x + iy = 0$ bestimmt ist. Der Ursprung ist der einzige reelle Punkt derselben; diese Geraden bleiben bei allen (reellen) Bewegungen unverändert, weshalb sie absolute oder isotrope Richtungen[1617] genannt werden. Diese isotropen Geraden besitzen ungewöhnliche Eigenschaften:

- Sie sind zu sich selbst normal.
- Alle Strecken auf ihnen haben die Länge Null.

[1614] In der fünften Auflage werden Paare (x,y) als $x|y$ notiert. In heutiger Notation geht es also um den Punkt $(u + iv, u'+iv')$.
[1615] Salmon-Fiedler 1887, 63.
[1616] Salmon-Fiedler 1887, 64.
[1617] Vgl. Salmon-Fiedler 1887, 93.

- Jeder Punkt der Ebene hat von einer absoluten Geraden den Abstand Null.[1618]

Weiterhin erlauben sie eine neue Fassung der Orthogonalität (Normalität) von Geraden: Zwei Geraden sind orthogonal zueinander, wenn sie zusammen mit den beiden absoluten Richtungen in ihrem Schnittpunkt ein harmonisches Strahlenbüschel bilden.[1619] Dabei kommen die absoluten Kreispunkte ins Spiel.[1620] Die absoluten Richtungen werden gegeben durch die Verbindungsgeraden des Ursprungs mit den absoluten Kreispunkten. Damit hat man die Grundbestandteile zusammen für die komplexe projektive Geometrie jener Tage.

Hätten Sie's gewusst?

Es folgen einige Aufgabenbeispiele aus den „Kegelschnitten". Sie sollen andeutungsweise illustrieren, welches Wissen in diesem Buch verarbeitet wurde, wie Stil und Aufgabenkultur damals waren und was man anscheinend für so wichtig hielt, dass man Aufgaben dazu stellte.

1. Zwei Ecken eines Dreiecks *ABC* bewegen sich in festen geraden Linien *LM*, *LN* und die drei Seiten desselben drehen sich um feste Punkte *O*, *P*, *Q*, die in einer geraden Linie liegen; welches ist der Ort der dritten Ecke? (Aufgabe 2, p. 46).

2. In einem Dreiecke sind die Schnittpunkte einer Parallelen zur Basis mit den Seiten mit den gegenüberliegenden Basisecken verbunden; man soll den Ort des Durchschnittspunktes der Verbindungslinien angeben. (Aufgabe 3, p. 49).

3. Zwei Ecken eines gegebenen Dreiecks bewegen sich längs fester gerader Linien; der Ort der dritten Ecke ist zu finden. (Aufgabe 11 p. 255).

4. Die dreien ähnlichen Kegelschnitten entsprechenden sechs Centra liegen zu dreien in vier geraden Linien. (Aufgabe 3 p. 273).

5. Die Diagonalen eines einem Kegelschnitt eingeschriebenen und die des entsprechenden ihm umgeschriebenen Vierecks bilden mit einander ein harmonisches Büschel. (Aufgabe 3 p. 305).

6. Wenn von sechs Geraden irgend vier mit den beiden übrigen Punktreihen von gleichem Doppelverhältnis stimmen, so thun es jede vier mit den übrigen zwei. (Aufgabe 2 p. 329).

[1618] Vgl. Salmon-Fiedler 1887, 94.
[1619] Vgl. Salmon-Fiedler 1887, 93. Dies ist ein Sonderfall der Winkelmessung nach Laguerre.
[1620] Auch imaginäre Kreispunkte genannt. In homogenen Koordinaten sind diese modern geschrieben gegeben als [1,i,0] und [1,-i,0].

Zur Rezeption der „Kegelschnitte"

Die Tatsache, dass gerade der erste Titel der Lehrbuchreihe von Salmon-Fiedler bei seinem Erscheinen 1860 eine Lücke füllte, hob dessen Besprechung im „Literarischen Centralblatt" hervor, die wir in Teilen schon zitiert haben:

> Vorliegendes Werk ist eine freie Bearbeitung der im Jahre 1855 in 3. Auflage erschienen Schrift von George Salmon [...]. Diese Schrift enthält nicht bloß eine ausführliche Monographie der Kegelschnitte, sondern auch eine vollständige Entwickelung der Elemente der analytischen Geometrie der Ebene, sowie eine Darstellung der neueren analytischen Methoden, so daß sie sich einestheils zur Einführung in das Studium der analytischen Geometrie eignet, anderntheils ein bequemes Hülfsmittel für Alle diejenigen ist, welche über die Bekanntschaft mit den Descartes'schen Parallelcoordinaten hinausgehen wollen. Der Bearbeiter der deutschen Ausgabe hat namentlich in letzterer Beziehung das Werk noch brauchbarer zu machen versucht durch verschiedene Zusätze und Ergänzungen, die zum Theil der Schrift desselben Autors „A treatise on higher plane curves" entlehnt sind.[1621]

Der Besprecher empfiehlt das Werk jedem Studenten, auch dem Anfänger, weil es ohne große Schwierigkeiten durchstudiert werden könne. Weiterhin gibt der Rezensent seinem Wunsch Ausdruck, dass bald eine deutsche Bearbeitung der „Higher plane Curves" erscheinen möge, weil diese die logische Fortsetzung der „Kegelschnitte" darstellten.

Eine positive Einschätzung der „Kegelschnitte" deutet auch der Rezensent Kretschmer (Frankfurt/Oder) in seiner kurzen Besprechung von K. F. Geisers „Einleitung in die Synthetische Geometrie" im „Jahrbuch" für 1868 an.

> Herr Geiser hat die Absicht, Anfänger mit mässigen Vorkenntnissen für die synthetische Geometrie vorzubereiten. Eine solche Vorbereitung lässt sich wohl aber nur durch kräftige Anregung zur Selbsttätigkeit, also durch eine wohlgeordnete und reiche Aufgabensammlung erreichen, an deren Hand man die Hauptsätze der synthetischen Geometrie durcharbeitet. Für die reine Geometrie fehlt ein Werk nach Art des "Salmon-Fiedler, Kegelschnitte".[1622]

Weiter wird betont, dass sich Salmon-Fiedler zum Durcharbeiten eigne, insbesondere auch durch die vielen darin enthaltenen Aufgaben.

[1621] Literarisches Centralblatt Jahrgang 1861, Spalten 433 – 434. Die Besprechung stammte, wie fast alle mathematischen Rezensionen jener Zeit im Centralblatt, von G. – I.
[1622] Jahrbuch über die Fortschritte der Mathematik 2 (1869/70), 370.

Der Preis der „Kegelschnitte" betrug 4 Thaler, was recht viel war, wie ein Vergleich mit anderen Besprechungen im „Centralblatt", das fast immer auch die Preise der besprochenen Werke nannte, zeigt. So kosteten etwa Hesses „Vorlesungen über analytische Geometrie des Raumes" (1861) nur 2 Thaler und 12 Groschen.[1623]

Unter den (wenigen damals existenten) mathematischen Fachzeitschriften war es um 1860 herum vor allem die „Zeitschrift für Mathematik und Physik", die (teilweise längere) Buchbesprechungen im deutschsprachigen Raum veröffentlichte. Im Jahre 1861 druckte diese Zeitschrift eine ausführliche Rezension des Buches von Salmon-Fiedler. Sie wurde von Osmar Fort verfasst, der selbst, wie bereits erwähnt, zusammen mit O. Schlömilch ein erfolgreiches zweibändiges Lehrbuch der analytischen Geometrie geschrieben hatte und am Polytechnikum in Dresden tätig war. Nachdem Fort den vollständigen englischen Titel des Lehrbuchs zitiert hat, führt er aus:

> Dasselbe enthält mehr, als sein Titel verspricht; es umschliesst in seinem Haupttheile eine fast vollständige Darlegung des gegenwärtigen Standes der auf die Kegelschnitte bezüglichen Lehren, mit Zugrundelegung der wichtigsten algebraischen und geometrischen Methoden, durch welche namentlich in der neueren Zeit diese Theorie eine wesentliche Förderung erlangt hat. [...] Die ausgezeichnete Methodik, mit welcher der Verfasser [d.i. Salmon; K. V.] hierbei von den einfachen Grundlagen zu höheren Anschauungen fortschreitet, macht das Buch, abgesehen von seinem ursprünglichen Zwecke, besonders auch geeignet, zur Einführung in die gegenwärtige wissenschaftliche Stellung der analytischen Geometrie zu dienen.[1624]

Fort stellt dann ausführlich den Inhalt des Buches dar, wobei er andeutet, dass Fiedler dieses in Richtung Vollständigkeit und Systematik weiterentwickelt habe. Er schließt:

> Es kann das Werk in der vorliegenden Form der aufmerksamen Beachtung aller Studirenden der Mathematik empfohlen werden, welche auf möglichst einfachem Wege Zugang zu den Resultaten der neueren Forschungen auf dem Gebiete der analytischen Geometrie erlangen wollen; dem Lehrer der Wissenschaft empfiehlt es sich, abgesehen von der vorzüglichen Methodik des Verfassers, welche in der deutschen Bearbeitung durchaus nicht beeinträchtigt ist, namentlich noch durch die

---

[1623] In Sachsen wurde der Taler in 30 Groschen unterteilt.
[1624] Fort 1861, 44 – 45. Die übliche Sprechweise war, Salmon als Autor zu bezeichnen und Fiedler als Bearbeiter oder auch als Herausgeber.

große Menge von mehr als vierhundert grossentheils vollständig ausgeführten Aufgaben.[1625]

Fort hebt also hervor, dass das Werk von Salmon-Fiedler als Einführung in ein weitgehend neues Gebiet dienen könne, das er als „analytische Geometrie" bezeichnete. Neu sind dabei vor allem die projektiven Koordinaten, die Gegenstände – die Kegelschnitte – sind natürlich klassisch. Sie sind aber hinreichend, um die neuen Methoden zu erlernen. Zur Vertiefung des Erlernten gibt es die anderen Werke von Salmon – später dann auch in Deutsch dank Fiedler.

Die anonyme Besprechung der zweiten Auflage der „Kegelschnitte" (1866) im „Centralblatt" fiel, wie bereits gesehen, hinsichtlich Fiedlers Beitrag kritisch aus. Sie beginnt mit der Feststellung „Es ist überflüssig, an diesem Orte von der allgemein anerkannten Vorzüglichkeit der Schriften Salmon's zu sprechen; [...]"[1626], um dann die zahlreichen Ergänzungen, die Fiedler vorgenommen hatte, zu beschreiben. Schließlich heißt es:

> Es ist nicht zu verkennen, daß diese Capitel häufig der Klarheit und Durchsichtigkeit, sowie der Präcision und sachgemäßen Kürze im Raisonnement, was alles Salmon in so hohem Grade besitzt, ermangeln. Nicht überall ist die Darstellung und Rechnung so einfach, als sie sein sollte, und der Stil nicht selten etwas geschraubt, so daß der Referent bezweifelt, ob ein in diesen Disciplinen noch unbekannter Student überall der Deduction folgen kann.[1627]

Gewissermaßen schwerfällige deutsche Gründlichkeit gegen leichten englischen Pragmatismus.[1628] Hinter dieser Kritik könnte stehen, dass der Rezensent die „Kegelschnitte" hauptsächlich als Lehrbuch sah, während Fiedler aus ihnen eine Forschungsmonographie machen wollte. Immerhin hat er ja in der zweiten Auflage die Cayleysche Theorie der projektiven Metrik aufgenommen, eine vor allem im Lichte der späteren Entwicklung durchaus wichtige Neuerung. In der fünften Auflage kamen dann wie bereits erwähnt die imaginären Größen hinzu –

[1625] Fort 1861, 48. Diese Sichtweise wird von Fiedlers eigenen Ausführungen im Vorwort der zweiten Auflage bestätigt; siehe unten.

[1626] Literarisches Centralblatt Jahrgang 1866, Spalte 433.

[1627] Literarisches Centralblatt Jahrgang 1864, Spalte 433. Im Anschluss weist der anonyme Rezensent auch noch auf einige konkrete Fehler im Buch hin.

[1628] Fragen des nationalen Stils spielten durchaus damals eine Rolle im „Centralblatt". So schrieb beispielsweise der (ebenfalls anonyme) Rezensent des Centralblatts zu Clebschs Buch über die Elastizitätslehre: „Wenn wir die Leichtigkeit der Darstellung und die Eleganz französischer Lehrbücher nachahmen, so sind wir es der deutschen Gründlichkeit, und, wenn man so sagen darf, der literarischen Ehrlichkeit schuldig, die üble Sitte, nirgends vorangegangene Untersuchungen zu gedenken, nicht anzunehmen." (Literarisches Centralblatt 1863, Sp. 750). Ein weiteres Beispiel findet sich in 5.2.

ebenfalls ein fortgeschrittenes Thema der damaligen Forschung. Dieses Bemühen Fiedlers stellte auch sein Verlag in einer Annonce heraus:

> Seit fast 40 Jahren ist in weiten mathematischen wissenschaftlichen Kreisen G. Salmon's Buch „Conic sections" einer ganz hervorragenden Theilnehme gewürdigt worden und auch Fiedler's deutsche Bearbeitung hat sich dieser Gunst erfreut; er hat sie durch Einführung zeitgemäßer Fortschritte derselben Wert zu erhalten gesucht.[1629]

F. Klein äußerte sich in seinen Vorlesungen zur Entwicklung der Mathematik im 19. Jahrhundert zu Salmons Lehrbüchern:[1630]

> Sie [die Bücher Salmons; K. V.] bieten keine systematischen Darstellungen, oder strenge Entwicklungen, sondern eine gelassene Erzählung über die vielen schönen Ergebnisse der algebraisch-geometrischen Betrachtung, die in bequem lesbarem Plauderton fortschreitet. [...] Die Bücher sind wie erfreuende und belehrende Spaziergänge durch Wald und Feld und gepflegte Gärten, bei denen der Führer bald auf diese Schönheit, bald auf jene seltene Erscheinung aufmerksam macht, ohne daß etwa alles zu einem strengen System von lückenloser Vollständigkeit zusammenzupressen – eine Tendenz, die bei Fiedler schon eher zu spüren ist – auch ohne einzelne nutzbringende Pflanzen auszugraben und sie in vorbereiteter Erde nach rationellen landwirtschaftlichen Grundsätzen zur Hochkultur zu ziehen. In diesem Blumengarten sind auch wir alle aufgewachsen, hier haben wir die grundlegenden Kenntnisse gesammelt, auf denen es galt, weiterzubauen.

Für Kleins Verhältnisse ist das eine ungewöhnlich poetische Schilderung: Salmon entwirft einen englischen Park, während Fiedler einen französischen anstrebt.

Im Vorwort zur zweiten Auflage der „Kegelschnitte" bestätigte Fiedler selbst seine Tendenz zu mehr System und Vollständigkeit:

> In den Theilen des Buches aber, welche den letzteren [den Kegelschnitten; K. V.] gewidmet sind – der grösseren Hälfte desselben – sind tiefgreifende Veränderungen in der Anordnung des Stoffes und bedeutende Erweiterungen des Materials vorgenommen worden, um die

---

[1629] Die Anzeige befindet sich auf der hinteren Umschlagseite des Buches „Die Elemente der analytischen Geometrie: zum Gebrauche an höheren Lehranstalten sowie zum Selbststudium; mit zahlreichen Übungsbeispielen" von H. Ganter und F. Rudio (Leipzig: Teubner, 1897). Ganter war übrigens Einsteins Mathematiklehrer in Aarau und ehemaliger Student, später dann Assistent des Polytechnikums.

[1630] Klein 1926, 165. Klein hat selbst mehrfach darauf hingewiesen, dass er die Cayley-Metrik in der zweiten Auflage der „Kegelschnitte" kennengelernt habe. Auch in Clebsch's Werken und Briefen finden sich mehrere Hinweise auf die Bücher von Salmon-Fiedler als Quelle des Wissens seiner Zeit im Bereich der analytischen Geometrie, vgl. Confalonieri/Schmidt/Volkert 2019, 13 - 82.

Vollständigkeit und Geschlossenheit der methodischen Entwickelung zu erhöhen.[1631]

Die fünfte Auflage wurde von E. Netto für die „Deutsche Literaturzeitung"[1632] besprochen. Er bemerkte, dass „der Autor unversehens" abgedankt habe und der Bearbeiter das Werk weitgehend präge. Zudem kritisierte er die Stofffülle, welche das Buch zu einem Nachschlagewerk mache. „Die mageren Kühe fressen die fetten, und die dünnen Bücher die dicken." Folglich müssten neue Lehrbücher geschrieben werden. Dennoch attestierte er den „Kegelschnitten" „geschickte Behandlung" und „organische Darstellung".

Salmon-Fiedlers „Kegelschnitte" wurden nicht nur viel studiert, sie entwickelten sich auch zu einem Referenzwerk. Man konnte sich darauf beziehen, weil man davon ausgehen konnte, dass das Buch weit verbreitet und den Leserinnen und Lesern bekannt war. Das wird z. B. deutlich in Fr. Dingeldeys Artikel „Kegelschnitte und Kegelschnittsysteme" für die „Encyklopädie der mathematischen Wissenschaften", der 1903 abgeschlossen und ausgeliefert wurde. In ihm bekommen die „Kegelschnitte" die Abkürzung „Salmon-Fiedler, Kegelschn.", weil sie so oft zitiert werden – vielleicht nicht ganz uneigennützig, denn Dingeldey, Spezialist für Kegelschnitte in der Nachfolge Gundelfingers, sollte ja später nach Fiedlers Rückzug ab 1907 dieses Buch herausgeben.

Großes Lob für die „Kegelschnitte" kam auch vom Altmeister der synthetischen Geometrie, Heinrich Schröter. In einem Brief aus Breslau[1633] vom 3. Juli 1878 hieß es:

> Mit Vergnügen habe ich neulich gesehen, daß die vierte Auflage Ihrer Kegelschnitte erschienen ist, die gewiß wieder manche werthvolle Zusätze und Erweiterungen erfahren hat. Ich gratulire Ihnen zu diesem Erfolge, den wohl kaum ein zweites mathematisches Werk älterer und neuerer Zeit aufzuweisen hat.

Zusammenfassend darf man festhalten, dass die „Kegelschnitte" ein Buch waren, das die Mathematik und die Mathematiker im deutschsprachigen Raum in einem vergleichsweise langen Zeitraum von rund 50 Jahren nachhaltig prägte. Damit „überlebten" sie auch die anderen Bücher von Salmon-Fiedler mit Ausnahme des ersten Bandes der Raumgeometrie, der ja in den 1920er Jahren nochmals aufgelegt wurde.

[1631] Salmon-Fiedler 1866, V.
[1632] 9 (1888) No. 7, Sp. 247 – 248 und No. 45, Sp. 1653 – 1654. Die Zitate finden sich in Spalte 247 und 1654.
[1633] Hs 87:1149.

5.2 Einführung in die Algebra der linearen Transformationen

In der Chronologie folgten in Fiedlers Arbeiten auf die „Kegelschnitte" (1860) und sein eigenes Buch (1862) die „Vorlesungen zur Einführung in die Algebra der linearen Transformationen" von Salmon, deren deutsche Ausgabe 1863 erschien. Während in der Korrespondenz mit Salmon ursprünglich, wie wir gesehen haben, die naheliegende Idee war, die „Kegelschnitte" und die „Höheren ebenen Kurven" rasch nacheinander zu publizieren, hatte sich Fiedlers Plan nun offensichtlich geändert. Die Erklärung hierfür ist vermutlich einfach: Die „Vorlesungen" stellen Hilfsmittel bereit, die in den anderen Büchern Salmons verwendet werden, wie sich in vielen Verweisen auf dieses Buch zeigt. Zudem behandelten sie damals aktuelle Themen aus der Invariantentheorie, insbesondere die Determinanten, was die Hoffnung aufkommen lassen konnte, dass sich das Buch entsprechend gut nachgefragt würde.

Bezüglich der Theorie der Determinanten, einem Kernstück der damaligen Algebra der linearen Transformationen, war die Konkurrenz in der deutschsprachigen Lehrbuchliteratur eher gering.[1634] Zudem fehlte eine Einbettung des Themas Determinanten in einen größeren Kontext.[1635]

Im Vergleich zu den anderen Bearbeitungen Fiedlers von Büchern Salmons fällt auf, dass sein Vorwort bei den „Vorlesungen" recht knapp ausfiel, es ist nur eine gute Seite lang. Es gab nur wenige Änderungen gegenüber dem Original, weshalb nicht allzu viel zu sagen war. Vielleicht spielten hierbei der Termindruck und Fiedlers Arbeitsbelastung eine Rolle, auch lagen algebraische Themen nicht im Fokus von Fiedlers Interessen.

Der in Vorlesungen gegliederte Inhalt des Buches war folgender:

I.	Von den Determinanten, vorläufige Erläuterungen und Definitionen (pp. 1 – 8)
II.	Von den allgemeinen Eigenschaften der Determinanten und der Multiplikation derselben (pp. 9 – 25)
III.	Von den Minoren der Determinanten und den Reciproken derselben oder den Determinanten adjungierter Systeme (pp. 26 – 38)
IV.	Von den symmetrischen Determinanten und denjenigen, in welchen jedes Element dem ihm corrspondirenden gleich ist (pp. 35 – 54)
V.	Vom Grade und von der Bildung der Resultanten (pp. 79 – 110)
VI.	Von der Bestimmung der gemeinsamen Wurzeln (pp. 73 – 79)
VII.	Von der Determinantenform der Resultanten (pp. 79 – 110)

[1634] Für einen Überblick zur damals vorhandenen deutschsprachigen Literatur zum Thema Determinanten vgl. den Exkurs über Invariantentheorie am Beginn dieses Kapitels.
[1635] Den Kontext würden wir heute wohl lineare Algebra nennen, in damaliger Sprache kommen vor allem Algebra (im Sinne von Gleichungslehre) und/oder Invariantentheorie in Frage, im weiteren Sinne auch analytische Geometrie.

Die Gliederung in Vorlesungen findet sich nur in diesem Band der Salmonschen Lehrbuchreihe. Sie erklärt sich daraus, dass Salmon die Ausarbeitung seiner entsprechenden Vorlesungen dem Buche zugrunde legte; mit diesen verfolgte er den Anspruch, die Studenten mit den Grundkenntnissen auszustatten, die erforderlich waren, um die Originalliteratur zu lesen.[1636] Vielleicht wollte Salmon zudem mit dem gewählten Titel den eher unsystematischen Stil des Buches andeuten, seinen gewissermaßen vorläufigen Charakter.

Anders als bei den anderen Werken von Salmon-Fiedler gibt es keine Literaturnachweisungen und Zusätze von Fiedler in der ersten Auflage der „Vorlesungen", in der zweiten änderte sich dies. Ein Punkt, an dem Fiedler schon in der ersten Auflage vom Original abwich, war die Terminologie. Die englischen Invariantentheoretiker pflegten eine ausgesprochen unkonventionelle, selbst erfundene Terminologie mit Begriffen wie Bezoutiante, Canonizante, Concomitante und dialytische Elimination.[1637] Diese hat Fiedler in seine deutsche Bearbeitung nicht übernommen.

Die großen Themen der „Vorlesungen" sind offenkundig: Determinanten sowie das Lösen von Gleichungssystemen und Gleichungen in Verbindung mit modern gesprochen linearen Abbildungen, damals Substitutionen oder Transformationen genannt, sowie Invarianten. Wir werden an verschiedenen Stellen auf diese zu sprechen kommen, weshalb hier eine detailliertere Darstellung des Werkes, das es immerhin auf drei Auflagen brachte, entfallen kann.

In mancherlei Hinsicht bemerkenswert ist die anonyme Besprechung, die das Literarische Centralblatt 1864[1638] veröffentlichte und die wir schon auszugsweise kennengelernt haben. Es folgt ein ausführlicheres Zitat:

> Das Werk beginnt mit einer Darlegung der einfachsten Sätze aus der Theorie der Determinanten, die dem Ref. zur Einführung in das noch

---

[1636] Vgl. das Vorwort zur zweiten Auflage von Salmons Buch (Dublin, 1876).

[1637] Vgl. hierzu auch den Exkurs über Invariantentheorie am Anfang dieses Kapitels.

[1638] Nummer 37 vom 10. September 1864, Sp. 874 - 875 Der Preis für die „Vorlesungen" betrug 1 Thaler 24 Groschen, war also deutlich niedriger als der der „Kegelschnitte", die 4 Thaler kosteten.

immer nicht allgemein genug gekannte Gebiet sehr zweckmäßig erscheint, da dieselbe von den linearen Gleichungen mit successive 2, 3, 4 Veränderlichen ausgeht, und an ihnen die Sätze in einer Weise ableitet, deren Anwendbarkeit bei mehreren Veränderlichen unmittelbar einleuchtet. Da in den folgenden Untersuchungen nur Determinanten niedriger Grade angewendet werden, so unterläßt es Salmon, die allgemeinen Beweise der betreffenden Sätze für Determinanten beliebigen Grades hinzuzufügen. Es ist überhaupt ein für die englische Algebra charakteristischer Zug, diese Beschränkung auf das Nothwendigste und Speciellste, bei dem es möglich ist, mit der Feder in der Hand und mit dem Auge jeder einzelnen Operation bis ins Kleinste nachgehen zu können. Wo diese so zu sagen handgreifliche Evidenz aufhört und man sich mit einem Raisonnement begnügen muß, ohne alle Ausdrücke wirklich darstellen zu können, scheint auch das Interesse der englischen Algebraiker aufzuhören. Durch dieses Arbeiten ins Detail, durch den Mangel an allgemeinen Gesichtspunkten oder wenigstens allgemeinen Theoremen, und durch die seitenlange Darstellungen individueller Formeln erhalten die Arbeiten der englischen algebraischen Geometer jenen besonderen Charakter, der sowohl uns als unseren überrheinischen Nachbarn unbehaglich und ungewohnt ist, und der zur Folge hat, daß kaum ein Mathematiker auf dem Continent mit den theilweise als ausgezeichnet anerkannten Arbeiten eines Cayley, Sylvester u.s.w. vollständig bekannt ist. Um das Studium der englischen Abhandlungen noch mehr zu erschweren, trägt noch jene leidige Gewohnheit der Engländer bei, neue Zeichen und eine ausgedehnte, schwankende und sich mit großer Fruchtbarkeit vermehrende Terminologie einzuführen, welche eine wesentliche Eigenthümlichkeit der mathematischen Sprache, die Einfachheit, Bestimmtheit und allgemeine Verständlichkeit, zu vernichten droht, überdies dem deutschen Mathematiker vollkommen überflüssig erscheint – eine Gewohnheit, die nur dadurch zu erklären ist, daß man bei der oft wiederholten Beschäftigung mit den speciellsten Gegenständen, „dem Kind einen Namen zu geben" das Bedürfnis fühlt. – Um sich in dieser Terminologie zu unterrichten und die nähere Bekanntschaft der Canonizanten, Commutanten, Combinanten, Evectanten, Emananten, Hessian, Pfaffian, Jacobian u. s. w. zu machen, ist nun die zweite, größere Hälfte der „Lessons introductory to the modern higher algebra" sehr geeignet, da Salmon im Allgemeinen mit vieler Umsicht unfruchtbare Themata übergangen hat, wenngleich der eben bezeichnete Eigenthümlichkeit wegen auch die Lectüre dieses Werkes nicht immer die interessante ist. Es enthält das Werk eine Discussion der Invarianten und Covarianten algebraischer Formen – eine Theorie kann man diese Zusammenstellung verschiedener Bemerkungen nicht nennen, und es ist eine solche überhaupt bei dem jetzigen Zustande dieser Disciplin wohl nicht zu geben – eine Untersuchung der canonischen Formen derselben und schließlich einige geometrisch besonders wichtige Anwendungen der gewonnenen Sätze auf binäre und binäre homogene Formen. – Herr Fiedler hat bei der Herausgabe seiner Uebersetzung den Uebelstand, daß im Original allgemeine Darstellungen gar zu sehr vernachlässigt werden, lebhaft gefühlt und den Versuch gemacht, ihm abzuhelfen, indem er an mehreren Stellen, sowohl in der Theorie der Determinanten, als auch in der zweiten Hälfte Zusätze gemacht und in den Text eingefügt hat, gegen die materiell nichts einzuwenden ist. Nur scheint es dem Ref. einerseits, als ob diese Zusätze doch den Uebelstand nicht beseitigen, ja ihn vielleicht recht zum Bewußtsein bringen, andererseits wird der sonst einheitliche Charakter des Originals durch dieselben sehr beeinträchtigt. Ueberhaupt ist ein wissenschaftliches Werk, das mit solcher Sauberkeit, Gelehrsamkeit und Sachkenntniß gearbeitet ist, wie das vorliegende, immer ein mehr oder weniger vollendetes Kunstwerk, dessen Charakter nicht allein von dem Material, sondern wesentlich von der dem Ganzen zu Grunde liegenden Idee und der gewählten Form bestimmt ist. Schon durch eine Uebersetzung wird dieser Charakter, der einem Werke häufig besonderen Reiz verleiht, in jedem Falle abgeschwächt, aber man sollte, wenn einmal eine Uebersetzung gemacht werden soll, sich bestreben, denselben in möglicher Reinheit zu erhalten, und nicht durch Zusätze aus einem anderen Style, die mitten im Texte stehen und daher von dem Leser nicht einmal ausgeschieden werden können, mögen diese Zusätze an sich noch so vortrefflich sein, die einheitliche Uebersicht stören.

Vom Stil und vom Sachgehalt dieser Besprechung her ist es naheliegend, an A. Clebsch als Verfasser zu denken. Seine Kritik an der englischen Schule haben wir ja schon in seinen Briefen[1639] an Fiedler gesehen und seine gute Kenntnis der Arbeiten der englischen Schule steht außer Zweifel. Erstaunlich wären dann vielleicht seine doch recht kritischen Anmerkungen zu Fiedlers Bearbeitung gegen Ende der Rezension. Es ist aber unklar, ob Clebsch tatsächlich Rezensionen für das Centralblatt geschrieben hat. In Frage käme vielleicht auch noch H. Hankel, der nachweislich Besprechungen für das Centralblatt schrieb. Allerdings zeichnete er diese mit „Hkl.“, während die vorliegende Besprechung anonym erschien. Natürlich könnte auch G. – I. der Verfasser gewesen sein, allerdings kennzeichnete auch er seine Besprechungen mit seinem Kürzel.

[1639] Vgl. den Exkurs Invariantentheorie am Anfang dieses Kapitels.

Interessant ist eine Anzeige des Teubner-Verlages[1640], mit der er 1871 für die im Erscheinen begriffene „Theorie der linearen algebraischen Formen" von A. Clebsch warb. Darin wurde Clebschs Buch gegenüber Salmon-Fiedler positioniert und auch die Besonderheit des kontinentalen Zugangs zur Invariantentheorie hervorgehoben wurde:

> Gegenüber dem von Herrn Fiedler übersetzten Salmon'schen Lehrbuche, welches bisher das Hauptmittel für das Studium der neueren Algebra war, wird man in der beabsichtigten Publication einerseits eine Beschränkung andererseits Erweiterungen finden. Die Beschränkung besteht darin, dass nur binäre Formen behandelt werden. Dies wurde fast geboten durch den Umstand, dass nur die Theorie der binären Formen bis jetzt in einem gewissen Grade abgeschlossen scheint. Der Verfasser geht davon aus, Invarianten und Covarianten durch symbolische Produkte zu definieren; ein Standpunkt, welcher ihm schon vor 10 Jahren als der richtigste erschien. Diese Absicht hat im Laufe der Zeit um so mehr sich bei ihm festigen müssen, als gerade hiervon ausgehend Herr Gordan den wichtigen Satz fand, dass die Anzahl der zu jeder Form gehörigen Invarianten und Covarianten eine endliche sei; und mit diesem Satze waren dann wieder Fragen gegeben, welche nur bei binären Formen aufgestellt und beantwortet werden können, und welche eben der Theorie der binären Formen jenen vorzugsweisen entwickelten Charakter geben.

> Indem diese und andere, auf frühere Arbeiten des Verfassers beruhende Untersuchungen ausführlich behandelt sind, ist dem erwähnten Werke gegenüber eine sehr wesentliche Fortentwickelung gegeben, welche bis zu dem neuesten Stoff dieser Disciplin führt.

> Andererseits wird in dem Werke die geometrische Interpretation berücksichtigt, welche neben den algebraischen Untersuchungen hergeht, und welche zugleich die Grundlage der synthetischen Geometrie liefert, nämlich die Theorie der Punktreihen und Strahlbüschel.

> Es ist endlich ein grosses Gewicht auf ausführliche Behandlung einiger Probleme gelegt, welche dem Studierenden als Muster für die Behandlung algebraischer Fragen dienen können und welche ihn auch praktisch in einen der wichtigsten Theile der neueren Mathematik einführen.

Eine erstaunliche kenntnisreiche Verlagsanzeige, die einen guten Eindruck von der Forschungslage um 1870 herum liefert: die Vermutung liegt nahe, dass Clebsch selbst der Verfasser der Anzeige war oder zumindest eine Vorlage

---

[1640] Diese findet sich am Ende von Fiedlers darstellender Geometrie (erste Auflage 1871).

formuliert hatte. Deutlich wird auch, dass die Bücher von Salmon-Fiedler eine wichtige Rolle als Lehr- und Referenzwerke spielten, wobei allerdings gerade die Vorlesungen über die Algebra der linearen Transformationen recht schnell durch neuere Entwicklungen überholt wurden.

Die erst 1877 publizierte wesentlich erweiterte zweite Auflage der „Vorlesungen" trug den neueren Entwicklungen Rechnung, indem sie nicht mehr die einfachen binären Formen in den Vordergrund stellte, sondern auch Formen von höherem Grad (bis zum sechsten) behandelte. Zudem hatte Fiedler nun ausführliche „Literaturnachweisungen und Geschichte" ergänzt; er behauptete, sich dem „Versuch einer objectiven historischen Darstellung der Hauptentdeckungen des behandelten Gebietes angeschlossen" zu haben.[1641] Es gibt nun 25 Vorlesungen:

1. **Vorlesung:** Von den Determinanten. Vorläufige Erläuterungen und Definition
2. **Vorlesung:** Die Reduction und Berechnung von Determinanten
3. **Vorlesung:** Multiplikation der Determinanten
4. **Vorlesung:** Von den Minoren der Determinanten und den Reciproken derselben
5. **Vorlesung:** Von den symmetrischen und den schiefsymmetrischen Determinanten
6. **Vorlesung:** Symmetrische Determinanten
7. **Vorlesung:** Symmetrische Functionen
8. **Vorlesung:** Ueber Grad und Gewicht der Resultanten
9. **Vorlesung:** Von der Determinantenform der Resultante
10. **Vorlesung:** Von der Bestimmung der gemeinsamen Wurzeln
11. **Vorlesung:** Von den Discriminanten
12. **Vorlesung:** Lineare Transformationen
13. **Vorlesung:** Von der Bildung der Invarianten und Covarianten
14. **Vorlesung:** Symbolische Darstellung der Invarianten und Covarianten
15. **Vorlesung:** Von den canonischen Formen
16. **Vorlesung:** Ueber Formensysteme
17. **Vorlesung:** Anwendungen auf binäre Formen: quadratische und cubische
18. **Vorlesung:** Die binäre quadratische Form
19. **Vorlesung:** Die binäre Form fünften Grades
20. **Vorlesung:** Die binäre Form fünften Grades[1642]
21. **Vorlesung:** Die binäre Form sechsten und höheren Grades
22. **Vorlesung:** Von der Ordnung beschränkter Systeme von Gleichungen
23. **Vorlesung:** Von der Ordnung beschränkter Systeme von Gleichunge

---

[1641] Salmon-Fiedler 1877, IV.
[1642] Einigen Themen sind zwei Vorlesungen gewidmet, deshalb die Doppelungen der Titel.

24. **Vorlesung:** Anwendungen der Methoden der Symbolik
25. **Vorlesung:** Anwendungen der Methoden der Symbolik

Weiterhin gab es sechs Zusätze:

Ueber Determinanten rationaler Functionen (Nach Cayley)
Symmetrische Functionen der Wurzeln respective Wurzeldifferenzen
Einige Resultate der Elimination
Ueber die Differentialgleichungen der Covarianten
Ueber associierte Covarianten binärer Formen
Literatur-Nachweisungen und Geschichte

Für zwei dieser Zusätze, welche, sagt Fiedler allerdings nicht, dankt er Herrn Prof. Dr. Gundelfinger in Darmstadt.[1643] Wir werden auf einzelne Punkte im Folgenden zurückkommen – ganz, wie es dem Charakter der „Vorlesungen" entspricht.

5.3 Die analytische Geometrie des Raumes

Neben den „Kegelschnitten" war auch die „Analytische Geometrie des Raumes", im Weiteren meist kurz „Raumgeometrie" genannt, erfolgreich. Sie brachte es zu Fiedlers Lebzeiten auf vier Auflagen und wurde 1922/23 mitten in wirtschaftlich schwierigen Zeiten von Karl Kommerell unter Mitwirkung von A. von Brill neu überarbeitet in fünfter Auflage herausgebracht. Offensichtlich hielt der Teubner-Verlag den Markennamen „Salmon-Fiedler" noch in den 1920er Jahren für zugkräftig genug, um einer Neuauflage des Buches ihren Absatz zu sichern.[1644] Interessanterweise sah Kommerell, wie bereits bemerkt, seine Aufgabe eher darin, Fiedlers Einfluss weitgehend rückgängig zu machen und sich so dem Original von Salmon wieder anzunähern.

Die „Raumgeometrie" erschien schon in der ersten deutschen Auflage in zwei Bänden (1863 und 1865)[1645], die zweite Auflage folgte 1874, die dritte 1880. Zwischen den „Kegelschnitten" und der „Raumgeometrie" hatte Fiedler 1862 sein eigenes Buch und 1863 noch die Bearbeitung von Salmons „Vorlesungen zur Einführung in die Algebra der linearen Transformationen" (1863) sowie einige Zeitschriftenartikel publiziert. Hinzu kam das Werk von Fiedlers Alter ego H. F.

[1643] Gundelfinger war ein wichtiger Briefpartner von Fiedler; es sind 29 Briefe von ihm erhalten (Hs 87: 349 – 373 [zwischen 1873 und 1907]), in denen er sich vor allem als Spezialist für Kegelschnitte und Sachwalter Hesses zeigt. Vgl. 9.2.2.
[1644] Kommerell hat später unter seinem eigenen Namen „Vorlesungen über analytische Geometrie des Raumes" (1940) veröffentlicht, die mehrmals aufgelegt wurden. Die analytische Geometrie im weiteren Sinne war sein genuines Arbeitsgebiet.
[1645] Die „Raumgeometrie" wurde auch ins Französische (allerdings erst 1898/1900 von O. Chemin) und ins Italienische (1870 von S. Dino) übersetzt.

Willer zur Mythologie (1863). Fünf Bücher in fünf Jahren sind eine beachtliche Leistung. Nicht zu vergessen die Gründung des eigenen Hausstands durch Heirat

mit Elise Springer und die Geburt der beiden Söhne Ernst und Karl sowie die Lehrverpflichtungen an der Gewerbeschule. Fiedlers Arbeitsleistung war enorm, was auch seine Briefpartner oft mit Erstaunen feststellten. Davon zeugen auch die Tausenden von Seiten mit Exzerpten, die sich in Fiedlers Nachlass finden[1646], wobei er meist die Angewohnheit hatte, fremdsprachliche Texte beim Exzerpieren zu übersetzen. R. Sturm schrieb einmal an Fiedler:

> Ich beneide Sie um Ihre so ausgebreitete historisch-mathematische Kenntniss und um Ihre Fähigkeit des Studirens.[1647]

Die „Analytische Geometrie des Raumes" behandelt i. W. drei Themenfelder: Zuerst einmal bieten sie eine Einführung in die dreidimensionale analytische Geometrie, indem sie Grundlagen wie Darstellung von Ebenen und Geraden im Raum erläutern[1648], sodann werden Flächen zweiten Grades behandelt. Im zweiten Band kommen Raumkurven und Flächen höheren Grades zur Sprache. Man bemerkt schon an dieser Übersicht, dass sich durchaus viele Überschneidungen zu Fiedlers „Darstellender Geometrie" finden. Deutliche Unterschiede gibt es allerdings in der Art und Weise, wie die Inhalte bearbeitet

werden – grob gesagt: synthetisch versus analytisch. Mit den Themen Kurven und Flächen behandelte die „Raumgeometrie" seinerzeit sehr aktuelle Gebiete, in

denen viel geforscht wurde. Die Aufgabe, das Buch auf dem neuesten Stand zu halten. wiederum fiel vor allem Fiedler zu. Davon ist in der Vorrede der zweiten Auflage des zweiten Bandes mehrfach die Rede. An wesentlich neuen Elementen, die Fiedler in das Salmonsche Lehrbuch (im ersten Band) einführte, sind zu nennen: die homogenen Koordinaten, die Cayley-Kleinsche Maßbestimmung sowie ein Kapitel über Invarianten und Covarianten. Dies geschah ab der zweiten Auflage, die erste folgt noch sehr eng dem englischsprachigen Vorbild.

Im Vorwort zur ersten Auflage des ersten Bandes (1863) drückte Fiedler seine Wertschätzung für Salmon aus und erklärte, warum er das Salmonsche Werk im Unterschied zum englischen Original in zwei Teile aufteilte:

[1646] Hauptsächlich unter der Signatur Hs 87a.
[1647] Sturm an Fiedler, 12. Januar 1878 (Hs 87: 1527). Ähnlich äußern sich auch die Nachrufe auf Fiedler z. B. von Voss und Sohn Ernst.
[1648] Insofern ergänzen sie ganz im Sinne Salmons die „Kegelschnitte" und die „ebenen höheren Kurven", wo es ja nur um ebene Geometrie geht; vgl. 5.1 und 5.4.

> ## VORWORT.
>
> ———
>
> Der analytischen Geometrie der Kegelschnitte und den Vorlesungen zur Einführung in die Algebra der linearen Transformationen von George Salmon lasse ich hier von der analytischen Geometrie des Raumes den ersten Theil in deutscher Bearbeitung folgen.
>
> Das Werk „A Treatise on the Analytic Geometry of three Dimensions" meines verehrten Freundes Rev. George Salmon ist ein Buch von bedeutendem Umfange, es umfasst die analytische Geometrie des Raumes von den Elementen an bis zu der Untersuchung der Probleme, welche die Mathematiker der Gegenwart beschäftigen. Ich habe mich für eine Trennung des umfangreichen Materials in zwei Theile entschieden, deren einer die Theorie der Flächen zweiten Grades insbesondere enthält, indess der andere der Untersuchung der algebraischen Flächen und der Raumcurven im ganzen Umfange gewidmet ist, und ich hoffe dadurch die Wirksamkeit des Buches noch erleichtert zu haben, das trotz seines grossen Umfangs und obwohl es erst im Sommer vorigen Jahres erschien in England bereits fast vergriffen ist.

Abb. 5.8: *Aus dem Vorwort der ersten Auflage der Raumgeometrie*[1649]

Die Logik in Salmons Lehrbuchreihe ist deutlich: Die „Kegelschnitte" und die „Höheren Curven" behandeln ebene Probleme, die „Vorlesungen" stellen Hilfsmittel bereit und die „Raumgeometrie" untersucht räumliche Fragestellungen – insgesamt ein schlüssiges Konzept, gewissermaßen eine Gesamtdarstellung der neueren analytischen Geometrie mit Stand etwa 1860 (je nach Auflage variiert der Stand natürlich).

Auffallend ist, dass es in Salmon-Fiedlers Lehrbuch der Raumgeometrie nur wenige Abbildungen gibt, fast alles wird analytisch behandelt, wie ja auch der Titel angekündigt. Selbst die Klassifikation der Quadriken wird nicht durch Zeichnungen erläutert: Wie z. B. ein Ellipsoid aussieht, das muss die Leserin oder der Leser entweder schon wissen oder aber sich ich selbst überlegen. Merkwürdig ist zudem, dass sich die wenigen überhaupt vorhandenen Abbildungen fast ausschließlich am Anfang des Buches finden und sie mit einer Ausnahme ziemlich

---

[1649] Salmon-Fiedler 1863, V.

elementare Sachverhalte illustrieren.[1650] Fiedlers Präsentation desselben Gegenstandes in seinem Lehrbuch der darstellenden Geometrie ist ganz anders geartet, insbesondere reichhaltig mit oft komplexen Abbildungen versehen.

Wie bei fast allen von Fiedler bearbeiteten Büchern ist das Inhaltsverzeichnis der in Kapitel und durchlaufend numerierte Artikel gegliederten „Raumgeometrie" ausführlich; es ersetzt ein Stück weit den nicht vorhanden Index. Die Literatur-Nachweisungen sind umfangreich[1651] und werden durch sehr viele Quellenangaben ergänzt, was ihnen auch ein historisches Interesse verleiht. Offensichtlich musste Fiedler aber feststellen, dass er sich hier in gefährlichem Gelände bewegte. In der Vorrede zur dritten Auflage des ersten Bandes wehrte er sich gegen Kritik an seinen „Literatur-Nachweisungen":

> [...] auf Bezug auf sie darf ich mir wohl zugleich in Hinblick auf einige Reclamationen die Bemerkung erlauben, dass dieselben bei aller Schätzung, die ich für das historische Moment habe, keineswegs in erster Linie darauf ausgehen, Prioritäten zu constatiren, und daher nicht immer die erste Quelle citiren. Sie dienen ihrem Zwecke nach am besten, wenn sie die den Text ausführende und ergänzende Literatur an die Hand geben. Wichtige Quellenschriften sind dabei nicht vergessen.[1652]

Festzuhalten ist, dass das Werk viele Verweise auf die „Kegelschnitte" enthält, daneben gibt es auch Hinweise auf die „Vorlesungen", dann nämlich, wenn es um algebraische Fragen geht. Leserinnen und Leser kamen kaum umhin, sich auch diese Bücher zu beschaffen. Anders als in den „Kegelschnitten" finden sich in der „Raumgeometrie" keine Aufgaben. An ihre Stelle treten sogenannte Beispiele, die meist den Charakter von gelösten Aufgaben haben. Das didaktische Vorgehen ist im Grunde das gleiche wie in den „Kegelschnitten" – Aufgabendidaktik eben, keine (oder nur schwache) Orientierung auf ein System hin. Allerdings entfällt die große Menge von Material, das in den Kegelschnitten in die weiteren Aufgaben gepackt wurde. Die Anzahl der Beispielaufgaben in der „Raumgeometrie" ist deutlich geringer als die der Aufgaben in den „Kegelschnitten", dafür sind die Lösungen aber auch oft umfangreich. Zudem gibt es in der „Raumgeometrie" anders als in den „Kegelschnitten" kaum einfache Beispiele mit konkreten Zahlen, heißt, die Beispiele bleiben allgemein und werden algebraisch gelöst.

Für moderne Leserinnen und Leser sind die Ausführungen von Salmon-Fiedler ungewohnt insofern, als sie keinen Gebrauch von Vektoren[1653] machen und die

---

[1650] Es gibt insgesamt zehn Figuren im ersten Band, die einzige wirklich komplexe Figur ist No. 5 auf p. 52; die letzte Figur (No. 10) findet sich p. 438.

[1651] Fiedler 1878, XIV – XXIV.

[1652] Fiedler 1878, V.

[1653] Nur im Zusammenhang mit der Darstellung von Punkten in der Ebene oder im Raum durch Polarkoordinaten spricht Fiedler vom „Radius-Vector" (ähnlich schon in der Astronomie z. B. bei Kepler

lineare Algebra noch in den Kinderschuhen steckte, insbesondere gibt es keine Matrizen wohl aber Determinanten und natürlich keine linearen Abbildungen wohl aber lineare Substitutionen. Die abgekürzten Bezeichnungen (auch symbolische Schreibweise genannt) spielen, wie in anderen Büchern von Salmon-Fiedler auch, eine wichtige Rolle. Der geometrische Ursprung bleibt meist klar, das algebraische Rüstzeug reduziert sich auf Determinanten und das Lösen von Gleichungen und Gleichungssystemen; letzteres gerne als Eliminationstheorie bezeichnet. Eine weitere Schwierigkeit besteht darin, dass Salmon-Fiedler hier wie auch anderen Stellen den Übergang von einer reellen zu einer komplexen, von der Euklidischen zur projektiven Geometrie meist stillschweigend vollziehen.

Aufgrund der Reichhaltigkeit des Inhaltes und wegen zahlreicher Überschneidungen insbesondere zu Fiedlers darstellender Geometrie werden wir im Nachfolgenden nur auf einige ausgewählte Themen aus der Salmon-Fiedlerschen Raumgeometrie eingehen. Vollständigkeit wird nicht angestrebt.

5.3.1 Grundlagen der Raumgeometrie insbesondere Koordinatensysteme

Um diese allgemeinen Bemerkungen zu konkretisieren, wenden wir uns Kapitel III „Die gerade Linie"[1654] zu, auch, weil hier schon die Unterschiede zur ebenen analytischen Geometrie und zu unserer heutigen Vektorrechnung deutlich werden.

Eine Gerade im Raum wird aufgefasst als Schnitt zweier Ebenen; Ebenen, so wurde in den Kapiteln zuvor erklärt, werden beschrieben durch lineare Gleichungen $Ax + By + Cz + D = 0$, genannt Ebenengleichung in allgemeiner Form. Hierfür wird auch abgekürzte Bezeichnungen wie $L = 0$, $M = 0$ usw. verwendet. Geraden lassen sich demgemäß durch zwei lineare Gleichungen repräsentieren in der Form $z = mx + a$, $z = ny + b$. Einzeln betrachtet beschreiben diese Gleichungen die Projektionen der Gerade im Raum auf die x-z-Ebene bzw. die y-z-Ebene, also – wenn man so will - auf die Auf- und die Seitrissebene.

üblich im Sinne von Fahrstrahl); zudem war der Begriff „Vector" bei Quaternionen gängig. Im Zusammenhang mit den Quaternionen entwickelte Fiedler durchaus Ansätze zu einer Vektorrechnung im Sinne der heutigen Schulgeometrie. Vgl. 5.3.3.
[1654] Salmon-Fiedler 1898, 33 – 46. Erst in der vierten Auflage widerfährt der Gerade die Ehre eines eigenen Kapitels, zuvor hieß das Kapitel III „Die Ebene und die gerade Linie".

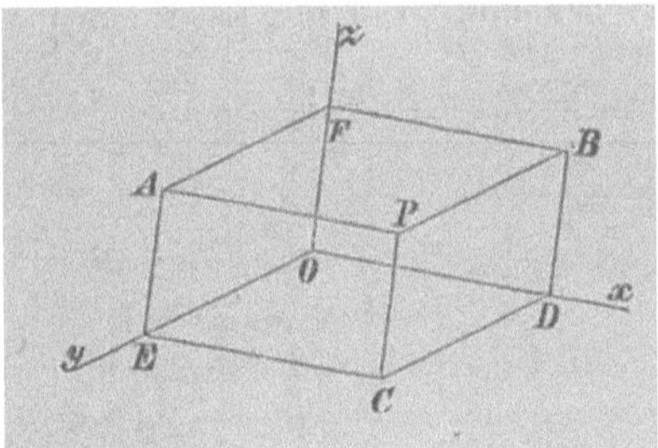

Abb. 5.9: *Räumliches Koordinatensystem bei Salmon-Fiedler*[1655]

Im Weiteren werden grundlegende Aufgaben gelöst. Die erste (in 40.) hierunter ist, die Gerade durch zwei Punkte (x',y',z') und (x'',y'',z'') zu legen. Die Lösung lautet:

$$(x - x')/(x' - x'') = (y - y')/(y' - y'') = (z - z')/(z' - z'')$$

Sie entspricht der Zwei-Punkte-Form der heutigen Schulgeometrie im Dreidimensionalen.

Eine weitere Frage, die in einem Beispiel geklärt wird, lautet: Was ist die Bedingung dafür, dass zwei Geraden einen Schnittpunkt besitzen? Sind die Geraden durch die Gleichungen $z = mx + a$, $z = ny + b$ und $z = m'x + a'$, $z = n'y + b'$ gegeben, so ergibt sich für die gesuchte Bedingung

$$(a - a')/(m - m') = (b - b')/(n - n')$$

Existiert der Schnittpunkt, so ist er auch der Schnittpunkt derjenigen vier Ebenen, die auf der Seit- und Aufrissebene senkrecht stehen und die durch die Projektionen der beiden Geraden festgelegt werden. Weiterhin lässt sich die Gleichung der Ebene bestimmen, in der die beiden sich schneidenden Geraden liegen. Diese lautet

$$(n - n')(x - mz - a) = (m - m')\,(y - nz - b).$$

Das Ergebnis auf Normalform zu bringen, wird der Leserin und dem Leser überlassen. Interessanterweise wird nicht diskutiert, ob der Schnittpunkt auch ein Fernpunkt sein kann, ob also die beiden Geraden parallel sein können.[1656]

Weitere Aufgaben beschäftigen sich mit dem Richtungscosinus von Geraden. Zum Abschluss des Kapitels wird noch ein bekanntes Problem gelöst, es wird nämlich das gemeinsame Lot und damit der Abstand zweier windschiefer Geraden bestimmt. Der Schlüssel hierzu liegt in folgender Aufgabe:

[1655] Fiedler 1897, 2. Man beachte, dass es sich hier um ein Linkssystem handelt.
[1656] Das wäre dann der Fall, wenn sich die beiden Geradengleichungen zu mindestens einer Koordinatenebene um eine Konstante unterscheiden würden. Es wäre folglich $m = m'$ oder $n = n'$.

47. Man soll die Gleichung einer Ebene bestimmen, welche durch eine gegebene Gerade und parallel einer zweiten Geraden geht.[1657]

Es seien die beiden Geraden durch die Ebenen L = 0, M = 0 sowie N = 0, P = 0 gegeben, wobei L = 0, M = 0, N = 0 und P = 0 Ebenengleichungen in der allgemeinen Form sind. Dann ergibt sich aus der Herleitung der Bedingung, dass diese vier Ebenen sich in einem Punkt schneiden (das ist dann auch der Schnittpunkt der beiden Geraden) die Beziehung[1658]

$$L(A'B''C''') - M(A''B'''C) + N(A'''BC') - P(AB'C'') = (A'B'C'''D).$$

Dabei bedeutet die rechte Seite eine Konstante, nämlich diejenige Determinante, deren Verschwinden die Bedingung für die Existenz des Schnittpunktes der beiden Geraden (oder der vier Ebenen) darstellt. Sie ergibt sich, wenn man – wie man damals sagte - in den vier Ebenengleichungen x, y und z eliminiert.[1659]

Die Klammerausdrücke auf der linken Seite sind Minoren dieser Determinante, also ebenfalls Zahlen. Gibt es keinen Schnittpunkt, so unterscheiden sich

$$L(A'B''C''') - M(A''B'''C) = 0 \text{ und } N(A'''BC') - P(AB'C'') = 0$$

nur um eine Konstante. Folglich sind die Ebenen L – M = 0 und N – P = 0 parallel, sie enthalten zudem je eine der gegebenen Geraden.

Nun ist die Bestimmung des Abstandes zweier windschiefer Geraden einfach[1660]: Man lege durch jede der Geraden die zur anderen Geraden parallele Ebene, wie soeben gezeigt; diese beiden Ebenen sind selbst parallel. Ihr Abstand ist der gesuchte Abstand der beiden Geraden. Will man darüber hinaus das gemeinsame Lot der beiden Geraden ermitteln, so errichte man auf der ersten Ebene diejenige senkrechte Ebene, welche die Ausgangsgerade enthält. Analog verfährt man mit der zweiten Ebene. Der Schnitt der beiden senkrechten Ebenen ist das gemeinsame Lot der beiden windschiefen Geraden.[1661]

Ein Thema, das, wie wir schon mehrfach gesehen haben, Fiedler besonders am Herzen lag, waren projektive Koordinaten. Diese kommen im Kapitel IV der Raumgeometrie zur Sprache, wobei sie jetzt als „homogene projectivische

---

[1657] Salmon-Fiedler 1898, 41. Interessant ist die Aufgabe dann, wenn man voraussetzt, dass sich die beiden Geraden nicht schneiden und nicht parallel sind.

[1658] Vgl. Salmon-Fiedler 1898, 24 und 26. Dabei wird angenommen, dass sich L = 0 schreibt als $Ax + By + Cz + D = 0$, M = 0 als $A'x + B'y + C'z + D' = 0$ usw. Modern gesehen hat man es mit der Lösbarkeit eines inhomogenes (4×4)-Gleichungssystem zu tun. In Staudtscher Terminologie geht es darum, ob die vier Ebenen zu einem Bündel gehören.

[1659] Vgl. Salmon-Fiedler 1898, 24 – 25.

[1660] Vgl. Salmon-Fiedler 1898, 42 - 44.

[1661] In nicht-analytischer Form wurde diese Lösung von A. M. Legendre in einigen Auflagen seines bekannten Geometrielehrbuchs verwendet.

Coordinaten"[1662] bezeichnet werden. Darin zeigt sich eine gewisse Entwicklung, denn die Kennzeichnung „homogen" spielte in den früheren Schriften Fiedlers nur eine untergeordnete Rolle. Neben der Einführung der Koordinaten betont Kapitel IV auch die Dualität; ihre Begründung ergibt sich wieder aus der Tatsache, dass man lineare homogene Gleichungen mit vier Variablen sowohl in Punkt- als auch in Ebenenkoordinaten lesen kann – dass man also, in der Sprache Fiedlers und seiner Zeitgenossen, den Punkt oder die Ebene als Element der Raumgeometrie nehmen kann.[1663] Schon optisch macht sich die Dualität bemerkbar, denn Kapitel IV enthält einige Passagen in Zwei-Spalten-Schreibweise, das äußerliche Markenzeichen der Dualität schlechthin.

Die Vorgehensweise ist im Raum im Wesentlichen analog zur Ebene[1664], Fiedler verweist insbesondere auf die entsprechenden Abschnitte in seinen „Kegelschnitten". Neu im Raum ist natürlich die Sonderrolle der Geraden, die ja selbstdual sind, genauer gesagt, dual im Sinne von Punktreihe und Achse eines Ebenenbüschels.

Selbst 1898 ist es bei Fiedler noch so, dass die homogenen Koordinaten nicht etwa als Beschreibungsmittel für den projektiven Raum eingeführt würden, dieses Objekt kommt bei ihm nur selten explizit vor.[1665] Sie ergeben sich vielmehr aus Betrachtungen der gewöhnlichen Geometrie, die gleichsam nebenher auch mal Fernelemente umfasst. Es seien fünf Punkte im Raum gegeben, von denen keine vier in einer Ebene liegen sollen; sie werden mit $A_1, \ldots, A_4$ und E bezeichnet. Die A_i bilden gemäß den Voraussetzungen die Ecken eines Tetraeders[1666], E wird als Einheitspunkt bezeichnet.[1667] Die Idee ist nun, die Lage eines weiteren Punktes P über Doppelverhältnisse bzgl. einer Tetraederseitenfläche nebst Einheitspunkt zu charakterisieren. Dazu heißt es in den Literatur-Nachweisungen:

> Diese Entwickelung der homogenen Coordinaten aus den Grundanschauungen der projectivischen Geometrie gab ich zuerst in Bd. 15, S. 152f der „Vierteljahrsschrift der Naturf. Gesellsch. In Zürich". Vergl. meine Schrift „Darstell. Geom. in org. Verbindung mit der Geom. der Lage"

[1662] Salmon-Fiedler 1898, 47. Dieses Kapitel kam erst in der vierten Auflage hinzu; ab der zweiten Auflage gab es aber schon einen entsprechenden Abschnitt. Fiedler hielt noch kurz vor der Jahrhundertwende trotz der Kritik seines Briefpartners R. Sturm an der inkorrekten Bildung „projektivisch" fest - anstatt der trilinearen Koordinaten, wie er sie früher meist nannte.

[1663] Vgl. Salmon-Fiedler 1898, 48 sowie 50 – 51. Zur Einführung homogener Koordinaten in der Ebene, der trimetrischen Koordinaten, vgl. auch 4.4.2 und 5.1.

[1664] Vgl. 4.4.2.

[1665] Eine Ausnahme findet sich p. 180, wo Fiedler von "projectivischen Räumen" spricht im Kontext von Kollineationen und Reziprozitäten.

[1666] Dieses muss nicht regelmäßig sein und wird auch Fundamentaltetraeder genannt.

[1667] Dual kann man auch von vier Ebenen ausgehen sowie von einer fünften E, genannt Einheitsebene.

(1870) Abschnitt E, besonders 3. Aufl. Bd. 3 (Leipzig, 1888), §§ 14 – 26.[1668]

Man nehme eine Seitenfläche des Tetraeders, z. B. $A_1A_2A_3$, und eine Kante derselben, z. B. A_1A_2. Dann betrachte man folgende vier Ebenen, die im Büschel mit der Achse A_1A_2 liegen: PA_1A_2, EA_1A_2, $A_1A_2A_3$ und $A_1A_2A_4$. Dieses Büschel liefert ein bestimmtes Doppelverhältnis. Analog verfährt man mit den beiden anderen Kanten des gewählten Dreiecks. Insgesamt erhält man so drei Ebenenbüschel und damit drei Doppelverhältnisse. Diese lassen sich mit Hilfe von Abständen ausdrücken – nämlich derjenigen der Punkte P und E zu den Seitenflächen des Tetraeders (mit p_i und e_i bezeichnet). Es ergeben sich dann vier Verhältnisse von Verhältnissen der Form $p_i : e_i$ – also der Abstände des Punktes P gemessen in Einheiten e_i, d. h. von Abständen des Punktes E. Setzt man $p_i : e_i = x_i$, so kann man (x_1, x_2, x_3, x_4) als die homogenen tetraedrischen Koordinaten des Punktes P bezeichnen, denn diese sind ja nur bis auf Vielfache bestimmt. Analog lassen sich homogene (Tetraeder-)Koordinaten für Ebenen einführen.[1669] Fiedler fasst zusammen:[1670]

Sie [die Doppelverhältnisse; K. V.] sind als *tetrametrische Coordinaten des Punktes P* zu bezeichnen; der Punkt E bestimmt durch seine Lage gegen die Flächen des Fundamentaltetraeders $A_1A_2A_3A_4$ die vier Massstäbe, nach denen sie gemessen werden; wir nennen ihn den *Einheitspunkt des Systems*, seine Coordinaten sind gleich Eins.	Sie [die Doppelverhältnisse; K. V.] sind als *tetrametrische Coordinaten* der Ebene Π zu bezeichnen; die Ebene E bestimmt durch ihre Lage gegen die Ecken des Fundamentaltetraeders $A_1A_2A_3A_4$ die vier Massstäbe, nach denen sie gemessen werden; wir nennen sie die *Einheitsebene* des Systems, ihre Coordinaten sind gleich Eins.

Einige einfache Folgerungen sind:

Liegt der Punkt P in einer Fläche des Fundamentaltetraeders, so ist eine seiner Koordinaten gleich Null, liegt er in einer Kante, so sind zwei seiner Koordinaten Null. Folglich sind in den Eckpunkten des Tetraeders drei der vier Koordinaten gleich Null. Einen Punkt, dessen vier Koordinaten gleich Null wären, gibt es nicht. Analoge Aussagen gelten für Ebenen. Für bestimmte Wahlen des Punktes E

[1668] Salmon-Fiedler 1898, XIV. Der genannte Aufsatz ist „Ueber die projectivischen Coordinaten" (Fiedler 1870). Fiedler betont darin, dass er die Art und Weise wiedergäbe, wie er in seinen Vorlesungen vorging. Der zitierte Text stellt klar, dass Fiedler diese Einführung der homogenen Koordinaten als sein geistiges Eigentum ansah. Das zweite Zitat verweist auf Fiedlers Lehrbuch, das ja i.w. 1870 fertig war. Vgl. Kapitel 4.
[1669] Vgl. 4.2.2 und 5.1, wo der ebene Fall völlig analog behandelt wird.
[1670] Salmon-Fiedler 1898, 51. Hier hat man es mit der Dualität zwischen Punkt- und Ebenenkoordinaten zu tun, gewissermaßen Vier-Ebenen- und Vier-Punkt-Koordinaten.

ergeben sich besondere Arten von Koordinaten: Nimmt man E als Mittelpunkt der Innkugel des Tetraeders, so werden die Einheiten e_i alle gleichgroß. Folglich legen dann die Abstände p_i selbst die Koordinaten fest; Fiedler nennt diesen Spezialfall die Vier-Ebenen-Koordinaten; sie sind absolut. Ein weiterer interessanter Sonderfall ergibt sich, wenn der Einheitspunkt E der Schwerpunkt des Tetraeders ist. Dann lassen sich die tetraedrischen Koordinaten als Verhältnisse von Volumina interpretieren: Die Volumina der Teiltetraeder $PA_jA_kA_l$ des Fundamentaltetraeders werden ins Verhältnis gesetzt zum Volumen des letzteren. Fiedler spricht dann von Volumenkoordinaten.

Ein weiterer interessanter Fall tritt im dualen Fall auf, wenn die Einheitsebene so liegt, dass sich harmonische Teilungen ergeben. Dann sind die Koordinaten einer Ebene deren Abständen zu den Fundamentalpunkten proportional; Fiedler spricht dann von Vierpunkt-Koordinaten.

Schließlich gibt es reguläre tetrametrische Koordinaten. Diese ergeben sich, wenn das zugrunde gelegte Tetraeder regulär ist und dessen Mittelpunkt als Einheitspunkt gewählt wird. Dann ist die Einheitsebene E die Fernebene. Die Koordinatensysteme von Descartes und Plücker – also gewöhnliche Punkt- bzw. Ebenenkoordinaten - ergeben sich durch Reliefbildung[1671]. Hierbei wird eine Seitenfläche des Tetraeders in eine der Gegenebenen gelegt. Darüber hinaus gibt es noch weitere Sonderfälle und damit Koordinatensysteme, z. B. die prismatischen und die Keilkoordinaten (eine Ecke bzw. eine Kante in einer Gegenebene).[1672]

In einer Anmerkung nimmt Fiedler für sich in Anspruch, sein Zugang habe der „Entwickelung ihre volle Anschaulichkeit und Construirbarkeit" gegeben, sie erfolge „aus den Grundanschauungen der projectivischen Geometrie".[1673] Schließlich hebt er noch hervor:

> Die darstellend-geometrische Ableitung der allgemeinen Strahlencoordinaten nebst ihrer Transformation gab ich zuerst in Züricher Vorlesungen, [...][1674]

Solche schwer nachprüfbaren Bemerkungen sind uns bei Fiedler schon mehrfach begegnet.

[1671] In an Poncelet angelehnter Ausdrucksweise geht es darum, dass man eine Ebene (einen Punkt, eine Gerade) ins Unendliche schickt. Zur Reliefperspektive vgl. 4.2.8.

[1672] Vgl. Salmon-Fiedler 1898, 57. All das ist in strenger Analogie zum ebenen Fall, dem wir schon begegnet sind (vgl. 4.4.2 und 5.1). Allerdings variieren die Bezeichnungen etwas.

[1673] Salmon-Fiedler 1898, XIV.

[1674] Salmon-Fiedler 1898, XIV. Das hatte Fiedler schon in Fiedler 1870 betont. Die Einführung der Strahlencoordinaten in einer Vorform schreibt er A. Cayley (1859) zu, als „wirkliche" Koordinaten dann J. Plücker (1865).

5.3.2 Flächentheorie, insbesondere Flächen dritter Ordnung

Der erste Band der „Raumgeometrie", der deutlich kürzer ist als der zweite, enthält neben Grundlagen die Theorie der Flächen zweiten Grades einschließlich der Theorie von Systemen solcher Flächen, etwa confokalen Flächen, und Invarianten sowie Covarianten von Flächen zweiter Ordnung. Weiterhin wird die Klassifikation der Flächen zweiter Ordnung[1675] und die Polarreziprozität – also das Dualisieren an einer Fläche zweiter Ordnung[1676] behandelt. Den Abschluss des ersten Bandes bilden Erläuterungen zu Kegeln und sphärischen Kegelschnitten. Die umfangreichen Ausführungen zum Thema Flächen zweiten Grades machen mehr als vier Fünftel des ersten Bandes aus.

Der zweite Band behandelt Raumkurven und algebraische Flächen von höherer Ordnung als zwei. Dieser Teil wird vorbereitet durch einige Sätzen, welche für algebraische Flächen allgemein gelten, sowie mit der Krümmungstheorie, um dann auf Raumkurven und abwickelbare Flächen zu sprechen zu kommen. Das Kernstück des zweiten Bandes bilden die Kapitel über die Flächen dritter (V. Kapitel) und vierter Ordnung (VI. Kapitel).

Flächen dritter Ordnung waren ab der Jahrhundertmitte des 19. Jhs. ein aktives Forschungsfeld, einen wesentlichen Impuls lieferte die Entdeckung, dass solche Flächen bis zu 27 reelle Geraden enthalten können, die von Salmon und Cayley ausgearbeitet wurde, wobei auch Schläfli wichtige Beiträge lieferte. Eine typische Methode, die bei diesen frühen Untersuchungen eine Rolle spielte, könnte man als abzählend bezeichnen, insbesondere als Abzählung der Konstanten. Einige einfache Beispiel hierfür sind: Schneidet eine Gerade eine Fläche dritter Ordnung in vier verschiedenen Punkten, so muss sie ganz in der Fläche liegen. Schneidet eine Ebene eine solche Fläche, so ist die Schnittkurve von dritter Ordnung. Ein Kegelschnitt wird festgelegt durch fünf Punkte in allgemeiner Lage; alle Kegelschnitte durch vier Punkte bilden also eine Ein-Parameter-Schar (ein Büschel), durch drei Punkte eine Zwei-Parameter-Schar (ein Bündel, wenn man so will – Netz war die gängige Bezeichnung). Weniger einfache Anwendungen dieser Methoden beruhen auf dem Satz von Bézout über die Anzahl der Schnittpunkte zweier Kurven. Klar ist, dass man hier immer mit Ausnahmen rechnen muss, solange man reell arbeitet. Erst in der – modern gesprochen – komplexen projektiven Geometrie erhält man allgemeine Aussagen. Das war historisch betrachtet ein starkes Argument dafür, zu dieser Geometrie überzugehen.

Wichtige Hilfsmittel bei der Untersuchung von Flächen sind Tangentialkegel und Reziprokalflächen; letztere entstehen durch Dualisieren an einer Fläche zweiter

---

[1675] Im Kapitel VI. unter dieser Überschrift; vgl. Salmon-Fiedler 1898, 107 – 120. Vgl. 4.3.2.
[1676] Salmon-Fiedler 1898, 97 – 98. Vgl. 4.3.2.

Ordnung als eingehüllte Flächen. Der Tangentialkegel von einem Punkt außerhalb an eine Fläche dritter Ordnung ist i.a. von sechster Ordnung, er besitzt sechs Rückkehrkanten aber keine eigentlichen Doppelkanten, ist von zwölfter Klasse und weist 24 stationäre und 27 Doppeltangenten auf. Anders als bei Flächen zweiter Ordnung macht es bei denen dritter Ordnung auch Sinn, Tangentenkegel zu betrachten, die zu Punkten der Fläche gehören. Die Reziprokalfläche einer Fläche dritter Ordnung ist i.a. von zwölfter Ordnung. Dualisiert man eine Fläche zweiter Ordnung speziell an einer Kugel mit Mittelpunkt im Ursprung, so ergeben sich verschiedene Flächen zweiter Ordnung je nach Lage des Ursprungs. Liegt der Ursprung außerhalb der zu dualisierenden Fläche, so entsteht ein Hyperboloid, liegt er innerhalb, ein Ellipsoid, liegt er auf der Fläche, ergibt sich ein Paraboloid.[1677]

Eine Fläche dritter Ordnung enthält höchstens vier Doppelpunkte; spezielle Fälle hiervon sind der gewöhnliche Knotenpunkt[1678] C_2, der biplanare Doppelpunkt[1679] B_6 und der uniplanare U_6.[1680] Enthält eine Fläche dritten Grades eine ganze Doppellinie, also eine Linie, längs deren sie sich selbst berührt, so ist diese eine Gerade.[1681] Das folgt daraus, dass eine Kurve dritter Ordnung höchstens einen Doppelpunkt besitzt. Eine solche Kurve erhält man aber, wenn man eine Fläche dritter Ordnung mit einer Ebene schneidet. Jede Fläche dritter Ordnung mit einer Doppelgeraden ist eine Regelfläche, denn eine Ebene, die die Doppelgerade enthält, schneidet die Fläche in einer weiteren Geraden, weil ja eine Kurve dritter Ordnung beim Schnitt entstehen muss.

Es gibt zwei Erzeugungsweisen für Regelflächen dritter Ordnung: enweder durch Bewegung einer Geraden, welche zwei feste Kegelschnitte und eine feste Gerade schneidet, oder durch Bewegung einer Geraden, welche einen festen Kegelschnitt und zwei feste Geraden schneidet.[1682]

[1677] Vgl. Salmon-Fiedler 1898, 210. Das eRgebnis findet sich auch in fiedlers „Darstellender Geometrie", vgl.4.3.2.

[1678] Die Tangentialebene ist ein Kegel zweiten Grades.

[1679] Biplanar heißt, dass der Tangetialkegel im fraglichen Punkt aus zwei Ebenen besteht. Analog bedeutet uniplanar, dass der Tangentialkegel im fraglichen Punkt eine doppeltzählende Ebene ist. Vgl. Salmon-Fiedler 1874, 321 – 322 oder Mittermenger-Fessel 2015.

[1680] Die Indizes der Buchstaben, die die Singularitäten repräsentieren, geben an, um wieviel sich die Klasse der Fläche verringert, wenn eine derartige Singularität auftritt.

[1681] Vgl. Salmon-Fiedler 1874, 321 – 322.

[1682] Konkrete Beispiele fehlen bei Salmon-Fiedler allerdings. Für die erste Erzeugungsart einer Regelfläche dritter Ordnung liefert das Zylindroid ein Beispiel. Dieses ist eine windschiefe Regelfläche mit zwei Zylinderschnitten, also zwei Kegelschnitten, als Leitlinien und einer Leitebene; vgl. 4.3.3.

Betrachtet man die möglichen Singularitäten[1683] einer Fläche dritter Ordnung, so ergeben sich insgesamt 21 Typen von derartigen Flächen[1684]:

$$
\begin{array}{lccccccccccc}
 & 1 & 2 & 3 & 4 & 5 & 6 & 7 & 8 & 9 & 10 \\
\text{Classe:} & 12 & 10 & 9 & 8 & 8 & 7 & 7 & 6 & 6 & 6 \\
\text{Singularitäten:} & 0, & C_2, & B_3, & 2C_2, & B_4, & B_3+C_2, & B_5, & 3C_2, & 2B_3, & B_4+C_2
\end{array}
$$

$$
\begin{array}{ccccccccccc}
11 & 12 & 13 & 14 & 15 & 16 & 17 & 18 & 19 & 20 & 21 \\
\multicolumn{11}{l}{\text{Classe}} \\
6 & 6 & 5 & 5 & 5 & 4 & 4 & 4 & 4 & 4 & 3 \\
\end{array}
$$
Singularitäten:
$$B_6, U_6, B_3+2C_2, B_5+C_2, U_7, 4C_2, 2B_3+C_2, B_4+2C_2, B_6+C_2, U_8, 3B_3.$$

Im Anschluss gibt Fiedler für elf dieser Typen Gleichungen an; solche finden sich erstaunlich selten in diesem Lehrbuch der analytischen Geometrie:

$$
\begin{aligned}
13)\quad & x_2 x_3 x_4 + x_1{}^2 (x_1 + x_2 + x_3) = 0, \\
14)\quad & x_1 x_2 x_4 + x_1 x_3{}^2 + x_2{}^2 x_3 = 0, \\
15)\quad & x_1{}^2 x_4 + x_2{}^2 x_3 + x_1 x_3{}^2 = 0.
\end{aligned}
$$

$$
\begin{aligned}
5)\quad & 2 x_1 x_2 x_4 + (x_1 + x_2)(x_3{}^2 - a x_1{}^2 - b x_2{}^2) = 0, \\
7)\quad & x_1 x_2 x_4 + x_1 x_3{}^2 + x_2{}^2 x_3 - a x_1{}^3 = 0, \\
8)\quad & x_1{}^3 + (x_2 + x_3 + x_4) x_1{}^2 + a x_2 x_3 x_4 = 0, \\
12)\quad & (x_1 + x_2 + x_3)^2 x_4 + x_1 x_2 x_3 = 0.
\end{aligned}
$$

Die Nummern beziehen sich auf die obige Tabelle. Die drei ersten Fälle (No. 13 – 15) sind Flächen fünfter Klasse, die letzten vier Gleichungen (No. 5, 7, 8, 12) stehen für Flächen achter, siebter und sechster Klasse. Ein ganz konkretes Objekt, nämlich die Steinersche (oder Römische) Fläche – sie ist von vierter Ordnung - taucht in Beispiel 2 auf, nämlich als Reziprokalfläche ohne jegliche Erläuterungen. Es wird lediglich in einer Anmerkung (no. 107) erwähnt, dass deren Eigenschaften von K. Weierstrass, L. Cremona, H. Schröter und R. Sturm untersucht worden seien.[1685]

Es folgt ein wesentliches Resultat von Clebsch: Eine Fläche dritter Ordnung ohne vielfache Punkte lässt sich stets darstellen durch eine Gleichung der Form

$$a_1 X_1^3 + a_2 X_2^3 + a_3 X_3^3 + a_4 X_4^3 + a_5 X_5^3 = 0.$$

[1683] Die Singularitäten B_3, B_4 und B_5 sind Sonderfälle des biplanaren Doppelpunktes, also eines Doppelpunktes mit zwei Tangentenebenen. Analog sind U_7 und U_8 Spezialfälle des uniplanaren, also des gewöhnlichen, Doppelpunktes. Es gibt auch Beziehungen zwischen den Singularitäten, z. B. ist U_6 drei gewöhnlichen Doppelpunkten äquivalent, U_7 einem biplanaren und zwei gewöhnlichen Doppelpunkten und schließlich U_8 zwei biplanaren und einem gewöhnlichen Doppelpunkt; vgl. Salmon-Fiedler 1874, 323.

[1684] Salmon-Fiedler 1874, 324 – 325.

[1685] Salmon-Fiedler 1874, 325, die Anmerkung findet sich p. 662. Die Steinersche Fläche besitzt drei, sich in einem Punkt schneidende Doppelgeraden, jede Tangentialebene schneidet sie in zwei Kegelschnitten. Sie wurde von Steiner während eines Romaufenthaltes entdeckt – deshalb auch römische Fläche genannt - aber erst von K. Weierstrass publiziert, der sie auf Steiners Bitten hin analytisch untersucht hatte. Vgl. die Anmerkungen von Weierstrass in Steiner 1882, 741 – 742.

Dabei bedeuten $X_i = 0$ die Gleichungen von fünf Ebenen, so dass gilt:

$$X_1 + X_2 + X_3 + X_4 + X_5 = 0.\text{[1686]}$$

Die fünf Ebenen bilden das sogenannte Pentaeder von Sylvester. Dieses Resultat, zu dessen Beweis eine Abzählung der Konstanten genutzt wird, stammt von Sylvester, der es ohne Beweis mitteilte. Diesen lieferte dann Clebsch.[1687]

Bei der Untersuchung von Flächen dritter Ordnung[1688] spielt die folgende Tatsache eine wichtige Rolle: Schneidet eine Ebene eine Fläche dritter Ordnung in einer Geraden, so schneidet sie sie zusätzlich noch in einem Kegelschnitt. Die Frage, wie viele Geraden, insbesondere wie viele reellen Geraden eine Fläche dritter Ordnung enthalten kann, erregte um die Mitte des 19. Jhs. großes Interesse. Hier zeigen sich Phänomene, die man von den Flächen zweiter Ordnung her nicht kannte.[1689] Das verblüffende Ergebnis lautete: Handelt es sich bei der Fläche dritter Ordnung nicht um eine Regelfläche, so enthält sie 27 Geraden; diese müssen aber nicht alle reell sein. Diese Erkenntnis geht, wie bereits erwähnt, auf G. Salmon und A. Cayley zurück.[1690] In Anmerkung 113) bemerkt Fiedler hierzu:

> Die Theorie der geraden Linien und Flächen dritter Ordnung ward zuerst im Jahre 1849 in einer Correspondenz zwischen Cayley und Salmon studiert; der erstere machte die Bemerkung, daß eine bestimmte Zahl von geraden Linien in der Fläche liegen müsse, der Letztere bestimmte die Anzahl derselben in der im Text gegebenen Art und gab die Untersuchung des Art. 284. Siehe Bd. 4 des „Cambridge and Dublin Mathem. Journal" p. 118, 252.[1691]

Für das Resultat von Cayley-Salmon gibt die „Raumgeometrie" mehrere Argumente. Eines ist das folgende: Man nehme eine Gerade, die ganz in der Fläche liegt, nebst einer Ebene durch dieselbe. Nun bestimmt man die Anzahl derjenigen Ebenen, die die Fläche in einem Geradenpaar, also einem ausgearteten Kegelschnitt, schneiden. Übersetzt man dies analytisch, so ergibt

---

[1686] Salmon-Fiedler 1874, 326. Genauer gesagt sind die in den Ebenengleichungen vorhandenen Konstanten so zu wählen, dass diese Gleichung gilt. Die Clebsche Fläche enthält Doppelpunkte, kann also nicht auf die angegebene Form gebracht werden.

[1687] Vgl. Anm. 110 in Salmon-Fiedler 1874, 662. Dort erwähnt Fiedler auch die Arbeit „Ueber die Flächen dritten Grades" von Steiner (Steiner 1857), die hieran anschließende Preisaufgabe der Berliner Akademie für den ersten Steiner-Preis (1866) und die preisgekrönten Arbeiten von Cremona und Rudolf Sturm, die beide zur Hälfte den Preis erhielten. Zu Steiners Ergebnissen bzgl. des Pentaeders schreibt Fiedler: „Doch waren die meisten der schönen Resultate, die er fand, einige Jahre vorher schon den englischen Geometern bekannt, die den Gegenstand um 1849 erfasst hatten."

[1688] Diese sollen keine Regelflächen sein – eine Einschränkung, die Fiedler nicht ausdrücklich formuliert.

[1689] Unter diesen enthalten ja nur die Regelflächen Geraden.

[1690] Vgl. Cayley 1849 und Salmon 1849.

[1691] Salmon-Fiedler 1874, 662.

sich eine Gleichung fünften Grades, folglich gibt es maximal fünf der gesuchten Lagen. Das heißt aber, dass die Gerade, von der man ausgegangen ist, von zehn weiteren Geraden geschnitten wird. Jeweils drei der Geraden werden von acht anderen getroffen; somit gibt es $3 \cdot 8 + 3 = 27$ Geraden.[1692] Diese Geraden ordnen sich in sogenannten Doppelsechsen an, die L. Schläfli[1693] gefunden hat (vgl. Abbildung 5.10). Doppelsechsen bestehen aus 12 Geraden, die sich in zwei Gruppen (a_i, b_i) zu jeweils sechs Geraden (also $i = 1, \ldots, 6$) anordnen lassen. Jede Gerade der ersten Gruppe wird von fünf Geraden der anderen Schar geschnitten, zu allen anderen Geraden ist sie windschief. Nützlich war auch, dass Schläfli eine geschickte Notation fand: a_1 schneidet b_2, ..., b_6 etc. Dann legen z. B. a_1 und b_2 eine Ebene fest. Diese muss die Ausgangsfläche aufgrund ihrer Ordnung in einer weiteren Geraden c_{12} schneiden. Die zwölf Geraden der Doppelsechs erzeugen somit 15 zusätzliche Geraden, also hat man insgesamt 27 Geraden. Umgekehrt lassen sich die 27 Geraden der Fläche dritter Ordnung in insgesamt 36 Doppelsechssystemen anordnen.[1694] In Betrachtungen dieser Art liegt ein Ursprung der später vor allem von Th. Reye entwickelten Theorie der Konfigurationen; eine Doppelsechs mit ihren zwölf Geraden und 30 Schnittpunkten ist eine Konfiguration von Typ (12_5, 30_2) – das heißt, auf jeder der zwölf Geraden liegen fünf Punkte und durch jeden Punkt laufen zwei Geraden.

Die Doppelsechsstruktur verhilft zu einer „klaren Vorstellung" des Aufbaus der Fläche, insbesondere zu einem konstruktiven Zugang zum System der 27 Geraden.[1695] In der zu diesem Abschnitt gehörigen Anmerkung 118) verweist Fiedler auf materiale Modelle der Fläche dritter Ordnung mit 27 Geraden, denn die Doppelsechs spielt bei deren Konstruktion eine wichtige Rolle.[1696]

[1692] Vgl. Salmon-Fiedler 1874, 347 – 348. Es gibt eine Fläche neunter Ordnung, die aus der Fläche dritter Ordnung genau diese 27 Geraden ausschneidet.

[1693] Vgl. Schläfli 1858; die Doppelsechs kommt auch im Briefwechsel von Steiner und Schläfli vor, vgl. Graf 1896.

[1694] Vgl. Salmon-Fiedler 1874, 351 – 352.

[1695] Vgl. Salmon-Fiedler 1874, 352. Dabei spielen einschalige Hyperboloide eine Rolle. Konstruieren ist hier nicht im Sinne von Zirkel und Lineal gemeint.

[1696] Salmon-Fiedler 1874, 662 – 663. Am Ende der Anmerkung macht Fiedler Reklame für Stabmodelle, anscheinend seine bevorzugte Art von Modellen; vgl. Kapitel 8.4. Zur Rolle der Doppelsechsstruktur vgl. die Beschreibung der Konstruktion seines Modells, die Fiedler in Fiedler 1869 gibt, sowie Chr. Wieners ursprüngliche Publikation (Wiener 1869). Hinweise zu dieser Konstruktion finden sich auch bei Labs 2017.

Abb. 5.10: *Schläflische Doppelsechs*[1697]

Die Flächen dritter Ordnung lassen sich nun einteilen bezüglich der Realitätsverhältnisse der in ihnen liegenden Geraden. Folgende Fälle sind möglich:

- Alle 27 Geraden sind reell;
- 15 Geraden und 15 Ebenen sind reell;
- 7 Geraden und 5 Ebenen sind reell;
- 3 Geraden und 13 Ebenen sind reell;
- 3 Geraden und 7 Ebenen sind reell.

Auch dieses Ergebnis geht auf L. Schläfli zurück.[1698]

Von besonderem Interesse sind die Flächen, welche 27 reelle Geraden enthalten.[1699] Sie stellten ein Faszinosum dar. Mehrere Mathematiker versuchten sich daran, von ihnen ein Modell zu konstruieren und so eine genauere Vorstellung von einer derartigen Fläche zu erlangen. Fiedler war dabei selbst aktiv; er baute das erste Modell (1865) dieser Art in Prag mit Hilfe seines Assistenten R. Morstadt. Wenig später veröffentlichte Chr. Wiener sein Modell (1869). Schüler A. Weiler hielt Fiedler über die Entwicklungen in Göttingen und Clebsch's Diagonalfläche (veröffentlicht 1872, vgl. Abbildung 5.11) auf dem Laufenden. Letztere stellte einen gewissen Abschluss der fraglichen Geschichte dar, da sie die an ein Modell zu stellenden Forderungen bzgl. Übersichtlichkeit weitgehend erfüllte.[1700] Wieder einmal geriet Fiedler (mit seinem Modell) in den

---

[1697] Modell 401, Göttinger Sammlung der Mathematischen Modelle und Instrumente. Die weißen und die roten Fäden bilden jeweils eine Schar von sechs Geraden. Jede weiße Gerade wird von fünf roten geschnitten und umgekehrt. Alle Geraden liegen in Ebenen, die von den Seitenflächen eines Würfels bestimmt werden.

[1698] Schläfli 1858, vgl. Fiedler 1874, 353 – 354.

[1699] Vgl. Labs 2017 zu den mathematischen Hintergründen der Fläche mit 27 reellen Geraden und zur Frage des Baus von Modellen. Lê 2013 ist eine sehr ausführliche historische Studie zu diesem Flächentyp.

[1700] Vgl. Kapitel 8.

Schatten anderer, die ihre Entdeckungen vielleicht besser zu vermarkten wussten.

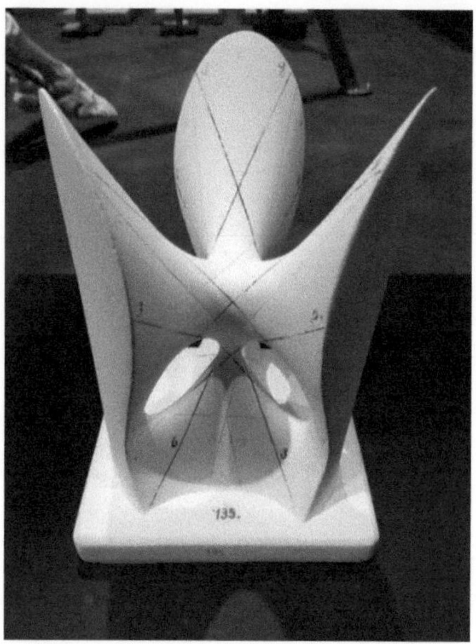

Abb. 5.11: *Clebsche Diagonalfläche,
Modell von/nach A. Weiler* (1872)[1701]

Dieses Thema – das Auslassen einer guten Möglichkeit – griff Fiedler wieder auf in der Vorrede zur dritten Auflage des ersten Bandes der „Raumgeometrie", es geht hier um die projektive Maßbestimmung.

> Ich erlaube mir, auf diese 1859 von Cayley gegebene und seit 1862 von mir in deutscher Bearbeitung vertretene Erledigung der Frage nach den metrischen Relationen und nach ihrer Verbindung mit den Fundamenten der Geometrie und den Grundlagen unserer Raumanschauung wiederholt hinzuweisen.[1702]

Bemerkenswert ist, dass Fiedler hier Kleins Arbeit von 1871 gar nicht erwähnt. Jedenfalls scheint ihn die entgangene Chance auf Anerkennung geärgert zu haben.

[1701] Modell 135, Göttinger Sammlung der Mathematischen Modelle und Instrumente. Einige der 27 Geraden sind farblich markiert. Das Modell wurde später von L. Brill und danach von M. Schilling kommerziell vertrieben. Insofern könnte es sich auch um ein Modell nach Weiler handeln. Zu Weiler und seinem Modell vgl. man 8.4. In homogenen Koordinaten lautet die Gleichung der Fläche: $x^3 + y^3 + z^3 + w^3 - (x + y + z + w) = 0$.
[1702] Salmon – Fiedler 1878, V.

5.3.3 Quaternionen

Fiedler hatte schon im zweiten Band der ersten Auflage der „Raumgeometrie"
Zusätze vorgenommen. Das waren zum einen die bereits erwähnten
Literaturhinweise mit historischen Bemerkungen und Quellenangaben, die die
deutsche Ausgabe auf den wissenschaftlich neuesten Stand bringen sollten.[1703]
Diese Hinweise und Bemerkungen waren meist nur einige Zeilen lang und
bezogen sich immer auf bestimmte Stellen im Text des Buches. Zum andern gab
es aber auch am Ende des Buches Zusätze, von denen einige mehrere Seiten
lang waren. Darunter fanden sich zwei, die keinen direkten Bezug zum Text
hatten. Einer dieser längeren Zusätze beschäftigte sich mit Minimalflächen und
beruhte auf einer Ausarbeitung von H. A. Schwarz, der von 1870 bis 1875 Fiedlers
Kollege am Polytechnikum und Experte für das Gebiet Minimalflächen war. Zum
andern ging es um Quaternionen. Zu dem erstgenannten Text bemerkte Fiedler:

> Die Schlussnote über Minimalflächen endlich, durch die ich diesem
> hochinteressanten Gegenstande einigermassen gerecht zu werden
> suche, ist ein Auszug aus einem Manuscripte, welches mein Herr College
> Prof. H. A. Schwarz mir zur Benutzung überliess und wofür ich ihm auch
> hier meinen Dank aussprechen möchte.[1704]

Hermann Amandus Schwarz arbeitete aktiv in seiner Züricher Zeit am Thema
Minimalflächen; er hatte in Zürich Doktoranden[1705] und Examenskandidaten, die
sich mit diesem Thema beschäftigten. Am Anfang seiner Karriere publizierte
Schwarz übrigens auch eine Abhandlung zum Beweis des Satzes von Pohlke.[1706]
Man sollte nicht vergessen, dass Schwarz am Berliner Gewerbeinstitut Chemie
studiert hatte, bevor zur Mathematik an der dortigen Universität wechselte. Er
kannte also die polytechnische Welt aus eigener Erfahrung.

[1703] In der zweiten Auflage machen diese Ergänzungen gut 70 Druckseiten aus bei einem
Gesamtumfang von 690 Seiten.

[1704] Salmon-Fiedler 1874, VI. Die Überlassung erstaunt ein wenig in Anbetracht des gespannten
Verhältnisses zwischen Fiedler und Schwarz, von dem Beyel berichtet (vgl. 1.4.1 und 1.6). Das konnte
natürlich jüngeren Datums sein.

[1705] Unter anderem den späteren Professor für Mechanik und Direktor des Polytechnikums Albin
Herzog (1852 – 1909) „Bestimmung einiger specieller Minimalflächen" (1875) sowie Lebrecht
Henneberg „Ueber solche Minimalflächen, welche eine vorgeschriebene ebene Curve zur
geodätischen Linie haben" (1875). Henneberg wurde 1876 am Polytechnikum habilitiert und ging 1878
als Professor nach Darmstadt. Er war Briefpartner von Fiedler, vgl. 9.2.3.

[1706] Schwarz 1864. Schwarz' Beitrag gilt als der erste vollständige elementare Beweis des fraglichen
Theorems. In der Vierteljahrsschrift der naturforschenden Gesellschaft finden sich zwei Hinweise auf
Schwarz, in denen es u.a. auch um Modelle geht: „Herr Prof. Schwarz weist ein neues kinematisches
Modell vor." (Bd. 16 (1871), 140) und „Herr Prof. Schwarz macht eine Mittheilung betreffend die
theoretische und experimentelle Untersuchung der Stabilität einer speciellen Grenzbedingung
genügenden Seifenwasserlamelle und begleitet diese Mittheilung mit einigen Experimenten." (Bd. 17
(1872), 302).

Den Text zu den Quaternionen hat Fiedler selbst verfasst. Er ist von Interesse, weil er die erste Publikation in deutscher Sprache zu diesem Thema darstellt. Zugleich zeigt er, dass sich die frühe Rezeption der Quaternionen im deutschsprachigen Raum hauptsächlich auf die geometrische Seite derselben konzentrierte. Das wird schon deutlich in Fiedlers Vorrede, wo dieser begründet, warum er dieses Thema behandelt:

> Man findet unter den Zusätzen auch die Einführung in die Theorie der Quaternionen wieder, vermehrt mit einer kurzen Charakteristik des neuesten Versuchs zu ihrer Weiterentwickelung, ich halte diese Theorie noch immer für sehr beachtenswerth und möchte auf die neuerlichen kürzeren Lehrbücher für dieselbe, welche in England erschienen sind, aufmerksam machen.[1707]

Zu Beginn des Zusatzes überschrieben mit „Ueber den Quaternionen-Calcul" wird Fiedler dann konkreter:

> Der Quaternionen-Calcul ist von seinem Erfinder W. R. Hamilton erfolgreich zur Herleitung geometrischer Sätze angewendet worden und es mag daher gerechtfertigt erscheinen, einen Abriss dieser Methode dem hinzuzufügen, was in diesem Buche über die Methoden zur Untersuchung der Eigenschaften des Raumes von drei Dimensionen entwickelt worden ist.[1708]

Nachdem er betont hat, dass es sich bei seinem Text nur um eine Einführung handele, gibt Fiedler Literaturhinweise. Er nennt:

> Hamilton „On Symbolical Geometry" im „Cambridge and Dublin Mathematical Journal", Hamilton „Lectures" und „Elements of Quaternions" (1856) sowie die kürzeren Darstellungen von Kelland und Tait (Tait „An elementary Treatise on Quaternions" Second Ed. Oxford 1873).[1709]

Interessanterweise werden Hankels „Vorlesungen über die complexen Zahlen und ihre Functionen" (1867) in der Auflage von 1874 nicht erwähnt, obwohl sich darin Ausführungen zu den Quaternionen finden. Der Untertitel des Buches von Hankel lautete: „1. Theorie der complexen Zahlsysteme, insbesondere der gemeinen imaginären Zahlen und der Hamiltonschen Quaternionen, nebst ihrer

---

[1707] Fiedler 1874, V – VI. „Wieder" bezieht sich darauf, dass sich der Zusatz schon in der ersten Auflage von 1865 befunden hatte.

[1708] Salmon - Fiedler 1874, 673.

[1709] Salmon - Fiedler 1874, 673. Mehr zur Lehrbuchliteratur über Quaternionen, insbesondere auch zu Übersetzungen, findet sich weiter unten. Interessant ist, dass Fiedler in diesem Kontext von „algebraischer Geometrie" spricht, charakterisiert durch die Berücksichtigung des Sinnes (sprich: der Orientierung).

geometrischen Darstellung".[1710] Dieses Ignorieren beruhte übrigens auf Gegenseitigkeit – Hankel verweist seinerseits nicht auf die erste Auflage der Raumgeometrie von Salmon-Fiedler.

Als weiteren Vorteil der Quaternionen führt Fiedler an, dass sie die Methoden von Möbius und von Grassmann als Spezialfälle enthielten, dass sie also sehr umfassend seien.

Bei der von Fiedler gewählten Zugangsweise werden die Quaternionen mit Hilfe von „Vectoren" des dreidimensionalen Raumes eingeführt – und nicht etwa, wie es die heutige Standardauffassung ist – über die Frage nach dem Rechnen mit höherdimensionalen – hyperkomplexen – Größen.[1711] Folglich muss er zuerst Vektoren erklären.

> Im Quaternionen-Calcul muss jedes Symbol, das eine Linie bezeichnet, sowohl ihre Länge als ihre Richtung darstellen, und wenn wir z. B. die Summe $x + y + z$ bilden würden, so muss dadurch sowohl die Richtung als die Länge der resultierenden Linie bestimmt werden.[1712]

Kurz: Die Orientierung ist zu berücksichtigen. Interessant auch unter didaktischen Gesichtspunkten ist Fiedlers Einführung der Addition von Vektoren:

> Wenn die Linie oder der Vector AB den Uebergang vom Punkt A nach dem Punkte B bezeichnet, so wird in gleicher Weise BC den Uebergang von B nach C darstellen; das Zeichen + kann naturgemäss gebraucht werden, um die auf einander folgende Ausführung dieser beiden Operationen auszudrücken, d.h. $AB + BC$ drückt aus, dass nach einander von A nach B und von B nach C gegangen werde. Da aber das Resultat dieser Operationen der Uebergang von A nach C ist, so gilt die Relation $AB + BC = AC$, oder die Summe zweier Vectoren ist die Diagonale des Parallelogrammes, welches dieselben zu benachbarten Seiten hat.[1713]

[1710] „1" bedeutet erster Teil. Hankel hatte wohl ursprünglich einen zweiten Teil projektiert. Im Konvolut Hs 87a: 31 findet sich eine von Fiedler geschriebene Ausarbeitung zur Einführung der Quaternionen, die von Hankels Buch inspiriert zu sein scheint – u.a. wegen ihres abstrakt-formalen Charakters, der Fiedler sonst eher fremd war.

[1711] Die Entdeckungsgeschichte der Quaternionen durch Hamilton ist schon oft erzählt worden, vgl. z. B. van der Waerden 1985, 181 – 183. Interessant sind die kritischen Bemerkungen von P. Gabriel über Hamilton, beginnend mit folgender Ouvertüre: „Wunderkind in Irlands anglikanischem Mittelstand, geadelt mit 30, gestorben in Verkommenheit mit 60. Zum Genius erzogen und durchtrainiert wie heute Protzathleten, [...]." (Gabriel 1996, 259). Mehr zu Hamilton und den Quaternionen in Gabriel 1996, 259 – 263.

[1712] Salmon - Fiedler 1874, 673.

[1713] Salmon - Fiedler 1874, 673. Interessanterweise werden keine Pfeile verwendet bei Salmon-Fiedler.

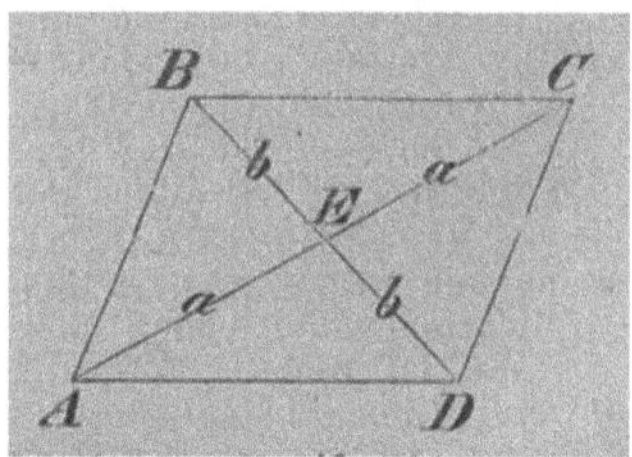

Abb. 5.12: *Addition der Vektoren AB und BC mit Summe AC*[1714]

Ein Sonderfall ergibt sich, wenn die beiden Vektoren auf einer Geraden liegen, dann „ist ihre Summe die gewöhnliche algebraische Summe beider Linien"[1715]; insbesondere ist $ma = \alpha + \ldots + \alpha$ m-mal. Treten Zahlen und Vektoren auf, so bezeichnen kleine griechische Buchstaben Vektoren bei Salmon-Fiedler, lateinische Minuskeln reelle Zahlen. Ansonsten können aber auch kleine lateinische Buchstaben für Vektoren stehen.

Deutlich wird gesagt, wann zwei Vektoren als gleich zu betrachten sind:

> Man nennt zwei Vectoren gleich, wenn der eine ohne Drehung mit dem andern zur Deckung gebracht werden kann, d. h. zwei gleiche in parallelen Linien gemessene Längen sind gleich.[1716]

Hiermit lassen sich sowohl das „commutative Gesetz $a + b = b + a$" als auch das „associative Gesetz $(a + b) + c = a + (b + c)$" begründen.[1717] Weiterhin gilt $AB = -BA$, weshalb $AB + BA = 0$ ist; $a + b = c$ ist äquivalent zu $a = c - b$. Um eine Darstellung mit Hilfe von – modern gesprochen – Einheitsvektoren herzuleiten, bedient sich Fiedler der Statik[1718].

> Da die Addition der Linien nach der eben auseinandergesetzten Methode der Zusammensetzung der auf einen Punkt wirkenden Kräfte in der Statik genau entspricht, so beweist man ganz ebenso wie in der Statik, dass jede Linie als die Summe dreier Linien dargestellt werden kann, deren Richtungen die Richtungen dreier zu einander rectangulären Axen sind. Wenn nun die nach den drei Axen gemessene Lineareinheit durch i, j, k bezeichnet wird, und wenn die numerischen Verhältnisse der Coordinaten eines Punktes P im Raume zu dieser Lineareinheit wie in der

---

[1714] Salmon - Fiedler 1874, 673. Heute würde man wohl eher $AB + AD = AC$ schreiben. Die Buchstaben a und b sollen erläutern, wie Vielfache von Vektoren durch Aneinanderfügen gebildet werden; die Abbildung hat somit einen doppelten Zweck.

[1715] Salmon - Fiedler 1874, 673.

[1716] Salmon – Fiedler 1874, 674. Modern gesehen, geht es hier um eine Äquivalenzrelation – schulgeometrisch gesprochen - von Pfeilen.

[1717] Salmon – Fiedler 1874, 674.

[1718] Hierin durchaus Möbius ähnlich in dessen „barycentrischem Calcul". Diesen hatte Fiedler in der ersten Auflage der „Kegelschnitte" (1860) in einem Zusatz geschildert.

algebraischen Geometrie durch *x, y, z* bezeichnet werden, so sind jene Coordinaten in der hier entwickelten Methode durch *ix, jy, kz* respective dargestellt, und der Vector, welcher den Anfangspunkt des Systems mit dem Punkt *P* verbindet, ist durch *ix + jy + kz* ausgedrückt. Und da einem beliebigen Vector ein ihm paralleler und gleicher durch den Anfangspunkt entspricht, *so kann jeder Vector in der Form (ix + jy + kz) ausgedrückt werden.*[1719]

Sind α und β Vektoren mit demselben Anfangspunkt, so ist $\frac{1}{l+m}(l\alpha + m\beta)$ ein Vektor, der die Verbindungslinie der Spitzen[1720] der Vektoren α und β im Verhältnis $l : m$ teilt. Haben α und β beide die Länge 1, so schließt der Vektor $l\alpha + m\beta$ mit α und β Winkel ein, deren Sinus im Verhältnis $l : m$ stehen.

Als Fazit bleibt festzuhalten, dass Fiedler hier im Wesentlichen die Grundlagen der Vektorrechnung im Raum legt. Er gibt allerdings nur ein einziges Beispiel hierzu – was man wohl so deuten muss, dass es ihm auf Anderes ankam.

> Diese Grundsätze können zur Entwicklung geometrischer Wahrheiten vielfach verwendet werden; so z. B. ist $\frac{1}{4}(\alpha + \beta + \gamma + \delta)$ der Vector des Schwerpunktes eines Tetraeders, dessen Ecken durch die Enden der Vectoren α, β, γ, δ bestimmt sind, und man kann daraus [...] weitere Schlüsse ziehen.[1721]

Die Quaternionen kommen nun ins Spiel bei der Frage nach der Multiplikation und Division von Vektoren, von denen bislang ja nicht die Rede war. Vorbereitend führt Fiedler eine Hilfsoperation ein, die er mit $\frac{\alpha}{\beta}$ notiert. „Naturgemäß" bezeichnet dieses Symbol die Operation, die den Vektor β in den Vektor α überführt; es gilt $\frac{\alpha}{\beta}\beta = \alpha$.

Wie geht das geometrisch von statten? Liegen α und β auf einer Geraden, so ist $\frac{\alpha}{\beta}$ ein numerisches Verhältnis, „oder, wie Hamilton sagt, ein *Scalar*"[1722]; ist das nicht der Fall, so sind mehrere Dinge, genauer gesagt: vier, wichtig: Das numerische Verhältnis der Längen der Vektoren, der Winkel zwischen ihnen und die Ebene, in der sie liegen.[1723] Folglich gilt,

---

[1719] Salmon – Fiedler 1874, 674.
[1720] Modern gesprochen, dieser Begriff kommt bei Fiedler nicht vor, er spricht von Enden von Strecken; seine Vektoren werden wie bereits bemerkt nicht als Pfeile dargestellt in den Abbildungen.
[1721] Salmon – Fiedler 1874, 674.
[1722] Salmon – Fiedler 1874, 675. Die fragliche Größe ist ja, bis aufs Vorzeichen, der Quotient der Beträge der linear abhängigen Vektoren.
[1723] Hierzu verschiebe man sie so, dass sie einen gemeinsamen Anfangspunkt besitzen. Zudem kann diese Ebene durch eine ihr parallele ersetzt werden, es geht also eigentlich um ein Büschel paralleler Ebenen. Dieses wird bei Fiedler festgelegt durch seine Richtungscosinusse.

[…], dass also ein solcher Quotient durch vier irreducible Glieder ausdrückbar ist. Wir werden diess zunächst streng beweisen und bemerken hier, dass darin der Grund zur Wahl des Namens *Quaternionen* liegt.[1724]

Einfache Eigenschaften der „geometrischen Brüche" $\frac{\alpha}{\beta}$ sind: Sie bleiben unverändert, wenn man beide Vektoren mit demselben Skalar multipliziert oder beide um ihren gemeinsamen Anfangspunkt in ihrer Ebene um denselben Winkel dreht. Zudem gilt:

$$\frac{\alpha}{\delta} + \frac{\beta}{\delta} = \frac{\alpha+\beta}{\delta}$$

Hieraus ergibt sich eine wesentliche Normierung: „Man kann dadurch jeden derartigen Bruch in einen gleichwerthigen verwandeln, dessen beiden Linien rechtwinklig zu einander sind."[1725] Ist der „Bruch" $\frac{\gamma}{\delta}$ gegeben, so schreibe man den Zähler γ als Summe zweier Linien $\alpha + \beta$, von denen die eine die Richtung des Nenners δ besitzt (das ist die Projektion des einen Vektors auf den anderen) und die andere normal hierzu ist. Dann ist $\frac{\alpha}{\delta}$ ein Skalar und $\frac{\beta}{\delta}$ das Verhältnis zweier orthogonaler Vektoren.

> Wir können also jede Quaternion als eine Summe ($S + V$) zweier Glieder darstellen, deren eines eine reine Zahl, das *Scalen-Glied*, ist, während das andere als das Verhältnis zweier rectangulärer Linien als das *Vectorglied* bezeichnet werden mag, weil das Verhältniss zweier rectangulären Linien durch den zu ihrer Ebene normalen Vector dargestellt werden kann.
>
> […][1726]

Hamilton bezeichnet diese Darstellung als das Product aus Tensor und Versor: der Tensor sei die Zahl, welche ausdrückt, in welchem Verhältnis die Linie γ wächst oder abnimmt, um der Linie β gleich zu werden, und der Versor bezeichnet den Winkel, um welchen sie zu drehen ist.[1727]

Damit sind die Grundlagen der Theorie der Quaternionen gewonnen – unter häufigen Rückgriff auf die gewöhnliche Geometrie des Raumes. Im Weiteren geht es darum, die übliche Darstellung von Quaternionen abzuleiten, die da ist

---

[1724] Salmon – Fiedler 1874, 675.
[1725] Salmon – Fiedler 1874, 675.
[1726] Im fehlenden Textstück wird die Behauptung bzgl. der Darstellung durch einen Vektor – modern gesehen geht es um einen Spezialfall des Vektorprodukts – näher begründet.
[1727] Salmon – Fiedler 1874, 675 - 676.

$$a + bI + cJ + dK$$

mit reellen Zahlen a, b, c und d und den Einheiten I, J und K, für die die Relationen

$$I^2 = J^2 = K^2 = -1 \text{ und } IJ = K, JK = I \text{ sowie } IK = J$$

gelten. Wichtig ist dabei, diese Relationen geometrisch zu begründen, nicht etwa, sie einfach nur zu postulieren. Bislang hat Fiedler die Form $a + ix + jy + kz$ für Quaternionen hergeleitet, wobei i, j und k - modern gesprochen - Einheitsvektoren einer Orthonormalbasis des dreidimensionalen Raumes sind. Falls erforderlich kann man diese mit den Achsen eines dreidimensionalen orthogonalen Koordinatensystems mit x, y und z-Achse in Beziehung setzen. Die Vektoren i, j und k sind dann die zugehörigen Einheiten. Zu beachten ist, dass Fiedler ein Linkssystem verwendet. Es werden nun die Drehungen I, J und K eingeführt.

Es sei I die Drehung um 90° in der zur x-Achse senkrechten Ebene um den Ursprung, „wobei wir festsetzen mögen, dass der Drehsinn dem der Zeiger einer Uhr entspricht, die wir in der Richtung von i [also in Richtung der x-Achse; K. V.] betrachten, während das Zifferblatt in die zugehörige Normalebene fällt"[1728]. Weiterhin bedeute mI die eben definierte Drehung verknüpft mit einer Veränderung der Längen der gedrehten Vektoren im Verhältnis $m{:}1$.[1729] Analog werden die Drehungen J und K definiert; Drehachsen sind die y- bzw. die z-Achse.[1730]

Es ergeben sich folgende Beziehungen: $Ij = k$, $Ik = -j$, $Ik = i$, $Ji = -k$, $Ki = j$ und $Kj = -i$. Hieraus folgen wiederum die Relationen $I^2j = -j$ und damit $I^2 = J^2 = K^2 = -1$. Schließlich hat man z. B. $Ij = k$ und $Jk = i$ also $JIj = i$. Da $Kj = -i$ ist, folgt $JI = -K$. Analog dazu folgt die Beziehung $IJ = K$ und damit $JI = -IJ$, also die Antikommutativität.[1731]

Letztlich ergibt sich die strukturelle Übereinstimmung der Formeln in i, j und k mit denen in I, J und K. Hierzu schreibt Fiedler:

Und da wir für den practischen Gebrauch des Calculs weit mehr mit den Gesetzen zu thun haben, nach welchen sich die Symbole mit einander combinieren als mit ihrer Interpretation, so ist es unnöthig, weiter auf die Unterscheidung der Bezeichnungen I, J, K; i, j, k einzugehen. Alle Sätze,

---

[1728] Salmon – Fiedler 1874, 676.

[1729] Geometrisch gesprochen geht es um eine Drehstreckung. Die Matrix der Drehung wird einfach mit dem Skalar m multipliziert.

[1730] Modern gesprochen fasst Fiedler also (bis auf Normierung) Vektoren als Drehvektoren auf, die er wiederum durch die zugehörigen Drehungen darstellt.

[1731] Heutzutage kann man die Relationen einfach durch Nachrechnen mit den entsprechenden Drehmatrizen bestätigen. Die Matrizendarstellung, die auf Cayley 1858 zurückgeht, gab es bei Fiedler, wenn man so will, nur implizit, indem er Beziehungen herleitet, in denen die Drehwinkel auftreten; vgl. etwa Salmon – Fiedler 1874, 676 - 678.

welche für die Symbole der einen Gruppe wahr sind, gelten auch für die andere; und, indem wir eine Gruppe der Vectoren als Linien und eine andere als Rotationen interpretieren, entspringen für eine und dieselbe Gleichung eine größere Anzahl gleichmässig wahrer Behauptungen.

Wir können *i* nach Willkür als Ausdruck einer Linie Eins nach der Richtung der Axe *x* oder als eine Rotation um 90° um dieselbe Axe ansehen; ebenso ist eine Rechtwinkel-Drehung um den Einheitsvector *α* durch den Buchstaben *α* so dargestellt, wie früher in Art. 5 angezeigt ward.

Wir schreiben die allgemeine Form einer Quaternion

$$a + bi + cj + dk$$

und combinieren die darin auftretenden Symbole nach den Gesetzen

$$i^2 = j^2 = k^2 = -1, \, ij = k = -ji,$$
$$jk = i = -kj, \, ki = j = -ik.$$

Wenn man das Product einer Anzahl von Factoren bildet, so ist die Ordnung derselben stets zu beachten; nur wenn einer der Faktoren eine reine Zahl ist, so ist seine Ordnung indiifferent und er kann als Factor links vorgesetzt werden.[1732]

Somit steht der Quaternionenkalkül zur Verfügung, hergeleitet mit geometrischen Mitteln und versehen mit einer geometrischen Sinngebung.

Es folgen nun Beispiele zum Rechnen mit Quaternionen wie

Beisp. 1. Bilde das Quadrat des Einheit-Vectors *i* cos*α* + *j* cos*β* + k cos*γ*.[1733]

Hieraus ergibt sich die Regel, „dass das Quadrat irgend eines Vectors das negative Quadrat seines Tensors ist."[1734]

Schließlich gibt Fiedler noch ein Beispiel aus der Geometrie, nämlich die Bestimmung der Gleichung der Regelfläche, welche drei gerade Direktrixen (das heißt drei windschiefe Geraden) hat, also eines einschaligen Hyperboloids. Die Idee dabei ist bekanntlich: Man nehme einen Punkt auf der ersten Geraden, lege durch diesen und die zweite Gerade die Ebene. Ebenso verfährt man mit dem Punkt und der dritten Geraden. Der Durchschnitt der beiden Ebenen ist die Gerade, die durch den gegebenen Punkt und die beiden Geraden geht. Anders

---

[1732] Salmon – Fiedler 1874, 679.
[1733] Salmon – Fiedler 1874, 679.
[1734] Salmon – Fiedler 1874, 679.

gesagt, liefern alle Geraden, die drei paarweise windschiefe Geraden schneiden, ein einschaliges Hyperboloid.[1735]

In der dritten Auflage des zweiten Bandes der „Raumgeometrie" (1880) fehlt der Anhang über die Quaternionen. Fiedlers Begründung hierfür ist einfach und klingt durchaus ein bisschen schulmeisterlich:

> Die Note über den Quaternionen-Calcül, die ich vor fünf Jahren gegenüber der Unterschätzung dieses Instruments der Untersuchung noch wiederholte und ergänzte, kann ich jetzt wohl unterdrücken, nachdem inzwischen die Aufmerksamkeit der Mathematiker sich soviel mehr dem Gegenstande zugewendet hat und auch die analytische Berechtigung der Quaternionen entgegen dem damaligen verneinenden Standpunkte streng bewiesen worden ist.[1736]

Mission erfüllt, könnte man sagen. Was mit dem Hinweis auf die analytische Berechtigung der Quaternionen gemeint ist, wird in einer Nachbemerkung zu den „Literatur-Nachweisungen und Zusätze" genauer erläutert:

> Ich unterdrücke die Note über den Quaternionen-Calcul als einer Methode zur Untersuchung der Eigenschaften der räumlichen Gebilde, weil ich jetzt nach den Arbeiten von Houël „Théorie des quantités complexes" (Paris, 1874) und Frobenius „Ueber lineare Substitutionen und bilineare Formen" im Bd. 84 von Crelle's Journal[1737] – [...] – auch die analytische Berechtigung derselben außer Zweifel steht[1738], nachdem schon von jeher die Fülle der Anwendungen auf Geometrie, Mechanik und Physik für ihre Bedeutung gesprochen hatte. Ich muss nur die Hauptschriften, die Arbeiten des Erfinders W. R. Hamilton „On Symbolic Geometry" in „Cambridge and Dublin Math. Journal", seine „Lectures" und namenthlich die nach seinem Tode erschienen „Elements of Quaternions" (London 1866), ferner P. J. Tait's „Treatise on Quaternions" (Second Ed., Oxford 1873) mit reichen Anwendungen namenthlich auf die Physik nennen, und den Versuch des allzu früh verstorbenen Clifford „On Biquaternions" in Bd. 4 der „Proceedings of the London Math. Society" zu einer Fortsetzung der

---

[1735] Diese Konstruktion liegt der sogenannten Steiner-Projektion einer Ebene auf eine andere mit Hilfe zweier windschiefer Geraden zugrunde, einer quadratischen Cremona-Transformation. Vgl. 5.4.4.

[1736] Salmon – Fiedler 1880, V. Vgl. auch Fiedler 1883b, 417: „Ich hatte sie in einem Anhang zur anal. Geom. d. R. nach Salmon behandelt, bevor man ihnen bei uns Interesse zuwendete, [...]."

[1737] Es geht um die Arbeit „Ueber lineare Substitutionen und binäre Formen" (Journal für die reine und angewandte Mathematik 84 (1878), 1- 63) von Frobenius, geschrieben in Zürich. Deren Quintessenz lautete: „Wir sind also zu dem Resultate gelangt, daß ausser den reellen Zahlen ($m = 0$), den imaginären Zahlen ($m = 1$) und den Quaternionen ($m = 3$) keine andern complexen Zahlen in dem oben definirten Sinne [d.h. im Sinne eines Schiefkörpers der Dimension $m + 1$ über dem Körper der reellen Zahlen; K. V.] existiren." (p. 63)
In Fiedler 1883a, 417 gibt es einen Hinweis auf „Hr. College Frobenius" und auf Weierstrass.

[1738] In Fiedler 1883b, 417 benennt dieser Weierstraß als Urheber der Zweifel.

> Theorie. Ich erinnere endlich an ihre Beziehungen zu den Methoden von Möbius und Grassmann.[1739]

Fiedlers Einführung der Quaternionen in die deutsche Literatur blieb weitgehend unbeachtet. Wer erwartete auch schon einen wichtigen neuen Gegenstand in den Anmerkungen zu einem Lehrbuch? Vielleicht war auch Fiedlers Note als einfacher Hinweis, der Neugierde erweckte, zu lang, aber als wirkliche Einführung ins Thema wiederum zu kurz. Zudem hatte sie in Hankels Buch über die komplexen Zahlensysteme (1867) eine wichtige Konkurrenz; dessen ausführliche, allerdings schwer verständliche Darstellung machte einen Rückgriff auf Fiedlers Note überflüssig. Dennoch bleibt festzuhalten, dass Fiedler das Verdienst gebührt, als erster in deutscher Sprache zu den Quaternionen publiziert zu haben.

Es finden sich Spuren von Fiedlers Note in der frühen Rezeptionsgeschichte der Quaternionen im deutschsprachigen Raum. Die nach Hankels Buch (1867) nächste Publikation zum Thema Quaternionen ließ auf sich warten. Erst 1878 erschien das Werk „Theorie der goniometrischen und der logarithmischen Quaternionen" des Oberlehrers Karl Wilhelm Unverzagt, Konrektor des Wiesbadener Realgymnasiums,[1740] als Programm seiner Anstalt. In der Besprechung des Literarischen Centrallblatts heißt es dazu:

> Unter den Methoden, welche in der Neuzeit zur Erleichterung einer rechnerischen Behandlung geometrischer und mechanischer Probleme erdacht worden sind, nimmt Hamilton's Quaternionencalcul, womit für Räume Aehnliches geleistet wird, wie durch die Verwertung der complexen Zahlen zur Darstellung von Puncten in der Ebene, eine hervorragende Stelle ein; der von Hankel in seiner Theorie der complexen Zahlen zur Darstellung von Puncten in der Ebene gemachte Versuch, demselben auch in Deutschland Eingang zu verschaffen, ist wohl wegen des etwas gar zu abstracten Charakters dieses Buches ziemlich erfolglos

---

[1739] Salmon – Fiedler 1880, LXX.

[1740] Wiesbaden: Kreidel, 1878. Unverzagt war der Mathematiklehrer von Fiedlers Student und späteren Kollegen F. Rudio gewesen, der Unverzagt eine kleine Abhandlung widmete: Die Unverzagt'schen Linienkoordinaten: ein Beitrag zur Geschichte der analytischen Geometrie (Abhandlungen zur Geschichte der Mathematik 9 (1899), 385 – 397). Unverzagt publizierte auch noch „Der Winkel als Grundlage mathematischer Untersuchungen. Zugleich ein Beitrag zur Theorie der Quaternionen" (Wiesbaden: Kreidel, 1878). Reinhold Hoppe urteilte in seiner Rezension dieser Arbeit (Archiv der Mathematik und Physik 63 (1879), Literarischer Bericht p. 12): „Der Schade, den eine solche überhand nehmende Prophetie [der Anhänger der Quaternionen; K. V.] bringt, ist, dass über den künftigen Problemen die gegenwärtigen vernachlässigt werden, dass man sich der Strenge mathematischer Logik entwöhnt, und die Verlockung zu unwissenschaftlicher Einmischung in die Mathematik mehr und mehr zunimmt".
1881 veröffentlichte Unverzagt ein weiteres Schulprogramm zum Thema Quaternionen: „Über die Grundlagen des Rechnens mit Quaternionen" (Programm der Realschule Wiesbaden [Wiesbaden: Ritter, 1881]), in dem er die Quaternionen gegen Angriffe von R. Hoppe und H. Scheffler verteidigen wollte, indem er geradezu lehrbuchmäßig aufzeigte, wie mit ihnen zu rechnen sei. Fiedler kommt bei Unverzagt nicht vor.

geblieben, ebenso auch die in Salmon-Fiedler's Raumgeometrie gegebene knappe Darstellung der Quaternionenlehre.[1741]

Die vom Rezensenten geäußerte Hoffnung, Unverzagts Werk möge sich als besser lesbar erweisen als die genannten, scheint sich nicht erfüllt zu haben. Im Jahr danach legte Gymnasialprofessor Dr. J. Ostrcil seine „Kurze Anleitung zum Rechnen mit den (Hamilton'schen) Quaternionen"[1742] vor. Der Rezensent des Centralblatts, G. – I., bemerkte in seiner Besprechung, dass der Quaternionenkalkül in England wohlbekannt sei, „während in Deutschland die Bekanntschaft mit demselben auf ziemlich enge Kreise beschränkt zu sein scheint."[1743] Als Beleg führt er an, dass in Deutschland nur drei Veröffentlichungen zum Thema Quaternionen vorlägen, nämlich Hankel, Unverzagt und ein Artikel von Dillner in den Mathematischen Annalen.[1744] Fiedler wird hier nicht erwähnt.

In den Jahren 1880 und 1881 erschienen dann Übersetzungen ins Deutsche von Werken von Hamilton selbst und von seinem treuen Anhänger P. G. Tait: „Hamiltons Elemente der Quaternionen"[1745], das „Hauptwerk, dessen Studium unerlässlich ist"[1746] und Taits „Elementares Handbuch der Quaternionen"[1747] Wieder beklagte der Rezensent, G. – I., die geringe Verbreitung die Quaternionen im deutschsprachigen Raum.

> Die deutsche mathematische Literatur ist nicht reich an Arbeiten, welche den Quaternionen-Calcul zum Gegenstand haben, und dem entsprechend ist auch die Kenntniss desselben bei uns weniger verbreitet als bei britischen Mathematikern.
>
> [...]
>
> Noch vor Erscheinen hatte in Deutschland Fiedler in seiner deutschen Bearbeitung von Salmon's analytischer Geometrie des Raumes (1865) einen allerdings nur ganz kurzen Abriß der Hamilton'schen Methoden gegeben; und im nächsten Jahr erschien Hankel's Theorie der complexen

---

[1741] Literarisches Centrallblatt 1878, Sp. 546; Rezensent war G. – I.

[1742] Halle a. d. S.: Nebert, 1879.

[1743] Literarisches Centralblatt 1880, Sp. 348.

[1744] Es handelt sich um „Versuch einer neuen Entwicklung der Hamiltonschen Methode, genannt „Calculus of Quaternions"" von Göran Dillner, Professor in Uppsala (Mathematische Annalen 11 (1877), 169 – 193). An deutschsprachigen Beiträgen erwähnt Dillner nur Hankel und Unverzagt, ansonsten natürlich verschiedene Werke von Hamilton, Tait und Kelland-Tait sowie Alégret „Essai sur le calcul des quaternions" (Paris, 1862) und Houël „Traité élémentaires des quantités complexes". IVième partie: „Eléments de la théorie des quaternions" (Paris, 1874).

[1745] Zwei Bände, Leipzig: Barth, 1882 - 84; Übersetzer war Paul Glan. Das Centralblatt gibt irrtümlich 1881 als Erscheinungsjahr des ersten Bandes an.

[1746] Literarisches Centralblatt 1883, Sp. 695.

[1747] Leipzig: Teubner, 1880; Übersetzer war G. v. Scherff.

> Zahlsysteme, deren letzte zwei Abschnitte sich mit der Theorie und geometrischen Darstellung der Quaternionen beschäftigen.[1748]

Der Rezensent betont, dass Tait, der „jenseits des Canals als der bedeutendste Nachfolger Hamilton's auf dem Gebiet des Quaternionen-Calculs"[1749] gelte, die Anwendung der Quaternionen in Physik und Geometrie besonders berücksichtige und dass Hamilton die Quaternionen als Quotienten von Vektoren einführe – wie Fiedler. Ob Hamiltons Bücher der Verbreitung seiner Quaternionen viel genützt haben, darf bezweifelt werden, denn seine Schriften waren schwer verständlich und ausgesprochen redundant. Schon Hankel hatte ihnen bestätigt:

> Man muss es bedauern, dass dieselben [die von Möbius eingeführte Orientierung und damit die Vorzeichen; K. V.] noch so wenig allgemeine Verbreitung gefunden haben, wie denn z. B. Hamilton's Schriften über die Quaternionen ([…]) in der älteren Form geschrieben sind. Dass in dieser manche Untersuchungen völlig ungeniessbar werden können, davon dürfte die Darstellung Hamilton's an nicht wenigen Stellen seiner „Lectures" (z. B: S. 218 u. ff.) ein eindringliches Beispiel sein.[1750]

Kritisch urteilte auch Heinrich Bruns 1882 in der deutschen Literaturzeitung über die Quaternionen anlässlich seiner Besprechung der deutschen Übersetzung von Hamiltons Lehrbuch. Interessant ist seine Einordnung des Themas:

> Die Lehre von den Quaternionen lässt sich ansehen als ein specielles Kapitel aus der allgemeinen Theorie der complexen Zahlen, und in diesem Sinne ist ihre Behandlung von Wert, weil sie geeignet ist, größere Klarheit über das Wesen der arithmetischen Grundoperationen überhaupt zu geben.[1751]

Anders als bei Fiedler werden hier die Quaternionen algebraisch gesehen. Bruns' Kritik geht nun dahin, dass diese Neuerung die Ansprüche, die sie erhob, „ein neues und hervorragendes Hilfsmittel mathematischer Forschung"[1752] zu sein, bislang nicht eingelöst habe. Konsequenterweise empfiehlt er, „sich lieber gründlich mit den Methoden der analytischen Geometrie vertraut zu machen, statt Zeit und Mühe zu verwenden, um sich auf die Handhabung eines complicierten Instruments von vorläufig zweifelhaftem Werte einzuüben".[1753]

[1748] Literarisches Centrallblatt 1883, 695 – 696. Hankels Buch ist 1867 erschienen.
[1749] Literarisches Centralblatt 1883, Sp. 696.
[1750] Hankel 1867, VIII. Man beachte, Hankel war gerade 28 Jahre alt und erhielt im Jahr 1867 seinen ersten Ruf, Hamilton hingegen war wohletabliert, u.a als *Royal Astronomer*, und sehr bekannt mit beachtlicher Anhängerschaft.
[1751] Deutsche Literaturzeitung 3 (1882), Sp. 335 – 336.
[1752] Deutsche Literaturzeitung 3 (1882), Sp. 336.
[1753] Deutsche Literaturzeitung 3 (1882), Sp. 336.

Aus einer anderen Perspektive urteilte Rudolf Mehmke über die Quaternionen in einem Brief (1885) an Fiedler. Mehmke verwendete Methoden von Grassmann u. a. in der Flächentheorie und war von deren Nutzen sehr überzeugt.

> Wann werden wir endlich dahin kommen, dass die Ausdehnungslehre allgemein anerkannt wird, wie es doch die Quaternionen, die mit den Grassmann'schen Methoden in keiner Weise einen Vergleich aushalten können, schon lange sind.[1754]

Im Grunde genommen waren Grassmanns Ausdehnungslehre und Hamiltons Quaternonen konkurriende Ansätze.

Erwähnt seien noch die „Vorlesungen über die Theorie der Quaternionen mit Anwendung auf die allgemeine Theorie der Flächen und der Linien doppelter Krümmung" von F. Graefe, die auf dessen Vorlesungen an der TH Darmstadt im Wintersemester 1882/83 beruhten. Damit hatten die Quaternionen also Eingang in deutsche Vorlesungen gefunden, bemerkenswerterweise zuerst an einer Technischen Hochschule; Graefe berücksichtigte dabei vor allem Anwendungen in Geometrie und Mechanik. Allerdings fand Graefe wenig Anklang beim Rezensenten seines Werkes. In der Deutschen Literaturzeitung[1755] äußerte Eugen Netto ähnlich wie zuvor schon Bruns, der Quaternionenkalkül leiste gegenüber der analytischen Geometrie nichts Neues: „Die aufgepfropften Scalare, Tensoren und Vectoren machen das Ganze eben nur zu einem unorganischen Ganzen."[1756]

Eine Wende der Theorie der Quaternionen ins Algebraische markiert die oben bereits genannte Arbeit von Frobenius (1878), bei dem es hauptsächlich um das Transformationsverhalten quadratischer Formen ging. 1896 schuf A. Hurwitz dann mit der Zahlentheorie der Quaternionen wieder eine neue ebenfalls abstrakte Forschungsrichtung.[1757]

In seiner Mitteilung über zwei Steinersche Abhandlungen[1758] erwähnte Fiedler 1883, dass er schon seit einiger Zeit eine geometrische Darstellung der Quaternionen durch Kugeln im Raum entwickelt habe. Zu seiner Enttäuschung, so Fiedler, wurde diese aber von C. Stéphanos in den Mathematischen Annalen[1759] veröffentlicht und damit Fiedlers Pläne zur Publikation zunichte gemacht. Dennoch reklamierte Fiedler die Priorität an dieser Idee für sich. Als

---

[1754] Brief Mehmke an Fiedler, Darmstadt 15. Mai 1885 (Hs 87 : 707). Zu Mehmke vgl. man Maurer 2024.
[1755] Deutsche Literaturzeitung 5 (1884), Sp. 205 - 206
[1756] Deutsche Literaturzeitung 5 (1884), Sp. 206. Netto beklagt auch die ermüdende Darstellung der Engländer.
[1757] Vgl. Oswald/Steuding 2023.
[1758] Fiedler 1883b, 418.
[1759] Vgl. Stéphanos 1883.

Beleg gab er an, dass er die Idee im Sommer 1879 in Gesprächen mit den Züricher Kollegen Weilenmann, Beyel und Keller entwickelt und ausführlich erläutert habe. Da er, so erläutert Fiedler weiter, glaubte, niemand käme auf diese Idee, habe er sich mit der Veröffentlichung derselben nicht beeilt.

5.3.4 Zur Rezeption der Raumgeometrie

Anlässlich des Erscheinens der vierten Auflage des ersten Bandes der „Raumgeometrie" schrieb Fr. Engel:

> Die Fiedlerschen Bearbeitungen der Lehrbücher des Engländers Salmon sind in so zahlreichen Auflagen verbreitet, daß man nicht mehr nöthig hat, sie zu empfehlen. Mögen sie auch als Lehrbücher für Anfänger den Idealen nicht entsprechen, als Hand- und Nachschlagebücher für Fortgeschrittene kann man sie nicht genug schätzen, denn als solche haben sie einer sehr großen Zahl von Mathematikern vorzügliche Dienste geleistet.[1760]

Hervorgehoben wird dann in der Besprechung noch, dass die vierte Auflage Neuerungen erfahren habe, nämlich ein eigenes Kapitel „über die homogenen projectiven Coordinaten"; die Kollineationen und Reziprozitäten sowie die Fokaleigenschaften von Kegelschnitten werden eingehender behandelt, neu hinzugekommen ist zudem die Parallelentheorie in der elliptischen Geometrie.[1761] „Besonders wertvoll sind die Literaturnachweisungen, [...]"[1762] Bezüglich der Literaturhinweise, die Fiedler dem Buch von Salmon beigegeben hatte, monierte Engel einzig, dass bei fast allen Literaturangaben die Jahresangaben fehlen würden. Fiedlers Literaturkenntnisse wurden wohl allseits geschätzt. So bat z. B. R. Mehmke brieflich Fiedler um Auskünfte über Resultate in der Krümmungstheorie, die Mehmke erhalten hatte und vor deren Veröffentlichung er sicher gehen wollte, dass sie neu waren.

> Da hierüber wohl kaum jemand so gut Auskunft geben kann wie Sie als Bearbeiter der Salmon'sche Werke dazu im Stande sind, so nehme ich mir die Freiheit, Ihnen die einfachsten meiner Resultate mit der Bitte vorzulegen, mir Ihre Ansicht darüber mitzutheilen.[1763]

Anlässlich der zweiten Auflage der Raumgeometrie (1880) verfasste Eugen Netto für die gerade gegründete Deutsche Literaturzeitung eine kurze Besprechung.[1764]

[1760] Literarisches Centralblatt 1899, Sp. 377.
[1761] Gemeint sind damit die Cliffordschen Parallelen.
[1762] Literarisches Centralblatt 1899, Sp. 378.
[1763] Brief von Mehmke an Fiedler, Darmstadt, 1. Mai 1885 (Hs 87: 706). Fiedler antwortete am 6. Mai, Notizen hierzu finden sich auf Mehmkes Brief.
[1764] 1/2 (1880/1881), II 375 – 376.

Ähnlich wie in derjenigen der „Kegelschnitte"[1765] hob er auch hier hervor, dass der Einfluss des Bearbeiters den Autor zurückgedrängt habe. Zudem verwies er erneut auf die enorme Fülle des Stoffes: „Das Werk muss demgemäß als das umfassendste und vollständigste seines Gebietes anerkannt werden."

Ein deutlicher Hinweis auf die Bekanntheit der Werke von Salmon-Fiedler allgemein und der „Raumgeometrie" insbesondere sind die zahlreichen Verweise auf diese in Otto Lueger „Lexikon der gesamten Technik und ihrer Hilfswissenschaften"[1766]. Dieses Nachschlagewerk war weitverbreitet und diente vielen an technischen Fragen interessierten Leserinnen und Lesern als Wissensquelle. So urteilt die Neue Deutsche Biographie über Luegers Lexikon:

> Das Werk sollte eine Lücke in der enzyklopädischen Literatur ausfüllen
> und wurde eines der meistgebrauchten Nachschlagewerke.[1767]

Gemessen an der Auflagenzahl war die „Raumgeometrie" das nach den „Kegelschnitten" erfolgreichste Werk von Salmon-Fiedler. Es machte ähnlich wie die anderen Lehrbücher dieser Autoren auch eine gewisse Wandlung durch, wie das im obigen Zitat von Engel anklingt: Seine Wichtigkeit als Lehrbuch nahm ab, aber sein Wert als Referenzwerk blieb erhalten. Die „Raumgeometrie" wurde gewissermaßen zum Dokument, das den Entwicklungsstand der Wissenschaft zu einem bestimmten Zeitpunkt widerspiegelte.

Offensichtlich waren die Ansprüche an Lehrbücher in der zweiten Hälfte des 19. Jhs. gestiegen, was dazu führte, dass die Fiedler-Salmonsche Raumgeometrie, die ja i.w. auf die Jahrhundertmitte zurückging, nicht mehr befriedigen konnte. Wir haben an vielen Stellen gesehen, dass diese didaktisch gesehen nur wenig ansprechend war. Die Tatsache, dass sie aber als Nachschlagewerk weiterhin wichtig war, könnte darauf hinweisen, dass die in ihr enthaltenen Informationen um 1900 herum - vor Erscheinen der „Encyklopädie der mathematischen Wissenschaften" (ab 1898, bis 1935) - schwierig zu finden waren. Den Salmon-Fiedlerschen Büchern kam zudem eine Wichtigkeit zu, da sie Generationen von Mathematikern geprägt hatten. Wollte man deren Werke verstehen, konnte ein Blick in die Quellen ihrer Kenntnisse immer noch von Nutzen sein. Und diese Mathematiker neigten natürlich dazu, sich auf die Werke zu beziehen, aus denen sie enst ihr wissen erworben hatten.

[1765] Vgl. 5.1.
[1766] Acht Bände (Leipzig/Stuttgart: Deutsche Verlagsanstalt, ²1904 – 1910). Zwei Ergänzungsbände 1914 und 1920. Zahlreiche weitere Auflagen.
[1767] Artikel Otto Lueger von Kurt Mauel.

Noch im Jahre 1953 stellte D. Struik in seinem Lehrbuch „Analytic & projective Geometry" fest: „G. Salmon, *Analytic Geometry of Three Dimensions (1862, several Edtions, German edition by W. Fiedler)* is still a good textbook".[1768]

In seinem Buch verteidigte Struik die tradionelle Geometrie gegen die in jener Zeit immer mehr beherrschender werdende moderne Mathematik. Er kämpfte also gegen den Zeitgeist. Auch Fiedlers Synthese von darstellender und projektiver Geometrie wird bei Struik erwähnt als eine Neuerung gegen die traditionelle Auffassung der ersteren.[1769] Offensichtlich kannte Struik, der 1912 sein Studium begonnen hatte, diese Werke noch gut. Auch Heinz Hopf – Studienbeginn 1913, von 1931 bis 1965 Professor an der ETH - besass die Raumgeometrie von Salmon-Fiedler, die er durcharbeitete. Das belegen die Exemplare der beiden Bände, die sich in der Mathematikbibliothek der ETH befinden. Sie tragen Hopfs Exlibirs und weisen allerlei handschriftlich Anmerkungen auf.

5.4 Höhere ebene Kurven

Obwohl Fiedler, wie wir gesehen haben, schon früh eine Übersetzung von Salmons Werk über höhere ebene Kurven für sich privat angefertigt hatte[1770], erschien die deutsche Ausgabe erst 1873 im Druck. Als Vorlage diente die gerade erschienene zweite Auflage des englischen Originals, dessen Druckfortschritt Fiedler mit Hilfe der von Salmon übersandten Druckfahnen, er spricht von „Probebögen", mitverfolgen konnte. Eine Besonderheit dieser zweiten englischen Ausgabe war, dass Cayley eine wichtige Rolle bei der Überarbeitung der ersten Auflage spielte. Salmon hatte aufgrund der Verpflichtungen, die der 1866 übernommene Theologielehrstuhl mit sich brachte, kaum noch freie Kapazitäten und konnte sich nicht mehr, was die Mathematik anbelangte, auf dem Laufenden halten konnte. Der Beitrag Cayley's wird im Vorwort recht genau in den Worten Salmons beschrieben.[1771] Fiedler selbst nahm in der ersten Auflage seiner deutschen Bearbeitung[1772] nur wenige Änderungen gegenüber dem Original vor.[1773] Konzipiert sind die „höheren ebenen Curven" einleuchtender Weise als Weiterführung der „Kegelschnitte"; auf letztere wird reichlich verwiesen.[1774] In der Vorrede zur ersten Auflage seines Lehrbuchs (1852) erklärte Salmon, dass die

---

[1768] Struik 1953, 192.
[1769] Vgl. Struik 1953, 245.
[1770] Hs 87a: 22, vgl. den Anfang dieses Kapitels.
[1771] Vgl. Salmon-Fiedler 1873a, III – IV.
[1772] Die zweite Auflage erschein erst 1883.
[1773] Vgl. Salmon-Fiedler 1873a, III.
[1774] Gelegentlich werden die Kegelschnitte sogar als „erster Band" des Werkes bezeichnet; vgl. Salmon-Fiedler 1873a, 358. Im englischen Original wird im Titel des Buches ausdrücklich auf die „Kegelschnitte" hingewiesen: „Intended as a sequel to a Treatise on Conic Sections".

„Higher plane curves" den Schritt von den sehr vielen Beispielen und Einzelheiten in den „Kegelschnitten" hin zur Theorie machen möchten. In diesem Sinn empfahl er dem Leser das zweite Kapitel seines Werkes „General properties of algebraic curves".

Als das englische Original 1852[1775] erschien, war es als Lehrbuch der Kurventheorie so gut wie konkurrenzlos – standen doch nur die Klassiker aus dem 18. Jh. zur Verfügung, allen voran natürlich Gabriel Cramers „Introduction à l'analyse des lignes courbes algébriques" (1750). Zudem gab es noch Plückers „System der analytischen Geometrie, auf neue Betrachtungsweisen gegründet, und insbesondere eine ausführliche Theorie der Curven dritter Ordnung enthaltend" (Berlin: Duncker & Humblot, 1835) sowie vom selben Autor „Theorie der algebraischen Curven, gegründet auf eine neue Behandlungsweise der analytischen Geometrie" (Bonn: Marcus, 1839) – schwer zugängliche Bücher, die man wohl kaum als Lehrbücher bezeichnen wird, sie sind eher Forschungsmonographien.

Beim Erscheinen der deutschen Übersetzung von Salmons höheren Kurven hatte sich die Situation geändert, denn zwischenzeitlich war vor allem Cremona's „Einleitung in eine geometrische Theorie der ebenen Curven"[1776] erschienen. H. Durège hatte 1871 sein Lehrbuch „Die ebenen Curven dritter Ordnung" publiziert, ein Buch, das allerdings nur einen Ausschnitt aus der Kurventheorie behandelte und zudem noch recht elementar vorging.[1777] Verglichen mit Durège war das Werk von Salmon-Fiedler ein wahres Kompendium des Gebietes, das es immerhin auf VI plus 471 engbedruckte Seiten mit vielen Abbildungen brachte. 1888 erschien dann ein weiteres deutschsprachiges Lehrbuch zum Thema: H. Schröter „Die Theorie der ebenen Curven von dritter Ordnung. Auf synthetisch-geometrischem Wege abgeleitet" (Leipzig: Teubner, 1888). Schröter behandelte das Thema, wie der Titel seines Buches auch sagt, synthetisch.[1778] Für die analytische Richtung nennt er die drei schon erwähnten Werke, wobei der den umfassenden Charakter von Salmons Buch hervorhebt.

Die Kurven dritter Ordnung waren ein klassischer Gegenstand der geometrischen Forschung – spätestens seit Newtons Klassifikation derselben in seiner „Enumeratio" (1704 als Anhang zur „Opticks" erschienen), die auch bei Salmon-

---

[1775] Eine französische Übersetzung von O. Chemin unter dem Titel „Traité de géométrie analytique (courbes planes)" erschien 1884 in Paris. Der Text Salmons wurde in dieser ergänzt durch eine Studie über singuläre Punkte von G. Halphen.

[1776] Cremona 1865, das italienische Original wurde 1862 publiziert. Übersetzer war M. Curtze in Bromberg.

[1777] Durège 1871. In Ermangelung eines umfassenden deutschen Lehrbuchs der Kurventheorie verwies Durège in seinem Buch sehr häufig auf das englische Original von Salmon's „Higher Plane Curves".

[1778] Vgl. 4.8, wo Schröters Kritik an Fiedlers Synthese geschildert wird. Auch dort votiert Schröter für den rein synthetischen Weg.

Fiedler behandelt wird. Nach 1800 belebten neue Hilfsmittel die Forschung zu diesem Gebiet. So führte Felix Müller in seinem „Führer durch die mathematische Literatur" (1909) eine ganze Reihe von Originalarbeiten an, die die Kurven dritter Ordnung im Titel führten: Chasles 1833 und 1853, Hesse 1844 und 1848, Möbius 1849, Grassmann 1848 und 1850, Cayley 1857, Clebsch 1864, Schröter 1872; Milinowski 1874, Harnack 1875, Halphen 1879.[1779] Das zeigt schon das Interesse, das man dem Thema, das ja gewissermaßen die konsequente Fortführung der Forschungen zu den Kegelschnitten war, entgegenbrachte.[1780]

Das Buch von Salmon-Fiedler umfasst neun Kapitel:

I.	**Kapitel:**	Von den Coordinaten
II.	**Kapitel:**	Von den allgemeinen Eigenschaften der algebraischen Curven
III.	**Kapitel:**	Theorie der Enveloppen
IV.	**Kapitel:**	Metrische Eigenschaften der Curven
V.	**Kapitel:**	Curven dritter Ordnung
VI.	**Kapitel:**	Curven vierter Ordnung
VII.	**Kapitel:**	Transzendente Curven
VIII.	**Kapitel:**	Transformation der Curven
IX.	**Kapitel:**	Allgemeine Theorie der Curven

Die Kapitel V und VI, also die Untersuchung konkreter Klassen von Kurven, machen rund 180 der insgesamt 450 Seiten aus, bilden also einen deutlichen Schwerpunkt der Ausführungen und drücken die starke Objektorientierung der Werke Salmons aus. Im Vergleich zu den „Kegelschnitten" hat sich Salmons Stil durchaus geändert: Das Lehrbuch der höheren ebenen Kurven besteht hauptsächlich aus Text (gegliedert wie immer in Punkte), der mit Abbildungen[1781] erläutert wird. Aufgaben gibt es keine, wohl aber – ähnlich wie in der „Raumgeometrie" – ausgearbeitete Beispiele, wenn auch nicht in allzu großer Zahl. Der Duktus des Buches ist abstrakt, helfende Hinweise wie in den „Kegelschnitten" fehlen. Schon das erste Kapitel liefert hierfür ein bemerkenswertes Beispiel.

Das erste Kapitel „Von den Coordinaten" stammte in der zweiten Auflage nach Fiedlers Angaben[1782] im Wesentlichen von A. Cayley. Es liefert die Grundlagen für das Weitere und variiert das schon mehrfach behandelte Thema Koordinaten.

[1779] Vgl. Müller 1909, 181 – 184 für die genauen bibliographischen Angaben. Natürlich handelt es sich hierbei nur um eine Auswahl, einige dieser Arbeiten werden uns im Folgenden noch begegnen.
[1780] Im Jahr 1905 erschien die „Bibliographie der höheren algebraischen Kurven für den Zeitabschnitt 1890 – 1904" von H. Wieleitner als Beilage zum Jahresbericht des Königl. humanistischen Gymnasiums zu Speyer für das Schuljahr 1904/05 (Leipzig: Göschen), ebenfalls eine wertvolle Quelle und Zeichen für das Interesse, das man für das fragliche Gebiet hegte.
[1781] Insgesamt gab es deren 70 im Buch.
[1782] Salmon-Fiedler 1873a, 453 n. 1.

Allerdings fällt auf, dass der projektive Standpunkt (in Abgrenzung zum Euklidischen) jetzt schärfer gefasst wird als in den „Kegelschnitten" und in der „Raumgeometrie" – was am Einfluss von Cayley lag.[1783] Die projektive Sichtweise wird schon in ersten Absatz deutlich, mit dem das Kapitel „Coordinaten" beginnt.

> Es giebt in der Ebene eine besondere gerade Linie, die Linie im Unendlichen oder die unendlich ferne Gerade derselben und in dieser Linie zwei besondere nicht reelle Punkte, die Kreispunkte im Unendlichen der Ebene. Ein geometrischer Satz hat entweder keine Beziehung auf diese Linie und zu diesen Punkten und ist dann *descriptiv*, oder er steht in Beziehung zu ihnen und ist dann *metrisch*.[1784]

Cayley legt hier seinen Zugang zur Euklidischen Geometrie, die er metrische nennt, aus dem „Sixth Memoir on Quantics" zugrunde. Dabei besteht im Falle der Euklidischen Geometrie das Absolute aus den im Zitat erwähnten beiden imaginären Kreispunkten. Für die Leserin oder den Leser des Buches dürfte diese Zugangsweise eher rätselhaft gewesen sein; sie war ja noch keineswegs Allgemeingut. Allerdings behandelte die Übersetzung der „Kegelschnitte" seit der zweiten Auflage der deutschen Übersetzung dieses Thema[1785], insofern konnte man es im deutschsprachigen Bereich vielleicht voraussetzen. Und Salmon selbst betonte in der Vorrede zu seinem Lehrbuch 1852, dass dieses für fortgeschrittene Leser geschrieben sei.

Der Rahmen, von dem ausgegangen wird, ist die – modern gesprochen – komplexe projektive Ebene; er wird aber vorläufig keine Rolle spielen. Es gibt unterschiedliche Koordinatensysteme für die Untersuchung der metrischen Eigenschaften, also für die Euklidische Geometrie[1786], unter anderem natürlich die gewöhnlichen cartesischen Koordinaten. Für die projektiven Eigenschaften, also für die projektive Geometrie, kommen dagegen die trimetrischen Koordinaten zur Anwendung.

> Im Allgemeinen kann man sagen, dass die Cartesischen und insbesondere die rechtwinkligen Coordinaten vorzugsweise geeignet sind für die Untersuchung der metrischen Eigenschaften, die trimetrischen

---

[1783] Das zeigt ein Vergleich mit der ersten englischen Auflage. Hier führte Salmon im engen Anschluss an die „Kegelschnitte" projektive Koordinaten als Dreilinien– und Dreipunktekoordinaten ein.

[1784] Salmon-Fiedler 1873a, 1. Es wird verwiesen auf das Kapitel 22 der „Kegelschnitte" (3. Auflage). In Cayleys Publikationen bedeutete „descriptive geometry" „projektive Geometrie" oder auch „elliptische Geometrie" (das wurde noch nicht streng unterschieden).

[1785] Das XXII. Kapitel der zweiten Auflage enthält die „analytischen Grundlagen der metrischen Relationen", die imaginären Kreispunkte werden hier als „absolutes Paar" bezeichnet. Auf dieses Kapitel wurde ja verwiesen; vgl. die vorangehende Anmerkung.

[1786] Von der hyperbolischen und der elliptischen Geometrie ist – obwohl sie metrisch sind - bei Salmon-Fiedler keine Rede.

dagegen ebenso für die der descriptiven oder projectivischen Eigenschaften.[1787]

Es folgen Ausführungen zu den schon mehrfach angesprochenen trimetrischen Koordinaten, die sich nicht wesentlich unterscheiden vom dem, was sich bereits in den „Kegelschnitten" und in Fiedlers „Darstellender Geometrie" fand.[1788]

Interessant ist die Einführung der sogenannten Harmonikalen und darauf aufbauend der Pol-Polaren-Beziehung für Dreiecke.[1789] Sei hierzu ein Fundamentaldreieck $A_1A_2A_3$ gegeben und ein Punkt E, genannt Einheitspunkt. Dann verbinde man E mit den Ecken des Dreiecks, die Schnittpunkte dieser Verbindungsgeraden mit den Dreiecksseiten seien E_1, E_2 und E_3. Dabei soll E_1 dem Eckpunkt A_1 gegenüber liegen usw. (vgl. Abbildung 5.13).

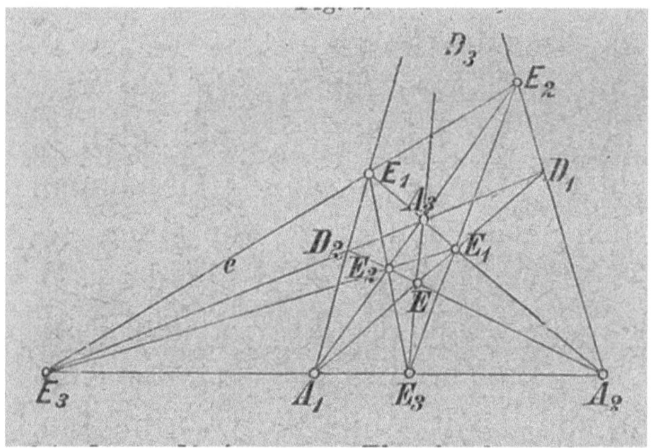

Abb. 5.13: *Konstruktion der Harmonikalen*[1790]

Weiter sei $\boldsymbol{E_1}$ der Schnittpunkt der Geraden[1791] durch E_2 und E_3 mit der (eventuell verlängerten) Dreiecksseite A_2A_3. Analog werden die Punkte $\boldsymbol{E_2}$ und $\boldsymbol{E_3}$ definiert. Dann liegen die Punkte $\boldsymbol{E_1}$, $\boldsymbol{E_2}$ und $\boldsymbol{E_3}$ auf einer Geraden. Weiterhin liegen die Punktequadrupel $\boldsymbol{E_3},A_1,E_3,A_2$; $\boldsymbol{E_1},A_3,E_1,A_2$ und $\boldsymbol{E_2},A_3,E_2,A_1$ harmonisch,[1792] weshalb die Gerade durch $\boldsymbol{E_1}$, $\boldsymbol{E_2}$ und $\boldsymbol{E_3}$ als harmonisch zugeordnete Gerade oder Harmonikale zum Punkt E bezeichnet wird. Bewiesen wird diese Behauptung an dieser Stelle nicht; der Beweis ergibt sich allerdings später aus der Pol-

---

[1787] Salmon-Fiedler 1873a, 1. Es wird also nach Eigenschaften unterschieden und nicht etwa gesagt, für die euklidische Ebene und die projektive.

[1788] Vgl. 5.1 und 4.4.2.

[1789] Ähnliches ist uns schon im Buch über die Kegelschnitte begegnet, vgl. 5.1.

[1790] Salmon-Fiedler 1873a, 4. In Abbildung 5.13 ist die Harmonikale die mit e bezeichnete, durch E_1, E_2 und E_3 verlaufende Gerade außerhalb des Dreiecks $A_1A_2A_3$.

[1791] In Abbildung 5.13 ist dieser Punkt durch ein stilisiertes groteskes E_1 gekennzeichnet, außerhalb des Dreiecks gelegen.

[1792] Es gibt zudem harmonische Strahlenbüschel.

Polaren-Theorie für Kurven dritter Ordnung, wobei das Dreieck als ein Sonderfall einer Kurve dritter Ordnung anzusehen ist.[1793] Die Harmonikale lässt sich als Polare zum Pol E auffassen und umgekehrt E als Pol zur Harmonikalen als Polare; man hat es hier also wieder mit einer Art von Polarreziprozität zu tun. Auszunehmen sind die Eckpunkte des Fundamentaldreiecks, denen keine Harmonikalen entsprechen. Liegt der Punkt E auf einer der Dreiecksseiten, ist aber kein Eckpunkt des Dreiecks, so ist diese seine Harmonikale. Allerdings gelten nicht alle Eigenschaften, die man aus der Theorie der Polarreziprozität kennt, so z. B. deren Hauptsatz.

Man kann die Konstruktion auch umkehren, also von der Geraden $E_1E_2E_3$ ausgehen und den Punkt E konstruieren. Dabei spielen die Punkte D_1, D_2, und D_3 in Abbildung 5.13 eine Rolle.[1794] Nimmt man speziell für E den Punkt $(1,1,1)$, so hat die Harmonikale die Gleichung $x_1 + x_2 + x_3 = 0$ und umgekehrt. Allgemein ist Folgendes der Fall: Sind (y_1,y_2,y_3) die Koordinaten von E bzgl. des Fundamentaldreiecks, dessen Seiten durch die Gleichungen $x_1 = 0$, $x_2 = 0$, $x_3 = 0$ gegeben werden, so hat die Harmonikale von E die Gleichung

$$\frac{x_1}{y_1} + \frac{x_2}{y_2} + \frac{x_3}{y_3} = 0.$$

Überdies kann man die Koordinaten so wählen, dass $(1,1,1)$ der Schwerpunkt des Fundamentaldreiecks ist und die zugehörige Harmonikale $x_1 + x_2 + x_3 = 0$ die Ferngerade und umgekehrt. Das entspricht dem Fall, dass die trimetrischen Koordinaten des Punktes gleich den Flächeninhalten der durch den fraglichen Punkt festgelegten Dreiecke bzw. des Fundamentaldreiecks sind, also ihre absoluten Werte annehmen. Ein Sonderfall hiervon ergibt sich wiederum, wenn das Fundamentaldreieck gleichseitig ist. Dann ist der Punkt $(1,1,1)$ dessen Mittelpunkt und die trimetrischen Koordinaten eines Punktes sind proportional zu dessen Abständen zu den Dreiecksseiten. Nimmt man eine der Dreiecksseiten als Ferngerade, so gehen die trilinearen Koordinaten in cartesische über, wobei die Achsen aber im Allgemeinen schiefwinklig sind.

[1793] Vgl. Salmon-Fiedler 1873a, 173. In den „Kegelschnitten" gibt Fiedler einen analytischen Beweis, der i.w. auf Geradengleichungen in abgekürzter Form beruht und deshalb im vierten Kapitel über die abgekürzten Bezeichnungen behandelt wird; vgl. Salmon-Fiedler 1873, 68 - 69. Ein direkter synthetischer Beweis ist auch möglich, vgl. Halbeisen/Hungerbühler/Läuchli 2016, 116; die Harmonikale heißt bei diesen Autoren trimetrische Polare. Bei ihrem Beweis wird benutzt, dass die Dreiecke $A_1A_2A_3$ und $E_1E_2E_3$ bzgl. E nach Konstruktion perspektivisch liegen; die Aussage ergibt sich dann aus dem Satz von Desargues. Die Konstruktion der Harmonikalen findet sich allerdings ohne diese Bezeichnung auch bei Hankel 1875, 75 – 76, vgl. Etwein/Voelke/Volkert 2019, 214 – 218.
[1794] Eine andere Konstruktion wird in Halbeisen/Hungerbühler/Läuchli 2009, 177 angegeben.

Im Weiteren wird eine Koordinatendarstellung für die imaginären Kreispunkte[1795] hergeleitet. Schließlich werden Linienkoordinaten eingeführt, die hier auch als Tangentialkoordinaten[1796] bezeichnet werden. Dies liefert den Schlüssel zur Dualität, die auch hier wieder hervorgehoben wird.

> Die Theorie der Linien-Coordinaten ist, ganz abgesehen von der Ausdehnung ihres Gebrauchs von der höchsten Wichtigkeit; denn sie zeigt, dass mit dem in Punkt-Coordinaten geführten Beweis irgend eines descriptiven Theorems durch die einfache Anwendung der Theorie der reciproken Polaren oder auf Grund der die Geometrie beherrschende Dualität das correlative Theorem bewiesen wird, oder vielmehr, dass durch die ähnliche Entwicklung gleichzeitig und gleichmässig zwei Theoreme bewiesen werden, wenn wir die x_i als Punkt-Coordinaten und wenn wir sie als Linien-Coordinaten interpretieren. Jeder Schritt des Beweises hat in diesem Sinne zwei Bedeutungen, den beiden Interpretationen und Sätzen entsprechend. Und ganz ebenso ist der Beweis eines Theorems in Linien-Coordinaten zugleich der Beweis des correlativen Theorems; mit dem einzigen Unterschiede, dass der Uebergang dabei von der weniger bekannten Theorie der Linien-Coordinaten zu den vertrauteren der Punkt-Coordinaten geschieht. Wenn man die ursprünglichen Linien-Coordinaten ξ_i als die Punkt-Coordinaten des Pols der betrachteten Linie in Bezug auf den Kegelschnitt $x_1{}^2 + x_2{}^2 + x_3{}^2 = 0$ ansieht, so liegt darin ein Mittel, den Uebergang zu erläutern.[1797]

Es wird hier also vorausgesetzt, dass die Leserin oder der Leser die Theorie der gewöhnlichen Polarreziprozität für Kegelschnitte kennt, wie sie z.B. in den „Kegelschnitten" von Salmon-Fiedler dargelegt wird. Allgemein kann man die Gleichung einer Kurve, die in Punktkoordinaten gegeben ist, auch in Linienkoordinaten umrechnen; das Ergebnis heißt dann die reziproke oder auch Reziprokalkurve.[1798] Üblich war zudem, die Ausgangskurve als Ordnungskurve zu bezeichnen und ihre reziproke als Klassenkurve – analog zu Ordnung und Klasse einer Kurve oder Fläche.

Im Weiteren wird dann noch Fiedler's eigener Zugang zu den projektiven Koordinaten über das Doppelverhältnis mit Verweis auf seine Aufsätze und seine

---

[1795] Ist $x_1 + x_2 + x_3 = 0$ die Ferngerade und ω eine nicht-reelle dritte Wurzel aus -1, so haben die imaginären Kreispunkte in moderner Schreibweise die homogenen Koordinaten $[1, \omega, \omega^2]$ und $[1, \omega^2, \omega]$.

[1796] Anscheinend bevorzugte Cayley diese Bezeichnung, die sich allerdings nicht etablieren konnte. Die Idee dahinter ist, dass in Linienkoordinaten Kurven als Enveloppe aufgefasst werden, also durch ihre Tangenten charakterisiert sind. Man sprach deshalb auch von Tangentenkurven.

[1797] Salmon-Fiedler 1873a, 10.

[1798] Wie man das konkret macht, erfährt auf den Seiten 88 – 91 von Salmon-Fiedler 1873a. Dort findet sich auch p. 89 ein konkretes Beispiel. Aus $(a_1x_1)^m + (a_2x_2)^m + (a_3x_2)^m = 0$ wird $(\xi_1/a_1)^{m/m-1} + (\xi_2/a_2)^{m/m-1} + (\xi_3/a_3)^{m/m-1} = 0$.

„Darstellende Geometrie" kurz dargelegt und einige Grundtatsachen zur Transformation von Koordinaten erläutert. Hier treten auch Determinanten auf.[1799]

Insgesamt liefert dieses erste Kapitel eine kompakte Einführung in die Theorie der Punkt- und Linienkoordinaten, bei der der projektive Standpunkt recht deutlich wird – deutlicher eigentlich als in allen anderen Publikationen von Fiedler und Salmon-Fiedler.

5.4.1 Grundbegriffe und allgemeine Sätze

Es folgen nun mehrere Kapitel mit allgemeinen Themen; das zweite trägt die Überschrift „Von den allgemeinen Eigenschaften der algebraischen Curven". Es geht darum, Grundlagen zu schaffen für die spätere Behandlung der Kurven dritten und vierten Grades, das Kernstück des Buches. Im zweiten Kapitel wird zuerst einmal durch Abzählen der Konstanten in der allgemeinen Gleichung einer Kurve n-ten Grades C_n

$$A \\ + Bx + Cy \\ + Dx^2 + Exy + Fy^2 \\ + \cdots \\ \cdots \cdots \cdots \\ + Px^n + Qx^{n-1}y + \cdots + Rxy^{n-1} + Sy^n = 0.$$

Abb. 5.14: *Normalform der Gleichung einer Kurve n-ten Grades*[1800]

hergeleitet[1801], dass diese durch $\frac{1}{2}n(n+3)$ Punkte (in allgemeiner Lage) festgelegt wird. Nimmt man einen Punkt weniger, so ergibt sich ein Büschel von Kurven n-ter Ordnung; dieses enthält neben den gegebenen $\frac{1}{2}n(n+3)$ - 1 Punkten zusätzlich noch $\frac{1}{2}(n-1)(n-2)$ andere feste Punkte, durch die alle Kurven des Büschels verlaufen.[1802] Konkret braucht man für eine Kurve ersten Grades, eine Gerade

---

[1799] Beispielsweise führt die Änderung des Einheitspunktes zur Multiplikation der Koordinaten mit einer Konstanten. Gerade der Einheitspunkt unterscheidet die ältere im Text geschilderte Auffassung von homogenen Koordinaten von unserer modernen, in der er ja nicht mehr vorkommt. Zu Fiedlers Zugang zu homogenen Koordinaten vgl. 4.4.2.

[1800] Salmon-Fiedler 1873a, 17. Auch abgekürzt geschrieben als: U = 0. Interessanterweise verwendet Fiedler hier nicht die vorteilhafte Indexschreibweise. Das ändert sich teilweise bei den Kurven vierter Ordnung, vgl. 5.4.3. Bei ihnen wäre die traditionelle Schreibweise arg hinderlich.

[1801] Grad und Ordnung sind im vorliegenden Kontext austauschbar, Grad wird von Salmon-Fiedler eher in algebraischen Kontexten verwendet, von Ordnung wird in eher geometrischen gesprochen. Einheitlich ist die Sprechweise allerdings nicht. C_n bezeichnet eine (ebene) Kurve n-ter Ordnung, die durch ein homogenes Polynom n-ten Grades in drei Variablen dargestellt wird.

[1802] Vgl. Salmon-Fiedler 1873a, 21. Das Ergebnis stammt von Plücker. Insgesamt gibt es also n^2 gemeinsame Punkte der Büschelkurven, auch Grundpunkte des Büschels genannt.

also, zwei Punkte, um diese festzulegen, für eine Kurve zweiten Grades, d. h. für einen Kegelschnitt, fünf. Bei Kurven dritten Grades sind es neun Punkte. Usw.

Eng mit der Frage der Schnittpunkte verbunden ist das sogenannte Cramersche Paradoxon: Zwei Kurven n-ter Ordnung schneiden sich gemäß Bézout i.a. in n^2 Punkten. Nach den obigen Überlegungen genügen $\frac{1}{2}n(n+3)$ Punkte, um die Schnittkurve festzulegen. Für $n \geq 3$ ist $n^2 \geq \frac{1}{2}n(n+3)$, folglich wäre die Schnittkurve überbestimmt. Paradox scheint zudem, dass die n^2 Schnittpunkte eine Kurve eindeutig bestimmen können sollten, da sie ja offenkundig zu zwei verschiedenen Kurven gehören. In der zugehörigen Anmerkung heißt es:

> Euler [...] scheint zuerst die Paradoxie bemerkt zu haben, dass zwei Curven n^{ter} Ordnung sich in einer grössern Zahl von Punkten schneiden, als zur Bestimmung einer solchen Curve nöthig sind. Cramer hat dieselbe Bemerkung in seiner im Jahre 1750 veröffentlichten „Introduction à l'Analyse des Lignes courbes algébriques". Aber man hat erst in viel späterer Zeit die wichtigen geometrischen Sätze erkannt, welche daraus entspringen.[1803]

Als Autoren, die hier zur Aufklärung beigetragen haben, werden dann genannt: Lamé, Gergonne und Plücker. Bezüglich weiterer Schnittpunktsätze wird auf Jacobi, Plücker und Cayley verwiesen. Salmon-Fiedler diskutieren auch die Lösung des Paradoxons, die auf Euler und Cramer zurückgeht. Die beruht auf der Betrachtung der n^2 linearen Gleichungen, auf die die Berechnung der Schnittpunkte führt, sowie auf der Tatsache, dass diese nicht (linear) unabhängig sind. Im Stile der damaligen Geometrie formuliert: Die Punkte befinden sich nicht in allgemeiner Lage.

Ein anderes Thema, das im zweiten Kapitel angesprochen wird, sind einer Kurve ein- oder umbeschriebene Polygone. Als ein spezieller Fall hiervon tritt der Satz von Pascal auf. Sein Beweis ist typisch für die Arbeit mit abgekürzten Bezeichnungen.[1804]

> Bezeichnen wir die Gleichungen der Seiten des Sechsecks in ihrer natürlichen Folge mittelst der sechs ersten Buchstaben des Alphabets, $A = 0$, $B = 0$, ..., $F = 0$, so ist $ACE - BDF = 0$ die Gleichung eines Systems von Curven dritter Ordnung; welche durch die Punkte $A = 0$, $B = 0$; $B = 0$, $C = 0$; $C = 0$, $D = 0$; $D = 0$, $E = 0$; $E = 0$, $F = 0$; $F = 0$, $A = 0$ und überdiess

---

[1803] Salmon-Fiedler 1873a, 453 n.2. Das Paradoxon wurde allerdings schon von C. MacLaurin in seiner „Geometria organica" im Anschluss an Stirling bemerkt; vgl. Wieleitner 1919, 13.

[1804] Man bemerkt dabei, dass er durchaus gewöhnungsbedürftig für moderne Leserinnen und Leser ist. In den abgekürzten Bezeichnungen könnte man die Verwirklichung des Leibnizschen Traumes vom Rechnen mit den geometrischen Objekten selbst sehen; vgl. Haubrichs 2015, Kapitel 4.

durch $A = 0$, $D = 0$; $B = 0$, $E = 0$; $C = 0$, $F = 0$ hindurch gehen. Wenn die ersten sechs Punkte auf einem Kegelschnitt $S = 0$ liegen, so gilt für diejenige Curve des Systems, welche durch die Bedingung bestimmt ist, dass sie noch einen siebten Punkt des Kegelschnitts $S = 0$ enthalte, die Bedingung

$$ACE - k'BDF = SL$$

für $L = 0$ als eine in den Coordinaten lineare Gleichung. Sie kann keine eigentliche Curve dritter Ordnung sein, weil eine solche Curve nicht mehr als sechs Punkte mit einem Kegelschnitt $S = 0$ gemeinsam haben kann, die gerade Linie $S = 0$ wird daher die übrigen drei Punkte $A = D = 0$, $B = E = 0$, $C = F = 0$ enthalten müssen. Wir fügen hinzu, dass gerade dieser Beweis des Pascal'schen Satzes am leichtesten zu den Sätzen von Steiner und Kirkmann über die vollständige Figur desselben führt.[1805]

Im weiteren Verlauf des Kapitels werden noch andere allgemeine Ergebnisse über Kurven n-ten Grades abgeleitet.

Das nächste Thema, das behandelt wird, sind Singularitäten: „Ueber die Natur der vielfachen Punkte und Tangenten der Curven" lautet die entsprechende Kapitelüberschrift. Es sei eine Curve n-ter Ordnung durch eine (inhomogene, Fiedler nennt diese manchmal vollständige) Gleichung gegeben. Zur Vereinfachung wird vorausgesetzt, dass die Kurve durch den Ursprung geht, dass also das konstante Glied verschwindet. Ähnlich wie schon in den „Kegelschnitten" wird auch hier die fragliche Gleichung in Polarkoordinaten (ρ, Θ) überführt. Nimmt man einen festen Winkel Θ, so liefern die Wurzeln der Gleichung n-ten Grades in ρ die Abstände vom Ursprung derjenigen Punkte, in denen die Gerade $\Theta = const.$ die Kurve schneidet. Eine doppelte Wurzel entspricht dem Fall, dass die Gerade Tangente an die Kurve im fraglichen Punkt ist. Im Weiteren wird der Fall untersucht, dass der Ursprung einer dreifachen Wurzel entspricht, dass er also einen Doppelpunkt darstellt.[1806] Dann hat die Kurve im Ursprung zwei Tangenten[1807] und es sind mehrere Fälle möglich (vgl. Abbildung 5.15 und 5.16):

Die Tangenten sind reell und verschieden: Knotenpunkt;
die Tangenten sind reell aber fallen zusammen: Rückkehrpunkt oder stationärer Punkt[1808] (auch Spitze oder Schnabelspitze genannt);

[1805] Salmon-Fiedler 1873a, 22 - 23. Die Sätze von J. Steiner (1827) und Thomas Kirkman (1845), Fiedler schreibt „Kirkmann", beziehen sich auf die Pascal-Konfiguration (Steinersche Tripel-Systeme), seinerzeit „vollständige Pascal-Figur" genannt; vgl. Salmon-Fiedler „Kegelschnitte" (3. Auflage 1873), pp. 311 - 314 sowie Anmerkung 65 auf p. XXIV. Veronese hat später diese Konfiguration – er nennt sie „Hexagrammum mysticum" - ausführlich untersucht; vgl. Veronese 1876.

[1806] Das bedeutet für die Gleichung in Normalform, dass $A = B = C = 0$ ist.

[1807] Die Existenz von Tangenten wird stillschweigend unterstellt.

[1808] „[...], weil die Vorstellung der Curve als einer durch die Bewegung eines Punktes entstandenen Bahn für jede Spitze die Annahme fordert, dass die Bewegung in dem einen Sinne der bezüglichen

die Tangenten sind nicht reell: isolierter Punkt.

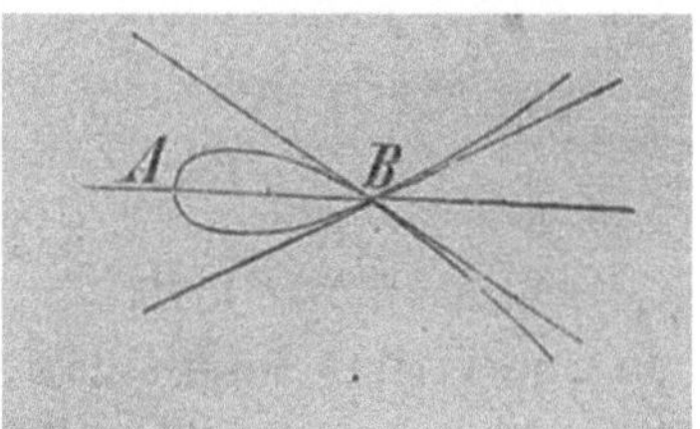

Abb. 5.15: *Knotenpunkt in B mit Tangenten*[1809]

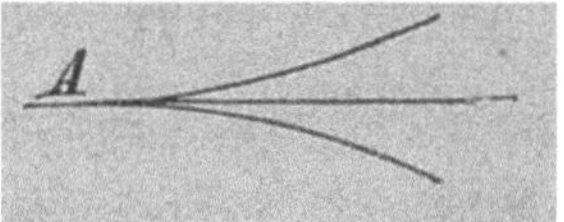

Abb. 5.16: *Rückkehrpunkt in A mit Doppeltangente*[1810]

Es wird nun noch erläutert, dass man einen Rückkehrpunkt nicht in der Weise auflösen kann, wie das die folgende Abbildung andeutet:

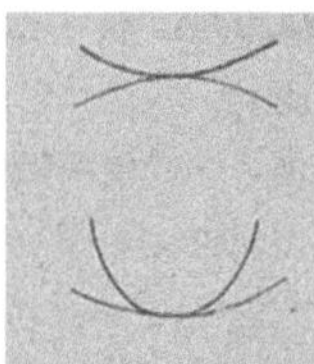

Abb. 5.17: *Auflösung eines Rückkehrpunktes*[1811]

Einen ähnlichen Vorschlag hatte einst Euler in seiner „Introductio" vorgebracht.[1812] In der Existenz solcher Singularitäten zeigt sich ein wesentlicher Unterschied zu den Kurven zweiter Ordnung; man bewegt sich hier auf Neuland.

Diese allgemeinen Ausführungen werden im Anschluss ausführlich an einem konkreten Beispiel einer Kurve dritter Ordnung erläutert. Ausgangspunkt ist die Gleichung[1813]

$$y^2 = (x\text{-}a)(x\text{-}b)(x\text{-}c)$$

Tangenten zum Stillstand kommt, um dann im entgegengesetzten Sinne derselben wieder zu beginnen." (Salmon-Fiedler 1873a, 29). In der Scholastik war diese Beobachtung bekannt als das Paradox der *Quies media*.

[1809] Salmon-Fiedler 1873a, 28.

[1810] Salmon-Fiedler 1873a, 29.

[1811] Salmon-Fiedler 1873a, 29.

[1812] Vgl. Volkert 1988, 40 – 43.

[1813] Es geht hier um Grundformen einer Kurve dritter Ordnung, speziell um Newtons divergierende Parabeln, vgl. 5.4.2.

mit reellen Zahlen a, b und c. Dabei soll zuerst einmal $a < b < c$ sein. Klar ist, dass die Kurve symmetrisch zur x-Achse sein muss; zudem lassen sich die Vorzeichen in den entsprechenden Intervallen leicht bestimmen. Bezeichnen A, B und C die Punkte $(a,0)$, $(b,0)$ bzw. $(c,0)$, so sieht die Kurve grob so aus:

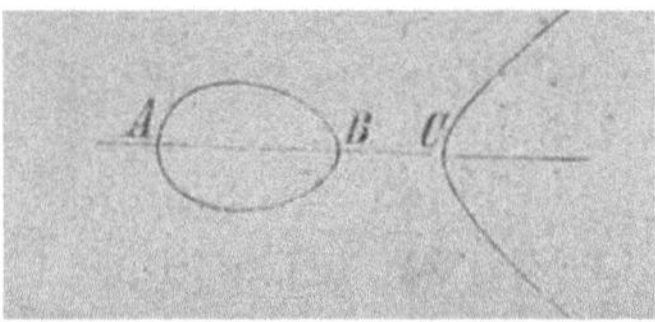

Abb. 5.18: *Allgemeine Form der Kurve zur vorgegebenen Gleichung*[1814]

Ist aber $b = c$, fallen also die Punkte B und C zusammen, so nimmt die Gleichung die Gestalt $y^2 = (x-a)(x-b)^2$ an, für die Kurve ergibt sich folgendes Aussehen:

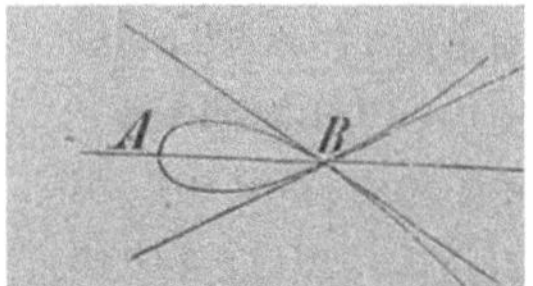

Abb. 5.19: *Sonderfall mit Doppelpunkt in B für $b = c$[1815] mit Tangenten*

Es entsteht ein Doppelpunkt im Punkt B mit zwei verschiedenen Tangenten, der Punkt B trennt zwei Äste der Kurve. Für $a = b$ fallen die Punkte A und B zusammen, so hat die Kurve folgende Gestalt:

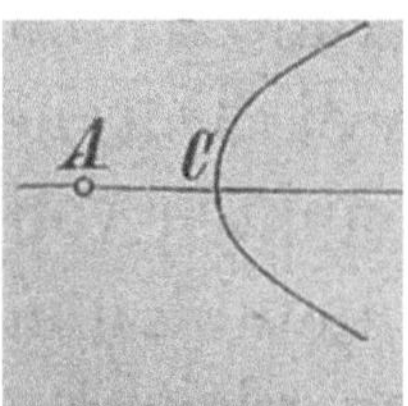

Abb. 5.20: *Sonderfall der Kurve mit isoliertem Punkt*[1816]

Die Schleife durch A und B zieht sich zusammen auf einen isolierten Punkt. Die zugehörige Gleichung lautet $y^2 = (x-a)^2(x-c)$. Ist schließlich $a = b = c$, also $A = B = C$, so lautet die Gleichung $y^2 = (x-a)^3$ und die Kurve sieht so aus:

[1814] Salmon-Fiedler 1873a, 30. Dies wird später im Rahmen der Klassifikation der Kurven dritter Ordnung wieder aufgegriffen; siehe unten in diesem Abschnitt.
[1815] Salmon-Fiedler 1873a, 30. Ein bekanntes Beispiel einer Kurve dieses Typus ist das Cartesische Blatt.
[1816] Salmon-Fiedler 1873a, 30.

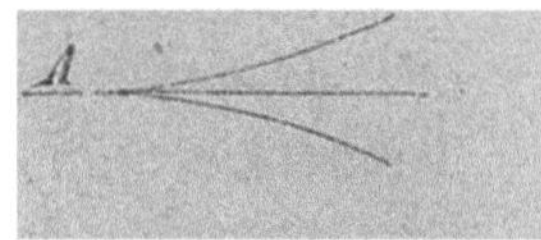

Abb. 5.21: *Sonderfall der Kurve mit Rückkehrpunkt*[1817]

Es entsteht ein Rückkehrpunkt in A. Diese Kurve ist also eine semikubische Parabel, die Neilsche Parabel liefert ein spezielles Beispiel - was Salmon-Fiedler allerdings nicht verraten. Die geschilderten Ergebnisse gehen i. w. auf Newton und seine „Enumeratio linearum tertii ordinis" (1704) zurück; sie werden später wieder aufgegriffen und genauer diskutiert.

Nach der Betrachtung von Dreifachpunkten, übrigens wieder ein Text von Cayley, geht es um die Frage, wie viele Doppelpunkte kann eine (nicht zerfallende) Kurve n-ter Ordnung überhaupt haben? Als Grenze ergibt sich die Anzahl

$$\frac{1}{2}(n\text{-}1)(n\text{-}2)$$

Insbesondere kann eine Kurve dritter Ordnung höchstens einen Doppelpunkt besitzen und eine Kurve vierter Ordnung höchstens drei. Ersteres kann man ganz einfach einsehen: Gäbe es zwei Doppelpunkte, so würde die Gerade durch die beiden Doppelpunkte die Kurve in vier Punkten treffen, was deren Ordnung widerspräche.

Abb. 5.22: *Entstehung von Dreifachpunkten aus Doppelpunkten*[1818]

Nun lässt sich das Geschlecht D einer algebraischen Kurve einführen: Das Geschlecht D ist die Differenz zwischen der Anzahl möglicher Doppelpunkte einer Kurve und der Anzahl tatsächlich vorhandener Doppelpunkte, Kurven vom Geschlecht Null heißen unikursal. In einer Anmerkung[1819] werden Cayley und

---

[1817] Salmon-Fiedler 1873a, 31. Auch Schnabelspitze genannt.
[1818] Salmon-Fiedler 1873a, 31. Die Dreifachpunkte entstehen, wenn die drei Doppelpunkte zusammenfallen. Links ergibt sich ein Dreifachpunkt mit drei verschiedenen reellen Tangenten, in der Mitte fallen zwei dieser Tangenten zusammen, rechts alle drei. „Der Fall 3) weicht kaum merklich sichtbar von einem gewöhnlichen Punkte der Curve ab; bei gutgezeichneter Figur ist nur eine gewisse Schärfe der Biegung im singulären Punkte zu bemerken." (Salmon-Fiedler 1873a, 31).
[1819] Salmon-Fiedler 1873a, 454 n. 3. Cayley sprach von *defect* und *unicursal* (d. h. der Defekt ist Null, die Kurve ist in einem Zug zu zeichnen), Geschlecht (eingeführt von Clebsch) bezieht sich auf Riemanns einschlägige Begriffsbildung, die der Topologie von Flächen zugehörte. Die beiden Begriffe von Geschlecht hängen zusammen über die Riemannsche Fläche der algebraischen Kurve.

Clebsch als Urheber dieser damals neuen Begrifflichkeit genannt. Als Anwendung des Geschlechts wird folgender Satz aufgeführt:

> Wenn $D = 0$ ist, [...], so können die Coordinaten irgend eines Punktes der Curve als rationale algebraische Functionen eines variabeln Parameters ausgedrückt werden.[1820]

Analog zu Doppelpunkten und Spitzen ergeben sich Doppeltangenten und Inflexionstangenten (Wendetangenten) als Möglichkeiten für die Berührung in zwei Punkten bzw. für doppelte Berührung in einem Punkt (Inflexions- oder Wendepunkt); im allgemeinen Fall geht es um Mehrfachtangenten und Undulationspunkte[1821]. Auch hier behandeln Salmon-Fiedler zuerst einen Spezialfall – die x-Achse ist die fragliche Tangente – um dann den allgemeinen Fall zu besprechen. Ausgangspunkt ist die Gleichung

$$A + Bx + Cx^2 + \ldots + Px^n = 0,$$

faktorisiert geschrieben[1822] als

$$P(x\text{-}a)(x\text{-}b)(x\text{-}c)(x\text{-}d) \ldots = 0.$$

Eine Doppeltangente liegt z. B. vor, falls $a = c$ und $b = d$ ist, d.h. wenn sich die Gleichung schreibt als

$$P(x\text{-}a)^2(x\text{-}b)^2(x\text{-}e) \ldots = 0.$$

Dabei sollen a und b reell sein. Die x-Achse als Doppeltangente berührt die Kurve in den Punkten $A(a,0)$ und $B(b,0)$.

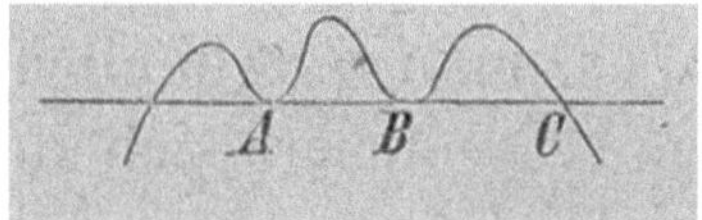

Abb. 5.23: *Doppeltangente[1823]*

Sind a und b nicht reell, so sind die Berührpunkte der Doppeltangente ebenfalls nicht reell – das entspricht dem Einsiedlerpunkt. Schreibt sich die Gleichung jedoch in der Form

$$P(x\text{-}a)^3(x\text{-}d)(x\text{-}e) \ldots = 0,$$

Anstatt unikursal ist im Deutschen die Bezeichnung rational üblich, denn solche Kurven lassen sich rational parametrisieren, wie sogleich erläutert werden wird. Die einschlägige Abhandlung von Clebsch ist Clebsch 1864.

[1820] Salmon-Fiedler 1873a, 35.

[1821] Heute auch Flachpunkte genannt.

[1822] Es werden somit komplexe Zahlen als Lösungen der reellen Gleichung zugelassen. Die Frage nach mehrfachen Wurzeln wird sogleich behandelt.

[1823] Salmon-Fiedler 1873a, 38. Doppel- oder Bitangenten treten erst bei Kurven vierten Grades auf.

so liegt im Punkt $A(a,0)$ ein Inflexions- oder Wendepunkt vor; die zusammenfallenden Tangenten werden in diesem Punkt stationär.

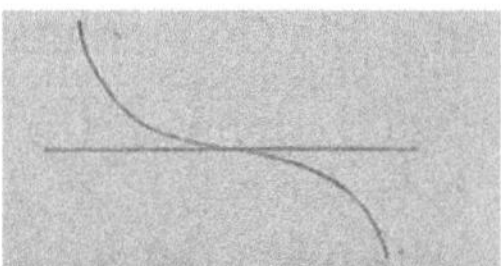

Abb. 5.24: *Inflexions- oder Wendepunkt*[1824]

Stellt man sich vor, die Kurve werde von einer sich bewegenden Geraden erzeugt, sie wäre somit eine Enveloppe, so ändert sich die Richtung der Tangente im Wendepunkt bei instantaner Ruhe.

> Die Spitze und die Wendetangente sind, darf man sagen, in einem strengeren Sinne Singularitäten als der Doppelpunkt und die Doppeltangente.[1825]

Es ergibt sich eine duale Gegenüberstellung der Singularitätenarten:[1826]

Doppel- (Mehrfach-)punkte Spitze Punktkoordinaten	Doppel- (Mehrfach-)tangenten Wendepunkt Linienkoordinaten

Die Dualität zeigt sich hier in Reinkultur. Verwendet man Punkt- und Linienkoordinaten, so stimmen die analytischen Theorien überein.[1827]

Es folgen noch Untersuchungen mit Hilfe der Analysis, also im Wesentlichen mit Hilfe von partiellen Ableitungen. Dabei geht es um folgenden Satz:

> Zwei Curven, die eine gerade Anzahl aufeinander folgender Punkte gemein haben, berühren sich in denselben ohne sich zu schneiden; diejenigen aber, welche eine ungerade Zahl auf einander folgender Punkte gemein haben, durchschneiden sich in der Berührstelle.[1828]

Schließlich wird die allgemeine Situation betrachtet, das heißt, es geht um den Fall, dass die Singularitäten nicht die besondere Lage (sie lagen ja auf der x-Achse) haben, die bislang angenommen wurde. Dazu werden die entsprechenden Gleichungsformen angegeben.

[1824] Salmon-Fiedler 1873a, 39. Diese Zeichnung ist allerdings nicht sehr gelungen, die Kurve sollte sich im Wendepunkt der waagerechten Tangenten anschmiegen.

[1825] Salmon-Fiedler 1873a, 40.

[1826] Dieser Begriff wird bei Salmon-Fiedler erstmals p. 40 verwendet. Die systematische Betrachtung von Singularitäten geht auf J. Plücker zurück, was seltsamerweise bei Salmon-Fiedler nicht gesagt wird.

[1827] Vgl. Salmon-Fiedler 1873a, 39.

[1828] Salmon-Fiedler 1873a, 40. Zum Beweis wird die Taylor-Entwicklung herangezogen.

Bemerkenswert ist der nächste Abschnitt, überschrieben mit „Von der graphischen Darstellung der Curven". Obwohl bei der Diskussion der Singularitäten Ableitungen verwendet wurden, werden jetzt ganz einfache Tatsachen erläutert, wie z. B.: Wie findet man zu gegebenem x die zugehörigen Werte von y? Das Credo lautet – sehr im Sinne des darstellenden Geometers:

> Es giebt kaum eine für das Studium nützlichere Uebung als das Zeichnen von Curven, insbesondere solcher Curven, in deren Gleichung ein Parameter oder mehrere Parameter auftreten, welche eine Reihe verschiedener Werthe zulassen.[1829]

Dies wird an Hand einiger konkreter Beispiele erläutert. Dabei legen Salmon-Fiedler Wert auf qualitative Betrachtungen, gerechnet wird nicht allzu viel. Das erste Beispiel ist die durch die Gleichung $x^4 - ax^2y + by^3 = 0$ gegebene Kurve.[1830] Diese hat im Ursprung einen dreifachen Punkt, die Tangenten im Ursprung werden gegeben als Lösungen der Gleichung $ax^2y - by^3 = 0$. Zudem ist die Kurve symmetrisch zur y-Achse. Eine genauere Analyse der Symmetrieverhältnisse ermöglicht das Strahlenbüschel $y = mx$ mit Zentrum im Ursprung, das man mit der Kurve zum Schnitt bringt. Folglich muss man das Gleichungssystem

$$x^4 - ax^2y + by^3 = 0$$
$$y - mx = 0$$

lösen, oder, äquivalent hierzu durch Einsetzen, $x^4 - amx^3 + bm^3x^3 = 0$ bzw. $x - am + bm^3 = 0$.[1831] Also erhält man die Funktion $x = m(a-bm^2)$ von m, die es zu untersuchen gilt. Das kann man natürlich mit Hilfe der gewöhnlichen Differentialrechnung tun. Beschränkt man sich zuerst einmal auf positive Steigungen m, so findet man ein Maximum für m bei $a - 3bm^2 = 0$. Zwischen 0 und diesem Wert steigt die Funktion, heißt, der Kurvenpunkt entfernt sich vom Ursprung. Danach nimmt sie ab, um schließlich für $m^2 = -a/b$ zu verschwinden. In dieser Position fällt der Strahl mit einer der Tangenten im Ursprung zusammen. Danach nimmt x negative Werte an, die betragsmäßig immer größer werden.[1832] Insgesamt erhält man einen Zweig der Kurve, den fehlenden kann man gemäß Symmetrie ergänzen. Grob sieht die Kurve also so aus:

[1829] Salmon-Fiedler 1873a, 49 – 50.
[1830] Vgl. Salmon-Fiedler 1873a, 47 und 50.
[1831] Die dreifache Lösung $x = 0$ interessiert ja nicht.
[1832] Bei Salmon-Fiedler wird das einfach mitgeteilt, wie die Leserin oder der Leser diese Tatsache herausfinden soll, bleibt offen.

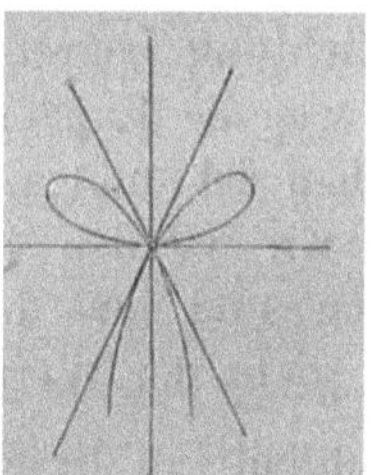

Abb. 5.25: *Beispiel einer Kurve vierter Ordnung*[1833]

Figur 5.25 kann man nochmals entnehmen, dass es sich um eine Kurve vierter Ordnung handelt.

Das zweite Beispiel wird gegeben durch die Gleichung $(x^2-a^2)^2 = ay^2(2y+3a)$. Es besitzt drei Doppelpunkte, die bei Salmon-Fiedler berechnet werden[1834], und ist symmetrisch zur y-Achse; zwei der Doppelpunkte sind auch Schnittpunkte mit der x-Achse, der dritte liegt auf der y-Achse.

Abb. 5.26: *Das zweite Beispiel einer Kurve vierter Ordnung*[1835]

Eine Besonderheit findet sich bei diesem Beispiel: Im Anschluss wird die Kurve nämlich zusätzlich noch in projektiven Koordinaten, in Dreilinienkoordinaten, behandelt. Hierfür werden die drei Doppelpunkte als Eckpunkte des Fundamentaldreiecks gewählt, der Einheitspunkt wird in den Schwerpunkt des (gleichseitigen) Dreiecks gelegt, dessen Polare ist wie immer die Ferngerade $x_1 + x_2 + x_3 = 0$. Für den Übergang von den homogenen Koordinaten x_1, x_2, x_3 zu den inhomogenen x, y geben Salmon-Fiedler folgende Formeln an:

$$x = \frac{a\,(x_3 - x_1)}{x_1 + x_2 + x_3}, \quad y = \frac{-\,a x_2}{x_1 + x_2 + x_3}.$$

Die Gleichung der Kurve in Dreilinienkoordinaten lautet dann:

$$16x_1^{\,2}x_3^{\,2} + 16x_1x_2x_3(x_1+x_3) + x_2^{\,2}(x_1^{\,2}+x_3^{\,2}+10x_1x_3) = 0.$$

[1833] Salmon-Fiedler 1873a, 50. Drei ist die Maximalzahl von Doppelpunkten bei einer Kurve vierter Ordnung.
[1834] Die Koordinaten sind $(a,0)$, $(-a,0)$ und $(0,-a)$.
[1835] Salmon-Fiedler 1873a, 50.

Hiermit lassen sich u.a. die Tangenten in den Doppelpunkten ermitteln sowie die Schnittpunkte von Strahlen durch den Ursprung mit der Kurve.

Die drei nachfolgenden Beispiele sind bekannte Kurven aus der Mathematikgeschichte: das Oval von Cassini, die Konchoide des Nikomedes und die Schnecke von Pascal (Etienne, Vater von Blaise) sowie die damit verwandte Kardioide. Das sechste und letzte Beispiel stammt von Cayley. Es soll illustrieren, wie sich die Form einer Kurve in Abhängigkeit eines Parameters ändert, die Gleichung lautet: $(x^2-a^2)^2 + (y^2-b^2)^2 = c^4$ mit $b < a$. Die nachfolgenden Figuren zeigen verschiedene Möglichkeiten für spezielle Werte von c:

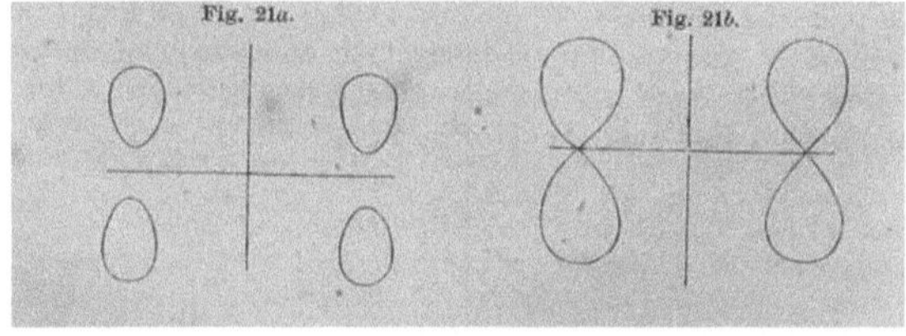
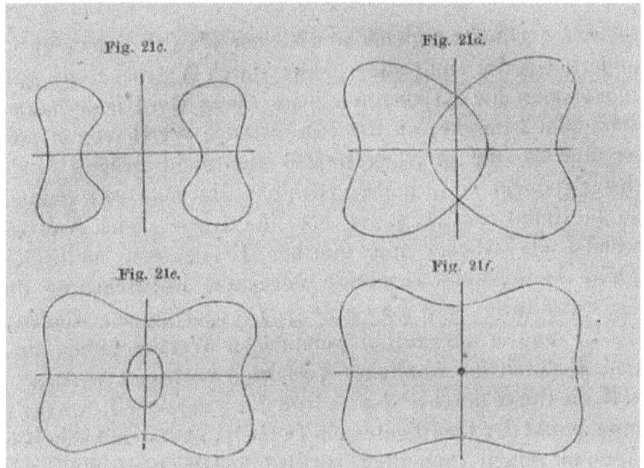
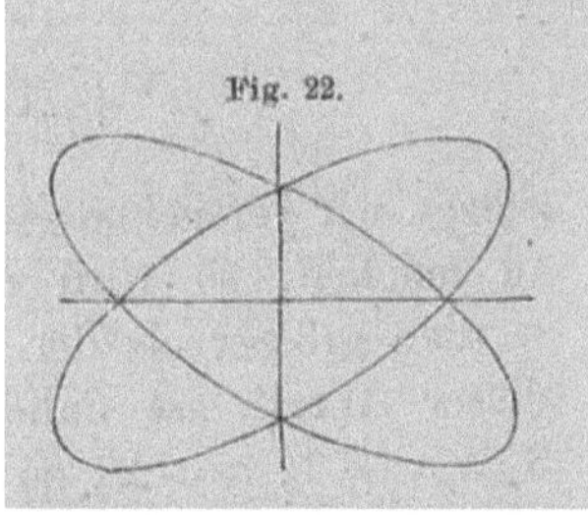

Abb. 5.27: *Cayleys Beispiel[1836]*

[1836] Salmon-Fiedler 1873a, 52 – 53. Der Wert von c ist in a) $c < b$, in b) $c = b$, in c) $b < c < a$, in d) $c = a$, in e) $a < c < (a^4+b^4)^{1/4}$, in f) $c = (a^4+b^4)^{1/4}$. Wird c noch größer, so bleibt die Form der Kurve i. w. unverändert, der Punkt im Ursprung fällt allerdings weg. Falls $c = 0$ ist, besteht die Kurve aus den vier

Insgesamt ist das eine beachtliche Zahl von konkret ausgearbeiteten, mit Abbildungen versehenen Beispielen. Auffallend ist, dass die meisten auf sie bezügliche Erkenntnisse mitgeteilt werden ohne detaillierte Begründung. Methoden werden somit wenig thematisiert.

Es sei noch angemerkt, dass das letzte Kapitel des Buches über höhere ebene Kurven nochmals auf allgemeine Eigenschaften von Kurven zurückkommt; dort geht es u. a. um Doppeltangenten.

Das nächste Kapitel beschäftigt sich mit der Theorie der Polarkurven im Sinne von Bobillier[1837]: Einer Kurve und einem Punkt wird eine ganze Reihe von Polarkurven, insbesondere auch Kegelschnitte und Geraden, zugeordnet. Historisch interessant ist der Verweis Fiedlers auf die Publikation von H. Grassmann „Theorie der Centralen" aus dem Jahr 1842, die ähnliche Ergebnisse enthielt wie die Arbeiten von E. Bobillier – offensichtlich ohne Kenntnis derselben.[1838] Zu Beginn des Abschnitts wird erklärt, was das Ziel des weiteren Vorgehens ist – eine eher seltene Erscheinung bei Salmon-Fiedler:

> Die Methode, welche wir nun anwenden wollen, um Bedingungen zu untersuchen, unter welchen eine Curve vielfache Punkte oder Tangenten hat, und um die Lage derselben zu erkennen, ist im Grunde genommen mit der für den Fall des Anfangspunktes früher Entwickelten identisch. Wir betrachten ein Büschel von geraden Linien, die von einem gegebenen Punkte ausgehen; wir bilden die Gleichung, welche die Coordinaten der n Punkte bestimmt, in denen ein solcher Strahl die Kurve schneidet; und untersuchen die Bedingungen, unter welchen einer oder mehrere dieser Punkte mit dem gegebenen zusammenfallen.[1839]

In den nachfolgenden Entwicklungen wird vielfach Gebrauch gemacht von der Differentialrechnung in mehreren Variablen – also von Techniken, die weit über den damaligen (und heutigen) Schulstoff hinausgehen. Interessant ist, dass eigentlich nie von den Autoren gesagt wird, welche Kenntnisse sie seitens ihrer Leserinnen und Leser voraussetzen, auch gibt es keine warnenden Hinweise, wenn das Anspruchsniveau steigt.

Punkten (a,b), $(a,-b)$, $(-a,b)$ und $(-a,-b)$. Die ganz untenstehende Figur zeigt den Fall $c = a = b$; es handelt sich dabei um zwei sich schneidende Ellipsen.

[1837] Bobillier hat in den „Annales de mathématiques pures et appliquées " von Gergonne eine ganze Reihe von Arbeiten insbesondere zu diesem Thema veröffentlicht; vgl. Haubrichs dos Santos Cleber 2015 und Voelke 2019. Fiedler zitiert als einschlägig die Arbeit Bobillier 1828-29.

[1838] Salmon-Fiedler 1873a, 455 n. 8. Grassmann ging in Grassmann 1842 rein analytisch vor und betrachtete sowohl Kurven als auch Flächen. Poncelet spielte eine wichtige Rolle als Ausgangspunkt für Grassmann.

[1839] Salmon-Fiedler 1873a, 56.

Warum hier auch von Pol und Polare die Rede sein kann – die Polarkurven sind ja in der Regel, wie der Name sagt, Kurven und nicht mehr Geraden – macht ein Blick in die „Kegelschnitte" klar, auf die Salmon-Fiedler auch ausdrücklich verweisen. Dort wird nämlich folgende Situation untersucht: Gegeben ist ein fester Kegelschnitt Σ und eine Kurve S. Nun nehme man Tangenten an S und deren Pole bzgl. Σ. Die Gesamtheit aller Pole, die man so erhält, bildet eine Kurve s, die Polar- oder Reciprokalkurve von S bzgl. Σ genannt wird; sie entsteht kurz gesagt, indem man S an Σ dualisiert im Sinne der Polarreziprozität. Es gilt dann: Dem Schnittpunkt zweier Tangenten an S entspricht die Verbindungsgerade der Pole dieser Tangenten. Der Berührpunkt der Tangenten an S entspricht der Tangenten an s im Pol der Tangenten. Es liegt somit eine reziproke Situation vor. Insbesondere ist die Ordnung von s gleich der Klasse von S und umgekehrt.[1840]

Ausgangspunkt für Bobillier war folgender Satz, der auf Poncelet zurückgeht: Die Berührpunkte einer ebenen Kurve n-ter Ordnung mit den Tangenten, die an diese von einem beliebigen Punkt seiner Ebene gezogen werden können, liegen auf einer Kurve, deren Ordnung kleiner als die der Ausgangskurve ist.[1841] Bobillier konnte zeigen, dass die fragliche Ordnung (n-1) ist. Anders gesagt: die Berührpunkte liegen auf einer Kurve (n-1)-ter Ordnung, der ersten Polarkurve.[1842]

Allgemein seien eine Kurve C_n n-ter Ordnung in homogenen Korrdinaten durch die homogene Gleichung

$$(*)\ f(x,y,z) = 0$$

gegeben sowie zwei Punkte $P(x_1,x_2,x_3)$ und $Q(y_1,y_2,y_3)$ außerhalb derselben. Dann legt man durch P und Q die Gerade, sei $S(z_1,z_2,z_3)$ einer ihrer Schnittpunkte mit C_n. Die Koordinaten von S erfüllen die Gleichung (*). Andererseits lassen sich die Koordinaten jedes Punktes der Geraden durch diejenigen von P und Q darstellen als $\rho z_i = \lambda x_i + \mu y_i$ (i = 1, 2, 3). Nun setzt man diesen Ausdruck in f(x,y,z) ein und entwickelt nach Taylor. Die in der Taylor-Entwicklung neben den üblichen Faktoren mit $\lambda^{n-k}\mu^k$ auftretenden Ausdrücke werden folgendermaßen abgekürzt[1843]:

$$\Delta_y^{\,r}(x) = \left(y_1\frac{\partial f}{\partial x_1} + y_2\frac{\partial f}{\partial x_2} + y_3\frac{\partial f}{\partial x_3}\right)^r)$$

Dabei ist der Exponent r so zu verstehen, dass der – modern gesprochen - Differentialoperator r-fach angewendet wird. Dieser Ausdruck ist in x von (n-r)-ter Ordnung, in y von r-ter Ordnung. Zu beachten ist, dass die Polarkurve sowohl von

---

[1840] Vgl. Salmon-Fiedler 1873, 548 – 551 und 5.1 oben.
[1841] Vgl. Voelke 2019, 179.
[1842] Ähnlich liegen die Wendepunkte einer Kurve n-ter Ordnung auf der zugehörigen Hesseschen Kurve von der Ordnung 3(n-2). Die zugeordneten Polarkegelschnitte dieser Punkte zerfallen.
[1843] Salmon-Fiedler verwenden noch kein eigenes Zeichen für partielle Ableitungen.

der Ausgangskurve C_n als auch von dem gewählten Punkt P abhängt. Für $r = 1$ erhält man Kurven von $(n-1)$-ter Ordnung bzgl. der x_i, die man die erste Polare von C_n zu P nennt. Die $(n-(n-2))$-te Polaren sind Kurven zweiter Ordnung, also Kegelschnitte, genannt Polarkegelschnitte, die $(n-(n-1))$-te sind Geraden, genannt Polargeraden.[1844]

Es lassen sich nun zahlreiche Sätze über Polarkurven zu einer festen Kurve C_n ableiten. Hier eine Auswahl:

> Der Ort aller der Punkte, deren Polargeraden durch einen gegebenen festen Punkt gehen, ist die erste Polare dieses Punktes.[1845]

Eine analoge Aussage gilt für Polarkegelschnitte und die zweiten Polaren.

> [...], jede gerade Linie hat in Bezug auf eine Curve n^{ter} Ordnung $(n-1)^2$ Pole, [...][1846]

Geht dabei die Polargerade oder eine andere Polarkurve durch den Punkt selbst, so liegt dieser auf der Ausgangskurve.

Als besonders nützlich erweist sich die Theorie der Polarkurven für das Studium von Singularitäten.

> Wenn eine Curve einen vielfachen Punkt vom Grade k hat, so ist dieser Punkt ein vielfacher Punkt vom Grade $(k-1)$ in jeder ersten Polaren, vom Grade $(k-2)$ in jeder zweiter Polaren, u.s.w.[1847]

> Wenn zwei Tangenten der Curve in einem vielfachen Punkte zusammenfallen, so ist diese Gerade auch eine Tangente der ersten Polare.[1848]

Die Polargerade eines Kurvenpunktes ist nichts anderes als die Tangente der Kurve in diesem Punkt. Alle anderen Polarkurven der Kurve zu diesem Punkt berühren die Ausgangskurve im fraglichen Punkt. Umgekehrt liegen alle Berührpunkte der Tangenten aus einem beliebigen Punkt an die Kurve in der ersten Polaren des Punktes bzgl. der Kurve. Folglich gibt es $n(n-1)$ Tangenten

---

[1844] Die hier nur angedeutete Ableitung wird dem Berliner Gymnasiallehrer und späteren Nachfolger von E. E. Kummer in Breslau, Ferdinand Joachimsthal, zugeschrieben; vgl. dessen Abhandlung „Remarques sur la condition d'égalité de deux racines d'une équation algébrique" (Journal für die reine und angewandte Mathematik 33 (1846), 371 – 376). Auf der Basis von Joachimsthals Vorlesungen wurden postum Lehrbücher der analytischen Geometrie und der Differentialgeometrie herausgegeben (Joachimsthal 1863 und Joachimsthal 1872).
[1845] Salmon-Fiedler 1873a, 59.
[1846] Salmon-Fiedler 1873a, 59.
[1847] Salmon-Fiedler 1873a, 60.
[1848] Salmon-Fiedler 1873a, 60.

von einem Punkt an eine Kurve n-ter Ordnung; diese ist also von $n(n-1)$-ter Klasse.

Im Weiteren werden die Zusammenhänge zwischen einer Kurve und ihrer Reziproken[1849] genauer untersucht. Insbesondere ergibt sich wieder das bekannte Ergebnis, dass die reziproke Kurve einer Kurve der Ordnung n die Ordnung $n(n-1)$ hat, was wiederum die Klasse der ersten Kurve ist.[1850]

Sind Doppelpunkte vorhanden, so erniedrigt dies die Ordnung der reziproken Kurve: Bezeichnet δ diese Anzahl, so gilt für die Ordnung der reziproken Kurve $n(n-1)$ - 2δ. Sind κ Spitzen vorhanden, so beträgt die Ordnung der reziproken Kurve $n(n-1)$ - 3κ.[1851] Zusammengefasst ergibt sich also für die Reziproke einer Kurve n-ter Ordnung mit δ Doppelpunkten und κ Spitzen die Ordnung $n(n-1)$ - 2δ - 3κ. Diese Ergebnisse erhält man aus der Erkenntnis, dass die erste Polare der fraglichen Kurve zu einem Punkt die Kurve in den Doppelpunkten einfach schneidet, in einer Spitze erfolgt Berührung.

$$
\begin{aligned}
1)\ &\nu = \mu^2 - \mu - 2\delta - 3\varkappa; \\
2)\ &\iota = 3\mu^2 - 6\mu - 6\delta - 8\varkappa; \\
3)\ &2\tau = \mu(\mu-2)(\mu^2-9) - 2(\mu^2-\mu-6)(2\delta+3\varkappa)+4\delta(\delta-1) \\
&\qquad + 12\delta\varkappa + 9\varkappa(\varkappa-1); \\
4)\ &\mu = \nu^2 - \nu - 2\tau - 3\iota; \\
5)\ &\varkappa = 3\nu^2 - 6\nu - 6\tau - 8\iota; \\
6)\ &2\delta = \nu(\nu-2)(\nu^2-9) - 2(\nu^2-\nu-6)(2\tau+3\iota)+4\tau(\tau-1) \\
&\qquad + 12\tau\iota + 9\iota(\iota-1).
\end{aligned}
$$

Abb. 5.28: *Die Plücker-Formeln*[1852]

Damit hat man schon einige der Plücker-Formeln erhalten, die vollständig etwas später von Salmon-Fiedler mitgeteilt werden. Ungewöhnlich ist das Beispiel, das den Plücker-Formeln beigegeben wird: Es ist eine reine Einsetzübung mit konkreten Werten für die einzelnen Variablen.[1853]

Mit einer gegebenen Kurve U = 0 lassen sich neben den Polaren noch zwei andere wichtige Kurven verbinden: die Hesse-Kurve und die Steiner-Kurve. Die Hesse-Kurve ist der Ort von Punkten, „welche Doppelpunkte in ersten Polarcurven der gegebenen Curve sind, oder der Ort von Punkten, deren Polar-

---

[1849] Zur Erinnerung: Die Reziproke (oder auch Reziprokalkurve) einer Kurve ergibt sich, a) indem man ihre Gleichung in Linienkoordinaten umschreibt, also von der Ordnungs- zur Klassenkurve übergeht, oder b) indem man sie mit Hilfe eines Kegelschnitts dualisiert.
[1850] Vgl. Salmon-Fiedler 1873a, 62.
[1851] Vgl. Salmon-Fiedler 1873a, 62 – 63.
[1852] Salmon-Fiedler 1873a, 75. Dabei bedeutet μ die Ordnung, ν die Klasse der Kurve, τ ist die Anzahl ihrer Doppeltangenten, ι die Anzahl die Anzahl ihrer stationären Tangenten, δ und κ wie im Text.
[1853] Salmon-Fiedler 1873a, 76.

Kegelschnitte in zwei gerade Linien zerfallen."[1854] Anders gesagt geht die Hesse-Kurve durch die Wendepunkte der vorgegebenen Kurve. Also lässt sich die Hesse-Kurve mit Hilfe von zweiten partiellen Ableitungen und der Hesse-Determinanten ermitteln, für eine Kurve der Ordnung n hat sie die Ordnung $3(n-2)$. Mit ihrer Hilfe kann man z. B. zeigen, „dass eine Curve n^{ter} Ordnung im Allgemeinen $3n(n-2)$ Wendepunkte hat"[1855]; diese sind genau die Schnittpunkte der Kurve mit ihrer Hesseschen. Die mögliche Anzahl der Wendepunkte wird durch Vorhandensein von Doppelpunkten und Spitzen verringert: die entsprechenden Formeln lauten (Bezeichnungen wir oben): $3n(n-2) - 6\delta$, $3n(n-2) - 8\kappa$ und kombiniert: $3n(n-2) - 6\delta - 8\kappa$.

Die Steiner-Kurve bezeichnet den „Ort der Punkte, deren erste Polaren [bzgl. einer festen Kurve n-ter Ordnung; K. V.] Doppelpunkte haben und zugleich den Ort der Punkte, welche Doppelpunkte in Polarkegelschnitten sind."[1856] Die doppelte Natur der Punkte sowohl der Hesseschen als auch der Steinerschen Kurve, wie sie in den zitierten Definitionen angegeben wird, deutet auf birationale Transformationen hin, wie Clebsch erkannt hatte.[1857] Es gibt auch noch die Cayleysche und die Jacobische Kurve (siehe weiter unten).

Das Geschlecht einer Kurve stimmt mit dem ihrer ersten Polaren, ihrer Hesse- und ihrer Steiner-Kurve überein. Allgemein sind die Geschlechter äquivalenter Kurven, also Kurven, die sich punkt- und tangentenweise eindeutig entsprechen, gleich.

Bemerkenswerter Weise gibt es in den Ausführungen über Polarkurven kein einziges konkretes Beispiel, also eine Kurve nebst ihren Polaren zu einem gegebenen Punkt. Das Ausrechnen-Können spielt keine Rolle.

Das nächste Kapitel ist überschrieben mit „Theorie der Enveloppen", es enthält u.a. weitere Ausführungen zu reziproken Kurven. Ist eine Kurve in Linienkoordinaten gegeben, so läuft die Bestimmung ihrer Reziprokalkurve darauf hinaus, die gegeben Darstellung in Punktkoordinaten umzurechnen. Natürlich wird auch das umgekehrte Problem behandelt und an einem konkreten Beispiel illustriert.[1858] Schließlich geht es um die Berührung zweier Kurven. In diesem Kapitel finden sich auffällig viele Beispiele.

[1854] Salmon-Fiedler 1873a, 66. Hesse hatte die fraglichen Begriffsbildungen in seiner wohl bekanntesten Abhandlung von 1844 eingeführt.

[1855] Vgl. Salmon-Fiedler 1873a, 69. Eine Kurve dritter Ordnung hat somit maximal neun Wendepunkte, von denen aber höchstens drei reell sind. Insbesondere gilt: Zerfällt eine Kurve dritter Ordnung in einen Kegelschnitt und eine Gerade, so ist diese Gerade Teil der Hesse-Kurve. Zerfällt die Kurve in drei Geraden, so bilden diese die Hesse-Kurve.

[1856] Salmon-Fiedler 1873a, 66. Steiner sprach von der „Kernkurve" (Steiner 1854, 4).

[1857] Vgl. Clebsch 1865 und Salmon-Fiedler 1873a, 454 Anm. 11. Birationale Transformationen werden weiter unten ausführlich besprochen, vgl. 5.4.4.

[1858] Salmon-Fiedler 1873a, 88.

Ein letztes vorbereitendes Kapitel beschäftigt sich mit metrischen Eigenschaften von Kurven; es enthält eine Vielzahl von mehr oder minder bekannten Ergebnissen, die später als Hilfssätze Verwendung finden können. Den Anfang macht ein Satz von Newton:

> Wenn man durch einen Punkt O zwei Sehnen zieht, die eine Curve n^{ter} Ordnung in den Punkten
>
> $$R_1, R_2, ..., R_n; S_1, S_2, ..., S_n$$
>
> respective schneiden, so ist das Verhältnis
>
> $$\frac{OR_1.OR_2...OR_n}{OS_1.OS_2...OS_n}$$
>
> der Producte der Abschnitte in der einen und der anderen Geraden constant für alle Lagen des Punktes O bei unveränderter Richtung der Transversalen.[1859]

Dieses Ergebnis folgt aus der Darstellung der Kurvengleichung in Polarkoordinaten. Aus dem obigen Satz von Newton ergibt sich ein Satz, der auf L. Carnot zurückgeht:

> Jede Seite eines Polygons ABC ... schneide eine Kurve n^{ter} Ordnung in n reellen Punkten, und seien durch '(B), (B)' die Producte der n von B aus gemessenen Segmente bezeichnet, die die Curve so auf den Seiten BC, BA bestimmt, so ist
>
> $$(A)'.(B)'.(C)'.(D)'... = {}'(A).{}'(B).{}'(C).{}'(D) ...^{[1860]}$$

Aus diesem Satz folgt z. B. direkt die Aussage: Besitzt eine Kurve dritter Ordnung drei verschiedene (reelle) Wendepunkte, so liegen diese auf einer Geraden. Folglich kann es auch höchstens drei dieser Punkte geben: Gäbe es mehr als drei, so müssten sie auf einer Geraden liegen, diese würde die Kurve aber in mehr als drei Punkte schneiden.[1861]

Im Anschluss hieran werden Begriffe wie Durchmesser und Zentrum einer Kurve eingeführt und diskutiert. Schließlich folgt der Satz von R. Cotes:

[1859] Salmon-Fiedler 1873a, 128. Der tiefgestellte Punkt bezeichnet die Multiplikation, unveränderte Richtung meint, dass die Transversalen zu unterschiedlichen Punkten paralell sind. Als Quelle gibt Fiedler Newton's „Enumeratio linearum tertii ordinis" (1704) an.

[1860] Salmon-Fiedler 1873a, 130. Als Quelle nennt Fiedler Carnot's „Géométrie de position" (1803), p. 437.

[1861] Vgl. Salmon-Fiedler 1873a, 131. Eine andere Anwendung des Satzes von Carnot, die an der genannten Stelle aufgeführt wird, betrifft Kegelschnitte, die Dreiecke berühren: Verbindet man die Ecken des Dreiecks mit den in den Gegenseiten liegenden Berührungspunkten, so schneiden sich diese Verbindungsgeraden in einem Punkt. Im Falle des Kreises handelt es sich um den heute sogenannten Gergonne-Punkt.

> Wenn in jedem durch einen festen Punkt O gehenden Radius vector der
> Curve ein Punkt R so bestimmt wird, dass
>
> $$\frac{n}{OR} = \frac{1}{OR_1} + \frac{1}{OR_2} + \frac{1}{OR_3} + \dots$$
>
> ist, so ist der Ort von R eine gerade Linie.[1862]

Aus dem Satz von Cotes ergibt sich insbesondere die von den Kegelschnitten her
bekannte Aussage:

> Die Polarlinie eines unendlich fernen Punktes ist der Durchmesser des
> Systems paralleler Sehnen, welche denselben zur Richtung haben.[1863]

Schließlich nennen die Autoren noch eine Verallgemeinerung des Satzes von
Newton, welche auf C. Mac Laurin zurückgeht:

> Wenn man durch einen Punkt O eine gerade Linie zieht, die die Curve in
> n Punkten schneidet, so werden die Tangenten der Curve in diesen
> Punkten in Punkten $R_1{}^*$, $R_2{}^*$, … so geschnitten, dass sie mit den
> Schnittpunkten R_1, R_2, … derselben Geraden mit der Curve der Relation
>
> $$\sum \frac{1}{OR} = \sum \frac{1}{OR_*}$$
>
> genügen.[1864]

Hieraus wiederum folgt ein Satz von Chasles:

> Das Centrum der mittleren Entfernungen der Berührungspunkte eines
> Systems von parallelen Tangenten einer gegebenen Curve ist ein fester
> Punkt, welcher als Centrum derselben betrachtet werden kann - …[1865]

Dies führt wiederum auf die Verallgemeinerung des Begriffes Brennpunkt, die auf
Plücker zurückgeht: „Ein Punkt F heisst ein Brennpunkt einer Curve, wenn die
geraden Linien FI, FJ[1866] die Curve berühren, oder wie wir sagen wollen, wenn

---

[1862] Salmon-Fiedler 1873a, 137. R_i sind die n Schnittpunkte mit der Kurve, die Radiusvektoren sind Halbgeraden durch O. Als Quelle nennt Fiedler Cotes „Harmonia mensuram" (1722).

[1863] Salmon-Fiedler 1873a, 139. Polarlinie meint Polare. Umgekehrt ist der Mittelpunkt eines Kegelschnitts der Pol der Ferngeraden. Folglich gehen alle Durchmesser durch den Mittelpunkt, was natürlich sowieso klar ist.

[1864] Salmon-Fiedler 1873a, 139. Als Quelle gibt Fiedler die Abhandlung Mac Laurin's „De linearum geometricum proprietatibus generalibus tractatus" an, welche mit der fünften Auflage seiner „Algebra" veröffentlicht wurde.

[1865] Salmon-Fiedler 1873, 141. Als Quelle nennt Fiedler einen Artikel von Chasles in Quetelet's „Correspondence mathématique et physique" Band 6 (1831), 8.

[1866] I und J sind die imaginären Kreispunkte. Diese treten hier ganz unvermittelt ohne Erläuterungen auf.

er der Durchschnitt einer *I*-Tangente mit einer *J*-Tangente ist."[1867] Eine Kurve *n*-ter Klasse hat im Allgemeinen n^2 Brennpunkte, von denen *n* reell sind. Es folgt eine ganze Reihe weiterer Aussagen über Brennpunkte.

Insgesamt enthält das Kapitel IV über metrische Eigenschaften von Kurven eine beachtliche Anzahl von Resultaten, die sozusagen ihrer Verwendung harren. So bezeichnen Salmon-Fiedler den Satz von Cotes als „wichtig", ohne allerdings zu erläutern, worin diese Wichtigkeit denn läge. Bemerkenswert ist auch, wie viele frühe englische Mathematiker (Newton, MacLaurin, Cotes, …) bei Salmon auftreten, der ansonsten kaum Hinweise auf Quellen und die Geschichte der Mathematik gibt.[1868] Gerade Newton, der Pionier in der Untersuchung der Kurven dritter Ordnung, wird in den nachfolgenden Betrachtungen eine wichtige Rolle spielen.

5.4.2 Kurven dritter Ordnung, Newtons Klassifikation

Das Kernstück des Buches von Salmon-Fiedler macht das gut 100 Seiten umfassende Kapitel V über Kurven dritter Ordnung aus. Das Ziel dabei ist klassisch, nämlich diese Kurven im Anschluss an Newton zu klassifizieren. Das Kapitel beginnt mit einer Zusammenstellung von Tatsachen, die bereits im Rahmen der allgemeinen Kurventheorie erarbeitet wurden, etwa, dass eine Kurve dritter Ordnung höchstens einen Doppelpunkt besitzen kann. Somit ergibt sich eine erste, noch ganz grobe Einteilung dieser Kurven in solche mit und solche ohne Doppelpunkt. Sind die beiden Tangenten im Doppelpunkt nicht reell, so liegt ein isolierter Punkt vor; sind sie reell, so sind sie entweder verschieden, was einen Knotenpunkt charakterisiert, oder sie fallen zusammen, was zu einer Spitze führt. Genauere Aufschlüsse erhält man durch Auswertung der Plückerschen Formeln. Dabei bedeutet wie oben μ die Ordnung (also 3 im vorliegenden Fall), δ die Anzahl der Doppelpunkte (also 0 oder 1), κ die Anzahl der stationären Punkte, ν die Klasse (also höchstens 6), τ die Anzahl der Doppeltangenten[1869] und ι die Anzahl der stationären Tangenten (Wendetangenten) der fraglichen Kurve. Es ergeben sich folgende Kombinationen:

[1867] Salmon-Fiedler 1873, 141. Fiedler führt hierfür den Artikel von Plücker „Über solche Puncte, die bei Curven einer höhern Ordnung als der zweiten den Brennpuncten der Kegelschnitte entsprechen" (Journal für die reine und angewandte Mathematik 10 (1833), 84 – 91) als Quelle an.
[1868] Schon in der Vorrede zur ersten Auflage (1852) seiner „Higher plane curves" hatte Salmon selbst diesen Mangel eingeräumt: „Considered as a book for advanced readers, I regret that I have not had leisure for the reading necessary to make this work as complete as it should be." (Salmon 1852, IV).
[1869] Im Falle von Kurven dritter Ordnung ist allerdings τ immer gleich Null.

μ	δ	$\varkappa$	ν	τ	ι
3	0	0	6	0	9
3	1	0	4	0	3
3	0	1	3	0	1

Abb. 5.29: *Mögliche Anzahlen bei Kurven dritter Ordnung gemäß den Plücker-Formeln*[1870]

Das Vorliegen eines Doppelpunktes führt also gemäß Zeile 2 dazu, dass sich die Klasse der Kurve um 2 auf 4 verringert und zum Vorliegen von 3 stationären Tangenten. Liegt eine Spitze vor, so ist die Klasse gleich 3 und es gibt nur noch eine stationäre Tangente. Doppelpunkte und Spitzen können bei einer Kurve nicht zusammen auftreten. Die allgemeine Kurve dritter Ordnung hat neun Wendepunkte, von denen höchstens drei reell sind.

Von großem Nutzen ist der Satz, dass zwei Kurven dritter Ordnung, die durch acht gemeinsame Punkte gehen, noch einen neunten Punkt gemeinsam haben; er wird deshalb auch „Fundamentalsatz" genannt, „der zu dem grössern Theil der Eigenschaften der Curven dritter Ordnung leitet."[1871]

Die erste konkrete Frage, die in Angriff genommen wird, ist die nach dem Durchschnitt einer Kurve dritter Ordnung mit einer anderen Kurve, insbesondere mit einer Geraden oder einem Kegelschnitt. Hier eine Auswahl von Aussagen zu dieser Frage:

> Jede Gerade durch einen Punkt *A* in der Curve dritter Ordnung wird harmonisch getheilt in den Punkten *β*, *γ* der Curve, die sie ausserdem enthält, und in den zwei Punkten *δ* und *δ'*, in denen sie ein Paar der Sehnen schneidet, welche die Berührungspunkte der von *A* an die Curve gehenden Tangenten verbinden.[1872]

> Wenn durch vier feste Punkte einer Curve dritter Ordnung ein Kegelschnitt beschrieben wird, so geht die gerade Verbindungslinie der zwei übrigen Schnittpunkte derselben durch einen festen Punkt derselben.[1873]

> Es giebt in einer Curve dritter Ordnung ohne singulären Punkt sieben und zwanzig Punkte, in deren jedem ein Kegelschnitt mit sechspunktiger Berührung mit der Curve construiert werden kann, nämlich die Berührungspunkte der neun mal drei Tangenten, welche an die Curve von ihren Inflexionspunkten aus noch gezogen werden können.[1874]

[1870] Salmon-Fiedler 1873a, 154.
[1871] Salmon-Fiedler 1873a, 155. Vgl. die Ausführungen zum Cramerschen Paqradoxon in 5.4.1.
[1872] Salmon-Fiedler 1873a, 160 - 161.
[1873] Salmon-Fiedler 1873a, 161.
[1874] Salmon-Fiedler 1873a, 163.

Nachfolgend wird ein wichtiger Satz von Salmon behandelt sowie das Konzept der sogenannten harmonischen Polaren zu einem Wendepunkt einer Kurve dritter Ordnung. Der Satz von Salmon enthält eine Invariante der Kurven dritter Ordnung ohne Singularitäten. Hierzu betrachte man zwei „aufeinander folgende" Punkte O und O' der Kurve und lege von diesen jeweils die vier Tangenten[1875] an die Kurve, deren Berührpunkte seien A, B, C, D. Da die Punkte O und O' aufeinander folgen[1876], stimmen die Berührpunkte ihrer Tangenten überein. Dann liegen diese sechs Punkte auf dem Polarkegelschnitt zum Punkt O und die Büschel $O,ABCD$ bzw. $O',ABCD$ sind projektiv. Also stimmen die Doppelverhältnisse der Büschel überein – unabhängig von der konkreten Wahl von O und O'. Somit hat man eine Invariante gefunden.[1877] In Salmon's eigenen Worten:

> Zieht man von einem beliebigen Punkt (O) einer derartigen Kurve [dritter Ordnung; K. V.] vier Tangenten (OA, OB, OC, OD), so ist das Doppelverhältnis des Büschels ($\frac{\sin(AOB)\sin(COD)}{\sin(AOC)\sin(BOD)}$) konstant. Folglich besitzt jede Kurve dritter Ordnung eine numerische Charakteristik, die unverändert bleibt bei einer Projektion in irgendeine andere lineare Transformation.[1878,v]

Es stellt sich heraus, dass bzgl. der vier Tangenten an eine Kurve dritter Ordnung ohne Singularitäten zwei prinzipielle Möglichkeiten gegeben sind: Entweder existieren zwei reelle und zwei nicht-reelle Tangenten oder es gibt vier Tangenten, die entweder alle vier reell oder alle vier nicht-reell sind. Diese Einsicht spielt bei der Klassifikation der Kurven dritter Ordnung eine Rolle.

Im Sinne von Bobillier's Polarkurven kommt einer Kurve dritter Ordnung bzgl. eines Punktes O als erste Polare ein Kegelschnitt, Polarkegelschnitt oder konische Polare genannt, zu, als zweite eine Gerade, die Polarlinie. Ist der fragliche Punkt O ein Wendepunkt der Kurve, so zerfällt sein Polarkegelschnitt in zwei Geraden; eine dieser Geraden ist die Tangente im Wendepunkt. Legt man durch den Wendepunkt eine Gerade, so schneidet diese die Kurve in zwei weiteren Punkten S und S'. Dann kann man den zugehörigen vierten harmonischen Punkt T betrachten. Es gilt nun: Die solcherart konstruierten vierten harmonischen Punkte liegen auf einer Geraden, diese wird harmonische Polare

---

[1875] Salmon-Fiedler 1873a, 175. Die Kurve ist von sechster Klasse, allerdings zählen Tangenten in Kurvenpunkten selbst als doppelte Tangente, folglich ist die Anzahl der möglichen Tangenten aus einem Kurvenpunkt $n(n\text{-}1) - 2$, also für $n = 3$ gleich 4. Vgl. Durège 1871, 115 – 116.

[1876] Modern müsste man dieses Argument natürlich anders formulieren.

[1877] Vgl. Salmon-Fiedler 1873a, 175.

[1878] Salmon 1851, 274. Mehr Sinn würde es wohl machen, wenn es am Schluss hieße „bei einer Projektion oder irgendeiner anderen linearen Transformation" – wenn also anstatt „en" „ou" oder „et" stände. Salmon-Fiedler schreiben denn auch: „[…], welche durch Projection und durch lineare Transformation nicht geändert wird." (Salmon-Fiedler 1873a, 176). Vermutlich liegt also ein Druckfehler im Crelle-Journal vor.

von O genannt. Die fragliche Gerade bildet zusammen mit der Wendetangente den Polarkegelschnitt des Wendepunktes. Auch dieser Satz geht auf C. Maclaurin zurück, im Buch von Salmon-Fiedler lautet er folgendermaßen:

> [...] dass für alle durch einen Inflexionspunkt der Curve dritter Ordnung gehenden Radien vectoren der Ort der harmonischen Mittel eine gerade Linie ist.[1879]

Wendepunkt und harmonischen Polare haben ähnliche Eigenschaften wie Pol und Polare in der gewöhnliche Polreziprozität.

Zieht man durch O zwei Geraden, so schneiden sich die paarweisen Verbindungsgeraden ihrer Schnittpunkte mit der Kurve auf der harmonischen Polaren. Insbesondere liegen die Schnittpunkte der Tangenten in den beiden Kurvenpunkten auf der harmonischen Polaren. Schließlich liegen die Schnittpunkte der von einem Wendepunkt an die Kurve gezogenen drei Tangenten[1880] auf einer Geraden. Folglich geht die Gerade durch zwei Wendepunkte einer Kurve dritter Ordnung auch durch den dritten – also liegen die drei Wendepunkte, wie bereits gesehen, auf einer Geraden.

Im weiteren Verlauf des Kapitels werden noch zahlreiche andere Sätze behandelt, die meist mit der Hesse- und der Cayley-Kurve zu tun haben.[1881] Es wird hervorgehoben, dass eine Kurve dritter Ordnung im Allgemeinen neun Wendepunkte hat, denn diese sind ja die Schnittpunkte der Kurve mit ihrer Hesse-Kurve, die die Ordnung drei besitzt.[1882] Ein weiteres Thema sind Schnitte von zwei oder drei Kurven dritten Grades.

Das Kernstück der Theorie der Kurven dritter Ordnung bildet deren Klassifikation, die im III. Abschnitt[1883] des Kapitels über Kurven dritter Ordnung behandelt wird. Interessant ist, dass Salmon-Fiedler etwas sagen zu der Relation sagen, nach welcher klassifiziert werden soll:

> Bei der Classification der Curven können diejenigen Eigenschaften als fundamental betrachtet werden, welche unzerstörbar sind durch

---

[1879] Salmon-Fiedler 1873a, 178. Quelle ist wieder Mac Laurin's Abhandlung „De linearum geometricum proprietatibus generalibus tractatus",
[1880] Ein Wendepunkt zählt dreifach, deshalb gibt es in ihm nur drei Tangenten an die Kurve, falls die Kurve keine weiteren Singularitäten aufweist.
[1881] Die Cayley-Kurve ist von dritter Klasse, sie ist diejenige Kurve, die von den Geraden umhüllt wird, in welche die Polarkegelschnitte der Punkte der Hesseschen Kurve zerfallen; vgl. Salmon-Fiedler 1873a, 183 und Durège 1871, 264 - 272. Cayley hatte die später von Cremona nach ihm benannte Kurve mit P symbolisiert und „the Pippian" genannt (vgl. Salmon-Fiedler 1873a, 459 n. 33; es gab auch „the Quippian" Q bei ihm; vgl. Durège 1871, 264 n. +). Eine Jacobi-Kurve tritt bei Salmon-Fiedler übrigens auch noch auf, diese wird durch eine Jacobi-Determinante dargestellt (vgl. Salmon-Fiedler 1873, 492).
[1882] Vgl. Salmon-Fiedler 1873a, 180.
[1883] Vgl. Salmon-Fiedler 1873a, 200 – 221.

Projektion, oder mit andern Worten, welche nicht nur Curven sondern Kegel derselben Ordnung von einander unterscheiden.[1884]

Eine Anwendung dieser Einsicht werden wir sogleich kennenlernen.

Die Klassifikation geht ganz im Sinne der analytischen Geometrie von der allgemeinen Gleichung einer Kurve dritter Ordnung aus, die nach Vereinfachung in homogenen Koordinaten folgendermaßen[1885] aussieht:

$$x_3 x_2{}^2 = a x_1{}^3 + 3 b x_1{}^2 x_3 + 3 c x_1 x_3{}^2 + d x_3{}^3.$$

Eine Kurve dritter Ordnung besitzt mindestens einen reellen Wendepunkt, denn deren Anzahl beträgt ja, wie wir gesehen haben, komplex betrachtet entweder 9 oder 3 oder 1: Da die nicht-reellen Wendepunkte paarweise auftreten, ist es offensichtlich, dass die Anzahl der reellen Wendepunkte ungerade sein muss – sie beträgt drei oder eins. Es liegt nun nahe, einen Wendepunkt zur Festlegung eines Koordinatensystems heranzuziehen. Die obige Normalform bedeutet geometrisch, dass die Gerade $x_3 = 0$ die Tangente an die Kurve in einem Wendepunkt ist, durch den auch die Gerade $x_1 = 0$ hindurch geht; beide Geraden sind Seiten des Fundamentaldreiecks.

Die Konstellation der neun Wendepunkte einer Kurve dritter Ordnung wurde von L. O. Hesse genauer untersucht. Er fand z. B., dass es zwölf Geraden gibt bestehend aus vier Gruppen zu drei Geraden, so dass auf jeder dieser Geraden immer drei Wendepunkte der Kurve liegen. Die neun Wendepunkte legen ein Büschel von Kurven fest, für das Cayley die Bezeichnung syzygetisches[1886] Büschel verwandte. Es gilt zudem, dass sich die Tangenten in zwei Wendepunkten immer auf der harmonischen Polaren des dritten Wendepunktes schneiden.[1887]

Schließlich lässt sich durch geeignete Wahl[1888] von $x_2 = 0$, der dritten Seite des Fundamentaldreiecks, die Form

$$x_3 (x_2{}^2 + p x_1{}^2 + 2 q x_1 x_3 + r x_3{}^2) = a x_1{}^3$$

[1884] Salmon-Fiedler 1873a, 200 – 201.

[1885] Vgl. Salmon-Fiedler 1873a, 199 – 200, wo sich auch eine Herleitung dieser Form findet. Andere bekannte Normalformen für Kurven dritter Ordnung stammen von Hesse ($x_1{}^3 + x_2{}^3 + x_3{}^3 - 6m x_1 x_2 x_3 = 0$) und von Weierstrass ($x_1 x_3{}^2 = 4 x_2{}^3 - a x_1 x_3{}^2 - b x_1{}^2$).

[1886] Dieser sperrige aus der Astronomie stammende Begriff wurde 1853 von Sylvester eingeführt; vgl. Sylvester, J. J.: On a Theory of Syzygetic Relations of Two Rational Integral Functions, Comprising an Application of the Theory of Sturm's Functions, and that of the Greatest Algebraic Common Measure. (Philosophical Transactions of the Royal Society London 143 (1853) 407-548).

[1887] Vgl. Durège 1871, 200.

[1888] Die Gerade $x_2 = 0$ ist als die harmonische Polare des Wendepunktes zu wählen. Durch diesen gehen nach Konstruktion die Geraden $x_1 = 0$ und $x_3 = 0$.

erreichen. Es gilt nun, diejenigen unter Zentralprojektionen invarianten Eigenschaften zu ermitteln, welche die durch die Gleichung beschriebene Kurve besitzt. Anstelle der Kurven selbst kann man auch Kegel über denselben betrachten und nach solchen Eigenschaften der Kegel fragen, die invariant sind. Das ist genuin darstellend geometrisch gedacht, könnte man im Sinne Fiedlers anfügen. Ist die Kurve ein Kegelschnitt – geht es also um Kegel über Kurven zweiter Ordnung - gibt es nur eine Art von Kegel, weil man zwei nicht-entartete Kegelschnitte stets aufeinander projizieren kann, heißt, als Schnitt ein und desselben Kegels gewinnen kann. Bei Kurven dritter Ordnung liegt die Situation aber anders. Das zeigt schon der bereits erwähnte Satz von Salmon: Verschiedenen Kurven können verschiedene charakteristische Doppelverhältnisse haben. Solche Doppelverhältnisse aber sind invariant unter Projektionen.

Von der homogenen Form der Gleichung kann man zur inhomogenen übergehen. In Salmon-Fiedlers Ausdrucksweise bedeutet dies, dass man z. B. die Gerade x_3 = 0 als unendlich ferne Gerade nimmt; folglich liegt der gewählte Wendepunkt auch im Unendlichen. Man erhält dann die Gestalt

$$x_2{}^2 = ax_1{}^3 + 3bx_1{}^2 + 3cx_1 + d$$

oder auch

$$(*)\ y^2 = ax^3 + 3bx^2 + 3cx + d.$$

Diese Gleichung stellt die Projektion einer beliebigen Kurve dritter Ordnung in eine geeignete Ebene dar.

Es werden nun fünf Arten unterschieden[1889]:

1. Die rechte Seite von (*) lässt sich in drei reelle Faktoren zerlegen, die paarweise verschieden sind. Man hat also die Form $y^2 = (x-\alpha)(x-\beta)(x-\gamma)$. Die Kurve besteht dann aus einem Oval und einem separaten Ast, der sich ins Unendliche erstreckt.[1890]
2. Die rechte Seite lässt sich wie oben faktorisieren, aber zwei der Faktoren sind nicht reell. Die Kurve besteht dann nur aus dem unendlichen Ast, das Oval verschwindet.
3. Die rechte Seite liefert die Faktorzerlegung $(x-\alpha)^2(x-\beta)$ mit $\alpha < \beta$. Das Oval schrumpft auf einen isolierten Punkt zusammen.

[1889] Vgl. Salmon-Fiedler 1873a, 201 – 202. Die Autoren bedienen sich hier einer Sprache, die von der Biologie inspiriert ist. Die Arten werden später feiner unterteilt in Species. Anstelle von Arten und Spezies sprach Möbius (in Möbius 1852) von Gattungen und Arten, damit noch näher an der Biologie bleibend. Die Arten wurden schon als einführendes Beispiel diskutiert; vgl. oben in diesem Abschnitt.
[1890] Zu den hier genannten fünf Fällen vgl. die Abbildungen 5.18 bis 5.20 in 5.4.1.

4. Die rechte Seite liefert die Faktorzerlegung $(x-\alpha)^2(x-\beta)$ mit $\alpha > \beta$. Dann ergibt sich ein Knotenpunkt, in dem Oval und Ast zusammenhängen.

5. Die rechte Seite schreibt sich als $(x-\alpha)^3$. Dann ergibt sich ein Rückkehrpunkt, eine Schnaberspitze.

An dieser Stelle folgt eine der ganz wenigen historischen Anmerkungen im Text des Buches – also nicht in den Literatur-Nachweisungen und Zusätzen, die von Fiedler verfasst wurden.

Newton hat den in diesem Artikel betrachteten Curven den Namen divergierende Parabeln gegeben und sein soeben begründeter Satz über dieselben sprach aus, dass jede Curve dritter Ordnung in eine der fünf divergierenden Parabeln projiziert werden kann.[1891]

Im zweiten Fall (siehe oben) sind zwei der Wurzeln der Gleichung komplex-konjugiert, es gibt also nur noch eine reelle Nullstelle. Hierbei ergeben sich verschiedene Möglichkeiten, von denen Figur 5.30 zwei zeigt:

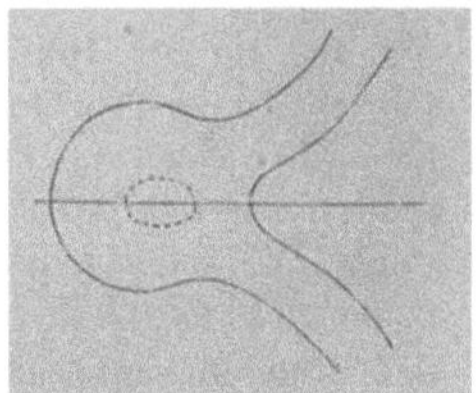

Abb. 5.30: *Zwei Fälle einer Kurve dritter Ordnung mit einem Zweig[1892]*

Diese Fälle gehen auch aus dem Fall des Rückkehrpunktes hervor:

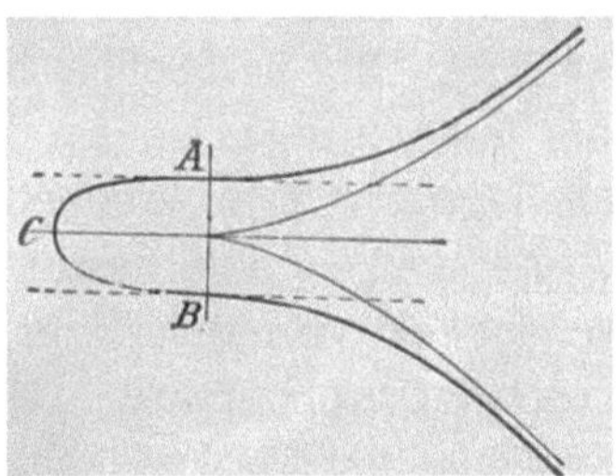

Abb. 5.31: *Übergang aus dem Rückkehrpunkt[1893]*

[1891] Salmon-Fiedler 1873a, 202. Es geht um Newtons „Enumeratio".
[1892] Salmon-Fiedler 1873a, 205. Der Berührpunkt der fraglichen Kurve mit der Ferngeraden liegt auf der x-Achse, anders als bei der gewöhnlichen Parabel. Daher streben die beiden Enden des Astes gegen eine zur y-Achse parallele Lage. Das motiviert die Bezeichnung „divergierende Parabeln", denn es gibt symmetrisch zur x-Achse zwei Wendepunkte; in ihnen geht die Kurve vom gegen die x-Achse Konkaven in das gegen die x-Achse Konvexe über. Rechts der Wendepunkte laufen die Enden des Astes ins Unendliche, also auseinander.
[1893] Wieleitner 1930, 16. A und B sind Wendepunkte.

Die feinere Unterteilung der Arten in Spezies, nach Newton sind dies 78[1894], erfolgt über das Verhalten der Kurven im Unendlichen, also gemäß der „Natur der unendlichen Aeste".[1895] Dabei ergeben sich folgende Möglichkeiten:

- Die Kurve trifft die unendlich ferne Gerade in drei reellen Punkten;
- die Kurve trifft die unendlich ferne Gerade in einem reellen Punkt und zwei nicht-reellen;
- die Kurve trifft die unendlich ferne Gerade in einem reellen Punkt und zwei zusammenfallenden (reellen) Punkten;
- die Kurve trifft die unendlich ferne Gerade in einem reellen Punkt, in dem drei Punkte zusammenfallen.

Weitere Unterscheidungsmerkmale sind z.B., ob auf der unendlich fernen Geraden ein Wendepunkt der Kurve liegt und die unendlich ferne Gerade folglich Tangente ist. Aus der Vielfalt von Spezies seien hier nur einige herausgegriffen.

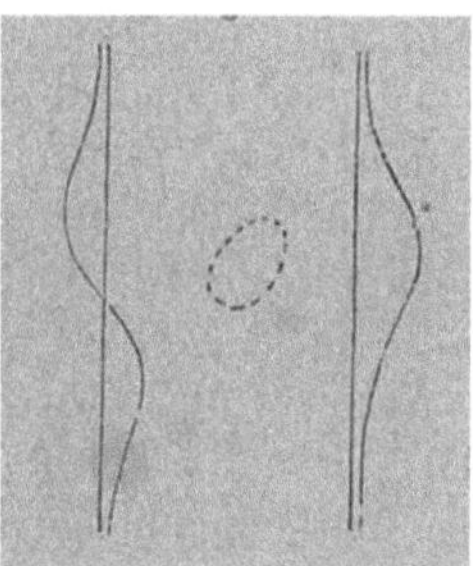

Abb. 5.32: *Die Serpentine (links) und die konchoidale Form (rechts)*[1896]

Es handelt sich hier um den unendlichen Ast einer Kurve aus der ersten Art (also Oval plus ein unendlicher Ast). Die Serpentine hat drei Wendepunkte im Endlichen, der unendliche ferne Punkt ist ein gewöhnlicher Punkt. Die konchoidale Kurve besitzt dagegen zwei Wendepunkte im Endlichen, ein Fernpunkt ist ihr dritter Wendepunkt. Anders gesagt: Liegt die Kurve auf zwei Seiten der Asymptoten, so liegt kein Wendepunkt im Unendlichen vor, liegt sie nur auf einer Seite, so gibt es einen Wendepunkt im Unendlichen.

[1894] In der „Enumeratio" werden allerdings nur 72 dieser Fälle aufgeführt.
[1895] Salmon-Fiedler 1873a, 207.
[1896] Salmon-Fiedler 1873a, 210. Konchoidal verweist auf die Konchoide des Nikomedes, die Muschelförmige, eine Kurve, die schon in der Antike bekannt war und vor allem zur Einschiebung verwandt werden konnte. Vgl. Salmon-Fiedler 1873a, 51 – 52, wo die Autoren dieses klassische Beispiel im Rahmen der graphischen Darstellung von Kurven behandeln.

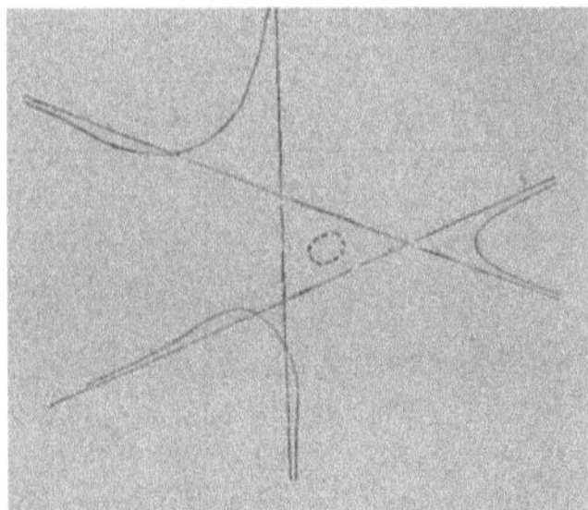

Abb. 5.33: *Die zweifach inflektierte Hyperbel*[1897]

Die drei Äste der zweifach inflektierten Hyperbel hängen über ihre unendlich fernen Punkte zusammen, dieser ist also ein dreifacher Punkt. Die Kurve besteht aus zwei inflektierten Hyperbeln, die ihre Assymptote schneiden, also solchen mit Wendepunkt, und einer gewöhnlichen (rechts). Projektiv betrachtet besteht diese Kurve nur aus einem Ast, sie ist einteilig. Es folgt ein Beispiel für eine einteilige Kurve ohne Singularitäten:

Abb. 5.34: *„Theil der doppelt inflectierten Hyperbel in sackähnlicher Form"*[1898]

Die nächste Figur zeigt zwei Kurven dritter Ordnung mit Knotenpunkten.

Abb. 5.35: *Zwei Kurven mit Knotenpunkt*[1899]

[1897] Salmon-Fiedler 1873a, 211. Inflektiert weist auf das Vorliegen eines Wendepunktes hin. Newton sprach von der überschüssig (oder redundant) hyperbolischen Kurve, da ein Ast mehr als bei der gewöhnlichen Hyperbel vorhanden ist.
[1898] Salmon-Fiedler 1873a, 214.
[1899] Salmon-Fiedler 1873a, 214.

Im linken Beispiel (vgl. Abbildung 5.35) schneidet die unendlich ferne Gerade die Kurve in zwei (reellen) Punkten der Schleife, es entstehen zwei einfache Hyperbeln und eine inflektierte. Die Kurve ist einteilig. In der rechten Kurve liegt keiner der Fernpunkte in der Schleife, neben einer gewöhnlichen und einer gemischten Hyperbel noch eine umgeschriebene Hyperbel mit Schleife im Asymptotendreieck.[1900] Von beiden Kurventypen gibt es zwei Varianten, je nachdem, ob sich auf der unendlich fernen Geraden ein Wendepunkt findet oder nicht.

Interessant ist der Fall, dass der Doppelpunkt der Kurve im Unendlichen liegt.

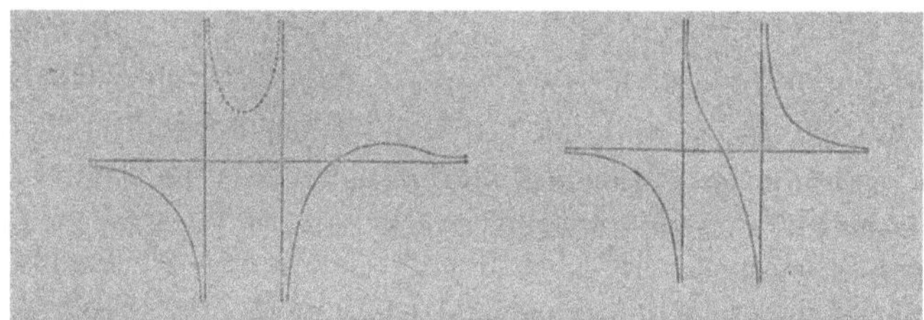

Abb. 5.36: *Zwei Kurven mit Knotenpunkt im Unendlichen*[1901]

Die beiden Tangenten im Doppelpunkt werden zu parallelen Asymptoten, der dritte unendlich ferne Punkt liegt auf dem unendlichen Ast (links in Abb. 5.36) oder in der Schleife (rechts). Salom-Fiedler führen noch weitere Formen von Kurven dritter Ordnung auf, darunter den Newtonschen Dreizack, von ihnen „Trident-Kurve" genannt.[1902]

Die Klassifikation Newton's füllt viele Seiten im Buch von Salmon-Fiedler; modernen Leserinnen und Lesern scheint sie vermutlich recht unübersichtlich, weil die Fälle nacheinander in narrativer Darstellung durchgegangen werden – eine klar erkennbare Struktur fehlt weitgehend. Allerdings wird das Prinzip nochmals zusammenfassend formuliert:

> Trotz der schon ziemlich grossen Zahl der Species wird es nicht schwierig erscheinen, die entwickelte Classification zu übersehen und zu erinnern, wenn man bemerkt, dass nichts Andres gethan worden ist, als die Fünf-Theilung des Artikels 197 mit der Theilung des Art. 203 nach der Natur der unendlich fernen Punkte zu combiniren.[1903]

Abschließend folgen historische Anmerkungen zum Thema „Klassifikation der Kurven dritter Ordnung".

[1900] Vgl. Salmon-Fiedler 1873a, 215.
[1901] Salmon-Fiedler 1873a, 216.
[1902] Vgl. Salmon-Fiedler 1873a, 216.
[1903] Salmon-Fiedler 1873a, 217.

> Die erste wurde von Newton in dem Werke „Enumeratio linearum tertii ordinis" gemacht und ist im Wesentlichen mit der hier gegebenen übereinstimmend, ausgenommen darin, dass er, was wir als Varietäten bezeichnet haben, zu eigenen Species macht, und darin, dass wir in dem Falle eines durch zwei Asymptoten berührten hyperbolischen Astes nicht beachtet haben, in welchem der durch dieselben gebildeten Scheitelwinkel der Ast liegt, während Newton die Fälle unterscheidet, wo er in dem durch die dritte Asymptote durchsetzten oder in dem Scheitelwinkel desselben liegt. Die Fälle, wo reelle drei Asymptoten sich in einem Punkte schneiden, sind als besondere Spezies betrachtet. Durch die Beachtung dieser Unterscheidungen ist die Zahl der Species auf acht und siebzig erhöht. Newton geht den umgekehrten Weg der Entwickelung insofern, als er nicht wie wir die Fünf-Theilung zur primären macht und die von den unendlichen Aesten abhängende zur secundären.[1904]

Es folgt eine detaillierte Schilderung der einzelnen Schritte, mit deren Hilfe Newton die allgemeine Gleichung einer Kurve dritten Grades vereinfacht hat. Diese eingehende historische Betrachtung fällt auf, weil Salmon in seinen Texten selten auf die Geschichte eingeht, wohl nicht zuletzt deshalb sah sich Fiedler veranlasst, seine Literatur-Nachweisungen und Zusätze zu ergänzen. Aber Newton war wohl doch eine Ausnahme, auch für Salmon der Klassiker und Engländer, um den man auch als Ire nicht herumkam.

Im letzten Abschnitt zur Klassifikation werden noch einige Hinweise gegeben zu einer Einteilung, die J. Plücker vorgelegt hatte[1905]: „In derselben ist die Natur der unendlich fernen Punkte der primäre Grund der Classification."[1906] Sie wird mit einer Abbildung illustriert, die auf Plücker selbst zurückgeht:

[1904] Salmon-Fiedler 1873a, 217.
[1905] Vgl. Plücker 1839.
[1906] Salmon-Fiedler 1873a, 219.

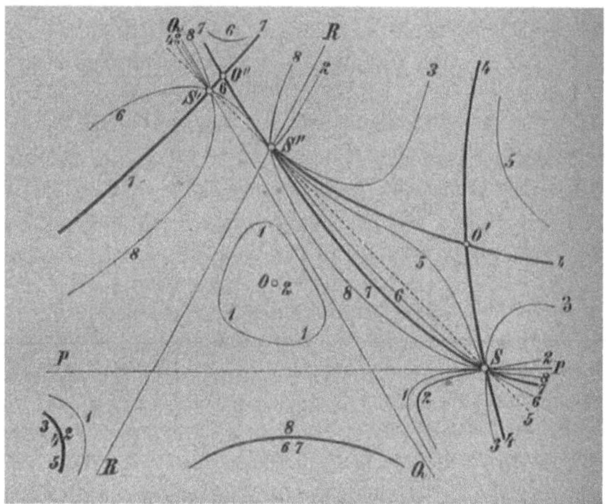

Abb. 5.37: *Illustration zu Plückers Klassifikation*[1907]

Cayley hatte sich mit Plückers Klassifikation beschäftigt, er hatte diese mit der Newtonschen verglichen.[1908] Fiedler hat dann in seinen Zusätzen noch Hinweise auf Bellavitis und auf Möbius[1909] ergänzt.

Es folgen Ausführungen zu unicursalen (modern gesprochen: rationalen) Kurven dritter Ordnung, also zu Kurven dritter Ordnung vom Geschlecht Null. Hier gibt es ausführlich durchgerechnete Beispiele zur Ermittlung der Parametrisierung. Ist etwa die Kurve in homogenen Korrdinaten in der Form[1910]

$$\left(x_1{}^2 \pm x_2{}^2\right) \cdot x_3 = x_1{}^3$$

gegeben, so findet man folgende Parametrisierung für die Kurvenpunkte (x_1, x_2, x_3) (θ ist ein reeller Parameter):

$$\left((1 \pm \theta^2), \theta(1 \pm \theta^2), 1\right).$$

Schließlich gibt es einen eigenen Paragraphen mit weiteren Beispielen: „Es erübrigt, einige bemerkenswerthe Beispiele von Curven dritter Ordnung und dritter Classe zu erwähnen."[1911] Die Beispiele sind die kubische ($p^2 y = x^3$; Wendepunkt im Ursprung, Spitze im Unendlichen) und die semi-kubische Parabel ($py^2 = x^3$; Spitze im Ursprung, Wendepunkt im Unendlichen) sowie die Kissoide von Diokles ($x(x^2+y^2) = 2ry^2$; Spitze im Ursprung), wobei r der Radius des

---

[1907] Salmon-Fiedler 1873a, 220. Die Ziffern 1 bis 8 bezeichnen verschiedene Fälle, die sich durch Änderung des Parameters k in $x_1 x_2 x_3 = k u^2 v$ (Kurve mit drei reellen Asymptoten) ergeben. Beispielsweise entsteht 2 aus 1, wenn sich das zu 1 gehörige Oval auf einen Punkt zusammenzieht.
[1908] Genauere Literaturangaben hat Fiedler hinzugefügt; vgl. Salmon-Fiedler 1873a, 459 - 460 Anmerkungen 33, 34, 34*, 38 und 39.
[1909] Möbius 1852. Vgl. weiter unten.
[1910] Vgl. Salmon-Fiedler 1873a, 226.
[1911] Salmon-Fiedler 1873a, 225.

erzeugenden Kreises ist. Für sie werden mehrere Erzeugungsweisen angeben, u.a. die auf Newton zurückgehende Konstruktion vermöge eines rechten Winkels, der seine Lage verändert.

Interessant ist ein Vergleich der Vorgehensweise von Salmon-Fiedler mit jener, die Möbius in seiner Abhandlung über die Klassifikation von Kurven dritter Ordnung[1912] wählte. Während erstere sofort nach Merkmalen[1913] einteilen, beginnt Möbius mit der Diskussion der Relation, die der Klassifikation im Sinne von Verwandtschaft zugrunde gelegt werden kann: der Kollineation nämlich. Erst dann geht er zu den Objekten, sprich Kurven, über. Aus unserer heutigen Sicht ist das überraschend abstrakt, also modern, insbesondere „moderner" als der Weg von Salmon-Fiedler.[1914]

Der nächste Abschnitt der „Höheren ebenen Kurven" beschäftigt sich mit Invarianten und Covarianten von Kurven dritter Ordnung. Die Rechnungen dieses Abschnittes sind beeindruckend, wie das nachfolgende Beispiel zeigen möge:

219. Wir bilden zuerst die Gleichung der Hesse'schen Curve. Die zweiten Differentialquotienten der cubischen Form sind mit Unterdrückung des gemeinschaftlichen Factors sechs

$$U_{11} = a\,x_1 + a_2 x_2 + a_3 x_3 , \qquad U_{23} = m\,x_1 + b_3 x_2 + c_2 x_3 ,$$
$$U_{22} = b_1 x_1 + b\,x_2 + b_3 x_3 , \qquad U_{13} = a_3 x_1 + m\,x_2 + c_1 x_3 ,$$
$$U_{33} = c_1 x_1 + c_2 x_2 + c\,x_3 , \qquad U_{12} = a_2 x_1 + b_1 x_2 + m\,x_3 ;$$

für die Discriminante

[1912] Möbius 1852.

[1913] Sieht man von der kurzen, oben ztierten Bemerkung zum projektiven Charakter der Klassifikation ab.

[1914] Vgl. Möbius 1852, 1 – 2.

$$H = U_{11}U_{22}U_{33} + 2U_{23}U_{13}U_{12} - U_{11}U_{23}{}^2 - U_{22}U_{13}{}^2 - U_{33}U_{12}{}^2$$

erhält man daraus eine cubische Form mit den Coefficienten

$$\mathbf{a}, \ \mathbf{b}, \ \mathbf{c}, \ \mathbf{a}_2, \ \mathbf{a}_3, \ \mathbf{b}_1, \ \mathbf{b}_3, \ \mathbf{c}_1, \ \mathbf{c}_2, \ \mathbf{m}$$

von folgenden Werthen

$$\mathbf{a} = a\,b_1c_1 + 2m\,a_2a_3 - a\,m^2 - b_1a_3{}^2 - c_1a_2{}^2,$$
$$\mathbf{b} = b\,a_2c_2 + 2m\,b_3b_1 - b\,m^2 - c_2b_1{}^2 - a_2b_3{}^2,$$
$$\mathbf{c} = c\,b_3a_3 + 2m\,c_1c_2 - c\,m^2 - a_3c_2{}^2 - b_3c_1{}^2,$$

$$3\mathbf{a}_2 = abc_1 - 2ab_3m + ab_1c_2 - a_3{}^2b + a_2m^2 - a_2b_1c_1 + 2a_2a_3b_3 - a_2{}^2c_2,$$
$$3\mathbf{a}_3 = acb_1 - 2ac_2m + ab_3c_1 - a_2{}^2c + a_3m^2 - a_3b_1c_1 + 2a_2a_3c_2 - a_3{}^2b_3,$$
$$3\mathbf{b}_1 = abc_2 - 2a_3bm + ba_2c_1 - ab_3{}^2 + b_1m^2 - b_1a_2c_2 + 2b_1b_3a_3 - b_1{}^2c_1,$$
$$3\mathbf{b}_3 = a_2bc - 2bc_1m + ba_3c_2 - cb_1{}^2 + b_3m^2 - b_3a_2c_2 + 2b_1b_3c_1 - a_3b_3{}^2,$$
$$3\mathbf{c}_1 = ab_3c - 2a_2cm + ca_3b_1 - ac_2{}^2 + c_1m^2 - c_1a_3b_3 + 2c_1c_2a_2 - b_1c_1{}^2,$$
$$3\mathbf{c}_2 = a_3bc - 2b_1cm + ca_2b_3 - bc_1{}^2 + c_2m^2 - c_2a_3b_3 + 2c_1c_2b_1 - a_2c_2{}^2,$$
$$6\mathbf{m} = abc - (ab_3c_2 + bc_1a_3 + ca_2b_1) + 2m^3 - 2m(b_1c_1 + c_2a_2 + a_3b_3)$$
$$+ 3(a_2b_3c_1 + a_3b_1c_2).$$

Insbesondere wird die Hesse'sche Curve von

$$x_1{}^3 + x_2{}^3 + x_3{}^3 + 6m\,x_1x_2x_3 = 0$$

durch

$$- m^2(x_1{}^3 + x_2{}^3 + x_3{}^3) + (1 + 2m^3)\,x_1x_2x_3 = 0$$

dargestellt.

Abb. 5.38: *Berechnung der Koeffizienten der Hesse-Kurve einer Kurve dritter Ordnung*[1915]

Die Schriftsetzer[1916] jener Tage leisteten Erstaunliches.

Salmon-Fiedler verwenden hier die auf L. O. Hesse zurückgehende, bereits kurz erwähnte Form der Gleichung einer Kurve dritter Ordnung:

$$x_1^3 + x_2^3 + x_3^3 + 6mx_1x_2x_3 = 0.$$

Ein für die Invariantentheorie jener Zeit typisches Ergebnis dieses Abschnitts lautet:

Jede Covariante von $x_1^3 + x_2^3 + x_3^3 + 6mx_1x_2x_3 = 0$ ist offenbar eine symmetrische Function von x_1, x_2, x_3 und kann daher in Function von $x_1^3 + x_2^3 + x_3^3$, $x_1x_2x_3$, $x_2^3x_3^3 + x_3^3x_1^3 + x_1^3x_2^3$ [...] in Verbindung mit der Invarianten ausgedrückt werden.[1917]

[1915] Salmon-Fiedler 1873, 229 - 230.
[1916] Im deutschsprachigen Raum gab es erst nach dem Zweiten Weltkrieg im größeren Umfang auch Schriftsetzerinnen. Dann aber war dies einer der bestbezahltesten Frauenberufe.
[1917] Salmon-Fiedler 1873a, 247. Modern gesprochen geht es um die Darstellung symmetrischer Funktionen durch elementarsymmetrische.

Das wird durch Beispiele mit konkreten Rechnungen erläutert wird. Insgesamt kann man festhalten, dass die Theorie der Kurven dritter Ordnung das Vorbild lieferte für die Untersuchungen von Kurven höherer Ordnung, ein Vorbild, das allerdings nicht erreicht werden konnte.

5.4.3 Kurven vierter Ordnung

Das nächste, gut 70 Seiten umfassende Kapitel ist den Kurven vierter Ordnung gewidmet – die konsequente Fortführung der Ausführungen über die Kurven dritter Ordnung. Allerdings wird von vorne herein klargestellt, dass in diesem Falle keine vollständige Klassifikation gegeben werden kann, da die Zahl der Arten zu groß sei. Wohl aber können die im Zusammenhang mit den Kurven dritter Ordnung entwickelten Hilfsmittel auch hier angewendet werden. Das macht schon die erste Übersicht deutlich, die sich in diesem Kapitel findet:

	μ	δ	$\varkappa$	ν	τ	ι	D
I.	4	0	0	12	28	24	3
II.	4	1	0	10	16	18	2
III.	4	0	1	9	10	16	2
IV.	4	2	0	8	8	12	1
V.	4	1	1	7	4	10	1
VI.	4	0	2	6	1	8	1
VII.	4	3	0	6	4	6	0
VIII.	4	2	1	5	2	4	0
IX.	4	1	2	4	1	2	0
X.	4	0	3	3	1	0	0;

Abb. 5.39: *Mögliche Anzahlen für Kurven vierter Ordnung gemäß den Plücker-Formeln*[1918]

Dabei bedeutet (vgl. die entsprechende Tabelle[1919] zu Kurven dritter Ordnung oben) μ die Ordnung, λ die Anzahl der Doppelpunkte, $\varkappa$ die Anzahl der stationären Punkte (Wendepunkte), ν die Klasse, τ die Anzahl der Doppeltangenten, ι die Anzahl der stationären Tangenten (Wendetangenten) und D das Geschlecht der Kurve. Die vier letzten Kurvenarten (VII – X) sind unicursal (rational), da vom Geschlecht Null; die Typen IV bis VI sind, modern gesprochen, elliptisch.

Euler hatte im zweiten Band seiner „Introductio" im elften Kapitel eine Aufzählung der Kurven vierter Ordnung versucht; dabei kam er auf 47 Arten. Allerdings blieb er bei vielen Arten, die er aufführte, den Nachweis schuldig, dass es die fraglichen

---

[1918] Salmon-Fiedler 1873a, 261.
[1919] Abbildung 5.29 in 5.4.2 oben.

Kurven überhaupt gibt. Das Thema wurde dann von Plücker wieder aufgegriffen, der in seinem bereits erwähnten Buch über algebraische Kurven[1920] 152 Arten von Kurven vierter Ordnung identifizierte. Seine Einteilung beruhte auf seinem Prinzip des Abzählens von Konstanten. Daneben sind in Plückers System die Asymptoten wichtig. Er räumte allerdings ein, dass auch seine Aufzählung noch nicht ganz korrekt sei.[1921]

Bei Kurven vierter Ordnung ist es möglich, dass zwei oder mehrere Singularitäten zusammenfallen. Erstes Beispiel ist der Fall, dass zwei Knotenpunkte koinzidieren – was bei Kurven dritter Ordnung nicht möglich war, da es dort höchstens einen Knotenpunkt gibt. Es berühren sich in diesem Fall zwei Äste der Kurve im fraglichen Punkt; dieser heißt deshalb Berührungsknoten.

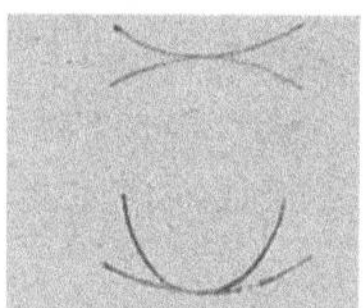

Abb. 5.40: *Berührungsknoten mit zwei sich berührende Ästen[1922]*

Es ergibt sich eine zweifache Doppeltangente, die Kurve ist von der Art von Nummer IV, ist also elliptisch. Neben der bereits genannten zweifach zu zählenden Doppeltangenten gibt es noch sechs weitere. Ein anderer Fall tritt ein, wenn eine Spitze mit einem Knotenpunkt zusammenfällt, dann spricht man von einer Knoten- oder Schnabelspitze:

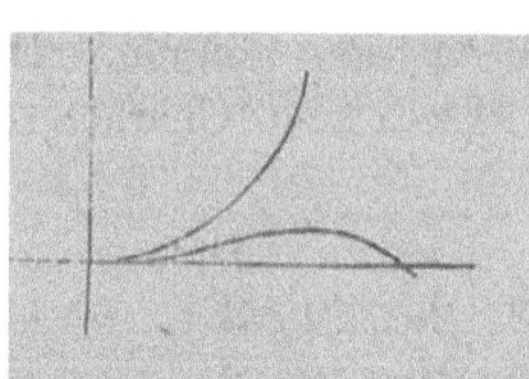

Abb. 5.41: *Knoten- oder Schnabelspitze[1923]*

[1920] Plücker 1839, 136 – 149. Plücker erklärt im Übrigen genau, wo und warum seine Ergebnisse von denen Eulers abweichen.

[1921] Vgl. Plücker 1839, 149. In einer vorangehenden Publikation (Plücker 1836) hatte Plücker hatte nur 135 Arten gefunden, wie er selbst in einer Anmerkung 1839 ergänzte – wohl auch als Hinweis auf die Schwierigkeit der Materie. Die Arbeit von 1836 enthält an ihrem Beginn eine detaillierte Schilderung des Beitrags von Euler und ein *state of the art* – nämlich, nach Euler ist nicht viel passiert.

[1922] Salmon-Fiedler 1873a, 262. Es handelt sich um dieselbe Figur, die schon weiter oben zu sehen war (vgl. Abbildung 5.17), sie wurde einfach zweimal im Buch verwendet, wenn auch zu unterschiedlichen Zwecken.

[1923] Salmon-Fiedler 1873a, 262. Auch diese Figur wird zweimal verwendet im Buch; vgl. Salmon-Fiedler 1873a, 56. Irritierend ist, dass behauptet wird, die Bezeichnung Schnabelspitze sei früher schon im Artikel 58 eingeführt worden, was gar nicht zutrifft. Dort war die Rede vom Rückkehrpunkt.

Wenn neben der Schnabelspitze keine weiteren Singularitäten vorhanden sind, gehört diese Kurvenart in die Rubrik V. Insgesamt gibt es sieben Fälle von zusammenfallenden Singularitäten, Fall drei ist beispielsweise, dass drei Knotenpunkte zusammenfallen, was einen Oskulationsknoten ergibt. Die sieben Fälle werden im Anschluss auch analytisch beleuchtet. Im Weiteren werden Kurven vierter Ordnung auf ihre Teiligkeit[1924] untersucht: Sie sind maximal vierteilig. Dass es tatsächlich vierteilige Kurven vierter Ordnung gibt, zeigt das folgende auf Plücker zurückgehende Beispiel:

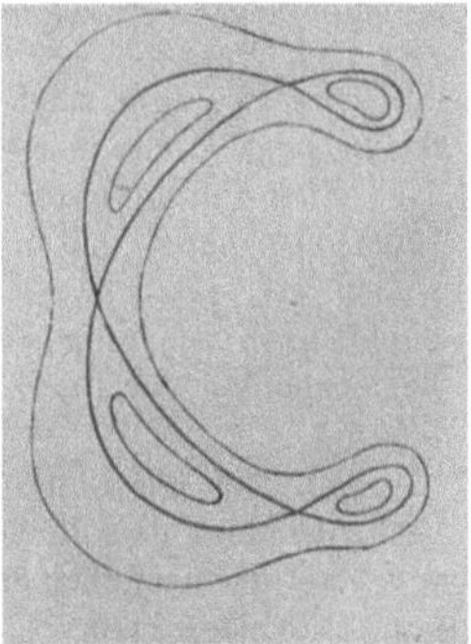

Abb. 5.42: *Plückers Beispiel zu vierteiligen Kurven[1925]*

Die aus vier Komponenten bestehende Kurve genügt der Gleichung

$$(y^2 - x^2)(x - 1)(x - \tfrac{3}{2}) - 2\{y^2 + x(x - 2)\}^2 = 0.$$

Allgemein beschreibt $(y^2 - x^2)(x - 1)(x - \tfrac{3}{2}) - 2\{y^2 + x(x - 2)\}^2 = k$ Kurven, die die Plückersche Kurve als Grenzfall enthalten: Je kleiner k betragsmäßig ist, desto besser nähern sie sich ihnen an. Je nach Vorzeichen von k liegen diese Kurven innerhalb der Plückerschen oder außerhalb (wie in Abbildung 5.42). Das Beispiel zeigt zudem, dass die 28 Doppeltangenten einer Kurve vierter Ordnung ohne Singularitäten alle reell sein können.[1926]

Das Verhalten von Kurven vierter Ordnung auf der Ferngeraden ist ein wichtiges Unterscheidungsmerkmal. Es ergeben sich folgende Möglichkeiten, wobei wieder deutlich wird, dass die Anzahl der Fälle gegenüber den Kurven dritter Ordnung

---

[1924] Modern gesprochen geht es um die Anzahl der Zusammenhangskomponenten (in der projektiven Ebene).

[1925] Salmon-Fiedler 1873a, 269. Vgl. Plücker 1839, 257 Figur 40. In obiger Abbildung 5.42 werden zusätzlich zwei Vorstufen der fraglichen Kurve dargestellt; diese ergibt sich dadurch, dass sich die Schlaufen abschnüren.

[1926] Jedes Oval besitzt eine es selbst berührende Doppeltangente und je zwei Ovale vier.

zunimmt.[1927] Der Schnitt einer Kurve vierter Ordnung mit der Ferngeraden kann erfolgen[1928]

> a) in vier reellen Punkten,
> b) in zwei reellen und zwei nicht reellen,
> c) in vier nicht reellen,
> d) in zwei zusammenfallenden und zwei reellen,
> e) in zwei zusammenfallenden und zwei nicht reellen,
> f) zweimal in zwei zusammenfallenden Punkten, welche reell sind, oder
> g) welche nicht reell sind,
> h) in drei zusammenfallenden Punkten und einem einzelnen reellen Punkte,
> i) in vier zusammenfallenden Punkten;

Die Hesse-Kurve einer Kurve vierter Ordnung ist von sechster Ordnung, es gibt folglich maximal 24 reelle Wendepunkte bei Kurven vierter Ordnung.

Doppeltangenten, also Tangenten, die die Kurve in zwei verschiedenen Punkten berühren, spielen bei Kurven vierter Ordnung eine zentrale Rolle – vergleichbar derjenigen der Wendetangenten bei Kurven dritter Ordnung. Wählt man zwei Doppeltangenten einer Kurve vierter Ordnung als die Achsen $x_1 = 0$ und $x_2 = 0$, so lässt sich die Gleichung der Kurve auf die Form

$$x_1 x_2 U = \left(x_3{}^2 + a x_2 x_3 + b x_2{}^2 + c x_1 x_3 + d x_1{}^2\right)^2$$

oder kurz

$$x_1 x_2 U = V^2$$

bringen, wobei $U = 0$, $V = 0$ die Gleichungen von Kegelschnitten in homogenen Koordinaten sind. Hieraus folgt durch Umformen der linken Seite der Satz,

> [...] durch die vier Berührungspunkte von irgend zwei Doppeltangenten einer Curve vierter Ordnung können fünf Kegelschnitte beschrieben werden, von denen jeder durch die vier Berührungspunkte zweier anderer Doppeltangenten geht.[1929]

Da eine Kurve vierter Ordnung ohne Singularitäten 28 Doppeltangenten besitzt, existieren 378 Paare von Doppeltangenten. Nach dem obigen Satz liefert jedes Paar fünf Kegelschnitte, was insgesamt 1890 Kegelschnitte ergibt. Allerdings wird dabei jeder Kegelschnitt sechsfach gezählt. Das liegt daran, dass durch die vier

---

[1927] Salmon-Fiedler 1873a, 271. Die Fälle d) – g) können noch weiter unterteilt werden
[1928] Salmon-fiedler 1873a, 271.
[1929] Salmon-Fiedler 1873a, 278.

Berührungspunkte, die den Kegelschnitt festlegen, sechs Paare von Doppeltangenten hindurchgehen. Also gibt es „315 Kegelschnitte, von denen jeder durch die vier Berührungspunkte von vier Doppeltangenten einer Curve vierter Ordnung geht."[1930]

Im Folgenden wird dann ganz im Stile Cayleys ein symbolischer Kalkül entwickelt, um die Verhältnisse bzgl. der Doppeltangenten übersichtlicher zu machen. Ausgangspunkt sind die acht Zeichen 1, 2, 3, …, 8 (sie stehen für Berührpunkte); die 28 Paare 12, 13, …, 78 bezeichnen dann die Doppeltangenten.[1931] Zudem sollen die Zeichen so gewählt sein, dass die Symbole 12, 34, 56 und 78 vier Doppeltangenten bezeichnen, deren acht Berührungspunkte auf einem Kegelschnitt liegen; allgemein soll das für die vier Paare gelten, in denen jede Ziffer genau einmal auftritt. Insgesamt gibt es 105 Möglichkeiten für solche Vierergruppen (Tetraden genannt bei Salmon-Fiedler). Es verbleiben noch 210 Kegelschnitte, die nicht durch solche Tetraden dargestellt werden. Für diese werden dann zyklische Vertauschungen in den Tetraden vorgenommen. Es ergibt sich schließlich eine Tabelle, die die geometrischen Beziehungen der Doppeltangenten einer Kurve vierter Ordnung wiedergibt.[1932]

Die Zeichen in der ersten Spalte der Tabelle sind nicht etwa Runen, sondern eine Erfindung Cayleys, um die durch die Ziffern ausgedrückten Verbindungen – letztlich geht es ja um Berührungspunkte, die durch Tangenten miteinander verbunden werden – darzustellen[1933]:

[1930] Salmon-Fiedler 1873a, 278. In einer ausführlichen Anmerkung (p. 462 n. 50) wird darauf verwiesen, dass die angegebene analytische Darstellung auf Plücker zurückgehe (vgl. Plücker 1839, 245f), dieser aber einen Fehler beim Abzählen der Kegelschnitte gemacht habe, weshalb die von ihm ermittelte Anzahl falsch sei. Zudem wird erwähnt, dass die Ausführungen über Doppeltangenten auf einem Manuskript von Cayley beruhten, das dem Verfasser – also Salmon – zur Verfügung stand.

[1931] Die Paare mn und nm bezeichnen dieselbe Doppeltangente, nämlich diejenige, die die Kurve in den Punkten m und n berührt. Paare mit zwei gleichen Einträgen mm sind folglich auszuschließen, da sie keine Doppeltangenten darstellen.

[1932] Salmon-Fiedler 1873a, 285.

[1933] Salmon-Fiedler 1873a, 286. Heinrich Weber hat Fiedler brieflich eine Ergänzung dieser Tabelle vorgeschlagen, die letzterer in der zweiten Auflage der ebenen Kurven übernahm (Salmon-Fiedler 1883, 306). Vgl. 9.2.6.

Geometrisches Zeichen.	Repräsentierendes Glied.	Zahl der Glieder.		Geometrischer Charakter.
I	12.	28	28	Doppeltangenten.
V II	12. 13. 12. 34.	168 210 }	378	Paare von Doppeltangenten.
⊔ III	12. 23. 34. 12. 34. 56.	840 420 }	1260	Triaden von Doppeltangenten, deren 6 Berührungspunkte einem Kegelschnitt angehören.
△ VI Ѱ	12. 23. 31. 12. 23. 45. 12. 23. 14.	56 1680 280 }	2016 3276	Triaden, deren 6 Berührungspunkte nicht in einem Kegelschnitt liegen.
IIII □	12. 34. 56. 78. 12. 23. 34. 41.	105 210 }	315	Tetraden von Doppeltangenten, deren 8 Berührungspunkte in einem Kegelschnitte liegen.
IIV I⊔ ⊔Γ △⁄ Ѱ\	12. 34. 56. 67. 12. 34. 45. 56. 12. 23. 34. 45. 12. 23. 31. 14. 12. 13. 14. 45.	2520 5040 3360 840 3360 }	15120	Tetraden von Doppeltangenten, für welche 6 der 8 Berührungspunkte auf einem Kegelschnitt liegen.
I△ Ⱶ IѰ VV	12. 34. 45. 53. 12. 13. 14. 15. 12. 34. 35. 36. 12. 13. 45. 46.	560 280 1680 2520 }	5040 20475	Tetraden von Doppeltangenten, für welche keine 6 der 8 Berührungspunkte auf einem Kegelschnitt gelegen sind.

Die beigefügten geometrischen Zeichen setzen voraus, dass die Zeichen 1, 2, 3, 4, 5, 6, 7, 8 als Punkte betrachtet werden und dass jedes Paar derselben durch eine die zwei entsprechenden Punkte verbindende Gerade angezeigt wird. So ist △ das Symbol für das Glied 12. 23. 31. Mit Hilfe dieser Bezeichnung können wir sogleich übersehen, dass das Symbol irgend einer Gruppe in dem System von 15120 Gliedern eines der Symbole III, ⊔ enthalten muss, d. h. dass unter den 8 Berührungspunkten der Doppeltangenten einer Gruppe immer 6 sind, welche auf einem Kegelschnitt liegen; während dagegen in den geometrischen Zeichen der Gruppen des Systems von 5040 Gruppen der letzten Art die Zeichen III, ⊔ nicht als Theile auftreten.

In demselben Sinne können dann die folgenden beiden Gruppen von Hexaden von Doppeltangenten aufgestellt und bezeichnet werden.

Geometrisches Zeichen.	Repräsentierendes Glied.						Zahl der Glieder.	
△ △ I Ѱ V V	12. 12. 12.	23. 34. 13.	31. 35. 14.	45. 36. 56.	56. 37. 57.	64. 38. 58.	280 168 560 }	1008
⊠ ○ I⋁	12. 12. 12.	23. 23. 31.	31. 34. 35.	14. 45. 36.	45. 56. 67.	51. 61. 68.	840 1680 2520 }	5040

Diese Hexaden, das sind Sechsergruppen von Doppeltangenten, hängen mit einem Problem zusammen, das von L. O. Hesse und J. Steiner untersucht worden war, nämlich sechs Doppeltangenten zu finden, deren zwölf Berührungspunkte auf nicht-ausgearteten Kurven dritter Ordnung liegen. In der ersten Zeile sind die Möglichkeiten aufgeführt, bei denen keine sechs der zwölf Berührpunkte auf einem Kegelschnitt liegen; in der zweiten Zeile zerfallen die Berührungspunkte in zwei Gruppen zu sechs Punkten, die sich jeweils auf einem Kegelschnitt befinden. 1008 bzw. 5040 ist die Gesamtzahl der Möglichkeiten.

Aus unserer heutigen Sicht muten solche Ergebnisse wohl eher merkwürdig an; sie zeigen aber deutlich, wofür sich die mathematische Gemeinschaft jener Zeit interessierte – wir würden vielleicht sagen, für die Analyse einer Menge von wenig strukturierten Einzelergebnissen und das Durchrechnen derselben.[1934] Zudem wird Cayley's origineller Stil[1935], den man, wie wir gesehen haben, auf dem Kontinent eher befremdlich fand, eindrücklich illustriert.

Das Kapitel über Kurven vierter Ordnung bringt noch viele weitere Themen, u.a. auch Kurvenbüschel. Die Liebe zum Detail, die wir schon an vielen Stellen gesehen haben, illustriert einmal mehr folgender Hinweis:

> Aronhold hat bewiesen, dass für sieben willkürlich gegebene gerade Linien eine Curve vierter Ordnung gefunden werden kann, die dieselben zu Doppeltangenten hat und dass deren andere Doppeltangenten durch lineare Constructionen bestimmbar sind.[1936]

Auch die Erzeugung von Kurven vierter Ordnung kommt zur Sprache. Ist die Gleichung eines Kegelschnitts gegebenen, so ersetze man in dieser die (homogenen) Variablen durch ihre Kehrwerte. Dieser Prozess, manchmal Inversion (im weiteren Sinne)[1937] genannt, liefert die Gleichung einer Kurve vierter Ordnung. Geometrisch gesehen läuft das darauf hinaus, dem zu den homogenen Koordinaten gehörigen Fundamentaldreieck einen Kegelschnitt einzubeschreiben, etwa eine Ellipse, und dann durch Einsetzen der Kehrwerte der Variablen zu invertieren.[1938] Es ergeben sich verschiedene Arten von Kurven:

[1934] Vgl. den Exkurs über Invariantentheorie am Anfang dieses Kapitels und das Fazit in 5.5.

[1935] Auch Sylvester hat einmal im Zusammenhang mit Fragen der Chemie eine Art graphischer Kalkül erfunden.

[1936] Salmon-Fiedler 1873a, 287. In der zugehörigen Anmerkung 53 wird auf die Abhandlung „Ueber den gegenseitigen Zusammenhang der 28 Doppeltangenten einer allgemeinen Curve vierten Grades" von S. Aronhold verwiesen, erschienen in den Berliner Monatsberichten 1864.

[1937] Nicht zu verwechseln mit der Inversion am Kreis, seinerzeit auch Transformation durch reziproke Radien (auch: Radius vectoren) genannt; vgl. weiter unten in diesem Abschnitt und 5.4.4, wo es um einen Zusammenhang mit Cremona-Transformationen geht. Dort wird auch erläutert, wie die beiden Begriffe von Inversion zusammenhängen.

[1938] Vgl. Salmon-Fiedler 1873a, 316 – 317. „Invertieren" ist hier also in dem bereits erwähnten allgemeineren Sinne gebraucht. Genaueres hierzu weiter unten in diesem Kapitel.

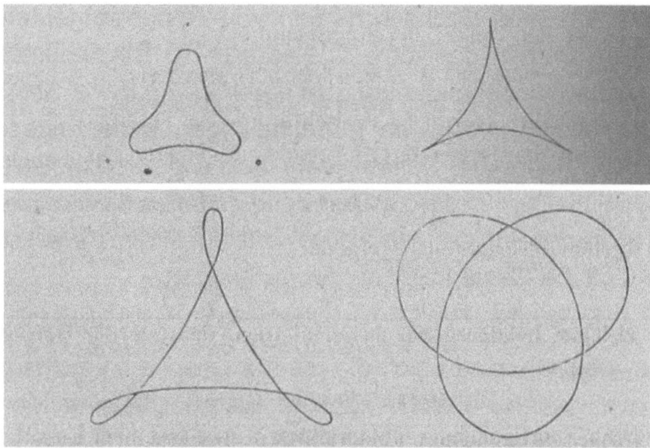

Abb. 5.43: *Verschiedene Kurven vierter Ordnung*[1939]

Überraschend ist eigentlich, dass die allgemeine Gleichung der Kurve vierter Ordnung erst sehr spät in diesem Kapitel auftritt:

$$a\,x_1^{\,4} + b\,x_2^{\,4} + c\,x_3^{\,4} + 6\,f x_2^{\,2} x_3^{\,2} + 6\,g x_3^{\,2} x_1^{\,2} + 6\,h x_1^{\,2} x_2^{\,2}$$
$$+ 12\,l x_1^{\,2} x_2 x_3 + 12\,m x_2^{\,2} x_3 x_1 + 12\,n x_3^{\,2} x_1 x_2$$
$$+ 4\,a_2 x_1^{\,3} x_2 + 4\,a_3 x_1^{\,3} x_3$$
$$+ 4\,b_1 x_2^{\,3} x_1 + 4\,b_3 x_2^{\,3} x_3 + 4\,c_1 x_3^{\,3} x_1 + 4\,c_2 x_3^{\,3} x_2 = 0.$$

Abb. 5.44: *Allgemeine Gleichung der Kurve vierter Ordnung*[1940]

Sie bildet den Auftakt des Abschnitts über Invarianten und Covarianten von Kurven vierter Ordnung. Dessen Charakter mögen die folgenden beiden Seiten illustrieren:

[1939] Salmon-Fiedler 1873a, 318. Man beachte: In der Figur oben links gibt es drei isolierte Punkte.
[1940] Salmon-Fiedler 1873a, 325. Sonderfälle dieser Gleichung (z. B. für eine Kurve vierter Ordnung mit einem Berührungsknoten) finden sich schon vorher (p. 323). Anders als bei den Kurven dritter Ordnung wird jetzt doch teilweise die Indexschreibweise verwendet.

$$abc\,(fgh - fl^2 - gm^2 - hn^2 + 2\,lmn) + bc\,\{l^4 - l^2gh$$
$$+ 2\,(gm - nl)\,a_2 l + 2\,(hn - ml)\,a_3 l + (n^2 - fg)\,a_2^2$$
$$+ (m^2 - fh)\,a_3^2 + 2\,(fl - mn)\,a_2 a_3\} + \cdot\cdot$$
$$- (af^2 + bg^2 + ch^2)\,(fgh - fl^2 - gm^2 - hn^2 + 4\,lmn)$$
$$+ 3\,(afm^2n^2 + bgn^2l^2 + chl^2m^2) + 2\,af^2\,(b_1 gn + c_1 hm) + \cdot\cdot$$
$$- 2\,af\,(b_1 n^3 + c_1 m_3) - \cdot\cdot + 2\,afl\,(b_3 n^2 + c_2 m^2) + \cdot\cdot$$
$$- 2\,afmn\,(b_3 g + c_2 h) - \cdot\cdot - 2\,a\,(b_3 mn^3 + c_2 m^3 n) - \cdot\cdot$$
$$+ a\,(b_3^2 gn^2 + c_2^2 hm^2) + \cdot\cdot + 2\,afl\,(mb_3 c_1 + nb_1 c_2) + \cdot\cdot$$
$$+ 2\,amn\,(mb_3 c_1 + nb_1 c_2) + \cdot\cdot - 2\,af\,(hnb_3 c_1 + gmb_1 c_2) - \cdot\cdot$$
$$+ 2\,(fgh + lmn)\,(ab_3 c_2 + bc_1 a_3 + ca_2 b_1) - 2\,afl^2 b_3 c_2 - \cdot\cdot$$
$$- 2\,(af^2 lb_1 c_1 + bg^2 mc_2 a_2 + ch^2 na_3 b_3)$$
$$- 2\,ab_3 c_2\,(b_1 gn + c_1 hm) - \cdot\cdot + 2\,ab_1 c_1\,(c_2 m^2 + b_3 n^2) + \cdot\cdot$$
$$- 2\,al\,(mb_1 c_2^2 + nc_1 b_3^2) - \cdot\cdot + a\,(hb_3^2 c_1^2 + gb_1^2 c_2^2) + \cdot\cdot$$
$$+ afb_1^2 c_1^2 + \cdot\cdot + 2\,alb_3 c_2 b_1 c_1 + \cdot\cdot$$
$$- 2\,ab_1 c_1\,(mc_1 b_3 + nb_1 c_2) - \cdot\cdot + 2\,f^2 g^2 h^2$$
$$- fgh\,(fl^2 + gm^2 + hn^2) + 10\,fghlmn - (fl^2 + gm^2 + hn^2)^2$$
$$+ 2\,lmn\,(fl^2 + gm^2 + hn^2) - l^2 m^2 n^2$$
$$+ 2\,(b_1 gn + c_1 hm)\,(gm^2 + hn^2 - 2\,fl^2 - fgh - lmn) + \cdot\cdot$$
$$+ (gh - l^2)\,(b_3 g - c_2 h)^2 + \cdot\cdot + 2\,a_2 a_3 f^2\,(2\,mn - fl) + \cdot\cdot$$
$$+ 2\,lb_1 c_1\,(fgh + lmn + fl^2 - gm^2 - hn^2) + \cdot\cdot$$
$$- 2\,ghmnb_1 c_1 - \cdot\cdot + 2\,(b_1 c_2 gm + b_3 c_1 hn)\,(gh + 2\,l^2) + \cdot\cdot$$
$$- 2\,(a_2^2 c_1 f^2 m + b_3^2 a_2 g^2 n + c_1^2 b_3 h^2 l + a_3^2 b_1 f^2 n + b_1^2 c_2 g^2 l + c_2^2 a_3 h^2 m)$$
$$+ 2\,fmn\,(a_2^2 c_2 + a_3^2 b_3) + \cdot\cdot$$
$$- 2\,(a_2 b_3 c_1 + a_3 b_1 c_2)\,(fl^2 + gm^2 + hn^2 + lmn)$$
$$- 2\,fa_2 a_3\,(c_2 m^2 + b_3 n^2) - \cdot\cdot + 2\,(fl - mn)\,(gb_1 c_2 a_2 + hc_1 a_3 b_3) + \cdot\cdot$$
$$- (l^2 b_1^2 c_1^2 + m^2 c_2^2 a_2^2 + n^2 a_3^2 b_3^2)$$
$$+ 2\,(b_3 c_1 a_2 - c_2 a_3 b_1)\,(b_3 gl + c_1 hm + a_2 fn - c_2 hl - a_3 fm - b_1 gn)$$
$$+ 2\,(b_1 c_1 a_2 a_3 f^2 + c_2 a_2 b_3 b_1 g^2 + a_3 b_3 c_1 c_2 h^2)$$
$$- 2\,gh\,(b_3^2 a_3 c_1 + c_2^2 a_2 b_1) - \cdot\cdot + (4\,fl - 2\,mn)\,c_2 a_2 a_3 b_3 + \cdot\cdot$$
$$+ 2\,(a_2 b_3 c_1 + a_3 b_1 c_2)\,(lb_1 c_1 + mc_2 a_2 + na_3 b_3)$$
$$- (a_2 b_3 c_1 + a_3 b_1 c_2)^2$$

297. In der Bezeichnung der Art. 224., 294. ist der Werth von **B**

$$r\,(d^3)\,(b^2) - r\,(d^2 c^2 b) + r\,(dc^4) - (d^3)\,(ba^2) + (d^2 c^2 a^2)$$
$$+ 2\,(d^2 cb^2 a) - (b^2)(d^2 b^2) - 2\,(dc^3 ba) + (dc^2 b^3) - (c^2 b)^2$$

mit folgenden Werthen der einzelnen Theile

$$(d^3) = d_0 d_2 d_4 + 2 d_1 d_2 d_3 - d_0 d_3^2 - d_4 d_1^2 - d_2^3;$$
$$(d^2 c^2 b) = b_0 \{c_3^2 (d_0 d_2 - d_1^2) + 2 c_3 c_2 (d_1 d_2 - d_0 d_3)$$
$$+ 2 c_1 c_3 (d_1 d_3 - d_2^2) + c_2^2 (d_0 d_4 - d_2^2) + 2 c_1 c_2 (d_2 d_3 - d_1 d_4)$$
$$+ c_1^2 (d_2 d_4 - d_3^3)\} + b_2 \{c_0^2 (d_2 d_4 - d_3^2) + 2 c_0 c_1 (d_2 d_3 - d_1 d_4)$$
$$+ 2 c_0 c_2 (d_1 d_3 - d_2^2) + c_1^2 (d_0 d_4 - d_2^2) + 2 c_1 c_2 (d_1 d_2 - d_0 d_3)$$
$$+ c_2^2 (d_0 d_2 - d_1^2)\} - 2 b_1 \{c_0 c_1 (d_2 d_4 - d_3^2)$$
$$+ c_0 c_2 (d_2 d_3 - d_1 d_4) + c_0 c_3 (d_1 d_3 - d_2^2) + c_1^2 (d_2 d_3 - d_1 d_4)$$
$$+ c_1 c_2 (d_0 d_4 + d_1 d_3 - 2 d_2^2) + (c_1 c_3 + c_2^2)(d_1 d_2 - d_0 d_3)$$
$$+ c_2 c_3 (d_0 d_2 - d_1^2)\};$$

hieraus entsteht $(d^2 c^2 a^2)$, indem man $a_0^2, a_1^2, a_0 a_1$ für b_0, b_2, b_1 einsetzt. Sodann

$$(d c^4) = d_0 (c_1 c_3 - c_2^2)^2 - 2 d_0 (c_0 c_3 - c_1 c_2)(c_1 c_3 - c_2^2)$$
$$+ d_2 \{(c_0 c_3 - c_1 c_2)^2 + 2 (c_0 c_2 - c_1^2)(c_1 c_3 - c_2^2)\}$$
$$- 2 d_3 (c_0 c_2 - c_1^2)(c_0 c_3 - c_1 c_2) + d_1 (c_0 c_2 - c_1^2)^2;$$
$$(b a^2) = b_2 a_0^2 - 2 b_1 a_0 a_1 + b_0 a_1^2; \quad (d^2 c b^2 a) = \{b_0 a_1 c_1$$
$$- b_1 (a_1 c_0 + a_0 c_1) + b_2 a_0 c_0\} P + \{b_0 a_1 c_2 - b_1 (a_1 c_1 + a_0 c_2)$$
$$+ b_2 a_0 c_1\} Q + \{b_0 a_1 c_3 - b_1 (a_1 c_2 + a_0 c_3) + b_2 a_0 c_2\} R$$

mit den Werthen

$$P = b_0 (d_2 d_4 - d_3^2) - b_1 (d_1 d_4 - d_2 d_3) + b_2 (d_1 d_3 - d_2^2),$$
$$Q = b_0 (d_2 d_3 - d_1 d_4) - b_1 (d_2^2 - d_0 d_4) + b_2 (d_1 d_2 - d_0 d_3),$$
$$R = b_0 (d_1 d_3 - d_2^2) - b_1 (d_0 d_3 - d_1 d_2) + b_2 (d_0 d_2 - d_1^2).$$

Ferner

$$(d^2 b^2) = (d_2 d_4 - d_3^2) b_0^2 + (d_0 d_4 - d_2^2) b_1^2 + (d_0 d_2 - d_1^2) b_3^2$$
$$+ 2 b_1 b_2 (d_1 d_2 - d_0 d_3) + 2 b_2 b_0 (d_1 d_3 - d_2^2) + 2 b_0 b_1 (d_2 d_3 - d_1 d_4);$$
$$(d c^3 b a) = a_0 \{P (c_1 c_3 - c_2^2)$$
$$+ Q (c_2 c_1 - c_0 c_3) + R (c_0 c_2 - c_1^2)\} + a_1 \{P' (c_0 c_2 - c_1^2)$$
$$+ Q' (c_1 c_2 - c_0 c_3) + R' (c_1 c_3 - c_2^2)\} \text{ mit den Werthen}$$
$$P = b_0 (c_2 d_2 - c_3 d_1) + b_1 (c_3 d_0 - c_1 d_2) + b_2 (c_1 d_1 - c_2 d_0),$$
$$Q = b_0 (c_2 d_3 - c_3 d_2) + b_1 (c_3 d_1 - c_1 d_3) + b_2 (c_1 d_2 - c_2 d_1),$$
$$R = b_0 (c_2 d_4 - c_3 d_3) + b_1 (c_3 d_2 - c_1 d_4) + b_2 (c_1 d_3 - c_2 d_2),$$
$$P' = b_0 (c_2 d_3 - c_1 d_4) + b_1 (c_0 d_4 - c_2 d_2) + b_2 (c_1 d_2 - c_0 d_3),$$
$$Q' = b_0 (c_2 d_2 - c_1 d_3) + b_1 (c_0 d_3 - c_2 d_1) + b_2 (c_1 d_1 - c_0 d_2),$$
$$R' = b_0 (c_2 d_1 - c_1 d_2) + b_1 (c_0 d_2 - c_2 d_0) + b_2 (c_1 d_0 - c_0 d_1).$$

Endlich

$$(d c^2 b^3) = d_0 \{c_3^2 b_0 b_1^2 - 2 c_3 c_2 (b_0 b_1 b_2 + b_1^3) + 2 c_3 c_1 b_1^2 b_2$$
$$+ c_2^2 (b_0 b_2^2 + 3 b_2 b_1^2) - 4 c_1 c_2 b_1 b_2^2 + b_2^3 c_1^2\}$$
$$- 2 d_1 \{c_3^2 b_0^2 b_1 - c_3 c_2 (b_0^2 b_2 + 2 b_0 b_1^2) + c_3 c_0 b_1^2 b_2$$
$$+ 2 c_2^2 b_0 b_1 b_2 + c_2 c_1 b_1^2 b_2 - 2 c_0 c_2 b_1 b_2^2 - c_1^2 b_1 b_2^2 + c_0 c_1 b_2^3\}$$
$$+ d_2 \{c_3^2 b_0^3 - 2 c_3 c_1 (b_0^2 b_2 + 2 b_0 b_1^2) + 2 c_3 c_0 (b_1^3 + b_0 b_1 b_2)$$

$$- c_2^2 (b_0 b_2^2 + 2 b_0 b_1^2) + 2 c_1 c_2 (b_1^3 + 5 b_0 b_1 b_2)$$
$$- 2 c_2 c_0 (b_0 b_2^2 + 2 b_2 b_1^2) - c_1^2 (b_0 b_2^2 + 2 b_2 b_1^2) + c_0^2 b_2^3\}$$
$$- 2 d_3 \{c_0^2 b_2^2 b_1 - c_0 c_1 (b_0 b_2^2 + 2 b_2 b_1^2) + c_0 c_3 b_0 b_1^2$$
$$+ 2 c_1^2 b_0 b_1 b_2 + c_1 c_2 b_0 b_1^2 - 2 c_1 c_3 b_0^2 b_1 - c_2^2 b_1 b_0^2 + c_2 c_3 b_0^3\}$$
$$+ d_4 \{c_0^2 b_2 b_1^2 - 2 c_0 c_1 (b_0 b_1 b_2 + b_1^3) + 2 c_0 c_2 b_1^2 b_0$$
$$+ c_1^2 (b_0^2 b_2 + 3 b_0 b_1^2) - 4 c_0 c_1 b_1 b_0^2 + b_0^3 c_2^2\}; \text{ und}$$
$$(c^2 b) = b_2 (c_0 c_2 - c_1^2) - b_1 (c_0 c_3 - c_1 c_2) + b_0 (c_1 c_3 - c_2^2).$$

Abb. 5.45: *Berechnung von Invarianten bei Kurven vierter Ordnung*[1941]

[1941] Salmon-Fiedler 1873a, 329 – 330.

Es geht dabei um die Berechnung einer Invarianten **B**, die von Clebsch eingeführt wurde. Verschwindet **B,** so lässt sich die Gleichung der Kurve vierter Ordnung auf folgende Form bringen[1942]: $p^4 + q^4 + r^4 + s^4 + t^4 = 0$.

5.4.4 Transzendente Kurven, Transformationen

Im anschließenden siebten (und drittletzten) Kapitel der „Höheren ebenen Curven" geht es um transzendente Kurven. Hier werden, nachdem erklärt wurde, dass es keine allgemeine Theorie dieser Kurven geben könne, einige interessante Beispiele mehr oder weniger ausführlich dargestellt, teilweise auch versehen mit historischen Hinweisen in den Zusätzen. Dazu gehören z.B. die Zykloiden und die Trochoiden, die Spiralen, die Kettenlinie, die Traktrix und die Verfolgungskurven.

Während das Kapitel über transzendente Kurven den Charakter einer Zusammenstellung konkreter Beispiele aufweist, sind die beiden letzten Kapitel wieder stärker theoretisch-strukturierend. In diesen geht es nämlich um Transformationen, genauer gesagt aus heutiger Sicht um Cremona-Transformationen, und nochmals um die allgemeine Theorie der Kurven.

Cremona-Transformationen haben eine geometrische und eine algebraische Seite. Der geometrische Aspekt, nämlich Netze von Kurven n-ter Ordnung, wurde schon in Cremonas Buch zur Kurventheorie (1862) angesprochen.[1943] Dieses hatte einen großen Einfluss auf die Entwicklung der synthetischen Geometrie und war im Zusammenhang mit einer Preisfrage der Berliner Akademie entstanden; den ausgelobten Preis teilten sich L. Cremona und R. Sturm.

Cremona behandelt im Anhang seines Buches Netze von Kurven insbesondere Netze von Kegelschnitten.[1944] Ein Netz[1945] ist, vereinfacht gesagt, ein System von Kurven gleichen Grades mit zwei Freiheitsgraden (also eine Zwei-Parameter-Schar, ein Bündel). Dagegen ist ein Büschel – wie wir schon mehrfach gesehen haben - eines mit nur einem Freiheitsgrad (also eine Ein-Parameter-Schar). Beispielsweise ist ein Kegelschnitt durch fünf Punkte in allgemeiner Lage festgelegt. Also bilden alle Kegelschnitte durch vier Punkte in allgemeiner Lage ein Büschel, durch drei ein Netz. In seinem Buch interessierte sich Cremona für die Frage: Gegeben ein Netz von Kurven *n*-ter Ordnung. Kann man die Kurven

---

[1942] Vgl. Clebsch 1861 sowie Lüroth 1869 für weitere Eigenschaften der Kurven vierter Ordnung, deren Invariante **B** verschwindet.

[1943] Die deutsche Übersetzung des Buches von Cremona, angefertigt von M. Curtze, erschien 1865 und erregte wegen qualitativer Mängel das Missfallen von einigen Briefpartnern Fiedlers und von diesem selbst.

[1944] Vgl. Cremona 1865, 265 – 273 bzw. 274 - 279. Für eine moderne Darstellung (im Falle von Kegelschnitten) vgl. Glaeser/Stachel/Odehnal 2016, 283 – 308, zu Cremona-Transformationen daselbst pp. 329 – 350.

[1945] Vgl. Cremona 1865, 130.

dieses Netzes als erste Polaren einer Kurve ($n+1$)-ter Ordnung auffassen? Kurz: Besteht das Netz aus ersten Polaren? Die Antwort hängt von n ab: Ist $n > 2$, so lautet die Antwort nein. Ist $n = 2$, hat man es also mit einem Netz von Kegelschnitten zu tun, so ist die Antwort: ja.

> Alles in allem schlieszen wir also, dasz die Aufgabe „Gegeben ein Netz Kegelschnitte, man soll die Fundamentalcurve dritter Ordnung finden, in Bezug auf welche die Kegelschnitte die Polaren der Puncte der Ebene sind" eine, und zwar eine einzige Auflösung zuläszt, sobald das Netz kein Paar zusammenfallender Geraden enthält.[1946]

Etwas formaler kann man ein Netz[1947] so charakterisieren: Seien X_1, X_2, X_3 drei feste Kegelschnitte eines Netzes in einer Ebene. Ist X_0 ein vierter Kegelschnitt des Netzes, so lässt sich diese Kurve schreiben als $\lambda_1 X_1 + \lambda_2 X_2 + \lambda_3 X_3$ mit reellen Koeffizienten λ_1, λ_2 und λ_3. Die drei vorgegebenen Punkte, die mit dem Netz gegeben sind und durch die die Kegelschnitte X_1, X_2, X_3 folglich gehen, werden als Fundamental- oder Basispunkte des Netzes bezeichnet. Einer Geraden g entspricht dann ein Büschel von Kegelschnitten, wie wir gleich sehen werden.

Das achte Kapitel im Buch von Salmon-Fiedler, welches der „Transformation der Curven" gewidmet ist, beginnt mit einigen allgemeinen Ausführungen zum Thema Transformationen.[1948] Diese sind interessant, u.a. deshalb, weil sie die Vorstellungen verdeutlichen, die man zu jener Zeit hinsichtlich eines allgemeinen, modern gesprochen Abbildungsbegriffes hatte.

> Wir haben dafür im Allgemeinen die Correspondenz oder das Entsprechen zweier Punkte P, P^* zu betrachten, die ebensowohl in derselben Ebene als in verschiedenen Ebenen gedacht werden können. Im letzteren Falle können beide Ebenen als in einem gemeinsamen Raum liegend angesehen werden und es ist dann möglich, den Uebergang zwischen P und P^* durch geometrische Constructionen in diesem Raume zu vollziehen; die Methode der Projection bietet das einfachste Beispiel dieser Art, die gerade Verbindungslinie der entsprechenden Punkte P, P^*

[1946] Cremona 1865, 278 – 279. Für die sehr eigenwillige Orthographie des Buches entschuldigt sich der Übersetzer M. Curtze in seiner Vorrede. Er habe erst spät Kenntnis von dieser bekommen (nämlich nach Erhalt der beiden ersten bereits gedruckter Bögen) und habe deshalb keine Änderungen mehr vornehmen können; vgl. Cremona 1865, II.

[1947] Der Einfachheit halber beschränken wir uns hier auf Kegelschnitte.

[1948] In der darstellenden Geometrie war „Transformation" gebräuchlich für die Änderung der relativen Lage von Projektionszentrum, Bild- und Objektebene – etwa, um ein übersichtlicheres Bild zu erhalten (vgl. 4.2.5). Aber um 1870 herum ist „Transformation" auch schon in einem allgemeineren Sinne – nämlich als modern gesprochen Abbildung – zu finden. Ein Beispiel liefert Kleins „Erlanger Programm" (1872), wo er von „räumlichen Transformationen" redet; vgl. Klein 1893, 65. Allerdings sah sich Klein genötigt, diesen Begriff in einer Fußnote näher zu erläutern, was wohl darauf hindeutet, dass er in seiner allgemeinen Bedeutung 1882 noch nicht Allgemeingut geworden war. Zum Begriff der Transformation bei Poncelet und Möbius vgl. auch Friedelmeyer 2016.

geht immer durch einen gegebenen festen Punkt, das Centrum der Projection. Man erhält ein andres System der Transformation, indem man der Geraden *PP** die Bedingung auferlegt, zwei feste sich kreuzende Geraden zu schneiden[1949], etc.

Die Entwickelung dieser Theorie gehört der Geometrie des Raumes an.

An diesem Ort untersuchen wir die beiden Ebenen ohne Beziehung auf einen gemeinsamen Raum. Wir denken die Punkte jeder Ebene durch Coordinaten in Bezug auf ein willkürlich gewähltes System von Fundamental-Elementen bestimmt und nehmen an, dass zwischen den Coordinaten entsprechender Punkte eine bekannte algebraische Abhängigkeit bestehe, insbesondere also Gleichheit oder lineare Abhängigkeit, wie im Falle der projectivischen Transformationen, etc. In jedem Falle bestehen Sätze über die Beziehung beider Systeme im Allgemeinen und Sätze über die Beziehung derselben als in einer einzigen Ebene vereinigt. Um diese Beziehungen auszudrücken, sprechen wir *von zwei entsprechenden Figuren* – nämlich Systemen von Punkten, geraden Linien oder von Curven – in diesen Ebenen oder in derselben Ebene; oder auch, wir sprechen *von allen Punkten der Ebene und ihren entsprechenden.*

Die insbesondere genau untersuchte Art von Transformationen hat ihren wesentlichen Charakter darin, dass einer gegebenen Lage von *P* im Allgemeinen eine einzige Lage von *P** entspricht, und umgekehrt einer Lage *P** eine einzige von *P'*[1950]. Die projectivische ist der einfachste Fall derselben; man bezeichnet sie aber allgemein als die *rationale* oder auch die *birationale* Transformation.[1951]

Hier wird also der konkret-konstruktiven Art von Abbildung[1952], paradigmatisch vertreten durch die Zentralprojektion einer Ebene auf eine andere im Raum, eine abstraktere, gegenübergestellt, die mit Koordinaten arbeitet und die man

---

[1949] Kreuzend meint hier windschief. Es geht hier um die sogenannte Steinersche Projektion, mehr dazu unten.

[1950] Hier liegt ein Druckfehler vor, es sollte P heißen.

[1951] Salmon-Fiedler 1873a, 358 – 359. Um die Lesbarkeit zu verbessern wird hier der Bildpunkt mit *P** bezeichnet, Cremona verwendet den Apostroph, wie inder darstelenden Geometrie üblich.
Modern gesprochen scheint es hier um Bijektivität zu gehen, aber es wird mehr gefordert – nämlich, dass in beiden Richtungen nur rationale Funktionen eingehen. Zudem sind Ausnahmepunkte zugelassen. Die einschlägigen Arbeiten von Cremona zu Transformationen waren Cremona 1863 und Cremona 1865; der Ursprung der Theorie liegt – anders als im Text oben dargestellt – in der Beziehung zwischen Kurven. So gilt beispielsweise, dass jede rationale Kurve birational äquivalent einer Geraden ist. Birational heißt rational mit rationaler Umkehrung.

[1952] Dieser moderne Begriff kommt bei Salmon-Fiedler so nicht vor. Er wird hier verwendet, weil er für uns die Verständlichkeit der Ausführungen der Autoren erhöht. Bekanntlich kann man die Zentralprojektion einer Ebene auf eine andere vermöge Umlegung auf eine Zentralkollineation in einer Ebene zurückführen; gelernt hat man das in der darstellenden Geometrie (vgl. 4.2.4).

algebraisch nennen könnte. Die Algebra bietet somit den Ausweg, der es erlaubt, eine geometrische Interpretation zu umgehen.[1953]

Zu unterscheiden sind birationale Transformationen einer Ebene in eine andere von solchen, die Kurven mit Kurven, allgemein: Figuren mit Figuren, in Beziehung setzen. Letztere müssen keine birationalen Transformationen der ganzen die Kurven bzw. Figuren enthaltenen Ebenen bestimmen. Wir betrachten zunächst die Ersteren.

Konkret gehen Salmon-Fiedler so vor: Es seien zwei Ebenen E und E^* gegeben; diese werden mit Hilfe von trilinearen also von projektiven oder modern gesprochen homogenen Koordinaten[1954] beschrieben; auch ist die Verwendung von komplexen Zahlen erlaubt. Wir haben es dann mit einer Abbildung der Ebene E (eventuell minus Ausnahmenpunkte) auf die Ebene E^* zu tun, dabei werde der Punkt P mit den Koordinaten $x_1 : x_2 : x_3$ auf den Punkt P^* mit den Koordinaten $x_1' : x_2' : x_3'$ abgebildet. Die x_i' sollen rationale Funktionen der x_i sein. Somit ist der einfachste Fall, dass die x_i' lineare Funktionen der x_i sind. Der nächst einfachere Fall ist der, dass die x_i' „Functionen zweiten Grades in den Coordinaten von P sind"[1955]:

$$x_1' : x_2' : x_3' = X_1 : X_2 : X_3$$

mit homogenen Polynomen zweiten Grades X_i in den Variablen x_i. Die Gleichungen $X_i = 0$ stellen somit Kegelschnitte in E dar; in diesem Falle spricht man von quadratischen Transformationen. Auszunehmen aus E sind Punkte ($x_1 : x_2 : x_3$), für die gilt $X_1(x_1,x_2,x_3) = X_2(x_1,x_2,x_3) = X_3(x_1,x_2,x_3) = 0$. Hat man eine Gleichung zwischen den x_i, so liefert die Ersetzung der x_i durch X_i die entsprechende Gleichung des – modern gesprochen – Bildes. Insbesondere soll das Koordinatensystem in E^* so gewählt sein, dass die Geraden $x_i' = 0$ in E^* den Kegelschnitten $X_i = 0$ in E entsprechen.

In diesem Kontext gibt es eines der seltenen konkreten Beispiele bei Salmon-Fiedler. Es sei

$$x_1' : x_2' : x_3' = x_1^2 : x_2^2 : x_3^2$$

und $a_1 x_1' + a_2 x_2' + a_3 x_3' = 0$ die Gleichung einer Geraden in E^*.[1956] Dieser entspricht in E der Kegelschnitt $a_1 x_1^2 + a_2 x_2^2 + a_3 x_3^2 = 0$. Einem Kegelschnitt in E

[1953] Während es ja bei zwei Ebenen noch möglich ist, sich diese beiden in einem Raum vorzustellen, geht das bei zwei Räumen nur, wenn man bereit ist, einen vierdimensionalen Raum zu verwenden – ein Problem, das schon Möbius in seinem „Barycentrischen Calcul" (1827) ansprach; vgl. Volkert 2018, 4 und 11 -14. Es stellte sich ähnlich im Kontext der Reliefperspektive; vgl. 4.2.8.

[1954] Geschrieben werden diese hier in der Form $x_1 : x_2 : x_3$, Koordinaten von Bildpunkte werden wie bei Cremona durch Apostroph gekennzeichnet.

[1955] Salmon-Fiedler 1873a, 359.

[1956] In obiger Schreibweise wäre somit $X_i(x_1,x_2,x_3) = x_i^2$.

wird eine Kurve vierten Grades in E^* zugeordnet, was nochmals die Bezeichnung quadratische Transformation erklärt. Allerdings handelt es sich hier nicht um ein Beispiel für eine birationale Transformation.[1957]

Im Zusammenhang mit Kurven vierter Ordnung waren quadratische Cremona-Transformationen im Buch von Salmon-Fiedler[1958] schon zuvor aufgetreten, ohne dass diese Bezeichnung dort eingeführt worden wäre. Es wurde nämlich der spezielle Fall einer ebenen Kurve vierter Ordnung betrachtet, die drei Doppelpunkte A_1, A_2, A_3 besitzt, und gezeigt, dass deren Gleichung aus der Gleichung eines Kegelschnitts entsteht, wenn man darin die Variablen durch ihre inversen Werte ersetzt („Inversion (im weiteren Sinne)"[1959]). Nimmt man die drei Doppelpunkte als Fundamentalpunkte für trimetrische Koordinaten sowie zwei Punkte P und P^*, deren Koordinaten in den Beziehungen

$$x_1{'}: x_2{'}: x_3{'} = x_2 x_3: x_3 x_1: x_1 x_2$$

und

$$x_1: x_2: x_3 = x_2{'}x_3{'} : x_3{'}x_1{'} : x_1{'}x_2{'}$$

zueinander stehen, so lässt sich einem Punkt P folgendermaßen ein Punkt P^* zuordnen: Die Geraden PA_1 und P^*A_1 bilden unter der obigen Bedingung mit den Seiten des Fundamentaldreiecks, die in A_1 zusammentreffen, gleiche Winkel. Folglich sind P und P^* Brennpunkte einer Ellipse, die die Seiten des Fundamentaldreiecks berührt. Damit hat man – zumindest theoretisch – eine Möglichkeit zu gegebenem P das P^* zu konstruieren. Außer in Sonderfällen ist P^* eindeutig bestimmt. Die Sonderfälle ergeben sich, falls P eine Ecke des Fundamentaldreiecks ist. Dieser entspricht nämlich die komplette gegenüberliegende Seite des Dreiecks. Durchläuft P die Gerade $a_1 x_1{'} + a_2 x_2{'} + a_3 x_3{'} = 0$, so durchläuft P^* den Kegelschnitt $a_1 x_2{'}x_3{'} + a_2 x_3{'}x_1{'} + a_3 x_1{'}x_3{'} = 0$. Ist $a_1 = 0$, geht also die Gerade durch den Eckpunkt A_1, so zerfällt das Bild in zwei Geraden. Diese Erkenntnisse liefern die Möglichkeit, u. a. Kurven vierter Ordnung genauer zu untersuchen. Nimmt man beispielsweise einen Kegelschnitt, der dem Fundamentaldreieck einbeschrieben ist, so erhält man durch die geschilderte Inversion eine Quartik mit drei Spitzen, schneidet der Kegelschnitt die Seiten des Fundamentaldreiecks, so hat die zugehörige Kurve vierter Ordnung Knotenpunkte.

[1957] Die Steinersche Projektion liefert ein konkretes Beispiel für eine quadratische Cremona-Transformation. Deren Eigenschaften hatte schon Steiner untersucht; vgl. weiter unten.
[1958] Salmon-Fiedler 1873a, 315 – 325.
[1959] Nicht zu verwechseln mit der Inversion am Kreis, vgl. 5.4.3. (Kurven vierter Ordnung an Kegelschnitten). Im Folgenden wird die Transformation einer Ebene in sich betrachtet.

Die Sonderfälle der quadratischen Cremona-Transformation

$$x_1' : x_2' : x_3' = x_2 x_3 : x_3 x_1 : x_1 x_2$$

ergeben sich in diesem Kontext durch Spezialisierung der Kurve vierter Ordnung. Diese hatte ja nach Voraussetzung drei Doppelpunkte, welche durch einen Berührknoten nebst Doppelpunkt oder durch einen Oskulationsknoten ersetzt werden können. Dann nimmt die Transformation die besonderen Formen an, die weiter unten aufgeführt werden.[1960]

Einen rein geometrischen Zugang zu einer quadratischen Cremona-Transformationen liefert, entsprechend interpretiert, die Inversion am Kreis, die „Transformation durch reciproke Radien vectoren".[1961] Nimmt man den Einheitskreis um den Ursprung als Inversionskreis, so gelten bekanntlich in gewöhnlichen kartesischen Koordinaten die Beziehungen:

$$x' = \frac{x}{x^2+y^2};\ y' = \frac{y}{x^2+y^2};\ x = \frac{x'}{x'^2+y'^2};\ y = \frac{y'}{x'^2+y'^2}$$

Hieraus ergibt sich

$$x' + \mathrm{i}y' = \frac{1}{x-\mathrm{i}y};\ x' - \mathrm{i}y' = \frac{1}{x+\mathrm{i}y}$$

Setzt man $x_1 : x_2 : x_3$ gleich $(x-\mathrm{i}y) : (x+\mathrm{i}y) : 1$ und $x_1' : x_2' : x_3'$ gleich $(x'+\mathrm{i}y') : (x'-\mathrm{i}y') : 1$, so ergibt sich die Transformation

$$(*)\ x_1' : x_2' : x_3' = x_2 x_3 : x_3 x_1 : x_1 x_2.$$

Ersichtlich handelt es sich hier um eine rationale quadratische Transformation. Deren Umkehrung erhält man, indem man die Rollen der gestrichenen und der ungestrichenen Größen vertauscht – die Inversion ist selbstinvers. Im Weiteren führen Salmon-Fiedler die bekannten Eigenschaften der Inversion am Kreis auf – etwa, was die Bilder von Kreisen sind, die das Inversionszentrum treffen, etc.[1962] Offensichtlich gehörte die Inversion am Kreis und ihre Eigenschaften in jener Zeit noch nicht zum mathematischen Standardwissen. In einer Reihe von Beispielen[1963] soll die Inversion angewendet, etwa in folgendem:

> Der einem Dreieck aus drei Parabeltangenten umgeschriebene Kreis geht durch den Brennpunkt der Parabel. Wenn drei Kreise eine Cardioide

---

[1960] Salmon-Fiedler 1873a, 322 – 324.
[1961] Salmon-Fiedler 1873a, 363.
[1962] Für eine moderne Darstellung der Inversion am Kreis – aufgefasst als Abbildung von P_2C nach P_2C – vgl. man Aumann 2015, 57 – 83, Glaeser/Stachel/Odehnal 2016, 345 – 350 oder Halbeisen/Hunderbüchler/Läuchli 2016, 99 -115.
[1963] Vgl. Salmon-Fiedler 1873a, 364 – 365.

berühren und durch ihre Spitze gehen, so liegen ihre drei zweiten Durchschnittspunkte in einer geraden Linie.[1964]

Die quadratische Transformation (*) lässt eine weitere geometrische Deutung zu, welche als Steinersche Projektion bekannt ist.[1965] Gegeben seien zwei windschiefe Geraden l_1 und l_2 sowie die Ebenen E und E^* nebst einem Punkt P in E; keine der beiden Geraden soll in einer der gegebenen Ebenen liegen. Dann bestimmt P mit den beiden windschiefen Geraden l_1 und l_2 jeweils eine Ebene, deren Schnitt ist eine Gerade l, die natürlich durch P geht. Nun ordne man P den Schnittpunkt P* von l mit E^* zu. Ist g eine Gerade in E, die windschief zu l_1 und zu l_2 ist, so legen die drei Geraden g, l_1 und l_2 ein einschaliges Hyperboloid fest, dessen Schnitt mit E^* ein Kegelschnitt ist. Folglich wird die Gerade g auf einen Kegelschnitt abgebildet.[1966]

Bei Steiner erfährt man mehr zu dieser ungewöhnlichen Projektion. Dabei spielen drei Punkte in der Ebene E und drei Punkte in der Ebene E^* eine wichtige Rolle, die ersteren bezeichnet Steiner seinen Gewohnheiten entsprechend mit r, s und t, die letzteren mit r_1, s_1 und t_1. Die Punkte r und s bzw. r_1 und s_1 sind die Schnittpunkte der Geraden l_1 und l_2 mit den Ebenen E bzw. E^{ι}. Weiter sei g die Schnittgerade von E und E^*. Dann sei t der Schnittpunkt der Geraden durch r und s mit g, t_1 analog der Schnittpunkt der Geraden durch r_1 und s_1 mit g. Es gilt dann (Bezeichnungen wie bei Steiner, ausgenommen *):

Einem Punkt a in E entspricht ein bestimmter Punkt a_1 in E^*.
Den Fundamentalpunkten r, s und t entsprechen die Geraden r_1s_1, r_1t_1 und s_1t_1.
Den Strahlenbüscheln mit den Zentren r, s und t entsprechen Strahlenbüschel mit den Zentren r_1, s_1 und t_1.
Einer Gerade A nicht durch die Fundamentalpunkte entspricht ein Kegelschnitt $[A_1]$, der durch die drei Fundamentalpunkte r_1, s_1 und t_1 geht.
Harmonischen Punkten auf der Geraden A entsprechen harmonische Punkte auf dem Kegelschnitt $[A_1]$.
Zwei Punkten a, c und der Geraden T durch a und c sowie einem Kegelschnitt durch r, s, t, a und c entsprechen zwei Punkte a_1, c_1, der Kegelschnitt durch r_1, s_1, t_1, a_1 und c_1 sowie die Gerade T_1 durch a_1 und c_1.
Einem Kegelschnitt entspricht eine Kurve vierter Ordnung.

[1964] Salmon-Fiedler 1873a, 365.
[1965] Vgl. Steiner 1832, 254 – 256; der fragliche Abschnitt trägt bei Steiner die sprechende Überschrift „Ueber Abhängigkeit einiger Systeme verschiedener Figuren voneinander“.
[1966] Die drei windschiefen Geraden gehören einer Geradenkongruenz an, die das einschalige Hyperboloid erzeugt, der projizierende Strahl gehört der anderen, dieses Hyperboloid erzeugenden Geradenkongruenz an. Vgl. Wieleitner 1919, 84.

Steiner gibt noch einige weitere Entsprechungen an.[1967]

Um eine birationale Transformation zu erhalten, muss man dafür sorgen, dass jedem Punkt P^* (bis auf eine eventuelle Ausnahmemenge) genau ein Punkt P in E entspricht. Da man die – modern gesprochen – Urbilder von Geraden in E^* leicht ermitteln kann, ist es naheliegend, sich dem Problem über zwei Geraden g' und h' zu nähern, welche sich in P^* schneiden.

Sei g': $a_1x_1' + a_2x_2' + a_3x_3' = 0$ eine Gerade in E*; auf diese werden alle Kurven der Form $a_1X_1 + a_2X_2 + a_3X_3 = 0$ abgebildet mit homogenen quadratischen Polynomen X_i. Denkt man sich die Koeffizienten variabel, so ist dies ein Netz von Kegelschnitten; ein konkreter Kegelschnitt des Netzes wird auf die Ausgangsgerade abgebildet; dieser erzeugt ein Büschel. Den Geraden g' und h' entsprechen somit zwei Kegelschnitte des Netzes, deren Schnittpunkte kommen als Punkte P in Betracht, die auf P^* abgebildet werden. Alle Kurven des Netzes gehen durch die drei Fundamentalpunkte A_1, A_2, A_3 des Netzes, folglich muss man dafür sorgen, dass sich zwei Netzkurven noch in genau einem vierten Punkt schneiden. Diesen nimmt man dann als Urbild P für P^*.

Die abgeleitete Bedingung gilt es nun analytisch auszuwerten. Wir wählen das Koordinatensystem in E so, dass gilt:

$$A_1(1\colon 0\colon 0), A_2(0\colon 1\colon 0), A_3(0\colon 0\colon 1).$$

Dabei wird also vorausgesetzt, dass die drei Basispunkte tatsächlich verschieden sind – Sonderfälle werden anschließend diskutiert. Das von diesen Basispunkten erzeugte Dreieck dient als Fundamentaldreieck für die trimetrischen Koordinaten in E. Den Kegelschnitten $X_i = 0$ sollen wieder in E^* die drei Geraden $x_i' = 0$ entsprechen, die man für die analoge Einführung trimetrischer Koordinaten, jetzt in E^*, zu Grunde legen kann. Es ergeben sich dann nach geeigneter Wahl des Einheitspunktes in E^{*}[1968] drei Möglichkeiten[1969]. Die erste ist diejenige, dass die drei Basispunkte verschieden sind, also ein Dreieck bilden. Dann nimmt die gesuchte Transformation die Gestalt

$$1.)\ \ x_1'\colon x_2'\colon x_3' = x_2x_3 \colon x_3x_1 \colon x_1x_2$$

an, also geht es um die Transformation (*) von oben. Sind zwei der drei Basispunkte identisch, so erhält man eine zweite Form (siehe unten), fallen alle drei zusammen, die dritte. Als zusätzliche Bedingung ergibt sich im zweiten Fall, dass die Kegelschnitte des Netzes alle eine Gerade durch den zusammenfallenden Basispunkt berühren, im dritten Fall berühren alle

---

[1967] Steiner 1832, 266 – 267.
[1968] Man wählt ihn als Bild von (1: 1: 1).
[1969] Vgl. Salmon-Fiedler 1873a, 361 und Glaeser/Stachel/Odehnal 2016, 329 – 350, insbesondere 329 – 333.

Kegelschnitte des Netzes eine Gerade im verbleibenden Basispunkt und berühren dort einander.[1970]

$$2.)\ \ x_1{'}:x_2{'}:x_3{'} = x_1x_2:x_1{}^2:x_2x_3$$
$$3.)\ \ x_1{'}:x_2{'}:x_3{'} = x_1x_2:x_2{}^2:(x_2x_3 - mx_1{}^2).$$

Bleibt nachzutragen, dass die Ausnahmemenge in E^* genau jene Punkte umfasst, die zu den Basispunkten in E gehören, also die Eckpunkte des Dreiecks, das die Geraden $x_i{'} = 0$ erzeugen.

Schließlich gilt noch, dass jeder Punkt von E außerhalb der Ausnahmemenge tatsächlich als Schnittpunkt zweier Kurven des Netzes auftreten kann. Insgesamt hat man also einen Überblick über alle quadratischen birationalen Transformationen erarbeitet. In Cremonas Worten:

> Auf diese Art entspricht einem Puncte *a* eine feste Curve *A* des Netzes, die nämlich, welche allen Büscheln gemein ist, die zu Geraden, welche sich in *a* schneiden, gehören, und umgekehrt entspricht einer Curve *A* des Netzes ein völlig individualisierter Punct *a*, nämlich der, welcher allen Geraden gemein ist, welche zu Büscheln gehören, die Curve *A* enthalten.[1971]

Im Weiteren werden bei Salmon-Fiedler zuerst einmal Cremona-Transformationen zwischen Ebenen untersucht, dann solche zwischen Kurven. Ein zentrales Ergebnis über Cremona-Transformationen der Ebene lautet:

> Jede Cremona'sche Transformation kann durch eine Folge von quadratischen Transformationen ersetzt werden.[1972]

Interessant ist, dass hier schon so kurz nach Einführung der Idee durch Cremona die Bezeichnung „Cremona'sche Transformation" auftaucht. Der Beweis dieses Resultats wurde von Max Noether 1871 geliefert, war also 1873 sehr aktuell.[1973] Da quadratische Transformationen das Geschlecht von Kurven erhalten[1974], folgt aus Noethers Satz, dass dies alle Cremona-Transformationen der Ebene tun. Also hat man eine wichtige Invariante gefunden. Ausführlich wird dann bei Salmon-Fiedler der Fall einer Transformation diskutiert, die Geraden in Kurven fünfter Ordnung überführt.[1975]

[1970] Vgl. Salmon-Fiedler 1873a, 365 – 366. Weitere denkbare Fälle scheiden aus, weil sich die Kurven eines Netzes nicht anders berühren können als aufgeführt.

[1971] Cremona 1865, 266.

[1972] Salmon-Fiedler 1873a, 378.

[1973] Vgl. Noether 1871, 167. Auch Noether spricht von „Cremona'scher Transformation", vielleicht hat Fiedler diesen Terminus von ihm übernommen.

[1974] Vgl. Salmon-Fiedler 1873a, 362 – 363.

[1975] Vgl. Salmon-Fiedler 1873a, 379 – 380. Die Ergebnisse sind Teil einer umfassenderen Untersuchung, die Cayley durchgeführt hatte; vgl. Anm. 76 in Salmon-Fiedler 1873a, 465.

Die weiteren Paragraphen des Kapitels beschäftigen sich dann mit der Transformation von Kurven $S = 0$ in solche $S^* = 0$. Ausführlich wird erklärt, dass es hier Unterschiede zum bereits diskutierten Fall, in dem die Transformationen auf ganzen Ebenen definiert war, gäbe. Das wird an einem Beispiel erläutert: Es sei eine Transformation gegeben durch

$$x_1': x_2': x_3' = X_1 : X_2 : X_3.$$

Dabei seien die X_i rationale Funktionen n-ten Grades, also homogenen Polynome vom Grad n in den Variablen x_1, x_2, x_3. Dann sind den Punkten der ersten Ebene (ohne eventuelle Ausnahmen) eindeutig Punkte der zweiten zugeordnet, aber nicht umgekehrt. Betrachtet man aber eine Kurve $S = 0$ in der ersten Ebene und deren Transformierte $S^* = 0$, so kann man die – modern gesprochen – Urbilder von Punkten P^* auf S^* untersuchen. Darunter ist natürlich der Punkt P, der in P^* transformiert wurde. Es stellt sich heraus, dass P^* im Allgemeinen θ Urbilder besitzt, von denen eines – nämlich P – auf $S = 0$ liegt, die anderen sich aber auf anderen Kurven befinden. Also lautet die Lösung[1976]:

> Und wenn wir nun die Punkte der Curve S betrachten, so erhellt, dass ebenso wie jedem Punkte P in S ein einziger Punkte P^* in S^* entspricht, auch umgekehrt dem Punkte P^* in S^* ein einziger Punkte P in S entspricht.

Das wird dann an einem Beispiel ausführlich erläutert. Sei die Transformation

$$x_1': x_2': x_3' = \left(x_2 x_3 + x_1{}^2\right) : \left(x_2 x_3 + x_1 x_2\right) : \left(x_2 x_3 + x_1 x_2\right)$$

gegeben. Dann werden auf die Geraden der zweiten Ebene E^* Kegelschnitte der ersten Ebene E abgebildet. Es stellt sich heraus, dass die gestrichenen und die ungestrichenen Koordinaten zusammenhängen gemäß der Vorschrift

$$x_i = x_i' + \lambda,$$

wobei λ als Lösung einer quadratischen Gleichung festgelegt ist, also zwei Werte annehmen kann.

> Man sieht, dass jedem Werthsystem der x_i' zwei verschiedenen Werthsysteme der x_i entsprechen. Dies ist aber nicht mehr der Fall, wenn wir die Transformation einer gegebenen Curve betrachten.[1977]

Explizit vorgerechnet wird das für Geraden und Kegelschnitte in der Ebene E.

Zum Abschluss der Ausführungen zu Cremona-Transformationen diskutieren Salmon-Fiedler noch die Fälle $D = 0$, $D = 1$ und $D = 2$, wobei D das Geschlecht

---

[1976] Salmon-Fiedler 1873a, 382. Der moderne Leser vermisst hier schmerzlich die Terminologie der Abbildungen, mit der man diese Ausführungen um einiges kürzer und präziser fassen könnte. Es geht kurz gesagt um Einschränkungen von Abbildungen.
[1977] Salmon-Fiedler 1873a, 383.

der zu transformierenden Kurve bezeichnet. $D = 0$ sind ja nichts anderes als rationale ("unicursale") Kurven, die sich vermöge ihrer Parametrisierung transformieren lassen. Ist das Geschlecht gleich 1, so ist die transformierte Kurve von dritter Ordnung, für $D = 2$ ergeben sich Kurven vierter Ordnung mit einem Doppelpunkt.[1978] Die Punkte einer Kurve vom Geschlecht eins lassen sich als elliptische Funktionen eines Parameters darstellen, bei einer Kurve vom Geschlecht zwei treten hyperelliptische Funktionen auf.

Schließlich folgen noch Ausführungen zur Theorie der Korrespondenzen; diese geht i.w. auf M. Chasles zurück, aber auch A. Cayley hatte zu ihr wichtige Beiträge geleistet.[1979]

Bei Korrespondenzen geht es um Punkte einer Kurve, die einander zugeordnet werden[1980]:

> Im Folgenden untersuchen wir das allgemeine Entsprechen zweier Punkte derselben Curve, bei welchem jeder Punkt den oder die ihm entsprechenden andern bestimmt.

Sind eine Kurve n-ter Ordnung sowie die Punkte O, beliebig in der Ebene der Kurve, und P auf der Kurve gegeben, so kann man P alle diejenigen Punkte P^* zuordnen, in denen die Gerade durch O und P die Kurve trifft. So erhält man im Allgemeinen $(n\text{-}1)$ Punkte P^*, die P zugeordnet sind. Nimmt man einen dieser Punkte P^* und wendet man die Konstruktion nochmals an, so entsprechen diesem ebenfalls $(n\text{-}1)$ Schnittpunkte P der Geraden durch P^* und O. Also hat man es mit einer $(n\text{-}1, n\text{-}1)$-Korrespondenz zu tun. Das gilt allerdings nur, wenn der Punkt O selbst nicht auf der Kurve liegt; in diesem Fall erhält man eine $(n-2, n-2)$-Korrespondenz. Geht man insbesondere von einer Kurve dritter Ordnung aus und einem Punkt O, der auf der Kurve liegt, so liefert die geschilderte Konstruktion eine $(1,1)$-Korrespondenz: Den Punkten O und P entspricht eindeutig ein Punkt P^* der Kurve und umgekehrt, heißt, P^* und O legen P eindeutig fest.[1981] Die bislang geschilderte Vorgehensweise ist also symmetrisch: Die Konstruktion, die von P zu P^* führt, ist dieselbe wie jene, die von P^* zu P führt.

Eine asymmetrische Situation ergibt sich, wenn man einem Punkt P der Kurve die Schnittpunkte einer Tangente in P mit der Kurve zuordnet. Für eine Kurve n-ter Ordnung ergeben sich n-2 derartige Schnittpunkte P^*. Umgekehrt ist aber P einer

---

[1978] Vgl. Salmon-Fiedler 1873a, 386 – 387.
[1979] Vgl. die ausführliche Anmerkung 79 in Salmon-Fiedler 1873a, 465 - 466. Die Ausführungen des Salmonschen Originals stützten sich auf ein Manuskript von Cayley, wie in der genannten Anmerkung ausgeführt wird. Das überrascht nicht, da es sich ja um damals neue Untersuchungen handelte, die zum großen Teil erst nach Salmons endgültigem Abschied (1866) von der Mathematik erschienen sind.
[1980] Salmon-Fiedler 1873a, 388.
[1981] Es gibt hier eine enge Beziehung zur Addition auf elliptischen Kurven.

der Berührungspunkte einer durch P^* an die Kurve gelegten Tangente. Deren Anzahl legt die Klasse k der Kurve fest, also erhält man k-2 Möglichkeiten. Somit hat man eine (n - 2, k - 2) Korrespondenz vor sich.

Hat man es mit einer rationalen Kurven zu tun, so ergibt sich ein direkter Zusammenhang zwischen dem Parameter θ der Kurve und den Kennzahlen (m,n) einer Korrespondenz auf dieser Kurve. Genauer gesagt handelt es sich um eine Gleichung vom Grade n, welche die Parameter zu den dem Punkt P zugeordneten Punkten P^t liefert, und eine vom Grad m, welche das Analoge leistet für die dem Punkt P^t zugeordneten Punkte P.

Eine Sonderrolle spielen Punkte, die bei einer Korrespondenz sich selbst zugeordnet werden. Salmon-Fiedler nennen diese Verbindungspunkte. Nimmt man die obige Konstruktion mit den Punkten O, P und P^*, so sind alle Punkte P Verbindungspunkte, die Berührpunkte der Geraden durch O und P mit der Kurve sind; anders gesagt ist die Gerade durch O und P Tangente an die Kurve.

Von besonderem Interesse sind (1,1)-Korrespondenzen bei Kegelschnitten, da sie sich geometrisch interpretieren lassen. Die Geraden, welche bei einer derartigen Korrespondenz die Punkte P und P^* verbinden, legen nämlich einen anderen Kegelschnitt fest, der im ersten Kegelschnitt liegt und ihn in zwei Punkten, also doppelt wie man seinerzeit sagte, berührt.

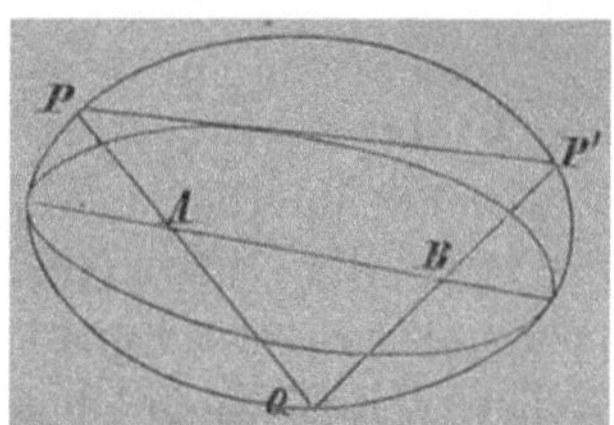

Abb. 5.46: *(1,1)-Korrespondenz eines Kegelschnitts mit einbeschriebenem Kegelschnitt* [1982]

Nimmt man anstelle des einbeschriebenen Kegelschnitts einen Punkt C außerhalb des gegebenen, so ergibt sich folgendermaßen eine (1,1)-Korrespondenz auf dem Kegelschnitt: Ist P ein Punkt des Kegelschnitts, so wird P derjenige Punkt P^* zugeordnet, in dem die Gerade CP den Kegelschnitt nochmals trifft.

Nimmt man einen Kegelschnitt k und den ihm einbeschriebenen k', so kann man jedem Punkt P auf k denjenigen Punkt zuordnen, in dem die Tangente von P an

---

[1982] Salmon-Fiedler 1873a, 394. Die Punkte A, B und Q deuten eine Art an, wie man die Zuordnung P zu P^* erhalten kann.

k' den Kegelschnitt *k* nochmals trifft: Es findet also wieder doppelte Berührung statt.

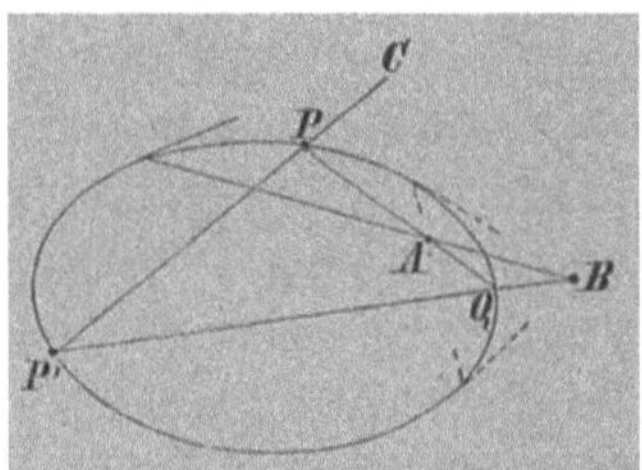

Abb. 5.47: *(1,1)-Korrespondenz eines Kegelschnitts konstruiert mit Hilfe eines außerhalb gelegenen Punktes C* [1983]

Das tiefergehende geometrische Interesse wird allerdings bei Salmon-Fiedler nur angedeutet:

> Die vorhergehenden Eigenschaften stehen in Beziehung zu dem Problem von der Einbeschreibung eines Polygons in einen Kegelschnitt, falls seine Seiten entweder durch gegebene Punkte gehen oder Kegelschnitte berühren müssen, die selbst mit den gegebenen in doppelter Berührung sind.[1984]

Am Schluss des Kapitels findet sich dann noch ein kurzer Verweis auf „die Ponceletschen Sätze in Bezug auf die ein- und umbeschriebenen Polygone"[1985]. Dieser Themenkomplex ist unter der Bezeichnung Poncelets Porismen in die Geschichte eingegangen. Ein Porismus ist ein Satz der Art „Wenn es eine Lösung gibt, dann gibt es unendlich viele." Konkret: Wenn man ein ein-/umbeschriebenes Polygon zu zwei ineinander liegenden Kegelschnitten finden kann, dann gibt es deren unendlich viele. Das heißt, die Wahl des Anfangspunktes ist unerheblich – es gibt für jeden Anfangspunkt eine Lösung, wenn es eine für einen bestimmten gibt.

Wenige Jahre nach Erscheinen des Buches von Salmon-Fiedler konnte Adolf Hurwitz mit Hilfe der Theorie der Korrespondenzen den fraglichen Satz von Poncelet beweisen; in Hurwitz' Formulierung lautete dieser:

> Giebt es Ein *n*-Eck, welches einem Kegelschnitte K_1 ein- und einem andern K_2 umbeschriebenen ist, so giebt es deren unzählig viele, und jeder Punkt von K_1 ist Ecke eines solchen Polygons.[1986]

[1983] Salmon-Fiedler 1873a, 395. Auch hier wird eine Konstruktionsmöglichkeit angedeutet.
[1984] Salmon-Fiedler 1873a, 395. Das erste Problem ist im Falle von Drei- und Vierecken als Problem von Cramer-Castellon bekannt.
[1985] Salmon-Fiedler 1873a, 397.
[1986] Hurwitz 1879, 10. In einer Fußnote erfolgt ein Verweis auf Poncelets „Traité", Section IV.

Bewiesen wird dieses Resultat mit Hilfe des folgenden Satzes über Korrespondenzen auf rationalen Kurven:

> Findet zwischen Elementen einer einstufigen rationalen Mannigfaltigkeit, z. B. den Punkten einer rationalen Curve, eine (algebraische) Correspondenz (m,n) Statt – [...] – und lassen sich bei dieser Correspondenz mehr als $(m+n)$ Coincidenzen aufweisen, d.h. Elemente, in denen zwei einander entsprechende Elemente zusammenfallen[1987], so hat die Coincidenz unendlich viele solcher Elemente, und zwar ist jedes Element Coincidenzelement.[1988]

Eine interessante Anwendung der Korrespondenzen. Hurwitz, damals noch Gymnasiast, war in dieser Richtung beeinflusst von seinem Lehrer Hermann H. C. H. Schubert, wie er auch in einem Literaturhinweis zum Ausdruck bringt. Allerdings, und das betont auch Hurwitz, bleibt die Frage nach der Existenz einer Lösung offen, zu ihrer Beantwortung bedarf es anderer Methoden.

Fiedler hat dem Lehrbuch von Salmon eine Anmerkung angefügt, in der es um die Arbeit „Ueber die algebraischen Functionen und ihre Anwendung in der Geometrie" von A. Brill und M. Noether geht.[1989] Diese Note gibt den Inhalt eines Briefes wieder, in dem Noether den Inhalt seiner gemeinsamen Arbeit mit Brill kurz darstellte. Das Original dieses Briefes findet sich allerdings im Nachlass von Fiedler nicht mehr, wohl aber drei andere Briefe Noethers an Fiedler aus dem Jahre 1873 sowie eine Postkarte.[1990] In diesen Briefen betont Noether die Wichtigkeit der Salmonschen Bücher allgemein und für seine eigenen Arbeiten insbesondere; sein wichtigster Kritikpunkt ist die mangelnde Berücksichtigung der Literatur, insbesondere das Fehlen von Literaturhinweisen in den englischen Originalen; er erkennt zudem an, dass sich Fiedler hier um Abhilfe bemüht habe. Natürlich kommt Noether, der seinerzeit als Privatdozent in Heidelberg lehrte und lebte, auch auf seinen Lehrer Clebsch zu sprechen und das Vorhaben, ihm einen Nachruf seiner Freunde und Schüler zu widmen, was dann ja auch geschah.[1991]

[1987] Diese sind also in der Ausdrucksweise von Salmon-Fiedler Verbindungspunkte.

[1988] Hurwitz 1879, 8. Der heute gängige Beweis verwendet Methoden aus verschiedenen Gebieten der reinen Mathematik, u.a. elliptische Kurven; vgl. Glaeser/Stachel/Odehnal 2016, 429 – 431.

[1989] Die beiden Autoren hatten eine Kurzfassung derselben in den Göttinger Nachrichten veröffentlicht, die ausführliche Fassung erschien dann in den Mathematischen Annalen (Brill/Noether 1873). Fiedler hatte vermutlich bei Brill und Noether angefragt, ob sie ihm eine Darstellung ihrer Ergebnisse liefern könnten, vgl. Noether an Fiedler, Mannheim 26. März 1873 (Hs 87: 757).

[1990] Hs 87: 757 – 760. Es gibt zudem noch eine Karte aus dem Jahre 1883 und einen Brief aus dem Jahre 1888 von Noether an Fiedler (Hs 87: 760 und 761) im ETH-Hochschularchiv.

[1991] Brief aus Heidelberg vom 26. März 1873 (Hs 87:757). Als Manko seiner Hedielberger Situation, wo Noether promoviert und habilitiert hatte, nennt er den Mangel an Lehrmöglichkeiten. In heidelberg studierte Noether bei L. O. Hesse, er hielt sich dann eine Zeitlang bei A. Clebsch in Gießen auf. Die Würdigung Clebschs erschien im nachfolgenden Jahr, vgl. Versuch 1874. Die letzte Bemerkung Noethers bezieht sich auf die noch von Clebsch angeregte Göttinger Versammlung 1873, organisiert wurde sie nach seinem Tod von F. Klein.

> Das plötzliche Hinscheiden Clebschs kann niemand tiefer getroffen haben
> als mich, darnach ich mich in meiner ganzen Denkweise an ihn anlehnte,
> und in fortwährendem Verkehr mit ihm stand. Wir, die eigentlichen Schüler
> Clebschs, vermissen ihn bei jedem Schritte und jedem Gedanken. Wir
> beabsichtigen, ihm durch eine Art von wissenschaftlicher Biographie, die
> bereits im ersten Ent-wurfe fertiggestellt ist, ein kleines Denkmal zu
> setzen. Auch hat er es vielleicht verdient, daß seine Söhne eine reichere
> Erziehung erhalten.
>
> Wir haben sehr zu bedauern, daß sie, und die Züricher überhaupt, wie es
> scheint, unserer Versammlung in Göttingen[1992] nicht beiwohnen können.
> Wir dachten uns, daß aus dem persönlichen Begegnen mancher Vortheil
> für die Wissenschaftselbst hervorgehen könnte, werden aber wohl unsere
> Erwartungen für eine zweite Versammlung verschieben müssen.

Offensichtlich war es ein Anliegen Fiedlers, in seiner Ausgabe des Salmonschen
Lehrbuchs neueren Entwicklungen – Stichwort: Satz von Riemann – Roch –
Rechnung zu tragen, vor allem, wenn sie aus der von ihm hochgeachteten Schule
von Clebsch kamen, deren große Wichtigkeit er voll anerkannte.

Zum Inhalt der Arbeit von Brill und Noether heißt es einleitend[1993]:

> In dieser kurz vor dem Erscheinen der Originalausgabe dieses Werkes
> veröffentlichten Note sind die Verfasser durch ähnliche Betrachtungen,
> wie sie nach Art. 59 f. Sylvester über die Reste von Schnittpunktsystemen
> auf Curven dritter Ordnung angestellt hat, zum Beweis von allgemeinen
> algebraischen Sätzen gelangt, die bisher nur durch Abel'sche Functionen
> bewiesen werden konnten.

Das zentrale Ergebnis der fraglichen Arbeit ist heute als Restsatz von Brill und
Noether bekannt. Es gelang auch, einen rein algebraischen Beweis für den Satz
von Riemann-Roch zu finden. Beide Ergebnisse gelten als wichtige Meilensteine
in der Geschichte der algebraischen Geometrie. Ein weiteres Resultat, die
Auflösung von Singularitäten betreffend, wird beiläufig angesprochen[1994]:

> [...] sie [die vorgehenden Resultate; K. V.] setzen selbst nicht nothwendig
> voraus, dass die Curve keine andern Singularitäten als doppelte und

---

[1992] Es geht um das Mathematiker-Treffen am 25. und 26. April 1873 in Göttingen. Fiedler nahm nicht teil, wohl aber sein Schüler A. Weiler, der ihn brieflich informierte.

[1993] Salmon-Fiedler 1873a, 469. Es wird hier Bezug genommen auf die Note von Brill und Noether in den Göttinger Nachrichten, die ausführliche Fassung in den Mathematischen Annalen lag anscheinend bei Drucklegung des letzten Bogens von Salmon-Fiedlers Höhere Kurven noch nicht vor. Im Artikel der Mathematischen Annalen wiederum wird verwiesen auf den „Auszug aus dem Folgendem", den Fiedler seiner Bearbeitung des Salmonschen Lehrbuch über höhere ebene Kurven beigegeben habe; vgl. Brill/Noether 1873, 269 n. *.

[1994] Salmon-Fiedler 1873a, 470.

vielfache Punkte besitzt, weil man eine Curve mit höhern Singularitäten durch eine rationale Transformation, deren Fundmentalpunkte in die singulären Punkte gelegt sind, in eine Curve mit gewöhnlichen Singularitäten transformieren und die höheren durch das definieren kann, was ihnen in derselben entspricht. (Siehe Noether in den „Göttinger Nachr." 1871, p. 267; man kommt zu denselben Resultaten, wie nach den Cayley'schen Definitionen in Art. 58).

Noethers Koautor[1995] Alexander Brill meldete sich nach Erhalt der „Höheren Kurven" brieflich bei Fiedler. Er war des Lobes voll:

Ich begrüsse das Erscheinen der deutschen Ausgabe mit aufrichtiger Freude, wenn, wie bei diesem Werk, alles zusammenwirkt, was ein Buch brauchbar und lesenswerth macht, so ist es nicht schwer, den Erfolg desselben vorauszusagen. Besonders darf sich die analytisch geometrische Richtung in Deutschland zum Erscheinen eines Werkes Freude wünschen, welches das Interesse an den Untersuchungen auf dem Gebiete der Curventheorie so wesentlich zu heben und durch seine eingehenden Literaturnachweise zu fördern geeignet ist. Die Berücksichtigung, welche Sie der von Nöther und mir verfassten Note sowie den früheren von mir in der erwähnten Richtung veröffentlichten Arbeiten zu Theil werden liessen, verpflichtet mich zu besonderem Dank.[1996]

Die analytisch geometrische Richtung, von der hier die Rede ist, war i.w. die Schule Clebschs, zu der ja sowohl Noether als auch Brill zählten. Auch Paul Gordan, ein weiteres Mitglied dieser Schule, erhielt von Fiedler ein Exemplar des Buches. Er bedankte sich mit einem Brief aus Gießen vom 17. November 1873[1997]:

Empfangen Sie meinen herzlichsten Dank für das schöne Geschenk, das Sie mir mit der Ueberreichung Ihrer Übersetzung von Salmons Curventheorie gemacht haben. Es scheint dieß jetzt eher ein neues Buch zu sein, so reich haben Sie es vielfältig vervollständigt.

Gordan hob also Fiedlers eigene Leistung hervor.

Für die zweite Auflage der „Höheren Kurven" (1882) hat A. Brill dann die (Noethersche) Note umgearbeitet, sie erschien im laufenden Text des Buches in

---

[1995] Einige interessante Reflektionen zum Verhältnis der beiden Autoren stellte Brill in seinem (unveröffentlichten) Lebensbericht an, der sich in der Bibliothek der TU München befindet. Dabei spielt die Tatsache, dass Noether Jude war, eine wichtige Rolle, denn diese beeinflusste – in Brills Augen – seinen Arbeitsstil und förderte seine große Produktivität.

[1996] Brief von Brill an Fiedler, Darmstadt 25. November 1873 (Hs 87: 95).

[1997] Hs 87: 292. Von Gordan gibt es nur diesen einen kurzen Brief in Fiedlers Korrespondenz.

den Paragraphen 348 – 351. In der Anmerkung 98 weist Fiedler darauf hin, dass er den Inhalt der fraglichen Paragraphen „Herrn Prof. Brill im freundlichen Einverständnis mit Herrn Prof. Noether" verdanke.[1998] Der Umfang des Textes hatte sich gegenüber der Note in der ersten Auflage verdoppelt, was Brill zu einer Rechtfertigung motivierte:

> Ich glaube, dass sich trotzdem die Aufnahme der neuen Fassung namentlich in der deutschen Bearbeitung des Werkes von Salmon wird rechtfertigen lassen, denn noch immer sind die Gesichtspunkte, die sich aus den tiefen Untersuchungen Riemanns für die Geometrie ergeben, dem größten Theil der deutschen Geometer unbekannt.

Ähnlich wie bei den Quaternionen und der projektiven Maßbestimmung hat sich Fiedler auch hier das weitgehend vergessene Verdienst erworben, neue Entwicklungen in deutscher Sprache allgemein frühzeitig zugänglich gemacht zu haben.

Brill war es auch, der die erste Auflage der „Höheren Kurven" im Jahrbuch über die Fortschritte der Mathematik referierte. Der Anfang dieses Referat[1999] ist eine Würdigung der Salmonschen Werke, die deren Charakter deutlich herausarbeitet:

> Die Salmonschen Lehrbücher zeichnen sich vor anderen ebenso durch den Umfang und die Vollständigkeit des gebotenen Materials als wie durch die Frische und Concision der Darstellung aus. Man erkennt allerwärts die Hand nicht des Referenten, sondern des Erfinders, der selbstthätig in die Entwicklung der Wissenschaft eingreift, und, indem er auf die Grenzen des Wissens aufmerksam macht, Jünger für dieselbe zu werben weiss. Zwar wird man nach systematischer Gliederung und einer schematisch-einheitlichen Behandlungsweise, wie man sie z. B. in französichen Lehrbüchern öfters antrifft, vergeblich suchen; dafür bieten die Salmon'schen Werke eine Fülle von Material und eine solche Auswahl von Methoden, dass ein Hauptvorzug in eben dieser Vielseitigkeit gefunden werden muss. Jedes einzelne Capitel bildet übrigens ein in sich abgeschlossenes und völlig abgerundetes Ganze. Diese Eigenschaften sicherten denn auch dem oben genannten Werk gleich bei seinem ersten Erscheinen einen ungewöhnlichen Erfolg zu. Die erste Auflage war bald vergriffen, ohne dass der Verfasser, der seine Thätigkeit inzwischen einem ganz anderen Berufsgebiet zugewandt hatte, sich entschliessen konnte, eine zweite Auflage folgen zu lassen. Erst als er in Herrn Cayley

---

[1998] Fiedler 1882, 505. Vgl. Brief Brill an Fiedler, München 19. Mai 1881 (Hs 87 : 98). Beiliegend zu dem Brief sandte Brill seinen Text, er unterbreitete auch noch einige andere Verbesserungsvorschläge für die zweite Auflage.
[1999] Jahrbuch über die Fortschritte der Mathematik 5 (1873), 341.

einen Mitarbeiter gefunden hatte, der wie nicht leicht ein Anderer, im Stande war, durch Bearbeitung und Zusätze dem Buche die dem jetzigen Stande der Wissenschaft entsprechende Form zu geben, entschloss der Verfasser zu einer neuen Auflage, der mit dankenswerther Beschleunigung die deutsche Bearbeitung denn auch unmittelbar folgte.

Im Weiteren charakterisiert Brill die Salmonsche Vorgehensweise:

Die Behandlungsweise ist vorwiegend, jedoch nicht ausschliesslich, die analytische; hierdurch hauptsächlich unterscheidet sich das Werk von der bekannten synthetischen „Teoria delle curve piane" von Cremona. Der Hauptvorzug einer gemischten Darstellungweise beruht in der Beweglichkeit, die der Autor dem Stoff gegenüber besitzt, und der Vielseitigkeit, in der er das Wesen der Dinge zur Anschauung bringen kann. Vorzüge, die das Salmon'sche Lehrbuch in vollstem Masse besitzt; ein Nachttheil dürfte darin erblickt werden, dass hochgespannte Anforderungen an Strenge nicht in jeder Hinsicht entsprochen werden kann, wenn ermüdende Weitläufigkeiten vermiedern werden sollen. Es genügt jedoch meist eine desfallsige Andeutung zur Orientirung. Im Vorübergehen sei hier bemerkt, dass an einige wenigen Stellen eine Andeutung darüber erwünscht gewesen wäre, dass der Beweis einer aufgestellten Behauptung nicht erbracht ist oder zu Erbringen Schwierigkeiten macht.[2000]

Am Ende seiner Besprechung kommt Brill auf die deutsche Ausgabe zu sprechen. Er attestiert ihr, dass sie hinter dem englischen Original nicht zurückstehe, dass sie aber den „unzweifelhaften Vorzug" habe, über ausführliche Literaturangaben und sonstige Anmerkungen zu verfügen.

Mit grösster Vollständigkeit und vielfach interessanten orientierten Bemerkungen werden die einschlagenden älteren und neueren Arbeiten citirt und kurz besprochen und so Gelehrten wie Studirenden eine bei der dermaligen Zersplitterung der Literatur höchst werthvolle Zugabe gewährt.[2001]

Fiedler wird allerdings nicht namentlich erwähnt an dieser Stelle.

5.5 Fazit

Die „Kegelschnitte" von Salmon-Fiedler dürften seinerzeit eines der erfolgreichsten Mathematikbücher des Teubner-Verlags gewesen sein, in der zweiten Hälfte des 19. Jhs. mit Abstand der größte deutschsprachige Verleger

---

[2000] Jahrbuch über die Fortschritte der Mathematik 5 (1873), 344.
[2001] Jahrbuch über die Fortschritte der Mathematik 5 (1873), 345.

von Mathematikbüchern.[2002] Es ist nicht erstaunlich, dass gegen diesen ganz ungewöhnlichen Erfolg die anderen Titel von Salmon-Fiedler etwas abfielen, wobei diese doch respektable Zahlen – drei und mehr Auflagen - erreichten.

Die Gründe für den ungewöhnlichen Erfolg der „Kegelschnitte" liegen auf der Hand: Einerseits ist da die gut zugängliche Darstellung in einem Stil zu nennen, der in deutschsprachigen Lehrbüchern ungewöhnlich war,[2003] andererseits das Thema mit Relevanz in vielen Kontexten bis hin zum gymnasialen Mathematikunterricht, das folglich auf breites Interesse stieß. Zudem war der Inhalt eher zeitlos[2004], wenig anfällig gegen Neuerungen, im Unterschied etwa zu den „Vorlesungen zur Einführung in die Algebra der linearen Transformationen". Die „Kegelschnitte" wurden nicht zuletzt aufgrund ihres fast enzyklopädischen Charakters zum Referenzwerk für ihr Thema, auf das jahrzehntelang verwiesen wurde. Konkurrenzwerke gab es eigentlich nicht; die „Sections coniques" von M. Chasles, die ein solches hätten werden können, wurden nicht ins Deutsche übersetzt; Zeuthens „Lehre von den Kegelschnitten im Altertum" (deutsche Übersetzung 1886) hatte eine deutlich andere Zielsetzung.

Die Bücher von Salmon-Fiedler waren Lehrbücher, sie wurden bis in die 80er Jahre neu aufgelegt. Danach wird es ruhig um sie – mit Ausnahme der „Kegelschnitte" und des ersten Bandes der „Raumgeometrie". Trotz Fiedlers Bemühungen waren sie von der stürmischen Entwicklung in den behandelten Gebieten verbunden oft auch mit einer Neuorientierung[2005] überholt worden, auch passte der Salmonsche Stil nicht mehr so recht zum nun gängigen. Wegen ihrer großen Verbreitung und ihres reichen Inhaltes spielten die Bücher von Salmon-Fiedler, mit Ausnahme der Vorlesungen, auch eine wichtige Rolle als Referenzwerke, auf die man sich in einschlägigen Publikationen beziehen konnte. Das wird z. B. in mehreren bereits im 20. Jh. verfassten Artikeln der „Encyklopädie der mathematischen Wissenschaften" deutlich, z. B. in demjenigen von L. Berzolari über algebraische Kurven.[2006] Es bleibt ein Faktum, dass Salmon-Fiedler einen enormen Einfluss auf die Generation junger Mathematiker hatte, die zwischen 1860 und 1890 ausgebildet wurden oder sich die Mathematik autodidaktisch aneigneten. In seiner Geschichte der algebraischen Geometrie unterteilte Jean Dieudonné diese in mehrere Epochen: auf die Vorgeschichte (ca. 400 v. u. Z. bis 1630) folgt die Erkundung (1630 bis 1795), die vom Goldenen

---

[2002] Französisches Pendant war der Verlag Gauthier-Villars in Paris (wo auch sonst?). Zum mathematischen Verlagswesen in Deutschland vgl. man Remmert-Schneider 2010.
[2003] Vgl. das Zitat von Klein in 5.1.
[2004] Selbst Glaeser/Ohdenal/Stachel 2016 behandeln weitgehend dieselben Themen wie Salmon-Fiedler oftmals mit ähnlichen Methoden allerdings in einer ganz anderen Sprache.
[2005] Das gilt vor allem für die „Vorlesungen in die Algebra der linearen Transformationen" – und für Fiedlers erstes selbstständiges Buch.
[2006] Vgl. Berzolari 1906.

Zeitalter der projektiven Geometrie (1795 – 1850) abgelöst wird. Es folgt Riemann und die birationale Geometrie (1850 – 1866), welche in Entwicklung und Chaos mündet (1866 – 1920). Ersichtlich ist damit der für uns interessante Zeitraum abgedeckt. Salmons Lehrbücher sind in der Hauptsache von den Erkenntnissen und Errungenschaften des goldenen Zeitalters geprägt. Zu diesen bemerkt Dieudonné:

> Das Schicksal, das die meisten der Klassifikationen teilten, in unästhetischer Weise komplizierter zu werden in dem Moment, in dem die Anzahl der Parameter wuchs, blieb auch nicht der projektiven Geometrie erspart. Auf die Aufzählung und das Studium einzelner Kurven und Flächen von vorgegebenem Grad folgte rasch die Untersuchung der allgemeinen Prinzipien der Klassifikation, die allerdings eher theoretisch als effektiv war.[2007,vi]

Wenn Dieudonné das „Studium einzelner Kurven und Flächen von vorgegebenem Grad" anspricht, so fallen einem gewiss Salmon-Fiedlers Kapitel über Flächen und Kurven dritter und vierter Ordnung ein, Kernstücke der entsprechenden Lehrbücher. Aber auch allgemeine Prinzipien werden untersucht und angewendet, allen voran natürlich die Dualität. Birationale Transformationen treten bei Salmon-Fiedler auf, wenn auch eher am Rande. Ähnliches gilt für die funktionentheoretischen („transzendenten") Methoden und Begriffe, die von Riemann erdacht und von Clebsch angewendet wurden. Allerdings zeigten sich hier enge Grenzen für die Darstellung, weil in den Lehrbüchern von Salmon-Fiedler die Analysis nur eingeschränkt zugelassen war.[2008] Breiten Raum dagegen nehmen Invarianten und Covarianten ein, Themen also, die bis etwa 1900 aktuell blieben. Die Veränderungen, die die Mathematik zwischen 1860 und 1900 erfuhr und die auch für die Rezeption der Lehrbücher von Salmon-Fiedler wesentlich waren, hat Fr. Schur in einem Brief an Fr. Engel[2009] am Beispiel von F. Klein herausgestellt:

> Was Klein betrifft, so hat er neuerdings freilich allerlei gethan, was nicht geeignet ist, seinen wissenschaftlichen Credit zu erhöhen. Von der Sache mit den Grundlagen der Geoetrie sprachen Sie ja selbst. Auch sein Buch über Modulfunctionen hat mir wenig gefallen. So macht man doch heutzutage keine Mathematik mehr. Als ob es in diesen abgelegenen Regionen auf ein paar schöne Sätze ankäme und nicht vielmehr auf eine

---

[2007] Dieudonné 1974, 29 – 30.
[2008] Vgl. etwa das Vorwort Fiedlers zu den höheren ebenen Kurven, in dem er darlegt, warum er das Kapitel über die Anwendung der Integralrechnung aus der englischen Originalausgabe in seiner deutschen Bearbeitung weggelassen habe. Es erschien ihm unmöglich, „diese Gegenstände anders als im Zusammenhange eines eigenen Werkes über den Integral-Calcul entsprechend zu behandeln." (Fiedler 1873a, V).
[2009] Karlsruhe, 21. Mai 1892, Universitätsarchiv Gießen NE 11324.

strenge und einheitliche Methode; bei Klein findet man das reine Sammelsurium.

Überholt von den Zeitläuften könnte man sagen. Zusammenfassend kann man festhalten, dass die Lehrbücher von Salmon-Fiedler in der Hauptsache den Stand der Wissenschaft um 1860 herum abbildeten und dass sie Ausblicke lieferten auf Themen, die in der nachfolgenden Epoche wichtig werden sollten. Das waren gute Voraussetzungen für Lehrbücher, die ihre Nutzerinnen und Nutzer an die zeitgenössische Forschung heranführen wollten. Sie verschafften Fiedler einen Platz in der Mathematikgeschichte. Die Arbeit von Biologen wie C. von Linné wird gerne beschrieben durch einen Dreischritt: Sammeln – Untersuchen – Ordnen. Unter dieser Perspektive könnte man auch die Werke von Salmon-Fiedler betrachten. Dann würde man wohl festellen, dass sich diese – vor allem die Raumgeometrie und die höheren Kurven – viel zu den Aspekten Sammeln und Untersuchen beschäftigten[2010], Ordnen war das ferne Ziel, auf das hingearbeitet wurde, das aber nur in bestimmten Bereichen – paradigmatisches Beispiel: Kurven dritter Ordnung – wirklich erreicht wurde. Salmon selbst teilte das Streben nach mehr Theorie, welche die vielen Beispiele umfassen sollte. Das spricht er – wie bereits erwähnt – deutlich im Vorwort zu den „Higher plane curves" aus.[2011]

> When once a student has worked through examples enough to make him expert in the practice of the method of co-ordinates, but little benefit is derived from the multiplication of isolated theorems; and he may with advantage bestow on the study of general methods, and the general properties of Curves, some of that time which is now commonly given up to endless properties of conic sections. Such readers may confine their interest to the second chapter of this volume; [...].[2012]

[2010] In Hilberts Einteilung gehörten sie folglich in die naive Periode mit Ausblicken in die formale.
[2011] Allerdings machte auch in dieser ersten Auflage die Theorie nur gut ein Drittel des Gesamtwerkes aus.
[2012] Salmon 1862, III – IV.

6. Fiedlers letztes Buch: die Zyklographie

Das dritte und letzte eigenständige Buch, das Fiedler verfasste, erschien 1882: „Cyklographie oder Construction der Aufgaben über Kreise und Kugeln und elementare Geometrie der Kreis- und Kugel-Systeme".[2013] Fiedler verband mit ihm wohl große Hoffnungen, enthielt das Werk doch zumindest seiner Ansicht nach neue fruchtbare Ideen, allerdings bei herkömmlicher Zielsetzung, heißt, konstruktiv geometrische Probleme zu lösen. Fiedlers Hoffnung bewahrheitete sich nicht, sieht man einmal von der Verleihung des Steiner-Preises 1884 ab.

6.1 Vorgeschichte, Grundlagen, Konstruktionen

Fiedler hatte das Thema Zyklographie schon vor Erscheinen seines Buches in zwei Publikationen[2014] angesprochen; zu nennen sind hier die zwei Artikel „Neue elementare Projectionsmethoden?" und andererseits „Zur Geschichte und Theorie der elementaren Abbildungs-Methoden".[2015] Diese Texte erschienen in der Vierteljahrsschrift der Züricher Naturforschenden Gesellschaft. Auffallend ist, dass Fiedler sich zu elementaren Projektions- oder Abbildungsverfahren äußerte.

[2013] Ausführliche Informationen zum Inhalt dieses Buches finden sich bei Wengel 2020; vgl. auch Adler 1906, 63 – 71 (i.w. gibt Adler eine Lösung des Apollinischen Problems mit Hilfe der Zyklographie) und Eckhart 1926, 77 – 114 (dieser Autor betont den modernen Abbildungsgedanken). Schließlich gehen Müller/Krames 1929 auf die Zyklographie ein. Auffallend ist, dass die letztgenannten Autoren alle der Wiener Schule der Geometrie zuzurechnen sind. Zacharias widmet der Zyklographie in seinem ausführlichen Enzyklopädie-Artikel zwei Absätze (Zacharias 1913, 1034 – 1035).

[2014] Nach Erscheinen des Buches hat Fiedler dann die Zyklographie auch in der dritten Auflage des ersten Bandes seines Lehrbuchs der darstellenden Geometrie behandelt; vgl. 4.2.7.

[2015] Fiedler 1879c und Fiedler 1882a.

© Der/die Autor(en), exklusiv lizenziert an
Springer-Verlag GmbH, DE, ein Teil von Springer Nature 2026
K. Volkert, *Wilhelm Fiedler: Die Kämpfe eines Geometers*,
Mathematik im Kontext, https://doi.org/10.1007/978-3-662-72914-4_6

Darunter verstand er solche Verfahren, „welche sich an den natürlichen Vorgang beim Sehen anschliessen, natürlich, wie es bei geometrischen Abbildungsmethoden nicht anders möglich ist, in Form der mathematischen Abstraction."[2016] Charakteristisch für solche Abbildungsverfahren sind Zentrum und Tafel sowie projizierende Geraden – also handelt es sich um Zentral-, im Sonderfall um Paralellprojektionen.

Die Zyklographie stand für Fiedler in einem größeren Kontext, nämlich dem der Abbildungsverfahren. Im Unterschied zu anderen elementaren Verfahren ist aber die Zyklographie nicht bildhaft, was sie in Fiedlers Augen für praktische Verwendungen unbrauchbar machte.[2017]

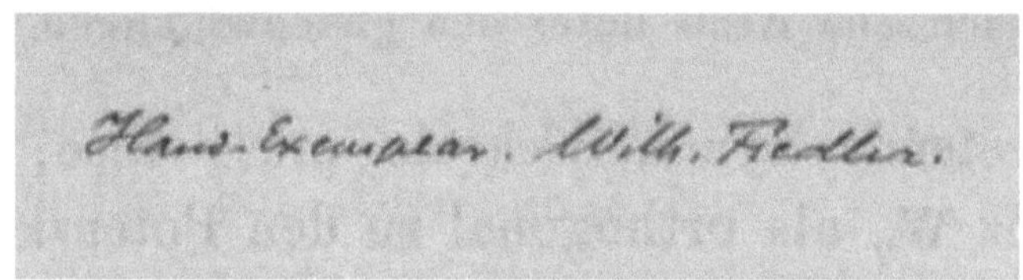

Abb. 6.1: *Exlibirs in Fiedlers Handschrift* [2018]

In der Veröffentlichung von 1879 gab Fiedler eine kurze Einführung in die Zyklographie.[2019] Während später im Buch die zyklographischen Kegel eine wichtige Rolle spielen, traten diese 1879 nur kurz in Erscheinung. Nachdem Fiedler einige Grundlagen der Zyklographie – wie Darstellung von Geraden und Ebenen, Ermittlung des Schnittwinkels einer Geraden mit der Tafel in zyklographischer Darstellung - kurz erklärt hat, wobei er konsequent orientierte Kreise zur Darstellung von Raumpunkten verwandte, diskutierte er die Frage nach der Berührung zweier Kreise. Genauer gesagt ging es um folgendes Problem: Gegeben sei eine Ebene, Tafel oder Bildebene genannt, mit einem Kreis. Wie liegen die Raumpunkte, deren zyklographischen Kreise den vorgegebenen Kreis in einem bestimmten Punkt berühren? Die Antwort ist: Sie liegen auf der Geraden durch den vorgegebenen Berührpunkt, die die Tafel unter einem Winkel von 45° schneidet. Die senkrechte Projektion dieser Geraden auf die Tafel ist die Zentrale durch die Mittelpunkte der Berührkreise und des vorgegebenen Kreises. Erfolgt die Berührung von außen, so liegen die den Kreisen zugehörigen Punkte und der zum vorgegebenen Kreis gehörige Punkt auf unterschiedlichen Seiten der Tafel, bei innerer Berührung liegen sie auf einer Seite der Tafel.

[2016] Fiedler 1882a, 125.
[2017] Vgl. Fiedler 1879c, 220 und 223. Als Beispiel für die Unanschaulichkeit der zyklographischen Darstellung führt Fiedler die regulären Polyeder an, allerdings ohne konkrete Einzelheiten oder Figuren anzugeben.
[2018] Das von der Bibliothek der ETH gescannte Exemplar (Rara 4837) der „Cyklographie" (https://www.e-rara.ch/zut/doi/10.3931/e-rara-4837) war Fiedlers Handexemplar. Es enthält einige aufschlussreiche handschriftliche Bemerkungen seines Autors. Beispiele hierfür werden wir sehen.
[2019] Vgl. Fiedler 1879c, 221 – 226.

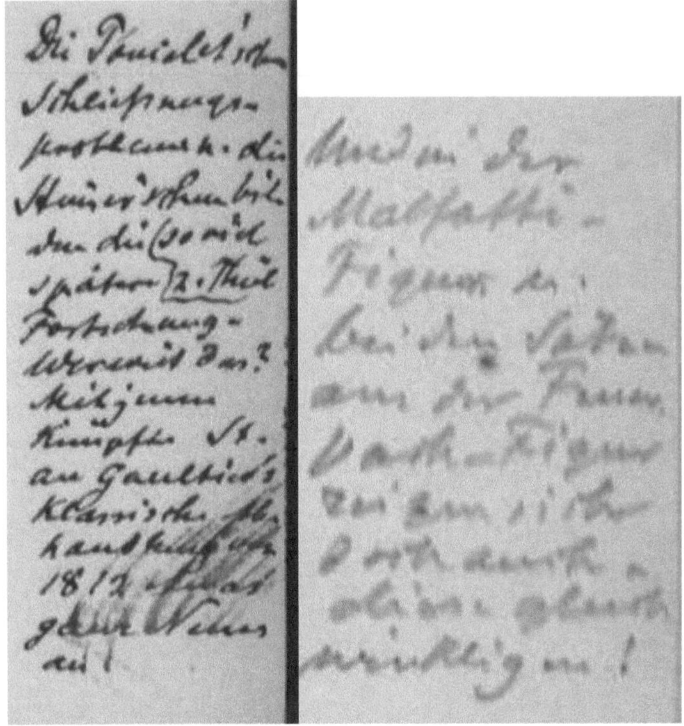

Abb. 6.2: *Randbemerkungen Fiedlers in seinem Handexemplar zu Schließungssätzen (links)*[2020] *und zur Malfatti-Figur (rechts).*[2021]

Man ahnt vielleicht schon, dass die Zyklographie eine Lösung des Apollinischen Berührproblems liefern kann.[2022] Davon später mehr.

[2020] Diese Notiz findet sich in dem von der ETH gescannten Exemplars der „Cyklographie" auf Seite XI. Ihr Text lautet: „Die Poncelet'schen Schließungsprobleme u. die Steiner'schen bilden die späte Fortsetzung. Wieweit das? Mit jenen knüpfte St. an Gaultier's klassische Abhandlung von 1816 etwas ganz Neues an." Rechts am Rand: „somit 2. Theil". Das Kürzel St. meint Jakob Steiner. Die klassische Abhandlung Gaultiers ist vermutlich Gaultier 1813.

[2021] Sie findet sich am Rand auf Seite 11 des von der ETH gescannten Exemplars der „Cyklographie". Der Text lautet: „Und in der Malfatti-Figur u. bei den Sätzen an der Feuerbach-Figur zeigen sich doch auch diese gleichwinkligen!" Eine zyklographische Lösung des Malfatti-Problems hat Fiedler nicht gegeben, wohl aber wird der Feuerbach-Kreis ausführlich in seinem Buch zur Zyklographie behandelt. Einige Hinweise zum Malfatti-Problem gab Fiedler in den „zusätzlichen Bemerkungen" zu seinem Aufsatz über einen neuen Weg zu den Kegelschnitten, wo er auch Steiners Lösung dieses Problems analysierte; vgl. Fiedler 1880a, 404 – 406. Das lässt darauf schließen, dass Fiedler naheliegenderweise mit zyklographischen Mitteln das Malfatti-Problem zu lösen hoffte.

[2022] In Fiedler 1879c skizziert Fiedler die zyklographische Lösung des Appolinischen Berührproblems (pp. 225 – 226). Als verwandte Themen nennt er das Malfatti-Problem, den Feuerbachschen Kreis und eine Figurengruppe, die bei Pappos auftritt. Damit ist ein Bezug zu Steiners Werken hergestellt, dieser „sichert ja wohl auch jetzt noch solchen Betrachtungen einiges Interesse." (Fiedler 1879c, 226). In Fiedler 1879b (pp. 197 – 204) gibt der Autor eine ausführliche Analyse des Appolinischen Problems, insbesondere von Gergonnes Lösung desselben, die gewissermaßen eine Vorbereitung für Fiedlers zyklographische Lösung liefert. Fiedler 1880 wendet schließlich die Zyklographie auf die Theorie der

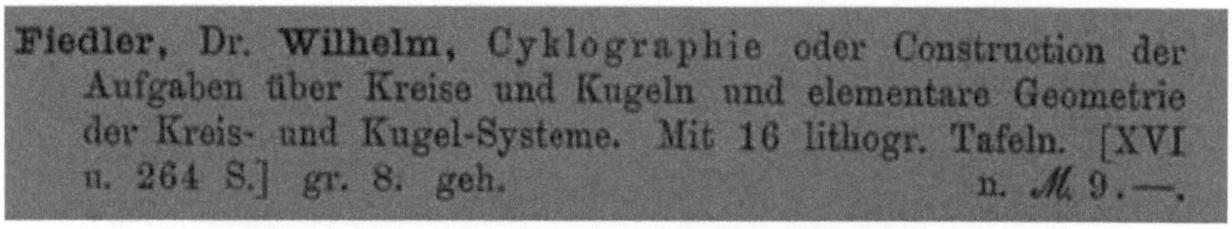

> **Fiedler, Dr. Wilhelm,** Cyklographie oder Construction der
> Aufgaben über Kreise und Kugeln und elementare Geometrie
> der Kreis- und Kugel-Systeme. Mit 16 lithogr. Tafeln. [XVI
> u. 264 S.] gr. 8. geh.   n. $\mathcal{M}$ 9.—.

Abb. 6.3: *Annonce des Teubner-Verlags*[2023]

Fiedlers Zyklographie hatte nach seinen eigenen Angaben eine Vorgeschichte, da er sich anfänglich bezüglich seiner Priorität an der Entdeckung der Zyklographie nicht sicher gewesen sei. Fiedler vermutete aufgrund von Andeutungen in Steiners Abhandlung „Einige geometrische Betrachtungen" (1826), dieser habe die zyklographische Methode schon gekannt und habe sie in einer 1826 angekündigten, aber nicht veröffentlichten Schrift „Über das Schneiden der Kreise in der Ebene und auf der Kugelfläche und das Schneiden der Kugeln im Raume"[2024] verwendet.

> Nach dem frühern Plane des Verfassers sollten seine geometrischen Untersuchungen ein zusammenhängendes Werk ausmachen; allein bei der Ausarbeitung fand sich, daß es zu ausgedehnt werden würde; andererseits war es ihm bis jetzt noch nicht möglich, seinen Untersuchungen ein bestimmtes Ziel zu setzen, weil sich dieselben noch täglich erweitern und auf neue Gegenstände anwenden lassen, so daß bestimmte Schranken der freien Entwickelung des Gegenstandes nur nachtheilig sein würden. Der Verfasser wird daher erst einenTheil davon, welcher
>
> „Das Schneiden (mit Einschluß der Berührung) der Kreise in der Ebene, das Schneiden der Kugeln im Raume, und das Schneiden der Kreise auf der Kugelfläche"
>
> enthalten soll, welche Untersuchungen schon vor zwei Jahren beendet waren, und deren Ausarbeitung zum Drucke gegenwärtig beinahe vollendet ist, [...] herausgeben, und wenn dieser erste Theil einige Theilnahme findet, die übrigen Untersuchungen nachfolgen lassen.[2025]

Fiedler, der Prioritätsfragen meist ernst nahm (wie viele Stellen in seinem Werk belegen), insbesondere auch gerne eine solche für sich reklamierte, zögerte noch mit der Publikation seiner Entdeckung in Buchform; er bemühte sich, zuerst zu klären, ob sein Verdacht bezüglich Steiner begründet sei. Folglich wandte er sich

---

Kegelschnitte an, wobei die Beiträge von Poncelet, Steiner und Plücker ausführlich diskutiert werden (251 - 256), letztlich um die Eigenständigkeit des Fiedlerschen Zugangs zu untermauern.
[2023] Zeitschrift für Mathematik und Physik 27 (1882), Supplement. Heute wäre der Preis etwa 81 €.
[2024] Vgl. Fiedler 1882, 357.
[2025] Steiner 1826, 164.

brieflich an Karl Weierstraß in Berlin, der im Auftrag der dortigen Akademie die Werke von Steiner herausgab[2026] und diesen persönlich gekannt hatte, an L. Schläfli, Geometer und jüngerer Freund von Steiner[2027] sowie an C. F. Geiser, Kollege von Fiedler in Zürich, Großneffe von Steiner und Herausgeber von Steiners Vorlesungen über Kegelschnitte. In einem Brief vom 14. Juni 1880 beruhigte Weierstraß Fiedler, ihm sei aus seinem persönlichen Verkehr mit Steiner nichts Derartiges bekannt.[2028] Anscheinend hatte sich Fiedler zusätzlich auch noch bei Klein erkundigt; dieser erwiderte (mit einiger Verspätung) in einem Brief vom 28. Juni 1883, er sei „was Steiner'sche Ideen betrifft, auch ein schlechter Richter".[2029]

Offensichtlich befriedigten diese Auskünfte Fiedler; 1883 anlässlich der Neuauflage seiner „Darstellenden Geometrie" kommentierte er die Geschichte der Zyklographie dann folgendermaßen:

> Die cyclographische Lehre von den linearen und von den planaren Kreissystemen veröffentlichte ich zuerst in den vorher genannten No. IV der „Geom. Mittheilungen"[2030] p. 222, 223 – und noch immer im Zweifel, ob sie wirklich neu sein könne. Durch das Verschwinden des Steiner'schen Manuscripts ([…]), und sonst, ist diese Neuheit constatirt.[2031]

Die Frage nach Steiners Priorität wird auch in der Vorrede zu Fiedlers „Cyklographie" ausführlich diskutiert. Das geht soweit, dass Fiedler einzelne Stellen in Steiners Werken genau benennt, die in seinen Augen hätten darauf hinweisen können, dass Steiner die Idee der Zyklographie möglicherweise schon gehabt habe.[2032] Eigentlich sind das Informationen, die den Lesern des Buches wohl kaum nützlich waren. Es beschleicht einem der Verdacht, Fiedlers ging es hier doch in erster Linie darum, sich eine Tradition zu erfinden, die seinem Werk Wichtigkeit verlieh.

Vollständig klärte sich die Situation erst nach Erscheinen der dritten Auflage des ersten Bandes der darstellenden Geometrie (1883), da das fragliche Manuskript von Steiner aufgefunden wurde. Fiedler wandte sich an Fr. Bützberger, der sich

---

[2026] Die Art und Weise, wie Weierstrass das machte, erregte Ärger bei manchen Geometern, insbesondere bei R. Sturm, vgl. 9.2.1. Weierstrass und Steiner hatten sich wohl recht gut verstanden und waren nie in Streit geraten.

[2027] Die Freundschaft trübte sich allerdings, als Steiner Schläfli mit Vorwürfen bzgl. eines möglichen Plagiats überzog.

[2028] Hs 87: 1488. Von Schläfli ist keine Antwort in Fiedlers Nachlass erhalten, Geiser könnte natürlich mündlich auf Fiedlers Anfrage reagiert haben.

[2029] Hs 87: 587. Vgl. Confalonieri/Schmidt/Volkert 2019, 125 – 126.

[2030] Fiedler 1879c.

[2031] Fiedler 1883, 359.

[2032] Fiedler 1882, VI – XII.

mit den wiedergefundenen Manuskripten Steiners beschäftigte. Dieser konnte ihn beruhigen.

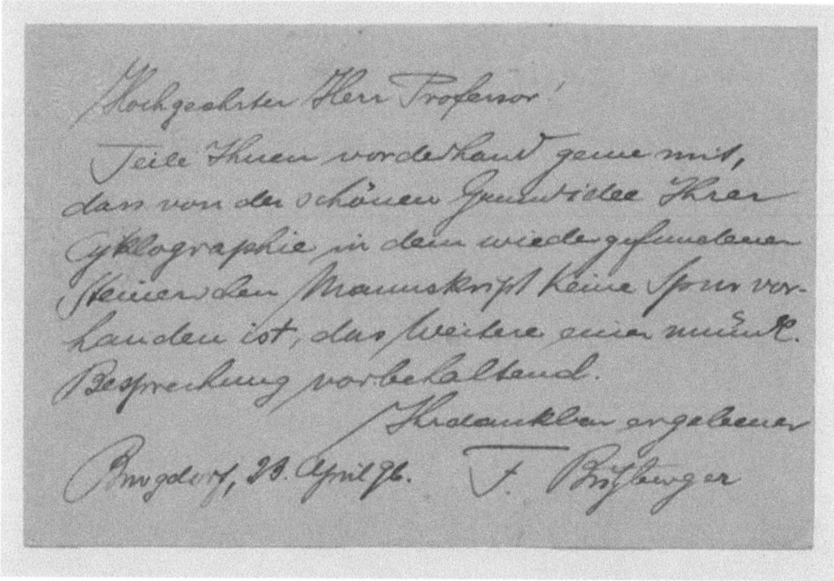

Abb. 6.4: *Bützbergers Antwort auf Fiedlers Anfrage bezüglich Steiners Vorarbeiten*[2033]

Sorgfältig, wie Fiedler war, erklärte er die veränderte Situation dann in der vierten Auflage seines Lehrbuches der darstellenden Geometrie in einer Anmerkung zur Einleitung[2034]:

> Jetzt [1903; K. V.] ist hinzuzufügen, daß das Steinersche Manuskript von 1826 mit vielen anderen aus der Zeit von 1814 – 1827 in Bern in einer Kiste auf dem Estrich der Bibliothek der Naturforschergesellschaft aufgefunden worden ist, jedoch auch, nach Mitteilung des Herrn Prof. Bützberger[2035], daß jenes Manuskript von der Methode der Zyklographie nichts enthält.

In dem von der ETH gescannten Handexemplar der „Zyklographie" hat Fiedler eine (undatierte) Notiz festgehalten, in der er Bützbergers Entdeckung und seine Kenntnis derselben dokumentierte. Sie endet mit der zufriedenen Feststellung:

[2033] Karte Bützberger an Fiedler, Burgdorf 23. September 1896 (Hs 87:105). Dort war Bützberger Lehrer am Technnikum, später wirkte er an der Kantonsschule Zürich.

[2034] Fiedler 1903, 405 n. 3 (zu p. 4). Diese vierte Auflage war gewissermaßen die letzte Gelegenheit, für Fiedler seine Zyklographie darzustellen.

[2035] Fritz Bützberger war ein anerkannter Steiner-Spezialist; u.a. bearbeitete er dessen „in einer Estrichkammer, allen Einflüssen des Wetters und des Staubes preisgegebenen" von J. H. Graf aufgefundenen Manuskripte auf (Hurwitz/Rudio 1895, 3 – vgl. auch Bützberger 1913); auf diese Manuskripte bezieht sich Fiedler im obigen Zitat.

„B. sagt, keine Spur der Idee der Zyklographie."[2036] Das fragliche Manuskript Steiners zur Kreisgeometrie wurde schließlich 1931 von R. Fueter und F. Gonseth veröffentlicht.

Die Frage nach anderen Vorläufern tat Fiedler mit wenigen Worten ab; als solche nennt er L. Gaultier[2037], „ ..., welcher in manchem Betracht meiner Idee am nächsten steht, berührt dieselbe gleichwohl in keiner Weise ..."[2038] und Plücker, „... und es ist ganz unzweifelhaft, dass Gaultier diese Idee nicht gekannt hat, ebenso wenig wie J. Plücker, in dessen „Analytisch-geometrischen Entwicklungen" (1828, 1831) doch auch mannichfach Coincidenzen mit meinen Ausführungen begegnet."[2039]

Allerdings gab es einen anderen, wenn auch noch nicht prominenten Vorläufer, nämlich den jungen Adolf Hurwitz, ab 1892 dann Kollege von Fiedler am Polytechnikum. F. Rudio meldete am 3. Mai 1881 aus Zürich an Freund Hurwitz[2040]:

> Nun noch eins: Fiedler macht großen Lärm mit einem von ihm entdeckten Abbildungsprinzip des Punktraumes auf die Kreise der Ebene, welches analytisch darauf hinauskommt, die Constanten α, β, γ des Kreises $(x - \alpha)^2 + (x - \beta)^2 = \gamma^2$ als Coordinaten eines Punktes im Raum aufzufassen[2041]. Ich glaube mich mit Bestimmtheit zu erinnern, daß Du mir vor etwa 2 Jahren von dieser Abbildung sprachest, ohne auf die Details einzugehen. Ich erzählte daher auch Fiedler, daß der Gedanke nicht neu sei, indem ich mich auf Dich berief. Möglicherweise wird er sich an Dich wenden, um Dich darüber zu interpelliren, wenigstens hat er sich Deine Adresse geben lassen. Vielleicht will er Dir auch nur eine darauf bezügliche Abhandlung schicken. [...] Die Sache ist auch wirklich zu einfach, als daß sie einem nicht jeden Tag einfallen könnte.

Ob Fiedler Hurwitz „interpellirt" hat, ist nicht bekannt. Klar ist aber, dass er eine Abhandlung an Hurwitz schickte. Das bestätigt ein Brief, den Hurwitz, damals ein junger Doktorand von Felix Klein in Leipzig, an Fiedler schrieb, um ihm mitzuteilen, dass er die Grundidee der Zyklographie auch schon gehabt habe und

---

[2036] Fiedler 1882, 15.
[2037] Gaulthier 1813. Fiedler verweist auf die Seiten 179 – 181 der Arbeit von Gaultier.
[2038] Fiedler 1882, XII.
[2039] Fiedler 1882, XII.
[2040] Hs 583 :82. Rudio und Hurwitz kannten sich aus gemeinsamen Studientagen in Berlin (vgl. Rudio 1919, 859 - 860); in Zürich gehörte die Familie Rudio zu Hurwitz' engstem Freundeskreis wie auch zu dem von Minkowski.
[2041] Vgl. weiter unten den Zugang, den Hurwitz in seiner Tagebuchnotiz wählt.

vor ihm sogar schon A. F. Möbius[2042]. In gekonnt höflichen Ton wandte sich Hurwitz am 17. Juni 1881 an den „hochverehrten Professor"

> Leider komme ich erst heute dazu, Ihnen für die gütige Übersendung der „Geometrischen Mittheilungen"[2043] meinen besten Dank auszusprechen.

> Als ich vor drei Jahren in Berlin studirte, hatte ich auch diese Idee, das Apollon. Tactionsproblem durch Abbildung der Kreisebene auf den Punkte-Raum zu behandeln – und zwar durch dieselbe Abbildung, von der Sie in so weitem Umfange Gebrauch machen. - Als ich dann nach München kam, theilte mir Herr Prof. Klein mit, daß Möbius sich ausführlich mit der Abbildung befaßt habe, bei der dem Kreis vom Radius r und Mittelpunkt α, β der Punkt

$$x = \alpha, y = \beta, z = +/- \, ir;\ i = \sqrt{-1}$$

> des Raumes entsprechend gleich gesetzt wird.

> Ich sah, daß diese Abbildung im Grunde identisch ist mit der von Ihnen und mir angewandten und gab die Untersuchung ganz auf, zumal ich durch Herrn Prof. Klein in einen anderen Zweig der Mathematik (Algebra u. Functionentheorie) hineingeschoben wurde.[2044]

Am Ende seines Briefes erwähnt Hurwitz übrigens noch eine weitere Möglichkeit, wie man gewissen Kreisen der Ebene Punkte im Raum zuordnen kann: Man nehme einen festen Kreis. Einem weiteren Kreis, der diesen schneidet, ordnet man denjenigen Raumpunkt zu, der senkrecht über seinem Mittelpunkt liegt und dessen Abstand gleich ist demjenigen zwischen den beiden Schnittpunkten des Strahles, der im Mittelpunkt des festen Kreises beginnt und durch einen der beiden Schnittpunkte der beiden Kreise geht. Den Kreisen, die den festen Kreis berühren, entsprechen dann Punkte einer irreduziblen Fläche zweiten Grades.

Fiedler hat Hurwitz' Mitteilungen ignoriert, einen Verweis auf ihn oder auf Möbius sucht man vergebens bei ihm. Der Zyklographie ähnliche Ideen treten bei Hurwitz später nochmals in seinem mathematischen Tagebuch (Bd. 6 (April 1888 –

[2042] Möbius deutet die Grundidee der Zyklographie kurz am Anfang seiner Arbeit „Ueber imaginäre Kreise" (Möbius 1857) an, allerdings nur im Fall „imaginärer Kreise" (also solcher Kreise mit rein imaginärem Radius ir (mit reellem r), aber reellem Mittelpunkt). Einem derartigen Kreis entspricht der Punkt, der senkrecht über seinem Mittelpunkt im Abstand r liegt, von Möbius Scheitel genannt. Möbius bemerkt, dass es zu einem Kreis folglich zwei Scheitel gibt. Liegen zwei Punkte konjugiert zum fraglichen Kreis (d.h. sie bilden mit den beiden Schnittpunkten ihrer gemeinsamen Zentralen mit dem Kreis ein harmonisches Punktequadrupel), so erscheinen sie vom Scheitel aus gesehen unter einem rechten Winkel. Gewisse Aspekte der imaginären Kreise hat Möbius dann in einer Arbeit „Über conjugirte Kreise" (1858) ausgeführt.
[2043] Fiedler 1879c.
[2044] Hs 87: 447. Hurwitz erläutert im Weiteren seine Ideen zur Behandlung des Apollinischen Berührproblem.

November 1889), 135 – 145) auf, bezeichnenderweise im Zusammenhang mit dem Apollinischen und dem Malfattischen Problem. Einen Bezug zu Fiedler stellt Hurwitz allerdings nicht her – was aber nicht erstaunt, denn es handelte sich ja um private Aufzeichnungen. Da diese Ideen Hurwitz' bislang unbekannt geblieben sind, sei hier ein längerer Auszug aus seinem Tagebuch zitiert. Im Anschluss werden Hurwitz' Ausführungen zusammengefasst.

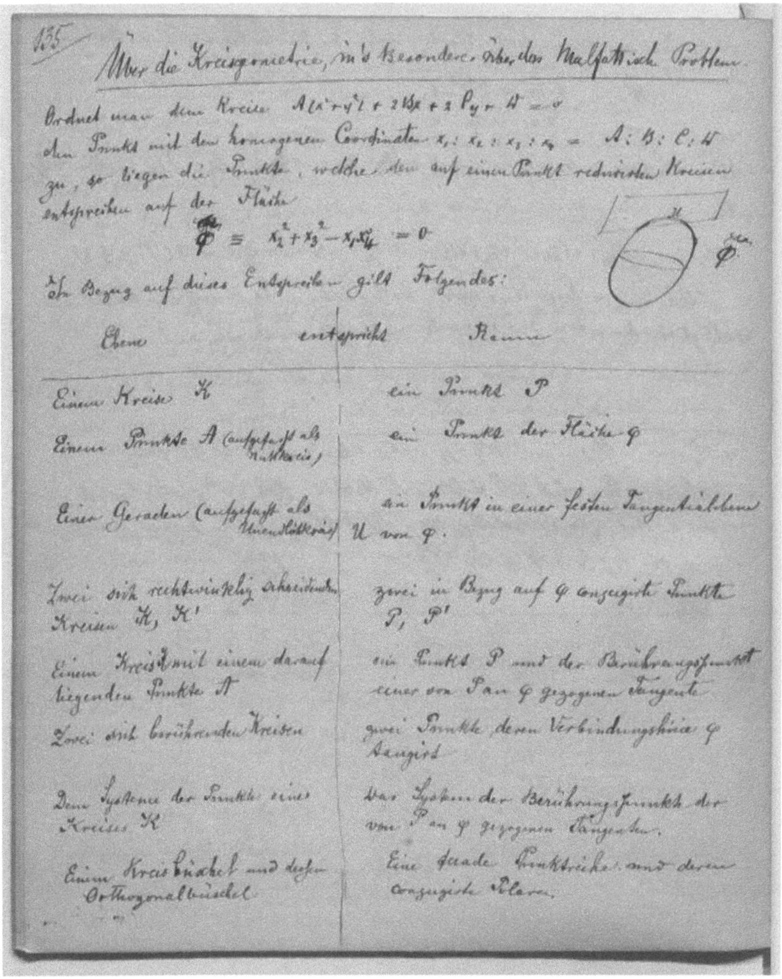

135 Über die Kreisgeometrie, ins Besondere über das Malfattische Problem.

Ordnet man dem Kreise $A(x^2+y^2)+2Bx+2Cy+D=0$ den Punkt mit den homogenen Coordinaten $x_1:x_2:x_3:x_4 = A:B:C:D$ zu, so liegen die Punkte, welche den auf einen Punkt reducirten Kreisen entsprechen auf der Fläche

$$\Phi \equiv x_2^2+x_3^2-x_1x_4=0$$

In Bezug auf dieses Entsprechen gilt Folgendes:

Ebene	entspricht Raume
Einem Kreise K	ein Punkt P
Einem Punkte A (aufgefasst als Nullkreis)	ein Punkt der Fläche φ
Einer Geraden (aufgefasst als Unendlichkreis)	ein Punkt in einer festen Tangentialebene U von φ.
Zwei sich rechtwinklig schneidenden Kreisen K, K'	zwei in Bezug auf φ conjugirte Punkte P, P'
Einem Kreise K mit einem darauf liegenden Punkte A	ein Punkt P und der Berührungspunkt einer von P an φ gezogenen Tangente
Zwei sich berührenden Kreisen	zwei Punkte deren Verbindungslinie φ tangirt
Dem Systeme der Punkte eines Kreises K	das System der Berührungspunkte der von P an φ gezogenen Tangenten.
Einem Kreisbüschel und dessen Orthogonalbüschel	Eine gerade Punktreihe und deren conjugirte Polare.

In der Ebene　entspricht　im Raume.

Einem Kreise K und zwei in Bezug auf denselben inversen Punkten	Ein Punkt P und zwei mit P in einer Geraden liegende Punkte von G.
Einem Kreise K und seinem Mittelpunkte M	Ein Punkt P und der Punkt auf G, welcher mit P und U in gerade Linie liegt.
Einem Kreise K und zwei in Bezug auf denselben inversen Kreisen	Ein Punkt P und zwei mit P in gerader liegende Punkte, so daß der P zugeordnete vierte harmonische Punkt auf der Polarebene von P liegt.
Zwei Kreisen und ihren Potenzkreisen	Zwei Punkte P und Q und diejenigen Punkte A und J welche sowohl P, Q als auch die Schnittpunkte von K mit Q harmonisch trennen.

Das Apollonius'sche Taktionsproblem lautet jetzt in der Übertragung:

Gegeben drei Punkte A, B, C. Gesucht ein Punkt P, für welchen PA, PB, PC Tangenten von G sind.

Das Malfattische Problem lautet:

Gegeben drei Punkte A, B, C. Gesucht drei Punkte P, Q, R, für welche PB, PC, QA, QC, RA, RB und PQ, PR, QR Tangenten von G sind.

Hieran knüpft sich von selber die Aufgabe:

Gesucht drei Punkte auf 3 gegebenen Geraden p, q, r bzw., für welche PQ, PR, QR Tangenten von G sind.

[…]

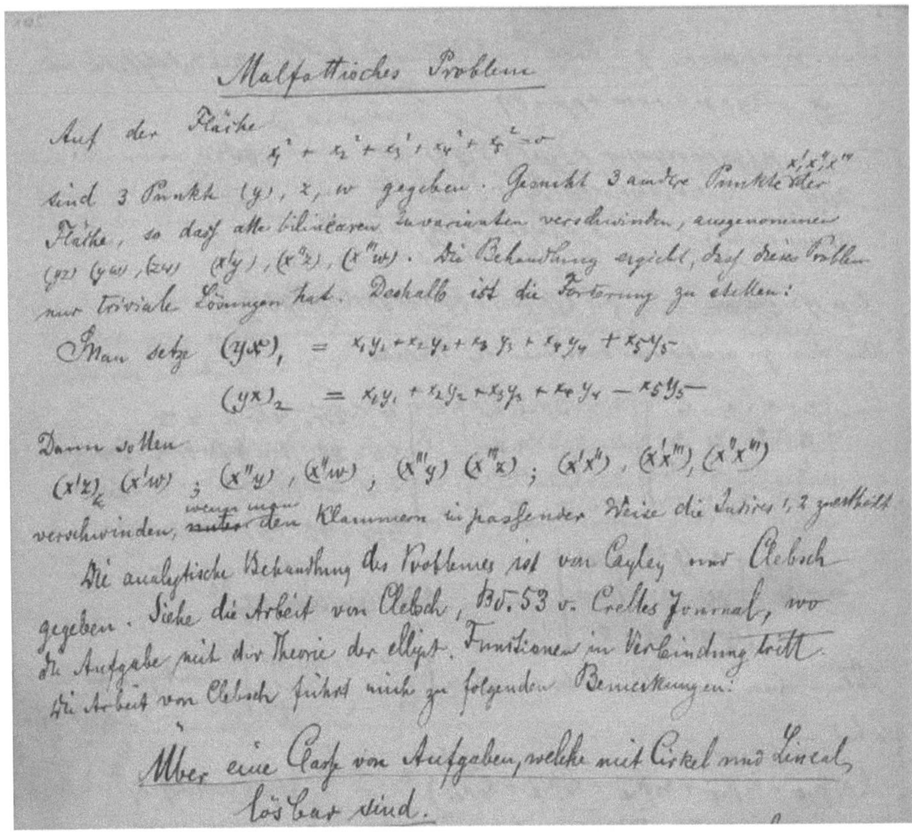

Abb. 6.5: *Auszüge aus Hurwitz' Tagebuch mit Notizen zur Zyklographie*[2045]

Es folgen noch allgemeine Betrachtungen zu der letztgenannten Frage, also zur Lösbarkeit von Aufgaben mit Zirkel und Lineal.

Die Ausführungen von Hurwitz lassen sich wie folgt zusammenfassen:

Gegeben sei eine Ebene E („Tafel" im Stile Fiedlers) und darin ein Kreis K in der Form

$$(1) \quad (x-x_0)^2 + (y-y_0)^2 = r^2.$$

Dies lässt sich umschreiben in

$$(x^2+y^2) + 2bx + 2cy + d = 0$$

mit $b = -x_0$, $c = -y_0$ und $d = x_0^2 + y_0^2 - r^2$.

[2045] Bd. 6 (April 1888 – November 1889), 135 – 137, 145. Das Tagebuch befindet sich im Hochschularchiv der ETH, Signatur Hs 582:1 -30, digitalisiert liegt es bei den *e-manuscripta* vor. Auf den Seiten zwischen 137 und 145 stellt Hurwitz weitere langwierige Berechnungen im Rahmen seiner Zyklographie an. Ich danke N. Oswald (Würzburg), die mich auf diese Quelle aufmerksam gemacht hat.

Multipliziert man diese Gleichung noch mit $A \neq 0$, so nimmt sie die Form an:

$$A(x^2+y^2) + 2Bx + 2Cy + D = 0$$

mit $B = bA$, $C = cA$ und $D = dA$.

Das Quadrupel $[A,B,C,D]$ lässt sich interpretieren als die homogenen Koordinaten eines Punktes im reellen projektiven Raum; dieser ist folglich dem Kreis (1) zugeordnet (und umgekehrt).

Es stellt sich nun die Frage: Welche Punkte des projektiven Raumes repräsentieren Nullkreise, also Kreise vom Radius Null? Die Antwort lautet: Das sind genau diejenigen Punkte, die in der Fläche

$$(\phi) \; X_2{}^2 + X_3{}^2 - X_1 X_4 = 0$$

liegen, denn diese führen dazu, dass r in (1) gleich Null wird, wie man leicht nachrechnen kann.

Euklidisch betrachtet ist (ϕ) ein gerader Doppelkegel mit Spitze im Ursprung, der symmetrisch zur Ebene liegt, in der sich seine Spitze befindet:

$$x^2 + y^2 - z = 0$$

mit $x = X_2{:}X_1$, $y = X_3{:}X_1$ und $z = X_4{:}X_1$. Kegel dieser Art kommen gelegentlich auch bei Fiedler vor, wenn er nämlich die Tafelebene in die Spitze zyklographischer Kegel verschiebt. Folgt man Hurwitz, erhält man allerdings nur eine Hälfte des zyklographischen Doppelkegels, da $x^2 + y^2$ nicht negativ wird.

Hurwitz bemerkt nun folgende Eigenschaften (p. 135 – 136):

„Ebene	entspricht	Raum
1. Einem Kreis K	1.	Ein Punkt P
2. Einem Punkt A (aufgefaßt als Nullkreis)	2.	Ein Punkt der Fläche (ϕ)
3. Einer Geraden (aufgefaßt als Unendlichkreis)	3.	Ein Punkt in einer festen Tangentialebene U von (ϕ)
4. Zwei sich rechtwinklig schneidende Kreise K, $K‘$	4.	Zwei in Bezug auf (ϕ) konjugirte Punkte P, $P‘$
5. Einem Kreis K mit einem darauf liegenden Punkte A	5.	Ein Punkt P und der Berührungspunkt einer von P an (ϕ) gezogenen Tangenten
6. Zwei sich berührende Kreise	6.	Zwei Punkte, deren Verbindungslinie (ϕ) tangirt
7. Dem System der Punkte eines Kreises K	7.	Das System der Berührungspunkte der von P an (ϕ) gezogenen Tangenten
8. Einem Kreisbüschel und dessen Orthogonalbüschel	8.	Eine gerade Punktreihe und deren conjugirte Polare

9. Einem Kreis K und zwei in Bezug auf denselben inverse Punkte	9. Ein Punkt P und zwei mit P in einer Geraden liegende Punkte von (ϕ)
10. Einem Kreis K mit seinem Mittelpunkt M	10. Ein Punkt P und der Punkt von (ϕ), welcher mit P und M in gerader Linie liegt
11. Einem Kreis K und zwei in Bezug auf denselben inverse Kreise	11. Ein Punkt P und zwei mit P in gerader [Linie] liegende Punkte, sodaß der P zugeordnete vierte harmonische Punkt auf der Polarebene von P liegt
12. Zwei Kreise mit ihren Potenzkreisen.	12. Zwei Punkte P und Q und diejenigen Punkte A und B, welche sowohl P, Q als auch die Schnittpunkte von PQ mit (ϕ) harmonisch trennen.

Weiter heißt es bei Hurwitz:

Das Apollinisches Tactionsproblem lautet nun in der Übertragung:

Gegeben drei Punkte A, B, C. Gesucht ein Punkt P, für welchen PA, PB, PC Tangenten von (ϕ) sind.

Das Malfattische Problem lautet:

Gegeben drei Punkte. Gesucht drei Punkte P, Q, R, für welche PB, PC, QA, QC, RA, RB mit PQ, PR, QR Tangenten von (ϕ) sind.

Hieran knüpft von selber die Aufgabe:

Gesucht drei Punkte P, Q, R auf drei gegebenen Geraden p, q, r bez., für welche PQ, PR, QR Tangenten von (ϕ) sind.

Der Lösungsansatz für das Malfattische Problem mit Hilfe elliptischer Funktionen, den Hurwitz in seinem Tagebuch anspricht[2046], er nennt Clebsch in diesem Zusammenhang, wurde 1897 von Charlotte Wedell in ihrer Dissertation auf Anregung von Hurwitz ausgearbeitet.[2047]

[2046] Vgl. die letzte Zeile des oben wiedergegebenen Auszugs aus dem Tagebuch. Es geht um die Arbeit Clebsch 1857.
[2047] Vgl. Wedell 1897. Die Promotion erfolgte in Lausanne bei E. I. Amstein. Im Vorwort ihrer Dissertation schreibt Ch. Wedell (1862 – 1953) – mit vollem Namen: Charlotte Bolette Sophie, Baroness Wedell-Wedellsborg - ausdrücklich, dass das Thema auf Hurwitz zurückging; Hurwitz nennt

Hurwitz, der Problemlöser, interessierte sich offenbar für das Malfatti-Problem, das belegen mehrere Stellen in seinem Tagebuch aber auch Ausführungen als gerade ernannter Privatdozent in seiner ersten Vorlesung „Über Kreise und Kugeln" (Göttingen, im Sommersemester 1882).[2048]

Man sieht in der Vorgehensweise von Hurwitz auch charakteristische Unterschiede zu Fiedler: Hurwitz wendet die Fragestellung sofort ins Analytische, was die vielen Rechnungen augenscheinlich machen. Dabei verwendet er von vorne herein homogene Koordinaten, arbeitet also konsequent projektiv.

Doch nun zurück zu Fiedler. Die erste Veröffentlichung Fiedlers zur Zyklographie erfolgte, wie bereits erwähnt, 1879 in der Vierteljahrsschrift[2049] der Züricher Naturforschenden Gesellschaft. Dort schilderte er die Grundidee seiner Zyklographie folgendermaßen:

> Sollte es sich um die Bestimmung der *Punkte des Raumes* durch ihre Bilder auf einer Ebene handeln, so wäre wohl das Natürlichste, sie *durch die Kreise der Ebene* darzustellen; nämlich so, dass ein Kreis, *wie der Distanzkreis der elementaren Methoden*, den Punkt repräsentire, welcher im Abstand des Radius von der Bildebene in der Normale derselben im Mittelpunkt auf einer bestimmten Seite der Ebene sich befindet; [...]
>
> In ähnlicher Weise lässt sich auch die *Abbildung der Punkte des Raumes durch die Kreise auf einer Kugel* vollziehen; man kann sie aus der ebenen Abbildung durch die Anwendung der Transformation mittelst reciproker Radien ableiten, etc.[2050]

---

sie auch in seinem Verzeichnis der bei ihm verfassten Dissertationen (vgl. Hs 582: 151) als No. 3 (nach seinem Bruder Julius und Amberg).
Mein Dank gilt J.-D. Voelke (Lausanne) und T. Kjeldsen (Kopenhagen) für die Beschaffung von Informationen über Ch. Wedell.

[2048] Vgl. die Ausarbeitung Hurwitz' zu dieser Vorlesung (Hs 582: 97); diese trägt alerdings keinen Titel. Das Malfatti-Problem wird am Ende der Vorlesung gewissermaßen als krönender Abschluss besprochen, Hurwitz erläutert die Lösung von J. Petersen. Zu Beginn seiner Vorlesung kündigte er allerdings an, eine neue Lösung von Bischoff in München vorführen zu wollen, die er dann aber nicht behandelte. Vermutlich hatte sich diese als falsch erwiesen, sie wurde auch nicht publiziert. Gemeint war wohl Nikolaus Bischoff (1823 – 1893), Professor für Mathematik am Münchner Polytechikum, der sich hauptsächlich der Lehrerbildung widmete.

[2049] Fiedler 1879c.

[2050] Fiedler 1879c, 221. Die Transformation durch reziproke Radien meint in diesem Zusammenhang die Inversion an der Kugel. Diese erlaubt es ja, gewisse Ebenen auf Kugeln abzubilden und umgekehrt und somit die sphärische Geometrie mit der ebenen in Verbindung zu bringen. Es ergibt sich „die Übertragung alles schon Entdeckten aus der Planimetrie in die Sphärik" (Fiedler 1882, 149). Insbesondere werden (zyklographische) Kreise der Ebene auf sphärische Kreise abgebildet. Vgl Fiedler 1882, 148 – 149 und 242 – 246. Übertragunsprinzipien wurden in der zweiten Hälfte des 19. Jhs. von verschiedenen Mathematikern (z. B. S. Lie) untersucht; der erste hierunter war wohl L. O. Hesse (Hesse 1866a) [vgl. 6.4]. Im Erlanger Programm erwähnt Klein Hesse's Übertragungsprinzip, vgl. Rowe 2025, 146 – 147. Allgemein ging es ihm um äquivalente Geometrie.

Am Anfang der Vorrede seiner „Cyklographie" (1882) liest sich das Ziel des Fiedlerschen Werks dann folgendermaßen:

> Die vorliegende Schrift entstand aus der Absicht, für die Aufgaben des geometrischen Zeichnens über die Bestimmung der Kreise durch Bedingungen der Berührung und des Schnittes unter vorgeschriebenen Winkeln mit gegebenen Kreisen und geraden Linien vollständige und möglichst einfache Constructionen zu entwickeln und zu begründen, ohne andere als elementare Hülfsmittel vorauszusetzen.[2051]

Man bemerkt, dass Fiedlers Zielsetzung recht eng war, es ging ihm hauptsächlich um Konstruktionsaufgaben aus der Kreisgeometrie. Insbesondere interessierte er sich kaum für mehr abstrakte Aspekte seiner Methode im modernen Sinne einer Abbildung[2052] – nach Emil Müller[2053] eine verpasste Chance. In der Einleitung seines Buches deutet Fiedler an, dass er solche Perspektiven zur Verallgemeinerung seiner Zyklographie durchaus selbst sah: „Die Tragweite derselben ist aber auch mit dem Inhalte dieser Schrift bei weitem nicht ausgeschöpft."[2054] Allein – Fiedler bemüßigte sich der Selbstbeschränkung. Für ihn ging es darum, zu zeigen, „wie nützlich und fruchtbar nach beiden Seiten die Durchdringung der Probleme des Zeichnens mit wissenschaftlichen Gedanken und Anschauungen ist."[2055]

Einfachheit spielte für Fiedler offensichtlich eine wichtige Rolle. Was allerdings Einfachheit sei, das war höchstens intuitiv klar. Emile M. H. Lemoine sollte gegen Ende des 19. Jhs. versuchen, diesen vielgenutzten Begriff mit Hilfe seiner Geometrographie zu präzisieren.[2056]

Am Schluss der „Zürich, August 1881" gezeichneten Vorrede seiner „Cyklographie" kommt Fiedler mit einigem Pathos nochmals auf Steiner zurück:

> Ich kann daher schliesslich nur wünschen, dass meine Darstellung die durchschlagende Bedeutung der einfachen Idee in dem behandelten Gebiete genügend möge hervortreten lassen, damit ihr nicht zu dem Mangel des Credites, den ihr der Name Steiner's im Vorhinein gegeben hätte, nach so langer Zurückhaltung auch noch das positive Missgeschick einer pädagogisch schwachen Vertretung widerfahren sei! Möchte ich namentlich die rechte Mitte zwischen Ausführlichkeit und Kürze, die bei solchen Darstellungen so schwer zu treffen ist, nicht verfehlt haben, so

---

[2051] Fiedler 1882, III.
[2052] Dieser Begriff kommt bei Fiedler oft vor, meint aber bei ihm eine Abbildung im Sinne der darstellenden Geometrie vermöge Projektion. Vgl. das nachfolgende Zitat.
[2053] Vgl. Emil Müller 1905. Mehr zu Müller siehe unten in diesem Kapitel.
[2054] Fiedler 1882, V.
[2055] Fiedler 1882, X.
[2056] Einen Überblick zur Geometrographie gibt Adler 1906, 277 – 301.

dass ich überall dem Lernenden verständlich bleibe, ohne doch den Sachverständigen zu ermüden![2057]

Man erkennt auch hier wieder, wie Fiedler versucht, sich eine Tradition zu konstruieren: Wenn die Zyklographie schon nicht von Steiner stammte, so könnte sie doch von diesem großen Geometer herrühren – und muss folglich wichtig sein. Da niemandes Schüler war eine Tradition, ein „Credit", für Fiedler besonders wichtig.

Die „Cyklographie", die bei Teubner, gewissermaßen Fiedlers Hausverlag, erschien, umfasst 263 Seiten Text und 16 Figurentafeln, sie gliedert sich in vier Abschnitte plus Einleitung und Schlussbemerkung. Die einzelnen Titel lauten:

Einleitung über die Elemente der Centralprojection
Die Bildkreise der Punkte, ihre linearen Reihen und planaren Systeme
Geometrie der Kreisbüschel und Kreisnetze; die Potenz und die Abbildungsmethoden in Ebene und Raum
Die Lehre vom Winkelschnitt für Kreise und Kugeln und die Systeme zweiten Grades
Die Theorie der Kegelschnitte und der Rotationsflächen zweiten Grades im Zusammenhange mit der der Kreis- und Kugelsysteme
Schlussbetrachtung über die Geometrie der Kreise auf der Kugel und Schlussbeispiele

Hinsichtlich Stil und Präsentation unterscheidet sich die „Cyklographie" kaum von Fiedlers Lehrbuch der darstellenden Geometrie: Der Text ist ein Fließtext, gelegentlich werden Hervorhebungen durch gesperrten Druck vorgenommen. Es gibt nur wenige orientierende Hinweise für die Leserschaft, z. B. warum ein bestimmtes Thema an einer bestimmten Stelle behandelt wird, wie die einzelnen Themen zusammenhängen und was wichtig und was weniger wichtig ist. Dagegen finden sich zahlreiche oft hochkomplexe Abbildungen, die aber jetzt auf Figurentafeln am Ende des Buches zusammengestellt werden. Fiedlers Vorliebe für lange, verschachtelte Sätze ist nicht verschwunden, die Sprechweisen der darstellenden Geometrie werden an vielen Stellen verwendet. Es gibt kein Register, auch keine literarisch-historischen Anmerkungen. Zumindest für den modernen Leser macht all dies die Lektüre mühsam.

Die Grundidee der heutzutage vergessenen Zyklographie ist, wie Fiedler selbst mehrfach erläutert, die folgende: Gegeben sei eine Ebene im Raum, die Bildebene oder Tafel, und ein Punkt C, das Zentrum, außerhalb der fraglichen Ebene. Dann lässt sich aus dem Distanzkreis D in der Bildebene die Lage des Zentrums rekonstruieren: Man nehme den Mittelpunkt dieses Kreises, das ist der

---

[2057] Fiedler 1882, XII.

Hauptpunkt C_1, errichte in ihm die Senkrechte und trage auf dieser den Radius des Distanzkreises, also die Distanz d, ab. Einer der beiden so erhaltenen Punkte ist das Zentrum C. Diese Vorgehensweise lässt sich umkehren. Man kann auch die gerade angetroffene Doppeldeutigkeit beseitigen. Ist ein Punkt P im Raum gegeben, so ordne man diesem wie folgt einen orientierten Kreis[2058] $Z(P)$ zu: Der Mittelpunkt des Kreises ist der Fußpunkt P_1 des Lotes von P auf die Bildebene, der Radius des Kreises ist gleich der Länge des Lotes von P auf die Bildebene.[2059] Dieser Kreis wird positiv orientiert, wenn P und C in einer Halbebene bzgl. der Tafel liegen, sonst negativ.[2060] Oft verwendet Fiedler für einen speziellen festen Kreis dieser Art die Bezeichnung Distanzkreis, der zugehörige Punkt ist dann das Zentrum - was die Beziehung zur Zentralprojektion unterstreicht. Bezeichnend für Fiedlers Denkweise ist, dass er in dieser Darstellungsart eine Projektionsmethode[2061] sah: Während bei den gängigen Projektionsarten Punkte auf Punkte abgebildet werden, sind jetzt Kurven, in der Zyklographie speziell Kreise, die Bilder.[2062] Einen Sonderfall bilden die Punkte der Tafel, diese werden durch sich selbst repräsentiert und dabei als Kreise vom Radius Null aufgefasst. Kurz werden sie Nullkreise genannt.

Legt man durch den abzubildenden Punkt und die Punkte des ihn darstellenden Kreises Geraden, so entsteht ein gerader Doppelkegel, der die Ebene des Kreises im 45°-Winkel schneidet. Sein Öffnungswinkel an der Spitze beträgt somit 90°. Solche Doppelkegel heißen auch zyklographische (Doppel-)Kegel; Fiedler spricht von gleichseitigen Rotationskegeln[2063], die Mantellinien sind projizierende Strahlen im Sinne der darstellenden Geometrie, wenn man die Spitze des Kegels als Zentrum ansieht. Der Ausgangskreis wird als Spurkreis des zyklographischen Kegels oder auch als zyklographischer Kreis bezeichnet. Punkte des Doppelkegels werden in der Bildebene durch Kreise dargestellt, die den zur Spitze gehörigen Spurkreis berühren; die Berührung findet von innen oder von außen statt, je nachdem, ob der fragliche Punkt des Mantels zwischen Kegelspitze und

---

[2058] Orientierte Kreise werden oft als Zykel bezeichnet.

[2059] Längen dieser Art werden in der darstellenden Geometrie auch Koten genannt.

[2060] Somit wird man den zu C gehörigen Distanzkreis selbst auch positiv orientieren. Im Folgenden werden wie bei Fiedler auch i. d. R. der Einfachheit halber unorientierte Kreise betrachtet.

[2061] Man kann natürlich auch die Zwei-Tafel-Darstellung eines Punktes als dessen Darstellung (Projektion) durch zwei Punkte interpretieren. Insofern mag man hier durchaus einen Bezug zur darstellenden Geometrie sehen. Ein anderer damals üblicher Terminus, der hierher passen könnte, war Übertragungsprinzip – verwendet u.a. von L.O. Hesse für eine Darstellung der Ebene vermöge von Punktepaaren auf einer Geraden. Vgl. Hesse 1866a.

[2062] Diese abstrakte Sicht wird bei Eckhart 1926, 77 – 78 eingenommen. Allerdings ist die Auswahl möglicher Kurven beschränkt, denn der Raumpunkt muss ja die Kurve eindeutig festlegen. Vgl. Eckhart 1926, 77 – 78. Eine der Zyklographie entfernt ähnliche Idee ist die Darstellung von Quaternionen mit Hilfe von Kugeln, mit der sich Fiedler seinen Angaben nach einmal beschäftigt hat. Vgl. 5.3.3.

[2063] Zu beachten ist, dass es sich um Doppelkegel handelt. Wir sprechen meist der Einfachheit halber wie Fiedler von Kegeln.

Tafel liegt oder nicht.[2064] Die Mittelpunkte dieser Berührkreise sind genau die senkrechten Projektionen der Punkte des Kegelmantels auf die Tafel, exakt wie das bei der senkrechten Projektion auf die Grundrissebene der Fall ist. Die Berührpunkte dieser Kreise ergeben sich als Schnittpunkte des Grundkreises mit den Mantellinien, welche durch die von den Berührkreisen dargestellten Punkte auf dem Mantel gehen, sind also Bilder des fraglichen Punktes unter Zentralprojektion. Ein Sonderfall ist die Berührung einer Geraden durch Kreise, denn dann tritt an die Stelle des zyklographischen Kegels eine zyklographische Ebene[2065], die die Tafel unter einem Winkel von 45° in der fraglichen Geraden trifft. Die zyklographischen Kreise der Punkte dieser Ebene berühren die gegebene Gerade.

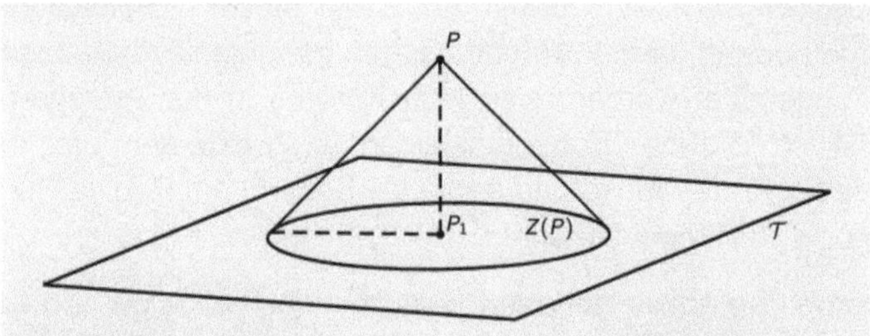

Abb. 6.6: *Zyklographischer Kegel mit Spitze, Hauptpunkt, Spurkreis, Tafel* [2066]

Betrachtet man ein Dreieck in der Tafel und die drei passend gewählten zyklographischen Ebenen durch seine Seiten, so schneiden sich diese in einem Punkt: Dieser liefert nach senkrechter Projektion in die Tafel den Innkreismittelpunkt; der Abstand des Schnittpunktes zur Tafel ist gleich dem Radius des Innkreises. Die Schnittgeraden von jeweils zwei dieser Ebenen – die Kanten der Dreieckspyramide, welche nicht in der Tafel liegen - werden senkrecht in die Winkelhalbierenden des Dreiecks projiziert. Analog[2067] kann man auch die Mittelpunkte der Ankreise erhalten.

Wichtige Begriffe der Kreisgeometrie lassen sich zyklographisch fassen. Hat man z.B. zwei zyklographische Kegel, so schneidet die Gerade durch deren Spitzen die Tafel in einem Ähnlichkeitszentrum der zugehörigen Spurkreise – und zwar im

---

[2064] Die Spitze des Kegels gehört zum Spurkreis selbst, der den Übergang vom Inneren zum Äußeren bzgl. der berührenden Kreise markiert. Verwendet man einen Doppelkegel, so ergeben die zyklographsichen Kreise der hinzukommenden Punkte nichts Neues. Allerdings werden die Formulierungen umständlicher.
Die kotierte Projektion verwendet eine ähnliche Idee wie die Zyklographie, allerdings wird in ihr der Abstand des darzustellenden Punktes von der Tafel durch eine Zahl wiedergegeben, was sie für die konstruktiven Ziele Fiedlers unbrauchbar macht. Vgl. etwa Eckhart 1926, 78.
[2065] Es gibt zwei dieser Ebenen zu einer gegebenen Geraden.
[2066] Abbildung erstellt von Herrn Robert Wengel (Wuppertal).
[2067] Hierbei muss man jeweils zwei der zyklographischen Ebenen der Dreiecksseiten durch ihre symmetrischen ersetzen, die anderen beiden werden beibehalten.

inneren, wenn die Kegelspitzen auf unterschiedlichen Seiten der Tafel liegen, sonst im äußeren. Berühren sich insbesondere die Spurkreise, so geht die Verbindung der auf unterschiedlichen Seiten liegenden Spitzen durch den Berührpunkt und ist eine Mantellinie. Die Tangentialebene in dieser Mantellinie schneidet die Tafel in einer gemeinsamen Tangente der Kreise.

Liegen zwei zyklographische Kegel vor, so geht Fiedler meist davon aus, dass einer der beiden Kegel zum Distanzkreis gehört, seine Spitze also das Zentrum ist: Der fragliche Kegel ist dann projizierend ebenso wie alle Geraden durch die Spitze des Kegels. So betrachtet kann man dann sagen, dass die Spitze eines anderen Kegels durch die Verbindungsgeraden der Spitzen in ein Ähnlichkeitszentrum projiziert wird, die fragliche Gerade ist der projizierende Strahl. Es ergibt sich direkt ein einfacher Beweis des Satzes von Monge, denn die drei paarweisen Verbindungsgeraden der Spitzen dreier zyklographischer Kegel liegen offensichtlich in einer Ebene – festgelegt durch eben diese drei Spitzen. Folglich liegen die Schnittpunkte dieser Verbindungsgeraden mit der Tafel im Schnitt zweier Ebenen, also in einer Geraden. Diese enthält drei Ähnlichkeitszentren: entweder drei äußere oder zwei innere und ein äußeres. Die entsprechenden Geraden nennt Fiedler (äußere und innere) Ähnlichkeitsachsen. Der zyklographische Zugang zeigt zudem, dass andere Kombinationen von Ähnlichkeitszentren – etwa drei innere – keine Geraden liefern.

Sind allgemeiner zwei zyklographische Kegel gegeben, so liefern die Punkte in ihrem Durchschnitt, falls dieser nicht leer ist, Spurkreise, welche die beiden Spurkreise der zyklographischen Kegel in der Tafelebene simultan berühren. Der Durchschnitt selbst ist eine Hyperbel, hierauf kommen wir noch ausführlich zu sprechen.[2068]

Kehren wir zur Zyklographie im Sinne einer Abbildungsmethode des Raumes auf die Ebene zurück. Diese Grundlagen erläutert Fiedler im ersten Abschnitt seines Buches, um sie dann im zweiten auf Kreisschnittprobleme anzuwenden. Alle Punkte einer Ebene, die parallel zur Bildebene liegt, werden durch kongruente Kreise gleicher Orientierung dargestellt – ein Sonderfall dessen, was Fiedler ein (planares) Kreissystem nennt. Liegt die Ebene nicht parallel zur Bildebene, so wird sie ganz im Sinne der darstellenden Geometrie gegeben durch ihre Schnittgerade mit der Tafel, Spur genannt, und einen ihrer Punkt außerhalb der Tafel. Die Gesamtheit der ihren Punkten zugehörigen Kreise ist wieder ein planares Kreissystem, repräsentiert durch die Reihe der Nullkreise, die zur Spur gehört, und einen Kreis, der den fraglichen Punkt darstellt. Mit Hilfe dieser Beschreibung von Ebenen löst Fiedler dann Aufgaben wie die Schnittgerade

---

[2068] Auf dieser Erkenntnis beruht eine Lösung für das Apollinische Berührproblem, die die Zyklographie liefert; vgl. 6.3.

zweier sich schneidender Ebenen und den Schnittpunkt dreier sich schneidender Ebenen zu konstruieren. Mehr dazu weiter unten.

Interessant ist natürlich die Frage nach der Darstellung einer Geraden g. Diese wird einerseits festgelegt durch den Durchstoßungspunkt S von g mit der Bildebene (von Fiedler jetzt auch Fußpunkt genannt). Andererseits betrachte nun einzelne Punkte von g und deren Darstellungen. Klar ist, dass S selbst als Nullkreis aufzufassen ist. Alle anderen Bildkreise von Punkten der Geraden haben ihren Mittelpunkt auf der Spur s – hier zu verstehen als Bild von g unter orthogonaler Projektion auf die Tafel; s wird deshalb auch Zentrale genannt. Die Radien der Kreise hängen vom Abstand der Punkte zur Bildebene ab. Verläuft die Gerade g parallel zur Bildebene[2069], so haben alle Kreise denselben Radius, andernfalls wächst dieser, je weiter man sich von S entfernt (vgl. Abbildung 6.7). Die Orientierungen der Kreise sind auf den beiden Seiten von S entgegengesetzt. Alle Kreise auf einer Seite von S sind ähnlich mit äußerem Ähnlichkeitszentrum S, dagegen ist S inneres Ähnlichkeitszentrum für Kreise auf unterschiedlichen Seiten bzgl. S. Die Gerade wird also durch eine Kette von ähnlichen Kreisen, durch eine lineare Kreisreihe, dargestellt. Alle Kreise einer Kreisreihe haben zwei gemeinsame äußere Tangenten, die sich im äußeren Ähnlichkeitszentrum S schneiden; ihre Mittelpunkte liegen auf der bereits erwähnten Zentralen durch S, der Spur s von g. Diese halbiert den Winkel zwischen den beiden gemeinsamen Tangenten. Um eine lineare Kreisreihe festzulegen, genügt ein Punkt (als Durchstoßungspunkt Q – dieser Punkt ist auch Ähnlichkeitszentrum der Kreisreihe) nebst einem Kreis D - im Folgenden wird kurz als (Q, D) notiert. D wird von Fiedler oft Distanzkreis genannt.

Ein Sonderfall ergibt sich, wenn die Gerade einen Winkel von 45° mit der Tafel bildet. Dann gehen die Spurkreise aller Punkte P der Geraden durch den Durchstoßungspunkt S, denn die zugehörigen Dreiecke (mit den Eckpunkten S, P_1 Lotfußpunkt der Spitze P des zyklographischen Kegels und eben dieser Spitze) sind gleichschenklig rechtwinklig. Es entsteht folglich ein parabolisches Kreisbüschel.[2070]

[2069] S ist dann ein Fernpunkt.
[2070] Mehr zu Kreisbüscheln in 6.2.

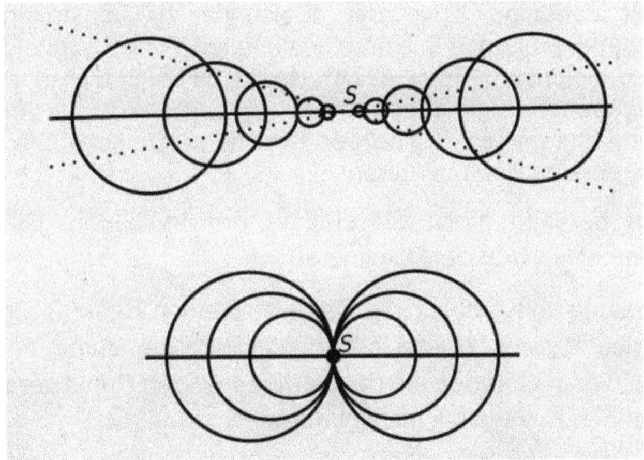

Abb. 6.7: *Zwei lineare Kreisreihen[2071]*

Einen weiteren Sonderfall bilden Geraden, die parallel zur Tafel verlaufen. In ihrem Fall ist der Durchstoßungspunkt S ein Fernpunkt. Man kann eine derartige Gerade durch zwei Kreise in der Tafel mit gleichgroßen Radien darstellen. Schließlich bilden auch Geraden senkrecht zur Tafel eine Ausnahme. Diese werden durch konzentrische Kreise dargestellt, der gemeinsame Mittelpunkt ist der Durchstoßungspunkt S. Letzterer genügt in diesem Sonderfall, um die Kreisreihe festzulegen.

Ist eine Kreisreihe (Q, D) gegeben, so sagen wir, dass die Punkte der Geraden CQ, wobei C die Spitze des zyklographischen Kegels über D ist, zu der Kreisreihe gehören und umgekehrt deren Kreise zu den Punkten. Die *Centrale* C_1Q der Kreisreihe ist die orthogonale Projektion der Geraden CQ.

Es gibt eine Reihe von grundlegenden Aufgaben, die Fiedler behandelt[2072]. Gegeben sei eine Kreisreihe (Q, D).

1. Es ist derjenige Kreis der Kreisreihe zu konstruieren, der einen vorgegebenen Mittelpunkt P hat. Dabei muss dieser natürlich auf der Geraden liegen, welche durch Q und den Mittelpunkt C_1 von D geht, also auf der Zentralen.[2073]
2. Es ist derjenige Kreis der Kreisreihe zu konstruieren, der einen vorgegebenen Radius besitzt.
3. Es ist derjenige Kreis der Kreisreihe zu konstruieren, der eine vorgegebene Gerade berührt.

[2071] Abbildung von Herrn R. Wengel.

[2072] Vgl. Wengel 2020, 110. Bei Fiedler selbst ist die Darstellung weniger übersichtlich, vgl. Fiedler 1882, 26 – 32.

[2073] Auch in den nachfolgenden Aufgaben sind Sonderfälle zu beachten. Diese werden nicht immer eigens aufgeführt. Zur Frage der Ausnahmen und des Umgangs mit ihnen vgl. weiter unten.

4. Es ist derjenige Kreis der Kreisreihe zu konstruieren, der eine vorgegebene Gerade in einem bestimmten Winkel schneidet.
5. Es sind diejenigen Kreise der Kreisreihe zu konstruieren, die durch einen vorgegebenen Punkt gehen.
6. Es sind derjenigen Kreise der Kreisreihe zu konstruieren, die einen vorgegebenen Kreis berühren.

Die Lösungen beruhen meist auf ebenen Konstruktionen. Dies mögen die nachfolgenden beiden Beispiele illustrieren.

Beispiel 1 (Lösung von Aufgabe 1): Man wähle einen Punkt S auf D, ziehe den Radius $C_1 S$ des Kreises D und hierzu die Parallele durch P. Dann ist der Schnittpunkt A dieser Geraden mit der Geraden QS ein Punkt der Peripherie des zu konstruierenden Kreises mit Mittelpunkt in P.

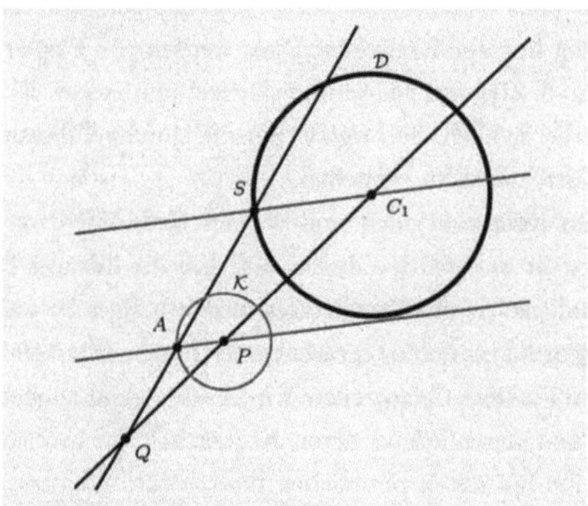

Abb. 6.8: *Zur Lösung von Aufgabe 1*[2074]

Räumlich interpretiert hat man den Abstand des Punktes der vorgegebenen Geraden – die durch die Kreisreihe dargestellt wird – von der Tafel konstruiert, der in P projiziert wird. Er ist gleich dem Radius des Kreises um P durch A. Die angegebene Konstruktion beruht darauf, dass Q ein Ähnlichkeitszentrum des gegebenen und des gesuchten Kreises ist. Also könnte man auch eine Tangente von Q an D legen und auf diese von P das Lot fällen. Der Lotfußpunkt ist dann ein Punkt des zu konstruierenden Kreises.

Zudem könnte man zyklographisch gedacht auch so vorgehen: Man nehme den zyklographischen Kegel über D und verbinde dessen Spitze mit Q. Dann errichte man in P die Senkrechte auf der Tafel. Deren Schnittpunkt mit der soeben konstruierten Geraden ist die Spitze des zyklographischen Kegels, dessen Spurkreis in der Tafel der gesuchte Kreis ist. Es ist ersichtlich, dass diese

---

[2074] Abbildung von R. Wengel.

Vorgehensweise komplizierter ist als die ebene Lösung, andererseits verdeutlicht sie aber die Grundidee der Zyklographie und fördert die Raumanschauung.

Beispiel 2 (Lösung von Aufgabe 2): Man ziehe den Radius C_1S im Kreis **D** senkrecht auf der Verbindung QC_1. Dann ziehe man um C_1 den Kreis mit dem vorgegebenen Radius, ein Schnittpunkt mit dem (eventuell zur Halbgeraden verlängerten) Radius sei S_1. Nun ziehe man die Parallele zu QC_1 durch S_1 und die Gerade QS. Der Schnittpunkt D dieser beiden Geraden ist ein Punkt der Peripherie des gesuchten Kreises. Dessen Mittelpunkt findet man als Lotfußpunkt M_1 des Lotes von D auf die Zentrale QC_1.

Eine zweite Lösung findet man, wenn man den zweiten Schnittpunkt S_2 des zur Geraden verlängerten Radius mit dem Kreis vorgegebenen Radius' nimmt.

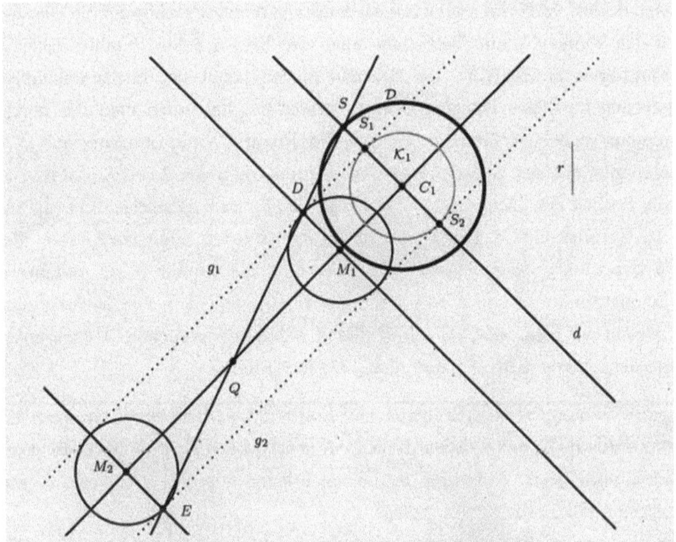

Abb. 6.9: *Zur Lösung von Aufgabe 2*[2075]

Auch hier könnte man wieder eine Tangente von Q an **D** legen. Dann zieht man die Parallele wie gehabt und fällt von den beiden Schnittpunkten mit der Tangente das Lot.

Schneiden sich zwei Geraden, so haben die beiden zugehörigen Kreisreihen einen Kreis gemeinsam, sind sie windschief, so gibt es bei geeigneter Wahl der Tafel[2076] einen Kreis in der ersten Kreisreihe und einen in der zweiten, die konzentrisch liegen; die Differenz der Radien entspricht dem kürzesten Abstand

---

[2075] Abbildung von R. Wengel.
[2076] Diese muss parallel zu den parallelen Ebenen liegen, in denen die beiden windschiefen Geraden liegen.

der beiden windschiefen Geraden. Der Mittelpunkt dieses Kreises ist der Schnittpunkt der senkrechten Projektionen der beiden Geraden auf die Tafel; das gilt analog für schneidende Geraden. Sind die beiden Geraden parallel, so sind die beiden senkrechten Projektionen, also die Spuren in der Tafel, auch parallel.

Schwieriger ist folgende Aufgabe[2077]: Gegeben eine Kreisreihe und ein weiterer Kreis. Zu konstruieren sind Kreise aus der Kreisreihe, die den vorgegebenen Kreis berühren. Sei $(Q, \boldsymbol{D})$ die Kreisreihe und K der gegebene Kreis mit Mittelpunkt M. Dann gilt es einen Kreis K_1 der Kreisreihe zu finden, der K berührt.

Die räumliche Interpretation der Aufgabenstellung ist die folgende: Sei C die Spitze des zyklographischen Kegels zum Distanzkreis $\boldsymbol{D}$, also das Zentrum, und C_1 der zugehörige Hauptpunkt. Dann entsprechen die Kreise der gegebenen Kreisreihe den Punkten der Geraden durch Q und C. Weiterhin betrachtete man den zyklographischen Kegel zum Kreis K mit der Spitze P_1. Die Schnittpunkte der Geraden CQ (zyklographisch dargestellt durch die gegebene Kreisreihe $(\boldsymbol{D},Q)$) mit diesem Kegel – wenn es denn welche gibt – liefern offensichtlich die gesuchten Kreise als die zu diesen Schnittpunkten gehörigen zyklographischen Kreise: Diese berühren einerseits den vorgegebenen Kreis K und gehören andererseits zur vorgegebenen Kreisreihe. Zu beachten ist, dass es für den Kegel zu K zwei Möglichkeiten gibt, was letztlich bis zu vier Lösungen liefert. Die gesuchten Schnittpunkte liegen in der Ebene, die senkrecht auf der Tafel steht und durch die Zentrale der Kreisreihe $(\boldsymbol{D},Q)$ geht.

Die obige Überlegung zeigt, dass es nicht immer Lösungen geben wird. Wie Fiedler mit diesem Problem umgeht, werden wir noch sehen. Es bleibt jetzt die Aufgabe, die räumliche Überlegung von oben in eine ebene Konstruktion in der Tafel umzusetzen.

Man bestimme das äußere Ähnlichkeitszentrum A und das innere Ähnlichkeitszentrum A^* der Kreise K und $\boldsymbol{D}$. Wir wählen zunächst A^* und ziehen A^*Q. Die Schnittpunkte dieser Geraden mit K seien S_1 und S_2. Dann ziehe man die Geraden QC_1 (C_1 ist wie immer der Mittelpunkt des Kreises $\boldsymbol{D}$; diese Gerade ist die Zentrale der gegebenen Kreisreihe) sowie MS_1 und MS_2. Die Schnittpunkte R_1 und R_2 der Geraden QC_1 mit MS_1 bzw. MS_2 sind die Mittelpunkte zweier berührender Kreise, die Berührpunkte sind die Punkte S_1 und S_2. Zwei weitere Lösungen kann man mit Hilfe des äußeren Ähnlichkeitszentrums A erhalten. Es gibt also maximal vier Lösungen.

Es liegt auf der Hand, dass die Schnittpunkte, die in obiger Konstruktion verwandt werden, nicht immer existieren müssen. Hierzu schreibt Fiedler:

[2077] Fiedler 1882, 30 – 32.

> Die Constructionen werden uns sofort auch die Bedingungen der Realität
> der Lösungen geben.[2078]

Fiedler spricht dann von reellen Lösungen, ohne den Fall der nicht-reellen
Lösungen genauer zu erläutern. Klar ist: Liegt der Kreis K_1 ganz außerhalb des
Winkelfeldes[2079], das die Kreisreihe definiert, so kann es keine reellen
Lösungen[2080] geben. Berührt der Kreis eine der Geraden, die das Winkelfeld
begrenzen, so gibt es nur eine Lösung. Liegt K ganz in diesem Winkelfeld, so gibt
es vier Lösungen, liegt K teilweise innerhalb und teilweise außerhalb, so findet
man zwei Lösungen.

Nach diesen Vorbereitungen können wir auch die Aufgabe angehen, die
Schnittgerade zweier sich schneidender Ebenen E_1 und E_2 zu bestimmen.[2081]
Dabei sei E_1 gegeben durch die Spurgerade s_1 und den Punkt C, den wir wie
üblich als Projektionszentrum ansehen, C_1 sei der entsprechende Hauptpunkt in
der Tafel mit dem Distanzkreis D. Die zweite Ebene sei gegeben durch ihre Spur
s_2 und den Punkt P. Für das Weitere setzen wir o. B. d. A. voraus, dass dieser
Punkt P in der Verschwindungsebene der Zentralprojektion mit Zentrum C auf die
Tafel liegt, d.h. P liegt in der zur Tafel parallelen Ebene durch das Zentrum C.
Dies lässt sich mit Hilfe einer Transformation des Zentrums immer erreichen.[2082]
Es sei P_1 der Mittelpunkt des zyklographischen Kreises, der P in der Tafel
repräsentiert. Da Verschwindungsebene und Tafel parallele Ebenen sind, hat
dieser Kreis denselben Radius wie der Distanzkreis.

Der Schnittpunkt S der Spuren der beiden Ebenen ist sicher ein Punkt im Schnitt
der beiden Ebenen: Er ist der Durchstoßungspunkt der gesuchten Schnittgeraden
mit der Tafel, also in deren zyklographischer Darstellung das Ähnlichkeitszentrum
der Kreisreihe, die die fragliche Schnittgerade repräsentiert. Um die gesuchte
Kreisreihe zu bestimmen, bedarf es eines weiteren Kreises dieser Reihe.

Um diesen zu finden, betrachten wir die Schnittgeraden der Ebenen E_1 und E_2 mit
der Verschwindungsebene (vgl. Abbildung 6.11). Diese müssen durch den Punkt
C bzw. den Punkt P gehen und parallel zu den Spuren s_1 und s_2 sein, da Tafel
und Verschwindungsebene parallel sind. Bei orthogonaler Parallelprojektion auf
die Tafel ergeben sich hieraus die Parallelen zu s_1 und s_2 durch C_1 bzw. P_1 (vgl.
Abbildung 6.10). Deren Schnittpunkt M repräsentiert den Schnittpunkt der beiden

---

[2078] Fiedler 1882, 30.
[2079] Das sei der Teil der Ebene, der zwischen den beiden gemeinsamen Tangenten der Kreisreihe
liegt.
[2080] Fiedler spricht meist von reellen Lösungen. Das deutet an, dass er gelegentlich auch komplexe
Lösungen in Betracht zieht.
[2081] Vgl. Fiedler 1882, 48 – 49.
[2082] Man kann das auch so ausdrücken: Man nimmt einen anderen Kreis der Kreisreihe als
Distanzkreis. Zur Transformatioin vgl. 4.2.5.

Parallelen in der Verschwindungsebene; dieser ist aber auch ein Punkt der Schnittgeraden. Der zugehörige Punkt der Verschwindungsebene wird in der Tafel in zyklographischer Darstellung gegeben durch den Kreis K um M, der denselben Radius hat wie der Distanzkreis. Damit hat man die gesuchte Kreisreihe konstruiert, denn deren Ähnlichkeitszentrum ist ja bekannt – nämlich der Punkt S.

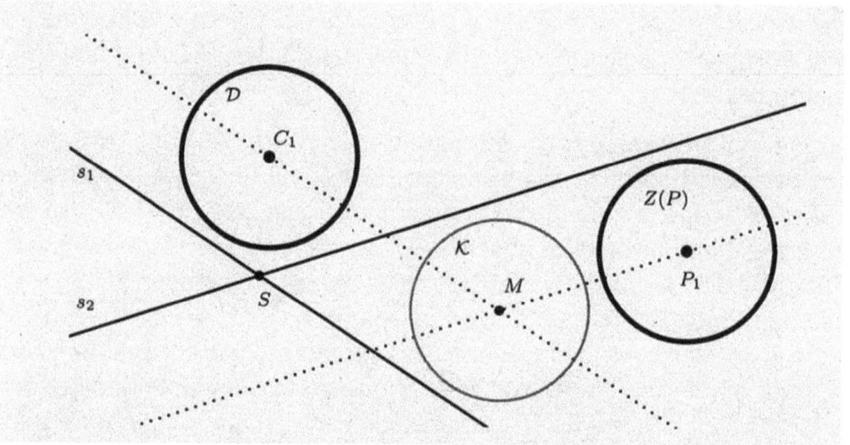

Abb. 6.10: *Kreisreihe, welche den Schnitt zweier Ebenen in der Tafel darstellt[2083]*

Die Aufgabe, den Schnittpunkt dreier Ebenen zu bestimmen, kann man nun einfach lösen, wenn man annimmt, dass diese durch ihre Spuren und drei Punkte – einer davon als Zentrum – in einer Tafel parallel zur Verschwindungsebene gegeben sind. Dann muss man nur die zwei Kreisreihen konstruieren, die die Schnittgeraden der ersten und der zweiten sowie der ersten und der dritten (oder zweiten und der dritten) Ebene repräsentieren und diese zum Schnitt bringen.

6.2 Schnitte von Kreisen und Kegeln

Die Abschnitte II und III von Fiedlers Buch beschäftigen sich mit Schnitten, zum einen von zyklographischen Kegeln und einschaligen Hyperboloiden[2084], zum andern von Kreisen und Kugeln. Fiedlers Fokus liegt dabei auf den sich ergebenden Kurven und der zyklographischen Darstellung ihrer Punkte, was wiederum auf sogenannte Kreisbüschel [2085] führt.

[2083] Wengel 2020, 138.
[2084] Diese spielen in der Zyklographie eine ähnlich wichtige Rolle wie die Kegel, was im Folgenden noch genauer erklärt werden wird.
[2085] Ein Beispiel hierfür, das parabolische Kreisbüschel, ist uns schon in 6.1 begegnet.

Fiedler beginnt mit folgender wohlbekannter Fragestellung: Welches sind die Kreise, die durch zwei vorgegebene Punkte P_1 und P_2 gehen? Die klassische Antwort ist: Es handelt sich um elliptisches Kreisbüschel, das sind alle Kreise, deren Mittelpunkte auf der Mittelsenkrechten der Strecke MM^* liegen.

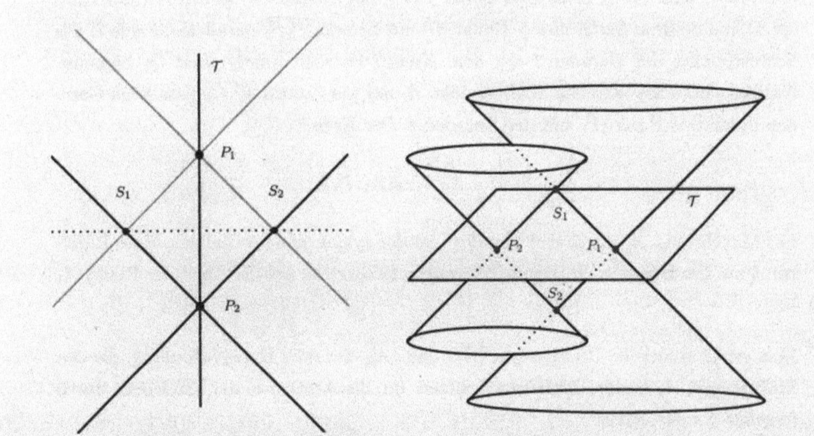

Abb. 6.11: *Schnitt zweier zyklographischer Kegel im Aufriss (links) und in räumlicher Darstellung (rechts).*[2086]

Die Zyklographie erlaubt eine bemerkenswerte Umformulierung des Problems: Die beiden gegebenen Punkte werden dabei zu Spitzen zweier zyklographischer Kegel bezüglich einer beliebig gewählten Ebene als Tafel, die die beiden Punkte enthält; auf dieser sollen die Achsen der Kegel senkrecht stehen. Anders gesagt werden die gegebenen Punkte als Nullkreise aufgefasst, zu denen ihre zyklographischen Kegel konstruiert werden. Da im Sonderfall von Nullkreisen Berührung nichts anderes meint als Inzidenz, sind die gesuchten Kreise genau die Spurkreise von denjenigen Punkten, die im Durchschnitt der beiden zyklographischen Kegel liegen. Dieser Durchschnitt liegt symmetrisch bezüglich dreier Ebenen: Zum einen bzgl. der Tafel, zum zweiten bezüglich der Mittellotebene der Verbindungsstrecke der beiden Spitzen P_1 und P_2 und zum dritten bzgl. der Lotebene auf der Tafel durch die Gerade, die durch die beiden Spitzen geht. Anders gesagt ist dies die Lotebene zur Zentralen der beiden Kreise. Die Schnittkurve liegt aufgrund ihrer Konstruktion in der Mittellotebene, ist also eine ebene Kurve. Ferner ist klar, dass ihre Äste sich ins Unendliche erstrecken, denn die Kegel tun dies. Da es sich um eine Kurve höchstens zweiten

---

[2086] T ist die Tafelebene, P_1 und P_2 sind die in der Tafel liegenden Spitzen der Kegel, S_1 und S_2 die Scheitel der Hyperbeläste. Abbildung von Herrn R. Wengel, vgl. Wengel 2020, 211.

Grades handeln muss, kann es folglich nur um eine Hyperbel gehen, die zudem rechtwinklig ist.[2087]

Um die Ausdrucksweise[2088] im Folgenden zu vereinfachen und um die Situation etwas genauer zu beleuchten, führen wir folgende Bezeichnungen ein: Die Tafel sei die x-y-Ebene, die Mittellotebene die y-z-Ebene und die dritte Symmetrieebene die x-z-Ebene. Die gegebenen Punkte sollen auf der x-Achse symmetrisch zum Ursprung liegen. Dann liegt die Hyperbel ganz in der y-z-Ebene, ihr Mittelpunkt ist der Ursprung, die Asymptoten der Hyperbel sind die Winkelhalbierenden der rechten Winkel zwischen y- und z-Achse. Die Scheitel der Hyperbel A und A^* liegen symmetrisch zur x-y-Ebene auf der z-Achse. Folglich ist diese die Hauptachse der Hyperbel, während die y-Achse deren Nebenachse bildet. Dreht man die Hyperbel um die Hauptachse, so entsteht ein zweischaliges Hyperboloid, dreht man dagegen um die Nebenachse, so erhält man ein einschaliges.[2089]

Fiedler untersucht die Hyperbel und das Kreisbüschel zu den zwei vorgegebenen Grundpunkten P_1 und P_2 sowohl mit Mitteln der Zentral- als auch der Parallelprojektion sowie mit Hilfe der Zyklographie. Eine hervorgehobene Rolle spielt der Kreis in der Tafelebene, der durch die beiden Grundpunkte geht und dessen Mittelpunkt der Mittelpunkt der Strecke P_1P_2, also der Ursprung, ist; Fiedler bezeichnet ihn als Distanzkreis. Dessen Mittelpunkt ist zugleich der Mittelpunkt der Hyperbel, also der Schnittpunkt der Asymptoten, aber auch das Bild der beiden Scheitel der Hyperbel bei senkrechter Parallelprojektion auf die Tafel. Zudem stimmt der Abstand der Scheitel zur Tafel mit dem Radius des Distanzkreises überein, weshalb dieser der zyklographische Spurkreis der Scheitel ist[2090]. Bei Umlegung in die x-y-Ebene mit der y-Achse als Drehachse, fallen die Bilder (A), (A^*) der Scheitel auf den Distanzkreis.

Es ergeben sich Aussagen wie[2091]:

2087 Vgl. Fiedler 1882, 54 – 57. Fiedler spricht von gleichseitiger Hyperbel, gemeint ist in beiden Fällen, dass die Asymptoten der Kurven senkrecht aufeinander stehen, wie man in Abbildung 6.11 erkennt.

2088 Fiedler führt solche analytischen Betrachtungen erst ein, nachdem er die Hyperbel in die Tafel umgelegt hat, vgl. Fiedler 1882, 67 – 68.

2089 Vgl. Fiedler 1882, 93 – 96. Er spricht von gleichseitigen Rotationshyperboloiden, die ein- oder zweiteilig (oder auch ein- oder zweimantelig) sein können.

2090 Dessen Orientierung ist entgegengesetzt für die beiden Scheitel.

2091 Fiedler 1882, 58. Hierbei geht eine Eigenschaft der gleichseitigen (rechtwinkligen) Hyperbel ein, für Hyperbeln im Allgemeinen ist die Aussage nicht richtig: Fällt man von einem Kurvenpunkt einer gleichseitigen Hyperbel das Lot auf die Hauptachse, so ist der Abstand vom Lotfußpunkt zum Scheitel gleich der Länge des Lotes. Folglich geht der zum Kurvenpunkt gehörige zyklographische Kreis durch den entsprechenden Grundpunkt.

[...] die Bildkreise der Punkte der gleichseitigen Hyperbel mit zur Tafel normaler Hauptachse, welche zur Tafel symmetrisch liegt, bilden die Gesammtheit der durch zwei feste Punkte gehenden Kreise in der Tafel.

Diese Gesamtheit wird auch „Büschel von Kreisen mit reellen Grundpunkten"[2092] genannt, gängig ist heute die Bezeichnung elliptisches Kreisbüschel. Die Kreise eines elliptischen Kreisbüschels schneiden einen festen Kreis, im vorliegenden Fall ist das Fiedlers Distanzkreis, alle diametral in einem festen Punktepaar.[2093] In der Tafel gilt analog[2094]:

Die Umlegung der Durchdringung, die gleichseitige Hyperbel in der Tafel, ist der Ort der Endpunkte der zur Centralen senkrechten Durchmesser dieser Kreise[2095]. Der Distanzkreis oder der Bildkreis der Scheitel (Scheitelkreis) wird von den Bildkreisen aller anderen Punkte der gleichseitigen Hyperbel in den Scheiteln M, M^* oder im Durchmesser MM^* geschnitten; er und dieser Durchmesser oder ein beliebiger anderer der Bildkreise oder zwei beliebige Bildkreise bestimmen alle übrigen und die gleichseitige Hyperbel.

Mit den zyklographischen Bildern von Kegelschnitten beschäftigte sich auch ein Schulprogramm der Realschule Basel von 1891[2096] - eine der wenigen Publikationen, die die Idee der Zyklographie aufgriffen.[2097] Allerdings verwendet ihr Verfasser R. Flatt, ehemaliger Schüler des Züricher Polytechnikums, eine andere Definition des zyklographischen Bildes als Fiedler: Die Bildkurve ist bei ihm die Enveloppe der Menge der Kreise, die die Punkte der fraglichen Kurve darstellen. Im Falle einer Geraden ist also die Bildkurve i.a. eine Geradenkreuzung, sie besteht aus den beiden gemeinsamen Tangenten der linearen Kreisreihe (welche das zyklographische Bild im Sinne Fiedlers ist).

Passend zu der obigen Behandlung der Hyperbel betrachtet Fiedler auch die sogenannte konjugierte Umlegung.[2098] Als Achse soll diesmal die x-Achse dienen. Da diese aber nicht in der Ebene der Hyperbel liegt, ist eine Umlegung gar nicht ohne weiteres möglich. Dreht man diese Ebene (das war die y-z-Ebene) um 90° um die Hauptachse (in die x-z-Ebene), so kann diese dann um die Schnittgerade

---

[2092] Fiedler 1882, 58.
[2093] Ein Kreis schneidet einen anderen diametral, wenn die Sehne, die die beiden Schnittpunkte verbindet, durch den Mittelpunkt des zweiten Kreises geht. Die Schnittpunkte sind dann Diametralpunkte des zweiten Kreises.
[2094] Fiedler 1882, 58.
[2095] Gemeint sind die Spurkreise der Punkte der Hyperbel; ihre Punkte liegen ursprünglich in der y-z-Ebene und werden durch Drehung um die Nebenachse, die y-Achse, transformiert. Ihre Punkte kommen folglich in der x-y-Ebene zu liegen.
[2096] Flatt 1891.
[2097] Vgl. 6.4.
[2098] Vgl. Fiedler 1882, 67 und Wengel 2020, 251 – 262.

mit der Tafel (das ist die *x*-Achse) in die Tafel umlegen. Die Kreise des so erhaltenen Kreisbüschels sind so geartet, dass jeder Kreis des einen Büschels von jedem Kreis des anderen Büschels senkrecht geschnitten wird.[2099]

Das solcherart konstruierte Büschel heißt konjugiertes Kreisbüschel[2100]; es weist Grenzpunkte auf und zerfällt folglich in zwei Teile. Die Grenzpunkte sind die Grundpunkte des Ausgangsbüschels. Schneiden sich zwei Kreise rechtwinklig, gilt zudem, dass die vier Schnittpunkte auf dem gemeinsamen Durchmesser harmonisch liegen.[2101] Damit ist dann die Möglichkeit gegeben, die Begriffe Pol und Polare einzuführen. Alle Kreise des konjugierten hyperbolischen Büschels schneiden den kleinsten Kreis des zugehörigen elliptischen Büschels orthogonal.[2102]

Im Weiteren betrachtet Fiedler Involutionen und führt Begriffe ein wie Potenz- und Ähnlichkeitskreis. Hierfür geht man von zwei sich schneidenden Kreisen aus und ihren Ähnlichkeitszentren *A* und *A**; dabei sei *A* äußeres und *A** inneres Ähnlichkeitszentrum. Dann heißen die Kreise um *A* bzw. *A**, die durch die beiden Schnittpunkte der Kreise gehen, äußerer und innerer Potenzkreis. Die Potenzkreise halbieren beide die Winkel[2103], unter denen sich die vorgegebenen Kreise schneiden, treffen sich also unter einem rechten Winkel. Der Begriff des Potenzkreises lässt sich auch auf den Fall disjunkter Kreise erweitern. Charakteristische Eigenschaft ist dann, dass dieser alle simultanen Berührkreise der beiden Ausgangskreise senkrecht schneidet.[2104] Der Ähnlichkeitskreis hingegen ist der Kreis mit dem Durchmesser *AA**. Auch weitere gängige Begriffe der neueren Kreisgeometrie wie Radikalachse (Potenzlinie) und Potenzzentrum kommen zur Sprache. Fiedler behandelt hier die Kreisgeometrie, allerdings ohne dass so recht ersichtlich würde, was diese mit der Zyklographie zu tun hätte.

Charakteristisch für die Vorgehensweise von Salmon-Fiedler ist die Einführung der Inversion am Kreis, Fiedler hätte sie wohl „konstruktiv" genannt. Gegeben seien zwei Kreise K_1 und K_2 nebst ihrem äußeren Ähnlichkeitszentrum *A* sowie ihrem äußeren Potenzkreis (um *A*). Legt man von *A* aus eine Halbgerade so, dass

---

[2099] Vgl. Fiedler 1882, 69. Das ist auch elementargeometrisch einfach einzusehen: Die Mittelpunkte des einen Kreisbüschels liegen alle auf der *y*-Achse, die des anderen auf der *x*-Achse. Man kann auch zum parabolischen Kreisbüschel das konjugierte Büschel bilde; vgl. Wengel 2020, 260 – 261. Auch in diesem Fall gilt die Eigenschaft des senkrechten Schnittes. Beim konjugierten Büschel eines coaxiales Büschels werden die Rollen von Zentrale und Potenzlinie vertauscht, aus einem hyperbolischen wird ein elliptisches Kreisbüschel und umgekehrt, parabolische Kreisbüschel sind selbst-konjugiert.
[2100] Vgl. Aumann 2015, 49 – 52 für eine moderne Behandlung des Themas. Konjugierte Kreisbüschel waren ein bekanntes Thema der neueren Kreisgeometrie.
[2101] Vgl. Fiedler 1882, 70.
[2102] Bzgl. der sogleich zu betrachtenden Hyperboloiden spielt dieser kleinste Kreis eine besondere Rolle als Kehl- bzw. Scheitelkreis.
[2103] Genauer gesagt geht es hier um den einen Schnittwinkel und seinen Nebenwinkel.
[2104] Vgl. Fiedler 1882, 63 sowie Halbeisen/Hungerbühler/Läuchli 2016, 93 – 94.

diese die beiden Kreise K_1 in A_1 und B_1, K_2 in A_2 und B_2 und den Potenzkreis in C schneidet, so gilt:

$$AA_1 \cdot AB_2 = AB_1 \cdot AA_2 = AC^2$$

Diese Beziehung hat Fiedler zuvor unter der Bezeichnung „potenzhaltende Punkte" bereits betrachtet.[2105] Jetzt wird sie so kommentiert:

> Man kann sagen, dass die Punkte der potenzhaltenden Punktepaare einander vertauschbar also nach der Art der Elemente der Paare einer Involution entsprechen; diese Correspondenz oder Abbildung soll jetzt mit Unterscheidung der wesentlich verschiedenen Fälle näher besprochen werden.[2106]

Etwas später fährt er fort:

> [...] und bezeichnet die Abhängigkeit der Punkte A_1 und B_2 und wieder B_1 und A_2 von einander als Abbildung durch reciproke Radien in Bezug auf den äußeren Potenzkreis als Distanzkreis.[2107]

Die auf Poncelet zurückgehende Bezeichnung „reziproke Radien"[2108] erklärt sich, wenn man den Radius des Potenzkreise gleich 1 setzt. Dann sind AA_1 und AB_2 sowie AB_1 und AA_2 Kehrwerte voneinander, also reziprok. Im Weiteren leitet Fiedler grundlegende Eigenschaften der Inversion ab, z.B. dass die Punkte des Inversionskreises Fixpunkte sind, dass inverse Punkte mit den Schnittpunkten der Geraden vom Inversionszentrum aus mit dem Inversionskreis ein harmonisches Punktequadrupel bilden[2109], dass Fernpunkt[2110] und Kreismittelpunkt invers zu einander sind und dass Kreise nicht durch den Mittelpunkt des Inversionskreises wieder auf Kreise nicht durch den Mittelpunkt, Kreise durch dessen Mittelpunkt aber auf Geraden nicht durch ihn abgebildet werden. Letzteres liegt daran, dass zwei Paare potenzhaltender Punkte auf verschiedenen Strahlen durch das Ähnlichkeitszentrum immer auf einem Kreis liegen. Kreise, die orthogonal zum Inversionskreis sind, sind Fixkreise. Kreise, die einen Punkt und seinen inversen

---

[2105] Vgl. Fiedler 1882, 77 – 79. Die Beziehung erklärt auch, warum der Potenzkreis seinen Namen hat. Die Bezeichnung geht auf Steiner 1826 zurück. Es gilt zudem, dass die Punkte A_1, A_2, B_1 und B_2 dann auf einem Kreis liegen; vgl. Fiedler 1882, 81. Dieser ist ein Fixkreis der Inversion, die im Anschluss eingeführt wird, er schneidet den Inversionskreis folglich senkrecht

[2106] Fiedler 1882, 79. Interessanterweise spricht Fiedler hier von „Abbildung" und kommt damit modernen Vorstellungen nahe.

[2107] Fiedler 1882, 79. Anstatt Distanzkreis sollte es wohl Direktrixkreis heißen; modern gesprochen geht es um den Inversionskreis.

[2108] Analog spricht Poncelet von der Theorie der reziproken Pole und Polaren. Für eine Diskussion der hierbei bei Poncelet zugrunde liegenden Vorstellungen, die durchaus verschieden sind von unseren modernen, vgl. man Friedelmeyer 2010, 142 – 145.

[2109] Folglich ist der Bildpunkt Schnittpunkt der Polaren des Urbildpunktes mit der Geraden durch Kreismittelpunkt und abzubildenden Punkt.

[2110] Hier gibt es nur einen Fernpunkt, es liegt also nicht die projektive Ebene zugrunde.

enthalten, sind Fixkreise der Inversion. Zudem ist die Inversion am Kreis konform.[2111]

Auffallend ist, dass Fiedler nicht die Möglichkeit erwähnt, wie man zu gegebenem Kreis und Punkt den Bildpunkt unter der Inversion elementargeometrisch bestimmt – umso mehr, als dies ja eine einfache ebene Konstruktion ist. Andererseits wird die Inversion auch nicht abstrakt als Abbildung zwischen Punkten der Ebene gefasst; sie bleibt eine Episode bei Fiedler, eine Blume, die am Weg steht und gepflückt aber nicht wieder in fruchtbaren Boden eingepflanzt wird.[2112] Ähnliches gilt auch für die Zentralkollineation, die Fiedler in seinem Buch streift. Sind zwei nicht konzentrische Kreise gegeben, so gibt es mit dem äußeren Ähnlichkeitszentrum als Inversionszentrum genau eine Inversion (mit dem Potenzkreis als Inversionskreis), welche den einen Kreis in den anderen überführt. Die Beziehung zwischen den Kreisen lässt sich aber auch noch anders interpretieren: Der eine geht aus dem anderen durch eine ebene Zentralkollineation hervor, wobei das Ähnlichkeitszentrum das Zentrum ist und die Potenzlinie die Achse.[2113] Eine weitere Zentralkollineation ergibt sich für das innere Ähnlichkeitszentrum.[2114] Die Zentralkollineation wird später im räumlichen Falle in Gestalt der Reliefperspektive nochmals aufgegriffen.[2115] In diesem Kontext findet sich eine der eher seltenen strukturellen Aussagen bei Fiedler[2116]:

> Alle projektivischen Eigenschaften (Art. 6, 11) sind diesen Bildern und ihren Originalen gemein, und wir haben daher in der centrisch-collinearen Abbildung eine Methode der Verallgemeinerung geometrischer Wahrheiten überhaupt.

Den Übergang von der Ebene in den Raum vollzieht Fiedler zuerst einmal für die Grundsituation der Inversion am Kreis: Gegeben sind zwei Kreise sowie derjenige Kreis als Inversionskreis, mit dessen Hilfe der eine Kreis auf den anderen per Inversion abgebildet wird – also der Potenzkreis der beiden Kreise. Die Mittelpunkte der drei Kreise liegen folglich auf einer Geraden, der Zentralen, um die man drehen kann. Aus den Kreisen werden Kugeln und man gelangt zur Inversion an der Kugel und zur bereits erwähnten räumlichen Zentralkollineation.

[2111] Vgl. Fiedler 1882, 82.

[2112] Inspiriert von Kleins Spaziergangmetapher für die Werke von Salmon-Fiedler, vgl. 5.1 oder Klein 1926, 165.

[2113] Eine ebene Zentralkollineation lässt sich festlegen z. B. durch Zentrum, Achse und ein Paar zugeordneter Punkte. Zur Zentralkollineation vgl. 4.2.4.

[2114] Vgl. Fiedler 1882, 88. Zudem müssen die Mittelpunkte der Kreise aufeinander abgebildet werden. Damit ist die Zentralkollineation festgelegt.

[2115] Vgl. Fiedler 1882, 91 – 93. In diesem Kontext gebraucht Fiedler auch den Begriff „Modell" (Fiedler 1882, 92).

[2116] Fiedler 1882, 93. Später untersucht Fiedler auch projektive Eigenschaften der Kreisinversion; vgl. Fiedler 1882, 137.

Erstere verwendet Fiedler gegen Ende seines Buches dazu, die Verhältnisse aus der Ebene auf die Kugel zu übertragen.

Von besonderem Interesse sind die Hyperboloide für Fiedler, analog zur Hyperbel in der Ebene. Dabei untersucht er nur den Spezialfall der gleichseitigen Hyperbel, die entstehenden Flächen nennt er gleichseitige ein- und zweimantelige (auch: einfache und zweifache) Rotationshyperboloide[2117]. Zuerst betrachte man den einmanteligen Fall. Der Scheitel einer Hyperbel beschreibt bei der Drehung (wie jeder andere Punkt der Kurve auch) um ihre Nebenachse einen Kreis; dieser ist der kleinste Kreis seiner Art und heißt Kehlkreis, die von ihm festgelegte Ebene Hauptebene. Alle anderen Punkte beschreiben Parallelkreise, die unterschiedlichen Lagen der Hyperbel unter der Rotation werden Meridiane genannt. Alle Kugeln, welche Parallelkreise zu Großkreisen haben, bilden ein Kugelbüschel; diese Kugeln gehen sämtlich durch den Kehlkreis.

Wählt man die Hauptebene als Tafelebene, so kann man die zyklographischen Bildkreise der Punkte des Hyperboloids in dieser Tafel betrachten; es ergibt sich ein Netz von Kreisen. Es gilt, dass die Kreise des Netzes den Kehlkreis senkrecht schneiden. Das einschalige Hyperboloid ist somit der Ort aller Punkte, deren Spurkreise den vorgegebenen Kehlkreis senkrecht schneiden.[2118] Für das zweischalige Hyperboloid – es entsteht bei Drehung der gleichseitigen Hyperbel um die Hauptachse - gilt analog:

> Das zweifach gleichseitige Rotationshyperboloid, dessen Hauptebene[2119] in der Tafel liegt, ist der Ort derjenigen Punkte des Raumes, deren Bildkreise seinen Scheitelkreis[2120] diametral schneiden.[2121]

Der erste Typ von Netz, also derjenige, der zum einschaligen Hyperboloid gehört, ist in Fiedlerscher Ausdrucksweise ein Netz mit Orthogonalkreis, der zweite eines mit Diametralkreis. Mit Hilfe des Netzes des einschaligen Hyperboloids begründet Fiedler dessen bekannte Eigenschaft, dass dieses zwei Scharen von Geraden, man sprach auch von zwei Geradenkongruenzen, enthält, folglich eine Regelfläche ist.[2122] Dazu muss man nur im Netz entsprechende lineare Kreisreihen identifizieren; diese repräsentieren ja zyklographisch gesehen Geraden. Diese Kreisreihen sind dadurch festgelegt, dass die ihnen zugehörigen

---

[2117] Vgl. Fiedler 1882, 93.
[2118] Vgl. Fiedler 1882, 95.
[2119] Das ist die Ebene, die die Nebenachse bei der Drehung beschreibt – also die Mittellotebene auf der Verbindungsstrecke der beiden Scheitel.
[2120] Das ist der (unorientierte) zyklographische Kreis der Scheitel der beiden Schalen des Hyperboloids, der in der Hauptebene liegt.
[2121] Fiedler 1882, 95.
[2122] Regelflächen sind ein klassischer Topos der darstellenden Geometrie, vgl. 4.3.2 und 4.3.3.

Kreise den Scheitelkreis alle im selben Punkt senkrecht schneiden. Ihre Mittelpunkte liegen auf der Tangente an den Scheitelkreis im fraglichem Punkt. Gemäß der Lage der zugehörigen Raumpunkte zur Tafel (ober- oder unterhalb) gibt es zu einem Punkt des Scheitelkreises immer zwei Geraden. Diese bilden mit der Tafel Winkel von 45° und stehen aufeinander senkrecht; die zugehörigen Kreisbüschel sind parabolisch; durch den Nullkreis, der den Durchstoßungspunkt der Geraden[2123] repräsentiert und der auf dem Distanzkreis liegt, gehen alle Kreise des Büschels. Jeder Punkt des Distanzkreises liefert somit zwei Geraden; durch jeden Punkt des einschaligen Hyperboloids gehen zwei Geraden, aus jeder Schar eine.[2124]

Es ergibt sich weiter die bekannte Tatsache, dass alle Geraden einer Schar windschief sind. Die zugehörigen Kreisreihen besitzen keinen gemeinsamen Kreis. Eine Gerade der einen Schar schneidet stets alle Geraden der anderen Schar, besitzt also einen gemeinsamen Kreis mit ihren Kreisreihen. Nimmt man aus jeder Schar eine Gerade, so legen diese die Tangentialebene des Hyperboloids in ihrem Schnittpunkt fest. Analoge Betrachtungen zeigen im Falle des zweischaligen Hyperboloids, dass dieses keine Geraden enthält.[2125]

Im Zusammenhang mit dem Thema zweischaliges Hyperboloid kommt Fiedler auch auf die Zentralprojektion zu sprechen. Dazu wählt er die Hauptebene als Tafel, den Mittelpunkt des Hyperboloids als Hauptpunkt und den Scheitelkreis als Distanzkreis. Folglich ist einer der Scheitel das Zentrum der Projektion. Dann gilt, dass das Hyperboloid „durch den Distanzkreis und seinen Mittelpunkt allein bestimmt und in gewissem Sinne dargestellt"[2126] wird – ein schönes Ergebnis ganz im Fiedlerschen Duktus. Der Mittelpunkt des Distanzkreises ist zudem die Spitze des Asymptotenkegels des Hyperboloids und dessen Spurkreis (als Nullkreis). Die Mantellinien dieses Kegels projizieren sich in Geraden durch den Hauptpunkt, deren Fluchtpunkte liegen auf dem Distanzkreis. Dieser ist folglich das Bild des Schnittes des Kegels und des Hyperboloids mit der Fernebene.

Schließlich diskutiert Fiedler noch die ebenen Schnitte der Hyperboloide, die er zu diesem Zwecke als spezielle Flächen zweiten Grades auffasst. Es ergeben sich Hyperbeln, Parabeln und Ellipsen. Sonderfälle wie sich kreuzende Geraden und parallele Geraden bleiben unerwähnt. Allerdings wird die Entartung des

---

[2123] Das ist auch der Berührpunkt der Tangenten an den Distanzkreis.
[2124] Um dies einzusehen, kann man beispielsweise die Tafel parallel zu sich verschieben in den fraglichen Punkt. Der Parallelkreis, auf dem dieser Punkt liegt, übernimmt dann die Rolle des Distanzkreises.
[2125] Vgl. Fiedler 1882, 97. Das liegt im Wesentlichen daran, dass alle zyklographischen Kreise des zweischaligen Hyperboloids den Distanzkreis in Diametralpunkten schneiden, es folglich unter ihnen keine Nullkreise gibt.
[2126] Fiedler 1882, 98.

einschaligen Hyperboloids genannt: Schrumpft dessen Kehlkreis auf einen Punkt, so ergibt sich der Doppelkegel als Grenzfall.

Insgesamt enthält der zweite Abschnitt von Fiedlers „Zyklographie" einige interessante Anwendungen derselben, die neue Sichtweisen auf bekannte Resultate liefern, allerdings keine neuen Ergebnisse.

Auch im dritten Abschnitt seines Buches widmet sich Fiedler Schnittproblemen, beginnend mit der Frage, wo Kreise liegen, die einen festen Kreis unter einem festen Winkel schneiden. Mit Hilfe der Trigonometrie leitet er hierfür eine Formel ab, die er in Sonderfällen mit seiner Zyklographie in Zusammenhang bringen kann. Ist der Schnittwinkel 0°, findet also Berührung statt, so bilden die gesuchten Kreise ein sogenanntes konisches Netz, da diese Kreise zyklographisch gedacht Punkten zyklographischer Kegel entsprechen. Erfolgt der Schnitt hingegen senkrecht, so ergibt sich das System der Orthogonalkreise zu einem festen Kreis. Zyklographisch bedeutet dies, dass die Kreise Spurkreise von Punkten auf einschaligen Hyperboloiden sind. Beide Fälle sind uns schon zuvor begegnet. Lässt man den festen Kreis zur Geraden entarten, so liegen alle Punkte, deren zyklographischen Kreise diese Gerade unter einem gegebenen Winkel ρ schneiden in derjenigen Ebene durch die Gerade, die mit der Tafel den Winkel α mit cotan α = cos ρ einschließt.[2127] Ein Sonderfall hiervon, die Berührung, ist uns schon begegnet; dort war die Neigung der zyklographischen Ebene 45°.
Weitere Themen, die Fiedler behandelt, sind die Reliefperspektive (in Analogie zur Zentralkollineation in der Ebene) und die Inversion an der Kugel. Letztere wiederum führt ihn zur stereographischen Projektion. Bzgl. der Zyklographie bietet das nichts Neues.
Im vierten Abschnitt seines Buches kommt Fiedler dann auf das Apollinische Berührproblem zu sprechen. Hier kann er durchaus einen Erfolg für seine Zyklographie verbuchen, wie auch Besprechungen seines Buches betonen.[2128]
Es folgt eine zusammenfassende Übersicht zu den Grundlagen von Fiedlers Zyklographie.

Raum	Tafel
Punkt	(orientierter) Kreis
Gerade	lineare Kreisreihe gegeben durch Durchstoßungspunkt (Ähnlichkeitszentrum) und Kreis (Distanzkreis)
Ebene	planares Kreisfeld, gegeben durch Spurgerade plus Kreis

---

[2127] Vgl. Fiedler 1882, 105 – 107.
[2128] Vgl. 6.4..

zyklographischer Kegel	(Spur-)Kreis
Punkte des zyklograpischen Kegels	Kreise, die einen Kreis (den Spurkreis) berühren
Elliptisches Kreisbüschel als Bild einer gleichseitigen Hyperbel in Normalebene zur Tafel (Schnitt zweier zyklographischer Kegel)	berührende Kreise zu zwei Kreisen
Durchstoßungspunkt der Verbindungsgeraden der Spitzen zweier zyklographischer Kegel	Ähnlichkeitszentrum zweier Kreise – äußeres, wenn die Spitzen auf derselben Seite der Tafel liegen, sonst inneres
Spurgeraden der Tangentialebenen an zyklographischen Kegel	Tangenten an Kreis
Gerade senkrecht zur Tafel	Büschel aus konzentrischen Kreisen
Gleichseitige Hyperbel in Normalebene zur Tafel	elliptisches Kreisbüschel
Spur der Ebene, in der die Hyperbel als Schnitt zweier zyklographischer Kegel liegt	Potenzlinie zweier Kreise
Gerade im 45°-Winkel zur Tafel	parabolisches Kreisbüschel
Konjugierte gleichseitige Hyperbel in Normalebene zur Tafel	hyperbolisches Kreisbüschel

6.3 Kegelschnitte

Im vierten und letzten Abschnitt seines Buches geht Fiedler auf die Theorie der Kegelschnitte ein, also auf ein schon sehr oft behandeltes Standardthema der (projektiven) Geometrie. Vermutlich tat er dies mit der Hoffnung, zeigen zu können, dass sein zyklographischer Ansatz hier Neues ermöglicht.[2129]

Die Kegelschnitte werden durch Schnitte von zyklographischen Kegeln gewonnen, z. B. die Parabel als Schnittkurve eines zyklographischen Kegels mit einer Ebene, die die Tafel unter einem Winkel von 45° schneidet und somit parallel zu einer Mantellinie ist. Das ist nichts anderes als die klassische Definition im Sonderfall, dass der Doppelkegel zyklographisch ist. Fiedler zeigt dann, dass man aus dieser Erzeugungsart die üblichen Eigenschaften der Kegelschnitte ableiten kann, also beispielsweise, dass die Punkte der Parabel den gleichen Abstand zum Brennpunkt und zur Leitlinie, Fiedler nennt diese Directrix, besitzen. Sie ist zudem

---

[2129] Immerhin wird Fiedlers Zugang zu den Kegelschnitten in der Besprechung von Christian Wiener hervorgehoben; vgl. den nächsten Abschnitt.

die Ortslinie für die Mittelpunkte aller Kreise, welche eine vorgegebene Gerade und einen vorgegebenen Kreis berühren.[2130]

Im Einzelnen geht Fiedler so vor: Sei eine Tafelebene und auf ihr ein zyklographischer Kegel mit Spitze C außerhalb der Tafel gegeben. Dieser werde von einer Ebene E nicht durch C geschnitten, die mit der Tafelebene einen Winkel von 45° bildet.[2131] Die Spur dieser Ebene in der Tafel heiße s; sie enthält eine Sehne des Spurkreises[2132] D des Kegels. Da die Ebene E parallel zu einer Tangentialebene ist, schließt Fiedler, dass der Querschnitt – also die Schnittkurve – einen Fernpunkt besitzt, in dem die fragliche Kurve die Ferngerade berührt, sie „ist also eine Parabel"[2133]. Die Tangentialebene schneidet die Tafel in einer Tangenten $q_1{}'$ des Kreises D. Diese Tangente ist das Bild der Tangenten an die Parabel in ihrem Scheitel – er werde mit A_1 bezeichnet - bei Zentralprojektion von der Spitze C aus. Zugleich ist diese Ebene Fluchtebene zur Ebene E bei dieser Zentralprojektion; ihr Schnitt mit der Tafel, die Tangente $q_1{}'$, ist folglich eine Fluchtlinie.

Um die Kurve genauer untersuchen zu können, verwendet Fiedler drei Projektionsarten nebeneinander: die bereits erwähnte Zentralprojektion vom Zentrum C aus auf die Tafel, die senkrechte Orthogonalprojektion auf die Tafel und die zyklographische Projektion mit Zentrum C und zugehörigem Distanzkreis D auf diese. Zudem verwandelt er die Situation noch in eine ebene vermöge Umlegung in die Tafel. Schließlich führt Fiedler die Begriffe Brennpunkt und Direktrix ein. Hierzu verschiebt er die Tafel parallel zu sich selbst und senkrecht zur Achse des Kegels in die Kegelspitze C. In dieser neuen Tafel ist der Distanzkreis auf den Punkt C geschrumpft, es gibt aber weiterhin die Achse s und den Scheitel A_1 – jetzt natürlich anders gelegen – sowie die orthogonal projizierte Parabel. Dann heißt C Brennpunkt und s Direktrix der projizierten Parabel.[2134] Insgesamt fällt Fiedlers Behandlung der Parabel recht ausführlich aus, von einer Vereinfachung im Vergleich zu üblichen Vorgehensweisen kann keine Rede sein.

[2130] Vgl. Fiedler 1882, 182 – 186. Das ist ein Grenzfall der Berührung zweier Kreise – ein Kreis ist zur Geraden geworden.

[2131] Hierfür gibt es eigentlich zwei Möglichkeiten (nämlich 45° und 135°), die Fiedler auch simultan betrachtet – deshalb der Index 1 (weil es zugehörig noch 2 gibt) im Folgenden. Da die simultane Betrachtung der beiden Möglichkeiten reichlich verwirrend ist, betrachten wir nur eine von beiden. Fiedlers Bezeichnungen werden beibehalten, weil sie in Abbildung 6.14 auftreten.
Ebenen, die die Tafel im 45°-Winkel treffen, spielen – wie oben gesehen – für Geraden die Rolle, die zyklographische Kegel für Kreise übernehmen.

[2132] Im Folgenden nach Fiedler als Distanzkreis bezeichnet, sein Mittelpunkt ist wie immer der Hauptpunkt C_1.

[2133] Fiedler 1882, 183. Anders gesagt lautet Fiedlers Argument so: Die Kurve erstreckt sich ins Unendliche, hat aber nur einen Ast.

[2134] Vgl. auch Glaeser/Stachel/Ohdenal 2016, 132 – 136 und 173 – 176.

Gestützt auf die verschiedenen Darstellungen, die er entwickelt hat, kann Fiedler nun die schon erwähnten bekannten Eigenschaften von Parabeln ableiten. Verglichen mit der üblichen Vorgehensweise ist der Aufwand bei Fiedler beträchtlich (vgl. Abbildung 6.12), man kann sich sicherlich fragen, wo hier eigentlich der Mehrwert liegen soll. Ein mögliches Argument zugunsten der Fiedlerschen Vorgehensweise wäre vielleicht, dass der zyklographische Zugang die Raumanschauung im besonderen Maße fordert und fördert. Wirklich neue Ergebnisse erzielt Fiedler nicht mit seiner Methode – was er aber auch nicht behauptet.

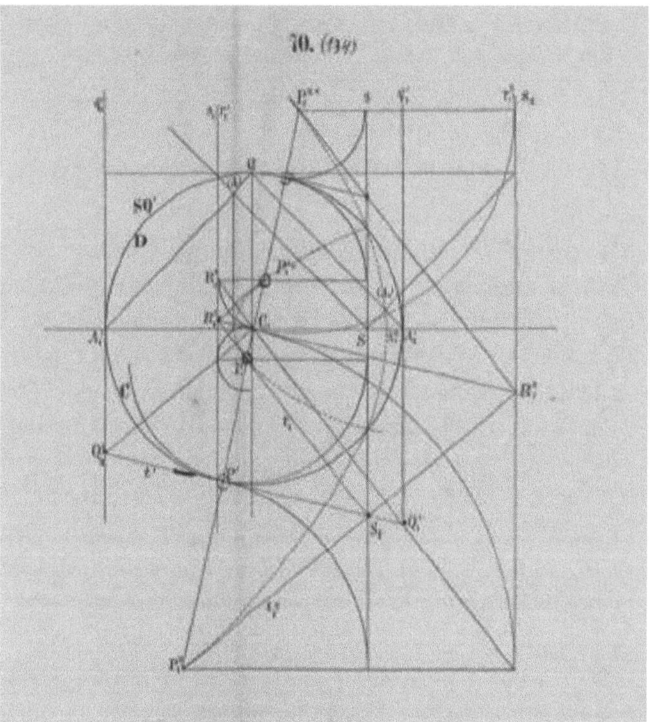

Abb. 6.12: *Zur Ableitung der Eigenschaften der Parabel*[2135]

Analog behandelt Fiedler Ellipse (Neigungswinkel α der Schnittebene kleiner als 45°) und Hyperbel (Neigungswinkel α der Schnittebene größer als 45°), insbesondere gewinnt er deren üblichen Eigenschaften inklusive Brennpunkte und Leitlinien. Die Größe tan α wird als numerische Exzentrizität ε eingeführt.[2136]

[2135] Figur 70 Figurentafel XI in Fiedler 1882.

[2136] Üblicherweise ist diese ja definiert als Quotient tan α/tan β, wobei β den Neigungswinkel der Mantellinien des zugrunde liegenden Kegels bezeichnet. Für zyklographische Kegel ist aber β = 45°, also tan β = 1, weshalb Fiedlers Definition ein Spezialfall der üblichen darstellt. Man sieht zudem, dass Fiedler mit seiner Definition jede numerische Exzentrizität erreichen kann, die man gemäß der üblichen Definition erhält, und dass die Einteilung in die drei obigen Fälle gewahrt bleibt.

Es ergibt sich die bekannte Einteilung: Ist $0 < \alpha < 45°$, so ist $0 < \varepsilon < 1$ und es liegt eine Ellipse vor, für $\alpha = 45°$ ist $\varepsilon = 1$ und man erhält eine Parabel. Für $45° < \alpha < 90°$ ist $\varepsilon > 1$ und es ergibt sich eine Hyperbel.

Fiedler behandelt auch Konstruktionsaufgaben. Es seien etwa drei Punkte 1, 2, 3 sowie ein weiterer Punkt K_1 in einer Ebene gegeben. Gesucht sind die Kegelschnitte, die durch die drei Punkte gehen und den vorgegebenen Punkt K_1 zum Brennpunkt haben.[2137] Die Aufgabe lässt sich in zwei Schritten lösen: Erstens ermittelt man, wie viele derartige Kegelschnitte es gibt, und zweitens konstruiert man diese. Zu Punkt 1. muss man die ebenen Schnitte eines Kegels finden, die drei Punkte besitzen, die senkrecht über den gegebenen Punkte 1, 2 und 3 liegen; die Spitze des Kegels soll sich zudem senkrecht über K_1 befinden. Letzteres lässt sich einfach erreichen, indem man den Sonderfall eines zyklographischen Kegels verwendet, dessen Spitze im Punkt K_1 liegt und dessen Achse senkrecht auf der Tafel steht.

Fiedlers Lösung lautet folgendermaßen:

> Denken wir den Kegelschnitt aus einem gleichseitigen Rotationskegel geschnitten, für den K_1 die Spitze ist, so sind die Bildkreise der drei Punkte 1, 2, 3 die um sie durch K_1 beschriebenen Kreise, und die Gegenaxen r_1 für die zugehörigen Lagen der Schnittebenen die Directrixen, aber auch zugleich die Ähnlichkeitsaxen dieser drei Kreise, weil wir ja wissen, dass je zwei der Bildkreise des ebenen Querschnitts in der Spur der Schnittebene einen ihrer Ähnlichkeitspunkte haben. Wir sehen daraus, dass dem Problem vier reelle Kegelschnitte entsprechen.[2138]

Das ist eine ziemlich verkürzte Darstellung. Was steckt dahinter? Definiert man einen Kegelschnitt als ebenen Schnitt eines geraden Drehkegels – zyklographische Kegel sind hiervon ein Sonderfall (Öffnungswinkel gleich 90°) – so ist zuerst einmal wichtig, dass das Bild dieses Kegelschnitts bei Parallelprojektion im Grundriss wieder ein Kegelschnitt ist.[2139] Nun gilt es, Punkte auf diesem Kegel zu ermitteln, die sich in die vorgegebenen Punkte 1, 2, 3 abbilden, also senkrecht über ihnen liegen. Hierzu errichtet man die Senkrechten auf der Tafel in den Punkten und bestimmt deren Schnittpunkte mit dem Doppelkegel. Zu jedem Punkt gibt es folglich zwei mögliche Urbilder; wir nennen sie 1', 2', 3' und 1'', 2'', 3''. Die Punkte mit einem Apostroph liegen alle auf einem Kegel des Doppelkegels, die mit zweien auf dem anderen (die Spitze des Doppelkegels liegt ja in der Tafelebene, die Situation ist symmetrisch). Jedes

---

Tripel aus Urbildern der Punkte legt eine Ebene fest und damit einen Kegelschnitt. Allerdings liegen unter den acht möglichen Ebenen, die die Tripel bestimmen, vier Paare von Ebenen symmetrisch bzgl. der Tafel. Folglich liefern sie in der Projektion denselben Kegelschnitt. Somit gibt es vier verschiedene Kegelschnitte, die die Aufgabe lösen. Einer dieser Kegelschnitte ist eine Ellipse oder eine Parabel, er ergibt sich, wenn alle drei Punkte in einem Kegel liegen (also für die Tripel (1',2',3') und (1'',2'',3'')). Die drei anderen Lösungen liefern Hyperbeln, da die Punkte auf unterschiedlichen Seiten der Tafel liegen (wie (1',2',3'') etc.). Der Brennpunkt bzw. einer der Brennpunkte liegt immer auf der Achse des Doppelkegels, projiziert sich also aus dem Punkt K_1. Die Leitlinien (Direktrixen) der vier Lösungen findet man als Schnittgeraden der Schnittebenen des Kegelschnitts mit der Tafel. Die Konstruktion der Kegelschnitte selbst in der Tafelebene wird von Fiedler nur gestreift, man darf wohl sagen, als bekannt vorausgesetzt.[2140] Die Beschränkung auf zyklographische Kegel, die Fiedler vornimmt, schränkt die Allgemeinheit seiner Lösung nicht ein.[2141]

Wirkliche Vorteile bietet die Zyklographie bei der Behandlung des Apollinischen Berührproblems, wie auch Fiedlers selbst anmerkt:

> Man sieht, meine Abbildung führt auf die einfachste Weise auf die Formulirung des Apollonischen Problems als eines Problems der Kegeldurchdringung, [...][2142]

Zyklographisch betrachtet läuft die Lösung des Apollinischen Problems darauf hinaus, die drei zu den gegebenen Kreisen gehörigen zyklographischen Kegel mit einander zu schneiden; die simultanen Schnittpunkte der drei Kegel liefern dann die Lösungen (es gibt deren maximal acht)[2143]: Die ihnen zugehörigen Spurkreise berühren die drei gegebenen Kreise. Die Schnittlinie zweier zyklographischer Kegel liegt in einer Ebene; sie ist ein Kreis, wenn die Spitze des ersten Kegels auf der Achse des anderen liegt, und eine Ellipse, wenn die Spitze sonstwo im Inneren des anderen liegt. Liegt die Spitze des ersten Kegels auf dem Mantel des anderen, so ergibt sich eine Gerade als Schnittlinie und die beiden Kegel berühren sich in deren Durchstoßungspunkt; in allen anderen Fällen – also auch im vorliegenden des Apollinischen Problems - handelt es sich um eine Hyperbel.[2144]

[2140] Es gibt auch keinen Verweis auf eine andere Stelle im Buch oder auf die Literatur. Eine explizite Konstruktion mit den Mitteln der darstellenden Geometrie findet sich bei Glaeser/Stachel/Ohdenal 2016, 176.

[2141] Letztlich liegt das daran, dass man auch in diesem Spezialfall alle numerischen Exzentrizitäten (bei Ellipse und Hyperbel) bzw. alle Parameter (bei der Parabel) realisieren kann, die man gemäß der üblichen Definition der Kegelschnitte bekommt.

[2142] Fiedler 1879, 226.

[2143] Bei aller Abstraktheit lässt sich selbst O. Giering diesen Hinweis nicht entgehen; vgl. Giering 1982, 367 - 368.

[2144] Vgl. Fiedler 1879, 225 – 226 für zusätzliche Details.

Die drei Hyperbeln, in denen sich die zyklographischen Kegel paarweise schneiden[2145], liegen in drei Ebenen, die eine Gerade gemeinsam haben, also im Büschel liegen. Folglich muss man nur diese Gerade mit einem der Kegel schneiden, um eine Lösung zu finden.[2146]

Die Idee, das Apollinische Berührproblem mit Hilfe von Kegeln zu lösen, findet sich schon vor Fiedler – und zwar bei J. D. Gergonne[2147] und bei B. E. Cousinery[2148]. Im Kontext des Apollinischen Berührproblems wurden Hyperbeln bereits von A. van Roomen (1592) verwandt; diese lagen aber in der Ebene der Kreise.

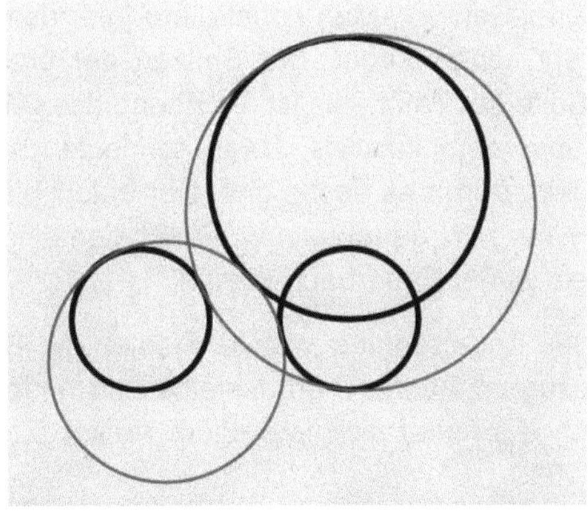

Abbildung 6.13: *Zwei Lösungskreise für das Apollinische Berührproblem[2149]*

Schließlich sei noch eine Anwendung der Zyklographie erwähnt, die Fiedler in seinem Buch hervorhebt, indem er sie an dessen Ende – gewissermaßen als

---

[2145] Es wird also wie üblich vorausgesetzt, dass die drei Kreise, von denen man beim Apollinischen Berührproblem ausgeht, sich nicht schneiden oder berühren und dass keiner im Innern eines anderen liegt. Sollten sich bereits zwei Kreise berühren, so liegen die Mittelpunkte aller Kreise, die die beiden Kreise berühren, auf einer Hyperbel, die durch den Berührpunkt geht. Es gibt in diesem Falle unendlich viele Lösungen.

[2146] Diese Lösung verdanke ich Herrn N. Hungerbühler (ETH Zürich); sie findet sich bei Eckhart 1926, 98 – 99. Man beachte, dass die Bestimmung von Schnittpunkten und Schnittkurven zum Standardbestand der darstellenden Geometrie gehörte. Eine ähnliche Idee trifft man bei Adler 1906, 64 – 69 an. Eckhart und Adler diskutieren zudem – anders als Fiedler - die tatsächliche Zirkel-und-Lineal-Konstruktion in der Ebene; die bei Fiedler geschilderte Lösung ist dagegen nur eine prinzipielle. Alternativ könnte man auch mit Hilfe der Ebenen der Durchdringungshyperbeln die Potenzgeraden von je zwei der gegebenen Kreise konstruieren. Diese schneiden sich im Potenzzentrum der drei Kreise, das man dazu verwenden kann, den gesuchten Kreis zu konstruieren; vgl. Adler 1906, 69. Eine andere Lösung des Berührproblems mit Hilfe von Potenzkreisen hat übrigens Fiedlers ehemaliger Assistent A. Kiefer in Kiefer 1918 angegenben; vgl. auch Halbeisen/Hungerbühler/Läuchli 94 – 97.

[2147] Vgl. Gergonne 1816 – 17. Fiedler verweist an anderer Stelle selbst auf Gergonne als Vorläufer, vgl. Fiedler 1882, 164.

[2148] Vgl. Cousinery 1828, 55 - 57. Dieser Autor gibt auch noch eine zweite Lösung für das Apollinische Problem an, die auf den Bildern von Sphären unter Parallelprojektion beruht.

[2149] Abbildung von Herrn Wengel (Wuppertal).

krönenden Abschluss - stellt: der Feuerbach-Kreis. Bekanntlich berührt dieser die drei Ankreise eines Dreiecks von außen, während der Innkreis des Dreiecks ihn von innen berührt. Das klingt sehr nach Zyklographie.

Allerdings war die genannte Eigenschaft im traditionellen Zugang zum Feuerbach-Kreis sekundär; als die grundlegende Eigenschaft galt vielmehr, dass er durch die Seitenmitten, die Höhenfußpunkte und die Mittelpunkte der Abschnitte der Höhen zwischen den Ecken des Dreiecks und dem Höhenschnittpunkt geht – wie das ja auch die Bezeichnung „Neunpunktekreis" hervorhebt.[2150]

Fiedler geht folgendermaßen vor: Man konstruiere über den Ankreisen und dem Innkreis die zyklographischen Kegel. Die Spitzen der ersteren sollen auf der entgegengesetzten Seite der Tafel, das ist die Ebene des Dreiecks, liegen als die Spitze des Kegels über dem Innkreis. Dann schneiden sich die Doppelkegel paarweise in Hyperbeln, deren es sechs gibt. Der entscheidende Punkt ist nun, dass diese sechs Hyperbeln genau einen Punkt gemeinsam haben. Dessen zyklographischer Kreis ist der Feuerbach-Kreis.[2151]

Aus dem Bereich der Kegelschnitte wählte Fiedler ein Beispiel, mit dem er einerseits seinen Bezug zu Steiner herausstellte und andererseits die eigenen Verdienste unterstrich. Es findet sich in seinem Artikel „Zu zwei Steiner'schen Abhandlungen" von 1883.

> [...]; Steiner betrachtet die zu zwei festen Kreisen für die verschiedenen Werthe der constanten Länge entstehenden Kegelschnitte und sagt z. B.: Jeder Kegelschnitt des Systems schneidet aus jeder der gemeinsamen Tangenten der Hauptkreise eine der zugehörigen Constanten d gleiche Länge aus. Es ist einer von den zahlreichen Sätzen dieser Abh., welche heute noch unbewiesen sind, während sich doch zahlreiche Consequenzen an ihn knüpfen. Meine Anschauung beweist ihn höchst einfach und zeigt, wie man ihn so zu sagen entdecken muss.[2152]

Fiedler lässt sich an der Stelle auch nicht entgehen, auf einen Druckfehler in der hinzuweisen, „welcher der neuen Gesamtausgabe [...] passirt ist."[2153]

[2150] Vgl. Lange 1894 oder moderner Aumann 2015, 94 – 99.

[2151] Für die Details dieser Argumentation, die durchaus aufwändig ist, vgl. Fiedler 1882, 125 – 126 und 252 – 258. Allzu bekannt war Fiedlers Lösung wohl nicht, denn sie fehlt in dem ansonsten recht vollständigen Überblick zum Feuerbach-Kreis von Lange (Lange 1894). Dieser erwähnt lediglich den analytischen Beweis aus den „Kegelschnitten" von Salmon-Fiedler (Lange 1894, 34).

[2152] Fiedler 1883b, 412. Es geht um die Arbeit „Ueber einige neue Bestimmungs-Arten der Curven zweiter Ordnung nebst daraus folgenden neuen Eigenschaften derselben Curven" von Steiner (Journal für die reine und angewandte Mathematik 45 (1853), 189 – 211).

[2153] Fiedler 1883b, 412.

6.4 Zielsetzung und Rezeption

Zum Nutzen der Zyklographie gibt Fiedler wie bereits erwähnt zu bedenken:

> Man ist offenbar, trotz aller Leichtigkeit der Behandlung *von Anschaulichkeit im natürlichen Sinne weit entfernt*; der Versuch, die *regulären Polyeder* respective ihre Eckpunkte also darzustellen, [...] bestätigt diess des Weiteren, so interessant die Figuren sind, zu denen er führt; man wird daher in der technischen Praxis von dieser Bestimmungsweise kaum Dienste erwarten.[2154]

Man könnte in moderner Ausdrucksweise sagen, die Zyklographie liefere nicht-ikonische Darstellungen.[2155]

Die zyklographische Methode, die Fiedler als „ein wesentliches Stück der Ausgestaltung der Grundidee dieses Werkes"[2156] bezeichnet, unterstreicht seine ins Konstruktive tendierende Auffassung von seinem Fachgebiet – obwohl fern aller praktischen Anwendung, lohnt es sich in seinen Augen doch, sie zu studieren. Eine zweite Grundtendenz Fiedlers ist, die Zentralprojektion möglichst oft einzusetzen – sie ist gewissermaßen die Brille, durch die er die Dinge bevorzugt betrachtet – und die Sprache der darstellenden Geometrie zu verwenden. Ob das wirklich von Vorteil ist, darüber lässt sich streiten.[2157] Ein Argument zugunsten der Zyklographie ist bei Fiedler – wie immer – die Stärkung der Raumanschauung.

H. C. H. Schubert, dem Fiedler viele seiner Werke zusandte, bedankte sich für die Zyklographie mit einer Postkarte:

[2154] Fiedler 1879, 223.

[2155] So modern denn auch wieder nicht, denn E. Papperitz verwandte diese Ausdrucksweise schon in Papperitz 1909, 594 - 595. Dort schreibt er: „In der darstellenden Geometrie ist im Wesentlichen nur ein einzelnes, nichtikonisches Verfahren entwickelt worden, die Zyklographie." Etwas später spricht er auch von den „anikonischen" Darstellungen der Kristallographen.

[2156] Fiedler 1882, 9.

[2157] Vgl. 4.6, wo einige kritische Stimmen zitiert wurden.

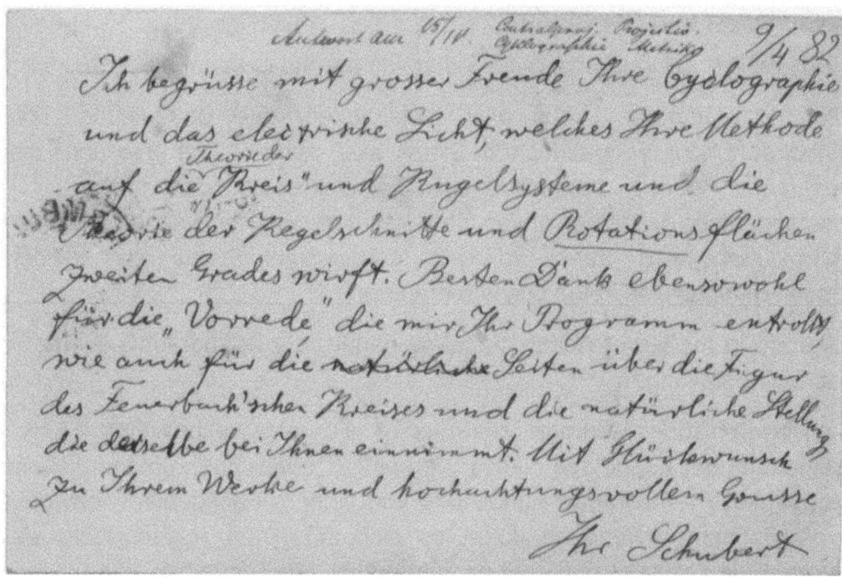

Abb. 6.14: *Postkarte von H. C. H. Schubert an W. Fiedler*[2158]

Auch Christian Wiener äußerte sich zur Zyklographie:

> Das Verfahren erweist sich besonders nützlich zur Auflösung der
> Apollinischen Aufgaben über Kreisberührungen, wie schon bei
> Cousinery[2159] erwähnt wurde, und liefert anziehende Ableitungen der
> Kegelschnitte.[2160]

Diese Sicht stimmt mit der von Adler überein, der in seinem Lehrbuch[2161] die
zyklographische Methode gerade so weit entwickelt, wie er sie benötigt, um das
Apollinische Problem zu lösen.

[2158] Hamburg, 9. April 1882 (Hs 87: 1161). Text der Karte: „Ich begrüße mit grosser Freude Ihre
Cyclographie und das electrische Licht, welches Ihre Methode auf die Theorie der Kreis" und
Kugelsysteme und die Theorie der Kegelschnitte und <u>Rotations</u>flächen zweiten Grades wirft. Besten
Dank ebensowohl für die „Vorrede", die mir Ihr Programm entrollt, wie auch für die Seiten über die
Figur des Feuerbach'schen Kreises und die natürliche Stellung, die dieselbe bei Ihnen einnimmt. Mit
Glückwunsch zu Ihrem Werke und hochachtungsvollem Gruss Ihr Schubert." 1878 war die verbesserte
Kohlenbogenlampe von P. Jabloschkow bei der Weltausstellung in Paris vorgeführt worden und hatte
großes Aufsehen erregt. 1879 begann W. Siemens, die elektrische Beleuchtung von Straßen
einzuführen – zuerst einmal vor seiner Haustür in Berlin. In Fiedlers Zürich beleuchtete man die
Straßen schon seit der Jahrhundertmitte mit Gas. Ein entsprechender Vertrag wurde 1855 mit L. A.
Riedinger aus Bayreuth geschlossen, vgl. https://www.e-rara.ch/zut/doi/10.3931/e-rara-98905 (Aufruf
21. Juni 2025).
Fiedler hat folgende Stichworte auf Schuberts Karte notiert: Antwort am 15/IV. Centralproj. Projectio.
Cyklographie Metrik.
[2159] Vgl. Cousinery 1828, 55 – 57.
[2160] Wiener 1884, 40.
[2161] Adler 1906, 63 – 72. Adler beschränkt sich strikt auf das Inhaltliche, Kommentare zur Zyklographie
gibt es bei ihm keine. Ähnliches gilt für Eckhart 1926.

Die „Deutsche Literaturzeitung" lobte ebenfalls die zyklographische Methode:

> Der Inhalt des Buches zeigt, wie ergiebig diese descriptive Methode ist.[2162]

Auch das „Literarische Centralblatt" urteilte durchaus positiv. Es wollte das Buch

> [...] der Beachtung der jungen Mathematiker möglichst empfehlen, in dem dieselben dadurch nicht nur schöne Gelegenheit zur Erkenntniß der Leistungsfähigkeit dieser descriptiv-geometrischen Methoden, sondern auch ein weites Feld zu erfolgreichen eigenen Untersuchungen geboten ist.[2163]

Allerdings hat das Versprechen eines weiten Feldes für „erfolgreiche eigene Untersuchungen", soweit feststellbar, kaum neue Bearbeiter angelockt. Ausnahmen waren Chr. Beyel und Johannes Keller mit ihren Dissertationen (1882)[2164] bzw. (1883)[2165] sowie das bereits erwähnte Schulprogramm der Baseler Realschule von Dr. Robert Flatt (1891)[2166] – alle aus dem Umfeld des Züricher Polytechnikums.

Das Jahrbuch über die Fortschritte der Mathematik brachte eine ausführliche und positive Besprechung von H. C. H. Schubert.[2167] Dieser konstatierte zu Fiedlers Werk, dass es

> [...] auf einem bequemen, aussichtsreichen Pfad zu den reichen Schätzen führt, die uns Steiner [...] hinterlassen hat.[2168]

Interessant und sicher ganz im Sinne von Fiedler war Schuberts Verweis auf Steiner. Andererseits könnte man Schuberts Bemerkung auch so lesen, dass Fiedlers Buch eigentlich nichts Neues enthält – was auch in gewisser Weise zutrifft.

[2162] Deutsche Literaturzeitung 5 (1884) No. 19, Sp. 672. Autor dieser ansonsten rein referierenden Besprechung war der Berliner Oberlehrer Schemmel.

[2163] Literarisches Centralblatt 1884, Spalte 599. Anonyme Besprechung.

[2164] Vgl. 1.4.1.

[2165] In seiner Arbeit behandelte Keller im Anschluss an Fiedler das duale Problem zu der Aufgabe: „Die Kegelschnitte einer Ebene, die einen gemeinsamen Brennpunkt haben, durch die Ebenen des Raumes darzustellen: [...]." (Keller 1882, 2). Geradezu emphatisch äußert Keller sich zu der Erfindung seines – wie auch Beyels - Chefs (er war ja Assistent bei Fiedler): „Angeregt durch die Fülle und Vollständigkeit der Resultate sowie die so zu sagen spielend einfachen Lösungen scheinbar schwieriger Probleme, die sich aus diesem Abbildungsprincipe ergeben, suchte ich nach ähnlichen Fällen, [...]." (Keller 1882, 1 – 2).

[2166] Flatt 1891.

[2167] Jahrbuch über die Fortschritte der Mathematik 14 (1882), 500 – 502. Schubert war ein langjähriger Briefpartner von Fiedler; vgl. 9.2.5. Er hat viele Referate über Arbeiten zur Geometrie für das Jahrbuch verfasst. Später übernahm Fr. Engel oft diese Aufgabe, teilweise auch E. Lampe, was zu Verärgerung bei Schubert führte. Vgl. Brief Schubert an Fiedler, Hamburg, 6. August 1888 (Hs 87: 1163).

[2168] Jahrbuch 1882, 500.

Weiterhin stellte Schubert fest, dass

> [...] das Fiedler'sche Buch nunmehr auch der darstellenden Geometrie
> ihren natürlichen Platz unter den Forschungsmethoden in der Geometrie
> der Kreise und Kugeln erobert [hat; K.V.].[2169]

Jules Molk, ehemals Student der Mathematik am Polytechnikum, schrieb aus
Berlin am 1. Januar 1883, wohin er von Zürich aus gewechselt hatte, an seinen
Lehrer:

> Die Zyklopädie, von der Sie uns schon einiges im Seminar am
> Polytechnikum erzählt haben, besitzt unstrittig einen pädagogischen Wert.
> Diese Art von Überlegungen gewöhnt den Geist daran, sich von
> vorgefassten Meinungen zu lösen, die man den sogenannten
> elementaren Methoden verdankt, die im Gymnasium in zu
> ausschließlicher Weise verwendet werden.[2170,i]

Ein bemerkenswert treffendes Urteil für einen fortgeschrittenen Studenten.
Vermutlich war Fiedler darüber eher enttäuscht, denn er wollte ja ein Werk von
bleibendem wissenschaftlichem – nicht pädagogischem - Wert verfassen.

Schlömilchs Zeitschrift für Mathematik und Physik veröffentlichte im 28. Band
1883 ein dreiseitiges Referat von A. Milinowski über Fiedlers „Cyklographie"[2171].
Dieses macht recht ausführliche Angaben zum Inhalt des Buches inklusive der
Steiner-Frage, enthält sich aber weitgehend einer Bewertung. Milinowski machte
zudem auf ein Buch von Reye[2172] aufmerksam, das ähnliche Frage wie das
Fiedlersche behandele.

Die vermutlich ausführlichste, immerhin gut elf Druckseiten lange Besprechung
von Fiedlers Zyklographie stammt aus der Feder von S. Günther und wurde in
Göttingischen Gelehrten Anzeigen veröffentlicht.[2173] Günther hatte dabei
Hinweise berücksichtigt, welche ihm Fiedler brieflich zukommen ließ.[2174]
Einleitend wird ausführlich die Vorgeschichte der Zyklographie, also die von

---

[2169] Jahrbuch 1882, 503.

[2170] Hs 87: 727.

[2171] Auf den Seiten 196 – 198. Im Nachlass von Fiedler ist ein Brief von Milinowski erhalten, den dieser
verfasst hat, als er Fiedler seine Schrift „Elementar-synthetische Geometrie der Kegelschnitte:
Elementar-synthetische Geometrie der gleichseitigen Hyperbel" (Leipzig: Teubner, 1882 - 83)
übersandte.

[2172] Th. Reye: Die Synthetische Geometrie der Kugeln und linearen Kugelsysteme: mit einer Einleitung
in die analytische Geometrie der Kugelsysteme (Leipzig Teubner, 1879). Im Buch von Eckhart wird
Reye aufgrund dieses Buches als ein Mitschöpfer (neben Steiner) der modernen Kreisgeometrie
bezeichnet.

[2173] Günther 1882.

[2174] Vgl. Postkarte Günther an Fiedler, Ansbach 11. Juli 1882 (Hs 87: 335) und Postkarte Günther an
Fiedler, Ansbach 22. Oktober 1882 (Hs 87: 337). Mehr zu Günthers Briefwechsel mit Fiedler in 9.2.1.

Fiedler vermutete Priorität von Steiner, geschildert. Es folgt dann eine detaillierte Inhaltsgabe, in der auch J. Kellers Arbeit erwähnt wird. Günthers Fazit lautet:

> Für jüngere Geometer erschließt (vgl. die unten citirte Abhandlung von Keller) das Buch von Fiedler ein weites Feld neuer Studien. Ueber die Außenseite der Schrift brauchen wir kein Wort zu verlieren; der gewis sehr schwierige Druck läßt nichts an Correctheit zu wünschen übrig. Und so wird gewis jeder Freund der Geometrie den Entschluß des Autors billigen, daß er sich nicht durch irgendwelche Rücksichten von der Herausgabe dieses Buches zurückhalten ließ.[2175]

Also auch wieder ein weites Feld! Günther hat übrigens eine Vielzahl von Besprechungen veröffentlicht, in dieser Hinsicht fast mit seinem Freund und Lehrer Moritz Cantor vergleichbar.

All das half wenig, Fiedlers „Cyklographie" fand letztlich nur geringe Beachtung. Im Jahre 1905 konstatierte Emil Müller:[2176]

> Die Tatsache, daß seit dem Erscheinen von *W. Fiedlers* „Zyklographie", also seit 23 Jahren, meines Wissens keine fünf Arbeiten über diesen Gegenstand erschienen sind, kann wohl als sicheres Zeichen dafür gelten, daß diese Disziplin in den Kreisen der darstellenden Geometrie für unwichtig gehalten wird. Ich bin nun der gegenteiligen Meinung. Wenn die darstellende Geometrie aus einer gewissen Stagnation, in der sie sich augenscheinlich noch befindet, herauskommen soll, wird sie die ausgetretenen *Monge*schen Pfade verlassen und neue Wege aufsuchen, d. h. neue Aufgaben in den Bereich ihrer Tätigkeit ziehen müssen. Bietet ihr solche die technische Praxis nicht (wie es z. B. die Verwertung der Photogrammetrie tat), so wird sie vielleicht die konstruktive Lösung oder Weiterverfolgung rein geometrischer Probleme mit ihren bisherigen oder neuen Hilfsmitteln, etwa neuen Zeicheninstrumenten, als ihre Aufgabe betrachten können. Jedenfalls sollte sie sich der Verwendung anderer als der bisher gepflegten Abbildungsmethoden nicht verschließen. Eine erste solche Abbildungsmethode ist aber die von *W. Fiedler* eingeführte zyklographische.[2177]

Müller erwähnt dann, dass er im Studienjahr 1903/04 an der Technischen Hochschule in Wien Vorlesungen über Zyklographie für Lehramtskandidaten gehalten habe.[2178] Ein solches Vorhaben sah er als sinnvoll an, „weil sie [die

---

[2175] Günther 1882, 1437 – 1438. In der Anmerkung *) werden einige wenige Druckfehler aufgeführt.
[2176] Zu Müller vgl. man 2.1., wo sich auch weitere Ausführungen Müllers zur Zyklographie finden.
[2177] Müller 1905, 574.
[2178] Postum wurden Müllers Vorlesungen über Zyklographie von J. L. Krames veröffentlicht, vgl. Müller-Krames 1929.

Zyklographie; K. V.] mit den verschiedenen Teilen der modernen Geometrie konstruktiv verfolgbare Verbindungen herstellt."[2179] Unter den Punkten, die er zu Fiedlers Ausführungen ergänzt, findet sich auch der Hinweis, dass es sich „methodisch empfiehlt", der Zyklographie im Raume analoge Betrachtungen für die Ebene – deren Punkte folglich auf Punktepaare einer Geraden abgebildet werden – vorzuschalten, um den Einstieg zu erleichtern. Solche Überlegungen fehlen bei Fiedler, der – wie so oft – gleich auf hohem Niveau einsteigt. Bemerkenswert ist, dass Müller wie Fiedler das konstruktive Potential der Zyklographie betont.

Ähnlich sah auch J. L. Coolidge die Dinge. In seinem Buch über Kreise und Sphären widmete er einige Seiten Fiedlers Ideen und gab einige Konstruktionen als Beispiele, darunter die Lösung des Apollinischen Berührproblems.[2180] Seine Begründung hierfür lautete[2181]:

> The most systematic attempt ever made to reduce to a uniform method the solution of all problems involving the construction of circles subject to give conditions was made by Fiedler, [...]

Eine nicht-ikonische Zuordnung der Punkte der Ebene zu denen einer Geraden hatte bereits L. O. Hesse (1866) vorgenommen unter der Bezeichnung „Übertragungsprinzip". Dabei ging er folgendermaßen vor: Gegeben seien eine Ebene[2182] und darin eine Gerade (genannt Fundamentallinie). Das Ziel ist es, einem Punkt der Ebene mit den Koordinaten (x_0, y_0) ein Punktepaar[2183] auf der Fundamentallinie zuzuordnen. Dies geschieht durch folgende Festsetzung: Das gesuchte Paar besteht aus den Lösungen der quadratischen Gleichung $Ax^2 + Bx + C = 0$, wobei A, B und C lineare Funktionen der Koordinaten des Punktes sind (etwa $A = x_0$, $B = y_0$ und $C = x_0 + y_0$).

Um den Namen Übertragungsprinzip zu rechtfertigen, gibt Hesse Beispiele.

1. Drei kollineare Punkte in der Ebene werden auf drei Punktepaare abgebildet, die in einer Involution liegen. Umgekehrt entsprechen je drei Punktepaare aus einer Involution der Fundamentallinie drei kollinearen Punkte der Ebene.

[2179] Müller 1905, 575. Müller reklamiert also keineswegs einen praktischen Nutzen für die Zyklographie.
[2180] Coolidge 1916, 183 – 186.
[2181] Coolidge 1916, 183.
[2182] Hesse arbeitet hier nicht mit homogenen Koordinaten, sondern genau genommen in der Euklidischen Ebene; vgl. Etwein/Voelke/Volkert 2019, Abschnitt 3.2.8.
[2183] Die nachfolgende Konstruktion zeigt, dass man eigentlich eine zwei-elementige Menge von Punkten bekommt. Diese muss man ordnen, um ein Paar zu erhalten, was wiederum notwendig ist, um Involutionen zu definieren. Wie geordnet wird, ist gleichgültig.

2. Doppelpunkten[2184] einer Involution in der Fundamentallinie entsprechen in der Ebene Punkte eines und desselben Kegelschnittes, und alle Punkte dieses Kegelschnittes entsprechen Doppelpunkten in der Fundamentallinie. Dieser Kegelschnitt heißt Directrix.[2185]

3. Den Punkten auf einer Tangenten der Directrix entsprechen solche Punktepaare in der Fundamentallinie, bei denen unter der entsprechenden Involution ein Punkt unverändert bleibt, nämlich der Punkt, welcher als Doppelpunkt betrachtet dem Berührungspunkte entspricht.[2186]

Die Beweise für die obigen Aussagen werden von Hesse analytisch geführt.

Die Fundamentallinie mit ihren Involutionen modelliert folglich einige Aspekte der Geometrie der Ebene. Diese sind alle projektiver Natur. Insbesondere lassen sich Sätze über die Direktrix, also über einen Kegelschnitt, in solche über die Fundamentallinie übersetzen. Schon ganz am Anfang seiner Abhandlung erwähnt Hesse, dass man auch den Raum „und selbst die Geometrie von mehr als drei Dimensionen"[2187] in ähnlicher Weise per Übertragungsprinzip modellieren könne.

Hesse bringt im Zusammenhang mit seinem Übertragungsprinzip einen interessanten Vergleich – nämlich mit einem Telegrafenbüro, seinerzeit eine hochmoderne Einrichtung:

> Mit der Lösung dieser Aufgabe kann man die breitere Basis der Ebene verlassen und sich auf die gerade Linie beschränken, ohne die Herrschaft über die Ebene aufzugeben. Die gerade Linie wird dann gleichsam als Telegraphenbureau[2188] dienen, auf dem man alle Zustände in der Ebene erfahren und neue Combinationen in ihr anordnen kann.[2189]

Solche abstrakteren Betrachtungen, gewissermaßen vom höheren Standpunkt aus vorgenommen, fehlen bei Fiedler; dessen Fokus liegt auf dem Konkreten, insbesondere auf den Konstruktionsproblemen.

[2184] Ein Doppelpunkt einer Involution ist ein Fixpunkt derselben, also ein Punkt, der auf sich selbst abgebildet wird.

[2185] Analytisch beschrieben wird er durch $4AC - B^2 = 0$ festgelegt.

[2186] Vgl. Hesse 1866a, 17 – 18.

[2187] Hesse 1866a, 15. Im Jahr 1866 war es noch keineswegs selbstverständlich, Räume von mehr als drei Dimensionen zu betrachten.

[2188] 1866 gelang es erstmals, ein Kabel durch den Atlantik zu verlegen, mit dem man telegraphisch Nachrichten von einem Kontinent auf den anderen übermitteln konnte. Schubert hatte in einer Karte (siehe oben) das elektrische Licht als Metapher bemüht, ebenfalls eine wichtige Neuerung in jener Zeit.

[2189] Hesse 1866a, 21. Ähnlich formuliert Hesse am Ende seiner vier Vorlesungen, vgl. Hesse 1866, 57 und die Widmung an „Collega Haeußer" auf dem Titelblatt des vom Universitätsbibliothek Heidelberg gescannten Exemplars:
https://archiv.ub.uniheidelberg.de/volltextserver/12572/1/hesse_geometrie.pdf.

Doch zurück zu Emil Müller und seiner Beurteilung der Zyklographie. Müller bringt darin noch einen interessanten Punkt ins Spiel: Er schlägt nämlich vor, Abbildungen des Raumes in sich mit Hilfe der Zyklographie zu studieren, indem man die von ihnen (in moderner Sprache) induzierten Abbildungen der Ebene in sich betrachtet.[2190]

Auch im Vorwort zu seinen „Vorlesungen über darstellende Geometrie" (1923) ist Müller nochmals auf die Zyklographie zu sprechen gekommen, offensichtlich war sie ihm ein Anliegen. Dort führt er aus, dass die darstellende Geometrie schon um 1880 herum eine „nicht ableugbare Erstarrung" gezeigt habe, weil sie einerseits für alle praktischen Probleme wohlgerüstet war, andererseits es aber nicht schaffte, neue theoretische Felder sich zu erschließen. Also blieb nur noch die didaktisch motivierte Beschäftigung mit ihr, sprich, der Versuch ihre Lehre zu verbessern. Müller ordnet diese Tatsache in einen größeren Zusammenhang ein:

> Offenbar kündigte sich hierin auch die moderne Zeitströmung in der Mathematik an, die die besten Köpfe zur ausschließlichen Beschäftigung mit den großen Problemen der Analysis hindrängt und heutzutage der Geometrie kaum mehr eine selbständige Bedeutung zugestehen möchte.[2191]

Damit benannte er ein Leitmotiv des Netzwerks Geometrie.[2192] Jedoch hätten sich nach Müller durchaus Möglichkeiten geboten, die darstellende Geometrie in theoretischer Hinsicht weiterzuentwickeln – und hier kommt die Zyklographie ins Spiel:

> Denn es übten auch die Schöpfung der Zyklographie durch W. Fiedler, die ausgedehnten Untersuchungen G. Haucks über die Verallgemeinerung der Abbildung auf mehrere Rissebenen und S. Finsterwalders Untersuchung zur Photogrammetrie, die der darstellenden Geometrie eine Fülle neuer Aufgaben stellten, nicht den lebhaften Einfluß aus, den man hätte erwarten sollen.[2193]

Müller hatte auch einen Vorschlag, wie man der darstellenden Geometrie im Jahre 1923 zu ihrer Weiterentwicklung verhelfen könnte:

> Wahrscheinlich wird sie mit einer großen innern Wandlung verknüpft sein. Nach den Erfahrungen an andern mathematischen Disziplinen wird man ihr zu einer solchen Entwicklung verhelfen, wenn man einerseits die

---

[2190] Vgl. Emil Müller 1905, 576. Müller spricht von „Transformationen". Papperitz deutet diese Bemerkung von Müller so, dass dieser vorgeschlagen habe, kreistreue Berührtransformationen (im Sinne Lies) mit Hilfe orientierter Kreise zu untersuchen. Vgl. Papperitz 1909, 595.
[2191] Müller-Krames 1923, III.
[2192] Vgl. 9.1.
[2193] Müller-Krames 1923, III.

darstellend-geometrischen Methoden von möglichst hohem Standpunkt aus betrachtet, um zu größerer Freiheit in ihren Anwendungen zu gelangen, anderseits neue Anwendungsgebiete erschließt.[2194]

Letztlich hat auch Müllers Engagement für die Zyklographie wenig genutzt: die Zeitläufte überholten sie und sie verfiel dem Vergessen[2195], wo sie verblieben ist: ein weiteres Beispiel für ein gescheitertes Projekt von Fiedler.[2196] Eine Rolle bei diesem Scheitern könnte Fiedlers eher einseitige Verwendung der Zyklographie zur Lösung von Konstruktionsproblemen gespielt haben. Während sie in manchen Fällen, der Satz von Monge und das Apollinische Berührproblem sind hierfür paradigmatische Beispiele, verblüffend einfache Lösungen liefert, sind ihre Lösungen in vielen anderen Fällen eher aufwändiger als diejenigen, die man üblicherweise kennt. Das abstrakte Potential der Zyklographie aufgefasst als Abbildungs- oder Darstellungsmethode im modernen Sinne hat Fiedler kaum genutzt. Ähnliche aber abstraktere Ideen fanden dann aber im 20. Jh. durchaus Interesse, man denke nur an die Laguerre- oder die Lie-Geometrie.[2197]

Einige Ideen Müllers wurden von Ludwig Eckhart in seinem Buch „Konstruktive Abbildungsverfahren" (1926) aufgegriffen. Im Vorwort zu diesem Buch klingen einige der Müllerschen Themata, wie etwa die Erstarrung der darstellenden Geometrie, an. Interessant ist, dass Eckhart zwei Arten von darstellender Geometrie unterscheidet, nämlich die traditionelle, die „die Abbildung und zeichnerische Behandlung der Raumgebilde mit Hilfe der orthogonalen, schiefen und zentralen Projektion lehrt"[2198] und eine neuere, die „die starre Schranke des alleinherrschenden Abbildungsprinzips durchbrochen hat"[2199]:

> Ihre neue Aufgabe liegt nun in der Aufstellung und Untersuchung neuer Abbildungsverfahren und der darin enthaltenen geometrischen Probleme; allerdings müssen solche Abbildungen das Merkmal der Konstruktionsmöglichkeit in der Zeichenebene tragen, damit sie überhaupt für die darstellende Geometrie in Betracht kommen können.[2200]

Eckhart arbeitete konsequent mit orientierten Kreisen, Fragen der Orientierung werden ausführlich behandelt. Er nennt dies die „moderne Form"[2201] der Zyklographie und bezeichnet Emil Müller als ihren Urheber. Eckhart verwendet im großen Umfang analytische Methoden, insbesondere auch Ansätze der

---

[2194] Müller-Krames 1923, IV.

[2195] Als moderne Ausnahme ist Giering 1982 zu nennen, der die Zyklographie (im allgemeinen n-dimensionalen Fall) kurz im Kontext von Laguerre-Geometrien erwähnt; vgl. Giering 1982, 367 – 368.

[2196] Weitere Informationen zur Rezeption der Zyklographie findet man bei Wengel 2020, 29 – 40.

[2197] Vgl. Karzel-Kroll 1988, 106 – 110 und Giering 1982.

[2198] Eckhart 1926, 1.

[2199] Eckhart 1926, 1.

[2200] Eckhart 1926, 1.

[2201] Eckhart 1926, 76.

Vektorrechnung[2202]; auch bei ihm ist das Apollinische Berührproblem eine wichtige Anwendung der Zyklographie.[2203] Die Konstruktion des Innkreises eines Dreiecks veranlasste Eckhart, das Wesen des zyklographischen Verfahrens zu charakterisieren:

> An diesem Beispiel ist nun das Prinzip für die Behandlung ebener Probleme klar. Hat man eine Aufgabe über Gerade und Kreise in der Ebene zu lösen, so legt man diesen gegebenen Gebilden eine beliebige Orientierung bei, sucht die dazugehörigen Raumgebilde, löst die entsprechende Aufgabe im Raume darstellend-geometrisch und überträgt die Lösung zyklographisch auf die Ebene. Dieses Verfahren führt man für alle möglichen Orientierungskombinationen durch und erhält sämtlich Lösungen, von denen die Orientierungen wegzulassen sind. Beim Übergange von den orientierten Lösungen zu den nichtorientierten vermindert sich im allgemeinen ihre Anzahl.[2204]

Interessant ist schließlich, dass Eckhart mit den Mitteln seiner Zyklographie ein Modell für die Minkowski-Geometrie der Ebene konstruiert.[2205] Das ging genau in die von Müller angegebene Richtung einer abstrakten Auffassung der Zyklographie.[2206] In den Literaturangaben zum Kapitel über Zyklographie nennt Eckhart neben Fiedlers Buch noch sechs Aufsätze zur Zyklographie von Autoren aus der Wiener Schule: E. Müller (drei Arbeiten), Danzer, Blaschke und Kruppa (je eine). Damit bestätigte er die oben zitierte Aussage seines Lehrers aus dem Jahre 1905 bezüglich der geringen Zahl von Publikationen zum Thema Zyklographie.Hinweise auf Fiedlers Zyklographie finden sich, wie bereits erwähnt, im umfassenden Enzyklopädieartikel von Papperitz[2207], der wie die Zyklographie als einziges Beispiel einen nichtikonischen Abbildungsverfahrens erwähnt.

> E. Müller verweist auf Weiterbildungen der Cyklographie hin, die sie besonders durch konsequente Orientierung der Kreise zur Behandlung der Berührungstransformationen, die Kreise in Kreise überführen, geeignet macht.[2208]

Insgesamt also ein recht bescheidenes Echo, das Fiedler sicherlich enttäuschte.

[2202] Unter der Bezeichnung „Speere", entlehnt bei W. Blaschke. Bei Vektoren spielt ja die Orientierung eine Rolle, sie fügen sich folglich gut in Eckharts allgemeines Programm ein.

[2203] Vgl. Eckhart 1926, 97 – 99. Er behauptet sogar, dass dieses Problem den Anstoß für die Entwicklung der Zyklographie gegeben habe; vgl. Eckart 1926, 99.

[2204] Eckhart 1926, 93.

[2205] Eckhart 1926, 102 – 114. Ähnliche, wenn auch elementarere Überlegungen finden sich im Beitrag zur Enzyklopädie der Elementarmathematik über Geometrie von J. Wellstein (Wellstein 1907).

[2206] Vgl. Stachel 2019, 191.

[2207] Papperitz 1909, 595.

[2208] Papperitz 1909, 595. Als Referenz gibt Papperitz Müller 1905 an.

7. Fiedler und die Vermittlung von Mathematik

Wie an vielen Stellen schon gesehen spielte die Vermittlung der Mathematik – und das hieß für Fiedler konkret der darstellenden und der projektiven Geometrie[2209] unter Einschluss nahe verwandter Themen (wie Kurven- und Flächentheorie) – in Fiedlers Tätigkeit eine wichtige Rolle. Sein Lehrbuch der darstellenden Geometrie[2210] kann man als Versuch auffassen, zu zeigen, wie man die von ihm angestrebte große Synthese didaktisch[2211] aufbereiten konnte. Auch in anderen Veröffentlichungen Fiedlers finden sich hin und wieder Bemerkungen zur Lehre. Die Bücher von Salmon-Fiedler gehörten zu den einflussreichsten Lehrbüchern ihrer Zeit – allen voran die „Kegelschnitte".[2212] Fiedlers Anteil an denselben war, was die Inhalte und die Darstellung betrifft, beachtlich. Die didaktische Grundorientierung der Salmonschen Bücher – heute würde man von Problemorientierung sprechen - hat Fiedler aber nicht verändert. 1877 war für ihn die Zeit gekommen, sich in einem längeren Text „Zur Reform des geometrischen

---

[2209] Soweit feststellbar, hat Fiedler keine Vorlesungen zu nicht-geometrischen Themen, etwa zur Analysis oder Algebra, gehalten. Weshalb sich unsere Betrachtungen auch weitgehend auf die Geometrie beschränken werden.

[2210] Vgl. Kapitel 4.

[2211] Der Begriff „Didaktik" war in der zweiten Hälfte des 19. Jhs. noch wenig gebräuchlich. Er wird hier aus Gründen der Einfachheit verwendet. Üblicherweise sprach man damals von Pädagogik seltener von Methodik des mathematischen Unterrichts.

[2212] Vgl. Kapitel 5.

Unterrichts"[2213] ausführlich zu Vermittlungsfragen zu äußern.[2214] Schon im nachfolgenden Jahr wurde sein Text durch Vermittlung von Cremona ins Italienische übertragen und publiziert.

7.1 Das System, eine didaktische Notwendigkeit

Besonders die Reform des Geometrieunterrichts, hiermit war in aller Regel der Unterricht an Gymnasien und vergleichbaren Schulformen (wie die höheren Gewerbeschulen) gemeint,[2215] wurde im letzten Drittel des 19. Jhs. breit diskutiert.[2216] Dabei war der Vorwurf, den man den traditionellen, an Euklids „Elementen", insbesondere an deren erstem Buch, orientierten Lehrgängen machte, der, dass diese zu einer Anhäufung von mehr oder minder unverbundenen Einzeleinsichten führten. Die Ordnung bei Euklid sei eine logische – ein Satz wird an einer bestimmten Stelle bewiesen, weil erstens die Voraussetzungen hierfür geschaffen wurden und zweitens der Satz an späterer Stelle beim Beweis anderer Sätze benötigt wird – keineswegs aber eine genetische. In Fiedlerscher an Steiner orientierter Ausdrucksweise: Der Aufbau des Systems sei kein organischer sondern ein künstlicher. Hinzu kam, dass der Stil des Unterrichts oftmals dogmatisch bis hin zum Auswendiglernen nebst Reproduzieren war, wirkliche Eigentätigkeit war für die Schüler nur selten vorgesehen. Aus dem Vorrang des Logischen ergab sich die Dominanz der ebenen Geometrie, da sich in dieser die Verhältnisse viel übersichtlicher gestalten

---

[2213] Fiedler 1877. Er verweist selbst etwas kryptisch auf „gewisse Zeichen der Zeit" (Fiedler 1877, 87), welche ihn zur Feder greifen ließen. Schon in dem Aufsatz „Ueber die Symmetrie" von 1876 heißt es: „[...] das Thema der Reform liegt jetzt in der Luft [...]" (Fiedler 1876, 50). In der Tat kann man in den 1870er Jahren eine Intensivierung der mathematikdidaktischen Diskussionen und Forschungen im deutschsprachigen Raum feststellen; vgl. unten sowie Kitz 2015.
In einem Brief an seinen italienischen Übersetzer G. Torelli (vom 30. September 1877, siehe unten) stellte Fiedler fest, dass einige Neuerscheinungen im Bereich der Geometrie (z. B. das Buch von Fr. Kruse [vgl. 7.2]), die eine Vermischung von traditioneller und projektiver Geometrie propagierten, sein Missfallen erregten. Das könnte eines der „gewissen Zeichen" gewesen sein. Ähnlich äußert er sich auch in seiner Arbeit von 1877, vgl. Fiedler 1877, 86.
[2214] Implizit tat er das natürlich schon vorher insbesondere in seinem Entwurf zur Methodik der darstellenden Geometrie (Fiedler 1867). Indem er sich zum Stoff (der darstellenden Geometrie) und seinem System äußerte, machte er zugleich Vorschläge zu dessen Behandlung – ganz im Sinne der provokativen und viel kritisierten Behauptung „Der Stoff ist seine Methode".
[2215] Die Volksschulen kannten einen Unterricht in Raumlehre; er war hauptsächlich auf nützliche Berechnungen ausgelegt. Im Übrigen verwendet Fiedler den schweizerischen und österreichischen Terminus „Mittelschule" für das Gymnasium. Zu beachten ist, dass sich in der zweiten Hälfte des 19. Jhs. im deutschsprachigen Raum realistische Zweige an den Gymnasien breit etablieren konnten – es geht also nicht mehr nur um das humanistische Gymnasium. In der deutschsprachigen Schweiz entstanden realistische Zweige an den Kantonsschulen, den Mittelschulen. Ein Beispiel hierfür ist die Züricher Industrieschule, die spätere Oberrealschule, deren Direktor Fiedlers Sohn Ernst werden sollte. Beachtung verdient im Kanton Zürich auch die Gewerbeschule/Industrieschule Winterthur, wo u.a. Carl Adams (1811 – 1849), Verfasser mehrerer interessanter Abhandlungen zur Geometrie u. a. zum Malfatti-Problem, wirkte.
[2216] Von den 20 Titeln, die Felix Müller in seiner Bibliographie (Müller 1909) im Paragraphen „Unterricht in speziellen mathematischen Disziplinen" nennt, befassen sich zehn mit der Geometrie.

als im Raum, deutlich weniger Begriffe gebraucht werden und Deduktionen leichter fallen. Außerdem konnten diese Deduktionen, gewissermaßen im Widerspruch zur reinen Lehre, unterstützt werden von Figuren, die im Falle der Ebene (meist) übersichtlich und fast selbsterklärend ausfallen. Die ebene Geometrie bildete den idealen Exerzierplatz für die Gymnastik des Geistes, die oft von den Anhängern des traditionellen Unterrichts beschworen wurde und mit der man sich als ernsthafter Konkurrent zum altsprachlichen Unterricht positionierte.

Der traditionelle Geometrieunterricht setzte erst in mittleren Klassen des Gymnasiums und dann gleich deduktiv ein. Letzteres erklärt, warum er als anspruchsvoll galt und deshalb ungeeignet für jüngere Schüler.

Viel beklagt wurde die Starrheit der Euklidischen Vorgehensweise, die ganz wesentlich auf dem statischen Vergleich – z. B. hinsichtlich Kongruenz oder Ähnlichkeit – von festen, unveränderlich gedachten Figuren beruhe. Eine Variation von Figuren oder eine Bewegung derselben finde nicht statt. Ein Gegenmodell lieferte in den Augen mancher Autoren die projektive Geometrie, da ihrer Ansicht nach Projektionen Beweglichkeit meinten.[2217]

Die Verbesserungsvorschläge waren vielfältig. Zum einen wurde die Vorbereitung des Geometrieunterrichts durch einen Anschauungsunterricht, eine Propädeutik, vorgeschlagen, um den abstrakten Entwicklungen ein anschauliches Fundament zu liefern.[2218] Verlangt wurde auch, Teile der projektiven Geometrie in den Unterricht einzubeziehen,[2219] und die geometrischen Figuren beweglich zu machen, z. B. durch Verwendung von, modern gesprochen, Abbildungen.[2220] Auch die damals neuen Erkenntnisse bezüglich der nichteuklidischen und mehrdimensionalen Geometrie boten Veranlassung, gewissermaßen vom höheren Standpunkt aus das Bestehende zu reflektieren.[2221]

Über ein spezielles Diskussionsforum für Fragen des Mathematik- und des naturwissenschaftlichen Unterrichts verfügte man im deutschsprachigen Raum in Gestalt der 1870 von Johannes C. V. Hoffmann (1825 – 1905) begründeten und von Teubner verlegten „Zeitschrift für den mathematischen und

---

[2217] Vgl. 7.1 für Fiedlers Position sowie Kitz 2015 für Informationen zur allgemeinen Diskussion.

[2218] Ein bekanntes Werk, das diese Idee ausarbeitete, war Peter Treutleins Buch „Der geometrische Anschauungsunterricht" (1911).

[2219] Vgl. hierzu ausführlich Kitz 2015.

[2220] In den Diskussionen des 20. Jhs. wird in diesem Kontext gerne das „Erlanger Programm" von F. Klein erwähnt (1872). Es ist aber festzuhalten, dass dieses erst spät – in den 90er Jahren des 19. Jhs. – größere Bekanntheit erlangte. Zum mathematikdidaktischen Bestseller avancierte es wohl erst mit der „modernen Mathematik" der 1950er und 60er Jahre. Zum Erlanger Programm vgl. Rowe 2025.

[2221] Vgl. etwa die „Didaktik und Methodik des Rechnens und der Mathematik" von Max Simon (1895, ²1908). Dessen Standpunkt war allerdings reichlich hoch und recht subjektiv, vgl. Volkert 1994. Interessante Aspekte finden sich auch bei J. Wellstein 1907.

naturwissenschaftlichen Unterricht", in ihrer Zeit[2222] häufig nach ihrem Begründer kurz „Hoffmannsche Zeitschrift" genannt. Die in den ersten Bänden dieses Periodikums geführte Auseinandersetzung über die Frage, „Gibt es unendlich ferne Punkte?"[2223] wurde von Fiedler gelegentlich[2224] als erschreckendes Beispiel für die Niveaulosigkeit solcher Diskussionen, die für ihn wiederum die fehlende fachliche Kompetenz der Lehrer belegte, zitiert. Es gab aber durchaus auch noch andere Zeitschriften, die sich u.a. mit mathematikdidaktischen Themen beschäftigten, etwa die „Blätter für das Bayrische Realschulwesen". Auch die traditionellen mathematischen Fachzeitschriften „Archiv für Mathematik und Physik" (gegründet 1841 von J. A. Grunert) und „Zeitschrift für Mathematik und Physik" (gegründet 1856 von O. Schlömilch) wollten Lehrer ansprechen, allerdings eher durch fachliche Beiträge. Jährlich veranstaltete Versammlungen, wie die der „Deutschen Gesellschaft der Naturforscher und Ärzte"[2225] oder diejenige der „Deutschen Schulmänner", boten Gelegenheit zum Austausch. Hierbei scheint aber Fiedler außen vor geblieben zu sein; es ist nicht bekannt, dass er an einer dieser Versammlungen[2226] teilgenommen hätte. Diese fanden zwar auch in Städten des Österreichisch-Ungarischen Kaiserreichs statt (z. B. in Graz, Innsbruck, Meran und Wien), aber nie in der deutschsprachigen Schweiz. In letzterer gab es ein nationales Pendant zur Gesellschaft deutscher Naturforscher und Ärzte: die 1838 gegründete Schweizerische Naturforschende Gesellschaft. Über seine Mitgliedschaft in der Naturforschenden Gesellschaft Zürich war Fiedler auch Mitglied der Schweizerischen Naturforschenden Gesellschaft; bei deren Versammlung 1883 in Zürich hielt Fiedler, gewissermaßen Hausherr, einen fachwissenschaftlichen Vortrag.[2227]

Als ein Meilenstein in der Geschichte der deutschen Didaktik der Mathematik gilt die Gründung des mathematisch-pädagogischen Seminars (1855) in Berlin durch Karl Heinrich Schellbach, das nicht zuletzt durch das spätere Wirken seiner Teilnehmer[2228] großen Einfluss hatte. Schellbach verfasste auch einen Beitrag „Ueber den Inhalt und die Bedeutung des mathematischen und naturwissenschaftlichen Unterrichts" (1866, ²1883) zum Programm seiner Schule,

---

[2222] Der letzte Band der Zeitschrift erschien im Zweiten Weltkrieg, eine Wiederbegründung nach dem Krieg unterblieb.

[2223] Vgl. Volkert 2010.

[2224] Vgl. etwa Fiedler 1875, XXIV, wo er diese Diskussion „lamentabel und compromittabel" nennt.

[2225] Deren Versammlungen hatten ab 1868 manchmal eine sogenannte „Unterrichtssektion", in der Fragen des mathematischen und naturwissenschaftlichen Unterrichts diskutiert wurden. Diese Sektion war ein Vorläufer des „Deutschen Vereins zur Förderung des mathematischen und naturwissenschaftlichen Unterrichts", kurz MNU genannt, der 1891 gegründet wurde. Vgl. Lorey 1938 und Tobies/Volkert 1998.

[2226] Fiedler erhielt eine Anfrage im Zusammenhang mit der Gründung der DMV (1890), der er 1897 beitrat; vgl. Toepell 1991, 104. Sohn Ernst wurde schon 1893 Mitglied.

[2227] Fiedler 1883.

[2228] Zu ihnen zählte z. B. Alfred Clebsch.

des Friedrich-Werderschen Gymnasiums in Berlin. Die erste umfassende Darstellung der Mathematikdidaktik in deutscher Sprache legte Friedrich Reidt (1834 – 1894)[2229] vor: „Anleitung zum mathematischen Unterricht an höheren Schulen" (1886).

Die geschilderten Debatten sind insgesamt unübersichtlich, weil vielfältig. Herausragende Ereignisse, die sie strukturiert hätten, fehlen ebenso wie eine detaillierte historische Aufarbeitung oder eine flächendeckende Umsetzung. Ein zentrales Thema war die Aufwertung der Mathematik und der naturwissenschaftlichen Fächer an den Gymnasien – gegen den Widerstand der Philologen. Damit hatte Fiedler allerdings nichts zu tun, in der polytechnischen Welt war die zentrale Stellung der Mathematik unbestritten. Aus Fiedlers Werdegang geht hervor, dass er seine Lehrtätigkeit ohne jegliche didaktische oder methodische Vorbereitung angetreten hatte – damals gängige Praxis.

An den zeitgenössischen Diskussionen beteiligte er sich nur peripher. In Fiedlers Artikel „Zur Reform des geometrischen Unterrichts"[2230] fällt beispielsweise auf, dass er sich darin selten auf andere Akteure in der didaktischen Debatte seiner Zeit bezieht; die wenigen Personen, die er erwähnt (Kruse, Paulus, Schering, Schlesinger und Schlömilch) sind Autoren von Lehrbüchern zur Geometrie, insbesondere zur darstellenden. Indem sie diese in einer gewissen Weise abfassten, vertraten sie mehr oder minder explizit didaktische Positionen, gelegentlich auch angesprochen in den Vorreden. Fiedler erwähnt die Erfahrungen der Pädagogen, ohne aber genauer zu werden. Ansonsten spielen auch seine eigene Unterrichtspraxis eine Rolle und natürlich die wichtigsten Geometer aus der Geschichte der darstellenden und der projektiven Geometrie.

Fiedler referiert in seinem bereits genannten Aufsatz von 1877 zunächst einige der Kritikpunkte am herkömmlichen Unterricht, die wir bereits kennengelernt haben. Interessant ist, wie er die Behauptung zurückweist, der Geometrieunterricht sei so erfolglos, weil die Schüler nur wenig Talent für ihn mitbrächten: Das könne gar nicht sein, denn der Mensch verfüge über ein ausgefeiltes Vermögen der Raumorientierung mittels seiner Sinne. Und die Geometrie sei die wissenschaftliche Durchdringung und Ausarbeitung dieser Raumorientierung. Sie hat also nach Fiedler ein *fundamentum in re* und wird hier

---

[2229] Er wirkte in Hamm. Reidt verfasste auch das Schulbuch „Die Elemente der Mathematik", das seit mehr als hundert Jahren immer wieder neu aufgelegt wird – später bekannt als Reidt-Wolff, dann als Reidt-Wolff-Athen.

[2230] Fiedler 1877. Die von Ernst Fiedler angefertigte Übersetzung des Artikels ins Italienische wurde von Gabriele Torelli, der an der Universität Neapel lehrte, herausgegeben, ergänzt durch die Übersetzung von drei Briefen Fiedlers an Torelli. Der Briefwechsel von Torelli und Fiedler, es sind sechs Karten und Briefe von Torelli an Fiedler erhalten (Hs 87: 1380 – 1385), findet sich in deutscher Übersetzung in Confalonieri/Schmidt/Volkert 2019, 267 – 280. Einige dieser Briefe kommen weiter unten zur Sprache; die Fiedlerschen Briefe sind im Original nicht mehr vorhanden.

und an vielen anderen Stellen gewissermaßen naturalisiert. Den Misserfolg des Geometrieunterrichts stellt Fiedler als bekannte Tatsache hin: „… ist es eine Erfahrung der Pädagogen, der nicht widersprochen wird, dass gute Erfolge in der Geometrie sehr selten sind unter den Schülern aller Schulen."[2231] Dies hatte seiner Ansicht nach damit zu tun, dass die entsprechenden „Anlagen und das Interesse"[2232] der Schüler nicht geweckt würden. Hier klingt Fiedlers Idee an, dass alle Anwendung der Mathematik auf die „Naturwirklichkeit durch die Geometrie hindurchgehen oder doch mit ihr in Verbindung treten muss."[2233] Abhilfe kann nur das sorgfältig aufgebaute System bringen:

> Und so regt sich heute so lebhaft, nein lebhafter als jemals früher, das Bedürfnis nach einem organischen Aufbau des Systems unserer Kenntnisse vom Raum und seinen Gestalten."[2234]

Verbesserungen sind nicht wirklich möglich, „so lange nicht ein allgemeines Princip von unmittelbar einleuchtender Berechtigung an die Spitze der Entwickelung gestellt werden kann."[2235] Glücklicherweise ist dieses Prinzip aber bekannt: Der Aufbau der Geometrie im Stile Steiners ist die Lösung, also der Aufbau aus einfachen Fundamentalgebilden und -operationen. Damit votiert Fiedler implizit für die projektive Geometrie, denn nur in ihrem Rahmen lässt sich Steiners Ansatz konsequent und umfassend durchführen; er stellt den „Königsweg" zur Geometrie dar[2236], den man so lange gesucht hatte. Allerdings scheint dieser Ansatz aufgrund des hohen Abstraktionsgrades kaum geeignet für den elementaren Unterricht in Geometrie – wohl aber für den Unterricht in „höherer" oder „neuerer" Geometrie.[2237] Fiedler lehnte es vehement ab, Mischformen zwischen der traditionellen Euklidischen Geometrie und der projektiven Geometrie zu unterrichten. Solange die Lehrkräfte nicht in der Lage seien, einen konsequent projektiven Kursus anzubieten, sei es besser, beim herkömmlichen zu bleiben. Im ersten Brief an G. Torelli heißt es:

> Meine Note stellt ein allgemeines Reformprogramm vor ohne Entwickelungen der Details, weil ich denke, dass diese in die Zuständigkeit deren fallen, die die Mathematik an den Gymnasien usw. unterrichten. Schon seit längerer Zeit bin ich der Überzeugung, dass sich die Reform nicht nur bezüglich der Zentral- und der Parallelprojektion vollziehen sollte, sondern auch bezüglich der grundlegenden Sichtweisen. Allerdings hätte ich meine Ansichten noch länger für mich behalten, wären

---

[2231] Fiedler 1877, 83.
[2232] Fiedler 1877, 83.
[2233] Fiedler 1877, 84. Fiedler war sozusagen ein Pangeometer.
[2234] Fiedler 1877, 84.
[2235] Fiedler 1875, 84.
[2236] Vgl. 2.2. und 4.4.3.
[2237] Vgl. Fiedler 1877, 85.

nicht unter den Geometrielehrbüchern, insbesondere denjenigen deutscher Sprache, die Beispiele immer zahlreicher geworden, in denen man die alte Euklidische Geometrie mit der neuen projektiven Geometrie vermengt. Eine derartige Vermengung ist das Schlimmste, was man tun kann, weil auf diese Weise das eigentliche Wesen und der Wert der modernen Geometrie nicht erfasst werden können.[2238]

Die Euklidische Geometrie kontaminiert gewissermaßen die projektive. Konkret nennt Fiedler das weiter unten zu besprechende Lehrbuch von Kruse als Beispiel für eine derartige Vermengung.

Zudem votierte Fiedler für den Blick auf die Geschichte, denn „die Geschichte des Werdens [ist; K. V.] der beste Weg zum Gewordenen".[2239] Die sich an dieses Votum anschließenden Ausführungen geben sehr grundlegende Auffassungen von Fiedler wieder, die auch an anderen Stellen seines Werkes anklingen. Man könnte sie schlagwortartig formulieren als „darstellende Geometrie als Motor des Fortschritts im Bereich der Geometrie":

> Denn die historische Betrachtung zeigt sofort, dass die Erkenntnis jener Fundamentalbeziehungen sich wesentlich an die Wiedererweckung der darstellend geometrischen knüpft, insbesondere an Poncelet's Wiederaufnahme der allgemeinen Methode der Perspective, …"[2240]

Es folgt eine recht ausführliche Würdigung Desargues', der vieles aus dem Bereich der projektiven Geometrie des 19. Jhs. schon vorweggenommen habe. Mit Steiners System, das nach Fiedlers Ansicht neben Poncelet auch auf Vorarbeiten von Möbius, Monge, Lambert und Taylor aufbaute, ist der „rechte Wegweiser"[2241] für die Umgestaltung des gesamten Geometrieunterrichts gefunden. Fiedler nimmt für sich in Anspruch, die Durchführbarkeit dieser Ansätze „für die Sphäre der allgemeinen algebraisch-geometrischen Untersuchungsmethoden geführt" zu haben.[2242] Als Beleg verweist er auf seine eigene Vorlesung über projektive Koordinaten.[2243] Allein schon die Methode der Projektion, die Grundlage der darstellenden Geometrie, mache die Figuren beweglich, denn für sie ist ja der Vergleich von Original und Bildern – beispielsweise in Hinblick auf Invarianten - konstitutiv.

[2238] Confalonieri/Schmidt/Volkert 2019, 270.

[2239] Fiedler 1877, 86. Fiedler kommt hier Ideen nahe, die man im 20. Jh. im Anschluss an Otto Toeplitz „historisch-genetisch" genannt hat (in Abgrenzung zu psychologisch-genetisch à la Piaget).

[2240] Fiedler 1877, 86.

[2241] Vgl. Fiedler 1877, 86 und 91.

[2242] Fiedler 1877, 86. Die Aussage bezieht sich auf den dritten Teil seines Lehrbuchs der darstellenden Geometrie (zweite Auflage 1875).

[2243] Vgl. 4.4.2, 4.7 und 5.3.1.

Soweit enthalten die Ausführungen Fiedlers eigentlich nicht viel Neues gegenüber seinen vorangegangenen Veröffentlichungen – sieht man einmal von dem expliziten Anspruch, zur Reform des Geometrieunterrichts Stellung zu nehmen, ab. Interessant wird es, wenn – was selten vorkommt - Fiedler konkrete Vorschläge für das Vorgehen im Unterricht macht: Dabei geht es ihm zuerst um den geometrischen Anschauungsunterricht, also den einführenden Unterricht in den unteren Klassen des Gymnasiums.

> Warum sollte man in diesem Theil des Unterrichts nicht zum bessern Verständniss und der Verwerthung der Definitionen Uebungen machen, wie folgende: Eine drei- oder mehrseitige Ecke, ein Tetraeder, Parallelepiped, etc. ist gegeben – respective liegt etwa nach Stabmodell gezeichnet vor; man kennt von einer geraden Linie die beiden Punkte, in welchen sie zwei der zugehörigen Flächen[2244] durchstösst, und verlangt zu zeigen, wie die Schnittpunkte derselben mit den übrigen Flächen und die Querschnitte der Gesammtoberfläche der Ecke und des Körpers mit einer durch die Geraden nach einem gegebenen Punkte einer Fläche oder mit den durch sie nach den Eckpunkten des Körpers gehenden Ebenen zu bestimmen respective zu verzeichnen sind. Oder es ist der Querschnitt der Körperoberfläche mit einer Ebene zu construiren, die durch drei auf solchen Geraden gegebenen Punkte bestimmt ist; oder es sind die durch einen so gegebenen Punkte gehenden Transversalen zu den Paaren der nicht in einer Ebene liegenden Kanten des Körpers respective ihre Querschnitte mit diesen Kanten anzugeben; etc.[2245]

Diese Übungen erfordern, so Fiedler, keine Methoden der darstellenden Geometrie; „sie bilden eine einfache Verbindung der Uebung im Zeichnen nach Stabmodellen mit den fundamentalen Definitionen der Geometrie und führen sofort zur Correctur des etwa der Wahrnehmung nicht treu genug Abgesehenen und zu der Einsicht von der Unentbehrlichkeit einer solchen Correctur in allen Fällen, wo es sich um mathematisch bestimmte Formen handelt."[2246] Modelle dienen hier sowohl als Vorlagen als auch als Korrekturinstanzen.[2247] Die vorgeschlagenen Übungen gehören nach Fiedler in den geometrischen Elementarunterricht, sind aber für die Elemente der darstellenden Geometrie sehr wichtig, denn:

> [...]; es bildet vielmehr die Unterlassung solcher Uebungen heutzutage eines der wesentlichen Hindernisse des Verständnisses dieser Elemente [der darstellenden Geometrie; K. V.]; sie gehören ohne Zweifel zu dem

---

2244 Die Flächen sind hier als Ebenen zu denken. Fernpunkte sind auch zugelassen.
2245 Fiedler 1877, 88 - 89. Man bemerkt wieder einmal Fiedlers Hang zum Bilden monströser Sätze.
2246 Fiedler 1877, 89.
2247 Zum Zeichnen und zur unterrichtlichen Verwendung von Modellen vgl. 8.1.

bezeichneten ersten Hauptbestandtheil der Geometrie [gemeint ist der Anschauungsunterricht; K. V.].[2248]

Aus heutiger Sicht erscheinen die von Fiedler vorgeschlagenen Übungen als anspruchsvoll, um nicht zu sagen: völlig unrealistisch. Ob er selbst sie durchgeführt hat und falls ja, wo und mit welchem Erfolg, muss leider mangels Belege offenbleiben.[2249] Hervorzuheben ist, dass Fiedler die Rolle des Zeichnens und der Modelle betont, seine Übungen sind nicht als rein kopfgeometrische, wie man heute sagen würde, gedacht. Kopfgeometrie kann man erst betreiben, wenn die Raumanschauung entsprechend ausgebildet ist.

Wie die Elemente der Geometrie konkret zu behandeln seien, hatte Torelli in einem Brief an Fiedler vom 16.Oktober 1877 gefragt. Inbesondere: Wie lassen sich diese, die doch metrisch sind, mit den Anforderungen der projektiven Geometrie vereinbaren?[2250] Fiedler antwortete darauf:

Ich habe Ihre hochgeschätzte Zusendung erhalten und ich möchte Ihnen für Ihre Wertschätzung meiner Reformvorschläge sowie für die Möglichkeit, meine Ansichten zu zwei Punkten genauer darzulegen, danken. Insbesondere fragen Sie mich, wo ich die Behandlung der in den Elementen so notwendigen metrischen Relationen und Eigenschaften einordne. Diese finden aus der Sicht der darstellenden Geometrie schon von Anfang an ihren rechten Platz; sie stehen nicht im Widerspruch zur projektiven Geometrie, sondern sind in ihr enthalten.[2251] Ich denke, in meinem ersten Brief vom September detailliert dargelegt zu haben, dass der erste Teil der Geometrie des Vergleichs die Behandlung der Darstellungsmethode vermöge Parallelprojektion sein soll. Dort also erscheinen die Kongruenz, die Achsen- und Ebenensymmetrie, die Affinität und die Affingleichheit – Relationen, die von Natur aus metrisch sind.[2252] Hier ergeben sich die Bedingungen für die Kongruenz, der Flächenvergleich etc.; die Trigonometrie und die Geometrie der kartesischen Koordinaten finden hier ihren natürlichen Platz. Die Prinzipien der Darstellung vermöge eines im Endlichen gelegenen Zentrums führen schnell zur Ähnlichkeit und zur Punktsymmetrie, das

---

[2248] Fiedler 1877, 89

[2249] Im Grunde genommen hätte er das an der Chemnitzer Gewerbeschule tun können. Aber über diesen Unterricht wissen wir leider fast nichts.

[2250] Hs 76:1381, vgl. Confalonieri/Schmidt/Volkert 2019, 273.

[2251] Typisches allerdings nicht schultaugliches Argument für diese Behauptung ist die Einführung der Metrik nach Cayley-Klein.

[2252] Vgl. hierzu 4.2.6 und weiter unten in diesem Abschnitt.

> heißt zur projektiven Metrik[2253]; sowohl im Raum als auch in der Ebene
> nimmt die Metrik mit Hilfe der Projektivität die erste Stelle ein.
>
> Was die so lobenswerte Logik Euklids anbelangt, so glaube ich, dass
> diese keineswegs schlechter ist als die darstellende Methode, das heißt,
> als die projektive Geometrie; der Unterricht sollte größten Wert darauf
> legen, sie zu erhalten; die Reihenfolge aber hindert in keiner Weise.[2254]

Kurz zusammengefasst könnte man Fiedlers Position so formulieren: Ein
Geometrieunterricht kann nur dann erfolgreich sein, wenn sich der in ihm
dargebotene Stoff in ein organisch gewachsenes System einfügt. Ein solches
liefert wie bereits erwähnt (nur) Steiners Aufbau der projektiven Geometrie. Die
darstellende Geometrie dient der Einführung in die projektive Geometrie, wenn
sie Fiedlers Auffassung folgend die Zentralprojektion in den Mittelpunkt des
Interesses stellt. Das wiederum ist sinnvoll, denn so wird an die Wahrnehmung,
an den Sehprozess[2255] unmittelbar angeknüpft. Die Entwicklung läuft dabei weg
von der sinnlichen, hin zur geistigen oder intellektuellen Anschauung – Modelle
und Zeichnungen sind anfänglich unerlässlich, machen sich aber selbst letztlich
überflüssig.

Die These Fiedlers, dass die Zentralprojektion die natürliche Abstraktion des
Sehprozesses darstelle, wurde umgehend in Frage gestellt. Noch im gleichen
Jahr, in dem Fiedler seine Ideen vor der naturforschenden Gesellschaft in Zürich
vorgestellt hatte, äußerte sich im selben Rahmen Friedrich Graberg kritisch zu
Fiedler. Er argumentierte philosophisch – physiologisch – mathematisch, eine
Gemengelage, die man bei Helmholtz antrifft und welche auch später noch, z. B.
bei Poincaré und Enriques, in Diskussionen zu den Grundlagen der Geometrie zu
finden ist.[2256] Graberg war aber – berufsbedingt wenig erstaunlich – mit Fiedler in
der grundlegenden Wichtigkeit des Zeichnens einig.

Das zweite für Fiedler wichtige didaktische Thema hängt mit dem Begriff der
Kollineation zusammen und der Rückführung der ebenen Symmetrie auf diesen.
Damit greift er einen Ansatz auf, den er schon im Jahr zuvor in der
Vierteljahresschrift behandelt hatte und der auch an vielen anderen Stellen in

---

[2253] Was Fiedler mit dieser Aussage meinte, ist reichlich unklar.

[2254] Confalonieri/Schmidt/Volkert 2019, 254.

[2255] Ernst Fiedler berichtet in seinem Nachruf, dass sich sein Vater in seiner Chemnitzer Zeit mit der
Sinnesphysiologie im Anschluss an Helmholtz beschäftigt habe; vgl. Fiedler 1915, 17. Das belegen
auch einige der Titel von Fiedlers Chemnitzer Vorträgen; vgl. 1.1.

[2256] Vgl. Graberg 1877. Graberg war Zeichenlehrer an der Gewerbeschule Zürich; er gehörte der
naturforschenden Gesellschaft seit 1860 an und legte ihr mehrere Abhandlungen zur Raumtheorie
vor. Diese erscheinen – zumindest mit modernen Augen betrachtet – reichlich eigenwillig. Zu Graberg
vgl. Roner 1910. Auch Chr. Beyel kritisierte später Fiedlers Ansicht bzgl. des Sehprozesses und der
Zentralprojektion, vgl. 1.4.1.

Fiedlers Werk angesprochen wird.[2257] Im Wesentlichen geht es darum, dass man die Achsensymmetrie zweier ebener Figuren, Polygone beispielsweise, zurückführen kann auf eine Zentralprojektion, also auf eine spezielle räumliche Kollineation. Die beiden Figuren liegen dann in unterschiedlichen Ebenen und das Zentrum der Projektion in derjenigen Ebene, welche den Winkel zwischen den beiden Ebenen halbiert.[2258]

Ein weiterer Aspekt der Kollineationen, den Fiedler betont, ist die Möglichkeit, verschiedene Abbildungen (Kongruenz, Ähnlichkeit, Affinität) als Sonderfälle[2259] derselben zu fassen. Erstaunlich sind die weitreichenden Folgerungen, die Fiedler aus diesem Sachverhalt zieht:

> Mit andern Worten, die abstrakte Nachbildung des Sehprozesses, der selbst die wichtigste der physischen Grundlagen unserer Raumanschauung ist, führt sofort auch zur Entdeckung des organischen Zusammenhangs zwischen den mannigfachen Erscheinungen der Raumwelt: von diesen aus ordnet sich dann von selbst – wieder durch die Verfolgung des Sehvorgangs gefördert, wenn man will (vgl. a. a. O. § 37f)[2260] – unser Wissen von den Gestalten und Systemen im Raum von drei Dimensionen und damit der weitere Auf- und Ausbau der Geometrie. Ein wichtigeres und schöneres Beispiel der Zusammenstimmung zwischen den Anforderungen unserer Natur und unseres Denkens dürfte in aller Wissenschaft nicht zu finden sein. Und wird dieselbe nicht tagtäglich uns erinnert und erläutert durch das Wohlgefallen unseres Auges an den Gestalten von mehr oder weniger leicht ersichtlicher Symmetrie?[2261]

Die Schlussfolgerung Fiedlers, gewissermaßen sein Credo, lautet:

> [...], die ganze Geometrie muss darstellend werden, muss projicirend verfahren, um projectivisch zu sein, [...][2262]

[2257] Vgl. Fiedler 1876. In seinem dritten Brief an Torelli empfiehlt Fiedler diesem, die Ausführungen seines Aufsatzes über die Reform des Geometrieunterrichts durch die Ausführungen seines Artikels über die Symmetrie zu ergänzen; vgl. Confalonieri/Schmidt/Volkert 2019, 276 – 278. Um Torelli zu überzeugen, fasste er die wichtigsten Ergebnisse des genannten Artikels in seinem Brief zusammen; in seinen Augen kam diesen ein paradigmatischer Wert zu.

[2258] Fiedler nennt diesen Fall auch Affingleichheit, der Schnitt der beiden Ebenen liefert die Affinitätsachse.

[2259] Vgl. 4.2.6. Dort wird Fiedlers Einteilung der Sonderfälle von Kollineationen näher erläutert.

[2260] Der Verweis bezieht sich auf die zweite Auflage der „Darstellenden Geometrie" Fiedlers von 1875.

[2261] Fiedler 1877, 91.

[2262] Fiedler 1877, 92.

Um diese Äußerung richtig zu verstehen, muss man sich klar machen, was Fiedler mit darstellender Geometrie meint, nämlich „die Bestimmung räumlicher Formen nach Lage, Grösse und Gestalt durch andere räumliche Formen"[2263] Dabei sind graphische Verfahren (z. B. Zweitafelprojektion à la Monge) eine, wenn auch oft genutzte Möglichkeit unter vielen. Bemerkenswert ist, welch zentrale Rolle der Sehprozess in Fiedlers Vorstellungen spielte; er ist letztlich das entscheidende Argument zugunsten der Zentralprojektion und damit in Fiedlerscher Sichtweise für die darstellende Geometrie. Eng mit dieser Forderung verknüpft ist die so genannte „Fusion", die in der didaktischen Diskussion jener Zeit eine wichtige Rolle spielte. Damit ist gemeint, dass ebene und räumliche Geometrie nicht scharf getrennt werden sollten – die darstellende Geometrie vermengt ja beide von Anfang an, ist es doch ihr Anliegen, räumliche Gebilde eben darzustellen. Die Einschränkung auf die Ebene nennt Fiedler wie bereits erwähnt gar „den Krebsschaden dieser Disciplin [der Geometrie; K. V.]".[2264]

Gelegentlich wurde Fiedler als Vertreter der Fusion genannt, wie das folgende Zitat belegt:

> Das Streben nach Anschauung führte auf den Gedanken, Stereometrie und Planimetrie (ähnlich wie Differential- und Integral-Rechnung) nicht mehr zu trennen im Anschluß an *Pestalozzi*, wofür ich *W. Fiedler* in Zürich, *Lazzeri* und *Gino Loria*, der selber *De Paolis* (1884) den Apostel dieser Idee nennt, anführe. Wissenschaftlich geht diese Idee auf *Monge* und *Poncelet* und *v. Staudt* zurück. Für den Unterricht hat die „Fusion", um mit *Loria* zu reden, zuerst *Gergonne*, [...], gefordert und mit ihm *Crelle*; [...].[2265]

Peter Treutlein wurde im letzten Drittel des 19. Jhs. im deutschsprachigen Raum zu einem bekannten Vertreter der Fusion, der – ähnlich wie Fiedler – auch die Notwendigkeit eines vorbereitenden geometrischen Anfangsunterrichts betonte.[2266] Im Lehrbuch der Elementargeometrie von Julius Henrici und Peter Treutlein findet sich folgende Bemerkung, die Fiedler sicher gefreut hat – sollte er sie denn zur Kenntnis genommen haben:

[2263] Fiedler 1875, 1. Vgl. hierzu 2.1

[2264] Fiedler 1875, XI. Er erwähnt auch eine Aussage von Schlömilch in der Vorrede seiner „Geometrie des Raumes" (Eisenach: Baerecke, 1854), die ebenfalls die Trennung von ebener und Raumgeometrie kritisierte, die Verdienste Steiners hervorhob und sogar die darstellende Geometrie als mögliche Abhilfe empfahl. Dennoch sah Fiedler hier wesentliche Unterschiede zu seiner Auffassung. Die „Geometrie des Raumes" bildete den zweiten Teil der „Grundzüge einer wissenschaftlichen Darstellung der Geometrie des Maases" (erster Teil 1849) von Schlömilch. Auch in seinem Artikel von 1877 ist Fiedler noch einmal auf Schlömlichs Ansichten zum Thema Fusion zu sprechen gekommen, vgl. Fiedler 1877, 92 – 93.

[2265] Simon 1906, 15. Auf p. 19 und p. 20 wird Fiedler von Simon als Fusionist vorgestellt. Charakteristischer Weise nennt Simon keine Quellen.

[2266] Vgl. dessen Werk Treutlein 1911.

> Unter den zahlreichen Wegen, welche eingeschlagen werden können, gaben wir demjenigen den Vorzug, welcher unserem Sehen und Darstellen am meisten entspricht, d.h. der Projektionsmethode oder Perspektive. Keine geometrische Disziplin stärkt das räumliche Vorstellungsvermögen mehr und begegnet uns häufiger im Leben, als die Perspektive, da sie zu den Darstellungen von Naturgegenständen und Erzeugnissen des Handwerks wie in den künstlerischen Werken der Malerei, Plastik und Architektur benutzt wird.[2267]

Trotz vieler Parallelen in ihren Anschauungen finden sich keine wechselseitigen Hinweise bei Fiedler und Treutlein auf den jeweils anderen Autor. Dabei mag eine Rolle gespielt haben, dass Treutlein im gymnasialen Bereich in Karlsruhe tätig war, also, wie man damals sagte, ein gestandener Schulmann war, während Fiedler der polytechnischen Welt angehörte und in Zürich ansässig war – und diese Welten eben doch recht stark getrennt waren. Generell kann man festhalten, dass Fiedler zur deutschen Lehrerschaft kaum Bezüge hatte – anders als beispielsweise R. Sturm, ihm nahestehendes Mitglied des Netzwerks Geometrie, der aktiv in die Diskussionen innerhalb der Lehrerschaft eingriff.[2268] Andererseits wird aber auch deutlich, dass Fiedler mit manchen seiner Ideen nicht alleine stand, selbst wenn er höchst selten Bezug auf andere Autoren nahm.

Eine weitere Gemeinsamkeit von Fiedler und Treutlein war das Interesse an Modellen, Treutlein trat als Autor einer Serie von Modellen für den schulischen Unterricht hervor, die zusammen mit jenen von Hermann Wiener von Teubner vertrieben wurden.[2269] Zu seinen Modellen hat Treutlein auch ausführliche Erläuterungen verfasst und veröffentlicht.[2270] Ähnlich wie der Lehrer selbst haben nach Treutlein die Modelle die Aufgabe, sich im Laufe des Unterrichts überflüssig zu machen: Ist die Anschauung weit genug entwickelt, braucht man sie nicht mehr.[2271] Diesen Gedanken haben wir auch bei Fiedler angetroffen.

[2267] Henrici/Treutlein 1883, III.

[2268] Vgl. Sturm 1870, Sturm 1870a und Sturm 1871.

[2269] Vgl. Verzeichnis 1912. Die Wichtigkeit der Modelle wird vom Verlag im Klappentext mit einem Hinweis auf G. Semper und sein Eintreten für die Förderung der Anschauung im Kontext der Kunst begründet.

[2270] Treutlein 1913.

[2271] Vgl. Fischer 1913, 9. Das erinnert an Wittgensteins Feststellung, dass man die Leiter wegwerfen kann, ist man auf dem Heuboden angelangt. Fragt sich nur, wie man wieder runterkommen will.

7.2 Beweglichkeit in der Geometrie

Das erste Thema, das Fiedler in seiner Abhandlung über die Reform des Geometrieunterrichts diskutiert, wurde mit „System" charakterisiert, die gerade angesprochene Fusion ist eine Konsequenz desselben. Das zweite, das nun zur Sprache kommt, könnte mit „Beweglichkeit" überschrieben werden. Damit greift Fiedler einen weiteren Topos auf, der in den Diskussionen seiner Zeit (und auch heute noch) aktuell war. Fiedlers Auffassung ist klar und deutlich:

> Sodann ist offenbar, dass mit einem solchen Vorgang[2272] das Princip der Bewegung und der Veränderlichkeit zur frühesten und zugleich organischen Einführung in die Geometrieunterricht gelangt, weil die Methode der Darstellung von selbst dazu führt, die Figuren nicht als isoliert und starr, sondern als Theile der z. B. ebenen Systeme und als veränderlich unter gewissen Bedingungen zu betrachten – mich dünkt auch das eine Nothwendigkeit, die sich heutzutage jedem Lehrer der Mathematik aufdrängen muss.[2273]

In diesem Kontext erwähnt Fiedler Heinrich Pestalozzi[2274] und dessen Forderung, nach einem von der Anschauung ausgehenden und immer mit der Anschauung in Kontakt bleibenden Mathematikunterricht. Hier sieht Fiedler die darstellende Geometrie als probaten Weg:

> Und dabei bietet doch wieder der darstellend geometrische Gesichtspunkt den natürlichen Anlass zum Verweilen bei bestimmt specialisirten Einzelfällen, gewissermassen zu der Abstraction der Ruhe in dem Bewegungs- und Veränderungszustand der Raumwelt.[2275]

Die darstellende Geometrie ist so eine Art Panazeum bei Fiedler.

Man bemerkt bei der Lektüre, dass Fiedler in seinem Aufsatz eigentlich keine konkreten Hinweise gibt, wie denn sein Programm umzusetzen sei. Im zweiten Brief an Torelli wird er auf dessen Bitten hin deutlicher, hier entwirft er in recht groben Zügen einen Geometrielehrgang:

> Kann man dies voraussetzen[2276], so wäre diese radikale Reform möglich. Ich denke, sie wäre verwirklicht, wenn man eine passende Beziehung zwischen der projektiven Geometrie und den Methoden der Darstellung

---

[2272] Gemeint ist ein vorgehen nach der Methode des Vergleichs, gemäß deren projektiv aufeinander bezogene Systeme verglichen und Abhäniggkeiten untersucht werden; vgl. Fiedler 1877, 93.

[2273] Fiedler 1877, 93 – 94.

[2274] Bekanntlich spielten H. Pestalozzi (1746 – 1827) und seine Schule in Ifferten (Yverdon) für J. Steiner eine wichtige Rolle – auch insofern ist es nicht erstaunlich, dass Fiedler ihn erwähnt. Pestalozzi kam auch in dem obigen Zitat von Max Simon als Vorkämpfer der Anschauung vor; vgl. 7.1.

[2275] Fiedler 1877, 94.

[2276] Gemeint ist ausreichende Kompetenz der Lehrkräfte im Bereich der neueren Geometrie.

hergestellt hat. Lassen Sie mich ein Schema der Vorgehensweise, wie ich es mir vorstelle, erläutern; dabei bin ich mir natürlich bewusst, dass man sehr wohl hier und da Details ändern kann. PRÄLIMINARIEN: Auf Anschauung beruhender geometrischer Unterricht. Zeichnungen nach Stabmodellen, Erstellen von Netzen. Geometrisches Zeichnen. BEGINN DES WISSENSCHAFTLICHEN UNTERRICHTS: Deduktion und Festsetzung der Definitionen sowie Begriffe mit mehreren Zugaben von Formen; Übungen zu den Definitionen und ihrem Gebrauch.

Studium der Zentralprojektionen ebener Systeme bis hin zur Genese der Elementarformen erster und zweiter Stufe. Definition des Raumes als Elementarform dritter und vierter Stufe. Deduktion des Dualitätsprinzips, eventuell auch Aufzählung der reellen Elemente der Formen.

DIE GEOMETRIE ALS WISSENSCHAFT DES VERGLEICHS. Vergleich der Figuren und Systeme, die auseinander vermöge von Darstellungen hervorgehen. Darstellung mit Hilfe von Sehstrahlen.

Anfänglich durch Strahlen gleicher Richtung. Kongruenz, Achsen- und Ebenensymmetrie, Affinität[2277], Affingleichheit[2278]. Trigonometrie und Geometrie mit kartesischen Koordinaten in Verbindung mit darstellender Geometrie (Monge).

Sodann mit Hilfe von Strahlen, die sich in einem im Endlichen gelegenen Zentrum treffen: Ähnlichkeit, Punktsymmetrie, Zentralkollineation und Involution (höchste Stufe im Unterricht der darstellend geometrischen Methoden).

ALLGEMEINE IDEE DER PROJEKTION UND AUSDEHNUNG AUF ELEMENTE; DIE NICHT REELL SIND: Projektive Koordinaten verbunden mit dem Unterricht in Algebra sowie der Geometrie der Formen, das heißt, der Geometrie der Lage, die sowohl synthetisch als auch analytisch unterrichtet werden sollte.

Die letzten Punkte können auch gut in die Lehrpläne der weiterführenden Schulen eingeführt werden. Man kann nicht von vorne herein entscheiden, ob man die Aufgabe der weiterführenden Schulen auf die Trigonometrie und die Geometrie der kartesischen Koordinaten festlegen sollte, wie man es bislang getan hat, oder darauf, den Unterricht in den darstellend

---

2277 Diese ist bei Fiedler eine Zentralprojektion einer Ebene auf eine andere, wobei das Projektionszentrum im Unendlichen liegt, also eine Parallelprojektion. Vgl. Fiedler 1875, 65 – 66.

2278 Gemeint ist eine Affinität, die zugleich Involution ist, also modern gesprochen eine Schrägspiegelung. Bei einer solchen Abbildung gilt, dass ein Dreieck und sein Bild gleichen Flächeninhalt haben. Vgl. Fiedlers Einteilung der geometrischen Abbildungen in Fiedler 1875, 65 – 69.

geometrischen Methoden abzuschließen. Letzteres halte ich für möglich, ohne dass man die Anzahl der Unterrichtsstunden erhöhen müsste, weil man mit meinem Plan Zeit gewinnen könnte.[2279]

Ein interessantes ziemlich ambioniertes Programm, das so weit geht, homogene Koordinaten in den Schulunterricht einführen zu wollen. Es ist wohl eher als Ergänzung denn Ersatz für den herkömmlichen Geometrieunterricht gemeint, denn klassische Themen wie die Dreiecks- und die Kreisgeometrie werden von Fiedler gar nicht angesprochen. Es ist schwer vorstellbar, dass er diese ersatzlos streichen wollte.

Der dritte und letzte Teil von Fiedlers Aufsatz von 1877 ist einer kritischen Auseinandersetzung mit dem Buch „Elemente der Geometrie. I. Geometrie der Ebene" von F. Kruse[2280] gewidmet. Zuerst bespricht Fiedler das Einigende: Kruse ordnet – wie Fiedler sich das wünscht – den Stoff „nach dem Gesichtspunkte der geometrischen Verwandtschaft"[2281], nämlich nach Kongruenz, Affingleichheit, Affinität, Ähnlichkeit und Kollineation. Dieser Zugang war Fiedler „besonders willkommen", als er „aus dem Kreise der Lehrer heraus" geliefert wurde.[2282] Der moderne Leser ist vermutlich geneigt, hier an das „Erlanger Programm"[2283] zu denken. Das ist aber eher unpassend, denn wie Fiedler auch in seinem Aufsatz erklärt, war die Einteilung nach Abbildungen (Verwandtschaftsarten) eine genuine Idee von Möbius.[2284] Das Moment, das bei Klein wirklich innovativ war, nämlich der Gruppenbegriff, wird bei Fiedler dagegen nicht thematisiert.

Die Kritik, die Fiedler an Kruses Werk bei aller Zustimmung übt, ist, dass dieses in den „Abweg der Dogmatik"[2285] verfalle. Damit ist gemeint, dass Kruses Darstellung die „äusserst einfache natürliche Herkunft"[2286] der Begriffe – als Beispiel wählt Fiedler die Affingleichheit – verdecke, indem er diese definitorisch einführe. Dabei unterstellt Fiedler stillschweigend, diese Herkunft zu kennen: Die Affingleichheit entspringt ihm zufolge aus der oben geschilderten räumlichen Betrachtung zweier Ebenen, die vermöge einer Zentralprojektion aufeinander

---

[2279] Confalonieri/Schmidt/Volkert 2019, 271 – 272. Was hier Fiedler mit „weiterführende Schulen" meint, ist nicht ganz klar. Es könnte die gymnasiale Oberstufe und höhere Klassen vergleichbarer Institutionen gemeint sein.

[2280] Der vollständige Titel des Buches von Kruse lautet: „Geometrie der Ebene, systematisch entwickelt von Friedrich Kruse" (Berlin: Weidmann, 1875).

[2281] Fiedler 1877, 95.

[2282] Fiedler 1877, 95.

[2283] Vgl. hierzu den Anhang in 4.2.6.

[2284] In sehr knapper Form findet sie sich allerdings auch im Anhang zu von Staudts „Geometrie der Lage" (1847).

[2285] Fiedler 1877, 95. Den Vorwurf, auf den „Abweg in die Dogmatik" geraten zu sein, erhob Fiedler übrigens auch gegen Schlesingers Buch über darstellende Geometrie (Schlesinger 1870) und gegen die „vielbegrüsste Schrift von Scherling „Vorschule und Anfangsgründe der darstellenden Geometrie" (Hannover, 1870)".

[2286] Fiedler 1877, 95.

abgebildet werden, wobei das Zentrum in einer derjenigen Ebene liegt, die den Winkel zwischen den beiden Ebenen halbieren. Der wichtige Punkt hierbei ist, dass sich die Affingleichheit als Sonderfall der Kollineation darstellt und als solcher ins System integriert wird.

Der Artikel Fiedlers über die Reform des Geometrieunterrichts schließt mit einigen interessanten allgemeinen Bemerkungen:

> Ich betrachte das System von Kruse als ein willkommenes Zeichen davon, dass von verschiedenen Standpunkten her der geometrische Unterricht der Reform entgegenreift, deren er bedarf, der Reform in der Richtung auf grössere Anschaulichkeit und Natürlichkeit. Aber ich glaube noch immer, dass die Initiative der Universitäten zur regelmässigen Pflege und Ausdehnung der geometrischen Studien für diese Reform vom höchsten Werth sein müsste. Das geringe Maass und die hier und da daran geknüpfte Missachtung dieser Studien hat manche eigenthümliche Erscheinung bedingt; [...].[2287]

Hier spricht jemand, dem die einzig richtige Sicht der Dinge vertraut ist. Fiedler zeigt sich als Vorkämpfer in Sachen Geometrie, als engagiertes Mitglied eines informellen Netzwerks[2288], das sich der Verteidigung der Geometrie gegen ihre Verdrängung vor allem an den deutschen Universitäten verpflichtet hatte.

Als Beispiele für die im obigen Zitat angesprochenen Missverständnisse nennt Fiedler die Begründung der harmonischen Teilung auf einer Zirkel-und-Lineal-Konstruktion[2289] und „die mannichfachen Missverständnisse der Bedeutung, welche die Theorie der Metrik für die Geometrie hat, in der Form der Nicht-Euklid'schen Räume, der Räume von n Dimensionen, etc."[2290] Man sieht, Fiedler verfolgte mit wachen Augen die aktuellen Entwicklungen seiner Zeit. Bemerkenswert ist, dass er sich an dieser Stelle gemäß seiner Prämisse, dass der beste Weg zur Verbesserung des Mathematikunterrichts die Verbesserung der Ausbildung ihrer Lehrer sei, auf die Universitäten bezieht, also auf eine Sphäre, die ihm eigentlich fremd war. Dabei ist zu bedenken, dass in den meisten deutschsprachigen Ländern die Ausbildung der Mathematiklehrer an Gymnasien im 19. Jh. lange Zeit ausschließlich Sache der Universitäten war; das Züricher Polytechnikum war hier eine große Ausnahme.[2291] Im Unterschied zu den

---

[2287] Fiedler 1877, 97. Vgl. 2.3, 7.3 sowie 9.1. zur universitären Lehre im Bereich darstellende/projektive Geometrie.

[2288] Vgl. 9.1.

[2289] Klassisch und schon bei Euklid zu finden (II, 11 und VI, 30)).

[2290] Fiedler 1877, 97. Zu den Missverständnissen und Hindernissen vgl. Volkert 2013 und Volkert 2018.

[2291] Dresden und München waren weitere Ausnahmen, wobei in beiden Fällen Zürich als Vorbild eine wichtige Rolle spielte. Hier durften Lehramtskandidaten der Mathematik zumindest einen Teil ihres Studiums an einem Polytechnikum absolvieren.

Universitäten war in Fiedlers Augen die Geometrie an den Polytechnika und technischen Hochschulen nicht in ihrer Wichtigkeit bedroht, da sie hier ja über die darstellende Geometrie gut verankert war. Diese Hochschulen bildeten das institutionelle Rückgrat des Netzwerks Geometrie; sogar der Export der darstellenden Geometrie an klassische Gymnasien und Universitäten wurde versucht.[2292] Mancher der eher seltenen Vertreter der universitären Geometrie unterrichtete zeitweise darstellende Geometrie an einem Polytechnikum, um dann an eine Universität zu wechseln.[2293]

Der bereits zitierte Max Simon charakterisiert Fiedlers Abhandlung folgendermaßen:

> [...] fordert, daß neuere und darstellende Geometrie von vorneherein berücksichtigt und dabei Stereometrie und Planimetrie verbunden werde (italienisch, mit drei ungedruckten Briefen, Giorn. Di Mat. 16 (1878), p. 243); *Über die Symmetrie,* Zür. Naturf. Ges. 21 (1876), p. 50.[2294]

Einige Jahre später (1882) formulierte Fiedler seinen Beitrag zur Reformbewegung der Geometrie wie folgt:

> Ich habe von langer Zeit her die Reform der darstellenden Geometrie in dieser Richtung, die Klarlegung und pädagogische Verwerthung ihrer natürlichen Verbindung mit der reinen Geometrie mir zur Aufgabe gemacht, und die Entwickelung hat sich für beide Seiten als vorteilhaft erwiesen.[2295]

Wilhelm Fiedler hat über vier Jahrzehnte hinweg Mathematiklehrer für höhere Schulen hauptsächlich der Deutschschweiz ausgebildet. Sein indirekter Einfluss auf den dortigen Schulunterricht sollte also beträchtlich gewesen sein. Ein Dokument, das diesen belegt, ist die wissenschaftliche Beilage zum Programm der Kantonsschule in Zürich aus dem Jahre 1882. Dabei handelt es sich um die Abhandlung „Der geometrische Unterricht in Mittelschulen" von Dr. Aug.

[2292] Vgl. 7.3.

[2293] Man denke etwa an Th. Reye, Fr. Schur, und R. Sturm. Genaueres zu dieser Frage bei Benstein 2019.

[2294] Simon 1906, 19. Der seltsame Stil dieses Zitats – man könnte von Telegrammstil sprechen - ist durchaus typisch für die gesamte Darstellung Simons. Sie wurde ihr in gewisser Weise zum Verhängnis, denn der Text sollte ursprünglich in der „Enzyklopädie" erscheinen. Simon weigerte sich aber, die Forderung Kleins, des Herausgebers, zu erfüllen, die Literatur in korrekter Weise gemäß den Standards der „Enzyklopädie" zu zitieren (vgl. die Vorbemerkung von Simon zu seinem Bericht). Also lehnte Klein die Publikation in der „Enzyklopädie" ab, kreierte aber zeitglich die Ergänzungsbände zum Jahresbericht der Deutschen Mathematiker-Vereinigung, um Simons Text dennoch veröffentlichen zu können. Der entsprechende Bericht für die „Enzyklopädie" verfasste später dann Max Zacharias in wohlgeordneter Weise.
Zum Fusionismus in Italien, insbesondere zu de Paolis, findet man Hinweise in Marchisotto/Smith 2007, 147 – 148, 150, 154 – 155, 157, 160.

[2295] Fiedler 1882a, 147.

Weilenmann, Professor. Der Verfasser bezieht sich direkt auf Fiedlers „pädagogisch wichtige"[2296] Abhandlung von 1877:

> Seit einer Reihe von Jahren habe ich den darin niedergelegten Principien, soweit es eine nicht allzugrosse Abweichung vom Lehrgang anderer Schulen gestattete, Gestalt zu geben gesucht, und kann die Erfahrungen nur als ermutigende bezeichnen. Der Aufbau auf Grundlage des Sehprocesses und das dadurch erreichte einheitliche leitende Princip bestätigen ungemein das Interesses des Schülers, er kennt den Ursprung, von dem ausgehend sein Wissen sich allmählich erweitert.[2297]

Im Anschluss spricht Weilenmann mehrere Punkte an, die seiner Meinung nach eine Erneuerung des Geometrieunterrichts erforderten und die sich ähnlich auch bei Fiedler finden:

- Das Fehlen eines „organischen Aufbaus", die herkömmliche Geometrie „macht mehr den Eindruck einer Sammlung schöner Kunststücke, indem sie in keiner Weise Rechenschaft gibt, wie man plötzlich dazu komme, Congruenzen, Aehnlichkeiten u. s. f. zu behandeln".[2298]
- Die Schulgeometrie ist „ziemlich stabil geblieben", was dazu führt, dass „Studirende höherer Anstalten" Schwierigkeiten haben, „die Errungenschaften der Neuzeit richtig zu verstehen".[2299]

Wie Fiedler lehnte auch Weilenmann die Idee, den überkommenen Schulstoff durch Aufnahme „von etwas sogenannter „neuerer Geometrie""[2300] zu reformieren, ab. Vielmehr gilt:

> Die Schule hat die unabdingbare Aufgabe, das Verständnis für die neueren Forschungen auf geometrischem Gebiete zu erleichtern, und es wird diess nicht vollständig gelingen, wenn sie die leitenden Grundgedanken, welche so überraschend fruchtbar gewesen sind, nicht auch zu den ihrigen macht.[2301]

Es folgt auf rund 25 Seiten eine Übersicht zu einem Lehrgang der Geometrie für die Mittelstufe. Ein zentrales Anliegen des Autors ist dabei – ganz im Sinne Fiedlers - die Klassifikation der Zentralkollineationen nach Lage des Zentrums und der Achse. Zum Schluss seiner Ausführungen äußert sich Weilenmann auch zur Ausbildung der (deutschschweizerischen) Lehrer:

[2296] Weilenmann 1882, 1.
[2297] Weilenmann 1882, 1.
[2298] Weilenmann 1882, 1.
[2299] Weilenmann 1882, 1.
[2300] Weilenmann 1882, 1.
[2301] Weilenmann 1882, 1.

> Soll aber ein wirklich von einheitlichen Gesichtspunkte aus gehender
> methodischer Unterricht in Geometrie Platz greifen, so muss derselbe
> auch nach oben, und zwar nicht bloss an technischen Hochschulen,
> sondern auch an den Universitäten, wo vielfach nicht einmal regelmässig
> wirklich wissenschaftliche Geometrie gelesen wird, entwickelt werden.
> Denn ein grosses Contingent der Lehrer an Mittelschulen geht nicht aus
> technischen Hochschulen, sondern aus Universitäten hervor.[2302]

Damit ist wieder das Thema Pflege der Geometrie an den Universitäten
angesprochen, wir werden hierauf im nächsten Abschnitt zurückkommen.

Weilenmann hatte sein Studium am Polytechnikum vor 1867 abgeschlossen,
hatte also selbst Fiedler gar nicht gehört. Sein Programm zeigt, dass dessen
Einfluss über seine unmittelbaren Schüler hinausging und dass seine Ideen auch
in Lehrerkreisen rezipiert wurden. Weilenmann selbst gibt an: „Vielfach hat mir
Fiedler's darstellende Geometrie als trefflicher Führer gedient."[2303]

Weilenmanns Programmschrift kommt interessanter Weise im Briefwechsel
Fiedlers mit dem Ingenieur Friedrich Kick[2304] vor. Kick äußerte sich skeptisch zur
Verwendung von Fernpunkten, „sogenannte Verschwindungspunkte paralleler
Geraden", im Unterricht und bezog sich dabei auf einen Satz von Weilenmann[2305]:

> Der beanstandete Satz Weilenmann's sprach aber von dem <u>Schluße</u>
> eines Strahles im Unendlichen und dieser Schluß ist meiner Meinung
> nach zu imaginär, um Kindern aufgetischt zu werden.[2306]

Kicks Fazit lautet:

> Sie sehen daraus, dass ich trotz aufrichtigen Strebens meine
> Grundvorstellungen zu erweitern, von der Nothwendigkeit der Vorstellung
> vom «Schlusse» eines Strahls im Unendlichen mich nicht überzeugen
> konnte. Dabei fehlt mir die Einbildungskraft nicht, denn ich kann mir jeden
> endlichen Strahl als Kreissegment von unendlich grossem Durchmesser
> vorstellen, aber wozu?[2307]

[2302] Weilenmann 1882, 26.

[2303] Weilenmann 1882, 26. Allerdings wisch Weilenmann in einem Punkt von Fiedler ab, er lobt nämlich Kruses Werk als „sehr schätzenswerth" (Weilenmann 1882, 2), wiederholt dann aber Fiedlers Vorwurf, dieses gehe „dogmatisch" vor.

[2304] Zum Briefwechsel Fiedlers mit Kick vgl. man 9.2.4.

[2305] Vermutlich ging es Kick um die folgende Aussage Weilenmann: „Es muss hier erörtert werden, dass zur Uebereinstimmung auf beiden Seiten [Aussagen über Punkte und Strahlen werden einander dual gegenübergestellt; K. V.], der Strahl als im Unendlichen geschlossen anzusehen sei." (Weilenmann 1882, 4).

[2306] Brief von Kick an Fiedler, Prag 30. Juni 1882 (Hs 87: 508). Transkription von Mara Dieterle, verfügbar in den *e-manuscripta*. Am Rand notierte Fiedler: „und das folgt nicht <u>aus jenem</u>?".

[2307] Brief von Kick an Fiedler, Prag 30. Juni 1882. (Hs 87: 508). Transkription von Mara Dieterle, verfügbar in den *e-manuscripta*.

Fiedler hatte offensichtlich dafür gesorgt, dass Weilemanns Abhandlung ihren Weg nach Prag, der seinerzeitigen Wirkungsstätte Kicks, fand. Auch L. Kiepert in Hannover erhielt Weilenmanns Arbeit durch Fiedler.[2308] Anscheinend bemühte sich Fiedler, diese für ihn durchaus schmeichelhafte Abhandlung in Fachkreisen bekannt zu machen.

Kicks Brief begann mit einer Art Entschuldigung, ihm war wohl klar, dass seine Ansichten nicht gerade zu den in der Mathematik gängigen passten:

> Ihr lieber, für mich sehr interessanter Brief, hat mir einmal wieder geometrisch zu denken gegeben und vielleicht wäre es bescheidener und klüger, wenn ich von dem Resultate dieses Denkens schweige; da Sie mir aber freundschaftlich näher stehen wie alle anderen Geometer zusammengenommen, so mag es erlaubt sein zu antworten.[2309]

Auch Fiedlers Sohn Ernst hat sich zum Thema „Die darstellende Geometrie im mathematischen Unterricht" geäußert und zwar ebenfalls in einer Beilage zum Programm der Kantonsschule in Zürich, diesmal aus dem Jahre 1898. Seine Ausführungen sind wesentlich breiter angelegt als diejenigen von Weilenmann, sie nehmen Bezug auf die damals aktuellen didaktischen Diskussionen und ihre Akteure. Ansonsten ist auch Sohn Ernst ein treuer Anhänger seines Vaters:

> Und offenbar kann uns kein mathematisches Verfahren leichter und sicherer leiten als eines, das selbst durch und durch anschaulich ist. Diesen Königsweg zur Bildung der Anschauung hat der Mittelschule mein Vater schon 1876 gewiesen, in der Schrift „zur Reform des geometrischen Unterrichts".[2310]

An mehreren anderen Stellen seiner Abhandlung bezieht sich Ernst Fiedler auf seinen Vater.[2311] Interessant in Hinblick auf die Situation in den deutschsprachigen Ländern ist folgende Feststellung von Ernst Fiedler:

> Hierzu [zur Abfassung der Programmschrift; K. V.] veranlasst mich der Umstand, dass wohl kein anderer Zweig des geometrischen Unterrichts eine so grosse Verschiedenheit der Auffassung und des Betriebes zeigt [wie die darstellende Geometrie; K. V.]. Findet doch dieses Fach in der den Markt beherrschenden Schulliteratur Deutschlands die geringste

---

[2308] Vgl. 9.2.3.

[2309] Brief von Kick an Fiedler, Prag (Hs 87: 508). Transkription von Mara Dieterle, verfügbar in den *e-manuscripta*. Es folgt die bereits in 4.2.2 zitierte Bemerkung Kicks zum Spiritismus.

[2310] Fiedler 1898, 7. Das korrekte Erscheinungsdatum der Abhandlung ist 1877.

[2311] Die Oberrealschule Zürich, an der Ernst Fiedler wirkte, verlieh lange Jahre einen nach Wilhelm Fiedler benannten Preis für bemerkenswerte Leistungen im Bereich der darstellenden Geometrie.

Beachtung, nimmt dagegen in Oesterreich schon seit einem halben Jahrhundert die gebührende Stellung ein.[2312]

Hier klingt das Nord-Süd-Gefälle wieder an, das uns schon mehrfach begegnet ist: Der Süden inklusive Österreich und Deutschschweiz als Hort von Anschauung und Geometrie.

Ernst Fiedler entwickelte im Folgenden einen Lehrgang für die oberen Klassen, der die „mathematische Wirksamkeit des Projektionsgedankens im Unterricht der oberen Klassen"[2313] nachweisen sollte, für die unteren Klassen verweist er auf Weilenmann.

7.3 Darstellende Geometrie an den Universitäten

Die darstellende Geometrie wurde lange Zeit nur in der polytechnischen Welt gelehrt und gepflegt, blieb also zukünftigen Gymnasiallehrern und allen anderen Mathematikstudierenden an Universitäten fremd. In seinem Artikel „Goemetrie, descriptive", einer umfangreichen Bestandsaufnahme für die Encyklopädie der Wissenschaften und Künste von Ersch und Gruber, stellte O. Schlömilch 1854 lapidar fest:

> In Teuschland ist die descriptive Geometrie erst durch das Aufblühen der polytechnischen Schulen eingeführt worden (die Universitäten nehmen noch gegenwärtig keine Notiz davon); [...][2314]

Ein Manko, das auch Fiedler beschäftigte. An mehreren Stellen seines Werkes äußerte er sich zu den Defiziten, die die universitäre Mathematikausbildung seiner Zeit seiner Meinung nach aufwies, nicht zuletzt mit Blick auf zukünftige Lehrer. Ein Beleg hierfür findet sich schon in der Vorrede von 1875 zur zweiten Auflage seines Lehrbuchs der darstellenden Geometrie:

> Gegenwärtig bringen die akademischen Bürger, die zukünftigen Lehrer der Mathematik nicht ausgenommen, keinerlei Vorbildung in dieser Richtung [der graphischen Methoden; K. V.] mit, geometrische Vorlesungen an denselben [den Universitäten; K. V.] müssen sich auf das ganz Elementare beschränken, weil höhere Ziele keiner entsprechenden

---

[2312] Ernst Fiedler 1898, 1.
[2313] Ernst Fiedler 1898, 7. Ernst Fiedler hat auch autographierte Lehrmaterialien zur darstellenden Geometrie verfasst: „Darstellende Geometrie III. bis V. Klasse. Kantonsschule Zürich. Industrieschule (Oberrealschule)." Zwei Teile (Zürich: Hofer & Cie, 1909). Dank an R. Acampora für die Überlassung eines Exemplars dieser Schrift.
[2314] Schlömilch 1854, 258.

> Vorbereitung begegnen, selbst J. Steiner und v. Staudt haben diess erfahren; sie fehlen daher häufig ganz und die Analysis allein beherrscht die Lehrstühle unserer Universitäten[2315]

Es folgt eine Beschreibung einer Abwärtsspirale. Die mangelnden Geometriekenntnisse der Lehrer bewirken bei ihren Schülern unvollkommene Geometriekenntnisse. Diese Schüler werden wiederum Lehrer mit noch weniger Geometriekenntnissen usw. Die Parallele zu heutigen Diskussionen ist verblüffend.

Fiedler partizipierte engagiert an den Bestrebungen, den Geometrieunterricht an Universitäten und Hochschulen zu verändern. Zum einen tat er das durch seine eigene Lehrtätigkeit und durch seine Lehrbücher, zum andern aber auch durch seine Korrespondenz. Sieht man sich die Liste seiner Briefpartner an, so fallen zum einen – natürlich! – Vertreter der darstellenden Geometrie auf (wie Burmester, Gugler, Hauck, Sturm, Schur, Wiener Vater und Sohn), zum andern aber Mathematiker, die sich um die universitäre Geometrie-Ausbildung bemühten, wie Clebsch, Klein und Voss. Dabei ist besonders der Briefwechsel mit Klein interessant, der sehr früh einsetzte. Vermutlich war dessen Ausgangpunkt, dass Klein sein Erlanger Programm an Fiedler sandte. Fiedler hielt es in seiner Liste der eingegangenen/gelesenen Literatur[2316] mit dem Datum 23. November 1872 fest; er hatte also sehr früh Kenntnis von diesem Programm, das auf Oktober 1872 datiert ist.[2317]

In einem Brief an Fiedler vom 2. Februar 1873 berichtet Klein über sein Programm und über Clebsch:

> Mein Antrittsprogramm hatte ich eigentlich für ihn geschrieben[2318]; es betrifft Überlegungen, die ich oftmals mit ihm durchgesprochen habe; er hat es nicht mehr lesen sollen. [...]

> Ihre Gedanken über geometrischen Unterricht theile ich vollkommen, wobei für mich das Verhältnis der projectivischen Auffassungsweise zu

---

[2315] Fiedler 1875, XXIV. Worauf sich Fiedlers Aussage zu Steiner und von Staudt stützte, ist unklar.

[2316] Vgl. Hs 87a: 68.

[2317] Bekanntlich handelte es sich dabei um eine Art Forschungsprogramm, weshalb auch kein genaues Datum vorhanden ist. Klein gibt die Datierung am Ende des Textes; vgl. Abbildung 7.1. Zum Erlanger Programm ist Rowe 2025 die ausführlichste mathematikhistorische Untersuchung. Kleins Freund Otto Stolz referierte das Programm im Jahrbuch über die Fortschritte der Mathematik 4 (1872), 230 – 232; erschienen ist der fragliche Band des Jahrbuchs erst 1875 bei Reimer in Berlin, Schlömilch widmete dem Kleinschen Programm ein Referat im Literarischen Centralblatt. Ansonsten blieb das Echo bescheiden, wie Rowe ausführlich darlegt.

[2318] Clebsch war am 7. November 1872 überraschend in Göttingen an Diphterie gestorben.

den anderweitigen so liegt, wie ich in meinem Programm auseinanderzusetzen versucht habe.[2319]

Zum Wesen der projektiven Geometrie heißt es im „Erlanger Programm":

> Aber die projectivische Geometrie erwuchs erst, als man sich gewöhnte, die ursprüngliche Figur mit allen aus ihr projectivisch ableitbaren als wesentlich identisch zu erachten und die Eigenschaften, welche sich beim Projiciren übertragen, so auszusprechen, dass ihre Unabhängigkeit von der mit dem Projiciren verknüpften Aenderung in Evidenz tritt. Hiermit war denn der Behandlung im Sinne von § 1 die Gruppe aller projectivischen Umformungen zu Grunde gelegt und dadurch eben der Gegensatz zwischen projectivischer und gewöhnlicher Geometrie geschaffen.[2320]

Kurz könnte man sagen: Poncelet plus Gruppe ist gleich projektive Geometrie – letztere dann aufgefasst als Invariantentheorie.

[2319] Hs 87: 574, vgl. Confalonieri/Schmidt/Volkert 2019, 84 – 85.
[2320] Klein 1872, 11 und Klein 1893, 69 – 70.

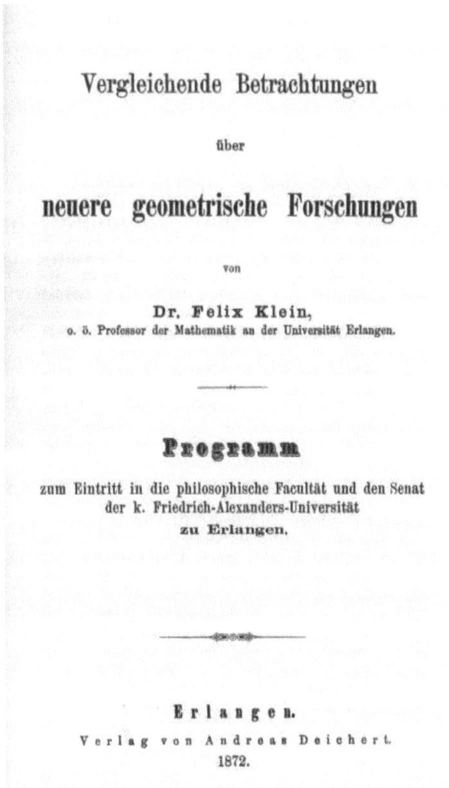

Abb. 7.1: *Titelseite des Erlanger Programms von Felix Klein*

In der nachfolgenden Zeit berichtet Klein Fiedler des Öfteren von seinen Versuchen, die darstellende Geometrie als Lehrgebiet an Universitäten zu etablieren – beginnend mit seiner Berufung nach Leipzig im Jahr 1880; im Münchner Polytechnikum, wo Klein zuvor nach seinem Weggang von Erlangen (1875) wirkte, war die darstellende Geometrie natürlich eine Selbstverständlichkeit. Noch vor seiner Ankunft in Leipzig schrieb Klein am 20. Juli 1880 von München aus, dass er „der eigentlichen Geometrie etwas fremd geworden sei"[2321], um dann Pläne zu skizzieren:

> Ich denke im Laufe der Zeit möglichst allseitig die verschiedenen Disciplinen, die man zur Geometrie rechnen kann, zur Darstellung zu bringen und dabei auch diejenigen Methoden, die bisher der Universität

---

[2321] Gegen Ende der 1870er Jahre wandte sich Klein verstärkt der Funktionentheorie, insbesondere den heute so genannten automorphen Funktionen, zu

fernblieben, also der darstellenden Geometrie, dem graphischen Calcul, der Kinematik, das Bürgerrecht an denselben zu erobern.[2322]

Bemerkenswerter Weise hatte Klein schon in seiner Erlanger Antrittsrede[2323] von 1872 das Zeichnen in den Blick genommen:

> Auf der anderen Seite wuenschen wir Uebungen im geometrischen Zeichnen und Modelliren. Wenn man gelegentlich gesagt hat, die raeumliche *Anschauung* beduerfe solcher Huelfsmittel nicht, so gilt das doch erst von einer geuebten *Anschauung*, die eben durch Zeichnen, durch Modelliren sich ausgebildet hat. Mir scheint eine wenn auch voruebergehende Beschaeftigung des Studirenden mit dieser in unserem Fache eben so nothwendig, als es in den einzelnen naturwissenschaftlichen Faechern die Practica sind.[2324]

In diesem Zitat werden viele Themen Fiedlers angesprochen. Dessen Einschätzung von Klein spiegelt sich in einer Notiz wider, die er auf dem bereits erwähnten Brief Kleins vom 30. Juli 1880 aus München festhielt:

> [...] Art u. Weise der Ausführ. – nicht ausschl. graph.-techn. – nicht mod. Geom. losgelöst von der Mutter d. G. – bloß Körper, bloß Geist! Er wird's nicht verfehlen, aber die Mühe möge ihren Lohn finden. Erwartet hab ich s. Entschl. nicht nach seinen neueren Abh.[2325]

Man könnte vermuten, dass er Klein seine Rückwendung zur Geometrie nicht ganz abnahm.

Am 10. Juni 1881 berichtete Klein von Dr. Dyck[2326], „der sich habilitieren wird" und „seine Mitwirkung zugesagt [habe; K. V.], also haben wir gemeinsame Uebungen

---

[2322] Hs 87. 585, vgl. auch Confalonieri/Schmidt/Volkert 2019, 111 – 113. „Bürgerrecht" war eine stehende Wendung im mathematischen Diskurs jener Zeit, populär gemacht durch K. F. Gauß mit seiner Selbstanzeige der zweiten Abhandlung über biquadratische Reste (1831), in der es u.a. um die geometrische Interpretation der komplexen Zahlen ging, denen damit ihr Bürgerrecht verschafft werden sollte.

[2323] Diese darf man nicht verwechseln mit dem Erlanger Programm, von dem oben gehandelt wurde. Die Rede wurde erst 1985 von David Rowe publiziert, sie trägt deutlich fachpolitische Züge, z. B. wenn Klein versucht, seine Kollegen von der Notwendigkeit der Einrichtung eines mathematischen Seminars zu überzeugen. Die Möglichkeit, ein solches zu organisieren, gab es übrigens am Zürcher Polytechnikum seit der Reorganisation 1866. Verwirklicht wurde sie dort erst Anfang der 1870er Jahre nach der Ankunft von H. Weber. Ich danke Martin Mattheis (Mainz) für seine Hinweise zu Klein.

[2324] Rowe 1985, 141.

[2325] Hs 87: 585, vgl. auch Confalonieri/Schmidt/Volkert 2019, 111 – 113.

[2326] Walther („von" erst ab 1901 in Bayern – wie auch bei Lindemann) Dyck hatte u.a. am Münchner Polytechnikum studiert, also solide Kenntnisse im Bereich der darstellenden Geometrie. Die Tatsache, dass sein Vater Direktor der Münchner Kunstakademie war, mag seine Neigungen in Richtung zeichnender Geometrie noch gefördert haben. Einschlägig zu Dyck ist Hashagen 2003. Die erste etatmäßige Assistentenstelle im Fach Mathematik an einer Universität, die Klein in Leipzig schließlich heraushandelte und mit Dyck besetzte, wurde von ihm vor allem mit der Pflege der Modellsammlung begründet, also indirekt auch mit der darstellenden Geometrie. Vgl. Tobies 2019, 194.

in darstellender Geometrie angezeigt."[2327] Er erwähnt ferner, dass er Schwierigkeiten erwarte, weil der „Universitätsstudent so wenig zu geregelter und daher etwas mechanischer Arbeit ausgebildet ist."

Dennoch konnte Klein am 7. November 1881 aus Leipzig von Erfolgen berichten:

> Von hier habe ich vor allen Dingen zu melden, dass gegenwärtig wirklich Übungen in darstellender Geometrie, und zwar unter meiner Oberleitung durch Hrn. Dr. Dyck (dessen Namen Ihnen vermutlich bekannt sein wird) mit einigen 60 Praktikanten abgehalten werden. Wir haben sehr elementar beginnen müssen und lassen fürs Erste das Zwei-Tafel-System einüben. Mittlerweile schreitet meine gleichzeitige Vorlesung über projectivische Geometrie fort und zu Weihnachten etwa werden wir dem Ding etwas höheren Schwung geben können.[2328]

In Fiedlers Nachlass findet sich ein Konvolut mit Materialien, die Klein und/oder Dyck zu den Übungen in darstellender Geometrie erstellten.[2329] Diese Unterlagen bilden eine interessante und authentische Quelle zu Kleins Tätigkeit. Im Folgenden sind drei Seiten aus diesen Materialien abgebildet.[2330]

[2327] Hs 87:585. Vgl. auch Confalonieri/Schmidt/Volkert 2019, 120 – 121. Eine Übersicht zu den Veranstaltungen in darstellender Geometrie an der Universität Leipzig findet sich unten. Dycks Habilitation führte in Leipzig zu Problemen, da dieser kein humanistisches Gymnasium besucht hatte. Klein erwirkte eine Ausnahmeregelung für ihn; sein nächster „nicht-humanistischen" Habilitand, Adolf Hurwitz, wich nach Göttingen aus. Vgl. Tobies 2019, 207 - 217.

[2328] Hs 87: 586; vgl. auch Confalonieri/Schmidt/Volkert 2019, 122.

[2329] Hs 87a: 26. Die Materialien wurden per Lithographie vervielfältigt, die Handschrift ist also weder die von Klein noch die von Dyck sondern stammt von einem professionellen Schreiber.

[2330] Vgl. auch 2.3, wo einige weitere Blätter aus diesen Materialien abgebildet sind.

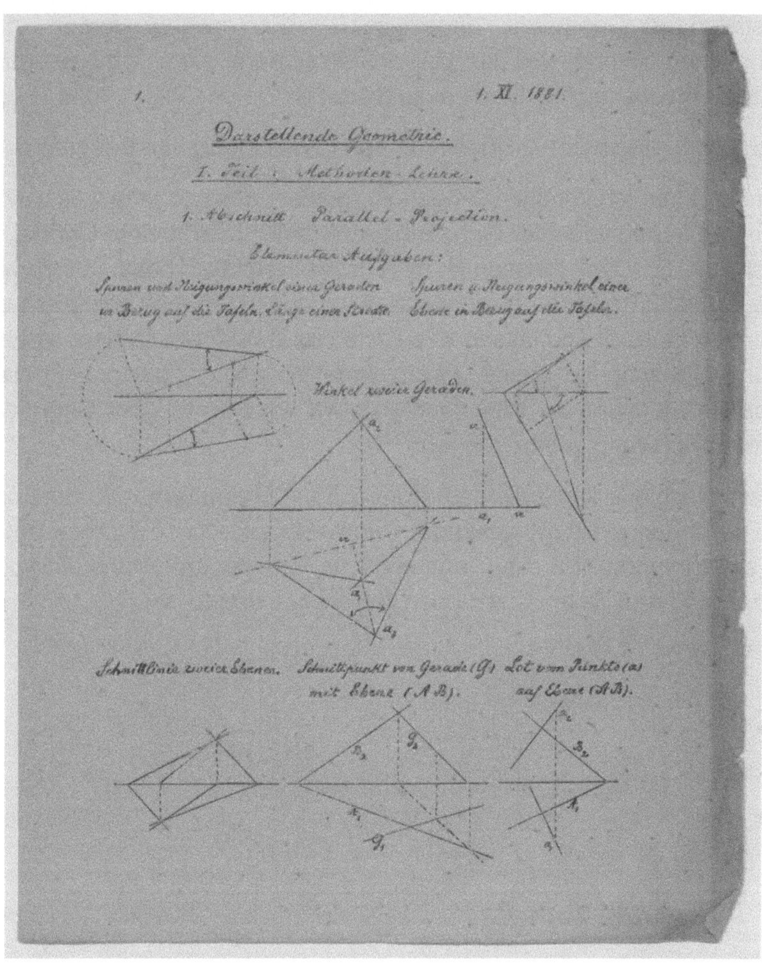

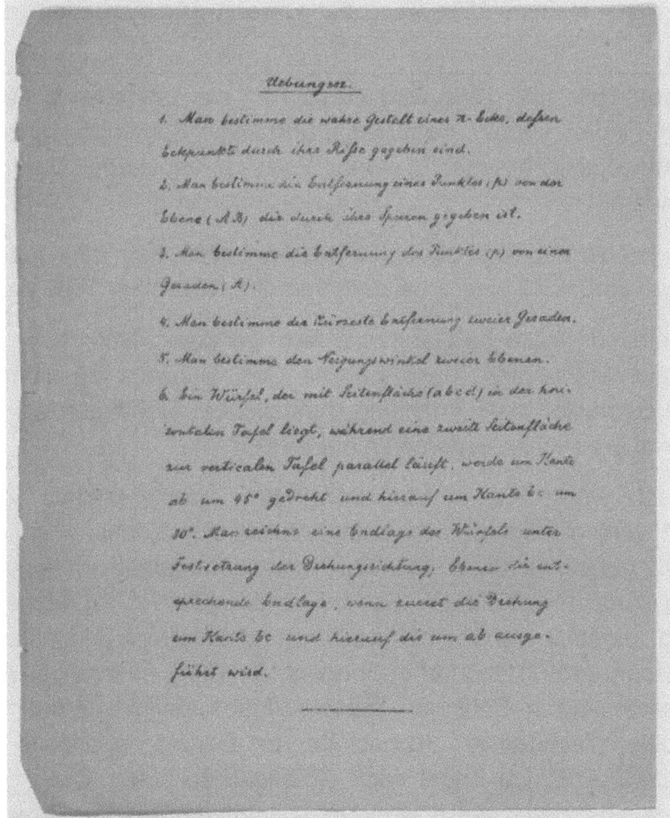

Abb. 7.2: *Die ersten beiden Seiten zu den Übungen in darstellender Geometrie von Klein und Dyck*

Zwei Jahre später, in einem Brief an Fiedler vom 28. Juni 1883, erwähnte Klein, dass er immer mehr in die funktionentheoretische Richtung getrieben werde. Das provozierte Fiedler wieder zu einer Randnotiz:

> Wie vorausgesagt! Das ist die Vertretung der Geometrie nach Universitätsschrift. – Ohne Erfahrung, gerade da, wo die meiste Erfahrung erforderlich ist.[2331]

Interessant ist, dass Fiedler in seinen Kommentaren die Wichtigkeit der Praxis in Sachen darstellende Geometrie gegen den Universitätsmathematiker Klein unterstreicht, einen Aspekt, der sonst bei ihm eher von untergeordneter

---

[2331] Hs 87: 587. Vgl. auch Confalonieri/Schmidt/Volkert 2019, 125 - 126. Auch Adolf Hurwitz machte, als er zum Beginn seines Studiums ans Münchner Polytechnikum kam (1877), die Erfahrung, dass der Geometer Klein eine neue Richtung eingeschlagen hatte; vgl. seinen Brief an Fiedler vom 17.6.1881, wo er feststellte „[...] zumal ich durch Herrn Prof. Klein in einen anderen Zweig der Mathematik (Algebra u. Functionentheorie) hineingeschoben wurde." (Hs 87: 447).

Bedeutung war – insbesondere auch dann, wenn es um zukünftige Ingenieure ging.

In den Jahren 1884 und 1885 wird es still um die darstellende Geometrie im Briefwechsel Fiedler – Klein. Sohn Ernst und seine Bemühungen, bei Klein mit einem funktionentheoretischen Thema[2332] zu promovieren, verdrängen das fachliche Thema.

Nach Göttingen berufen (Dienstantritt am 1. April 1886) kam Klein jedoch auf sein altes Anliegen zurück. In einer Postkarte vom 20. November 1888 berichtet er:

> Dass ich die darstellende Geometrie nicht ganz vergessen habe, mögen sie daraus entnehmen, dass ich mit Coll. Schwarz zusammen fürs nächste Semester die Einrichtung darstellender Uebungen an hiesiger Universität in Aussicht genommen habe.[2333]

Dieser Vorsatz wurde jedoch nicht verwirklicht, das Verhältnis von Klein zu Schwarz[2334] verschlechterte sich trotz anfänglicher Euphorie seitens Kleins. Später (1892) gelang es Klein, eine a.o. Professur für angewandte Mathematik in Göttingen einzurichten und mit A. Schönflies zu besetzen. Zu dessen Aufgaben gehörte auch, darstellende Geometrie zu unterrichten. Nach Schönflies' Weggang nach Königsberg (1899) übernahm Friedrich Schilling, ehemaliger Assistent für die Modellsammlung in Göttingen, diese Aufgabe, der wiederum 1904 an die neugegründete Technische Hochschule in Danzig wechselte.[2335] Hilbert versuchte 1899, Friedrich Engel nach Göttingen zu holen. Das scheiterte am Widerstand Kleins, der einen anwendungsorientierten Geometer wollte. Zuerst favorisierte Klein wohl Georg Scheffers von der Technischen Hochschule Darmstadt, später (1907) Berlin. Allein ein kurzer Besuch Scheffers in Göttingen genügte, um sich davon zu überzeugen, dass er dort nicht in Frage kam. Hilbert kommentierte Kleins Haltung in einem Brief vom 15. März 1899 an Fr. Engel, seinen Wunschkandidaten, folgendermaßen:

[2332] „Über eine besondere Klasse irrationaler Modulargleichungen der elliptischen Funktionen" (1885), veröffentlicht in der Vierteljahrsschrift der Naturforschenden Gesellschaft in Zürich 30 (1885), 129 – 229. Ernsts Thema hatte Bezüge zur Dissertation von A. Hurwitz, den er mehrfach erwähnt. Zu Ernst Fiedlers Promotion vgl. auch Volkert 2018a.

[2333] Hs 87: 592. Vgl. auch Confalonieri/Schmidt/Volkert 2019, 147. Die Frage, wie (darstellende) Geometrie an Universitäten unterrichtet werden könnte, wurde auch von Emil Weyr in einem Brief an Fiedler vom 12. November 1875 (Hs 87: 1527) diskutiert, vgl. 9.2.6. In seinen Notizen für eine Antwort unterstrich Fiedler auch dort seine Ablehnung einer rein spekulativen Behandlung der Geometrie und betonte die Wichtigkeit der konkreten Konstruktionen.

[2334] Vgl. Tobies 2019, 295 – 296. Schwarz war Fiedler wohlbekannt aus seiner Zeit in Zürich (1869 – 1875). Auch sie hatten ein schwieriges Verhältnis, wie Beyel berichtet (vgl. 1.4.1).

[2335] Auf Schilling folgte Carl Runge, der auch darstellende Geometrie las. Allerdings war die Stelle zu einem Ordinariat aufgewertet worden. Schilling wurde von Minkowski als möglicher Nachfolger Fiedlers empfohlen, vgl. 1.4.

> Als es mir auch nun [nach dem Besuch Scheffers; K. V.] nicht gelang, Klein von der Richtigkeit meiner Anmerkungen zu überzeugen und Klein nach wie vor den principiellen Unterschied zwischen Universität und Polytechnikum verkennt, so habe ich mich von jeder Einwirkung auf die Besetzung der hiesigen Extraordinate zurückgezogen [...][2336]

Klein scheint später eine Art Expertenstatus für Fragen der Mathematik an Polytechnika erworben zu haben. Am 24. Juni 1907 schrieb Minkowski aus Göttingen an Hurwitz[2337], der sich offensichtlich bei ersterem erkundigt hatte in Sachen Nachfolge Fiedler:

> Augenblicklich will ich nur Ihre Frage betreffend darstellende Geometer beantworten. Es geschieht dies etwas in Eile, da ich zu morgen noch einen Vortrag 1) über Wärmestrahlung 2) über Variationsrechnung 3) über mein Buch zu überlegen habe.
>
> Wenn der Herr Präsident Gnehm[2338] seine Reise soweit nach Norden erstrecken sollte, möchte ich empfehlen – und es war das auch die Meinung von Klein – dass er einen Abstecher hierher macht. Klein kennt die eventuell in Betracht kommenden Personen wohl so ziemlich, da er mehrfach das Ministerium wegen der neu zu errichtenden Polytechnika[2339] beraten musste. Auch sind hier mancherlei Einrichtungen betreffend darstellende Geometrie und sonst angewandte Mathematik getroffen, die kennen zu lernen von Interesse sein würde. Klein und Runge werden natürlich aufs bereitwilligste Auskunft erteilen. Soviel ich selber weiß, ist wohl Schilling in Danzig derjenige unter den darstellenden Geometern, der die Sache am besten heraus hat; er hatte auch grosse Lehrerfolge, als er noch hier war. Da er aber schon Berlin wesentlich aus Bequemlichkeitsgründen abgelehnt hat, so ist zweifelhaft, ob er für Zürich überhaupt in Frage kommen kann. Neulich hat Fricke überall nach einem darstellenden Geometer Umschau gehalten und unter den Jüngeren Ludwig aus Karlsruhe am besten gefunden. Ein sehr gescheidter, äusserst lebendiger und amüsanter Mann ist Hessenberg, der am Charlottenburger Polytechnikum infolge Feindseligkeiten von Seiten Lampes nicht aufkommen konnte und im Begriffe steht, einem Rufe nach Poppelsdorf Folge zu leisten.

[2336] Universitätsarchiv Gießen NE 180614. Ich danke Frau Gabriele Wickel (Wuppertal) für ihre Hinweise zum Briefwechsel von Fr. Engel.
[2337] SUB Göttingen, Cod. Ms. Math.-Arch. 78:202.
[2338] Nachfolger von Bleuler und damit Nachnachfolger von Kappeler als Schulratspräsident.
[2339] Es geht dabei um die Technischen Hochschulen in Danzig (1904) und Breslau (1910).

Fiedlers Nachfolger wurde aber keiner der von Minkowski genannten Geometer, sondern Fiedlers Schüler Marcel Grossmann.[2340] Somit entschied man sich für eine inner-schweizerische und wohl auch billige Lösung. Bezüglich Fr. Schilling sollte Minkowski Recht behalten, er blieb bis zu seiner Emeritierung 1934 in Danzig. Hessenberg ging 1907 nach Poppelsdorf, 1910 dann an die Technische Hochschule Breslau und 1919 an die Universität Tübingen. Bekannt geblieben ist Hessenberg hauptsächlich aufgrund seiner Arbeiten zu den Grundlagen der Geometrie und zur Mengenlehre.

Bleibt noch nachzutragen, dass die darstellende Geometrie 1898 unter dem Titel zeichnerische Verfahren Aufnahme fanden in die Preussische Prüfungsordnung für Lehramtskandidaten im Bereich der angewandten Mathematik.[2341]

Darstellende Geometrie an der Universität Leipzig[2342]

Wie bereits erwähnt führte F. Klein die darstellende Geometrie in den Vorlesungskanon der Universität Leipzig ein. Aber auch nach seinem Weggang 1886 nach Göttingen gab es an dieser Universität immer wieder Angebote in diesem Fach. Das zeigt die folgende nach Lehrenden gegliederte Übersicht.

Dyck:

    SoSe 1883 Geometrische Uebungen in Verbindung mit den Elementen der darstellenden Geometrie

Engel:

    WS 1888 Uebungen in darstellender Geometrie

    WS 1890 Elemente der darstellenden Geometrie

    WS 1891 Anfangsgründe der darstellenden Geometrie

Klein:

    WS 1881 Einleitung in die projectivische Geometrie (mit Einschluß der darstellenden Geometrie)

    WS 1881 Uebungen in darstellender Geometrie (mit Dyck)

[2340] Zu Fiedlers Nachfolge vgl. 1.4.3.

[2341] Vgl. Tobies 2019, 390.

[2342] Zusammengestellt nach den Vorlesungsverzeichnissen der Universität Leipzig. Betrachtet wird der Zeitraum 1860 bis 1900.

SoSe 1882 Uebungen zur darstellenden Geometrie II (mit Dyck)

Neumann:

SoSe 1899 Ausgewählte Kapitel aus der construirenden Geometrie (insbesondere der Kegelschnitte)

Oettingen:

WS 96 Synthetische Geometrie verbunden mit perspectivischen Constructionen

Rohn:

SoSe 1890 darstellenden Geometrie verknüpft mit synthetischer Geometrie

Scheffers[2343]:

SoSe 1892 Geometrisches Zeichnen
WS 1892 Darstellende Geometrie
WS 1894 Darstellende Geometrie (Parallelprojection und Perspective) mit besonderer Rücksicht auf Landkarten-Entwurf, verbunden mit gleichzeitigen Uebungen
WS 1895 Darstellende Geometrie mit gleichzeitigen Uebungen

Schur:

WS 1884 Uebungen zur darstellenden Geometrie

Nach 1900 hat Karl Rohn[2344] ziemlich regelmäßig darstellende Geometrie an der Universität Leipzig angeboten, daneben auch Heinrich Liebmann.

7.4 Die Förderung der Raumanschauung

Raumanschauung und Zeichnen wurden oftmals in Beziehung gebracht, z. B. im obigen Zitat aus Kleins Antrittsrede.[2345] Eine der wohl bekanntesten Stellen aus der deutschsprachigen didaktischen Literatur zur Raumanschauung überhaupt ist die folgende: „Von hier aus entspringen zwei Sonderaufgaben: die Stärkung des räumlichen Anschauungsvermögens und die Erziehung zur Gewohnheit des funktionalen Denkens."[2346]

[2343] Vgl. Übersicht zu Scheffers: https://histvv.uni-leipzig.de/dozenten/scheffers_gw.html.
[2344] Verfasser eines Lehrbuchs der darstellenden Geometrie zusammen mit E. Papperitz.
[2345] Vgl. 7.3.
[2346] Klein/Schimmack 1907, 208-209.

Dieses Zitat stammt aus dem sogenannten Meraner Lehrplan[2347] für Mathematik, der 1905 auf der Versammlung deutscher Naturforscher und Ärzte in Meran beschlossen wurde. Ausgearbeitet hatte ihn die Unterrichtskommission der Gesellschaft deutscher Naturforscher und Ärzte, in der Klein selbst nicht Mitglied war, wohl aber August Gutzmer (1860 – 1924).[2348] Es liegt nahe, eine Inspiration der Vorschläge im Sinne Kleins zu vermuten.[2349]

Im Folgenden möchte ich zeigen, wie Fiedler sich zu Fragen der Raumanschauung geäußert hat. Deren Förderung war ihm ein zentrales Anliegen, auf das er immer wieder zu sprechen kam - auch schon bevor das Thema prominent wurde.[2350] Wir werden sehen, dass die Förderung der Raumanschauung ein geradezu konstitutives Merkmal der Lehre der darstellenden Geometrie von ihren Anfängen an gewesen ist und dass diese aufgrund ihrer besonderen Natur viele der späteren Reformvorschläge für den Mathematikunterricht an Schulen und Hochschulen vorwegnahm. Es ist bemerkenswert, wie sehr all dies in der historischen Forschung zur Mathematik und ihrem Unterricht in Vergessenheit geraten ist – ein Zeichen dafür, dass man der sozusagen subwissenschaftlichen Disziplin darstellende Geometrie nicht viel Interesse entgegenbrachte und -bringt.

Eine reiche Quelle zu den – modern gesprochen – hochschuldidaktischen Ideen Fiedlers sind seine bereits mehrfach zitierten Vorreden zur ersten und zur zweiten Auflage seiner „Darstellenden Geometrie", niedergeschrieben Hirslanden, im Juli 1870, ergänzt im April 1871 um einen patriotischen Nachtrag, sowie im Mai 1875, diesmal ohne Ortsangabe. Im Jahr 1870 war Fiedler gerade mal drei Jahre lang Professor für darstellende Geometrie und Geometrie der Lage in Zürich. Die Berufung nach Prag lag mittlerweile sechs Jahre zurück. Seine ersten Auseinandersetzungen mit den Züricher Studierenden hatte er schon hinter sich.[2351]

[2347] Es handelte sich dabei aber nur um den Entwurf eines Lehrplanes für Mathematik und Naturwissenschaften, also um einen Vorschlag und nicht um ein amtliches Dokument.

[2348] Gutzmer war von 1904 bis 1907 Vorsitzender der Unterrichtskommission. Zudem war er längere Zeit Schriftwart der Deutschen Mathematiker-Vereinigung und als solcher Hg. des Jahresberichts (Minkowski: „Gutzmers Klatschblatt"). Vgl. Krazer 1925, 1.

[2349] Zum Verhältnis von Klein zu Gutzmer vgl. man Tobies 2019, 382 und 427.

[2350] Man könnte hier an Kleins Vortrag über „Arithmetisierung" denken, der 1895 gedruckt wurde. Klein positionierte sich mit diesem als Gegenspieler der in seinen Augen übertriebenen Anforderungen an Strenge – gern der Berliner Schule zugeschrieben – und empfahl eine wohldosierte Nutzung der Anschauung, ganz im Sinne des Netzwerks Geometrie. Als Galionsfigur diente ihm dabei B. Riemann, dem er die Berliner Mathematiker, insbesondere den inzwischen verstorbenen Weierstrass, gegenüberstellte. In einem Brief an Hilbert vom 29. November 1895 machte Hurwitz eine witzige Bemerkung zu Kleins Aufsatz: „Die „Arithmetisierung der Mathematik" habe ich vor einigen Tagen bekommen. Ich glaube, Sie dürften mit diesen Ausführungen nicht ganz einverstanden sein. Oder haben Sie Ihre „Anschauungen" zu Gunsten der „Anschauung" geändert?" (Hänel/Oswald/ Steuding/Volkert 2025, 326).

[2351] Diese gab es bereits 1868.

Deutlich wird in der Vorrede von 1875, dass die Emanzipation der Polytechnika in Fiedlers Augen Fortschritte gemacht hatte. Greifbar wird dies im vielfach verwendeten Terminus „Hochschule", während doch traditionell von polytechnischen Schulen die Rede war.[2352] Diese setzte Fiedler sogar prominent in den Titel seines Buches: Fiedler spricht von „der freien Luft der Hochschule"[2353], was natürlich sofort an die Studien- und Lehrfreiheit der Universitäten denken lässt. Anspruch und Niveau der Technischen Hochschulen sind nach Fiedler universitär, die Technischen Hochschulen unterscheiden sich von jenen nur dadurch, dass sie, so Fiedler, „Hochschulen der Mathematik und der Naturwissenschaften"[2354] geworden sind. Das damit verbundenen Verständnis von den Aufgaben der Technischen Hochschulen, nämlich die theoretische Fundierung des Ingenieurswissens, verlangt seitens der Geometrie vor allem die Förderung der Raumanschauung:

> [...] und anderseits, nur durch solche vielseitige geistige und graphische Arbeit kann jenes eigentliche zugleich im höchsten Sinne practische Ziel der Wissenschaft, die Durchbildung der Raumanauffassung, erreicht werden; es ist *eine Durchbildung an der Hand der zeichnenden Darstellung*, aber mit dem *Endziele, die ideelle Anschauung so lebendig und so sicher zu machen, dass jene, die Zeichnung, ganz oder doch auf weite Strecken erspart werden kann.*[2355]

Fiedler stellte seine Forderung in den Kontext „der Geschichte der Geometrie in der jüngsten Epoche"[2356] und berief sich auf die Schule von Monge. In der Tat hatte Monge ja die Lehre der darstellenden Geometrie mit umfangreichen praktischen Übungen im Zeichensaal verbunden. Sie erforderte somit Eigeninitiative und Engagement seitens der Studenten; zumindest im Falle von Fiedler waren diese – wie auch manche Kollegen Fiedlers - allerdings des Öfteren der Meinung, sie seien überfordert. Geeignete Räumlichkeiten (Zeichensäle) mit entsprechender Ausstattung und geübten Betreuern (Assistenten) waren für den Unterricht in darstellender Geometrie unerlässlich – für Universitäten durchaus eine Herausforderung.[2357]

[2352] Im deutschen Reich übernahmen in den 1870er Jahren nach und nach alle polytechnischen Schulen die Bezeichnung „Technische Hochschule" – mit Ausnahme von Stuttgart und Dresden, die dies erst 1890 taten. Vgl. König 1999, 53. Das Zürcher Polytechnikum wurde erst 1911 umbenannt in Eidgenössische Technische Hochschule. In Zürich hießen die Studenten des Polytechnikums bis 1899 offiziell Schüler.

[2353] Fiedler 1875, V. Gemessen an den Verhältnissen an seiner eigenen Institution war das eher ein Euphemismus.

[2354] Fiedler 1875, IV.

[2355] Fiedler 1875, V.

[2356] Fiedler 1875, V.

[2357] Vgl. Lorey 1916, 323 – 334 für einige wenige Beispiele sowie pp. 246 – 250 für die Situation in Göttingen.

In Fiedlers Lehrbuch der darstellenden Geometrie sind die ausgeführten Beispiele meist recht knapp gehalten[2358]; zahlreiche Aufgaben ohne jegliche Erläuterung sollen dazu dienen, den Leser zur Eigentätigkeit anzuregen:

> Die ausgeführten Beispiele sollen ja nur die *selbständige Wiederdurchführung* erleichtern und damit zur Durchführung der grossen Menge anderer Probleme anleiten und anregen, welche nur in Worten gegeben sind. Dem sorgfältigen Leser, welcher mit den Elementen der darstellenden Geometrie in dem Maasse vertraut ist, wie solches heutzutage an den technischen Hochschulen vorausgesetzt werden darf[2359], wird diese Anleitung ausreichen; die *Selbstausführung zu ersparen, ist in keinem Falle meine Absicht gewesen.*[2360]

Bezüglich der Selbständigkeit darf man nicht vergessen, dass Fiedler sein Lehrbuch auch für den Selbstunterricht verfasste – die höchste Stufe der Selbständigkeit. Vermutlich war das Selbststudium verbreiteter als man annehmen möchte, die Lehrangebote der Universitäten im Fach Mathematik waren zu Fiedlers Zeiten an vielen Orten bescheiden und richteten sich oft nicht nach den Bedürfnissen der Studierenden.

Im obigen Zitat klingt Fiedler optimistisch bezüglich der Zustände an seiner Hochschule, insbesondere hinsichtlich der Vorkenntnisse, die die Studierenden mitbrachten. Die Bearbeitung der Aufgaben bedeutete im Bereich der darstellenden Geometrie meist, dass von den Studierenden Zeichnungen angefertigt werden mussten[2361]; es gab aber auch Aufgaben mit theoretischen Fragestellungen und Rechnungen. Da die abzubildenden Situationen fast immer räumliche waren, wurde durch das Zeichnen das Anschauungsvermögen konstruktiv gefördert.

Die Raumanschauung kommt an mehreren Stellen in Fiedlers Vorrede zu seiner darstellenden Geometrie zur Sprache. Aus heutiger Sicht erstaunlich ist Fiedlers Ansicht, dass deren Förderung auch noch an der Hochschule möglich sei und zwar gerade dort erst wirklich.[2362] Deshalb sei eine Delegation dieser Aufgabe an

---

[2358] In den Werken von Salmon-Fiedler ist dies teilweise ganz anders. Vgl. Kapitel 5.

[2359] Zur Sicherung der Vorkenntnisse hatte das Züricher Polytechnikum wie auch andere Polytechnika einen mathematischen Vorkurs eingerichtet (abgeschafft 1881). Dessen Existenz zeigt, dass Fiedlers Behauptung von den vorauszusetzenden Vorkenntnissen eher optimistisch war. Zum Vorkurs vgl. man Beyels Bericht in 1.4.1. und 1.6.

[2360] Fiedler 1875, III.

[2361] Der Fiedlersche Nachlass enthält eine Reihe von beeindruckenden Zeichnungen von Schülerhand (verstreut in Hs 87a). gelegentlich finden sich auch kurze, von Schülern verfasste Referate. Die Schülerzeichnungen wurden meist im Zeichensaal gefertigt und von den Assistentn geprüft. Gelegentlich wurden sie auch als Hausaufgabe gestellt. Sie waren eine wichtige Ursache der Arbeitsbelastung der Studierenden im Fach darstellende Geometrie.

[2362] Moderne meist von Piaget inspirierte Theorien gehen ja davon aus, dass die Ausbildung der Raumanschauung spätestens mit der Pubertät so gut wie abgeschlossen sei.

die Vorbereitungsklassen oder an die Schulen nicht möglich, die darstellende Geometrie gehöre an die Hochschule selbst.[2363]

Fiedler nimmt schließlich in kritischer Auseinandersetzung mit Monge für sich in Anspruch, dass sein Aufbau, den er gerne wie schon mehrfach gesehen mit Prädikaten wie „einfach und organisch"[2364] versah, die Raumanschauung besser fördere als derjenige Monges. Letzterem wirft er vor, „die verschiedenen Formen: Kegel, Rotationsflächen, windschiefe Regelflächen etc. im Fluge nacheinander vorüberzuführen, um nur z. B. die eine Frage nach der Tangentialebene bei gegebenem Berührungspunkte zu erörtern."[2365] Dagegen möchte Fiedler „eine bestimmte wichtige Raumform oder eine Gruppe solcher Formen von wesentlich gleichen Charakteren in Zusammenhange nach allen Richtungen"[2366] studieren. Nicht Aneinanderreihung sondern innerer – organischer – Zusammenhang, das ist Fiedlers Devise. Dieser Zusammenhang ist in seinen Augen vorgegeben, er muss nur erkannt und herausgearbeitet werden. Fiedler ist somit weit vom Konstruktivismus entfernt, man könnte ihn vielmehr mit dem Empirismus in Verbindung bringen.[2367]

Die Vorrede von 1871 schließt mit einem Plädoyer für die darstellende Geometrie, weil diese für „die technische Hochschule der beste und natürlichste Weg zur Aneignung der geometrischen Wissenschaft bleiben wird"[2368]. Fiedler unterstellt hier, dass auch Ingenieure mehr geometrisches Wissen erwerben sollten als nur die darstellende Geometrie. Die Zeitläuften sollten jedoch später eine ungünstige Wendung für Fiedler in Zürich nehmen, denn das Pensum an Geometrie für die Ingenieurstudenten des Polytechnikums wurde reduziert. Dieser Maßnahme fiel letztlich auch die Geometrie der Lage in der Ingenieursschule zum Opfer, übrig blieb eine darstellende Geometrie als Grundlage der Lehren vom wissenschaftlichen Zeichnen. Die Rettung für Fiedler waren in dieser Situation die zukünftigen Fachlehrer; hier konnte er sein anspruchsvolles Programm in Gestalt eines Vorlesungszyklus von vier Veranstaltungen anbieten. Also muss man das gängige Bild von Fiedler korrigieren: Er war viel mehr Ausbilder von Lehrern als Ausbilder von Ingenieuren, wie auch das folgende recht pathetische Zitat von ihm belegt:

[2363] Fiedler 1875, V. Hier darf man sicherlich hochschulpolitische Interessen Fiedlers im Hintergrund annehmen. Die mathematische Vorbereitungsklasse des Zürcher Polytechnikums kannte einen Einführungskurs in die darstellende Geometrie („Elemente der darstellenden Geometrie"), den auch Fiedler – allerdings nur einmal - gelesen hat (später dann Beck, Geiser, Keller u.a.).

[2364] Fiedler 1875, VIII.

[2365] Fiedler 1875, IX.

[2366] Fiedler 1875, IX.

[2367] Klare Aussagen in dieser Richtung fehlen allerdings bei Fiedler. Philosophischen Exkursen stand er wohl ablehnend gegenüber, sie finden sich nicht bei.

[2368] Fiedler 1875, XII.

Nach solchen einigermassen ketzerischen ob auch aus dem reinsten Interesse für die wichtige Sache entsprungenen Bemerkungen ist es vielleicht gut, wenn ich der Meinung begegne, als solle durch den hier von mir vertretenen Standpunkt im Punkte der Hochschulbildung der Lehrer zu Gunsten ihrer directeren Ausrüstung für die mathematische Elementarerziehung der Jugend die wissenschaftliche Allgemeinheit der mathematischen Studien herabgezogen und beschränkt werden. Ich bin das vielleicht sogar dem Eidgenössichen Polytechnikum schuldig, an dem ich seit einer Reihe von Jahren die Ehre habe zu wirken, und der Fachlehrerabtheilung desselben, die ich leite.[2369]

Kurz gesagt: Der wissenschaftliche Anspruch der darstellenden Geometrie ist hochzuhalten – sicher ein Kernsatz für Fiedler. Man kann dies natürlich auch auf dem Hintergrund der Bestrebungen der Polytechnika nach Aufwertung sehen: Man unterrichtet nicht einfach eine Zeichenkunst sondern eine Wissenschaft.

Wie auch die anderen Ausführungen Fiedlers zum Unterricht bleiben seine Bemerkungen zur Förderung der Raumanschauung vage.

7.5 Die Vorrede von 1875

Im Jahr 1875 wurde die zweite stark überarbeitete Auflage von Fiedlers Lehrbuch der darstellenden Geometrie veröffentlicht. Sie war notwendig geworden durch den „überraschend schnellen Verbrauch der starken Auflage"[2370] von 1871. Fiedler führte diesen darauf zurück, dass sein Buch auch zum Zwecke des Selbststudiums neben der Begleitlektüre zu seiner Vorlesung Verwendung gefunden habe.

Die Vorrede von 1875 ist eine interessante Quelle, die einige Rückschlüsse auf ihren Verfasser zulässt. Zunächst fällt auf, dass Fiedler unermüdlich seine pädagogische Erfahrung ins Spiel bringt. Daran wird deutlich, dass sein Buch ein Werk der „gelehrten" Mathematik sein will, Inhalt des Buches und Lehrpraxis Fiedlers stehen angeblich in einem engen Zusammenhang. Das wird an vielen Stellen unterstellt, z. B. wenn Fiedler dem Leser mitteilt, dass „lange Constructionsbeschreibungen ungeniessbar und wenig nütze"[2371] seien, wie die Erfahrung zeige, oder wenn er darauf verweist, dass die projektiven Koordinaten

---

[2369] Fiedler 1875, XXV. Fiedler war Vorstand der Fachlehrerschule von 1869 (Vorgänger war B. E. Christoffel) bis 1882 (Nachfolger wurde G. Frobenius). Von Leitung zu sprechen, war allerdings eher überzogen, denn die Funktion des Abteilungsvorstandes war hauptsächlich administrativer Natur. Es gab am Polytechnikum nur einen wirklichen Leiter, den Schulratspräsidenten nämlich. Einen gewissen letztlich aber bescheidenen Einfluss hatte zudem der Direktor.
[2370] Fiedler 1875, XIII.
[2371] Fiedler 1875, XIV.

„ein Bruchstück" seiner „regelmässigen Vorlesungen über die Geometrie der Lage"[2372] bildeten; er erwähnt sogar seine „vieljährige Lehrthätigkeit unter tüchtigen intelligenten Schülern".[2373] Fiedlers Ausführungen zur Lehrerbildung und zur Reform derselben, die wir weiter oben kennengelernt haben, müssen auf dem Hintergrund seiner Lehrerfahrungen gesehen werden. In diesem Kontext gibt Fiedler Hinweise auf die Inhalte und den Aufbau (Fiedlers so hoch geschätztes System) seiner Vorlesungen – bezeichnender Weise jener, die er für die Studenten der Fachlehrerabteilung anbot. Es geht dabei um den Zyklus von vier Vorlesungen, dem wir schon mehrfach begegnet sind.[2374]

Die Vorrede von 1875 greift viele Thema derjenigen von 1871 wieder auf, wie das genetisch zu präsentierende, organisch aufgebaute System und die Forderung, die wahre Natur der Objekte (wie etwa der Involution) deutlich zu machen - inklusive Fiedlers Grundanliegen: „[...] zu zeigen, in welcher Art sich die wissenschaftliche Weiterentwickelung der Geometrie von den an der Hand der Darstellungsmethoden gewonnenen Grundlagen und Ergebnissen aus vollzieht."[2375] Auffallend ist, dass 1875 der konstruktive Aspekt der darstellenden Geometrie und dessen Segnungen stark betont werden:

> In demselben Interesse [bequeme Benutzbarkeit; K. V.] weiterer Leserkreise ist vor allem die constructive Seite des Buches sorgfältig weitereintwickelt worden; [...].[2376]

Gegen Ende des Vorwortes heißt es zusammenfassend:

> Ueberall sind die Ergebnise der constructiven Schule der Geister von förderndem Einfluss für die Allgemeinheit ebenso wie die anschauliche Bestimmtheit der Entwicklung. Unkenntnis allein kann sich durch sie beschränkt meinen.[2377]

Das Thema Starrheit der Figuren wird 1875 von Fiedler ausführlicher besprochen als in der Vorrede 1871. Insbesondere setzt er sich mit der Tatsache auseinander, dass von Staudt keine Figuren in seine Arbeiten zur Geometrie der Lage aufnahm. Fiedler vermutete, dass dies so sei, weil von Staudt es „verwerflich" erschien, in einem „streng wissenschaftlichen Werke" Figuren zu verwenden, „weil sie starr sind und specielle Fälle geben, auf die sie in Folge dieser Starrheit die

---

[2372] Fiedler 1875, XVIII. Vgl. auch 4.7.
[2373] Fiedler 1875, XIII.
[2374] Vgl. Fiedler 1875, XXV. Völlig vergessen sind die Ingenieure allerdings nicht. Neben den Studenten der Fachlehrerabteilung erwähnt Fiedler noch „die um theoretische Weiterbildung interessierten älteren Studierenden der mathematisch-technischen Fachschulen" (Fiedler 1875, XXV) als Zielgruppe.
[2375] Fiedler 1875, XVIII
[2376] Fiedler 1875, XIII.
[2377] Fiedler 1875, XXVI.

Aufmerksamkeit ausschliesslich richten".[2378] Diese Auffassung nennt Fiedler „einseitig"; er hält ihr entgegen, dass es weniger auf die fertige starre Figur ankomme, als auf den „leitenden Gedanken", aus dem sich die Figur bildet, um „sich dabei der zahllosen Veränderungen der Form bewusst [zu; K. V.] werden".[2379] Modern ausgedrückt: Es geht um den schematischen Aspekt von Figuren, den die einzelne Figur insbesondere im Prozess ihrer Herstellung aufzeigt.

Ein neues und für Fiedler wichtiges Thema tritt 1875 hinzu: Man könnte es die große Synthese nennen. Hatte Fiedler von Anfang an die Synthese von (synthetisch/konstruktiv verfahrender) darstellender und projektiver Geometrie propagiert, sie sollte ja gewissermaßen sein Markenzeichen werden, so kommt jetzt noch die analytische Dimension hinzu. Das ist natürlich die Ausrichtung, für die das Namenspaar Salmon – Fiedler emblematisch steht.

> [..], so betrachte und entwickle ich in diesem dritten Theile die Geometrie der Lage nun auch selbst nicht ausschliessend in synthetisch construirender Form, sondern ich bediene mich bewusst und absichtlich der gemischten, die synthetisch construirenden und die analytischen Untersuchungsmittel combinierenden Methode. Ich habe diess ebenso von vorn herein in meinen Züricher Vorlesungen im bewussten Gegensatz zu der früher hier geltenden reinen Wiedergabe der Methode v. Staudt's[2380] gethan, in der auf Erfahrung gegründeten Ueberzeugung, dass diess Verfahren pädagogisch viel fruchtbarer ist, und weil ich die Systematik des genannten Meisters an ihrem Orte hochhalte, aber nicht auf dem Katheter, und insonderheit nicht auf dem einer technischen Hochschule. Auch hier ist in Bestätigung dessen der abstractere und darum systematisch genommen vollkommenere Weg historisch der spätere; und wenn die historischen Vorstufen dazu so meisterliche Schöpfungen, wenn sie Bestandtheile der Wissenschaft von so unvergänglichem Werthe sind, wie die von Poncelet, Möbius, Steiner und Chasles, so soll man, denke ich, zweimal überlegen, ehe man sie für antiquirt erklärt. [..]

> Es ist ein Anderes, dass man bei grundlegenden Untersuchungen die allgemeinsten und unanfechtbarsten Mittel als massgebend im Auge behält, und ein Anderes, dass man sie dem Lernenden schon vorher im

---

[2378] Fiedler 1875, XXII. Auch Th. Reye sah das Fehlen der Figuren als Defizit bei von Staudt, vgl. seine Vorrede zu Reye 1899.

[2379] Fiedler 1875, XXIII.

[2380] Diese Bemerkung geht vermutlich gegen Th. Reye und seine Vorlesungen zur Geometrie der Lage, deren erklärtes Ziel es ja war, die Ideen von Staudts verständlich zu präsentieren. Allerdings muss man festhalten, dass Reye durchaus auch metrisch-rechnerische Themen behandelt, nur deutlich abgetrennt von den synthetischen Themen.

vollen Umfange überliefere. [...] Wohin kämen wir, wenn wir die Wissenschaft mit solcher Gründlichkeit anfangen und wenn wir sie demgemäss nicht eher anfangen wollten, als bis solche Gründlichkeit von den Lernenden gewürdigt und verlangt werden könnte! Eine gewisse Fülle der Resultate und der zu bewältigenden Probleme ist ein Anreiz zur Betreibung der Wissenschaft, den kein Lehrer geringschätzen darf.

Und die Vereinigung der analytischen und der geometrisch construierenden Methode ist nicht blos deshalb, weil sie am raschesten zu Resultaten führt, pädagogisch hoch zu schätzen, sondern auch aus dem viel mehr entscheidenden Grunde, dass sie das Mittel bietet, den absolut besten Weg zu denselben zu entdecken; man darf in Kürze sagen, dieser beste Weg sei immer durch die genaue Uebereinstimmung der analytischen und der geometrisch construierenden Methode characterisirt. Beispiele werden den Sachverständigen nahe liegen, ich will nur an das Apollonische Problem, an die Curve dritter Classe mit Doppeltangente oder Steiner's Hypocycloide und an Aronhold's Behandlung der Doppeltangenten der Curven vierter Ordnung erinnern.[2381]

Fiedler stellt sich mit seiner ganz großen Synthese gegen die in seiner Zeit erstarkende Idee, Gebiete sauber nach Methoden und Gegenständen zu trennen und nach ihren jeweils spezifischen Fundamenten zu suchen, etwa die projektive Geometrie frei von jeglicher Metrik synthetisch aufzubauen und auf eine Axiomatik zu begründen.[2382] Einige Jahre später sollte diese Richtung – bezogen auf die projektive Geometrie – in Moritz Paschs „Vorlesungen über neuere Geometrie" (1882) ein erstes wichtiges Ziel erreichen, das später von italienischen Mathematikern wie Fano, Peano, de Paolis und Pieri und schließlich in der berühmten Festschrift (1899) von Hilbert für die euklidische Geometrie vervollkommnet wurde.

Wie die Zeitgenossen diese Entwicklung sahen, verdeutlicht eine Besprechung des Buchs von Pasch durch L. Kiepert[2383]:

Das vorliegende Werk ist aus einer im Winter 1873/74 gehaltenen Vorlesung hervorgegangen und umfasst im wesentlichen nur die projectiven Eigenschaften der Figuren. Der Verf. bemüht sich aber, mit größerer Strenge, als es in den meisten Lehrbüchern über Geometrie geschieht, die erforderlichen Grundbegriffe und Grundsätze festzustellen,

---

[2381] Fiedler 1875, XIX - XXI. Ob die genannten Beispiele so geläufig waren, wie Fiedler suggeriert, mag man bezweifeln.
[2382] Vgl. Volkert 2023.
[2383] Deutsche Literaturzeitung 3 (1882) No. 44, Sp. 1586. Kiepert war ein Briefpartner von Fiedler, vgl. 9.2.3.

d.h. er zählt auch diejenigen Grundsätze auf, denen ihrer Trivialtiät wegen gewöhnlich keine besondere Fassung gegeben wird, um von allen Beweisgründen, auch den unscheinbarsten ohne Unterschied Rechenschaft zu geben. Durch diese angewandte Strenge sieht sich der Verf. allerdings zu mancher Weitläufigkeit genötigt, schließlich werden aber durch die präcise Darstellung gewisse Vereinfachungen ermöglicht. Es sind z. B. alle grundlegenden Begriffe und Sätze so gefasst, dass aus ihnen unmittelbar das Gesetz der Reciprocität oder Dualität hervorgeht.

Insgesamt gewinnt man mit der Vorrede von 1875 den Eindruck, dass der Autor mit dem erreichten Stand der Dinge recht zufrieden war. Die Entwicklungen, die seinen Ideen entgegenwirkten, waren offensichtlich noch nicht einflussreich genug, um Fiedlers Kreise zu stören.

7.6 Der Artikel von 1905

Fiedler hat seine didaktischen Motive und Ansichten, wie bereits erwähnt und zitiert, nochmals in drei Briefen kommentiert, welche er an Gabriele Torelli sandte, um seine Ideen auf dessen Nachfrage hin näher zu erläutern. In diesen Briefen wird er zudem konkreter, indem er den bereits zitierten Lehrgang für die Schulgeometrie skizziert.[2384]

Fiedler ist noch einmal auf die Reform zurückgekommen, nämlich in seinem Rückblick „Meine Mitarbeit an der Reform der darstellenden Geometrie in neuerer Zeit", verfasst auf Bitten von Aurel Voss[2385] in seiner Eigenschaft als Herausgeber des Jahresberichts der DMV. Man beachte, dass in der Überschrift nicht vom Unterricht die Rede ist, sondern von der darstellenden Geometrie selbst. Fiedler gibt darin zuerst einige Hinweise zu seinem Werdegang und wie er als Lehrer zur darstellenden Geometrie gefunden hatte.[2386] Sodann liefert er einen Überblick zu seinen Arbeiten, insbesondere zu seinem Lehrbuch der darstellenden Geometrie und zu seiner Zyklographie. Dabei werden zentrale Ideen formuliert, unter denen besonders hervorgehoben werden: „[...] daß das Studium der darstellenden Geometrie von dem der Geometrie der Lage nicht getrennt werden dürfe"[2387] sowie „Die neuere analytische Geometrie und Algebra bildet die eine und die darstellende und die neuere reine Geometrie die andere Seite der Entwicklung derselben Gedanken."[2388] Aus didaktischer Sicht erinnert diese Arbeit an den bereits zitierten, bei Didaktikerinnen und Didaktikern wenig beliebten Slogan „Der

---

[2384] Vgl 7.1 und 7.2 sowie die Briefe von Torelli an Fiedler in Confalonieri/Schmidt/Volkert 2019 (Bibliothek ETH Archiv Hs 87: 1380 – 1385).

[2385] Von Voss sind 31 Briefe und Postkarten an Fiedler erhalten (Hs 87: 1423 – 1453). Vgl. 9.2.1.

[2386] Vgl. 1.1.

[2387] Fiedler 1905, 495.

[2388] Fiedler 1905, 496.

Stoff ist die Methode": Die Reform der Lehre ergibt sich gemäß dieser Ansicht im Wesentlichen aus der Reform ihrer Inhalte. Ansonsten bleibt Fiedler auch in seinem Rückblick recht vage, es gibt wenig Neues im Vergleich zum Aufsatz von 1877 und seiner Korrespondenz mit Torelli.

Die Vorrede zur „Cyklographie" (1882) enthält ebenfalls einige Bemerkungen zu didaktischen Fragen.[2389] Vor allem ist dieses Buch ein Plädoyer für die bereits angesprochene Fusion, denn es geht in ihm ja hauptsächlich darum, ebene Probleme mit Hilfe räumlicher Betrachtungen zu lösen. Der gängigen planimetrischen Auffassung setzte Fiedler die stereometrische entgegen. Die gemäß der ersteren übliche Vorgehensweise, nämlich die ebene Geometrie vor der Stereometrie zu behandeln, wurde von Fiedler kritisiert:

> Mir erschien die Planimetrie in der üblichen Behandlung nun einmal als eine der Natur der Sache, d.h. unserer physisch-psychischen Organisation nicht entsprechende allzufrüh und zu breit entwickelte Abstraction – Beweis genug, dass die projectivische Geometrie in Beschränkung auf die Ebenen nicht streng begründet werden kann![2390]

Fiedler empfiehlt dagegen seine Behandlung der darstellenden Geometrie mit der Zentralprojektion als „Ausgangspunkt und Fundament" als „das sicherste Mittel der Abhilfe". Sein Buch will zeigen, „wie nützlich und fruchtbar nach beiden Seiten die Durchdringung der Probleme des Zeichnens mit wissenschaftlichen Gedanken und Anschauungen ist."[2391]

Als Fazit lässt sich festhalten: Fiedler hat viele Themen der didaktischen Diskussion seiner Zeit aufgegriffen. Dennoch kann man ihn nicht als Akteur in diesem Gebiet bezeichnen. Sein Einfluss auf den schulischen Unterricht blieb indirekt – nämlich über die von ihm (mit-) ausgebildeten Mathematiklehrer[2392] und diejenigen, die seine Ideen aufgriffen, ohne bei ihm studiert zu haben (wie Weilenmann). Zudem war Sohn Ernst ein treuer Anhänger der väterlichen Lehren, der zudem einen gewissen Einfluss in der Lehrerschaft gehabt haben dürfte. Inhaltlich könnte man Fiedler vor allem als einen Kämpfer für die Anschauung einstufen – und damit als Weggefährten von F. Klein.

[2389] Vgl. Kapitel 6.

[2390] Fiedler 1882, IX. Die Frage, wie man die ebene projektive Geometrie ohne Rückgriff auf räumliche Betrachtungen begründen kann, beschäftigte später D. Hilbert aber auch Fr. Schur u.a. Stichwort: Satz von Desargues.

[2391] Fiedler 1882, X.

[2392] Lehrerinnen waren soweit feststellbar nicht dabei.

8. Fiedler und seine mathematischen Modelle

Die Begriffe, worauf sich die angewandte Mathematik gründet, erhält man nicht wohl ohne Werkzeuge, Maschinen, Modelle, und Versuche wirklich zu sehen. Ich besitze zu dieser Absicht selbst einen ziemlichen Vorrath, und wende hier die der Universität gnädigst verschafften schönen Sammlungen ihrer Absicht gemäß an.[2393]

In der Welt der Gewerbe- und polytechnischen Schulen spielten im 19. Jh. Modelle eine wichtige Rolle. Es ist insofern nicht erstaunlich, dass sich Fiedler auch mit solchen befasste. Genauer heißt dies, er konstruierte selbst Modelle oder gab deren Konstruktion in Auftrag, er regte seine Schüler, insbesondere seine Assistenten, an, Modelle zu bauen, und er legte in Zürich eine Modellsammlung zu Lehrzwecken an, die zu ihrer Zeit allgemein bekannt war. Bevor wir genauer auf die mathematischen Modelle Fiedlers eingehen, erscheint es sinnvoll, einen Blick auf den Zeichenunterricht zu werfen, da er ein wichtiges und frühes Einsatzfeld für Modelle gewesen ist: Zeichnen und Modelle bildeten fast so etwas wie eine Einheit.

[2393] A. G. Kästner in „Versuch einer akademischen Gelehrten Geschichte von der Georg-Augustus-Universität zu Göttingen" (Göttingen: Vandenhoek's Witwe, 1765), p. 300.

8.1 Zeichnen und Modelle

Es ist sicher nicht richtig, den Unterricht in darstellender Geometrie einfach als einen Zeichenunterricht aufzufassen, in dem gewisse Regeln und Fähigkeiten vermittelt wurden. In den Institutionen des technischen Bildungswesens gab es

neben der darstellenden Geometrie immer auch einen eigenständigen Zeichenunterricht; an den Polytechnika war dieser den einzelnen Ingenieurstudiengängen zugeordnet.[2394] So hatten etwa die Schüler der Bauschule des Polytechnikums in Zürich Veranstaltungen im Baukonstruktionszeichnen, im Ornamenten- und Figurenzeichnen sowie Übungen in der Perspektive, die Studierenden der Maschinenschule mussten Baukonstruktionszeichnen, Baukonstruktionsübungen und Perspektive, Planzeichnen, Konstruktionsübungen und Kartenzeichnen belegen. Auch die Forstschule bot Planzeichnen als Veranstaltung für ihre Schüler an.[2395]

Aus heutiger Sicht erstaunt vielleicht, dass dem Zeichnen eine so große Bedeutung beigelegt wurde. Welche Wichtigkeit man ihm beimaß, wird deutlich in der folgenden Passage aus dem Katalog der ersten Schweizerischen Landesausstellung, die 1883 in Zürich stattfand. In einem langen Bericht zu einem Rundgang über die Ausstellung heißt es:

> Nun zum Schlusse noch zu einer der Hauptwurzeln, aus welcher das Verstehen, Können und Gedeihen des schweizerischen Gewerbes sproßt, zum **Erziehungs- und Unterrichtswesen (Gruppe 30)**. [...]

> Das Erkennen, daß unser Volk zum Bestehen im gewerblichen Wettkampf der richtigen Erfassung und Beherrschung der Form ebenso sehr bedarf, wie des Verstandes und der Muskelkraft, und daß darin auch eine Hauptaufgabe der Schule liege und zwar von der ersten Stufe an, hat seit etwa einem Jahrzehnt sich tiefer und weiter als früher Bahn gebrochen. Ein hervorragendes Zeugniß dieser Bewegung sind die Zeichnungsvorlagen – Tafeln und Gyps-Stoff-Modelle – für die Zürcher Primar- und Sekundarschulen: [...][2396]

Zeichnen als Schulung in der Meisterung der Form war die griffige Formel, auf die man die Wichtigkeit des Zeichnens brachte.

[2394] Zur Situation in Frankreich vgl. Brechenmacher 2022, 53 – 95, wo auch weiterführende Literatur genannt wird.
[2395] Vgl. beispielsweise Programm der eidgenössischen polytechnischen Schule für das Sommersemester 1880.
[2396] Officieller Katalog 1883, 116.

Zehn Jahre zuvor war die Lage in der Schweiz noch wesentlich negativer eingeschätzt worden. In seinem Teilbericht zur Gruppe XXVI über den Zeichen- und Kunstunterricht der Weltausstellung in Wien 1873 schrieb J. Langl, k.k. Gymnasialprofessor in Wien:

> So lange die eigentliche Kunst in der Schweiz keine bessere Pflege findet, ist es nicht zu erwarten, daß das Formenwesen in der Industrie irgend welchen bedeutsamen Aufschwung nehmen wird. Es fehlt vor Allem noch dafür eine Centralstelle, eine Akademie im Lande, um der nationalen Kunst einen stabilen Boden zu verschaffen.[2397]

Dabei sind die Grenzen zwischen Zeichnen und Bildender Kunst fließend, so bespricht der Verfasser des Berichts über die Landesausstellung in seinem kurzen Text nicht nur allgemeinbildende Schulen und Fortbildungsschulen – worunter die Zeichenschulen eine wichtige Rolle spielen – sondern auch Kunstschulen wie die „Ecoles municipales d'Art" in Genf und die Kunstschule des Gewerbemuseums der Stadt Zürich. Das ist keineswegs erstaunlich, denn auch die künstlerische Betätigung strebt ja nach der Meisterung der Form. Beim Zeichnen spielten Modelle eine wichtige Rolle in Gestalt der Vorlagen, die in ihren wesentlichen Zügen abzubilden sind – im ingenieurwissenschaftlichen Kontext sprach man von Aufnehmen. Diese Vorlagen konnten sowohl Artefakte sein als auch Naturgegenstände. Allerdings wurde immer wieder kritisiert, dass Zeichnen nicht auf Kopieren reduziert werden dürfe – anders gesagt, dass auch das Freihandzeichnen gepflegt werden müsse. Selbst zukünftige Techniker sollten freies Zeichnen – Skizzieren – lernen. Das war z. B. wichtig, um Maschinen, die man nur kurze Zeit sehen konnte, einigermaßen zuverlässig festhalten zu können, nicht zuletzt, um sie dann später nachzubauen.

> Der Schüler gewinnt am Modell leicht das sonst nur zu häufig gänzlich mangelnde Verständnis seiner Zeichnung und übt sein Vermögen, nach der Zeichnung die Körperform sich vorzustellen.[2398]

Das Modell ist also nicht nur Vorlage, sondern auch Kontrollinstanz. In der didaktischen Diskussion jener Zeit wurde dieses Spannungsverhältnis ebenso oft thematisiert wie die Frage, ob Übung im Freihandzeichnen notwendige Voraussetzung für das Nachzeichnen sei oder umgekehrt.

Über das Technikum in Winterthur, neben der Industrieschule in Zürich die in der damaligen Zeit wohl angesehenste deutschschweizerische Schule ihrer Art, heißt es im bereits genannten Bericht:

[2397] Langl 1873, 70. Zentralismus als Panazäum könnte man sagen: ein Vorschlag aus der k. u. k. Monarchie, wenig beliebt bei den Eidgenossen.
[2398] Ludewig 1875, V.

> Mit der Praxis in naher Verbindung stehend, legt die Schule ihr Hauptgewicht auf das, was die bloße Praxis nicht bieten kann: indem sie in kontinuirlichem Stufengang von der Wissenschaft aus zur Praxis überleitet, unterscheidet sie sich von allen andern ausstellenden Instituten ähnlicher Stufe und Organisation. Bauabtheilung und mechanische Abtheilung führen in ihren Heften und Wandzeichnungen einen methodischen Kursus der Konstruktionslehre von reichem Inhalt vor. [...] Im gewerblichen Zeichnen gehen die Bandornamente bis zu fertiger Anwendbarkeit.[2399]

Zeichnen und Modellieren gingen Hand in Hand, wie das beispielsweise der Name „Zeichen- und Modellirschule Basel" andeutet. Modellieren bedeutete dabei in erster Näherung, Objekte wie Maschinen und Gebäude in Verkleinerung nachzubauen; eventuell auch so, dass deren Funktionieren nachgeahmt wurde. Solche Modelle waren nützlich, wollte man z. B. einen Auftraggeber von einem Entwurf für sein Gebäude überzeugen; sie wurden sogar in manchen Staaten (USA) verlangt, wenn ein Patentantrag gestellt wurde. Dabei ging es neben dem Design, wie wir modern wohl für die oft beschworene „Meisterung der Form" sagen würden, auch darum, wichtige Informationen weiterzugeben. In dem Maße, in dem die Maschinen komplizierter und komplexer wurden, gewannen Modelle an Wichtigkeit: Ist es noch einfach, die Funktionsweise eines Flaschenzugs durch eine Zeichnung zu erläutern, so wird das bei einer Dampfmaschine sehr viel schwieriger – insbesondere, wenn man an die Lehre vor größerer Zuhörerschaft denkt.[2400] Hinzukam die sich im 19. Jh. erst langsam herausbildende arbeitsteilige Konstruktion von Maschinen und dergleichen, welche das Problem aufwarf, dass die beteiligten Akteure miteinander kommunizieren mussten. Zeichnungen und Modelle wurden auch deshalb zunehmend wichtiger.[2401]

Modelle sind im 19. Jh. meist materielle Gebilde, die für etwas stehen – möglicherweise auch für sich selbst, wie das Modell in der Malerei.[2402] Typische

---

[2399] Officieller Katalog 1883, 119.

[2400] Eine Möglichkeit, einen derartigen Unterricht zu unterstützen, boten auch Wandtafeln mit den benötigten Zeichnungen. Vgl. Schaubilder und Schulkarten 2018 und 8.4.

[2401] Im 19. Jh. lagen oft noch Entwurf, technische Ausführung und Design in ein und denselben Händen, weshalb W. König treffend von Meister- und Erfinderkonstrukteuren (vgl. König 1999, 103 – 108) spricht. Eine konsequente Trennung zwischen Konstruktion und Produktion setzte nach König im deutschsprachigen Raum erst ab 1870 breit ein, ein Pionier der Arbeitsteilung war in Deutschland W. Siemens. Die Abspaltung des Designs erfolgte sicher noch wesentlich später. Der Aspekt der Arbeitsteilung wird schon bei Monge in seinem Plädoyer für die darstellende Geometrie angedeutet, vgl. 2.1.

[2402] Modelle der Naturwissenschaft, etwa der Physik, sind dagegen Abstraktionen zu konkreten Situationen – etwa der harmonische Oszillator für das reale Pendel, das Bohrsche Atommodell für das konkrete Atom und das sphärische Astrolab für das Planetensystem. Bei ihnen ist die „Richtung" also genau umgekehrt wie bei mathematischen Modellen. Zur Begriffsgeschichte von „Modell", hauptsächlich in Bezug auf die moderne Verwendung dieses Begriffs in der Mathematik, vgl. Schubring 2017.

Beispiele, wie sie gerne in Lexika zitiert wurden, waren verkleinerte Nachbildungen von Gebäuden oder Maschinen.[2403] Große Bekanntheit erlangten die kinematischen Modelle des Ingenieurs Franz Reuleaux[2404], der von 1856 bis 1864 Professor in der mechanisch-technischen Schule des neu gegründeten Züricher Polytechnikums gewesen war.[2405] Dorthin hatte ihn – ähnlich wie später Fiedler – Gustav Zeuner geholt; bei Reuleaux' Weggang spielten die bereits erwähnten Auseinandersetzung mit den Studierenden 1864 eine wichtige Rolle.[2406]

Reuleaux' Modelle dienten dazu, Bewegungsvorgänge und deren Verkettung, etwa in Getrieben, zu veranschaulichen. Parallel dazu hatte er einen symbolischen Kalkül entwickelt, der die Zusammensetzung komplizierterer Bewegungsabläufe aus einfachen Grundbausteinen darstellen konnte: ein bemerkenswerter Ansatz zur Theoretisierung der Ingenieurwissenschaften. Eine wichtige Anwendung seines Zugangs sah Reuleaux im Patentwesen, mit dem er u.a. als Mitglied der Technischen Deputation in Berlin befasst war.[2407] Reuleaux ging vom Züricher Polytechnikum aus nach Charlottenburg an das Berliner Gewerbeinstitut (die spätere TH Berlin); die Sammlung von kinematischen Modellen, die er dort aufbaute, war allgemein bekannt.[2408]

In seinem Bericht über das technische Bildungswesen, insbesondere den maschinentechnischen Unterricht, auf der Weltausstellung in Wien 1873 unterschied Heinrich Carl Adolf Ludewig, Professor für Maschinenbau an der Polytechnischen Schule in München, drei Arten von Modellen:

- technologische Modelle
- konstruktive Modelle
- kinematische Modelle

Erstere sind dadurch gekennzeichnet, dass sie „ein allgemeines Bild der Einrichtung von Maschinen und Apparaten geben, um deren Zweck und häufig auch Bewegungsweise zu zeigen."[2409] Sie sind in der Regel stark verkleinerte und vereinfachte Abbildungen des Originals. „Von diesen unterschieden sind die constructiven Modelle, bei welchen genaue Formgebung entweder in Naturgrösse

---

[2403] Man beachte aber, dass das weiter unten besprochene Modell im Sinne der Reliefperspektive ein rein abstraktes war, von dem man eventuell ein materiales Modell – z. B. ein konkretes Relief - herstellen konnte.

[2404] Zu Reuleaux vgl. man König 2014, Mauersberger 2014 und Moon 2007.

[2405] Auch Franz Redtenbacher, der Begründer des theoretischen Maschinenbaus und einflussreicher Professor des Karlsruher Polytechnikums mit vielen Schülern, arbeitete von 1835 bis 1840 in Zürich, nämlich als Lehrer für Mathematik und Geometrie an der Industrieschule.

[2406] Vgl. 1.4.2.

[2407] Vgl. König 2014, 21 – 22. Reuleaux wurde auch nicht-ständiges Mitglied des 1877 gegründeten Reichspatentamtes.

[2408] Vgl. weiter unten in diesem Abschnitt.

[2409] Ludewig 1875, 24.

oder doch in überall gleichem Verhältnisse zu derselben als erste Bedingung auftritt."[2410] Typische Beispiele für konstruktive Modelle sind solche von Maschinenteilen; auch können Originale selbst als Modell dienen. Kinematische Modelle hingegen sind solche, „welche nur den geometrischen Zusammenhang der Bewegungsmechanismen zeigen und sonach möglichst wenig Rücksicht auf specielle praktische Ausführungsformen nehmen sollen."[2411] Sie kommen also mathematischen Modellen recht nahe. Ludewig führt aus:

> Diese Modellgruppe, [...], ist in neuerer Zeit durch die epochemachenden Arbeiten des Hrn. Prof. Reuleaux zu ganz besonderer Anerkennung und Entwickelung gelangt.[2412]

Weiter heißt es zur Kinematik Reuleaux':

> Ihre wesentlichste Aufgabe ist die Auffindung des wissenschaftlichen Zusammenhangs der verschieden möglichen Formen von Mechanismen (kinematische Ketten mit einem festgehaltenen Gliede). Durch die Reuleauxsche kinematische Zeichensprache (ähnlich wie die chemische) ist es möglich geworden, unabhängig von den äusserlich mehr erkennbaren Bewegungsarten, die verschiedenen Mechanismen nach den Gesetzen ihres allein bedingenden geometrischen Zusammenhanges der Einzeltheile logisch zu entwickeln, so dass mit gewissem Sinne diese Kinematik oft die Philosophie des Maschinenbaus genannt wird.[2413]

Denkt man beispielsweise an Fadenmodelle von Regelflächen, geradezu ein Paradigma früher geometrischer Modellierkunst, so ist die Parallelität zu Reuleaux' kinematischen Modellen frappierend: durch adäquate Nachbildung des Bewegungsprozesses das Wesentliche eines Objekts erfassen und sichtbar machen.

Zur Verwendung der kinematischen Modelle zu Lehrzwecken bemerkt Ludewig:

> Danach wird der Zweck solcher Modelle nicht so wesentlich Anschauung derselben durch ein grösseres Auditorium während des erklärenden Vortrages, als vielmehr der eines eigentlichen Experimentirapparates zur Vornahme rechnerischer Untersuchungen. Ist dadurch die exacteste Ausführung in Metall Bedingung, so kann andererseits der Massstab der Ausführung klein gewählt werden.[2414]

[2410] Ludewig 1875, 24. Es geht hier also mathematisch gesprochen i.w. um Ähnlichkeit.
[2411] Ludewig 1875, 24.
[2412] Ludewig 1875, 39.
[2413] Ludewig 1875, 39 – 40.
[2414] Ludewig 1875, 43.

Anders gesagt: Nicht die passive Betrachtung des Modelles ist bildend, sondern die individuelle und aktive Auseinandersetzung mit ihm - ganz im Sinne der Aktivitätspädagogik. Neben Rechnen kann auch Zeichnen eine solche aktive Auseinandersetzung darstellen.

Der hier gewählte weite Sinn des Begriffs „Modell" erfasst auch mathematische Modelle – insofern stehen diese durchaus in der allgemeinen Tradition des 19. Jhs. Solche Modelle können – wie bereits erwähnt - verschiedene Zwecke erfüllen, etwa einen möglichen Auftraggeber von einem Gebäude oder einer Ausstattung desselben zu überzeugen, die Kommunikation zwischen verschiedenen am Herstellungsprozess beteiligten Personen zu fördern, die Funktionstüchtigkeit eines Produktes prüfbar zu machen[2415] oder einen Patentantrag zu erläutern. Alle diese Aspekte waren tief verwurzelt in der zeitgenössischen Praxis. Was mit diesem etwas vagen Schlagwort gemeint sein könnte, mögen die abschließenden Worte des Berichterstatters von der schweizerischen Landesausstellung[2416] im Jahr 1883 illustrieren:

> Wenn meine Skizzen an ihrem bescheidenen Ort etwas zur Hebung des Selbstgefühls der nationalen Arbeit beigetragen haben, nicht des selbstgefällig schlummernden, sondern des fleißig und muthig vorwärts strebenden, und wenn sie einige weitere Bausteine hinzugetragen haben zu der Ueberzeugung, daß zum Gedeihen des Ganzen verständige und billige Rücksichtnahme des Einen auf den andern nöthig ist, so sind sie nicht umsonst geschrieben.[2417]

Zum Wesen des Modells gehört es, gezeigt zu werden. Ein Modell, das nicht betrachtet wird, ist ein totes Modell. Ein privilegierter Ort der Betrachtung waren im 19. Jh. Ausstellungen und Sammlungen. Der Umgang mit ausgestellten Modellen erfolgte meist autodidaktisch; es fällt auf, dass es gängige Praxis war, zu Modellen, die zum Erwerb angeboten wurden, auch Beschreibungen zu liefern. Sicherlich gab es auch hin und wieder Führungen mit Erläuterungen durch Modellsammlungen.[2418] In vielen Studiengängen (Ingenieure, Architekten) mussten die Studierenden selbständig Modelle bauen; herfür gab es sogenannte Modellierwerkstätten – für Arbeiten in Ton, in Holz oder in Metall. Diese Werkstätten wurden von fachkundigem Personal betreut. Für die Benutzung war

---

[2415] Man denke etwa an Flugzeugmodelle, die für Windkanalversuche gebaut wurden – um ein etwas anachronistisches Beispiel zu wählen.

[2416] An dieser beteiligte sich auch das Züricher Polytechnikum als Aussteller, was sich auch in einigen Beschlüssen des Schulrats (1882 und 1883) zeigt. Fiedlers Freund Fr. Kick veröffentlichte einen Bericht über diese Ausstellung, vgl. Kick 1883. Das Exemplar der ZB (Signatur: DU 2809) trägt folgende Dedikation: „Herr Prof. D^r. W. Fiedler in freundschaftlicher Verehrung. Kick".

[2417] Officieller Katalog 1883, 121.

[2418] Ein Beispiel: Andreas Speiser, Mathematikprofessor an der Universität Zürich, bot im Sommersemester 1920 eine Veranstaltung für Hörer aller Fakultäten an mit dem Titel „Die Modelle des mathematischen Seminars".

eine Gebühr zu entrichten. Diese Praxis wurde mancherorts, z. B. an der TH München, auch für mathematische Modelle übernommen. Insgesamt kann man festhalten, dass in der zweiten Hälfte des 19. Jhs. eine reiche Kultur an Modellen vorhanden war; Ausstellungen, insbesondere die Weltausstellungen, bildeten ein Forum, um diese der Allgemeinheit vorzuführen und sich dem internationalen Wettbewerb zu stellen. Umgekehrt konnten und sollten Modelle Neugierde und Interesse wecken und damit Werbung für ein so abstraktes Gebiet wie die Mathematik oder die Kinematik machen. Auch auf viel bescheidenerem Niveau als Welt- und Landesausstellungen wurden Modelle zusammen mit Zeichnungen gerne präsentiert, z. B. bei Ausstellungen, die Schulen organisierten[2419] oder bei Vorträgen vor größerem Publikum.[2420] Sie dienten auch der Selbstdarstellung in der Öffentlichkeit. Im technischen Bildungswesen einschließlich der Polytechnika spielten also Modelle und Zeichnungen eine wichtige Rolle. Sie waren ein ubiquitärer, fester und prominenter Bestandteil dessen, was man polytechnische Tradition nennen könnte.

Mathematische Modelle zeigen neben den genannten Aspekten allerdings noch andere – sie können auch ähnlich wie eine Publikation funktionieren, heißt, sie können das Ergebnis eines Forschungsprozesses dokumentieren und anschaulich machen - man kann hier auf J. Plücker, F. Klein und E. E. Kummer verweisen.[2421] Ein typisches Beispiel hierfür ist die Clebsche Diagonalfläche, auf die wir noch zu sprechen kommen.

In dem der Herstellung von Modellen vorangehenden Prozess kann dieser Forschungsaspekt – eventuell auch bei Vorformen der Modelle – beteiligt sein, z. B. indem sich gewisse Fragen ergeben[2422] oder indem für die Herstellung der Modelle gewisse Techniken[2423] verwandt werden, die ihrerseits Fragen aufwerfen,

---

[2419] Schülerarbeiten wurden auch bei der Weltausstellung 1873 vorgestellt, vgl. den Bericht Langl 1873. Weitere Beispiele finden sich bei Klinger 2014 und Lipsmeier 1971.

[2420] Etwa vor einer Naturforschenden Gesellschaft, z. B. derjenigen in Zürich, wie deren Vierteljahrsschrift belegt. Solche Gesellschaften waren in der zweiten Hälfte des 19. Jhs. weit verbreitet, natürlich trugen sie nicht immer diesen Namen.

[2421] Vgl. die Einleitung in Ludwig/Weber/Zauzig 2014 für genauere Erläuterungen zu dieser Kategorie. Man könnte hier eine Paralle sehen zu denjenigen Modellen, die Patentanträgen beigeben wurden. Auch Sie dokumentierten ja einen Innovationsprozess.
David Rowe hat in letzter Zeit mehrere Arbeiten zur Tradition der Modelle als Forschungsdokumente vorgelegt. Vgl. Rowe 2017, Rowe 2024 und Rowe 2024a. Da die Herstellung von komplexen Modellen handwerklich durchaus anspruchsvoll war, nahmen Mathematiker teilweise die Hilfe von Profis in Anspruch. Diese produzierten dann manchmal auch größere Stückzahlen.

[2422] Bei der bereits genannten Diagonalfläche geht es beispielsweise darum, die interessierenden Merkmale – also die 27 reellen Geraden - in einem eingegrenzten Bereich übersichtlich unterzubringen.

[2423] So wurden bei der Konstruktion vieler Modelle Schnitt-Techniken verwendet, die ja auch mathematische Fragen aufwarfen – modern gesprochen in Richtung Faserungen/Blätterungen, Morse-Theorie und dgl. Ein Beispiel hierfür liefert Fr. Schillings Schilderung seiner Konstruktion der Boyschen Fläche; vgl. Schilling 1924.

vielleicht auch Theorien anregen. Schließlich kann die Erstellung von Modellen dazu dienen, Ideen, die im Forschungsprozess auftreten, zu prüfen – oder auch neue per Entdeckung am Modell zu entwickeln.

8.2 Sammlungen und Ausstellungen

Seit seinen Anfängen (1855) verfügte das Züricher Polytechnikum über mehrere Sammlungen. Das machte auch das Gebäude des Polytechnikums selbst deutlich, das nach Plänen von G. Semper an der Rämistraße errichtet wurde: In diesem spielten Sammlungen, insbesondere solche von Modellen, eine wichtige Rolle, welche wiederum eng mit den Vorstellungen Sempers von technischer Bildung verwoben war. Betrat man das Gebäude vom – damals stadtseitig gelegenen - Haupteingang, so gelangte man in die zentrale Halle, die die Skulpturensammlung beherbergte.[2424] Die größte Sammlung, die auch den höchsten Betrag im Budget für die Sammlungen verschlang, das beachtliche 10% des Gesamtbudgets der Schule ausmachte, war allerdings die Maschinensammlung. Modelle von Maschinen und Mustermaschinen waren auf dem Hintergrund der zunehmenden Komplexität von Maschinen im Laufe des 19. Jhs. für Ausbildungszwecke immer wichtiger geworden. Es gab zudem vielversprechende Ansätze zur Theoretisierung des Maschinenbaus, die sich der Modellvorstellungen und der konkreten Modelle bedienten; ein Beispiel wurde bereits genannt: die Kinematik von Getrieben im Sinne von Reuleaux. Hier zeigen sich deutliche Parallelen zur Entwicklung der mathematischen Modelle, die ebenfalls mit der zunehmenden Komplexität der Objekte und dem Bestreben, diese sinnfällig zu machen, zu tun hatte.

Neben den bereits genannten Sammlungen gab (und gibt) es im Gebäude an der Rämistraße[2425] auch eine graphische Sammlung; bekannt wurde die entomologische Sammlung, die dem Polytechnikum von einem ihrer Professoren, Escher von der Lindt, vermacht wurde. Viele Fächer hatten zudem eigene Sammlungen mit Lehrmaterialien. Während die großen Sammlungen öffentlich zugänglich waren und deshalb auch über entsprechendes Aufsichtspersonal, „Abwarte" genannt, verfügten, blieb die Nutzung der kleineren Sammlungen Dozenten, Studierenden und ausgewählten Interessierten vorbehalten.

Die Sammlungen wurden ergänzt durch die bereits erwähnten Modellierwerkstätten, in denen Studierende selbst unter fachkundiger Anleitung

---

[2424] Darunter sind Nachbildungen antiker Skulpturen zu verstehen.

[2425] Zu beachten ist, dass das fragliche Gebäude bis 1914 sowohl die Universität als auch das Polytechnikum beherbergte. Beim Auszug der Universität in den benachbarten Neubau wurde ein Aussonderungsvertrag geschlossen, in dem u.a. festgelegt wurde, welche Institution welche Sammlungen bekam.

Modelle herstellten. Beliebte Materialien waren Gips, Holz und Metall – Beispiele sind neben Maschinenmodellen etwa Modelle von Gebäuden oder Brücken.[2426]

Funktion und Bedeutung der Sammlungen des Züricher Polytechnikums werden im Bericht über diese Institution, der 1889 anlässlich der Weltausstellung in Paris im Auftrag des Schulrates verfasst wurde[2427], deutlich gemacht:

> Dieselben [die Sammlungen des Polytechnikums; K. V.] sind in erster Linie für den Unterricht und das Studium in den betreffenden Fächern bestimmt, wofür sie den Studirenden jederzeit zum Privatstudium offen stehen; daneben dienen sie auch den wissenschaftlichen Fortschritten der Lehrkräfte, vorgerückter Studirender und von Gelehrten ausserhalb der Anstalt; endlich sind sie noch der Belehrung des Publikums gewidmet, indem wenigstens die wichtigeren Sammlungen zu bestimmten Stunden jedermann geöffnet und deren Gegenstände so aufgestellt und etiquettirt sind, dass auch der Laie, ohne fachmännische Führung, daraus Belehrung schöpfen kann.[2428]

Die Sammlungen des Polytechnikums waren nicht primär Orte, an denen Objekte aus konservatorischem Interesse heraus aufbewahrt und systematisiert wurden, sie waren vielmehr Umgebungen des Wissenstransfers; sie waren keine Museen sondern boten Lerngelegenheiten mit Gegenständen, die überwiegend zum Ge- und Verbrauch bestimmt waren. Von großer Wichtigkeit waren auch die Erfahrungen, die Studierende – eventuell aber auch Dozenten und Forschende – beim Bau von Modellen sammeln konnten: Nicht nur das Resultat sondern auch der Weg zu ihm zählte. Zudem wurden Modelle auf Ausstellungen präsentiert. So vermochte es die Mathematik, sich in der Blütezeit der Ausstellungen einzubringen, welche für die zweite Hälfte des 19. Jhs. anzusetzen ist. Sie gewann Anschluss an die visuelle Kultur der Zeit. Vor allem die um Aufwertung bemühten Polytechnika konnten in den Ausstellungen, den „spaces of modernity"[2429], ihren Anspruch als Vorreiter und Speerspitze der technisch-industriellen Moderne unterstreichen. Soweit Firmen und Verlage, die gewerblich Modelle vertrieben, ausstellten, spielte natürlich auch die Werbung für die eigenen Produkte eine Rolle: Man konnte zeigen, was man zu bieten hatte, und so potentielle Kunden anwerben. Gewann man sogar einen Preis, solche wurden bei vielen Ausstellungen verliehen, war dies zusätzliche Werbung und konnte stolz

---

[2426] Vgl. verschiedene Abbildungen bei Hassler-Meyer 2014.
[2427] Ähnliche Berichte des Polytechnikums gab es schon 1873 (Wien) und 1878 (Paris) für die jeweiligen Weltausstellungen. Diese sind wahre Fundgruben für organisatorische und administrative Informationen über das Züricher Polytechnikum
[2428] Die Eidgenössische Polytechnische Schule in Zürich 1889, 59.
[2429] Geppert 2002, 10. Ich danke V. Remmert (Wuppertal) für Hinweise zur Ausstellungskultur des 19. Jhs.

auf Katalogen vermerkt werden. So nennt Jakob Schröders Katalog[2430] von 1885 gleich 16 Orte, wo seine Produkte mit Medaillen ausgezeichnet wurden, darunter Paris, Wien, London und Philadelphia.

Insgesamt ergeben sich für die polytechnische Welt bemerkenswerte Synergie-Effekte in Sachen Modelle: Vom Unterricht über die Produktion in Eigeninitiative bis hin zur Öffentlichkeitsarbeit kamen sie vielfältig zum Einsatz. Modelle waren hier tief verankert in den gängigen Praxen der Institutionen.

Der große Aufschwung, den die mathematischen Modelle ab etwa 1875 nahmen und der eng mit ihrer professionellen Verbreitung durch Verlage und dgl. verknüpft war, führte die beiden Traditionen (Modelle als Gegenstände des Lehrens, Lernens und Präsentierens und Modelle als Dokumente der Forschung) zusammen. Dies wird im nächsten Abschnitt durch einen Blick auf die Geschichte näher erläutert.

8.3 Mathematische Modelle

Felix Klein, ein früh aktiver Mathematiker im Feld des Modellbaus, hat mehrfach die Geschichte der mathematischen Modelle aus seiner Sicht erzählt. Es sei hier eine Passage aus dem zweiten Band seiner Werke zitiert, die er als Einleitung zum Kapitel „Anschauliche Geometrie" selbst verfasste.[2431]

> Untersuchungen über die gestaltlichen Verhältnisse der Kurven und Flächen, [...], haben mich von je besonders interessiert. Den ersten Anstoß zu einschlägigen Arbeiten hat mir noch während meiner Bonner Studienzeit meine Assistententätigkeit bei Plücker gegeben. [...] Plücker selbst hatte seine Modelle von Komplexflächen nach geeigneter Annahme der in der Gleichung vorkommenden Konstanten nur erst empirisch aus den Gleichungen der horizontalen, bez. der durch die z-Achse hindurchgehenden „Meridianschnitte" konstruieren lassen. Hierbei hatte ich ihm als Assistent zur Hand zu gehen [...] Im Gegensatz dazu sind die [...] 1871 von mir herausgegebenen Zinkmodelle geometrisch konstruiert worden. Hierbei ist mir, [...], in hervorragender Weise mein Freund Wenker[2432] behilflich gewesen. [...]

> Einen wesentlichen Impuls hatten meine hier in Betracht kommenden Bestrebungen auch dadurch erhalten, daß ich Pfingsten 1868, gelegentlich der damaligen Zusammenkunft von Mathematikern auf der

---

[2430] Schröder 1885. Jakob Schröder in Darmstadt war ein bekannter Verlag für Modelle, die in erster Linie für die polytechnische Welt bestimmt waren, siehe weiter unten.
[2431] Klein 1922, 3 – 5. Zu Kleins anschaulicher Geometrie vgl. auch Rowe 2024.
[2432] Albert Wenker (+1871) war ein Schulfreund von Klein in Düsseldorf, vgl. Tobies 2019, 19.

Bergstraße, das später viel besprochene (auch noch ganz unsymmetrische, durch empirische Konstruktion hergestellte) Modell Christian Wieners einer Fläche dritter Ordnung mit 27 reellen Geraden hatte kennen lernen. Erst später habe ich dann – 1870 in Paris durch Besuch der Sammlungen des *Conservatoire des arts et des métiers* und bald hernach durch Besuch der Technischen Hochschulen in Karlsruhe und Darmstadt – den ganzen Umfang der Vorarbeiten erfasst, welche die darstellenden Geometer zwecks anschaulicher Erfassung höherer Raumgebilde schon damals geleistet hatten.[2433]

Jedenfalls stand bei mir, als ich mich 1872 in Göttingen habilitierte, bereits fest, daß ich auf diesem Gebiete werde weiter arbeiten müssen. Diese Absicht wurde von Clebsch lebhaft unterstützt, der im Sommer 1872 selbst in gleicher Richtung einsetzte, indem er den von Zürich herübergekommenen Ad. Weiler, der die Tradition von Fiedler mit brachte, die zu einem reellen Pentaeder gehörige Diagonalfläche dritter Ordnung konstruieren ließ, welche 27 reelle Geraden in übersichtlicher Gruppierung aufweist. [...][2434]

Hier werde noch der parallellaufenden organisatorischen Bestrebungen gedacht, die damals von vielen Seiten mit Eifer aufgenommen wurden. Ich selbst habe mich gleich in meiner Erlanger Antrittsrede (Dez. 72)[2435] für die Einrichtung einer mathematischen Modellsammlung und zugehöriger Zeichensäle (N. B. auch an der Universität) nachdrücklich eingesetzt. Bald darauf, Ostern 1873, konnte mit der damals in Göttingen abgehaltenen Mathematikerversammlung bereits eine erste Ausstellung mathematischer Modelle verbunden werden. Eine systematische Ausgestaltung nahmen die Dinge insonderheit, als ich 1875 – 80 an der Münchner technischen Hochschule mit Brill, der aus Darmstadt kam, zusammenwirken durfte. Nun wurde ein eigenes mathematisches Laboratorium eingerichtet, dessen Leitung A. Brill übernahm und aus dem eine große Zahl der im Verlage seines Bruders L. Brill bald erscheinenden Modelle hervorgegangen ist. Als ich im Herbst 1880 an die Universität Leipzig übergesiedelt war, habe ich diese Bestrebungen dort fortgesetzt, wobei W. Dyck, der schon in München mein Assistent gewesen war, meine beste Hilfe wurde. Nachdem Dyck 1884 als Nachfolger von Brill an die Münchner Technische Hochschule berufen war, hat dort die

---

[2433] Man beachte: Alle Institutionen, die Klein hier aufzählt, rechnen sich zur polytechnischen Welt.
[2434] In den fehlenden Zeilen gibt Klein Details zur Fläche dritter Ordnung mit 27 reellen Geraden, insbesondere zu der von Clebsch angeregten Arbeit von Rodenberg. Er erwähnt auch Clebschs Präsentation des Modells seiner Diagonalfläche vor der Göttinger Akademie. Vgl. Clebsch/Klein 1872.
[2435] Vgl. Rowe 1985 für den Text dieser Rede. Es geht hier nicht um das Erlanger Programm.

Entwicklung gesteigerten Fortgang genommen. Einen Höhepunkt derselben bezeichnete die wesentlich durch ihn namens der Deutschen Mathematiker-Vereinigung zusammengebrachten Münchner Ausstellung von 1893, über deren reichen Inhalt ein umfangreicher, von ihm zusammengestellter Katalog[2436] Auskunft gibt, dessen Vertrieb B. G. Teubner übernahm. Parallel damit hat auf der Weltausstellung in Chicago eine ebenfalls von Dyck vorbereitete Ausstellung deutscher mathematischer Modelle stattgefunden, die ich als Kommissar des preußischen Unterrichtsministeriums zu erläutern hatte. Gegenwärtig entbehrt wohl keine deutsche Hochschule einer bez. Sammlung. Auch bot die von A. Gutzmer und M. Disteli gelegentlich des ersten in Deutschland abgehaltenen internationalen Mathematiker Kongresses 1905 in Heidelberg veranstaltete Ausstellung vieles Neue. Immerhin muss man sagen, dass die ganze hiermit gemeinte Bewegung unter dem Einfluss der in den Vordergrund getretenen mehr abstrakten mathematischen Tendenzen in den letzten 20 Jahren etwas abgeflaut hat. Umso mehr sollte ihrer hier gedacht werden.[2437]

1922 bedurfte eine Überschrift wie „anschauliche Geometrie" offensichtlich schon einer rechtfertigenden Erklärung; Klein versuchte in seinem Text, sein Konzept derselben gegen die längst dominant gewordene abstrakte Orientierung der Mathematik allgemein und der Geometrie im Besonderen, welche vor allem auf der Untersuchung von Axiomensystemen und Modellen im modernen Sinn beruhte, zu verteidigen. Auffallend an Kleins Darstellung ist die Betonung der Ausstellungen; diese geben gewissermaßen den Rhythmus vor, in dem die Entwicklung ablief. Hätte Fiedler eine ähnliche Schilderung zu verfassen gehabt, so hätte er vermutlich die Ausstellungen nur am Rande – wenn überhaupt – erwähnt; er hat keine einzige besucht und zu keiner beigetragen, obwohl er dazu aufgefordert wurde.[2438] Klein leistet der polytechnischen Tradition Tribut, betont sie aber nicht, noch verweist er nachdrücklich auf die tragende Rolle, die sie bei der Entwicklung der mathematischen Modelle gespielt hat. Und – vielleicht erstaunlich – er erwähnt die Lehre mit keinem einzigen Wort. Die Modelle entwickeln sich gemäß seiner Darstellung gewissermaßen autonom, eingebettet in ein – modern gesprochen – Forschungsprogramm, das man mit „anschauliche Geometrie" überschreiben könnte, mit Felix Klein als wichtigen Protagonisten: Alle Wege führen zu Klein. Damit sind Tendenzen angelegt, die für die Historiographie der mathematischen Modelle sehr einflussreich, geradezu

---

[2436] Vgl. Dyck 1892 und Dyck 1892 – 93.
[2437] Klein 1922, 3 – 4. Eine Übersicht zu Ausstellungen, bei denen mathematische Modelle präsentiert wurden, gibt Dressler 1913, wobei der Fokus auf Deutschland liegt. Der Heidelberger Kongress fand im Übrigen schon 1904 statt; Disteli kam wie Weiler aus Fiedlers Umfeld.
[2438] Vgl. 8.4.

dominant, wurden. Im Folgenden gebe ich einen kurzen Überblick zur Geschichte der mathematischen Modelle im 19. Jh.[2439]

Der Beginn des Interesses an und der Verwendung von mathematischen Modellen wird üblicherweise bei G. Monge und seinem Umfeld gesehen, also insbesondere an der *Ecole polytechnique* in Paris.[2440] Monge hatte ja die darstellende Geometrie systematisiert und so zu einem für ein größeres Publikum[2441] lehrbaren Gebiet gemacht und diese Lehre auch in der Praxis verwirklicht.[2442] Wie bereits mehrfach erläutert, stellte die Lehre der darstellenden Geometrie ganz neue Anforderungen an den Unterricht – und die Verwendung von Modellen passte sich hier bruchlos ein. Monge war zudem sehr an der Technik seiner Zeit interessiert[2443]; in diesem Kontext wandte er sich auch den Regelflächen zu, da diese technisch gesehen einfach zu erzeugen sind.[2444] Hat man verstanden, was eine Regelfläche ist, so liegt der Gedanke, eine solche durch Fäden zu realisieren, sehr nahe: Die Fäden bilden unterschiedliche Lagen der erzeugenden Geraden ab. Genau das tat Théodore Olivier[2445], der am von Klein erwähnten *Conservatoire national des arts et métiers*, aber auch an der *Ecole polytechnique* wirkte.[2446] Wie weit Oliviers Modelle im deutschsprachigen

---

[2439] Vgl. auch Sattelmacher 2021, eine Darstellung, die vor allem den medialen Gesichtspunkt betont.

[2440] Zu Monges Leistungen und denen seiner Schule vgl. man die Einschätzung bei Fano 1907, 229 – 231. Zur Verwendung von Modellen im Mathematikunterricht in Zeiten vor Monge ist anscheinend nur sehr wenig bekannt; vgl. Brechenmacher 2022, 78 – 80. Einige Hinweise zur frühen Verwendung von Modellen geben Dressler 1913 und Fischer 1913. Vgl. auch das Zitat von Kästner am Anfang dieses Kapitels. Zu Modellen im Frankreich des 19. Jhs., insbesondere zur Rolle der *Ecole Polytechnique*, vgl. man Brechenmacher 2022; bzgl. England vgl. man Barrow-Green 2020.

[2441] In der handwerklichen Tradition gab es zuvor natürlich die Vermittlung von Meister auf Lehrling.

[2442] In diesem aber auch nur in diesem Sinne kann man Monge den Schöpfer der darstellenden Geometrie nennen. Darauf hat Fiedler immer wieder hingewiesen, dem die Überhöhung von Monge offensichtlich ein Dorn im Auge war. Fiedler hat stets die Verdienste von Lambert betont. Ähnlich äußert sich auch Fano (vgl. Fano 1907, 229 – 230).

[2443] Er leitete eine Zeitlang sogar eine Sprengstofffabrik. Nach einem schweren Unfall in dieser gab Monge diese Stellung auf.

[2444] Führt man eine Schneide durch ein Material, so ist das Ergebnis eine Regelfläche, auch durch Biegen ohne Knicken eines ebenen Bleches entsteht eine solche.

[2445] Olivier kritisierte die seiner Meinung nach einseitige Ausbildung der *Ecole polytechnique* und wirkte 1829 beim Aufbau der *Ecole Centrale des Arts et Manufactures* mit, die ein Gegenmodell in der Ingenieursausbildung zu verwirklichen versuchte. Im Unterschied zur *Ecole polytechnique*, deren Absolventen mehrheitlich in den Staatsdienst, insbesondere in die Armee, eintraten, bildete man hier hauptsächlich Ingenieure für die aufkommende Industrie aus.

[2446] Mit dem *Conservatoire* wurde schon 1794 der *Ecole polytechnique* eine praktisch orientierte Ausbildungsinstitution zur Seite gestellt, die auch mit einer Sammlung von Ausstellungsstücken verknüpft war (das heutige Museum). 1819 erhielt diese drei Lehrstühle. Das Lehrbuch der darstellenden Geometrie von Ch. Dupin, Lehrstuhlinhaber für angewandte Mechanik, das aus seinen Lehrveranstaltungen am *Conservatoire* hervorgegangen war, wurde in seiner Übersetzung (1825) im deutschsprachigen Raum viel verwendet. Auch hier empfand man wohl Monges Werk als zu abstrakt (und schwer); vgl. Klinger 2014, 262 – 265. Zu Oliviers Modellen, insbesondere zum Omnibus, vgl. man Xavier/Pinho 2017, zu Modellen in Monge's Schule und in Frankreich allgemein Brechenmacher 2022.

Raum[2447] bekannt waren und gewirkt haben, ist schwer feststellbar; klar ist aber, dass viele deutsche Mathematiker nach Paris reisten, teilweise auch dort, wie J. Plücker, längere Zeiten lebten. Folglich hatten sie im Prinzip Gelegenheit, Oliviers Modelle kennenzulernen.[2448]

Wie bereits ausgeführt, war die Verwendung von einfachen Modellen – etwa solchen von platonischen Körpern, allgemeiner von Kristallen – zu Unterrichtszwecken in der ersten Hälfte des 19. Jhs. gängige Praxis, vor allem im gewerblich-technischen Bereich der Bildung. Anspruchsvollere Modelle (wie beispielsweise solche von Flächen[2449] dritter Ordnung) treten erst in den 1860er Jahren in Erscheinung. Eine wichtige Vorbedingung hierfür war, dass man diese Objekte mit mathematischen Mitteln überhaupt untersuchen konnte, das heißt, die erforderliche mathematische Theorie musste einen gewissen Entwicklungsstand erreicht haben.[2450] Zur Analyse solcher Flächen bieten sich einerseits Singularitäten an (Art, Anzahl, Verteilung), andererseits besondere geometrische Situationen wie etwa die 27 reellen Geraden, die Schläflische Doppelsechs und das Pentaeder von Sylvester.

Als weitere Voraussetzung kommt das Interesse an Modellen, also an Veranschaulichungen[2451], hinzu. Aus didaktischen Gründen liegt dieses auf der Hand, aber bis weit ins 19. Jh. hinein hatten diese ein viel grundlegenderes Interesse: Sie belegten auch die Zugänglichkeit des fraglichen Objekts.[2452] Ähnlich wie man die berühmte Schmetterlingssammlung des Polytechnikums vergrößerte, in dem man ihr neue Schmetterlinge hinzufügte, ergänzte man die geometrische Modellsammlung durch neue Modelle. Es genügte eben nicht, einen Schmetterling mit blauen Flügeln und gelben Punkten zu beschreiben, er

---

[2447] Floriert hat anscheinend der Export in die USA, wo heute noch viele Modelle von Olivier zu finden sind.

[2448] Wie etwa Felix Klein, vgl. das obige Zitat.

[2449] Modelle für Kurven u. ä. gab es auch, allerdings vergleichsweise wenige. Deshalb ist im Weiteren meist von Flächen die Rede.

[2450] Als eine Art von Initialzündung für die Flächentheorie gilt die Abhandlung über gekrümmte Flächen (Disquisitiones circa superficies curvas) von Gauß (1827). Wie wenig die Flächentheorie, insbesondere die Krümmungstheorie derselben, noch in den 1860er und -70er Jahren mathematisches Allgemeingut war, kann man den Schilderungen von A. Brill in seiner Autobiographie entnehmen. Zur Flächentheorie vgl. auch 5.3.2.

[2451] Gauß sprach von „Versinnlichung" im Zusammenhang mit der von ihm entwickelten geometrischen Darstellung der komplexen Zahlen. Diese verschafft ihnen nach Gauß volles Bürgerrecht. Die Rede von Versinnlichung tritt insbesondere in Gestalt euklidischer „Bilder" der nichteuklidischen Geometrie immer wieder mal auf, z. B. bei F. Klein. Der materiale Aspekt von Modellen ist sekundär, nicht um ihn geht es primär. Allerdings gab es, wie oben am Beispiel der Regelflächen erläutert, Zusammenhänge zwischen dem mathematischen Objekt und dem Material seines Modells – manche Materialien eignen sich besser für die Darstellung des Wesentlichen, manche weniger. Typisches Beispiel: Stabmodelle lassen den Blick durch das Modell auf die Hinterseite zu, Gipsmodelle nicht. Dagegen vermitteln letztere den Eindruck einer glatten zusammenhängenden Oberfläche. Und Fadenmodelle zeigen deutlich die Struktur von Regelflächen. Vgl. hierzu Sattelmacher 2021.

[2452] In Volkert 1986 wurde dies das anschauliche Existenzkriterium genannt.

sollte als konkretes Objekt die Sammlung bereichern und so beweisen, dass es ihn wirklich gibt. Ähnlich genügte es nicht, eine Fläche dritten Grades durch eine Formel zu definieren, sie musste als Modell konstruiert werden. Natürlich kommt in beiden Fällen das Bedürfnis auf, die Vielfalt der Objekte zu strukturieren, also Ordnungen herzustellen. Letztere sind u.a. dann wichtig, wenn man die Dinge in übersichtlicher Weise präsentieren will. Als Zwischenstufe zu Sammeln und Ordnen kam das Analysieren der Objekte hinzu. Dieses lieferte Merkmale und Eigenschaften, an denen das Ordnen dann ansetzen konnte. Zudem kann in anspruchsvolleren Fällen ein solches Modell den Forschungsprozess, der seiner Herstellung zu Grunde liegt, dokumentieren, ähnlich, wie der Schmetterling belegt, dass man beispielsweise in Südamerika gewesen ist. Das Modell ist eine Art von Veröffentlichung, die etwa bei Prioritätsfragen herangezogen werden konnte.

Üblicherweise lässt man die Geschichte der Modelle mit wissenschaftlichem Anspruch im deutschsprachigen Raum mit J. Plücker beginnen und seinen Modellen zur Fresnelschen Wellenfläche Mitte der 1860er Jahre. Eine Quelle hierzu sind die Berichte von F. Klein, der ab 1866 als physikalischer Assistent[2453] bei Plücker arbeitete und der – wie oben von ihm beschrieben - am Bau der Modelle beteiligt war. Auch E. E. Kummer beschäftigte sich ab Mitte der 1860er Jahre im Zusammenhang mit geometrischer Optik mit dem Bau von Modellen, insbesondere auch von Steiners römischer Fläche. Kummers Modelle wurden jedoch erst 1880 einem größeren Publikum zugänglich.[2454]

Einen Aufschwung der Beschäftigung mit Modellen folgte auf die Präsentation des Modells, das Christian Wiener (Karlsruhe) von einer Fläche dritter Ordnung mit 27 reellen Geraden 1868 vorstellte. Dieses war auf Anregung von Clebsch entstanden. Wiener und Clebsch waren von 1858 bis 1863, bevor Clebsch nach Gießen wechselte, Kollegen in Karlsruhe gewesen. Wiener wählte die sogenannte Versammlung süddeutscher Mathematiker an der Bergstraße (Pfingsten 1868) als Forum, was sicherlich geschickt war, denn so war ihm ein kompetentes und interessiertes Publikum sicher.[2455] Wieners Modell wurde eine Art Museumsstück; anlässlich der mit dem Internationalen Mathematikerkongress

---

[2453] Es gehörte zu seinen Aufgaben, die Vorlesungsexperimente zu betreuen. Plücker war ja hauptsächlich Experimentalphysiker, was man bei einem Mathematiker vielleicht nicht erwartet. Assistenten im Fach Mathematik gab es seinerzeit noch nicht an deutschen Universitäten; der von Klein erwähnte W. Dyck war der erste (1881) seiner Art.

[2454] Vgl. Rowe 2017, 11 – 14. E. E. Kummer war bevor er Professor in Breslau wurde rund zehn Jahre Gymnasiallehrer, kannte also den Mathematikunterricht aus erster Hand.

[2455] Cf. Labs 2017 und Rowe 2017. Genauere Informationen zu Wiener und seinem Modell finden sich bei Brill und Sohnke; diese Autoren würdigen Wiener als einen Pionier der mathematischen Modelle (vgl. Brill/Sohnke 1899, 48) und der Verbindung von projektiver Geometrie mit darstellender (vgl. Brill/Sohnke 1899, 47). Bezüglich der Clebschen Diagonalfläche vgl. man auch Lê 2013.

1904 in Heidelberg verbundenen Modellausstellung wurde es neben der Leibnizschen Rechenmaschine als historisches Objekt ausgestellt.

Allerdings wäre es falsch, Wieners Aktivitäten im Bereich der Modelle nur dem Einfluss von Clebsch zuzuschreiben. Vielmehr war die Tradition des Modellbaus in Karlsruhe eine alte, wie das folgende Zitat belegt:

> Schon unter Schreiber waren Modelle sowohl in Glas und Metall als in Fäden, über Elementarkonstruktionen und über einige Regelflächen von "Zöglingen" hergestellt worden (20 Nummern). Wiener richtete ein Seminar für die Konstruktion und Ausführung solcher Modelle ein und fand dafür Interesse unter den Studirenden. Es sind Modelle in Metall, Karton und Gyps, besonders aber Fadenmodelle im Rahmen von ausgesägtem Holz zu erwähnen, bei denen die Schnittlinie zweier Flächen durch umgelegte stärkere Fäden hervorgehalten werden, oder durch Perlen, welche an den Begegnungsstellen zweier den verschiedenen Flächen angehörigen Fäden eingezogen sind. Die Modellsammlung besitzt gegenwärtig 146 Nummern.[2456]

Guido Schreiber war der Vorgänger von Christian Wiener als Vertreter der darstellenden Geometrie am Karlsruher Polytechnikum. Er gehörte diesem seit 1827 an, 1851 trat er vom Lehramt zurück. Bekannt geblieben ist er als Verfasser von frühen Lehrbüchern zur darstellenden Geometrie in deutscher Sprache, wie etwa sein „Lehrbuch der darstellenden Geometrie nach Monges Géométrie descriptive" (1828) und sein „Geometrisches Portfolio" (1838 – 1843).[2457]

Ende der 1860er/Anfang der 1870er Jahre gewann die Produktion von Modellen in Deutschland an Dynamik, wie wir weiter unten an ausgewählten Beispielen sehen werden. Auch in anderen Ländern, etwa Frankreich, Italien und England, entstanden Modelle. Ein bekanntes Beispiel sind die Versuche von E. Beltrami (1868), die Verhältnisse auf einer Pseudosphäre mit Papiermodellen zu veranschaulichen. Diese reihen sich bruchlos in die Bemühungen um Modelle als Dokumente der Forschung ein. Es galt, das Unanschauliche oder nur wenig Anschauliche geeignet zu visualisieren – und hierzu musste man sich seinerzeit materialer Objekte bedienen.[2458]

Die bisher beschriebene Geschichte der Modelle ist hauptsächlich auf den Forschungsaspekt ausgelegt; sie bedarf der Ergänzung durch eine Geschichte

---

[2456] Entwicklung 1892, XXV.

[2457] Vgl. 2.1 und 2.3.

[2458] Die darstellende Geometrie mit ihren Rissen bot im Grunde genommen alternative Möglichkeiten, wie Anschaulichkeit durch Zeichnungen erzeugt werden kann. Aber dazu bedarf es doch schon einer gewissen Kenntnis des Objekts, das abgebildet wird – und sicher auch viel Routine im Lesen der Zeichnungen.

der Modelle als Hilfsmittel der Lehre – insbesondere mit Blick auf Fiedler, dem die Lehre ein wichtiges Anliegen war. Dass letztere für die Frage der Modelle wichtig war, wird auch durch Schulprogramme belegt. Diese in der zweiten Hälfte des 19. Jhs. enorm umfangreiche Literaturgattung ist bislang von der Historiographie der Mathematik nur wenig beachtet worden,[2459] weshalb hier nur einige Beispiele genannt werden können. Es fällt dabei auf, dass die Beiträge meist aus dem süddeutschen Raum stammten und aus der Welt der Realanstalten, Gewerbeschulen und Ähnlichem kamen. Das klassische, heute würden wir sagen: humanistische, Gymnasium war in Diskussionen über darstellende Geometrie und ihren Unterricht inklusive Modelle so gut wie nicht vertreten.

Die erste Programmabhandlung, die ich hier nennen möchte, trägt einen programmatischen Titel: „Ueber das Wesen und den Nutzen der descriptiven Geometrie" (Landwirtschafts- und Gewerbeschule Hof, 1840) von Georg G. Jüngling. Jünglings Schrift versuchte, wie ihr Titel vermuten lässt, die Vorzüge des Unterrichts in darstellender Geometrie, insbesondere an den neu in Bayern etablierten Landwirtschafts- und Gewerbeschulen, zu verdeutlichen.[2460]

> Daraus ist klar, daß die descriptive Geometrie als Grundlage des gesammten technischen Zeichnens für alle diejenigen, die nach vorliegenden Zeichnungen die dargestellten Gegenstände wirklich körperlich auszuführen haben, von der größten Wichtigkeit ist, damit sie nicht allein den zu bildenden Körpern die verlangte Form geben, sondern auch ihre eignen künstlerischen Entwürfe und Ideen bestimmt darlegen, und so Andern mittheilen und zum Gemeingut machen können. Ihre Kenntniß ist daher dem Architekten, Maschinisten, Militär, Bildhauer und selbst vielen Handwerker, wenn diese etwas mehr als Alltägliches liefern wollen, unentbehrlich.[2461]

Unter dem Gesichtspunkt des praktischen Nutzens steht bei Jüngling der Weg von der Zeichnung zum Objekt im Vordergrund. Modelle kommen bei ihm nur an einer Stelle vor – und zwar im alten, eingeschränkten Sinne von verkleinerten Nachbildungen. Die Herstellung eines solchen Modells und der damit einhergehende Verbrauch von Material wird durch Zeichnungen im Sinne der darstellenden Geometrie vermieden.[2462]

[2459] Eine Ausnahme bildet die auf die Mathematik beschränkte Pionierarbeit von G. Schubring (Schubring 1986), ein sehr umfangreiches Verzeichnis unter Berücksichtigung aller Fächer hat Franz Kössler erstellt und war bei der Universitätsbibliothek Gießen online zugänglich. Für den Zeitraum 1876 bis 1910 ist Klussmann 1889 – 1916 einschlägig.

[2460] Es gab einen einjährigen Kurs derselben an den genannten Schulen. Jüngling weist darauf hin, dass so die Grundlage für weitergehende Studien, etwa an Zeichenschulen für Berufstätige, gelegt werde.

[2461] Jünglein 1840, 5.

[2462] Vgl. Jüngling 1840, 3.

Um das Wesen der darstellenden Geometrie dem Leser zu verdeutlichen, löst Jüngling zwei Musteraufgaben in seinem Programm, darunter die klassische auch bei Monge zu findende:

> Es seien zwei Cylinder von kreisförmigen Grundlinien gegeben; sie durchdringen sich so, daß ihre Axen sich nicht schneiden, man soll die Durchschnittscurve bestimmen.[2463]

Ebenfalls von einer Landwirtschafts- und Gewerbeschule, nämlich derjenigen in Amberg in der Oberpfalz, stammt das nächste Programm, dem wir uns zuwenden. Es wurde verfasst von Franz Harter, „königl. Lehrer der Mathematik und Physik", und beschäftigt sich hauptsächlich mit didaktischen Aspekten des Einsatzes von Modellen. Die Ausführungen werden dann an einem Beispiel illustriert, nämlich an der Aufgabe, ein dreiseitiges Prisma in drei gleiche Pyramiden zu zerlegen.

Harter spricht sich zuerst dezidiert gegen die Verwendung von Modellen als Vorlagen aus. Seiner Ansicht nach hemmten diese die Vorstellungskraft der Schüler und verursachten Irrtümer:

> [...]; so wird der Schüler durch ein Modell zu der irrigen Ansicht verleitet, als ließe sich die Aufgabe nur bei gehöriger Annahme der dabei vorkommenden Linien und Ebenen lösen.[2464]

Gemeint ist damit, dass es in der Vorstellung möglich ist, dass das darzustellende Objekt an keine spezielle Lage gebunden sei, während dies beim Modell natürlich immer der Fall sein muss. Dagegen lässt Harter durchaus zu, Modelle als Kontrolle für erzielte Ergebnisse zu nutzen, heißt, diese nach der zeichnerischen Lösung der Aufgabe durch den Schüler erstellen zu lassen und dann mit der Aufgabenstellung zu vergleichen.

> So wie der Gedanke der That folgt, und nicht umgekehrt, so könnte man für jede gelöste Aufgabe ein Modell anfertigen, welches aber genau der Zeichnung entsprechen muß; und derartige Modelle sind es, welche einzig und allein beim Unterrichte der descriptiven Geometrie zulässig sind.[2465]

Die Lösung der Aufgabe kann dann mit Hilfe eines Modells geprüft werden:

> Man muss aber auch hier nicht bei der bloßen Zeichnung stehen bleiben, sondern sie durch ein entsprechendes Modell gleichsam prüfen; denn erst dann wird dem Schüler klar, daß seine Zeichnung einen Zweck und

---

[2463] Jüngling 1840, 7. „Bestimmen" heißt hier im Sinne der darstellenden Geometrie, eine ausreichende Zahl von Punkten konstruieren. Weiter unten ist in diesem Kapitel ein Modell von J. Schröder zu sehen, das die Durchdringung von Zylinder und Kegel illustriert; vgl. Abbildung 8.11.
[2464] Harter 1847, 3.
[2465] Harter 1847, 4.

praktische Nutzanwendung habe; etwas, was an technischen Schulen um so weniger übersehen werden darf, als ja an solchen Anstalten neben der formalen Bildung auch noch die Ausbildung des praktischen Sinnes erzielt werden soll.

Allerdings wird im Folgenden deutlich, dass der Verfasser sich sehr wohl der Schwierigkeit bewusst war, ein Modell eines in drei Pyramiden zerlegten Prismas zu konstruieren, das hinreichend genau ist. Die Lösung, die er anbietet, verwendet Netze. Die Konstruktion von Modellen nach Zeichnungen sei allem für solche Schüler nützlich, „welche später einmal veranlaßt werden, nach geometrischen Zeichnungen zu arbeiten."[2466]

Fiedler scheint übrigens die Verwendung von Modellen aus der Praxis als Vorlagen für seinen Unterricht in darstellender Geometrie abgelehnt zu haben. Im Inventar der mathematischen Modelle des Polytechnikums[2467] gibt es eine eigene Rubrik „VI. Vorlagen für den Unterricht in der darstellender Geometrie", deren erste Eintragung aber erst 1908 erfolgte – also ein Jahr, nachdem Grossmann Fiedler abgelöst hatte. Angeschafft wurden eine Konsole für Winkelgetriebe, ein Mauerkasten, eine Scheibenkupplung, eine Ausdehnungskupplung und eine Pleuelstange.[2468] Insgesamt beschaffte Grossmann 17 Vorlagen dieser Art.

Harter geht sogar noch einen Schritt weiter, indem er andeutet, dass die Zeichnungen der darstellenden Geometrie selbst die Rolle von charakteristischen Modellen – nämlich die Erzeugung einer „sinnlichen Anschauung" – übernehmen könnten.

> Von der Ansicht ausgehend, daß der Schüler, welcher irgend eine Aufgabe im Gedanken in ihrer Allgemeinheit aufgefaßt – [...] – diesen Gedanken nun zu verwirklichen wissen soll; bin ich sogar etwas weiter gegangen, und habe es versucht, mittelst der descriptiven Geometrie Sätze aus der Stereometrie zur sinnlichen Anschauung zu bringen. Der Hauptzweck hierbei war jedoch der, durch Anwendung der Projectionsmethode auf schon bewiesene Sätze, nicht die Wahrheit dieser Sätze, sondern einzig und allein die Richtigkeit der Methode zu erproben.[2469]

In Harters Programmschrift deutet sich eine lebhafte Diskussion über die Verwendung von Modellen im Unterricht der darstellenden Geometrie an, über die aber keine genaueren Informationen gegeben werden.

[2466] Harter 1847, 7.
[2467] Hs 1196: 30.
[2468] Hs 1196: 30, S. 34.
[2469] Harter 1847, 4.

Von Fiedlers Schule, der Gewerbeschule in Chemnitz, liegt eine Programmschrift vor, die sich mit dem Zeichnen beschäftigte: „Ueber den Zeichenunterricht" (1855), verfasst vom Zeichenlehrer der Schule, A. W. Guthmann. Diese Abhandlung ist vergleichsweise umfangreich (21 eng bedruckte Seiten im Quartformat) und enthält viele sehr konkrete Hinweise bis hin zur Beschreibung des Zeichensaales und der verwendeten Apparate (vgl. Abbildung 8.1).

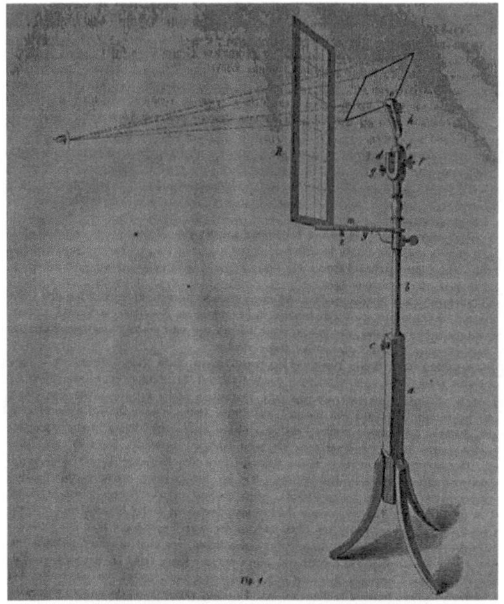

Abb. 8.1: *Apparat zur Präsentation von Modellen im Klassensaal* [2470]

Guthmann betont die bildende Funktion des Zeichenunterrichts und spricht vom „pädagogischen Zeichnen"[2471]; dem stellt er das „Kunstzeichnen"[2472] gegenüber, welches der Ausbildung von „Zeichenkünstlern"[2473] dient.

> Die Aufgabe des pädagogischen Zeichnens ist die naturgemässe Entwicklung und Bildung der dem Menschen beiwohnenden Anlagen für zeichnende Darstellung, als wesentliche Ergänzung des auf Gesamtbildung desselben abzielenden Unterrichts. Bei demselben findet eine vorherrschende Berücksichtigung der auffassenden Kräfte im Vergleich mit den darstellenden statt, durch Anleitung zum klaren

---

[2470] Guthmann 1855, 10. Das Gitternetz in Guthmanns Abbildung erinnert an Dürers Kupferstich „Der Zeichner und die Laute" (1525) zur Illustration der Perspektive.

[2471] Guthmann 1855, 3.

[2472] Guthmann 1855, 3

[2473] Guthmann 1855, 3. Guthmann nennt erstaunlich viele Berufe, die hochentwickelte Zeichenfertigkeiten verlangen, u.a. den Zeichner von Tapeten oder von Geweben, den Formstecher und den Architekten.

Bewusstwerden des Darzustellenden, indem andererseits ein möglichst hoher Grad von technischer Fertigkeit im Darstellen selbst angestrebt wird.[2474]

Nach diesen einführenden Erläuterungen geht Guthmann auf die Geschichte des Faches Zeichnen ein, wobei er als Ausgangspunkt des ernsthaften Zeichenunterrichts Pestalozzi nennt. Guthmann selbst orientierte sich an den Vorschlägen der Gebrüder Dupuis, 1853 hatte er den Unterricht von Alexandre Dupuis in Paris anlässlich eines sechswöchigen Aufenthaltes[2475] daselbst kennengelernt und zu seiner Zufriedenheit festgestellt, dass der Unterricht in Chemnitz mit diesem in weiten Strecken zusammenpasste. Anschließend erläutert Guthmann ausführlich den Kurs im Zeichnen, wie er in Chemnitz angeboten wurde. Dieser zerfiel in einen elementaren Teil und einen fortgeschrittenen. Der Elementarkurs umfasste u.a. perspektivisches Linearzeichnen und das Zeichnen nach Modellen, zuerst nach Stabmodellen, dann nach Holzmodellen und schließlich nach Gipsmodellen.[2476] Bei den beiden letzteren kommt als Novum gegenüber den Stabmodellen der Schattenwurf hinzu und damit verbunden die Notwendigkeit des Schraffierens, nachteilig ist, dass man die Rückseite der Modelle von vorne nicht einsehen kann. Dafür besitzen solide Modelle aber eine glatte Oberfläche.

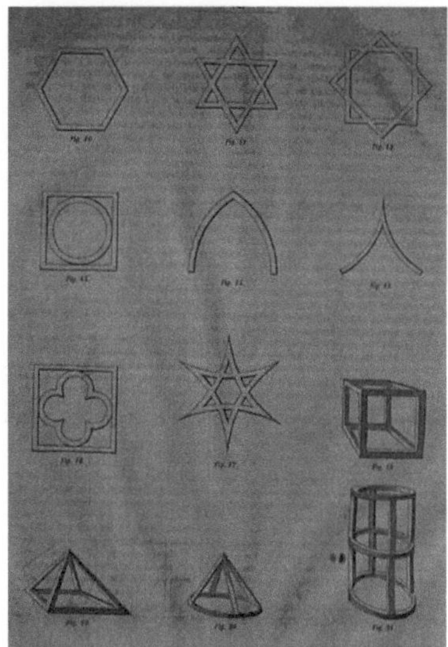

Abb. 8.2: *Vorlagen für den Zeichenunterricht* [2477]

[2474] Guthmann 1855, 3.
[2475] Finanziert vom zuständigen Ministerium. Zur Methode des Zeichenunterrichts nach den Gebrüdern Dupuis vgl. Lipsmeier 1971, 185 – 191.
[2476] Das ist das genaue Gegenteil dessen, was Harter vertrat. Siehe oben.
[2477] Guthmann 1855, 12.

Der zweite Teil des Kurses im Zeichnen widmete sich dem Zeichnen nach Büsten, wobei das künstlerische Moment stärker zum Ausdruck kommt. Natürlich wird bei Guthmann Alexandre Dupuis, Schüler von Jacques-Louis David, hierfür ins Felde geführt.

Der Zeichenunterricht sollte eine vorbereitende Funktion für den Unterricht in darstellender Geometrie haben, die Regeln dieser Disziplin formen die erworbene Praxis, etwa im Freihandzeichnen, zu einem Korpus. Die Geometrie, insbesondere die darstellende Geometrie, stellt eine Art Grammatik dar.

> Sowie man bei jedem Gebildeten die grammatikalische Behandlung der Sprache und die Kenntniss dahinzielenden Regeln für unerlässlich hält, und diese in der Schule lehrt, so ist auch dem Zeichner die Grammatik der Zeichenkunst, die wissenschaftliche Behandlung derselben nothwendig. Darunter ist zu verstehen, das geometrische Zeichnen, d. h. die Darstellung von Linien, Flächen und Körpern auf den Projectionsebenen im Grund- und Aufriss, sowie die Kenntniss der Perspective. Bedarf es auch, streng genommen, zum richtigen Zeichnen nur eines hierzu gut ausgebildeten Auges, so kann solche Ausbildung doch schwerlich so weit getrieben werden, um bei eigenen Entwürfen für irgend welche Kunstwerke perspectivisch ganz richtige zu erhalten; [...][2478]

Den Abschluss von Guthmanns Ausführungen bildet ein internationaler Vergleich des Zeichenunterrichts, wobei England und Frankreich als Vorbilder hingestellt werden, die deutschen Länder hingegen Nachholbedarf aufweisen – nicht zuletzt, um in der internationalen Konkurrenzsituation bestehen zu können.

Das letzte Schulprogramm, das ich hier vorstellen möchte, stammt aus dem Jahr 1873, dem Jahr der (kleinen) Weltausstellung in Wien. Die Habsburger Monarchie hatte vor nicht allzu langer Zeit den Krieg gegen Preußen und seine Verbündeten, den sogenannten Deutschen Krieg, verloren und die Weltausstellung sollte auch das angeschlagene nationale Selbstbewusstsein wieder stärken.[2479] Die Ausstellung hatte – wie andere auch – eine Abteilung für den Zeichen- und Kunstunterricht als Teil der dem Unterricht gewidmeten Gruppe XXVI. Dort wurden auch von Schulen Objekte ausgestellt. Konkret geht es uns hier es um die Höhere Gewerbeschule Kassel, die zwei Modelle nach Wien sandte. Diese werden in der Programmschrift „Ueber die abwickelbaren Normalflächen bei Hyperboloiden" von P. Wiecke beschrieben. Eines dieser Modelle war in Gips gefertigt, das andere war ein Fadenmodell. Wiecke beschreibt im Anschluss sehr

---

[2478] Guthmann 1855, 19. Die Idee, Geometrie sei eine Grammatik des Räumlichen, findet sich bei L. Wittgenstein wieder.

[2479] Heute würde man vielleicht sagen: *Make Austria great again* (kurz: Maga). Zur Stimmung in der Habsburger Monarchie im letzten Drittel des 19. Jhs. liefern die Briefe von Kick und Pelz an Fiedler interessante Einsichten, vgl. 9.2.4 und 9.2.6.

detailliert die Konstruktion eines dieser Modelle, wobei dessen Krümmungslinien eine wichtige Rolle spielen. Insgesamt zeigt die Abhandlung Wieckes, dass die Konstruktion von Modellen zumindest an manchen Schulen ein hohes Niveau erreichte. Die immerhin gut 14 Seiten füllende Abhandlung endet mit einem Angebot:

> Das Gypsmodell ist in den Dimensionen a = 8,3 cm, b = 6,2 cm, c = 16,3 cm ausgeführt. Abgüsse desselben stehen anderen Anstalten, welche eine Verwendung für sie haben und einen solchen zu besitzen wünschen, zur Verfügung.[2480]

Es liegt auf der Hand, dass Modelle – insbesondere solche, die Schülerarbeiten waren - hervorragend geeignet waren, um von Schulen, Polytechnika und ähnlichen Institutionen bei Ausstellungen präsentiert zu werden. Das Buch von Antonius Lipsmeier[2481] enthält zahlreiche Hinweise auf solche, oft lokal organisierte Ausstellungen und lässt so erahnen, welche Wichtigkeit dieser Aspekt für die schulische Verwendung von Modellen hatte. Berichterstatter Langl stellte den deutschen Bemühungen übrigens ein schlechtes Zeugnis aus:

> Die Masse sowohl als die Vielseitigkeit der Productionen zeigte, daß es der Nation nicht an Reichthum von Talenten mangle, die höchsten Ziele anzustreben und daß sie alle Mittel besitze, auch auf dem Wahlplatze der Arbeit die Siegespalme zu erreichen. Daß dies aber trotz aller Anstrengungen noch nicht geschehen, daß der „Kampf in den Formen" noch immer zu Ungunsten der Deutschen ausfallen mußte, ist hauptsächlich den Mängeln des Kunstunterrichtes, dem Mangel der Kunstpflege überhaupt zuzuschreiben.[2482]

Klar ist, dass die obigen Ausführungen zu Schulprogrammen Zufälligkeiten unterworfen sind. Eine systematische Auswertung der mathematischen Programme, die auch genauere Aufschlüsse zum Thema darstellende Geometrie und Modelle ermöglichen würde, bleibt ein Desiderat.

Erwähnt werden soll hier noch der Artikel über deskriptive Geometrie, den Bernhard Gugler 1860 veröffentlichte. Da dieser für eine Enzyklopädie des Erziehungs- und Unterrichtswesens bestimmt war, geht es in ihm hauptsächlich um den Unterricht der darstellenden Geometrie, nicht etwa um das mathematische Teilgebiet selbst. Gugler, der reiche Erfahrung als Lehrer gesammelt hatte, votierte vor allem für das „Sehen mit geschlossenen Augen"[2483],

---

[2480] Wiecke 1873, 15.
[2481] Lipsmeier 1971.
[2482] Langl 1873, 14.
[2483] Gugler 1860, 717.

welches es zu entwickeln gelte. Modelle und Wandtafeln sah er skeptisch, weil sie diesem Hauptziel des Unterrichts eher im Wege ständen denn nutzten. Der zehn
Seiten lange Artikel Guglers enthält eine Fülle von interessanten Detailinformationen, auf die wir hier nicht eingehen.

Abschließend sei erinnert, dass eine andere, heute fast vergessene Verwendung des Begriffs „Modell" uns schon mit der Reliefperspektive begegnet ist: Hier bezeichnet „Modell" das Bild eines Objekts unter räumlicher Zentralkollineation. Man beachte, dass das Modell, das die Reliefperspektive liefert, ein abstraktes Gebilde ist.[2484] Von diesem kann man natürlich materielle Modelle herstellen, wie Morstadt und Burmester das taten.

8.4 Modelle bei Fiedler und in seiner Umgebung

Leider ist, sieht man von Guthmanns Bericht ab, wenig Konkretes bekannt über die Verwendung von Modellen an der Gewerbeschule zu Chemnitz – immerhin neben dem Polytechnikum in Dresden und der Bergakademie in Freiberg eine der führenden Anstalten im technischen Bildungswesen des Königreichs Sachsen. Jedenfalls war Chemnitz bei der Weltausstellung 1873 präsent. Langl nennt in seinem Bericht das vorbildliche Vorlagenheft „Kleiner Zeichner" von F. W. Tretau (Professor in Chemnitz).[2485] Die dargebotenen Leistungen der Chemnitzer Schüler hingegen fanden nicht den Beifall des Betrachters:

> Weniger ansprechend waren die Schülerarbeiten der Realschule Chemnitz, woraus kein bestimmter Lehrplan ersichtlich wurde. Hier fanden sich auch Licht- und Schattenstudien an geometrischen Körpern, groß mit Kreide durchgeführt, was den Schülern viel Zeit nimmt und wenig Nutzen bietet.[2486]

Auch Ludewig nennt Chemnitz in seinem Bericht, allerdings in einer etwas kuriosen Weise:

> Der officielle Ausstellungskatalog führt zwar Schülerarbeiten und Unterrichtsmittel von der kgl. Gewerbeschule in Chemnitz auf, welche wir jedoch übersehen haben.[2487]

Greifbare Spuren von Fiedlers Beschäftigung mit Modellen finden sich bislang erst für seine Zeit in Prag (1864 – 1867). Zum einen handelt es sich dabei um die Veröffentlichung von Rafael Morstadt, „Assistent der descriptiven Geometrie am

---

[2484] Vgl. 4.2.8.
[2485] Langl 1873, 37.
[2486] Langl 1873, 38.
[2487] Ludewig 1875, 49 n. *).

Polytechnikum zu Prag".[2488] Gegenstand der Veröffentlichung sind Modelle von Reliefperspektiven, die Morstadt konstruiert hatte. Anscheinend gab es deren mehrere, eines davon war für die Weltausstellung 1862 in Paris bestimmt[2489] – und stammte somit aus der Zeit vor Fiedler. Zu Motivation und Inhalt der Abhandlung heißt es:

> Da sich binnen Kurzem diese Arbeiten [die von Morstadt gebauten Modelle; K.V.] an mehreren Lehranstalten beifälliger Aufnahme erfreuten und mehrfach die Mittheilung der den Modellen zu Grunde liegenden Constructionen gewünscht wurde, sowie deshalb, dass die Methoden der Reliefprojection als die allgemeinste Darstellungsmethode überhaupt in den Lehrbüchern über darstellende Geometrie bisher keinen Platz haben, bereitete der Verfasser eine Abhandlung zum Drucke vor, [...].[2490]

Morstadt arbeitete konsequent projektiv; diese Ideen – insbesondere die der räumlichen Kollineation – „entlehnt der Verfasser grossentheils den Vorlesungen des Herrn Professor Dr. Fiedler über darstellende und neuere Geometrie und kann nicht umhin, dies zu erwähnen."[2491]

Morstadt war aber auch an der Konstruktion eines anderen Modells beteiligt. Über dieses berichtete Fiedler 1869 anlässlich seiner Besprechung „Stereokopische Photographien des Modelles einer Fläche dritter Ordnung mit 27 reellen Geraden".[2492] Darin geht es um das Gipsmodell einer Fläche dritter Ordnung mit 27 reellen Geraden von Christian Wiener, von dem schon die Rede war. Wiener hatte von diesem Modell stereoskopische Fotografien – also solche, die einen räumlichen Eindruck erzeugen können – veröffentlicht.[2493] Begleitet wurden die Fotografien von erläuternden Texten, so dass der Käufer ein ziemlich umfassendes Bild von Wieners Modell erhielt. Das wiederum mag den Wunsch seitens des Lesers, gar das Modell selbst käuflich zu erwerben, gefördert haben, wie auch Fiedler anmerkt:

> Die Notiz, dass Gypsabgüsse des Modells (Preis 50 Fl.)[2494] durch Herrn Professor Wiener übermittelt werden können, ist sicherlich Vielen willkommen; denn den Besitz eines solchen Modells werden die

---

[2488] Morstadt 1867, 326.
[2489] Vgl. 4.2.8.
[2490] Morstadt 1867, 326.
[2491] Morstadt 1867, 327. Vielleicht handelte es sich um diejenige Vorlesung Fiedlers, die in 4.7 kurz besprochen wird.
[2492] Fiedler 1869.
[2493] Genauer gesagt geht es um zwei Fotos, die simultan mit dem rechten und dem linken Auge betrachtet werden. Dabei wird meist eine entsprechende Vorrichtung, das sogenannte Stereoskopkästchen, verwendet. Ein weitverbreitetes und praktikables Verfahren zur Stereoskopie war 1861 von Oliver Wendell Holmes (1809 – 1894) entwickelt worden. Ich danke Herrn Werner Weiser (Wuppertal) für seine Hinweise zur Stereofotografie.
[2494] Fl. Bedeutet Gulden, die Währung des Großherzogtums Baden.

Photographien sicherlich mehr noch wünschen lassen, als ersetzen. Das System der 27 Geraden mit seinen 135 Schnittpunkten kann nicht wohl in den gewohnten Dimensionen der stereoskopischen Photographie zu voller Deutlichkeit gebracht werden.[2495]

Im Anschluss an diesen Hinweis nutzt Fiedler die Gelegenheit, an sein eigenes Modell zu erinnern und dessen Geschichte zu schildern. Da diese Episode so gut wie unbekannt ist, sei Fiedler selbst hier das Wort erteilt.[2496]

Mein Streben nach einem solchen Modell ward im Sommer 1861[2497] durch die mehrseitigen Mittheilungen in den *„Comptes rendus"*[2498] der Pariser Akademie lebhaft erregt und ich unternahm im Ferienmonat zunächst die Berechnung des ganzen Systems nach der Schläfli'schen Doppelsechs. Ich suchte eine solche Anordnung zu erlangen, dass die 135 Schnittpunkte des Systems in einem Parallelepiped von nicht zu ungleichen Dimensionen untergebracht und zugleich in den einzelnen Geraden selbst so vertheilt wären, dass die Abstände der zehn Punkte unter einander nirgends zu klein bleiben; ich wollte sodann zwei grosse stereoskopische Centralprojectionen des Systems construiren und dieselben, wenn ich ihre Combination zur räumlichen Anschauung nicht zu schwierig fände, vervielfältigen lassen; ich hatte mich gewöhnt, ohne Vermittlung des Stereoskopkästchens zu combiniren und war durch größere Dimensionen der Bilder, als dasselbe sie erlaubt, nicht gestört gewesen. Aber es glückte mir bei dreimaliger Berechnung des ganzen Systems nicht, jene Ziele zu erreichen und ich verzichtete ermüdet. Aus dem laufenden (X.) Bande des *„Quaterly Journal of Mathematics"* (pag. 58 – 71), wo Sir A. Cayley eine solche Berechnung mittheilt, ersehe ich, dass auch ihm das nicht gelungen ist; ich benutze den Anlass, auf seine Formeln aufmerksam zu machen, wer etwa die Berechnungen unternehmen möchte. Mit den Vorbereitungen zur deutschen Bearbeitung von G. Salmon's *„Treatise on the analytic geometry of three dimensions"*, besonders mit der Ausarbeitung des zweiten Theiles (Leipzig, Teubner 1865), während deren ich nach Prag übersiedelte, kam ich auf das Vorhaben zurück, jedoch nicht auf den Plan der Berechnung, Construction

---

[2495] Fiedler 1869, 32. Zur Verwendung von stereoskopischen Fotografien zu Unterrichtszwecken vgl. man auch Fischer 1913, 25. In Fiedlers Nachlass finden sich neben den Fotografien von Wiener auch einige stereoskopische Aufnahmen von Sternpolyedern (Hs 87a: 29) unbekannter Herkunft.

[2496] Fiedlers Modell wird in der Literatur ausgesprochen stiefmütterlich behandelt. Ausnahmen hiervon sind die kurzen Erwähnungen bei Grossmann 1910, 32 und Meyer 1928, 1504.

[2497] In Salmon-Fiedler 1874, 663 Anm. 118 gibt Fiedler an, dass er seit 1865 im Besitz eines Stabmodells einer Fläche dritter Ordnung mit 27 reellen Geraden gewesen sei. Wieners Modell datiert er an derselben Stelle auf 1869, reklamiert also indirekt eine Priorität für sich.

[2498] Vermutlich handelte es sich bei diesen Mitteilungen um Sylvester 1861, Cayley 1861 und Chasles 1861. Genaue Angaben fehlen leider bei Fiedler.

und stereoskopischen Combination zweier Centralprojectionen des Systems; es ward nun auf dem Wege der Modellirung ausgeführt, freilich mit Verzicht auf die volle durch Rechnung und Construction erreichbare Genauigkeit, doch mit sehr befriedigendem Erfolg.[2499]

Der Assistent der darstellenden Geometrie am Prager Polytechnikum, Herr R. Morstadt, als geschickter Constructeur und Modelleur durch seine relief-perspectivischen Modelle auch weiter bekannt, löthete nach meinen Angaben aus 27 geraden schwachen Drähten – nachdem es nach einigen Versuchen gelungen war, eine genügende Anordnung auszuprobieren – das System zusammen.[2500]

Ein bemerkenswerter Bericht aus der Werkstatt eines Modellbauers, der einige der Schwierigkeiten, die bei seiner Tätigkeit auftraten, verdeutlicht. Die aus Drähten bestehenden, von Fiedler als Stabmodelle bezeichneten Modelle hatten den Vorteil, sich relativ einfach und billig herstellen zu lassen, aber den Nachteil, sich wenig für die Herstellung in größerer Stückzahl zu eignen. Jedes Modell musste ja eigens konstruiert werden, Synergie-Effekte waren kaum zu erzielen. Das war bei den Gipsmodellen ganz anders: Hatte man erst einmal die Form gebaut, so ließen sich mühelos eine größere Anzahl von Modellen abgießen. Allerdings ermöglichen Stabmodelle den Blick auf die Rückseite der Fläche, ganz ähnlich wie Leonardos Skelettdarstellungen von Polyedern, erzeugen aber nicht den Eindruck einer glatten Fläche, sind also deutlich weniger anschaulich. Man sieht, Vor- und Nachteile halten sich die Waage. Eine dritte beliebte Möglichkeit, Modelle herzustellen, verwandte Fäden; Th. Olivier war hierin ein Pionier.[2501]

Es folgt bei Fiedler eine detaillierte Schilderung, wie beim Bau seines Modelles vorgegangen wurde. Er schließt mit einem Resümee:

So giebt das Modell als Stabmodell doch die vollständige Anschauung der Fläche mit ihren höchst merkwürdigen Oeffnungen. Es ist circa 0,8 Meter breit, lang und hoch. Ich habe es immer ganz vortrefflich brauchbar gefunden, um die allgemeinen Anschauungen der Theorie algebraischer Flächen zu verdeutlichen; seine Genauigkeit reicht völlig dafür aus. Ich habe gelegentlich ein Paar der Steiner'schen conjugirten Trieder markirt; ich habe die Doppelpunkte der Involutionen auf den Geraden einer dreifach berührenden Ebene bestimmt und dadurch anschaulich gemacht,

---

[2499] Fiedler hat seine letztlich gescheiterte Verwendung stereoskopischer Bilder nochmals in Fiedler 1882a, 140 - 141 ausführlich behandelt, wobei er auch auf sinnesphysiologische Aspekte einging.
[2500] Fiedler 1869, 33. Ähnlich in Salmon – Fiedler 1874, 662 – 663 (Anm. 118).
[2501] Vgl. Brechenmacher 2022, 95 – 98. Fadenmodelle sind besonders durch Verfall gefährdet, die Fäden müssen gegebenenfalls erneuert werden.

wie solche sechs parabolische Punkte der Fläche in derselben Ebene viermal zu dreien in einer Geraden liegen etc.

Die verhältnissmässige Leichtigkeit der Herstellung macht eine Wiederholung derselben behufs Bildung von Varietäten und Specialfällen möglich; vielleicht regt diese Mittheilung mehrfach dazu an. Möge sie wenigstens nicht verfehlen, für die Modelle und Photographien des Herrn Professor Wiener vielseitig Interesse zu erwecken.

Fluntern, bei Zürich
W.Fiedler[2502]

Es fällt auf, dass Fiedler nicht explizit die Priorität eines solchen Modells für sich reklamiert. Es handelt sich weder bei Fiedler noch bei Wiener um die Clebsche Diagonalfläche, denn diese wurde erst 1871 von Clebsch publiziert. Clebschs Fläche ist ein besonders übersichtliches Beispiel einer Fläche dritter Ordnung mit 27 reellen Geraden. So wird es möglich, die wichtigen Teile der Fläche im Modell wiederzugeben. Das erste Modell hiervon wurde 1872 von Adolf Weiler konstruiert und vom Meister persönlich (Clebsch) zusammen mit seinem aufstrebenden Schüler (Klein) der Göttinger Akademie präsentiert.[2503]

Modelle verschiedenster Art finden sich in Fiedlers Ausgabenbuch[2504]: „Modelle von Flächen 3. Grades mit 27 Gerade. a) allgemeiner Fall b) Clebsch'sche Diagonalfläche beide Stabmodelle mit einmodellirten Querschnitten sammt Legenden. Für Herstellung beider Modelle ergab sich ein Kostenaufwand von circa 90 sfr."[2505] Verbucht wurden die beiden Modelle im Dezember 1873/Januar 1874. Allerdings musste Fiedler etwas später notieren, dass der Preis der Modelle auf 105 sfr gestiegen sei.[2506] Da Weiler mittlerweile wieder in der Schweiz war, könnte es gut sein, dass er bei der Konstruktion der fraglichen Modelle mitgewirkt hat.

In Fiedlers Nachlass gibt es eine umfangreiche Korrespondenz mit Weiler[2507], der ihn als seinen Lehrer betrachtete: Weiler redete Fiedler in seinen Briefen immer mit "Sehr geehrter Herr Professor" an. Klein wurde rasch auf den Neuankömmling aus Zürich aufmerksam:

Unter den Zuhörern ist namentlich auch Herr Weiler, den Sie ja wohl hierher dirigirt haben. Er hat ausgesprochen geometrisches Talent, und

---

[2502] Fiedler 1869, 34.
[2503] Vgl. Clebsch/Klein 1872.
[2504] Genaueres hierzu weiter unten in diesem Kapitel.
[2505] Hs 1196: 50, p. 2.
[2506] Hs 1196: 50, p. 3.
[2507] Zwölf Briefe aus den Jahren 1872 bis 1877 sind erhalten: Hs 87: 1490 – 1501.

hat mich allen Halben wiederholt durch Modelle entzückt, die er angefertigt hat.[2508]

In seinem zweiten Brief aus Göttingen, datiert 15. Juni 1872, berichtet Weiler seinem Lehrer:

> Letzte Woche sprach ich im Colloquium[2509] über Regelflächen & verfertigte dazu Modelle. Diese waren ziemlich klein & bestanden aus Zigarrenkistchen, in denen Blätter in Löchern steckten & dazwischen Fäden durchgezogen.

> Das führte mich darauf, ein solches Modell in etwas größeren Dimensionen auszuführen & Ihnen zu übersenden & es stellt dasselbe die erste Gattung dar, durch Ueberlegen und Probieren habe ich ziemlich günstige Verhältnisse erhalten. Auf der Fläche sind die Doppelcurven mit zwei Cuspidalstellen sowie zwei stationären Tangentialebenen deutlich sichtbar.[2510]

In Fiedlers Ausgabenbuch findet sich auch ein Eintrag „Modell einer Regelfläche 4. Grades mit Doppelcurve 3. Ordnung allgemeiner Fall (von H. Weiler ausgeführt in Begleit seiner Preisbewerbungsschrift 1872)."[2511] Als Kosten werden 10 sfr. genannt, angeschafft wurde das Modell 1872. Weiler gewann 1872 einen Preis des Polytechnikums: Der Schulrat hatte eine Preisaufgabe für Studierende der VI. Abteilung gestellt, in der es um Flächen 4. Ordnung ging. Den Preis (eine Medaille und 50 sfr.) erhielt „Herr Weiler aus Winterthur", für das von ihm eingereichte Modell wurden ihm zusätzlich 20 sfr. erstattet.[2512] Weiler kam also schon mit Erfahrungen im Modellbau nach Göttingen.

Clebsch und Klein stellten wie bereits erwähnt Weilers Modell am 4. August 1872 der Göttinger Akademie vor, also rund sechs Wochen nach Weilers Brief an Fiedler.

> Herr Clebsch legte zwei Modelle vor, welche Herr stud. math. Adolf Weiler hierselbst hergestellt hatte, und welche sich auf eine besondere Classe von Flächen dritter Ordnung beziehen. [...] Das eine der beiden Modelle stellte die 27 Geraden dieser Fläche dar, das andere die Fläche selbst, ein Gypsmodell, auf welchem die 27 Geraden gezeichnet waren. [...]

[2508] Klein an Fiedler, Göttingen, 20. Juli 1872 (Hs 87:585); vgl. Confalonieri/Schmidt/Volkert 2019, 92–93.

[2509] Gemeint ist wohl das mathematische Seminar, das von Clebsch und Klein gemeinsam organisiert wurde.

[2510] Hs 87: 1491

[2511] Hs 1196: 50, p. 2.

[2512] Schulratsprotokolle 1872, Seite 135, Sitzung vom 8. August 1872, Traktandum 140

Im Anschluss hieran legte Herr Klein ein Modell einer Fläche dritter Ordnung mit 4 reellen Knotenpunkten vor, das Herr Dr. Neesen ausgeführt hatte.[2513]

Einige Monate später (14. Januar 1873), jetzt von Erlangen aus, schildert Weiler die Idee einer gemeinsamen Arbeit mit Klein in Sachen Modelle:

> Gegenwärtig arbeite ich an einer Aufgabe aus der Liniengeometrie & wenn Zeit dafür bleibt, werde ich mit Klein einige Modelle über Flächen dritter Ordnung ausführen. Noch ist auch Klein sehr beschäftigt, so daß der Plan vielleicht später angegangen wird.[2514]

Die Aufgabe der Liniengeometrie stand vermutlich in Zusammenhang mit Weilers Dissertation „Ueber die verschiedenen Gattungen der Complexe zweiten Grades".[2515] In ihr gab Weiler eine Übersicht über die 48 Typen derartiger Komplexe, ein Thema, das eng mit Kleins damaligen Interessen zusammenhing. Man beachte, dass Weilers Modell der Fläche ein Gipsmodell war, das „die Fläche selbst" zeigt, während Fiedler mit Stabmodellen arbeitete. Eine Weiterentwicklung des Weilerschen Modells durch Carl Friedrich Rodenberg wurde später vom Verlag Ludwig Brill und dann von Martin Schilling verkauft.[2516]

Vom 16. April 1873 bis zum 18. April 1873 fand in Göttingen das bereits erwähnte Mathematikertreffen statt. Die Initiative hierzu ging ursprünglich von Clebsch aus, nach dessen Tod Ende 1872 übernahm Klein die Organisation. Dieses Treffen zielte auf die Gründung einer Mathematikervereinigung[2517] ab, ein Plan, der bekanntlich erst 1890 verwirklicht werden konnte.

Im Vorfeld hatte Klein schon bei Fiedler in Sachen Modelle angefragt (Erlangen 2. Februar 1873)[2518]:

> Weiler wird ihnen schon geschrieben haben, wie wir, Weiler und ich und noch ein paar Andere, seitdem hier in Erlangen eine Art mathematischen

---

[2513] Clebsch/Klein 1872, 402 – 403. Friedrich Neesen (1849 – 1923) war ein langjähriger Freund von Klein aus Bonner Zeiten, der sich parallel zu Klein in Göttingen aufhielt. Er unterrichtete schließlich an einer Militärschule in Berlin; vgl. Tobies 2019.

[2514] Hs 87: 1494. Das gemeinsame Projekt wurde nicht realisiert. Weiler wird von Klein auch in einem Brief an Fiedler, datiert Erlangen, 2. Februar 1873, erwähnt. Klein drückt dort seine Freude darüber aus, dass Weiler Assistent bei Fiedler werden könne. In Kleins „Gesammelten mathematische Abhandlungen" erklärt dieser wie oben zitiert, dass Weiler es war, der ihn in Berührung mit der Fiedlerschen Tradition gebracht habe; cf. Klein 1922, 3.

[2515] Weiler 1874. Die Dissertation ist Erlangen, Juli 1873 datiert. Weiler war neben Dieckmann und Lindemann einer der frühesten Doktoranden von Klein.

[2516] Die heute noch existenten Modelle der Clebschen Diagonalfläche sind meist solche von Brill und Schilling; vgl. etwa die Göttinger Sammlung mathematischer Modelle im Internet, Modell 135. Vgl. hierzu Sattelmacher 2014.

[2517] Die *Société mathématique de France* war 1872 gegründet worden. Einen Bericht über die Tagung an der Bergstraße veröffentlichte A. Gutzmer – allerdings erst 1909, vgl. Gutzmer 1909.

[2518] Hs 87: 576. Vgl. auch Confalonieri/Schmidt/Volkert 2019, 94 – 95.

Stillebens begonnen haben. Ich hoffe sehr, daß unsere Zahl im nächsten Sommer etwas grösser wird, denn abgesehen davon, daß das eigentliche mathematische Leben mit der Zahl steigen muß, so ist es auch für den Vortragenden eine ganz andere Sache, vor mehr Zuhörern, oder vor zwei, drei zu lesen.[2519] [...]
Sie werden durch Ohrtmann[2520] bereits das allgemeine Einladungszirkular zu der Goettinger Versammlung erhalten haben. Gestatten Sie mir, Sie speziell noch zu bitten, an der Versammlung Theil nehmen zu wollen und andererseits für Betheiligung an der selben in Ihrem Kreise wirken zu wollen. Sie war ein Lieblingsgedanke von Clebsch; er sollte dessen Ausführung nicht mehr erleben. Wir haben schon eine Reihe uns wertvoller Zusagen, unter Anderen z. Z. diejenige von Zeuthen.[2521] Auch in einer anderen Richtung möchte ich bei der Versammlung um ihre Mitwirkung bitten. Wir möchten mit derselben eine Modell-Ausstellung verbinden. Das Comité übernimmt die Versendungs- als auch die Verpackungskosten, so wie die Garantie für ungefährdeten Transport. Könnten Sie von Zuerich aus uns Modelle zukommen lassen, vielleicht auch von den Modellen betr. Flächen dritten Grades, die Sie haben anfertigen lassen? Dieselben wären an Dr. Riecke[2522] in Göttingen, Assistent am physikalischen Institute, zu adressieren. Sie würden uns dadurch sehr verpflichten
Ihren ergebensten

Felix Klein

Eine Modellausstellung machte (und macht wieder) sich immer gut im Rahmen einer Versammlung, denn sie lockt Besucher an und erleichtert die Kontaktaufnahme. Allerdings kam Fiedler den Bitten Kleins nicht nach; er besuchte weder die Versammlung noch schickte er Modelle. Sein Schüler Weiler erstattete aber brieflich Bericht aus erster Hand:

Die folgenden Tage hatten alle ungefähr denselben Charakter: Auf Spaziergängen & bei den Modellen lernte man sich kennen: jeder konnte leicht zu jedem andern gelangen. Vorträge fanden kaum statt. Alles war sehr gut angeordnet, auch das Wetter war gut, [...]. Neben den anwesenden Leuten interessirten mich vor allem die Modelle von Eigel in

---

2519 Dieser Wunsch Kleins sollte in Erlangen nicht in Erfüllung gehen; seine Hörerzahlen blieben dort immer im einstelligen Bereich. Am Polytechnikum in München sollte das ganz anders werden.
2520 Zu Ohrtmanns Mitarbeit bei der Vorbereitung der Tagung an der Bergstraße vgl. Tobies 103 – 104.
2521 Laut Teilnehmerliste bei Gutzmer 1909, 24 nahm Zeuthen als einer der wenigen Ausländer am Treffen in Göttingen teil.
2522 Eduard Riecke (1845 - 1915), Freund von F. Klein aus Clebschs Vorlesungen, wurde 1873 a.o. Professor für Physik in Göttingen, 1881 o.ö. Professor als Nachfolger von W. Weber daselbst; vgl. Tobies 2019, 98 - 99.

Bonn [...], die Modelle von Herrn Prof. Schwarz der Minimalflächen gefallen allgemein sehr gut.[2523]

In Fiedlers Ausgabenbuch werden ebenfalls Objekte von Eigel erwähnt: „Vier Modelle zur Theorie der Liniencomplexe 2. Grades nach Dr. Klein's Angaben von Eigel Sohn in Cöln".[2524]

Im weiteren Verlauf seines Briefes an Fiedler schilderte Weiler auch noch französische Fadenmodelle[2525], um dann auf seine eigenen einzugehen:

Von meinen Modellen waren drei ausgestellt, ferner eines von Privatdoc. Dr. Neesen, eine Fläche 3. Ordnung mit 4 Knoten.[2526]

Schließlich erwähnte Weiler noch Fotografien von Modellen und die Tatsache, dass für 1875 eine weitere Versammlung in Würzburg geplant sei. In Göttingen hatten sich gut 50 Personen beteiligt.[2527] Die Würzburger Tagung kam aber nicht zustande, die Gründung der DMV ließ noch lange auf sich warten.

Eine andere Schilderung der bei der Göttinger Versammlung gezeigten Modelle verdankt man Alexander Brill:

Eine weitere Anregung wurde diesen Bestrebungen [zur Konstruktion von Modellen; K. V.] zu Teil auf einer Versammlung von Mathematikern in Göttingen (1873), wo eine vielseitig beschickte Ausstellung von mathematischen Modellen Interesse erregte. Es waren dort ausser den Collectionen von Plücker, Klein, Muret mehrere Modelle von Schwarz, Wiener u. A. auch eine gewisse Fläche 3. Ordnung („Diagonalfläche"), welche auf Clebschs Veranlassung von Weiler (damals Göttingen) hergestellt worden war, ferner einige Modelle zur Repräsentation singulärer Punkte einer Fläche 3. Ordnung (eine solche namentlich mit 4 Knoten), unter Mitwirkung von Klein konstruiert, dann ein elliptisches

---

[2523] Hs 87:1495. Die Firma Johann Eigel (eigentlich in Köln) produzierte und vertrieb Modelle von J. Plücker und F. Klein; vgl. Rowe 2017, 6. Mehr zu den Modellen von H. A. Schwarz findet man weiter unten in diesem Abschnitt.

[2524] Hs 1196:50, S. 2. Die Modelle kosteten stattliche 190 sfr., sie wurden von Fiedler 1872 angeschafft.

[2525] Nach Brill (siehe unten) stammten diese von Charles Muret. Zu Muret vgl. man Mathematik mit Modellen 2018, 159 - 167. Soweit feststellbar hat aber Muret gar keine Fadenmodelle konstruiert. In Gutzmers Bericht über die Versammlung wird nur erwähnt, dass Gipsmodelle von Muret, die man bei dessen Verlag Delagrave in Paris bestellt hatte, nicht rechtzeitig zur Versammlung eintrafen; vgl. Gutzmer 1909, 23 - 24. Ersatzweise konnte man Fotografien der Modelle anschauen. Fadenmodelle werden auch bei Gutzmer erwähnt, nämlich solche von Théodore Olivier, die die Kriegsakademie in Berlin zur Verfügung gestellt habe. Zum Thema Modelle in Frankreich vgl. man auch Brechenmacher 2022, zu Muret speziell pp. 100 – 101.

[2526] Hs 87:1495.

[2527] Eine Liste der Teilnehmer findet man bei Gutzmer 1909, 23 – 24.

Paraboloid, das durch zusammen gesteckte Kartonscheiben in der Form von Halbkreisen aus seinen Kreisschnitten dargestellt war, u. A. m.[2528]

In einem späteren Brief an Fiedler[2529] erwähnt Weiler noch, dass in Göttingen schon der Wunsch geäußert worden sei, er möge seine Modelle, insbesondere jenes der Clebschen Diagonalfläche, in großem Maßstab vervielfältigen. In einem Brief aus Stäfa[2530] bemerkt Weiler dann, dass er Kleins Vorschlag, sein Modell in Gips herstellen zu lassen, zugestimmt habe, und dass er ein Drahtmodell der Diagonalfläche, das anscheinend für Fiedler bestimmt war, fertig habe. Er fügt hinzu:

> Im Zweifelsfalle wäre die Vervielfältigung der Drahtmodelle bedeutend vortheilhafter.

Weiler sollte eine Assistentenstelle bei Fiedler erhalten, jedoch zog sich dies hin, Weiler musste sich bis zum Herbst 1874 gedulden, bis er sie in der Nachfolge von A. Beck antreten konnte. In Zürich angekommen, endete der Briefwechsel mit Fiedler aus verständlichen Gründen. In einem Vortrag[2531] mit Vorweisung von Modellen erwähnte Fiedler 1875 Modelle, die Weiler und Mitassistent Hemming konstruiert hatten.

Auch spätere Assistenten Fiedlers wie Chr. Beyel und Johannes Keller fertigten Modelle. Von seinem Kollegen Keller berichtet Beyel in seinen „Erinnerungen", er habe ein ungewöhnliches Geschick in Richtung Modellbau besessen.[2532] Sich selbst betreffend erwähnt er ein Modell, „das wie ein großes Zeltlager aus der Burgunderzeit aussah"[2533], das er im Zusammenhang mit seiner Dissertation angefertigt habe. In dieser verwandte Beyel Ideen von Fiedlers Zyklographie, die Zelte dürften also zyklographische Kegel gewesen sein.

In Fiedlers Aufgabenbuch kommen Modelle von Schwarz vor: Fiedler hatte diese bei einem Berliner Bildhauer namens Lohde bestellt (im April 1874), bis zur Lieferung derselben wurde eine andere Lösung gefunden:

> Diese Modelle sind von dem genannten Bildhauer bis jetzt noch nicht eingesandt und werden einstweilen durch Exemplare vertreten, welche

---

[2528] Brill 1889, 75 - 76.
[2529] Erlangen, 11. Juli 1873 (Hs 87: 1498).
[2530] 16. Dezember 1873 (Hs 87: 1499). In Stäfa wirkte Weiler eine Zeitlang nach seiner Rückkehr in die Schweiz an einer Privatschule als Mathematiklehrer; so überbrückte er die Zeit, bis die Assistentenstelle bei Fiedler frei wurde. In der Publikation Weiler 1874 gibt der Verfasser Stäfa als Wohnort an.
[2531] Fiedler 1875c, vgl. unten für das entsprechende Zitat.
[2532] Vgl. Beyel 1938, 169.
[2533] Beyel 1938, 167.

Eigenthum von Prof. S. sind. Kosten für Emballage und Transport werden später zu verrechnen sein.[2534]

1874 wurden von Fiedler auch „Gipsmodelle einiger Minimalflächen" beim Bildhauer Spiess geordert.[2535]

Lebrecht Henneberg, der 1875 in Zürich mit einer Arbeit über Minimalflächen promoviert hatte und sich zwecks Weiterbildung 1876 in Berlin aufhielt, wusste von dort über das mathematische Seminar zu berichten:

> Letzten Mittwoch hat Herr Kummer seine Modelle vorgezeigt, er ist im Besitze einiger äußerst hübscher Modelle von Flächen vierter Ordnung mit Knotenpunkten, er hat auch ein Modell der Steiner'schen Fläche.[2536]

Fiedlers Interesse an Modellen war offensichtlich wohlbekannt.

Auch von Christian Wiener bezog Fiedler Modelle. In einem Brief vom 14. September 1879[2537] berichtete Wiener, dass er in einem Seminar über darstellende Geometrie Fadenmodelle von Kegeln habe anfertigen lassen, die er auf der Naturforscherversammlung in Baden-Baden zeigen werde. Er bot Fiedler an, diese vervielfältigen zu lassen – es gäbe auch schon andere Interessenten dafür. Fiedler antwortete offensichtlich positiv, denn Wiener meldete am 31. Dezember 1879:

> Hiermit sende ich Ihnen die gewünschten Modelle und hoffe, dass sie Ihnen gefallen mögen.[2538]

In Baden-Baden hielt Wiener einen Vortrag „Ueber die Abhängigkeit der Rückkehrellemente der Projectionen einer unebenen Curve von denen der Curve selbst". Am Schluss des Referates, das im Tageblatt der Versammlung abgedruckt wurde, hieß es:

> Es wurden Drahtmodelle über die acht Fälle der Curve und Fadenmodelle über die acht Fälle der abwickelbaren Fläche vorgezeigt. Daran schloß sich noch die Vorzeigung eines Fadenmodelles über die Schnittcurve zweier Kegel 2. Ordnung, der Fläche ihrer Tangenten und der durch

---

[2534] Hs 1196: 50, p. 4. Notiert wurde dies im April 1874. Eine gewisse Kooperation scheint also doch zwischen Fiedler und Schwarz bestanden zu haben. Dies belegt auch die Tatsache, dass Schwarz Fiedler einen Text über Minimalflächen für die zweite Auflage der Salmonschen Raumgeometrie überließ, vgl. 5.3.1.

[2535] Hs 1196: 50, p. 4. Minimalflächen waren ein wichtiger Forschungsgegenstand von Schwarz.

[2536] Brief Henneberg an Fiedler Berlin, den 6. Februar 1876 (Hs 87: 405). Im Anschluss zählt Henneberg die Themen auf, die bislang im Seminar behandelt wurden, darunter „Functionen, welche keinen Differentialquotienten haben". Ein weiterer Brief Hennebergs an Fiedler findet sich in 9.2.3.

[2537] Hs 87:1533.

[2538] Brief Wiener an Fiedler, Karlsruhe 31. Dezember 1879 (Hs 87: 1534). Zum Briefwechsel Fiedler – Wiener vgl. auch 9.2.5.

Perlen veranschaulichten Doppelcurve dieser Fläche, welche in vier Ebenen enthalten ist.[2539]

Die „Vorzeigung" von Modellen war offensichtlich so wichtig, dass sie im Tageblatt ausführlich erwähnt wurde.

In der zweiten Auflage der analytischen Geometrie des Raumes von Salmon-Fiedler findet sich eine Anmerkung, in der Fiedler von Modellen spricht. Diese bezieht sich auf das zweite Kapitel, in dem es um „gewundene Curven und abwickelbare Flächen" geht. Es heißt dort:

> Man kann auch von einer developpabeln Fläche mit Rückkehrkante leicht ein Modell machen. Zwei Papierblätter schneidet man in Form von zwei gleichen Kreisringflächen aus, lege sie auf einander und verbinde sie längs der inneren Grenzlinie, so dass man einen Doppelring hat, der zunächst nicht anders als ein einfacher gebogen werden kann. Wenn man ihn aber längs eines Radius zerschneidet und die beiden Enden erfasst, so kann man das Ganze in die beiden Mäntel einer developpabeln Fläche öffnen, für welche der in eine Curve von doppelter Krümmung übergehende innere Kreis die Rückkehrkante ist.[2540]

Diese Anmerkung wie auch die oben zitierte über Modelle von Flächen dritter Ordnung mit 27 Geraden gab es in der ersten Auflage (1865) der analytischen Geometrie des Raumes noch nicht; dies kann man als Anzeichen dafür werten, dass Fiedler sich in der Zwischenzeit mit Modellen beschäftigt hatte. In beiden Auflagen findet sich nur ein kurzer Text, der auf Salmon zurückgeht, über die Möglichkeit, eine abwickelbare Fläche durch Falten eines Papierblattes zu realisieren.[2541]

In einem Vortrag vor der naturforschenden Gesellschaft Zürich kam Fiedler am 1. Februar 1875 auf Modelle zu sprechen, natürlich nicht ohne „Vorzeigung" derselben[2542]:

> Herr Prof. Fiedler weist Modelle von Flächen dritter Ordnung vor, mit begleitender Erklärung, nämlich ein neues Modell der allgemeinen Fläche mit 27 Geraden, in welchem die Schnittkurve mit der Hesse'schen Kernfläche angegeben ist; ein Modell der sogenannten Diagonalfläche, bei der diese Curve auf die 10 Knotenpunkte der Hesse'schen Fläche reduzirt ist; und ein Modell der Fläche dritter Ordnung mit vier Knotenpunkten – sämmtlich nach seiner Methode als Drahtmodelle

---

[2539] Tageblatt der Versammlung deutscher Naturforscher und Ärzte Baden-Baden 1877, p. 77.
[2540] Salmon-Fiedler 1874, 524 – 525 (Anm. 24°).
[2541] Salmon-Fiedler 1865, 70, Salmon-Fiedler 1874, 70.
[2542] Fiedler 1875c, 195.

ausgeführt durch die Herren Assistenten Hemming und Dr. Weiler. Die Diagonalfläche ist übrigens nicht die einzige Fläche dritter Ordnung, bei welcher unter den von den 27 Geraden gebildeten 45 Dreiecken solche vorkommen, die zu Strahlbüscheln geworden sind; der Vortragende hat in der zweiten Auflage seiner Bearbeitung der Salmon'schen Raumgeometrie (Note 123, pag. 663) neben der Diagonalfläche ein von Cayley schon 1864 gegebenes Beispiel erinnert, in welchem diess dreimal vorkommt, und man kann leicht zeigen, dass noch eine Reihe anderer Fälle möglich sind, sowie auch ihre Gleichungen in analoger Form bilden; alle diese Fälle verdienen Aufmerksamkeit.

Die von Fiedler in Zürich angelegte Modellsammlung war in Fachkreisen bekannt. So schrieb Klein aus München, (22. Oktober 1876) an Fiedler:

Ich sah, als ich vor einem Jahr in Zürich war, die Fadenmodelle der F_3 und der F_n und dazugeh. $\tilde{C}_2$. Ich möchte für unser Institut sehr gerne diese ebenfalls haben.[2543]

Einige Jahre später als Klein (1872) startete auch Walther Dyck einen Versuch, Fiedler mit seinen Modellen zur Beteiligung an einer Ausstellung zu bewegen. Diesmal ging es um die Jahresversammlung der Deutschen Mathematiker-Vereinigung, die 1892 in Nürnberg stattfinden und mit einer von W. Dyck organisierten Ausstellung von Modellen verbunden werden sollte:

Nun weiß ich, daß besonders Ihr Institut eine große Reihe spezifisch interessanter und auswärts nicht vorhandener Modelle und Apparate enthält.[2544]

Dyck bat Fiedler, Modelle aus seiner Sammlung für die geplante Ausstellung zur Verfügung zu stellen und für den zugehörigen Katalog einen Beitrag über die Züricher Modellsammlung zu verfassen. Beidem kam Fiedler nicht nach, die Nürnberger Ausstellung musste auf Grund eines Cholera-Ausbruchs verschoben werden und fand erst 1893 im Zusammenhang mit der Jahrestagung der Deutschen Mathematiker-Vereinigung in München statt.[2545] Zu dieser hat Dyck sowohl einen Katalog und als auch einen Bericht für die Deutsche Mathematiker-

---

[2543] Hs 87: 583. F_3 ist eine Fläche dritter Ordnung, F_n eine von der Ordnung n. C bezeichnet eine Kegelfläche, 2 bedeutet, dass die Klasse um 2 reduziert ist (auf Grund von Knotenpunkten). Die Einführung einer geeigneten Nomenklatur inclusive einer geeigneten Symbolik ist eine typische Notwendigkeit von Sammlungen und Ausstellungen, cf. Hassler/Meyer 2014, 10.

[2544] Dyck an Fiedler, München 28.12.1891 (Hs 87:249).

[2545] Diese Jahrestagung blieb auf lange Zeit die einzige, welche nicht im Rahmen der Versammlung Deutscher Naturforscher und Ärzte – diese holte die im Vorjahr ausgefallene Tagung in Nürnberg nach - abgehalten wurde. Ihre Teilnehmer sprachen sich denn auch dafür aus, die separate Tagungsweise 1894 wieder zu ändern, da man im Rahmen der Naturforschertagung die Möglichkeit habe, in anderen Sektionen – Physik vor allem – interessante Vorträge zu hören.

Vereinigung verfasst[2546], in denen Fiedler aber keine Rolle spielt. Die Bemühungen seiner deutschen Kollegen um öffentliche Aufmerksamkeit waren Fiedlers Sache anscheinend nicht.

Neben brieflichen Zeugnissen, von denen wir einige kennen gelernt haben, gibt es noch andere Quellen zur Fiedlerschen Sammlung in Zürich. Zum einen sind da die Berichte, die der Schulrat an den Bundesrat in Bern, dem Träger des Polytechnikums, einmal jährlich erstattete. In diesen geht es um die Entwicklung des Polytechnikums, seine Schwierigkeiten und Zukunftsperspektiven. Im Bericht für das Jahr 1878 finden sich längere Ausführungen zur Modellsammlung für darstellende Geometrie:

> Ueberdies aber sind seit einer Reihe von Jahren von den jeweiligen Assistenten der darstellenden Geometrie unter Leitung des Professors [das ist Fiedler; K. V.] Stab- oder Drahtmodelle algebraischer Flächen usw. gefertigt worden, welche als Specialität hier einmal Erwähnung finden mögen. Es ist in der großen regelmäßigen Arbeitsbelastung der Assistenten begründet, daß diese Modellarbeiten nur langsam gefördert werden können und daß die Zahl der Modelle nur langsam wächst.[2547]

Anschließend werden einige der in der Sammlung vorhandenen Modelle genannt:

1. Ein Drahtmodell des Orthogonalsystems im Bündel.
2. Ein Modell der Hauptpunkte und Hauptebenen der centrischen Collineation der Räume im Zusammenhang mit der Centralprojection ebener Systeme.
3. Ein Fadenmodell der entwickelbaren Flächen einer cylindrischen Schraubenlinie [...].
4. Drahtmodelle von Flächen dritter Ordnung mit 27 reellen Graden mit Systemen paralleler Querschnitte, [...];
   Modelle von Flächen vierter Ordnung, [...].

Ein Modell der Durchdringungscurve von zwei Flächen zweiten Grades und ihrer entwickelbaren Fläche mit Darstellung ihrer Doppelcurven ist in Arbeit.[2548]

[2546] Dyck 1892, Dyck 1892 – 93.

[2547] Bericht des Eidgenössischen Polytechnikums an den Bundesrath 1876 (Bibliothek ETH-Hochschularchiv), p. 10. Auch in einem Gesuch Fiedlers an den Schulrat (10. April 1882) werden die Assistenten als Modellbauer erwähnt – konkret ging es um Keller und Beyel (Dr. K. und Dr. B.). Fiedler beantragte Geld, um Modelle von Tötössys Flächen (vgl. weiter unten) herstellen lassen zu können (Geschäftscontrolle 1882 No. 179).

[2548] Bericht des Eidgenössischen Polytechnikums an den Bundesrath 1876 (Bibliothek ETH-Hochschularchiv), p. 11. Von den Drahtmodellen gab es drei Exemplare in der Sammlung, von den Modellen von Flächen vierter Ordnung zwei.

Es ist dies die einzige Stelle, an der die Sammlung mathematischer Modelle in Berichten an den Bundesrat ausführlich gewürdigt wird. Im Vergleich mit anderen Sammlungen des Polytechnikums, allen voran die der Maschinenmodelle, war sie wohl doch nicht allzu wichtig (und auch wenig kostspielig). Auffallend ist ferner, dass es hier um die im Polytechnikum hergestellten Modelle geht. Wie wir sahen und noch genauer sehen werden, kaufte Fiedler durchaus auch Modelle an, um seine Sammlung zu ergänzen. Assistenten, die in diesem Zitat gemeint sein könnten, waren Fliegner (er wurde Professor für Mechanik am Polytechnikum), Hemming, Beck, Weiler, Beyel und Keller. Bezüglich Weiler, Beyel und Keller[2549] haben wir schon Hinweise auf ihre Modellbautätigkeit gefunden. Zu den anderen Assistenten ist nichts bekannt bezüglich solcher Aktivitäten.

Interessant ist auch die Zusammenstellung der vom Schulrat angeführten Beispiele, wobei man wohl davon ausgehen kann, dass diese auf Fiedler selbst zurückging. Das erste Modell bezieht sich auf ein spezifisches Interesse von Fiedler, nämlich um seinen Zugang zur Dualität in der projektiven Ebene.[2550] Offensichtlich hatte sich Fiedler hierzu ein Modell zu Unterrichtszwecken konstruiert oder konstruieren lassen.

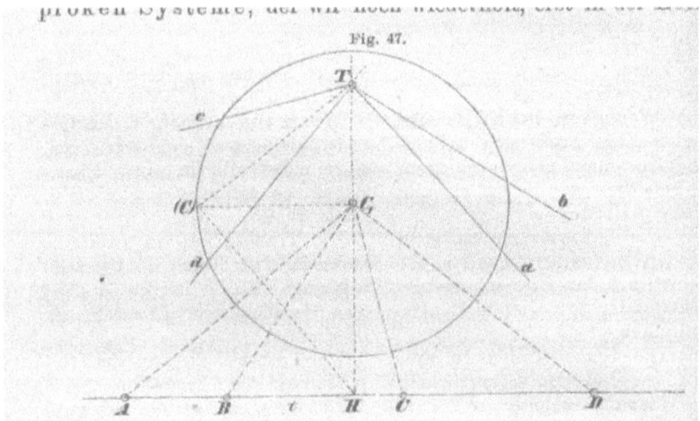

Abb. 8.3: *Das Orthogonalsystem im Bündel*[2551]

Betrachtet man Abbildung 8.3, so wird rasch deutlich, wie defizitär diese ebene Darstellung ist. Insofern erscheint es nur verständlich, dass Fiedler sich hierfür ein Modell beschaffte. Leider ist dieses nicht mehr vorhanden.

Das zweite in der Aufstellung genannte Modell dürfte mit der Reliefperspektive zu tun gehabt haben, denn diese lässt sich ja als zentrische Kollineation im Raum interpretieren.[2552] Auch dieses verlorene Modell wurde offensichtlich zu

---

[2549] Keller war allerdings erst seit 1877 Assistent bei Fiedler, Beyel seit 1878.
[2550] Vgl. hierzu 4.2.3 oder Fiedler 1875, 78 bzw. Fiedler 1883, 113 – 115.
[2551] Fiedler 1883, 114.
[2552] Vgl. Fiedler 1883, 243 – 250 und 4.2.8.

Unterrichtszwecken gebaut. Mit dem dritten Modell, der „entwickelbaren[2553] Fläche einer cylindrischen Schraubenlinie", nähern wir uns dem gängigen Bestand von Modellen. Es geht hier um ein klassisches Beispiel aus der Theorie der Regelflächen; insofern ist es auch nicht erstaunlich, dass es sich um ein Fadenmodell handelt.

Die im vierten Punkt genannten Beispiele sind uns schon mehrfach begegnet; u.a. könnte hier das Weilersche Modell gemeint sein. Ein Schüler von Fiedler, Béla von Tötössy, hat später (1880) eine Diplomarbeit mit dem Titel „Untersuchung der Fläche vierter Ordnung mit Cuspidalpunkten" vorgelegt, zu der er auch ein vorläufiges Modell anfertigte. Ein definitives Modell sollte dann, wie Fiedler in seinem bereits erwähnten Gesuch an den Schulrat erläuterte, von den Assistenten Beyel und Keller gebaut werden. Die Arbeit von Tötössy wurde zwei Jahre später in den „Mathematischen Annalen" publiziert.[2554]

Durchdringungskurven werden uns noch beschäftigen; diese waren klassischer Bestand der darstellenden Geometrie.[2555]

Von den im Bericht an den Bundesrat angesprochenen Modellen ist leider keines mehr in Zürich erhalten. Es fällt auch hier auf, dass es sich um selbstkonstruierte Modelle handelt. Deshalb tauchen sie weder im offiziellen Inventar noch in Fiedlers Ausgabenbuch auf, auf die wir nun zu sprechen kommen. Diese führen nämlich nur solche Modelle auf, die angekauft wurden oder deren Herstellung größere Ausgaben erforderte.

Bei diesen Verzeichnissen handelt es sich um zwei Dokumente, eines davon enthält Fiedlers Aufzeichnungen darüber, welche Ausgaben er für Anschaffungen tätigte (vgl. Abbildungen 8.4 und 8.5).[2556] Zum andern gibt es ein Inventar der vorhandenen geldwerten Modelle (vgl. Abbildung 8.6).[2557] Dieses wurde vermutlich 1907 angelegt, als die Sammlung von Fiedler an seinen Nachfolger Marcel Grossmann übergeben wurde. Das Inventar wurde bis in die 1930er Jahre hinein weitergeführt, jährlich amtlich geprüft und für korrekt befunden. Auffallend ist, dass die Sammlung als „Modelle für darstellende Geometrie" und nicht als „mathematische Modelle" oder dergleichen bezeichnet wurde.

[2553] Lies: abwickelbar. Es geht vermutlich um die Tangentenebenen von Schraubenlinien auf Zylindern, also um Torsen.

[2554] Vgl. Tötössy 1882, 321 sowie Fiedler an Cremona 12. Februar 1882 (Israel 2017, 693 – 694). Wie der Briefwechsel mit Klein zeigt, hat sich Fiedler sehr für eine Publikation von Tötössys Resultaten eingesetzt.

[2555] Fiedler 1891a fasst Fiedlers Ergebnisse zum Thema Durchdringungskurven zusammen.

[2556] Hs 1196: 50. Frau Wiebke Kolbmann (Bibliothek ETH-Sammlungen) hat mich freundlicherweise auf dieses Verzeichnis aufmerksam gemacht.

[2557] Hs 1196: 30.

Abb. 8.4: *Ausschnitt aus dem Einband des Ausgabenbuchs von Fiedler*[2558]

Fiedlers von ihm selbst handschriftlich geführtes Ausgabenbuch[2559] ist chronologisch geordnet, es beginnt im Jahr 1869 und endet 1907; das Verzeichnis umfasst nicht nur Modelle sondern auch Instrumente, Wandtafeln, Verbrauchsmaterialien, insbesondere Autographen „zur Vertheilung an die Schüler", und anderes mehr – kurz, alles, was Geld kostete. Das Ausgabenbuch war kein amtliches Dokument, im Unterschied zum bereits erwähnten Verzeichnis, sondern diente Fiedler zu privaten Zwecken. Die erste Eintragung lautet:

> Lineal und Zirkel zum Zeichnen an der Wandtafel 2 [Exemplare] 8 fr. [Schätzwert] Hiervon ist das Lineal nicht mehr vorhanden [Bemerkungen][2560].

Insgesamt kaufte Fiedler im Jahr 1869 sechszehn Instrumente.

Der erste Eintrag, Modelle betreffend, lautet:

> Sammlung von 40 Modellen für darstellende Geometrie von Schröder in Darmstadt enthaltend [...] 40 [Exemplare] 200 fr [Schätzwert] Aber nie unter meiner Aufsicht oder Controlle; wurden auch für meine Vorlesungen mit benutzt [Bemerkung von Fiedler, ergänzt 1900]

Diese Modelle werden uns noch näher beschäftigen.

[2558] HS 1196: 50.

[2559] Anscheinend liebte Fiedler Verzeichnisse. Als Sohn Ernst nach Berlin zum Studium wechselte, legte er beispielsweise im September 1882 ein Verzeichnis der Bücher an, die sein Sohn mitgenommen hatte (Hs 87a: 68 nach No. 654).

[2560] Diese Bemerkung wurde wohl 1881 ergänzt, als eine Revision durchgeführt wurde. Die Begriffe in eckigen Klammern entsprechen den Überschriften der Spalten.

Bezüglich Wandtafeln lautet die erste Eintragung[2561]:

> Tafel 1. Gemeinschaftliche Normale und Transversale durch einen Punkt
> zu zwei Geraden. 6 fr [Schätzwert]

Insgesamt wurden 16 derartige Tafeln von Fiedler im Jahr 1869 angeschafft.

Ein besonderer Kauf stand 1870 an: Ein „Gypsmodell der Fläche 3 Ord. mit 27
Geraden von Wiener in Karlsruhe mit Untersatzplatte. Mit einem Extra Credit. 117
fr [Schätzwert]".[2562] Dieses Prachtstück ließ man sich was kosten. Es handelte
sich aber auch um ein Thema, das seinerzeit aktuell in der Forschung war.[2563]

Insgesamt umfasst Fiedlers Ausgabenbuch 18 Seiten. Erstaunlich ist die große
Zahl von Wandtafeln, die anfänglich angeschafft wurden. Diese behandelten
Themen wie die gemeinsame Senkrechte zweier windschiefer Geraden, Winkel
zwischen zwei Geraden oder Ebenen, Kollineation zweier Vierecke, Kollineation
des Kreises usw.; 1869 kaufte Fiedler sechszehn dieser Wandtafeln zum
Stückpreis von 6 sfr. 1872 folgten vier weitere, 1876 wurde eine zur
Veranschaulichung der Axonometrie erworben.[2564] Bezüglich der Modelle ist die
Tendenz feststellbar, dass gegen Ende des Jahrhunderts und danach fast nur
solche aus der „Sammlung Brill" beziehungsweise von „Schilling-Brill" angeschafft
wurden. Offensichtlich hatte dieser Verlag eine marktbeherrschende Position
erreicht. Die Modelle wurden wirklich genutzt, wie man einer Notiz von Fiedler im
Jahre 1902 entnehmen kann:

> Wegen theilweiser Vernutzung des alten Exemplars, das vorerst
> mitgebraucht wird.[2565]

In Fiedlers Verzeichnis finden sich viele der gängigen Modelle, z. B. die
Wellenflächen von Kummer, aber auch die Fläche konstanter positiver Krümmung

---

[2561] Vgl. Abbildung 8.5.

[2562] Hs 1196: 50, 2. Zum Vergleich: Bei seiner Berufung 1867 erhielt Fiedler ein Jahresgehalt von 4300
sfr., also rund 350 sfr im Monat.

[2563] Vgl. 5.3.2.

[2564] Leider ist nicht vermerkt, wo Fiedler diese Wandtafeln gekauft und wer sie produziert hat. Bekannt
ist, dass der Verlag Reimer in Berlin solche Wandtafeln anbot (vgl. Dressler 1913, 207). Meines
Wissens nach gibt es bislang keine Untersuchungen zu dieser interessanten Art der
Veranschaulichung im Rahmen der mathematischen Lehre. Allgemeine Aspekte von Wandtafeln
werden behandelt in Schaubilder und Schulkarten 2018. Aufgrund der geringen Haltbarkeit dürfte es
schwierig sein, heute noch Exemplare von mathematischen Wandtafeln aus jener Zeit zu finden.
Beispiele von Wandtafeln allgemein finden sich in der Sammlung der Forschungsstelle für historische
Bildmedien an der Universität Würzburg, solche zur Elementarmathematik auf
http://www5.kb.dk/images/billed/2010/okt/billeder/subject22263/da?notAfter=¬Before=&q=matem
atik&search_field=all_fields&view=gallery. Ich danke Ina Katharina Uphoff von der Würzburger
Forschungsstelle für ihre Auskünfte und Hinweise in Sachen Wandtafeln.

[2565] Hs 1196: 50, 15. Es geht aus dem Zusammenhang leider nicht klar hervor, welches Modell Fiedler
hier meint.

von Enneper. Es wurden zudem auch geographische Modelle wie das Relief des Bezirks Zürich und physikalische Modelle[2566] beschafft.

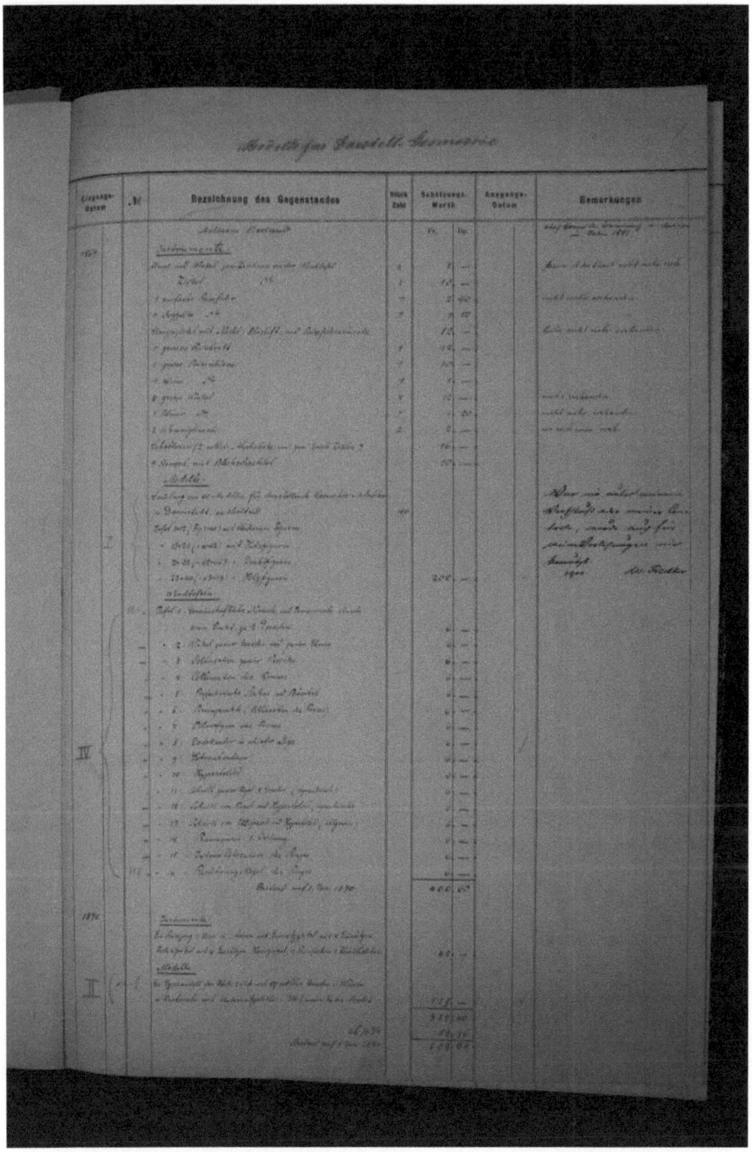

Abb. 8.5: *Die erste Seite aus Fiedlers Ausgabenbuch*[2567]

[2566] „Körper des Maximums der Attraction bei gegebener Masse und für das Newtonsche Gesetz" (Hs 1196: 50, p. 3) zum Preis von 48 sfr.
[2567] Hs 1196: 50.

Ab 1894 begann Fiedler auch Bücher und Autographen für eine Handbibliothek, die im Assistentenzimmer untergebracht wurde, anzuschaffen. Den Anfang machte seine „Darstellende Geometrie", es folgten dann Autographen von Klein zur nichteuklidischen Geometrie und zur Einleitung in die höhere Geometrie (jeweils zwei Teile).

Das Inventar[2568] wurde, wie bereits erwähnt, vermutlich 1907 zusammengestellt. Es verzeichnet somit die zu diesem Zeitpunkt vorhandenen Bestände, wobei diese in sechs Gruppen eingeteilt werden:

I.	Modelle für den Unterricht in darstellender Geometrie
II.	Modelle für den Unterricht in höherer Geometrie
III.	Instrumente & Zeichenutensilien
IV.	Wandtafeln
V.	Handbiliothek
VI.	Vorlagen für den Unterricht in darstellender Geometrie

Abb. 8.6: *Einband des Inventars*[2569]

In der Gruppe I. werden insgesamt 17 Einträge aufgeführt, darunter die bereits erwähnte Sammlung der Schröderschen Modelle. Es handelt sich um Instrumente wie ein Winkel aus Hartholz (1911 angeschafft) und eher einfache Modelle (z. B. Modelle der Flächen 2. Grades aus Karton, Glaskuben). Der letzte Eintrag erfolgte 1922; es wurde ein Spiralbohrer für 4.50 sfr gekauft. Reichhaltiger ist die Gruppe II, in der anspruchsvollere Modelle aufgeführt werden, darunter die schon oben erwähnten. Insgesamt gibt es hier 183 Einträge, die letzte Anschaffung erfolgte

---

[2568] Hs 1196: 30.
[2569] Hs 1196: 30. Was Fiedler mit seiner Notiz „Nr. 34. Gattung I" gemeint hat, ist unklar. Auffällig ist, dass die sonstige Beschriftung der Handschrift nach zu urteilen nicht von Fiedler stammt.

1930: man erstand einen Marmordodekaeder für 40 sfr. Bis etwa 1910 wurden regelmäßige Objekte gekauft, danach gab es nur noch eine Anschaffung. Die Rubrik III nennt natürlich Reißzeug und Reißbrett, Schablonen, Wandtafelzirkel u. ä., aber auch einen Ellipsenzirkel, einen Tracteriographen von J. Klerity und ein Perspektivlineal. Insgesamt gibt es hier 38 Vermerke, der letzte (1931) betrifft die Anschaffung eines Löschers (4.50 sfr) und einer Papierschere (7,50 sfr). Die Eintragungen erfolgten hier recht kontinuierlich, offenkundig handelt es sich um Verbrauchsmaterial. Die vierte Rubrik „Wandtafeln" enthält 25 Einträge — angefangen von der bereits erwähnten gemeinsamen Normalen zweier windschiefer Geraden (1869) über die Collineation zweier Vierecke[2570] und des Kreises, der Polarfigur des Kreises[2571] und diversen Durchdringungsfiguren bis hin zur Lehre von zwei vereinigten Polarsystemen (1887). Das war die letzte Anschaffung in dieser Rubrik, die meisten Zukäufe erfolgten in Fiedlers ersten Jahren bis 1872. Fast alle Wandtafeln kosteten 6 sfr pro Stück. Auffallend ist, dass diese Wandtafeln durchaus anspruchsvolle Themen behandelten, also kaum für den Schulunterricht geeignet waren. Dennoch existierte offensichtlich ein Markt für sie. Das Verzeichnis „V. Handbibliothek" beginnt erst 1893 mit der bereits erwähnten Anschaffung von Fiedlers darstellender Geometrie und Autographen von Kleins Vorlesungen, es endet 1921 mit dem Erwerb von fünf Büchern, darunter Riedlers „Maschinenzeichnen" und Scheffers „Lehrbuch der darstellenden Geometrie" Band I. Insgesamt werden 44 Titel genannt.

Die sechste Rubrik, die mit „Vorlagen für den Unterricht in darstellender Geometrie" überschrieben ist, war in Fiedlers Aufstellung von Rubriken am Ende seines Ausgabenverzeichnisses noch nicht vorgesehen. Sie beginnt wie bereits erwähnt erst 1908 mit der Anschaffung einer Konsole für Winkelgetriebe, einem Mauerkasten, einer Scheiben- und einer Ausdehnungskupplung sowie einer Pleuelstange. Dies lässt vermuten, dass sich Grossmann verstärkt um einen Praxisbezug der Veranstaltungen zur darstellenden Geometrie bemühte, indem er konkrete technische Objekte als Vorlagen anschaffte. Die letzte Anschaffung, sechs Musterzeichnungen von Stückeli, erfolgte 1921.

Das Inventar wurde von der Eidgenössisches Finanzkontrolle geprüft, mit einem Stempel wurde festgehalten, dass alle Objekte vorhanden waren. Letztmalig geschah dies 1947, der Gesamtwert der Sammlung belief sich zu diesem Zeitpunkt auf 4658,65 sfr.

[2570] Vermutlich wird dabei die Zentralkollineation zeichnerisch dargestellt, die ein Viereck in ein anderes überführt; Analoges gilt für den Kreis, der in einen Kegelschnitt transformiert wird.
[2571] Gemeint ist das Bild eines Kreises unter Polarreziprozität.

Interesse verdienen die Modelle der Firma Schröder in Darmstadt; der volle Name dieser Firma, der in gewisser Weise Programm war, lautete: Polytechnisches Arbeits-Institut J. Schröder. Jakob Peter Schröder (1809 – 1887) gründete nach einer Schreiner-Lehre und Wanderschaft durch Mitteleuropa 1837 eine private Zeichen- und Modellierschule in Darmstadt sowie die Firma „J. Schröder. Nähmaschinen, polytechnisches Institut und polytechnisches Arbeitsinstitut"; ab 1839 war er dann Lehrer für darstellende Geometrie an der Höheren Gewerbeschule Darmstadt[2572]. Um 1840 herum erfand er einen Klappapparat zur Verdeutlichung der Mongeschen Dreitafelprojektion – vermutlich in der Art des unten abgebildeten.

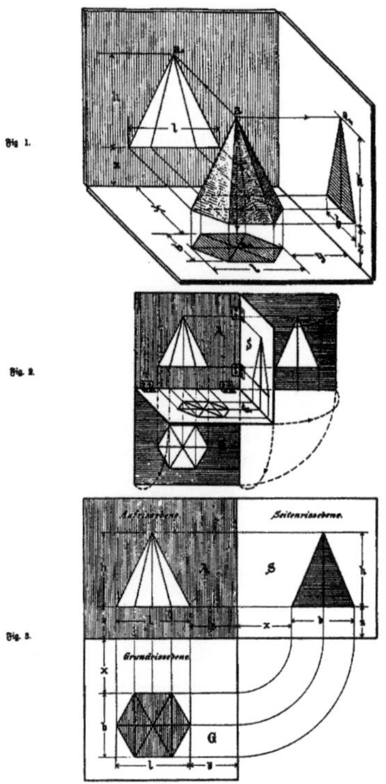

Abb. 8.7: *Apparat zur Veranschaulichung der Dreitafelprojektion von Ph. Schmidt[2573]*

[2572] Vgl. Lipsmeier 1971, 217 für mehr Informationen über Schröder sowie https://www.hessischeswirtschaftsarchiv.de/bestaende/einzeln/2005.php (29. Juli 2018). Ich danke Nadine Benstein für den wertvollen Hinweis auf diese Quelle.
[2573] Lipsmeier 1971, 291. Lipsmeier vermutet, dass solche Apparate im deutschsprachigen Raum zuerst von Schröder gefertigt wurden (Lipsmeier 1971, 290), einen ähnlichen Apparat hatte zuvor schon Th. Olivier in Paris erfunden; dieser wurde als „Omnibus" bezeichnet; vgl. Xavier/Pinho 2017.

In der ersten Figur sieht man die Projektionen eines sechseckigen Daches in Grund-, Seit- und Aufrissebene. Die Seit- und die Aufrissebene werden nun in die Grundrissebene geklappt (die Rissachse ist folglich im Apparat mit Scharnier realisiert), das Ergebnis hiervon ist in Abbildung 8.7 Figur 2 zu sehen. In Figur 3 sind noch zusätzlich die Ordner eingetragen.

Schröder konzentrierte sich in seinem Angebot auf die eher elementaren Bereiche des technischen Bildungswesens, was erklären mag, dass heute nur noch wenige Schröder-Modelle in den Sammlungen mathematischer Modelle erhalten sind; diese werden im Firmenkatalog übrigens ausdrücklich als „Unterrichts-Modelle" bezeichnet. Seine Firma war bekannt und angesehen[2574]: So äußerste sich A. Brill anlässlich der Eröffnung der Modellausstellung der Universität Tübingen (7. November 1886) folgendermaßen:

> Auch in Deutschland giebt es seit Langem Modelle, welche den Bedürfnissen des mathematischen Unterrichts dienen sollen. Wohl an den meisten Universitäten und technischen Schulen finden sich in irgend einem Schrank oder einem staubigen Winkel Pappmodelle von Polyedern, Kegeln mit ebenen Schnitten, Durchdringungskurven von Kegeln mit Cylindern u.s.w. von meist unbestimmter Herkunft, die bei dem heutigen Stande des Hochschul-Unterrichts nicht mehr gebraucht werden und deshalb durch die neueren schöneren Formen, welche zahlreiche Lehrmittel-Anstalten (darunter als älteste die verdiente Schröder'sche Modellfabrik in Darmstadt) diesen elementaren Unterrichtsmitteln zu geben pflegen, nicht mehr ersetzt werden.[2575]

Der Schwerpunkt der Schröderschen Modelle lag nicht im geometrischen Bereich sondern im technischen. Viele Seiten des Verlagskataloges zeigen solche Modelle, z. B. Dampfmaschinen, Brücken- und Treppenkonstruktionen, Gewölbe, Schachtanlagen und vieles andere mehr. Eine Spezialität von Schröder im Bereich der mathematischen Modelle waren Holzmodelle, was auf dem Hintergrund seiner Ausbildung zum Schreiner natürlich wenig erstaunt. In ihrer Ästhetik erinnern die Schröderschen Holzmodelle an Montessori-Materialien, gingen diese aber ein halbes Jahrhundert voraus.

Solche Projektionstafeln oder – apparate gab es mehrere, vgl. Fischer 1913, 27. Fischer erwähnt in diesem Zusammenhang auch Projektionstafeln von Schröder, zwanzig an der Zahl.

[2574] Auf dem Katalog der Firma von 1885 sind zahlreiche Medaillen vermerkt, die sie bei verschiedenen Ausstellungen gewonnen hatte. Zudem wurden ihr Orden verliehen. Eine Spezialität von Schröder waren Getriebemodelle im Anschluss an Fr. Reuleaux, vgl. Mauersberger 2014, 129. Vgl. auch die mehrfachen Hinweise auf Schröders Firma in Dressler 1913 (p. 198 und 210). Fischer bezeichnet die Fa. Schröder; Dyck (192 – 93), 51 als „altbekannte Werkstätte von Schröder in Darmstadt" (Fischer 1913, 33).

[2575] Brill 1889, o. S.

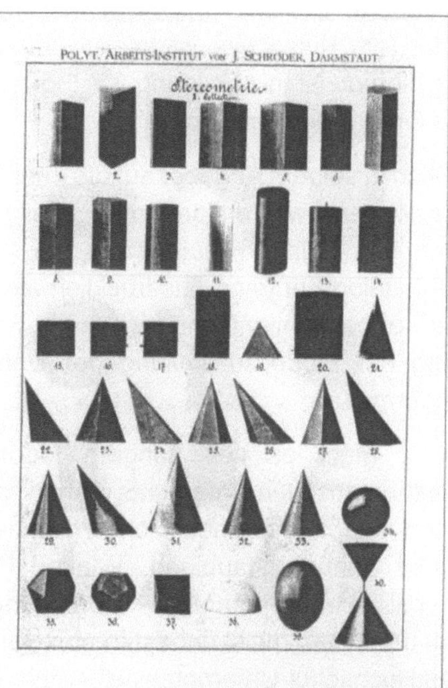

Abb. 8.8: *Eine Seite aus Schröder 1885 mit Holzmodellen*

Von den Schröderschen Holzmodellen, die Fiedler anschaffte, sind einige noch heute an der ETH vorhanden; eine größere Sammlung derselben findet sich an der Kantonsschule Zürich Rämibühl. Vermutlich geht die letztere Sammlung auf Fiedlers Sohn Ernst zurück, der in seiner Programmschrift[2576] ausführlich über sie und ihre möglichen Verwendungen im Unterricht berichtete.

Abb. 8.9: *Hölzener Torus aus der Sammlung Schröder*[2577]

[2576] Ernst Fiedler 1898.
[2577] ETH-Bibliothek Zürich, Mathematische Modelle / Fotograf: André Rodoni / CC BY-SA 4.0. Online zugänglich in der Sammlung wissenschaftlicher Instrumente und Lehrmittel sowie im *Digital Archive*

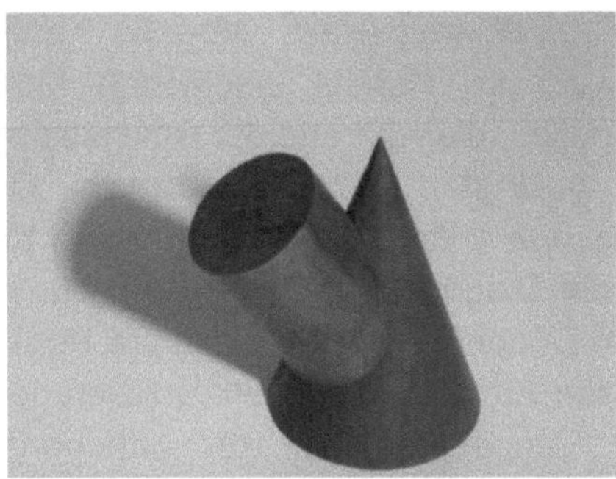

Abb. 8.10: *Ein Zylinder durchdringt einen Kegel.*
Modell aus der Sammlung Schröder[2578]

Wie bereits erwähnt entnimmt man dem Fiedlerschen Ausgabenbuch und dem Inventar der Sammlung von Modellen für den Unterricht in darstellender Geometrie, dass Fiedler bereits 1869 vierzig Modelle von Schröder gekauft hatte. Diese ordneten sich in vier Serien ein: Eine Serie war in Blech gefertigt, eine in Draht und zwei in Holz.

Unter Fiedlers Kollegen setzte sich C. F. Geiser für die Anschaffung von Modellen ein. Dies belegt ein Gesuch von ihm an den Schulrat (10. Dezember 1883), in dem er um Geld (120 sfr = 150 Mark) bittet, um Modelle bei Brill kaufen zu können. Diese böten den Schülern „ein vortreffliches Anschauungsmaterial". Geiser fuhr fort: „Auch künftighin wird sich in geometrischen Vorlesungen häufig Gelegenheit bieten, dieselben zu benutzen."[2579] Wie viele Stellen in Geisers Werken zeigen – insbesondere in seinem Lehrbuch von 1869 – lag diesem die Lehre sehr am Herzen. Obwohl inhaltlich gefährlich nahe beieinander scheinen doch Fiedler und Geiser ohne größere Konflikte koexistiert zu haben. Zu bedenken dabei ist, dass Geiser neben der Fachlehrerabteilung auch in der militärischen Abteilung verankert war, und dass er sich in der Verwaltung, u.a. als Direktor des Polytechnikums, engagierte. Beides mag dazu beigetragen haben, das Konfliktpotential zu reduzieren. Zudem war mit Präsident Kappeler befreundet.

Fiedlers Nachfolger M. Grossmann verfasste 1910 einen Bericht über den mathematischen Unterricht an der Eidgenössischen Technischen Hochschule (wie das Polytechnikum seit kurzem hieß). Darin findet sich im § 10 „Hilfsmittel des Unterrichts" auch ein Abschnitt über die Modellsammlung:[2580]

---

of *Mathematical Models* (DAMM) der Universität Dresden. Dort findet sich auch ein Modell eines Halbtorus mit ebenen Schnitten von Schröder.

[2578] ETH-Bibliothek Zürich, Mathematische Modelle / Fotograf: André Rodoni / CC BY-SA 4.0. Online zugänglich in der Sammlung wissenschaftlicher Instrumente und Lehrmittel sowie im *Digital Archive of Mathematical Models* (DAMM) der Universität Dresden.

[2579] Geschäftskontrolle 1883 No. 520.

[2580] Grossmann 1910, 32.

> Eine *Sammlung mathematischer Modelle* enthält neben den hauptsächlichsten der im Handel erschienen Modelle eine Anzahl interessanter Originalien, die während der Amtstätigkeit von Prof. *Fiedler* zur Herstellung gelangten: Flächen dritter Ordnung mit vier Knotenpunkten, Flächen dritter Ordnung mit einem Knotenpunkt und 15 reellen Geraden, die Diagonalfläche von Clebsch, eine Fläche vierter Ordnung mit einem Doppelkreis ohne singuläre Punkte, die Raumkurve vierter Ordnung erster Art mit vier doppelt-projizierenden Kegeln und den Doppelkurven der Tangentialfläche, das orthogonale Zylindroid von Cayley-Ball u.a.m.

Wie bereits erwähnt scheint sich Grossmann um mehr Praxisnähe bemüht zu haben, indem er entsprechende, vor allem technische, Modelle anschaffte.[2581] Insgesamt ging aber die Aktivität im Bereich Modelle nach der Jahrhundertwende deutlich zurück – in Zürich wie auch allgemein.

Die Zeitläufte waren allerdings selbst in der polytechnischen Welt nicht überall günstig für Modelle. So berichtet K. Pelz, Fiedlers früherer Student, über das deutsche Prager Polytechnikum:

> Seit der Zeit „des schönen Zeichnens“[2582] hat sich allerdings manches geändert, und wer heute das Cabinet der darstell. Geom. am d. Polytech. in P. [deutsches Polytechnikum in Prag; K.V.] betritt, gewinnt einen wohl trostlosen Anblick. Von einem Modell, einer Wandtafel, einem Buch etc. ist hier keine Spur zu finden. Man hat den Eindruck, als wenn da die Hunnen durch einige Zeit gehaust hätten. Die Modelle, welche die Lehrkanzel (nach der brüderlichen Theilung mit Herrn T.[2583]) noch besass, wurden samt den riesigen zwei Kästen dem Prof. der Stereometrie geschenkt. Wozu auch Modelle, Wandtafeln etc., es war ja niemand da, der sich um das Inventar gekümmert hätte. Und um dieses fatale Inventar überhaupt aus der Welt zu schaffen, wurde die Dotation durch mehrere Jahre nicht behoben, bis sie von der Regierung ein für alle Male gestrichen wurde. Aber Sie sind gewiss über diese trostlosen

---

[2581] Das wird auch an anderen Stellen seines Berichts deutlich, z. B. wenn er von „der Forderung der durchdachten Anpassung an die besonderen Bedürfnisse des Technikers spricht." (Grossmann 1910, 13). Die allzu abstrakte Ausrichtung à la Culmann – Fiedler war wohl für Grossmann passé; vgl. Grossmann 1910, 45.

[2582] Das spielt vielleicht auf Pelz' Zeit als Assistent am Prager Polytechnikum an. Pelz setzte sich für die Pflege des Zeichnens ein; er hat selbst nach dem Studium eine Zeitlang als Zeichner gearbeitet. Vgl. 9.2.6.

[2583] Gemeint ist Fr. Tilscher, der bei der Teilung an die böhmische Anstalt wechselte und dort die darstellende Geometrie vertrat. Tilscher war ein Anathema von Pelz, übertroffen nur noch von G. Peschka; vgl. 9.2.6.

> Zustände im Allgemeinen gut unterrichtet & ich kann es also unterlassen, darüber zu berichten.[2584]

Offensichtlich hing das Schicksal der Modelle stark ab von den Interessen der Lehrenden, in deren Zuständigkeit sie fielen. Und Fiedlers Nachfolger C. Küpper gehörte nicht zu denen, die für diese Dinge Interesse aufbrachten – zumindest, wenn man Pelz glauben schenkt. Bemerkenswert ist die Erwähnung von Wandtafeln in Pelz' Bericht. Sie spielten vermutlich eine größere Rolle in der damaligen Lehre, als man bislang angenommen hat.

Am Schluss dieser Ausführungen zu Modellen sei hier H. Dressler zitiert, der 1913 im Auftrag der Internationalen Unterrichts-Kommission einen Bericht über mathematische Lehrmittelsammlungen, insbesondere an höheren Schulen, veröffentlichte. Gegen Ende der einführenden historischen Betrachtungen heißt es dort resümierend:

> Auf Seiten der Hochschulen entstanden schon früh Modellsammlungen, erklärerlicherweise zuerst an den technischen Hochschulen. Bahnbrechend waren die Bestrebungen von Chr. Wiener in Karlsruhe, Fiedler in Zürich, Brill und Sturm in Darmstadt, Brill und F. Klein in München. Die Universitäten folgten bald nach, zuerst 1872 Erlangen unter F. Klein. Nach 1880 entwickelte sich unter ihm die Sammlung in Leipzig, die in dem jetzt unter Leitung von Hölder und Rohn stehenden Mathematischen Institut untergebracht ist.
>
> Gegenwärtig besitzt wohl jede Universität und technische Hochschule eine Modellsammlung, die größte Sammlung mathematischer Instrumente und Modelle dürfte vielleicht Göttingen aufzuweisen haben, schon weil da auch für den Unterricht in angewandter Mathematik Sammlungen zur darstellenden Geometrie, zum numerischem und graphischem Rechnen sowie geodätische Instrumente zu Übungen vorhanden sind.[2585]

Auch die ebenfalls 1913 publizierte Programmschrift der Oberrealschule Berlin-Lichterfelde „Anschauungsmittel im mathematischen Unterricht" von Paul Fischer enthält viele allerdings schulbezogene Informationen zum Thema Modelle, u.a. eine dreiseitige Liste von Firmen, welche solche Anschauungsmittel produzierten.[2586] Gegen Ende der großen Zeit der Modelle – nach dem Ersten

---

[2584] Brief von Pelz an Fiedler, Graz, 25. Mai 1889 (Hs 87: 811).
[2585] Dressler 1913, 195. Dressler gibt auch einen Überblick zu verschiedenen Ausstellungen, bei denen Modelle gezeigt wurden.
[2586] Fischer 1913, 31 – 33.

Weltkrieg erreichten sie nie wieder ihre frühere Wichtigkeit – erfolgten noch zwei gewissermaßen abschließende Bestandaufnahmen.

Insgesamt kann man festhalten, dass Fiedler eine aktive Rolle im Bereich des Baus und der Verwendung von Modellen spielte und dass es ihm gelang, Zürich mit einer wichtigen und allgemein bekannten Sammlung auszustatten. Auffallend ist andererseits, dass er sich von allen Bestrebungen fernhielt, seinen Modellen einen größeren Bekanntheitsgrad zu verschaffen oder sie in höheren Stückzahlen zu produzieren. Insofern kann man sagen, dass er den älteren Vorstellungen in diesem Gebiet verpflichtet blieb; diese räumten den Modellen auch und vor allem einen wichtigen Platz in der Lehre ein. Auch hierin zeigt sich wieder Fiedlers tiefe Verankerung in der polytechnischen Tradition.

9. Fiedlers Korrespondenz

In diesem Kapitel beschäftigen wir uns eingehender mit Fiedlers Briefwechsel[2587] und damit verbunden mit einem informellen Netzwerk, das sich im letzten Drittel des 19. Jhs. für die Geometrie, deren Bedeutung man allgemein schwinden sah, einsetzte. Zu diesem rechnete auch Fiedler, Beziehungen zu vielen Mitgliedern des Netzwerkes unterhielt er in seiner Korrespondenz. Darauf gehen wir im zweiten Abschnitt an einigen ausgewählten Beispielen ein. Methodisch gesehen wird versucht, die Briefe in Kontexte zu stellen und zu analysieren - im Unterschied zu den meisten Bearbeitungen von Korrespondenzen, die Briefe an eine oder von einer Person chronologisch ordnen – eventuell versehen mit Verweisen auf andere stellen. Selbstverständlich sind die Kontexte oft nicht eindeutig, ein Brief kann zum Beispiel Fachliches und Politisches enthalten. Dann wurde er dem prägnanteren Aspekt zugeordnet. Gleiches gilt für die Briefpartner. Zudem wurde im Sinne des Netzwerkgedankens versucht, Querverbindungen aufzuzeigen.

[2587] Dieser Begriff wird hier – *par abus de langage* - verwendet, obwohl in fast allen Fällen nur die Briefe an Fiedler erhalten sind. Gelegentlich finden sich Entwürfe von Fiedler für seine Briefe, des Öfteren auch mal Notizen Fiedlers auf den Briefen seiner Partner für seine Antworten. In seltenen Fällen, z. B. Cremona und Klein, sind auch Fiedlers Briefe in den Nachlässen seiner Briefpartner vorhanden. Zudem ist über den Austausch unter Fiedlers Partnern wenig bekannt, da diese mit wenigen Ausnahmen nicht zu den Mathematikern gehörten, deren Nachlässe sachgerecht aufbewahrt wurden.

9.1 Die Situation der Geometrie

Und wie es die Freude an der Gestalt im höheren Sinne es ist, welche den Geometer macht, so war sie auch die Quelle seiner physikalischen Untersuchungen.[2588]

Die Freude an der Gestalt ist eine Vorbedingung für die Arbeit des Geometers.[2589]

Das letzte Drittel des 19. Jhs. stand rückblickend, was die Entwicklung der reinen Mathematik anbelangt, im Zeichen der Etablierung neuer Strengemaßstäbe: der „Installation of Rigor", wie dies M. Kline in seinem bekannten Werk genannt hat. Die hierfür zentralen Gebiete waren die Arithmetik/Algebra (man denke etwa an den Aufbau des Zahlsystems inklusive der reellen Zahlen oder an die Herausbildung des abstrakten Gruppen- und Körperbegriffs) und die Analysis – im weiten Sinne, also auch unter Einschluss der Funktionentheorie, der Differentialgleichungen etc.[2590]

Während die Geometrie noch immer als anschauungsorientiert galt und als solche wenn auch mit abnehmender Tendenz gepflegt wurde, waren Gebiete wie Algebra und Analysis abstrakt und kalkülorientiert. Monster wie das Weierstrasssche unterminierten das Vertrauen in die Anschauung. So konstatierte beispielsweise H. Minkowski anlässlich seiner Promotion am 30. Juli 1885 als zweite These: „Es hat seine Bedenken, in mathematischen Untersuchungen sich auf räumliche Anschauungen zu berufen." Für die Geometrie kämpfen, hieß auch für die Anschauung votieren, und umgekehrt, ein Punkt, der bei F. Klein recht deutlich wird.[2591] Spätestens seit den „Grundlagen der Geometrie" von D. Hilbert (1899) und ihren Wegbereitern, wie Pasch, Peano, Pieri, gab es dann allerdings auch eine anschauungsferne axiomatische Forschungsrichtung in der Geometrie, die eine zusätzliche Herausforderung bedeutete: Die anschauungsorientierte Geometrie hatte ihr Monopol endgültig verloren. Das wurde schon bei M. Pasch in seinen „Vorlesungen über neuere Geometrie" (1882) deutlich, indem er eine rein formale Ebene der Geometrie von der empirischen trennte – auf ersterer spielt die Anschauung keine Rolle mehr. Im Vorwort seines Buches heißt es:

[2588] Clebsch 1872a, 6. Es geht um Julius Plücker.

[2589] Etwein 2019, 16. Es handelt sich um das Motto, das M. Brückner seinem unveröffentlichten Tafelwerk zu Polyedern voranstellte.

[2590] Vgl. das Zitat in 6.4 zu Emil Müllers Sicht auf diese Entwicklung.

[2591] Vgl. Klein 1922, 3 – 5. Dabei handelt es sich um seine Einleitung zum Kapitel über „Anschauliche Geometrie" in den Gesammelten Werken. Zur Entwicklung der Geometrie allgemein und zu Kleins Auffassungen zur Anschauung insbesondere vgl. man auch Rowe 2025.

> Bei den bisherigen Bestrebungen, die grundlegenden Teile der Geometrie in eine Gestalt zu bringen, welche den mit der Zeit verschärften Anforderungen entspricht, ist der empirische Ursprung der Geometrie nicht mit voller Entschiedenheit zur Geltung gekommen. Wenn man die Geometrie als eine Wissenschaft auffaßt, welche, durch gewisse Naturbeobachtungen hervorgerufen, aus den unmittelbar beobachteten Gesetzen einfacher Erfahrungen ohne jede Zutat und auf rein deduktivem Wege die Gesetze komplizierter Erscheinungen zu gewinnen sucht, so ist man freilich genötigt, manche überlieferte Vorstellung auszuscheiden oder ihr eine andere als die übliche Bedeutung beizulegen; dadurch wird aber das von der Geometrie zu verarbeitende Material auf seinen wahren Umfang zurückgeführt und einer Reihe von Kontroversen der Boden genommen.
>
> Diese Auffassung suchen die Folgenden Blätter in aller Strenge durchzuführen.[2592]

Paschs Empirismus fand auf lange Sicht wenige Anhänger, sein Deduktivismus hingegen wurde spätestens mit Hilbert auch in der Geometrie dominant.[2593]

Geographisch gesehen galt speziell Berlin, vor allem mit Weierstrass, als Mittelpunkt der Strenge-Bewegung; oft wurde diese Tendenz als Ausdruck des norddeutschen Wesens gesehen.[2594] Die Mathematik an der Berliner Universität mit ihren Triumviraten Kronecker – Kummer – Weierstrass gefolgt von Fuchs – Frobenius - Schwarz erlangte erheblichen Einfluss. Neben der Qualität und der Quantität ihrer mathematischen Produktion spielten auch andere Faktoren eine Rolle für diese Dominanz, etwa der enorme Lehrerfolg vor allem von Weierstrass, der sowohl auf nationaler als auch internationaler Ebene viele Schüler anzog, die Tatsache, dass die Berliner Mathematiker das wichtigste überwiegend deutschsprachige Publikationsorgan der Mathematik jener Zeit, das Crelle-Journal, dominierten, ihre Präsenz in der vermutlich einflussreichsten deutschen Akademie, wohl auch die räumliche Nähe zum preußischen Regierungsapparat sowie den maßgeblichen Kreisen der Gesellschaft und – damit verbunden? - der vermeintlich große Einfluss auf Stellenbesetzungen. Es entstand ein erhebliches Gefälle zwischen den Nicht-Berliner Mathematikern und denen in der Hauptstadt – auch, was die Bezahlung anging. Ein Mathematiker, der hierunter besonders litt

---

[2592] Pasch 1926, III. Es handelt sich um das Vorwort zur ersten Auflage der Vorlesungen, datiert „Gießen, im März 1882".

[2593] Pasch hat für die Analysis Ähnliches wie für die Geometrie versucht, vgl. seine „Einleitung in die Differential- und Integralrechnung" (Leipzig: Teubner, 1882).

[2594] Vgl. das Zitat von G. Hauck weiter unten. Ob Weierstrass hierbei korrekt gesehen wurde, immerhin pflegte er seine Bekanntschaft mit J. Steiner streitfrei und veröffentlichte – wenn auch nur wenig – auch zur Geometrie, ist eine andere Frage. Sie wird hier nicht diskutiert, ist aber auch nicht entscheidend, denn es kommt uns hier darauf an, wie er wahrgenommen wurde und dadurch wirkte.

– nicht zuletzt, weil er Ehefrau und sechs Kinder zu ernähren hatte – war Georg Cantor in Halle[2595], der ähnlich wie die Mitglieder des Netzwerks Geometrie dem Berliner Establishment gegenüber kritisch eingestellt war und dessen Mengenlehre sich der besonderen Feindschaft Kroneckers ausgesetzt sah. Dagegen schätzte die im letzten Drittel des 19. Jhs. aufstrebende Generation junger Mathematiker mit Hilbert, Hurwitz und Minkowski Cantors Theorie schon sehr früh; Kronecker war ihnen dennoch mathematisch gesehen ein wichtiges Vorbild. Hinsichtlich der Besoldungsfrage mit Berlin mithalten konnten am ehesten noch andere Residenzstädte wie München, Dresden und natürlich Wien. Diese boten zudem Vorteile bezüglich des gesellschaftlichen Lebens. [2596]

Zu den Berliner Mathematiker schrieb R. Sturm anlässlich der Mitarbeit von L. Kiepert an der Steiner-Ausgabe:

> Ich scheine bei den Berliner Herren nicht beliebt zu sein, obgleich ich nicht weiß, womit ich sie beleidigt haben sollte.[2597]

Kiepert[2598] erregte bei Sturm und anderen Anstoß, weil er als reiner Analytiker – natürlich aus der Weierstrass-Schule – gesehen wurde und somit als nicht geeignet galt, um Steiners Vermächtnis zu hüten. Zu Kiepert schrieb Sturm mit deutlicher Ironie an Fiedler:

> Sie sprechen von der Herausgabe der Steinerschen Werke: ich freue mich auch, daß man künftig dieselben zu lesen haben wird, aber mehr gefreut habe ich mich, daß abgesehen von der System. Entw.[2599], deren Herausgabe Schröter besorgt, diese Herausgabe von der Akademie in die Hände eines Mathematikers gegeben ist, der bis dahin sich mit synthetischer Geometrie noch gar nicht beschäftigt hat, nämlich in Kieperts Hände. Nach meiner Ansicht mußte er ablehnen; ich habe mich seitdem nicht mehr entschließen können, an ihn zu schreiben, er versuchte neulich wieder, mit mir anzubinden durch eine Neujahrskarte und sprach von seiner „Versteinerung", ich wollte ihm schon schreiben,

---

[2595] Genaueres zu Gehaltsfragen bei Décaillot 2011, 6 – 7 und 188 - 189, wo sich auch Verweise auf weitere Arbeiten zu diesem Thema finden.

[2596] Vgl. die Berichte über die Residenzstädte Dresden und Wien in Königsberger Autobiographie (Königsberger 1919, 151 – 161)

[2597] Brief an Fiedler vom 20. November 1887 (Hs 87: 1540). Rudolf Sturm war ein Schüler von H. Schröter, er wurde dessen Nachfolger auf der Breslauer Professur und hatte selbst Ambitionen auf die Bearbeitung der Steiner-Werke. Dies habe er einst, wie er in dem fraglichen Brief an Fiedler erwähnt, auch dem Berliner Mathematiker und Herausgeber des Crelle-Journals, K. Borchardt, mitgeteilt, der die Information an Weierstrass weitergeben wollte. Ohne Ergebnis offensichtlich.

[2598] Zum Briefwechsel Kiepert – Fiedler vgl. 9.2.3.

[2599] Gemeint ist steienrs buch „Systematische Entwicklung".

daß ich ob dieser Versteinerung auch versteinert und erstaunt sei. Wann die Werke erscheinen werden, weiß ich nicht.[2600]

Die Steiner-Ausgabe bot viel Anlass zum Ärger. Am 27. November 1900 kommentierte Sturm einen Fehler in derselben:

> Eigentlich ist es unbegreifbar, aber erstaunen macht es mich nicht mehr, es ist nur ein neuer Beweis für die „Lodrigkeit", mit der die ganze Herausgabe gemacht worden ist, und für die Nichtbeachtung, mit der die Geometrie von den Berliner Analytikern behandelt worden ist.[2601]

Offensichtlich waren die Erwartungen an die Steiner-Ausgabe unterschiedlich. Wie Weierstrass in seinen Vor- und Nachworten deutlich machte, ging es ihm lediglich darum, die Arbeiten Steiners nachzudrucken, wobei gelegentlich Druckfehler und kleine Versehen korrigiert werden sollten. Alles andere, das betont Weierstrass ausdrücklich, wäre zu viel Arbeit gewesen.

> In den Abhandlungen des vorliegenden Bandes findet sich eine solche Überfülle ohne Beweise ausgesprochener Sätze, dass bei einer Revision, wenn dieselbe nicht eine unverhältnismässig lange Zeit in Anspruch nehmen sollte, von vorneherein auf eine eingehende Prüfung ihrer Richtigkeit verzichtet werden musste.[2602]

Im zweiten Band der Steiner-Werke finden sich dessen Arbeiten zum isoperimetrischen Problem, auch Arbeiten zu Maxima und Minima genannt, die wegen mangelnder Strenge kritisiert worden waren, hauptsächlich, weil die Existenz eines Extremums unterstellt und nicht bewiesen wurde.[2603] Hierzu bemerkt Weierstrass: Gegen diese Abhandlungen „haben sich an zahlreichen Stellen gegen einzelne Sätze Bedenken geltend gemacht".[2604] Weierstrass war sich also der mit Steiners Arbeiten verbundenen Problematik durchaus bewusst.

Die Gegenseite, die Geometer, hingegen wollten eine sorgfältig kommentierte Werkausgabe. Das - glaubten sie wohl – war man dem großen Geometer Steiner

---

[2600] Brief von Sturm an Fiedler, Münster 28. Januar 1881 (Hs 87: 1233). Ähnlich äußerte sich Sturm nochmals in einem Brief an Fiedler vom 20. November 1887 (Hs 87: 1540): „Es ist dies eine unwürdige Behandlung Steiners. Wir müssten uns doch sehr vermessen haben, Jacobi herauszugeben." Weiterhin wird die Angelegenheit in Briefen Sturms an Fiedler vom 6. Juli 1883 (Hs 87: 1238) und vom 27. November 1900 (Hs 87: 1247) ausführlich behandelt. Man sieht, das Thema beschäftigte Sturm sehr, es ging wohl geradezu um ein Sakrileg in seinen Augen. Kiepert und Sturm waren übrigens rund ein Jahr lang Kollegen in Darmstdt gewesen.

[2601] Hs 87: 1547.

[2602] Steiner 1882, 742. Das Zitat ist Weierstrass' Schlussbemerkung entnommen.

[2603] Vgl. die Beiträge von R. Sturm und O. Perron im Jahresbericht der Deutschen Mathematiker-Vereinigung 22 (1912).

[2604] Steiner 1882, 743. Zu dieser Problematik gibt es zudem die Note 15 im zweiten Band der Werke, die eine Diskussion der Fragen bzgl. der Abhandlungen über Maxima und Minima enthält. Einige Informationen zur Geschichte des Problems findet man bei Gericke 1982, zu Steiner insbesondere pp. 179 – 185.

schuldig. Die Abneigung gegen die Berliner einte das Netzwerk Geometrie mit F. Klein, auf den wir gleich zu sprechen kommen werden.

Mathematisch-inhaltlich drohte angesichts dieser Entwicklungen die Geometrie zum großen Verlierer zu werden. Sie hatte in der ersten Hälfte des 19. Jhs. eine starke Position erlangt, aktuelle und vielversprechende Forschungsfelder wie die projektive und die darstellende Geometrie waren entstanden und wurden ausgebaut. Betrachtet man die Situation der Universitätsmathematik in Deutschland um 1860 herum und beschränkt man sich dabei auf die Ordinarien[2605], so ergibt sich folgendes Bild (Geometer[2606] sind kursiv gesetzt; angegeben ist die Dauer der amtszeit als Ordinarius):

Mathematiklehrstühle (~1860)

Berlin: Ohm (-1864), Kummer (ab 1855); hinzu kamen u.a. Kronecker (ab 1861 als lesendes Akademiemitglied) und J. *Steiner* (1834 – 1863; als a.o. Prof.)[2607]

Bonn: *J. Plücker* (1836 – 1868), A. Beer (1856 – 1863)

Breslau: *H. Schröter* (1861 – 1892)

Erlangen: *Chr. von Staudt* (1835 – 1867)

Freiburg: L. Oettinger (1836 – 1869)

Gießen: *A. Clebsch* (1863 – 1869)

[2605] Oft gab es zu dieser Zeit an einer Universität nur einen Ordinarius für Mathematik, allerdings wurden Mathematiker auch als Astronomen beschäftigt wie Gauß und Möbius, Plücker hatte neben dem Mathematik- auch noch den Physiklehrstuhl seiner Universität inne. Ausschließlich die Ordinarien hatten Stimmrecht bei allen wichtigen Fragen die Universität betreffend. Extraordinarius war zuerst nur ein Titel, der weder mit festen Einnahmen noch mit Mitsprache verbunden war; wie Privatdozenten war der Extraordinarius auf Hörergelder angewiesen. Erst ab etwa 1870 wurden bezahlte Extraordinariate in größerem Umfang eingerichtet.
Gegen Ende des 19. Jhs. wurde das ungleiche Verhältnis von (wenigen) Ordinariaten und (vielen) Extraodinarien und Privatdozenten zunehmend zu einem Problem; vgl. Décaillot 2001, 6 -7.

[2606] Diese Einordnung ist natürlich recht vage und deshalb vielleicht angreifbar. Ein Beispiel für die Vagheit des Begriffs „Geometer" ist Kummer, der ja auch geometrische Arbeiten geliefert hat, aber doch hauptsächlich als Zahlentheoretiker wahrgenommen wird – wobei noch zu unterscheiden wäre zwischen der Sicht der Nachwelt und jener der Zeitgenossen.
Frei nach B. Russell Vortrag „On vagueness" könnte man festhalten: All unser Wissen ist vage, aber was macht das schon? Es geht im Folgenden um die allgemeine Tendenz, weshalb eine solche Unschärfe in Kauf genommen werden kann. Sie ist wohl auch unvermeidlich und war natürlich auch seinerzeit gegeben. Was mit „Geometrie" genau gemeint sein soll, ist ebenfalls unscharf. Natürlich zählte die synthetische Geometrie dazu, aber auch die analytische und damit die algebraische Geometrie – die letzteren wurden meist nicht unterschieden. Die nicht-Euklidische Geometrie wurde erst im letzten Drittel des 19. Jhs. breit wahrgenommen und bearbeitet. Die Differentialgeometrie hingegen fand weniger Beachtung im Sinne einer geometrischen Theorie; ähnliches gilt für die gerade im Entstehen begriffene Topologie. In der zweiten Hälfte des 19. Jhs. findet man mehrfach Hinweise darauf, dass die Geometrie sich in viele Geometrien aufzulösen beginne (vgl. etwa die Aufstellung aus den *Nouvelles Annales* von 1859 mit acht Geometrien und zwei Kandidaten für diesen Titel, die in Volkert 2013, 10 übersetzt wiedergegeben wird). Umgekehrt konnten sich natürlich auch Geometer mit nicht-geometrischen Themen beschäftigen, etwa von Staudt mit Zahlentheorie.

[2607] Weierstrass wurde erst 1864 Ordinarius an der Berliner Universität, zuvor war er am Gewerbeinstitut in Charlottenburg und als Extraordinarius an der Universität tätig.

Göttingen: B. Riemann (1859-1866), M. A. Stern (1859-1884)
Greifswald: J. A. Grunert (1833 -1872)
Halle: E. Heine (1856-1881)
Heidelberg: *L. O. Hesse* (1856 – 1868)
Jena: K. Snell (1844 – 1878)
Kiel: G. D. E. Weyer (1860 – 1896)
Königsberg: F. J. Richelot (1844 – 1875)
Leipzig: M. W. Drobisch (1826 – 1868), *A. F. Möbius* (1844 – 1868; Astronom)
Marburg: *Chr. L. Gerling* (1817 – 1864), Fr. Stegmann (1848 – 1891)
München: L. Ph. Seidel (1847 – 1891), J. E. Hierl (1833 – 1865)
Rostock: H. Karsten (1836 – 1877)
Tübingen: J. Zech (1852 – 1864)
Würzburg: A. Mayr (1840 – 1890)

Polytechnikum Zürich: R. Dedekind (1858 – 1862), *W. von Deschwanden* (1855 – 1866)

Unter diesen 24 Namen finden sich einige bekannte Geometer: Plücker (einige Jahrzehnte allerdings nur als Experimentalphysiker aktiv), Schröter, von Staudt, Hesse und Möbius, auch Gauß' Schüler Gerling kommt als Geometer in Betracht.[2608] Hinzu kam als bekannter Geometer Steiner in Berlin, der als bezahlter Extraordinarius tätig war. Das sind fünf bis sechs Geometer unter 24 Mathematikordinarien, also etwa gut ein Fünftel. Ein Grenzfall ist A. Clebsch, den man durchaus einen Geometer nennen könnte – u.a. als Schüler von L. O. Hesse. Clebsch nutzte vorwiegend analytische Methoden, die er auch auf die Geometrie anwandte, und leistete natürlich auch wichtige Beiträge z. B. zur Funktionen- und Invariantentheorie. Man denke aber auch an die Clebsche Diagonalfläche und seine Vorlesungen über Geometrie.

Wie hatte sich die Situation 30 Jahre später entwickelt? Hier interessieren uns jetzt zwei Aspekte: Zum einen die Geometer, deren Anteil mutmaßlich abgenommen hatte, und zum andern die Mitglieder der Berliner Schule[2609], die vermutlich an vielen Orten jetzt Ordinate besetzten.

Mathematiklehrstühle (~1890)

Berlin: L. Fuchs (1884 – 1902), **L. Kronecker** (1883 – 1891), **K. Weierstrass** (1864 – 1892)
Breslau: *H. Schröter* (1861 – 1892), J. Rosanes (1876 – 1911)
Bonn: R. Lipschitz (1864-1903), *H. Kortum* (1869 - 1904)

[2608] Das dürfte in etwa die Sicht der Zeitgenossen wiedergeben. Sein Arbeitsschwerpunkt war die Geodäsie.
[2609] Im Text sind diese fett hervorgehoben.

Erlangen: P. Gordan (1875 – 1910), *M. Noether* (1875 – 1919)

Freiburg: J. Lüroth (1883 – 1910), L. Stickelberger (1879 a.o.; o.ö. 1894 – 1909)

Gießen: *M. Pasch* (1874 – 1911), **E. Netto** (1888 – 1913)

Göttingen: *F. Klein* (1886 – 1913)[2610], **H. A. Schwarz** (1875 - 1892)

Greifswald: R. Minnigerode (1874 – 1896)

Halle: A. Wangerin (1882 – 1919), G. Cantor (1877 – 1913)

Heidelberg: L. Königsberger (1884 – 1912)

Jena: C. J. Thomae (1879 - 1914)

Kiel: L. A. Pochhammer (1874 – 1919), G. D. E. Weyer (1852 - 1896)

Königsberg: F. Lindemann (1883 – 1893)

Leipzig: S. Lie (1886-1898), Ad. Mayer (1890 – 1908), W. Scheibner (1868 – 1908)

Marburg: H. Weber (1884 - 1892), F. Stegmann (1848 – 1891)

München: L. Seidel (1855 – 1896), Gustav Bauer (1865 – 1907)

Straßburg: *Th. Reye* (1872 – 1908), B. E. Christoffel (1872 – 1892)

Tübingen: *L. Brill* (1884 - 1918), **H. Stahl** (1885 – 1909)

Rostock: *O. Staude* (1888 - 1918)

Würzburg: Fr. Prym (1869 – 1909), A. Mayr (1837 – 1889)

Polytechnikum Zürich: G. Frobenius (1875 - 1892)[2611], **F. Schottky** (1882 - 1892), *W. Fiedler* (1867 – 1907)

Natürlich ist es schwierig, Mitglieder der Berliner Schule zu identifizieren, insbesondere, da damals viele Mathematiker als Studenten eine gewisse Zeit in Berlin verbrachten. In der obigen Liste sind außer den bekannten Namen von Fuchs, Kronecker, Weierstrass und Schwarz auch die weniger bekannten Netto, Pochhammer und Stahl aufgeführt, die alle in Berlin promoviert haben. Zudem wird Pasch als Berliner eingeordnet.[2612] Hinzukommen andere prominente Namen wie Frobenius, Schottky, Königsberger und Schwarz, aber auch weniger bekannte wie Wangerin. Aus dieser Liste lässt sich jedenfalls anzahlmäßig kein dominanter Einfluss der Berliner Schule ableiten. Dieser beruhte vielleicht weniger auf Personalpolitik, als üblicherweise vermutet wird.

Andererseits sind Geometer – zumindest im Sinne von Vertretern der klassischen analytischen oder synthetischen Geometrie – selten geworden; genauer gesagt:

[2610] In seiner mathematischen Produktion wandte sich Klein Ende der 1870er Jahre der Funktionentheorie zu. Wie z. B. seine Briefe an Fiedler belegen, sah er sich aber stets als ein Vorkämpfer der Geometrie. Fiedler nahm ihm das wohl nicht ganz ab. Siehe auch weiter unten.

[2611] Frobenius wechselte 1892 nach Berlin, Schottky ging 1892 zuerst nach Marburg, dann 1902 nach Berlin.

[2612] Promoviert hat Pasch aber in Breslau beim Erzgeometer H. Schröter „De duarum sectionem conicarum in circulos projectione" (1865). Der Fall Pasch wird weiter unten nochmals genauer diskutiert. Ein ähnlicher Fall wie Pasch war W. Killing, der in Braunsberg und Münster, damals allerdings noch keine Universität, tätig war.

Ihre Anzahl fünf ist unverändert[2613] geblieben, aber die Gesamtanzahl an Ordinarien ist beträchtlich gewachsen, nämlich von 24 auf 36. Die prominentesten Geometer in obiger Liste dürften Th. Reye, der aus der polytechnischen Welt hervorgegangen war, und Heinrich Schröter, der allerdings schon seit 1861 im Amt war, sein. Schröters Nachfolger wurde dann R. Sturm, ebenfalls ein aktiver Geometer der synthetischen Richtung aus der Breslauer Schule, der zuvor Lehrer an Gymnasien und Polytechnika gewesen ist.[2614] Die Nachfolge Schröter wurde vom Netzwerk Geometrie aufmerksam beobachtet, ging es doch um eine der letzten Bastionen der Geometrie an deutschen Universitäten, heute würde man sagen, um eine Leuchtturmprofessur der Geometrie.[2615]

M. Noether wird hier zur Geometrie gerechnet, insofern seine Arbeiten von großer Wichtigkeit für die algebraische (damals meist analytische Geometrie genannt) Geometrie waren. Ähnliches gilt für A. Brill[2616], während H. Kortum und O. Staude eher den älteren Typ des Geometers vertraten. M. Pasch ist ein interessanter Fall, da er durchaus zur Berliner Schule gerechnet werden kann, deren Grundideen bzgl. Axiomatik und Strenge er in die Geometrie übertrug, ein für die Berliner Schule eher randständiges Gebiet. Pasch hat noch einige andere Arbeiten zur Geometrie publiziert, aber auch zur Analysis.[2617] Ein letzter interessanter Fall ist Felix Klein, den man durchaus zu den Geometern zählen könnte – vor allem in Hinblick auf seine frühen Arbeiten sowie auf seinen Kampf für die Anschauung. Klein hat sich für die Geometrie eingesetzt, u.a. durch seine Vorlesungen und die daraus entstandenen Bücher sowie seine Schüler.

Das Extraordinariat Steiners fiel nach dessen Tod an Fr. Arndt (1822 – 1866) und dann an I. L. Fuchs (1866 – 1869), ging also der Geometrie verloren. Dieses Extraordinariat war Ausgangspunkt für manchen Export der Berliner Schule: Fuchs wechselte 1869 nach Greifswald (auf den Spuren von L. Königberger, seinem ehemaligen Hausschüler, dem er dann auch in Heidelberg nachfolgte), es

---

[2613] Will man Klein zu den Geometern zählen, so hätte man deren sechs. Ein Grenzfall stellt auch F. Lindemann dar, Träger des Steiner-Preises und Herausgeber der Geometrievorlesungen von Clebsch, der sich mit vielen Gebieten der reinen und angewandten Mathematik beschäftigte.

[2614] Die Werdegänge der Vertreter der darstellenden Geometer im 19. Jh. werden in Benstein 2019, Kap. 6 sorgfältig analysiert. Sturm hatte bis zu seiner Berufung nach Darmstadt eine ganz klassische Laufbahn durchlaufen, heißt Abitur am humanistischen Gymnasium nebst Universitätsstudium und Promotion.

[2615] Schröter war ein direkter Schüler von Steiner. Die Nachfolge von Th. Reye in Straßburg stand erst spät, nämlich 1909, zur Debatte. Er wurde von Friedrich Schur (1856 – 1932) beerbt, ebenfalls ein typischer Geometer, der nach Stationen in Dorpat (heute Tartu in Estland) und Aachen lange Zeit am Polytechnikum Karlsruhe wirkte; studiert hatte Schur in Breslau und in Berlin, wo er mit einer geometrischen Arbeit bei Kummer (1879) promovierte. Insofern sind auch Pasch und Schur vergleichbare Fälle. Später wurde Schur als Nachfolger von W. Dyck Assistent von Klein in Leipzig. Er war ein Briefpartner von Fiedler, vgl. 9.2.5.

[2616] Brill und Noether sind Clebsch vergleichbar und durch seine Schule gegangen.

[2617] Pasch hat insgesamt nicht allzu viel veröffentlicht, da er sich sehr stark in der akademischen Selbstverwaltung engagierte (oder vielleicht auch umgekehrt).

folgte W. Thomé (1870 – 1874), der 1874 ebenfalls nach Greifswald berufen wurde, dann kam H. Bruns (1874 – 1876), der als Astronom nach Leipzig wechselte. Weiter ging es mit A. Wangerin (1876 – 1882), der nach Halle berufen wurde, und G. Hettner (1882 – 1914), der an die TH Berlin ging, sowie (parallel zu Hettner) E. Netto (1882 – 1886), der an die Universität Gießen berufen wurde. Ein weiterer Berliner spielte für das Netzwerk Geometrie eine gewisse Rolle. Es geht um den Weierstrass-Schüler Ludwig Kiepert, von dem schon im Zusammenhang mit der Steiner-Ausgabe die Rede war. Nach Stationen in Freiburg und Darmstadt lehrte Kiepert lange Jahre in Hannover am Polytechnikum.

In einem Brief[2618] aus Berlin vom 14. Juli 1891 an W. Fiedler schilderte Guido Hauck, darstellender Geometer an der TH Berlin, aus Süddeutschland (Heilbronn) stammend sowie dort ausgebildet (Polytechnische Schule Stuttgart, Universität Tübingen) und dem Netzwerk Geometrie zuzurechnen, die Situation in Berlin folgendermaßen:

> Darin muß ich Ihnen allerdings beistimmen, daß es betrübend ist, wie die darstellende Geometrie von den meisten Mathematikern als minderwertiges Glied unter den übrigen mathematischen Disciplinen angesehen wird. Doch sind in dieser Beziehung die Verhältnisse bei Ihnen im Süden immer noch golden gegenüber denen bei uns im Norden. Am allerschlimmsten ist es hier in Berlin. Ist es nicht deprimierend, daß in der hiesigen Universität, dem Stammsitz Lambert's[2619] und Steiner's, kein Lehrstuhl[2620], nicht einmal ein Extraordinariat für synthetische Geometrie existiert? - daß die mathematischen Lehramtskandidaten nicht in synthetischer Geometrie, geschweige denn in darstellender Geometrie geprüft werden? - daß an Realschulen und Realgymnasien die darstell. Geometrie vom Zeichenlehrer unterrichtet wird, der seine Ausbildung an der Kunstschule erhalten hat? [...]

Die Ansichten der Berliner Mathematiker schildert Hauck wie folgt:

> Wir Norddeutsche sind für Geometrie überhaupt nicht veranlagt, sondern nur für die abstrakte Mathematik. Sonst hätte man auch sie nicht aus Süddeutschland geholt. – Ich habe mir zu Anfang der 80er Jahre die größte Mühe gegeben, die Genehmigung zu erhalten, an der Universität Vorlesungen über darstellende Geometrie zu halten. Ich konnte aber nichts erreichen.

[2618] Hs 87: 396. Weitere Briefe von Hauck an Fiedler werden in 9.2.5 betrachtet.
[2619] Lambert war nicht an der Berliner Universität tätig, die es zu seiner Zeit noch gar nicht gab, sondern wie sein Vorgänger L. Euler an der Berliner Akademie der Wissenschaften.
[2620] Steiner hatte nie einen Lehrstuhl inne.

Bemerkenswert ist hier die Gegenüberstellung von nord- und süddeutsch, die in jener Zeit eine durchaus gängige Kategorie war, wobei norddeutsch fast identisch war mit preußisch. Während die norddeutsche Art die strenge kalkülmäßige Auffassung von Mathematik begünstigte und wertschätzte, galt die süddeutsche als anschauungsorientiert und eher synthetisch; die Norddeutschen bevorzugten die Analysis, die Süddeutschen die Geometrie. Süddeutsch meinte hier auch Teile von Österreich-Ungarn und die deutschsprachige Schweiz. In der Tat lässt sich nachweisen, dass in diesem sogenannten süddeutschen Raum die Geometrie, insbesondere die darstellende, im Schulwesen stärker gepflegt wurde als im Norden.[2621] Selbst bei der Besetzung des Vorstandes der neugegründeten Deutschen Mathematiker-Vereinigung (1890) wurde noch auf den Proporz von Nord- und Süddeutschen geachtet.

Karl Pelz, ergebener Schüler von Fiedler in Prag und später Vertreter der darstellenden Geometrie in Graz und Prag[2622], wusste diesem zu berichten:

> Herr Wiltenbauer schildert mir in einem Briefe die Berliner Verhältnisse und erwähnt auch des gewiss sehr betrüblichen Umstandes, dass an der Univ. Berlin gar keine Vorlesungen in der Geom. abgehalten werden, und Ihr Sohn der einzige ist, der im Verein[2623] geom. Vorträge hält und zum Studium der Geom. ernstlich mahnt. Man sollte es gar nicht für möglich halten, dass die erste Hochschule des deutschen Reiches, die einst einen J. Steiner besass, jetzt gar keinen Vertreter der Geom. hat.[2624]

Das Thema Berliner Herren, Treulosigkeit gegenüber Jakob Steiner und Verdrängung der Geometrie wurde auch von einem anderen Kombattanten intoniert, der allerdings als gefährlicher Alliierter gelten musste. Es geht um den Privatdozenten Eugen Dühring (1833-1921), Berliner Philosoph und Nationalökonom und somit wie die Mathematiker Mitglied der Philosophischen Fakultät, dem 1877 wegen seiner Ausfälle gegen andere Fakultätsmitglieder (namentlich genannt wurde von Dühring Helmholtz, indirekt äußerte er sich aber auch über Kummer und Weierstrass) die Lehrbefugnis entzogen wurde. Hier eine Kostprobe für Dührings Stil:

> Und doch hat diese Universität in ihrem ganzen bisherigen Dasein, wenn man nicht etwa den vorübergehenden Aufenthalt Dirichlets in Rechnung bringen will, in ihren ordentlichen Professuren nicht nur keinen einzigen Namen, der auch nur entfernt mit dem Steiners verglichen werden könnte, sondern sogar überhaupt keine Namen aufzuweisen gehabt, deren Klang

---

[2621] Z. B. durch Analyse der bei Klussmann 1883 – 1916 aufgeführten Schulprogramme.

[2622] Von Pelz sind 21 Briefe und Karten an Fiedler im Hochschularchiv der ETH erhalten (Hs 87: 797 – 816 [1873 - 1896]), vgl. 9.2.6.

[2623] Gemeint sind der mathematische Verein in Berlin und Fiedlers Sohn Ernst.

[2624] Brief aus Graz vom 30. Dezember 1883 (Hs 87: 1800).

jemals mehr als ein bloßes Echo der Professur und des Einflusses derselben auf die Stellenbesetzung und sonstige Patronage gewesen wäre. Steiner war nicht der Mann gewesen, derartige Autoritätchen sonderlich zu honoriren, und auch jetzt noch haben die Erben seiner ursprünglichen Feinde nicht aufgehört, sich, so gut es gehen will, gegen die Consequenzen seines Geistes zu verschanzen. Man hat dies am besten dadurch zu bewerkstelligen geglaubt, dass man sich den Anschein gab, die neue Geometrie an die Analysis gleichsam zu annectiren, um so das Publicum glauben zu machen, man vertrete dasselbe, was die reinen Synthetiker treiben, und außerdem noch weit mehr, nämlich die Macht der Analysis. In Wahrheit ist aber diese von den Analytikern beliebte Annexion in eine äusserst zerfahrene Anarchie ausgeschlagen. Sie sollte ein pfiffiges Mittel sein, das, was man nicht hatte, am Aufkommen verhindern können, nun dem eignen Monopol zu unterstellen [...][2625]

Die Affäre Dühring erregte enormes öffentliches Aufsehen, es war sicherlich wichtig für das Netzwerk, hiermit nicht in Beziehung gebracht zu werden.[2626]

Fiedler hat die Geringschätzung der Geometrie in Zusammenhang gebracht mit der seiner Ansicht nach unzureichenden Anerkennung seiner eigenen Leistungen:

Meine Arbeiten finden ja doch in Deutschland nur wenig Beachtung u. den Luxus eines Geometers vollends von der construirenden Richtung gönnt sich keine Universität, es sei denn zur Übung für junge Docenten die sich gern nützlich machen möchten; man verkennt dabei ganz, daß diese Dinge nicht allein eine Wissenschaft bilden für den, der sie versteht, sondern u. ganz besonders eine Kunst, zu deren Besitz nur eine reiche Erfahrung leiten kann.[2627]

Zum Zeitpunkt (1887) als Fiedler dies schreib, hatte er vermutlich eingesehen, dass er an deutschen Universitäten chancenlos war.

Insgesamt lässt sich also zwischen 1860 und 1890 in Relation zur Gesamtzahl der Stellen ein Rückgang der Geometrie festhalten; auch sind einige dieser Geometer nur mäßig bekannt gewesen, eine Lichtfigur – solche wirft ja immer

---

[2625] Dühring 1877, 529 – 530. Ein weiterer Aspekt der Causa Dühring, der hier nicht diskutiert wird, ist dessen offener Antisemitismus. Vgl. auch Beyels Bericht in 1.4.1 und 1.6 sowie Pelz an Fiedler Graz, 6. Februar 1890 in 9.2.6.

[2626] Übrigens kritisierte auch K. F. Zöllner, der um 1880 herum ebenfalls für einen großen öffentlichen Skandal sorgte, die Berliner Herren – unter ihnen natürlich Helmholtz – heftig.

[2627] Brief an Klein vom 26. Juli 1887; SUB Göttingen Cod. Ms. Klein 9, 20, Confalonieri/Schmidt/Volkert 2019, 138 – 140.

auch Schatten – wie Jakob Steiner fehlte. Lorey urteilte über die Situation der Geometrie zu Zeiten von Klein Berufung nach Leipzig (1880):

> So war in Leipzig, ähnlich wie an vielen anderen Universitäten, damals und in Berlin heute noch [1916; K. V.], die Geometrie nahezu aus den Vorlesungsverzeichnissen verschwunden.[2628]

Die Geometrie ist um 1890 herum nicht mehr ein Gebiet der Spitzenforschung, eher eines einer Vielzahl von Einzeluntersuchungen zu speziellen Fragen.[2629] Einen enormen Aufschwung für die geometrische Forschung sollten vor allem wieder Hilberts „Grundlagen der Geometrie" (1899) bringen, natürlich auch im Sinne einer Neuorientierung im Richtung auf eine „Mathematik der Axiome" (A. Hurwitz).[2630] Diese ermöglichte eine Vielzahl neuer Forschungen, die „Grundlagen" von Hilbert eröffneten ein fruchtbares Forschungsprogramm, dessen Bearbeitung umgehend von vielen Mathematikern in Angriff genommen wurde.

In einem Brief an D. Hilbert vom 8. Februar 1894 stellte H. Minkowski[2631] fest:

> Mit den Ausführungen in Deinem letzten Brief konnte ich nur einverstanden sein. Über den erzieherischen Wert der Geometrie läßt sich nicht streiten, wenn auch in anderen Gebieten der Mathematik mehr Leben ist.

Allerdings darf man nicht übersehen, dass die Geometrie seinerzeit nach wie vor eine starke Stellung an den Gymnasien hatte und damit eine gewisse Notwendigkeit für die Lehrerausbildung darstellte. Viele Geometer verbrachten einen Teil ihrer Karriere an einem Gymnasium als Lehrer.[2632] Im Bereich der Schulgeometrie gab es eine Unzahl von Forschungsarbeiten, wovon die große Zahl von Programmabhandlungen zu geometrischen Fragen zeugt.[2633] Es

---

[2628] Lorey 1916, 167. Ein Blick auf die Auflistung in 7.3 relativiert allerdings dieses Urteil etwas.

[2629] Man denke etwa an die Kurven- und vor allem Flächentheorie; methodisch dominierte die algebraische (damals: analytische) Geometrie, noch nicht deutlich geschieden von der Differentialgeometrie.

[2630] Diese Orientierung kommt deutlich in der in den USA verwendeten Bezeichnung „postulational analysis" für die neue Art des geometrischen Forschens zum Ausdruck.

[2631] Rüdenberg/Zassenhaus 1973, 60.

[2632] Das gilt natürlich generell für Mathematiker jener Zeit. Kummer und Weierstrass sind hierfür bekannte Beispiele. Unter den Geometern in obiger Liste (1890) wären Kortum und Staude zu nennen, Brill und Reye haben ihre Karriere an einem Polytechnikum begonnen (Darmstadt bzw. Zürich), während Noether ein reiner Universitätsmathematiker war. Vgl. Benstein 2019, Kap. 6.

[2633] Vgl. Klussmann 1889 – 1916 und Schubring 1986. Klussmann unterteilte die mathematischen Programme gemäß ihren Themen in die Rubriken A. Allgemeines, B. Geschichtliches, C. Einzelne Teile. Die einzelnen Teile wiederum umfassen die Gebiete a) Arithmetik und Algebra, b) Niedere Geometrie, c) Analytische und synthetische Geometrie sowie d) Analysis des Unendlichen. Grob gesehen macht die Geometrie die Hälfte der Einzelgebiete aus; das gilt auch für die Zahl der Seiten, die ihnen bei Klussmann gewidmet sind. Zu beachten ist zudem, dass bei Klussmann in der Rubrik

entstanden sogar eigene Forschungsprogramme in der (Schul-)Geometrie wie die sogenannte neuere Dreiecksgeometrie in Frankreich, in Deutschland sprach man von merkwürdigen Punkten im Dreieck oder von der Lehre von den Transversalen, die in Lehrerkreisen gepflegt und weiterentwickelt wurden.[2634]

Interessant ist ein Blick in das Jahrbuch über die Fortschritte der Mathematik, das Referate-Organ, das seit 1868[2635] unter der Ägide der Berliner Akademie erschien, herausgegeben von C. Orthmann, Felix Müller und A. Wangerin (später kam E. Lampe hinzu und Orthmann wurde federführender Hg.). Im Band für 1872 finden sich 204 Seiten mit Referaten in den Rubriken der Geometrie, bei insgesamt 607 Seiten macht das einen Anteil von rund 33,61 % aus, 1880 finden wir 229 Seiten mit Referaten zur Geometrie bei 875 Seiten Gesamtumfang, macht einen Anteil von rund 26,17%. 1890 wuchs der Gesamtumfang des Bandes auf 1261 Seiten an, davon waren 308 Seiten der Geometrie gewidmet, also zirka 24.43 %. 1900 betrug der Gesamtumfang 909 Seiten, davon 195 Seiten Geometrie, macht rund 21,45 %. Man sieht also, dass der Anteil der Seiten, die der Geometrie gewidmet waren, zurückging. Zudem ergibt sich eine deutliche Zunahme des Umfangs des Jahrbuchs zwischen 1872 und 1890, danach erfolgte ein gewisser Rückgang. Dabei muss man allerdings berücksichtigen, dass das Jahrbuch auch mathematische Wissenschaften berücksichtigte wie Mechanik, Dynamik, Geodäsie, mathematische Geographie und Astronomie.

Aufschlussreich ist auch ein Blick auf die Kapitel und Abschnitte, in die die Geometrie unterteilt wurde. 1872 sah dies so aus:

Achter Abschnitt: Reine Geometrie und synthetische Geometrie
  Capitel 1. Principien der Geometrie
  Capitel 2. Continuitätsbetrachtungen (Analysis situs)
  Capitel 3. Elementare Geometrie (Plani-, Trigono-, Stereometrie)
  Capitel 4. Darstellende Geometrie[2636]
  Capitel 5. Neuere synthetische Geometrie
    A. Ebene Gebilde
    B. Räumliche Gebilde
    C. Geometrie der Anzahl
Neunter Abschnitt. Analytische Geometrie
  Capitel 1. Coordinaten
  Capitel 2. Analytische Geometrie der Ebene
    A. Allgemeine Theorie der ebenen Curven

Pädagogik und Methodik Schulprogramme zur Mathematik aufgeführt werden. Diese sind eher didaktisch ausgerichtet, deshalb ihre Einordnung.

[2634] Vgl. Berghan/Meyer 1914, Baptist 1992 und Romera-Lebret 2012.

[2635] Die hier angegebenen Jahreszahlen beziehen sich auf das Jahr, aus dem die referierten Publikationen stammen. Erschienen sind die entsprechenden Bände später, meist mit etwa zwei Jahren Verzögerung.

[2636] 1872 gab in dieser Rubrik nichts zu berichten.

B.   Theorie der algebraischen Curven
C.   Gerade Linien und Kegelschnitte
D.   Andere specielle Curven

Capitel 3. Analytische Geometrie des Raumes
A.   Allgemeine Theorie der Flächen und Raumcurven
B.   Theorie der algebraischen Flächen und Raumcurven
C.   Raumgebilde ersten, zweiten und dritten Grades
D.   Andere specielle Raumgebilde

Capitel 4. Liniengeometrie
Capitel 5. Verwandtschaft, eindeutige Transformationen, Abbildungen

Dieses Schema hat sich bis 1900 nur geringfügig geändert, nämlich durch Umbenennungen (beispielsweise wurde aus der Geometrie der Anzahl die abzählende Geometrie) und Hinzunahme von Abschnitten zu den Gebilden in Räumen von mehr als drei Dimensionen im Kapitel über die neuere synthetische Geometrie sowie im Kapitel über die analytische Geometrie des Raumes. Schließlich erhielt noch Kapitel 5 einen Unterpunkt zu konformen Abbildungen. Das zeugt von einer überraschenden Kontinuität der Inhalte der Geometrie, insbesondere, wenn man den Vergleich etwa mit der Funktionentheorie heranzieht, die im gleichen Zeitraum mehrere Unterpunkte hinzugewinnt. Hilberts Axiomatik kam dann den Prinzipien der Geometrie zugute; dieser Punkt, der vorher vor allem philosophische, historische und ähnliche Betrachtungen aufführte, wuchs an.[2637] Insgesamt stützen diese Beobachtungen die These von der Stagnation des Forschungsfeldes Geometrie und von seiner abnehmenden Wichtigkeit in der Mathematik insgesamt. Ein ähnliches Bild ergibt sich, wenn man die Inhalte des Journals für die reine und angewandte Mathematik für den Zeitraum 1870 bis 1900 anschaut.[2638]

Allerdings erklärt sich der Rückgang an Wichtigkeit, den die Geometrie erlitt, vor allem aus dem Aufstieg anderer Gebiete wie Analysis und Funktionentheorie. Diesen Schluss legt jedenfalls eine Aufschlüsselung der in den Mathematischen Annalen und im Journal für die reine und angewandte Mathematik vertretenen Gebiete nahe.[2639] Den Mathematischen Annalen fiel dabei eine Sonderrolle zu, insofern, als in ihr Clebsch, 1869 Mitbegründer dieser Zeitschrift, und seine Schüler (Brill, Noether) das Programm der Anwendung von Ideen aus der Funktionentheorie in der Geometrie ausführten und weiterentwickelten. Artikel in

---

[2637] Auch das Parallelenproblem kam in dieser Rubrik öfters zur Sprache. Paschs Vorlesungen über neuere Geometrie wurden 1882 in der Rubrik „Neuere synthetische Geometrie" referiert.

[2638] Bis zum Tod Crelles 1857 und dem hierdurch erforderlichen Übergang der Herausgeberschaft, federführend an Borchardt, kannte das Journal noch eine Gliederung des Inhaltsverzeichnisses in inhaltliche Kategorien (Analysis, Geometrie, Mechanik, angewandte Mathematik, Geschichtliches); letztmalig im Band 52.

[2639] Vgl. Korrespondenz 1990, 38 – 39.

dieser Richtung waren hier zahlreich vertreten.[2640] Andere Geometer wie etwa S. Gundelfinger, G. Hauck und Th. Reye hielten hingegen dem Journal die Treue, H. Schröter veröffentlichte in beiden Zeitschriften etwa gleichviel.

Ganz anders als an den Universitäten stellte sich die Situation der Geometrie an den polytechnischen Schulen, ab den 1870er Jahren meist Technische Hochschulen genannt, dar. Diese entwickelten sich stürmisch in der zweiten Hälfte des 19. Jhs. Um 1860 herum existierten im von uns betrachteten geographischen Raum folgende polytechnischen Schulen: Berlin, Braunschweig, Dresden, Hannover, Karlsruhe und Stuttgart. In der Schweiz gab es das Züricher Polytechnikum; in Österreich-Ungarn war das Angebot an polytechnischen Schulen umfangreicher. Besonders bekannt waren hier die Schulen in Prag und Wien, die ältesten ihrer Art im deutschen Sprachraum. Die Bergakademien in Clausthal, Freiberg und Schebnitz[2641] waren in vielerlei Hinsicht den polytechnischen Schulen verwandt, werden hier aber nicht betrachtet.[2642]

Zusätzlich gab es noch Institutionen wie höhere Gewerbeschulen, polytechnische Schulen ohne Hochschulcharakter u.ä., die teilweise später aufgewertet wurden.[2643] Die Situation ist unübersichtlich und kompliziert – nicht zuletzt auch aufgrund geringer staatlicher Regulierung, die zudem länderspezifisch war. Bis 1890 kamen noch die polytechnischen Schulen in Aachen, Darmstadt und München[2644] hinzu. Die Polytechnika verfügten in der Regel über eine oder zwei Professuren für reine Mathematik, worunter man sich vor allem Differential- und Integralrechnung[2645] inklusive Differentialgleichungen und Algebra vorstellen muss, und eine Professur für darstellende Geometrie[2646], deren Vertreter auch für andere geometrische Fächer, etwa Steinschnitt, Perspektive, Geometrie der Lage, synthetische Geometrie, Flächentheorie usw. zuständig waren. Da der

---

[2640] Laut der Aufstellung in Korrespondenz 1990, 38 – 39 lieferte Brill 21 Beiträge zu diesem Gebiet, Clebsch 14 und Noether 9. Sturm als traditioneller Geometer war mit 24 Arbeiten vertreten. Als eine Art von Gründungsurkunde dieser Richtung, deren Bezüge zur Invariantentheorie eng waren, gilt Clebsch 1864.

[2641] Heute Banská Štiavnica in der Slowakei.

[2642] In Freiberg wirkte von 1892 bis 1928 Johannes Erwin Papperitz, darstellender Geometer und zusammen mit K. Rohn Verfasser eines Lehrbuchs der darstellenden Geometrie in zwei Bänden (1893, 1896) sowei des Beitrags über darstellende Geometrie in der Encyklopädie – allerdings kein wichtiger Briefpartner von Fiedler.

[2643] Ein Beispiel: K. Chr. von Staudt unterrichtete in Nürnberg an einer polytechnischen Schule, die allerdings damals nicht den Sprung zur Hochschule schaffte. Ähnlich erging es der polytechnischen Schule in Augsburg.

[2644] In München entstand 1827 eine polytechnische Centralschule und 1833 eine polytechnische Schule, die 1868 nach Züricher Vorbild reorganisisert wurde. Später – außerhalb unseres Betrachtungsraumes - kamen im Kaiserreich noch Technische Hochschulen in Breslau und Danzig hinzu.

[2645] In jener Zeit kein Lehrgebiet an den Gymnasien.

[2646] Mitunter war diese Professur auch gar nicht in der Mathematik angesiedelt sondern beispielsweise bei den Ingenieuren. Teilweise gab es auch Lehrer der darstellenden Geometrie, deren Stellen manchmal zu Professuren aufgewertet wurden. Vgl. Benstein 2019.

darstellenden Geometrie eine wichtige Rolle im Rahmen der Ausbildung von Ingenieuren, Architekten u.a. zugeschrieben wurde, war die Stellung dieses Gebietes an polytechnischen Schulen unstrittig und langfristig gesichert. Diskussionen über es hatten meist mit der Frage nach mehr oder weniger Praxisbezug zu tun, die Existenz des Faches wurde aber nicht in Frage gestellt. Es erstaunt unter diesen Umständen nicht, dass das Netzwerk Geometrie seine institutionelle Verankerung vor allem an den polytechnischen Schulen hatte. Eine Sondersituation hinsichtlich der Geometrie kam jenen polytechnischen Schulen zu, die auch Lehrerausbildung betrieben. In den frühen Jahren – grob gesagt bis etwa 1890 – waren dies die Schulen in Zürich, Darmstadt, Dresden und München; die anderen zogen ab 1890 nach. Die Lehrerbildung bot zusätzliche Möglichkeiten, geometrische Fachvorlesungen zu halten, deren Inhalt über das für Ingenieure und Architekten notwendige Maß deutlich hinausgehen konnte.[2647] Um die Situation an den Polytechnika zu verstehen, ist zudem wichtig zu wissen, dass diese bis etwa 1900 kein Promotionsrecht hatten, also als Sprungbretter für eine wissenschaftliche Karriere nur bedingt in Frage kamen. Auch danach verfügten sie längere Zeit nur über ein auf die technischen Fächer eingeschränktes eigenes Promotionsrecht zum Dr. tech. oder Dr. ing.

Vertreter der darstellenden Geometrie[2648] an Polytechnika um etwa 1860

Berlin: K. W. Pohlke (1849 – 1865)
Braunschweig: -
Darmstadt: Jakob Schröder (1839/40 – 1862)[2649]
Dresden: J. Erler (1840 – 1872)
Hannover: L. Bargum (1856 – 1863)[2650]
Karlsruhe: Christian Wiener (1852 – 1896)
Stuttgart: B. Gugler (1843 – 1880)
Zürich: W. von Deschwanden (1855 – 1866)

Vertreter der darstellenden Geometrie an Polytechnika um etwa 1890

Aachen: H. Stahl (1872 – 1892)
Berlin: H. O. Herzer (1874 – 1909), G. Hauck (1877 – 1905)
Braunschweig: Reinhold Müller (1885 – 1907)

[2647] Das gilt natürlich analog für die reine Mathematik.

[2648] Die Vertreter der darstellenden Geometrie, die meist keine Professuren innehatten, lehrten oft auch im Bereich der graphischen Statik, weshalb man im Buch Maurer 1998 weitere interessante Informationen zu ihnen finden kann. Angegeben ist der Zeitraum der Lehrtätigkeit. Vgl. auch die ausführlichen Analysen in Benstein 2019.

[2649] Jakob Schröder unterrichtete bereits an der Vorgängerschule des Polytechnikums Darmstadt darstellende Geometrie. Schröder betrieb später eine erfolgreiche und allgemein bekannte Firma, die geometrische Modelle aber auch Maschinenmodelle und ähnliches produzierte und vertrieb. Vgl. 8.4.

[2650] Bargum wurde 1858 – 1860 krankheitshalber von seinem Assistenten M. Stegemann vertreten, der dann 1863 sein Nachfolger wurde.

Darmstadt: R. Mehmke (1884 – 1894)
Dresden: K. Rohn (1887 – 1904)
Hannover: C. Rodenberg (1884 – 1921)
Karlsruhe: Christian Wiener (1852 – 1896)
München: L. Burmester (1887 – 1912)
Stuttgart: C. Reuschle (1880 – 1893)
Zürich: W. Fiedler (1867 – 1907)

Auch bei diesen Stellen ist also ein zahlenmäßiger Zuwachs festzustellen – bedingt durch die größere Zahl an Technischen Hochschulen sowie durch die Einrichtung einer Professur für darstellende Geometrie in Braunschweig.

Auffallend ist, dass die meisten Vertreter der darstellenden Geometrie lange im Amt blieben, eventuell an zwei Wirkungsstätten wie Burmester. Rekordhalter war Chr. Wiener mit 44 Dienstjahren. Es galt anscheinend die Devise „Einmal darstellender Geometer, immer darstellender Geometer". Übergänge an eine Universität waren selten, hier wären Fr. Schur und R. Sturm zu nennen.[2651] Auch dies weist darauf hin, dass die darstellende Geometrie eine Art Parallelwelt bildete.

Beschließen wollen wir diesen Abschnitt mit einer interessanten Bestandsaufnahme zur Lage der Geometrie. Diese stammt von Franz Meyer, wichtiger Mitarbeiter der Enzyklopädie und Herausgeber des dritten, der Geometrie gewidmeten Bandes, und Hans Mohrmann, seit 1915 Mitherausgeber von Meyer. Es handelt sich um die 1923 verfasste Vorrede zum dritten Band der Encyklopädie.[2652]

Nach einer kurzen Übersicht zur Entwicklung des dritten Bandes inbesondere in „Rücksicht auf die gegenwärtigen mißlichen Zeitverhältnisse"[2653] folgt ein Blick auf die Geschichte der Geometrie und ihre aktuelle Lage.[2654]

> Noch vor einem halben Jahrundert, zur Zeit, als die Mathematischen Annalen durch *R. Clebsch* und *C. Neumann* begründet wurden, stand die Geometrie in Deutschland in besonderem Ansehen und das Interesse der meisten Mathematiker gehörte ihr. Durch Veröffentlichung bahnbrechender Arbeiten verschafften deutsche Gelehrte ihrem Vaterlande eine führende Stellung innerhalb dieser Disziplin. Zum Belege mögen Namen wie *Clebsch, Graßmann, Hesse, Möbius, Plücker, v.*

[2651] Vgl. Benstein 2019, Kapitel 6.
[2652] Meyer/Mohrmann 1923.
[2653] Meyer/Mohrmann 1923, V.
[2654] Meyer/Mohrmann 1923, VI. Man beachte, dass der Name Fiedler in diesem Text genannt wird in einer Reihe mit veritablen Größen der Mathematik – und als einziger darstellender Geometer. Mohrmann hat 1907 bei A. Voss in München mit eienr Arbeit über Linienkomplexe promoviert und sich dann 1910 in Karlsruhe habilitiert. Weitere Stationen waren Clausthal, Karlsruhe, Basel, Darmstadt und Gießen.

Staudt, Steiner einerseits und *Brill, Klein, Lindemann, M. Noether, Schubert, Schwarz, Voss* andererseits genannt sein, denen *Lie* und *Zeuthen*, obgleich Ausländer, gerne zugerechnet werden können.

Um die Jahrhundertwende war die Sachlage ganz anders. Das Interesse für Geometrie und ihr Einfluss war in Deutschland unleugbar erheblich gesunken und dies, obwohl Namen wie *Fiedler, Harnack, Hilbert, Minkowski, Pasch, Reye, Rohn, F. Schur, Stäcke*l, *Staudte, Study, R. Sturm* dafür zeugen, daß in Deutschland die ganze Zeit hindurch geometrisch gearbeitet wurde. Aber es waren immer nur einzelne; die Allgemeinheit nahm an ihren Ergebnissen immer weniger Anteil. In dem folgenden Jahrzehnt wurde das Verhältnis nicht besser.

Seit zehn Jahren etwa zeigt sich in Deutschland, wenn auch vorerst nur vereinzelt, frisches Leben; doch setzte diese neue Forschung an anderen Stellen ein als an denen, wo die alte Generation arbeitete. Die Topologie sah sich durch durch das Emporkommen der Mengenlehre vor neue Aufgaben gestellt. Die Relativitätstheorie wirkte kräftig fördernd auf die mehrdimensionale Differentialgeometrie ein. Damit verbunden war ein Ausbau des Vektor- und Tensorkalküls. Aus *Minkowskis* Untersuchungen über konvexe Kurven und Flächen erwuchs die affine Geometrie. So darf man hoffen, daß das Interesse an geometrischen Fragen wieder zunimmt.

Auch hier finden wir wieder die Feststellung, die Geometrie habe um die Wende zum 20. Jh. stagniert. Während in der Zeit zwischen 1865 und 1875 Deutschland das Zentrum der geometrischen Forschungen gewesen sei, übernahm danach Italien diese Rolle vor allem durch die Fortentwicklung der algebraischen Geometrie und die Schaffung der höherdimensionalen Geometrie.[2655] Zur Lage im internationalen Vergleich heißt es:

In Österreich ist im Gegensatze zu Deutschland alle die Zeit hindurch das geometrische Interesse ziemlich lebhaft gewesen.[2656]

Auch in den skandinavischen Ländern und in den USA sahen die Autoren ein reges Interesse an der Geometrie, in Frankreich hingegen sei ein nennenswertes Interesse lediglich hinsichtlich der Differentialgeometrie zu verzeichnen. Aus England gäbe es nach A. Cayley wenig Neues zu berichten.

[2655] Vgl. Meyer/Mohrmann 1923, VI. In diesem Kontest weisen die Herausgeber Meyer und Mohrmann darauf hin, dass am Geometrieband der Ecyklopädie einige italienische Autoren mitgearbetet hätten. Als solche sind zu nennen: Enriques, Fano, Berzolari, Loria, Castelnuovo, Segre.
[2656] Meyer/Mohrmann 1923, VII. Zur Schweiz äußern sich die Autoren nicht explizit, auch nicht zur Frage Süddeutland versus Norddeutschland. Andererseits kann man die Ausführungen von Meyer und Mohrmann auf dem Hintergrund des Versailler Vertrages lesen.

Interessant sind die Ausführungen zu den Gründen für den Rückgang der Geometrie und zur Kritik an derselben, die Meyer und Mohrmann anführen[2657]:

> Da wirft man der Geometrie Mangel an Strenge vor. Angesehene Vertreter der Analysis behaupten, daß seit der durch *Descartes* inaugurierten neueren Entwicklung der Geometrie, insonderheit seit dem Überhandnehmen der algebraischen Untersuchungsrichtungen im vorigen Jahrhundert, die strenge Folgerichtigkeit des Denkens – im Gegensatze zu dem musterhaften Verfahren bei *Euklid* – wesentlich nachgelassen habe, daß die Formulierung und der Beweis der meisten geometrischen Sätze unvollständig sei, da sie die Gültigkeitsgrenzen der jeweiligen Behauptung nicht erkennen lassen, daß sich endlich oft gar nicht übersehen lasse, welche von den Elementen eines vorliegenden zusammengesetzten Gebildes reelle sein sollen, und welche komplex. Mit einem Worte, es sei die Unklarheit des Denkens, die die an Strenge gewöhnten Analytiker abstoße.
>
> Es muß nun leider zugegeben werden, daß dies für viele geometrische Arbeiten zutrifft. Aber zahlreiche andere Arbeiten erfüllen alle Anforderungen an Strenge. Man darf dabei unter „Strenge" nur nicht das Festhalten an bestimmten Beweisformen, den Purismus der Methode, verstehen; dann allerdings wird man wenig befriedigt werden. Denn gerade auf dem Wechsel der Methode, manchmal sogar innerhalb eines einzelnen Beweises, beruht die Möglichkeit, kurze und elegante Beweise zu führen.
>
> [...]
>
> Wichtiger für den Rückgang der Geometrie scheinen uns folgende Tatsachen zu sein. Das Emporkommen der Mengenlehre in ihren Anwendungen auf die Punktmengen hat leider auf viele Mathematiker lähmend gewirkt. Man ist zu ängstlich geworden und traut den einfachsten Schlüssen nicht mehr. Besonders wird die Anschauung verpönt, und zwar nicht nur als Beweismittel, was verständlich wäre, sondern sogar als heuristisches Prinzip. Aber auch die Übertreibung der axiomatischen Methode hat ihre Gefahren. Wenn gewisse Axiomatiker verlangen, daß man sich unter den Gegenständen, von denen die Geometrie handelt, nicht idealisiserte Dinge vorstellen, sondern leere Begriffe, die nur irgendwie logisch verknüpft sind, denken soll, so wird dies unbedingt auf die schöpferische Freudigkeit hemmend wirken. Wir wollen mit diesen Ausführungen in keiner Weise die Bedeutung der Mengenlehre und Axiomatik herabsetzen, aber doch vor ihrer Überschätzung warnen; denn,

---

[2657] Meyer/Mohrmann 1923, VII – IX.

wenn man die Phantasie tötet, wird die Haupttriebfeder des geometrischen Fortschrittes ausgeschaltet.

Für den modernen Geometer ist die Beherrschung großer Teile der Algebra und der Analysis unbedingt erforderlich, wenn er auf seinem Gebiete mit Erfolg arbeiten will. Allein dies genügt noch nicht; er muß außerdem über eine große Zahl spezifisch geometrischer Kenntnisse verfügen. Der Algebraiker und Analytiker dagegen kann sehr wohl ohne Geometrie auskommen. Be dem Umfang, den Algebra und Analysis heute besitzen, kostet es schon genügend Mühe, sich auf diesen Gebieten einigermaßen sicher zu bewegen und einen umfassenden Überblick zu gewinnen. Soll nun gar noch die Geometrie hinzukommen, so sind nur ganz wenige Geister fähig, sich auch die hierfür nötigen Kenntnisse noch anzueignen. Dies dürfte wohl der wichtigste Grund sein, warum die Analysis gegenwärtig bevorzugt wird.

Hinzu kommt schon bei dem einfachsten geometrischen Stoff seine außerordentlich große Vielseitigkeit. Ein und dasselbe geometrische Gebilde kann auf verschiedensten Arten erzeugt werden. Je nach der betrachteten Erzeugungsart werden gewisse seiner Eigenschaften besonders hervortreten, und man muß daher fortwährend den Standpunkt wechseln, wenn man sie alle voll erfassen will.

Als Beispiel für die Vielseitigkeit, die in der Geometrie anzutreffen sei, wird von Meyer/Mohrmann das Thema Kegelschnitte mit seinen unterschiedlichen Zugangsweisen (z. B. klassisch-metrisch, projektiv à la Steiner, analytisch) angeführt. Die Quintessenz lautet, dass es einerseits darum gehen muss, die Gleichwertigkeit der verschiedenen Ansätze zu zeigen, „d. h. den Nachweis zu führen, daß sie sich je in einander überführen lassen". Andererseits „erwächst die weitere Aufgabe der Aufstellung und sachgemäßen Klassifikation aller Ausartungen".[2658] Wobei die Autoren sogleich einräumen, dass diese Aufgaben mit wachsender Komplexität der betrachteten Gegenstände immer schwieriger werden, da „die Anzahl der individuellen Eigenschaften eines einzelnen geometrischen Gebildes sehr viel schwerer übersehbar ist als bei einem analytischen und daß die Geometrie zu einem guten Teile den Charakter einer Kunst annimmt, daß sie oft fast die Natur einer organisch in sich verbundenen Wissenschaft abzustreifen droht."[2659] Abhilfe erhofften sich Meyer und Mohrmann von den Ideen des Erlanger Programms als einigendes Moment.

[2658] Meyer/Mohrmann 1923, X.
[2659] Meyer/Mohrmann 1923, X – XI.

Ihr Fazit lautet:

> Die hiermit geschilderte Vielseitigkeit der Geometrie bildet für viele ein
> beinahe unübersteigbares Hindernis. Aber für den wirklichen Geometer
> liegt in ihr gerade der Reiz seiner Wissenschaft.[2660]

Insgesamt eine interessante Bestandsaufnahme, die schon aus dem 19. Jh.
bekannte Themen (Anschauung versus Strenge) aber auch in den 1920er Jahren
aktuelle Entwicklungen (Topologie und Mengenlehre) einbezieht. Bemerkenswert
ist die Betonung von Vielfalt und Ausnahmen und die daraus resultierende
Notwendigkeit der Klassifikation. Das Wesen der Geometrie wird recht traditionell
gesehen – fast noch wie Clebschs „Freude an der Form".

9.2 Partner und Themen in Fiedlers Briefwechsel

Der im Nachlass Fiedlers erhaltene Briefwechsel umfasst fast 2000 Dokumente.
Es war leider nicht möglich, diesen komplett zu erschließen.[2661] Deshalb werden
im Nachfolgenden nur einige ausgewählte Briefpartner von Fiedler betrachtet
werden, wobei ein Schwerpunkt auf dem Netzwerk Geometrie liegen wird.

Vorweg sei angemerkt, dass die umfangreichste Korrespondenz Fiedlers[2662],
diejenige mit G. Salmon, nicht bearbeitet wird. Sie ist in mehreren Hinsichten eine
Ausnahme, insbesondere spielt sie für die innerdeutschen Verhältnisse, um die
es hier ja hauptsächlich gehen soll, keine wesentliche Rolle. Weiterhin
beschränken wir uns auf deutschsprachige Briefpartner, solche im Ausland (i.w.
Frankreich und England) werden in der Regel nicht in Betracht gezogen. Auf
einige Briefe von A. Clebsch, eine große Autorität für Fiedler, wurde schon
eingegangen, seine Briefe an Fiedler sind bereits zugänglich und kommentiert.[2663]

In Fiedlers Briefwechsel lässt sich eine Gruppe von Briefpartnern identifizieren,
die man das „Netzwerk Geometrie" nennen könnte. Dabei wird der Begriff
„Netzwerk" in informaler Weise verwendet im Sinne einer Gruppe von mit
einander kommunizierenden Akteuren, welche eine gemeinsame Agenda teilen.

[2660] Meyer/Mohrmann 1923, XI.

[2661] Anträge auf Gewährung von Forschungsgeldern für eine umfassende Aufarbeitung scheiterten
stets. Von unschätzbarem Wert für meine Arbeit war hingegen die Digitalisierung des gesamten
Briefwechsel Fiedlers durch das Hochschularchiv der ETH in den *e-manuscripta* und die damit später
verbundene Transkriptionen mit Hilfe zuerst von Personen (M. Dieterle) und dann entsprechender
Programme.

[2662] Insgesamt 170 Karten und Briefe.

[2663] Vgl. Confalonieri/Schmidt/Volkert 2019. Durch seinen frühen Tod spielte Clebsch auch nur eine
begrenzte Rolle in Fiedlers Korrespondenz, die man als früher Förderer bezeichnen könnte – anders
als F. Klein, der im Folgenden ausführlich zu Wort kommen wird. Clebsch bot Fiedler in gewissen
Umfang die Möglichkeit, sich in eine Tradition einzuordnen, sich einer Schule angehörig zu fühlen -
als sozusagen assoziiertes Mitglied der Clebsch-Schule.

Fiedler steht hier bei uns im Mittelpunkt aufgrund unseres Anliegens und der Quellenlage, über den Austausch zwischen den anderen Akteuren untereinander

sowie bezüglich Fiedlers Antworten ist bis auf einige wenige Ausnahmen nichts bekannt. Anders gesagt: Unser Netzwerk hat eine sehr einfache Struktur – vergleichbar einem Spinnennetz. Vornehm ausgedrückt, es ist ein Ego-Netzwerk. Damit soll aber nicht suggeriert werden, dass Fiedler eine herausgehobene Rolle in dem fraglichen Netzwerk zu eigen gewesen wäre.

Es handelte sich beim Netzwerk Geometrie hauptsächlich um Kollegen aus Polytechnika seltener aus Universitäten, die (darstellende) Geometrie schwerpunktmäßig lehrten. Mit Lehrern an Gymnasien oder dgl. unterhielt Fiedler soweit feststellbar keinen wesentlichen brieflichen Austausch – mit H. C. H. Schubert als Ausnahme. Auch S. Günther, mit dem Fiedler korrespondierte, war lange Zeit Gymnasiallehrer, bevor er Professor für Geographie in München wurde.

Als Briefpartner im geschilderten Sinne kommen in der Kategorie „Kollegen insbesondere Geometer" in Betracht[2664]:

L. Burmester (Hs 87: 106 – 112a; 8 Briefe und Karten[2665]), S. Gundelfinger (Hs 87: 345 – 373; 29 Briefe und Karten), S. Günther (Hs 87: 314 – 340; 27 Briefe und Karten)[2666], G. Hauck (Hs 87: 393 – 398; 6 Briefe und Karten), K. Rodenberg (6 Karten und Briefe; Hs 87 : 844 – 849 plus zwei Briefskizzen von Fiedler Hs 87 : 849a und 849b); O. Schlömilch (Hs 87: 1087 – 1114; 18 Briefe und Karten), H. Schröter (Hs 87: 1146 – 1152; 7 Briefe und Karten), H. C. H. Schubert (Hs 87: 1153 – 1163; 11 Briefe und Karten), Fr. Schur (Hs 87: 1167 – 1180; 16 Briefe und Karten), R. Sturm (Hs 87: 1216 – 1247; 32 Briefe und Karten), A. Voss (Hs 87: 1423 – 1453; 31 Briefe und Karten), Chr. Wiener (Hs 87: 1532 – 1541; 9 Briefe und Karten).

Interessant ist auch der Briefwechsel Fiedlers mit L. Kiepert (Hs 87 : 557 – 564; 8 Briefe), den man allerdings kaum als Geometer einstufen würde, aber mit dieser u.a. wegen der Steiner-Ausgabe einiges zu tun hatte.

Hinzu kommen naturgemäß Schüler von Fiedler, die selbst Lehrende an Hochschulen oder Universitäten wurden und den Geist ihres Lehrers weiter tragen wollten: A. Beck (Hs 87: 35 – 59a; 26 Briefe und Karten), M. Disteli (Hs 87: 220a – 236; 22 Briefe und Karten), K. Pelz (Hs 87: 797 - 816 und Hs 87: 1800; 21

[2664] Die Signaturen in Klammern sind diejenigen des ETH-Archivs. Vgl. auch 1.5, wo sich Ausführungen zu Fiedlers Korrespondenz allgemein finden.

[2665] Zu beachten ist, dass die Numerierung des ETH-Archivs auch Signaturen …a, …b und dgl. kennt. Man kann also aus den Nummern der Signaturen nicht unbedingt die Anzahl der Briefe und Karten errechnen.

[2666] Aufgrund der Breite der von Günther bearbeiteten mathematischen und mathematikhistorischen Themen fällt eine Einordnung in das Schema Geometer oder nicht schwer. Interessante Hinweise zu Günther gab L. Henneberg in einem Brief an Fiedler vom 31. Mai 1879 (vgl. 9.2.3).

Briefe und Karten), E. Waelsch (HS 87: 1458 - 1460; 9 Briefe und Karten), G. Veronese (Hs 87: 1398 – 1420a; 25 Briefe und Karten)[2667], A. Weiler (Hs 87: 1490 – 1501; 12 Briefe und Karten) und Emil Weyr (Hs 87: 1523 – 1531; 9 Briefe und Karten). Aus diesem Fundus wurde schon mehrfach zitiert, im Folgenden wird nur noch die Korrespondenz mit K. Pelz sowie mit E. Weyr im Einzelnen betrachtet werden.

Natürlich ist die Einordnung einzelner Briefpartner nicht eindeutig. So ist Schlömilch auch ein früher Förderer von Fiedler. Der Briefwechsel mit dem Geometer F. Tilscher[2668] begann sehr früh, nämlich 1861, früher als die meisten anderen Briefwechsel von Fiedler. In der Zeit bis zur fast simultanen Berufung von Fiedler und Tilscher nach Prag dreht sich deren Briefwechsel neben fachlichen Fragen auch darum, eine Allianz zu schneiden: Fiedler unterstützte Tilscher in seinen Bemühungen um die Berufung nach Prag und umgekehrt; man könnte hier also eine Art *Networking*[2669] sehen. Solche Allianzen finden sich ansonsten im Fiedlerschen Brieffundus selten. Dies ist wohl Ausdruck der Tatsache, dass Fiedlers Einfluss z. B. bei Stellenbesetzungen gering war – an seiner eigenen Institution aber auch anderswo.

Besonders ergiebig ist der Briefwechsel mit dem Protestanten[2670] Rudolf Sturm. Über Fiedlers Wirken, insbesondere an seiner eigenen Hochschule, erfährt man auch etwas in Briefen von und an befreundete Briefpartner wie Fr. Kick, seines Zeichens Ingenieur und Kollege von Fiedler in Prag, den Geologen A. Knop sowie der Ingenieure G. Zeuner und E. Winkler. Knop und Zeuner sind soweit bekannt die einzigen persönlichen Freunde Fiedlers aus jungen Jahren. Mit beiden war Fiedler per Du.

Eine Sonderrolle spielte ferner Heinrich Weber, ehemaliger Kollege von Fiedler in Zürich. Er war der einzige Ex-Kollege, mit dem Fiedler nach seinem Weggang von Zürich noch korrespondierte.

Bevor wir näher auf das Netzwerk Geometrie eingehen, ist es sinnvoll, Felix Klein zu betrachten.[2671] Klein und Fiedler verbanden viele Aspekte – angefangen mit A. Clebsch, der für beide große Autorität, Förderer und Ratgeber war[2672], über das

---

[2667] Vgl. Confalonieri/Schmidt/Volkert 2019, 281 - 325.

[2668] Hs 87: 1341 – 1368; 48 Briefe und Karten. Informationen zu Tilscher findet sich bei Moravcová 2019, 280 – 281. Anders als Fiedler hatte Tilscher eine ausgeprägte philosophische Tendenz in seinen Ansichten zur darstellenden Geometrie; er wurde zum Vorkämpfer der böhmischen Sache, zumindest, wenn man Pelz Glauben schenkt (siehe 9.2.6).

[2669] Vgl. 9.2.3.

[2670] Fiedler war auch Protestant, was Sturm sicherlich wusste. Man erfährt in Fiedlers Briefwechsel mit Sturm einiges über die konfessionellen und politischen Hintergründe jener Zeit. Vgl. 9.2.1.

[2671] Einschlägig zu Felix Klein ist die monumentale Biographie Tobies 2019 mit einer reichen Menge von Informationen. Zum mathematischen Schaffen Kleins vgl. man auch Rowe 2025.

[2672] Häufig wird von einer Clebsch-Schule gesprochen. Zu dieser werden A. Brill, P. Gordan, J. Lüroth, M. Noether und A. Voss gerechnet (vgl. Tobies 2019, 41 – 43). Einen umfangreicheren Briefwechsel

gemeinsame Eintreten für die Geometrie und die anschauliche Mathematik, den Export von Schülern von Zürich nach Göttingen, Erlangen und Leipzig (Veronese, de Vries, Weiler), der Kampf gegen die geometriefeindlichen „Berliner Herren" bis hin zur Promotion von Sohn Ernst bei Klein in Leipzig. Auch die Lehrerbildung lag beiden am Herzen, wie mehrere Bemerkungen in ihrem Briefwechsel zeigen. Vielleicht war den beiden auch das Gefühl, wenig Wirkung zu entfalten und nicht ausreichend anerkannt zu werden, gemein. So schrieb Klein aus Erlangen an Fiedler am 20. Juli 1874:

> [...] unsereines hat gewöhnlich die Empfindung, daß er fast nur für sich oder wenigstens nur für einen sehr engen Kreis Gleichgesinnter arbeitet, [...][2673]

Hintergrund dieser Äußerung war, dass Fiedler im zweiten Band von Salmons „Geometrie des Raumes" Hinweise auf Arbeiten von Klein zur Liniengeometrie, u.a. auf seine Dissertation, aufgenommen hatte, wofür ihm Klein dankte. Mit Kleins Aufstieg dürfte sich das Gefühl mangelnder Anerkennung bei ihm gelegt haben, während es bei Fiedler ein Grundton seiner ganzen beruflichen Laufbahn blieb.

Es gab allerdings auch gewichtige Unterschiede zwischen Fiedler und Klein – u.a. Kleins Hinwendung zur geometrischen Funktionentheorie und zur Invariantentheorie ab etwa Mitte der 1870er Jahre[2674] und dessen Umtriebigkeit, die ihn schließlich zum wohl einflussreichsten Mathematiker in Deutschland machen sollte. Während Fiedler sich in herkömmlicher Weise darauf beschränkte, standespolitische Fragen, an erster Stelle natürlich Berufungen, brieflich zu diskutieren, war Klein seit seinen Anfängen auch ein emsiger Organisator und Öffentlichkeitsarbeiter mit Beziehungen zu höchsten Kreisen[2675], später sogar Mitglied des Preußischen Herrenhauses. Solcherlei war dem bekennenden Republikaner Fiedler fremd. Ein bisschen Standespolitik findet sich allerdings in Fiedlers Briefwechsel mit Klein, nämlich in einer Antwort Kleins vom 8. Juli 1875, in der er höflich ausführt, dass er kein Interesse habe, ans Polytechnikum nach Zürich zu kommen.[2676] Fiedlers Einfluss blieb stets gering; selbst an der

---

pflegte Fiedler mit A. Voss (vgl. 9.2.2), einige Briefe von Noether und Brill an Fiedler sind erhalten, in denen es hauptsächlich um fachliche Fragen bzgl. der Arbeiten dieser Autoren ging (vgl. 5.4.4). Lüroth und Gordan bedankten sich bei Fiedler für die Zusendung der Salmonschen Raumgeometrie bzw. seiner höheren ebenen Kurven.

[2673] Confalonieri/Schmidt/Volkert 2019, 101 (Hs 87: 580).

[2674] Der Algebraiker P. Gordan wurde zum wichtigen Partner Kleins, er löste den geometrisch orientierten S. Lie in dieser Rolle ab. Vgl. Rowe 2025, 184 – 188. Kleins Wende wird weiter unten ausführlicher thematisiert.

[2675] Er entstammte ja auch dem höheren preußischen Beamtentum.

[2676] Confalonieri/Schmidt/Volkert 2019, 103 (Hs 87: 571). Die vorangehende Anfrage Fiedlers ist leider nicht erhalten, 1875 ging es in Zürich um die Nachfolgen von H. A. Schwarz und von H. Weber, die beide das Polytechnikum verlassen hatten. Klein wechselte in diesem Jahr von Erlangen ans

Institution, an der er wirkte, dem Züricher Polytechnikum. Dort entschied nämlich der Schulrat alle wichtigen Fragen, insbesondere Berufungen, nicht etwa ein Gremium, in dem Fiedler hätte Mitglied sein können. Die einzigen Stellen, auf die Fiedler Einfluss hatte, waren die beiden Assistentenstellen für darstellende Geometrie. Von denen ist denn auch mehrfach die Rede, z. B. im Briefwechsel mit M. Disteli, E. Waelsch und A. Weiler.

Der Briefwechsel mit Klein ist insofern ein Glücksfall, als wir über die Briefe in beiden Richtungen verfügen. In aller Regel besitzen wir wie schon erwähnt nur die an Fiedler gerichteten Briefe.[2677] Die Korrespondenz mit Klein ist recht intensiv bis etwa 1885, nimmt dann ab und wird sporadischer. Sie endet mit einem kurzen Brief Kleins[2678] von 11. November 1893, in dem dieser Fiedler für seine Äußerungen zu den Angriffen Lie's in dessen letzten Brief[2679] dankt.

Der älteste in Zürich erhaltene Brief von Klein an Fiedler stammt vom 4. Februar 1872. Das wichtigste Thema darin ist Kleins Arbeit zur nichteuklidischen Geometrie (1871); Klein nimmt Stellung zu Beltramis Kenntnis der Cayleyschen Maßbestimmung und ihres Zusammenhangs mit der hyperbolischen Geometrie. Vermutlich hatte Fiedler ihn auf diese hingewiesen, er selbst bezog sein Wissen aus einem Brief von Cremona.[2680] Zudem schilderte Klein seine negativen Erfahrungen im Berliner mathematischen Seminar mit seinem Vortrag zu diesem Thema.[2681]

Münchner Polytechnikum als Nachfolger von Ludwig Otto Hesse. Den Ruf dorthin hatte er am 19. November 1874 angenommen, er trat sein neues Amt zum Beginn des Sommersemesters 1875 an. Vgl. Tobies 2019, 150. München bot wie Zürich eine Lehrerausbildung am Polytechnikum, was wohl ein Pluspunkt in Kleins Augen darstellte – und höhere Teilnehmerzahlen garantierte. Insofern hatte das Züricher Polytechnikum keinen Vorzug im Vergleich zum Münchner Konkurrenten. Zudem blieb Klein dem Bayrischen Königreich erhalten, seine Ernennung unterzeichnete der heute noch populäre leidenschaftliche Schloßbauer und Wagnerfan Ludwig II.

[2677] Eine weitere Ausnahme in dieser Hinsicht ist Cremona, vgl. Confalonieri/Schmidt/Volkert 2019 und Israel 2017.

[2678] Confalonieri/Schmidt/Volkert 2019, 153 (Hs 87: 593).

[2679] Confalonieri/Schmidt/Volkert 2019, 150 - 152 (Briefentwurf Hs 87: 592a). Lie's Angriffe, die offensichtlich für einiges Aufsehen in der mathematischen Gemeinschaft sorgten, werden auch in einem Brief von Fr. Schur an Fiedler kommentiert (Aachen, 16. September 1892, Hs 87: 1175), vgl. 9.2.5. Auch Hilbert und Hurwitz verurteilten diese scharf in ihren Briefen, vgl. Hänel/Oswald/Steuding/Volkert 2025, 274 - 276. Zum Hintergrund und zur Vorgeschichte von Lie's Angriffe vgl. man Rowe 2025, 224 – 245.

[2680] Vgl. hierzu Cremona an Fiedler 24. Oktober 1871 (Hs 87: 186) [Confalonieri/Schmidt/Volkert 2019, 211 – 213]. Noch in seinen im Ersten Weltkrieg gehalteten „Vorlesungen über die Entwicklung der Mathematik im 19. Jahrhundert" kam Klein in ziemlich lapidarer Weise auf die Priorität Beltramis zurück (vgl. Klein 1926, 124). Kleins Arbeiten zur nichteuklidischen Geometrie werden in Rowe 2025 an verschiedenen Stellen ausführlich diskutiert, vgl. 3.1 – 3.3 und 7.1 bis 7.3.

[2681] Diese Geschichte wurde mehrfach von Klein und anderen kolportiert; für eine Diskussion derselben vgl. man Rowe 2025, 76 – 79.

Der Themenkreis nichteuklidische Geometrie[2682] wurde in der frühen Korrespondenz noch mehrfach angesprochen. So berichtet Klein in einem längeren Brief vom 20. Juli 1872 über Kritik an seiner Arbeit bezüglich seiner Behauptung, die projektive Geometrie ließe sich auch ohne Benutzung des Parallenaxioms aufbauen. Diese Briefe haben den Charakter eines Austauschs unter Experten.[2683] Offensichtlich war Klein bemüht, Fiedler von seinen Fähigkeiten zu überzeugen und Rückhalt gegen die Kritik zu finden – für den jungen Klein war der rund zehn Jahre ältere Fiedler wohl eine etablierte Autorität.[2684] Bis Mitte der 1870er Jahre arbeitete Klein hauptsächlich in der Geometrie, dann ging er zur Invariantentheorie und zur geometrischen Funktionentheorie über. In den Briefen, die aus den Folgejahren erhalten sind, schreibt Klein immer wieder über geometrische Themen. 1873 versuchte er wie bereits erwähnt Fiedler zu einer Beteiligung am Treffen der Mathematiker in Göttingen zu gewinnen und Modelle für die geplante Ausstellung mitzubringen. In München (1875 – 1880) schuf Klein zusammen mit A. Brill ein Zentrum des Baus mathematischer Modelle, das Engagement für die anschauliche Geometrie war ein weiteres Thema, das ihn mit Fiedler verband.

Kleins Wechsel nach Leipzig (1880) kommentierte Fiedler in einem Brief an diesen vom 19. August 1880 folgendermaßen[2685]:

Hochgeehrter Herr College!

Ihren werthen ausführlichen Brief vom 30/VII verdankend spreche ich Ihnen zuerst meine besten Glückwünsche zu Ihrer Übersiedlung nach Leipzig aus. Mögen Ihre Wünsche und Erwartungen in Erfüllung gehen und Ihnen das Leben in Leipzig recht gefallen. Ich hatte wohl von dem Antrage der Leipziger Fakultät gehört, aber ich glaubte, Sie würden schwer von München weg zu locken sein[2686], und anderseits hat die neue

---

[2682] Insbesondere die projektive Maßbestimmung, die ja Fiedler in der zweiten Auflage der Salmonschen „Kegelschnitte" behandelt hatte, wo Klein sie kennenlernte.

[2683] Klein hat dann Fiedler sein sogenanntes Erlanger Programm, datiert auf Oktober 1872, kurz nach dessen Erscheinen geschickt. Das kann man wohl als Zeichen dafür werten, dass er Fiedler von sich überzeugen wollte. In seinem Verzeichnis der erhaltenen und/oder gelesenen Schriften (Hs 87a:68) vermerkte Fiedler den 23. November 1872 als Empfangsdatum. In einem späteren Brief Fiedlers an Klein vom 8. November 1893 (SUB Göttingen Cod. Ms. Klein 9, 23; Confalonieri/Schmidt/Volkert 2019, 150 – 152) erwähnte Fiedler, dass er das „Originalprogramm" besitze und dieses mit späteren Ausgaben des Programms verglichen habe, „um eventuelle Erweiterungen in mein Exemplar einzutragen, und ich habe nichts derart gefunden." (Confalonieri/Schmidt/Volkert 2019, 151). Hintergrund waren Lie's Angriffe auf Klein.

[2684] D. Rowe zitiert einen Brief von Klein an Lie vom 24. Januar 1872, in dem dieser erwähnt, dass er einen „freundlichen" Brief von Fiedler mit der Mitteilung erhalten habe, Fiedler werde die Cayley-Kleinsche Maßbestimmung in die demnächst erscheinende Neuauflage der „Raumgeometrie" aufnehmen (vgl. Rowe 2025, 93).

[2685] SUB Göttingen Cod. Ms. F. Klein 9, 14, vgl. Confalonieri/Schmidt/Volkert 2019, 117 – 119.

[2686] Fiedler sprach aus Erfahrung: Er hatte sich ja vergeblich bemüht, 1875 Klein von München nach Zürich zu holen.

Professur zur Vertretung der Geometrie lange Geburtswehen durchmachen müssen. Sie wissen, daß ich die Pflege der Geometrie und namentlich auch die graphischen Methoden an der Hochschule besonders für die Bildung der Lehrer für Math. etc. für sehr nothwendig halte, für eine vielerorts vernächlässigte Pflicht. Ich habe daher die Absicht einer solchen Vertretung in Leipzig[2687] mit Freude begrüßt, nach manchen Beobachtungen mir aber auch sagen müssen, daß Alles von der Ausführung abhängen wird. Gewiß lassen sich die graphischen Methoden zu höchst wirksamen u. fruchtbaren Studienobjecten machen, aber die beiden gewöhnlich betretenen Wege machen sie nicht dazu. Die fast ausschließliche Betonung des graphisch technischen Elements, die man oft an den polytechnischen Schulen findet, einerseits und die Loslösung der Tochterwissenschaft moderne synthetische Geometrie, die man natürlich nicht als Parallelprojection allein, sondern als Lehre von den centralprojectivischen Bildern u. Modellen zu fassen hat, anderseits. Da nur Geist, dort nur Körper, jenes für viele sonst begabte Köpfe wirkungslos, weil der rechte Zugang zur Sache, das rechte Studienmittel für den glücklichen Anfang nicht entwickelt wird; dieß für die begabten Köpfe gewöhnlich abstoßend, während die rechte Auffassung d.h. die wirklich geistige Belebung der Constructionen für diese Begabten sehr wohl mit der technischen Mühseligkeit versöhnen wird. In ihrer Hand, verehrter College, wird es daran wohl nicht fehlen. Ich begrüße Ihren Entschluß, sich der darstellenden Geometrie, der Kinematik, dem graphischen Rechnen u. dgl. in Leipzig anzunehmen, mit Freude u. wünsche nur, daß Sie in der Sache u. in Erfolg für die mancherlei Mühen, die Sie sich damit auferlegen, vollen Ersatz fühlen mögen. Es ist doch wohl eine alte Liebe zur Geometrie, die sich in diesem Entschluß ausprägt; nach Ihrer entschiedenen u. erfolgsgekrönten Hinüberwendung zur abstracten Mathematik hätte ich ihn - offen gesagt – nicht erwartet.

Diese Zeilen haben fast den Charakter einer Belehrung: Fiedler erklärt, wie man es richtig machen soll, indem er aufzeigt, wie man es nicht richtig macht. Es geht zudem um den Plan Kleins, in Leipzig eine Vorlesung über darstellende Geometrie anzubieten, den er ja dann auch verwirklicht hat.[2688]

Aus Leipzig wusste Klein am 10. Juni 1881 zu berichten:

[2687] Die Professur, die Klein in Leipzig erhielt, war ausdrücklich für die Geometrie bestimmt und auch mit dem Mangel an Lehrangeboten in diesem Bereich begründet worden, vgl. Tobies 2019, 191 – 192. Weitere Namen auf der Berufungsliste für die fragliche Stelle waren A. Harnack und F. Lindemann.
[2688] Vgl. 2.3 sowie 7.3.

> Ich selbst habe Steiner's Werke nur erst tüchtig durchgeblättert, doch bringen es die hiesigen Verhältnisse mit sich, dass ich mich je länger je mehr wieder für die Geometrie im engeren Sinne interessieren werde.[2689]

Ende der 1870er Jahre hatte Klein, wie bereits erwähnt, die Geometrie im traditionellen Sinne als Forschungsgebiet verlassen. Für Leipzig hatte er sich dennoch vorgenommen, diese Universität zu einer „Pflanzstätte" der Geometrie zu machen. Allein, der Wettlauf mit H. Poincaré in Sachen autormorphe Funktionen nahm Klein sehr in Anspruch und führte im Herbst 1882 zu seinem bekannten Zusammenbruch.[2690] Am 28. Juni 1883 berichtete Klein Fiedler von Spiekeroog, dass er Erholungsurlaub genommen habe und dass ihn W. Dyck in den Elementarvorlesungen vertrete. Dazu notierte Fiedler:

> Wie vorausgesagt! Das ist die Vertretung der Geometrie nach Universitätsschrift – [...] ohne Erfahrung da, wo die meiste Erfahrung erforderlich ist.

Unklar ist, welche Erfahrung Fiedler hier meint – vielleicht spielte er auf die Tatsache an, dass es keine mit dem Unterricht in darstellender Geometrie an Universitäten gab. Mit einem entschuldigenden Unterton gestand Klein in seinem Brief aus Spiekeroog weiter, „ich treibe je länger je mehr in das functionentheoretische Fahrwasser hinein." Dann fügt er entschuldigend hinzu:

> Man kann eben nur in einer Richtung energisch arbeiten, so sehr ich mich bemühe, dabei geometrische Gesichtspunkte zur Geltung zu bringen. In der That verfolge ich die geometrische Literatur nur von Ferne und habe auch Ihre Cyklographie[2691] noch in keiner Weise genau angesehen.

Ähnlich hatte sich Klein schon einem Brief vom 30. Juli 1880 aus München geäußert, in dem es um die gescheiterte Berufung Burmesters nach München und um Kleins Wechsel nach Leipzig ging:[2692]

> In den vielen Jahren, dass ich mit Ihnen nicht mehr regelmäßig corrospondirte, bin ich der eigentlichen Geometrie etwas fremd geworden, so sehr ich immer im Grunde meiner mathematischen Denkweise Geometer gewesen sein mag. Man hat mir in Leipzig, wie Sie vermuthlich wissen, ausdrücklich die Vertretung der Geometrie übertragen. Ich glaube

---

[2689] Hs 87: 585, Confalonieri/Schmidt/Volkert 2019, 120 – 121. 1881 erschien der erste Band der Werke Steiners. Wie bereits erwähnt teilte Klein in einem Brief vom 28. Juni 1883, Fiedler mit, er sei „was Steiner'sche Ideen betrifft, auch ein schlechter Richter" (Hs 87: 587, vgl. Confalnonieri/Schmidt/Volkert 2019, 125 – 126). Hintergrund war, dass Fiedler in seinen ‚Briefen mehrfach seine Zyklographie erwähnte – natürlich auch das Buch übersandte – nebst seinen Zweifeln bzgl. ihrer Originalität. Vgl. Confalonieri/Schmidt/Volkert 2019, 110, 115, 123 und 125.
[2690] Vgl. Rowe 2025, 203 – 218.
[2691] 1882 war Fiedlers Buch zur Zyklographie erschienen; vgl. Kapitel 6.
[2692] Hs 87: 584; Confalonieri/Schmidt/Volkert 2019, 111 – 112. Das Zitat findet sich auf p. 111.

deshalb freilich nicht, von meinen augenblicklichen Angelegenheiten, die vermöge einer gewissen inneren Nothwendigkeit allmählich immer weitere Gebiete auch der abstracten Mathematik umfassen sollen, abgehen zu dürfen. Aber immer werde ich veranlasst sein, Vorlesungen über rein geometrische Fächer zu halten.

Offensichtlich war sich Klein einer gewissen Inkongruenz zwischen der Weise, wie er wahrgenommen wurde, und seinen aktuellen Interessen bewusst. Fiedler notierte Stichworte auf Kleins Brief, u.a.

Pflicht, Art u. Weise der Ausführ. – nicht ausschl. graph. techn. – nicht mod. Geom. losgelöst von der Mutter d. G. – bloss Körper, bloss Geist! Er wird's nicht verfahlen, aber die Mühe umg. Ihren Lohn finden. Erwartet habe ich s. Entschl. Nicht nach neueren Abh.

Die Antwort Fiedlers vom 19. August 1880 auf Kleins Brief wurde oben schon zitiert.

Fiedlers Sohn Ernst bearbeitete in Leipzig ein funktionentheoretisches Thema (Modulargleichungen elliptischer Funktionen)[2693], Hurwitz wurde nach eigenem Bekunden von Klein in die funktionentheoretische Richtung gelenkt[2694] – er kam ja ursprünglich von der Geometrie. Allerdings hatte Klein in Leipzig durchaus Schüler, die sich später der Geometrie und ihrem Unterricht widmeten, u. a. R. Böger, M. Brückner, Fr. Dingeldey, Fr. Engel, E. Papperitz, V. Schlegel und O. Staudte.[2695] Man kann also durchaus zugestehen, dass Klein seine Idee der Pflanzstätte für Geometrie verwirklicht hat, wenn auch nicht in Hinblick auf eigene Forschungen.

Letztlich bleibt die Position Kleins in Fiedlers Netzwerk ambivalent: Obwohl Klein sein Engagement für die Geometrie gegenüber Fiedler betonte, scheint ihm dieser das nicht ganz abgenommen zu haben. Das Verhältnis blieb eher distanziert, es werden kaum Interna[2696] noch standespolitische Themen besprochen. Allerdings

---

[2693] Vgl. Volkert 2018b. Promotion über elliptische Modulargleichungen (1884). Vgl. auch den Kommentar von H. C. H. Schubert in 9.2.5. (Karte aus Hamburg vom 26. November 1885 [Hs 87: 1162]) zur Dissertation von E. Fiedler.

[2694] In der dissertation von Ernst Fiedler finden sich mehrere Verweise auf Hurwitz (z. B. pp. 131 – 132), der Ernst Fiedler offensichtlich unterstützt hatte. Vgl. auch Volkert 2018b, wo dargestellt wrid, wie die Dissertation von Ernst und seine weitere Laufbahn im Briefwechsel von Fiedler mit Klein diskutiert wurde.

[2695] Vgl. auch die Übersicht zu den Teilnehmern an Kleins Forschungsseminar in Leipzig bei Tobies 2019, 203 – 204. Böger und Brückner wurden Gymnasiallehrer, Böger trat für die Behandlung der projektiven Geometrie im Gymnasium ein und hat dazu ein Lehrbuch verfasst, vgl. Kitz 2015. Brückner widmete sich vor allem der Polyedertheorie, vgl. Etwein 2019. Natürlich hatte Klein auch an seinen anderen Wirkungsstätten Schüler, die sich der Geometrie zuwandten.

[2696] Eine gewisse Ausnahme bilden Fiedlers Schilderung seines ehemaligen Kollegen H. A. Schwarz im Brief vom 24. Juni 1890 (Hs 87:592a) an Klein (eine Reaktion Kleins hierauf ist nicht bekannt) sowie die bereits zitierten Äußerungen Fiedlers zu den Angriffen auf Klein im dritten Band von Lie's Werk

bemühte sich Fiedler um Kleins Unterstützung als Herausgeber der Mathematischen Annalen bzgl. der Arbeit von B. Tötössy; er sandte ihm – wie einigen anderen Briefpartnern auch - die Dissertation von M. Disteli zu, die er sehr schätzte. Fiedler nutzte diese Gelegenheit, um auf sich aufmerksam zu machen:

> Herr Disteli war vier Jahre mein Zuhörer. Sie [Distelis Dissertation; K. V.] ist im Verkehr mit mir entstanden u. bildet die Ausführung einer mir angehörigen Methode; [...]. Herr Dr. D. ist seit einem Jahr mein Assistent u. ich hoffe gutes von ihm.[2697]

Zugunsten von Bela von Tötössy intervenierte Fiedler erfolgreich bei Klein, um seinem Schüler eine Veröffentlichung in den Annalen zu ermöglichen.[2698] Auch für den „wackeren Studenten" H. de Vries machte Fiedler bei Klein Reklame.[2699] Hintergrund war, dass Fiedler seine schwere Erkrankung im Influenzawinter 1889/90 erwähnte, die ihn von Neujahr bis Ostern hinderte zu lesen. Er vergab nur ein Diplomthema, nämlich an de Vries. Insgesamt sei es schwer, bei der geringen Anzahl an Studierenden im Fach Mathematik geeignete Kandidaten zu finden.

In einem Entwurf für einen Brief an Carl Rodenberg vom 24. Mai 1891[2700] äußerte sich Fiedler ähnlich über Distelis Arbeit. Anlass war die Besprechung der dritten Auflage von Fiedlers darstellender Geometrie (erster Band) durch Lampe im Jahrbuch über die Fortschritte der Mathematik.[2701] Fiedler war wohl der Meinung, diese berücksichtige sein Verdienst nicht genügend, weil nur Disteli nicht aber sein Doktorvater genannt wurde, denn „die darstellend geometrische Methode der Ableitung der Steinerschen Sätze stammt von mir." Die beanstandete Passage lautet[2702]:

> Die Bereicherungen, welche die neue Auflage erfahren hat, sind sehr zahlreich. Achtzehn neue Figuren im Texte und eine Tafel sind hinzugekommen. Von dem neu aufgenommenen Stoffe sollen nur die Poncelet'schen Schliessungsätze und die Steiner'schen Polygone

---

über Transformationsgruppen in seinem Brief an Klein aus Zürich – Hottingen vom 8. November 1893 (Confalonieri/Schmidt/Volkert 2019, 150 – 152. SUB Göttingen Codex Ms Klein 9, 23).

[2697] Brief aus Zürich - Hottingen vom 13. Oktober 1888. Confalonieri/Schmidt/Volkert 2019, 145. SUB Göttingen Cod. Ms. Klein 9, 22. Weitere Erwähnungen Distelis finden sich bei Confalonieri/Schmidt/Volkert 2019, 131 und 139. Fiedlers Hoffnungen bzgl. Disteli sollten sich nicht bewahrheiten, denn Disteli wechselte schon 1889 als Assistent in die reine Mathematik.

[2698] Vgl. 8.4.

[2699] Brief aus Hottingen vom 24. Juni 1890 (Hs 87:592a; Confalonieri/Schmidt/Volkert 2019, 148 – 149).

[2700] Hs 87:849b.

[2701] Jahrbuch über die Fortschritte der Mathematik 20 (1888), 566 – 567.

[2702] Jahrbuch über die Fortschritte der Mathematik 20 (1888), 567

erwähnt werden, von denen die letzteren nach einer von Herrn Disteli entwickelten Methode synthetisch behandelt sind.

Warum Fiedler in dieser Angelegenheit an Rodenberg schrieb, ist nicht klar, denn dieser war weder Verfasser der Besprechung noch Herausgeber des Referate-Organs. Vielleicht wollte Fiedler lediglich seinem Frust – wie man heute sagen würde – Ausdruck verleihen.

Klein kommt umgekehrt in einem Brief von Rodenberg an Fiedler[2703] vom 12. Oktober 1890 prominent vor. In diesem berichtet Rodenberg von der Naturforscherversammlung in Bremen, bei der es auch um die Gründung der Deutschen Mathematiker-Vereinigung ging – ein Vorhaben, bei dem Klein eine wichtige Rolle spielte.

> Klein war natürlich „König", umgeben von einem Stab jüngerer Mathematiker. Das ist ja an sich ganz schön, aber was soll man sagen, wenn er von Herrn Dr. Schönflies Arbeiten wie meine „Quadratische Verwandtschaft der Kr.Mittelpunkte" prüfen läßt und mir dann die Geschichte mit dem Bemerken, alles sei falsch, zurück schickt. Ich habe Klein natürlich determinirt meine Meinung gesagt, aber das ist heute, wo die Herren Redakteure sich vor Angebot nicht zu helfen wissen und math. Arbeiten wie Brombeeren sind, einem solchen Herren wohl ziemlich gleichgültig.

Kurz: Klein ist der große Macher, und wie jeder Macher verursacht er Ärger.

Den Nutzen der Bestrebungen zur Gründung einer Mathematiker-Vereinigung sah Rodenberg im genannten Brief eher skeptisch:

> In Bremen zur Naturf. Versammlung ging es recht amüsant her. Wie Ihnen bekannt sein wird, sollten dort Schritte zum festen Anschluß der Mathematiker an einander gethan werden. Es war mir eigenthlich nie recht klar, wie man sich das dachte, ich hätte eine Vereinszeitschrift gewünscht etwa organisirt wie die Z. des Vereins deutscher Ingenieure, aber dafür war keine Meinung. Nun ist ein Ausschuß gewählt worden, welcher das Programm der math. Sektion sorgfältig vorbereitet und die Mitglieder haben sich gegenseitig das Versprechen gegeben, regelmäßig die Naturf. Versammlungen zu besuchen. Viel Erfolg verspreche ich mir nicht davon.

Kleins Position in der wissenschaftlichen Gemeinschaft ist sicher ein komplexes Thema, das hier nicht erschöpfend diskutiert werden kann. Für Fiedler war sie nur von sekundärer Wichtigkeit.[2704]

[2703] Hs 87:849.

[2704] Vgl. Tobies 2019, Hänel/Oswald/Steuding/Volkert 2024 und Rowe 2025. Weitere Aspekte zu Klein liefert Fr. Schur, vgl. weiter unten Abschnitt „Geometer".

Die Mehrzahl seiner Briefpartner kannte Fiedler nicht persönlich – vielleicht abgesehen von kurzen Treffen meist in Zürich. Die Stadt an der Limmat lag günstig auf dem Weg in den Süden, in den es viele Menschen damals zog, oft auch aus gesundheitlichen Gründen. So besuchte Klein Fiedler auf seiner Hochzeitsreise Ende August 1875. Fiedler selbst reiste mit Ausnahme von Besuchen in der alten sächsischen Heimat wenig, er zog es vor, in den Alpen zu wandern.[2705] Zudem besuchte er selten Versammlungen, insbesondere nicht die Versammlungen der Deutschen Naturforscher und Ärzte. Um sich im wörtlichen Sinne ein Bild vom Briefpartner machen zu können, tauschte man Fotografien aus. Hinzu kamen einige Informationen zu den Lebensumständen, insbesondere zu den Familien und zum beruflichen Umfeld.

9.2.1 Politik, Zeitgeschichte

Politische Themen werden in Fiedlers Briefwechsel selten angesprochen. Eine Ausnahme bildet hier R. Sturm, der in seinen Briefen an Fiedler immer wieder auf solche zu sprechen kommt.

Über Fiedlers politische Einstellungen wissen wir recht wenig. Zum einen charakterisiert er sich selbst als Republikaner, der in der Schweiz bleibt, um seine Kinder im republikanischen Geiste zu erziehen, zum andern spricht sein bereits erwähnter Zusatz zum Vorwort der ersten Auflage seiner Darstellenden Geometrie eine deutliche Sprache – nämlich begeisterter Patriotismus und Enthusiasmus bezüglich der Reichsgründung.[2706]

April 1871

Seit ich das Vorige schrieb, ist der grosse Krieg vorübergebraust und wir Deutschen haben allerwärts mit sorgenvollem Antheil, mit Stolz und Jubel, mit stolzer Erhebung ob der wiedergewonnenen Einheit des Vaterlandes, den gewaltigen Gang der Dinge begleitet. Nun widmet sich das deutsche Volk mit freudigem Vertrauen in seine Kraft der Pflege der Werke des Friedens, der Früchte seiner Arbeit sicher, wie nie zuvor. Glücklich, wem es vergönnt ist, daran mitzuwirken in seinem Kreise!

[2705] Im Herbst 1880 unternahm Fiedler mit seinem ältesten Sohn Ernst, der sich erst kürzlich von seinen Unfällen erholt hatte, eine Wanderung in den Alpen (vgl. Confalonieri/Schmidt/Volkert 2019, 127). Diese führte sie auch nach München, wo Vater Fiedler Klein aufsuchen wollte. Dieser war allerdings nicht zu Hause, Fiedler wurde von Frau Klein empfangen: „Ich bitte Sie Ihrer lieben Frau zu sagen, dass ich dafür nun doppelt dankbar bin, nachdem mir hier die meine gesagt hat, wie sehr ich mit Haar u. Bart im Gebirge verwildert sei; ich bitte um Entschuldigung, daß ich daran nicht gedacht in Mchn." (Fiedler an Klein Zürich Unterstrass, 25. Okotber 1880 [Confalonieri/Schmidt/Volkert 2019, 117]). Solche persönlichen Äußerungen sind selten im Briefwechsel mit Klein zu finden.
[2706] Fiedler 1871, XIV.

Der große Krieg war allerdings an Zürich nicht ganz vorbei gebraust: Am 9. März 1871 wurde die Siegesfeier der Deutschgesinnten in der Züricher Tonhalle von Anhängern Frankreichs, von internierten Offizieren aus den Reihen der sogenannten Bourbakisten[2707], gestört. Das führte zu heftigen tätlichen Auseinandersetzungen. Die Stadt Zürich musste die Hilfe des Bundesheeres anfordern, das vier Bataillone zur Befriedung in die Limmatstadt entsandte. Eingegangen ist diese Episode in die Züricher Geschichte als „Tonhallekrawall".[2708] Dieser kann Fiedler nicht entgangen sein; er wird seinen Patriotismus befeuert haben. Von den zahlreichen sozialen Konflikten, die mit der Industrialisierung auch in Zürich auftraten, etwa die großen Streiks des Jahres 1870, finden sich keine Spuren in Fiedlers Werk oder in seinem Briefwechsel. Die soziale Realität blieb den Wohnorten Fiedlers, alle in der Nähe des Zürichbergs gelegen, eher fern. Diese fand sich hauptsächlich vor den Toren der Stadt in Außersihl, weit weg von der Gegend am Zürichberg, wo Fiedler wohnte. In Außersihl nahm ein zweiter Krawall in der Züricher Geschichte: der sogenannte „Italienerkrawall" vom 26. Juli 1898, seinen Ausgang. Er hatte soziale und teilweise fremdenfeindliche Hintergründe.[2709]

Dass die Reichsgründung in Gestalt des freien Bundes deutscher Fürsten als Kaiserreich erfolgte, scheint den Republikaner Fiedler nicht gestört zu haben. Beyel berichtet denn auch, dass Fiedler begeisterter Bismarck-Anhänger gewesen sei und sonst deutsch-national eingestellt. Natürlich hatten auch die Vorgänge in Prag eine politische Dimension und Fiedler galt als Anführer des deutschen Blocks. Allerdings äußerte er sich dazu nicht explizit, wenn er über die Prager Zeit redet, dann geht es meist um eine Art Verschwörung gegen ihn (und den anderen deutschgesinnten Professoren gegenüber). Der deutsche Krieg, in dem Fiedlers Vaterland, das Königreich Sachsen, auf der Verliererseite stand, wird als schlimmes Ereignis im Briefwechsel mit Cremona angesprochen, also von der humanitären nicht von der politischen Seite hergesehen.

Deutliche Aussagen zu einem historischen Ereignis, nämlich zum Deutsch-Französischen Krieg und der nachfolgenden Reichsgründung aus österreichischer Sicht, finden sich in einem Brief aus Prag von Friedrich Kick an Fiedler vom 28. März 1871 – also rund drei Monate nach der Gründung des

---

[2707] Dabei handelte es sich um die in die Schweiz geflüchteten Reste der von General Charles Bourbaki (1816 – 1897) befehligten französischen Ostarmee. In der Zeit vom 1. bis 3. Februar 1871 gelangten etwa 87 000 französische Soldaten über die Grenze zur Franche-Comté in die Schweiz. Sie befanden sich in einem schlimmen Zustand, wovon heute noch die in der Romandie bekannte Redensart „Il a le tenu d'un Bourbaki" (Er sieht aus wie ein Bourbaki) zeugt. Clebsch war empört über das seiner Meinung schlechte Verhalten der Schweizer, vgl. Clebsch an Fiedlern Göttingen, 4. April 1871 (Hs 87: 169 [Confalonieri/Schmidt/Volkert 2019, 79 -80]).
[2708] Vgl. Artikel Tonhallekrawall im Historischen Lexikon der Schweiz.
[2709] Vgl. Artikel Italienerkrawall im Historischen Lexikon der Schweiz.

Zweiten Kaiserreichs, welche ja Ausdruck der sogenannten kleindeutschen Lösung war, also unter Ausschluss Österreichs erfolgte.[2710]

Ihr liebes Schreiben hat mich recht erquickt und sage ich Ihnen herzlichen Dank dafür. Sie können mir glauben, ich fühle mich durch die Siege des deutschen Volkes nicht minder gehoben, leider aber in noch schlimmerer
Lage wie Sie, denn der Österreicher kann nicht ganz den Schmerz unterdrücken, aus Deutschland ausgeschlossen zu sein und ganz unabsehbaren Experimenten als Objekt zu dienen. Meine Auffassung der gegenwärtigen Lage geht dahin, dass Österreich nicht nur in Depeschen die Constituirung Deutschlands freundschaftlich anerkennen, sondern in engste Verbindung mit Deutschland treten sollte - und so Gott will, treten muss. Leider setzt dies eine Entsagung der Dinastie auf die ehemals eingenommene Stellung für immer voraus – und die Menschen entsagen selten freiwillig. Sie bedauern, verehrter Freund, nicht in Deutschland die Siege mitfeiern zu können – ich bedaure dies und – den Fall Österreichs.
Das österreichische Volk gewänne unendlich durch einen Anschluss, aber ich fürchte, erfolgt derselbe nicht freiwillig, dann hört es auf, österreichisches Volk zu sein, und solche Übergänge sind mitunter sehr schlimm. Doch genug davon, hat das Jahr 1870/71 so viel unverhofftes Gutes gebracht, warum soll es das künftig nicht auch, warum soll ich nicht in froher Hoffnung der Zukunft entgegensehen und nicht den Zustand meines Weibes theilen?! – Das Ehepaar Kick sorgt für die Zukunft, für die Aufrechthaltung der deutschen Wehrkraft! – Die Stellung der Deutschen in Prag ist unter den gegenwärtigen Verhältnissen natürlich nicht gemüthlicher geworden, nur herrschtder tröstende Gedanke vor: „Wir können warten." Der politische Verein, der verflossenes Jahr sehr schläfrig war, ist jetzt reger geworden, die Statuten sind in freisinnigerer Weise geändert und kann ich sagen hieran mein redlich Theil zu haben und den Herrn mitunter tüchtig opponirt zu haben. Schmeykal ist leider noch immer am Ausgehen verhindert, doch am Wege der Genesung. Anfänglich hiess es, er leide an Aften [heute: Aphten; K. V.]; später hiess es, er habe einen Ausschlag gehabt, so scheint sein Leiden eine Complication verschiedener an sich nicht gefährlicher aber sehr unangenehmer Dinge gewesen zu sein. – Ich habe Ihnen so viel und so Verschiedenes mitzutheilen, dass ich Einiges auf später lassen muss; ich

---

[2710] Kick an Fiedler, Prag 28. März 1871 (Hs 87: 493). Im Nachfolgenden wird die Transkription von Mara Dieterle verwendet, zugänglich unter *e-manuscripta*. Mehr zu Kick weiter unten im Abschnitt „Ingenieure". Friedrich Kick war gebürtiger Österreicher.

hoffe Sie heuer in den Ferien in Zürich besuchen zu können und dann lässt sich mündlich ja manches einholen. Bezüglich des Vereines Eintracht werden Sie vielleicht wissen, dass ich denselben wieder als Obmann leite. Tempora mutantur! Den verflossenen Sommer gab es in Österreich zwei Parteien, die eine entschieden deutsch, die andere mehr Franzosen-freundlich. Zu der letzteren gehörten wohl fast alle hier lebenden Schweizer und fast das gesamte Spiessbürgerthum (selbstverständlich die Nationalen). In jener Zeit der ersten Siege sass ich mit Harlacher eines Tages in Bodenbach und trug ihm die Wette an auf 5 im Ingenieur Verein zu verknallende Flaschen Champagner, behauptend die Deutschen nehmen Elsass oder ziehen in Paris ein (beides zugleich setzte ich damals nicht voraus). So sehr er dies bestritt, so war ihm „doch seine politische Überzeugung zu heilig um solche Wette einzugehen"! – Gerade damals trug sich im Vereine Eintracht eine unangenehme Episode zu. Der damalige Obmann (Wolf) wollte für die deutschen Verwandten eine Sammlung einleiten, andere waren – da, wie Sie wissen die öffentlichen Sammlungen verboten wurden und sie für den Verein fürchteten – dagegen. Diese aber, zugleich theilweise französisch gestimmt, liessen es an den schärfsten Angriffen gegen Wolf nicht fehlen und war da wieder ein Schweizer obenan.- Wolf's Resignation hatte zwar dessen Wiederwahl zur Folge, aber da dieselbe nicht einstimmig erfolgte, so nahm er die Wahl nicht an. Nun war der Verein ohne Leitung (auch der Obmannstellvertreter war abgetreten), in der öffentlichen Meinung durch zum Theil übertriebene Zeitungsberichte herabgesetzt und in grösster Verlegenheit. Die Wahl fiel auf mich – ich wollte aber anfänglich davon nichts wissen, da ich eben mit Felix in Leipzig den Vertrag wegen Herausgabe eines Buches abgeschlossen, das ich Ihnen bald werde senden können[2711], andererseits theilte ich Wolf's Ansichten, nur mit dem Unterschied, dass ich eine Sammlung (nach dem Verbote) öffentlich nicht für zulässig hielt. Indem ich die heikle Situation des Vorstands sah und man mich nicht freiliess, willigte ich endlich ein und so trage ich denn dieses Joch, darum ein solches, weil die Elemente des Vereines sehr verschieden sind und unter den Stammmitgliedern in Smichov / seit dem Verschwinden meines Hauptgegeners, des Kaufmann Karrass, der in Amerika weilen soll / sich nicht die Kräfte für die Leitung dieses sonst recht regen Vereins fanden.

Ein Ereignis, das der Reichsgründung und der hierauf folgenden Gründereuphorie nachfolgte, die sogenannte Gründerkrise, kam in einem Brief von E. Winkler kurz

---

[2711] Kick, Fr.: Die Mehlfabrikation: Ein Lehrbuch des Mühlenbetriebes (Leipzig: Felix, 1871).

zur Sprache. Diese Krise begann am 9. Mai 1873[2712] mit der polizeilichen Schließung der Wiener Börse und zog weite Kreise über Österreich hinaus. Sie wurde erst in den nachfolgenden Jahren (bis etwa 1880) allmählich überwunden, um in eine Phase stabilen Wachstums zu münden. Winkler war Spezialist für Tunnelbau und hatte einen Plan für den Bau einer Untergundbahn in Wien ausgearbeitet.

> Eine weitaus wichtigere Arbeit war aber die Leitung der Vorarbeiten für eine Wien anzulegende Tunnelbahn, ähnlich der Londoner, die mir manche schlaflose Nacht gemacht hat. Die vor kurzem eingetretene Börsenkrise hat indeß die Realisirung weit hinausgeschoben.[2713]

Nachwirkungen dieses Ereignisses sprach Kick in einem Brief vom 25. März 1875 an – nämlich den Prozess gegen den Finanzier L. Ofenheim, der in den Börsenkrach von 1873 verwickelt war.

> Sie schreiben, der Prozeß Ofenheim müßte mich als Fachmann mächtig interessiert haben; es wäre dies vielleicht der Fall gewesen, wenn auch Ofenheim Fachmann, d. h. Ingenieur, gewesen wäre. Die Sache wurde schließlich recht langweilig. Es handelt sich hier weniger um schlechten Bau der Bahn; die Bahn ist nicht schlechter als manch andere, als vielmehr um reine Geldfragen. Ofenheim ist ein schlauer Fuchs, er hat sich bei seinen Handlungen, die alle auf die Füllung seines Säckels hinauslaufen, so vorgesehen, daß ihm vom juristischen Standpunkt nichts angethan werden konnte. Ich bin aber überzeugt, daß die Mehrzahl, zu denen auch ich gehöre, gern gesehen hätten, es wären ihm einige Jährchen Gefängnis angehangen worden.[2714]

Kick blieb eine wichtige Informationsquelle für Fiedler, was die Prager und allgemein die österreichischen Verhältnisse sowie die dortige Situation der Deutschen („der Wacht an der Moldau"[2715]) anbelangte. Offensichtlich hegte

---

[2712] Kurz nach der Eröffnung (1873) der sogenannten kleinen Weltausstellung in Wien, die (auch) zeigen sollte, dass die k. und k. Monarchie trotz Niederlage im Deutschen Krieg weiterhin eine wichtige politische Rolle spielte.

[2713] Brief Winkler an Fiedler, Wien 28. Juni 1873 (Hs 87: 1551). Vgl. Knothe 2004, 41 – 43. Die U-Bahn in Wien ging erst 1978 offiziell in Betrieb, nach zahlreichen nicht realisierten Planungen. Winkler sollte also recht behalten.

[2714] Brief Winkler an Fiedler, Wien 29. März 1875 (Hs 87: 1552 [Knothe 2004, 44 – 47]. Es geht um Victor Leopold Ofenheim Ritter von Ponteuxin (1820 – 1886), von 1864 bis 1872 Generaldirektor der Lemberg-Czernowitz-Jassy-Eisenbahn. Die Ermittlungen gegen ihn endeten schließlich 1876 mit einem Freispruch. Bekannt geblieben ist der Einsturz einer Brücke dieser Bahn bei Czernowitz (1868).

[2715] Brief Kick an Fiedler, Prag 15. Juni 1880 (Hs 87: 497). Transkription von Mara Dieterle, zugänglich bei den *e-manuscripta*. Dieser Brief enthält einige recht negative Äußerungen von Kick über die „Čechen". Insbesondere wird die Sprachenfrage erwähnt; Er verlangte, „dass dem Deutschen bleibend jene Stellung eingeräumt wird, welche ihm zukommt, denn die anderen österreichischen Sprachen sind doch nur lokaler Art und Bedeutung"; manchmal wurde auch von „Denationalisierung"

Fiedler dafür auch nach seinem Weggang im Jahr 1867 noch lebhaftes Interesse. Wie bereits erwähnt[2716], war er in Prag der informelle Sprecher der deutschen Fraktion am Polytechnikum gewesen. Sein Weggang hinterließ eine merkliche Lücke:[2717]

> Ein Geist wie der Ihre war dem Institute Balsam und bei allem guten Willen, den Lieblein und ich besitzen – wir sind Ihnen eben nicht gleich, es fehlt der Hauptmann! Die deutsche Partei im Lehrkörper ist kläglich. – Wersin wird <u>alt</u>, Nickerl ist so krank, dass er um Supplirung für's ganze Jahr ersuchen musste, Durège war ziemlich unwohl und fehlte noch an jeder Sitzung, Winkler beging bereits wieder ein paar göttliche Dummheiten. So bleibt denn nur der ruhige, tüchtige Walterhofen, Balling, L. [Lieblein; K. V.] u. Schreiber dieses [Kick; K. V.]. Die Quart ist voll! – Küpper scheint noch am Rhein zu weilen und den Gesandtschaften etc. etc. als Nachfrage-Materiale zu dienen.
>
> Die Čechen aber sind vollzählig und verbergen die Wuth unter der Decke der Collegialität und Freundlichkeit. Krejčí ist ein Lamm geworden, wenigstens hat er den Schafspelz angezogen. Wie Sie hochverehrter Freund aus den beiliegenden Zeitungausschnitten ersehen, wurde vom Kořistka bei der Installation am 31. Oktober sogar Ihrer öffentlich gedacht, aber <u>weit</u> freundlicher als es die Politik wiedergab. Koř. betonte, dass Sie dem so <u>sehr</u> ehrenden Rufe entsprachen, ungeachtet man sich <u>alle</u> Mühe gab, Sie zu erhalten. Der anwesende Rieger senkte das Haupt!! – Die Čechen veranstalteten Abends zu Ehren Krejči's einen Festcommers, doch hielten sich die deutschen Studenten ferne und von den deutschen Professoren war nur Zepharovitsch (aus Versehen) und Šmid anwesend.

Kick sah nicht nur die Situation der Deutschen in Prag kritisch, er kritisierte auch die Entwicklung in Österreich-Ungarn[2718]:

> Über unsere österr. politischen Verhältnisse ist leider gar nichts Gutes zu melden. Wenn so ein alter Staat nicht aus fester Gewohnheit zusammenhielte, so müßte man für ihn Sorge tragen. Jedenfalls geht es seit 1879 mit der Stellung der Deutschen stetig abwärts und sorge ich fast, daß man's darauf abgesehen hat. Die öffentliche Moral und der Anstand sind im Niedergange und wäre Umkehr zum Besseren sehr dienend. Die

---

gesprochen. Ähnlich deutschfreundliche Ansichten wie Kick vertrat auch K. Pelz, der Fiedler ebenfalls über Österreich-Ungarn und speziell Prag auf dem Laufenden hielt; vgl. weiter unten.

[2716] Vgl. 1.2.

[2717] Brief von Kick an Fiedler, Prag 3. November 1867 (Hs 87: 489). Transkription von Mara Dieterle, zugänglich bei den *e-manuscripta*. Vgl. auch die Ausführungen in Knothe 2004, 57 - 62 zu den Verhältnissen in Prag sowie 1.2.

[2718] Eine ähnlich kritische Position – man denkt an das *Fin de siècle* - findet sich bei K. Pelz, vgl. 9.2.6.

> Elemente, welche in Wien an die Oberfläche gelangten, sind fast ausnahmslos sehr ordinäre, sowohl in Form als Gesinnung und Bildung; die besseren Elemente sehen meist passiv zu. - Gott bessere es![2719]

Kick war Mitbegründer, Obmann und später dann Ehrenmitglied des „Deutschen Polytechnischen Vereins in Böhmen" und der „Lese- und Redehalle deutscher Studenten in Prag", letztere wurde auch von Fiedler durch Buchspenden unterstützt.[2720] Schließlich engagierte Kick sich für die „Deutsche Volkszeitung", eine politische Wochenzeitschrift, die in Prag erschien. Von diesen Dingen ist oft die Rede im Briefwechsel mit Fiedler.

Eine Korrespondenz Fiedlers, in der weitere politische Ereignisse und Aspekte angesprochen werden, ist wie bereits erwähnt diejenige mit Rudolf Sturm. Sie beginnt relativ früh, nämlich mit einem Brief von Sturm aus Bromberg vom 20. August 1871.[2721] In diesem bezieht sich Sturm auf einen nicht erhaltenen Brief von Fiedler an ihn vom 25. Juli 1871, in dem Fieder offensichtlich Zustimmung zu Sturms kritischen Aufsätzen in der Zeitschrift für den mathematischen und naturwissenschaftlichen Unterricht[2722] geäußert hatte. Es ist nicht klar, wie der Kontakt zwischen Fiedler und Sturm zustande kam. Sturm war Schröter also indirekt Steiner-Schüler und ist dieser Tradition immer treu geblieben und zwar in rein synthetischer Ausrichtung. Zusammen mit L. Cremona erhielt er 1864 den ersten Steiner-Preis. Die Art und Weise, wie dieser Preis später ausgeschrieben wurde, erregte allerdings schon bald Sturms Unmut:

> Daß ich mit Ihren Ansichten über die Behandlung der reinen Geometrie, sei es von den preuß. Techn. Hochschulen, sei es von den Universitäten, die in ganz Deutschland nur zwei Geometer als ordentliche Professoren[2723] aufzuweisen haben, übereinstimme, sind Sie wohl von vorne herein überzeugt; besonders interessant ist nur hier, wie jetzt der Steinersche Preis zu Berlin behandelt wird; hätte man Lust zu Gezänk, so müsste man einhellig dagegen Lärm schlagen. Aufgaben, die dem jetzt von den Geometern bearbeiteten Gebiete ganz fern liegen und

---

[2719] Brief von Kick an Fiedler, Wien 9. Juni 1897 (Hs 87: 540). Transkription von Mara Dieterle, zugänglich bei den *e-manuscripta*.

[2720] Vgl. Hs 87: 720. Briefe der deutschen Lesehalle an Fiedler finden sich unter den Signaturen Hs 87: 252, 388 sowie 1673 – 1676. Die Lesehalle gab ab 1862/1863 Jahresberichte heraus, die digitalisiert eingesehen werden können beim Münchner Digitalisierungszentrum. Der Verein nannte u.a. die zweitgrößte Bibliothek der Stadt Prag sein eigen; das Verzeichnis der Bestände im Jahre 1861 findet sich unter https://books.google.de/books?id=kKkz7yp6a9AC&hl=de.

[2721] Hs 87: 1216.

[2722] Vermutlich geht es um Sturm 1870 und Sturm 1870a, eventuell auch um Sturm 1871. In diesen Aufsätzen kritisierte Sturm einerseits die inkorrekte Sprache vieler mathematischer Texte, andererseits die unzureichende Einführung unendlich ferner Punkte (vgl. Volkert 2010).

[2723] Leider sagt Sturm nicht explizit, wen er damit meint. Einer der beiden war sicherlich sein Lehrer H. Schröter in Breslau, der andere dürfte Sturms Freund Th. Reye in Aachen gewesen sein.

ungeschickt gestellt sind, dazu die (den Steinerschen Intentionen gewiß nicht entsprechende) Bedingung der parallelen analytischen Behandlung (beide wahrscheinlich aus guten Gründen), zu der natürlich, wie jetzt schon zum dritten Male, keine Bewerbungen einlaufen, Verleihung des Preises an irgend jemand, besonders gar Analytiker, die, mögen sie noch so hohe Verdienste [durchgestrichen:] haben, auf den Preis für synthetische Geometrie jedenfalls keinen Anspruch haben.[2724]

„Analytiker" klingt fast wie eine abwertende Bezeichnung bei Sturm, der wohl recht einseitig für die synthetische Richtung votierte. Damit befand er sich auf der Verliererstraße. Sturms Biograph Walter Ludwig schreibt:

Sturm erkannte sehr wohl die Ermüdung der höheren synthetische Geometrie und wandte bewußt, wie er selbst gelegentlich äußerte, sein Interesse der Elementargeometrie zu, der er eine größere Anzahl kleinerer Abhandlungen widmete; [...][2725]

Der Steiner-Preis, den Fiedler selbst 1884 für seine Zyklographie erhalten sollte, kam später noch einmal prominent in einem Brief[2726] von Fr. Schur an Fiedler aus dem Jahr 1895 vor. Dieser Preis war nämlich 1895 gemeinsam an S. Gundelfinger und Fr. Schottky vergeben worden. Während ersterer nach Meinung Schurs „wenigstens" Geometer war, meinte er geradezu empört: „[...] aber Schottky, das ist doch einfach stiftungswidrig. Da müßte doch eigentlich Geiser als Mitglied der Familie Protest erheben. Auf jeden Fall sollten die Berliner erfahren, wie man in geometrischen Kreisen von dieser Sache denkt."[2727] Schottky war einer der Analytiker, vor dem Sturm schon gewarnt hatte.

1871 war Sturm noch Lehrer am Gymnasium in Bromberg (heute Bydgoszcz [Polen]). Allerdings taucht schon im bereits genannten ersten Brief die Möglichkeit auf, dass Sturm an das Polytechnikum Darmstadt wechseln könnte und dort darstellende Geometrie zu unterrichten hätte, weshalb er Fiedler um Ratschläge hierzu bat. Dieser Wechsel fand 1872 tatsächlich statt, 1874 veröffentlichte Sturm ein einführendes Lehrbuch der darstellenden Geometrie. 1878 erhielt er eine

---

[2724] Sturm an Fiedler, Darmstadt 21. Januar 1871 (Hs 87: 1224). Sturms Briefe enthalten auffallend viele Schreibfehler. Die Steiner-Preise gingen an: Cremona und Sturm (1866), Kortum und Stephen Smith (1868), Schläfli (1870), Hesse (1872), Cremona (1874), Schröter (1876), Reye (1878), Lindelöf (1880) sowie Halphen und Noether (1882), Fiedler (1884), Kötter (1886), Gundelfinger und Schottky (1895), Geiser, Hilbert und Lindemann (1900), Hauck (1905), Darboux (1910) und Togliatti (1922).
[2725] Ludwig 1926, 50.
[2726] Aachen, 9. Dezember 1895 (Hs 87:1176).
[2727] Geiser bekam den Preis dann 1900 zusammen mit D. Hilbert und F. Lindemann.

Professur an der Akademie[2728] in Münster und landete damit in einem Zentrum des Katholizismus.

> Wir sind jetzt in Preußen alle empört über die völlig unverständliche Kirchen-Politik unseres Ministeriums. Was meinen Sie dazu? Ob ein paar tapfere Menschen ohne Sterbe-Sakramente sterben, ist doch ganz gleichgültig im Vergleich zu dem ungeheuren Schaden, den das Erste [?] leidet; und kommt es denn auf den einzelnen Menschen an? Aber selbst regiert Egoismus wieder im eminentem Maaße die Welt; der vorjährige Zollschacher war auch schon von der Gattung.[2729]

Am 13. Mai 1878 berichtete Sturm aus Münster, dass er dort nette Kollegen gefunden habe. Weiter heißt es:

> Daß wir uns in einer katholischen Stadt befinden, merkt man ja wohl, besonders am vielen Läuten der Glocken, aber in unangenehme Berührung mit dem Ultramontanismus[2730] bin ich noch nicht gekommen, obgleich man gewiß nicht damit einverstanden ist, daß ein Protestant der Nachfolger des ziemlich ultramontanen Heis geworden ist.[2731]

Große Ereignisse brachte in Deutschland das Drei-Kaiser-Jahr 1888. Der neue Kaiser Wilhelm II kam zur Sprache im Zusammenhang mit Sturms Hoffnung auf eine Aufwertung der realistischen Bildung:

> Der Wunsch, daß an den Universitäten die Geometrie mehr constructiv betrieben werde, wird wohl erst dann in Erfüllung gehen, wenn der Schul-Unterricht reformiert und die Mathematik zu größerer Bedeutung auf den Schulen gelangt sein wird. Ich hoffe, daß das nicht mehr lang dauern wird. Der Wunsch wird immer allgemeiner, meine Ueberzeugung ist, daß das Haupthindernis darin besteht, daß durch die Reform die jetzigen herrschenden Stände ihre Herrschaft zu verlieren fürchten. Eine gewisse Hoffnung darf man, glaube ich, auf unseren jetzigen Kaiser Wilhelm II setzen, der wohl seine Erfahrungen auf dem Kasseler Gymnasium[2732] gemacht haben wird. Indem ich den Kaiser erwähne, führen mich meine Gedanken zurück in die gewaltigen Ereignisse, die wir in der ersten Hälfte dieses Jahres erlebt haben. Der große Schmerz über den Verlust des

---

[2728] Münster war zu diesem Zeitpunkt noch keine Universität. Akademie bedeutete, dass nur im Bereich der (katholischen) Theologie dort weiterführende Studien möglich waren. Ein vergleichbarer Fall war Braunsberg, wo K. Weierstrass und W. Killing als Mathematiklehrer gewirkt haben.

[2729] Sturm an Fiedler, Münster 4. Juni 1880 (Hs 87: 1432).

[2730] Romtreuer politischer Katholizismus vor allem in Deutschland, auch auf dem Hintergrund des Kulturkampfes 1871 – 1878 zu sehen.

[2731] Brief von Sturm an Fiedler, Münster 13. Mai 1878 (Hs 87: 1228).

[2732] Prinz Friedrich Wilhelm Viktor Albert von Preußen, später Kaiser Wilhelm II, besuchte von 1874 bis zum Abitur 1877 das Friedrichsgymnasium in Kassel.

Kaisers Friedrich werden Sie in gleicher Weise mit uns im Reiche Lebenden empfunden haben.[2733]

Zu Beginn des Jahres 1892 scheinen die Politik und die Konfessionsfrage[2734] nochmals auf:

Auf Ihre politischen Ausführungen will ich nicht eingehen, man wird leicht bitter. Leider hängen recht schwarze Wolken über unserem Land und seiner Zukunft. Ich fürchte, das Volksschulgesetz wird der Hauptsache nach so angenommen, wie es der Minister vorgelegt hat. Wer hätte in der schönen Zeit der 70er Jahre daran gedacht, daß einst in unserem Lande, von dessen Einwohnern die Mehrzahl Protestanten sind einschließlich des Königs, die ultramontane Partei die maßgebliche sein wird![2735]

Ein wichtiges fachpolitisches Ereignis wird in diesem Brief von Sturm ebenfalls angesprochen: der Tod von H. Schröter.

In der That, die Jahreswende 1891/92 war schwer für die deutsche Mathematik. Mich hat der Tod von Schröter, mit dem ich vielfach gerechnet hatte, er war vor allem mein Lehrer, ganz besonders schwer betroffen. Er hat lange und schwer gelitten.[2736]

Neben persönlicher Betroffenheit hatte dieses Ereignis in den Augen Sturms eine wichtige fachpolitische Dimension:

Natürlich bin ich sehr gespannt, wie seine Stelle wieder besetzt werden wird. Als Synthetiker wünsche ich vor allem, daß diese Professur unserer Richtung erhalten bleibe; ich meinerseits würde nicht ungern einem Rufe nach Breslau Folge leisten, denn erstens ist es meine Heimathstadt, in der Mutter und Schwester leben, und dann sehnt sich schließlich ein Protestant aus den Verhältnissen Münsters weg; natürlich lockt auch die vollständige Universität.[2737]

[2733] Brief Sturm an Fiedler, Münster 7. Oktober 1888 (Hs 87: 1244). Sturm spielt auf die Abneigung Wilhelm II gegen das humanistische Gymnasium an, die mit dessen Erfahrungen in Kassel begründet werden. Zudem war dieser Kaiser sehr technikaffin.

[2734] Auch im Briefwechsel mit Winkler kommt diese zur Sprache. In seinem ersten Brief an Fiedler, Dresden 7. März 1865 (Hs 87: 1542) [Knothe 2004, 21 – 22], geht es um Winklers Absicht, sich in Prag zu bewerben. Er fragt, ob seine Konfession, er war Protestant, dabei von Nachteil sein könnte, wie auch die Tatsache, dass er Ausländer sei.

[2735] Brief Sturm an Fiedler, Münster 18. Februar 1892 (Hs 87: 1245). Sturm spielt hier auf das streng christlich-konservative Volksschulgesetz an, das Robert von Zedlitz-Trützler in seiner Eigenschaft als preußischer Kultusminister 1891 vorlegte. Leider ist Fiedlers vorangehender Brief nicht erhalten, wir wissen also nicht, auf welche Ansichten Sturm sich bezieht.

[2736] Brief Sturm an Fiedler, Münster 18. Februar 1892 (Hs 87: 1245).

[2737] Brief Sturm an Fiedler, Münster 18. Februar 1892 (Hs 87: 1245). Im Jahr 1892 war eine Art Schicksalsjahr für die Mathematik in Deutschland, weil mehrere wichtige Stellenbesetzungen erfolgten. Vgl. unten.

Sturms Wunsch wurde bekanntlich erhört, auch seine im zitierten Brief geäußerte Befürchtung, die Stelle könne wegen geringer Studentenzahlen gestrichen werden, bewahrheitete sich nicht. „Bonn und Königsberg haben nur eine [ordentliche Professur für Mathematik; K. V.] und das sind schlechte Beispiele." Schließlich erwähnte Sturm noch eine weitere fachpolitisch wichtige Frage, nämlich die Nachfolge Kroneckers in Berlin, der Ende 1891 überraschend gestorben war. „Neugierig bin ich natürlich auch, wer Kroneckers Nachfolger werden wird."[2738]

Inhaltlich gesehen betonte Sturm immer wieder seine Übereinstimmung mit Fiedler und dessen Ideen. Auffallend ist die von ihm häufig gebrauchte Bezeichnung „Synthetiker", der „konstruktiv" verfährt. Diesen Typus sieht er im Gegensatz zu den „Analytikern" im Berliner Sinne. Es geht also nicht um die analytische Geometrie, diese bildete das Rückgrat der Werke von Salmon-Fiedler, die Sturm mit viel Lob versieht.

Im Briefwechsel Sturm – Fiedler, der mit 32 erhaltenen Briefen und Karten einer der umfänglichsten unter Fiedlers Briefwechseln ist, werden auch viele fachliche Fragen angesprochen, z. B. Fehler in Büchern von Salmon-Fiedler, etwa in den Kegelschnitten.[2739] Auch Informationen über die Familien und die Gesundheit werden ausgetauscht. Ein interessanter Aspekt ist Sturms Reise nach England (1882) auf Einladung seines Freundes Thomas Archer Hirst, bei der er viele englische Mathematiker, darunter auch Arthur Cayley („Wunderbar aber ist z. B. ein Mann wie Cayley mit der frischen Kraft, [...] gleich in alles Neue hineinzudringen.") und William Spottiswoode, kennenlernte – allerdings nicht Salmon.[2740] Obwohl „oft verschriehen" fiel Sturms Urteil über die englischen Mathematiker durchweg positiv aus. Solche Reisen waren seinerzeit selten, insbesondere sind keine von Fiedler bekannt.

Die Pflege der in der Mathematik verwendeten Sprache war, wie bereits erwähnt, Sturm ein wichtiges Anliegen. Darauf kommt er auch im Briefwechsel mit Fiedler zu sprechen. Besonders deutlich hat Sturm sein Anliegen im Vorwort zu seinem bereits erwähnten Lehrbuch der darstellenden Geometrie formuliert:[2741]

[2738] Brief Sturm an Fiedler, Münster 18. Februar 1892 (Hs 87: 1245). Nachfolger Kroneckers wurde G. Frobenius, Nachfolger von Weierstrass, der 1892 nach Kroneckers Tod vom Lehramt zurücktrat, wurde H. A. Schwarz. Zudem ging 1892 A. Hurwitz ans Polytechnikum in Zürich als Nachfolger von Frobenius, wodurch wiederum Hilbert Hurwitz' bezahltes Extraordinariat in Königsberg erhielt. Schließlich bekam Minkowski ein bezahltes Extraordinariat in Bonn. Nachfolger von Schwarz in Göttingen wurde Heinrich Weber aus Marburg. Dessen Stelle wiederum erhielt Fr. Schottky, Sturm trat die Nachfolge von H. Schröter an. Das Jahr 1892 erwies sich somit als ein Schlüsseljahr in der Entwicklung der Mathematik im deutschsprachigen Raum.

[2739] Vierte Auflage, vgl. Sturm an Fiedler 23. März 1879 (Hs 87: 1230).

[2740] Brief Sturm an Fiedler, Münster 21. Mai 1882 (Hs 87: 1235).

[2741] Sturm 1874, V. Zur Pflege einer korrekten Sprache vgl. auch Sturm 1870. Ein besonderer Dorn im Auge war ihm, da inkorrekt, die Bezeichung „projektivisch".

Ich habe mich ferner bemüht, stets so correct wie möglich zu sprechen, aus dem Wunsche, dass dieses Buch mehr noch als der mündliche Vortrag oder gar die doch meistens flüchtige Nachschrift des Studirenden demselben ein Muster für richtige mathematische Ausdrucksweise sein möchte; denn gerade hierin habe ich wenige genügende Leistungen kennen gelernt: die Fähigkeit, für den Inhalt die richtigen genau ihn deckenden Worte zu finden, habe ich oft vermisst, und die stilistischen Regeln zu befolgen, halten viele in schriftlichen mathematischen Arbeiten nicht für nothwendig.

Auch an dieser Stelle lobt Sturm Fiedlers „ausgezeichnetes" Buch, „aus welchem der unterzeichnete Verfasser selbst reiche Anregung empfangen hat." Insgesamt kann man Sturm als einen der Briefpartner Fiedlers charakterisieren, mit dem die weitgehendste Übereinstimmung herrschte.[2742]

Unter allen Briefpartnern Fiedlers nimmt hinsichtlich der Politik Siegmund Günther eine Sonderstellung ein. Er war nämlich das, was man heute einen politischen Profi nennen würde: Günther gehörte von 1878 bis 1884 dem deutschen Reichstag an, 1878 als Abgeordneter der als linksliberal eingestuften Deutsche Fortschrittspartei (sein Wahlkreis war Mittelfranken mit seinem Geburtsort Nürnberg), 1881 dann im Wahlkreis Berlin 5 Spandau. In späteren Jahren war Günther Münchner Abgeordneter im Bayrischen Landtag.

Von Günther sind 26 Briefe und Karten an Fiedler erhalten, sie decken den Zeitraum von 1876 bis 1908 ab, wobei allerdings die große Mehrzahl der Dokumente aus den Jahren 1878 bis 1882 stammt. Günther sah in Fiedler, der sechszehn Jahre älter war als er, einen einflussreichen Akteur, den er mehrfach um Unterstützung bat. Der erste erhaltene Brief Günthers datiert auf den 28. Juni 1876 und kam aus Ansbach[2743], wo Günther seit kurzem an einem „kleinen Gymnasium" tätig war. Günther bedankt sich darin für die Übersendung von Aufsätzen Fiedlers, darunter dessen Abhandlung zur Symmetrie[2744]. In der Symmetrie läge, so Günther, „ganz entschieden ein hochwichtiges didaktisches Moment", das bislang im Unterricht vernachlässigt worden sei. Im Weiteren ging es in dem Brief um eine Besprechung der „Geschichte der mathematischen Wissenschaften" von Heinrich Suter[2745]. Günther vermutete (fälschlicherweise)

[2742] Interessant in dieser Hinsicht ist die bereits zitierte Vorrede zu Sturms „Elemente der darstellenden Geometrie" (1874) mit ihren bildungspolitischen Aussagen, insbesondere zur Bifurkation des höheren Bildungswesens. Gemeint ist damit die Aufteilung in einen humanistischen und einen realistischen Zweig. Wie auch bei Fiedler tritt bei Sturm der „wissenschaftlich gebildete Techniker" auf.
[2743] Hs 87:314.
[2744] Fiedler 1876.
[2745] Zwei Bände (Zürich: Orell Füssli, 1872 bzw. 1875), der erste Band präsentierte Suters Dissertation und erschien 1873 in zweiter Auflage. Suter war Mathematik- und Physiklehrer in Aarau und Schaffhausen, später dann an der Zürcher Kantonsschule. Wichtigstes Arbeitsgebiet war die Geschichte der islamischen Mathematik.

als Verfasser seinen „Freund" und Fiedlers Assistenten A. Weiler; die beiden kannten sich wohl aus gemeinsamer Studienzeit in Erlangen.

Erste deutliche Hinweise auf Günthers politische Tätgikeit enthält sein Brief aus Berlin vom 28. März 1879[2746]:

> Sie werden es wohl kaum glaublich finden, daß meine ganz zufällige Berliner Rede zu Gunsten der Realschulabiturienten von Seiten einer mir feindlich gesinnten Presse in der gehäßigsten Weise verziert und zu den fabelhaftesten Angriffen gegen mich verwerthet worden ist. Ja, was noch undenkbarer ist, die k. bayer. Staatsregierung hat mich als Volksvertreter zur Rechenschaft wegen der Schmähungen gezogen, welche ich gegen die Bayrischen humanistischen Lehranstalten geschleudert haben soll!

Günther lebte im Wechsel in Berlin, wo er sich während der Sitzungsperioden des Reichstages aufhielt, und in Ansbach, wo er Gymnasiallehrer am humanistischen Gymnasium war. Die Rückständigkeit und starke Reglementierung des Bayrischen Schulwesens wurde von Günther mehrmals kritisch thematisiert. Besonders deutlich tat er dies am 2. Februar 1881, Hintergrund war eine gescheiterte Bewerbung um eine Stelle an der Industrieschule in Nürnberg:

> Was meine bayrischen Aussichten anlangt, so muß ich leider davon festhalten, daß es mit diesen sehr schlecht aussieht. Einmal aus dem, wie ich constatiren muß, wohl berechtigten Grunde, daß man einen Volksvertreter nicht liebt, der Monate hindurch sein Amt bei Seite lassen muß, dann aber auch, weil ich mich leider in München etwas mißliebig gemacht habe. So wenig ich mit den neuesten Phasen unserer Reichspolitik zu sympathisiren vermag, so habe ich doch andererseits aus meinen auf möglichst engen Zusammenschluß der deutschen Stämme unter Preußens Führung abzielenden Tendenzen nie ein Hehl gemacht, und ich habe nur allzu sprechende Beweise dafür in Händen, daß man mir dieß in Nürnnberg [durchgestrichen; K. V.] München sehr übel vermerkt hat.[2747]

Preußenfreundlichkeit war wohl schlecht angesehen in München. Günther stammte aus Nürnberg, war somit (Mittel-)franke. Dort aber auch in Ansbach war die Erinnerung an die zwangsweise Angliederung an Bayern nach dem Wiener Kongress sicherlich noch recht lebendig. Günther berichtet im fraglichen Brief weiter, er sei als Kandidat für den Reichstag aufgestellt worden, „um den Socialdemokraten das bereits sicher geglaubte Reichstagsmandat wieder aus den Zähnen [zu] reißen." Am 11. November 1881 musste er allerdings vermelden,

---

[2746] Hs 87: 324.
[2747] Hs 87. 330.

dass er gegen „einen von den Konservativen unterstützten Socialdemokraten durchgefallen" sei.[2748]

Die bayrischen Verhältnisse thematisierte Günther auch in einem Brief vom 3. Juni 1882.[2749] Darin bedankte er sich für die Übersendung der Dissertation von J. Keller und des Schulprogramms von A. Weilenmann, um fortzufahren:

> Das Programm des letztgenannten Herren kann gewiß eine sehr wohlthätige Anregung zur Reform des geometrischen Lehrens und Lernens geben, freilich nur in solchen Ländern, wo der Lehrplan nicht bis ins Detail von oben herab vorgeschrieben wird. Bei uns in Bayern ist Letzteres der Fall, und Sie werden deshalb wohl auch noch nie von Refornbestrebungen gehört haben, welche aus meinem eigenen Vaterlande ausgegangen wären.

Besonders interessant hinsichtlich Günthers Situation und seinen Erwartungen an Fiedler ist ein Brief vom 18. Januar 1881 – nicht zuletzt wegen Fiedlers Notizen auf ihm.

> Hochgeehrter Herr Professor
>
> Ich bin nicht ohne Verlegenheit, wie ich den Eingang zu diesem Briefe formuliren soll, dessen Inhalt Ihnen im günstigsten Falle ein wenig sonderbar vorkommen wird. Es ermuthigt mich lediglich der Umstand, daß mir und meinen Bestrebungen Ihrerseits von je her das größte Wohlwollen bewiesen worden ist, ohne daß ich mich rühmen könnte, dasselbe verdient zu haben. Hieraus also abstrahire ich mir die Berechtigung, Sie in einer allerdings rein persönlichen Angelegenheit um Ihren freundlichen Rath anzugehen. Es besteht bei mir seit lange die Absicht, die Stellung, welche ich am hiesigenGymnasium bekleide, mit einer anderen zu vertauschen. Die Abneigung gegen dieselbe kann als sehr ungerechtfertigt betrachtet werden, da ich mich weder über meine Collegen noch über das Schüler-Material irgendwie zu beklagen Ursache habe. Gleichwohl ist die Thätigkeit des mathematischen Gymnasiallehrers, der da immer ein wenig als das nothwendige Übel erscheint und, durch strenge Satzungen eingeschränkt, gerade da abbrechen muß, wo die Sache interessant zu werden beginnt, nie eine so recht zufrieden stellende, und das um so mehr in einem Städtchen ohne Bibliothek und ohne die leiseste persönliche Anregung. Ich hatte allerdings nicht ungegründete Aussicht, in meinem engeren Vaterlande

---

[2748] Hs 87: 333. Dies hat sich allerdings als falsch erwiesen, Günther wurde schließlich gewählt. Alle Berliner Wahlkreise gingen an die Fortschrittspartei, u.a. war R. Virschow im Berliner Wahlkreis 2 für diese Partei gewählt worden.
[2749] Hs 87: 334.

eine meinen Wünschen besser zusagende Verwendung zu finden, allein seit ich mich in den Reichstag wählen liess, was allerdings in meinem Falle sehr unklug war, sind alle diese Hoffnungen völlig illusorisch geworden. Auch von der Politik wieder loszukommen, in deren Betrieb ich je länger je weniger Befriedigung finden kann, wäre mein sehnlicher Wunsch, allein wie schwer dieß angesichts des herrschenden Candidatenmangels ist, ohne viele lieb gewordene Beziehungen zu verletzen, ist für den Fernstehenden kaum glaublich. Aus diesen sich complicirenden Gründen hat sich bei mir mehr und mehr die Idee befestigt, außerhalb des deutschen Reiches meine Lebenslaufbahn von Neuem zu beginnen. In erster Linie steht dabei natürlich die Absicht, in irgend einer Weise auch dem akademischen Berufe mich wieder zuzuwenden. Daß ich demselben dereinst entsagte, kann vorschnell gehandelt erscheinen, war das aber wohl kaum nach den gemachten Erfahrungen. Bei den langwierigen Verhandlungen, in welchen ich während meines Hierseins mit den Universitäten Graz, Rostock und mit dem Polytechnikum Darmstadt stand und die sämmtlich dem Abschluße anscheinend ganz nahe standen, hat sich eine Gegenwirkung fühlbar gemacht, welche sich als die stärkere bewies, und in Bayern gewiß erst recht sich offenbaren konnte. Ich habe so die feste Überzeugung gewonnen, daß ich von hier aus keine Aussicht habe, fortzukommen und mit dieser Thatsache mich auszusöhnen will mir nicht gelingen. Dazu weiß ich, daß die Berufung eines Mittelschullehrers an eine Hochschule gewöhnlich nur bei außerordentlichen Leistungen erfolgt, wie aus dem Ihnen persönlich wohlbekannten Falle am Klarsten erhellen dürfte, wogegen im eigentlichen Universitätsleben wohl keine gleich hohen Anforderungen gestellt zu werden pflegen. Den Ehrgeiz, nach besonders hohen Dingen zu streben. besitze ich nicht, wie ich ihn aus naheliegenden Gründen auch nicht besitzen kann, und, wenn es nicht anders wäre, würde es mir gar nicht schrecklich erscheinen, als außerordentlicher Professor, also auf einem nach Rang wie Gehalt von meinem gegegenwärtigen durchaus nicht verschiedenen Posten, abzusterben. Nur die Thätigkeit des akademischen Lehrers, in welcher ich, mancher widerwärtiger Umstände ungeachtet, mich am Glücklichsten fühlte, möchte ich um jeden Preis wieder zu gewinnen suchen. Als ich unlängst die Biographie Graßmanns las, fühlte ich mich in meinem Versuche nur noch mehr bestärkt. Gerade um deswillen, weil mir in scientifischer Hinsicht nicht zusteht, mich mit ihm zu vergleichen. Denn wenn selbst ein solcher Mann an dem Umstande scheiterte, daß er bei seinen zahlreichen Bemühungen um eine akademische Lehrstellung, nicht umhin gekonnt hatte, sich der Schwelle des Greißenalters zu nähern, in wie viel höherem

Grade muß dieß erst für andere Leute gelten. Was mit 33 Jahren vielleicht noch möglich ist, nähert sich mit jedem weiteren Jahre der Unwahrscheinlichkeit, wo nicht der positiven Unmöglichkeit. Ich habe aus diesen Gründen daran gedacht, mich in einem größeren Centrum, wo es Studirende giebt, die auch andere als nur die nothwendigsten Pflichtcollegien hören, von Neuem zu habilitiren. Zürich, welches zwei treffliche Hochschulen besitzt, würde mich am meisten anziehen. Meinen gegenwärtig eingehabten Stand gebe ich mit Freuden auf, wenn mir die Möglichkeit winkt, mich in eine mir sympathischere Atmosphäre versetzt zu sehen. Allein nun erhebt sich noch eine freilich nicht unbeträchtliche Schwierigkeit. Obwohl ich von Hause aus gewährter Hülfsmittel nicht gänzlich entbehre, ohne die ich ja die äußerst kostspieligen, diätenlosen Reichstagssessionen nicht aushalten könnte, so würde es mir gleichwohl schwer, wo nicht unmöglich fallen, ohne jede Sustentation mit meiner kleinen Familie leben zu können. Andererseits weiß ich, daß gerade in der Schweiz gar nicht selten ein Lehrerwechsel an den Mittelschulen stattfindet, und daß man für diese Anstalten nicht ungerne Lehrkräfte aus Deutschland beigezogen hat und noch beizieht. Vielleicht wäre es auch mir möglich, freilich nicht sofort, aber doch nach Verlauf einer absehbaren Zeit, irgend eine derartige nicht gar zu schlechte Stelle zu erlangen und von dieser als Basis aus an die Realisirung meines eigentlichen, weitergehenden Planes heranzutreten.

Nachdem ich mir so die Freiheit genommen, Ihnen in großen Umrissen meine Sentenzen zu schildern, erlaube mir weiterhin, die unteren Fragen an Sie zu richten, um deren gelegentliche gefällige Beantwortung ich ersuchen möchte. Es wäre mir von hohem Werthe zu erfahren, ob ich beim Wiedereintritt in die Stellung eines Docenten mit der Zeit und bei fortgesetzter energischer Arbeit Ihrer Ansicht nach hoffen dürfte, dareinst mein Ziel zu erreichen. Ihre freundliche Fürsprache zu meinen Gunsten bei der Darmstädter Angelegenheit berechtigt mich wohl, dieß zu hoffen. Zum zweiten wünsche ich mir Auskunft darüber zu erbitten, ob einer Habilitation ohne besondere Förmlichkeiten mit Rücksicht auf zwei frühere Habilitationen sich wohl Schwierigkeiten entgegen stellen würden. Ich würde in letzter Instanz freilich auch vor jenen Förmlichkeiten nicht zurückschrecken. An dritter und wichtigster Stelle endlich würde es sich darum handeln, betreff einer eventuellen Anstellung im Mittelschuldienste des Kantons Zürich Ihre Meinung zu hören und mich Ihrer Fürsprache zu versichern. Ich weiß wohl, daß derartige Personalfragen in der freien Schweiz nicht minder ein Gegenstand bürokratischer Erwägungen zu sein pflegen, als bei uns, allein ich kann mich auf der anderen Seite doch auch nicht des Glaubens entschlagen, daß das Wort eines der ersten Lehrer der Technischen Hochschule, ohne Einfluß sein sollte. Ich hoffe, daß Sie den Freimuth, mit welchem ich die mich seit langer Zeit bewegenden Gedanken Ihnen darlegte, nicht ungünstig aufnehmen werden. Vertrauensvoll ersuche ich blos um eine Äußerung Ihrer Ansichten und zeichne, indem ich die Sache vorläufigenfalls nicht besprochen zu behandeln bitte, in gewohnter Hochachtung als Ihr stets ergebener

S. Günther

Auf Günthers Brief notierte Fiedler einige Stichworte für seine Antwort:

Text: Antwort 29/I. Wunsch begreiflich. Mein Fall in Dutzend Jahre u. keine Priv. Mittel, vielmehr Pflichten. Die Politik – also nicht nach N. D. geführt – Rückzug wohlgethan – ich sie eifrig privatim auf Grund hist. Studien (Reichsgr. In Sachsen 1854 f.) und mied ich öffentlich um Lehrer und Gelehrter zu bleiben. Alle Beisp. Des Gegentheils überzeugen mich nicht.

Ein Prof. am Gym. einer Univ.stadt, z. B. Z. Ich habe keinen Einfluß, unsere Verh. sind nicht glänzend. Schlechte Zeiten u. Isolir. Mit der Unterr. Controle. Habilit. Ohne Stelle sonst rathe ich ab).

Dieser Brief ist in mehreren Hinsichten bemerkenswert. Zum einen erstaunt die Offenheit, mit der Günther seine Situation schildert und sein Anliegen vorbringt. Fiedler hatte ihn tatsächlich in Darmstadt unterstützt, wie weiter unten im Zusammenhang mit L. Henneberg erläutert werden wird.[2750] Was Günther wohl nicht klar war, war, dass dies eine Ausnahme war. Heißt: Fiedler hatte ansonsten kaum Einfluss auf Stellenbesetzungen, wie er ja auch selbst notiert. Allerdings war Fiedler in Sachen Nachfolge Weber vor Günthers Anfrage tatsächlich einmal aktiv gewesen, eine eher seltene Ausnahme. Er wandte sich nämlich an Heinrich

---

[2750] Vgl. 9.2.3. Schon am 27. April 1878 bedankte sich Günther bei Fiedler, bei dem er sich nach seinen Aussichten erkundigt hatte, in Zürich Nachfolger von H. Weber werden zu können (Hs 87: 323). In einem Brief vom 12. September 1881 (Hs 87: 332) tauchte das Thema Nachfolge Weber nochmals auf, da Günther deren Ausschreibung gelesen hatte: „[...] so ersuche ich Sie jedenfalls um Ihr gewichtiges Fürwort." Die Stelle wurde bekanntlich im nachfolgenden Jahr mit Fr. Schottky besetzt.

Schröter, um sich nach dessen Kollegen, den Breslauer, später Hallenser, Physiker Friedrich Ernst Dorn, zu erkundigen. Es ging darum, Informationen über dessen Eignung für die Webersche Professur am Züricher Polytechnikum zu erhalten. Schröters Antwort fiel negativ aus[2751]:

> Wenn ich die Reihe unserer jüngeren Mathematiker übersehe, z. B. die der Clebschschen Schule oder die in der Riemannschen Richtung arbeiten, so kann ich nimmer in diese Kategorie Herrn Dorn stellen, den ich vielmehr als mathematischen Physiker bezeichnen möchte

Sein politisches Engagement stellte Günther eher als ein Muss dann als Neigung dar, was in Anbetracht seiner langen Zeiten als Abgeordneter doch etwas erstaunt. Ein Ruf ins Ausland hätte ihm eine elegante Möglichkeit geboten, trotz Kandidatenmangels nicht mehr anzutreten. In einem Brief vom 11. November 1881 erläuterte Günther nochmals die politische Lage:

> Unsere Reichspolitik macht es sich ja immer mehr zur Aufgabe, den Satz, daß positive und negative Unendlichkeit thatsächlich zusammenfallen, auch dem Ungläubigen ad oculos zu demonstriren. Ganz heraus aus der Politik bin ich damit freilich noch nicht, da meine Partei vor hat, mich in Nord-Deutschland aufzustellen. Ich weis freilich noch nicht, ob ich darauf eingehen soll, denn ich fühle doch, daß die Politik mein eigentliches Feld nicht ist und sein kann. Nur das Gute hatte sie für mich, mir während des Berliner Aufenthaltes auch eine gewiße Anregung in wissenschaftlicher Hinsicht zu geben, deren ich hier am Orte schmerzlich entbehre.[2752]

Günther besuchte in Berlin als alter Herr den Mathematischen Verein. Als Ernst Fiedler nach Berlin ging, hoffte er, diesen dort anzutreffen. Günther war auch mindestens zweimal in Zürich, wie aus seinen Briefen hervorgeht.

Im umfangreichen Briefwechsel kommen natürlich auch noch andere Themen zur Sprache, z. B. Fiedlers Zyklographie, Günthers Bücher über Determinanten und Hyperbelfunktionen sowie Publikationen zur Mathematikgeschichte von C. I. Gebhardt und H. Suter. Auch die Parallelentheorie, zu der Günther selbst ein Schulprogramm[2753] beigesteuert hatte, kam zur Sprache. Haucks Ausführungen

---

[2751] Brief aus Breslau vom 26. Mai 1876 (Hs 87: 1148). Denkbar ist, dass Fiedler gebeten wurde, sich in Breslau zu erkundigen, weil er mit Schröter korrespondierte und anderweitig keine Kontakte dorthin bestanden. Wie der Name Dorns ins Spiel kam, ist mir unbekannt.

[2752] Hs 87: 333.

[2753] Der Thibaut'sche Beweis für das 11. Axiom, historisch und critisch erläutert. Programm zur Schlußfeier des Jahres 1876/77 der Kgl. Studienanstalt Ansbach für das Schuljahr (Ansbach: Brägel und Sohn, 1877). Günther verteidigte seine Fachgenossen, die in der Zeitschrift für den mathematischen und naturwissenschaftlichen Unterricht eine Diskussion über die Frage „Gibt es unendlich ferne Punkte?" geführt hatten, mit dem Hinweis, die „Schulmänner" hätten „in guter Absicht" gehandelt (vgl. Brief vom 5. Juli 1878 aus Amberg [Hs 87: 315]). Fiedler hingegen nannte diese Diskusion im Vorwort zur zweiten Auflage seiner Darstellenden Geometrie lamentabel.

zur Perspektive wurden zwischen Günther und Fiedler diskutiert. Günther war aber, wie er auch selbst eingestand, kein Geometer. Seine Stellennöte wurden erst 1886 beseitigt, als er an der Technischen Hochschule München als Nachfolger von Friedrich Ratzel einen Lehrstuhl für Geographie erhielt. Fiedler sah in Günther vor allem den erfahrenen Lehrer, dem er des öfteren Fragen zum Unterricht stellte. Die politische Seite Günthers hingegen blieb trotz aufsehensergender Vorgänge (Stichwort: Sozialistengesetze) außen vor.

Einen weiteren politischen Profi gab es allerdings doch noch unter Fiedlers Briefpartnern, allerdings keinen, der in deutschen Landen aktiv war. Gemeint ist Franz Tilscher, der erstmals 1869 in den böhmischen Landtag gewählt wurde, welcher ihn wiederum 1873 – 85 und 1891 - 1895 in den Reichsrath entsandte.[2754] Er war zudem 1890 bis 1895 Vorsitzender der Jungböhmischen Partei, danach zog er sich aus der Politik zurück.

Ein ungewöhnliches politisches Ereignis kam schließlich im Briefwechsel Fiedlers mit Schlömilch zur Sprache, nämlich der Attentatsversuch, den Oskar Wilhelm Becker am 14. Juli 1861 in Baden-Baden auf den preußischen König Wilhelm I unternahm[2755]:

> Kaum zur Ruhe gekommen bringt mich das Beckersche Attentat in einen neuen Trudel. O. Becker war näml. während seines Besuches der hies. Kreuzschule bei mir 1½ Jahr in Pension. Darum werde ich seit Montag von seinen Verwandten, von Polizisten u. Journalisten um Auskunft über ihn bestürmt. Diese lautet sehr einfach, bei mir war er halb verrückt u. jetzt ist er es ganz, ein moderner Herostrat aber jeder will es aus meinem Munde selber hören, es womöglich schwarz auf weiß von mir haben.

Medienrummel gab es anscheinend auch schon 1861. Schlömilch, obwohl politiknah, er wurde ja Rat im Ministerium, erwähnt ansonsten keine politischen Themen in seinen Briefen an Fiedler.

9.2.2 Fachliches

Anders als etwa bei R. Sturm lagen die Dinge bei Aurel Voss, dessen Korrespondenz mit Fiedler ebenfalls recht umfangreich war. Von ihm sind 31 Karten und Briefe erhalten. Betrachtet man nur Mathematiker, so übertreffen bzl. Ihres Briefwechsels mit Fiedler nur Salmon und Tilscher diese Anzahl. Während fast alle anderen Korrespondenzen mit Fiedler ab etwa 1900 stark zurückgehen,

---

[2754] Mehr zu Tilscher, einem wichtigen Briefpartner Fiedlers, in 9.2.3. Das Engagement Tilschers für die tschechische Sache wurde von K. Pelz in seinen Briefen teilweise heftig kritisiert, vgl. 9.2.6.
[2755] Brief aus Dresden vom 19.07.1861 (Hs 87: 1098). Ein anderes Attentat auf Wilhelm I erwähnt Beyel in seinen „Erinnerungen", vgl. 1.6.

oft sogar enden, gilt das nicht für Voss. Er war es, der Fiedler dazu anregte, seinen Rückblick[2756] zu veröffentlichten und der für den Jahresbericht der Deutschen Mathematiker-Vereinigung den Nachruf auf Fiedler[2757] verfasste. Im Unterschied zu Sturm war Voss kein Synthetiker, sein Arbeitsgebiet war die Differentialgeometrie, also war er eher Analytiker und wurde der Clebsch-Schule zugerechnet; seine Beziehung zu Fiedler beruhte wie viele andere auf den Werken von Salmon-Fiedler.

In seinem ersten Brief an Fiedler, verfasst Darmstadt, den 24. September 1875, heißt es:

> Ich darf nicht unterlassen, bei dieser Gelegenheit Ihnen noch meinen herzlichen Dank zu sagen für die vielseitige Anregung und Förderung, welche ich durch das Studium und den Gebrauch der von Ihnen bearbeiteten Salmon'schen Werke erfahren zu haben glaube.[2758]

Wie aus Voss' Brief hervorgeht, hatte er zuvor schon einen Brief von Fiedler erhalten. Der Kontakt zwischen beiden war also älteren Datums. Voss und Sturm waren beide 1875 in Darmstadt angestellt. Im zitierten Brief spricht Voss vom „Glück, Sturm, dem ich vorher nur einmal kurz begegnet war, hier genauer kennengelernt zu haben." Voss blieb Fiedler gegenüber stets bei der Anrede „hochverehrter College", die doch eine gewisse Distanz andeutet – anders als Sturm, der Fiedler als „Freund" anspricht.

1887 wurde am Münchner Polytechnikum, Voss war nach einer Zwischenstation in Dresden 1885 dorthin gekommen, die Professur für darstellende Geometrie durch den frühen Tod von Walfried Marx frei. In diesem Kontext erwähnte Voss Fiedlers Sohn Ernst:

> Unter den jüngeren Mathematikern haben wir noch an Ihren Sohn Ernst gedacht, der mir ebenso sehr durch seine schöne Dissertation wie durch die Werthschätzung, die Klein auf ihn legt, aufgefallen ist.[2759]

[2756] Fiedler 1905.

[2757] Voss 1913. Im nächsten Band des Jahresberichts veröffentlichte Voss dann einen Nachruf auf Heinrich Weber.

[2758] Brief Voss an Fiedler Darmstadt 24. September 1875 (Hs 87: 1423).

[2759] Brief Voss an Fiedler, München 10. Juli 1887 (Hs 87: 1425). Die Tatsache, dass Ernst Fiedler in Betracht gezogen wurde, ist eigentlich erstaunlich, denn er hatte 1887 außer seiner Dissertation noch nichts publiziert, insbesondere nichts zur darstellenden Geometrie. Auch L. Kiepert erwähnte in einem Brief an Vater Fiedler vom 23. Oktober 1887 dessen Sohn als möglichen Kandidaten für eine Professur diesmal in Hannover, vgl. 9.2.3. Wie in 1.4.1 mitgeteilt, hatte sich Chr. Beyel kurz zuvor vergeblich um eine Habilitation in München bemüht. Vielleicht hatte er dabei auf die mögliche Nachfolge von Marx spekuliert. Immerhin konnte er einige Lehrerfahrung im Bereich der darstellenden Geometrie vorweisen und eine Dissertation mit geometrischem Inhalt.

Wie Voss „im Vertrauen" mitteilte, war der Wunsch der Mathematiker, L. Burmester nach München zu holen. Dieser ging in Erfüllung, wie er auf einer Karte vom 27. August 1887 berichten konnte.

Voss lobt an vielen Stellen geradezu überschwänglich Fiedlers Leistungen bei der Bearbeitung der Salmonschen Lehrbücher. Von deren englischen Originalversionen war er weniger angetan, er meinte, diese schienen „dem Anfänger einige Schwierigkeiten zu bereiten".[2760] Warum genau, sagt er leider nicht. Anlässlich des Erhalts von Band zwei der Kegelschnitte in der Neuausgabe von 1888 schrieb Voss:

> Als ich vor einigen Tagen nach meinem 14tägigen Aufenthalt in Tirol nach München zurückkehrte, fand ich den durch H. Teubner übersandten zweiten Band Ihrer ausgezeichneten Kegelschnitte vor. Ich sage Ihnen dafür meinen herzlichen Dank. Ich habe Ihnen schon so oft ausgedrückt, wie außerordentlich hoch ich das Verdienst schätze, das Sie sich durch die Bearbeitung der gesammten neueren geometrischen Theorien in der Ebene und im Raume, durch die systematische Vereinigung aller der Gesichtspunkte, die in Deutschland, England und Italien in den letzten 30 Jahren entstanden sind, erworben haben, daß Sie, wie ich hoffe, überzeugt sein werden, mit welcher Freude dieses neue Zeugniß Ihrer andauernden Mühe entgegengenommen habe. Was mich ganz besonders bei diesem Werke erfreut, das so recht eigentlich zur Einführung der Mathematiker in die geometrischen Theorien bestimmt ist, ist die Art, wie Sie dasselbe so ganz frei bearbeitet haben: so ist es nun zum Ihr eigenes Werk geworden.[2761]

Weiter heißt es:

> In der Gestalt, welche nunmehr das Werk angenommen hat, ist dasselbe zu einem eben so wissenschaftlich bedeutenden als namentlich auch in pädagogischer Hinsicht vollendeten geworden, und ich kann nur sagen, daß ich mit wahrem Vergnügen mehreren Kapiteln gefolgt bin. Es sollte mich besonders freuen, wenn der Antheil, den Ihr Herr Sohn an der Bearbeitung genommen hat, gerade auch nach dieser Beziehung hin gewürdigt würde, und ich werde nicht verfehlen, so oft ich mit anderen zusammenkomme, auch die Mitarbeiterschaft zu betone, die Ihnen zu gerechter Freude und Stolz gereicht haben wird.[2762]

[2760] Brief von Voss an Fiedler, Garmisch 28. August 1888 (Hs 87: 1429).
[2761] Brief von Voss an Fiedler, Garmisch 28. August 1888 (Hs 87: 1429). Zu den „Kegelschnitten" von Salmon-Fiedler vgl. man 5.1.
[2762] Brief von Voss an Fiedler, Garmisch 28. August 1888 (Hs 87: 1429).

Vielleicht war Voss aufgefallen, dass die von Sohn Ernst mitbearbeitete fünfte Auflage der Kegelschnitte didaktisch (wie wir heute sagen) besser aufbereitet war als die Vorgängerversionen. Und möglicherweise sah er darin ein Verdienst von Ernst Fiedler.

Ähnlich lobte Voss in einem weiteren Brief vom 28. Oktober 1888 die dritte Auflage von Fiedlers darstellender Geometrie. Er betont, dass dieses Werk „hinsichtlich seiner ganzen Tendenz" mit seiner „eigenen Ueberzeugung so völlig übereinstimmte"[2763] und dass Fiedler sich nicht in eine Richtung drängen ließe, also Schablonen vermeide. Diese Eloge gipfelt in der Feststellung:

> Ich beglückwünsche Sie herzlichst zu dem Erscheinen dieses neuen Werkes, das vor allem dazu beitragen wird, auch in unserer Zeit Ihren Wahrspruch zu erhärten, daß die Geometrie lebt und leben wird.[2764]

Ein interessanter Wahrspruch, der ja den Befürchtungen des Netzwerks Geometrie diametral entgegenstand.

Auch in den weiteren Briefen von Voss an Fiedler findet sich immer wieder hohes Lob. 1906 wurde Fiedler Mitglied der Bayrischen Akademie, ein weiterer Beweis der Anerkennung, der wohl auch A. Voss mit zu verdanken war.

Fachlich-inhaltliche Fragen spielen natürlich in vielen Briefen an Fiedler eine wichtige Rolle. Ein Beleg hierfür ist der Briefwechsel mit A. Cayley, der im Folgenden aus schon genannten Gründen nicht betrachtet wird.[2765] Auch Schröters Briefe an Fiedler berührten hier und da fachliche Themen, z. B. wenn dieser Korretkurbögen für Fiedler las. Schlömilch bat Fiedler, den er wie bereits zitiert „Geometer par excellence" nannte, um fachliche Auskünfte[2766].

Ein interessantes Beispiel eines aufs Fachlich zentrierten Briefwechsel mit einem deutschen Kollegen liefert derjenige mit Sigmund Gundelfinger, der immerhin 29 Karten und Briefe umfasst. Gundelfinger, der bei Clebsch und Hesse studiert hatte, trat vor allem als Experte für Kegelschnitte in Erscheinung. Schon im ersten erhaltenen Brief vom 19. Dezember 1873 aus Tübingen[2767] ging es um diesen Gegenstand: Gundelfinger schickte Fiedler sein Kollegienheft zu diesem Thema, „das Sie für die später <u>sicherlich</u> nöthige vierte Auflage Ihres Kegelschnittwerkes vielleicht werden verwenden können". Gundelfinger bot weitere seiner Unterlagen an, sollte Fiedler Salmons „neuere Algebra" bearbeiten wollen. Am 26. Juli 1875 weiß Gundelfinger aus Darmstadt zu berichten, dass „H. Präsident Kappeler nach <u>seiner eigenen Aussage</u> bei mir in einer Vorlesung hospitiert hat. Ob ich H.

[2763] Brief von Voss an Fiedler, Garmisch 22. Oktober 1888 (Hs 87: 1430). Voss hat eigentlich nie zur darstellenden Geometrie gearbeitet.
[2764] Brief von Voss an Fiedler, Garmisch 22. Oktober 1888 (Hs 87: 1430).
[2765] Zehn Karten und Briefe (Hs 87: 1332 – 141) zwischen 1861 und 1890.
[2766] Vgl. Schlömilch an Fiedler Dresden 21. Juli 1890 (Hs 87: 1112).
[2767] Hs 87: 349.

Kappeler gefallen habe, vermag ich auch nicht annähernd zu sagen, da bei derartigen Dingen sehr der Geschmack entscheidet."[2768]

Ein Thema, das bei Gundelfinger immer wieder angesprochen wird, ist dessen Bearbeitung von Lehrbüchern und Publikationen seines Lehrers L. O. Hesse.[2769] Zu einem Brief an Gundelfinger vom 31. Dezember 1876 existiert im ETH-Archiv ein Entwurf Fiedlers.[2770] Darin bedankte er sich für die Verbesserungsvorschläge Gundelfingers zu den „Kegelschnitten", von denen er zwei in der Neuauflage berücksichtigen wolle. Seinen Brief schloss Fiedler mit einer Bemerkung, die auf das Königreich Württemberg abzielte und den gebürtigen Württemberger Gundelfinger gefreut haben dürfte:

> Ich habe oft Ihrer gedacht, aber zu tief in Pflichtarbeit gesteckt, als daß ich zum Schreiben gekommen wäre. Die Würtembergische Schulmänner-Versammlung in Tübingen scheint ja für mich von besonderem Interesse gewesen zu sein – wie ich aus Herrn Prof. Hauck's Referat entnehme. Haben Sie demselben beigewohnt?

Dabei geht es um das Referat über das Verhältnis von neuerer und Euklidischer Geometrie, das Hauck bei der einunddreißigsten Versammlung Deutscher Philologen und Schulmänner, welche in Tübingen vom 25. bis 28. September 1876 stattfand, gehalten hatte.[2771] Fiedler war offensichtlich auf dem Laufenden.

Auf die Korrekturvorschläge Gundelfingers für die „Kegelschnitte" kam Fiedler in einem weiteren Entwurf vom 12. Februar 1877 zurück. Er schließt mit der Bemerkung, von ihm sei eine Neuauflage seiner „Elemente", die vierte Auflage der „Kegelschnitte" und die dritte Auflage der Raumgeometrie verlangt worden, „natürlich Arbeit für etwa 2 Jahre".[2772]

[2768] Hs 87: 357. 1875 ging es um die Nachfolgen von H. A. Schwarz und H. Weber am Züricher Polytechnikum. Kappeler hospitierte offensichtlich unbemerkt bei Gundelfinger. Da dessen Vorlesungen vermutlich zahlreiche Zuhörer hatten (er las ja an einem Polytechnikum), dürfte das möglich gewesen sein. Dagegen stellte sich Kappeler einem anderen Kandidaten, Leo Königsberger nämlich, anlässlich seines Besuches 1868 vor. Da Königsberger in Greifswald an einer Universität tätig war, wo es nur wenige Mathematikstudenten gab, hätte Kappeler dort wohl kaum *under cover* (wie man heute sagt) agieren können; vgl. Königsberger 1919, 74. Königsberger lehnte den Ruf nach Zürich ab; vgl. Geschäftskontrolle 1868 No. 368 Brief aus Greifswald vom 7. Dezember 1868.

[2769] Eine Aufstellung dieser Bearbeitungen findet sich bei Dingeldey 1918, 99.

[2770] Hs 87: 360. Auffällig an diesem Entwurf ist Fiedlers saubere Schrift, in der Regel notierte er Entwürfe in fast unleserlicherer Weise. Vielleicht handelt es sich um das Original des Briefes, den Fiedler nicht abgeschickt hat.

[2771] Hauck 1877. Dieser Text ist ein engagiertes Plädoyer für die neuere Geometrie und ihre Behandlung auch in den Realschulen. Was Fiedler vermutlich nicht gefallen haben wird, ist die Wertschätzung, die Hauck darin für das Buch von Kruse äußert, das Fiedler immer wieder kritisierte: Hauck nennt es einen „der interessantesten und geistreichsten Versuche" (Hauck 1877, 192). Auch in anderen Fällen fiel Haucks Urteil milde aus, während Fiedler und noch stärker K. Pelz die Dinge anders sahen. Vgl. 9.2.5 sowie 4.6.

[2772] Hs 87: 362a. Eine zweite Auflage der „Elemente" (Fiedler 1862) ist nie erschienen. Fiedler sagt nicht, wer denn die Neuauflagen verlangt hätte, möglich ist, dass der Verleger B. G. Teubner dies tat.

Auch in den weiteren Briefen Gundelfingers spielten die „Kegelschnitte" eine wichtige Rolle, Fiedler schickte ihm sogar Korrekturbögen – eine eher seltene Auszeichnung.[2773] Noch 1904 berichtete Gundelfinger, er sage seinen Zuhörern[2774]:

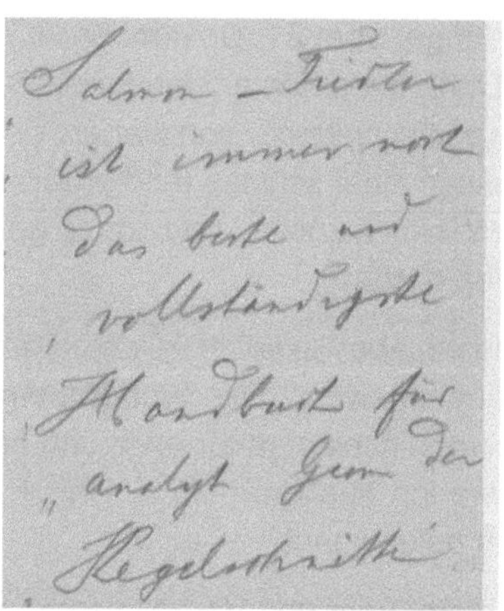

Abb. 9.1: *Gundelfingers Lob für Fiedlers Lehrbuch*

Allen Nicht-Mathematikern rate er ausdrücklich vom Kauf seines eigenen, von Fr. Dingeldey bearbeiteten Buches[2775] ab. Dieses sah er wohl als Vertiefung des Werkes von Salmon-Fiedler und somit als zu schwer für Nicht-Mathematiker an.

Seine Wertschätzung der Salmon-Fiedlerschen Kegelschnitte unterstrich Gundelfinger ausdrücklich noch einmal in einem Brief vom 5. Juni 1904. Anscheinend hatte Fiedler skeptisch zurückgefragt; eine Randbemerkung in dieser Richtung von Fiedler findet sich im Brief Gundelfingers vom 28. Februar 1904. Fiedler wird gewusst haben, dass sich Gundelfinger-Dingeldey in der Vorrede zu ihrem Buch höflich zurückhaltend zu den „Kegelschnitten" von Salmon-Fiedler äußerten. Sie gestanden diesem Werk zwar „höchsten pädagogischen Werth" zu, fanden aber, dass die „harmonische Einheit der Darstellung etwas Noth leide".[2776]

Zu standespolitischen Fragen, insbesondere zu Berufungen, findet sich bei Gundelfinger wenig. In einem Brief vom 13. Januar 1907 erwähnte er, dass ein

---

[2773] Fr. Schur las Korrektur bei der zweiten Auflage des zweiten Bandes der Raumgeometrie von Salmon-Fiedler, vgl. Brief an Fiedler Maciejewo b. Koschmin [Maciejew], 29. September 1879 (Hs 87: 1171) sowie 9.2.5.

[2774] Brief Gundelfinger an Fiedler Darmstadt, den 28. Februar 1904 (Hs 87: 370). Anlass war die geplante siebte Auflage des ersten Bandes der Kegelschnitte (1907). Nach einer schweren Krankheit schrieb Gundelfinger sehr raumgreifend: „Salmon-Fiedler ist immer noch das beste und vollständigste Handbuch für „analyt. Geom. der Kegelschnitte".

[2775] Es geht um Gundelfinger 1895.

[2776] Gundelfinger 1895, III.

Kollege in Zürich hospitiert habe. Was und wer genau damit gemeint war, bleibt unklar. Vielleicht ging es um eine mögliche Bewerbung im Vorfeld für die Nachfolge Fiedlers.[2777] Es könnte natürlich auch sein, dass es gar nicht um einen Mathematiker ging in Gundelfingers Bemerkung.

Am Schluss seines Briefes vermerkte Gundelfinger noch, dass Reinhold Müller Nachfolger von Georg Scheffers in Darmstadt werde. R. Müller ist uns schon mit seinem Vortrag über die Reliefperspektive begegnet.[2778]

9.2.3 Networking

Im Folgenden geht es um *Networking*, wie man auf Neudeutsch gerne sagt. Damit ist vor allem gemeint, dass es um den Einfluss auf Stellenbesetzungen und dergleichen in den fraglichen Briefen ging.[2779] Es überrascht nicht, dass dieser Aspekt in Fiedlers Briefwechsel eine geringe Rolle spielt. Wie bereits mehrfach erwähnt, hatte Fiedler anders als seine Kollegen an Universitäten und Polytechnika kaum Einfluss auf die Besetzung von Stellen insbesondere an seiner eigenen Institution. Am Züricher Polytechnikum schaltete und waltete der Schulrat, heißt hauptsächlich: sein Präsident, fast autonom. Als Verbündeter war Fiedler somit in seiner Züricher Zeit eher uninteressant; eine Ausnahme bildete S. Günther in dieser Hinsicht, der um Fiedlers Unterstützung in Zürich bat.[2780] Wohl aber kam er als Gutachter in Frage, wie unser erstes Beispiel zeigen wird.

Geradezu ein Lehrstück in Sachen Networking liefert Fiedlers Briefwechsel mit Franz Tilscher, dessen Schwerpunkt in den Jahren 1863 – 64 lag. Tilscher unterstützte Fiedler – wie auch O. Schlömilch – bei seiner Bewerbung am Prager Polytechnikum. Und Fiedler setzte sich für Tilschers Berufung dorthin ein. Mit 48 Briefen, die in aller Regel recht umfangreich waren, ist Tilscher einer der fleißigsten Briefpartner Fiedlers gewesen. Bemerkenswert ist, dass fast alle diese Briefe aus dem Zeitraum bis 1864 stammen. Allerdings waren die Beiden danach für drei Jahre Kollegen am Prager Polytechnikum, weshalb Briefe nicht nötig waren. Fiedler unterrichtete darstellende Geometrie in deutscher Sprache,

---

[2777] Unter den Darmstädter Kollegen Gundelfingers hatte Lebrecht Henneberg sicherlich die engsten Beziehungen zum Züricher Polytechnikum, zudem konnte er Erfahrungen im Unterricht der darstellenden Geometrie vorweisen. Fiedler hielt wohl große Stücke auf Henneberg, 1876 bot er ihm eine Assistentenstelle an (vgl. Henneberg an Fiedler 5. Januar 1876 [Hs 87: 404]). Henneberg zog es damals wegen der besseren wissenschaftlichen Möglichkeiten vor, in Berlin zu bleiben. Dort hatte er mit den Zürichern W. Gröbli und A. Meyer Kontakt.

[2778] Vgl. 4.2.8.

[2779] Ein anderer Aspekt, den man mit Fug und Recht auch unter *Networking* fassen könnte, ist der Kampf für die Geometrie, also das Schmieden von Allianzen, der Austausch von Informationen und dgl. Dieser kommt immer wieder in Fiedlers Briefwechsel vor.

[2780] Vgl. 9.2.1.

Tilscher in tschechischer. In dieser Zeit entstand der weiter unten geschilderte Konflikt zwischen beiden, der den Austausch fast völlig zum Erliegen brachte.

Der erste erhaltene Brief von Tilscher an Fiedler datiert vom 6. November 1861.[2781] Tilscher bedankte sich darin überschwänglich für eine Rezension seines Buches „Die Lehre der geometrischen Beleuchtungsconstructionen und deren Anwendung auf das technische Zeichnen", die Fiedler in Schlömilchs Zeitschrift veröffentlicht hatte.[2782] Mehrfach betonte Tilscher, dass er Fiedlers Ansichten, insbesondere sein „System", teile. Im Briefwechsel ist an mehreren Stellen die Rede von Manuskripten zu diesem Thema, die Tilscher von Fiedler erhielt zwecks Rückmeldung. In Fiedlers Abhandlung zur Transformation in der darstellenden Geometrie[2783] wird denn auch Tilscher ausführlich gewürdigt, insbesondere die beiden gemeinsame Sichtweise auf die Transformation durch Parallelverschiebung. Diese habe Tilscher in einem Kapitel seines in Erarbeitung befindlichen Buches über die Perspektive dargelegt, welches Fiedler Korrektur gelesen habe.[2784] Tilscher und Fiedler waren somit Weggenossen, Kämpfer für dieselbe Sache. Im für ihn typischen Stil drückte Tilscher das so aus:

> Ihre letzten verehrten Zeilen, welche zugleich, neben der Gleichheit unserer Bestrebungen eine gewiße Ähnlichkeit unseres Lebensganges mich erkennen ließen, haben mich noch mächtiger zu Ihnen hingezogen; es kommt mir vor, als ob ich in Ihnen einen Jugendfreund, einen Schicksalsgefährten gefunden hätte, dessen Verhältnisse jedoch im Vergleich mit den meinen brillant zu nennen waren.[2785]

Eine besonders plastische Beschreibung der beiden Systeme gab Tilscher am 13. Dezember 1863[2786]:

> Ich möchte Ihr System mit einer absoluten Monarchie vergleichen, in welcher ein höchst weiser Gesetzgeber die Bedürfniße seiner Unterthanen kennend, auf strenge Befolgung bestimmter zunmutbarer Gesetze dringt, während in meinem System von Haus aus eine gewisse Willkühr den Befolgenden gegönnt ist. Ich kann aus Obigen keinen

---

[2781] Hs 87: 1321.
[2782] Vgl. Fiedler 1862j. Tilschers Buch erschien offiziell 1862 bei Gerold in Wien, offensichtlich hatte Fiedler aber zuvor ein Exemplar oder zumindest große Teile des Werkes erhalten. Wie Tilscher berichtet, fand sich die Renzension im Septemberheft 1861 der Zeitschrift. Fiedlers Fazit: „Das ganze Werk ist eine werthvolle Bereicherung unserer Literatur; es macht seinem Verfasser viel Ehre; [...]." (Fiedler 1862j, 75).
[2783] Fiedler 1864. Zur Transformation vgl. 4.2.5.
[2784] Vgl. Fiedler 1864, 332 – 333. Tilschers Buch erschien erst 1865. Es trug den Begriff System sogar schon im Titel: System der technisch-malerischen Perspective: für technische Lehranstalten, Kunstakademien und zum Selbstunterrichte (Prag: Temsky, 1865).
[2785] Tilscher an Fiedler Bruck, den 19. April 1862 (Hs 87: 1327). Tilscher hatte eine sehe ungünstige Bildungsbiographie hinter sich – zumindest nach seiner Meinung.
[2786] Hs 87: 1337.

> Vorwurf machen, weniglich ich gestehen muß, daß sich beide Systeme zu
> einer beglückenden constitutionellen Monarchie verschmelzen ließen; ...

Insofern erstaunt Tilschers Einsatz für Fiedlers Ernennung in Prag nicht. Allerdings beschlichen Fiedler Zweifel an Tilschers Absichten, könnte der doch selbst versuchen, die Prager Professur für darstellende Geometrie zu bekommen. Dies dementierte Tilscher mit dem Hinweis, er sei mit seiner aktuellen Stelle sehr zufrieden.[2787] Tilscher unterrichtete darstellende Geometrie an der Genie-Akademie des österreichischen Heeres in Bruck (auch: Klosterbruck); er begleitete den Rang eines Hauptmanns. Später nannte Tilscher dann noch einen weiteren Grund: Er wolle sich nur dann bewerben, wenn er sich seines Erfolges sicher sein könne. Eine gescheiterte Bewerbung würde sein Renommee als Offizier beschädigen.[2788] Als dann 1864 die Professur für darstellende Geometrie in tschechischer Sprache ausgeschrieben wurde, war er sich seiner Sache sicher und bewarb sich nach einer gewissen Vorbereitung.

Aus dem Jahr 1863 sind 19 Briefe von Tilscher an Fiedler erhalten, im nachfolgenden Jahr waren es dann sogar 23. Deren wichtigstes Thema war natürlich die Besetzung der Stelle an der Prager „Technik", wie Tilscher aber auch andere das dortige Polytechnikum gerne nannten. Am 10. November[2789] konnte er endlich Fiedler den Ausschreibungstext übermitteln, veröffentlicht im Amtsblatt zur Wiener Zeitung No. 225. am 1. Oktober 1863 in der Rubrik „Erledigungen":

> Professur der reinen elementaren und höheren Mathematik mit deutschen
> Unterrichtsspruche am Prager polyt. Landesinstitut. Mit diesem
> Dienstposten ist ein Gehalt von 2000 fl. p. a. u. im Falle der allerhöchsten
> Genehmigung des neuen Organisationsentwurfe das Vormerksrecht in
> die hohe Gehaltsstufe von 2500 und 3000 fl. verbunden. Die Bewerber um
> diese Stelle haben die belegten Gesuche bis Ende Okt. d. Jahres bei der
> Direction des k. polyt. Landesinstitut zu Prag einzubringen.

Fiedler unternahm umgehend eine Reise nach Prag, von der Fiedler Tilscher zeitnah berichtet haben muss, denn dieser kommentierte schon am 20. November[2790]:

> Die freundlichen Mittheilungen Ihrer Prager Erlebnisse waren für mich
> natürlich von höchstem Interesse, deren Schilderung mich erst recht
> wünschen ließ, Sie nach Prag berufen zu wissen. Wir waren die dortigen

---

[2787] Vgl. Brief an Fiedler Bruck 26.Januar 1863 (Hs 87: 1324). Im nachfolgenden Jahr verschlechterte sich offensichtlich Tilscher Position, wie er mehrfach beklagte. Er befürchtete gar, nach Dalmatien geschickt zu werden.
[2788] Vgl. Brief an Fiedler, Bruck 13. Dezember 1863 (Hs 87: 1337).
[2789] Hs 87: 1334.
[2790] Hs 87: 1336. Diese Reise hatte ihm Schlömilchs wärmstens empfohlen, vgl. 1.2.

Verhältniße ganz fremd. Was die nationalen Reibungen anbelangt, dürften Sie von denselben weniger berührt werden. Im Berufe und der Wissenschaft lebend, ist Ihnen die Achtung Ihrer Collegen und die Verehrung Ihrer Schüler gewiß, [...]

Die Einschätzung bzgl. der nationalen Spannungen sollte sich als falsch erweisen, sie wurden geradezu ein Leitthema der Prager Zeit Fiedlers und führten auch zum Zerwürfnis mit Tilscher, wie wir sehen werden.[2791]

Am 18. Juli 1864 konnte Tilscher endlich aus Wien vermelden[2792]:

Ich hoffe, daß mein gestriges Telegramm Ihnen nicht weniger Freude bereitet hat, als mir die Möglichkeit, daß ich es Ihnen gesandt. Mein Freund schrieb mir gestern. Die Berufung des Prof. Fiedler hat bereits die Allerhöchste Sanction erhalten.

Kritiker nannten Österreich-Ungarn gerne ultrazentralistisch. Warum, wird in Tilschers Brief deutlich. Der Kaiser musste höchstpersönlich die Berufung eines Professors an das Prager Polytechnikum absegnen.

Im selben Jahr wurde dann auch die Lehrkanzel in tschechischer Sprache ausgeschrieben. Am 18. März[2793] berichtete Tilscher:

Apropos, vor ein Paar Tagen las ich die Lehrkanzel der darstellenden Geometrie mit böhmischer Unterrichtssprache sei ausgeschrieben.

Allerdings äußerte er sich zuerst zurückhaltend, vorgebend, kaum Interesse zu haben. Tilscher bewarb sich dennoch und seine Angelegenheit entwickelte sich günstig. Vorübergehend trat jedoch ein Problem auf: Man war sich in Prag nicht sicher, ob Tilscher denn die tschechische Sprache ausreichend beherrsche, um in ihr unterrichten zu können.[2794] Die definitive Ernennung von Tilscher zog sich hin, u.a. weil er aus dem Dienst in der Armee entlassen werden musste. Am 13. September[2795] konnte er sie dann seinem Freund mitteilen.

Schon um Juli hatte sich aber Tilscher in Prag aufgehalten, um für seine Familie und die Fiedlers Wohnungen zu suchen. Das war ein schwieriges Unterfangen, vor dem bereits Koristka in einem Brief[2796] an Fiedler gewarnt hatte:

[2791] Vgl. auch 1.2.

[2792] Hs 87: 1355.

[2793] Hs 87: 1343.

[2794] Tilscher, der aus einem kleinen Dorf in Mähren stammte, hatte nach seinen eigenen Angaben erst als Jugendlicher Deutsch gelernt. Allerdings musste er sich auf seinen Unterricht in Prag dann doch speziell in sprachlicher Hinsicht vorbereiten. Dies tat er mit Hilfe einer Vorlesungsausabeitung, die ihm sein „präsumptiver Assistent Solin" zur Verfügung stellte.

[2795] Hs 87: 1360.

[2796] Prag, 19.März 1864 (Hs 87: 619). In diesem Brief erwähnt Koristka auch, er selbst aber auch andere hätten Tilscher für einen Deutschen gehalten.

Bezüglich der Miethe einer passenden Wohnung für Sie und Ihre Angehörigen würde ich mir erlauben, Ihnen zu rathen, sobald die Kaiserl. Bestätigung Ihrer Ernennung erfolgt sein wird, allein hierher zu kommen, um sich mit Musse eine Wohnung zu suchen. Leider stehen die Wohnungen hier hoch im Preise, und da die Neubauten zur Zunahme der Bevölkerung in einem sehr ungünstigen Verhältnisse stehen, so ist die Wohnungsnot noch in den letzten Jahren eine sehr fühlbare geworden.

Nachdem die Ernennung Tilschers und die Wohnungssuche[2797] erfolgreich überstanden waren, werden Briefe Tilschers an Fiedler verständlicherweise rar. Aus dem Jahre 1865 ist nur ein Brief erhalten. Danach gibt es erst wieder einen aus dem Jahre 1878. Dieser lässt Rückschlüsse zu auf das, was in Prag nach 1864 geschehen sein muss, denn Tislcher emühte sich um eine Aussöhnung. Es ist klar, dass Fiedler als exponierter Vertreter der deutschen Sache und Tilscher als einer der führenden Köpfe der tschechischen Freisinnigen Nationalpartei, auch als Jungtschechische Partei bekannt, auf unterschieldlichen Seiten des Konfliktes standen. Was genau passiert ist, wissen wir allerdings nicht. Tilscher schrieb[2798]:

Prag den 27. Juni 1878

Hochgeehrter Herr College!

Als ich mir vor einiger Zeit erlaubte, Ihnen, hochgeehrter Herr College, ein Exemplar meiner „Grundlagen der Ikonognosie"[2799] zuzusenden, fühlte ich recht lebhaft das Bedürfniß, der Sendung noch einige besondere begleitende Worte beizuschließen. Besorgend jedoch, daß dieselben vielleicht mißdeutet werden könnten, unterdrückte ich das sehr natürliche Gefühl mit der Überzeugung, daß die mitweilen in der 1. Abtheilung publicirten Resultate meiner vieljährigen Bestrebungen von Ihnen mit jener Objectivität aufgenommen und gewürdigt werden mit welcher dieselben gegeben sind.

Schon die Anrede macht deutlich, dass die Beziehungen abgekühlt waren. Früher lautete diese nämlich: mein verehrter theurer Freund!

Weiter heißt es dann:

Wenn ich nun nach Verlauf von einem Monate, in welchem mir bereits Beweise außerordentlich freundlicher Aufnahme meiner Tendenzen zugekommen sind, einige Worte an Sie zu richten unternahm, so mögen

---

Sie darin meinen innigen Wunsch erkennen, die durch so manche unglückseligen Verhältniße unterbrochene Verbindung mit Ihnen für die Zukunft wieder zu erneurn, und auf dem festen Grunde unserer obseitiger Forschung dauernd zu gestalten, ungeachtet bisher manch offenbaren Gegensatzes unserer eigenthümlichen Bestrebungsrichtungen heraus resultirend, weil gerade diese besonders geeignet sein dürften, zur Klärung von nicht unwichtigen Fragen unseres Wissensgebiethes wesentlich beizutragen. Ich hätte in dieser Beziehung vieles zu berühren; doch für heute möge das Gesagte genügen, um noch auf einen anderen Gegenstand zu gelangen.

Als ich nämlich dieser Tage unsere einstige freundschaftliche Correspondenz durchblätterte, kam mir ein Schreiben von Ihnen besonders zu beachten, welches Sie mir vor fünfzehn Jahren nach der glücklichen Geburt meines zweiten Sohnes Johann in so herzlicher Weise zukommen ließen, daß ich heute Veranlaßung finde, Ihnen mitzutheilen, daß derselbe eben am Gymnasium die Quarta beendet, während mein älterer Sohn Georg den ersten Jahrgang der Rechte absolvirt hat. Meine gute Frau, welche sich Ihrer Frau Gemahlin aufs Herzlichste empfiehlt, blickt mit mir auf die vergangenen letzten acht Jahre voll der bittersten Erfahrungen, denen sie ihr ganzes Vermögen zum Opfer bringen mußte, sowie auf manche herbe Enttäuschung zurück, und würde sich gewiß recht freuen, wenn sie von Ihrer Frau Gemahlin, welche sie sehr schätzt, frohe Nachrichten erhalten würde.

Fiedler hat wohl zurückhaltend auf Tilschers Initiative reagiert. Es ist nur noch ein Brief von Tilscher erhalten (vom 12. Mai 1879). Darin deutet er an, dass Fiedler sich kritisch zur Ikonognosie geäußert hat.[2800] Weiter teilte Tilscher mit, dass er in den Landtag gewählt worden sei, wo er zur „Versöhnung der beiden Stämme" beitragen möchte. Allerdings würde man aus heutiger Sicht die Jungtschechen eher als Hardliner bezeichnen.

In den Gesprächnotizen, die Fiedler von seiner Audienz bei Minister Leo Thun-Hohenstein am 16. November 1866 erstellte[2801], kommen einige Kollegen explizit vor, prominent vor allem Rektor Koristka, aber auch Fr. Tilscher. Zu letzterem heißt es:

Mir wird es außerordentlich schwer fallen, jetzt an die Standhaftigkeit der Gesinnung von Prof. Tilscher weniger zu glauben als vor Jahren. [...]

T ist zurückhaltender und maßvoller, [...]

[2800] Vernichtend fiel – wenig überraschend – K. Pelz' Urteil über die Ikonognosie aus, vgl. 9.2.6.
[2801] Hs 87: 1790.

Vermutlich auf Tilscher bezogen war folgende Bemerkung Fiedlers:

> Ja, mir selbst liegt eine eigene schmerzliche Erfahrung nahe. […], ich habe einen wissenschaftlichen Mitarbeiter und Freund hier verloren, den ich zuerst beglückt war, hier zu finden.[2802]

Tilscher scheint eine anstrengende Persönlichkeit gewesen zu sein. Das belegen zum einen seine Briefe selbst, die übertrieben höflich, geradezu devot, wirken, aber auch das Urteil einiger Zeitgenossen. Auf K. Pelz gehen wir im letzten Abschnitt[2803] ein, hier seien nur zwei Bemerkungen von O. Schlömilch zitiert. Am 12. Mai 1867 schrieb er an Fiedler[2804]:

> Prof. Tilscher hat mir sehr kurz geschrieben; er bedauere, meinen Namen unter einer Recension solchen Inhaltes zu lesen, auf welche er bei anderer Gelegenheit zurückkommen werde. Ich begreife kaum, was der Mann will. Seine Stellung zu Ihnen u. der Wissenschaft glaube ich richtig bezeichnet zu haben, dem Inhalte seines Buches habe ich alle Anerkennung zu Theil werden lassen u. nur die wahrhaft kirchenväterliche Breite der Darstellung gerügt – was ist denn da unrichtig? Tilscher scheint aber wie alle oesterreichischen Gelehrten auch nicht den leisesten Tadel vertragen zu können. Ich würde Ihnen zur Vertauschung von Prag mit Zürich von Herzen gratuliren; Zürich hat zwar auch seine Schattenseiten ist aber wenigstens eine rein deutsche Stadt.

Wenig später heißt es dann[2805]:

> Nachdem ich Tilscher auf Ehrenwort versichert hatte, daß sie weder direct noch indirect an der kurzen Besprechung seines Systems betheiligt seien, erhielt ich von ihm beiliegenden Brief - ob ich darauf antworten soll, weiß ich wirklich noch nicht.

Die Besprechung[2806], welche Tilschers Unmut erregte, stammte von O. Schlömilch. Es ging in ihr um Tilschers Buch zur Perspektive. Da diese auch interessante Bemerkungen zu Fiedler enthielt, sei sie hier vollständig wiedergegeben:

[2802] Vgl. auch „Wie Nationalismus eine Freundschaft zerstörte. Wilhelm Fiedler und Franz Tilscher am Polytechnikum in Prag" von Marion Wullschleger (https://etheritage.ethz.ch/2020/07/17/wie-nationalismus-eine-freundschaft-zerstoerte/).

[2803] Vgl. 9.2.6.

[2804] Hs 87: 1106.

[2805] Brief an Fiedler aus Dresden 28. Mai 1867 (Hs 87: 1107).

[2806] Zeitschrift für Mathematik und Physik 12 (1867) Literaturzeitung, 18.

System der technisch-malerischen Perspective. Von Fr. Tilscher, ordentlicher Professor der descriptiven Geometrie am polytechnischen Institute zu Prag. Mit einem Atlas von 18 Figurentafeln. Prag, Tempsky. 3⅓ Thlr.

Die Perspective lässt sich bekanntlich auf zweierlei Weise behandeln. Man geht nämlich entweder vom Grundriss und Aufriss des abzubildenden Objectes aus, construirt die perspectivischen Projectionen dieser beiden Risse und leitet aus den erhaltenen Projectionen das perspectivische Bild des Objectes ab, oder man hält gleich anfangs die perspectivische Projection unabhängig von den orthogonalen Projectionen und bestimmt jedes Gebild durch seine eigenen perspectivischen Elemente (z. B. eine Ebene durch ihre Fluchtlinie). Die letztere Behandlungsweise angeregt zu haben, ist ein Verdienst von Professor Fiedler (vergl. Jahrg. V. dieser Zeitschrift, S. 79 der Literaturzeitung), und sowie die gewöhnliche Projectionslehre, die sich nur mit begrenzten Objecten beschäftigt (die früher sogenannte Reisskunst) durch Monge's descriptive Geometrie ihre höhere wissenschaftliche Ausbildung erlangt hat, so dürfte auch die ältere Perspective in Fiedler's Theorie der Centralprojection ihre wissenschaftliche Ergänzung gefunden haben. Es war zu erwarten, dass der Ausbau der Theorie eine vortheilhafte Rückwirkung auf das Technische der Perspective ausüben würde, und diese Rückwirkung ist es nun, welche in dem oben genannten Werke zu Tage kommt. Dasselbe enthält nämlich der Hauptsache nach die praktische Anwendung und Ausnutzung der Fiedler'schen Theorie, welche übrigens nicht schlechthin vorausgesetzt, sondern, soweit es nöthig war, in das Buch selber aufgenommen ist. Leider muss Referent sich auf diese allgemeine Charakteristik des Werkes beschränken, weil die Details ohne Figuren meistens unverständlich bleiben würden; es sei nur bemerkt, dass der Inhalt ein sehr reicher und vielfach interessanter ist. So haben z. B. die Untersuchungen über die Transformationen des Projectionscentrums, der Projectionsebene und der Gebilde, über den Zusammenhang zwischen der Axonometrie und der Perspective, über Beleuchtung und Spiegelung etc. den Referenten sehr angesprochen. Die Darstellung ist durchaus klar, dürfte aber, wenigstens norddeutscher Sitte gegenüber, etwas zu breit gehalten sein; aus den Figuren, die bei einem derartigen Werke eine wesentliche Rolle spielen, ersieht man die graphische Gewandtheit des Verfassers.   Schlömilch.

Diese Bemerkungen fallen allerdings in eine Zeit, in der sich Fiedler und Tilscher bereits überworfen hatten. Es ist anzunehmen, dass Schlömilch davon wusste. Schließlich schilderte Schlömilch Fiedler seine Reaktion auf Tilschers Kritik[2807]:

> Mit Tilscher habe ich kurzen Proceß gemacht u. ihm geschrieben: es sei etwas ganz Eigenthümliches wahrscheinlich national-Cechisches, Leute von denen man durchaus achtungsvoll behandelt u. gelobt worden sei, mit Injurien zu überschütten, dieß nöthige mich, von dato an die cechische Mathematik zu ignoriren. Wolle ich übrigens ihr u. mein Urtheil über ihn,

---

[2807] Brief aus Dresden 04. Juni 1867 (Hs 87: 1108).

sowie es in der Zeitschr. steht, noch einmal unverändert und gleich daneben seine Briefe an mich abdrucken lassen, so würde er außerhalb Ceschiens einfach für verrückt gelten, u. damit moralisch todtgeschlagen sein. Die letztere Andeutung wird ihm hoffentlich den Mund schließen.

Dies hätte Schlömilch wohl kaum geschrieben, hätte er geglaubt, Fiedler sei Tilscher noch freundschaftlich verbunden.

Schlömilch war es auch, der in seinem Briefwechsel mit Fiedler eine interessante Idee lancierte, nämlich ein Treffen von Professoren der Polytechnika in Dresden und in Prag. Das war zu jener Zeit eher ungewöhnlich. In dem bereits zitierten Brief vom 12. Mai 1867 heißt es:

Nun noch eine sociale Idee. Die Universitätsprofessoren von Leipzig, Halle u. Jena kommen alljährlich am 1. Pfingstfeiertage in Kösen zusammen lediglich der persönlichen Bekanntwerdung u. des Gedankenaustausches wegen. Wie wäre es denn, wenn die Prager u. Dresdener ebenso in Bodenbach[2808] sich ein Rendezvous gäben. Falls diese Idee bei Ihnen u. den deutschen Collegii Anklang findet, werde ich mir alle Mühe zur Realisirung derselben geben.

Schlömilch schlug als Termin den dritter Pfingstfeiertag (Dienstag, 3. Juni) vor, „"um nicht in die Fluth der schwer reisenden Berliner zu gerathen."[2809] Das Treffen kam denn auch zustande, allerdings doch am ersten Pfingstfeiertag, was die Zahl der Teilnehmer aus Dresden reduzierte. Immerhin hatten fünf Personen zugesagt, eine sechste war noch unsicher. Darunter waren neben Schlömilch selbst Johann Andreas Schubert (1818 – 1870) Straßen-, Eisenbahn-, Wasser- und Brückenbau, Direktor 1849 – 50 und Ernst Hartig (1836 – 1900) mechanische Technologie, Rektor 1890 – 1891; der unsichere Teilnehmer war der Mineraloge/Geologe Hans Bruno Geinitz (1814 – 1900). Alles recht bekannte Namen.

Ein weiteres bemerkenswertes Beispiel für Berufungsangelegenheiten liefert ein Brief aus Darmstadt von Lebrecht Henneberg an Fiedler vom 31. Mai 1879.[2810]

Wie Sie wissen werden, ist durch die Berufung des Herrn Prof. Dr. Voss[2811] nach Dresden eine Stelle an die hiesigen Polytechnikum vacant geworden. Es ist nun vom Lehrerrathe infolge davon beschlossen, eine

---

[2808] Gemeint dürfte Bodenbach an der Elbe sein, das heutige Podmokly, Stadtteil von Děčín in Tschechien. Dort befand sich der Grenzbahnhof zwischen Sachsen und Böhmen.
[2809] Brief Schlömilch an Fiedler Dresden, 28.Mai 1867 (Hs 87: 1107).
[2810] Hs 87: 409.
[2811] Es geht um Aurel Voss, vgl. 9.2.2.

Veränderung in den Lehraufträgen vorzunehmen und zwar soll der zu berufende Docent die Verpflichtung für folgende Vorlesungen erhalten

1) Technische Mechanik (Sommer und Winter 3 Stunden)
2) Analytische Mechanik (Sommer und Winter 3 Stunden)
3) Algebraische Analysis (Sommer 3 Stunden)
4) Specielle Kapitel der höheren Mathematik oder mathematische Physik (im Sommer und Winter mit 3 Stunden)

Sie sehen, dass es sehr schwer fällt, für einen solchen Lehrauftrag einen Docenten zu bekommen, der sowohl gründlich mathematisch durchbildet ist wie auch Kenntnisse der Technik besitzt resp. sich dieselben anzueignen im Stande ist, und so ist der Gedanke aufgetaucht, mir in Folge meiner speciellen Ausbildung diese Professur zu übertragen und dafür einen Geometer zu berufen. Dieses Projekt ist jedoch einstweilen wieder aufgegeben worden und zwar zu meiner grossen Freude deshalb, weil man mit meinen Leistungen in der Geometrie zufrieden zu sein scheint und somit nicht ohne eigenthlich zwingende Gründe einen abermaligen Wechsel in diesem Fach bewirken möchte. Im Allgemeinen ist mir ein solcher Ausgang auch ganz lieb. Wenn es auch nicht gesagt ist, dass ich nicht einmal zur Analysis gänzlich zurückkehre[2812], so würde mir ein derartiger Rücktritt nach einem einzigen Jahre doch nicht willkommen gewesen sein, noch dazu, dass derselbe auswärts leicht als ein Misstrauensvotum aufgefasst werden könnte. So sind wir nun denn dabei, der Conferenz Vorschläge zu machen. Wir Mathematiker haben an Dr. Lorberg, Gundelfinger und Sigmund Günther aus Ansbach gedacht. Die beiden ersteren werden wohl kaum zu bekommen sein. Was nun Günther anbelangt, so sind wir der Ansicht, dass sich derselbe bei seiner grossen Belesenheit und der Leichtigkeit, sich in ihm ferner liegende Disciplinen einzuarbeiten, sich sehr für die vacante Professur eignet, und denken sogar, dass er in derselben infolge seiner Beredsamkeit, sobald er seine Stellung ernst auffasst, einen bedeutenden Lehrerfolg erzielen wird. Da nun bei einer früheren ähnlichen Gelegenheit ein sehr tadelndes Gutachten über Günther eingegangen ist, und derselbe nun bei den übrigen Docenten in sehr schlechtem Ansehen steht, so wird es uns kaum möglich sein, ihn auf diese Liste zu bringen, wenn nicht von einem anerkannten Mathematiker ein zweites jetzt aber günstiges Gutachten

---

[2812] Henneberg, der neben Mathematik auch Maschinenbau studiert hatte, promovierte 1875 mit einem Thema von H. A. Schwarz: Über solche Minimalflächen, welche eine vorgeschriebene ebene Curve zur geodätischen Linie haben (Zürich: Furrer, 1875), konnte somit als Analytiker gelten. Die Dissertation beruhte auf der Erweiterung einer vom Polytechnikum mit einem Preis versehenen Schrift. In einem Brief an Fiedler von Heinrich Weber (Königsberg 18. November 1876 [Hs 87: 1474]) bezeichnete dieser Henneberg neben Gröbli als seinen besonderen Schüler, vgl. 9.2.6.

über ihn einläuft, welches die Wirkung des früheren vernichtet und unsere Ansichten über Günther bestätigt. Da ich nun infolge früherer Äusserungen von Ihnen vermuthe, dass Sie ebenfalls für ihn eingenommen sind und daher unsere Idee billigen werden, so erlaube ich mir, Sie im Interesse Günthers zu bitten, mir in einem Briefe, von welchem ich hier Gebrauch machen kann, Ihre Ansichten über ihn mitzutheilen. Vielleicht gelingt es dann, den Vorschlag in der besagten Weise im Lehrerrathe, durchzubringen

Fiedler notierte am Ende des Briefes: „3. Juni Antwort. Ausführlich über S. Günth. Kurz sehr gut über S. Gund." Leider ist weder Fiedlers Antwortschreiben erhalten noch die Reaktion Hennebergs auf Fiedlers Antwort. Die Stelle erhielt schließlich S. Gundelfinger, von dem ja schon die Rede war, und dessen Qualifikation wohl über allen Zweifel erhaben war.

Eine etwas andere Art des *Networking* findet sich in vielen Briefen an Fiedler. Dabei geht es um den Austausch von Informationen insbesondere Interna über die Situation an der eigenen Hochschule. Eventuell wurden auch Meinungen eingeholt. Ein interessantes Beispiel liefert der nachfolgend in Auszügen wiedergegebene Brief von Ludwig Kiepert aus Hannover an Fiedler vom 25. März 1880[2813]:

Zunächst sage ich Ihnen meinen herzlichsten Dank für den Glückwunsch zu meiner Berufung nach Hannover. Mein hiesiger Wirkungskreis gefällt mir sehr gut, und auch die collegialischen Verhältnisse sind durchaus angenehme; nur vermisse ich die wissenschaftliche Anregung in meinem Fache sehr, da von meinen Collegen höchstens Bessell ein ausgebildeter Mathematiker ist. Hoffentlich gestaltet sich die Sache mit der Zeit besser, denn der Geodät (Hunauer) und der darstellende Geometer (Bruns) sind schon sehr alt und hinfällig, und werden deshalb wohl nicht mehr lange aushalten. Bei der Besetzung ihrer Stellen will ich, soviel an mir liegt, daß möglichst tüchtige Mathematiker gewonnen werden.

Was Sie über Darmstadt sagen, ist nicht so schlimm, als Sie vielleicht denken. Als Schröder nach Karlsruhe berufen wurde, wollte man ihm in Darmstadt 900 Mark zulegen, aber seine Forderungen waren noch höher und entsprachen nicht dem Werthe, den man seiner Lehrthätigkeit beilegte. Die Berufungen von Harnack und Voß auf Dresden waren beide vollständig abgeschlossen, als man in Darmstadt etwas davon erfuhr. So ungern man auch Harnack und Voß scheiden ließ, so ließ sich doch Nichts mehr thun, um sie zu halten.

[2813] Hs 87: 557.

Sturm hat die Sache etwas ungeschickt angefangen, denn er wendete sich direct an das Ministerium mit einer ziemlich hohen Forderung, noch als er den eigentlichen Ruf hatte. Übrigens wäre Sturm auch nicht so leicht in Darmstadt geblieben, da er in Münster seine mathematischen Fähigkeiten doch besser verwerten kann.

Ich selbst hätte, wenn ich in Darmstadt geblieben wäre, eine Zulage von ungefähr 1800 Mark erhalten, so daß ich materiell besser stünde, wenn ich den Ruf hierher abgelehnt hätte, aber es reizte mich doch sehr, an eine so viel größere Anstalt zu kommen, und deshalb entschloß ich mich, Darmstadt zu verlassen, so schwer es mir auch in vieler Beziehung wurde.

Auf dem Hintergrund der sehr kritischen Äußerungen von R. Sturm über Kiepert gegenüber Fiedler – Stichwort: Steiner-Ausgabe - ist es interessant, dass Fiedler sich mit diesem offensichtlich gutstand.[2814] Die Steiner-Ausgabe kommt in dem bereits zitierten Brief von Kiepert auch zur Sprache, er gibt dort an, wer welche Teile revidieren sollte. Zudem geht es um Steiners Nachlass. Kiepert wusste nach eigener Aussage nicht, ob dieser in die geplante Ausgabe einfließen sollte oder nicht. Letzteres war dann der Fall. Im fraglichen Brief stellt sich Kiepert als Mitarbeiter ohne großen Einfluss dar. Gefreut haben dürfte sich Fiedler über folgende Feststellung Kieperts.[2815]

Ihre Auseinandersetzungen[2816] waren mir aber umso interessanter, als auch ich der festen Überzeugung bin, daß Steiner bei der Herleitung seiner schönen Sätze einige Kunstgriffe gehabt hat, die er für sich behalten wollte. Wie oft hat er z. b. die Methode der reciproken Radienvectoren und der stereographischen Projection angewandt, ohne daß er es in seinen Abhandlungen ausspricht!

Am 23. Juni 1881 teilte Kiepert Fiedler mit, dass er nunmehr auch darstellende Geometrie lernen müsse, weil er diese zu prüfen habe. Bzgl. seiner eigenen Ausbildung fuhr er fort:

Nun wird aber auf den Universitäten bis jetzt gar keine darstellende Geometrie unterrichtet (was übrigens ein großer Mangel ist), so daß ich erst privatim lernen mußte, was ich jetzt so nothwendig brauche.

Übrigens ist auch hier in Hannover der Unterricht in dieser Disciplin sehr mangelhaft, denn unser darstellender Geometer, Prof. Bruns, ist sehr alt und kränklich, außerdem hat er ein Augenleiden, so daß er fast blind ist.

[2814] Kiepert war seit gemeinsamen Studientagen in Berlin (1869) ein enger Freund von F. Klein, der ihn sogar in seinen Briefen duzte. Vgl. Tobies 2019, 56 – 60.
[2815] Kiepert an Fiedler, Hannover 25. März 1880 (Hs 87: 557).
[2816] Vermutlich ging es dabei um die Zyklographie.

Vorläufig scheint er aber noch nicht die Absicht zu haben, sich pensionieren zu lassen.

Wenn es bei der eventuellen Neubesetzung dieser Stelle nach mir ginge, so würden wir alles aufbieten, um Sie, hochverehrter College, für uns zu gewinnen, ich fürchte aber, meine Bemühungen in dieser Richtung werden daran scheitern, daß einerseits die verfügbaren Mittel nicht ausreichen, um Zürich zu überbieten, und andererseits daran, daß die Herren Physiker einen guten Zeichenlehrer dem gelehrten Mathematiker vorziehen. Was aber in meinen Kräften steht, soll geschehen, sobald die Frage an uns herantritt, und ich werde wenigstens an dem Collegen Dolezalek, der ein begeisterter Verehrer von Ihnen ist, Unterstützung finden.

Im nachfolgenden Jahr 1882 berichtete Kiepert:

Mit unserer darstellenden Geometrie steht es in Hannover noch ebenso schlecht oder noch schlechter als im vorigen Jahr.[2817]

Weiter hat Kiepert Überraschendes zu berichten:

Wie die Neubesetzung eintretender Vacanz ausfallen wird, kann ich leider noch nicht übersehen; fast fürchte ich aber, man wird aus Sparsamkeitsrücksichten nur eine jüngere Kraft heranziehen können.

Voriges Jahr hatte ich mich noch der Hoffnung hingegeben, wir würden Sie für uns gewinnen können; deshalb reiste ich nach Zürich und ging auch zu Kappeler, weil ich von unserem Rector beauftragt war, Erkundigungen über Sie einzuziehen. Obgleich nun Herr Kappeler sich sehr günstig über Sie geäußert hat, haben sich diese Hoffnungen leider sehr getrübt aus verschiedenen, theilweise äußeren Ursachen, die ich hier aber nicht angeben kann.

1881 gingen die Auseinandersetzungen um Fiedler sozusagen in die heiße Phase; die Vermutung liegt nahe, dass Präsident Kappeler froh gewesen wäre, hätte sich der Problemfall Fiedler durch Wegberufung – Wegloben sagt man ja gerne - gelöst. Daraus wurde allerdings nichts, wie Kiepert schon andeutet. Nachfolger von Bruns wurde schließlich 1884 C. Rodenberg, der die darstellende Geometrie in Hannover bis 1921 vertrat.

[2817] Kiepert an Fiedler, Ragaz 20. August 1882 (Hs 87: 559).

Auch das Thema Steiner-Ausgabe[2818] kommt in dem fraglichen Brief wieder zur Sprache:

> Für Berichtigung von Irrthümern in Steiner's Werken werde ich Ihnen sehr dankbar sein. Ich sammele derartige Notizen, damit sie bei einer neuen Auflage oder auch schon eher Berücksichtigung finden. Ich kann es nicht begreifen, daß Herr Weierstraß Ihre Zuschrift[2819] nicht beachtet hat, zumal der von Herrn Schröter begangene Schnitzer auch von anderer Seite gerügt worden ist.

Kiepert zeigt sich hier durchaus kooperationsbereit, anders, als man das wohl an Hand der Briefe von Sturm erwarten würde.

Im Oktober 1882 musste Kiepert in einem Brief an Fiedler[2820] Irritationen ausräumen. Fiedler hatte anscheinend Äußerungen von ihm missverstanden, indem er die Umstände, die Kiepert in seinem oben zitierten Brief angedeutet aber nicht näher erläutert hatte, so deutete, dass es dabei um Fiedlers Kämpfe in Zürich ginge.

> Sie beziehen nämlich das, was ich damals aus verschiedenen Gründen nicht näher erörtern wollte, auf die Kämpfe, die Sie in Zürich durchzukämpfen gehabt haben, während ich damit Verhältnisse meinte, die unsere technische Hochschule betreffen, damit Sie wissen, was ich damals verschwieg, will ich Ihnen im Vertrauen mittheilen, zumal es doch kein Geheimniß mehr ist.

> Wir hatten nämlich unter uns Collegen vor anderthalb Jahren, so zu sagen, die Parole ausgegeben, bei Neubesetzungen von Stellen nur Leute ersten Ranges zu berufen, wir wollten, wenn bei der Regierung die Mittel irgendwie durchzusetzen wären, womöglich den besten und ausgezeichnetsten Vertreter eines jeden Faches an unsere Anstalt ziehen.

> In dieser Gesinnung hätten wir auch bei einer eintretenden Berufung für darstellende Geometrie es gewagt, an Sie zu denken, obgleich Herr Kappeler wahrscheinlich viel bessere Gehälter zahlt wie die preußische Regierung, denn das Durchschnittsgehalt beträgt hier nur 5000 Mark.[2821]

[2818] Ein weiterer Punkt, den Kiepert in seinem Brief ansprach, war die Abhandlung von Weilenmann über die Reform des Geometrieunterrichts (Weilenmann 1882), die ihm Fiedler geschickt hatte. Kiepert stimmte den meisten Ideen Weilenmanns zu.

[2819] Diese ist nicht erhalten. Von Weierstraß an Fiedler gibt es den Brief, in dem dieser bzgl. Fiedlers Anfrage zur Zyklographie antwortete (Hs 87: 1488) sowie eine Karte vom 21. Mai 1889, in der Fiedler zur Verlobung seines Sohnes gratulierte, den er offensichtlich aus dessen Berliner Studienzeit kannte.

[2820] Kiepert an Fiedler, Hannover 6. Oktober 1882 (Hs 87: 560).

[2821] 5000 Mark entsprachen etwa 4500 sfr, also deutlich weniger als Fiedlers Gehalt in Zürich betrug; vgl. 1.4.

> Wir hätten dies gewagt, weil wir davon durchdrungen sind, daß sich kein anderer Vertreter des Faches finden würde, der an wissenschaftlicher Bedeutung auch nur entfernt Ihnen ebenbürtig wäre. – Seitdem hat uns aber die angeführte Maxime leider nur Unglück gebracht. Wir haben nämlich mit ziemlich beträchtlichen Opfern Herrn Prof. Jordan[2822], dessen Name in der praktischen Geometrie einen ausgezeichneten Klang hat, nach Hannover gerufen, nachdem er 15 Jahre in Karlsruhe gewesen war. Dort erregte zwar auch Mancherlei seine Unzufriedenheit, aber die Trennung von den gewohnten Verhältnissen und die Einrichtung in die hiesigen ist ihm so schwer geworden, daß seine Gesundheit darunter sehr erheblich gelitten hat. Zu einer gedeihlichen Lehrthätigkeit hier ist es noch gar nicht gekommen, und wer weiß, wie lange er noch in der Heil-Anstalt verweilen muß, in der er sich jetzt befindet. Ich zweifele daran, daß er jemals wieder gesund und mit seiner jetzigen Haltung zufrieden wird.

Auf dem Hintergrund dieser betrüblichen Erfahrungen befürchtete Kiepert zu Recht, wie sich herausstellen sollte, dass die Hannoveraner Kollegen fortan auf jüngere und damit billigere Kräfte zurückgreifen würden.

Zum Abschluss seines Briefes unterstrich Kiepert nochmals seine Wertschätzung für Fiedler:

> Daß Ihnen in Zürich alle Ehren und Auszeichnungen zu theil geworden sind, weiß ich wohl zu würdigen, es ist mir auch nicht unbekannt, wie sehr Herr Kappeler Sie schätzt. Die Unannehmlichkeiten, die Sie durchzumachen hatten, führe ich auf die große Gewissenhaftigkeit und Berufstreue zurück, mit der Sie Ihrer schwierigen Stellung als darstellender Geometer vorgestanden sind. Überhaupt seien Sie versichert, daß die großen Verdienste, die Sie sich als Lehrer und als Forscher erworben haben, weit höhere Anerkennung gefunden haben, als Sie es selbst glauben, und ich wünsche Ihnen, daß Sie auch im reichsten Maße die Früchte ernten, die Ihre segensreiche Wirksamkeit mit der Zeit zur Reife gebracht hat und noch bringen wird.

Ein wahrlich verblüffender Kontrast zu den Einschätzungen von Fiedler, die uns bislang begegnet sind, z. B. in Beyels Bericht.[2823]

Große Wertschätzung erfuhr Fiedler auch in einem weiteren Brief von Kiepert vom 23. Oktober 1887.[2824] Darin reagierte Kiepert auf Lob seitens Fiedlers für seine

---

[2822] Gemeint ist der Geodät Wilhelm Jordan (1842 – 1899), Professor in Karlsruhe (1868) und Hannover (1881). Verfasser des zweibändigen „Handbuch der Vermessungskunde" (1877 – 1878), das in der Folge viele Auflagen erlebte.
[2823] Vgl. 1.4.1 und 1.6.
[2824] Kiepert an Fiedler, Hannover 23. Oktober 1887 (Hs 87: 561).

Herausgabe des Stegemannschen Lehrbuch[2825], was an die Weisheit denken lässt „Wer Lob sät, will auch Lob ernten". Kiepert schildert zuerst ausführlich die Umstände und die Mühen dieser Herausgabe. Dann heißt es:

> Dagegen verdanke ich meine geometrischen Kenntnisse zum großen Theil Ihren bahnbechenden Werken, die ich schon als Student mit großem Eifer benutzt habe [Randnotiz Fiedler: Sehr erfreulich!]. deshalb haben Sie mich durch die Zusendung der neuesten Auflage der Kegelschnitte zu ganz besonderem Danke verpflichtet, die wiederum so viel Neues enthält, daß ich mit wahrem Vergnügen an das Studium derselben herantreten werde.

Es geht hier wieder um die fünfte Auflage der „Kegelschnitte", an der Sohn Ernst mitgewirkt hatte. Es ist insofern nicht erstaunlich, dass Kiepert auch auf dessen Aussichten zu sprechen kam. Nach großem Lob berichtete Kiepert allerdings, dass die Stelle, welche durch Burmesters Wechsel nach München in Dresden frei geworden war, mit Karl Rohn besetzt worden sei. Anscheinend war er der Meinung, Ernst Fiedler hätte dort gute Chancen gehabt. Neben der Zeile mit dem Namen Rohn notierte Fiedler „d. G. kann jeder, der will". Offensichtlich hielt er von der Stellenbesetzung wenig.

Im nachfolgenden Jahr erhielt Kiepert dann den zweiten Band der fünften Auflage der „Kegelschnitte" – und war wieder voll des Lobes.

> Der große Umfang Ihres Wissens macht es Ihnen möglich, das Buch zum vollständigsten und gediegensten zu machen, das wir auf diesem Gebiet besitzen.[2826]

Auch Sohn Ernst wird wieder erwähnt. Kiepert bittet um Entschuldigung, dass er dessen Dissertation nicht zitiert habe in seiner Arbeit über die Transformation der elliptischen Funktionen, weil sich „eine passende Gelegenheit dazu nicht finden ließ". Er versichert aber, dass er das „größte Interesse an den wissenschaftlichen Bestrebungen" von Ernst Fiedler habe. Kiepert war ja Analytiker aus der Weierstrass-Schule, insofern erstaunt diese Aussage nicht. Andererseits war er auch ein Freund von F. Klein, den er in die Funktionentheorie einführte.[2827] Kiepert kam offensichtlich mit vielen Kollegen gut aus, auch mit solchen, die einander nicht hold waren.

[2825] Kiepert 1888. Das Werk erschien erstmals 1862–63, Aotur war der Hannoveraner Mathematiker Max Stegemann. Es wurde bis 1923 in insgesamt 14 Auflagen aufgelegt. Ab der dritten Auflage war J. Franz Meyer Mitautor; ab der fünften Auflage (1888) überarbeitete L. Kiepert das Werk grundlegend, weshalb es als gemeinsames Werk unter der Bezeichnung Stegemann–Kiepert weiterverlegt wurde
[2826] Kiepert an Fiedler, Hannover 28. Juni 1888 (Hs 87: 562)
[2827] Vgl. Korrespondenz 1990, 66.

Der letzte erhaltene Brief von Kiepert an Fiedler datiert vom Mai 1898. Wieder einmal hatte er ein Geschenk von Fiedler erhalten, dieses Mal ging es um die die vierte Auflage des ersten Bandes der Raumgeometrie, für die sich Kiepert bedankte.

Insgesamt gewinnt man den Eindruck, dass Kiepert viel an der Unterstützung Fiedlers lag. Offensichtlich war er von dessen wissenschaftlicher Wichtigkeit überzeugt; Fiedlers publizistischen Leistungen beeindruckten ihn.

Ein weiterer Aspekt des Networking, die gegenseitige Unterstützung, zeigt sich im Briefwechsel von Fr. Schur mit Fiedler. Als ersterer Ende 1896 einen Ruf nach Karlsruhe angenommen hatte, ging es für ihn darum, in Aachen einen geeigneten Nachfolger vorzuschlagen – damals durchaus ein übliches Vorgehen. Schur dachte an Alexander Beck, Fiedlers ehemaligen Assistenten, der nun Professor in Riga war. Dort war Becks Situation in Folge zunehmender Russifizierung unangenehm geworden, ein Phänomen, das Schur wiederum aus seiner Zeit an der Universität Dorpat (heute: Tartu in Estland) 1885 - 1892 vertraut war. Am 8. Februar 1894 schrieb er an Fiedler, dass er Beck nicht persönlich kenne, dass er aber dessen Lage dennoch gut nachvollziehen könne: „Daß mir die Unterdrückung des dortigen Deutschtums, das ich noch mit allen seinen Freiheiten kennen gelernt habe, nahe geht, dessen brauche ich Sie nicht zu versichern."[2828] Als Schurs Wechsel nach Karlsruhe feststand, sah er die Gelegenheit gekommen, Beck zu helfen. In einem Brief an Fiedler bat er diesen, ihm „Auskünfte über Ihren einstigen Assistenten Alex. Beck zu geben, der ja gewiß das in Russifikation begriffene Polytechnikum in Riga mit unserer Hochschule vertauschen würde."[2829] Fiedler notierte auf Schurs Brief Stichworte für seine Antwort, u.a. vermerkte er: „Arbeiten nicht sehr zahlr. Aber in beiden Richt." (gemeint sind Astronomie und darstellende Geometrie, Beck arbeitete in beiden).

[2828] Brief Schur an Fiedler, Aachen, 8. Februar 1894 (Hs 87: 1175a).
[2829] Brief Schur an Fiedler, Aachen, 4. Dezember 1896 (Hs 87: 1178).

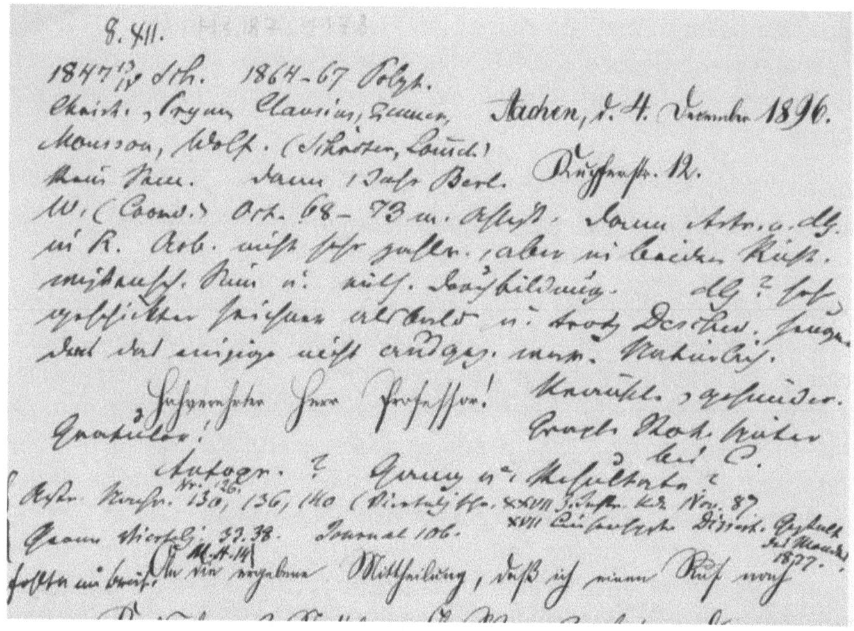

Abb. 9.2: *Fiedlers Notizen zu seinen Auskünften über Beck*[2830]

Es gelang Schur, seine Kollegen von seinem Kandidaten zu überzeugen. Als er dann Beck brieflich fragte, ob er nach Aachen wechseln wolle, lehnte dieser allerdings ab, Schur teilte Fiedler mit: Beck wolle gerade jetzt „nicht aufgeben" - „muß ihm ja vielleicht nicht zu verdenken sein. Er scheint sehr großen Werth darauf zu legen, daß seine beiden Söhne Schweizer bleiben können."[2831]

9.2.4 Ingenieure und Naturwissenschaftler

Fiedler unterhielt mit einigen Ingenieuren einen nennenswerten Briefwechsel. Dabei sind vor allem zu nennen: Gustav Zeuner, Friedrich Kick und Emil Winkler. Hinzukommt Adolph Knop, der Mineraloge und Geologe war. Knop war - wie auch G. Zeuner - ein persönlicher Freund von Fiedler, Knop und Fiedler kannten sich aus gemeinsamen Tagen als Lehrer an der Gewerbeschule in Chemnitz.[2832]

[2830] Brief Schur an Fiedler, Aachen, 4. Dezember 1896 (Hs 87: 1178). Am Anfang seiner Notiz hielt Fiedler die Namen der Lehrer Becks am Polytechnikum in Zürich fest, darunter die Mathematiker Christoffel und Prym. Später ging Beck nach Berlin, 1868 – 1873 war er Assistent von Fiedler. Zum Briefwechsel Fiedler – Beck vgl. 9.2.6.

[2831] Brief Schur an Fiedler, Aachen, 3. Januar 1897 (Hs 87: 1179). Vermutlich hätte Beck mit Familie bei Übersiedlung nach Aachen die preußische (oder die deutsche) Staatsangehörigkeit annehmen müssen. Beck kämpfte allerdings nicht mehr lange in Riga. Er ließ sich schon im nachfolgenden Jahr (1897) vorzeitig pensionieren, um nach Zürich zurückzukehren, wo er hauptsächlich als Privatgelehrter lebte; vgl. 1.4.1.

[2832] Knop verwendet „lieber alter Freund" als Anrede, Zeuner „alter lieber Freund". Kick hingegen schrieb „verehrtester College". Knop und Zeuner waren Duzfreunde von Fiedler.

Insofern nimmt die Korrespondenz mit Knop neben jener mit Zeuner eine Sonderstellung ein. Die genannten Briefwechsel beruhten allerdings nicht darauf, dass sich Fiedler für ingenieurwissenschaftliche oder ähnliche Fragen feststellbar interessiert hätte, sondern hatten andere Gründe: Zeuner war es vermutlich, der Fiedler den Weg nach Zürich ebnete, später dachte er einen Versuch an, Fiedler nach Dresden zu holen. Kick und Winkler waren Bekannte aus der Prager Zeit, für deren Berufung sich Fiedler stark gemacht hatte. Während allerdings Kick bis 1892 in Prag blieb, wanderte Winkler schon 1868 nach Wien, später dann nach Berlin ab. Als Quelle für neueste Nachrichten aus Prag kam er hinfort kaum noch in Frage. Friedrich Kick wurde schon im Abschnitt über Politik zitiert, Fiedler und Kick sahen sich wechselseitig als Vorkämpfer der „Deutschen Sache".[2833] Mit dieser hatte auch Fiedlers Bezug zu Winkler zu tun, hatte er sich doch gegen tschechische und sonstige Widerstände für Winklers Berufung ans Prager Technikum eingesetzt.

Der Briefwechsel mit Knop enthält wirklich persönliche Passagen, wie etwa jene, in der Knop ausführlich die Umstände des Todes seiner Tochter Helene schildert.[2834] Eine Passage mag Knops persönlichen Stil verdeutlichen:

> Ich hatte eine Expertise an der Donau und Aach, und benutzte die Gelegenheit, meinem Normalmädl den Bodensee und den Rheinfall zu zeigen. Sonst war ich 14 Tage solo im Kaiserstuhl, um denselben geologisch aufzunehmen. Hat ihn schon, auf dem Papier. War mir sehr wichtig.[2835]

Anlässlich einer Begegnung mit Ernst Fiedler, der etwa gleichalt wie Tochter Helene war, im Dezember 1877, schrieb Knop:

> Abends traf uns dann Dein Ernst mit der Hiobpost. Ich habe mich über den Kerl gefreut, ein hübscher Junge geworden und Du kannst Dir vorstellen, wie wehmütig es mich berührte, wenn ich mir meine Helene vorstellte, die nun vermodert, aus der Menschengesellschaft ausradiert ist, wiewohl wir sonst nie Krankheit in der Familie hatten. Welche Freude würde ich gehabt haben, mit wie klarem Verstande, mit wie tiefem Gemüthe konnte sie das Kleinste erfassen und empfinden. Wie mächtig würden die alpinen Eindrücke in ihr gehaftet und fortgewirkt haben.[2836]

Knop hatte im Sommer mit seiner Familie (Frau, Tochter und Sohn) die Alpen besucht und wollte anschließend Fiedler in Zürich treffen. Die Hiobsbotschaft, von

---

[2833] Ein anderer Kämpfer für diese Sache war – zumindest in oft heftigen Worten – Fiedlers Schüler K. Pelz; siehe 9.2.6.
[2834] Brief Knop an Fiedler, Karlsruhe 27. März 1877 (Hs 87: 602).
[2835] Brief Knop an Fiedler, Karlsruhe 6. November 1875 (Hs 87: 599).
[2836] Brief Knop an Fiedler, Karlsruhe 26. Dezember 1877 (Hs 87: 605).

der im obigen Brief die Rede ist, war vermutlich, dass Familie Fiedler verreist war. Persönliche Treffen zwischen Fiedler und Knop, teilweise auch mit Familie, fanden mehrfach statt. Knop hielt sich oft am Kaiserstuhl auf, zu dessen Geologie er ein Standardwerk verfasste.[2837] Auch die Alpen interessierten ihn unter diesen Gesichtspunkten, zudem war er – ebenso wie Fiedler – ein begeisterter Bergwanderer.[2838]

Interessant ist auch die Fortsetzung von Knops Brief:

> An ein Warten war natürlich in Zürich nicht zu denken. Denn ein Goldstift ist sehr weich und färbt auf den rauhen Bergen nach und nach ab. Jeder Augenblick kostet in der Schweiz Geld und dies war nach Tagen abgezählt.

Während in den Briefen anderer Briefpartner höchstens abstrakt von Besoldungsfragen die Rede ist, spricht Knop konkret über seine finanzielle Situation. Am 4. Mai 1882 berichtet er Fiedler beispielsweise aus Tirol, wo er geologische Erkundungen unternahm. Die Tiroler Alpen hatten die Schweizerischen in Knops Forschertätigkeit ersetzt:

> Nicht allein bietet es [Tirol; K. V.] mir fachlich mehr, auch das Volk ist mir sehr sympathisch und die Preise der Größe meines Portemonnaye's mehr angemessen.[2839]

Gelegentlich klingt auch die gemeinsame sächsische Zeit an. Anlässlich der Karlsruher Feier für Lokalmatador Victor Scheffel (1826 in Karlsruhe geboren, 1886 daselbst gestorben) im Jahr 1876 schrieb Knop:

> Es wird Dich interessirt haben, da ich weiss, wie sympathisch Dir seiner Zeit Eckhardt war.

Es geht hier vermutlich um F. E. Eckhardt, einen Schüler von Fiedler an der Gewerbeschule, der später selbst Mathematiklehrer wurde und mehrere Arbeiten zur Geometrie veröffentlichte. Fiedler nennt ihn in einer Notiz auf einer Vorlesungsmitschrift, die Eckhardt angefertigt hatte, seinen ehemaligen Schüler.[2840]

[2837] Der Kaiserstuhl im Breisgau. Eine naturwissenschaftliche Studie (Leipzig: Engelmann, 1892).
[2838] Auch mit Karlsruher Kollegen. So erwähnt Knop in einem Brief an Fiedler aus Karlsruhe (24.Juni 1875 [Hs 87: 597]), dass er im Herbst mit Maschinenbauer Franz Grashof und Physiker Leonhard Sohnke eine Schweiztour unternehmen wolle.
[2839] Brief Knop an Fiedler, Karlsruhe 4. Mai 1882 (Hs 87: 610).
[2840] Vgl. 5.1.

Bezüge zum Thema Österreich gibt es überraschenderweise auch bei Knop, nämlich im Zusammenhang mit seinem Jahr als Direktor des Karlsruher Polytechnikums – Knop nennt es sein „Freiwilligenjahr" (1874/75).[2841]

> Nach einer Richtung hin habe ich nicht selten Gelegenheit gehabt, an die Erzählungen zu denken, die Du mir über Deinen Aufenthalt in Prag gegeben hast, besonders in Bezug auf die Charakteristik der Deutsch-Österreicher. Die Leute kommen mir alle mehr oder weniger wie Narren vor. Fast jede extreme Erscheinung während meines Rectorats war durch Deutsch-Österreicher veranlasst, während der ganze Körper von Deutschen und den übrigen Ausländern sehr ruhig, normal und vernünftig war. Es will mir scheinen, als ob der ganze österreichische Staat im Begriffe stünde, eine großartige Irrenanstalt zu werden, nicht wo man sie kurirt, sondern wo man die Menschen zu Narren macht.[2842]

Im gleichen Brief gibt Knop auch eine Schilderung der Karlsruher Mathematik:

> Wiener läßt Dich herzlich grüßen und freut sich sehr zu darüber, daß Du an ihn gedacht hast. Was Lüroth betrifft, so weiß ich bezüglich seiner Fächer wenig, nur daß er an Schröder etwas von der höheren Mathematik abgegeben hat, um deren Stellung am Institut für seine Kräfte auszustatten. So glaube ich, daß es sei. Ob Comentius von den Hofschauspielern unter die Mathematiker gegangen ist, oder umgekehrt, kann ich nicht sagen. Ich kenne ihn nicht persönlich, nur dem Namen nach, weil ich fast nie ins Theater komme. Von großer Bedeutung scheint er auf den Brettern, welche die Welt bedeuten sollen, nicht zu sein.

Ein schweizerisches Großereignis kommt im Briefwechsel von Knop natürlich auch vor: der Durchstich des Gotthardt-Tunnels.[2843] Weitere Berührpunkte lieferte der oberrheinische geologische Verein, zu dessen Gründungsmitgliedern Knop zählte, insbesondere die schweizerische Erdbebenwarte, welche wiederum mit Fiedlers Kollegen Albert Heim zusammenhing.

Insgesamt ist der Briefwechsel mit Knop einer der persönlichsten unter den Fiedlerschen. Auch in den Briefen von Clebsch an Fiedler kommt Knop mehrfach vor. Clebsch und Knop waren bis 1866 Kollegen in Gießen und verstanden sich offensichtlich gut. Am 11. Juni 1864 berichtete Clebsch:

[2841] Wohl in Anspielung auf den einjährig-freiwilligen Dienst in der Preußischen Armee.

[2842] Brief Knop an Fiedler, Karlsruhe 5.August 1875 (Hs 87: 598). Ähnlich negative Urteile über die k. und k. Monarchie finden sich auch bei Kick (vgl. 9.2.1) und Pelz (vgl. 9.2.6).

[2843] Brief Knop an Fiedler Karlsruhe 18. Januar 1880 (Hs 87: 608).

Knop ist nicht immer wohl gewesen, und wir sind viel zusammen. Es ist mir sehr viel werth, in ihm unter den Collegen einen zu besitzen, auf den man sich unter allen Umständen verlassen kann.[2844]

Am Ende des Jahres heißt es dann:

Freund Knop hat endlich den leidigen Jahresbericht abgestoßen, der ihm soviel Zeit und Laune verdorben hat, und ich hoffe, dass dies wesentlich dazu thun wird, die hypochondrischen Stimmungen zu mildern, welche ihn bisweilen die Welt noch schwärzer sehen lässt, als sie es ist. In unserem Collegium ist alles faul; [...][2845]

Angesichts der letzten Behauptung erstaunt es nicht, dass Clebsch Knops Wechsel nach Karlsruhe als Verbesserung sah:

Aber gut hat es Knop getroffen, dass er sich rechtzeitig gedrückt hat. Ich war in Carlsruhe bei ihm, er ist äusserst glücklich und hat alle Ursache dazu. Die Carlsruher Verhältnisse haben sich so glücklich entwickelt, dass wirklich kaum etwas zu wünschen übrig bleibt als längere Osterferien.[2846]

In Karlsruhe war Knop auch Kollege von Christian Wiener, dem dortigen darstellenden Geometer, der wiederum einen Briefwechsel mit Fiedler unterhielt. Darin ist mehrmals von Knop die Rede, der z. B. Grüße an Fiedler auftrug. Hier deutet sich eine Vernetzung unter Fiedlers Briefpartnern an.

Ähnlich vertraut und persönlich wie mit Knop ist nur noch der Briefwechsel Fiedlers mit Gustav Zeuner. Woher sich Fiedler und Zeuner kannten, ist nicht ganz klar. Aber Möglichkeiten dazu gab es mehrere. Der in Chemnitz geborene Zeuner war etwas älter als Fiedler, besuchte nach einer Tischlerlehre wie dieser die dortige Gewerbeschule und studierte an der Bergakademie in Freiberg. Insofern ist es nicht erstaunlich, dass das Thema Sachsen[2847] im Briefwechsel mit Fiedler mehrfach angesprochen wird, zumal Zeuner nach seinem Weggang von Zürich (1871) zuerst Direktor der Bergakademie in Freiberg, dann des Polytechnikums in Dresden (1874) wurde. Seine Haltung gegenüber dem Königreich Sachsen war eher kritisch.

In der Schweiz weiß jeder Bauer mehr über den Gang und Stand des Polytechnikums als hier die Gebildeten.[2848]

2844 Brief Clebsch an Fiedler, Gießen 11. Juni 1864 (Hs 87: 157). Vgl. Confalonieri/Schmidt/Volkert 2019, 50 – 51.

2845 Brief Clebsch an Fiedler, Gießen 25. Dezember 1864 (Hs 87: 158). Vgl. hierzu Confalonieri/Schmidt/Volkert 2019, 52 – 55.

2846 Brief Clebsch an Fiedler, Gießen 23. Oktober 1866 (Hs 87: 163). Vgl. Confalonieri/Schmidt/Volkert 2019, 66 – 67. Clebsch selbst war von 1858 bis 1863 Professor in Karlsruhe gewesen.

2847 Freund Knop stammte aus Altena, war also kein gebürtiger Sachse.

2848 Brief Zeuner an Fiedler, Freiberg 26. Februar 1872 (Hs 67: 1567).

Berlin lockte Zeuner nach eigenen Angaben dennoch nicht, wie er im selben Brief bekundete:

> Ich habe übrigens, das kann ich Dir versichern, wenig Interesse für diese Anstalt, <u>so sehr</u> bin ich schon wieder Sachse geworden.[2849]

Aus Freiberg berichtete Zeuner, der als Nachfolger von J. Weisbach dort die Reform der Bergakademie konsequent betrieb:

> Mit der Reorganisation der Bergakademie bin ich (nach sächs. Maßstab) einen Riesenschritt vorwärts gedrungen. Ich habe ein Statut entworfen, welches in den Hauptgrundzügen die Organisation der B. A. nach meinen Ansichten feststellt, und dieses Muster hat der Minister, obgleich es 16 Bände Akten, die allein aus den letzten 20 Jahren und länger über „Verbesserungen"*) an der Bergakademie handeln, in Makulatur verwandelt, unterschrieben.
> *) Ist auf dem Aktendeckel offenbar ein Schreibfehler.[2850]

Die Briefe von Zeuner enthalten lange Passagen mit persönlichen Dingen, angefangen vom Befinden seiner oft kranken Frau über seine eigenen Reformbestrebungen bis hin Berichten über und Fragen nach gemeinsamen Freunden und Bekannte.[2851] Zeuner verstand sich gut mit Kappeler, mit dem er in seinen Jahren als Direktor des Polytechnikums viel zu tun gehabt hatte. Man besuchte sich gegenseitig und Zeuner trug des Öfteren Fiedler Grüße an Kappeler auf. Anscheinend war ihm nicht klar, wie es um die Beziehungen von Fiedler und Kappeler stand. Zeuner beobachtete die Situation am Züricher Polytechnikum und in der Schweiz mit Interesse. So schrieb er:

> Große Sorgen bereitet mir die häßliche Situation im Kanton Zürich wegen der Rentenanstalt und ich begreife nur nicht, daß ihr Professoren Euch in der Sache so still verhaltet. Ihr seid ja alle Verführte![2852]

[2849] Hintergrund war ein Brief von Fr. Reuleaux aus Berlin, den Zeuner erhalten hatte. Vermutlich fragte Reuleaux an, ob Zeuner Interesse habe, nach Berlin zu wechseln. Reuleaux und Zeuner waren schon am Polytechnikum in Zürich von 1856 bis 1864 Kollegen gewesen.

[2850] Brief Zeuner an Fiedler, Freiberg 6. Juni 1872 (Hs 87: 1568)

[2851] Am Züricher Polytechnikum waren dies vor allem der Staatswissenschaftler Böhmert und der Professor für technische Mechanik Kargl, auch H. A. Schwarz wird von Zeuner gelegentlich erwähnt. In Sachsen tritt O. Schlömilch des Öfteren auf, als Professor am Dresdner Polytechnikum aber auch als Rat im Ministerium. Mit J. Weisbach und A. Hülsse finden sich in Zeuners Biographie zwei Personen, die auch für Fiedler wichtig waren.

[2852] Brief Zeuner an Fiedler Dresden 5. November 1876 (Hs 87: 1574). Es ging bei dieser hässlichen Situation darum, dass die 1857 von der Schweizerischen Creditanstalt (später Credit Suisse [+2023]) gegründete Schweizerische Rentenanstalt zweimal (1859 und 1875) ohne die eigentlich notwendige Zustimmung der Versicherten Statutenänderungen vorgenommen hatte, die zu Ungunsten der Versicherten ausfielen, vor allem, was deren Gewinnbeteiligungen betraf. Dank an R. Acampora für diese Erklärungen.

Frau Fiedler und Frau Zeuner unterhielten einen eigenen – leider verlorenen - Briefwechsel, wie man dem ihrer Männer entnehmen kann.[2853] Offensichtlich hatten sich diese in Zürich angefreundet. Zeuners Frau korrespondierte auch mit Frau Kappeler. Sie besuchten sich auch gegenseitig. Anlässlich eines geplanten Besuchs in Zürich schrieb Zeuner an Fiedler:

> Meine Frau hat jedenfalls ungeheuer viel mit Deiner lieben Frau zu besprechen; ich glaube auch, zwischen uns Männern wird es auch nicht an Stoff fehlen.[2854]

Zeuner war ein erfolgreicher Ingenieur, der sich vor allem mit der Verbesserung der Wärmekraftmaschinen durch Einbezug der neuen Erkenntnisse der Wärmelehre beschäftigte[2855]; er widmete sich auch Fragen der Versicherungsmathematik.[2856] Daneben wurde er aber auch Direktor des Polytechnikums in Zürich, dann der Freiberger Bergakademie und schließlich des Polytechnikums Dresden.[2857] Dabei hatte der Direktor in Freiberg und Dresden einen wesentlich größeren Einfluss als der in Zürich, er entsprach in etwa den (Pro-)Rektoren der Universitäten. Offensichtlich suchte Zeuner solche Aufgaben, das Organisieren scheint ihm gefallen zu haben. Davon zeugen viele Stellen in seinen Briefen an Fiedler, an denen er seine Pläne erläutert – und zwar weit über die darstellende Geometrie hinaus. Immer wieder erbat er auch Fiedlers Rat. In einem Brief an Fiedler vom 8. Februar 1874 berichtete Zeuner, dass manche „Menschen in Sachsen das Gerücht verbreiten, Schlömilch trete als Reformer für das Sächs. Realschulwesen und als Geheimer Schulrath ins Cultusministerium."[2858] In einem weiteren Brief an Fiedler[2859] erläuterte Zeuner dann, dass er demnächst - „der Absprung von Schlömilch ist nun sicher" - zwei Professuren für Mathematik ausschreiben werde, eine in den Fachschulen – also für Ingenieurmathematik – und eine in der Fachlehrerabteilung. Zu letzterer

---

[2853] Es ist lediglich ein Brief von Frau Winkler an Frau Fiedler erhalten, siehe weiter unten.

[2854] Brief Zeuner an Fiedler, Dresden 26. August 1874 (Hs 87:1573).

[2855] Vgl. seine „Grundzüge der mechanischen Wärmetheorie" (Freiberg, 1860; weitere Auflagen bei A. Felix in Leipzig [²1866]), später unter dem Titel „Technische Thermodynamik". Zeuner war wohl eine kämpferische Natur. Diess Vermutung legt die Vorrede zur zweiten Auflage seines Buches nahe, in der er ausführlich auf Kritiker seiner Werke eingeht und dies mit dem „leicht begreiflichen Wunsch, es möge die Besprechung und Beurtheilung meiner Arbeit in wissenschaftlichen Zeitschriften von sachkundiger Seite stattfinden" (p. VIII) verbindet. „Sachkundig" ist durch Sperrung hervorgehoben.

[2856] Vgl. „Abhandlungen zur mathematischen Statistik" (1869) und „Zur mathematischen Statistik" (1886). Noch als Bergingenieur in Chemnitz veröffentlichte Zeuner den Aufsatz „Lösung einiger Aufgaben aus der Axonometrie, mit besonderer Berücksichtigung der Anwendung derselben bei bildlicher Darstellung von Zwillingskrystallen" (Journal für die reine und angewandte Mathematik 46 (1853), 97 – 118).

[2857] Von 1873 bis 1875 führte Zeuner sogar die Amtsgeschäfte des Direktors an beiden Institutionen.

[2858] Brief Zeuner an Fiedler, Dresden 8. Februar 1874 (Hs 87: 1571).

[2859] Brief Zeuner an Fiedler, Dresden 25. April 1875 (Hs 87: 1572).

[2859] Vgl. „Abhandlungen zur mathematischen Statistik" (1869) und „Zur mathematischen Statistik" (1886).

schreibt er: „[…] „reformieren kann ich es nicht nennen, da diese Abtheilung bis jetzt namenthlich nur auf dem Papier stand. Am höchsten sehe ich hier für den letzten Zweck Prof. Fiedler aus Zürich."[2860] Bezüglich der ersteren erbat Zeuner Namen von Fiedler. Dieser notierte sich solche auf Zeuners Brief:

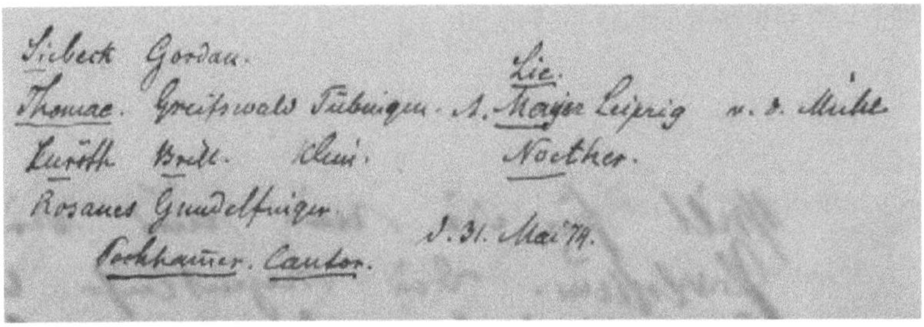
Siebeck Gordan.
Thomae. Greifswald Tübingen. Lie. A. Meyer Leipzig v. d. Mühl
Lüroth Brill. Klein. Noether.
Rosanes Gundelfinger.
Pochhammer. Cantor. d. 31. Mai 74.

Abb. 9.3: *Fiedlers Kandidatenliste*[2861]

Eine interessante Zusammenstellung. Ob die Namen, die unterstrichen sind, solche waren, die Fiedler als besonders in Frage kommend betrachtete, lässt sich in Ermangelung von Kommentaren nicht entscheiden.

Der mögliche Wechsel von Schlömilch ins Ministerium beschäftige anscheinend auch Fiedler. In einem Brief Schlömilchs an ihn vom 10. Januar 1874 schreibt dieser:

> Nun zu Ihrer „indiscreten" Frage. Mein Eintritt in das „Ministerium der Kultur und des öffentlichen Unterrichts" ist vorläufig nichts weiter als ein Gerücht.[2862]

Schlömilch fährt dann fort, um die Gründe für dieses Gerücht zu erklären. Dabei erwähnt er auch, dass „dem besagten Ministerium vorgeworfen werde, daß es nur aus Juristen und Theologen bestehe". Abgeordnete des Landtages hätten deswegen erklärt, sie bewilligten eine neue Stelle im Ministerium nur, wenn „der anzustellende kein Theolog und kein Jurist" sei. Man bemerkt, Schlömilch war gut informiert und alles lief auf ihn hinaus.

> Ob ich dem Rufe folgen würde, wenn er denn erfolgte, weiß ich noch nicht, denn es fragt sich doch sehr, wie die Stellung definirt ist; als fünftes Rad z. B. würde ich selbstverständlich nicht dienen.[2863]

[2860] Zur Fachlehrerabteilung des Dresdner Polytechnikums vgl. Lorey 1916, 147 – 149. Lorey hebt die Verdienste Zeuners um diese Abteilung hervor.

[2861] Brief Zeuner an Fiedler, Dresden 25. April 1875 (Hs 87: 1572). Von oben nach unten: Siebeck, Gordan./ Thomae. Greifswald, Tübingen. Lie, A. Meyer Leipzig, v. d. Mühl/ Lüroth, Brill. Klein. Noether/ Rosanes, Gundelfinger/ Pochhammer, Cantor d. 31. Mai 74.

[2862] Brief Schlömilch an Fiedler, Dresden 10. Juli 1874 (Hs 87: 1110).

[2863] Brief Schlömilch an Fiedler, Dresden 10. Juli 1874 (Hs 87: 1110).

Im Weiteren führt er auch noch genauer aus, dass er mit dem Realschulwesen in Sachsen befasst sei, indem er im Lande herumreise und Seminare zur Hebung der Realfächer selber abhalte oder anhöre. Im Ministerium wurde er dann Geheimer Schulrat und leitete das Realschulwesen.

Schlömilch war voll des Lobes für Fiedler:

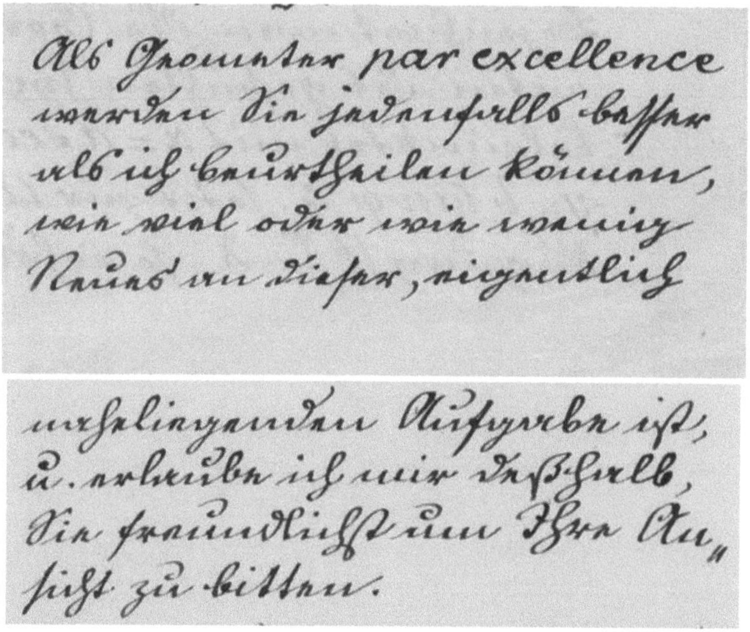
Als Geometer par excellence
werden Sie jedenfalls besser
als ich beurtheilen können,
wie viel oder wie wenig
Neues an dieser, eigentlich
naheliegenden Aufgabe ist,
u. erlaube ich mir deßhalb,
Sie freundlichst um Ihre Ansicht zu bitten.

Abb. 9.4: *Text aus einem Brief von O. Schlömilch an Fiedler*[2864]

Darstellende Geometrie unterrichtete in Dresden von 1870 bis 1887 L. Burmester (zuerst als Privatdozent, ab 1872 als Ordinarius). Zeuner bemerkte: „Ich kenne ihn nicht und Du weißt offenbar viel mehr über ihn als ich."[2865] 1875 wurde Leo Königsberger als Nachfolger von Schlömilch nach Dresden berufen, von dem schon im Zusammenhang mit dem Repertorium die Rede war.[2866] Zeuner war sehr angetan von ihm. In einem Brief an Fiedler[2867] schreibt er, Königsberger „ist

[2864] Dresden 21. Juli 1890 (Hs 87: 1112). Text: „Als Geometer par excellence werden Sie jedenfalls besser als ich beurtheilen können, wie weit oder wie wenig Neues an dieser, eigentlich naheliegenden Aufgabe ist, und erlaube ich mir deßhalb, Sie freundlichst um Ihre Ansicht zu bitten." Es geht um eine Veröffentlichung in Schlömilchs Zeitschrift für Mathematik und Physik.

[2865] Brief von Zeuner an Fiedler, Freiberg, 3. September 1872 (Hs 87: 1569). Anscheinend hatte Fiedler die Frage der Dresdner Professur für darstellende Geometrie in seinem letzten Brief angesprochen; sein Interesse an dieser lag ja auf der Hand. Im selben Brief erwähnt Zeuner, dass er nach Dresden fahren werde, um mit Direktor A. Hülsse zu reden. Dabei wurde wohl Zeuners Wechsel nach Dresden angebahnt. Eingesetzt wurde er allerdings durch das Ministerium. Erst sein Nachfolger (1889) wurde gewählt.

[2866] Vgl. 4.5.

[2867] Brief Zeuner an Fiedler, Dresden 5. November 1876 (Hs 87: 1574).

der herzergreifendste und berührendste Mensch, den ich je kennengelernt habe". Allerdings währte die Freude nur kurze Zeit, denn Königsberger nahm schon 1877 einen „glänzenden" Ruf an die Universität Wien an.

> Ich bin ihm nicht böse, er ist ein unruhiger Geist und ich wusste immer, daß wir ihn nicht lange besitzen würden; wir werden als Freunde von einander scheiden, wollen auch unser Repertorium gemeinsam [...] fortführen.[2868]

Zeuner sah in Königsbergers Weggang sogar eine Chance – nämlich den „strammen Analytikern" einen Geometer zur Seite zu setzen, heißt, Fiedler nach Dresden zu berufen. Dies hatte er schon mit Königsberger besprochen, der „ganz meine Meinung hatte".

> Ich frage Dich jetzt freundschaftlich an und bitte Dich, mir kurz und bündig zu antworten: Würdest Du Dich entscheiden können, überhaupt eine Professur anzunehmen, bei der der Vortrag über Differential- und Integralrechnung und analytische Geometrie <u>zuerst</u> gefordert ist?

Am Rande von Zeuners Brief finden sich umfangreiche Notizen, die sich Fiedler für seine Antwort vom 11. Januar gemacht hat – ein Zeichen dafür, dass ihm die Sache wichtig war. Er blieb letztlich skeptisch, obgleich er sich einiges zutraute:

> In Zürich (ohne Politik und Nation) (6. Abth. seit 1868) bin ich in vielseitigerem Sinne Math. worden als früher und kann für möglich halten, durch zeitweil. Concentration auf die analyt. Seite den Anspr. zu genügen, die ich an mich stelle. Aber ich weiß, <u>wie</u> schwer es ist, einen Analyt. wie L. K. zu ersetzen und daß die Mißurtheile vieler verlautbart würden – Gefahren, die ich nicht unterschätze. Scheust Du sie nicht selbst? Würde? Viel Bedenken.

Fiedler spricht in seinen Notizen weitere Aspekte an, nicht zuletzt die Gehaltsfrage („hier jetzt 9000 M"). Er schließt:

> Herzlichen Gruß u. Dank für Deinen lieben Brief!

Letztlich blieb Fiedler in Zürich, 1877 wurden Axel Harnack und Aurel Voss ans Dresdner Polytechnikum berufen. Es ist allerdings nicht klar, ob Zeuner das Vorhaben aufgab oder ob Fiedler nicht wechseln wollte oder ob es Widerstände gab. Fiedlers Randbemerkungen sind zwar skeptisch, aber nicht völlig ablehnend. Weitere Aussagen zu dem geplanten Wechsel finden sich in den Briefen Zeuners nicht.

[2868] Brief Zeuner an Fiedler, Dresden 8. Januar 1877 (Hs 87: 1577).

Insgesamt wirft der Briefwechsel mit Zeuner ein interessantes Licht auf Fiedler und seine Persönlichkeit.

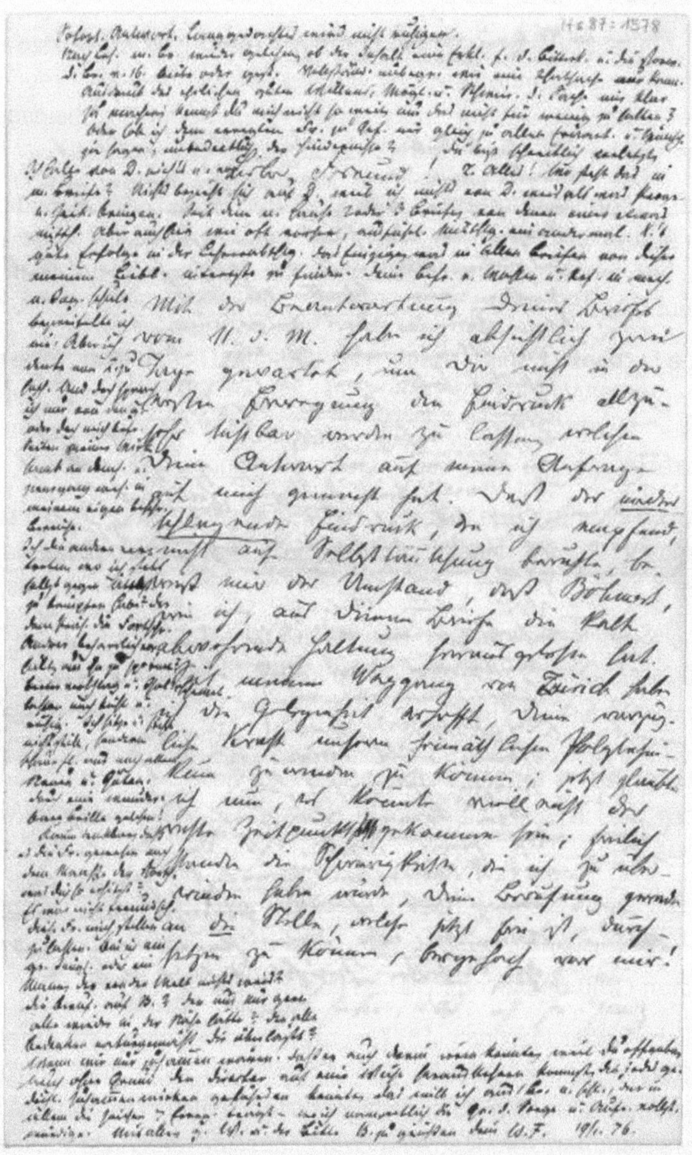

Abb. 9.5: *Die erste Seite von Zeuners Brief vom 8. Januar 1877 mit Fiedlers Notizen für seinen Antwortbrief*

Ein weiterer Ingenieur, mit dem Fiedler im Austausch stand, war Emil Winkler. Winkler bemühte sich um eine Professur am Prager Polytechnikum und Fiedler setzte sich nachhaltig und letztlich erfolgreich für ihn ein – gegen die Opposition der tschechischen Kollegen und einiger deutscher[2869] - was Winkler natürlich wusste und anerkannte:

> Nehmen Sie für die vielen Bemühungen, welche Sie durch diese Angelegenheit gehabt haben, meinen herzlichsten und wärmsten Dank. Ohne Sie wäre es ganz gewiss nicht dazu gekommen.[2870]

Eine Besonderheit des Briefwechsels mit Winkler ist der erhaltene Brief von Winklers Frau Helene an Fiedlers Frau Elise aus Baden-Baden[2871] vom 17. September 1879. Darin bedankt sich erstere für ihren Aufenthalt in der Familie Fiedler.[2872]

Winklers Briefe an Fiedler lassen zwei Schwerpunkte erkennen. Zum einen sind das die Vorgänge um seine Berufung im Jahr 1865; diese kommentierte Fiedler rückblickend ausführlich im Entwurf eines Briefes an Winkler vom 15. Juli 1868.[2873] Zum zweiten spielt die Weltausstellung in Wien 1873 eine Rolle – Fiedler besuchte diese und logierte in der Winklerschen Wohnung, deren eigentlichen Bewohner verreist waren. 1868 kam Winklers Berufung nach Wien zur Sprache, verschiedene Themen – u.a. der schon erwähnte Ofenheim-Prozess – kommen in späteren Briefen vor.

Der letzte ausführliche Brief, den Winkler an Fiedler schrieb, stammt vom 24. Dezember 1881, wurde also nach Winklers Wechsel von Wien nach Berlin verfasst. Darin beklagte er zuerst einmal den Verlust, der durch den Tod von K. Culmann entstanden war, um dann auf die Situation der Mathematik an der Berliner Technischen Hochschule zu sprechen zu kommen.

> Unsere technische Hochschule hat einen schweren Verlust durch die unheilbare Krankheit (Schlaganfall, Gehirnerweichung?) des Professor Aronhold erlitten: Aronhold ist noch immer nur beurlaubt, jedoch wird zu Ostern seine Pensionierung erfolgen, so daß eine Neuberufung notwendig wird. Aronhold war bei den Studierenden sehr beliebt und für uns deshalb von großem Werthe, weil er viel mehr als seine [...] Kollegen den neueren Methoden huldigte. Für darstellende Geometrie haben wir Dr. Herzer, welcher dieselbe im Sinne Pohlke's (als dessen ehemaliger Assistent) lehrt und der auch ein besonderes Kolleg über neuere

---

[2869] Vgl. hierzu die Ausführungen in Knothe 2004.

[2870] Winkler an Fiedler, Dresden 10. September 1865 (Hs 87: 1547) [Knothe 2004, 30 – 31]. Winkler schrieb 1865 insgesamt sechs Briefe an Fiedler, in denen die verschiedenen Stadien der Auseinandersetzung um seine Berufung deutlich zu erkennen sind, vgl. Knothe 2004, 21 – 31.

[2871] Dort fand die Versammlung Deutscher Naturforscher und Ärzte statt, an der Emil Winkler teilnahm. Auch Christian Wiener war bei dieser Tagung dabei, vgl. 8.4.

[2872] Hs 87: 1554 (Knothe 2004, 47 – 48).

[2873] Hs 87: 1548a (Knothe 2004, 34 – 37).

Geometrie liest, sowie Dr. <u>Hauck</u>, welcher die neuere Geometrie in Verbindung mit der darstellenden liest.[2874]

Insgesamt bietet der Briefwechsel mit Winkler eine interessante Sicht vor allem auf die Prager Vorgänge, zu seinen späteren Wirkungsstätten Wien und Berlin sind die Informationen eher spärlich. Winkler starb allerdings auch schon 1888.

Hauck schrieb am 4. April 1887 an Fiedler:

> Ich weiß nicht, ob sie gehört haben, welches Mißgeschick unserem Collegen Winkler getroffen hat. Er wurde diesen Winter plötzlich von einer Lähmung der Beine befallen, es war nicht etwa ein Schlaganfall, sondern eine nervöse Affectation, vom Rückenmark ausgesandt. Jetzt hat sich die Sache soweit wieder gegeben, daß er wieder steht und auch schon kleinere Spaziergänge unternommen hat. Auch giebt der Arzt alle Hoffnung auf vollständige Genesung. Aber wenngleich sein Geist vollkommen klar und frisch ist, ist ihm doch zunächst jede geistige Thätigkeit untersagt, was für den an Arbeit gewöhnten Mann eine harte Prüfung ist.

Die Hoffnungen auf Genesung bewahrheiteten sich nicht, Winkler starb im Sommer des nachfolgenden Jahres.

Abschliessend zum Thema Ingenieure sei erwähnt, dass Fiedler an der Ausbildung eines später bekannten Ingenieurs beteiligt war, was sich in seiner Korrespondenz niederschlug. Es geht um Maurice Koechlin (1856 - 1914), den Konstrukteur des Eiffel-Turms und anderer wichtiger Bauwerke sowie Nachfolger von Gustave Eiffel an der Spitze von dessen Unternehmen *Eiffel & Cie*. Koechlin studierte von 1873 bis 1877 am Polytechnikum in Zürich in der Ingenieurschule[2875], wo ihn vor allem Karl Culmann mit seiner graphischen Statik beeinflusste. 1876 erwarb Koechlin das Züricher Bürgerrecht und blieb zeitlebens Schweizer Staatsbürger. Nach einer kurzen Zeit bei der französischen Ostbahn trat er 1879 in Eiffels Firma als Chefkonstrukteur ein.

Sein Vater Jean Frédéric Koechlin (1826 – 1914), Industrieller und Betreiber einer Spinnerei nebst Tuchfabrik in Bühl (Elsass) [heute: Buhl (Haut Rhin)], sandte am 30. März 1875 einen in sehr eloquentem Französisch gehaltenen Brief aus Strassburg an Fiedler[2876], in dem er diesem auch im Namen seines Sohnes geradezu überschwänglich für seine Vorlesungen und seine Anteilnahme an

---

[2874] Brief von Winkler an Fiedler, Berlin 24. September 1881 (Hs 87: 1553) [Knothe 2004, 49 – 50].
[2875] Nach der annektion von Elsass-Lothringen 1871 bot die Schweiz eine Möglichkeit, einerseits im deutschen Sprachraum zu bleiben ohne andererseits mit dem deutschen Reich zu kollaborieren.
[2876] Hs 87: 612.

Maurice' Lernfortschritten dankte.[2877] Vater Koechlin war gut informiert, er kannte die Zeichnungen, die sein Sohn in der darstellenden Geometrie anfertigen musste, natürlich auch seine Noten. Nachdem Vater Koechlin ausgeführt hatte, dass er Fiedler persönlich kennengelernt hatte, als er 1873 seinen Sohn zum Polytechnikum brachte, und dass er damals Bedenken hatte, dass dieser den Veranstaltungen werde folgen können, fuhr er fort:

> Aber dank ihrer wohlwollenden Mitwirkung hat Maurice viel von der Vorlesung profitiert, die er unter Ihrer wertvollen Leitung besuchte und die ihn lebhaft interessierte. Mein Sohn bedauert ebenso wie ich sehr, zu sehen, dass diese Vorlesung beendet ist und er seine Studien nicht unter Ihrer Anleitung fortsetzen kann.[2878]

Die Bedenken des Vaters waren unbegründet, 1877 schloss Sohn Maurice als Jahrgangsbester sein Studium ab.

Abb. 9.6: Skizze des großen Pylons von Maurice Koechlin (1884)[2879]

[2877] Im ersten Jahreskurs der Ingenieurschule war darstellende Geometrie, im zweiten Geometrie der Lage vorgesehen - beides angeboten von Fiedler.

[2878] Hs 87: 612. Originaltext: „Mais grace à votre bienveillant concours, Maurice a beaucoup profité du cours qu'il a suivi, sous votre précieuse direction et qu'il intéressait vivement. Mon fils regrette beaucoup, comme moi également de voir ce cours terminé & de ne pouvoir continuer ses études sous votre direction." (Transkription von Fritz Hertach in den *e-manuscripta,* leicht korrigiert).

[2879] Hs 1092:1. Zum Vergleich sind Notre Dame, die Freiheitsstatue, die Vendôme-Säule und andere Bauwerke im gleichen Maßstab wie der später sogenannte Eiffel-Turm abgebildet. Die Skizze gehört

Es ist nicht klar, aus welchem Anlass Jean Koechlin zur Feder griff. Allerdings kündigte er in seinem Brief an, dass er demnächst einen zweiten Sohn zum Polytechnikum begleiten werde, der sich der Chemie widmen werde – ganz im Sinne der väterlichen Unternehmungen.

9.2.5 Geometer

Einige der Geometer, die man dem Netzwerk Geometrie zurechnen kann, wurden bereits in diesem Kapitel zitiert. Im Weiteren sollen hier noch einige andere zu Wort kommen, u.a. G. Hauck, L. Burmester, Fr. Schur, Chr. Wiener und H. C. H. Schubert. Ersterer wurde bereits mit seiner drastischen Äußerung zur Situation in Berlin zitiert, die er als Professor der darstellenden Geometrie an der Berliner Technischen Hochschule gut kannte.[2880] Das Thema Missachtung der Geometrie wurde von Hauck mehrfach angesprochen, so konstatierte er wie bereits erwähnt 1888, nachdem er sich für den Erhalt des dritten Bandes der dritten Auflage von Fiedlers darstellender Geometrie bedankt hatte, dieser sei „Ausdruck der allmählichen aber sicheren Änderung in der Stellung und Werthschätzung der darstellenden Geometrie unter den übrigen mathematischen Disciplinen".[2881] Fiedler habe eine Schule gebildet, „die zu den schönsten Hoffnungen auf die Zukunft berechtigt", um dann fortzufahren:

> Freilich müssen wir uns betreffs der Werthschätzung vorerst noch mehr oder weniger mit dem idealen Erfolg begnügen. Wenigstens verhält sich die sogen. Berliner mathematische Schule bisher immer noch ziemlich abschätzig gegen unsere Wissenschaft. Die letztere wird zwar in ihren Leistungen bereitwillig anerkannt, gleichzeitig aber für den Mathematik=Studenten für überflüssig erklärt.

Einige Jahre später, 1898, taucht das Thema wieder auf. Mit einer Postkarte[2882] bedankte sich Hauck für Fiedlers autographierte Vorträge über darstellende Geometrie.[2883] Er konstatierte:

> Sie interessiren mich lebhaft, da ich die Hoffnung nicht aufgebe, daß auch wir in Preußen über kurz oder lang so weit gelangen, daß der Unterricht in Darst. Geometrie an der Hochschule die Elemente voraussetzen darf.

---

zum Vorprojekt, das M. Koechlin und E. Nouguier für die Firma Eiffel & Cie entwarfen. Das Aussehen des großen Pylon wurde auf Betreiben von Chef Eiffel von einem Architekten modifiziert.

[2880] Vgl. 9.1.

[2881] Berlin 11. Oktober 1888 (Hs 87: 395).

[2882] Berlin 31. März 1898 (Hs 87: 397). Der erhaltene Briefwechsel Hauck - Fiedler endet im selben Jahr.

[2883] Fiedler 1894.

Der erste erhaltene Brief von Hauck an Fiedler[2884] zeigt ersteren in einer heiklen Lage. Hauck hatte nämlich Peschka's „Darstellende Geometrie" im Jahrbuch über die Fortschritte der Mathematik positiv besprochen – also jenes Werk, das Fiedler heftig kritisierte.[2885] Vorangehende Briefe zwischen Fiedler und Hauck sind nicht erhalten. Die Vermutung liegt aber nahe, dass Fiedler seinem Protest in einem Brief an Hauck Ausdruck gegeben hatte.

Hauck relativierte sein Urteil, indem er seine Schwierigkeiten mit der Einschätzung mathematischer Arbeiten, auch aufgrund eigener Erfahrungen, ausführlich darlegte. Offensichtlich war Hauck daran gelegen, Fiedlers Ärger zu zerstreuen. Sein Fazit lautete:

> Ich bin wiederholt daran irre geworden, ob das, war mir nach meiner Auffassung in formaler Beziehung verfehlt erschien, es auch wirklich sein möchte. Was ich tadelte, wurde von anderen gelobt.
>
> Namentlich in der neueren Geometrie, wo die verschiedenen Richtungen (z. B. französische, Steiner'sche, Staudt'sche, Sturm'sche etc.) sich so manichfach durchkreuzen, […] scheint mir die Subjectivität des Urtheilers stärker ins Gewicht zu fallen als in anderen Theilen der Mathematik.

Soviel Toleranz war Fiedlers Sache sicher nicht. Im Sommer des nachfolgenden Jahres[2886] erklärte Hauck dann fast entschuldigend:

> Über mathematische Fragen ist schwer streiten. Es mag sein, daß ich in dieser Beziehung vielleicht etwas zu zurückhaltend bin. Aber ich bin es geworden durch die vielen literarischen Fehden, die ich schon durchzuhalten hatte.

Auch K. Pelz, Fiedlers Schüler, der in der Kritik an Peschka noch deutlich weiter ging als sein Lehrer, nahm Anstoß an Haucks Besprechung.

> Das, was Herr P. treibt, ist mehr als Humbug, und es ist nur zu bedauern, dass er hierbei von Herren, die doch in der Sache ein Urtheil haben können, unterstützt und gefördert wird. Ich weise z. B. auf Herrn Geh. Regierungs-Rath G. Hauck hin, dessen Besprechung Herrn P.s Werk im „Jahrbuch" gelinde gesagt als takt- und gewissenlos bezeichnet werden muss.[2887]

Später kam Hauck Fiedler gegenüber noch einmal in eine ähnlich missliche Lage, bedingt durch eine Besprechung Lampe's von Fiedlers „Darstellender Geometrie"

[2884] Berlin 4. April 1887 (Hs 87: 393).
[2885] Vgl. 4.6.
[2886] Brief an Fiedler, Berlin 1. August 1888 (Hs 87: 394).
[2887] Brief Pelz an Fiedler, Graz 3. November 1888 (Hs 87: 810). Pelz' Urteile waren meist sehr schroff.

im Jahrbuch.[2888] E. Lampe war Kollege von Hauck an der Berliner Technischen Hochschule. In einem Brief[2889] versicherte Hauck Fiedler, dass Lampe sein Werk schätze und dass von Seiten Lampes kein böser Wille vorliege.

Haucks positives Fazit zu Peschkas Buch lautete[2890]:

> Es ist bei einem Werke von der Ausdehnung wie das mit dem vorliegenden Bande zum Abschluss gelangte wohl kaum denkbar, dass sich nicht da und dort in Text und Figur kleine Versehen eingeschlichen haben, oder dass unter der grossen Zahl von lithographischen Figurentafeln sich nicht auch einzelne minder gelungene Figuren finden sollten. Ferner ist es wohl selbstverständlich, dass in einer Wissenschaft, die in so lebendiger fortschreitender Entwicklung begriffen ist, wie es zur Zeite bei der Darstellenden Geometrie der Fall ist, wo sich die verschiedenartigsten Strömungen und Auffassungen auf die mannigfachste Weise durchkreuzen, es kaum möglich ist, betreffs der Auswahl und der Anordnung des Stoffes jedem Standpunkt gerecht zu werden. Verfasser spricht sich hierüber in der Vorrede aus. Die Erreichung des von ihm gesetzten Zieles, durch sein Werk „seiner Wissenschaft zu nützen, das Interesse für dieselbe zu wecken und zu fördern, ihr den wünschenswerten Eingang in weitere Kreise zu ermöglichen und zu weiterem intensiven Forschen und Schafffen anzuregen", dürfte ihm nach Ansicht des Refereneten in ausgezeichneter Weise gelungen sein.
>
>   Hk.

Auffallend in Haucks Briefen ist, dass er mehrfach Fiedler Grüße für seinen Sohn Ernst auftrug, offenbar hatten die beiden persönlichen Kontakt während Ernsts Berliner Zeit gehabt. Vermutlich trafen sie sich im Mathematischen Verein, einer wichtigen Institution, um Bekanntschaften zu schließen. Übrigens kommt Sohn Ernst auch im Briefwechsel Fiedlers mit Hermann Caesar Hannibal Schubert vor. Auf einer Karte[2891] schrieb letzterer 1885:

> Besten Dank für die freundliche Übersendung Ihrer Mitth. VI über Darst. des Schnittes zweier Flächen II. O. und der inhaltsreichen Dissertation Ihres Sohnes, von dem ich schon aus dem Munde meines Schülers

---

[2888] H.C.H. Schubert hatte in einem Brief an Fiedler (Hamburg, 6. August 1886 [Hs 87: 1163]) ein Referat Lampes von Fiedlers darstellender Geometrie als „nichtssagend und unwürdig" bezeichnet. Er entschuldigte sich gewissermaßen dafür, dass er die Referate für das Jahrbuch über dieses Gebiet abgegeben hatte. Vgl. 4.6.
[2889] Berlin 14. Juli 1891 (Hs 87: 396).
[2890] Jahrbuch über die Fortschritte der Mathematik 17 Jahrgang 1895 (Berlin: Reimer, 1898), 578 – 579.
[2891] Karte Hamburg 26. November 1885 (Hs 87: 1162).

Hurwitz viel Rühmliches gehört hatte. Auch hat ja der Inhalt der Diss. mit Hurwitz' Untersuchungen Berührung, wodurch sie mich umso mehr interessirt.

Offensichtlich hatten Fiedlers Briefpartner den Eindruck, dass ihm viel an der Karriere seines Sohnes gelegen war und spendeten fleißig Lob. Väterlicher Ehrgeiz, keine seltene Erscheinung, wäre wohl das passende Stichwort.[2892]

Umfangreich und gehaltvoll sind die Briefe von Fr. Schur an Fiedler. Der erste dieser Briefe datiert von 1879, Schur hielt sich nach Studium und Promotion[2893] in seinem Geburtsort Maciejewo b. Koschmin (Maciejew), damals in Preußen, heute in Polen, auf. Im Sommer 1879 reiste Schur dann nach Göttingen, wo er die Möglichkeit einer Habilitation ausloten wollte. Er stellte aber bald fest, „daß der Charakter von H. A. Schwarz mit dem seinigen unvereinbar war."[2894] Mit seinem Brief reagierte Schur auf ein Schreiben Fiedlers, der ihm angeboten hatte, seine Dissertation in der Neubearbeitung der Raumgeometrie, die er gerade vornahm und die 1880 erschien, zu berücksichtigen. Im fraglichen Brief erläuterte Schur ausführlich die Ergebnisse seiner Dissertation, vielleicht, um Fiedler die Arbeit zu erleichtern. Fiedler hat dann im zweiten Band der Raumgeometrie[2895] einen entsprechenden Literaturhinweis eingefügt, welcher mit dem Hinweis schließt: „Die Ausführung des Art. 370 gebe ich nach einer brieflichen Mittheilung von Dr. F. Schur." Schurs Mühe wurde also belohnt. Er las auch, wie bereits erwähnt, Teile der zweiten Auflage des zweiten Bandes in der Fahnenkorrektur. Die frühen Briefe von Schur enthalten viele detaillierte Anmerkungen zur Raumgeometrie sowie umfangreiche Rechnungen. In einem Brief vom September 1879[2896] erwähnt Schur auch, dass er zu Arbeiten an der Steiner-Ausgabe herangezogen worden sei, für den jungen Mann sicher eine Auszeichnung. 1880 legte Schur das Staatsexamen in Breslau ab. Er berichtete Fiedler[2897]:

Leider bin ich diesen Winter durch Ablegung des Examens pro facultate docendi von allen wissenschaftlichen Arbeiten abgehalten worden. Jetzt bin ich aber wieder mir selbst gegeben und beabsichtige, die Flächen 4. Grades besonders auf ihre Erzeugung hin zu untersuchen, denn die Erzeugung scheinen mir immer noch eine vorzügliche Quelle zur Auffindung geometrischer Eigenschaften zu sein.

[2892] Dieses Motiv schwingt ja auch bei F. Klein mit, vgl. Volkert 2018b.

[2893] Die Promotion erfolgte 1879 in Berlin mit der Arbeit „Geometrische Untersuchungen über Strahlencomplexe 1. und 2. Grades", leicht gekürzt auch in Mathematische Annalen 15 (1879), 432 – 464. Gutachter waren Kummer und Weierstrass.

[2894] Engel 1935, 6. Vgl. auch den Bericht von Beyel über Schwarz' Charakter in 1.4.1 und 1.6.

[2895] Dritte Auflage von 1880, p. LVIII – LIX.

[2896] Brief aus Maciejewo b. Koschmin (Maciejew) 29. September 1879 (Hs 87: 1171).

[2897] Brief Maciejewo b. Koschmin (Maciejew), 3. Juli 1880 (Hs 87: 1172)

Schur wechselte 1880 zwecks Habilitation nach Leipzig; diese erfolgte 1881, In seinem erhaltenen ersten Brief von dort an Fiedler[2898] unterrichtete er diesen darüber, dass er einen Beweis des Satzes von Pohlke gefunden habe, und bat um Auskunft, ob dieser neu sei.[2899] Schurs Satz war allgemeiner als der übliche, er verwendete die Kollinearität anstelle einer Projektion. Die Abhandlung enthält auch einen detaillierten Hinweis auf Fiedlers „Darstellende Geometrie", in der sich Ansätze in diese Richtung finden. Auf Schurs Brief notierte Fiedler „Bem. F. : „23/XI. mit Verw. auf Pelz 1877".[2900] Aus Schurs Dorpater Zeit[2901] sind keine Briefe erhalten, der nächste vorhandene Brief kam aus Aachen, wo Schur 1892 eine Professur für darstellende Geometrie erhalten hatte. Darin bittet er Fiedler um Hinweise zu jungen Leuten, die für eine Assistententätigkeit in Frage kämen. In einer Notiz für seine Antwort nennt Fiedler Keller, Beyel und Disteli. In seiner Antwort auf Fiedlers nicht erhaltene Mitteilung[2902] bedankte sich Schur für diese Hinweise und meinte, Disteli käme für Aachen in Frage; letztlich bekam aber Friedrich Schilling die Assistentenstelle. Im genannten Brief erwähnte Schur auch die Angriffe gegen ihn seitens von S. Lie:

> Was Lie's Angriffe gegen mich betrifft, so hat er sie in einer der Leipziger Gesellschaft im Juli vorgelegten Mittheilung widerrufen. Übrigens entspringen diese Dinge derjenigen krankhaften Disposition seines Gemüthes, welche im Winter 89/90 seine Unterbringung in einer Nervenheilanstalt nöthig machte.

Lie's bekannte Attacken gegen Klein im dritten Teil seiner Theorie der Transformationsgruppen waren kein singuläres Ereignis. Diese Angriffe

---

[2898] Leipzig 1. November 1884 (Hs 87: 1173). Die Möglichkeit, dass sich Schur in Leipzig habilitieren könne, wurde schon von Klein in einem Brief an Fiedler vom 30. Juli 1880 erwähnt (Hs 87: 584; Confalonieri/Schmidt/Volkert 2019, 112). Für Klein war dies neben der bereits in Leipzig erfolgten Habilitation von K. Rohn ein Ausgangspunkt für den dortigen Aufbau einer geometrischen Schule. Schur bekam später die durch Wegberufung von W. Dyck freigewordene Assistentenstelle, die F. Klein ausgehandelt hatte.

[2899] Über den Pohlkeschen Satz (Mathematische Annalen 25 (1885), 596 – 597). Diese Publikation erwähnt Schur in einem anderen Brief an Fiedler Aachen, 9. Dezember 1895 (Hs 87: 1176). In seinem Brief Aachen, 5. Mai 1895 (Hs 87: 1175b)) bezeichnete er Fiedlers Beweis in seiner „darstellenden Geometrie" (Band I) als den einfachsten, den man geben könne. Auch der Beweis von Pelz (Pelz 1877) wird ausführlich gewürdigt. Schur war offensichtlich sehr bemüht, die vorhandenen Beweise korrekt einzuschätzen, und studierte die Literatur zu diesem Zweck sorgfältig.

[2900] Pelz 1877. Vgl. auch K. Pelz „Zur wissenschaftlichen Behandlung der orthogonalen Axonometrie" (Sitzungsberichte der Kaiserlichen Akademie der Wissenschaften mathematisch-naturwissenschaftlichen Classe. II. Abtheilung Band 80 Theil 2 (1880), 300 – 330). Darin zitiert Pelz seinen Lehrer Fiedler: „Dass hierdurch auch die praktische Seite des Gegenstandes nur gewinnt, und dass auch hier Fiedler's bekannte Worte: „Die reinste Theorie ist stets die beste Vorschule der Praxis" zur Geltung gelangen, werden wir im Nachstehenden zu bemerken Gelegenheit finden." (p. 304)

[2901] Schur wurde 1885 an die Universität Dorpat (heute Tartu in Estland, damals in Russland) berufen, 1886 erhielt er dort ein Ordinariat. Die Russifizierung, die auch dort (wie in Riga und Lodsch) fortschritt, wurde schon oben im Zusammenhang mit A. Becks möglicher Berufung nach Aachen von Schur thematisiert; vgl. 9.2.3.

[2902] Aachen, 16. September 1892 (Hs 87: 1175).

veranlassten, wie bereits erwähnt, Fiedler dazu, 1893 Klein einen ausführlichen Brief zu schreiben, in dem er seiner Empörung über Lie's Verhalten Ausdruck verlieh.[2903] Offensichtliche zog die Affäre Lie weite Kreise.

In einigen späten Briefen von Schur an Fiedler finden sich interessante Kommentare zur Situation der zeitgenössischen Mathematik. Anlässlich des Erscheinens von Victor Eberhards Buch „Die Grundgebilde der ebenen Geometrie" (Leipzig: Teubner, 1895) schrieb Schur:

> Was sagen Sie eigentlich zu den geometrischen Untersuchungen von Eberhard, der, wie Sie vielleicht nicht wissen, blind ist. Ich kann es nicht leugnen, daß mir für diese Art von Geometrie der Geschmack gründlich abgeht.[2904]

Eberhard huldigte nach Schur einer „Spezialitäten-Cultur", es sei „wunderbar", dass sich Verlage fänden, die solche Werke verlegten:

> Das ist natürlich nur möglich durch die öffentlichen Bibliotheken, die auf diese Weise eine Menge Geld zu verschleudern gezwungen sind.[2905]

Auch Felix Klein traf ein solches Verdikt Schurs, allerdings in einem Brief an Fr. Engel[2906]:

> Was Klein betrifft, so hat er neuerdings freilich allerlei gethan, was nicht geeignet ist, seinen wissenschaftlichen Credit zu erhöhen. Von der Sache mit den Grundlagen der Geometrie sprachen Sie ja selbst. Auch sein Buch über Modulfunktionen hat mir wenig gefallen. So macht man doch heutzutage keine Mathematik mehr. Als ob es in diesen abgelegenen Regionen auf ein paar schöne Sätze ankäme und nicht vielmehr auf eine strenge und einheitliche Methode; bei Klein findet man das reine Sammelsurium.

In einem späteren Brief[2907] heißt es dann:

> Unsere augenblickliche mathematische Entwicklung ist entschieden eine ungesunde. Als wichtig gilt, was von den maßgebenden Mathematikern gerade getrieben wird.[2908] Eine Abkehr von diesem streberhaften

---

[2903] Vgl. Confalonieri/Schmidt/Volkert 2019, 150 – 152. Auch im Briefwechsel Hilbert, Hurwitz, Minkowski wird dieses skandalöse Ereignis angesprochen.

[2904] Aachen 5. Mai 1895 (Hs 87: 1175b).

[2905] Aachen 5. Mai 1895 (Hs 87: 1175b).

[2906] Brief an Engel, Karlsruhe 21. Mai 1892, Universitätsarchiv Gießen NE 11324. Leider wird nicht klar, was mit der Anspielung auf Klein gemeint ist.

[2907] Aachen 9. Dezember 1895 (Hs 87:1176).

[2908] H. C. H Schubert schrieb an Fiedler (Hamburg 8. Juni 1886 [Hs 87: 1163]): „[…] viel wichtiger ist es in Deutschland, wenn man nichts Originales leistet, sondern im Sinne der maßgebenden Professoren weiterentwickelt, um dieselben dadurch zu verherrlichen." Tempora mutandur. Schubert ging es um Fiedlers fehlende Anerkennung in Deutschland.

Principe, dem übrigens auch Klein etwas huldigt, eine starke Beschäftigung mit geometrischen und mechanischen Aufgaben seitens der Jugend scheint mir für die Klein'schen Zwecke ungleich wichtiger als ein physikalisch-technisches Institut an der Universität Göttingen.

Weiter heißt es:

Für mich hat alles das eine absolute Bedeutung, was entweder mit den Untersuchungen zu den Grundlagen der Mathematik zusammenhängt oder mit den Anwendungen auf Naturwissenschaften und Technik.

Zur letzten Bemerkung notierte Fiedler mit geliebten Ausrufungszeichen: „Ganz einverstanden!"

Schur beobachtete die Tendenzen in der zeitgenössischen Mathematik offensichtlich aufmerksam. Er bemerkte die zunehmend theoretische und aufs Allgemeine zielende Entwicklung, die er durchaus begrüßte. Schur selbst arbeitete u.a. über die Grundlagen der Geometrie, wenn man so will, in Konkurrenz zu Hilbert. Die darstellende Geometrie war für ihn ein Arbeitsgebiet unter mehreren, das ihn allerdings in der Lehre sehr in Anspruch nahm. Aus diesem Grund nahm er 1919 nach seiner Vertreibung aus Straßburg, das jetzt wieder Strasbourg hieß, das Angebot, auf seine alte Professur in Karlsruhe zurückzukehren, nicht an. Dort hätte er wieder viel Arbeit mit den Zeichnungen der Studenten u. ä. gehabt. Er zog eine universitäre Position in Breslau vor – ohne Schülerzeichnungen.

Der Briefwechsel Schur – Fiedler endete 1908. Ein sehr einschneidendes Ereignis im Leben des ersteren, die bereits erwähnte Ausweisung aus Straßburg/Strasbourg im Jahre 1919 konnte folglich nicht in ihm vorkommen. In einem Brief von Schur an Ida Samuel-Hurwitz, in dem er dieser nach dem Tod ihres Mannes kondolierte, heißt es:

Wie freue ich mich, dass ich ihn vor 8 Jahren noch einmal wiedersehen durfte. Und zu meiner Ausweisung aus Straßburg hatte er mir noch so freundlich geschrieben. Wir waren ja damals in Leipzig, wo er seine so hervorragende Doktordissertation machte, sehr viel zusammen, und er war damals so kränklich, daß man ihm kein langes Leben gegeben hätte. Nun ist er doch noch viel zu früh für alle gestorben, besonders aber für Sie, hoch verehrte gnädige Frau.[2909]

Auch im Briefwechsel mit Christian Wiener[2910] in Karlsruhe, einem Urgestein der deutschen darstellenden Geometrie – er war in Karlsruhe 44 Jahre lang im Amt –

[2909] Brief Schur an Ida Hurwitz-Samuel, Breslau 1.Dezember 1919 (Hs 583: 43). Hurwitz und Schur waren Anfang der 1880er Jahre beide bei Klein in Leipzig gewesen.
[2910] Zu Wiener vgl. man Renteln 2000, 367 – 376.

dominieren fachliche Fragen, oft im Anschluss an Publikationen, die Fiedler übersandt hatte. Viel Lob bekam Fiedler für seine Zyklographie, insbesondere seine Lösung des Apollonios-Problems und seinen Zugang zu den Kegelschnitten. Chr. Beyels Dissertation, „„die eine so interessante Anwendung Ihrer Kreisprojectionsverfahren liefert" wird positiv bewertet.[2911] Auch Kritik an Veröffentlichungen anderer Vertreter der darstellenden Geometrie kam vor; zu nennen sind hier Guido Haucks „Die subjektive Perspektive und die horizontale Curvaturen des dorischen Styls." Eine perspektivisch-ästhetische Studie: eine Festschrift zur fünfzigjährigen Jubelfeier der Technischen Hochschule Stuttgart"[2912], F. Tilschers „Ikonognosie"[2913] und die Neuauflage des Lehrbuchs der darstellenden Geometrie von Pohlke. Wenig Interesse zeigte Wiener am Kampf für die Geometrie, mit einer ihn unmittelbar betreffenden Ausnahme.

> Was Sie von der Abwendung der Techniker von der theoretischen, insbesondere mathematischen Ausbildung sagen, äußert sich auch bei mir. Von diesem Herbste an wird von den künftigen Mathematikern das Gymnasial- oder Realschulmaturitätsexamen verlangt, dafür aber die Studienzeit an der technischen Hochschule verkürzt, Wobei hauptsächlich die theoretischen Fächer einbüßen.[2914]

Im Anschluss drückte Wiener die Hoffnung aus, dass er auch zukünftig genügend Teilnehmer für sein freiwilliges Seminar über darstellende Geometrie haben werde, in dem er hauptsächlich Modelle bauen ließ.

Insgesamt gingen Wiener und Fiedler höflich miteinander um; sie waren sichtlich bemüht, sich nicht in die Quere zu kommen, was ja bei ihren Arbeitsgebieten durchaus möglich gewesen wäre. Das zeigt auch deutlich Wieners Brief vom 16. November 1888, aus dem bereits zitiert wurde.[2915] In ihm erläutert Wiener, warum er sein Lehrbuch der darstellenden Geometrie nicht als Konkurrenz für das Fiedlersche sah – ein Angebot zur friedlichen Koexistenz, das Fiedler annahm.

[2911] Karte Wiener an Fiedler, Karlsruhe 3. März 1882 (Hs 87: 1536). Der Prioritätsstreit mit Wiener, den Chr. Beyel in seinen Erinnerungen beschreibt (vgl. 1.4.1), wird in der erhaltenen Korrespondenz Wiener – Fiedler nicht angesprochen.

[2912] Hauck 1879. Vgl. etwa Brief Wiener an Fiedler, Karlsruhe 15. Dezember 1880 (Hs 87: 1535) bzgl. Hauck und Brief Wiener an Fiedler, Karlsruhe 4. Februar 1882 (Hs 87: 1537), bzgl. Pohlke. Laut Wiener teilte Fiedler seine Kritik an Haucks Buch, dessen subjektivistischen Standpunkt Wiener nicht teilte.

[2913] Tilscher 1878. Ikonognosie war für Tilscher der Teil der darstellenden Geometrie, der sich mit den Projektionen beschäftigt. Ihre Aufgabe ist es, das Dargestellte aus seinem Bilde zu erkennen. Vgl. Moravcová 2019, 270 – 271. K. Pelz kam in seinen Briefen an Fiedler mehrfach auf Tilschers Ideen zu sprechen, die er obskur fand, insbesondere dessen eigenwillige Symbolik. Vgl. 9.2.6.

[2914] Brief Wiener an Fiedler, Karlsruhe 14. September 1879 (Hs 87: 1533).

[2915] Hs 87: 1540. Vgl. 4.6.

Wiener hatte vielseitige Interessen, neben der Physik – wo er die Brownsche Bewegung richtig deutete und vehement die Priorität Robert Mayers[2916] in Sachen Energieerhaltung gegen H. Helmholtz verteidigte – auch die Philosophie. Im zweiten erhaltenen Brief an Fiedler[2917] dankt er diesem für seine lobenden Worte zu seinem Buch über die Sittenlehre, womit wohl „Die Grundzüge der Weltordnung"[2918] gemeint war. Am Ende des Vorwortes dieses Buches heißt es:

> Ich übergebe diese Arbeit nicht leichtfertig der Oeffentlichkeit; durch mehr als sieben Jahre war ich, entwerfend und verbessernd, mit ihrer Ausführung beschäftigt. Wie bedeutend auch die Mängel sein mögen, die im Einzelnen zu vermeiden mir unmöglich war, so sehr hat sich doch während jener Zeit die Ueberzeugung von der Wahrheit der gewonnenen Ergebnisse im Ganzen immer gekräftigt, eine Ueberzeugung, ohne welche ich nicht wagen könnte, die Arbeit der Oeffentlichkeit zu übergeben. Sie wird noch weiter durch die Ueberlegung gestärkt, daß ich wissentlich nirgends von der rücksichtslosen Folgerichtigkeit abgewichen
>
> und doch, von der hier allein Sicherheit gewährenden, der naturwissenschaftlichen Grundlage ausgehend, zur Erwerbung jener höchsten Güter des Menschen gelangt bin. Feste Grundlage, Folgerichtigkeit und Führen zum Guten sind aber Kennzeichen der Wahrheit, und ich hoffe, daß dieselben in nicht zu geringem Maße in der vorliegenden Arbeit enthalten sein werden.

Das kommt Fiedlers Stil doch ziemlich nahe, wenn sich dieser auch nie publizistisch auf philosophisches Terrain wagte – es sei denn, man sieht sein Buch zur Mythologie als solchen an.

Auch mit Ludwig Burmester, einem anderen führenden darstellenden Geometer zu Fiedlers Zeiten, stand letzterer im brieflichen Austausch.[2919] Burmester war in Fiedlers sächsischer Heimat, nämlich am Polytechnikum Dresden, von 1870 bis 1887 tätig. Im ersten erhaltenen Brief[2920] kündigte Burmester Fiedler die Zusendung seines Buches „Theorie der Beleuchtung gesetzmäßig gestalteter Flächen"[2921] an, worauf sich Fiedler mit seiner „Darstellenden Geometrie"

[2916] Ähnlich wie auch Eugen Dühruing, vgl. dessen Werk „Robert Mayer. Der Galilei des 19. Jahrhunderts (Chemnitz: Schmeitzner, 1880).
[2917] Karlsruhe 14. September 1879, Hs 87: 1533.
[2918] Leipzig und Heidelberg: Winter, 1863.
[2919] Vgl. auch Briefwechsel Fiedler – Zeuner in 9.2.4, wo von Burmester die Rede ist, und Fiedler an Klein, 19. August 1880, wo Fiedler erwähnt, er habe Burmester vergeblich in Darmstadt als Nachfolger von R. Sturm empfohlen (Confalonieri/Schmidt/Volkert 2019, 115): „Prof. Bu. hat kein Glück." Anlass war Kleins Bericht über den am Ministerum gescheiterten Versuch, Burmester ans Münchner Polytechnikum zu berufen.
[2920] Dresden, 24. Oktober 1871 (Hs 87: 106).
[2921] Leipzig: Teubner, 1871.

revanchierte. Die Initiative zum Briefwechsel scheint also von Burmester ausgegangen zu sein. Fiedlers Werk, das er als sehr nützlich bezeichnete, fand seine prinzipielle Zustimmung:

> Mit regem Interesse habe ich schon fast die erste Hälfte Ihres Werkes gelesen, denn ich bin ein Freund Ihrer Methode: Die neuere Geometrie aus der darstellenden heraus zu entwickeln.[2922]

Rund ein halbes Jahr später, am 3. März, 1872 relativierte er allerdings dieses Urteil etwas:

> [...] ich bin überzeugt, und verhehle es Ihnen nicht, daß die strenge gerade Durchführung Ihres Planes viele Gegner finden wird, aber die Vorzüge Ihrer Methode werden gewiß von vielen Seiten anerkannt werden.[2923]

Der Anlass zu dieser Bemerkung war die an Burmester herangetragene Bitte, ein Referat über Fiedlers Buch für das Jahrbuch über die Fortschritte der Mathematik zu schreiben.[2924] Dieser kam er letztlich nicht nach. Im zitierten Brief schildert Burmester auch kurz seinen Werdegang; dabei kommt auch die von A. Beck und Fr. Schur erwähnte Russifizierung wieder zur Sprache:

> Dann erhielt ich eine bequeme gut dotirte Lehrstelle am Realgymnasium in Lodz in Russisch-Polen. Nach vierjähriger Anstellung wurde diese Anstalt russifiziert und ich wurde unter guten pecuniären Bedingungen entlassen, darauf wurde ich hier Privatdocent.[2925]

1872 wurde Burmester in Dresden im Zuge einer Abwehrverhandlung, er hatte einen Ruf nach Aachen als Nachfolger Reyes erhalten, zum ordentlichen Professor befördert. Für Fiedler war das wohl eher eine schlechte Nachricht, zurück in die Heimat wäre er vermutlich gerne gegangen.

Das Thema Geometrie und Kunst wird auch in Burmesters Briefen wie in denen Wieners angesprochen – nämlich im Zusammenhang mit der Reliefperspektive. Er sympathisierte mit Haucks Position:

> Auch bin ich mir garnicht im Klaren, ob man dem Künstler mit der Reliefperspective in die Zügel fallen darf.[2926]

[2922] Dresden, 10. November 1871 (Hs 87: 107).

[2923] Dresden, 3. März 1872 (Hs 87: 109).

[2924] Vgl. 4.6.

[2925] Gemeint ist in Dresden. Burmester ging von Berlin nach Lodz. In Berlin hatte er nach Studium in Göttingen und Heidelberg das Staatsexamen abgelegt.

[2926] Dresden, 23. März 1873 (Hs 87: 110). Hauck billigte den Künstlern Freiheiten zu, während Wiener sie dem strikten Reglement der Geometrie unterwerfen wollte. In einem Brief Burmesters vom 5.

1874 reiste Burmester nach Zürich. In seinem Brief[2927] mit der entsprechenden Ankündigung äußerte er den Wunsch, dort Schülerarbeiten ansehen zu dürfen, und erkundigte sich nach Diplomprüfungen. Fiedler notierte für seine Antwort auf dem Brief einige Namen (Gröbli, Keller, Meyer, Mosimann, Wolfer) nebst Themen ihrer Diplomarbeiten und Noten (Gröbli erhielt eine 6, Keller 5,5).

Der letzte erhaltene Brief von Burmester an Fiedler stammt aus dem Jahr 1906. Fiedler hatte wohl mitgeteilt, dass er erkrankt war, was Burmester zu einer geradezu philosophischen Antwort inspirierte:

> Das Leben ist ein Gebilde aus Arbeit, Sorge und Freude, wenn die Arbeit den größten Teil, die Sorge den kleinsten bildet und die Freude es lieblich macht; dann nennen wir es ein glückliches Leben. Und ein solches möge Ihnen auch am Abend Ihres Lebens beschieden sein. Die Jahre gehen an keinem unberührt vorüber, und wir müssen dann in unserem Alter zurückblicken auf all das Gute, was uns im Leben beschieden ward.[2928]

Im gleichen Brief teilte er Fiedler mit, dass dieser zum korrespondierenden Mitglied der Bayrischen Akademie gewählte worden war.[2929]

Anfänglich nahm Burmester im Briefwechsel mit Fiedler die Position des jüngeren Kollegen ein, die sich dann allmählich einer gleichberechtigten näherte. Inhaltlich gab es nicht allzu viele Berührungspunkte zwischen den beiden – hier wäre hauptsächlich die Lehre der darstellenden Geometrie zu nennen sowie die Reliefperspektive nebst Modellen. Burmesters Schwerpunkt lag mehr auf anwendungsnahen Gebieten wie Beleuchtungslehre, Kinematik und Strahlenoptik bis hin zu optischen Täuschungen, auch die Bewegungen des Grundwassers interessierten ihn.

Als weitere darstellende Geometer, mit denen Fiedler einen (wenn auch nur kurzen) Briefwechsel unterhielt, seien hier noch Bernhard Gugler und Rudolf Mehmke, beide in Stuttgart, erwähnt. In Fiedlers Nachlass finden sich drei Briefe von Gugler. Im ersten[2930] fragte Gugler bei Fiedler wegen möglicher Assistenten nach, nannte als sehr vielversprechenden Stuttgarter Studenten Otto Hölder und schilderte seinen aktuellen Assistenten Carl Crantz (Privatdozent mit Professorentitel). Im zweiten Brief[2931] geht es um eine Anfrage Fiedlers. Dieser

---

Dezember 1880 an Fiedler (Hs 87: 1535) heißt es: „Ich kann nicht glauben, daß Kunst und Wissenschaft in dem geringsten Widerspruch stehen."
Zu Burmesters Modellen der Reliefperspektive vgl. auch seinen Brief an Fiedler Dresden, 12. Juli 1881 (Hs 87: 112) sowie 4.2.8 und 8.4.
[2927] Dresden 22. Juli 1874 (Hs 87: 111).
[2928] München, 12. November 1906 (Hs 87: 112a).
[2929] A. Voss hatte dies Fiedler ebenfalls mitgeteilt, vgl. 9.2.1. Offensichtlich besaß Fiedler in München mindestens zwei Fürsprecher.
[2930] Stuttgart 31. Mai 1867 (Hs 87: 341).
[2931] Stuttgart 28. Juni 1867 (Hs 87: 342).

hatte Auskünfte über drei Kollegen erbeten: Rudolf Niemtschik (Graz) (Gugler: „talentvoll"), Carl Küpper (Gugler: „scharfsinniger Geometer") und Carl Friedrich Geiser. Gugler zu letzterem: Er „ist jedenfalls mit der neueren Geometrie gut vertraut namentlich in der Steiner'schen Behandlung." Offensichtlich ging es Fiedler hier um einen Nachfolger für sich in Prag; berufen wurde wohl auf Fiedlers Vorschlag hin C. Küpper aus Trier. Im dritten und letzten Brief[2932] bedankte sich Gugler für eine Zusendung Fiedlers und teilte mit, dass die dritte Auflage seiner „Darstellenden Geometrie" unter der Presse sei.

Während viele Vertreter der darstellenden Geometrie eine Affinität zur bildenden Kunst und/oder zur Architektur zeigten, war Gugler ein sehr versierter Musikkenner, der sich im Stuttgarter Musikleben engagierte. Bekannt geblieben sind seine Bearbeitungen der Libretti zu Mozarts „Don Giovanni" und „Cosi van tutte". Er gilt als Mitbegründer der musikwissenschaftlichen Quellenkritik.[2933]

Ebenso wie B. Gugler wirkte Rudolf Mehmke[2934] als darstellender Geometrie in Stuttgart in der Nachfolge von Carl Reuschle (ab 1894), zuvor war er zehn Jahre in Darmstadt tätig. Aus seiner Zeit dort sind zwei Briefe an Fiedler erhalten. Im ersten bittet Mehmke um Auskünfte im Zusammenhang mit der Krümmungstheorie von Flächen: Er wollte wissen, ob gewisse Ideen, die er hatte, neu seien und wandte sich an Fiedler als bekannten Kenner der Literatur:

> Da hierüber wohl kaum jemand so gute Auskunft geben kann wie Sie als Bearbeiter der Salmon'schen Werke dazu im Stande sind, so nehme ich mir die Freiheit, Ihnen die einfachsten meiner Resultate mit der Bitte vorzulegen, mir Ihre Ansicht darüber mitzutheilen.[2935]

Hier wird wieder einmal deutlich, dass Fiedlers Literaturkenntnisse allgemein bekannt und geschätzt waren und dass die Bücher von Salmon - Fiedler wichtige Quellen für das Wissen auf vielen Gebieten der Geometrie bildeten. Im nachfolgenden Brief[2936] bedankte sich Mehmke für Fiedlers Auskünfte. Er führte auch aus, dass er sich hauptsächlich mit der Anwendung der Grassmannschen Methoden beschäftige, die darstellende Geometrie also etwas zurückstehen müsse. Mehmke hatte mit einer Arbeit über die Anwendung von Grassmanns Methoden auf die ebene Kreisgeometrie in Tübingen promoviert (1880). Hierzu

---

[2932] Stuttgart 7. August 1867 (Hs 87: 343). Die erste Auflage erschien 1841 in Nürnberg bei Schrag, die dritte 1874 in Stuttgart bei Metzler, die vierte und letzte dasselbst 1880.
[2933] Vgl. Böttcher/Maurer 2008, 61 – 67.
[2934] Zu Mehmke vgl. Maurer 2024.
[2935] Brief Mehmke an Fiedler, Darmstadt 1. Mai 1885 (Hs 87: 706). Eine vollständige Transkription des Briefes findet sich bei Mauer 2024, 474 – 475.
[2936] Brief Mehmke an Fiedler, Darmstadt 15. Mai 1885 (Hs (87: 707).

hatte ihn vermutlich S. Gundelfinger angeregt.[2937] Mehmke hielt auch Vorlesungen über dieses Gebiet, das man allmählich als Vektorrechnung zu bezeichnen begann. Auch die geplante Veröffentlichung zur Krümmungstheorie arbeitete mit Mitteln der Vektorrechnung. Das bereitete immer Verdruss:

> Was die Veröffentlichung meiner Untersuchungen betrifft, so wird dieselbe wohl noch einige Zeit in Anspruch nehmen, denn ich gehe immer mit einer gewissen Scheu daran, etwas für eine Zeitschrift nieder zu schreiben, weil ich jedesmal gezwungen bin und von den Redacteuren dazu veranlasst werde, eine Erklärung der Grassmann'schen Methoden vorauszuschicken, was für mich höchst langweilig ist.

Es folgt Mehmkes bereits zitierte Beurteilung der Quaternionen, die er der Vektorrechnung deutlich unterlegen sah.[2938] Anzumerken ist noch, dass Mehmke sehr breite Interessen hatte, die von der reinen Mathematik über die angewandte bis hin zu mathematischen Instrumenten und dgl. reichten.

Wir beschließen unsere Ausführungen zur Fiedlerschen Korrespondenz mit Geometern mit Hermann Caesar Hannibal Schubert. Schubert ist insofern ein Sonderfall unter Fiedlers Briefpartnern, als er seine Lebensarbeitszeit an Gymnasien verbrachte – zuerst am Andreanum in Hildesheim (1870 – 1876), dann als Oberlehrer an der Gelehrtenschule des Johanneum in Hamburg (1876 – 1908). Das waren allerdings nicht irgendwelche Gymnasien, sie gehörten zu den ältesten und renommiertesten ihrer Art in Deutschland.[2939] Für Felix Klein war Schubert, den er aus gemeinsamen Berliner Tagen kannte, ein strategisch wichtiges Verbindungsglied zur Welt der Gymnasien, als solcher wurde er dann auch in den ersten Vorstand der Deutschen Mathematiker-Vereinigung gewählt. Schubert selbst thematisierte in seinen Briefen an Fiedler seine Situation als Lehrer. Im zweiten Brief an Fiedler[2940], der erhalten ist, spricht er von der „für uns Nicht=Universitätsmathematiker so unschätzbar werthvollen Bearbeitung der Salmonschen Raumgeometrie" durch Fiedler. Einige Jahre später heißt es dann[2941]:

> Und gerade ich, der in seinen 22 Schulstunden nicht die wissenschaftliche Athmosphäre athme, welche die beneidenswerthen Fachgenossen der

---

[2937] Vgl. Maurer 2024, 65 – 68. In diesem Werk gibt es zahlreiche weitere Erläuterungen zum Thema Mehmke als Vorkämpfer Grassmannscher Ideen; Mehmke sah hierin eine seiner Bestimmungen. Eine andere war sein Eintreten für den Pazifismus – damals wie heute eine wenig populäre Haltung.
[2938] Vgl. 5.3.3.
[2939] Bis 1883 gab es neben dem Johanneum in Eppendorf auch ein akademisches Gymnasium, das zwischen Schule und Universität angesiedelt war. Zudem hatte das Johanneum auch einen realistischen Zweig.
[2940] Brief Schubert an Fiedler, Hildesheim 3. Dezember 1875 (Hs 87: 1154).
[2941] Brief Schubert an Fiedler, Hamburg 13. Juni 1880 (Hs 87: 1158).

Universitäten und Polytechnika athmen, bedarf häufig einer derartigen Ermutigung und Aufmunterung.

Schubert behauptete, es sei ziemlich gleichgültig, ob er wissenschaftlich arbeite oder nicht, „die Hauptsache ist nur, daß meine Oberprimaner in Mathematik ein gutes Examen ablegen, und dieses Ziel habe ich immer leicht erreicht." Er bedankte sich zudem bei Fiedler, dass er seine Arbeiten erwähne, ihm also zu einer gewissen Sichtbarkeit verhelfe.[2942] Weiter berichtete er, dass er darstellende Geometrie aus Fiedlers Lehrbuch lerne, das er sehr reichhaltig fände. Die Wertschätzung, die Schubert Fiedlers Leistungen als deutschen Bearbeiter der Salmonschen Werke entgegenbrachte, wird auch deutlich in der Vorrede zu seinem Hauptwerk „Kalkül der abzählenden Geometrie":

> Wenn daher das vorliegende Buch zu einigen Capiteln der grossen Werke von Salmon-Fiedler und Clebsch-Lindemann einige Ergänzungen hinzufügen sollte, so würde der Verfasser darin den schönsten Lohn für die Mühe der Redaction finden.[2943]

Die abzählende Geometrie, begründet von M. Chasles und weiterentwickelt von G. Halphen, H. C. H. Schubert und H. Zeuthen, war ein erfolgreiches Forschungsfeld, das Fiedler Interesse erregte. Er bat Schubert, einen Text darüber zu verfassen, den er dann verwenden könne.[2944] Das ist allerdings soweit feststellbar nicht geschehen.

Auch Fiedlers Zyklographie wurde von Schubert wertgeschätzt:

> Ihre letzte Mittheilung über die Ableitung der Kegelschnitttheorien aus einer neuen Quelle hat mich sowohl wegen der neuen Methode, die ihren Ursprung in der darstell. Geom. hat, wie auch ihres Stoffes wegen lebhaft interessiert. Der Apollonius ist überhaupt ein lieber alter Freund von mir, denn meine erste Abhandlung, die ich als Student 1869 schrieb, bezog sich auf die Lage"Eigenschaften [Schreibweise im Original; K. V.] der 16 Kugeln, welche 4 Kugeln berühren.[2945]

Diese Bemerkung bezog sich nicht auf Fiedlers Buch sondern auf seinen Aufsatz über neuere elementare Abbildungsmethoden[2946], in dem er Hinweise zur

---

[2942] Vgl. Brief Hildesheim 20. Dezember 1874 (Hs 87: 1153). Konkret geht es um den zweiten Band der Raumgeometrie.

[2943] Schubert 1879, IV.

[2944] Brief Schubert an Fiedler, Hamburg 15. November 1880 (Hs 87: 1160)

[2945] Brief Schubert an Fiedler, Hamburg 15. November 1880 (Hs 87: 1160). Von Schubert, stud. math. Berlin, sind in der Zeitschrift für Mathematik und Physik 1863 zwei Abhandlungen zum Thema Kugeln, die Kugeln berühren, erschienen: Schubert 1863 und Schubert 1863a.

[2946] Fiedler 1879c.

Zyklographie gab. Das entsprechende Buch wurde dann von Schubert[2947] mit einer hübschen Formulierung bedacht:

> Ich begrüße mit grosser Freude Ihre Cyclographie und das elektrische Licht, welches Ihre Methode auf die Theorie der Kreis" [Schreibweise im Original; K. V.] und Kugelsysteme und die Theorie der Kegelschnitte und Rotationsflächen zweiten Grades wirft. Besten Dank ebensowohl für die „Vorrede", die mir Ihr Programm entrollt, wie auch für die Seiten über die Figur des Feuerbach'schen Kreises und die natürliche Stellung, die derselbe bei Ihnen einnimmt. Mit Glückwunsch zu Ihrem Werke und hochachtungsvollem Grusse

> Ihr Schubert

Schuberts kritische Bemerkungen zur Lage der Mathematik in Deutschland wurden bereits zitiert[2948] ebenso wie seine Erklärungen zum Referat Lampe's von Fiedlers „Darstellender Geometrie".[2949]

In der frühen Phase enthalten Schuberts Briefe auch fachliche Ausführungen. Insgesamt kann man Schubert als kritischen Außenseiter bezeichnen, eine Position, die Gemeinsamkeiten mit jener von Fiedler aufweist. Schubert war trotz seiner umfänglichen Unterrichtsverpflichtung erstaunlich produktiv. Neben einer Vielzahl mathematischer Abhandlungen verfasste er mehrere Lehrbücher (u.a. zur Arithmetik und natürlich zur abzählenden Geometrie). Zur Unterhaltungsmathematik publizierte er seine bekannten „Mathematischen Musestunden", er analysierte das Skatspiel unter den Gesichtspunkten der Wahrscheinlichkeitsrechung. Den engagierten Lehrer belegen die drei Bände seiner „Auslese aus meiner Unterrichts- und Vorlesungspraxis". Schließlich war er Herausgeber der „Sammlung Schubert", „die, auf wissenschaftlicher Grundlage beruhend, den Bedürfnissen des Praktikers Rechnung tragen und zugleich durch eine leicht faßliche Darstellung des Stoffes auch für den Nichtfachmann verständlich sind".[2950] Im Jahr 1906 hatte sie es schon auf 51 Bände gebracht.

Auch mit Geometern im Ausland unterhielt Fiedler Korrespondenzen. Hier wäre zum Beispiel A. Mannheim in Fankreich zu nennen, der sich um die Publikation von französischen Übersetzungen zweier Aufsätze von Fiedler bemühte.[2951] Von

---

[2947] Karte Schubert an Fiedler, Hamburg 26. November 1885 (Hs 87: 1162).

[2948] Vgl. 1.4. sowie oben in diesem Abschnitt.

[2949] Brief Schubert Hamburg, 6. August 1888 (Hs 87: 1163), vgl. 4.6. Schubert erwähnt auch Angriffe auf Fiedler im Archiv der Mathematik und Physik, kurz Grunert-Hoppe-Archiv genannt (Brief Schubert, Hamburg 13. Juni 1880 [Hs 87: 1158] und Hamburg 15. November 1880 [Hs 87: 1160]). Es ist leider unklar, worauf sich diese Bemerkungen beziehen.

[2950] Werbetext des Verlags Göschen für die Reihe in „Auslese" Band III (Leipzig: Göschen, 1906) hinterer Umschlag).

[2951] Vgl. Brief von Mannheim an F. vom 10. November 1876 (Mannheim möchte Übersetzung (Fiedler 1878a) publizieren, hat dt. Original von Fiedler 1876a als Sonderdruck erhalten), und Karten von

Jules Maillard de la Gournerie sind drei Briefe an Fiedler erhalten. Im ersten vom 20. November 1864[2952] bedankte sich de la Gournerie bei Fiedler für die Übersendung von Arbeiten, gesteht aber auch, dass er des Deutschen kaum mächtig sei. Vielleicht wollte Fiedler durch Einbezug von de la Gournerie eventuellen Prioritätsstreitigkeiten vorbeugen.[2953] De la Gournerie's mangelnde Deutschkenntnisse hinderten Fiedler nicht daran, ihm weitere Werke zu schicken.[2954]

9.2.6 Kollegen und Schüler

Fiedlers Briefwechsel mit Züricher Kollegen aus seinem Fach, der Mathematik, ist bescheiden. Das erklärt sich einerseits daraus, dass man vieles mündlich besprechen konnte, solange man gemeinsam vor Ort war – z. B. in den Abteilungskonferenzen. Zudem gab es wohl wenig zu besprechen, denn fast alle relavanten Entscheidungen traf der Schulrat.[2955] Anders wurde dies erst, wenn die Kollegen von Zürich weggingen. Aber auch zu diesen ehemaligen Kollegen unterhielt Fiedler keinen Kontakt – mit einer Ausnahme: Heinrich Weber.[2956] Fiedler und Weber waren von 1870 bis 1875 Kollegen, dann wechselte Weber nach Königsberg. Der Briefwechsel zwischen beiden ist recht umfangreich: 19 Briefe und Karten zwischen 1869 und 1901 (Hs 87: 1968 - 1983). Da über Weber, trotz der Tatsache, dass er in seiner Zeit ein sehr einflussreicher Mathematiker gewesen ist, recht wenig bekannt ist, werden seine Briefe im Folgenden etwas ausführlicher dargestellt.

Begonnen hatte alles mit einer höflichen Anfrage Webers:

> Sie haben ohne Zweifel schon gehört, daß ich von Ostern an die Ehre haben werde, Ihr College zu sein; indem ich mir erlaube, mich brieflich an Sie zu wenden, ersuche ich Sie um Ihren Rath und um Auskunft über die augenblicklichen Verhältnisse am Polytechnikum.[2957]

Mannheim vom 16.5.1878 (Hs 87: 693) und vom 28.6.1878 (Hs 87: 695, auf dieser Karte notierte Fiedler, dass er Sonderdrucke geschickt habe an Tilscher, Reuleaux, Zöllner, Zeuner, Studnicka sowie an die Polytechnische Zeitung). Fiedler erkundigt sich auch nach der Möglichkeit, sein Lehrbuch zu übersetzen. Vgl. weiterhin Mannheim an Fiedler vom 24.5.1878 (Hs 87: 694): Mannheim schlug vor, Fiedler könne sich an der Versammlung der *Association pour L'avancement des sciences* 1878 in Paris teilnehmen und parallel hierzu die Weltausstellung besuchen.

[2952] Hs 87: 679.

[2953] Vgl. 4.2.1.

[2954] Vgl. Hs 87: 680 und Hs 87: 681.

[2955] Vgl. 1.4 insbesondere 1.4.2.

[2956] Nicht zu verwechseln mit Heinrich Friedrich Weber, Physikprofessor am Polytechnikum in Zürich; vgl. Hs 87: 1484 und 1484a. Und auch nicht mit Heinrich Weber, Oberbibliothekar an der Züricher Kantonsbibliothek, ein Vorgänger der heutigen Zenttralbibliothek, die Fiedler mit Geschenken bedachte; vgl. Hs 87: 1467 und 1467a.

[2957] Brief Weber, Heidelberg 21. Dezember 1869 (Hs 87: 1468).

Als Weber dies schrieb, lebte er als (unbezahlter) Extraordinarius in seiner Heimatstadt Heidelberg. Die Lehrstelle in Zürich war seine erste bezahlte Anstellung. In seinem Brief bat Weber um Hinweise, welche Vorlesungen er in Zürich halten solle und welche Fiedler selbst zu halten gedenke. Da Fiedler mit dem zeitgleichen Weggang von Christoffel und Prym der einzige Lehrstelleninhaber deutscher Sprache in der Mathematik der sechsten Abteilung war, hatte Weber kaum eine andere Möglichkeit, fachkundige Erkundungen einzuholen, als bei ihm. Wie der nächste Brief Webers zeigt, wandte er sich etwas später noch an H. A. Schwarz, seinen zukünftigen Kollegen in Zürich, der dort schon etwas früher als Weber angefangen hatte.[2958]

In seinem nächsten Brief an Fiedler teilte Weber mit, dass er algebraische Analysis und Theorie der bestimmten Integrale lesen möchte. Höflich wie wohl immer stellte er fest: „Durch Ihre und von Herrn Professor Schwarz eingesanden Mittheilungen bin ich nun ziemlich orientirt über die Züricher Verhältnisse und hoffe auf eine befriedigende und ersprießliche Lehrtätigkeit."[2959] Als Nachfolger von Prym war Weber nicht verpflichtet, die Grundvorlesungen für zukünftige Ingenieure zu halten. Diese Aufgabe oblag Schwarz, als Trost gab es ein höheres Gehalt für ihn. Webers Brief endet mit einer sehr verbindlichen Mitteilung:

> Ich habe nicht die Absicht, schon zu Ostern meinen neuen Hausstand zu gründen. Ich möchte mich vorher in Zürich und in meiner Berufsthätigkeit etwas einleben. Ich hoffe auch in dieser Hinsicht in meiner neuen Heimat volles Glück und Befriedigung zu finden.

Weber war offensichtlich sehr freundlich und auf Ausgleich und Harmonie bedacht, somit das konträre Gegenstück zu H. A. Schwarz.[2960] Vermutlich auch deshalb hielt er den Kontakt mit Fiedler aufrecht. Im Sommersemester 1870 boten übrigens Fiedler, Schwarz und Weber gemeinsam seminaristische Übungen an.

Seinen Hausstand gründete Weber allerdings doch schon 1870. Er vermählte sich in Zürich mit Emilie Dittenberger, Tochter eines Heidelberger Theologieprofessors. 1872 kam Sohn Georg zur Welt, Emilie Weber und ihr Mann bedankten sich für Fiedlers Glückwünsche in zwei separaten Briefen aus

---

[2958] Schwarz las schon im Wintersemester 1869/70, Weber erst im nachfolgenden Sommersemester.
[2959] Brief Weber, Heidelberg 15. Januar 1870 (Hs 87: 1469).
[2960] Vgl. 1.4.1 für Beyels Schilderung der Persönlichkeit von Schwarz. Auch Schur fand Schwarz schwierig, vgl. 9.2.5. Zu Webers Charakter vgl. das Zitat von seiner Frau Elise am Anfang des ersten Kapitels.

Heidelberg.[2961] Allerdings musste Weber etwas später Fiedler mitteilen[2962], dass Sohn Georg verstorben war.

1875 nahm Weber einen Ruf an die Universität Königsberg an, für den gebürtigen Kurpfälzer, gewöhnt an ein mildes Klima[2963], eine mutige Entscheidung. Weber hatte allerdings schon als Student einige Zeit in Königsberg verbracht, wusste somit wohl, worauf er sich einließ. Die Königsberger Mathematik stand seit C. G. J. Jacobi in hohem Ansehen, zudem tauchte Weber ein Polytechnikum gegen eine Universität.

> Leben Sie wohl und bewahren Sie uns ein freundliches Andenken. Hoffentlich wird es uns vergönnt sein, in nicht allzu langer Zeit einmal hierher zurückzukommen und dann hoffen wir auch die alten Freunde und die alte Gesinnung wieder zu finden.[2964]

Am 10. März 1876 schrieb Weber erstmals aus Königsberg[2965]:

> Die erste Zeit unseres hiesigen Aufenthaltes hat uns gar nicht sonderlich gefallen wollen, und wir haben rechtes Heimweh nach unserem lieben Zürich und den dortigen Freunden ausgestanden.

Ein Punkt, der Weber das Leben in Königsberg schwer machte, waren „sehr erbitterte und unangenehme Streitigkeiten unter den Angehörigen der Universität". Er erwähnt auch, dass Schulratspräsident Kappeler ihm das Angebot gemacht hatte, nach Zürich zurückzukommen. Das habe er aber abgelehnt, hauptsächlich weil seine Lehrtätigkeit in Königsberg „recht befriedigend" sei. Insbesondere gäbe es gute Studenten dort.[2966] Zwei Wochen später sah die Lage schon besser aus[2967]:

> Uebrigens fangen wir auch jetzt an, uns hier einzugewöhnen. Es dauert in Königsberg relativ lang, bis man die guten Seiten sieht, aber vorhanden sind sie schon.

[2961] Brief Heinrich Weber und Brief Emilie Weber, Heidelberg 30. August 1872 (Hs 87: 1469a).

[2962] Brief Weber, Heidelberg 14. September 1872 (Hs 87:1470). Das Ehepaar Weber bekam 1874 einen weiteren Sohn, Rudolf Heinrich. Er wurde Physikprofessor zuerst in Heidelberg, dann in Rostock.

[2963] In einem Brief an Fiedler vom 3. Juli 1878 berichtet Weber, dass seine Frau mit den Kindern krankheitsbedingt den Sommer bei seinen Eltern in Heidelberg verbringen werde zwecks „Aufenthalt in freier und gesunder Luft [...], was in Königsberg nicht zu haben ist." Er selbst wolle an Pfingsten nach Heidelberg, „um möglichst viel gute frische Luft für den langen Königsberger Winter einzupacken." (Hs 87: 1477).

[2964] Brief Weber, Fluntern, 10. August 1875 (Hs 87: 1471).

[2965] Brief Weber, Königsberg, 10. März 1876 (Hs 87: 1472).

[2966] 1880 begannen Hilbert und Minkowski ihr Studium in Königsberg.

[2967] Brief Weber, Königsberg 29. März 1876 (Hs 87: 1473).

Gegen Ende des Jahres 1876 stellte Weber dann fest:

> Zum Arbeiten ist Königsberg gut geeignet, da man sonst nichts hat.[2968]

Fiedler hatte Weber gebeten, Vorschläge für seine eigene Nachfolge in Zürich zu machen. Dazu meinte dieser, die Auswahl sei allerdings nicht sehr groß, um dann A. Wangerin zu nennen, „ein ganz tüchtiger Mann", der in Berlin anstelle von G. Frobenius, der ja gerade nach Zürich gegangen war, Extraordinarius geworden sei. Auch G. Cantor wird erwähnt. Die Stelle Webers wurde letztlich erst 1882 mit Frobenius besetzt.

Fiedler sandte auch Weber viele seiner Publikationen. Wie andere Briefpartner auch wies Weber auf Fehler und dgl. in denselben hin. Ein Beispiel liefert der Brief vom 3. März 1877[2969], in dem Weber ein Versehen in den „höheren ebenen Curven" anmerkt und mit einer Zeichnung versieht:

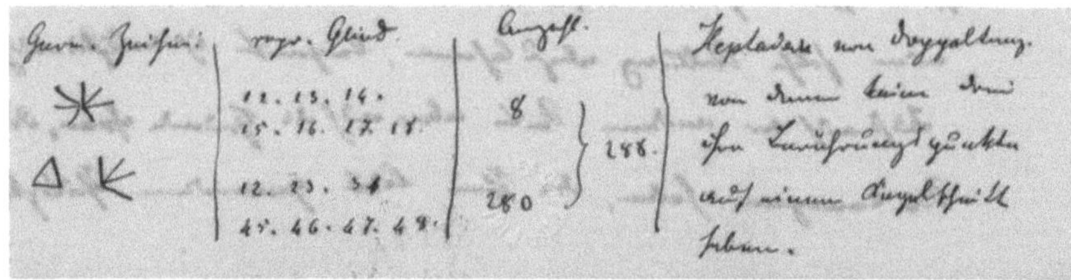

Abb. 9.7: *Heinrich Webers Ergänzung zu einer Tabelle von Salmon-Fiedler*

Es handelt sich darum, eine Tabelle bei Salmon-Fiedler[2970], in der es um die geometrischen Beziehungen zwischen Doppeltangenten an Kurven vierter Ordnung geht, zu ergänzen; die Zeichen in der ersten Spalte bei Weber sind seine eigene Erfindungen und Caleyschen Symbolen nachempfunden. In der zweiten Auflage der höheren ebenen Kurven findet sich die Webersche Ergänzung.[2971] Somit half die Korrespondenz, die Werke von Fiedler und Salmon-Fiedler zu verbessern.

Weber beobachtete die Züricher Situation aufmerksam, insbesondere das Schicksal seiner Schüler. Das belegt z. B. die nachfolgende Bemerkung von ihm:

> Sehr interessant war es mir, wieder einmal ein Züricher Programm zu erhalten. Ich habe mit Genugthuung gesehen, daß die beiden, die ich als meine speciellen Schüler betrachte, Gröbli und Henneberg, mit ganz

---

[2968] Brief Weber, Königsberg 18. November 1876 (Hs 87: 1474).
[2969] Brief Weber, Königsberg 24. März 1877 (Hs 87: 1475).
[2970] Salmon-Fiedler 1873, 285. Vgl. 5.4.3.
[2971] Salmon-Fiedler 1882, 306.

respectabeln Vorlesungen darin vertreten sind. Hat Gröbli noch keine Schritte gethan zur Veröffentlichung seiner beiden Arbeiten?[2972]

Im nachfolgenden Jahr kam Weber, nachdem er aus Königsberg eine verbesserte Situation – auch hier hebt er wieder seine Zuhörer hervor – meldete, nochmals auf die Züricher Verhältnisse zurück:

> Was Sie mir über die Verhältnisse am Polytechnikum mittheilen, ist mir sehr interessant gewesen, da ich von den Vorgängen nur sehr unvollständige Kenntnis hatte. Hoffentlich stellt sich auch dort bald ein vernünftiges Zusammenwirken zu dem gemeinschaftlichen Zweck wieder her.[2973]

Das Verhältnis von Weber und Fiedler scheint recht vertraut gewesen zu sein. In einem Brief Webers vom 5. August 1882 aus Königsberg[2974] schildert dieser ausführlich die Situation seiner Familie inklusive eigener Krankheit und den Schwierigkeiten einer Familie mit sechs Kindern bei der Wohnungssuche, um dann eine Anfrage Fiedlers zu beantworten. Dabei ging es um das weitere Studium von Sohn Ernst; Vater Fiedler wollte wissen, wo er dieses am besten fortsetzen könne.[2975] Weber votierte für Berlin, „dort hat er jedenfalls das Anerkannteste und Berühmteste, was Deutschland jetzt aufzuweisen hat, neben Kronecker und Weierstrass auch noch Kirchhoff und Helmholtz, […]" Dann kommt er auf Leipzig zu sprechen, vielleicht Nummer zwei im informellen Ranking jener Zeit.

> Klein ist zwar nach allem, was ich sehe und lese, ein umgemein anregender Lehrer und auch sonst ist in Leipzig die Mathematik mit seltener Vollständigkeit vertreten; ich würde vielleicht anders rathen, wenn es sich um einen Ort handelte, an dem das Studium begonnen und ihrem Haupttheile nach absolvirt werden sollten. Wenn es sich aber wie in Ihrem

---

[2972] Weber an Fiedler, Königsberg 18. November 1876 (Hs 87: 1474). In der Vierteljahrsschrift veröffentlichte Gröbli 1877 den Artikel „Spezielle Probleme über die Bewegung geradliniger paralleler Wirbelfäden" (Bd. 22, 37 – 81 und 129 - 165). Mit dieser Arbeit, die auch separat erschien (Zürich: Zürcher & Furrer, 1877), promovierte Gröbli 1876 in Göttingen. Im Vorwort dankte er „seinem hochverehrten Lehrer" H. Weber, der ihm dieses Thema für seine Diplomarbeit am Züricher Polytechnikum gestellt habe. Die Dissertation war eine Erweiterung derselben.
[2973] Weber an Fiedler, Königsberg 3. Juli 1878 (Hs 87: 1477). Das Zitat aus einem Brief von Heinrich Weber an Dedekind am Beginn von Kapitel 1 zeigt, dass Heinrich Weber die Situation am Polytechnikum nach seinem Weggang durchaus kritisch gesehen hat.
[2974] Brief Weber an Fiedler, Königsberg 5. August 1882 (Hs 87: 1479).
[2975] In einem Brief an Freund R. Sturm erkundigte sich Fiedler nach den Lebenshaltungskosten in Berlin. Offensichtlich überließ er nichts dem Zufall – und der Entscheidung seines Sohnes. Sturm antwortete mit Brief aus Münster vom 2. Oktober 1882 (Hs 87: 1237). Er hatte selbst nicht in Berlin studiert, weshalb er seine Frau bat, bei ihrer Schwester nachzufragen, deren Sohn Berlin von seinem Mathematikstudium her kannte. Der Neffe hatte in einem Jahr 900 Mark gebraucht, ohne Reise und Wäsche. Allerdings: „Mein Neffe ist ein sehr sparsamer und bescheidener Mensch; er raucht gar nicht und trinkt auch nicht viel."

Falle um den Fortgang [??] eines in der Hochschule vollendeten Studiums handelt, würde ich mich sicherlich für Berlin entscheiden[2976]

Ernst ging zuerst nach Berlin, später dann zwecks Promotion nach Leipzig.

Weber bedankte sich in seinem Brief noch für Fiedlers „Cyklographie" und kündigte an, dass er diese vielleicht in seinem Seminar verwenden werde, „dabei ist mir ein nicht zu schwieriger geometrischer Gegenstand immer sehr willkommen."

1883 wechselte Weber an die technische Hochschule Berlin in Charlottenburg, rückte also schon mal ein Stück nach Westen. Dort besuchte ihn Ernst Fiedler, dem er riet, noch ein Semester in Berlin zu bleiben.[2977] Jahre später (1889), Weber war zwischenzeitlich nach Marburg gegangen, kam er nochmals auf Sohn Ernst zu sprechen.[2978] Dieser war inzwischen Lehrer an der Kantonsschule in Zürich geworden. Weber drückte seine Freude darüber aus, dass er „Befriedigung in seinem Berufe findet, in dem er so Tüchtiges leistet, und daß er zugleich bei Ihnen bleiben kann, ist ein schönes Glück. Daß er etwas Tüchtiges gelernt hat und es auch anzuwenden wußte, hat mir seine Dissertation gezeigt, und meine Frau und ich erinnern uns noch mit Vergnügen der Tage, wo er in Charlottenburg bei uns war." Ein bisschen klingt das so, als wolle Weber Vater Fiedler trösten, der vielleicht Höheres für seinen Sohn erstrebt hatte.[2979] Fiedlers Ehrgeiz war wohl auffallend.

Die nächsten Stationen Webers waren Göttingen (1892) und Straßburg (1895). Aus Straßburg schrieb er:

> Wir sind nun bald sechs Jahre hier in Strassburg, und ich habe Ursache, dankbar dafür zu sein, wie mich das Geschick mit den Meinen hierher geführt hat. Meine Frau hat zwar zunehmend mit asthmatischen Leiden zu kämpfen, hält sich aber doch im Ganzen noch gut. Unser Sohn Rudolf, den Sie als kleines Kind erlebten, er ist ja auch Züricher, ist Physiker und seit einem Jahr Assistent bei Quincke in Heidelberg.[2980]

Der jüngere Sohn der Familie studierte Medizin, „Die drei Töchter sind noch zu Hause." Fiedler hat auf Webers Brief ausführlich Stichworte für seine Antwort

---

[2976] Brief Weber an Fiedler, Königsberg 5. August 1882 (Hs 87: 1479).

[2977] Brief Weber an Fiedler, Burscheid bei Aachen 4. August 1883 (Hs 87: 1480).

[2978] Brief Weber an Fiedler, Marburg 24. März 1889 (Hs 87: 1481).

[2979] Ähnlich scheint Doktorvater Klein die Lage gesehen zu haben, vgl. Volkert 2018b.

[2980] Brief Weber an Fiedler, Straßburg 29. Januar 1901 (Hs 87: 1483). Aus Göttingen schrieb Weber nur einmal an Fiedler, nämlich am 7. Juli 1892 (Hs 87: 1482). In diesem Brief geht es hauptsächlich um seine Übersiedlung nach Göttingen; im Sommersemester las Weber noch parallel in Marburg und Göttingen, pendelte als zwischen beiden Städten. Damals eine seltene Erscheinung.

notiert, wobei es vor allem um familiäre Ereignisse (Enkel, Sohn Karls Tod, ...) geht.

Insgesamt scheint Weber gut mit Fiedler ausgekommen zu sein. Dazu mag Webers ausgleichendes Wesen beigetragen haben, es gab aber auch kaum Anlässe für Konflikte.[2981] Weber ist der einzige ehemalige Züricher Kollege, mit dem Fiedler nach dessen Weggang eine nenneswerte Korrespondenz unterhielt.

Auch mit einigen seiner Schüler und ehemaligen Assistenten pflegte Fiedler einen Briefwechsel. Hier ist zum einen G. Veronese zu nennen, der seinen Lehrer über seine Arbeiten, seine Stellen aber auch über die Verhältnisse in Italien auf dem Laufenden hielt.[2982] Ähnliches gilt für Alexander Beck, mit dem Fiedler über viele Jahre hin korrespondierte und der aus Riga berichtete und umgekehrt Neues aus Zürich erfuhr.[2983] Bei vielen anderen Schülern hatte der Briefwechsel einen Schwerpunkt, z. B. bei Martin Disteli während Fiedlers Fernbetreuung seiner Dissertation, bei Adolf Weiler während seines Aufenthaltes in Göttingen und Erlangen oder bei Emil Waelsch, als es um dessen Wechsel nach Zürich ging.

Sehr umfangreich ist der Briefwechsel von Fiedler mit Karl Pelz, seinem ehemaligen Hörer in Prag, der dann Assistent bei Fiedlers Nachfolger C. Küpper wurde. Mit seinem früheren Chef verband ihn später allerdings eine leidenschaftliche Abneigung.[2984] Dies zeigt ein Brief von Pelz an Fiedler aus Graz vom 6. Februar 1890[2985], der noch einige andere heftige Beurteilungen von Personen enthält. Besonders interessant an diesem Brief ist aber, wie deutlich das Thema alltäglicher Antisemitismus in ihm wird.

Zuerst geht es in ihm um einen Prioritätsstreit von Pelz mit Küpper, Anlass war eine Veröffentlichung des ersteren mit einem Beweis des Satzes von Pohlke. Küpper, ein Schüler von Pohlke laut Pelz[2986], war der Ansicht, dass er diesen Beweis vor Pelz gehabt habe und publizierte diesen nach Erscheinen der einschlägigen Arbeit von Pelz umgehend in den Mathematischen Annalen:[2987]

[2981] Webers Frau Elise war weniger gut auf Fiedler zu sprechen, vgl. das Zitat am Anfang des ersten Kapitels.

[2982] Vgl. Confalonieri/Schmidt/Volkert 2019, wo der gesamte erhaltene Briefwechsel abgedruckt ist.

[2983] Vgl. 1.4.1.

[2984] Erhalten sind 21 Karten und Briefe: Hs 87: 797 – 818 sowie Hs 87: 1800. Dieser letzte Brief ist auf den 30. November 1867 zu datieren, wie sein Inhalt zeigt.

[2985] Hs 87 :813.

[2986] Vgl. Brief Pelz an Fiedler, Graz, 12. Juli 1889 (Hs 87: 812).

[2987] Küpper, C.: Der Satz von Pohlke (Mathematische Annalen 33 (1889), 474 – 475). Küpper bezieht sich vermutlich auf K. Pelz „Ueber einen neuen Beweis des Fundamentalsatzes von Pohlke" (Sitzungsberichte der Kaiserlichen Akademie der Wissenschaften mathematisch-naturwissenschaftlichen Classe. Band 76 (1877) II. Abtheilung, 123 – 138).

Die folgende Herleitung dieses Satzes habe ich seit 1867 am hiesigen Polytechnicum vorgetragen; dieselbe ist seitdem von Herrn C. Pelz ohne Angabe des Ursprungs publicirt worden: [...]

Die Affäre zog sich noch eine Weile hin, insbesondere wurde F. Klein als Redakteur der Annalen von Pelz einbezogen; ihm schickte er einen Brief von W. Ruth, der belegen sollte, dass Küppers Vorwurf unbegründet war.[2988]

Später heißt es dann im fraglichen Brief an Fiedler:

Am meisten hat mich aber die Nachricht interessirt, dass Küpper auch mit seinem Juden B.[2989] total zerworfen ist. Als Allé anfangs Juli im Collegium den Antrag gestellt hat, man möge den Bobek zum tit. ausserord. Prof. befördern, ist Küpper in der betreffenden Sitzung gar nicht erst erschienen u. hat sich auch an den resp. Arbeiten nicht betheiligt. Die Herausgabe der Küpper'schen Vorträge durch B.[2990] soll den Bruch herbeigeführt haben, denn Küpper soll sich hierbei vielfach benachtheiligt sehen.[2991] Allé hat für seinen Antrag wohl eine Mehrheit gewonnen, aber im Ministerium will man von der Beförderung des Juden nichts wissen und Monsieur B. wird sich wohl noch ein wenig gedulden müssen u. warten, bis sein ehemaliger Protector u. Principal Herr Küpper das Feld räumt.[2992] Als Mathematiker dürfte er in Österreich wohl kaum unterkommen, da Allé & Grünwald noch ziemlich jung sind und eine andere Hochschule nimmt den Juden – dafür garantire ich – gewiß nicht, obwohl gerade auf dem Gebiete der Mathematik gewisse Veränderungen & Verschiebungen im Laufe des nächsten Jahres zu gewärtigen sind. Winkler und Durège erreichen das 70te Lebensjahr, und wie ich höre soll auch Unferdinger nicht abgeneigt sein in Pension zu gehen. Für die Winklersche Stelle[2993]

[2988] Brief Pelz an Fiedler, Graz, 12. Juli 1889 (Hs 87: 812). Pelz und Franz Ruth waren befreundet. In einem vorangehenden Brief an Fiedler hatte Pelz seine gesamte Korrespondenz mit Ruth in der strittigen Angelegenheit „reproducirt", vermutlich um diesen zu einer Art Kronzeuge zu machen. Ruth hatte eine Zeitlang am Polytechnikum in Zürich studiert (vgl. Pelz an Fiedler, Graz 21. Juli 1880 [Hs 87: 799]) und korrespondierte mit Fiedler (16 Briefe und Karten von 1880 bis 1903 [Hs 87: 874 – 885]). Aus Zürich brachte er seinem Freund Pelz ein „wertvolles" Geschenk mit, nämlich eine Fotografie Fiedlers – allerdings mit Vollbart. Pelz musste sich etwas anstrengen, um seinen verehrten Lehrer wiederzuerkennen. In einem Brief an Fiedler aus Leoben vom 1. Januar 1885 (Hs 87: 879b) schrieb Ruth: „Wie oft bedauern wir, Pelz und ich, dass Sie hochverehrter Herr Professor nicht in Oesterreich wirken; wir sind eben Oesterreicher u. Patrioten und als solche möchten wir auch der Schule das Beet gegeben wissen."

[2989] Gemeint ist Karl Bobek.

[2990] Es geht um Bobek 1889.

[2991] Im Buch Bobeks kommt Küpper nur im Untertitel sowie am Anfang der Vorrede vor. Dort heißt es: „Das vorliegende Buch ist eine Bearbeitung der Vorträge, welche Herr Professor C. Küpper seit dem Jahre 1867 an der Prager Polytechnischen Hochschule über Geometrie der Lage gehalten hat." (Bobek 1889, III). Das war Küpper wohl zuwenig.

[2992] Küpper trat erst 1898 vom Lehramt zurück.

[2993] Es geht hier um Anton Winkler ((1821 – 1892), der eine Professur für Mathematik in Wien innehatte. 1893 wurde Leopold Gegenbauer (1849 – 1903), 1894 dann Franz Mertens (1840 – 1927)

werden jetzt schon Mertens [2994] & Gegenbauer als Candidaten genannt. Ich würde im Interesse des armen Biermann lebhaft wünschen, daß der erstere reüssirt. Kennen Sie Biermann? Das ist der bescheidenste & liebenswürdigste unter allen jüngeren Mathematikern Österreichs und das wahre Gegentheil von Mauschel B.

[…]

Von den christl. Mathematikern Österreichs, die wohl in Betracht kommen dürften, ist er zweifellos der tüchtigste. Herr Werler[2995] erweist mir in seiner „neuen Behandlung"[2996] die Ehre, zwei Constructionen aus meinen aca. Abhandlungen zu reproduciren, die seinen Beifall nicht besitzen. Die [?] Bosheit, mit der er es thut, hat mich – angesichts der günstigen Beurtheilung meiner Arbeiten durch Wiener etc. – sehr belustigt. Ich selbst habe von Herrn Weiler nie die geringste Notiz genommen, und war daher umso freudiger überrascht, dass er mich so tief im Herzen trägt. Sollte ich es einmal der Mühe werth finden, gelegentlich dem Herrn W. zu sagen, was an seiner „Neuen Behandlung" nicht neu ist, dann wird die Liste jedenfalls etwas länger ausfallen. Der Mann schien nicht in der großen Schaar Ihrer Verehrer zu stehen. Es hat mich lebhaft gewundert, wie ein deutscher und zumal ein Züricher Docent f. darst. Geom. dazu kommt, Mannheim & tutti quanti aber nicht einen Fiedler zu citiren.

Die Stelle bei A. Weiler[2997], auf die sich Pelz' Bemerkung im obigen Brief bezieht, lautet:

Herr Pelz*, der diesen Versuch zuerst gemacht hat, beschränkt sich auf die orthogonale Axonometrie, und auch diese Durchführung kann keinen Anspruch auf Vollständigkeit machen. Ferner sind die Resultate zumeist in einer Form hergeleitet, welche das Wesen dieser Konstruktionen als nicht einfach erscheinen lässt, was wiederum ihre Anwendung mühsam macht. *Wiener Sitzungsberichte, LXXX, 1888, LXXXIII, 1881

---

zum Professor der Mathematik an der Universität Wien ernannt. Vgl. Brief Emil Weyr an Fiedler Prag, 6. Juli 1891 (Hs 87: 1529).
[2994] Die später erfolgte Berufung von Franz Mertens (1840 – 1927) nach Wien kommentierte H. Minkowski in einem Brief aus Zürich an D. Hilbert (20. August 1894): „Jetzt haben die Wiener wenigstens einen Mathematiker." (Rüdenberg/Zassenhaus 1973, 62)
[2995] Ein Schreibfehler, gemeint ist Adolf Weiler wie aus dem Weiteren hervorgeht.
[2996] Weiler 1889.
[2997] Weiler 1889, 60. Es geht darum, die Konstruktionsschritte, die am Objekt vorgenommen wurden, in der Bildebene nachvollziehen zu können.

Es folgen dann bei Pelz noch ähnliche Angriffe gegen Wilhelm Rulf[2998] in Sachen Beweis des Satzes von Pohlke. Zudem erwähnt Pelz, er habe gelesen, dass Fiedlers darstellende Geometrie in Spanische übersetzt würde – was aber nicht geschah.

Das Thema Antisemitismus und die Person von Karel Bobek waren schon früher in Pelz' Briefen aufgetaucht. 1884 berichtete er aus Graz an Fiedler[2999] von einem Besuch Bobeks: „Der junge Mann hat mir ziemlich gefallen, leider ist aber unser Collegium und noch mehr die Studentenschaft sehr antisemitisch gesinnt, und ich fürchte, es wird da nicht viel zu machen sein." Später aber fiel der „getaufte Hebräer" in Ungnade bei Pelz – und zwar ebenfalls wegen der Pohlke-Affäre[3000]:

> Allerdings muss man – um gerecht zu bleiben – bei einer summarischen Beurtheilung des Herrn K. mit in Rechnung bringen, dass der Mann seit Jahren blos die Marionette in den Händen eines recht gewissenlosen Juden ist, der ihn in der frechsten Weise für seine persönlichen Zwecke ausnutzt. Den Namen brauche ich Ihnen nicht zu nennen, sie kennen ihn gewiss selbst auch. Wie fest die moralische Basis dieses Mannes ist, können sie am besten daraus entnehmen, dass er sich sofort nach dem Tode Rogners [?] hat taufen lassen, da er in Erfahrung gebracht, dass das Collegium der Grazer Hochschule antisemitisch angehaucht ist [...]

> Ich bin fest überzeugt, dass die ganze Attacke in den „Annalen" gegen mich nicht von K. sondern von dem Juden formirt wurde, und ich glaube sogar, dass er den Aufsatz eigenhändig geschrieben hat. Denn ich habe seinen gerechten Zorn kühn herausgefordert, da ich bei unserer letzten math. Besetzungsangelegenheit davon – wiewohl von Herrn K. mehrfach dazu aufgefordert - nichts wissen wollte, für den Hebräer eine Lanze zu brechen. Ich kenne den Herrn K. ganz genau, er hat meinen Aufsatz vom J. 1877 weder gelesen noch gesehen, das Ganze hat ihm der Jude eingeredet, und es so weit gebracht, dass Küpper die Geschichte auch glaubt.

Verschwörungstheorien und Antisemitismus gehen Hand in Hand. Herr K. ist natürlich C. Küpper. Nach den seinerzeit gängigen Rechtsnormen war ein

---

[2998] Rulf war vermutlich Assistent von Küpper und später dann Professor an der Staatlichen Oberreal-Schule in Pilsen (vgl. Obenrauch 1897, 413). Nicht zu verwechseln mit Fiedlers Schüler Ruth, der in Leoben wirkte und Pelz nahestand.
[2999] Brief von Pelz, Graz 30. Dezember 1884 (Hs 87: 807). Für eine andere Sicht auf Bobek vgl. Pick 1900. Allerdings räumt auch Pick ein: „Er war ein Mann des raschen Entschlusses und der raschen Durchführung in wissenschaftlichen Dingen, wie im Leben. So war auch sein Wesen geradezu, und konnte hierdurch bei ferner Stehenden hie und da Anstoß erregen. Seine Freunde aber, denen er selbst stets treu anhieng, haben gerade darin einen seiner Vorzüge erblickt." (Pick 1900, 99). Pick betont, dass Boibek sehr lange im Präkariat lebte, wie wir heute sagen würden.
[3000] Graz, 25. Mai 1889 (Hs 87: 811).

getaufter Jude offiziell kein Jude mehr, folglich sollte er keine Schwierigkeiten mehr bekommen. Es ging juristisch gesehen einzig und allein um die Religionszugehörigkeit.

Begonnen hatte der Briefwechsel mit Pelz im Winter 1867, dieser – noch Student - erstattete Fiedler Bericht über seinen Nachfolger: „Diesen Mittwoch sprach ich zum ersten Male mit Herrn Prof. Küpper, der einen ganz guten Eindruck macht [...]".[3001]

Pelz' nächster Brief begann mit der Anrede „Euer Hochwohlgeboren Hochgeehrter Herr!", später ging Pelz - obwohl selbst Professor - zu „Hochgeehrter Herr Professor" über. Im fraglichen Brief bedankte sich Pelz überschwänglich für ein Exemplar der „Kegelschnitte", welches ihm Fiedler über eine Prager Buchhandlung hatte zukommen lassen. Dann kam er auf das Thema deutsch versus tschechisch zu sprechen:

> In der That, wenn ich heute frei von jeglichem lächerlichen nationalen Eigendünkel als eifriger Verehrer deutscher Wissenschaft da stehe, und mich an den Errungenschaften der großen deutschen Nation labe, so muss ich dankbar bekennen, dass es deutsche Gelehrte und namenthlich Sie Hochgeehrter Herr gewesen, die mir den Weg gezeigt, an dem ich mich jetzt so wohl und glücklich fühle.

In seinem nächsten Brief schildert Pelz wieder seine Situation und die in Österreich-Ungarn allgemein. Da er für einen „Schwärmer für Fiedler" gehalten werde, werde ihm von allen Fachvertretern Widerstand entgegengebracht. Besonders Koutny hatte es nach dessen Meinung auf Pelz abgesehen, denn er hatte noch kurz vor seinem Tod ein Schriftstück verfasst, in dem er darlegte, warum er gegen eine Vertretung seiner Stelle durch Pelz wsei. Letztlich blieb dies jedoch ohne Erfolg. Fiedlers Zyklographie, insbesondere seine Lösung des Apollinischen Berührproblems, dargelegt in seinen geometrischen Mitteilungen, wird gelobt. Nur einem Punkt konnte Pelz nicht zustimmen: Fiedler beurteile den „in jeder Hinsicht hohlen" Tilscher viel zu gutmütig. Tilscher scheint zudem, folgt man Pelz, in der Lehre wenig Erfolg gehabt zu haben, was dazu führte, dass die Studenten von der böhmischen zur deutschen Anstalt abwanderten. Diese beiden standen somit in Konkurrenz zueinander.

Wie viele Briefe von Pelz belegen, war aber vor allem Peschka, „dieser Trottel"[3002], ein rotes Tuch für ihn.[3003] Besonders gefreut hat ihn wohl der

---

[3001] Brief von Pelz, Prag 30. November 1867 (Hs 87: 1800).
[3002] Graz, 10. März 1882 (Hs 87: 804).
[3003] Einige Belege hierfür wurden schon zitiert, vgl. 4.1. sowie oben Briefwechsel Hauck – Fiedler.

gescheiterte Versuch, Peschka in den Adelsstand zu erheben.[3004] Dieser Versuch wurde von einem Referenten im zuständigen Ministerium betrieben, die Begründung waren vermutlich Peschkas große Verdienste um die Wissenschaften, nachgewiesen durch sein vierbändiges Monumentalwerk „Darstellende und projektive Geometrie nach dem gegenwärtigen Stande dieser Wissenschaft mit besonderer Rücksicht auf die Bedürfnisse höherer Lehranstalten und des Selbststudiums"[3005] mit überschwänglicher Widmung an den Kronprinzen. Um diesen Wert zu belegen, bat der Referent – so Pelz – Emil Weyr in Wien, den wohl angesehensten jüngeren Geometer in der k. und k. Monarchie, um ein Gutachten. Als dieses ungünstig ausfiel, wandte er sich auch noch an C. Küpper in Prag, der aber ebenfalls negativ urteilte.[3006] Der Referent gab danach den Plan auf. Auch Peschka Berufung auf eine Wiener Professur wurde von Pelz kritisiert, da er, obwohl nur zweitplatziert, den Ruf erhielt.[3007]

Fast genauso schlecht wie Peschka kommt Fr. Tilscher in Pelz' Briefen weg. Ihm wirft er einerseits Inkompetenz und miserable Lehre vor, andererseits seine Aktivitäten als Vorkämpfer der slavischen[3008] Sache. Den Obskurantismus Tilschers, der diesen dazu veranlasste, eine Art symbolische Sprache für die darstellende Geometrie und anderes mehr einzuführen, erläuterte Pelz in einem sehenswerten Brief an Fiedler[3009] ausführlich:

[3004] Brief Pelz, Graz 30. Dezember 1884 (Hs 87: 807). Vgl. auch Brief von Emil Weyr an Fiedler Wien, 5. Oktober 1888 (Hs 87: 1528), der ebenfalls auf diese Affäre Bezug nimmt und Pelz' Version derselben bestätigt.

[3005] Peschka 1883 – 1885.

[3006] Beides wird belegt durch einen Brief von Emil Weyr an Fiedler, Wien 5. Oktober 1888 (Hs 87: 1568). Weyr schreibt, er habe in seinem Bericht über Peschkas Werk seiner „Ansicht ganz unverblümt Ausdruck gegeben" und Küpper habe Peschka „ordentlich heimgeleuchtet". Bedauern äußerte er für Peschkas Verleger Gerold in Wien.

[3007] Vgl. Binder 2019, 200. Allerdings hatte der Erstplatzierte abgesagt.

[3008] Diese Bezeichnung verwendet Pelz sehr häufig, er spricht nicht etwa von tschechisch oder böhmisch. Die slawische Schreibweise Pelc seines Nachnamens ärgerte ihn ebenso wie vermutlich Carol für seinen Vornamen.

[3009] Graz 17. Dezember 1880 (Hs 87: 800). Tilschers als obskur empfundenen Ideen klingen auch bei S. Günther an, der am 23. September 1881 (Hs 87: 336) an Fiedler mit deutlicher Ironie schrieb: „Nicht einverstanden mit Ihrer Betonung des central-perspektivischen Standpunktes wird wohl Herr Tilšer sein, der neuerdings in der Zeitschr. f. d. Realschul. den kühnen Versuch macht, das ganze Menschen-Wissen als einen Ausfluß speziell der Orthogonal-Projektion nachzuweisen." Es geht vermutlich um Tilšer, Fr.: Zur Einführung in die Anfangsgründe der darstellenden Geometrie. Teil 1 (Zeitschrift für das Realschulwesen 6 (1881), 641 – 659), Teil 2 (Zeitschrift für das Realschulwesen 7 (1882), 75 – 99), Teil 3 (Zeitschrift für das Realschulwesen 7 (1882), 523 – 536 und 641 – 661).

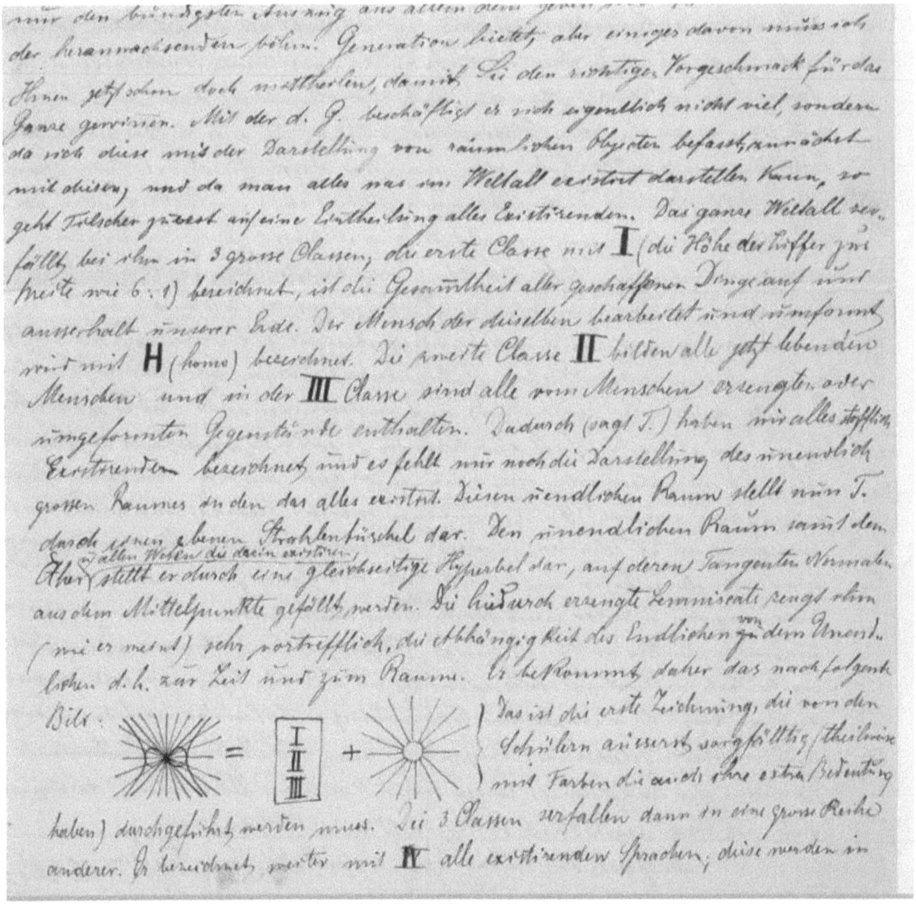

nur den bündigsten Auszug aus allen dem …
der heranwachsenden hohen Generation bietet, aber einiges davon muss ich
Ihnen jetzt schon doch mittheilen, damit Sie den richtigen Vorgeschmack für das
Ganze gewinnen. Mit der d. G. beschäftigt er sich eigentlich nicht viel, sondern
da sich diese mit der Darstellung von räumlichen Objecten befasst, zunächst
mit diesen, und da man alles was im Weltall existirt darstellen kann, so
geht Tilscher zuerst auf eine Eintheilung alles Existirenden. Das ganze Weltall zerfällt bei ihm in 3 grosse Classen, die erste Classe mit I (die Höhe der Ziffer zur
Breite wie 6 : 1) bezeichnet, ist die Gesammtheit aller geschaffenen Dinge auf und
ausserhalb unserer Erde. Der Mensch der dieselben bearbeitet und umformt
wird mit H (homo) bezeichnet. Die zweite Classe II bilden alle jetzt lebenden
Menschen und in der III Classe sind alle vom Menschen erzeugten oder
umgeformten Gegenstände enthalten. Dadurch (sagt T.) haben wir alles stoffliche
Existirenden bezeichnet und es fehlt nur noch die Darstellung des unendlich
grossen Raumes in dem das alles existirt. Diesen unendlichen Raum stellt nun T.
durch einen ebenen Strahlenbüschel dar. Den unendlichen Raum samt den
allen Wesen die darin existiren
Aber stellt er durch eine gleichseitige Hyperbel dar, auf deren Tangenten Normalen
aus dem Mittelpunkte gefällt werden. Die hiedurch erzeugte Lemniscate zeigt ihm
(wie er meint) sehr vortrefflich, die Abhängigkeit des Endlichen von dem Unendlichen d. h. zur Zeit und zum Raume. Er bekommt daher das nachfolgende
Bild: = I II III + Das ist die erste Zeichnung, die von den
Schülern äusserst sorgfältig (theilweise
mit Farben die auch ihre extra Bedeutung
haben) durchgeführt werden muss. Die 3 Classen zerfallen dann in eine grosse Reihe
anderer. Er bezeichnet weiter mit IV alle existirenden Sprachen, diese werden in

Abb. 9.8: *Ausschnitt aus einem Brief von Pelz zu Tilschers darstellender Geometrie*[3010]

Fiedler unterhielt ursprünglich durchaus freundliche Beziehungen mit Tilscher; ob das Pelz klar war und ob Fiedlers versuchte, Tilscher gegen dessen Angriffe zu verteidigen, ist mangels Quellen unklar.

Die Ironie des Schicksals wollte, dass Pelz 1896 Tilschers Nachfolger an der böhmischen Technischen Hochschule in Prag werden sollte. Trotz seines mäßigen Tschechisch wurde er als guter Lehrer geschätzt, publiziert hat er in dieser Sprache nie.[3011]

[3010] Graz 17. Dezember 1880 (Hs 87: 800).

[3011] Vgl. Moravcová 2019, 281. Auch Emil Weyr (siehe unten) tat sich mit dem Tschechischen schwer, vgl. Bečvářová/Bečvář/Škoda 2008, 99.

In seinen Briefen stellte sich Pelz als Vorkämpfer für die Ideen Fiedlers, insbesondere die Berücksichtigung der neueren Geometrie, in Österreich-Ungarn dar, der mit dem Widerstand konservativer Kreise – dazu zählten seiner Ansicht nach (fast) alle Vertreter der darstellenden Geometrie in seinem Land – zu kämpfen hatte. Charakteristisch hierfür ist eine Passage aus einem frühen Brief[3012] von Pelz an Fiedler:

> Die neuere Geometrie, dieses wichtige u. mächtige Werkzeug in der Hand eines darst. Geometers findet in seinen Vorträgen[3013] gar keine Berücksichtigung. Diese Ignoranz der neueren Methoden herrscht übrigens, das deutsche Polytechnikum in Prag ausgenommen, in allen techn. Hochschulen Österreichs. Hier wird (nämlich in der d. Geom.) noch überall der Kegelschnitt aus 5 Punkten nicht nach dem Satze von Pascal sondern mit Hilfe von complexen räumlichen Betrachtungen, [...], construirt. Die maßlose Bornirtheit geht bei uns soweit, dass die blosse Nennung des Namens „Fiedler" im Professorencollegium der ersten tech. Hochschule der Monarchie eine grosse Unruhe hervorbringt, und dass andererseits ein Bewerber um ein Stipendium sein Gesuch blos aus dem Grunde zurückziehen muss, da er unvorsichtig genug war anzugeben, dass er blos Fiedler's halber auf ein Jahr nach Zürich gehen möchte. Wenn ich zum Überfluss noch bemerke, dass der grosse Steiner von einem öst. Geometer als Schwindler bezeichnet wurde, so werden Sie gewiss zugeben müssen, dass nicht nur im Staate Dänemark, sondern auch andernorts etwas faul sein kann.

Erstaunlich ist, wie offen und heftig Pelz seine Kollegen speziell und die Lage in Österreich-Ungarn im Allgemeinen kritisierte.[3014] In letzterer Hinsicht ähnelt seine Position derjenigen von Fr. Kick, welcher allerdings wesentlich moderater in seiner Ausdrucksweise blieb. Man könnte von einer „Fin de siècle"-Stimmung sprechen. Der Briefwechsel mit Pelz enthält viele interessante Hintergrundinformationen zu den Vorgängen in Österreich-Ungarn. Da diese nicht Gegenstand unserer Betrachtungen hier sind, gehen wir nicht genauer auf sie ein. Deutlich wird, dass Fiedler mit den dortigen Vorgängen vertraut war und auf dem Laufenden gehalten wurde. Folgt man Pelz, so war allerdings eine Rückkehr für Fiedler ausgeschlossen, da er sich einer einflussreichen Gegnerschaft gegenüber

---

[3012] Prag 5. September 1879 (Hs 87: 498).

[3013] Es geht um Rudolf Staudigl (1831 – 1891), der die darstellende Geometrie in Wien 1870 -1891 vertrat und als Begründer der Wiener Schule der darstellenden Geometrie betrachtet wird. Stachel kommt übrigens hinsichtlich Staudigls Berücksichtigung der projektiven Geometrie zu einer durchaus anderen Einschätzung als Pelz, vgl. Stachel 2019, 186.

[3014] Auch Freund Ruth war nicht eben zimperlich: „Dagegen bin ich nicht erbaut über Peschka's darst. u proj. Geometrie, von welcher Sie wohl schon den ersten Band zu Gesicht bekommen haben dürften. Ihre Geometrie des Raumes ist dort wenigstens kein einziges Male genannt, so dass die Plünderung minder in die Augen fällt."   (Brief aus Leoben, 31. Dezember 1883 [Hs 87: 879a])

sah. Das war gewiss bedauerlich, denn Wien war ein Zenit der wissenschaftlichen Welt seinerzeit – wenn auch einer, der im Niedergang begriffen war, folgt man Pelz, Kick und manch anderem Kritiker. So blieb denn Fiedler Zürich erhalten.

Emil Weyr war ebenso wie Karl Pelz Fiedlers Schüler in Prag.[3015] Seine Briefe sind stets geprägt von Dankbarkeit und Hochachtung gegenüber Fiedler. Ein Auszug aus einem Brief vom 17. Dezember 1873[3016] möge das verdeutlichen. Weyr hatte von Fiedler die „Höheren ebenen Kurven" erhalten und machte sich an deren Studium:

> Mit der Lektüre bin ich fast zur Mitte gelangt und hatte dabei fast jeder Seite oftmals Gelegenheit den unübertrefflichen Gelehrten zu bewundern und mich mit Freuden des unvergesslichen Lehrers zu erinnern. Ich bitte Sie theuerster Professor so wie ich davon überzeugt zu sein, daß Sie es waren, der mit den womöglich klarsten und hinreißenden Vorträgen in mir die Liebe und den Enthusiasmus zum Studium jener herrlichen Gebiete der mathematischen Wissenschaften anfachte, welche es allein möglich machten, daß ich, freilich nur in höchst bescheidenem Maße zu einzelnen in größeren Kreisen anerkannten Resultaten meiner Bestrebungen gelangte.

Im Anschluss berichtet Weyr, dass er an der Übersetzung von Cremonas Buch zur projektiven Geometrie[3017] ins Böhmische – Weyr verwendet immer diese Bezeichnung – arbeite und hoffe, diese in etwa einem halben Jahr fertigzustellen. Er gab auch eine mathematische Fachzeitschrift in tschechischer Sprache heraus. Insgesamt gewinnt man den Eindruck, dass Weyr eine vermittelnde Position in den Auseinandersetzungen zwischen Tschechen und Deutschen einnahm. In Wien gründete Weyr dann zusammen mit G. von Escherich die „Monatshefte für Mathematik und Physik", in seinem letzten erhaltenen Brief[3018] bat er Fiedler um Beiträge zu dieser Zeitschrift und ergänzte, dass sie in Prag viele Feinde habe. Die Autoren erhielten 25 Freiexemplare und ein Honorar von 15 fl. Fiedler kam Weyrs Bitte nach, er verfasste für die Monatshefte eine kurze Note zur Bearbeitung einer Aufgabe, die E. Waelsch in der fraglichen Zeitschrift geliefert hatte.[3019] Weyr bemühte sich offenkundig um Breitenwirkung, auch in tschechischer Sprache.

[3015] Emil Weyr (1848 – 1894) studierte am Prager Polytechnikum von 1865 bis 1868. Sein jüngerer Bruder Eduard (1852 – 1903) wurde Emils Nachfolger am Polytechnikum in Prag.

[3016] Brief Weyr an Fiedler, Prag 17. Dezember 1873 (Hs 87: 1526).

[3017] L. Cremona: Elementi di geometria projettiva (Rom: Paravia, 1873). Vgl. Weyr, Emil: Die Elemente der projectivischen Geometrie H. 1. Theorie der projectivischen Grundgebilde erster Stufe und der quadratischen Involutionen (Wien : W. Braumüller, 1883). Weyr hat also sein Vorhanben, Cremona ins Tschechische zu übersetzen, aufgegeben.

[3018] Wien, 2. Juli 1892 (Hs 87: 1531).

[3019] Fiedler 1892.

Weyr äußerte sich auch zum Thema Unterricht der Geometrie an Universitäten – selbstverständlich aus österreichischer Sicht. Im November 1875 schrieb er[3020]:

> Was meine Meinung über die Einführung der Ausdehnung geometrischer Studien an Universitäten betrifft, so ist sie jedenfalls höchst unmaßgebend, doch freut es mich, Ihnen mittheilen zu können, daß ich schon seit 1871 an der Prager Universität[3021] bestrebt war, der Vorlesungsweise in Ihrem Geiste so nahe zu kommen, als es mir nur möglich war, ja im letzten Sommersemester habe ich sogar daselbst ein Colleg über descriptive Geometrie abgehalten und mit Vergnügen die Aufmerksamkeit constatirt, welche den Auseinandersetzungen der Methoden der Centralprojection entgegen gebracht wurde. Auch hier in Wien habe ich ein fünfstündiges Colleg über: „Analytisch-synthetische Geometrie" angefangen und hierbei hauptsächlich eine Verbindung der beiden Methoden im Auge gehabt; ich fing zu diesem behufe mit der Erklärung der Begriffe der Grundbebilde an, ging dann auf die Geometrie dieser Gebilde über (Theil= u. Doppelverhältnisse, Harmonität, pespektivische Lage u.s.w.) und, zu den Gebilden zweiter Stufe schreitend bieten sich von selbst die gewöhnlichen Punkt= Liniencoordinatensysteme in der Ebene, als specielle Fälle allgemeiner Systeme dar.
>
> Eine Frage harrt noch der Lösung. Um vollständig in das große und schöne Reich der geometrischen Forschungen dringen zu können, ist wenigstens für den Lernenden, für den Schüler die Vornahme der graphischen Constructionen unumgänglich. Wie soll man bei der jetzigen Organisation der Universität diesem Bedürfnisse nachkommen? Theilweise ließe sich dies durch die Seminarien thun; ein solches besteht leider für Mathematik in Wien zur Zeit noch nicht. Im Unterrichtsministerium scheint man jedoch geneigt zu sein, auf die Gründung desselben einzugehen und werde ich jederzeit auf seine Nothwendigkeit hinweisen. Ich würde Ihnen unendlich dankbar sein, wenn Sie, sobald Ihre freie Zeit erlaubt, mir in dieser Frage Ihre für mich maßgebende Meinung freundlichst mittheilen wollten.

[3020] Brief Weyr, Wien 12. November 1875 (Hs 87: 1527).
[3021] Emil Weyr lehrte in Prag sowohl am Polytechnikum als auch an der Universität.

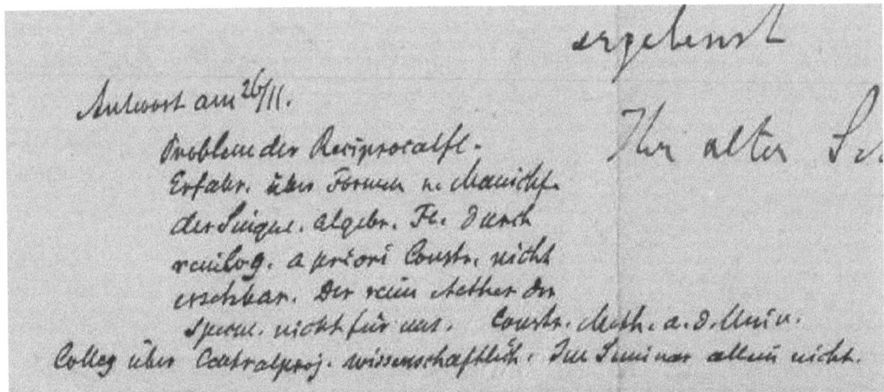

Abb. 9.9: *Fiedlers Stichpunkte zum Stoff eines Seminars über konstruierende Geometrie*

Auf dem fraglichen Brief Weyrs notierte Fiedler Stichworte für seine Antwort (am 26. November 1875):

> Problem der Reciprocalfl. – Erfahr. über Formen u. Manifcht. der Singul. algebr. Fl. durch rein log. a priori Constr. nicht ersetzbar. Der reine Aether der Specul. nicht für uns. Constr. Math. a. d. Univ. – Colleg über Centralproj. wissenschaftlich: Im Seminar allein nicht.

Klar wird hier Fiedlers auch sonst sichtbar gewordene Tendenz, das konkrete Konstruieren – sozusagen die Arbeit am Zeichentisch – gegen die bloß spekulative Geometrie stark zu machen: Also die Wichtigkeit der an Polytechnika üblichen Arbeitsweise gegen die universitäre zu betonen.

Insgesamt ist dieser Brief Weyrs, der im Übrigen auch wieder überschwängliches Lob für seinen Lehrer enthält, ein bemerkenswertes Dokument zur Frage der Lehre der Geometrie im letzten Drittel des 19. Jhs.

Auch Weyr hielt Fiedler über die Ereignisse in der k. und k. Monarchie auf dem Laufenden. Zu Peschkas Berufung an die Technische Hochschule in Wien lieferte er Hintergrundinformationen[3022]:

> Bezüglich Peschka's dürften Sie leider Recht behalten. An Staudigl's Stelle wurde vom Collegium Pelz primo loco, Peschka secundo und Küpper tertio loco vorgeschlagen. Da nun Pelz ablehnte, wird wohl Peschka kommen.

Weyr selbst sollte von der Wiener Technischen Hochschule an die dortige Universität als Nachfolger des Mathematikers Anton Winkler (1821 – 1892)

[3022] Brief Wien, 6. Juli 1891 (Hs 87: 1529).

berufen werden. Seine Forderungen wurden allerdings vom Ministerium nicht erfüllt, weshalb der Wechsel nicht zu Stande kam – „und so dürfte Mertens aus Graz kommen".[3023] Fiedler hatte sich bei Weyr nach E. Waelsch erkundigt, der dann Fiedlers Assistent wurde. Weyr antwortete: „Herrn Waelsch kenne ich nur aus seinen Arbeiten, welche von seiner Geschicklichkeit den besten Beweis liefern; […]."

Im Briefwechsel von Weyr mit Fiedler werden hin und wieder auch fachliche Fragen diskutiert, z. B. schon im ersten erhaltenen Brief[3024], den Weyr an Fiedler sandte. Darin bat er Fiedler, ein Manuskript zu begutachten, das Weyr in den Sitzungsberichten der Wiener Akademie veröffentlichen wollte. In einem anderen Brief erläuterte Weyr ausführlich eine Ableitung, Flächen dritter Ordnung mit Knotenpunkten betreffend.[3025] Im selben Brief erklärte er auch, dass er die Folgen einer Influenza-Erkrankung immer noch nicht überwunden habe. Er starb nach langer Krankheit im Jahr 1894.[3026]

Insgesamt vermittelt der Briefwechsel mit Weyr den Eindruck, dass Fiedler in Prag mit Erfolg gewirkt hatte und einige später bekannte Schüler gewinnen konnte, die sein Programm der Synthese von darstellender und projektiver Geometrie verfolgten – allen voran Emil Weyr.[3027] Das eher negative Bild von Fiedlers späterer Lehrtätigkeit in Zürich wird so relativiert. Allerdings wissen wir wenig über seine Resonanz bei den Prager Ingenieurstudenten. Diese bildeten ja in Zürich das Hauptproblem Fiedlers, bei den Fachlehrern hingegen gab es kaum Proteste gegen seine Lehre.

9.3 Fazit

Der Briefwechsel Fiedlers vermittelt ein informatives und authentisches Bild der mathematischen Gemeinschaft seiner Zeit. Es entsteht ein Gesamteindruck, der einem Puzzle ähnelt, wobei viele Teile überraschend zusammenpassen. Vernetzungen werden deutlich, etwa wenn Briefpartner Fiedlers über andere berichten, Grüße ausrichten und dergleichen mehr. Natürlich stand dabei der Blickwinkel aus der Sicht der Polytechnika im Vordergrund, universitäre Verhältnisse kommen aber auch zur Sprache. Man tauchte Publikationen aus, sorgte so für die Zirkulation mathematischen Wissens. Hierbei hatte Fiedler große

---

[3023] Franz Mertens wurde 1884 von Krakau ans Grazer Polytechnikum berufen, 1894 dann an die Universität Wien.

[3024] Prag, 17. Februar 1868 (Hs 87: 1523).

[3025] Wien, 6. Juli 1891 (Hs 87: 1529).

[3026] Über Weyrs Krankheit berichtet auch Pelz in seinen Briefen an Fiedler, er nahm an Weyrs Schicksal lebhaften Anteil.

[3027] Jan Sobatka (1862 - 1931) hielt sich 1891/92 zwecks Fortbildung bei Fiedler in Zürich auf. Er wurde später Professor in Wien und dann in Brünn.

Vorteile durch die Vielzahl seiner Publikationen, insbesondere durch die zahlreichen Neuauflagen der Werke von Salmon-Fiedler. Dadurch, dass er diese Fachgenossen zukommen ließ, ergab sich auch die Möglichkeit von Rückmeldungen, z. B. Hinweise auf Fehler oder Vorschläge für Ergänzungen. So wurden Verbesserungen in Neuauflagen möglich.

Man tauschte sich aus für die Verhältnisse vor Ort, über Kollegen, Bewerbungen, Besetzungen etc., aber auch über Reisen und damit verbundene Begegnungen – alles durchaus im Sinne eines Netzwerkes. Wie groß der Einfluss der einzelnen Briefeschreiber war, hing natürlich von den jeweiligen örtlichen Gegebenheiten und von der Stellung der Briefpartner ab. Das wird z. B. deutlich bei G. Zeuner, der als Direktor an allen seinen Wirkungstätten erheblichen Einfluss ausübte. Kollegen wie Kiepert in Hannover konnten zumindest hoffen, Entscheidungen beeinflussen zu können, da diese von Gremien der Selbstverwaltung im Konsens getroffen wurden. Davon war man im Züricher Polytechnikum weit entfernt.

Abb. 9.10: *Das Polytechnikum in den 1870er Jahren. Zu sehen ist die der Stadt zugewandte Seite mit dem damaligen Haupteingang.*[3028]

Die Tendenz zur Verteidigung der Geometrie wird bei einigen Briefpartnern deutlich, bei anderen stehen andere Fragen im Vordergrund. Die großen Themen der zeitgenössischen Mathematik wie Analysis und Algebra kommen eher am Rande vor, andere wie Funktionen- und Zahlentheorie werden gar nicht erwähnt. Man war sich wohl bewusst, dass Fiedler hierfür wenig bis kein Interesse hatte: Er blieb eben Geometer und Bearbeiter von Salmons Büchern.

[3028] Briefkopf, verwendet von J. G. Stocker in einem Brief aus Hottingen an Fiedler vom 1. März 1878 (Hs 87: 1214). Darin rät Stocker seinem Kollegen, sich klug in den Auseinandersetzungen mit den Schülern zu verhalten: „[...] im Unterricht selbst suchen Sie vorläufig es über sich zu bringen unter das Minimum des Erlaubten oder Nothwendigen zu gehen, damit den böswilligen jede Handhabe fehlt". Stockers Wunsch blieb vergeblich.

Insgesamt entwirft Fiedlers Korrespondenz ein Panorama seiner Zeit, welche von Zeiten des Königsreichs Sachsen über die Reichsgründung bis zum Vorabend des Ersten Weltkriegs reichte. Die poltischen und gesellschaftlichen Umstände kommen darin ebenso wie die tiefgreifenden technischen Neuerungen nebst ihren gesellschaftlichen Folgen zur Sprache, wenn auch die Mathematik insbesondere die Geometrie und ihre Vertretung inklusive akademischer Umstände stets den Mittelpunkt bildeten. Salmon-Fiedler, dieser zum Markenzeichen aufgestiegene Doppelname, bildet einen roten Faden durch das Labyrinth.

Statt eines Schlusswortes

Wenn ein Mensch stirbt, geht eine Welt unter. (Indianische Weisheit)

Eine Frage liegt nach diesen vielen Druckseiten auf der Hand: Wer war Otto Wilhelm Fiedler aus Chemnitz in Sachsen (wie man in seiner Wahlheimat, der Schweiz, stets hinzuzufügen pflegt)? Diese Frage können wir trotz des Umfanges und der Vielfalt des Materials, das betrachtet wurde, nur ansatzweise beantworten. Die Person Fiedlers bleibt schemenhaft, was natürlich auch daran liegt, dass wir nur in wenigen Fällen über Fiedlers private Briefe verfügen. Die Fülle von Schreiben, die er vor allem an den Schulrat – meist an dessen Präsident – richtete, hatte natürlich keinen persönlichen Charakter. Sie wie auch andere Dokumente zeigen sie Fiedler prinzipientreu bis hin zur Sturheit, nicht bedacht auf Vorteile oder ausgleichende Lösungen, die sich durch Nachgeben hätten erreichen lassen. Er war gewissermaßen ein sehr preußischer Sachse – was für die Ohren seiner Zeit vermutlich seltsam klang. Auch der Begriff protestantische Pflichtethik kommt einem in den Sinn, manchmal klingt Fiedler so, als glaube er, im höheren Auftrag unterwegs zu sein. Seine Kämpfe für sein Fach beschäftigten den Schulrat, die Kollegen vor allem in den ingenieurswissenschaftlichen Studiengängen und deren Studierende aber auch die Öffentlichkeit für beinahe vierzig Jahre.

Fiedlers Karriere begann kurz nach unruhigen Zeiten in deutschen Landen, sprich, nach der sogenannten bürgerlichen Revolution des Jahres 1848, die sich in Sachsen erst mit einem Jahr Verspätung bemerkbar machte. Die einsetzende Reaktion traf Fiedler nicht, vermutlich aber Freunde wie G. Zeuner, sollte ihm also bewusst gewesen sein. In Zürich waren bekannte 48er Fiedlers Kollegen. Die Zeit des jungen Fiedler als Lehrer in Chemnitz war geprägt von großem Arbeitseifer. Neben den schulischen Verpflichtungen, die Fiedler dennoch Spielraum ließen, fertigte er fleißig Übersetzungen an und kam dabei auf die Idee, Salmons Lehrbücher zu übersetzen. Damit hatte er eine Marktlücke erkannt und sich ein fruchtbares Arbeitsfeld eröffnet, das ihm Bekanntheit und allgemeine Anerkennung aber auch nette Einkünfte einbringen sollte. Salmon-Fiedler wurde zum Markenzeichen, das Teubner, Fiedlers Hausverlag, noch in den 1920er Jahren zu nutzen suchte. Die Freiexemplare, die Fiedler erhielt, gaben ihm Gelegenheit, mit fremden Mathematikern in Kontakt zu treten, indem er ihnen ein Exemplar zukommen ließ. So baute sich Fiedler, der auf Grund seines Werdeganges keiner Schule angehörte, allmählich ein Netzwert auf; die Korrespondenz war sein Tor zur akademischen Welt, von der in seiner Vaterstadt weitgehend abgeschnitten war. In diese Welt führte er sich auch durch Artikel und sein erstes eigenständiges Buch ein.

In Chemnitz war Fiedler in allerlei Vereinen aktiv, er hielt Vorträge für ein breites Publikum, in denen er wissenschaftliche Erkenntnisse für weite Kreise verständlich darlegen wollte. Seine Aktivitäten nahmen ab nach der Gründung der Familie und der Geburt der ersten Kinder, den Söhnen Erst und Karl. Insgesamt war die Chemnitzer Zeit Fiedlers fruchtbar und zumindest nach Außen ruhig.

Nach dem Wechsel nach Prag begannen unruhige Zeiten. Fiedler landete mitten in den Auseinandersetzungen, die das erstarkende Nationalgefühl der Tschechen mit sich brachte. Er machte sich zum Sprecher der deutschen Fraktion am Prager Polytechnikum und engagierte sich in diversen Kämpfen etwa bei der Berufung von Emil Winkler, für das, was man die „deutsche Sache" nannte. Insbesondere befürwortete er eine Teilung des Polytechnikums in eine deutsch- und eine tschechischsprachige Institution, wie sie kurz nach seinem Weggang verwirklicht wurde. Trotz der relativ kurzen Zeit, die Fiedler in Prag verbrachte, konnte er dort Schüler gewinnen wie Karl Pelz und Emil Weyr. Rafael Morstadt als Assistent leistete Beachtliches im Modellbau. Mit den Ingenieuren Fr. Kick und E. Winkler knüpfte Fiedler hier enge Beziehungen an, Freund H. Durège war vor Ort. In Prag und auch nur hier kam die große Geschichte Fiedler gefährlich nahe in Gestalt des deutschen Krieges, der auch unweit von Prag ausgefochten wurde. Sein Ausgang prägte fortan die Situation in Österreich-Ungarn, einige von Fiedlers Briefpartnern äußerten sich hierzu. Auch nach seinem Weggang blieb Fiedler an den Prager Verhältnisen und allgemein jenen der k. und k. Monarchie interessiert.

In seiner Lehre in Prag ging Fiedler daran, seine Vorstellungen von der Neugestaltung der darstellenden und projektiven Geometrie zu verwirklichen.

In Zürich dagegen erlebte Fiedler eine weitgehend stabile Zeit, in der es wenige große Erschütterungen gab. Der Sonderbundskrieg in der Schweiz war Geschichte und die großen Ereignisse deutsch-französischer Krieg und Gründung des zweiten deutschen Kaiserreiches nahm er nur von Ferne, dafür aber mit viel Enthusiasmus wahr. Eine Ausnahme hiervor bildete der Tonhallenkrawall (1871). Insgesamt erlebte Fiedler in Zürich eine Zeit des steten Aufschwungs, begleitend natürlich von sozialen Kämpfen, an denen er anscheinend wenig Anteil nahm.

Die Situation am Polytechnikum blieb innerhalb einer gewissen Schwankungsbreite, etwa was die Zahl der Studierenden anbelangte, nahezu unverändert. Das Reglement von 1865 gab den Rahmen ab, innerhalb dessen es gewisse Modifikationen ohne grundsätzliche Tragweite gab. Erst Anfang des 20. Jhs. erfolgten tiefgreifende Veränderungen wie die Einführung der von Fiedler vehement befürworteten Studienfreiheit und der akademischen Selbstverwaltung; das Polytechnikum, das nunmehr Eidgenössische Technische Hochschule hieß, bekam ein eigenes Promotionsrecht. Schon seit Fiedlers Anstellung gab es dort zwei Assistenten für darstellende Geometrie und zwei Kollegen für reine Mathematik in deutscher Sprache nebst eventuellen Privatdozenten oder sonstigen Professoren. Zudem gab es Professuren für Mathematik und (später) darstellende Geometrie in französischer Sprache. Das Vorlesungsangebot blieb in großen Teilen unverändert. Soweit feststellbar war Fiedlers Kontakt mit den Kollegen in der Mathematik gering. Es gab kaum Gelegenheit zu Auseinandersetzungen, da der Schulrat insbesondere dessen Präsident alle wichtigen Entscheidungen traf. Die Stadt Zürich und ihre Region stiegen zu einem industriellen Schwerpunkt der Schweiz auf, erfolgreiche Weltfirmen wie Escher-Wyss und die Maschinenfabrik Oerlikon hatten hier ihren Sitz. Durch großzügige Eingemeindungen wurde Zürich zur größten Stadt der Eidgenossenschaft. Nach Gründerboom und Gründerkrise ging es dann auch in deutschen Landen wirtschaftlich bergauf. Am durchaus lebhaften gesellschaftlichen und kulturellen Leben seiner neuen Heimatstadt beteiligte sich Fiedler allerdings wenig. Familiäre Verpflichtungen und Einschränkungen mögen hierfür verantwortlich gewesen sein.

Bis in die 1890er Jahre hinein wurden die Lehrbücher von Salmon-Fiedler viel genutzt, vor allem die „Kegelschnitte" fanden großen Verbreitung und wurden zu einem Referenztext. Von Fiedlers eigenen Werken erregte wohl nur sein Lehrbuch der darstellenden Geometrie einiges Interesse. In diesem verwirklichte Fiedlers seine Idee von der Synthese der darstellenden mit der projektiven Geometrie. Dieses „System" sollte neben „Salmon-Fiedler" sein Markenzeichen werden; er fand für sie auch einige Mitstreiter. Letztlich aber lief sie wesentlichen Tendenzen der zeitgenössischen Mathematik zuwider; gegen Ende des 19. Jhs. fand sie kaum noch Anhänger. Fiedlers Synthese erwies sich als gescheiterte Innovation.

Auch über Fiedlers Lehre konnten wir einiges in Erfahrung bringen. Er zeigt sich engagiert, allerdings mit wenig Gespür für die Bedürfnisse der Mehrzahl seiner Zuhörer, nämlich der zukünftigen Ingenieure. Dagegen hatte Fiedler unter den späteren Mathematikern in seinem Auditorium, die er fast immer der Lehrerausbildung verdankte, durchaus Erfolge. Das zeigen die Liste seiner Schüler und deren Briefe an ihren hochverehrten Lehrer.

Fiedler wie viele seiner Briefpartner sah die Geometrie in seiner Zeit bedroht, v.a. durch den Aufstieg anderer mathematischer Disziplinen, die sich in der zweiten Hälfte des 19. Jhs. in stürmischer Entfaltung befanden. Das betraf allerdings in erster Linie die Universitäten, man war sich einig, dass der Zustand der dortigen Geometrie, insbesondere ihre Lehre, beklagenswert war. In der Welt der Polytechnika gestaltete sich dies anders: Die darstellende Geometrie als Fach, das für zukünftige Ingenieure wichtig war, wurde nicht in Frage gestellt – noch nicht einmal von der sogenannten antimathematischen Bewegung. Nachdem die Geometrie noch bis in die 70er Jahre hinein wesentliche Impulse für die Forschung erhielt, vor allem durch Clebsch und seine Schule, ebbte dieser Impetus danach ab. Und die klassische synthetische Geometrie, Fiedler nannte sie gerne die synthetisch-konstruktive Richtung, zeigte Erschöpfungserscheinungen. Ähnliches galt für die projektive Geometrie, die lange ein Motor der Forschungen im Bereich Geometrie während des 19. Jhs. gewesen war. Es war wenig Leben in der Geometrie, wie Minkowski feststellte. Dagegen kamen Fiedler und mancher seiner Briefpartner, wie R. Sturm, mit ihren Spezialergebnissen nicht an. Die Lage änderte sich grundlegend wieder mit Hilberts „Grundlagen der Geometrie" (1899), die ganz neue vielversprechende Forschungsfelder öffneten. Diese Entwicklungen gingen an Fiedler vorbei. Natürlich ist hier sein Alter zu berücksichtigen, aber Fiedler zeigte auch als junger Mensch kein Interesse für Axiomatik. Er favorisierte stets einen organischen Zugang à la Steiner. In dieser Hinsicht war Fiedlers Geschichte eine des Scheiterns, der Gleichzeitigkeit des Ungleichzeitigen. Aber gerade darin liegt auch ihr Interesse. Sie zeigt für die Entwicklung der Mathematik typische Züge und Mechanismen, auch der fachinternen Kommunikation und Meinungsbildung - vergleichbar dem, was die Maurer des alten Theben leisteten. Ebenso, wie es hierfür vieler Maurer bedurfte, brauchte und braucht die Mathematik viele Fiedlers. Und genauso wie die Maurer vergessen wurden, fallen die Fiedlers dem Vergessen anheim. Will man verstehen, wie Mathematik sich wirklich entwickelt hat, darf man sie aber nicht ausklammern.

Prosopographie

Vorbemerkung: Die nachfolgende Zusammenstellung berücksichtigt hauptsächlich weniger bekannte Personen, die im Zusammenhang mit Fiedler eine Rolle gespielt haben. Sie sollen vor allem die Kontexte verdeutlichen, in denen sich Fiedler bewegte im Sinne einer systematsichen Erforschung eines Personenkreises. Die Schreibweisen mancher Namen – Paradebespiel ist Karl/Carl – differierten oft im 19. Jh. Zudem waren fremdsprachliche Fassungen möglich, z. B. deutsche Namen im Tschechischen (wie Karl und Karol) oder im Lateinischen (Karl/Carolus).

Allé, Moritz (1837 – 1913), Assistent an den Sternwarten in Wien (1856 – 1859), Krakau (1859 – 1862) und Prag (1862 – 1867), 1867 Professor für Mathematik am Polytechnischen Institut in Graz, von 1882 bis 1896 dann am deutschen Polytechnikum in Prag, 1896 bis 1913 an der Technischen Hochschule Wien.

Anger, Karl Theodor (1803 – 1858), nach Besuch des Gymnasiums und der Kunst- und Gewerbeschule in Danzig Studium in Königsberg, 1826 Gehilfe von Bessel an der dortigen Sternwarte, 1831 Leiter der Sternwarte in Danzig, Lehrer an der Gewerbeschule daselbst, seit 1836 auch am Gymnasium. Zahlreiche Arbeiten zur Mathematik, insbesondere zur Perspektive, aber auch zu Differentialgleichungen und zur Astronomie.

Baltzer, Richard (1818 – 1887), 1841 Promotion in Leipzig („De Chordis linearum et superficierum secundi gradus", Gutachter waren Möbius und Drobisch), danach ein Jahr lang Lehrer in Chemnitz an der Gewerbeschule, 1842 Wechsel an die Kreuzschule in Dresden. 1869 wurde Baltzer in der Nachfolge von Clebsch Professor an der Universität Gießen. Verfasser der weitverbreiten „Die Elemente der Mathematik" (2 Bände, 1860 und 1862) und eines mehrfach aufgelegten Lehrbuchs der Determinanten (1857).

Beck, Alexander (1847 – 1926), aus Schaffhausen (SH) stammend, war nach einer Zeit, in der er am Züricher Observatorium bei dem Astronomen Rudolf Wolf arbeitete, von 1868 bis 1873 Assistent für darstellende Geometrie am Polytechnikum daselbst. Er erhielt 1873 eine Professur am Polytechnikum in Riga, wo er 25 Jahre lang darstellende Geometrie und Geometrie der Lage, Astronomie und Geodäsie unterrichtete. 1877 promovierte Beck mit der astronomischen Arbeit „Ueber die Gestalt des Mondes" an der Universität Zürich, Gutachter war R. Wolf. Neben der Geometrie beschäftigte sich Beck in seinen Forschungen hauptsächlich mit astronomischen Themen, insbesondere mit Instrumenten und Beobachtungen. Beck ließ sich 1897 pensionieren, wofür einerseits gesundheitliche Probleme, andererseits aber auch die fortschreitende Russifizierung des Polytechnikums in Riga wesentlich waren. Beck kehrte in die Schweiz zurück; vom Sommersemester 1899 bis zum Wintersemester 1900 wurde er nochmals als Privatdozent am Polytechnikum geführt, wie schon vom Sommersemester 1869 bis zum Sommersemester 1873.

Beyel, Christian (1854 -1941), in Zürich geboren, kam nach dem frühen Tod beider Eltern (1859) zu den Großeltern nach Weilheim am Main, wo er aufwuchs und das Gymnasium besuchte. Nach dem Abitur Studium in der Ingenieurschule des Züricher Polytechnikums, danach ein Jahr lang Tätigkeit als Bauingenieur im Eisenbahnbau. 1877 – 1878 Mathematikstudium in Göttingen und Propotionsversuch bei H. A. Schwarz, 1878 – 1888 Assistent für darstellende Geometrie bei W. Fiedler. 1882 Promotion, 1883 Habilitation in Zürich. Später dort als Privatgelehrter und – dozent lebend. Verfasser zahlreicher Bücher und Fachartikel sowie des Manuskripts „Erinnerungen eines alten Mathematikers".

Bobek, Karl (1855 – 1899), Schüler an der Realschule Prag, wo er František Weyr, den Vater von Eduard und Emil Weyr, als Mathematiklehrer hatte. Ab 1875 Studium in Prag (Universität, Polytechnikum), 1879 – 1886 Assistent bei C. Küpper am Prager Polytechnikum, 1881 – 1882 Aufenthalt in Leipzig (Vorträge in Kleins Seminar über „Funktionen, die keinen Differentialquotienten haben" und über Fourier-Reihen), danach in Paris, 1883 Habilitation am Polytechnikum Prag, 1885 Promotion in Erlangen „Ueber gewisse eindeutige involutorische Transformationen der Ebene", 1895 Professor an der Universität Prag. Mitglied des Beirates zur Organisation der Arbeiter-Unfallversicherungsanstalt in Böhmen. Vgl. Pick 1900.

Brill, Alexander (1842 – 1935; „von" ab 1897) studierte 1860 – 1862 Archtiektur am Polytechnikum Karlsruhe. Er setzte seine Studien in Gießen bei Clebsch fort, wo er 1864 promovierte („Beiträge zur Lehre von den eindeutigen Transformationen", Gutachter war A. Clebsch) und 1868 habilitierte. 1865 – 1867 hielt Brill sich in Berlin auf. 1869 erhielt er eine Professur am Polytechnikum in Darmstadt, 1875 am Münchner Polytechnikum und 1884 an der Universität Tübingen, wo er 1919 seine Lehrtätgikeit beendete. Engagiert im Bau von Modellen und Anlegen von Sammlungen.

Burmester, Ludwig (1840 – 1927) wurde in Othmarschen (heute zu Hamburg gehörig) geboren und begann mit 14 Jahre eine Lehre in einer feinmechanischen Werkstatt, daneben besuchte er eine polytechnische Schule. Da er sich für Telegrafie interessierte, wechselte er zu Siemens und Halske nach Berlin. Danach studierte er Mathematik in Dresden, Göttingen (1865 Promotion mit einer Arbeit über Isophoten (Linien gleicher Lichtintensität) [Zeitschrift für Mathematik und Physik 14 (1869), 310 – 328]) und Heidelberg. Von 1866 bis 1870 war Burmester Lehrer für Physik und darstellende Geometrie am deutschen Realgymnasium zu Lodz (damals Russich-Polen) tätig, dieses wurde im Zuge der Russifizierung geschlossen. Danach in Dresden, wo er sich 1871 habilitierte und 1872 eine Professur für darstellende Geometrie erhielt, 1887 wechselte er nach München. Bekannt geblieben sind die nach ihm benannten Schablonen zum Zeichnen von Kurven. Ein von Burmester selbst verfasster Lebenslauf findet sich im Brief an Fiedler Dresden, 3. März 1872 (Hs 87: 109).

Bützberger, Fritz, (1862 – 1922) aus Bleienbach (BE), Schüler des Polytechnikums, 1884 Fachlehrerdiplom mit einem ungewöhnlich hohen Notendurchschnitt von 5,681 (vgl. Geschäftskontrolle 1884 No. 293); Bützberger wurde auch von der Konferenz der VI. Abteilung für ein Stipendium der Châtelain-Stiftung vorgeschlagen (vgl. Geschäftskontrolle 1881 No.325). Der Titel seiner Diplomarbeit lautete „Ueber eine mit der Theorie algebraischer Flächen zusammenhängende Dreiecksaufgabe". Es geht dabei um die Konstruktion eines Dreiecks aus seinen drei Winkelhalbierenden, 1888 Promotion in Bern bei L. Schläfli („Ein mit der Theorie algebraischer Flächen zusammenhängendes planimetrisches Problem" [Bern: Wyss, 1889]), Mathematiklehrer am Technikum Burgdorf, später dann an der Kantonsschule Zürich, tätig auch an der Volkshochschule in Zürich und als Lehrbeauftragter für darstellende Geometrie an der dortigen Universität. Bekannter Steiner-Spezialist. Vgl. Kiefer 1922.

Cousinery, Barthélémy-Edouard (1790 - 1851): Studium an der *Ecole polytechnique*, *Ingénieur en chef des ponts et chaussées*. Verfasser des Buches „Géométrie perspective" (1828), in dem die Zentralprojektion ausführlich betrachtet wird.

Culmann, Karl (1821 – 1881): nach Schulbesuch in Weißenburg (heute Wissemburg [Bas Rhin]) und Kaiserslautern (1835/36) Aufenthalt in Metz, 1838 – 41 Studium am Polytechnikum Karlsruhe, danach im bayrischen Eisenbahnbau tätig, 1849 – 51 Reise durch Nordamerika, 1855 Professor am Polytechnikum Zürich, 1880 Promotion an der Universität Zürich. Begründer graphischen Statik. Vgl. Maurer 1998 und Scholz 1989.

Denzler, Wilhelm (1811 – 1893), 1836 – 1865 Lehrer am Lehrerseminar Küsnacht, 1866 Habilitation an der Universität Zürich. Hielt Vorlesungen zur Analysis und über Elementarmathematik für Lehramtskandidaten sowie über deskriptive Geometrie (Sommersemester 1866 bis Wintersemester 1890). Gilt als ein früher Vertreter der Mathematiklehrerausbildung.

Deschwanden, Wolfgang von (1819 – 1866) aus Stans (NW), Lehrer an der Industrieschule Zürich, 1855 Professor für darstellende und praktische Geometrie am Polytechnikum und dessen erster Direktor. Deschwanden lehrte auch an der Universität Zürich. Großer Kenner der Technik, der auch über ausgeprägte künstlerische Fähigkeiten (Malerei) verfügte.

Dingeldey, Friedrich (1859 – 1939); Studium in Darmstadt, Gießen, Leipzig und München, 1885 Promotion bei Klein in Leipzig („Über die Erzeugung von Curven vierter Ordnung durch Bewegungsmechanismen"), Lehrer in Darmstadt und Groß-Gerau, 1889 Habilitation in Darmstadt, ab 1894 Professor an der TH Darmstadt. Verfasser des Artikels über Kegelschnitte in der Enzyklopädie.

Disteli, Martin (1862 – 1923) aus Olten (SO), besuchte die Kantonsschule in Solothurn und erwarb 1885 das Diplom der Fachlehrerabteilung des Polytechnikums Zürich. Später wurde er dort Assistent (zuerst bei Fiedler [1888 – 1889] für darstellende Geometrie, danach für reine Mathematik); 1893 Lehrer am Technikum in Winterthur, später Professor in Straßburg, Dresden und Karlsruhe. 1917 ließ er sich aus gesundheitlichen Gründen in Karlsruhe emeritieren, 1920 erhielt er in Zürich an der Universität eine Professur. 1907 lehnte Disteli den Ruf auf die Nachfolge Fiedlers ab. Bekannt geblieben sind vor allem seine Beiträge zur Kinematik. Anlässlich des dritten Internationalen Mathematiker-Kongresses in Heidelberg (1904) organisierte Disteli dort die Ausstellung mathematischer Modelle. Vgl. von Renteln 2000, 101 – 106.

Drobisch, Moritz Wilhelm (1802 - 1896), heute noch bekannt vor allem als Vertreter der Herbartschen Philosophie und als Logiker, hatte in Leipzig in Personalunion Professuren für Mathematik (ab 1826) und Philosophie (ab 1842) inne. Der zweite Leipziger Mathematiker, August Ferdinand Möbius (1790 - 1868), war als Astronom beschäftigt (ab 1848 Direktor der Sternwarte auf dem Pleißenberg).

Durège, Johann Heinrich Jakob (1821 – 1893), aus Danzig gebürtig, verbrachte nach dem Studium in Berlin, Bonn und Königsberg sechs Jahre als (recht erfolgloser) Farmer in den USA. Nach seiner Rückkehr nach Europa ließ sich Durège in Zürich nieder, wo er sich 1858 am Polytechnikum habilitierte (vgl. Geschäfts-Controlle 1854 – 1858, Nr. 373); im gleichen Jahr habilitierte Durège sich zudem an der Züricher Universität, wo er auch Vorlesungen anbot. 1864 wurde Durège Professor am Polytechnikum in Prag, 1869 dann an der dortigen Universität.
Durège war ein erfolgreicher Lehrbuchautor vor allem im Bereich der Funktionentheorie, wobei er einer der ersten Mathematiker gewesen ist, die Riemanns Ideen, insbesondere zur Topologie (Zusammenhangszahlen), bekannt machten; vgl. „Theorie der elliptischen Functionen. Versuch einer elementaren Darstellung" (Leipzig: Teubner, 1863, [4]1887) und „Elemente der Theorie der Functionen einer complexen veränderlichen Grösse. Mit besonderer Berücksichtigung der Schöpfungen Riemanns" (Leipzig: Teubner, 1864, [4]1893). Das erste Werk kommentierte Clebsch in einem Brief an Fiedler vom 25. Dezember 1864 (Bibliothek ETH-Hochschularchiv Hs 87: 158); er fand es zu elementar.
Durège war ein versierter Cellist; in Zürich musizierte er als Ersatzmann im Billroth-Quartett (Ersatzmann für Ersatzmann Durège wiederum war zeitweise Dedekind, der in Zürich mit Durège Freundschaft schloß). Die Musik trug nach Berichten von Nachbarn Schuld daran,

dass der Farmer Durège in den USA scheiterte: Ins Cellospiel völlig versunken bemerkte er angeblich nicht, dass seine Kühe das Weite suchten. Vgl. Knus 1982.

Eberhard, Victor (1861 - 1923), gebürtig in Schlesien, erblindete durch einen Unfall 1873, Studium und Promotion in Breslau („Über eine räumlich involutorische Verwandtschaft 7. Grades und ihre Kernfläche 4. Ordnung", Gutachter war H. Schröter). Studienaufenthalt in Berlin, 1888 Habilitation in Königsberg, 1895 a. o. Professor in Halle. Arbeitete u.a. zur Morphologie der Polyeder (Leipzig: Teubner, 1891), wo er den Satz von Eberhard formulierte, und zu den Grundlagen der ebenen Geometrie (Die Grundgebilde der ebenen Geometrie (Leipzig: Teubner, 1895)). Zu Eberhards Hobbies gehörten Klavierspielen und Bergwandern.

Eckardt, F. Emil (? - 1875), Schüler von W. Fiedler an der Gewerbeschule in Chemnitz, später Lehrer in Reichenbach im Vogtland und an der Realschule erster Ordnung in Chemnitz. Lieferte Beiträge zur Flächentheorie, insbesondere untersuchte er die heute so genannten Eckardt-Punkte (1876) [Punkte auf kubischen Flächen, in denen sich drei der 27 Geraden schneiden]; Verfasser mehrerer Artikel in den Mathematischen Annalen.

Eckhart, Ludwig (1890 – 1938), studierte Bauingenieurwesen, Mathematik und darstellende Geometrie in Wien an Universität und Technischer Hochschule, danach Assistent bei Emil Müller. Er wurde 1918 an der TH Wien promoviert (Eine Abbildung linearer Strahlenkomplexe auf die Ebene, Gutachter war Emil Müller) und 1924 dort habilitiert, 1929 erhielt er die zweite Lehrkanzel für darstellende Geometrie der TH Wien. Im März 1938 wurde Eckhart vorläufig seines Amtes enthoben wegen vermuteter politischer Unzuverlässigkeit. Er nahm sich im nachfolgenden Jahr das Leben, vgl. Binder 2019, 206 und Ruppert/Michor 2023, 199 – 201.

Escher, Alfred (1819 – 1882), gebürtiger Züricher, schweizerischer Unternehmer (u.a. beteiligt an der Gründung der Schweizerischen Kreditanstalt, 1853 bis 1872 Direktionspräsident der Schweizerischen Nordostbahn („Eisenbahnkönig"), Gotthardtunnel) und sehr einflußreicher liberaler Politiker, Studium der Rechtswissenschaften an der Universität Zürich, 1842 Promotion, 1844 Habilitation an der Universität Zürich, Züricher Regierungsrat und langjähriges Mitglied des Nationalrats. Escher setzte sich für die Gründung des Polytechnikums in Zürich ein und war von 1854 bis 1882 Vizepräsident des Schulrates. Befreundet mit Schulratspräsident K. Kappeler.

Flatt, Robert (1863 – 1955), aus Thalwil (ZH), hat am Züricher Polytechnikum studiert und dort 1885 das Fachlehrerdiplom erhalten. Er wurde Lehrer für Mathematik, Physik und Leibesübungen, später dann Rektor (1903 als Nachfolger Kinkelins) der Realschule Basel und Privatdozent an der dortigen Universität (1892), wo er Vorlesungen über Elementarmathematik hielt. Flatt hat sich besonders um den Sportunterricht und um die Reorganisation der Basler Realschule verdient gemacht. Vgl. den Nachruf von A. Frei (Frei 1956).

Fliegner, Albert (1842 – 1928), aus Warschau stammend, hat am Polytechnikum Maschinenbau studiert; er wurde Assistent und 1868 Privatdozent am Polytechnikum; 1872 ebenda Professor für Mechanik und Maschinenbaulehre (Nachfolge Zeuner); Fliegner lehrte bis 1912.

Fort, Karl Osmar Alexander (1817 – 1881), war 1842 Lehrer für Mathematik am Polytechnikum in Dresden, wo man ihn 1854 zum Professor ernannte und 1879 pensionierte. Verfasste den ersten Teil eines Lehrbuchs über analytische Geometrie, das er zusammen mit O. Schlömilch herausgab, sowie Besprechungen in der Zeitschrift für Mathematik und Physik.

Geiser, Karl Friedrich (1843 – 1934) aus Langenthal, Studium in der mechanisch-technischen Schule des Polytechnikums Zürich, danach in Berlin bei seinem Großonkel Jakob Steiner, Promotion in Bern bei L. Schläfli „Beiträge zur synthetischen Geometrie" (1866), seit 1863 in der Lehre am Polytechnikum Zürich tätig. 1869 Titularprofessor, 1873 ordentlicher Professor. 1881 – 1887 und 1891 – 1895 Direktor des Polytechnikums. Geiser unterrichtete auch in der militärwissenschaftlichen Abteilung des Polytechnikums. Organisierte zusammen mit F. Rudio den ersten Internationalen Mathematikerkongress (1897) in Zürich.

Gnehm, Robert (1852 – 1926) wurde nach langer Industrietätigkeit 1894 Professor für technische Chemie am Züricher Polytechnikum und ab 1899 dessen Direktor.

Gournerie, Jules Maillard de la (1814 – 1883), Ingenieur für Brücken und Straßen, *Inspecteur général*, lehrte am *Conservatoire des Arts et des Métiers* und an der *Ecole polytechnique* in Paris darstellende Geometrie und Steinschnitt (Nachfolger von J. N. P. Hachette). Verfasser von Lehrbüchern zur darstellenden Geometrie (1860) und zur Linearperspektive (1859).

Gröbli, Walter (1852 – 1903), nach Fachlehrerdiplom am Züricher Polytechnikum promovierte Gröbli in Göttingen mit der Arbeit „Specielle Probleme über die Bewegung geradliniger paralleler Wirbelfäden", Gutachter war H. A. Schwarz. Er kehrte danach nach Zürich zurück und wurde Assistent für reine Mathematik, später dann Privatdozent und Lehrer an der Kantonsschule in Zürich. Gröbli war ein bekannter Alpinist und starb bei einem Unfall am Piz Blas während einer Fahrt mit Schülern bei einem vergeblichen Rettungsversuch.

Grünwald, Anton Karl (1838 – 1920), promovierte 1861 in Prag, wo er 1863 Privatdozent wurde. 1870 Extraordinarus an der Universität Prag, 1881 Ordinarius daselbst. Seine Söhne Anton Adalbert (1873 – 1932) und Josef (1876 – 1911) wurden ebenfalls Mathematikprofessoren an der Universität Prag (1914 bzw. 1906).

Gugler, Bernhard (1812 – 1880), gebürtig aus Nürnberg, war Schüler von Staudts an der dortigen polytechnischen Schule (1829 – 1832). 1843 wurde er Professor am Stuttgarter Polytechnikum. M. Cantor schreibt über Gugler in der ADB (Band 49 (1904), 621): „Ohne daß man G. zu den erfindungsreichen Mathematikern zu zählen hätte, ist ihm doch eine bleibende Erinnerung dadurch gesichert, daß er nächst Guido Schreiber, welcher seit 1827 der darstellenden Geometrie am Polytechnikum in Karlsruhe dauernden Eingang verschaffte, sich das gleiche Verdienst für das Polytechnikum in Stuttgart erwarb. Er vertrat dort dieses Fach während annähernd 40 Jahren, und sein Lehrbuch der darstellenden Geometrie erschien im Todesjahre des Verfassers in 4. Auflage." Gugler war ein bekannter Musikwissenschaftler, der zahlreiche Arbeiten in diesem Gebiet veröffentlichte aber auch auch Libretti bearbeitete. Er war mit E. Möricke befreundet und gehörte dessen Kreis an.

Gundelfinger, Sigmund (1846 – 1910), Studium in Tübingen, Heidelberg, Königsberg und Gießen, Promotion 1867 bei Clebsch (ohne Vorlage einer Dissertation), 1869 Habilitation in Tübingen, 1873 Ordinarius daselbst, 1879 Ordinarius an der TH Darmstadt (Nachfolge Kiepert). Hauptarbeitsgebiete waren Invariantentheorie und analytische Geometrie unter dem Einfluss von L. O. Hesse, bei dem er in Heidelberg studiert hatte und dessen Lehrbücher er nach seinem Tod bearbeitete und herausgab. Gundelfinger galt als derjenige Mathematiker, der Hesses Werk am konsequentesten fortführte. 1895 gab Dingeldey Gundelfingers „Analytische Theorie der Kegelschnitte" heraus, die konsequent mit Plücker-Fiedlerschen Koordinaten arbeiteten. Im selben Jahr erhielt Gundelfinger die Hälfte des Steiner-Preises. Der Heidelberger Germanist Friedrich Gundolf(inger) war ein Sohn von Sigmund Gundelfinger.

Günther, Siegmund (1848 – 1923), geboren in Nürnberg, Studium der Mathematik und Physik in Erlangen, Heidelberg (M. Cantor), Berlin und Göttingen, 1872 Promotion in Erlangen („Studien zur theoretischen Photometrie"), danach Lehrer in Amberg und Ansbach, Professor für Geographie an der TU München. 1878 – 1884 Mitglied des Reichtags (Deutsche Fortschrittspartei) und des Bayrischen Landtags. Zahlreiche Arbeiten zu geographischen, mathematischen und mathematikhistorischen Themen; vgl. auch seine Selbstreferate im Repertorium 1877 und 1879. Günther verfasste ein Lehrbuch der Determinanten (1878) und etwa 200 Biographien für die Allgemeine Deutsche Biographie sowie ein Lehrbuch der Geomphysik (1884 – 1886). Vgl. die Materialsammlung zu S. Günther, angelegt von Gabriele Dörflinger, bei der Universitätsbibliothek Heidelberg (https://archiv.ub.uni-heidelberg.de/volltextserver/21482/1/guenther.pdf).

Gutzmer, August (1860 – 1924), Studium der Mathematik in Berlin, Promotion bei Wangerin (1893) und Habilitation (1896) in Halle mit der Arbeit „Ueber gewisse partielle Differentialgleichungen höherer Ordnung", 1894 – 1896 Assistent an der Technischen Hochschule Berlin, danach (1899) Professor in Jena, später dann (1905) in Halle-Wittenberg. Gutzmer war Vorsitzender der zwölfköpfigen Kommission, die im Auftrag der Gesellschaft deutscher Naturforscher und Ärzte die Meraner Vorschläge erarbeitete und leitete deren Geschäfte (1904 – 1907). Er war zudem längere Zeit Schriftwart der Deutschen Mathematiker-Vereinigung und als solcher Hg. des Jahresberichts. Vgl. Krazer 1925.

Hauck, Guido (1845 - 1905), studierte nach Besuch der Gymnasien in Heilbronn und Stuttgart zuerst am dortigen Polytechnikum, dann an der Universität Tübingen. Er wurde Professor an der Oberrealschule Tübingen und hatte von 1871 bis 1877 einen Lehrauftrag an der Universität Tübingen für darstellende Geometrie inne (in der Nachfolge von Karl Kommerell). Hauck promovierte 1876 in Erlangen mit der Arbeit „Grundzüge einer allgemeinen axonometrischen Theorie der darstellenden Perspective" (Leipzig: Teubner, 1876); 1877 folgte er einem Ruf an die Berliner Bauakademie, die etwas später mit der Gewerbeschule zur Technischen Hochschule fusioniert wurde. Hauck hatte ausgeprägtes Interesse an der bildenden Kunst, insbesondere an der Perspektive. Hierzu verfasste er mehrere Bücher. Er widmete sich auch Fragen des Unterrichts.

Heim, Albert (1849 – 1937). Nach Studium in Zürich und Bildungsreise erhielt Heim 1872 mit 23 Jahren eine Professur für technische und allgemeine Geologie am Polytechnikum Zürich, drei Jahre danach auch eine an der Universität. Bekannter, auch als Gutachter tätiger Geologe und Alpinist. Verheiratet mit Marie Heim-Voegtlin (1845 - 1915), der ersten schweizerischen Ärztin mit eigener Praxis. Neben gesellschaftlichem Engagement war das Ehepaar Heim auch in der Abstinenzlerbewegung aktiv.

Heis, Eduard (1806 – 1877), war nach seinem Studium in Bonn Lehrer in Köln und Aachen, 1852 wurde er Professor für Mathematik (später auch für Astronomie) in Münster. Wissenschaftlich trat Heis vor allem als Astronom hervor, sein Schulbuch „Sammlung von Beispielen und Aufgaben aus der allgemeinen Arithmetik und Algebra" erreichte über hundert Auflagen und wurde in mehrere Sprachen übersetzt.

Henneberg, Lebrecht (1850 – 1933), aus Schaffhausen (SH), studierte Mathematik und Maschinenbau am Polytechnikum in Zürich, in Heidelberg und Berlin, 1875 Promotion in Zürich mit einem Thema von H. A. Schwarz („Ueber solche Minimalflächen, welche eine vorgeschriebene ebene Curve zur geodätischen Linie haben"), Habilitation am Polytechnikum (1876), ab 1878 dann in Darmstadt tätig. Zuerst als Extraordinarius für darstellende und synthetische Geometrie sowie graphische Statik, ab 1879 dann als Ordinarius für Mechanik. Henneberg verfasste den Beitrag über graphische Statik für die Enzyklopädie der mathematischen Wissenschaften.

Henrici, Julius (1840 – 1910) war von 1866 bis 1905 Lehrer erst an der höheren Bürgerschule und dann am Lyzeum in Heidelberg, dem heutigen Kurfürst Friedrich Gymnasium. Er verfasste eine Programmschrift über die Einführung in die induktive Logik am Beispiel von F. Bacons Lehre von der Wärme und zusammen mit P. Treutlein ein Lehrbuch der Elementargeometrie in drei Teilen, das mehrfach aufgelegt wurde. Henrici führte 1886 an seiner Schule einen fakultativen Unterricht im geometrischen Zeichnen ein, um Schüler auf technische Studien besser vorzubereiten.

Hessenberg, Gerhard (1884 – 1912), Studium in Straßburg und Berlin, dort 1899 Promotion („Beiträge zur Lehre von den eindeutigen Transformationen", Gutachter waren Schwarz und Fuchs), Habilitation für darstellende Geometrie an der TH Berlin, 1907 – 1910 Ordinarius an der Landwirtschaftlichen Hochschule in Bonn-Poppelsdorf, danach an den Universitäten Breslau (1910) und Tübingen (1918) sowie an der TH Berlin (1925). Wichtige Beiträge zu den Grundlagen der Geometrie (Satz von Hessenberg) und zur Mengenlehre aber auch zu Anwendungen der Mathematik.

Hoffet, Paul Henri (1865-1945), war Privatdozent für Maschinenbau am Züricher Polytechnikum (1890) und leitender Ingenieur der Allgemeinen Maggi-Gesellschaft, Kempthal.

Hülsse, Johann Ambrosius (1812 – 1876), Mathematiker und Techniker, war nach der Ausbildung in Freiberg von 1841 bis 1850 Leiter der Gewerbeschule in Chemnitz, danach Professor und Direktor an der Technischen Bildungsanstalt Dresden, die ins dortige Polytechnikum überging. Hülsse wechselte 1873 ins sächsische Innenministerium als vortragender Rat.

Kappeler, Johann Karl (1816 - 1888), Studium der Rechtswissensschaften in Zürich, Berlin und Heidelberg, danach Richter (1854 – 57 Mitglied des Bundesgerichts). Liberaler Politiker im Kreis um Alfred Escher, ab 1857 Präsident des schweizerischen Schulrats und damit Leiter des Polytechnikums Zürich, das er nachhaltig prägte. Starb im Amt.

Keller, Johannes 1852 – 1918), aus Mandach (AG) wurde nach dem Studium in der Fachlehrerabteilung des Züricher Polytechnikums (Diplomarbeit „Ueber reciproke Fundamentalgebilde zweiten und dritten Grades" (1875)) Assistent für darstellende Geometrie (1875 – 1887). Promotion 1879 an der Universität Zürich „Die einander doppelt conjugirten Elemente in allgemeinen reciproken Systemen" (Gutachter: A. Meyer und W. Denzler), 1882 Habilitation am Polytechnikum und Ernennung zum Privatdozenten. Die Konferenz der Fachlehrerabteilung beschloss am 25. November 1881 Kellers Habilitation zu befürworten: „Dr. Fiedler äußert sich sehr anerkennend über die wissenschaftliche Befähigung und bisherige Lehrthätigkeit des Petenten." (Portokollbuch der VI. Abteilung). Keller unterrichte fortan über viele Jahre hinweg in der Freifächerabteilung darstellende Geometrie. Ab 1904 wirkte er als Mathematiklehrer am neu gegründeten Institut Minerva in Zürich, das im Sinne des zweiten Bildungsweges auf den Besuch des Polytechnikums vorbereitete.

Kick, Friedrich (1840 – 1915), gebürtig aus Wien, war Maschinenbau-Ingenieur. Er wurde 1862 Assistent, 1866 dann Professor am Prager Polytechnikum, nach dessen Teilung in der deutschsprachigen Institution, Vorkämpfer der „deutschen Sache". 1892 wechselte Kick nach Wien. In Prag und Wien war er mehrfach Rektor. Zudem war Kick als liberaler Abgeordneter politisch aktiv.

Kiefer, Adolf (1857 – 1925), aus Salzach (SO), studierte am Züricher Polytechnikum, Diplom 1878, 1882 erfolgte die Promotion an der Universität Zürich mit der Dissertation „Der Contact höherer Ordnung bei algebraischen Flächen" (Gutachter A. Meyer und R. Wolf, das Thema selbst ging auf C. F. Geiser zurück). Kiefer wurde danach Lehrer am

Institut Concordia in Hirslanden (heute Stadtteil von Zürich), später dann an der Kantonsschule in Frauenfeld, wo er 1888 Rektor wurde. 1898 kehrte Kiefer als Rektor an das Institut Concordia nach Zürich zurück. Nach der kriegsbedingten Schließung des Instituts unterrichtete Kiefer an verschiedenen Mittelschulen und an der Volkshochschule des Kantons Zürich. 1907, als es um Fiedlers Nachfolge ging, war Kiefer einer der vier vom Schulratspräsidenten ins Auge gefassten Kandidaten. Vgl. Scherrer 1929.

Kiepert, Ludwig (1846 – 1934), Studium in Breslau und Berlin, Promotion 1870 in Berlin bei Weierstrass „De curvis quarum arcus integralibus ellipticis primi generis exprimuntur", danach in Freiburg, ab 1877 Professor in Darmstadt, ab 1879 dann in Hannover. Das zweibändige Lehrbuch „Grundriss der Differential- und Integralrechnung", dessen Bearbeitung er von Franz Meyer, Mitautor des früh verstorbenen Begründers des Werkes, Max Stegemann (1831 – 1872), ab der fünften Auflage 1888 übernahm, erlebte viele Auflagen (13. Auflage 1918 – 1922) und war allgemein bekannt. Kiepert, Duzfreund von F. Klein aus Berliner Tagen, beschäftigte sich auch mit Versicherungsmathematik und war an der Gründung des entsprechenden Instituts an der Universität Göttingen beteiligt.

Kinkelin, Hermann (1832 – 1913), nach Studium in Zürich, Lausanne und München wurde Kinkelin Lehrer in Aarburg und Bern, 1860 an der Gewerbeschule in Basel. 1865 wurde er zusätzlich o. ö. Professor an der Universität Basel, verbunden mit der Verleihung eines Doktor h.c. Lange Zeit war er Rektor der Basler Oberen Realschule, in die die Gewerbeschule überging. Kinkelin war Experte für Versicherungsmathematik und Statistik. Auch politisch für die Freisinnigen aktiv, u.a. als Nationalrat.

Klekler, Karl (1842 - ?), Prof. an der k. k. Marine-Akademie in Fiume, verfasste ein Lehrbuch „Die Methoden der Darstellenden Geometrie" (1877), in dem die projektive Sichtweise einbezogen wurde.

Knop, Adolph (1828 – 1893), aus Altenau (Harz) gebürtig, Studium der Mathematik und Naturwissenschaften (Chemie, Geologie und Mineralogie) in Göttingen, ab 1849 Lehrer an der höheren Gewerbeschule Chemnitz, 1852 Promotion in Leipzig, 1856 Berufung nach Gießen, 1866 ordentlicher Professor für Geologie und Mineralogie am Polytechnikum Karlsruhe und Leiter der Großherzoglichen Naturaliensammlung.

Kommerell, Karl (1871 – 1962), Studium der Mathematik in Tübingen, Promotion bei A. Brill (Die Krümmung der zweidimensionalen Gebilde im ebenen Raume von vier Dimensionen (1897)), danach lange Zeit Gymnasiallehrer an mehreren Orten in Württemberg, 1911 Habilitation an der TH Stuttgart, 1921 a.o. Professor daselbst, 1922 wurde er Professor in Tübingen.

Kommerell, Victor (1866 – 1948), war nach Promotion in Tübingen bei A. Brill (Beiträge zur Gauss'schen Flächentheorie (1890)) Mathematiklehrer in Calw, Reutlingen, Nürtingen und Tübingen sowie Honorarprofessor an der Universität Tübingen. Die Cousins Karl und Victor Kommerell veröffentlichten zusammen: „Allgemeine Theorie der Raumkurven und Flächen" (2 Bände in der Sammlung Göschen), „Spezielle Flächen und Theorie der Strahlensysteme", sowie „Analytische Geometrie" (3 Bände).

Koritzka, Karl (1825 – 1906), Studium der Mathematik und Astronomie in Wien, danach in Schebnitz der Montanwissenschaften, 1849 Professor für praktische Geometrie am Polytechnikum Brünn, Professur für elementare Mathematik und praktische Geometrie am Polytechnikum in Prag, 1864 dessen Rektor. Leistete wichtige Beiträge zur Vermessung und der naturwissenschaftlichen Erforschung Böhmens. Koritzka war ab 1861 maßgeblich an der Reform des Prager Polytechnikums beteiligt, das 1864 wiedereröffnet wurde.

Kruse, Friedrich (1824 – 1890), studierte nach Tätigkeit als Elementarlehrer 1850 bis 1852 Mathematik und Naturwissenschaften in Jena, dann ein Jahr lang in Berlin. Anschließend war Kruse Hilfslehrer und später Lehrer an verschiedenen Schulen, 1850 Promotion in Jena, Oberlehrer am Wilhelms-Gymnasium in Berlin. Er war Verfasser eines von Fiedler kritisierten Geometrielehrbuchs (Berlin, 1875), einer Programmschrift „Einiges aus der Theorie der Functionen" (1863), aber auch von Beiträgen zur Biologie.

Küpper, Carl (auch: Karl) Josef (1828 - 1900), Studium am Gewerbeinstitut in Berlin (u.a. bei Pohlke) und an der dortigen Universität. 1863 Lehrer an der Gewerbeschule in Trier, wurde 1867 Nachfolger von Fiedler am Prager Polytechnikum. K. Bobek gab Küppers Vorlesungen über projektive Geometrie heraus.

Lampe, Karl Otto Emil (1840 – 1918) war nach Studium und Promotion in Berlin an der Friedrich-Werderschen Gewerbeschule ebendort tätig. Ab 1877 wirkte er bis 1911 als Professor an der TU Berlin, wo er sich für eine anwendungsorientierte Mathematikausbildung der zukünftigen Ingenieure einsetzte – gegen die Tradition von Weierstrass, Aronhold, H. Weber u. a. Lampe war langjähriger Herausgeber des Jahrbuchs über die Fortschritte der Mathematik.

Lieblein, Johann (1824 – 1881), seit 1858 Assistent für Mathematik am Prager Polytechnikum, 1863 – 64 Lehrstuhlvertreter, ab 1864 Professor für Mathematik daselbst, 1869 übernahm Lieblein die Lehrkanzel von H. Durège, Rektor des deutschen Polytechnikums (1872/73 und 1873/74).

Lorberg, Hermann (1831 – 1906). Studium in Göttingen, Berlin und Heidelberg, 1857 Promotion bei Ludwig Otto Hesse in Heidelberg. Danach Lehrer in Brandenburg, Barmen, Ruhrort und Saargemünd sowie in Straßburg. 1888 Habilitation für Theoretische Physik an der Universität Straßburg, im Sommer 1890 Ruf als Professor für Theoretische Physik nach Bonn.

Ludwig, Walter (1876 – 1946), hatte 1898 bei R. Sturm in Breslau über ein Thema der synthetischen Geometrie promoviert und wurde 1902 Assistent für darstellende Geometrie in Karlsruhe, 1904 habilitierte er sich in Karlsruhe mit einer auf Anregungen von Fr. Schur zurückgehenden Schrift zur Kreisgeometrie in der hyperbolischen Geometrie, 1907 wurde er Professor in Braunschweig, 1909 bis 1942 dann Professor für darstellende Geometrie in Dresden.

Mannheim, Amdée (1831 – 1906), Oberst in der französischen Armee, ab 1859 auch an der *Ecole polytechnique* tätig, ab 1864 dort Professor für darstellende Geometrie. Bekannt vor allem für seine Arbeiten zur Kinematik.

Marx, Walfried (1854 – 1886) studierte am Polytechnikum in München und an der Universität Leipzig. Er promovierte 1880 in München mit der Arbeit „Über eine Fläche vierter Ordnung mit reellem Doppelkegelschnitt und ihre Anwendung zur Lösung der Aufgabe: 3 gegebene Gerade im Raume nach einem Dreieck mit vorgeschriebenen Winkeln zu schneiden" (Gutachter waren C. G. Bauer und L. Ph. Seidel). 1881 wurde er Professor für darstellende Geometrie am Münchner Polytechnikum als Nachfolger von Fr. Klingenfeld, allerdings wurde das Ordinariat Klingenfelds wegen der Jugend des Kandidaten zu einem bezahlten Extraordinariat heruntergestuft. Für Marx' Nachfolger Burmester wurde die Stelle dann wieder aufgewertet.

Mehmke, Rudolf (1857 – 1944), Studium in Stuttgart am Polytechnikum (Mathematik, Architektur), in Tübingen und in Berlin, 1880 Promotion in Tübingen mit einer Dissertation über die Anwendung der Grassmann'schen Ausdehnungslehre auf die Geometrie der Kreise in der Ebene (Gutachter: Paul du Bois-Reymond). 1884 Professor für darstellende Geometrie in Darmstadt, ab 1894 in Stuttgart. Mehmke leistete neben Arbeiten zur Grassmannschen Ausdehnungslehre (Vektorrechnung) vor allem Beiträge zur angewandten Mathematik insbesondere zur Numerik. Mehmke entwickelte auch mathematische Geräte. Engagierter Pazifist. Vgl. Maurer 2024.

Mertens, Franz (1840 – 1927), Studium der Mathematik in Berlin, 1865 Promotion über Potentialtheorie („De functione potentiali duarum ellipsoidium homogenearum" Gutachter, waren E. E. Kummer und L. Kronecker), 1865 a. o. Professor in Krakau, 1870 ord. Professor in Krakau, 1894 – 1911 an der Universität Wien. Mertens vertrat vor allem die Gebiete Algebra und Zahlentheorie.

Meyer(-Kaiser), Arnold (1844 – 1896), aus Andelfingen (ZH), hatte nach Besuch der Züricher Industrieschule am dortigen Polytechnikum und in Berlin sowie Paris studiert. Danach unterrichtete er an der Züricher Industrieschule, er erhielt 1869 die *Venia docendi* am Polytechnikum, promovierte 1871 in Bern („Zur Theorie der unbestimmten ternären quadratischen Formen", Gutachter war L. Schläfli) und wurde 1877 an die Universität Zürich berufen. Meyer arbeitete hauptsächlich im Bereich der Zahlentheorie. Wichtiger Partner bei mathematischen Promotionen von Kandidaten des Polytechnikums und aktives Mitglied der Naturforschenden Gesellschaft in Zürich.

Meyer, Friedrich Wilhelm Franz (1856 – 1934), Studium in Leipzig, Berlin und München, 1878 Promotion in München („Anwendungen der Topologie auf die Gestalten der algebraischen Curven, speziell der rationalen Curven 4. und 5. Ordnung"), 1880 Habilitation in Tübingen, danach Professor in Clausthal, ab 1897 in Königsberg. Wichtiger Mitarbeiter an der Enzyklopäide sowohl durch Beiträge als auch als Herausgeber des Geometriebandes.

Milinowski, Alfons (1837 – 1888) hatte in Königsberg Mathematik studiert und wurde 1864 Hilfslehrer am Gymnasium in Tilsit, 1884 dann Oberlehrer am Gymnasium in Weißenburg im Nord-Elsass (heute: Wissembourg [Bas Rhin]); er verfasste mehrere Programmschriften und ein Lehrbuch zu Themen der neueren Geometrie, insbesondere zu Kegelschnitten, daneben auch Artikel im Crelle-Journal zur Theorie der Kurven dritter und vierter Ordnung.

Mohrmann, Hans (1881 – 1941), Studium in München, Berlin, Göttingen und Bonn, 1907 Promotion in München bei A. Voss mit der Dissertation „Beiträge zur Theorie der Singularitäten der algebraischen Linien-Complexe beliebigen Grades", 1909 - 1913 Assistent in Karlsruhe, 1910 Habilitation in Karlsruhe, danach Professor in Clausthal (1913), Karlsruhe (1917), Basel (1919), Darmstadt (1927), Gießen (1931) und Hannover (1935).

Molk, Jules (1857 – 1914) stammte aus Strasbourg. Er studierte in Paris (vor allem bei Ch. Hermite), dann in Zürich am Polytechnikum (wo er Fiedler kennenlernte) und ab Wintersemester 1882/83 in Berlin, wo er 1884 bei Kronecker mit der Dissertation „Sur une notion qui comprend celle de la divisibilité et sur la théorie générale de l'élimination" promovierte. 1890 wurde er Professor in Nancy. Bekannt geblieben ist Molk vor allem als Hg. der französischen Ausgabe der „Encyklopädie der mathematischen Wissenschaften".

Morstadt, Rafael (1835 - 1908), in Loket (Westböhmen) geboren, von 1856 bis 1863 war er Assistent für darstellende Geometrie bei R. Skuherský, 1863 bewarb er sich vergeblich um dessen Nachfolge. Er wurde dann Fiedlers Assistent und ging 1869 zur staatlichen Eisenbahn nach Wien. Morstadt war ein begabter Maler und Graphiker, er entstammte einer künstlerisch veranlagten Familie. Seine Tochter Anna (1874 – 1946) wurde Malerin. Vgl. auch Bečvářová/Bečvář/Škoda 2008, 101.

Müller, Emil Adalbert (1861 – 1927), hatte in Wien am Polytechnikum und an der Universität studiert und einen Fachlehrerabschluss erworben (1885). Er war dann u.a. Assistent der darstellenden Geometrie bei Rudolf Staudigl (1831 – 1891) in Wien und Lehrer an der Baugewerkenschule in Königsberg (1892 – 1902), wo er bei Franz Meyer

1898 mit der Arbeit „Die Geometrie orientierter Kugeln nach Grassmann'schen Methoden" promovierte und sich habilitierte. Von 1902 bis 1927 hatte er den Lehrstuhl für darstellende Geometrie an der Technischen Hochschule Wien inne. Müller gilt als einer der wichtigsten Vertreter der Wiener Schule der darstellenden Geometrie. Daneben war er ein Vorkämpfer für die Ideen Grassmanns.

Müller, Heinrich Robert Reinhold (1857 – 1939), Gymnasiallehrer in Dresden (1880 – 1884), ab 1885 Prof. für darstellende Geometrie in Braunschweig, von 1907 bis 1928 dann in Darmstadt.

Müller, Hubert (1840 - ?), a. o. Professor an der Universität Freiburg, dann Oberlehrer am Lyzeum in Metz, Verfasser erfolgreicher Schulbücher, z. B. „Die Elemente der Planimetrie: ein Beitrag zur Methode des geometrischen Unterrichts " (Metz: Scriba, [9]1907), „Leitfaden der Planimetrie" in zwei Teilern (Leipzig: Teubner, 1874 bzw. 1875) und „Leitfaden der Stereometrie. Erster Theil" (Leipzig: Teubner, 1877). Müller vertrat im Gegensatz zu Fiedler die Position, die Euklidische Geometrie solle im Unterricht durch Teile der projektiven ergänzt werden.

Müller, Johann Jakob (1846 – 1875), stammte aus Seen (ZH). Studium der Medizin an der Universität Zürich, später dann auch Physik bei Helmholtz und Kirchhoff in Heidelberg und in Leipzig, 1868 Promotion in Zürich, Assistent am Phyiologischen Institut der Universität Zürich, danach Assistent im physikalischen Labor von Ludwig in Leipzig. 1873 erhielt Müller eine Professur für technische Physik am Polytechnikum. Nachruf von L. Herrmann in der Vierteljahrsschrift der Naturforschenden Gesellschaft in Zürich 20 (1875), 187 – 191.

Niemtschik (Němčík), Rudolf (1831 – 1877), Studium in Wien 1852 – 1857, Assistent für darstellende Geometrie am Wiener Polytechnikum (bis 1861), danach Professor für darstellende Geometrie am Joanneum in Graz bis 1870. Anschließend war er bis zu seinem Tod Professor für darstellende Geometrie am Polytechnikum Wien.

Noether, Max (1844 – 1921), Studium der Mathematik und Physik in Heidelberg (Hesse, Kirchhoff), Gießen und Göttingen (Clebsch), Arbeit an der Sternwarte Mannheim, Promotion in Heidelberg 1868 ohne Vorlage einer Dissertation, 1870 Habilitation („Über Flächen, welche Schaaren rationaler Curven besitzen") in Heidelberg, 1875 Extraordinarius in Erlangen, 1888 ordentlicher Professor daselbst. Wichtiges Mitglied der Clebsch-Schule und einer der Begründer der (modernen) algebraischen Geometrie; mehrere Veröffentlichungen mit A. Brill als Koautor, u.a. verfassten die beiden den bekannten Bericht über die Entwicklung der Theorie der algebraischen Funktionen (1894).

Ohrtmann, Carl (1839 – 1885), Studium in Berlin, Heidelberg und Jena, Promotion in Jena, später Oberlehrer am Realgymnasium in Berlin, zusammen mit Felix Müller Begründer des „Jahrbuchs über die Fortschritte der Mathematik", wobei wohl seine Frau eine wichtige Rolle spielte (vgl. Lorey 1916, 216 n. 4).

Olivier, August (1835 – 1876), stammte aus München, studierte am Polytechnikum Dresden Chemie, danach in Göttingen Mathematik bei P. G. Lejeune-Dirichlet, 1858 wurde er Mathematiklehrer am Gymnasium in Schaffhausen, 1871 promovierte er in Göttingen mit einer Arbeit über die konstruktive Lösung geometrischer Aufgaben dritten und vierten Grades. Er wurde 1870 als Extraordinarius an die Universität Zürich berufen, um dort die Geometrie zu vertreten.

Olivier, Théodore (1793 – 1863) war Absolvent der Pariser *Ecole polytechnique*. Er wirkte in Metz und in Schweden, wo er die Militärschule in Marieberg aufbaute, später dann in Paris. Olivier kritisierte die seiner Meinung nach einseitig theoretische Ausbildung der *Ecole polytechnique* und wirkte 1829 beim Aufbau der stärker praxisorientierten *Ecole Centrale des Arts et Manufactures* in Paris mit.

Orellli, Johannes von (1822 – 1885), wurde nach Stationen an mehreren Schulen, u.a. an der Kantonsschule in Frauenfeld, 1859 Professor für Mathematik an der Vorschule des Polytechnikums. Nach deren Auflösung in den 80iger Jahren wurde er in die Fachlehrerabteilung übernommen, wo er hauptsächlich Servicevorlesungen für die anderen Schulen des Polytechnikums hielt.

Papperitz, Erwin (1857 – 1938), Studium in Leipzig und an der TH München, Promotion in Leipzig bei F. Klein mit der Arbeit „Über das Problem der kürzesten und weitesten Entfernung eines Punctes von einer Oberfläche II. Ordnung", 1886 Habilitation in Dresden, 1889 Extraordinarius daselbst, 1892 ordentlicher Professor für höhere Mathematik und Darstellende Geometrie an der Bergakademie in Freiberg. Papperitz arbeitete in den Bereichen Funktionentheorie und darstellende Geometrie, zu letzterer verfasste er den Artikel in der Enzyklopädie der mathematischen Wissenschaften. Zusammen mit K. Rohn schrieb Papperitz ein Lehrbuch der darstellenden Geometrie in zwei Bänden (1893, 1896).

Pelz, Karl (1845 – 1908) auch: Karel Pelc aus Bieletsch (Běleč), nach Studium am Prager Polytechnikum (1864 – 1869) Zeichner an der Zentralanstalt für Meteorologie und Erdmagnetismus in Wien, 1870 – 75 Assistent bei C. Küpper am deutschsprachigen Polytechnikum in Prag, 1875 Lehrer an der Realschule in Teschen (Tešin). Ab 1876 lehrte Pelz an der Landesoberrealschule in Graz, 1878 a.o. Professor, 1881 dann ord. Professor beides in Graz, 1896 Professor für darstellende Geometrie am böhmischen Polytechnikum in Prag. Pelz war mit den Gebrüdern Emil und Erich Weyr befreundet.

Reidt, Friedrich (1834 – 1894), wirkte am Gymnasium in Hamm, Verfasser des vierteiligen Lehrbuchs „Elemente der Mathematik", das sich bis heute gehalten hat.

Reye, Carl Theodor (1838 – 1919), aus Cuxhaven stammend besuchte Reye die Gelehrtenschule des Johanneums in Hamburg, danach Studium von Mathematik, Physik und Maschinenbau an den Polytechnika in Hannover und Zürich sowie an der Universität Göttingen, wo er sich unter dem Eindruck Riemanns für die Mathematik entschied. 1861 physikalische Promotion in Göttingen („Die mechanische Wärme-Theorie und das Spannungsgesetz der Gase" bei Wilhelm Weber), 1863 Habilitation am Polytechnikum in Zürich, wo er sich beeinflusst von K. Culmann der projektiven Geometrie zuwandte. 1870 Professor in Aachen, 1872 dann in Straßburg. Verfasser des auf seinen Züricher Vorlesungen basierenden weitverbreiteten Lehrbuchs „Geometrie der Lage" (2 Bände, 1866 – 1869, 1923 in 6. Auflage in drei Bänden), mit dem er die Ideen von Staudts allgemein zugänglich machte. Wichtiger Vertreter der synthetischen Geometrie, insbesondere mit der Theorie der Konfigurationen. Reye beschäftigte sich auch mit Meteorologie und veröffentlichte ein Buch über Wirbelstürme (1872).

Rodenberg, Carl (1851 – 1933), hatte 1874 in Göttingen mit der Arbeit „Das Pentaeder der Flächen dritter Ordnung beim Auftreten von Singularitäten" promoviert; er wirkte nach einer Zeit als Oberlehrer in Plauen an den THs Darmstadt (1879 – 1884) und Hannover (1884 – 1921) als darstellender Geometer.

Rohn, Karl (1855 – 1920), Studium in Darmstadt und München, 1877 Promotion daselbst bei F. Klein mit der Arbeit „Betrachtungen über die Kummersche Fläche und ihren Zusammenhang mit den hyperelliptischen Funktionen p = 2", 1879 Habilitation in Leipzig, 1884 Extraordinarius in Leipzig, 1885 in Dresden, 1887 ordentlicher Professor für darstellende Geometrie in Dresden, 1904 Wechsel nach Leipzig. Rohn verfasste zusammen mit E. Papperitz ein Lehrbuch der darstellenden Geometrie in zwei Bänden (1893, 1896). Er konstruierte auch Modelle, u.a. der Kummerschen Fläche.

Rudio, Ferdinand (1856 – 1929), Studium am Polytechnikum in Zürich und in Berlin, 1880 Promotion in Berlin („Über diejenigen Flächen, deren Krümmungsmittelpunktsflächen

confokale Flächen zweiten Grades sind", Gutachter war E. E. Kummer), 1881 Rückkehr nach Zürich und Habilitation, dort 1885 Professor für Mathematik, 1894 Leiter der Bibliothek des Polytechnikums. Rudio hatte in Zürich das Abitur erworben und am Polytechnikum das Studium begonnen. Eine langwierige Krankheit zwang ihn, das Studium zu unterbrechen und nach Wiesbaden zu seinen Eltern zurückzukehren. Fiedler hat ihn in dieser Zeit brieflich bei seinen Studien unterstützt, auch danach korrespondierten Fiedler und Rudio noch (Hs 87: 863 – 872), insbesondere unterstützte Fiedler Rudios Habilitation (vgl. Hs 87: 871).
Viele Beiträge zur Geschichte der Mathematik, Initiator und wichtiger Mitarbeiter der Opera von L. Euler. Langjähriger Hg. der Vierteljahrsschrift der Naturforschenden Gesellschaft in Zürich und Mitorganisator des ersten internationalen Mathematiker-Kongresses (1897) daselbst. Vgl. Schröter/Fueter 1926.

Rulf, Wilhelm (???), Prof. an der Staats-Oberrealschule Pilsen (Plzeň).

Ruth, Franz (1850 – 1905), Privatdozent und Adjunkt in Leoben, 1891 Extraordinarius in Wien, 1895 dann Professor für Geodäsie in Prag.

Schlesinger, Josef (1831-1901), unterrichtete an der öffentlichen Oberrealschule des I. Bezirks in Wien, Privatdozent für Geometrie der Lage, graphische Statik und darstellende Geometrie an der polytechnischen Schule Wien. Schlesinger wurde 1870 Professor an der Forstakademie Mariabrunn und 1875 Professor für darstellende und praktische Geometrie an der Hochschule für Bodenkultur in Wien.

Schlömilch, Oskar (1823 – 1901), Studium in Berlin, Promotion mit der Arbeit „Theorema taylorianum" (1844) in Jena, ab 1849 Professor am Polytechnikum Dresden, 1874 Wechsel ins sächsische Erziehungsministerium, wo er für das Realschulwesen zuständig war. Begründer und langjähriger Hg. der „Zeitschrift für Mathematik und Physik", Autor erfolgreicher Lehrbücher und Herausgeber (zusammen mit G. Zeuner) des kurzlebigen „Repertorium der literarischen Arbeiten aus dem Gebiete der reinen und angewandten Mathematik". Förderer von Fiedler.

Schur, Friedrich (1856 – 1932), Studium in Breslau (Schröter, Rosanes) und Berlin, dort 1879 Promotion („Geometrische Untersuchungen über Strahlenkomplexe ersten und zweiten Grades", Gutachter waren Kummer und Weierstraß), 1880 Staatsexamen in Breslau, 1881 Habilitation in Leipzig, 1884 Assistent bei Klein, 1885 Prof. in Dorpat (heute: Tartu [Estland]), 1892 in Aachen (darstellende Geometrie und graphische Statik) und 1895 in Karlsruhe (darstellende Geometrie). 1909 Wechsel nach Straßburg, 1919 dort entlassen, danach Prof. in Breslau.

Stiner, Gottlieb (1865 – 1928), ab 1884 Studium am Polytechnikum, 1890 Promotion an der Universität Zürich („Ueber Curven vom Geschlecht Null"), Assistent bei Fiedler, 1894 Habilitation. Danach Schultätigkeit in Frauenfeld, St. Gallen und am Technikum in Winterthur. Artillerieoffizier beim Festungskommando am Gotthard.

Sturm, Friedrich Otto Rudolf (1841 – 1919), Studium bei H. Schroeter in Breslau, 1863 Promotion daselbst mit einer Arbeit zur Theorie der Flächen dritter Ordnung, 1864 (mit L. Cremona geteilter) Steiner-Preis, 1863 – 1872 Lehrer am Gymnasium Bromberg (Provinz Posen, heute Bydgoszcz (Polen)), 1872 ordentlicher Professor in Darmstadt (Kollege von Brill und Voss), ab 1878 in Münster, 1892 Nachfolger von Schroeter in Breslau. Sturm schrieb „Elemente der darstellenden Geometrie" (1874) – dieses Fach unterrichtete er auch in Darmstadt – und „Die Lehre von den geometrischen Verwandtschaften" (4 Bände, 1908 – 1909). Er war einer der letzten Vertreter der alten Schule der synthetischen Geometrie.

Suter, Heinrich (1848 – 1922), nach Studium am Polytechnikum und an der Universität Zürich sowie in Berlin 1871 Promotion an der Züricher Univerversität mit der historischen Arbeit „Geschichte der mathematischen Wissenschaften von den ältesten Zeiten bis Ende des 16. Jahrhunderts", danach Mathematik- und Physiklehrer in Aarau, Schaffhausen und St. Gallen, 1886 – 1918 dann an der Züricher Kantonsschule. Bekannt als Mathematik- und Astronomiehistoriker, sein wichtigstes Arbeitsgebiet war die islamische Mathematik. 1887 verfasste Suter die Abhandlung „Die Mathematik auf den Universitäten des Mittelalters", die in der Festschrift zur Begrüßung der 49. Versammlung Deutscher Schulmänner und Philologen vom 28. September bis zum 1. Oktober 1887 in Zürich bri Zürcher und Furrer erschien (pp. 39 – 96).

Tilscher, Franz/František **Tilšer** (1825 – 1913), Hauptmann und Professor an der Genie-Akademie in Kloster-Bruck, ab 1864 am Polytechnikum in Prag, zuständig für darstellende Geometrie in tschechischer Sprache. Tilscher hatte auch philosophische Ideen und entwickelte eine eigene Symbolik; die nach seinen Ansätzen aufgebaute Lehre von den Projektionen nannte er Ikonographie

Treutlein Peter (1845 - 1912) aus Wieblingen (heute ein Stadtteil von Heidelberg), 1862 – 66 Studium der Mathematik in Heidelberg, wo er vor allem von Moritz Cantor beeinflusst wurde. Danach war er als Gymnasiallehrer in Karlsruhe tätig, ab 1894 als Direktor des neugegründeten Reformgymnasiums, des heutigen Goethe-Gymnasiums. Bekannter Vertreter der Fusion von ebener und räumlicher Geometrie. Verfasser (mit J. Henrici) eines dreiteiligen Lehrbuches der Elementargeometrie und eines Buches über den geometrischen Anschauungsunterricht sowie zahlreicher historischer Abhandlungen. Treutlein war in verschiedenen Gremien tätig, unter anderem in der Internationalen Unterrichtskommission. Vgl. Schönbeck 1994.

Unverzagt, Karl Theodor (1830 – 1885), Konrektor des Wiesbadener Realgymnasiums, ab 1877 Leiter der höheren Bürgerschule daselbst. Früher Autor zu den Quaternionen im deutschsprachigen Raum und Mathematiklehrer von F. Rudio.

Veronese, Giuseppe (1854 – 1914), aus Choggia bei Venedig stammend, hatte 1873 am Polytechnikum in Zürich begonnen, in der Maschinenschule zu studieren. Im nachfolgenden Jahr wechselte er in die Fachlehrerabteilung, 1876 blieb er nach den Ferien (ohne Abschluss) in Italien, wo er Assistent von L. Cremona wurde. 1880 – 81 hielt er sich in Leipzig bei Klein auf, danach wurde er als Nachfolger von G. Bellavitis Professor für darstellende Geometrie in Padua. Veronese beschäftigte sich mit dem Archimedischen Axiom und nicht-archimedischen Größen. Er leistete wichtige Beiträge zur projektiven Geometrie in Räumen von vier und mehr Dimensionen. Veronese betrachtete Fiedler als seinen Lehrer.

Voss, Aurel Edmund (1845 – 1931), Studium am Polytechnikum Hannover sowie an den Universitäten Heidelberg und Göttingen, dort 1869 Promotion bei M. A. Stern („Über die Anzahl reeller und imaginärer Wurzeln höherer Gleichungen"), danach Lehrer, 1879 außerordentlicher Professor an der TH Darmstadt (Kollege von Sturm), ab 1885 an der TH München. Es folgten Professuren an den Universitäten Würzburg (1891) und München (1903). Voss arbeitete im Bereich der Differentialgeometrie und der theoretischen Mechanik, lieferte Beiträge zur Enzyklopädie der mathematischen Wissenschaften und zur Kultur der Gegenwart („Die Beziehungen der Mathematik zur Kultur der Gegenwart" und „Über die mathematische Erkenntnis").

Vries, Hendrik de (1867 – 1954), Studium am Polytechnikum in Zürich, 1892 - 1895 Assistent bei Fiedler, Promotion in Amsterdam, später in Delft als Assistent bei van der Waals und dann in Amsterdam als Professor für Geometrie tätig. In einem Brief an Fiedler (Hs 87: 1455) aus Frauenfeld vom 3. Juni 1892, mit dem sich de Vires bei Fiedler bewarb, finden sich einige interessante Details zu seinem Werdegang. Namensvetter Jan de Vries bat Fiedler mit einem Brief vom 6. März 1897 (Hs 87: 1456) im Zusammenhang mit der Besetzung der fraglichen Professur in Amsterdam um Auskünfte über dessen früheren Assistenten.

Waelsch, Emil (1863 – 1927) hatte in Leipzig (Studienkollege von Fiedlers Sohn Ernst) und Erlangen studiert, dort promovierte er 1888 bei Max Noether mit der Arbeit „Über das Normalensystem und die Zentralfläche algebraischer Flächen, insbesondere der Flächen zweiten Grades", danach war er Assistent von C. Küpper am Polytechnikum in Prag, wo sich Waelsch für Geometrie habilitierte. 1893/94 wurde Waesch für kurze Zeit Assistent von Fiedler in Zürich, danach Professor am Polytechnikum in Brünn (heute: Brno). Vgl. Lebenslauf in Hs 87: 1458 (Prag, 28. März 1889), mit dem sich Waelsch bei Fiedler bewarb.

Wedell, Charlotte (1862 – 1953), mit vollem Namen: Charlotte Bolette Sophie, Baroness Wedell-Wedellsborg. Nach ihrem Studium an der Universität Lausanne und am Polytechnikum in Zürich, das sie allerdings nicht mit dem Fachlehrerdiplom abschloss (sie hatte aber schon eine *License* in Lausanne erworben) ging Ch. Wedell nach Göttingen. Hurwitz empfahl sie in einem Brief vom 5. Juli 1897 ausdrücklich seinem Freund D. Hilbert mit der Bitte, sich ihrer anzunehmen: „Sie ist ein sehr nettes Mädchen, welches Ihrer Frau gewiss sehr gut gefallen wird." Von Göttingen aus kehrte Charlotte Wedell wieder nach Lausanne zurück zwecks Promotion bei Hermann Amstein mit einer Dissertation zur Lösung des Malfatti-Problems mit Hilfe elliptischer Funktionen; das Thema stammte von A. Hurwitz. Danach ging sie in ihre dänische Heimat zurück; im Jahr 1898 heiratete sie dort den Ingenieur E. Thomasini. Später trat sie ein Kloster ein, wo sie Äbtissin wurde.

Weilenmann, August (1843 – 1906), Bauerssohn aus Knonau (ZH), war nach dem Studium in der Fachlehrerabteilung am Polytechnikum seit 1867 Lehrer für Mathematik und Physik an der Kantonsschule in Zürich, daneben auch Assistent an der Sternwarte bei R. Wolf und aktives Mitglied der Naturforschenden Gesellschaft (Schriftführer); er wirkte zudem als Dozent zuletzt als Titularprofessor für Meteorologie am Polytechnikum. Die Chronik der Stadt Zürich vermeldete in Nummer 46 vom 17. November 1906 auf ihrer ersten Seite: „Eine bekannte, allbeliebte Persönlichkeit ist mit Prof. Dr. Weilenmann zur großen Armee, von der es keine Rückkehr mehr gibt, abberufen worden."

Weiler, Adolf (1851 – 1916), aus Winterthur (ZH) hatte 1867 bis 1871 am Polytechnikum in Zürich in der Fachlehrerabteilung studiert und diese mit dem Fachlehrerdiplom verlassen. Er ging 1872, vermutlich auf Anregung Fiedlers, nach Göttingen, um dort mit Clebsch und Klein zu arbeiten. Im Herbst desselben Jahres folgte er Klein nach Erlangen, wo er mit einer Arbeit zur Liniengeometrie „Über die verschiedenen Gattungen der Komplexe 2. Grades" (1873) promovierte. Weiler kehrte dann in die Schweiz zurück; nach einem kurzen Zwischenspiel als Mathematiklehrer an einer Privatschule in Stäfa, dem Institut Ryffel, wurde er Assistent bei Fiedler (1874 – 1879). 1875 habilitierte ihn das Polytechnikum, wo er u.a. in den 1880er Jahren darstellende Geometrie für die zukünftigen Architekten lehrte. Später unterrichtete Weiler auch am Lehrerinnenseminar in Zürich. Er wurde 1891 zusätzlich an der Züricher Universität habilitiert, 1899 erhielt er dort eine a.o. Professur. Vgl. Universität Zürich Rektoratsreden und Jahresberichte. April 1916 bis Ende März 1917 (Zürich: Orell Füssli, 1917), 54 - 55.

Weiler, Johann August (1827 – 1894), zuerst Lehrer in Darmstadt, dann Mathematiklehrer am Mannheimer Gymnasium und aktiver Schulbuchautor, schließlich Privatgelehrter in Karlsruhe. Neben Mathematik (Differentialgleichungen) beschäftigte er sich auch mit Astronomie und mathematischer Geographie.

Weisbach, Julius Ludwig (1806 – 1871), Ausbildung an der Bergakademie Freiberg, ausgedehnte Studienfahrten, 1858 Promotion in Heidelberg („Über die Monstrositäten

Tesseral krystallisirender Mineralien") nach verschiedenen Stationen, u.a. Gymnasiallehrer in Freiberg, wurde er dort Professor für angewandte Mathematik, Mechanik, Bergmaschinenlehre und allgemeine Markscheidekunst. Weisbach gilt u.a. als Begründer der modernen Markscheidekunst und der Axonometrie.

Weyr, Emil (1848 – 1894) studierte am Prager Polytechnikum von 1865 bis 1868, 1870 Habilitation an der Karls-Universität in Prag, ab 1875 Professor an der Universität Wien. Sein Vater war Franz Weyr, Mathematiklehrer an der Realschule in Prag, sein Bruder Eduard war ebenfalls Mathematiker. Emil Weyr unternahm zwei längere Italienreisen, wo er vor allem L. Cremona kennenlernte. Er übersetzte dessen *Introduzione* ins Deutsche und gründete eine tschechische Fachzeitzeitschrift für Mathematik sowie zusammen mit Gustav von Escherich die „Monatshefte für Mathematik und Physik". Weyr verfasste etwa 300 Artikel sowie das Lehrbuch „Die Elemente der projectivischen Geometrie. Erstes Heft" (Wien: Braumüller, 1883), daneben weitere Bücher in Tschechisch.

Winkler, Emil (1835 – 1888), stammte aus Torgau, das Sachsen nach dem Wiener Kongress an Preußen abtreten musste. Studium am Polytechnikum Dresden, 1861 Promotion in Leipzig, 1865 – 1868 Professor für Wasser- und Straßenbau am Polytechnikum Prag, danach Professor in Wien und schließlich ab 1877 an der TH Berlin (Statik und Baukonstruktion), Spezialist für Eisenbahnbau.

Wolf, Johann Rudolf (1816 – 1893), Pfarrerssohn aus Fällanden (ZH), Studium in Zürich, Wien und Berlin, Mathematik- und Physiklehrer an der Realschule in Bern, später dann in Zürich bis 1861, ab 1855 Professor für Astronomie am Züricher Polytechnikum und an der dortigen Universität sowie Leiter der eidgenössischen Sternwarte, in der er auch mit seinem Assistenten und seinem Famulus lebte. Wolf war zudem Leiter der Bibliothek des Polytechnikums und begründete die Vierteljahrsschrift der Naturforschenden Gesellschaft Zürich, für die er sehr viele, oft auch mathematikhistorisch interessante Artikel in der Rubrik „Notizen zur Schweizer Kulturgeschichte" verfasste. In Buchform erschienen seine „Biographien zur Kulturgeschichte der Schweiz" in vier Bänden [„Cyklen"] (Zürich: Orell-Füssli, 1858–1862) sowie Werke über die Geschichte der Astronomie und der Vermessungskunde. Als Astronom beschäftigte er sich vor allem mit Sonnenflecken. „W. ist unverehelicht geblieben, und er hätte in der That für die Anforderungen des Familienlebens keine Muße gehabt." (S. Günther in der Allgemeinen Deutschen Biographie).

Zeuner, Gustav (1828 – 1907), aus Chemnitz gebürtig, studierte nach einer Tischlerlehre und Besuch der höheren Gewerbeschule in Chemnitz (1848 – 1851) an der Bergakademie in Freiberg, danach Aufenthalt in Paris, wo er J. V. Poncelet und H. V. Regnault kennenlernte, 1855 Promotion in Leipzig über das Foucaultsche Pendel, 1855 – 1871 Professor am Polytechnikum in Zürich, danach in Freiberg und ab 1873 in Dresden. An allen drei Orten war Zeuner auch Direktor der Anstalt. Er leistete wichtige Beiträge zur Verbesserung der Dampfmaschine durch Berücksichtigung der Ergebnisse der Wärmelehre. Zeuner beschäftigte sich auch mit Versicherungsmathematik; zusammen mit O. Schlömilch Begründer des kurzlebigen „Repertorium der literarischen Arbeiten aus dem Gebiete der reinen und angewandten Mathematik".

Literatur

Adler, August (1906). Theorie der geometrischen Konstruktionen (G. J. Göschensche Verlagsbuchhandlung, Leipzig).

Anger, K. Th. (1834): Analytische Darstellung der Basrelief-Perspective (Danzig: Kafemann).

Anger, K. Th. (1836): Beiträge zur analytischen Basrelief-Perspective (Danzig: Kafemann).

Anger, K. Th. (1839, 1841): Betrachtungen über verschiedene Gegenstände der neueren Geometrie Theil 1 (Danzig: Homann), Theil 2 (Danzig: Homann).

Anger, K. Th. (1849): Ueber die Transformation der Figuren in andere derselben Gattung (Archiv der Mathematik und Physik 4, 281 – 290).

Anger, K. Th. (1854): Théorie de la perspective–relief (Astronomische Nachrichten 38 Nr. 906 Beilage, Sp. 289–296).

Anger, K. Th. (1858): Elemente der Projectionslehre (Danzig: Kafemann).

Aumann, G. (2015): Kreisgeometrie. Eine elementare Einführung (Berlin-Heidelberg: Springer Spektrum).

Avalonne, M./ Brigalgia, A./Zappulla, C. (2002): The Foundations of Projective Geometry in Italy from De Paolis to Pieri (Archive for History of Exact Sciences 56, 363 – 425).

B. (1907): Prof. Dr. W. Fiedler. Zum Rücktritt von seinem Lehramt am Eidgenössischen Polytechnikum am 1. Oktober 1907 (ohne Orts- und Verlagsangabe). B. ist Fr. Bützberger.[3029]

Balmer, H. (1964): Johann Jakob Balmer. 1. Mai 1825 – 12. März 1898 (Elemente der Mathematik 16, 49 – 59).

Baltzer, R. (1857): Theorie und Anwendung der Determinanten (Leipzig: Hirzel). Weitere Auflagen 1864, 1870, 1875 und 1881.

Baltzer, R. (^{2}1867): Die Elemente der Mathematik. Zweiter Band. Planimetrie, Stereometrie, Trigonometrie (Leipzig: Hirzel).

Bandle, M./Quadri, B. (1992): Biographie einer Schule. Von der Industrieschule zur Oberrealschule zum Mathematisch-Naturwissenschaftlichen Gymnasium: Ein Kapitel Zürcher Schulgeschichte 1832 – 1992 (Zürich: Mathematisch-Naturwissenschaftliches Gymnasium Rämibühl).

Baptist, P. (1992): Die Entwicklung der neueren Dreiecksgeometrie (Mannheim u.a.: BI).

[3029] Vgl. Kiefer 1922, 423.

Barbin, E. (2019): Monge's Descriptive Geometry: His Lessons and the Teachings Given by Lacroix and Hachette. In: Barbin/Menghini/Volkert 2019, 3 – 18.

Barbin, E./Menghini, M./Volkert, K. (eds.) (2019): Descriptive Geometry, the Spread of a Polytechnical Art (Cham: Springer).

Barrow-Green, J. (2020): "Knowledge gained by experience": Olaus Henrici—engineer, geometer and maker of mathematical models (Historia Mathematica 54, 41–76).

Beck, A. (1888): Elementare Herleitung der Plücker'schen Formeln (Vierteljahrsschrift der Naturforschenden Gesellschaft in Zürich 33, 173 – 178).

Beck, E./Heim, A. (1926): Alexander Beck (1847 - 1926). (Vierteljahrsschrift der naturforschenden Gesellschaft in Zürich 71, 313 – 318).

Bečvářová, M. (2008): Česká matematická komunita v letech 1848–1918 (Praha: Matfyzpress).

Bečvářová, M./Bečvář, J./ Škoda J. (2008): Emil Weyr und sein italienischer Aufenthalt (Sudhoff's Archiv 92, 98 – 113).

Bellavitis, G. (1851): Lezioni di geometria descrittiva (Padova: Tipografia del Seminario).

Benstein, N. (2019): Zwischen Zeichenkunst und Mathematik: Die darstellende Geometrie und ihre Lehrer an den Technischen Hochschulen und deren Vorgängern in ausgewählten deutschen Ländern im 19. Jahrhundert (Dissertation Bergische Universität Wuppertal – zugänglich bei der UB Wuppertal: http://elpub.bib.uniwuppertal.de/edocs/dokumente/fbc/mathematik/diss2019/benstein).

Benstein, N. (2019a): A German Interpretation of Descriptive Geometry and Polytechnic. In: Barbin, E./Menghini, M./Volkert, K. 2019, 139 – 166.

Berghan, G./Meyer, W. Fr. (1914): Neuere Dreiecksgeometrie. In: Encyklopädie der mathematischen Wissenschaften mit Einschluss ihrer Anwendungen. Band 3: Geometrie. Erster Teil. Zweite Hälfte (Leipzig: Teubner, 1914 – 1931), 1173 – 1276. Abgeschlossen Herbst 1914.

Bericht über die Organisation und das Wirken der Eidgenössischen Polytechnischen Schule in Zürich (1873) (Zürich: Zürcher & Furrer).

Bernoud, A. (1900): Besprechung von Beyel 1899 (L'enseignement Mathématique 2 (1900), 62 – 64).

Berzolari, L. (1906): Allgemeine Theorie der höheren ebenen algebraischen Kurven. In: Encyklopädie der mathematischen Wissenschaften mit Einschluss ihrer Anwendungen. Band 3: Geometrie. Zweiter Teil. Erste Hälfte (Leipzig: Teubner, 1903 – 1915), 316 – 455. Abgeschlossen Juni 1906.

Beyel, Chr. (1881): Centrische Collineation n^{ter} Ordnung in der Ebene vermittelt durch Aehnlichkeitspunkte von Kreisen (Vierteljahrsschrift der Naturforschenden Gesellschaft in Zürich 26, 297 – 344 & 3 Figurentafeln), auch separat Zürich: Zürcher & Furrer (1882).

Beyel, Chr. (1884): Lineare Construction einer Fläche zweiten Grades aus neun Punkten (Zeitschrift für Mathematik und Physik 29, 170 – 176).

Beyel, Chr. (1884a): Bemerkungen über die Mittelpunkte von Kegelschnitten einer Fläche zweiter Ordnung (Zeitschrift für Mathematik und Physik 29, 123 – 127).

Beyel, Chr. (1884b): Bemerkungen über perspectivische Dreiecke auf einem Kegelschnitt und über eine specielle Reciprocität (Zeitschrift für Mathematik und Physik 29, 250 – 255).

Beyel, Chr. (1885): Die Curven vierter Ordnung mit drei Inflexionspunkten (Zeitschrift für Mathematik und Physik 30,1 – 26).

Beyel, Chr. (1886): Centrische Collineation n^{ter} Ordnung und plane Collineation n^{ter} Klasse (Vierteljahrsschrift der Naturforschenden Gesellschaft in Zürich 31, 1 – 20).

Beyel, Chr. (1886a): Zur Geometrie des Imaginären (Vierteljahrsschrift der Naturforschenden Gesellschaft in Zürich 31, 20 – 58 & 3 Figurentafeln).

Beyel, Chr. (1886b): Ueber eine ebene Reciprocität und ihre Anwendung auf ebene Curven (Vierteljahrsschrift der Naturforschenden Gesellschaft in Zürich 31, 161 – 177 & 1 Figurentafel).

Beyel, Chr. (1886c): Ueber Curven IV. Ordnung mit einem doppelten Berührungsknoten und einem Doppelpunkt (Vierteljahrsschrift der Naturforschenden Gesellschaft in Zürich 31, 178 – 203 & 2 Figurentafeln).

Beyel, Chr. (1886d): Ueber eine ebene Reciprcität und ihre Anwendung auf Kurven (Vierteljahrsschrift der Naturforschenden Gesellschaft in Zürich 31, 178 – 203 & 2 Figurentafeln).

Beyel, Chr. (1886e): Ueber eine ebene Reciprocität und ihre Anwendung auf die Curventheorie (Zeitschrift für Mathematik und Physik 31,147 – 157).

Beyel, Chr. (1886f): Geometrische Studien (Zürich: Zürcher & Furrer).

Beyel, Chr. (1887): Axonometrie und Perspective (Stuttgart: Metzler).

Beyel, Chr. (1899): Über den Unterricht in der darstellenden Geometrie (Zeitschrift für den mathematischen und naturwissenschaftlichen Unterricht 30, 401 – 410).

Beyel, Chr. (1902): Darstellende Geometrie mit einer Sammlung von 1800 Dispositionen zu Aufgaben in der darstellenden Geometrie (Leipzig: Teubner).

Beyel, Chr. (1903): Über die Bezeichnungen in der darstellenden Geometrie (Zeitschrift für den mathematischen und naturwissenschaftlichen Unterricht 34, 542 - 550).

Beyel. Chr. (1915): Über das geometrische Denken mit besonderer Berücksichtigung der darstellenden Geometrie (Zeitschrift für den mathematischen und naturwissenschaftlichen Unterricht, 81-94).

Beyel, Chr. (1915a): Von den Grundlagen der Mathematik und der Geometrie (Unsere Welt 7 Heft 8 (August 1915), Sp. 249 – 256).

Beyel, Chr. (1922): Der mathematische Gedanke in der Welt: Plaudereien eines alten Mathematikers (Meiringen: Loepthien).

Beyel, Chr. (1932): Alte und neue Moral und die Propaganda für Nacktkultur (Zürich: Leemann & Co.).

Beyel, Chr. (1936): Italien. Skizzen einer Reise im Jahre 1882 (Zürich: Schwarzenbach).

Beyel, Chr. (1938): Erinnerungen eines alten Mathematikers (Handgeschriebenes Manuskript; Handschriftenabteilung der Zentralbibliothek Zürich, Signatur ZvS II 446). Version 1938.

Beyel, Chr. (?): Undatierte Vorgängerversionen von Beyel 1938 (handgeschriebens Manuskript Manuskript; Handschriftenabteilung der Zentralbibliothek Zürich, Signatur ZvS II 446).

Binder, Chr. (2019): The Vienna School of Descriptive Geometry. In: Barbin, E./Menghini, M./Volkert, K. 2019, 197 – 209.

Bioesmat-Martagon, L. (2010): Eléments d'une biographie de l'espace projectif (Nancy: PUN).

Bioesmat-Martagon, L. (2015): Eléments d'une biographie de l'espace géométrique (Nancy: PUN, 2016).

Biot, J. B. (1840): Versuch einer analytischen Geometrie, angewandt auf die Curven und Flächen zweiter Ordnung. Deutsch von H. Ahrens (Nürnberg: Riegel & Wiesner). Zweite Auflage.

Bobek, K. (1889): Einleitung in die projectivische Geometrie der Ebene: ein Lehrbuch für höhere Lehranstalten und zum Selbststudium nach den Vorträgen des Herrn Carl Küpper bearbeitet von Karl Bobek (Leipzig: Teubner).

Bobillier, E. (1828 - 29): Théorèmes sur les polaires successives (Annales des mathématiques pures et appliquées 19, 302 – 309).

Borgato, M. T./Neuenschwander, E./Passeron, I. (Eds.) (2018): Mathematical Correspondences and Critical Editions (Cham: Birkhäuser).

Böttcher, K. H./ Maurer, B. (2008): Stuttgarter Mathematiker. Geschichte der Mathematik an der Universität Stuttgart von 1829 bis 1945 in Biographien. Mit einem Beitrag von Klaus Wendel (Stuttgart: Universitätsbibliothek).

Boyer, C. (2004): History of Analytic Geometry (New York, 1956 – Nachdruck New York: Dover).

Brechenmacher, F. (2022): Knowing by Drawing.: Geometric Material Models in Nineteenth Century France. In: Friedman/Krauthausen 2022, 53 – 143.

Breysig, J. A. (1798): Versuch einer Erläuterung der Reliefperspective (Magdeburg: Keil).

Brill, A. (1889): Über die Modellsammlung des mathematischen Seminars der Universität Tübingen (Mathematisch-naturwissenschaftliche Mitteilungen Band II, 1, 69 – 80). – Zitiert nach: http//www.muellerscience.com/MODELL/Literatur/Brill_Modelle (letzter Aufruf 6.1.2018).

Brill, A./Noether, M. (1873): Ueber die algebraischen Functionen und ihre Anwendung in der Geometrie (Mathematische Annalen 7, 269 - 310).

Brill, A./Sohnke, L. (1899): Christian Wiener (Jahresbericht der Deutschen Mathematiker-Vereinigung 6, 46 – 69).

Bünau, H. von (1844): Die Elemente der Projectionslehre. Ein Leitfaden für den Unterricht an gewerblichen Lehranstalten. Bearbeitet von Heinrich von Bünau (Leipzig: Weidmann).

Burmester, L. (1883): Grundzüge der Reliefperspektive nebst Anwendung zur Herstellung reliefperspektivischer Modelle (Leipzig: Teubner).

Burmester, L. (1884): Grundlehren der Theaterperspektive (Allgemeine Bauzeitung 49, 39 – 40, 44 – 49, 53 – 57 sowie Tafeln 25 – 27).

Bützberger, Fr. (1913): Über bizentrische Polygone, Steinersche Kreis- und Kugelreihen und die Erfindung der Inversion. Teil 1 (Beilage zum Programm der Kantonsschule Zürich 1913), Teil 2 (Beilage zum Programm der Kantonsschule Zürich 1913). Auch separat als Broschüre (Leipzig: Teubner, 1913).

Butzer, P. L. (Hg.) (1981): Christoffel: the influence of his work on mathematics and the physical sciences (Basel u.a.: Birkhäuser).

Cantor, M. (1875): Otto Hesse (Zeitschrift für Mathematik und Physik 22. Literarisch-historische Abtheilung, 77 – 88).

Cayley A. (1846): Sur quelques théorèmes de la géométrie de position (Journal für die reine und angewandte Mathematik 31, 213 – 226).

Cayley, A. (1849): On the triple tangent planes of surfaces of third order (The Cambridge and Dublin Mathematical Journal 4, 118 – 132).

Cayley, A. (1858): A memoir on the theory of matrices (Philosophical Transactions of the Royal Society 148, 17 – 37).

Cayley, A. (1859): A Sixth Memoir upon Quantics (Philosophical Transactions of the Royal Society of London 144, 61 – 90) – zitiert nach: The Collected Papers of Arthur Cayley. Vol. II (Cambridge: The University Press 1889), 561 – 592.

Cayley, A. (1861): Note relative aux droites en involution de M. Sylvester (Comptes rendus hebdomadaires des séances de l'Académie des Sciences 52, 1039 – 1042).

Cayley, A. (1872): On the Non-Euclidean Geometry (Mathematische Annalen 5, 630 – 634).

Cayley, A. (1889): Notes and References. In: The Collected Papers of Arthur Cayley. Vol. II (Cambridge: The University Press), 593 - 606.

Chasles, M. (1839): Geschichte der Geometrie. Deutsch von L. A. Sohnke (Halle: Gebauer).

Chasles, M. (1856): Grundlehren der neueren Geometrie. Übersetzt von Chr. H. Schnuse (Braunschweig: Vieweg).

Chasles, M. (1861): Observations sur une communication de M. Sylvester (Comptes rendus hebdomadaires des séances de l'Académie des Sciences 52, 745 – 746).

Chasles, M. (1861a): Remarques à l'occassion d'une communication de M. Cayley (Comptes rendus hebdomadaires des séances de l'Académie des Sciences 52, 1039 – 1042).

Chasles, M. (1863): Traité des sections coniques. Faisant suite au Traité de géométrie supérieure. Première partie (Paris: Gauthiers-Villars).

Clebsch, A. (1857): Anwendung der elliptischen Functionen auf ein Problem der Geometrie des Raumes (Journal für die reine und angewandte Mathematik 53, 292 – 308).

Clebsch, A. (1861): Ueber Curven vierter Ordnung (Journal für die reine und angewandte Mathematik 59, 125 – 145)

Clebsch, A. (1864): Ueber die Anwendung der Abelschen Functionen in der Geometrie (Journal für die reine und angewandte Mathematik 63, 189- 243).

Clebsch, A. (1865): Ueber einige von Steiner behandelte Curven (Journal für die reine und angewandte Mathematik 64, 288- 297).

Clebsch, A. (1872): Theorie der binären algebraischen Formen (Leipzig: Teubner).

Clebsch, A. (1872a): Julius Plücker (Abhandlungen der kgl. Gesellschaft der Wissenschaften in Göttingen. Band 16, mathematische Classe (Göttingen: Dieterich), 1- 40). Mit Schriftenverzeichnis Plückers von F. Klein und einem Beitrag von J. W. Hittdorf zu den physikalischen Arbeiten von Plücker.

Clebsch, A./Klein, F. (1872): Ueber Modelle von Flächen dritter Ordnung (Nachrichten von der Kgl. Gesellschaft der Wissenschaft und der Georg August Universität aus dem Jahre 1872 (Göttingen: Dieterich), 402 – 404).

Clebsch, A./Lindemann, F. (1891): Vorlesungen über Geometrie. Zweiter Band, zweiter Teil. Die Flächen erster und zweiter Ordnung oder Klasse und der lineare Complex. Bearbeitet von F. Lindemann (Leipzig: Teubner).

Confalonieri, S./Schmidt, P. – M./Volkert, K. (2019): Der Briefwechsel von Wilhelm Fiedler mit Alfred Clebsch, Felix Klein und italienischen Mathematikern (Siegener Beiträge zur Geschichte und Philosophie der Mathematik 12).

Coolidge, J. L. (1916). A Treatise on the Circle and the Sphere (Oxford: Clarendon, 1916).

Coolidge, J. L. (1940): A History of Geometrical Methods (Oxford: Clarendon, 1940).

Cousinery, B. E. (1828): Géométrie perspective: ou principes de projection polaire appliqués à la description des corps (Paris: Carilian-Goeury).

Cramer, G. (1750): Introduction à l'analyse des lignes courbes algébriques (Genève: Frères Cramer et Cl. Philibert).

Cremona, L. (1863): Sulle trasformazioni geometriche della figure piani. Nota I (Giornale di Matematica 1, 305 – 311).

Cremona, L. (1865): Einleitung in eine geometrische Theorie der ebenen Kurven. Deutsch von M. Curtze (Greifswald: Koch). Italienisches Original: Introduzione ad una teoria geometrica delle curve piane (Bologna: Tipi Camberini e Parmeggiani, 1862).

Cremona, L. (1865a): Sulle trasformazioni geometriche della figure piani. Nota II (Giornale di Matematica 3, 269 – 280 und 363 – 370).

Cremona, L. (1866): Preliminari di una teoria geometria della superficie (Bologna: Tipi Camberini e Parmeggiani).

Cremona, L. (1868): Mémoire de géométrie pure sur les surfaces du troisième ordre (Berlin).

Cremona, L. (1882): Elemente der projectivischen Geometrie (Stuttgart: Cotta). Deutsche Übersetzung von F. R. Trautvetter. Italienisches Original: Elementi di geometria proiettiva (Rom: Paravìa, 1873), französische Übersetzung 1875.

Culmann, C. (1866): Die graphische Statik. Band 1 (Zürich: Meyer & Zeller).

Décaillot, A. – M. (2011): Cantor und die Franzosen (Berlin/Heidelberg: Springer).

Dedekind, R. (1985): Vorlesung über Differential- und Integralrechnung 1861/62, bearbeitet von M. – A. Knus und W. Scharlau (Braunschweig/Wiesbaden: Vieweg).

Delambre, J. – B. J. (1810): Rapport historique sur les progrès des sciences mathématiques depuis 1789, et sur leur état actuel (Paris: Imprimerie impériale).

Der deutsche Ausschuß für technisches Schulwesen (1913) (Jahresbericht der Deutschen Mathematiker-Vereinigung 22, 168 – 173).

Deschwanden, J. W. von (1861): Anwendung schiefer Parallelprojektion zu axonometrischen Zeichnungen (Vierteljahrsschrift der Naturforschenden Gesellschaft in Zürich 6, 254 – 296 + 1 Figurentafel).

Deschwanden, J. W. von (1862): Anwendung schiefer Parallelprojektion zu axonometrischen Zeichnungen (Vierteljahrsschrift der Naturforschenden Gesellschaft in Zürich 7, 159 – 176 + 1 Figurentafel).

Deschwanden, J. W. von (1864): Eine graphische Lösung der drei axonometrischen Hauptaufgaben (Vierteljahrsschrift der Naturforschenden Gesellschaft in Zürich 9, 223 – 226).

Die Bergakademie zu Freiberg (1850): zur Erinnerung an die Feier des hundertjährigen Geburtstages Werner's am 25. September 1850 (Freiberg: Engelhardt).

Die Eidgenössische Polytechnische Schule in Zürich (1889). Hg. im Auftrage des Schweizerischen Schulrathes bei Anlass der Weltausstellung in Paris 1889 (Zürich: Zürcher & Furrer).

Die Residenzstadt Karlsruhe, ihre Geschichte und Beschreibung (1858). Festgabe der Stadt zur 34. Versammlung deutscher Naturforscher und Ärzte (Karlsruhe: Müller).

Dieudonné, J. (1874): Cours de géométrie algébrique 1 (Paris: Presses universitaires de France).

Dingeldey, Fr. (1903): Kegelschnitte und Kegelschnittsysteme. In: Enzyclopädie der mathematischen Wissenschaften mit Einschluss ihrer Anwendungen. Dritter Band: Geometrie. Zweiter Teil. Erste Hälfte (Leipzig: Teubner, 1903 – 1915), 1 – 160. Abgeschlossen Januar 1903.

Dingeldey, Fr. (1918): Zur Erinnerung an Sigmund Gundelfinger (Jahresbericht der deutschen Mathematiker-Vereinigung 26, 71 – 99).

Disteli, M. (1888): Die Steiner'schen Schliessungsprobleme nach darstellend geometrischer Methode (Leipzig: Teubner).

Dressler, H. (1913): Mathematische Lehrmittelsammlungen, insbesondere für höhere Schulen. In: Berichte und Mitteilungen, veranlasst durch die Internationale Mathematische Unterrichtskommission (Leipzig und Berlin: Teubner), 187 – 217.

Du Bois-Reymond, E. (1974): Vorträge über Philosophie und Gesellschaft (Hamburg: Meiner).

Dühring, E. (1877): Kritische Geschichte der allgemeinen Principien der Mechanik. Zweite teilweise umgearbeitete und mit einer Anleitung zum Studium der Mathematik vermehrte Auflage (Leipzig: Fues).

Dupin, P. Ch. F. (1825): Geometrie und Mechanik der Künste und Handwerke und der schönen Künste. Normalkurs zum Gebrauch der Handwerksleute und Künstler, der Untervorsteher und Vorsteher von Werkstätten und Manufakturen. Aus dem Französischen übersetzt. Erster Band. Geometrie (Paris/Straßburg: Levrault).

Durège, H. (1871): Die ebenen Curven dritter Ordnung. Eine Zusammenstellung ihrer bekannten Eigenschaften (Leipzig: Teubner).

Dyck, W. (1888): Beiträge zur Analysis Situs. Erster Aufsatz: Ein- und zweidimensionale Mannigfaltigkeiten (Mathematische Annalen 32, 457 – 512).

Dyck, W. (Hg.) (1892): Katalog mathematischer und mathematisch-physikalischer Modelle, Apparate und Instrumente (München: Wolf & Sohn).

Dyck, W. (1892 – 93): Einleitender Bericht über die mathematische Ausstellung in München (Jahresbericht der Deutschen Mathematiker-Vereinigung 3, 40 – 56).

Eckart, W./Volkert, K. (Hg.) (1996): Hermann von Helmholtz. Vorträge eines Heidelberger Symposiums anläßlich des einhundertsten Todestages (Pfaffenweiler: Centaurus).

Eckhart, L. (1926): Konstruktive Abbildungsverfahren. Eine Einführung in die neueren Methoden der Darstellenden Geometrie (Wien: Springer).

Eggert, H. (1957): Ein Dreigestirn stenographierender Professoren: Hermann Weyl, Fritz Medicus, Ernst Fiedler (Der Schweizer Stenograph Heft 10, 434 - 438).

Engel, Fr. (1935): Friedrich Schur (Jahresbericht der deutschen Mathematiker-Vereinigung 45, 1-31).

Entwicklung der Technischen Hochschule von der Gründung bis zur Gegenwart 1825 – 1892. In. Festgabe zum Jubiläum der vierzigjährigen Regierung seiner Königlichen Hoheit des Grossherzogs Friedrich von Baden (Karlsruhe: Braun, 1892).

Erler, W. (1877): Die Elemente der Kegelschnitte in synthetischer Behandlung zum Gebrauche in der Gymnasialprima (Leipzig: Teubner).

Etwein, Fr. (2019): Ein Leben für die Polyeder – der Oberlehrer Max Brückner und seine Modelle (Mathematische Semesterberichte 66, 15 – 30).

Etwein, F./Voelke, J. D./Volkert, K. (2019): Dualität als Archetypus mathematischen Denkens. Klassische Geometrie und Polyedertheorie (Göttingen: Cuvillier).

Euler, L. (1988): Introduction à l'analyse infinitésimale. Tome second (Paris: Barrois, 1797 – Nachdruck Paris: ACL - éditions). Original: Introductio in analysin infinitorum. Tomus secundus (Lausanne: Marcum-Michaelem Bousquet Socios, 1748).

Fàa di Bruno (1881): Einleitung in die Theorie der binären Formen. Mit Unterstützung von M. Noether deutsch bearbeitet von Th. Walter (Leipzig: Teubner, 1881). Französisches Original: Théorie des fonctions binaires (Turin, 1876).

Fano, G. (1907): Gegensatz von synthetischder und analytischer Geometrie in seiner historischen Entwicklung im 19. Jahrhundert (Encyklopädie der mathematischen Wissenschaften mit Einschluß ihrer Anwendungen. Dritter Band: Geometrie. Erster Teil. Erste Hälfte (Leipzig: Teubner, 1907 – 1910), 221 – 288. Abgeschlossen Mai 1907.

Festschrift der Naturforschenden Gesellschaft in Zürich 1746 – 1896. Erster Teil (Zürich: Zürcher und Furrer, 1896) = Vierteljahrsschrift der Naturforschenden Gesellschaft in Zürich 41 (1896).

Fiedler, E. (1885): Über eine besondere Classe irrationaler Modulargleichungen der elliptischen Funktionen (Vierteljahrsschrift der Naturforschenden Gesellschaft in Zürich 30, 129 – 229).

Fiedler, E. (1898): Die darstellende Geometrie im mathematischen Unterricht (Zürich: Zürcher & Furrer). Beilage zum Programm der Kantonsschule in Zürich 1898.

Fiedler, E. (1915): Fiedler, Otto Wilhelm. In: Biographisches Jahrbuch und deutscher Nekrolog, hg. von A. Bettelheim. Band XVII. Die Toten des Jahres 1912 (Berlin: Georg Reimer), 14 – 25.

Fiedler, E. (1930): E.T.H. und schweizerische Maturitätsschulen (Sonderbeilage der Neuen Züricher Zeitung zum Jubiläum der Eidgenössischen Technischen Hochschule 1930), 3 – 4.

Fiedler, W. (1859): Die Theorie der Pole und Polaren bei Curven höherer Ordnung; mit einer Einleitung: zwei Coordinatensysteme (Zeitschrift für Mathematik und Physik 4, 91 – 130).

Fiedler, W. (1860): Die Centralprojection als Wissenschaft. Wissenschaftliche Beilage zum Programm der Höheren Gewerbeschule Chemnitz 1860 (Leipzig: Brockhaus).

Fiedler, W. (1860a): Construction flächengleicher Figuren (Zeitschrift für Mathematik und Physik 5, 56 - 59).

Fiedler, W. (1860b): Das Problem des Pappus und die Gesetze der Doppelschnittsverhältnisse bei Curven höherer Ordnungen und Classen (Zeitschrift für Mathematik und Physik 5, 377- 394).

Fiedler, W. (1861): Zwei Hauptsätze der neueren Geometrie (Zeitschrift für Mathematik und Physik 6, 1 - 11).

Fiedler, W. (1861a): Ueber die Anwendung der Affinitätsaxen zur graphischen Bestimmung der Ebene (Zeitschrift für Mathematik und Physik 6, 76 – 78 & Tafel II).

Fiedler, W. (1861b): Ueber Dreiecke und Tetraeder welche in Bezug auf Curven und Oberflächen zweiter Ordnung sich selbst conjugirt sind (Zeitschrift für Mathematik und Physik 6, 140 - 146).

Fiedler, W. (1861c): Ueber die graphische Bestimmung der Kegelschnitte nach Sätzen von Pascal und Brianchon (Zeitschrift für Mathematik und Physik 6, 415 - 418).

Fiedler, W. (1862): Die Elemente der neueren Geometrie und der Algebra der binären Formen. Ein Beitrag zur Einführung in die Algebra der linearen Transformationen (Leipzig: Teubner).

Fiedler, W. (1862): Zur analytischen Behandlung der Oberflächen zweiten Grades; insbesondere über homofokale und conjugirte Flächen (Zeitschrift für Mathematik und Physik 7, 25 – 45, 217 – 238 und 285 – 312).

Fiedler, W. (1862a): Analytisch-geometrische Notizen (Zeitschrift für Mathematik und Physik 7, 53 - 55).

Fiedler, W. (1862b): Notiz nach A. Cayley (Zeitschrift für Mathematik und Physik 7, 269 - 270).

Fiedler, W. (1862c): Ergänzung des Satzes über die Involution eines Kegelschnittbüschels (Zeitschrift für Mathematik und Physik 7, 270).

Fiedler, W. (1862d): Besprechung von Sarres „Geometrische Untersuchung über Curven höherer Ordnungen und Classen" (Zeitschrift für Mathematik und Physik 7, Literaturzeitung 70 - 72).

Fiedler, W. (1862e): Besprechung von F. Tilscher „Zur Lehre der geometrischen Beleuchtungsconstructionen und deren Anwendungen auf das technische Zeichnen" (Zeitschrift für Mathematik und Physik 7, Literaturzeitung 72 - 75).

Fiedler, W. (1863): Notiz über das System der tetraedrischen Punktcoordinaten nebst einer Ergänzung und Berichtigung (Zeitschrift für Mathematik und Physik 8, 45 - 53).

Fiedler, W. (1863a): Die Sätze vom Feuerbach'schen Kreise und ihre Erweiterungen (Zeitschrift für Mathematik und Physik 8, 390 - 394).

Fiedler, W. (1863b): Ueber das System in der darstellenden Geometrie (Zeitschrift für Mathematik und Physik 8, 444 - 448

Fiedler, W. (1863c): Zur constructiven Auflösung der dreiseitigen Ecke (Zeitschrift für Mathematik und Physik 8, 448 - 449).

Fiedler, W. (1863d): Besprechung von A. Clebsch „Theorie der Elasticität fester Körper" (Zeitschrift für Mathematik und Physik 8, Literaturzeitung 81 – 96). Auch separat Leipzig: Teubner, 1862.

Fiedler, W. (1864): Ueber die Transformationen in der darstellenden Geometrie (Zeitschrift für Mathematik und Physik 9, 331 - 355).

Fiedler, W. (1867): Die Methodik der darstellenden Geometrie zugleich als Einleitung in die Geometrie der Lage (Sitzungsberichte der Kaiserlichen Akademie der Wissenschaften. Mathematisch-naturwissenschaftliche Klasse. Zweite Abtheilung 55, 659 – 740).

Fiedler, W. (1867a): Das Mailänder Polytechnikum (Augsburger Allgemeine Zeitung Nr. 55 (24.5.1867), Beilage, p. 894).

Fiedler, W. (1869): Besprechung von „Stereographische Photographien des Modelles einer Fläche dritter Ordnung mit 27 reellen Geraden. Mit erläuternden Texten von Dr. Chr. Wiener, Professor am Polytechnikum zu Carlsruhe" (Zeitschrift für Mathematik und Physik 14, Literaturzeitung 32 - 34).

Fiedler, W. (1870): Ueber die projectivischen Coordinaten (Vierteljahrsschrift der Naturforschenden Gesellschaft in Zürich 15, 152 – 182 & eine Figurentafel).

Fiedler, W. (1871): Die darstellende Geometrie. Ein Grundriß für Vorlesungen an Technischen Hochschulen und zum Selbststudium (Leipzig: Teubner); Titel ab der zweiten Auflage: Die darstellende Geometrie in organischer Verbindung mit der Geometrie der Lage. Für Vorlesungen an technischen Hochschulen und zum Selbststudium (Leipzig: Teubner, ²1875); dritte Auflage in drei Bänden: Band I (Leipzig: Teubner, 1883), Band II (Leipzig: Teubner, 1885), Bd. III (Leipzig: Teubner, 1888); vierte Auflage des ersten Bandes (Leipzig: Teubner, 1904). – Übersetzung der ersten Auflage ins Italienische: Trattato di geometria descrittiva, tradotto da Antonio Sayno e Ernesto Padova. – Versione migliorata con consigli e le osservazioni dell'Autore e liberamente eseguita per meglio adattarla all'insegnamento negli istituti tecnici del Regno d'Italia (Firenze: Successori Le Monnier, 1874).

Fiedler, W. (1875): Anhang zu vorstehender Mittheilung [über J. J. Müller]: Publikationsliste und Nekrolog (Vierteljahrsschrift der Naturforschenden Gesellschaft in Zürich 20, 151 – 157).

Fiedler, W. (1875a): Notiz über algebraische Raumcurven, deren System zu sich selbst dual oder reciprok ist (Vierteljahrsschrift der Naturforschenden Gesellschaft in Zürich 20, 173 – 179).

Fiedler, W. (1875b): Zwei geometrische Mittheilungen (Vierteljahrsschrift der Naturforschenden Gesellschaft in Zürich 20, 184 – 185).

Fiedler, W. (1875c): Flächen dritter Ordnung (Vierteljahrsschrift der Naturforschenden Gesellschaft in Zürich 20, 195).

Fiedler, W. (1876): Ueber die Symmetrie und andere geometrische Bemerkungen (Vierteljahrsschrift der Naturforschenden Gesellschaft in Zürich 21, 50 – 66).

Fiedler, W. (1876a): Geometrie und Geomechanik. Eine Uebersicht zur Kennzeichnung ihres Zusammenhangs nach seiner gegenwärtigen Entwickelung (Vierteljahrsschrift der Naturforschenden Gesellschaft in Zürich 21, 186 – 228). Französische Übersetzung: Fiedler 1878a.

Fiedler, W. (1876b): Die birationalen Transformationen in der Geometrie der Lage (Vierteljahrsschrift der Naturforschenden Gesellschaft in Zürich 21 (1876b), 369 – 383).

Fiedler, W. (1877): Zur Reform des geometrischen Unterrichts (Vierteljahrsschrift der Naturforschenden Gesellschaft in Zürich 22, 82 – 97).

Fiedler, W. (1877a): Selbstreferat von Fiedler 1875 (zweite Auflage der „Darstellenden Geometrie“) in Repertorium 1877, 205 – 224.

Fiedler, G. (1878): Sulla riforma dell'insegnamento geometrico (Giornali di matematiche 16 (1878), 243 – 255).

Fiedler, W. (1878a): Géométrie et Géomécanique. Aperçu des faits qui montrent la connexion de ces sciences, dans l'état présent de leur développement (Journal de mathématiques pures et appliquées 3. Série 4, 141 – 176). Französische Übersetzung von Fiedler 1876a.

Fiedler, W. (1879): Die allgemeine Transformation der Coordinaten [Geometrische Mittheilungen I] (Vierteljahrsschrift der Naturforschenden Gesellschaft in Zürich 24, 145 – 179 & drei Figurentafeln).

Fiedler, W. (1879a): Zur projectivischen Verbindung der Gebilde höherer Stufen [Geometrische Mittheilungen II] (Vierteljahrsschrift der Naturforschenden Gesellschaft in Zürich 24, 180 – 189).

Fiedler, W. (1879b): Das Problem der Kegelquerschnitte in allgemeiner Form nebst Bemerkungen zum Problem des Apollonius [Geometrische Mittheilungen III] (Vierteljahrsschrift der Naturforschenden Gesellschaft in Zürich 24, 190 – 204).

Fiedler, W. (1879c): Neue elementare Projectionsmethoden? [Geometrische Mittheilungen IV] (Vierteljahrsschrift der Naturforschenden Gesellschaft in Zürich 24, 205 – 226 & 4 Figurentafeln).

Fiedler, W. (1880): Ein neuer Weg zur Theorie der Kegelschnitte [Geometrische Mittheilungen V] (Vierteljahrsschrift der Naturforschenden Gesellschaft in Zürich 25, 217 – 256 & 1 Figurentafel).

Fiedler, W. (1880a): Zusätzliche Bemerkungen zu „Geometrische Mittheilungen V“ (Vierteljahrsschrift der Naturforschenden Gesellschaft in Zürich 25, 403 – 409).

Fiedler, W. (1881): Vom Schneiden der Kreise unter bestimmten reellen und nicht reellen Winkeln (Vierteljahrsschrift der Naturforschenden Gesellschaft in Zürich 26, 86 – 89).

Fiedler, W. (1881a): Zu den Elementen der Geometrie der Lage (Vierteljahrsschrift der Naturforschenden Gesellschaft in Zürich 26, 89 – 93).

Fiedler, W. (1881b): De la géométrie des systèmes de cercles, développée par une méthode nouvelle de représentation. Séance du 16. Avril 1881 (Bulletin de l'association française pour l'avancement des sciences 10, 127 – 132).

Fiedler W. (1882): Cyclographie oder Construction der Aufgaben über Kreise und Kugeln und elementare Geometrie der Kreis- und Kugel-Systeme (Leipzig: Teubner).

Fiedler W. (1882a): Zur Geschichte und Theorie der elementaren Abbildungs-Methoden (Vierteljahrsschrift der Naturforschenden Gesellschaft in Zürich 27, 125 - 175).

Fiedler, W. (1883): Sur l'intersection d'hyperboloïdes de révolution équilatères à axes parallèles. Actes de la Société Helvétique des Sciences Naturelles. Réunie à Zurich les 7., 8. et 9. Août 1883 (Zürich: Zürcher & Furrer). Appendix: Compte rendu des travaux présentés à la soixante-sixième session, pp. 5 – 7.

Fiedler, W. (1883a): Ueber Geometrisches mit Vorweisungen. Ueber eine Singularität algebraischer Flächen mit Vorweiseungen (Vierteljahrsschrift der Naturforschenden Gesellschaft in Zürich 28, 289 – 292). [Referat zweier Vorträge von Fiedler durch R. Billwiller, Sekretär der Gesellschaft].

Fiedler, W. (1883b): Zu zwei Steinerschen Abhandlungen (Vierteljahrsschrift der Naturforschenden Gesellschaft in Zürich 28, 409 – 418).

Fiedler, W. (1884): Zur Geschichte der darstellenden Geometrie am Eidgenössischen Polytechnikum (Neue Züricher Zeitung, 23.11.1884)

Fiedler, W. (1884a): Die Curven vierter Ordnung oder Classe vom Geschlecht Eins nach darstellend geometrischer Methode (Vierteljahrsschrift der Naturforschenden Gesellschaft in Zürich 29, 332 - 343).

Fiedler, W. (1884b): Ueber dreiseitige Rotationshyperboloide desselben Büschels (Vierteljahrsschrift der Naturforschenden Gesellschaft in Zürich 29, 343 - 348).

Fiedler, W. (1884c): Ueber die developpable Fläche von 45° Gefälle durch einen Kegelschnitt und gegen seine Ebene (Vierteljahrsschrift der Naturforschenden Gesellschaft in Zürich 29, 348 - 358).

Fiedler, W. (1884d): Cyklographische Uebergänge vom Reellen zum rein Imaginären (Vierteljahrsschrift der Naturforschenden Gesellschaft in Zürich 29, 358 - 365).

Fiedler, W. (1884e): Über die Durchdringung gleichseitiger Rotationshyperboloide von parallelen Axen (Acta mathematica 5, 331- 408 & 2 Figurentafeln).

Fiedler, W. (1885): Ueber die Büschel gleichseitiger Hyperbeln, den Feuerbach'schen Kreis und die Steiner'schen Hypocycloide (Vierteljahrsschrift der Naturforschenden Gesellschaft in Zürich 30, 390 - 402).

Fiedler, W. (1890): Kegelschnittconstructionen [Geometrische Mittheilung X] (Vierteljahrsschrift der Naturforschenden Gesellschaft in Zürich 35, 322 – 343).

Fiedler, W. (1890a): Die regelmäßigen Polyeder [Geometrische Mittheilung XI] (Vierteljahrsschrift der Naturforschenden Gesellschaft in Zürich 35, 343 - 366).

Fiedler, W. (1891): Metrisch specielle Kegel zweiten Grades in Centralprojection [Geometrische Mittheilung XII] (Vierteljahrsschrift der Naturforschenden Gesellschaft in Zürich 36, 65 – 87).

Fiedler, W. (1891a): Ueber die Durchdringungen perspectivischer Kegel [Geometrische Mittheilung XIII] (Vierteljahrsschrift der Naturforschenden Gesellschaft in Zürich 36, 87 – 113).

Fiedler, W. (1892): Über eine Aufgabe aus der darstellenden Geometrie (Monatshefte für Mathematik und Physik 3, 193 – 197).

Fiedler W. (1894): Darstellende Geometrie. Autographierte Ausarbeitung einer Vorlesung (Zürich: E. Zimmer).

Fiedler, W. (1903): Welche Aussichten hat die Studienfreiheit bei uns: an die Mitglieder der Gesamtkonferenz des Zürcher Polytechnikums (Zürich: Privatdruck).

Fiedler, W. (1905): Meine Mitarbeit an der Reform der darstellenden Geometrie in neuerer Zeit. Schreiben gerichtet an den Herausgeber dieser Zeitschrift (Jahresbericht der Deutschen Mathematiker Vereinigung 14, 493 – 503).

Fink, K. (1896): Die elementare systematische und darstellende Geometrie der Ebene in der Mittelschule. Erster und zweiter Kurs für die Hand des Lehrers bearbeitet (Tübingen: Laupp).

Fischer, P. B. (1913): Anschauungsmittel im mathematischen Unterricht. Wissenschaftliche Beilage zum Jahresbericht der Oberrealschule zu Berlin-Lichterfelde. Ostern 1913 (Berlin: F. Herrmann).

Fisher, Ch. S. (1966): The death of a mathematical theory: a study in the sociology of knowledge (Archive for History of Exact Sciences 3, 137 – 159).

Flatt, R. (1891): Ueber die cyklographischen Bildkurven der Kegelschnitte. Bericht der Realschule zu Basel 1890 – 91 (Basel: Frehner), 1 – 18 & 4 Bildtafeln.

Fort, O. (1855): Lehrbuch der analytischen Geometrie. Erster Theil. Analytische Geometrie der Ebene (Leipzig: Teubner). Zweiter Teil von O. Schlömilch.

Fort, O. (1861): Besprechung von Salmon-Fiedler „Analytische Geometrie der Kegelschnitte" (Zeitschrift für Mathematik und Physik 6, Literaturzeitung 44 – 49).

Francoeur, L. B. (1839): Die analytische Geometrie in der Ebene. Deutsch von O. Külp (Bern u.a.: Dalp). Zweiter Band, erstes Buch von Francoeur, L. B.: Vollständiger Lehrkurs der reinen Mathematik.

Francoeur, L. B. (1842): Die analytische Geometrie im Raume. Deutsch von O. Külp (Bern u.a.: Dalp). Zweiter Band, zweites Buch von Francoeur, L. B.: Vollständiger Lehrkurs der reinen Mathematik.

Frei, A. (1955): Robert Flatt (1863 – 1955) (Basel: Steiner) – auch Basler Jahrbuch 1956, 151 - 161.

Frei, G./Stammbach, U. (2007): Mathematicians and Mathematics in Zürich, at the University and the ETH (Zürich: ETH-Bibliothek).

Friedelmeyer, J. – P. (2010): L'impulsion originelle de Poncelet dans l'invention de la géométrie projective. In. Bioesmat-Martagon 2010, 55 – 158.

Friedlermeyer, J. – P. (2016): Quelques jalons pour l'histoire des transformations au 19e siècle, les contributions de Poncelet et Möbius. In: Bioesmat-Martagon 2016, 15 – 68.

Friedman, M./Krauthausen, K. (eds.) (2022): Model and Mathematics: From the 19th to the 21st Century (Cham: Birkhäuser).

Fucke, R./Kirch, K./Nickel, H. (1996): Darstellende Geometrie für Ingenieure (Leipzig: Fachbuchverlag Leipzig).

Fueter, R./Gonseth, F. (1931): Allgemeine Theorie über das Berühren und Schneiden der Kreise und Kugeln worunter eine grosse Anzahl neuer Untersuchungen und Sätze vorkommen in einem systematischen Entwicklungsgange dargestellt von Jakob Steiner. Privatlehrer in Berlin (Zürich und Leipzig: Orell Füssli).

Gabriel, P. (1996): Matrizen. Geometrie. Lineare Algebra (Basel/Boston/Berlin: Birkhäuser).

Gaultier, L. (1813): Sur les moyens généraux de construire graphiquement un cercle déterminé par trois conditions, et une sphère déterminée par quatre conditions (Journal de l'Ecole polytechnique, cahier 16, tome IX, 124 -214).

Geiser, C. F. (1869): Einleitung in die synthetische Geometrie: ein Leitfaden beim Unterrichte an Höheren Realschulen und Gymnasien (Leipzig: Teubner).

Geiser, C. F. (1910): Bruno Elwin Christoffel. In: Bruno Elwin Christoffel. Gesammelte mathematische Abhandlungen. Band I. Unter Mitwirkung von A. Krazer und G. Faber hg. von L. Maurer (Leipzig und Berlin: Teubner), V – XV.

Geiser, C. F. (1921): Zur Erinnerung an Theodor Reye (Vierteljahrsschrift der naturforschenden Gesellschaft in Zürich 66, 159 – 180).

Geppert, A. C. T. (2002): Welttheater: Die Geschichte des europäischen Ausstellungswesens im 19. und 20. Jahrhundert. Ein Forschungsbericht (Neue Politische Literatur 47, 10 – 61).

Gergonne, J. D. (1816 – 1817): Géométrie analitique. Recherche du cercle qui en touche trois autres sur un plan (Annales de mathématiques pures et appliquées 7, 289 – 303).

Gergonne, J. D. (1824 – 1825): Géométrie élémentaire. Recherche de quelques-unes des lois générales qui régissent les polyèdres (Annales de mathématiques pures et appliquées 15, 157 – 164).

Gericke, H. (1982): Zur Geschichte des isoperimetrischen Problems (Mathematische Semesterberichte 29, 160 - 187). Nachdruck in: Facetten der Mathematikgeschichte, hg. von K. Volkert und J. Steuding (Berlin: Springer, 2019), 391 – 418.

Giering, O. (1982): Vorlesungen über höhere Geometrie (Braunschweig: Vieweg).

Glaeser, G./Stachel, H./Odehnal, B. (2016): The Universe of Conics (Berlin-Heidelberg: Springer-Spektrum).

Gournerie, J. de la (1859): Traité de perspective linéaire (Paris: Dalmont et Dunod).

Gournerie, J. de la (1860): Traité de la géometrie descriptive (Paris: Mallet-Bachelier).

Graberg, Fr. (1877): Zum Geometrie-Unterricht (Vierteljahrsschrift der naturforschenden Gesellschaft in Zürich 22, 323 – 335).

Graf, J. H. (Hg.) (1896): Der Briefwechsel zwischen Jakob Steiner und Ludwig Schläfli (Bern: K. J. Wyss).

Graf, J. H. (1897): Verzeichnis der gedruckten mathematischen, astronomischen und physikalischen Doktor-Dissertationen der schweizer. Hochschulen bis zum Jahre 1896 (Mitteilungen der Naturforschenden Gesellschaft in Bern 1897 Heft 1436 – 1450, 53 – 60).

Graf-Grossmann, Cl. E. (2015): Marcel Grossmann. Aus Liebe zur Mathematik (Zürich: Römerhof). Mit einem Epilog Würdigung aus wissenschaftshistorischer Sicht von T. Sauer.

Grassmann, H. (1842): Theorie der Centralen (Journal für die reine und angewandte Mathematik 24, 262 – 282 und 372 - 380).

Grossmann, M. (1910): Der mathematische Unterricht an der Eidgenössischen Technischen Hochschule. L'enseignement mathématique en Suisse. Berichte der Commission Internationale de l'Enseignement Mathématique. Sous-commission Suisse. Publiés sous la direction de H. Fehr (Genève: Kuendig).

Grossmann, M. (1913): Wilhelm Fiedler (Verhandlungen der Schweizerischen Naturforschenden Gesellschaft. 96te Jahresversammlung vom 7. bis 10. September 1913 in Frauenfeld. 1. Teil (Aarau: Sauerländer). Anhang: Nekrologe verstorbener Mitglieder, 20 – 27.

Grunert, J. A. (1836): Supplemente zu Georg Simon Klügel's Wörterbuch der reinen Mathematik. Zweite Abtheilung E bis Z (Leipzig: Schwickert).

Grunert, J. A. (1839): Elemente der analytischen Geometrie (Leipzig: E. B. Schwickert).

Grüsser, O. J. (1996): Helmholtz und die Physiologie des Sehvorgangs. In: Eckart/Volkert 1996, 119 – 176.

Gugler, B. (1841): Lehrbuch der descriptiven Geometrie (Nürnberg: Schrag) – zweite Auflage Stuttgart: Metzler, 1857.

Gugler, B. (1860): Geometrie, descriptive. In: Encyklopädie des gesammten Erziehungs- und Unterrichtswesens. Band 2, unter Mitarbeit von Palmer und Wildermuth hg. von K. A. Schmid (Gotha: Verlag von Rudolf Besser), 715 – 725.

Gundelfinger, S. (1895): Vorlesungen aus der analytischen Geometrie der Kegelschnitte. Hg. von Fr. Dingeldey (Leipzig: Teubner).

Günther, S. (1874): Lehrbuch der Determinanten-Theorie für Studirende (Erlangen: Bezold).

Günther, S. (1878): Ueber die pädagogisch verwerthbaren mathematischen Errungenschaften der Neuzeit. In: Verhandlungen der zweiunddreißigsten Versammlung Deutscher Philologen und Schulmänner in Wiesbaden vom 26. bis 29. September 1877 (Leipzig: Teubner), 172 – 177.

Günther, S. (1882): Besprechung von W. Fiedler „Cyklographie" (Göttingische Gelehrte Anzeigen. Unter der Aufsicht der Königl. Gesellschaft der Wissenschaften 1882. Zweiter Band (Göttingen: Dieterich'sche Verlags-Buchhandlung, 1882), 1427 – 1438).

Gutzmer, A. (1909): Bericht über die Mathematiker-Versammlung in Göttingen am 16., 17. und 18. April 1873 (Jahresbericht der Deutschen Mathematiker-Vereinigung 10, 19 – 24).

Guthmann, A. W. (1855): Ueber den Zeichenunterricht, mit besonderer Berücksichtigung des Zeichenunterrichts an der Königl. Gewerbeschule zu Chemnitz. In: Programm zu der am 29., 30. und 31. März 1855 zu haltenden Prüfung der Schüler der Königl. Gewerb- und Baugewerkenschule zu Chemnitz (Leipzig: Brockhaus), 3 -21.

Hachette, J. N. P. (1820): Traité de géométrie descriptive (Paris: Corby, 1820).

Handbuch der Mathematik (1879), hg. von O. Schlömilch unter Mitwirkung von Dr. Reidt und Prof. Dr. Heger. Erster Band (Breslau: Trewendt). Band IV der Encyklopaedie der Naturwissenschaften, hg. von G. Jäger, A. Kenngott u.a. (Breslau: Trewendt, 1879ff).

Handbuch der Mathematik (1881), hg. von O. Schlömilch unter Mitwirkung von Dr. Reidt und Prof. Dr. Heger. Zweiter Band (Breslau: Trewendt). Band V der Encyklopaedie der Naturwissenschaften, hg. von G. Jäger, A. Kenngott u.a. (Breslau: Trewendt, 1879ff).

Hänel, J./Oswald, N./Steuding, J./Volkert, K. (2024): Felix Klein aus der Sicht der drei mathematischen Freunde (Jahresbericht der Deutschen Mathematiker-Vereinigung 126, 191 – 212).

Hänel, J./Oswald, N./Steuding, J./Volkert, K. (2025): Drei mathematische Freunde. Der Briefwechsel von David Hilbert, Adolf Hurwitz und Hermann Minkowski (Cham: SpringerNature).

Hankel, H. (1867): Vorlesungen über die complexen Zahlen und ihre Functionen. I. Theil. Theorie der complexen Zahlensysteme (Leipzig: Teubner). Mehr nicht erschienen.

Hankel, H. (1875): Die Elemente der projectivischen Geometrie in synthetischer Behandlung. Hg. von A. Harnack (Leipzig: Teubner).

Harter, F. (1847): Ueber die Ausführung der Körperschnitte in Modellen, als Beitrag zum Unterrichte in der descriptiven Geometrie (Progamm Landwirthschafts- und Gewerbeschule Amberg (Amberg).

Hartmann, Erich (2004): Planar Circle Geometries, an Introduction to Moebius-, Laguerre- and Minkowski-planes (Vorlesungskript TU Darmstadt 2004) https://www2.mathematik.tudarmstadt.de/~ehartmann/circlegeom.pdf (Aufruf: 3.12.2022).

Hartwich, Y.: Eduard Study (1862 – 1930) – ein mathematischer Mephistopheles im geometrischen Gärtchen (Dissertation Johannes Gutenberg Universität Mainz 2005). Online verfügbar: https://doi.org/10.1007/s00407-024-00329-1 (Aufruf: 11.12.2024).

Hashagen, U. (2003): Walther von Dyck (1856 – 1934): Mathematik, Technik und Wissenschaftsorganisation an der TH München (Stuttgart: Steiner).

Hassler, U./Meyer, T. (2014): Die Sammlung als Archiv paradigmatischer Fälle. In: Kategorien des Wissens: die Sammlung als epistemisches Objekt, hg. von U. Hassler und T. Meyer (Zürich: Institut für Denkmalpflege und Bauforschung der ETH), 7 – 74.

Hassler, U./Wilkening-Aumann, Chr. (2014): „Den Unterricht durch Anschauung fördern": Das Polytechnikum als Sammlungshaus. In: Kategorien des Wissens: die Sammlung als epistemisches Objekt, ed. by U. Hassler and T. Meyer (Zürich: Institut für Denkmalpflege und Bauforschung der ETH), 75 – 98.

Haubrichs dos Santos Cleber (2015): Etienne BOBILLIER (1798 - 1840): parcours mathématique, enseignant et professionnel (Thèse Université de Lorraine, Nancy). Online verfügbar: http://docnum.univ lorraine.fr/public/DDOC_T_2015_0224_HAUBRICHS.pdf.

Hauck, G. (1877): Die Stellung der neueren Geometrie zur euklidischen Geometrie und über die Aufnahme der ersteren in den Lehrplan der zehnclassigen Realschulen und Realgymnasien. In: Verhandlungen der einunddreißigsten Versammlung Deutscher Philologen und Schulmänner in Tübingen vom 25. bis 28. September 1876 (Leipzig: Teubner), 184 – 195.

Hauck, G. (1879): Die subjektive Perspektive und die horizontale Curvaturen des dorischen Styls. Eine perspektivisch-ästhetische Studie: eine Festschrift zur fünfzigjährigen Jubelfeier der Technischen Hochschule Stuttgart (Stuttgart: Witwer).

Hemming, J. J. (1871): Transformation der projectivischen Coordinaten (Vierteljahrsschrift der Naturforschenden Gesellschaft in Zürich 16, 41 – 49).

Henrici, J./Treutlein, P. (1883): Lehrbuch der Elementar-Geometrie. Dritter Teil. Lage und Grösse der stereometrischen Gebilde. Abbildung der Figuren einer Ebene auf eine zweite. Kegelschnitte (Leipzig: Teubner).

Hensel, S. (1989): Zu einigen Aspekten der Berufung von Mathematikern an die Technischen Hochschulen Deutschlands im letzten Drittel des 19. Jahrhunderts (Annals of Science 46, 387 – 416).

Hesse, L. O. (1844): Ueber die Wendepunkte der Curven dritter Ordnung (Journal für die reine und angewandte Mathematik 28, 97 – 107).

Hesse, L. O. (1861): Vorlesungen über analytische Geometrie des Raumes insbesondere über Oberflächen zweiter Ordnung (Leipzig: Teubner).

Hesse, L. O. (1866): Vier Vorlesungen aus der analytischen Geometrie (Zeitrschrift für Mathematik und Physik 11, 369 – 425).

Hesse, L. O. (1866a): Ein Uebertragungsprincip (Journal für die reine und angewandte Mathematik 66, 15 – 21).

Hesse, L. O. (1871): Die Determinanten elementar behandelt (Leipzig: Teubner).

Hesse, L. O. (^{2}1873): Vorlesungen aus der analytischen Geometrie der geraden Linie, des Punktes und der Ebene (Leipzig: Teubner). Erste Auflage (Leipzig: Teubner, 1865).

Hesse, L. O. (1874): Sieben Vorlesungen aus der analytischen Theorie der Kegelschnitte (Zeitschrift für Mathematik und Physik 19, 1 – 52).

Hilbert, D. (1896): Ueber die Theorie der algebraischen Invarianten. In: Mathematical Papers read at the International Mathematical Congress, held in Connection with the World's Columbian Exposition Chicago 1893 (New York: MacMillan and Co, 1896), 116 – 124.

Hilbert, D. (2004): David Hilbert's Lectures on the Foundations of Geometry. Ed. by M. Hallett and U. Majer (Berlin u.a.: Springer).

Hildebrandt, S. (2018): „… verschiedene Anwendungen einer und derselben grossen Wissenschaft". Gottfried Semper und die Mathematik (Mathematische Semesterberichte 65, 153 – 169).

Hoffmann, R. (1860): Besprechung von Fiedler „Die Centralprojection als geometrische Wissenschaft" (Zeitschrift für Mathematik und Physik 5, Literaturzeitung 79 – 83).

Hohenberg, Fr. (1966): Vom Bildungswert der Geometrie (Mathematisch-physikalische Semesterberichte 13, 152 – 164).

Hurwitz, A. (1879): Ueber unendlich-vieldeutige geometrische Aufgaben, insbesondere über die Schliessungsprobleme (Mathematische Annalen 15, 8 - 15).

Hurwitz, A./Rudio, F. (Hg.) (1895): Eisenstein, G.: Briefe an M. A. Stern (Leipzig: Teubner).

Israel, G. (ed.) (2017): Correspondence of Luigi Cremona (1830 – 1903). 2 vols. (Turnhout: Brepols).

Jakobs, K./Utz, H. (1984): Erlangen Programs (The Mathematical Intelligencer 6 No. 1, 79).

Joachmimsthal, F. (1863): Elemente der analytischen Geometrie der Ebene. Hg. von O. Hermes (Berlin: Reimer).

Joachimsthal, F. (1872): Anwendung der Differential- und Integralrechnung auf die allgemeine Theorie der Flächen und der Linien doppelter Krümmung. Hg. von H. K. Liersemann (Leipzig: Teubner).

Jüngling, G. G. (1840): Ueber das Wesen und den Nutzen der descriptiven Geometrie. Programm zur Prüfungsfeier der Königlichen Landwirthschafts- und Gewerbeschule I. Klasse in Hof für das Schul-Jahr 1839/40 (Hof: Mintzels Witwe).

Kalender für den Sächsischen Berg- und Hüttenmann auf das Jahr 1850 (Freiberg: Gerlach, 1850). Bei Sachsen digital zu finden als: Jahrbuch für das sächsische Berg- und Hüttenwesen - Jahrgang 1850. Jahrbuch für das Berg- und Hüttenwesen in Sachsen.

Karzel, H./Kroll, H. (1988): Geschichte der Geometrie seit Hilbert (Darmstadt: Wissenschaftliche Buchgesellschaft).

Keller, J. (1879): Die einander doppelt conjugirten Elemente in allgemeinen reciproken Systemen (Zürich: Zürcher und Furrer).

Keller, J. (1882): Ueber monofocale Kegelschnitte (Vierteljahrsschrift der Naturforschenden Gesellschaft Zürich 27, 1 – 29).

Kick, Fr. (1883): Notizen von der schweizerischen Landesausstellung in Zürich 1883 (Polytechnisches Journal 243 Heft 2, 49 – 59).

Kiefer, A. (1882): Der Contact höherer Ordnungen bei algebraischen Flächen (Aussersihl: Fritschi-Zingeler).

Kiefer, A. (1918): Geometrische Mitteilungen (Vierteljahrsschrift der Naturforschenden Gesellschaft in Zürich 63, 494 – 511).

Kiefer, A. (1922): Fritz Bützberger (1862 – 1922) (Vierteljahrsschrift der Naturforschenden Gesellschaft in Zürich 63, 422 – 425).

Kiefer, A. (1929): Fragen aus den Elementen der darstellenden Geometrie (Vierteljahrsschrift der Naturforschenden Gesellschaft in Zürich 74, 164 – 169).

Kiepert, L. ([5]1888): Grundriss der Differential- und Integral-Rechnung: nach dem gleichnamigen Leitfaden von M. Stegemann. Erster Theil: Differential-Rechnung (Hannover: Helwing). Viele Auflagen.

Kiepert, L. ([5]1888): Grundriss der Differential- und Integral-Rechnung: nach dem gleichnamigen Leitfaden von M. Stegemann. Zweiter Theil: Integral-Rechnung (Hannover: Helwing).

Kinkelin, H. (1861): Die schiefe axonometrische Projektion (Vierteljahrsschrift der Naturforschenden Gesellschaft in Zürich 6, 358 – 367).

Kitz, S. (2015): „Neuere Geometrie" als Unterrichtsgegenstand der höheren Lehranstalten. Ein Reformvorschlag und seine Umsetzung zwischen 1870 und 1920.

Dissertation Wuppertal. Online verfügbar: http://elpub.bib.uni-wuppertal.de/edocs/dokumente/fbc/mathematik/diss2015/kitz/dc1509.pdf

Klein, F. (1871): Ueber die sogenannte Nicht-Euklidische Geometrie (Mathematische Annalen 4, 573 – 625).

Klein, F. (1872): Vergleichenden Betrachtungen über neuere geometrische Forschungen (Erlangen: Deichert). Wiederabdruck mit Kommentaren in Mathematische Annalen 43 (1893), 63 – 100. Englische Übersetzung in Rowe 2025.

Klein, F. (1873): Ueber die sogenannten Nicht-Euklidische Geometrie. Zweiter Aufsatz (Mathematische Annalen 6, 112- 145).

Klein, F. (1894): Autographierte Vorlesungshefte I (Mathematische Annalen 45, 140 – 151).

Klein, F. (1895): Autographierte Vorlesungshefte II (Mathematische Annalen 46, 71 – 80).

Klein, F. (1922): Gesammelte Abhandlungen. Band 2 (Berlin: Springer).

Klein, F. (1926): Vorlesungen über die Entwicklung der Mathematik im 19. Jahrhundert. Teil 1. Für den Druck bearbeitet von R. Courant und O. Neugebauer (Berlin: Springer).

Klein, F. (1928): Vorlesungen über Nicht-Euklidische Geometrie, für den Druck neu bearbeitet von W. Rosemann (Berlin: Springer).

Klein, F./Schimmack, R. (1907): Von der Organisation des mathematischen Unterrichts. Vorträge über den mathematischen Unterricht an den höheren Schulen. Teil 1 (Leipzig: Teubner).

Klekler, K. (1877): Die Methoden der darstellenden Geometrie zur Darstellung der geometrischen Elemente und Grundgebilde (Leipzig: Teubner)

Klinger; K. (2014): Zwischen Gelehrtenwissen und handwerklicher Praxis. Zum mathematischen Unterricht in Weimar um 1800 (München: Fink).

Klussmann, R. (1889 – 1916): Systematisches Verzeichnis der Abhandlungen, welche in den Schulschriften sämtlicher an dem Programmtausche teilnehmenden Lehranstalten erschienen sind. Nebst zwei Registern. Fünf Teile (Leipzig: Teubner) [Nachdruck Olms, Hildesheim 1976].

Knobloch, E. (1998): Mathematik an der Technischen Hochschule und der Technischen Universität Berlin 1770 – 1988 (Berlin: Verlag für Wissenschafts- und Regionalgeschichte Dr. Micheal Engel).

Knothe, K. (2004): Fiedlerbriefe und Biographie Emil Winklers (Augsburg: Rauner).

Knus, M. – A. (1982): Dedekind und das Polytechnikum in Zürich (Abhandlungen der Braunschweigischen wissenschaftlichen Gesellschaft 33, 43 – 60).

Koch, H. (1990): Oskar Xaver Schlömilch – ein Förderer des mathematischen Unterrichts für Techniker und Ingenieure (NTM – Schriftenreihe für Geschichte der Naturwissenschaften, Technik und Medizin 27, 1 – 10).

König, W. (1981): Technik, Ingenieure und Gesellschaft. Geschichte des Vereins Deutscher Ingenieure 1856 – 1981 (Düsseldorf: VDI).

König, W. (1999): Künstler und Strichezeichner (Frankfurt a. M.: Suhrkamp).

König, W. (2014): Der Gelehrte und der Manager. Franz Reuleaux (1829 – 1905) und Alois Riedler (1850 – 1936) in Technik, Wissenschaft und Gesellschaft (Stuttgart: Steiner).

König, W. (2020): Der Streit um die Mathematik an den Technischen Hochschulen um die Jahrhundertwende. In: Made in Germany. Technologie, Geschichte, Kultur, (Tel Aviver Jahrbuch für deutsche Geschichte 48, 23 – 40).

Königsberger, L. (1919): Mein Leben (Heidelberg: Winter).

Korrespondenz Felix Klein – Adolph Mayer. Hg. von R. Tobies und D. Rowe (Leipzig: Teubner, 1990).

Kössler, Fr.: Katalog und Bibliographie der Schulprogramme – Datenbank (Gießener elektronische Bibliothek).

Krazer, A. (1925): Zum Gedenken an August Gutzmer (Jahresbericht der Deutschen MathematikerVereinigung 33, 1 – 3).

Kruse, Fr. (1875): Elemente der Geometrie. I. Geometrie der Ebene (Berlin: Weidemann'sche Buchhandlung).

Küpper, C. (1889): Der Satz von Pohlke (Mathematische Annalen 33, 474 – 475).

Labs, O. (2017): Straight Lines on Models of Curved Surfaces (The Mathematical Intelligenzer 39 no. 2, 15 – 26).

Laguerre, E. (1853): Note sur la théorie des foyers (Nouvelles Annales de Mathématiques 1.série 12, 57 – 66).

Lange, J. (1894): Geschichte des Feuerbachschen Kreises. Wissenschaftliche Beilage zum Jahresbericht der Friedrich-Werderschen Ober-Realschule zu Berlin, Ostern 1894 (Berlin: Gaertner).

Langl, J. (1873): Der Zeichen- und Kunstunterricht (Theilbericht der Gruppe XXVI). Officieller Ausstellungs-Bericht (Wien: k. k. Hof- und Staatsdruckerei).

Lê, Fr. (2013): Entre géométrie et théorie des substitutions: une étude de cas autour des vingt-sept droites d'une surface cubique (Confluentes Mathematici 5(1), 23-71).

Lexikon der gesamten Technik und ihrer Hilfswissenschaften, hg. von O. Lueger. Acht Bände (^{2}1904 – 1910) (Leipzig/Stuttgart: Deutsche Verlagsanstalt). Zwei Ergänzungsbände 1914 und 1920.

Levebure de Fourcy, L. E. (^{3}1837): Traité de géométrie descriptive: précédé d'une introduction qui renferme la théorie du plan et de la ligne droite considérée dans l'espace (Paris: Bachelier, ^{3}1837).

Lipsmeier, A. (1871): Technik und Schule. Die Ausformung des Berufsschulcurriculums unter dem Einfluß der Technik als Geschichte des Unterrichts im technischen Zeichnen (Wiesbaden: Steiner).

Lordick, D. (2014): Präzise Täuschung. Mathematische Modelle zur Reliefperspektive. In: Ludwig/Weber/Zauzig 2014, 287 – 298.

Lorey, W. (1916): Das Studium der Mathematik an den deutschen Universitäten seit Anfang des 19. Jahrhunderts (Leipzig und Berlin: Teubner).

Lorey, W. (1938): Der deutsche Verein zur Förderung des mathematischen und naturwissenschaftlichen Unterrichts e. V. 1891 – 1938 (Frankfurt a. M.: Salle).

Loria, G. (1909, 1913): Vorlesungen über darstellende Geometrie. Erster Teil: Die Darstellungsmethoden. Übersetzt von Fr. Schütte (Leipzig/Berlin: Teubner), zweiter Teil: Anwendungen auf ebenflächige Gebilde. Übersetzt von Fr. Schütte (Leipzig/Berlin: Teubner, 1913) – italienisches Original: Lezioni di geometria proiettiva (Bologna, 1898).

Ludewig, H. (1875): Das Technische Unterrichtswesen auf der Weltausstellung in Wien 1873, mit besonderer Berücksichtigung des maschinentechnischen Unterrichts (München: Ackermann).

Ludwig, W. (1914): Die praktischen Beispiele im darstellend-geometrischen Unterricht der Technischen Hochschulen (Jahresbericht der deutschen Mathematiker-Vereinigung 23, 131 – 138).

Ludwig, W. (1926): Rudolf Sturm (Jahresbericht der deutschen Mathematiker-Vereinigung 34, 41 – 51).

Ludwig, D./Weber, C./Zauzig, O. (2014): Das materielle Modell. Objektgeschichten aus der wissenschaftlichen Praxis (Paderborn: Fink).

Lüroth, J. (1869): Einige Eigenschaften einer gewissen Gattung von Curven vierter Ordnung (Mathematische Annalen 1, 37 – 53).

Marchisotto, E. A./Smith, J. T. (2007): The Legacy of Mario Pieri in Geometry and Arithmetic (Boston/Basel/Berlin: Birkhäuser).

Mathematik mit Modellen (2018), hg. von E. Seidl, F. Loose und E. Bierende (Tübingen: Universität Tübingen).

Mauersberger, K. (2014): Getriebemodelle in der Entwicklung der Maschinenwissenschaften am Beispiel von Sammlungsexponaten der Technischen Universität Dresden. In: Ludwig/Weber/Zauzig 2014, 127 – 136.

Maurer, B. (1998): Karl Culmann und die graphische Statik (Berlin u.a.: Verlag für Geschichte der Naturwissenschaften und Technik).

Maurer, B. (2024): Rudolf Mehmke (1857 – 1944). Leben. Werk. Familie. Briefwechsel (Stuttgart: Universitätsbibliothek, 2024).

Meyer, Friedrich Wilhelm Franz (1892): Bericht über den gegenwärtigen Stand der Invariantentheorie (Jahresbericht der Deutschen Mathematiker-Vereinigung 1, 79 – 292). Frz. Teilübersetzung: Rapport sur les progrès de la théorie des invariants projectifs (Bulletin des sciences mathématiques 18 (1894), 179 – 196).

Meyer, Freidrich Wilhelm Franz (1899): Invariantentheorie. In: Encyklopädie der mathematischen Wissenschaften unter Einschluß ihrer Anwendungen. Erster Band: Arithmetik und Algebra. (Leipzig: Teubner, 1898 – 1904), 320 – 403. Fertiggestellt September 1899.

Meyer, Friedrich Wilhelm Franz (1928): Spezielle algebraische Flächen. In: Encyklopädie der mathematischen Wissenschaften mit Einschluß ihrer Anwendungen. Dritter Band: Geometrie. Zweiter Teil. Zweiter Halbband. Teilband B (Leipzig und Berlin: Teubner, 1921 – 1934), 1437 – 1531. Fertiggestellt September 1928.

Meyer, Friedrich Wilhelm Franz (1930): Spezielle algebraische Flächen vierter und höherer Ordnung In: Encyklopädie der mathematischen Wissenschaften mit Einschluß ihrer Anwendungen. Dritter Band. Zweiter Teil. Zweiter Halbband. Teilband B (Leipzig und Berlin: Teubner, 1921 – 1934), 1533 – 1779. Fertiggestellt August 1930.

Meyer, Friedrich Wilhelm Franz/Mohrmann, H. (1923): Vorrede zum dritten Band. In: Encyklopädie der mathematischen Wissenschaften mit Einschluß ihrer Anwendungen. Dritter Band. Erster Teil. Erste Hälfte (Leipzig und Berlin: Teubner, 1907 – 1910), III – XI. Fertiggestellt Ostern 1923.

Mitgliederverzeichnis der Deutschen Mathematiker-Vereinigung 1890 – 1990 (1991), hg. von M. Toepell (München: Institut für Geschichte der Naturwissenschaften der Universität München).

Mittermenger-Fessl, L. (2015): Geometrische Eigenschaften kubischer Flächen (Diplomarbeit TU Wien [https://repositum.tuwien.at/bitstream/20.500.12708/3751/2/Mitterwenger-Fessl%20Lukas%20-%202015%20-%20Geometrische%20Eigenschaften%20kubischer%20Flaechen.pdf], letzter Aufruf 14. Januar 2025.

Möbius, A. F. (1827): Der barycentrische Calcul (Leipzig: Johann Ambrosius Barth).

Möbius, A. F. (1852): Ueber die Grundformen der Linien der dritten Ordnung (Abhandlungen der Königl. Sächsischen Gesellschaft der Wissenschaften, math.-phys. Klasse 1, 1 – 82).

Möbius, A. F. (1857): Ueber imaginäre Kreise (Berichte über die Verhandlungen der Königl. Sächsischen Gesellschaft der Wissenschaften, math.-phys. Klasse 9, 38 – 48).

Möbius, A. F. (1858): Ueber conjugirte Kreise (Berichte über die Verhandlungen der Königl. Sächsischen Gesellschaft der Wissenschaften, math.-phys. Klasse 10, 1 – 17).

Monge, G. (1798): Géométrie descriptive. Leçons données aux écoles normales, l'an III de la République (Paris: Baudouin, an VII).

Moon, Fr. (2007): The Machines of Leonardo da Vinci and Franz Reuleaux (New York u.a.: Springer).

Moravcová, V. (2019): Descripitve geometry in Czech Technical Universities Before 1939. In: Barbin/Menghini/Volkert 2019, 275 – 294.

Morstadt, R. (1867): Ueber die räumliche Projection (Reliefperspective), insbesondere diejenige der Kugel (Zeitschrift für Mathematik und Physik 12, 326 – 339 und Tafel V).

Müller, Carl Heinrich/Presler, O. (1903): Leitfaden der Projektions-Lehre. Ein Übungsbuch der konstruierenden Geometrie. Ausgabe A: Vorzugsweise für Realgymnasien und Oberrealschulen (Leipzig/Berlin: Teubner).

Müller, Emil (1905): Beiträge zur Zyklographie (Jahresbericht der Deutschen Mathematiker-Vereinigung 14, 574 – 578).

Müller, Emil (1908): Lehrbuch der darstellenden Geometrie für Technische Hochschulen. Band 1 (Wien: Deutike).

Müller, Emil (1910): Die verschiedenen Koordinatensysteme. In: Encyklopädie der mathematischen Wissenschaften mit Einschluß ihrer Anwendungen. Dritter Band: Geometrie. Erste Hälfte. Erster Teil (Leipzig: Teubner, 1907 – 1910), 596 – 770. Abgeschlossen Juli 1910.

Müller, Emil (1910a): Anregungen zur Ausgestaltung des darstellend-geometrischen Unterrichts an technischen Hochschulen und Universitäten (Jahresbericht der Deutschen Mathematiker-Vereinigung 19, 19 – 24).

Müller, Emil (1911): Technische Übungsaufgaben für darstellende Geometrie (Leipzig und Wien: Deuticke).

Müller, Emil (1916): Lehrbuch der darstellenden Geometrie für Technische Hochschulen. Band 2 (Wien: Deutike).

Müller, Emil/Krames, J. L. (1923): Vorlesungen über darstellende Geometrie. Band I. Die linearen Abbildungen. Bearbeitet von E. Kruppa (Leipzig/Wien: Deuticke).

Müller, Emil/Krames, J. L. (1929): Vorlesungen über darstellende Geometrie. Band II. Die Zyklographie (Leipzig/Wien: Deuticke).

Müller, Emil/Krames, J. L. (1931): Vorlesungen über darstellende Geometrie. Band III. Konstruktive Behandlung der Regelflächen (Leipzig/Wien: Deuticke).

Müller, Felix (1909): Führer durch die mathematische Literatur mit besonderer Berücksichtigung der historisch wichtigen Schriften (Leipzig und Berlin: Teubner).

Müller, Hans Robert (1968): Konstruktive Abbildungsmethoden des mehrdimensionalen Raumes (Mathematisch-physikalische Semesterberichte 8, 223 – 234).

Müller, Hubert (1875): Leitfaden der ebenen Geometrie. 2. Theil: Die Kegelschnitte und die Elemente der neueren Geometrie (Leipzig: Teubner).

Müller, Hubert (1877): Leitfaden der Stereometrie. 1. Theil. Die Grundgebilde und die einfachen Körperformen (Leipzig: Teubner).

Müller, Reinhold (1908): Die geometrische Reliefperspektive in ihrer Anwendung auf die Werke der bildenden Kunst (Darmstadt: Koch).

Müller, Reinhold (1930): Ludwig Burmester (Jahresbericht der Deutschen Mathematiker-Vereinigung 39, 1 – 21).

Nabonnand, Ph. (2006): Contributions à l'histoire de la géométrie projective au 19e siècle (unveröffentlichte Habilitationsschrift Nancy).

Nabonnand, Ph. (2008): La théorie des „Würfe" – Une irruption de l'algèbre dans la géométrie pure (Archive for History of Exact Sciences 62, 201 – 242).

Nabonnand, Ph./Rollet, L. (2009): 1842-1927: Les Nouvelles annales de mathématiques, journal des candidats aux écoles spéciales (Séminaire d'histoire des mathématiques de l'Institut Henri Poincaré, Paris).

Noether, M. (1871): Ueber Flächen, welche Schaaren rationaler Curven besitzen (Mathematische Annalen 3, 163 – 227).

Obenrauch, F. J. (1897): Geschichte der darstellenden Geometrie mit besonderer Berücksichtigung ihrer Begründung in Frankreich und Deutschland und ihrer wissenschaftlichen Pflege in Österreich (Brünn: Winiker).

Oechsli, W. (1905): Festschrift zur Feier des fünfzigjährigen Bestehens des Polytechnikums. Erster Teil: Geschichte der Gründung des eidgenössischen Polytechnikums mit einer Übersicht seiner Entwicklung 1855 – 1905 (Frauenfeld: Huber & Co.).

Officieller Katalog der Schweizerischen Landesausstellung Zürich 1883 (1883). Verlag des Centralcomité (Zürich: Orell Füssli & Cie).

Ostermann, A./Wanner, G. (2012): Geometry by Its History (Berlin-Heidelberg: Springer).

Oswald, N./Steuding, J. (Hg.) (2023): Hurwitz's Lectures on the Number Theory of Quaternions (Berlin: EMS).

Papperitz, E. (1909): Darstellende Geometrie. In. Encyklopädie der mathematischen Wissenschaften mit Einschluss ihrer Anwendungen. Dritter Band: Geometrie. Erster Theil. Erste Hälfte (Leipzig: Teubner, 1907 – 1910), 517 - 595. Abgeschlossen Juli 1909.

Parshall, K. V. H. (1990): The One-Hundreth Anniversary of the Death of Invariant Theory? (The Mathematical Intelligenzer 12 No. 4, 10 – 16).

Pasch, M. (^{2}1926): Vorlesungen über neuere Geometrie. Mit einem Anhang „Die Grundlegung der Geometrie in historischer Entwicklung" von Max Dehn (Berlin: Springer). Die erste Auflage (ohne Anhang) erschien 1882 bei Teubner in Leipzig.

Paul, M. (1980): Gaspard Monges „Géométrie descriptive" und die Ecole Polytechnique – eine Fallstudie über den Zusammenhang von Wissenschafts- und Bildungsprozess (Bielefeld: IDM).

Pelz, K. (1877): Ueber einen neuen Beweis des Fundamentalsatzes von Pohlke (Sitzungsberichte der Kaiserlichen Akademie der Wissenschaften. Mathematisch-naturwissenschaftliche Classe. Band 76. Zweite Abtheilung, 123 – 138).

Peschka, G. A. V. (1883 – 1885): Darstellende und projektive Geometrie nach dem gegenwärtigen Stande dieser Wissenschaft mit besonderer Rücksicht auf die Bedürfnisse höherer Lehranstalten und des Selbstudiums. Vier Teile (Wien: Carl Gerold's Sohn).

Peschka, G. A. V./Koutny, E. (1868): Freie Perspective in ihrer Begründung und Anwendung (Hannover: Rümpler).

Pfaff, H. H. U. V. (1867): Neuere Geometrie. 1. Theil (Erlangen: Deichert).

Pick, G. (1900): Karl Bobek (Monatshefte für Mathematik und Physik 18, 97 – 101).

Plücker, J. (1834): Geometrisch-analytische Aphorismen II (Journal für die reine und angewandte Mathematik 11, 117 – 129).

Plücker, J. (1836): Énumération des courbes du quatrième ordre, d'après la nature différente de leurs branches infinies (Journal de mathématiques pures et appliquées 1, 229 – 252).

Plücker, J. (1839): Theorie der algebraischen Curven (Bonn: Marcus).

Rapport sur l'enseignement et la marche de l'école polytechnique fédérale à Zurich. Rédigé en vue de l'exposition universelle de Paris 1878. Publié par ordre du conseil fédéral. Traduit de l'allemand (Zürich: Zürcher & Furrer, 1878).

Reich, K. (1973): Geschichte der Differentialgeometrie von Gauß bis Riemann [1828-1868]. (Archive for History of Exact Sciences 11, 273-382).

Reidt, Fr. (1874): Vorschule der Theorie der Determinanten für Gymnasien und Realschulen (Leipzig: Teubner).

Remmert, V./Schneider, U. (2010): Eine Disziplin und ihre Verleger: Disziplinenkultur und Publikationswesen der Mathematik in Deutschland, 1871 – 1949 (Wiesbaden: Transcript).

Renteln, M. von (2000): Die Mathematiker an der Technischen Hochschule Karlsruhe (1825 – 1945) (Karlsruhe: Selbstverlag).

Repertorium der literarischen Arbeiten aus dem Gebiete der reinen und angewandten Mathematik. Originaltexte der Verfasser (1877). Gesammelt und herausgegeben von Gustav Zeuner und Leo Königsberger. Band 1 (Leipzig: Teubner).

Repertorium der literarischen Arbeiten aus dem Gebiete der reinen und angewandten Mathematik. Originaltexte der Verfasser (1879). Gesammelt und herausgegeben von Gustav Zeuner und Leo Königsberger. Band 2 (Leipzig: Teubner, 1879).

Reye, Th. (1866): Beweis von Pohlke's Fundamentalsatz der Axonometrie (Vierteljahrsschrift der Naturforschenden Gesellschaft in Zürich 11, 350 – 358).

Reye, Th. (1866a): Die Geometrie der Lage. Vorträge. Erste Abtheilung (Leipzig: Baumgärtner's Buchhandlung, zitiert nach [4]1899).

Reye, Th. (1868): Die Geometrie der Lage. Vorträge. Zweite Abtheilung (Hannover: Rümpler).

Reye, Th. (1879): Die Geometrie der Kugeln und der linearen Kugelsysteme (Leipzig: Teubner).

Richter, P. (2014 – 2015): Die Entwicklung der Mathematik von der Antike bis 1925. Zwei Bände. Band 2 in 5 Teilbänden (Klausenburg/Cluj: Argonaut-Verlag).

Rodenberg, C. (1883): Besprechung von Peschka „Darstellende und projective Geometrie. Erster Band" (Zeitschrift für Mathematik und Physik 28, Historisch-litterarische Abtheilung 109 – 114).

Rodenberg, C. (1891): Besprechung von Fiedler „Darstellende Geometrie" dritter Band der dritten Auflage und von Disteli „Die Steiner'schen Schließungsprobleme nach darstellend-geometrischer Methode" (Zeitschrift für Mathematik und Physik 36, Historisch-litterarische Abtheilung 176 – 181).

Romero-Lebret, P. (2012): Die neuere Dreiecksgeometrie: der Übergang der Mathematik der Amateure zur unterrichteten Mathematik (Mathematische Semesterberichte 59, 75 – 102).

Roner, J. (1910): Friedrich Graberg (Vierteljahresschrift der Naturforschenden Gesellschaft in Zürich 55, 571 – 572).

Rosenfeld, B. A. (1988): A History of Non-Euclidean Geometry. Evolution of the Concept of a Geometric Space. Translated by A. Shenitzer. With the Editorial Assistance of Hardy Grant (New York u.a.: Springer).

Rothe, H. (1916): Die Hamiltonschen Quaternionen und ihre Verallgemeinerungen. In: Encyklopädie der mathematischen Wissenschaften mit Einschluß ihrer Anwendungen. Dritter Band: Geometrie. Erste Hälfte. Zweiter Teil (Leipzig: Teubner, 1914 – 1931), 1300 – 1423. Abgeschlossen Oktober 1916.

Rowe, D. E. (1985): Felix Klein's „Erlanger Antrittsrede". A Transcription with English Translation and Commentary (Historia mathematica 12, 133 – 139).

Rowe, D. E. (2007): Klein, Hurwitz, and the „Jewish Question" in German Academia (Mathematical Intelligenzer 29, 18 – 30).

Rowe, D. E. (2017): On Building and Interpreting Models: Four Historical Case Studies (The Mathematical Intelligenzer 39 no. 2, 6 – 14).

Rowe, D. E. (2018): A Richer Picture of Mathematics. The Göttingen Tradition and Beyond (Cham (CH): Springer Nature).

Rowe, D. E. (2024): Felix Klein's Early Contributions to Anschauliche Geometrie (Archive for History of Exact Sciences 78, 401 – 477).

Rowe, D. E. (2024a): Felix Klein an Sophus Lie on quartic surfaces in line geometry (Archive for History of Exact Sciences 78, 763 – 832).

Rowe, D. E. (2025): Felix Klein *Comparative Reflections on Recent Research in Geometry* (Klein's „Erlangen Program"). Translated with Commentary and Historical Analysis by D. E. Rowe (Cham: Birkhäuser).

Rowe, D. E./Volkert, K. (2023): Jenseits von Flachland. Mathematische Grenzüberschreitungen und ihre Auswirkungen (Berlin: Springer Spektrum).

Rudel, K. (1877): Von den Elementen und Grundgebilden der synthetischen Geometrie (Bamberg: Schmidt).

Rüdenberg, L./Zassenhaus, H. (Hg.) (1973): Hermann Minkowski. Briefe an David Hilbert (Berlin/Heidelberg/New York: Springer).

Rudio, F. (1896): Carl Fiedler (Vierteljahrsschrift der Naturforschenden Gesellschaft in Zürich 41 (1), 115 – 116).

Rudio, F. (1901): Notizen zur schweizerischen Kulturgeschichte 3. Die Bibliothek des eidgenössischen Polytechnikums (Vierteljahrsschrift der Naturforschenden Gesellschaft in Zürich 46, 342 - 351).

Rudio, F. (1919): Adolf Hurwitz (Vierteljahrsschrift der Naturforschenden Gesellschaft in Zürich 64, 855 – 861).

Rudio, F./Schröter, C. (1901): Notizen zur schweizerischen Kulturgeschichte 2. Die Fachlehrerschule des eidgenössischen Polytechnikums (Vierteljahrsschrift der Naturforschenden Gesellschaft in Zürich 46, 338 – 342).

Rudio, F./Schröter, C. (1902): Notizen zur schweizerischen Kulturgeschichte 9. Die akademischen Rathausvorträge in Zürich (Vierteljahrsschrift der Naturforschenden Gesellschaft in Zürich 47, 459 – 468).

Ruppert, W. A. F./Michor, P. W. (2023): Mathematik in Österreich und die NS-Zeit (Berlin: Springer-Spektrum).

Sakorovitch, J. (1999): Epures d'architecture: de la coupe des pierres à la géométrie descriptive (Basel u.a.: Birkhäuser).

Salmon, G. (1848): A Treatise on Conic Sections (London: Longman et al., 1848, ³1855, ⁶1879).

Salmon, G. (1849): On the triple tangent planes to a surface of the third order (The Cambridge and Dublin Mathematical Journal 4, 252 – 260).

Salmon, G. (1851): Théorèmes sur les courbes de troisième degré (Journal für die reine und angewandte Mathematik 42, 274 – 276).

Salmon, G. (1852): Lessons Introductory to the Modern Higher Algebra (Dublin: Hodges, Foster, and Co.).

Salmon, G. (1852a): A Treatise on Higher Plane Curves: Intended as a sequel to a Treatise on Conic Sections (Dublin: Hodges and Smith, 1852, ²1873). Frz. Ausgabe: Salmon, G. (1882): Lignes et surfaces du premier et du second ordre, vol. 1 (Paris: Gauthier-Villars). Ouvrage traduit de l'anglais sur la 4e édition par O. Chemin.

Salmon, G. (1862): A Treatise on the Analytic Geometry of Three Dimensions (London: Longman, Green, and Co.).

Salmon, G. (1870): Traité des sections coniques, tr. par H. Resal et V. Vaucharet (Paris: Gauthiers Villars, 1870, ²1884, ³1897).

Salmon, G. – Fiedler, W. (1860): Analytische Theorie der Kegelschnitte mit besonderer Berücksichtigung der neueren Methoden (Leipzig: Teubner, 1860, ²1866, ³1873, ⁴1878, ⁵1887-1888 (in zwei Bänden), ⁶1898 – 1903, ⁷1907 [nur erster Band]); achte Auflage bearbeitet von Fr. Dingeldey I. Teil (Berlin & Leipzig: Teubner, 1915), siebte Auflage bearbeitet von Fr. Dingeldey 2. Teil (Berlin & Leipzig: Teubner, 1918).

Salmon, G. – Fiedler, W. (1863): Analytische Geometrie des Raumes. I. Theil Die Elemente der analytischen Geometrie des Raumes und die Theorie der Flächen zweiten Grades (Leipzig: Teubner). Zweite verbesserte Auflage Leipzig: Teubner, 1874; dritte Auflage: Leipzig: Teubner, 1879, 1880; vierte Auflage (nur Band I) Leipzig: Teubner, 1898. Fünfte stark veränderte Auflage neu hg. von K. Kommerell unter Mitwirkung von A. von Brill. Erster Teil, erste Lieferung (Leipzig/Berlin: Teubner, 1922), erster Teil, zweite Lieferung (Leipzig/Berlin: Teubner, 1923).

Salmon, G. – Fiedler, W. (1865): Analytische Geometrie des Raumes. II. Theil. Analytische Geometrie der Curven im Raume und der algebraischen Flächen (Leipzig: Teubner). Zweite verbesserte Auflage Leipzig: Teubner, 1874; dritte Auflage: Leipzig: Teubner, 1880.

Salmon, G. – Fiedler, W. (1873): Analytische Geometrie der höheren ebenen Curven (Leipzig: Teubner, 1873, ²1883).

Sarres, J. (1884): Geometrische Untersuchungen über Kegelschnitts- und Kreisbüschel und deren Anwendung auf Erzeugung von Curven 3. und 4. Ordnung (Wittenberg: Herrosé).

Sattelmacher, A. (2014): Zwischen Ästhetisierung und Historisierung: Die Sammlung geometrischer Modelle des Göttinger mathematischen Instituts (Mathematische Semesterberichte 61, 131 – 143).

Sattelmacher, A. (2021): Anschauen, Anfassen Auffassen. Eine Wissensgeschichte mathematischer Modelle (Wiesbaden: Springer-Spektrum).

Schaal, H. (1981): Reliefperspektive (Der Mathematikunterricht 27 Heft 3, 69 – 80).

Schaubilder und Schulkarten (2018), hg. von I. K. Uphoff und N. von Velsen (München: Prestel).

Scheel, K. (2006): Der Briefwechsel Richard Dedekind – Heinrich Weber (Berlin: de Gruyter).

Scherrer, F. R. (1929): Adolf Kiefer (1857 – 1929) (Vierteljahrsschrift der Naturforschenden Gesellschaft in Zürich 74, 336 – 338).

Schilling, Fr. (1924): Über die Abbildung der projektiven Ebene auf eine geschlossene singularitätenfreie Fläche im erreichbaren Gebiet des Raumes (Mathematische Annalen 92, 69 – 79).

Schläfli, L. (1858): An attempt to determine the twenty-seven lines upon a surface of the third order, and to derive such surfaces in species, in reference to the reality of the lines upon the surface (The Quarterly Journal of Pure and Applied Mathematics 2, 55-65 und 110-120).

Schlesinger; J. (1870): Die darstellende Geometrie im Sinne der neueren Geometrie (Wien: Gerold's Sohn).

Schlömilch, O. (1854): Geometrie, descriptive. In: Encyklopädie der Wissenschaften und Künste, hg. von J. S. Ersch und J. G. Gruber. Erste Section, 59. Theil (Leipzig: Brockhaus), 244 – 258.

Schlömilch, O. (1855): Lehrbuch der analytischen Geometrie. Zweiter Theil: Die analytische Geometrie des Raumes (Leipzig: Teubner). Erster Teil von O. Fort.

Schlömilch, O. (1863): Besprechung von W. Fiedler „Die Elemente der neueren Geometrie und der Algebra der binären Formen" (Zeitschrift für Mathematik und Physik 8 (1863), Literaturzeitung 72 – 73).

Scholz, E. (1989): Symmetrie. Gruppe. Dualität (Basel u.a.: Birkhäuser).

Scholz, E. (2019): Dualität in der graphischen Statik. In: Etwein/Voelke/Volkert, 571 - 599.

Schönbeck, J. (1994): Der Mathematikdidaktiker Peter Treutlein. In: Der Wandel von Lehren und Lernen in Naturwissenschaft und Mathematik. Band I Mathematik. Hg. von J. Schönbeck, H. Struve und K. Volkert (Weinheim: Deutscher Studienverlag), 50 – 72.

Schönholzer, G./Kiefer, A. (1900): Dr. Jos. Ferd. Bertsch. Geboren 5. Mai 1840, gestorben 5. Dezember 1899. Ein Gedenkblatt, seinen Freunden zugeeignet (Zürich: Frey).

Schreiber, G. (1828): Lehrbuch der darstellenden Geometrie nach Monge's Géométrie descriptive (Karlsruhe: Herder)

Schreiber, G. (1838 – 1843): Geometrisches Portfolio (Karlsruhe: Herder).

Schröder, J. (Hg.) (1885): Illustrirter Catalog für Unterrichtsmodelle und Apparate (Darmstadt: Schröder).

Schröter, C./Fueter, R. (1926): Ferdinand Rudio zum 70. Geburtstag (mit Bild und Publikationsliste) [Vierteljahrsschrift der Naturforschenden Gesellschaft in Zürich 71, 115 – 135].

Schröter, H. (1874): Untersuchung zusammenfallender reciproker Gebilde in der Ebene und im Raum (Journal für die reine und angewandte Mathematik 77, 105 – 142).

Schubert, H. C. H. (1863): Eine geometrische Eigenschaft der sechszehn Kugeln, welche vier gegebene Kugeln berühren (Zeitschrift für Mathematik und Physik 14, 506 - 513).

Schubert, H. C. H. (1863a): Metrische Relationen zwischen den Radien der sechszehn Kugeln, welche vier Kugeln berühren (Zeitschrift für Mathematik und Physik 14, 513 - 516).

Schubert, H. C. H. (1879): Kalkül der abzählenden Geometrie (Leipzig: Teubner).

Schubring, G. (1986): Bibliographie der Schulprogramme in Mathematik und Naturwissenschaften [1800 – 1875] (Bad Salzdethfurt: Franzbecker).

Schubring, G. (1991): Die Entstehung des Mathematiklehrerberufs im 19. Jahrhundert (Weinheim: Deutscher Studienverlag).

Schubring, G. (2017): Searches for the origins of the epistemological concept of model in mathematics (Archive for History of Exact Sciences 71, 245 – 278).

Schulprogramme der Gewerbeschule Chemnitz online: http://digital.slub-dresden.de/werkansicht/dlf/95279/1/.

Schupp, H. (1988): Kegelschnitte (Mannheim u.a.: BI).

Schupp, H./Dabrock, H. (1995): Höhere Kurven (Mannheim u.a.: BI).

Schur, Fr. (1885): Ueber den Pohlke'schen Satz (Mathematische Annalen 25, 576 – 597).

Schwarz, H. A. (1864): Elementarer Beweis des Pohlkeschen Fundamentalsatzes der Axonometrie (Journal für die reine und angewandte Mathematik 63, 309 – 314).

Schwarz, H. A. (1867): Ueber die geradlinigen Flächen fünften Grades (Journal für die reine und angewandte Mathematik 67, 23 – 57).

Schwarz, H. A. (1873): Beispiel einer stetigen nicht differentiirbaren Function (Verhandlungen der Schweizerischen Naturforschenden Gesellschaft 56, 252 – 258).

Seferovic, G. (2011): Die Züricher Rathaus- und Aulavorträge (1851 – 1961) (Commentationes Historiae Iuris Helveticae 7 (2011), hg. von F. Hafner, A. Kley und V. Monnier, 111 – 183).

Shafarevich, I. R. (1974): Basic Algebraic Geometry (Berlin/Heidelberg/New York: Springer).

Simon, M. (1906): Über die Entwicklung der Elementar-Geometrie im XIX. Jahrhundert (Jahresbericht der Deutschen Mathematiker-Vereinigung. Der Ergänzungsbände erster Band (Leipzig: Teubner)).

Stachel, H. (2019): The Evolution of Descriptive Geometry in Austria. In: Barbin, E./Menghini, M./Volkert, K. (2019), 181 – 195.

Stammbach, U.: Mathematische Miszellen (Zürich o. J.)
http://www.math.ethz.ch/~stammbstammb@math.ethz.ch

Stammbach, U.: Josef Wolfgang Alois von Deschwanden. In: Stammbach o. J., 49 – 74.

Stark, Fr. (Hg.) (1906): Die k. k. Deutsche Technische Hochschule in Prag, 1806 – 1906. Festschrift zur Hundertjahrfeier (Prag: Selbstverlag).

Staude, O. (1904): Flächen zweiter Ordnung und ihre Systeme und Durchdringungskurven. In: Encyklopädie der mathematischen Wissenschaften mit Einschluss ihrer Anwendungen. Dritter Band: Geometrie. Zweiter Teil. Erste Hälfte (Leipzig: Teubner, 1903 – 1915), 161 – 258. Abgeschlossen März 1904.

Staudigl, R. (1868): Grundzüge der Reliefperspective (Wien: Seidel & Sohn).

Staudigl, R. (1871): Lehrbuch der neueren Geometrie (Wien: Seidel & Sohn).

Staudt, K. Chr. von (1847): Geometrie der Lage (Nürnberg: Korn).

Staudt, K. Chr. von (1856): Beiträge zur Geometrie der Lage. Erstes Heft (Nürnberg: Korn).

Staudt, K. Chr. von: Beiträge zur Geometrie der Lage. Zweites Heft (Nürnberg: Korn, o. J.).

Staudt, K. Chr. von: Beiträge zur Geometrie der Lage. Drittes Heft (Nürnberg: Korn, o.J.).[3030]

Steiner, J. (1826): Einige geometrische Betrachtungen (Journal für die reine und angewandte Mathematik 1, 161 – 184 & eine Figurentafel).

Steiner, J. (1832): Systematische Entwicklung der Abhängigkeit geometrischer Gestalten von einander, unter Berücksichtigung der Arbeiten alter und neuer Geometer über Porismen, Projections-Methoden, Geometrie der Lage, Transversalen, Dualität und Reciprocität, etc. (Berlin: Fink).

Steiner, J. (1854): Allgemeine Eigenschaften algebraischer Curven (Journal für die reine und angewandte Mathematik 47, 1 – 6).

Steiner, J. (1857): Ueber die Flächen dritten Grades (Journal für die reine und angewandte Mathematik 53, 133 – 141).

Steiner, J. (1867): Vorlesungen über synthetische Geometrie. Erster Theil: Die Theorie der Kegelschnitte in elementarer Darstellung. Bearbeitet von Dr. C. F. Geiser. (Leipzig: Teubner).

Steiner, J. (1867a): Vorlesungen über synthetische Geometrie. Zweiter Theil: Die Theorie der Kegelschnitte gestützt auf projectivische Eigenschaften. Bearbeitet von Prof. Dr. H. Schröter (Leipzig: Teubner).

Steiner, J. (1881): Gesammelte Werke. Erster Band, hg. von K. Weierstrass. (Berlin: Reimer).

Steiner, J. (1882): Gesammelte Werke. Zweiter Band, hg. von K. Weierstrass (Berlin: Reimer).

Stéphanos, C.: (1883): Sur la théorie des quaternions (Mathematische Annalen 22, 589 - 592).

Stiefel, E. (^{2}1971): Lehrbuch der darstellenden Geometrie (Basel und Stuttgart: Birkhäuser).

Stodola, A. (1898): Über die Beziehungen der Technik zur Mathematik. In: Verhandlungen des ersten internationalen Mathematiker-Kongresses in Zürich vom 9. bis 11. August 1897, hg. von F. Rudio (Leipzig: Teubner); 260 – 271.

Struik, D. J. (1953): Analytic & projective geometry (Cambridge (Mass.): Addison-Wesley).

Sturm, R. (1870): Ueber einige Incorrectheiten, die sich in der Sprache, besonders der elementaren Mathematik eingeschlichen haben (Zeitschrift für den mathematischen und naturwissenschaftlichen Unterricht 1, 272 – 279).

Sturm, R. (1870a): Die neuere Geometrie auf der Schule (Zeitschrift für den mathematischen und naturwissenschaftlichen Unterricht 1, 474 – 489).

Sturm, R. (1871): Ueber die unendlich entfernten Gebilde (Zeitschrift für den mathematischen und naturwissenschaftlichen Unterricht 2, 390 – 407).

Sturm, R. (1874): Elemente der darstellenden Geometrie (Leipzig: Teubner).

[3030] Das Vorwort ist datiert auf Erlangen, März 1860.

Sylvester, J. J. (1861): Sur les vingt-cinq droites d'une surface du troisième degré (Comptes rendus hebdomadaires des séances de l'Académie des Sciences 52, 977 – 980).

Taton, R. (1951): L'oeuvre scientifique de Monge (Paris: PUF).

Tilscher, Fr. (1865): System der technisch-malerischen Perspective: für technische Lehranstalten, Kunstakademien und zum Selbstunterricht (Prag: Tempsky, 1865).

Tilscher, Fr. (1878): Grundlagen der Ikonognosie (Prag: Verlag der Königlich böhmischen Gesellschaft der Wissenschaften).

Tilšer, Fr. (1882): Zur Einführung in die Anfangsgründe der darstellenden Geometrie. Teil 2 (Zeitschrift für das Realschulwesen 7, 75 – 99)

Timerding, H. E. (1922): Theodor Reye (Jahresbericht der Deutschen Mathematiker-Vereinigung 31, 185 - 203).

Tobies, R. (2019): Felix Klein (Berlin/Heidelberg: Springer Spektrum).

Tobies, R. (2023): Felix Klein und Georg Pick. Mathematische Talente fordern und fördern (Berlin: Springer).

Tobies, R./Rowe, D. (1990): Korrespondenz Felix Klein – Adolph Mayer. Auswahl aus den Jahren 1871 – 1907 (Leipzig: Teubner).

Tobies, R./Volkert, K. (1998): Mathematik auf den Versammlungen der Gesellschaft deutscher Naturforscher und Ärzte 1843 – 1890 (Stuttgart: Wissenschaftliche Verlagsanstalt).

Toepell, M. (1991): Mitgliederverzeichnis der Deutschen Mathematiker-Vereinigung 1890 – 1990 (München: Institut für Geschichte der Naturwissenschaften der Universität München).

Tötössy, B. (1882): Ueber die Fläche vierter Ordnung mit Cuspidalkegelschnitt (Mathematische Annalen 19, 291 – 322).

Treutlein, P. (1911): Der geometrische Anschauungsunterricht als Unterstufe eines zweistufigen Unterrichts in Geometrie (Leipzig und Berlin: Teubner) – Neuauflage mit einer Einführung von J. Schönbeck (Paderborn u.a.: Schöningh, 1985).

Treutlein, P. (1913): Über mathematischen Anschauungsunterricht. Über mathematische Modelle und deren Verwendung im Unterricht. Erläuterungen zu den Reihen und den einzelnen Modellen der Treutleinschen Sammlung. In: Abhandlungen zur Sammlung mathematischer Modelle. II. Heft. Abhandlungen von P. Treutlein (Leipzig und Berlin: Teubner, 1913).

Tschanz, M. (2015): Die Bauschule am Eidgenössischen Polytechnikum Zürich (Zürich: gta-Verlag).

Van der Waerden, B. L. (1985): A History of Algebra (Heidelberg u.a.: Springer).

Veronese, G. (1876): Nuovo teoremi sull'Hexagrammum Mysticum (Memorie della Reale Accademia dei Lincei, (3)1, 649-703).

Veronese, G. (1882): Behandlung der projectivischen Verhältnisse der Räume von verschiedenen Dimensionen durch das Princip des Projicirens und Schneidens (Mathematische Annalen 19, 167 – 234).

Veronese, G. (1894): Grundzüge der Geometrie von mehreren Dimensionen und mehreren Arten geradliniger Einheiten in elementarer Form entwickelt (Leipzig: Teubner). Deutsch von A. Schepp. Italienisches Original: Fondamenti di geometria a piu dimensioni e a piu specie di unità rettilinee (Padova: Typografico del seminaria, 1891).

Versuch einer Darlegung und Würdigung seiner [A. Clebsch; K. V.] wissenschaftlichen Leistungen von einigen seiner Freunde (1874) (Mathematische Annalen 7, 1-5).

Verzeichnis mathematischer Modelle (1912). Sammlungen von H. Wiener und P. Treutlein (Berlin und Leipzig: Teubner).

Voelke, J. - D. (2008): Le théorème fondamental de la géométrie projective: évolution de sa preuve entre 1847 et 1900 (Archive for History of Exact Sciences 62, 243 - 296).

Voelke, J. – D. (2010): Le développement historique du concept d'espace projectif. In: Bioesmat - Martagon, 207 – 286.

Voelke, J. – D. (2019): La théorie des polaires réciproques chez Bobillier. In: Etwein, F./Voelke, J. – D./Volkert, K.: Dualität als Archetyps mathematischen Denkens – Klassische Geometrie und Polyedertheorie (Göttingen: Cuvillier), 171 – 188.

Volkert, K. (1986): Die Krise der Anschauung (Göttingen: Vandenhoek & Rupprecht).

Volkert, K. (1987): Die Geschichte der pathologischen Funktionen – Ein Beitrag zur Entstehung der mathematischen Methodologie (Archive for History of Exact Sciences, 193 – 232).

Volkert, K. (1989): Zur Differenzierbarkeit von stetigen Funktionen. Ampère's Beweis und seine Folgen (Archive for History of Exact Sciences 39, 37 – 112).

Volkert, K. (1994): Max Simon als Historiker und Didaktiker der Mathematik. In: Der Wandel im Lehren und Lernen von Mathematik und Naturwissenschaften. Band I. Mathematik, hg. von J. Schönbeck, H. Struve und K. Volkert (Weinheim: Deutscher Studienverlag), 73 - 87.

Volkert, K. (1996): Hermann von Helmholtz und die Grundlagen der Geometrie. In Eckart/Volkert 1996, 177 – 205.

Volkert, K. (2010): Are there points at infinity? In: L. Bioesmat-Martagon 2010, 197 – 205.

Volkert, K. (2010a): Projective Plane and Projective Space from a Topological Point of View. In: L. Bioesmat-Martagon 2010, 287 – 313.

Volkert, K. (2013): Das Undenkbare denken (Berlin/Heidelberg: Springer).

Volkert, K. (2015): David Hilbert „Grundlagen der Geometrie. Festschrift 1899" (Berlin/Heidelberg: Springer).

Volkert, K. (2017): Dedekind goes Zürich (Mathematische Semesterberichte 64, 147 – 158).

Volkert, K. (2018): In höheren Räumen. Der Weg der Geometrie in die vierte Dimension (Berlin: Springer).

Volkert, K. (2018a): Mathematische Modelle und die polytechnische Tradition (Siegener Beiträge zur Geschichte und Philosophie der Mathematik 10, 161 – 202).

Volkert, K. (2018b): Vater und Sohn (Mathematische Semesterberichte 65, 1- 12).

Volkert, K. (2019): Note on Models (Historia mathematica 48, 87 - 95).

Volkert, K. (2021): Adolf Hurwitz, Geometer (Mathematische Semesterberichte 68, 1 - 15).

Volkert, K. (2023): Qu'est-ce que la géométrie projective? Fiedler versus Von Staudt. In: Sciences, Circulations, Révolutions. Festschrift pour Philippe Nabonnand. (Eds.) P. E. Bour, M. Rebuschi, L. Rollet (Milton Keynes: College Publications), 713 – 728.

Volkert, K. (2023a): Im Reich der unbegrenzten Möglichkeiten. In: Rowe/Volkert 2023, 1 - 99.

Volkert, K.: Le journal de Hoffmann. Unveröffentlichtes Manuskript.

Voss, A. (1913): Wilhelm Fiedler (Jahresbericht der Deutschen Mathematiker – Vereinigung 22, 97 – 113).

Vries, H. de (1905): Die Lehre von der Zentralprojektion im vierdimensionalen Raum (Leipzig: Göschen). Deutsche Übersetzung des niederländischen Originals von Saly Ruth Struik.

Waelsch, E. (1892): Über eine Aufgabe aus der darstellenden Geometrie (Monatshefte für Mathematik und Physik 3, 92 – 96).

Wedell, Charlotte (1897): Application de la théorie des fonctions elliptiques à la solution du problème de Malfatti (Lausanne: Imprimerie Corbaz).

Weilenmann, A. (1882): Der geometrische Unterricht in Mittelschulen. Beilage zum Schulprogramm 1881/82 der Kantonsschule Zürich (Zürich: Zürcher & Furrer).

Weiler, A. (1874): Ueber die verschiedenen Gattungen der Complexe zweiten Grades (Mathematische Annalen 7, 145 – 207).

Weiler, A. (1889): Neue Behandlung der Parallelprojektionen und der Axonometrie (Leipzig: Teubner).

Weisbach, J. (1857): Anleitung zum axonometrischen Zeichnen (Freiberg: Engelhardt).

Weiß, Jürgen (1989): Steindruck und autographierte Vorlesungshefte zur Mathematik. http://www.stiftung-teubner-leipzig.de/1989-weiss-juergen-steindruck-und-autographiertevorlesungshefte-zur-mathematik.htm.

Wellstein, Josef (1907): Grundlagen der Geometrie. In: Enzyklopädie der Elementar-Mathematik. Ein Handbuch für Lehrer und Studierende von H. Weber und J. Wellstein. Band II. Elementare Geometrie (Leipzig: Teubner, ²1907), 3- 300.

Wengel, R. (2020): Fiedlers Zyklographie (Dissertation Wuppertal). Online verfügbar: http://elpub.bib.uniwuppertal.de/servlets/DocumentServlet?id=10480

Weyr, Emil (1883): Die Elemente der projectivischen Geometrie. Erstes Heft (Wien: Carl Gerold's Sohn)

Weyr, Emil (1887): Die Elemente der projectivischen Geometrie. Zweites Heft (Wien: Carl Gerold's Sohn).

Wiecke, P. (1873): Ueber die abwickelbaren Normalflächen an Hyperboloiden. Programm der Königlichen Höheren Gewerbeschule zu Kassel (Kassel).

Wieleitner, H. (²1930): Algebraische Kurven. Bd. I. Gestaltliche Verhältnisse (Berlin und Leipzig: de Gruyter).

Wieleitner, H. (1919): Algebraische Kurven. Bd. II. Allgemeine Eigenschaften (Berlin und Leipzig: de Gruyter).

Wiener, Chr. (1969): Stereoscopische Photographien des Modells einer Fläche dritter Ordnung mit 27 reellen Geraden (Leipzig: Teubner).

Wiener, Chr. (1881): Geometrische und analytische Untersuchung der Weierstrassschen Function (Journal für die reine und angewandte Mathematik 90, 221 – 252).

Wiener, Chr. (1884): Lehrbuch der darstellenden Geometrie. Erster Band. Geschichte der darstellenden Geometrie, ebenflächige Gebilde, krumme Linien (erster Teil), projektive Geometrie (Leipzig: Teubner).

Wiener, Chr. (1887): Lehrbuch der darstellenden Geometrie. Zweiter Band. Krumme Linien (zweiter Teil) und krumme Flächen, Beleuchtungslehre, Perspektive (Leipzig: Teubner).

Willer, Dr. H. F. [Pseudonym von W. Fiedler] (1863): Mythologie und Naturanschauung. Beiträge zur vergleichenden Mythenforschung und zur kulturgeschichtlichen Auffassung der Mythologie (Leipzig: Teubner).

Wind, E. (1958): Über eine Briefsammlung an den Mathematiker Professor Fiedler. Katalog der ETH-Sammlung, Briefauszüge und Analyse, nebst biografischen Angaben und Hinweisen über sein Werk. Diplomarbeit ETH (Bibliothek ETH-Hochschularchiv Hs 113: 1).

Xavier, O./Pinho, E. M. (2017): Olivier string models and the teaching of descriptive geometry. In: "Dig where you stand 4", hg. von K. Bjarnadóttir, F. Furinghetti, M. Menghini, J. Prytz und G. Schubring (Torino: Edizioni nuova cultura, 2017), 399 – 413.

Zacharias, M. (2013): Elementargeometrie und elementare nichteuklidische Geometrie in synthetischer Behandlung. In. Encyklopädie der mathematischen Wissenschaften mit Einschluss ihrer Anwendungen. Dritter Band: Geometrie. Erster Teil. Zweite Hälfte (Leipzig: Teubner, 1914 - 1931), 859 – 1172. Abgeschlossen Ende 1913.

Zeuthen, H. (1882): Grundriss einer elementar-geometrischen Kegelschnittslehre (Leipzig: Teubner).

Zöllner, Fr. K. (1878): Wissenschaftliche Abhandlungen. Theil II. Erster Band (Leipzig: Staakmann).

Zühlke, P. (1991): Der Unterricht in Linearzeichnen und in der darstellenden Geometrie (Leipzig: Teubner). IMUK-Abhandlungen Band III, Heft 2.

Zweckbronner, G. (1987): Ingenieursausbildung im Königreich Württemberg (Stuttgart: Konrad Theiss Verlag).

Lebenslauf von Wilhelm Fiedler

Hinweis: Es sind jeweils nur die Erstauflagen der Bücher von Salmon-Fiedler und von Fiedler aufgeführt. Von vielen dieser Werke gab es mehrere Auflagen, teils dann auch in mehreren Bänden. Vgl. das obige Literaturverzeichnis.

1832 (3.April) Geburt als Sohn von Christian Wilhelm Fiedler, Schuhmacher in Chemnitz, und Amelie, geb. Ruppert

1838 niedere Bürgerschule Chemnitz

1841 mittlere Bürgerschule Chemnitz

1846 Staatsstipendium für den Besuch der höheren Gewerbeschule Chemnitz; wichtiger Lehrer Julius Rötnig (Mechanik, Maschinenlehre)

1849 Externer Bergschule Freiberg, Dresdner Maiaufstand, Privatarbeiten für Julius Weisbach (Triangulation Rothschönenberger Stollen, Studien zu hydraulischen Versuchsgerinne), Arbeit im Silberbergbau und für Prof. Ferdinand Reich (Apparat zur Wägung der Erdkugel)

1852 Lehrer für Mathematik und Mechanik an der neugegründeten Werkmeisterschule in Freiberg

1853 Eingliederung der Werkmeisterschule in die höhere Gewerbeschule Chemnitz, Fiedler wird dort Lehrer (Gehalt 320 Thaler, Lehrverpflichtung 28 Stunden), autodidaktische Studien

1857 Lehrer für Mathematik und darstellende Geometrie an der höheren Gewerbeschule Chemnitz (Gehalt 600 Thaler, Lehrverpflichtung 24 Stunden), Mitorganisator (neben dem Geologen Adolf Knop und dem Chemiker Alexander Müller) von naturwissenschaftlichen und literarischen Vortragsabenden, zahlreiche eigene Vorträge beim Handwerkerverein etc., Präsident des literarischen Vereins in Chemnitz

1857 Übersetzung von Schriften von G. Lamé zur Elastizitätslehre und isothermischen Flächen und von St. Venant; Hinwendung zur Geometrie, autodidaktische Studien (Steiner, Plücker, Möbius, von Staudt; Poncelet, Chasles, Lamé)

1858 Bekanntschaft mit den Büchern von George Salmon, Fiedler lernt Englisch, Übernahme der Lehrstelle für Steinschnitt, darstellende Geometrie und technisches Zeichnen

1859 Beginn der Korrespondenz mit G. Salmon; Promotion in Leipzig (Die Centralprojection als Geometrische Wissenschaft [Gutachter: A. F. Möbius], gedruckt 1860 als wissenschaftliche Beilage im Schulprogramm der Höheren Gewerbeschule Chemnitz); erste Publikation in der „Zeitschrift für Mathematik und Physik" (bis 1863 insgesamt 16 Artikel und Noten)

1860 Das erste Buch von Salmon-Fiedler erscheint bei Teubner in Leipzig: „Analytische Geometrie der Kegelschnitte mit besonderer Berücksichtigung der neueren Methoden"; Heirat mit Lina Elise Springer

K. Volkert, *Wilhelm Fiedler: Die Kämpfe eines Geometers*,
Mathematik im Kontext, https://doi.org/10.1007/978-3-662-72914-4

1862 Fiedlers erstes eigenes Buch erscheint bei Teubner in Leipzig „Die Elemente der neueren Geometrie und der Algebra der binären Formen. Ein Beitrag zur Einführung in die Algebra der linearen Transformationen"

1863 Fiedler publiziert unter dem Pseudonym Dr. Willer „Mythologie und Naturanschauung" sowie Salmon-Fiedler „Vorlesungen zur Einführung in die Algebra der linearen Transformationen" und Salmon-Fiedler „Analytische Geometrie des Raumes" erster Band (alle Werke erscheinen bei Teubner); Ruf als Ordinarius für darstellende Geometrie an das Polytechnikum Prag; Fiedler wird zum Sprecher der deutsch-nationalen Fraktion am Polytechnikum, die eine Trennung in einen deutschen und einen tschechischen Teil befürwortet

1865 Salmon-Fiedler „Analytische Geometrie des Raumes" zweiter Band erscheint bei Teubner; Fiedler entwirft ein Stabmodell der Fläche dritter Ordnung mit 27 reellen Geraden, das sein Assistenten R. Morstadt baut.

1866 deutscher Krieg; Fiedler unterzeichnet mit sieben anderen deutschen Professoren eine Petition an den Landtag des Königreichs Böhmen, in der die Aufspaltung des Prager Polytechnikums vorgeschlagen wird

1867 Professor für darstellende Geometrie und Geometrie der Lage an der Eidgenössischen Polytechnischen Schule Zürich in der VI. Abteilung, genannt Fachlehrerabteilung – Anfangsgehalt 4300 sfr.; Mitglied (Nr. 122) der naturforschenden Gesellschaft Zürich, in deren Vierteljahrsschriften Fiedler viele Artikel veröffentlicht

1869 Vorstand der VI. Abteilung (bis 1881); in den Folgejahren mehrfach Auseinandersetzungen mit Studierenden

1871 Fiedlers Werk „Die darstellende Geometrie in organischer Verbindung mit der Geometrie der Lage" erscheint bei Teubner

1873 Salmon-Fiedler „Analytische Geometrie der höheren ebenen Kurven" erscheint bei Teubner

1875 Verleihung des Bürgerrechts der Stadt Zürich

1878 Frau Fiedler erkrankt an einem „Nervenleiden", weitgehender Rückzug des Ehepaars Fiedler aus der Öffentlichkeit

1882 Fiedler „Cyklographie oder Construction der Aufgaben über Kreise und Kugeln und elementare Geometrie der Kreis- und Kugelsysteme" erscheint bei Teubner

1884 Steiner-Preis der Berliner Akademie der Wissenschaften

1889 Mitglied der Leopoldina Halle a. d. S.

1905 „Meine Mitarbeit an der Reform der darstellenden Geometrie in neuerer Zeit. Schreiben gerichtet an den Herausgeber dieser Zeitschrift" erscheint im Jahresbericht der Deutschen Mathematikervereinigung

1906 korrespondierendes Mitglied der Bayrischen Akademie der Wissenschaften, Ehrendoktorat der TH Wien

1907 Rücktritt vom Lehramt zum Beginn des Wintersemesters

1912 (19. November) gestorben in Zürich

Ehefrau: Lena Elise Springer (1836 – 1919)

Kinder:

Wilhelm Ernst Fiedler (1861 – 1954) Privatdozent Polytechnikum Zürich, Direktor der Kantonsschule vormalig Industrieschule Zürich

Alfred Karl Fiedler (1863 – 1894) Privatdozent am Polytechnikum und an der Universität Zürich

Margarethe Elise Auguste, geboren in Prag am 18.2.1866

Elisabetha Erdmuthe, geboren in Fluntern am 11.7.1868

Helene Amalie, geboren in Fluntern am 2.12.1869, gestorben in Hirslanden am 8.5.1871

Reinhold Wilhelm, geboren in Hirslanden am 27.8.1872, Kaufmann in Frankfurt am Main

Emilie, geboren in Unterstrass am 25.10.1876

Hauptsächliche biographische Quelle: Fiedler, Ernst: Fiedler, Otto Wilhelm. In: Biographisches Jahrbuch und deutscher Nekrolog, hg. von A. Bettelheim. Band XVII. Die Toten des Jahres 1912 (Berlin: Georg Reimer, 1915), 14 – 25.

Personenregister

Acampora 21, 75, 96, 98, 101, 628, 781
Adams 608
Alégret 479
Allé 812, 829
Amstein 67, 68, 843
Anger 177, 178, 189, 293, 294, 299, 300, 829, 845
Aronhold 42, 49, 50, 61, 64, 65, 126, 130, 132, 209, 210, 399, 401, 404, 529, 647, 787, 837
Ball 130, 267, 700
Balmer 191, 845
Baltzer 204, 405, 406, 408, 426, 829, 845
Bauernfeind 37, 40, 111, 112
Baumann 137
Baur 195, 201
Beck 87, 93, 101, 103, 104, 114, 115, 130, 298, 643, 689, 725, 775, 776, 799, 811, 829, 846
Beltrami 64, 65, 126, 130, 211, 212, 226, 667
Benstein 9, 19, 57, 61, 153, 172, 175, 292, 624, 696, 711, 715, 718, 846
Beyel 2, 19, 20, 31, 35, 36, 45, 46, 52, 57, 61, 63, 65, 67, 68, 69, 70, 71, 72, 73, 74, 75, 76, 78, 81, 85, 86, 89, 90, 91, 92, 93, 94, 95, 96, 97, 98, 101, 102, 105, 106, 107, 108, 109, 110, 112, 114, 116, 122, 123, 125, 133, 143, 149, 150, 152, 154, 155, 157, 158, 175, 182, 235, 236, 238, 304,
314, 469, 482, 616, 636, 684, 688, 689, 690, 736, 754, 793, 794, 797, 829, 846, 847
Biermann 195, 201, 813
Biot 410, 411, 848
Bleuler 41, 74, 80, 637
Bloch 256
Bobek 812, 814, 830, 837, 848, 868
Bobillier 431, 432, 502, 503, 511, 848, 876
Böger 732
Bois-Reymond 13, 139, 408, 851
Bolley 47, 73, 111
Boole 400
Brechenmacher 652, 664, 678, 683, 848
Breysig 178, 253, 293, 305, 306, 848
Brill 132, 292, 295, 296, 298, 389, 411, 452, 468, 546, 547, 548, 549, 550, 662, 665, 666, 681, 683, 684, 692, 697, 699, 701, 710, 711, 715, 717, 718, 726, 729, 783, 830, 836, 839, 841, 848, 871
Brioschi 64, 65, 126, 130, 210, 212, 401, 405
Brisson 165, 180
Brückner 704, 732, 852
Bruns 480, 712, 769, 770, 771
Bünau 3, 4, 9, 179, 320, 848
Burckhardt 111
Burmester 42, 82, 127, 130, 173, 293, 295, 296, 297, 301, 629,

Graf 62, 68, 71, 466, 560, 858, 859

Grassmann 471, 478, 481, 486, 502, 802, 837, 859

Gröbli 90, 125, 759, 768, 800, 808, 809, 833

Grossmann 2, 59, 67, 68, 71, 79, 80, 81, 84, 85, 86, 199, 200, 371, 372, 375, 638, 670, 677, 690, 695, 699, 700, 859

Grunert 179, 180, 203, 204, 280, 411, 610, 709, 804, 859

Grünwald 269, 812, 833

Gugler 173, 176, 179, 719, 800, 801, 833

Gundelfinger 130, 452, 718, 725, 742, 756, 757, 758, 769, 802, 833, 851, 859

Günther 130, 365, 366, 405, 406, 426, 600, 601, 725, 746, 747, 748, 751, 752, 753, 759, 768, 816, 834, 844, 859

Guthmann 9, 671, 672, 673, 859

Gutzmer 640, 663, 681, 683, 834, 859, 864

Gysel 67, 68

Hachette 114, 165, 188, 846, 859

Häcker 139

Halphen 485, 486, 803

Hamilton 206, 390, 396, 403, 470, 471, 473, 474, 477, 478, 479, 480

Hankel 180, 186, 187, 189, 190, 194, 201, 398, 403, 404, 406, 434, 449, 470, 471, 478, 479, 480, 489, 860

Harnack 486, 730, 769, 785, 860

Harter 669, 670, 860

Hartwig 195

Hauck 60, 61, 110, 130, 140, 153, 156, 160, 178, 191, 365, 366,

380, 629, 705, 712, 718, 719, 725, 757, 788, 790, 791, 797, 799, 815, 834, 860

Heim 779, 846

Heis 743, 834

Helmholtz 11, 13, 139, 237, 238, 267, 616, 713, 714, 798, 809, 839, 852, 859, 876

Hemming 314, 342, 861

Henneberg 62, 68, 125, 469, 685, 759, 767, 768, 808, 834

Henrici 618, 619, 835, 842, 846, 861

Hensel 19, 37, 49, 57, 62, 73, 111, 861

Hermite 401, 838

Hertzer 61, 153, 180

Herzog 67, 68, 469

Hesse 63, 64, 65, 93, 126, 132, 209, 210, 343, 389, 399, 400, 405, 408, 413, 414, 415, 416, 419, 426, 486, 505, 506, 512, 513, 522, 526, 529, 571, 602, 603, 709, 756, 757, 833, 837, 849, 861

Hesse, 64, 126, 209, 210, 343, 399, 413, 415, 419, 833, 861

Hessenberg 81, 83, 637, 638

Hettner 83, 712

Hilbert 1, 41, 60, 64, 80, 115, 175, 184, 195, 199, 208, 215, 224, 237, 356, 369, 385, 399, 404, 405, 406, 636, 640, 647, 649, 704, 705, 706, 715, 728, 742, 745, 795, 796, 807, 813, 843, 861, 862, 870, 876

Hirst 130, 745

Hoffmann 18, 609, 861, 877

Hölder 701, 800

Holmes 676

Endnoten zu Kapitel 2 und 5

---

[i] Plusieurs modernes avoient déjà fait un usage heureux de la méthode qui rapporte à trois coordonnées rectangulaires la position d'un point quelconque pris dans l'espace. M. Monge a fait de ce principe le fondement d'une doctrine neuve et complète, qui est indispensable à tous les arts de construction, et à laquelle il a donné le nom de *géométrie descriptive.*

[ii] Le premier [objet; K. V.] est de représenter avec exactitude, sur des dessins qui n'ont que deux dimensions, les objets qui en ont trois, et qui sont susceptibles de définition rigoureuse.

Sous ce point de vue, c'est une langue nécessaire à l'homme de génie qui conçoit un projet, et ceux qui doivent en diriger l'exécution, et enfin aux artistes qui doivent eux-mêmes exécuter les différentes parties.

Le second objet de la géométrie descriptive est de déduire de la description exacte des corps tout ce qui suit de leurs formes et de leurs positions respectives. Dans ce sens, c'est un moyen de rechercher la vérité ; elle offre des exemples perpétuels du passage du connu à l'inconnu ; et parce qu'elle est toujours appliquée à des objets susceptibles de la plus grand évidence, il est nécessaire de la faire entrer dans le plan d'une éducation nationale.

[iiiii] Pour tirer la nation française de la dépendance où elle a été jusqu'à présent de l'industrie étrangère, il faut, premièrement, diriger l'éducation nationale vers la connoissance des objets qui exigent de l'exactitude, ce qui a été totalement négligé jusqu'à ce jour, et accoutumer les mains de nos artistes au maniement des instrumens de tous les genres, qui servent à porter la précision dans les travaux et à mesurer ses différens degrés : […]

Il faut, en second lieu, rendre populaire la connoissance d'un grand nombre de phénomènes naturels, indispensable aux progrès de l'industrie, et profiter, pour l'avancement de l'instruction générale de la nation, de cette circonstance heureuse dans laquelle elle se trouve, d'avoir à sa disposition les principales ressources qui lui sont nécessaires.

[iv] Sous un titre modeste, M. Salmon associant d'une manlére plus intime qu'on ne l'avait pas fait jusqu'ici l'Analyse et la Géométrie, donne les éléments necessaires pour aborder *la théorie générale des courbes*, et fait une exposition à peu près complète des divers systèmes de coordonnées: *cartésiennes, trilinéaires* et *tangentielles*

[v] Si d'un point quelconque (O) d'une telle courbe on tire à la courbe quatre tangentes (OA; OB, OC, OD), la fonction anharmonique ($\frac{\sin(AOB)\sin(CO)}{\sin(AOC)\sin(BOD)}$) de ce faiseau est constante. Pour conséquent chaque courbe de troisième ordre a une caractéristique numérique qui ne change pas par la projection en quelqu'autre transformation linéaire.

[vi] La destinée commune de la plupart des classifications, qui est de se compliquer de façon inesthétique dès qu'augmente le nombre des paramètres, n'èpargne pas la Géométrie projective; et à l'énumération effective et l'étude individuelle de courbes et de surfaces de degré donné succède rapidement la recherche de principes généraux de classification, plus théoriques qu'effectifs.